新三导丛书

结构力学导教·导学·导考

主　编　王长连　葛　红

编　者　王长连　葛　红　王宝龙

庞加茂　董凤梅

西北工业大学出版社

西　安

【内容简介】 本书是根据高校现行本科结构力学教学大纲，参考龙驭球等主编的《结构力学》(第三版)编写而成的教学参考书。主要内容为绪论、结构的几何构造分析、静定结构的受力分析、影响线、虚功原理与结构位移计算、力法、位移法、渐近法及其他算法概述、矩阵位移法、结构的动力计算基础、超静定结构总论、能量原理、结构的稳定计算和结构的极限荷载等。全书还选取了典型例题、考研真题选解、习题详解等超过500道题，给出了其详细解题过程。

鉴于知其教必知其学的道理，本书读者对象为大学讲授结构力学的青年教师、在校学习结构力学的本科生及备考研究生入学考试的莘莘学子。对于成人高等学校、高职院校的力学教师及想进一步提高结构力学水平的科技人员，本书也是一本难得的参考书。

图书在版编目(CIP)数据

结构力学导教·导学·导考/王长连，葛红主编. —西安：西北工业大学出版社，2020.10
ISBN 978-7-5612-6877-3

Ⅰ.①结… Ⅱ.①王… ②葛… Ⅲ.①结构力学 Ⅳ.①O342

中国版本图书馆CIP数据核字(2019)第276319号

JIEGOU LIXUE DAOJIAO DAOXUE DAOKAO
结构力学导教·导学·导考

责任编辑：胡莉巾　　策划编辑：付高明
责任校对：王梦妮　　装帧设计：李　飞
出版发行：西北工业大学出版社
通信地址：西安市友谊西路127号　　邮编：710072
电　　话：(029)88491757，88493844
网　　址：www.nwpup.com
印 刷 者：兴平市博闻印务有限公司
开　　本：787 mm×1 092 mm　　1/16
印　　张：34.25
字　　数：1 110千字
版　　次：2020年10月第1版　　2020年10月第1次印刷
定　　价：98.00元

前　言

由龙驭球院士等主编，高等教育出版社出版的《结构力学》（高教·第三版），以体系完整、结构严谨、层次清晰、内容丰富、深入浅出的特点，成为这门课程的经典教材，被全国许多高等院校所采用，得到了广大师生的好评，也获得了面向21世纪课程教材、“十二五”普通高等教育本科国家级规划教材、普通高等教育“十一五”国家级规划教材、普通高等教育“十五”国家级规划教材等荣誉。

为了帮助读者更好地学习这门课程，方便地掌握更多的结构力学知识，我们根据多年的教学经验及参考有关教学资料，编写了这本以龙驭球等为主编的《结构力学》（第三版）（以下简称为“主教材”）配套的《结构力学导教·导学·导考》教学参考书。本书编写的宗旨是，使广大读者容易理解基本概念，掌握基本知识，学会基本解题方法与解题技巧，进而提高应试能力，为学好相应专业课奠定必要的理论基础。

本书作为一门辅助性的教材，应具有较强的针对性、启发性、指导性和补充性。针对“结构力学”课程的特点，本书在内容上做了如下安排：

一、取材范围

本书取材方针为：根据重点大学教学要求，参考近十年来硕士研究生入学考试试题所及的章节内容进行选择。本书主要内容有：绪论，结构的几何构造分析，静定结构的受力分析，影响线，虚功原理与结构位移计算，力法，位移法，渐近法及其他算法概述，矩阵位移法——结构矩阵分析基础，结构的动力计算基础，超静定结构总论，能量原理，结构的稳定计算，结构的极限荷载等。

为了便于读者对照着学习，本书章节顺序、图的编号、主要符号等，第Ⅰ部分基本教程都与主教材相同；第Ⅱ部分专题教程，因有些章节内容超标，考研基本不涉及，为了节省篇幅未选解，故其章节编号与主教材有所不同，但若读者与主教材对照学习即一目了然。

二、每章结构

每章内容分为4部分，即教学基本要求、学习指导、考试指点和课后习题精选详解（第1章无课后习题精选详解）等。

1.教学基本要求　对每章知识点做了简练概括，梳理了各知识点之间的脉络关系，突出各章主要定理及重要公式；综合众多参考资料，归纳每章的目的和要求，重点、难点，按教学单元给出重点、难点分析，使读者在每章学习过程中目标明确，有的放矢。

另外，为了加强对知识点的理解，本部分还选取了一些与知识点相应，且具有启发性或综合性较强的经典例题。

2.学习指导　包含学习方法建议、易犯的错误、解题技巧、学习中疑难问题解答等。

3. 考试指点　综合众多参考资料，归纳了该章几乎所有考点，并精选名校考研真题选解作为参考，以便读者学习和考研复习。

4. 课后习题精选详解　主教材课后习题丰富、层次多样，对许多基础性问题，从多个角度分析，帮助学生理解基本概念和基本理论，使其掌握基本解题方法。在此处选取主教材课后的习题题量的 1/2～2/3 进行了详细解答。

编写分工如下：

王长连（绪言、第 1 章～8 章、第 14 章与附录），葛红（第 10～12 章），王宝龙（第 9 章），庞加茂、董凤梅（第 13 章）。

本书由王长连教授负责策划与统稿、审稿工作。由王长连、葛红任主编。

编写过程中参考引用了一些宝贵的文献资料，基本都在参考文献中列出，在此对这些文献的作者表示衷心感谢。

由于水平有限，加之对龙驭球等主编的主教材理解得不甚深透，书中难免有不妥或疏漏之处，敬请同行、读者给予批评、指正，以便再版时纠正。

编　者

2019 年 6 月

目　录

绪　言

0.1　为什么要学习结构力学?

为什么要学习结构力学呢？可以从以下四方面来回答：

(1)结构力学的任务是根据力学原理，研究在外力和其他外界因素作用下，结构的内力和变形，结构的强度、刚度、稳定性和动力反应，以及结构的组成规律和受力性能等；它研究问题的手段，包含理论分析、实验研究和数值计算三个方面。实验研究方法的内容在实验力学和结构检验课程中讨论，理论分析和数值计算方面的内容在结构力学课程中讨论。即结构力学既传承古典力学的源远流长，又经历结构工程与电脑技术的日新月异，是一门亦老亦新、亦理亦工、引人入胜的学科和课程。

(2)结构力学是土木工程专业各类专门化方向的一门重要的专业技术基础课，在基础课与专业课之间起着承上启下的作用，是“大土木”下的一门重要的主干课程。结构力学与理论力学、材料力学、弹塑性力学有着密切的关系。理论力学着重讨论物体机械运动的基本规律，其余三门力学着重讨论结构及其构件的强度、刚度、稳定性和动力反应等问题，其中材料力学以单个杆件为主要研究对象，结构力学以杆件结构为主要研究对象，弹塑性力学以实体结构和板壳结构为主要研究对象。即结构力学是有关力学和工程结构学习、计算、设计的基础。

(3)静定结构和超静定结构算法中蕴含有很多方法论。例如在静定结构中结构计算简图的选取方法——分清主次，分合法的范例；隔离体方法——转化搭桥，过渡法的范例；受力分析与构造分析之间的对偶关系——对偶呼应，对比法的范例；内力影响线的机动作法——交叉比拟，对比法的另例。再如，在超静定结构中力法的策略——转化搭桥，过渡法的范例；位移法的策略——拆了再搭，分合法的范例；力法、位移法与余能法、势能法之间纵横交错的四副对联——对偶呼应，对比法的范例。从上面所说方法论来看，它们无非是下列三法的应用：(A)分合法——分析综合，分是基础；(B)对比法——对比联系，比是核心；(C)过渡法——过渡开拓，渡是重点。这是力学方法论的常用三法，简称为力学方法论的(A)(B)(C)三法，或分、比、渡三法。也就是人们识认识世界、改造世界的三法。

(4)结构力学中的建模法，选取研究对象、假设用截面分离研究对象的截面法，内力、应力、应变、强度、刚度和稳定性等概念，都已经渗透到广大人们的学习、生活之中。可以这样说，没有一定的结构力学知识，人们可能会连一些报纸、杂志的有关内容都看不懂。也就是说，结构力学不仅是工程技术人员的必修课，而且已是工程技术人员和普通知识大众的一种文化元素，即结构力学是广大工程技术人员不可或缺的生产、生活常识。

综上所述，可充分说明广大工程技术人员，要想在工程上有所造诣，想在生活中知识丰富，那就必须学好结构力学。

0.2　怎样教好结构力学?

怎样教好结构力学？可以说，不同层次的人有不同的教法，不同经历的人有不同的途径，这是教好结构力学的个性。但它也有它的共性，那就是：

(1)首先要对结构力学的基本概念、基本理论、基本方法有深入的理解，熟练掌握所涉及的公式、概念，以及它们之间的联系。俗话说，要给学生一桶水，自已要有十桶水。作为一位结构力学老师知识要丰富，不仅熟练掌握结构力学知识，而且还要了解它的相关知识；要有很好的口头表达能力，良好的道德情操；在学生中有较高的威信，让学生从心里尊重老师、爱戴老师，愿意听老师的课，把听老师的课当成一种享受，这是教好结构力学之妙法。

(2)结构力学是一门技术基础课，所以教授它要有一定的文化基础，如物理、数学和理论力学、材料力学等课程基础；对于后续力学课，如弹性力学、塑性力学和断裂力学等，也要有所了解，不了解这些相关课程，就很难真正弄懂结构力学；再者对于相应基础课、专业课，如建筑结构、机械零件、机械原理、结构设计基础、建筑施工技术等也应有所了解，了解了这些课程就知道结构力学知识用在哪些地方，用到什么程度。针对需要去讲授，才能讲深、讲透、讲活，才能真正达到学习结构力学的目的。

(3)会根据教学内容、学时、学生接授能力划分教学单元，针对每个教学单元内容，知道怎样突出重点，攻克难点，把教学中难讲的点，不好讲的概念讲清楚，且要有所创新，主动扫除学生学习中的拦路虎。讲课切忌平铺直叙。

(4)要经常了解学生听课的反映，及时解决学生的疑难，努力提高学生的学习兴趣。适当地进行测试、讲评，使学生了解自已的学习情况，做到学习心中有数、有的放矢。

(5)讲课形式要多种多样，可根据不同的讲课内容采用不同的讲课形式，使讲课形式为讲授内容服务。多采用启发式、讨论式，能用课件的尽量用课件。要做到讲课民主，学生自主，使学生敢于随时随地地发表自己的见解，努力培养创新人才。

(6)要脚踏实地亲自计算 250～300 道习题，提倡一题多解，掌握解题的思路、规律。合理地布置作业，知道哪些概念、哪些公式用哪些习题去练习合适，并认真地批改作业，及时讲评作业情况。

(7)要善于自学，要明确读书的目的，要多学对自已教学有用的东西。当今世界，书刊文献浩如烟海，使人目不暇接，读不胜读。如果不加选择，乱读一气，只会苦了自已，难有收获。再者书有好坏之分，在同类书中有精品也有次品，读书要读好书，以便用有限的时间，读最有价值的书，获得最大的读书效益。俄国文艺评论家别林斯基说过："阅读一本不适合自已的书，比不读书还坏。"所以结构力学老师要教好书，必须读些经典书，不仅力学书，工程、社会科学书也要读；不但中国的要读，外国的也要读，使自已见多识广，最大限度地满足教学需要。

(8)要养成有条有理的工作习惯，要对自已做题的准确性有正确地认识。大科学家钱学森曾说过："科学教育工作者必须养成有条有理进行工作的习惯，要加强理论工作基本技巧的锻炼。力学从数学方法到演算技巧都是很讲究的。力学计算不仅要求在一般原理原则上会论证推演，而且还要能算出正确的数字结果。"作为一名力学教师必须做到这一点，如果在讲课中经常出现计算错误，连自已都不知算得准不准，那么学生还相信教师所讲内容是正确的吗？如果这样，教师讲得再好，在学生中也就没有多大威信了。所以说，教师学的知识一定要准确、严谨，经得起学生推敲、追问。总之，打铁必须砧子硬。

(9)教师的服务对象是学生，要想教好书，必须了解学生的学习心态和学习方式、方法，要学点心理学。关于学生怎样学好结构力学，任课教师要有所了解；若要想了解这方面情况，请详看 0.3 节。

0.3 怎样学好结构力学？

怎样学好结构力学？不同的人会有不同的回答。主教材《结构力学Ⅰ》，第 8 页"学习方法"有深刻的论述，请读者自己去阅读，在此简单提要如下：①加法。勤于积累、善于积累。②减法。概括、简化、提纲挈领。③善问。善问出智慧，不但问别人，也要问自己。④会用。用，是学的继续、深化和检验，与学相比，用有更丰富的内涵。⑤创新。科学精神的精髓是求实创新，创新是学习的高境界。

现在笔者根据主教材《结构力学Ⅰ》，第 8 页"学习方法"和主教材《结构力学Ⅱ》，第 288 页"结构力学与方法论"，结合笔者多年的教学体会，总结学习《结构力学》方法，仅供参考。

初学结构力学者，一般都会感觉结构力学一听就懂，做题时却不知所措，因此认为结构力学是三门力学中最难学的一门课程。据笔者体会，产生这种感觉的主要原因：实际上，理论力学和材料力学已经几乎为结构力学提供了全部的基本原理和方法，因此乍一听感觉这都是熟悉的，当然就好懂了。但是，结构力学中各章的联系特别紧密，如果有一章达不到熟练掌握的程度，势必导致后面章节的学习困难。特别是第 3 章静定结构的受力分析，它实际只用到平衡条件(列平衡方程)、截面法和平衡微分关系等，这些都是理论力学和材料力学应该掌握的知识，好像没有什么新知识。但是如果达不到熟练掌握的程度，第 5 章虚功原理与结构位移计算的学习就将产生困难,从而恶性循环,第6章力法、第7章位移法等也就越学越难了。据此,建议结构力学的学习方法如下。

一、认真理解、掌握结构力学中的每一个重要概念

结构力学课程内容具有很强的连续性,前面学习的内容就是后面内容学习的基础,前面学不会,后面很难学。比如,结构的内力、位移分析是结构强度、刚度计算的基础,如果结构的内力、位移分析没有学好的话,那么后面的内容就很难学了。也可以这样说,只要按部就班地学好前面的重点知识,那么后面的知识也就好学了。因此,在学习每部分知识时,都要扎扎实实,循序渐进,弄懂每一个重要概念和定理,并且学到后面的内容时,根据学习需要,随时复习前面的相关知识。

再者,要学会抓重点、难点。所谓重点是指在所讲问题中,起决定性作用的知识和理论。写得比较好的教科书,对于重点或者既是重点又是难点的内容或章节,一般阐述地都较详尽。对于这样的章节要重点看、详细看,若弄不懂这些章节的重点内容,那么就很难继续学下去了。

二、认真做一定数量的习题

和数学、理论力学、材料力学课程一样,结构力学也必须做一定数量的习题,通过做习题体会和加深对所学原理、方法的理解。结构力学与材料力学一样,有一个共同特点,那就是各种形式的计算比较多。所以学习结构力学时,理论学了后一定要认真独立地做一定数量的习题,如果学了理论不会解题,或者一做就错,那是没有意义的,甚至将来在实际工程中可能会出事故,只有会动手解题,才能更好地掌握理论。尽管题型多种多样,受力情况也千变万化,但计算原理是相同的,只要多看、多做练习题就会熟能生巧,就会很容易计算常见形式的题目,而且也能举一反三,触类旁通,对于较难题目也易找到解题路径。

建议读者每章至少要认真做6～10道习题,弄懂题目中所涉及的理论、概念,只要坚持这样做,那么全书的基本概念、基本理论也就自然掌握了。这一法宝已被广大力学工作者所证明,望读者认真遵循这一规则。大科学家钱学森说过:“做习题需要算得‘又快又好’,而算得‘又快又好’没有别的办法,只能多算题。熟能生巧。‘巧’又必须先记熟许多基本数学关系,而且还要会熟练应用。有人不赞成熟记公式,主张用的时候去查笔记或手册,那就不妨算一算,一生工作中浪费在反复查阅笔记的时间有多少,就知道比较便宜的办法还是花些时间把它们记在脑子里。”

由于结构力学一题可有多种解法,灵活程度较大,不同的解法工作量相差可能很大,这需要经过边练习边总结去积累经验,不做一定的练习和总结是不能深刻理解和掌握的。

多数人都知道,做题练习,是学习工程计算学科的重要环节。不做一定数量的习题,就很难对基本概念和方法有深入的理解,也很难培养较好的计算能力。但是做题也要避免各种盲目性。例如:

(1)不看书,不复习,埋头做题,这是一种盲目性。应当在理解的基础上做题,通过做题来巩固和加深理解。

(2)贪多求快,不求甚解,这是另一种盲目性。有的习题要精做,一道题用几种方法做,往往比用一种方法做几道题更有收获。

(3)只会对答案,不会自己校核和判断,这还是一种盲目性。要养成校核习惯,学会自行校核的本领。在实际工作中,计算人员要对自己交出来的计算结果负责。这种负责精神应当及早培养。

(4)做错了题不改正,不会从中吸取教训,这仍是一种盲目性。做错了题不改正,就是轻率地扔掉了一个良好的学习机会。特别是不要放过一个似是而非的模糊概念,因为认识真理的主要障碍不是明显的谬误,而是似是而非的“真理”。错了,也要错个明白。

三、在学习中要善问

1. 多问出智慧

学习中要多问,多打几个问号,问号像一把钥匙——一把开启心扉和科学迷宫的钥匙。

学习中提不出问题是学习中最大的问题。从学生提出的问题可以了解他学习的程度。发现了问题是好事,抓住了隐藏的问题是学习深化的表现。知惑才能解惑。学习和研究就是发现困惑和解惑的过程。正确敏锐地提出科学问题,是创新的开始。

2.追问与问自己

重要的问题要抓住不放,尤如层层剥笋,穷追紧逼,把深藏的核心问题解决了,才能达到"柳暗花明"的境界。溯河追源,剥笋至心。追到核心处,豁然得贯通。

问老师,问别人,更要问自己。

好老师注意启发性,引导思考,为学生留出思考的空间。学习时更要勤于思考,善于思考,为自己开辟思考的空间。

3.学问与学答

应试型教育,只强调"学答"(对已有答案的问题,背诵并重述其答案)。创新型教育,要学更要问(包括尚无答案的问题)。

"做学问,需学、问。只学答,非学问。"(李政道语)

四、要学会校核

计算的结果要经过校核。"校核"是"计算"中应有之义,没有校核过的计算结果是未完成的计算结果。

出错是难免的,重要的是要会判断、抓错和改错。判断是对计算结果的真伪性和合理性做出鉴定。抓错是分析错误根源,指明错在何处,"鬼"在哪里,把"鬼"抓出来。改错是提出改正对策,得出正确结果。改错不易,判断、抓错更难。

关于判断和校核,还可分为细校、粗算和定性三个层次。

另法细校:细校是指详细的定量的校核。细校不是重算一遍,而是提倡用另外的方法来核算。这就要求校核者了解多种方法,掌握十八般武器,并能灵活地运用,选用最优的方法。

毛估粗算:粗算是指采用简略的算法对计算结果进行毛估,确定其合理范围。这就要求粗算者能分清主次,抓大放小,对大事不糊涂。毛估粗算有多种做法,如选取简化计算模型,在公式中忽略次要的项,检查典型特例,考虑问题的极限情况等。

定性判断:定性判断是根据基本概念来判断结果的合理性,而不进行定量计算。试举力学中常用的几个例子:

(1)采用量纲分析,判断所列方程是否有误。

(2)根据物理概念,看答案的数量级和正负号是否正确。

(3)根据误差理论,估计误差的范围。

不细算而能断是非,"断案如神",既快又准,这是工程师应具备的"看家本领",也是每个工程师和有心人应及早学会的本领。这个"神"不是来自天上,而是来源于扎实的理论和积累的经验。

计算机引入力学后,增强了进行大型计算、分析大型结构的能力。在大型计算中,如果不会定性判断,不会抓错、改错,那是很危险的。计算机并不排斥力学理论,而是要求我们更深、更活地掌握力学理论。

五、认真学习主教材第18章结构力学与方法论

该章把主教材全书中富有启发性的力学算法技巧在方法论的高度加以阐释,力求把结构力学从"技"提高到"道",希望对提高科学素质有所帮助。

该章分为两部分。前面两节是第一部分,结合静定结构和超静定结构算法中的典型实例,论述其中蕴含的方法论。后面五节是第二部分,比较详细地讨论结构力学方法论中的三类常用方法及其九种运用形式("三法九式"),并将之统称为"结构力学之道"。

该章写的简洁而有味道,细细研读会学到终生受用的认知方法论。为便于掌握,摘要如下。

1.静定结构算法中蕴含的方法论

(1)结构的计算简图(建模法)——分清主次(分合法的范例)。

(2)隔离体方法——转化搭桥(过渡法的范例)。

(3)受力分析与构造分析之间的对偶关系——对偶呼应(对比法的范例)。

(4)影响线的机动作法——交叉比拟(对比法的另例)。

2.超静定结构算法中蕴含的方法论

(1)力法的策略——转化搭桥(过渡法的范例)。

(2)位移法的策略——拆了再搭(分合法的范例)。

(3)力法、位移法与余能法、势能法之间纵横交错的四副对联——对偶呼应(对比法的范例)。

(4)博采众长的混合法——杂交混合(分合法的另例)。

3.力学方法论的常用三法九式

(1)从典型实例中提炼三法。

1)分合法——分析综合,分是基础。

2)对比法——对比联系,比是核心。

3)过渡法——过渡开拓,渡是重点。

(2)从三法到九式,如表0-1所示。

表0-1 从三法到九式

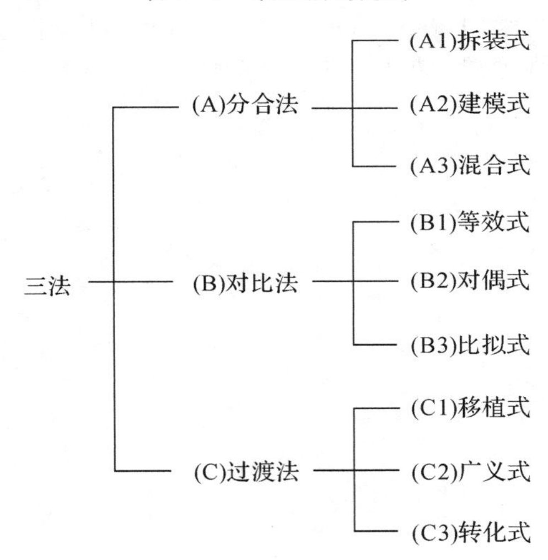

4.分合法

分合法即分析综合法。

分——把结构分解成有限个单元,把复杂分解成简易。化整为零,化难为易。

合——把有限个单元的简易变形状态结合成整个结构的复杂变形状态。积零为整,恢复原型。

分合法常用的三式:

(A1)拆装式(先拆再装)——先拆散成零件,再组装成原型。

(A2)建模式(剪枝留干)——分清主次,删次留主,建模近原型。

(A3)混合式(扬长避短)——多法混合,集各法之长,妙造新方。

5.对比法

对比法也称对比联合法。

对比法的要点是通过对比,由此及彼,提高认识水平。

对比法常用的三式：

(B1)等效式——找出等效关系，以简化繁。

(B2)对偶式——找出对偶关系，由一知二。

(B3)比拟式——采用比拟手法，以浅近比喻深远。

6.过渡法

过渡法也叫过渡开拓法。

过渡法的要点是架设过渡桥梁，从已知知识平台出发，上升到新的知识平台。

过渡法常用的三式：

(C1)移植式——向更广的范围过渡开拓。

(C2)广义式——向更高的水平过渡开拓。

(C3)转化成——向更新的领域过渡开拓。

7.结构力学之道

常用三法——分、比、渡，即以分析为基础的分析综合法，以对比为核心的对比联系法和以过渡为重点的过渡开拓法。

总之，要学好结构力学，必须认真理解每一个重要概念，认真做一定数量的习题，还要善问、会校核、注意创新；做学问，要既学又问，问是学习的一把钥匙；学和用要结合，在学中用，在用中学，用是学的继续、检验和深化；在学习中要有创新意识，创新是学习的高境界；对于核心内容要熟练掌握，对于重要难点一定要设法搞懂，因为它们是力学的重要内容，又是拦路虎，不弄懂它们就达不到学习结构力学的目的了。对于结构力学与方法论，要花点功夫细读、深研，理解其奥妙，从根上提高自已的认知能力。

第1章　绪　　论

1.1　教学基本要求

1.1.1　内容概述

本章为绪论，主要介绍结构的概念，结构力学的研究对象、研究内容以及研究方法，结构的计算简图及简化要点，结构与杆件结构的分类，荷载的分类等内容。

1.1.2　目的和要求

(1)了解结构的概念及其分类。

(2)掌握结构力学的学科内容和教学要求。

(3)了解结构计算简图及其简化要点。

(4)掌握杆件结构及荷载的分类。

学习这些内容的目的，是为下面分章学习结构力学课程奠定必要的基础。

1.1.3　教学单元划分

绪论授课学时为2学时，设1个教学单元。

1.1.4　教学单元知识点归纳

1.结构的概念

建筑物和工程设施中，能承受、传递荷载并起骨架作用的整体或部分，称为建筑结构，简称结构。从几何角度看，可分为杆件结构、板壳结构和实体结构。

2.结构力学的研究对象(重点)

结构力学以杆件结构为主要研究对象，根据力学原理研究在外力和其他外界因素作用下结构的内力和变形，结构的强度、刚度、稳定性和动力反应，以及结构的组成规律等。

3.结构的计算简图及简化要点(重点)

在结构计算中，用以代替实际结构，并反映实际结构主要受力和变形特点的计算模型，称为结构计算简图。其简化原则为：尽可能反映实际结构的主要受力和变形性能，以保证计算的精度；略去次要因素，保留主要因素，使结构计算简单。其简化要点如下：

(1)结构体系的简化。既要反映实际结构的主要性能，又要分清主次，略去细节以便于计算。

(2)杆件的简化。杆件用轴线代替，连接区用结节表示，杆长用结点间距离表示，荷载作用点也转移到轴线上。

(3)杆件间连接简化。对于杆系结构，杆件简化为其截面形心轴线。杆件(轴线)的交汇点称为结点。由于连接情况不同，其结点可分为铰结点、刚结点和组合结点，其简图如图1-1所示。

1)铰结点。各杆件在此点互不分离，但可以相对转动，因相互间作用而产生力，如图1-1(a)所示。

2)刚结点。各杆件在此点既不能相对移动，也不能相对转动(保持夹角不变)，因此相互间作用除力以外还有力偶，如图1-1(b)所示。

3)组合结点。各杆件在此点不能相对移动,部分杆件之间属铰结点,部分杆件之间属刚结点,如图 1-1(c)所示。有时,称这种结点为半铰结点。

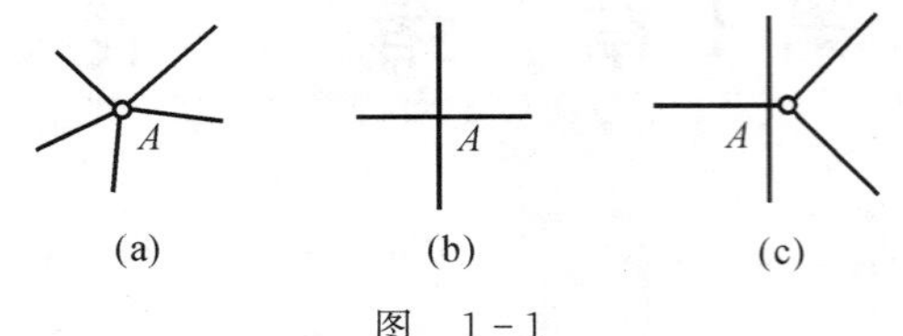

图 1-1

(a)铰结点; (b)刚结点; (c)组合结点

(4)结构与基础间连接的简化。结构与基础间的连接简化成支座,支座计算简图及相应的支座反力有下述几种形式:

1)固定铰支座。限制各方向线位移,但不限制转动。其反力可用沿坐标的分量表示,如图 1-2(a)(b)所示。

2)可动铰支座。限制某一方向线位移,但不限制转动。其反力沿所限制的位移方向,如图 1-2(c)所示。

3)固定端(固定支座)。限制全部位移(移动和转动),其反力用沿坐标的分量和力偶来表示,如图 1-2(d)(e)所示。

4)定向支座。限制某些方向的线位移和转动,而允许某一方向产生线位移,其力除所限制线位移方向力外,还有支座反力偶,如图 1-2(f)所示。在结构分析中,由于利用对称性,所以往往出现这种支座。

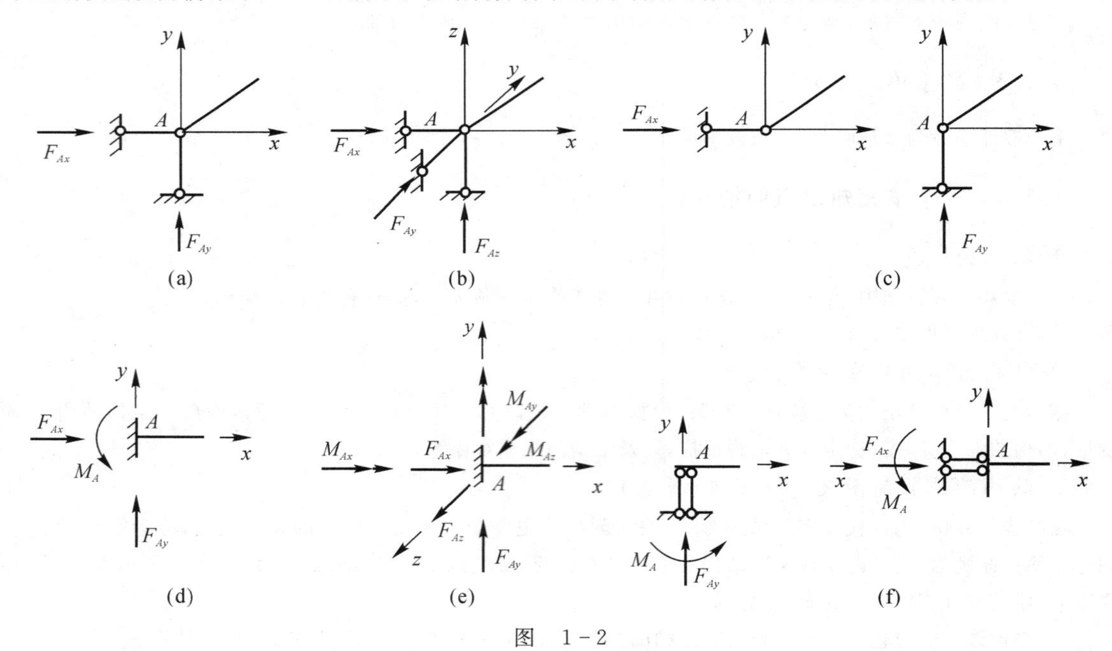

图 1-2

(a)平面固定铰支座及反力; (b)空间固定铰支座及反力; (c)可动铰支座及反力;

(d)平面固定端支座及反力; (e)空间固定端及反力; (f)定向支座及反力

(5)材料性质的简化。一般都简化为连续、均匀、各向同性、完全弹性或弹塑性的材料。

(6)荷载的简化。体积力或表面力均简化为作用在杆件轴线上的力,分为集中荷载和均布荷载。

4.结构的分类

结构是指由建筑材料(木材、混凝土、钢筋、砖、石等)筑成,能承受荷载并起骨架作用的构筑物,包括如下几类：

(1)杆系结构——由若干根杆件组成，杆件的几何特征是其长度远远大于杆件截面的宽度和高度。

(2)板壳结构——其厚度远远小于长度和宽度的结构。

(3)实体结构——指三个尺寸大约为同量级的结构。

5. 杆件结构的类型(重点)

完全由杆件组成的结构，称为杆件结构，它分为5大类：

(1)梁。梁有简支梁、悬臂梁、曲梁、多跨静定梁和超静定梁等，如图1-3所示。

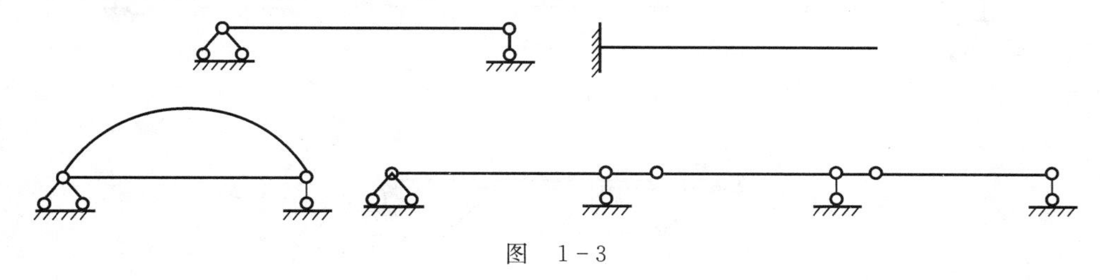

图 1-3

(2)拱。拱有三铰拱、两铰拱、无铰拱等，如图1-4所示。

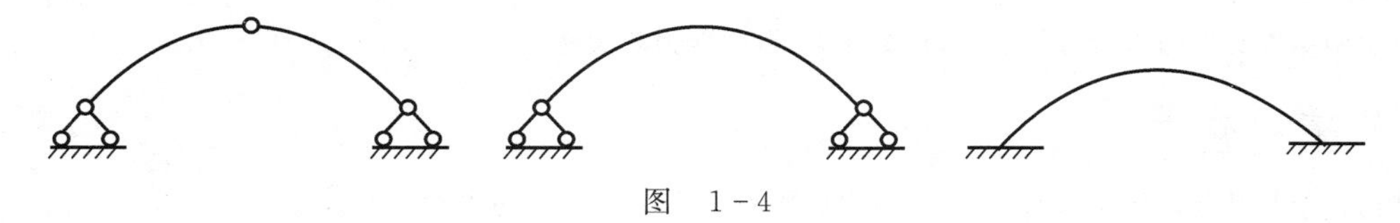

图 1-4

(3)桁架。桁架有简单桁架、联合桁架、复杂桁架等，如图1-5所示。

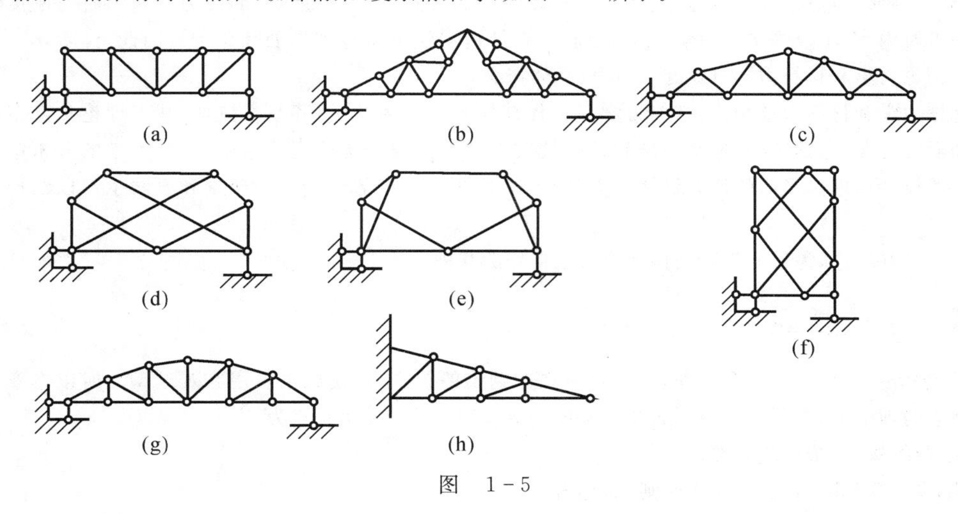

图 1-5

(4)刚架。刚架有悬臂刚架、门式刚架、三铰刚架和框架等，如图1-6所示。

(5)组合结构。组合结构如图1-7所示。

6. 荷载的分类(重点)

(1)按分布情况分，有面荷载，如风荷载、雪荷载、雨荷载、人群荷载、水压力等；体荷载，如结构自重，温度荷载等；集中荷载，如集中力、集中力矩等。

(2)按作用在结构上的时间分，有恒荷载，如结构自重和设备重量等；活荷载，如人群荷载、雪荷载、雨荷载等；移动荷载，如吊车荷载、汽车荷载、火车荷载等。

(3)按作用在结构上的效果分，有静荷载，如结构自重和设备重量等；动荷载，如风荷载、地震荷载、冲击荷载等。

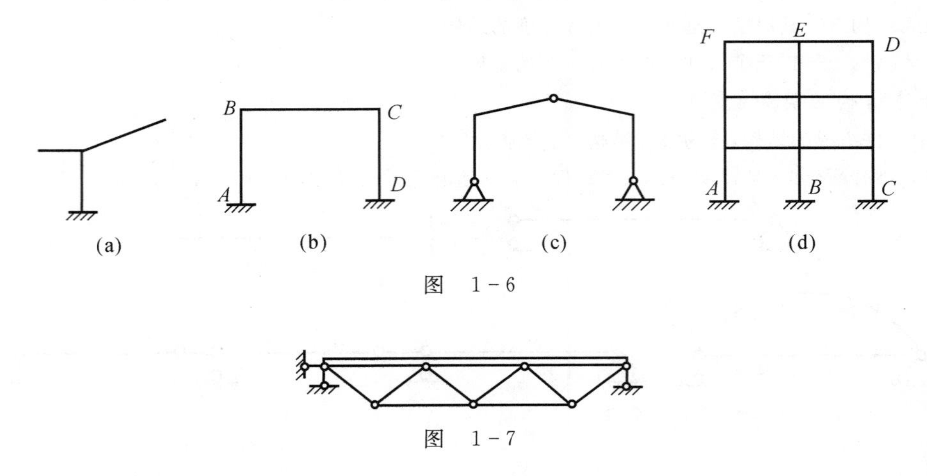

图 1-6

图 1-7

7. 课程教学中的能力培养

教学中培养的能力包括分析能力、计算能力、自学能力与表达能力。

1.2 学习指导

结构力学与某些课程关系密切，要弄清它们之间的关系，才能学好结构力学。

理论力学、材料力学、高等数学和计算机基础知识都是结构力学的基础，特别是理论力学中关于力系的平衡、约束的性质、质点系及刚体虚位移原理、运动及动力分析。材料力学中的内力分析，强度、刚度和稳定性分析等重要内容，不仅是结构力学的基础，而且在结构力学中将得到扩展和延伸。因此，读者学习本课程时应当与理论力学和材料力学贯通起来，形成总体概念。

与理论力学和材料力学相比，结构力学与工程结构联系更为紧密，其基本概念、基本理论和基本方法将作为钢筋混凝土结构、钢结构、地基基础和结构抗震设计等工程结构课程的基础；结构力学的分析结果又是各类结构的设计依据。当前的计算机辅助设计软件，其核心计算部分的基本理论和方法也都以结构力学为基础。

要认真学好绪论，为后面学习结构力学奠定良好的基础。

1.3 考试指点

本章为绪论，重点为对概念的理解，一般单独考题出的较少，即使出也多用客观题型。所以本章重点放在常用概念的理解上，主要为学习下面章节奠定必要基础。其主要出题点为：

(1)结构的概念，结构的分类；

(2)结构计算简图的概念，简化原则，简化内容；

(3)支座、结点的分类及相应的支反力和内力；

(4)荷载及其分类。

第 2 章　结构的几何构造分析

2.1　教学基本要求

2.1.1　内容概述

用各种结点，将杆件连接起来所组成的体系称为杆件体系。不发生几何形状与位置变化的体系称为几何不变体系，发生几何形状与位置变化的体系称为几何可变体系，只有几何不变体系才能作为工程结构使用。结构的几何组成方式不同还将影响其力学性能和分析方法。因此，在分析结构的受力、变形等之前，必须首先了解常规结构的几何组成方式，即对结构进行几何组成分析。

实际结构中的构件在外界因素作用下都是要变形的，但是因为变形都很微小，作体系的几何组成分析时可以忽略其变形，因而所有构件在本章将均视为刚体。

确定几何不变体系的规律有 5 个，即铰结三角形规则，二元体规则，两刚片规则（有两个规则）和三刚片规则。

2.1.2　目的和要求

本章的学习要求如下：

（1）掌握平面体系几何构造分析的基本规律，能运用这些规律正确地判断体系是否是几何不可变的。

（2）了解自由度的概念，能正确运用自由度公式确定体系的自由度或多余的约束数。

学习这些内容的目的有以下几方面：

（1）正确地选择计算方法。内力计算方法与结构的组成有关，静定结构只需平衡条件即可求解，超静定结构还需用到变形条件。另外，在确定使用力法还是位移法求解超静定结构时也需要这方面知识。

（2）确定受力分析的次序。由若干部分组成的静定结构，受力分析次序与几何组成次序有关。

（3）力法的基本思路是将超静定结构化成静定结构来求解，这要用到本章所讲述的几何组成知识。

2.1.3　教学单元划分

本章共 4 个教学时，分两个教学单元。

第一教学单元讲授内容：几何构造分析的几个概念，平面杆件体系的基本组成规律——铰结三角形规律。

第二教学单元讲授内容：平面杆件体系的计算自由度，几何组成分析实例，或用求解器进行几何构造分析。

2.1.4　教学单元知识点归纳

一、第一教学单元知识点

1. 名词解释（重点）

（1）几何不变体系和几何可变体系。

因构造分析中不考虑材料的微小应变，将杆件看作刚片。几何位置和形状固定不变的刚片系称为几何不变体系，几何位置和形状可以改变的刚片系称为几何可变体系。几何可变体系又分为几何常变体系和几何瞬变体系。

(2)自由度。

体系的自由度等于体系运动时可以独立改变的坐标参数的数量，也就是完全确定体系的位置所需要的独立坐标数。

一个点在平面内的自由度 $S=2$，在空间内 $S=3$；一个刚片在平面内 $S=3$，在空间内 $S=6$。

(3)约束与多余约束。

1)约束。用于限制体系运动的装置称为约束。减少一个自由度的装置称为一个约束。

2)多余约束。不改变体系实际自由度的约束称为多余约束。多余约束是从几何不变的角度定义的。

(4)瞬变体系。原为几何可变，在发生微小位移后又成为几何不变的体系，称为瞬变体系。

(5)瞬铰。两刚片由两根链杆连接(并联)，若这两根链杆的约束作用等效于链杆交点(或延长线交点)处，一个铰所起的约束作用，则这个铰可称为瞬铰。

(6)无穷远处瞬铰。若连接两刚片的两根链杆互相平行，则两链杆的约束作用相当于无穷远处的一个瞬铰。

2. 平面几何不变体系的组成规律(重点、难点)

铰结三角形是最简单的几何不变体系，且用它可推演出下面4个判断几何不变体系的规律。

(1)一个点与一个刚片之间的连接方式。

规律1 一个刚片与一个点用两根链杆相连接，且其铰不在一直线上，则组成几何不变的整体，且无多余约束。这一规律也称二元体规律。

(2)两刚片之间的连接方式。

规律2 两个刚片用一个铰和一根链杆相连，且三个铰不在一直线上，则组成几何不变的整体，且没有多余约束。

规律3 两刚片用三根链杆相连，且三链杆不交于同一点，则组成几何不变的整体，且没有多余的约束。

(3)三刚片之间的连接方式。

规律4 三个刚片用三个铰两两相连，且三个铰不在一直线上，则组成几何不变的整体，且没有多余约束。

例2-1 试分析图2-1所示体系的几何不变性。

解 此体系杆件较多，用三刚片规则分析较合适。设法找三个刚片，它们必须满足三刚片间各有两链杆相连。按此原则三刚片可以是△124，△365，杆7-8。此时，△124和△365间由1-5和3-4链杆相联系；△124和杆7-8间由4-7和2-8链杆相联系；△365和杆7-8间由6-7和3-8链杆相联系。对应的虚铰分别A(1-5与3-4)交点为∞，4-7与2-8交点为∞，6-7与3-8杆交点为8。由于此三虚铰不共线，所以本体系为无多余联系的几何不变体。

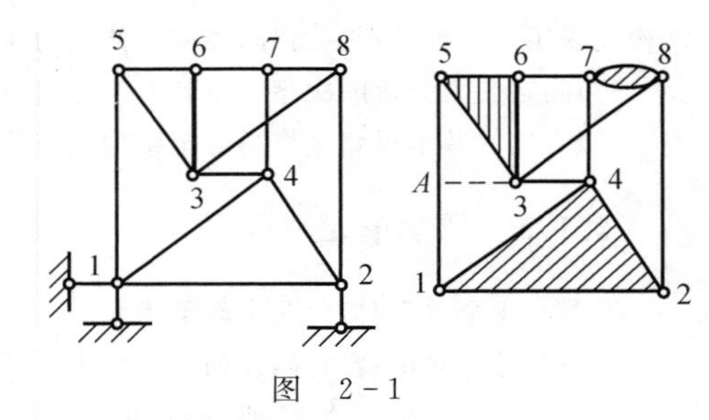

图 2-1

温馨提示：①上部结构与地基之间只有三根既不相互平行、又不交于一点的链杆，故可只分析内部可变性。②若取△124、△365为刚片，显然从此出发不能简单地用两刚片规则分析。

例2-2 试分析图2-2(a)所示体系的几何组成。

解 首先，将体系中与基础之间的约束连同基础一起去掉，得到图2-2(b)所示体系后，依次按A,B,I,D,E的顺序去掉二元体，得到图2-2(c)所示体系。很明显，若在该体系上增加两个链杆约束(如图2-2(d)中虚线所示)，则体系就变成没有多余约束的几何不变体系了。因此，本题是少了两个必要约束的几何可变体系。要使其成为几何不变体系则至少增加两个约束。

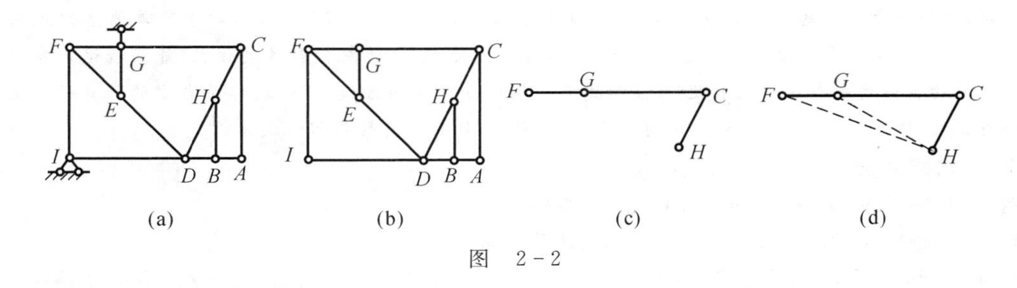

图　2-2

二、第二教学单元知识点

1. 体系的实际自由度 S、计算自由度 W 与多余约束数 n(重点)

设全部约束对象的自由度总和为 a,非多余约束数为 c,全部约束总数为 d,则有:

实际自由度 $S=a-c$,计算自由度 $W=a-d$,多余约束数 $n=d-c=S-W$。

(1) 刚片系。

$$W=3m-(3g+2h+b)$$

式中,m 为刚片数;g 为单刚结数;h 单铰结数;b 为单链杆数。

(2) 链杆系

$$W=2j-b$$

式中,j 为结点数;b 为单链杆数。

(3) 采用混合法。

$$W=(3m+2j)-(3g+2h+b)$$

(4) 根据 W 值,可以得出如下定性结论:

若 $W>0$,$S>0$ 体系是几何可变的。

若 $W=0$,$S=n$,如无多余约束则为几何不变的,如有多余约束则为几何可变的。

若 $W<0$,$n>0$,体系有多余约束。

例 2-3(考研题)　试对图 2-3(a) 所示体系进行几何构造分析。

解　(1) 首先计算自由度,判断体系类型。由图 2-3(a) 可知,体系中存在着 10 个链杆,14 个铰支点,2 个刚片,所以自由度 $W=3m-2h-r=3\times10-2\times14-2=0$(式中 r 为刚片数)。

由此可知,体系可为几何不变体系或者几何瞬变体系。

(2) 几何结构分析。对各个节点进行编号,如图 2-3(b) 所示。

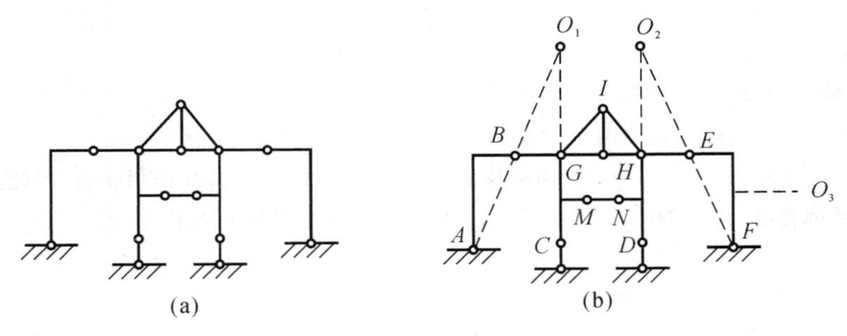

图　2-3

视 BGC,EHD 和大地分别为刚体 Ⅰ,Ⅱ,Ⅲ,而 AB,EF 和刚片 GHI 为连接的链杆,如图 2-3(b) 所示。则刚片Ⅰ和 Ⅲ 是通过虚铰 O_1 连接的,刚片Ⅱ和 Ⅲ 是通过虚铰 O_2 连接的,而刚片Ⅰ和Ⅱ是由两个互相平行但长度不等的链杆连接的,它们的交点在无限远处的 O_3 处,与 O_1 和 O_2 的连线平行,所以它是几何瞬变体系。

温馨提示：关于体系的几何组成分析，对其自由度的计算并不是必不可少的，对于简单体系的几何组成分析，可不计算体系的自由度而直接进行几何分析，这样更简单；对于杆件较多的体系，能正确运用自由度公式确定体系的自由度或多余的约束数，比直接进行几组成分析来的方便，可通过体系自由的计算而确定体系是几何可变的（$W<0$），或者有可能是几何不变的（$W\geqslant0$），然后再进行几何组成分析。

2. 几何组成分析实例（重点、难点）

例 2-4 试分析图 2-4 所示体系的几何可变性。

解 (1)此体系有明显的二元体 3-4-2，从体系中减去。

(2)将大地看作刚片（包含固定铰支座），折杆 3-5-6 看成另一刚片，两刚片用 6 结点的两个链杆和链杆 1-3 相连，这三根链杆既不相互平行又不相交于一点，所以本体系是无多余联系的几何不变体。

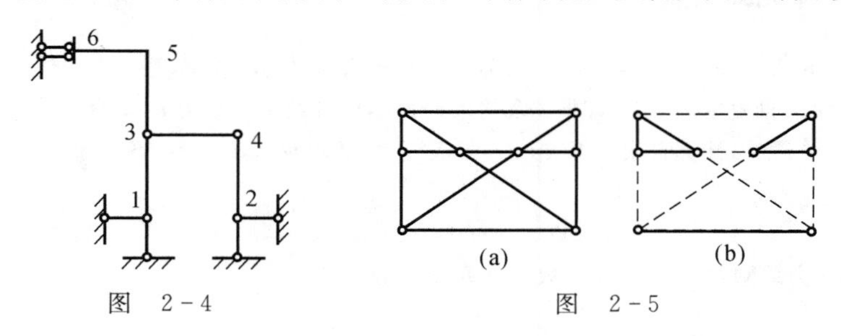

图 2-4　　　　图 2-5

例 2-5 试分析图 2-5(a)所示体系的几何组成。

解 图 2-5(a)所示体系杆件较多，可以考虑按三刚片规则分析。体系中有 13 根杆件，所以要将两个三角形和 1 根杆件作为刚片（总共 7 根杆件），其余 6 根杆件作为约束。

两个三角形很容易找出来。然后，将与这两个三角形相连的杆件用虚线表示（见图 2-5(b)），很明显地，最下面的水平杆就是第三个刚片了。由此看出，三铰在同一水平线上，所以本体系为几何瞬变体系。

例 2-6 试指出图 2-6(a)所示体系中哪些可以视作多余联系，要求不少于三种方案。

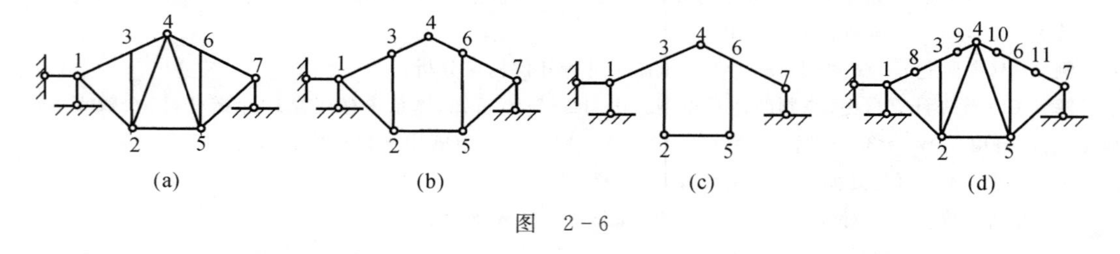

图 2-6

解 方案一：

(1)将 3,6 复刚结点变成组合结点，相当于解除两个约束。

(2)拆除 2-4,4-5 链杆，即解除两个约束。

(3)剩余体系 1-2-3-4,4-5-6-7 两刚片由 4 处一铰和 2-5 不共线杆相联系，因此无多余几何不变。也即现在全部联系都是必要的，如图 2-6(b)所示。所解除的四个约束可视作多余的。

方案二：

(1)拆除 1-2,2-4,4-5,5-7 链杆。

(2)剩余体系由两刚片和一铰一杆组成，可知为无多余约束几何不变，因此它们全部是必要的，如图 2-6(c)所示。所拆除的四根杆可视作多余的。

方案三：

(1)在 1-3 杆、3-4 杆、4-6 杆、6-7 杆上任意处加一铰，分别记为 8,9,10,11。连续杆在加铰前，有三个约束，加铰后变成两个约束，因此加 4 个铰等于解除 4 个约束（限制转动的约束）。

(2)1－2－4－9－3－8－1 可看成是在 2－8－3－9 刚片基础上加二元体构成的，因此，它是无多余约束几何不变体系。同理，5－7－11－6－10－4 也为无多余几何不变体系。

(3)上述两个大三角形由一铰一杆相连接，因此组成无多余约束几何不变体系，如图 2－6(d)所示体系各联系已全是必要的。

(4)所解除的 4 个限制转动的约束可视作多余的。

(5)由于 8,9,10,11 位置任意，因此方案实际有无穷多种。

特别提醒：一题用多种方法解，比解多道题收获还要大，建议读者多进行一题多解练习。

例 2－7　试分析图 2－7(a)所示体系，如果是超静定结构，则通过减约束将其化成静定结构。

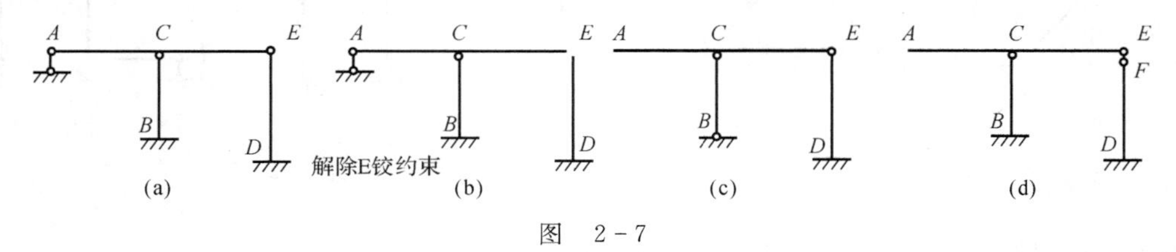

图　2－7

解　图 2－7(a) 所示体系可看成两个刚片(杆件 $C-B$,$E-D$ 与地基所构成的刚片和 $A-C-E$ 刚片)由两个单铰和一个链杆组成，相当于 5 个约束。按组成规则分析，三个约束即可构成几何不变体系，因此体系有两个多余约束。

方案一：如图 2－7(b) 所示，解除 E 铰两个多余约束后，$A-C-E$ 与大地可看成两刚片一铰一杆，是静定结构，$D-E$ 是悬臂柱也是静定的，故改造后体系为静定结构。

方案二：如图 2－7(c) 所示，解除固定端 B 的限制转动的约束和 A 点的可动铰支座，$A-C-E$ 与大地可看成两刚片一铰一杆，是静定结构。

方案三：如图 2－7(d) 所示，解除 A 可动铰支座，再解除 E 铰的水平约束，同样可得 $A-C-E$ 与大地是两刚片一铰一杆，因此改造后是静定结构。

例 2－8　试分析图 2－8(a)所示体系的几何可变性。

解　将图 2－8(a)所示体系减去二元体后。如图 2－8(b)所示，因为 1－2－4，2－3－5 是明显的刚片，如果以它们和大地作为刚片，则大地与 1－2－4 在 1 处有一实铰相连，1－2－4 与 2－3－5 在 2 处有一实铰相连，而 2－3－5 刚片和大地只在 3 处有一杆相连，此外再也找不出直接联系的杆件，分析无法进行下去。为此必须改变思路。三刚片三铰规则中三铰可以是实铰，也可以是由两联系构成的虚铰，试按三刚片相互间各两个联系来考虑，确定刚片时要从这一基点出发。按此思路将 2－3－5，4－7 和大地视为刚片，则 2－3－5 与大地间由 1－2 杆和 3 处支座杆相联系，虚铰在 3 处。4－7 与大地间由 1－4 杆和 7 处支座杆相联系，虚铰在无限远处。4－7 与 2－3－5 间由 2－4 和 5－7 杆相联系，虚铰也在无限远处。两无限远虚铰和 3 处的虚铰不共线，因此体系是无多余联系的几何不变体系——静定结构。

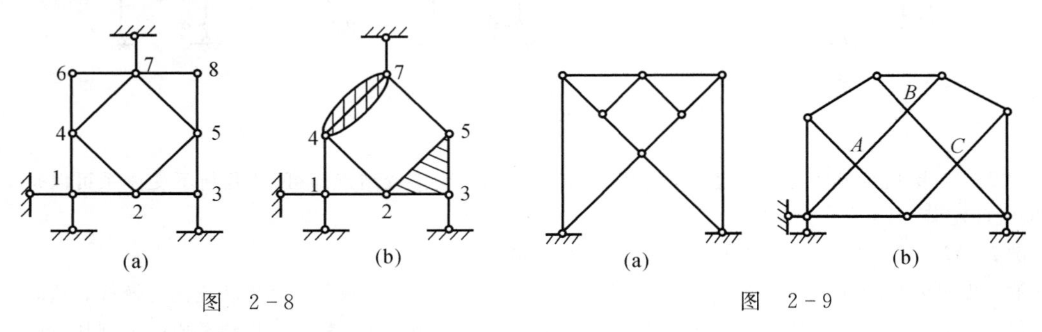

图　2－8　　　　图　2－9

例 2－9　对图 2－9 所示体系进行几何构造分析，并指出有无多余约束。若有，指出其数量。

解 (1)对于图 2-9(a)所示体系,可以等效为如图 2-10(a)所示的结构。由三刚片法则可知,三个刚片由三个共线的铰组成,因此体系为几何瞬变体系。

(2)对于图 2-9(b)所示体系,可等效为如图 2-10(b)所示的体系。由图 2-10(b)可以看出,三刚片用三个不共线的铰连成,所以为无多余约束的几何不变体系。

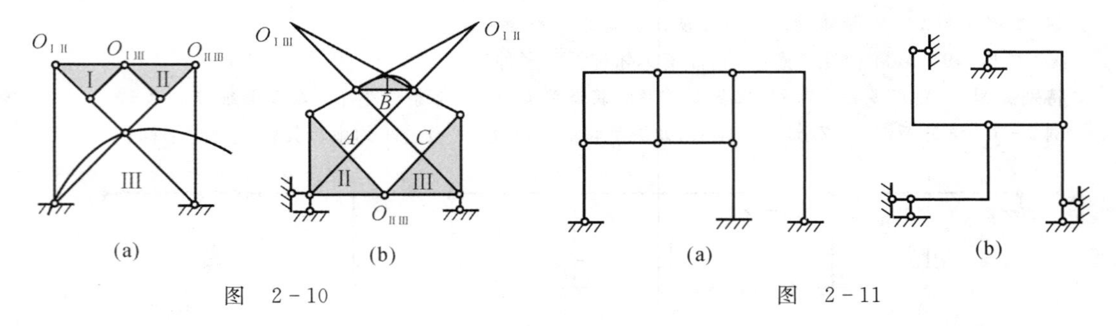

图 2-10　　　　图 2-11

例 2-10 试对如图 2-11 所示结构进行几何结构分析。

解 图 2-11(a)所示为几何不变体系,且无多余约束,刚片设置如图 2-12(a)所示。三个刚片由 1,2,3 号链杆连接,三根链杆不交于一点,所以结构为无多余约束几何不变体系。

(2)将图 2-11(b)所示的刚片设置成如图 2-12(b)所示。可以去掉两个二元体且不会影响结构的自由度,余下的三个刚片之间由不在同一条直线上的铰两两相连,所以为无多余约束的几何不变体系。

例 2-11 在如图 2-13 所示体系中,试增加或者减少约束使其成为几何不变而又无多余约束的体系。

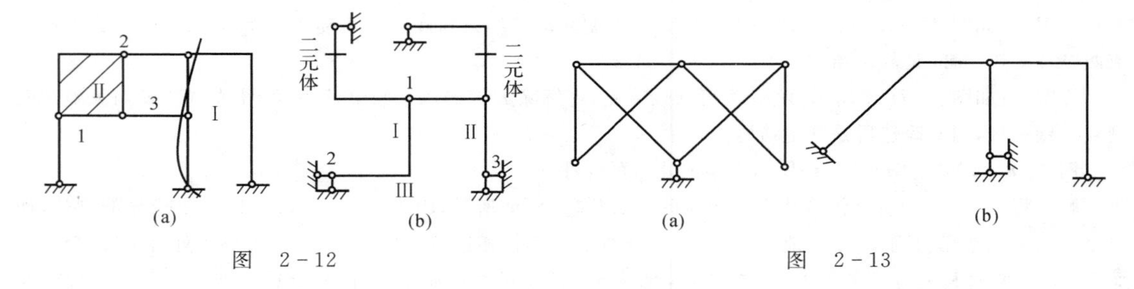

图 2-12　　　　图 2-13

解 对于图 2-13(a),上部结构是几何不变体系,但与大地只有一个链杆连接,若要与大地组成一个无多余约束的几何不变体系,由三元体原理可知,要增加两个杆和一个铰,故结果如图 2-14(a)所示。

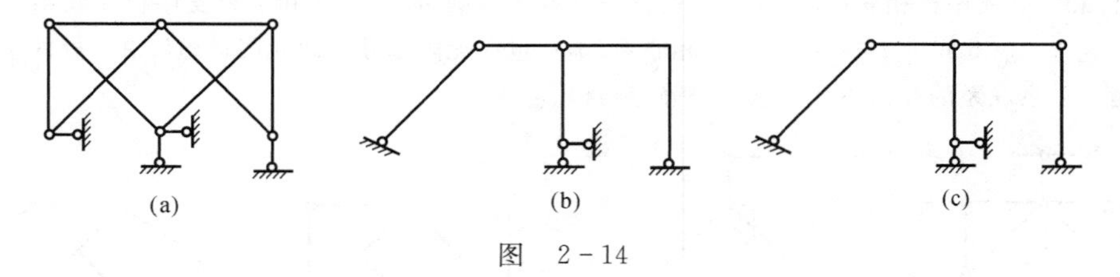

图 2-14

图 2-13(b)所示显然是一次超静定结构,只需把刚结点变为铰结点即可,故几何不变体系可以是图 2-14(b)或(c)。

例 2-12 试分析图 2-15(a)所示体系的几何组成。

解 先对体系进行简化。图 2-15(a)中杆件 $A-D$,$A-E$ 可以看成是与基础相连的支链杆。这时,体系可简化成图 2-15(b)所示情况。这个体系与基础之间有 4 个约束,可以考虑将基础看成一个刚片,可用三刚片规则分析。因此,关键的问题是找另外两个刚片。

数一数，图2-15(b)所示体系中有基础、4个支链杆，再加上其余6个杆件总共有11个。因此，可以将基础、一个三角形和一根杆件看成3个刚片，其余6根杆件看成3对约束(相当于3个虚铰)。基础和三角形(如图2-15(b)中阴影所示)刚片很容易找到，那么第3个刚片是哪一根杆件呢？许多读者在这个地方感到没有思路。既然找这个刚片困难，那么我们可以换个思路，试着找作为约束的杆件，剩下的杆件就是刚片了。因为在这个体系中任意两个刚片之间都是通过两根链杆相连的。按照这个思路，首先将与三角形相连的杆件(如图2-15(b)中虚线所示)找出来，它们一定是作为约束的杆件。这时，就只剩下一个杆件没有被画成虚线了，显然，这根杆件就是第三个刚片。根据三刚片规则，本体系为无多余约束的几何不变体系。

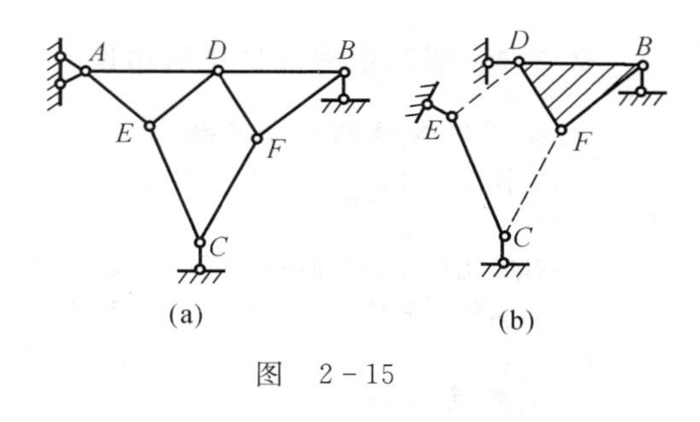

图 2-15

2.2 学习指导

2.2.1 学习方法建议

1. 静定结构的组成规则

这部分是本章的核心内容，具体要求是：①深刻理解并熟记规则的内容。这一点比较容易做到。②熟练地应用规则去分析体系的几何组成。分析体系的几何组成，方法非常灵活，分析技巧很多。必须多做练习，并注意总结，才能达到熟练掌握的程度。

2. 几何可变体系

对这部分内容学习的要求是：①理解并能说明这两种体系不能作为结构的原因。②掌握体系为常变体系或瞬变体系的几种约束的情况。

3. 体系几何组成分析常用方法

体系的几何组成分析主要有以下几种方法，分析时要灵活应用。

(1)去掉二元体。分析一个体系时，有二元体一定要先去掉，使体系简化。分析时，一定要确认去掉的是否是二元体。

(2)去掉基础(或刚片)。若基础(或刚片)与体系的其他部分用三个约束连接，且符合几何不变体系的组成规则，则可以将基础(或刚片)和三个约束一起去掉，只分析余下的部分。

(3)刚片转换。①若一个无多余约束的刚片仅用两个铰与其他部分相连，则可用一根链杆代替这个刚片。②若一个无多余约束的刚片仅用三个铰与其他部分相连，则可用铰结三角形代替这个刚片。

(4)大刚片。若体系的杆件比较多，可以先将一些杆件组成大刚片。

(5)三刚片规则。用三刚片规则时，有时会觉得找不准刚片。一般情况下，若体系有9根杆件，则可试着选3根杆件作为刚片，其余6根杆件作为约束；若有11根杆件，则可试着选1个三角形和2个杆件作为刚片，其余6根杆件作为约束。若有13根杆件，则可试着选两个三角形和1个杆件作为刚片，其余6根杆件作为约束。依此类推。选择刚片时，可以先指定一个刚片，则与这个刚片相连的杆件都是约束，不可能是刚片。这样另外两个刚片就容易确定了。

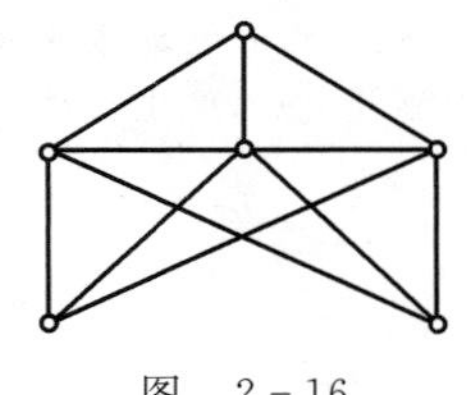
图 2-16

但是，对于图2-16所示体系，就不必硬套这种方法了。很明显，4个三角形组成1个大刚片，另外的两根杆是多余的约束。

(6)增加链杆。当无法直接用组成静定结构的规则分析时，可考虑增加约束，使其能够用三角形规则分析。若增加约束的体系是无多余约束的几何不变体系时，则可以得出原体系是几何可变体系的结构。若增加约束的体系是有多余约束的几何不变体系时，则结论不确定。

2.2.2 解题步骤及易犯的错误

1. 体系可变性的分析步骤

(1)寻找二元体和刚片。先去除二元体,使待分析体系简化,明显的几何不变部分以刚片代替,再使待分析体系简化。

(2)看简化后体系是两刚片还是三刚片,选用相应的规则分析。

(3)如果分析后体系某一部分是不变部分(无多余或有多余约束),将这一部分代换成刚片再接着分析,直至分析结束。

2. 做题易出错的地方

(1)不能正确地理解二元体的定义,将二元体判断错;

(2)不能随分析进程逐步改变刚片的范围;

(3)不能深刻理解刚片没有一定的形状,只要保持不变性,可以任意变成便于分析的另一形式;

(4)对不满足规则条件的可变性结论不熟悉,误将可变体判为不变体;

(5)由超静定变静定时,增加了原体系没有的约束;

(6)没有保证每一步都是有规则可依的几何不变体。

2.2.3 学习中常遇问题解答

1. 无多余约束几何不变体系(静定结构)三个组成规则之间有何关系?

答:是最基本的三角形规则,其间关系可用图 2-17 说明。

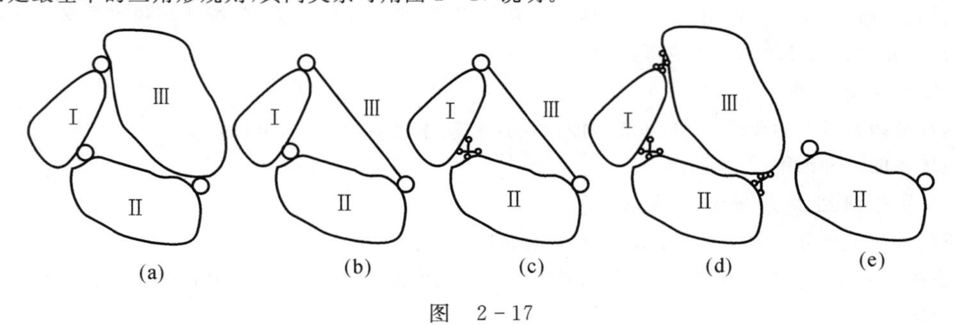

图 2-17

图 2-17(a)为三刚片三铰不共线情况;图 2-17(b)所示为将Ⅲ刚片改成链杆,两刚片一铰一杆不共线情况;图 2-17(c)为将Ⅰ,Ⅱ刚片间的铰改成两链杆(虚铰),两刚片三杆不全部平行、不交于一点的情况;图 2-17(d)为三个实铰均改成两链杆(虚铰),变成三刚片每两刚片间用一虚铰相连、三虚铰不共线的情况。图 2-17(e)为将Ⅰ,Ⅲ看成二元体,减二元体所成的情况。

2. 实铰与虚铰有何差别?

答:从瞬间转动效应来说,实铰和虚铰是一样的。但是实铰的转动中心是不变的,而虚铰转动中心为瞬间的链杆交点,产生转动后瞬时转动中心是要变化的。

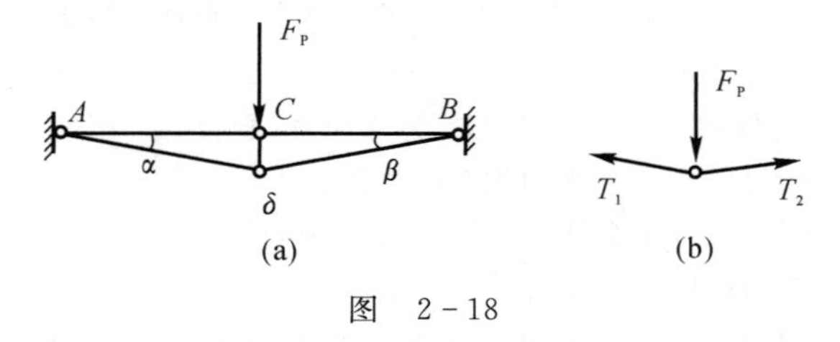

图 2-18

3. 试举例说明瞬变体系不能作为结构的原因。接近瞬变的体系是否可作为结构?

答:如图 2-18(a)所示,AC,CB 与大地三刚片由 A,B,C 三铰彼此相连,因为三铰共线,体系瞬变。设该体系受荷载F_P作用，体系C点发生微小位移δ，AC，CB分别转过微小角度α和β。微小位移后三铰不再共线变成几何不变体系，在变形后的位置，体系能平衡外荷载F_P，取隔离体如图2-18(b)所示，列投影平衡方程，可得

$$\begin{cases}\sum F_x=0, & T_2\cos\beta-T_1\cos\alpha=0\\ \sum F_y=0, & T_2\sin\beta+T_1\sin\alpha=F_P\end{cases}$$

由于α，β非常小，因此$\cos\beta\approx\cos\alpha\approx 1$，$\sin\beta\approx\beta$，$\sin\alpha\approx\alpha$，将此代入上式可得

$$T_2\approx T_1=T,\quad T(\beta+\alpha)=F_P,\quad T=\frac{F_P}{\beta+\alpha}\to\infty$$

由此可见，瞬变体系受正常荷载作用后将产生巨大的内力，因而瞬变体系不能作为结构。由以上分析可见，虽三铰不共线，但当体系接近瞬变时，一样将产生巨大内力，因此也不能作为结构使用。

4.平面体系几何组成特征与其静力特征间关系如何？

答：无多余约束几何不变体系——静定结构，仅用平衡条件就能分析受力；有多余约束几何不变体系——超静定结构，仅用平衡条件不能解决全部受力分析；瞬变体系，受正常的外力作用，可导致某些杆无穷大的内力；常变体系，除特定外力作用外，不能平衡。

5.平面体系组成分析的基本思路、步骤是怎样的？

答：分析的基本思路是先设法化简，找刚片思考能用什么规则分析。

一般步骤：

(1)仅三支杆(不全平行，不交一点)，可化为内部可变性分析；有二元体，从体系中减去；从基本刚片加二元体找大刚片化简体系。

(2)看化简后的体系适合用什么规则分析，并具体分析。

(3)结论。

6.构成二元体的链杆可以是复链杆吗？

答：可以。但必须是与其相连的链杆除一根外，都是可减去的二元体，当减去这些二元体后，此复链杆和保留的链杆满足二元体的定义。否则就不可以。

7.超静定结构中的多余约束，是从何角度被看成是“多余”的？

答：是从能否减少自由度的运动分析角度被看成是“多余”的(也可称为从几何意义上是多余的)，但从受力角度上讲并不是多余的，而是必要的。

2.3　考试指点

2.3.1　考试出题点

计算结构的内力、位移前，必须知道体系的几何不变性，本章就是解决这个问题的。它是比较特殊的一章，因此在各种结构力学考试中，基本上都有这一章的内容，其考点为：

(1)体系几何组成分析的名词概念。

(2)运用平面体系几何构造分析的基本规则，会判断体系是否属于几何不可变。

(3)自由度的概念，能正确运用自由度公式确定体系的自由度或多余的约束数。

2.3.2　名校考研真题选解

一、客观题

1.填空题

(1)(哈尔滨工业大学试题)在平面体系中，联结________的铰称为单铰，联结________的铰称为复铰。

答案:两个刚片　两个以上的刚片

(2)(国防科技大学试题)如图 2－19 所示的体系是有________个多余约束的________体系。

答案:0　几何不变

(3)(国防科技大学试题)如图 2－20 所示的体系是有________个多余约束的________体系。

答案:5　瞬变

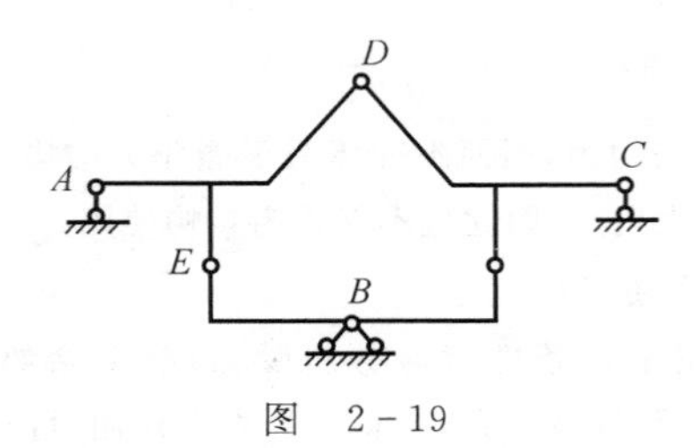

图　2－19

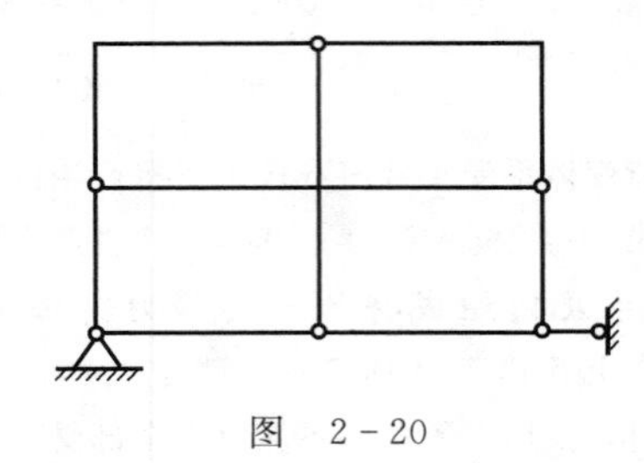
图　2－20

(4)(北京工业大学试题)结构的自由度含义为________,计算自由度的含义为________,动力自由度的含义为________。

答案:运动参数数量　运动参数数量　描述结构(质量)变形的参数数量。

(5)(西南交通大学试题)如图 2－21 所示结构的稳定自由度为________。

答案:3

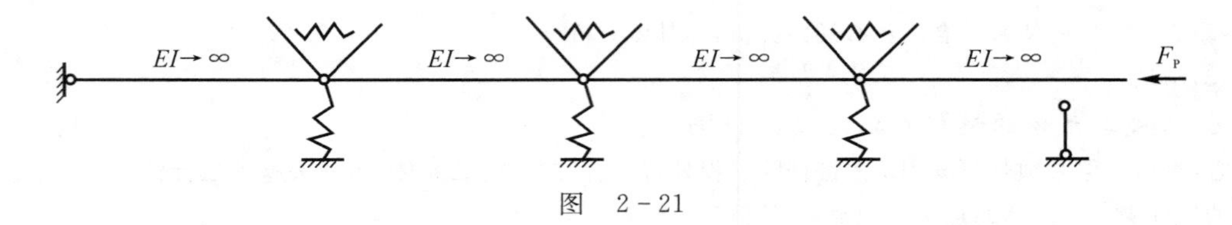

图　2－21

(6)(中南大学试题)图 2－22 所示对称桁架中,零杆的根数(不含支座链杆)为________。

答案:5

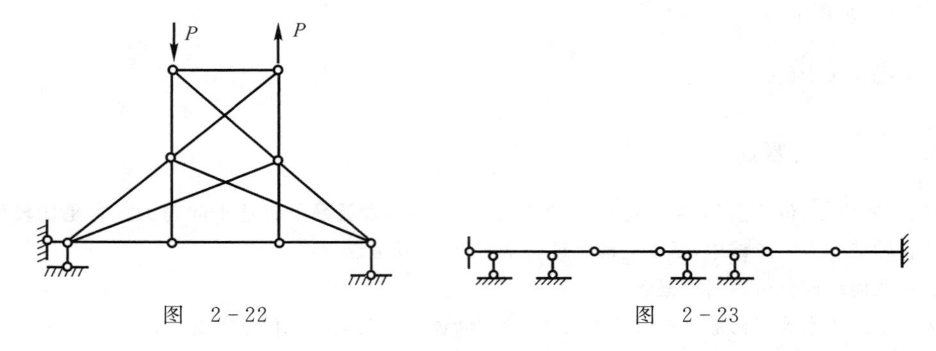

图　2－22　　　　图　2－23

2.选择题

(1)(哈尔滨工业大学试题)如图 2－23 所示体系的几何组成为(　　)。

A.几何不变,无多余联系　　B.几何不变,有多余联系　　C.瞬变　　D.常变

答案:B

(2)(哈尔滨工业大学试题)如图 2－24 所示结构的超静定次数为(　　)。

A.12 次　　B.15 次　　C.24 次　　D.35 次

答案:D

(3)(天津大学试题)如图 2-25 所示体系的几何组成为(　　)。

A. 几何不变,无多余约束　　B. 几何不变,有多余约束

C. 瞬变体系　　D. 常变体系

答案:B

(4)(浙江大学试题)如图 2-26 所示体系的几何组成是(　　)。

A. 几何不变,无多余约束　　B. 几何不变,有多余约束

C. 瞬变　　D. 常变

答案:C

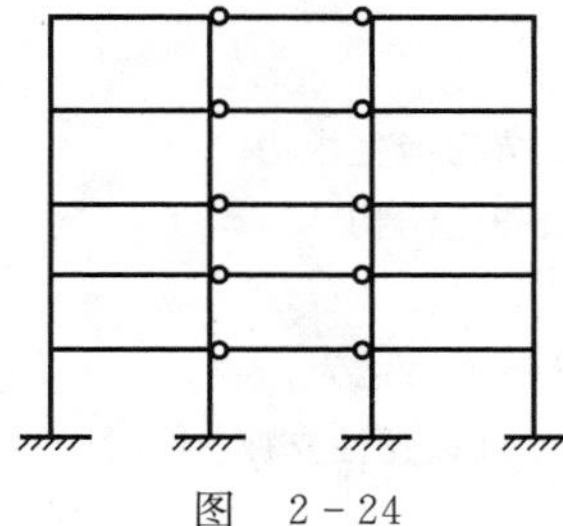

图　2-24

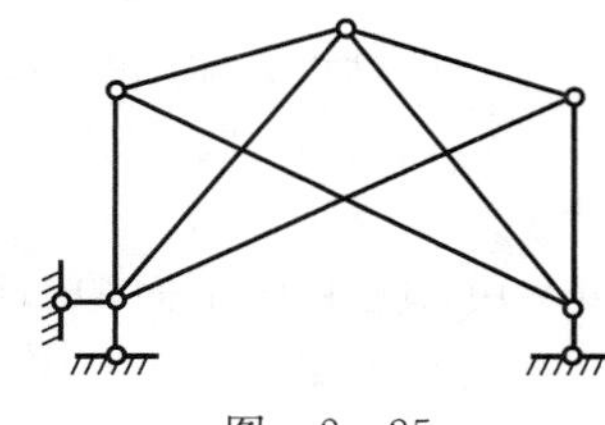

图　2-25

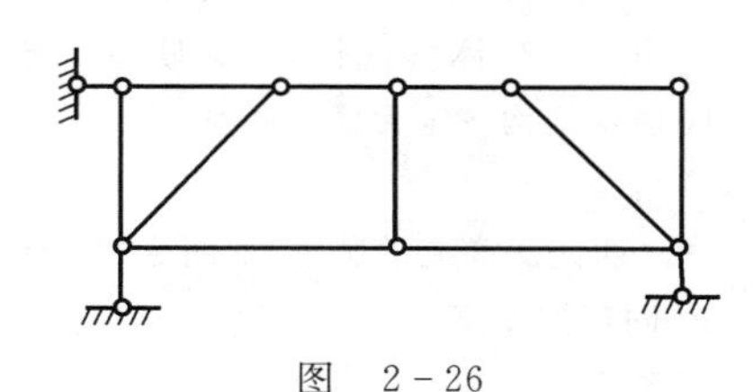

图　2-26

(5)(浙江大学试题)如图 2-27 所示铰结体系的几何组成是(　　)。

A. 几何不变,无多余约束　　B. 几何不变,有 1 个多余约束

C. 几何不变,有 2 个多余约束　　D. 瞬变

答案:B

(6)(浙江大学试题)　1)如图 2-28 所示体系的几何组成为(　　)。

A. 几何不变,无多余联系　　B. 几何不变,有多余联系

C. 瞬变　　D. 常变

2)如图 2-29 所示体系(中心点不相交)的几何组成为(　　)。

A. 几何不变,无多余联系　　B. 几何不变,有多余联系

C. 瞬变　　D. 常变

答案:1)B　　2)C

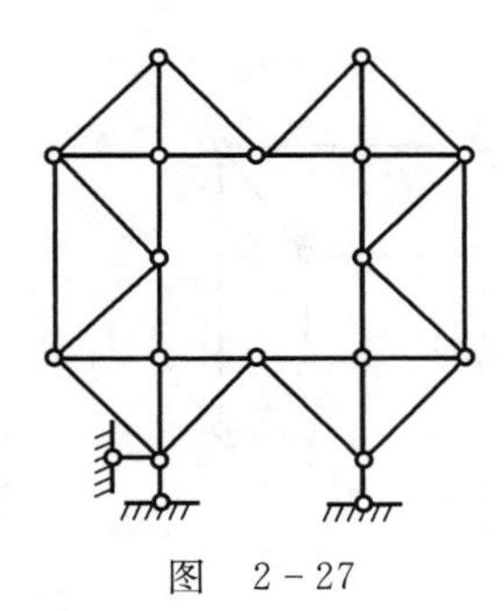

图　2-27

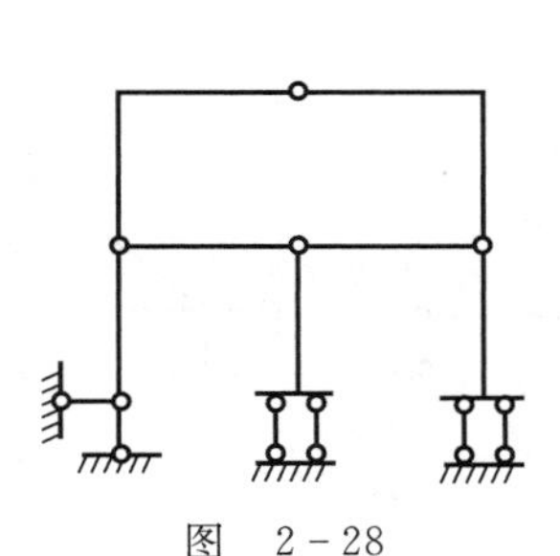

图　2-28

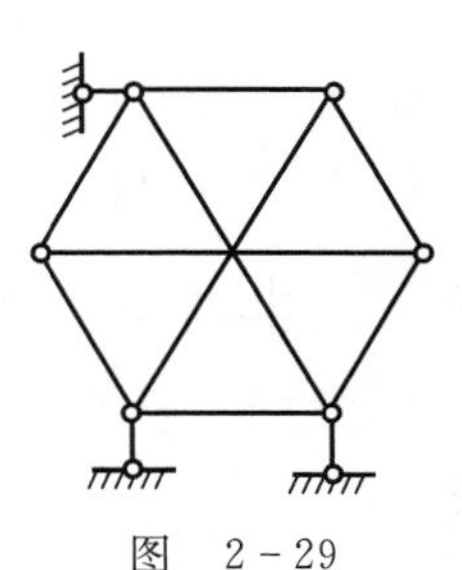

图　2-29

(7)(中南大学试题)　1)如图 2-30 所示的体系是(　　)。

A. 常变体系　　B. 瞬变体系

C. 无多余联系的几何不变体系　　D. 有多余联系的几何不变体系

2)图 2-31 所示结构的超静定次数为(　　)。

A. 5　　B. 6　　C. 7　　D. 8

答案:1)C　　2)B

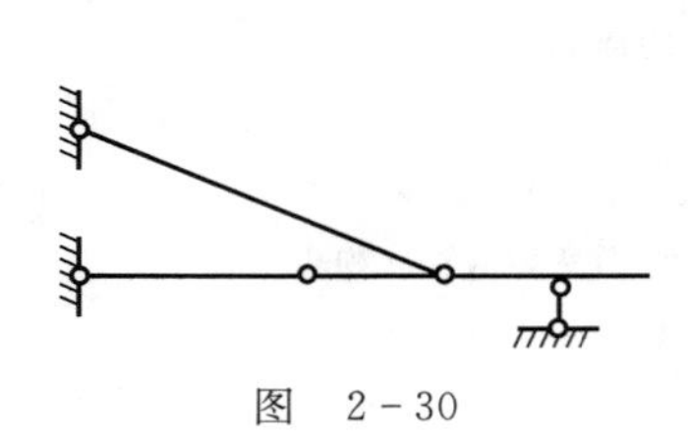

图　2-30

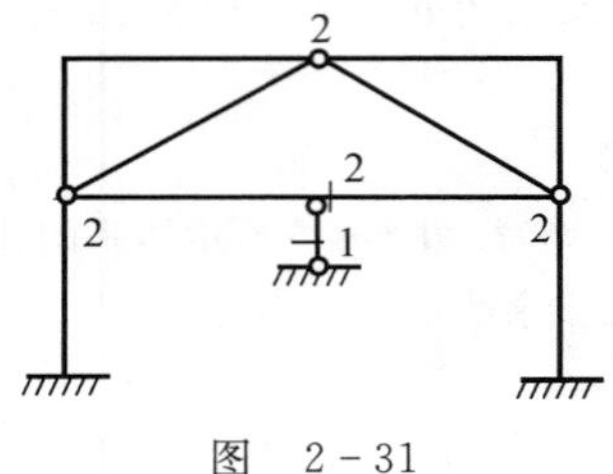

图　2-31

(8)(宁波大学试题)下列说法正确的是(　)。

A. 几何不变体系一定无多余联系

B. 静定结构一定无多余联系

C. 结构的制造误差不会使结构产生内力

D. 有多余联系的体系是超静定结构

答案:B

(9)(西南交通大学试题)如图 2-32 所示结构中,其他杆件对压杆 BD 的影响可简化为(　)。

A. 固定铰支座　　B. 抗转弹性支座　　C. 固定支座　　D. 抗移弹性支座

答案.B

3. 判断题

(1)(中南大学试题)任意两根链杆的约束作用都相当于其交点处的一个虚铰。

答案:对

(2)(中南大学试题)一个体系上去掉一个二元体,将减少两个自由度。

答案:错

(3)(湖南大学试题)静定结构是无多余约束的几何不变体系,超静定结构是有多余约束的几何不变体系。

答案:对

(4)(湖南大学试题)自由度 $W\leqslant 0$ 是体系保持几何不变的充分条件。

答案:错

(5)(天津大学试题)如图 2-33 所示体系为几何不变体系,并且没有多余约束。

答案:对

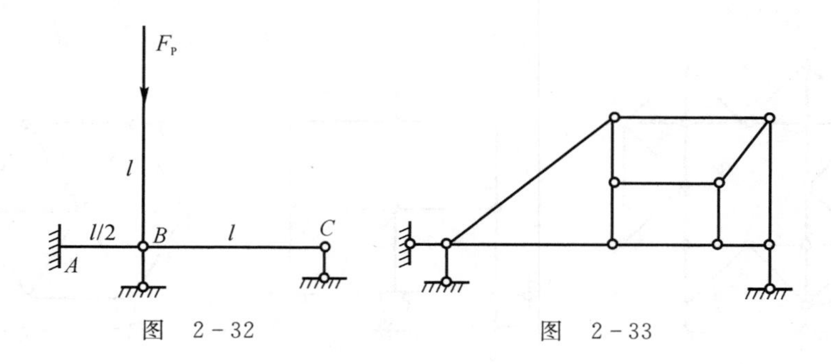

图　2-32　　　　图　2-33

(6)(东南大学试题)瞬变体系中一定有多余约束存在。

答案:错

二、计算题

1.(武汉科技大学试题)对如图 2-34 所示体系作几何组成分析。

解　图 2-34(a)所示结构为无多余约束的几何不变体系,图 2-34(b)所示结构为无多余约束的几何不

变体系，图2-34(c)所示结构为无多余约束的几何不变体系。

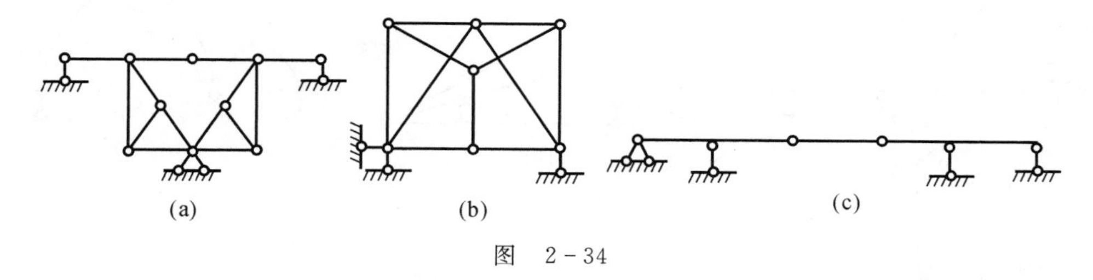

图　2-34

2.(武汉科技大学试题)对如图2-35所示体系作几何组成分析。

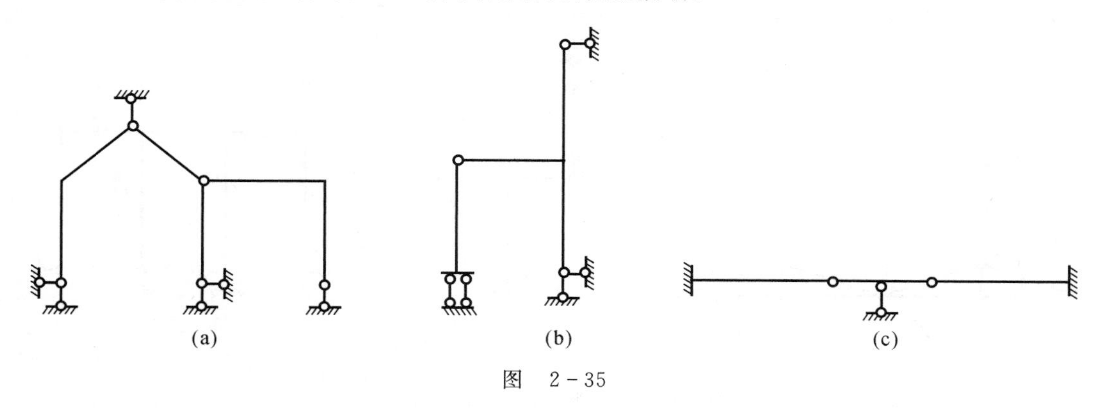

图　2-35

解　图2-35(a)所示体系的没有多余约束的几何不变体系，图2-35(b)所示体系为有一个多余约束的几何不变体系，图2-35(c)所示体系为有两个多余约束的几何不变体系。

3.(武汉科技大学试题)对图2-36所示体系作几何组成分析。

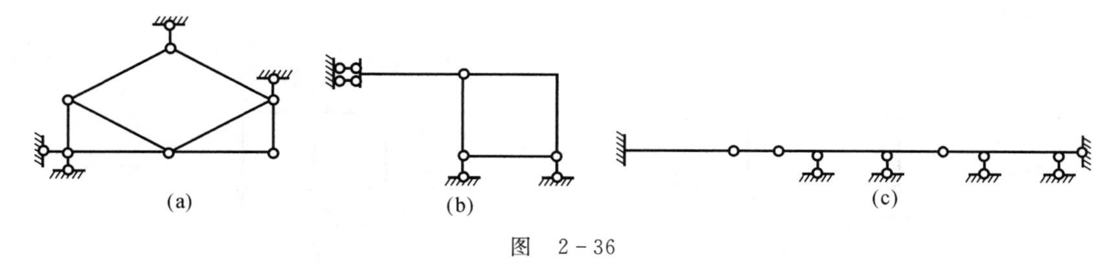

图　2-36

解　(1)将图2-36(a)所示结构分成三个刚片，这三个刚片由三个铰连接，且不在同一条直线上，符合三刚片规则，故此体系是无多余约束的几何不变体系。

(2)图2-36(b)所示为具有一个多余约束的几何不变体系。

(3)图2-36(c)所示为具有一个多余约束的几何不变体系。

4.(武汉科技大学试题)对如图2-37所示体系作几何组成分析。

解　(1)解图2-37(a)。将结构分成两个刚片，可以发现，两个刚片由两个支座和铰连接，三者不交于一点，所以系统为无多余约束几何不变体系。

(2)解图2-37(b)。首先去掉二元体，剩下如图2-38所示的结构。可以看出，两边三角形可作为刚片处理，两个刚片由三个在同一条直线上的铰连接，所以体系为几何瞬变体系。

(3)解图2-37(c)。分别将两个拱看作刚片，两个刚片由两个平行的链杆和铰连接，在同一条直线上，所以结构为几何可变体系。

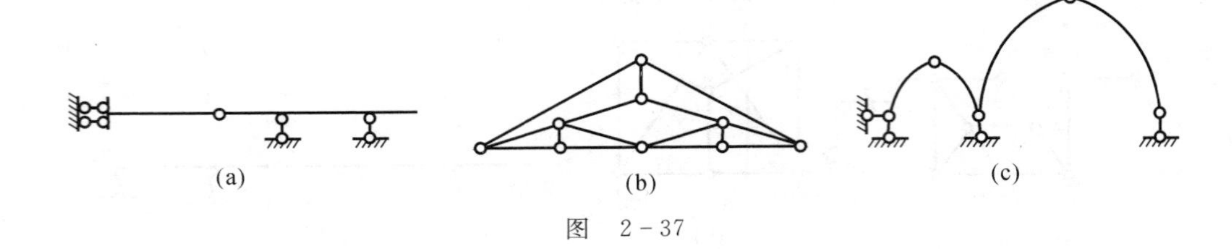

图 2-37

5.(宁波大学试题)分析图 2-39 所示体系的几何组成。

解 ABC 为铰结三角形,视为刚片Ⅰ;铰结三角形组成 $CDEF$,视为刚片Ⅱ;基础视为刚片Ⅲ。三刚片由不共线的三个铰 B,C,F 两两相连,故体系为无多余约束的几何不变体系。

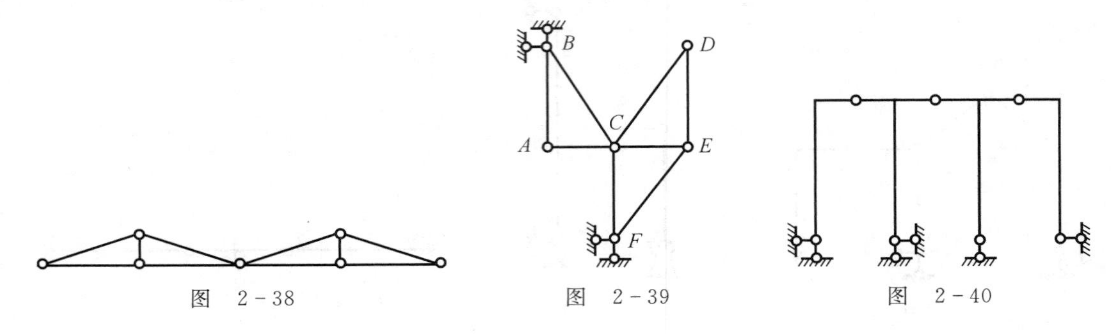

图 2-38　　图 2-39　　图 2-40

6.(哈尔滨工业大学试题)分析如图 2-40 所示平面体系的几何组成。

解 应用去除二元体的方法,可知此体系为无多余约束的几何不变体系。

7.(西南交通大学试题)对图 2-41 所示体系进行几何构造分析。

解 由图 2-41 所示结构可知,最上面的三角结构为二元体,可直接去掉。将结点编号,得到示意图,如图2-42所示。

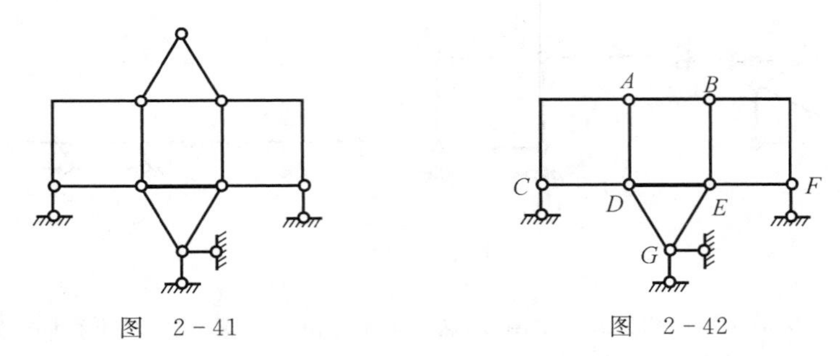

图 2-41　　图 2-42

将大地及 DEG 看作刚体Ⅰ,ADC 视为刚体Ⅱ,BEF 为刚体Ⅲ,则Ⅰ和Ⅱ由铰 C 和 D 连接,Ⅰ和Ⅲ由铰 E 和 F 连接,Ⅱ和Ⅲ由链杆 AB 与 DE 连接。因为 $CDEF$ 连接线在一条直线上,故结构为几何瞬变体系。

8.(西南交通大学试题)分析如图 2-43 所示平面体系的几何组成性质。

解 由图 2-43 所示结构特点可知,仅分析上部结构即可。对上部结构进行分析发现,结构对称,两边可以视为两个刚体Ⅰ,Ⅱ,中间竖杆为一个刚体Ⅲ,如图 2-44(a)所示。

三个刚体由链杆 1,2,3,4,5,6 连接。对刚体进一步化简,如图 2-44(b)所示。

由图 2-44(b)可以看出,连接刚体Ⅰ和Ⅲ的 1 和 2 链杆的交点为 A,连接Ⅱ和Ⅲ的 3,4 杆的交点为 B,连接Ⅰ和Ⅲ的 5 和 6 杆的交点在无限远处,与 A,B 铰连线平行,所以体系为几何可变体系。

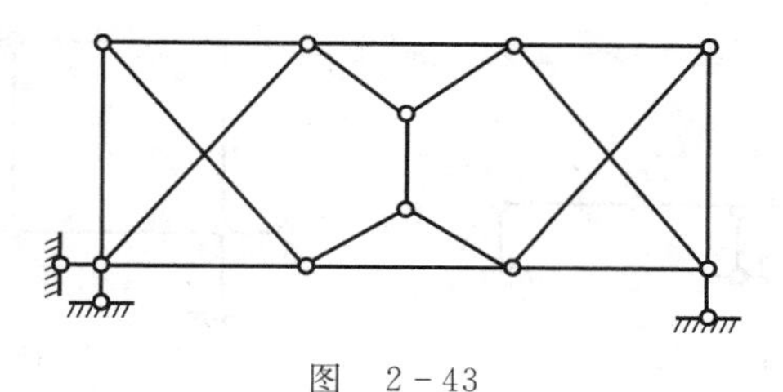

图　2-43

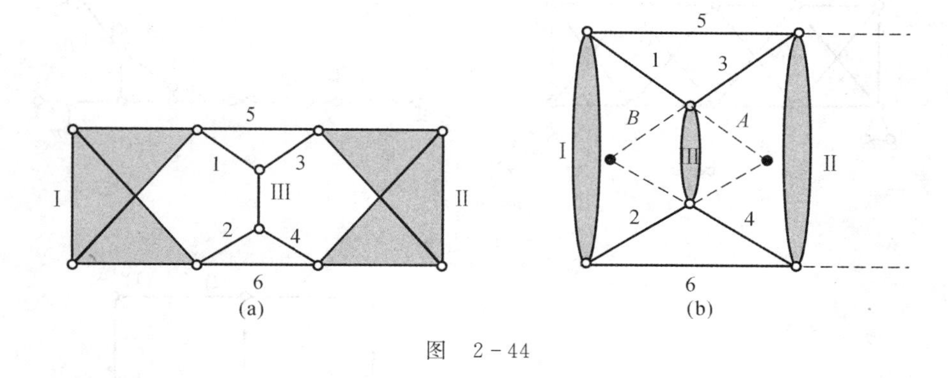

图　2-44

9.(西南交通大学试题)分析图2-45所示平面体系的几何组成性质。

解　对结构各节点进行编号,如图2-46(a)所示。

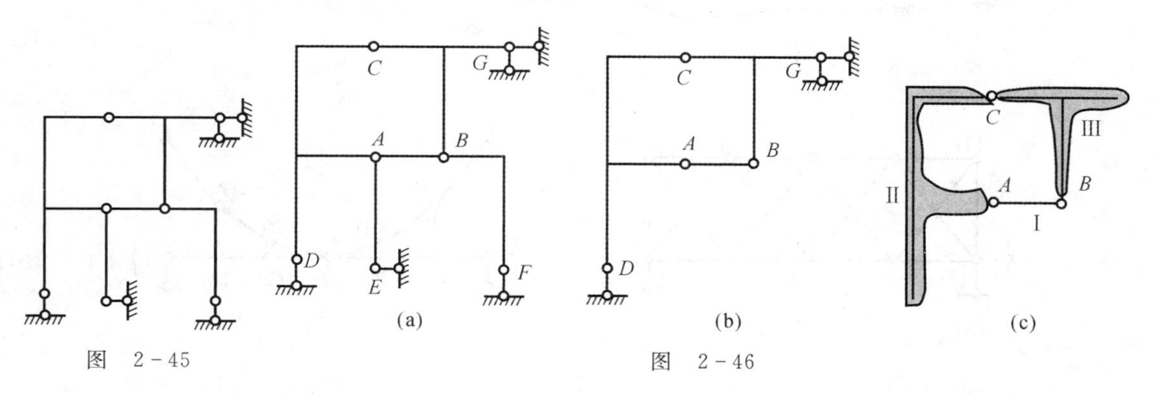

图　2-45　　　　图　2-46

由图2-46(a)所示结构可知,图中的杆 AE 和 BF 为二元体,可以拆除,如图2-46(b)所示。将 AB,CAD 和 CGB 分别化为刚体Ⅰ,Ⅱ,Ⅲ,如图2-46(c)所示。三个刚体由三个铰连接,且不共线,因此体系为几何不变体系,且无多余约束。

10.(东南大学试题)分析图2-47所示体系的几何稳定性,写出分析过程。

解　(1)对于图2-47(a),可将结构划分为如图2-48(a)所示的刚片。由两刚体连接原则可知,图2-48(a)中的刚片Ⅰ和Ⅱ构成了一个几何不变体系,可以依次用链杆叠加刚片而不改变几何性质。依次叠加刚片Ⅲ和Ⅳ,且均用一根链杆和一单铰连接,故体系为几何不变体系,且无多余约束。

(2)对于图2-47(b),首先分析结构中的单铰数,结果如图2-48(b)所示(每个节点的单铰数都标在图中括号内)。可知单铰有7个,每个杆件可看作一个刚片,总共有刚片 $m=6$ 个,链杆 $r=3$ 个,所以自由度为

$$W=3m-(2n+r)=1$$

因此,体系为几何可变体系。

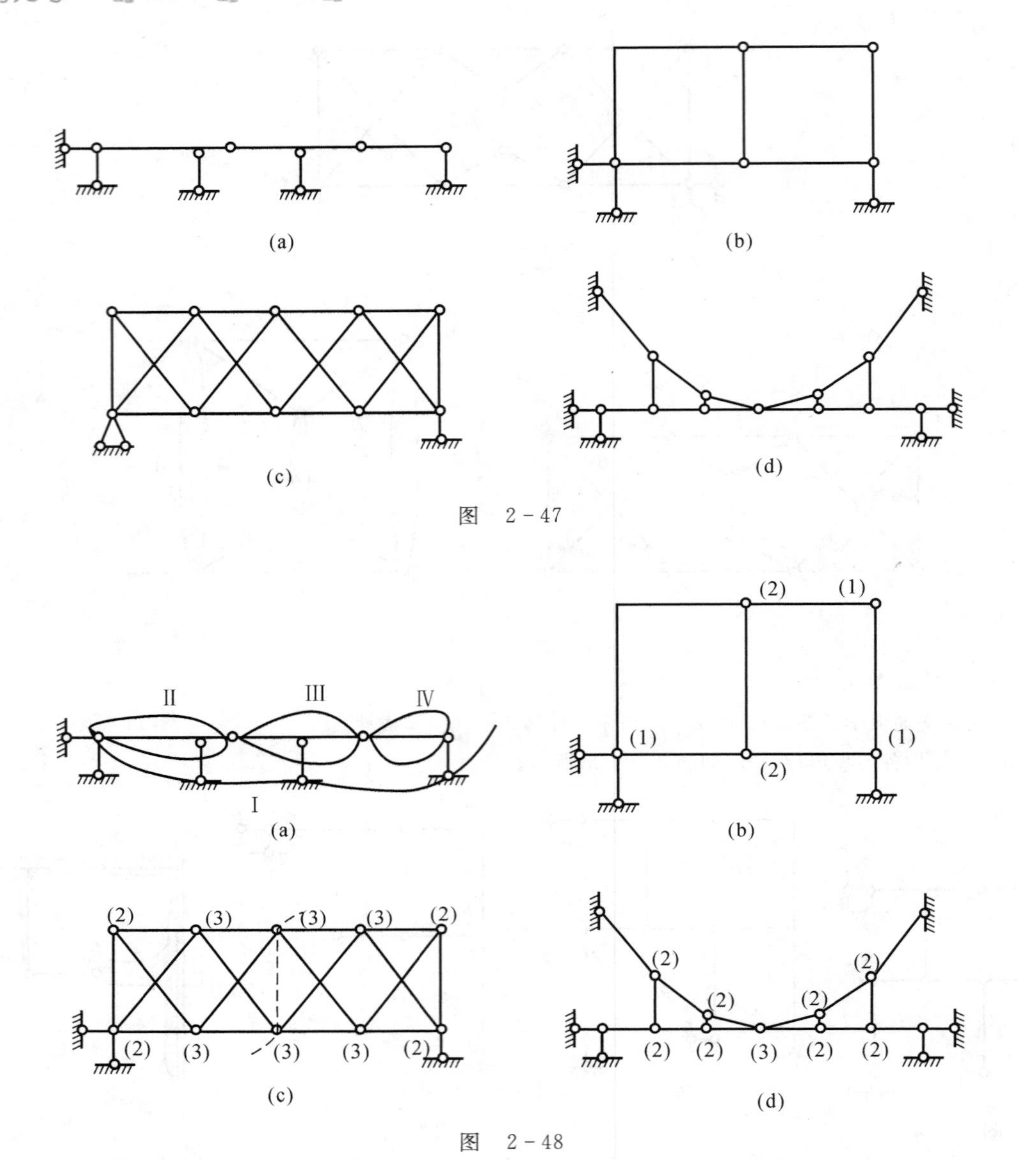

图 2-47

图 2-48

(3)对于图 2-47(c),首先划分刚片,结果如图 2-48(c)所示。同前,图中括号中的数值为每个节点对应的单铰数。由图 2-48(c)可以看出,各链杆形成二元体后,两个刚片用两铰相连,故体系为几何不变体系。

然后计算体系的自由度。如图 2-48(c)所示,体系中有刚片 18 个,单铰 26 个,链杆 3 个,所以自由度为 −1,因此有一个多余约束。

(4)对于图 2-47(d),首先分析其自由度,结果如图 2-48(d)所示。进一步分析可知,此体系有刚片 16 个,单铰 19 个,链杆 8 个,所以自由度为 2,故为几何可变体系。

2.4 习题精选详解

2-1 试分析图示体系的几何构造。

解 (1)对题 2-1 图(a)所示的各杆编号如解 2-1 图(a)所示,可知由于杆 3,4,5 不交于同一点,因此杆 3,4,5,6 组成几何不变的整体,且无多余约束。杆 1 和杆 2 构成一个二元体,杆 7 和杆 8 构成一个二元体,因此该体系为几何不变体系，且无多余约束。

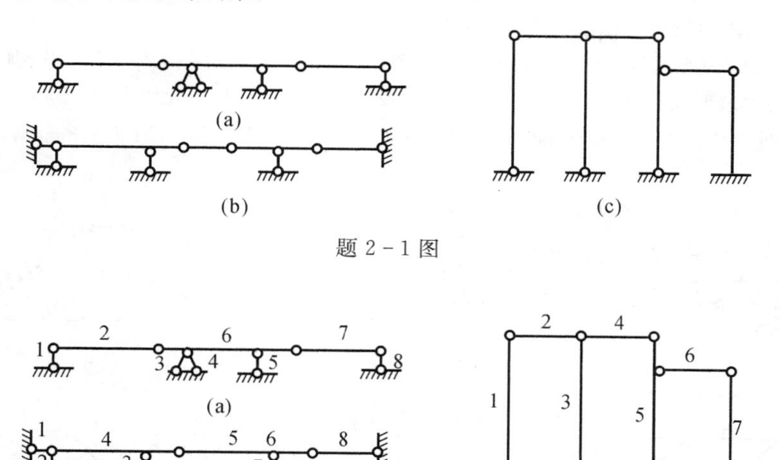

题 2－1 图

解 2－1 图

（2）对题 2－1 图(b)所示的各杆编号，如解 2－1 图(b)所示。可知，由于杆 1,2,3 不交于同一点，因此杆 1,2,3,4 组成几何不变的整体，且无多余约束，可将杆 1,2,3,4 整体看成与地面固连在一起的。对杆 6 进行分析：由于连接刚体杆 6 与大地的三根杆 5,7,8 相交于同一点，因此该体系为几何瞬变体系。

（3）对题 2－1 图(c)所示的各杆编号，如解 2－1 图(c)所示。可知，杆 7 与大地固连，因此杆 5,6 构成一个二元体，将其看成与大地固连；杆 3,4 构成一个二元体，也可将其看成与大地固连；杆 1,2 构成一个二元体。因此该体系为几何不变体系。

2－3　试分析图示体系的几何构造。

解　（1）对题 2－3 图(a)所示的各杆编号，如解 2－3 图(a)所示。不考虑支座，左侧杆 1,2,3 构成一个刚片，加上二元体 4－5,6－7,8－9,10－11,12－13 后构成一个大刚片Ⅰ，同理可构成刚片Ⅱ，将杆 14 视为刚片Ⅲ，三刚片由不交于一点的三个铰相连，所以为几何不变体系，且无多余约束。

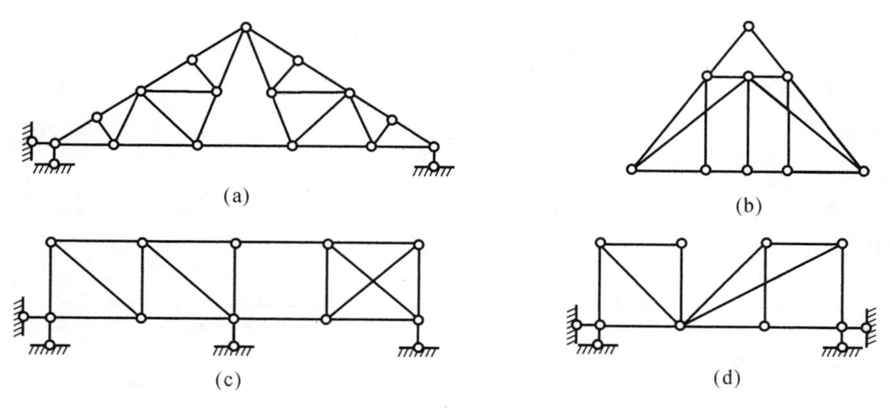

题 2－3 图

温馨提示：在题 2－3 图(a)中，当上部结构通过不平行且不交于一点的三链杆支座与大地相连时，可不考虑支座，仅考虑上部结构的几何性质。

（2）对题 2－3 图(b)所示的各杆编号，如解 2－3 图(b)所示。杆 1,2,3 构成刚片，加上二元体 4－5,6－7

之后构成新刚片Ⅱ。刚片Ⅱ与刚片Ⅰ由铰 A 与杆 8 相连，且杆 8 与铰 A 不共线，故构成一个几何不变体系。链杆 9,10 视为二元体，则整体为内部不变，且无多余约束。

(3)对题 2-3 图(c)所示的各杆编号，如解 2-3 图(c)所示。杆 1,2,3 构成一个刚片，加上二元体 4-5，6-7，8-9 之后与大地形成一个大刚片Ⅰ。杆 10,11,12 构成刚片，它与二元体 13-14 相连构成刚片Ⅱ。Ⅰ与Ⅱ由相互不平行的链杆 15,16 及支座链杆 C 相连，所以为几何不变体系，且有 1 个多余约束。

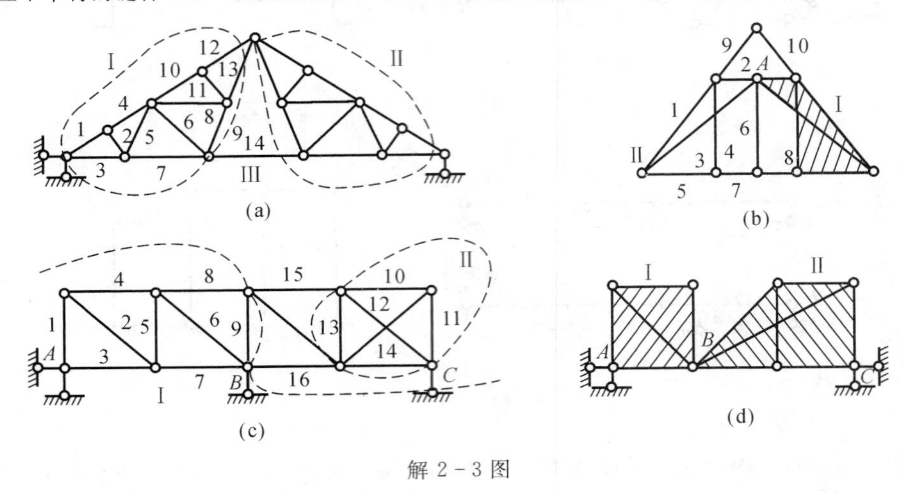

解 2-3 图

温馨提示：注意对几何组成规律的灵活运用。

(4)对题 2-3 图(d)所示的各杆编号如解 2-3 图(d)所示。易看出，刚片Ⅰ，Ⅱ由共线的 A,B,C 三铰相连，三铰在同一直线上，所以为瞬变体系。

2-5　试分析图示体系的几何构造。

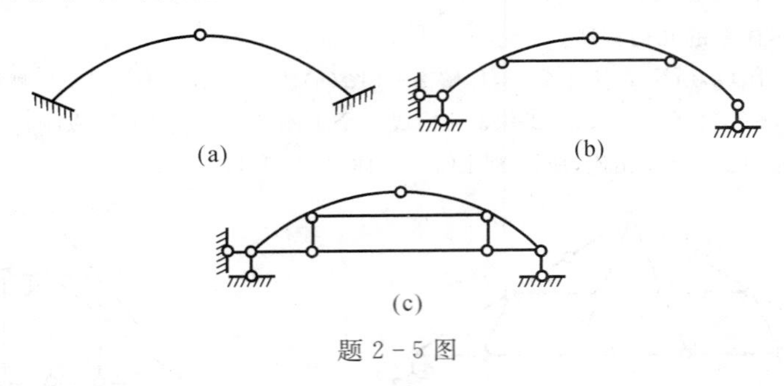

题 2-5 图

解　(1)对题 2-5 图(a)中的杆编号，如解 2-5 图(a)所示。刚片Ⅰ，Ⅱ，Ⅲ交于不共线的三个铰，故体系为几何不变体系，且有两个多余约束.

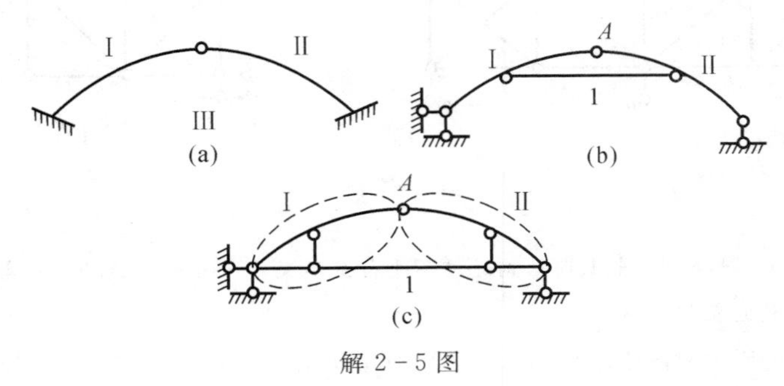

解 2-5 图

(2)对题 2-5 图(b)中的杆和结点编号,如解 2-5 图(b)所示。可不考虑支座作用,只考虑上部结构的几何性质。可见刚片Ⅰ,Ⅱ由铰 A 和杆 1 相连,且三个铰不在一条直线上,则该体系构成一个几何不变体系,且无多余约束。

(3)对题 2-5 图(c)中的杆和结点编号,如解 2-5 图(c)所示。仅考虑上部体系的几何性质。左侧三刚片由不共线的三个铰相连构成新刚片Ⅰ,同理有刚片Ⅱ,Ⅰ与Ⅱ由铰 A 及杆 1 相连,故体系为几何不变,且无多余约束。

2-7　试分析图示体系的几何构造。

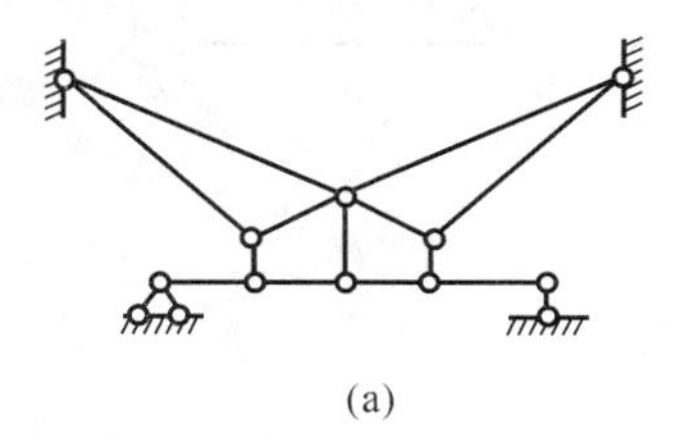

(a)

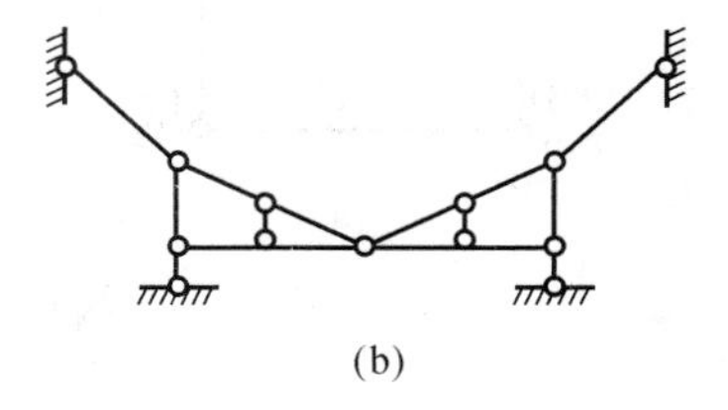

(b)

题 2-7 图

解　(1)对题 2-7 图(a)中的结点编号,如解 2-7 图(a)所示。刚片Ⅰ,Ⅱ及大地Ⅲ分别交于铰(1,2),(1,3),(2,3),几何不变;此外,视 1-2,3-4,5-6,7-8 为二元体,体系几何性质不变,仍为几何不变体系,且无多余约束。

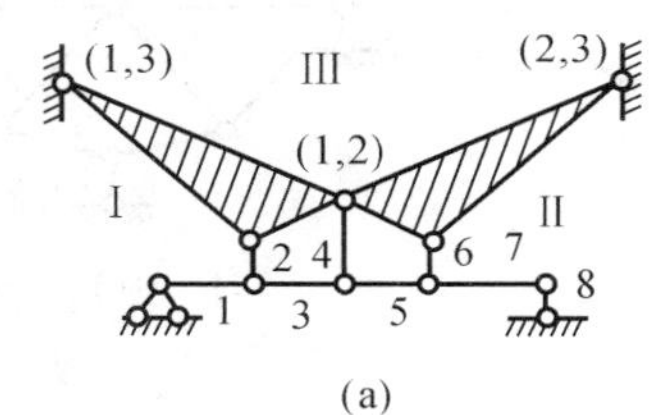

(a)

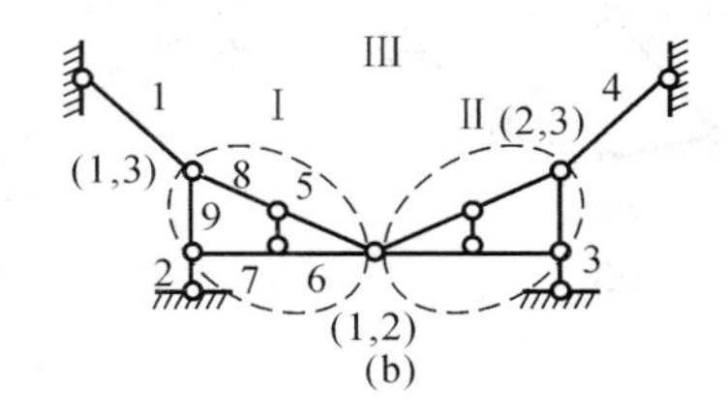

(b)

解 2-7 图

(2)对于题 2-7 图(b)所示结构,考虑支座及大地的作用,合理选择刚片。杆 5,6,7 构成一个刚片,8,9 视为二元体,构成如解 2-7 图(b)所示刚片 I,同理有刚片Ⅱ。Ⅰ,Ⅱ与大地刚片Ⅲ由三个铰相连。Ⅰ,Ⅱ交于铰(1,2)。Ⅰ,Ⅲ由链杆 1,2 连接交于虚铰(1,3)。Ⅱ,Ⅲ由链杆 3,4 连接交于虚铰(2,3)。故体系为几何不变,且无多余约束。

温馨提示:注意掌握组成规律的运用。上部结构与大地之间由不交于一点的三链杆相连时,可仅考虑上部结构的几何性质;除此情况之外,一定要考虑支座及大地的作用。

2-8　试分析图示体系的几何构造。

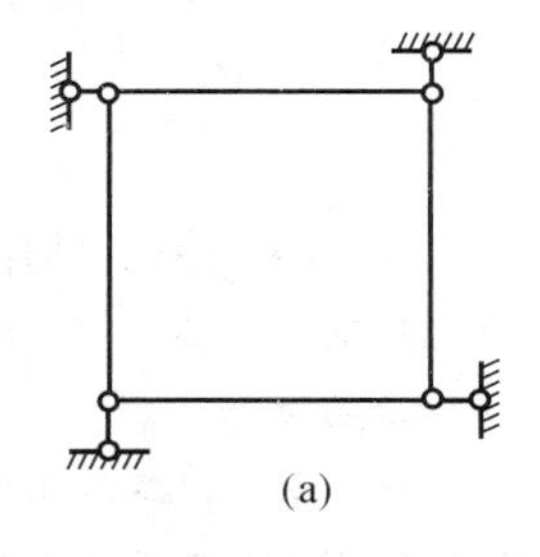

(a)

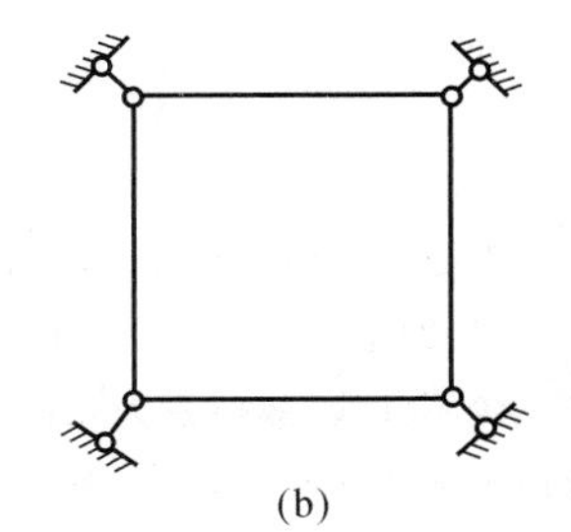

(b)

题 2-8 图

解　(1)可将题 2-8 图(a)所示结构转化为如解 2-8 图(a)所示结构,刚片Ⅰ,Ⅱ及大地Ⅲ由三个铰相连，Ⅰ，Ⅱ由平行链杆5,6连接，交于无穷远处虚铰(1,2)。Ⅰ，Ⅲ由链杆支座1、3连接交于(1,3)。Ⅱ，Ⅲ交于(2,3)，三铰不共线，故为几何不变体系且无多余约束。

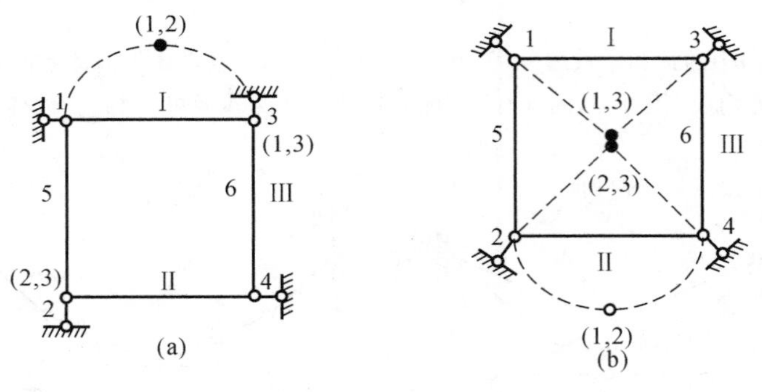

解 2-8 图

(2)可将题2-8图(b)所示结构转化为如解2-8图(b)所示结构，即刚片Ⅰ，Ⅱ及大地Ⅲ。Ⅰ，Ⅱ交于无穷远处铰(1,2)。Ⅰ，Ⅲ由支座链杆相连交于(1,3)。Ⅱ，Ⅲ交于(2,3)。(1,3)及(2,3)的连线与杆5,6平行，故体系为瞬变体。

2-9　试分析图示体系的几何构造。

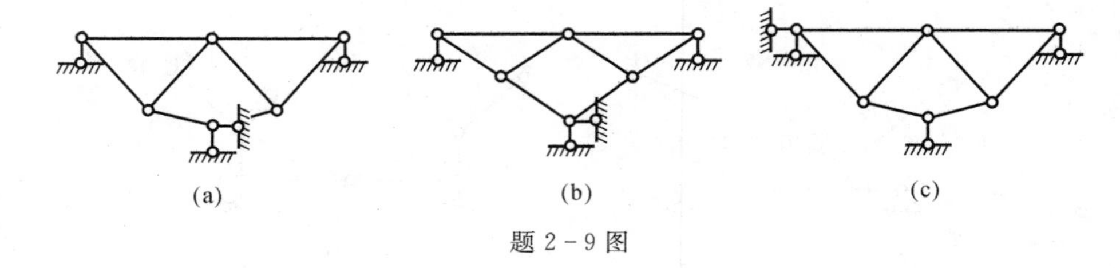

题 2-9 图

解　(1)对于题2-9图(a)，可按一般思路分析，如解2-9图(a)所示。刚片Ⅰ，Ⅱ，大地刚片Ⅲ分别交于铰A,(1,3),(2,3)，且三个铰不共线，故体系为几何不变体系，且无多余约束。

(2)将题2-9图(b)转化为如解2-9图(b)所示结构。刚片Ⅰ，Ⅱ，大地刚片Ⅲ分别由铰(1,3),(1,2),(2,3)相连，但三铰在一条直线上，故体系为瞬变体。

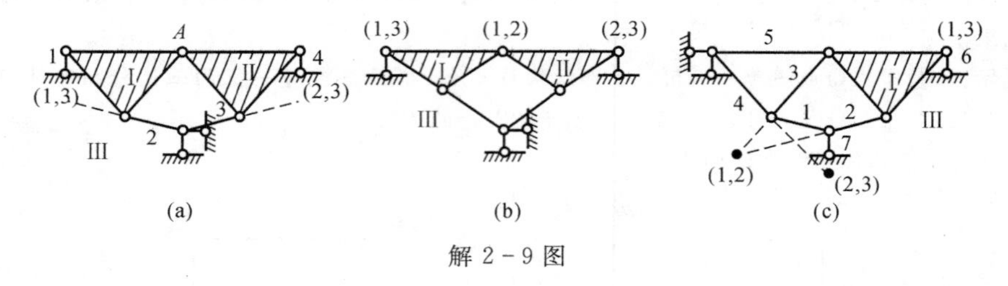

解 2-9 图

(3)将题2-9图(c)转化为如解2-9图(c)所示结构。有刚片Ⅰ，将杆1视为刚片Ⅱ，大地视为刚片Ⅲ。Ⅰ，Ⅱ由杆2,3相连交于(1,2)虚铰。Ⅱ，Ⅲ由杆4及支座链杆7相连交于(2,3)。Ⅰ，Ⅲ由杆5及支座链杆6相连交于铰(1,3)。且三铰不共线，故体系为几何不变体系，且无多余约束。

温馨提示：当支座约束多于三个时，多数情况下要把大地视为一个刚片。然后在体系内部选两个刚片，使三个刚片两两之间有一个铰连接，利用三刚片规则，若三铰不共线，则为几何不变体系。

2-10　试分析图示体系的几何构造。

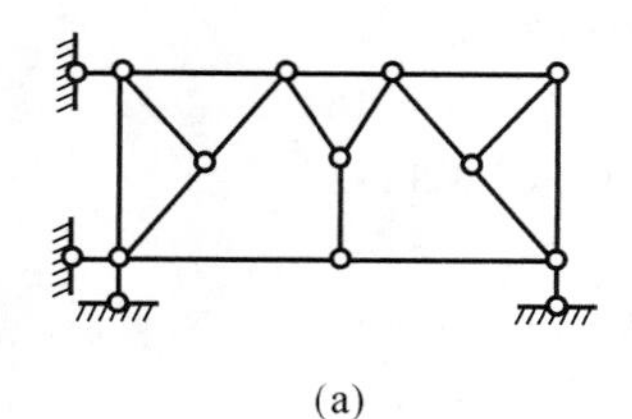

(a)

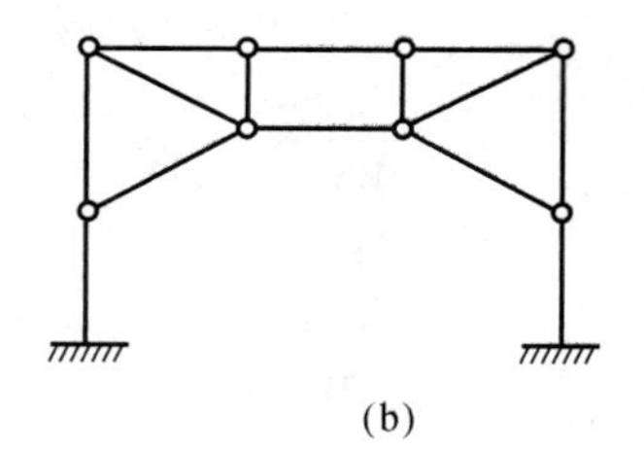

(b)

题 2 - 10 图

解　(1)解题 2 - 10 图(a)。如解 2 - 10 图(a)所示，链杆 1,2,3 构成一个刚片，再与二元体 4 - 5 组合成一个新刚片，通过支座 A,B 与大地相连即为刚片Ⅰ。易得刚片Ⅱ,Ⅲ。三刚片分别由杆 6,7,8,9,10,11 相连交于(1,2)、(2,3)、(1,3)。三铰不共线，故体系为几何不变体系，且无多余约束。

(2)解题 2 - 10 图(b)。如解 2 - 10 图(b)所示，刚片Ⅰ,Ⅱ,Ⅲ,三刚片分别由铰(1,3)、(2,3)及杆 1,2 交于无穷远处虚铰，但(1,3)、(2,3)连线与平行链杆 1,2 平行，故体系为瞬变。

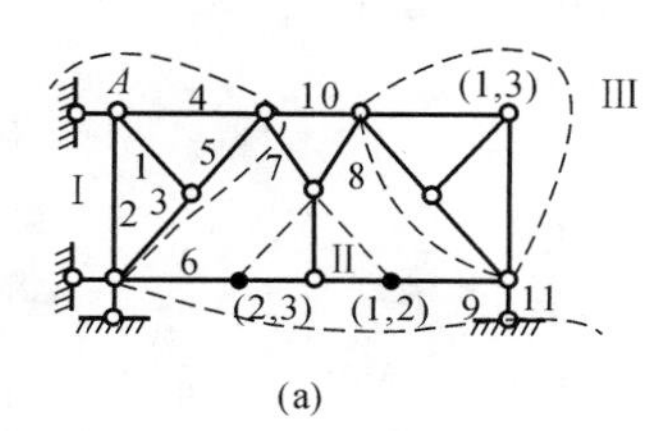

(a)

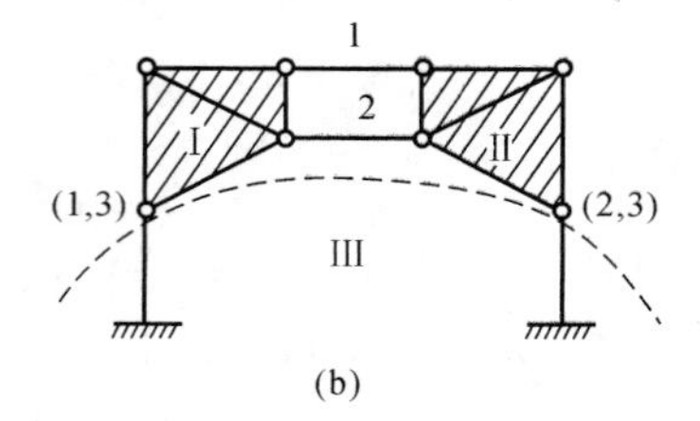

(b)

解 2 - 10 图

温馨提示：是视链杆为连接杆，还是视为刚片，应视题目具体情况而定。

2 - 11　试求习题 2 - 5 ～ 2 - 10 中各体系的计算自由度 W。

解　计算自由度可以通过不同的方法求解，下面的题选用其中一种方法来做。

计算公式为

$$W = 3m - (3g + 2h + b)$$

(1) 解习题 2 - 5。

1) 解(a)

$$m = 2,\quad g = 2,\quad h = 1,\quad b = 0$$

$$W = 3 \times 2 - (3 \times 2 + 2 \times 1) = -2$$

2) 解(b)

$$m = 3,\quad g = 0,\quad h = 3,\quad b = 3$$

$$W = 3 \times 3 - (2 \times 3 + 3) = 0$$

3) 解(c)

$$m = 7,\quad g = 0,\quad h = 9,\quad b = 3$$

$$W = 3 \times 7 - (2 \times 9 + 3) = o$$

(2) 解习题 2 - 6。

1) 解(a)

$$j = 3,\quad b = 6$$

$$W = 2 \times 3 - 6 = 0$$

2) 解(b)

$$j = 3,\quad b = 6$$

$$W = 2 \times 3 - 6 = 0$$

3) 解(c)

$$j = 3,\quad b = 6$$

$$W = 2 \times 3 - 6 = 0$$

(3) 解习题 2 - 7。

1) 解(a)

$$m = 13,\quad g = 0,\quad h = 18,\quad b = 3$$

$$W = 3\times13-(2\times18+3)=0$$

2) 解(b)

$$m=2,\quad j=4,\quad h=1,\quad b=12$$

$$W=(3\times2+2\times4)-(2\times1+12)=0$$

(4) 解习题 2-8。

1) 解(a)

$$m=4,\quad g=0,\quad h=4,\quad b=4$$

$$W=3\times4-(3\times0+2\times4+4)=0$$

2) 解(b)

$$j=4\quad b=8$$

$$W=2\times4-8=0$$

(5) 解习题 2-9。

1) 解(a)

$$j=6,\quad b=12$$

$$W=2\times6-12=0$$

2) 解(b)

$$j=6,\quad b=12$$

$$W=2\times6-12=0$$

3) 解(c)

$$m=8,\quad g=0,\quad h=10,\quad b=4$$

$$W=3\times8-(3\times0+2\times10+4)=0$$

(6) 解习题 2-10。

1) 解(a)

$$j=10,\quad b=20$$

$$W=2\times10-20=0$$

2) 解(b)

$$m=14,\quad g=2,\quad h=18,\quad b=0$$

$$W=3\times14-(3\times2+2\times18)=0$$

特别提醒:① 掌握复铰和复链杆换算为单铰、单链杆的计算。② 合理选择计算方法,可使计算简化。③ 当只有铰结点及链杆时,宜按主教材式(2-7)计算。

2-12 试求图示体系的计算自由度 W。

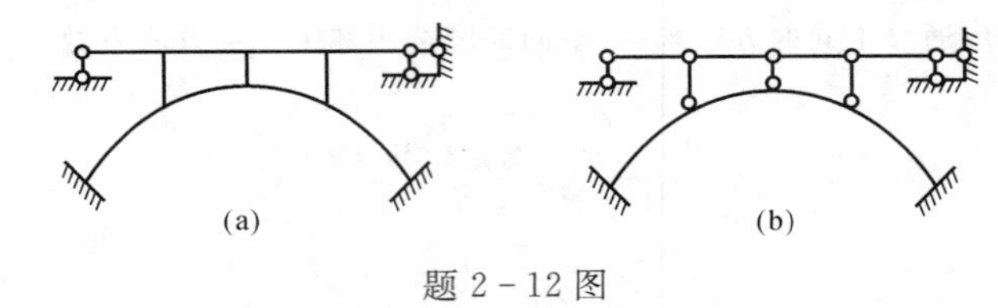

题 2-12 图

解 (1) 解(a)图。将体系全部支座去掉以后,剩下的是一个内部有多余约束的刚片,应把适当截面切开,如解 2-12 图(a)中 A,B 处所示,使之成为无多余约束的刚片。

现可知刚片数 $m=1$,链杆个数 $b=3$,刚结点数 $g=4$,铰结点数 $h=0$。其计算自由度为

$$W=3m-(3g+2h+b)=3\times1-(3\times4+0+3)=-12$$

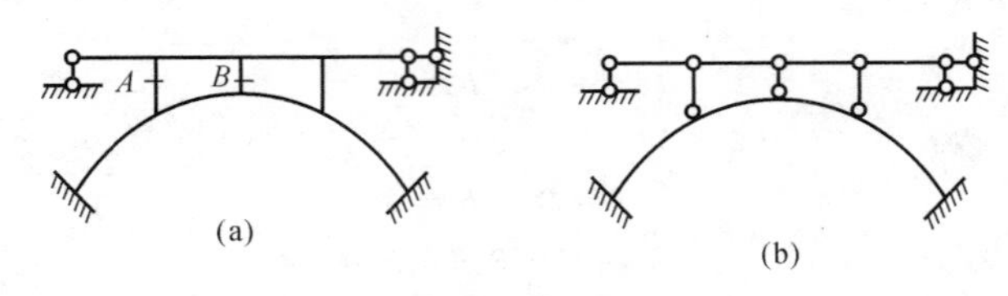

解 2-12 图

(2) 解(b)图。如解 2-12 图(b)所示,其计算自由度为

$$W=3m-(3g+2h+b)=3\times8-(3\times2+2\times9+3)=-3$$

温馨提示:计算刚结点数时,勿忘截面切开处。

第3章　静定结构的受力分析

3.1　教学基本要求

3.1.1　内容概述

本章结合几种常用的典型结构形式，如梁、桁架、刚架、组合结构和拱等，讨论静定结构的受力分析问题，内容包括支座反力和内力的计算，内力图的绘制，受力性能的分析等。

本章的讲解是在材料力学等课程的基础上进行的，但在讨论问题的深度和广度上有显著提高，这一点必须注意，而且本章的内容对学习下面各章都是很重要的，必须熟练掌握。

3.1.2　目的和要求

本章的学习要求如下：

(1)正确运用截面法，求解各种静定平面结构在荷载作用下的支座反力和内力；了解各类结构的受力特性。

(2)加深和巩固隔离体平衡的概念，灵活运用平衡条件；熟练掌握静定梁与静定刚架内力图的绘制，特别是用叠加法绘制弯矩图，会对内力图进行校核。

(3)了解平面桁架的受力特点及分类，掌握桁架内力计算的结点法和截面法，能正确判断零杆。了解组合结构的受力分析特点。

(4)了解三铰拱的受力特点，熟练掌握三铰拱的内力计算方法以及内力图的绘制；理解三铰拱合轴线的概念，并会求在简单荷载作用下的合理轴线方程。

(5)了解用虚功原理求静定结构的支座反力和内力。

学习这些内容的目的有以下几方面：

1)计算静定结构内力并进行截面设计。

2)为求解静定结构的位移作准备。在利用虚功原理求解静定结构的位移时，需要分别求出静定结构在荷载和单位力作用下的内力。这是静定结构位移求解的第一步。

3)为超静定结构的分析作准备。在超静定结构的分析中，既要用到位移的协调条件，也要用到力的平衡条件。

因此，静定结构内力分析是结构力学十分重要的基础性内容，需要熟练掌握。

3.1.3　教学单元划分

本章共10个教学时，分5个教学单元。

第一教学单元讲授内容：梁的内力计算的回顾，静定多跨梁，静定平面桁架(1)。

第二教学单元讲授内容：静定平面桁架(2)，静定平面刚架(1)。

第三教学单元讲授内容：静定平面刚架(2)，组合结构。

第四教学单元讲授内容：三铰拱。

第五教学单元讲授内容：隔离体方法及其截取顺序的优选，应用虚力原理进行受力分析——虚设位移法，小结。

3.1.4 教学单元知识点归纳

一、第一教学单元知识点

1. 构造分析与静力分析

所谓构造分析，就是研究一个结构如何用单元组合起来，研究“如何搭”的问题。所谓静力分析，就是研究如何把静定结构的内力计算问题分解为单元的内力计算问题，研究“如何拆”的问题。组合与分解，即搭与拆，是一对相反的过程。因此，在静力分析中如果截取单元的次序与结构组成时添加单元的次序正好相反，则静力分析的工作就可以顺利进行。总之，从构造分析入手，反其道而行之，这就是对静定结构进行静力分析应当遵循的规律。

2. 静定结构内力计算基本方法和步骤(重点)

结构内力计算的基本方法为截面法。静定结构的内力计算可归纳为选隔离体、建立隔离体的静力平衡方程和求解方程三个步骤。

(1)计算结构的支座反力和约束力。取结构整体(切断结构与大地的约束)，或取结构的一部分(切开结构的某些约束)为隔离体，建立平衡方程。

(2)计算控制截面的内力(指定截面的内力)。用假想的平面垂直于杆轴切开指定截面，取截面的任意一侧为隔离体，并在其暴露的横截面上代以相应的内力(按正方向标出)，建立平衡方程并求解。

(3)绘制结构的内力图，即弯矩图、剪力图、轴力图。

例 3-1 试用区段叠加法作图 3-1(a)所示梁的 M 图。

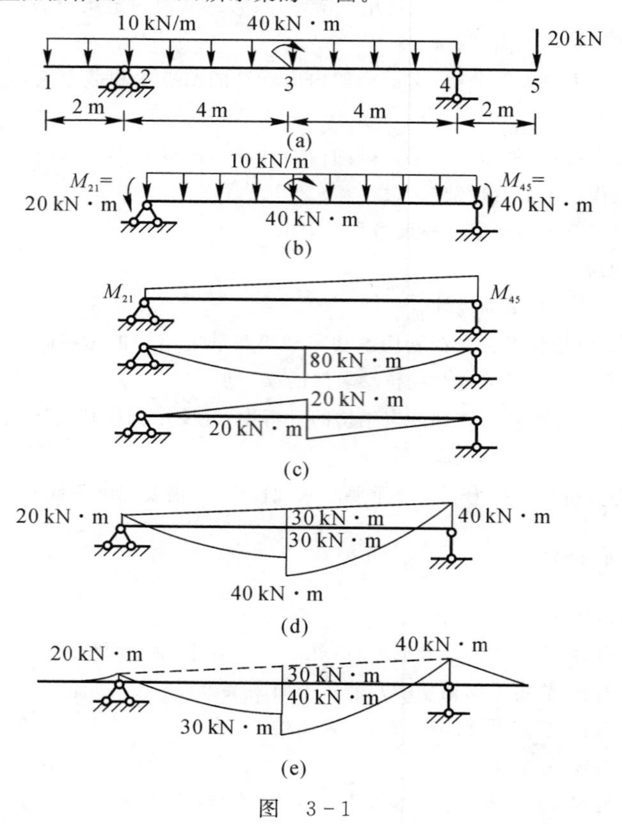

图 3-1

解 取1-2,4-5两外伸段,对2,4截面形心取矩,如图3-1(b)所示。可求得2,4截面控制弯矩分别为

$$M_{21}=10\ \text{kN/m}\times 2\ \text{m}\times 1\ \text{m}=20\ \text{kN}\cdot\text{m}\ (\text{上侧受拉})$$

$$M_{45}=-20\ \text{kN}\times 2\ \text{m}=-40\ \text{kN}\cdot\text{m}\ (\text{上侧受拉})$$

2-3-4区段对应简支梁为控制弯矩。单一荷载作用下的M图如图3-1(c)所示。区段简支梁最终M图由区段叠加法可得,如图3-1(d)所示。

最后加上外伸段(按悬臂梁作)M图,可得最终M图如图(e)所示。

温馨提示:梁在集中外力偶作用处,弯矩发生突变,其突变值等于外力偶。对于刚架亦是如此。对于刚架同样可用区段叠加法。

例3-2 试作图3-2(a)所示静定梁的M图。

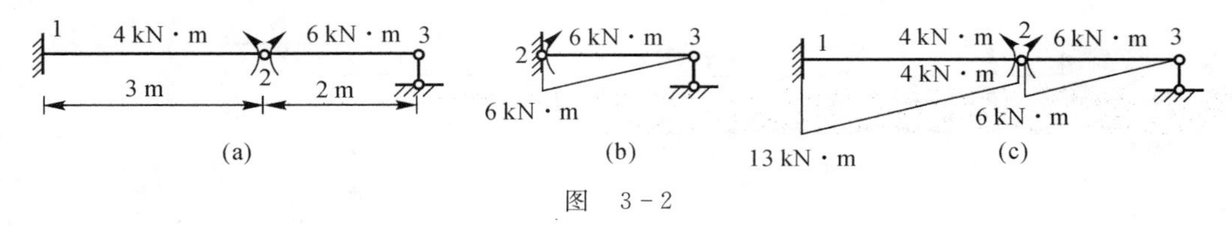

图 3-2

解 此单跨静定梁由1-2基本部分和2-3附属部分组成。取附属部分分析如图3-2(b)所示。由$\sum M_2=0$,可得$F_3=3$ kN。2-3段弯矩图如图3-2(b)所示。

取整体,并对1截面取矩,由$\sum M_1=0$,得

$$M_{12}+6\ \text{kN}\cdot\text{m}-4\ \text{kN}\cdot\text{m}-3\ \text{kN}\times 5\ \text{m}=0,\quad M_{12}=13\ \text{kN}\cdot\text{m}$$

有了1-2和2-3段杆端控制弯矩,杆中无荷载连直线,即可得图3-2(c)所示最终M图。

3. 多跨静定梁的内力分析(重点)

(1)结构特点:依靠自身就能保持其几何不变性的部分称为基本部分,如图3-3(a)中AB。而必须依靠基本部分才能维持其几何不变性的部分称为附属部分,如图3-3(a)中CD。

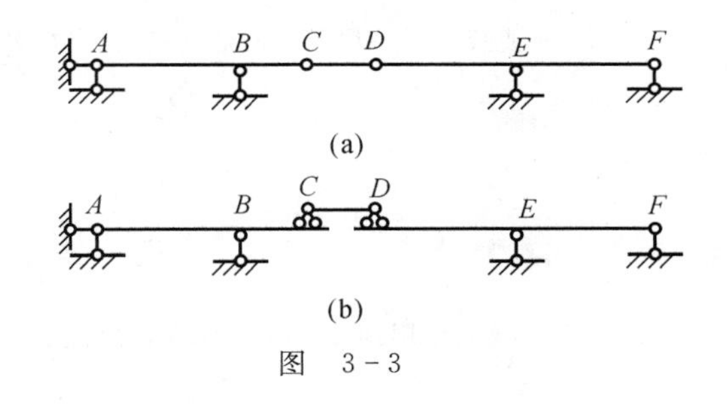

图 3-3

受力特点:作用在基本部分的力不影响附属部分,作用在附属部分的力反过来影响基本部分。因此,静定多跨梁的解题顺序为先附属部分后基本部分。为了更好地分析梁的受力,往往先画出能够表示各跨静定梁。各个部分相互依赖关系的层次图如图3-3(b)所示。

(2)计算静定多跨梁时,应遵守以下原则。

1)先计算附属部分,后计算基本部分。

2)将附属部分的支座反力指向反向,作用在基本部分上,把多跨梁拆成多个单跨静定梁依次解决。

3)将单跨梁的内力图连在一起,就是多跨梁的内力图。

4)弯矩图和剪力图的画法与单跨静定梁的相同。

例3-3 试作图3-4(a)所示多跨静定梁的弯矩图。

解 (1)先作出层叠图,如图3-4(b)所示。按照先分析附属部分、后分析基本部分的原则,依次分析CD段梁、AC段梁。

(2)依次取每段梁为隔离体,求梁的约束力。取CD段为隔离体,列平衡方程,有

$$\sum M_D=0,\quad M_{CD}-F_P\times l=0$$

得

$$M_{CD}=F_P l$$

将M_{CD}反向作用到AC段的C点,视为荷载。

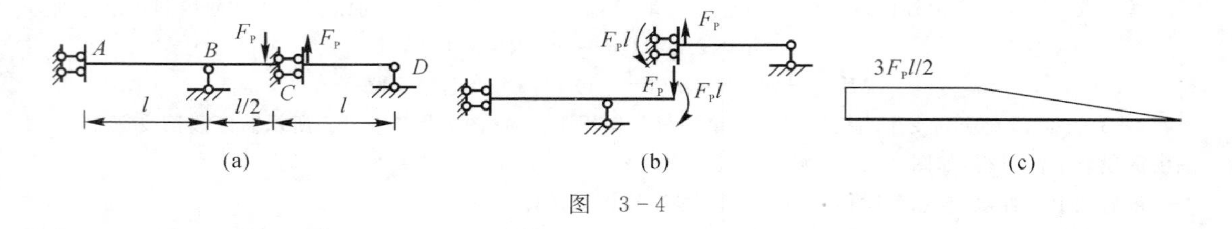

图 3-4

(3)绘制弯矩图:根据各段梁上的受力很容易画出每一梁段的弯矩图,如图 3-4(c)所示。

例 3-4 试作图 3-5(a)所示梁的弯矩图和剪力图。

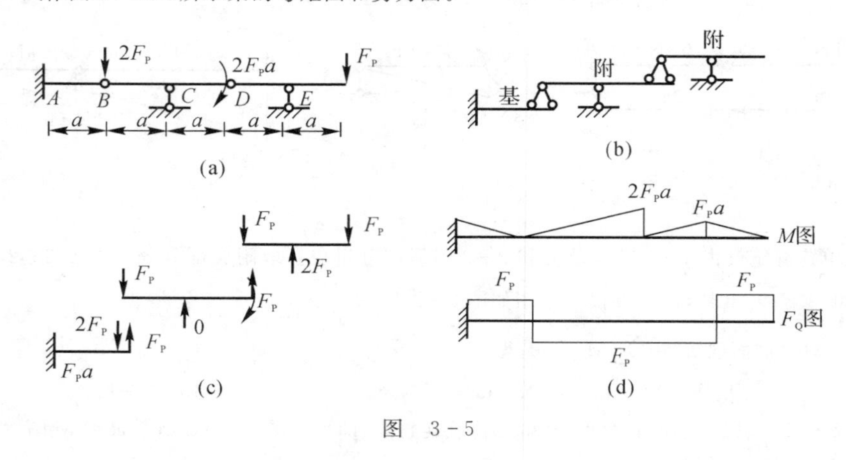

图 3-5

解 (1)确定结构的组成顺序。传力层次图如图 3-5(b)所示。

(2)求支反力和各段梁之间的约束力。取 DE 段为隔离体,列

$$\sum M_D = 0, \quad F_{Ey} \times a - F_P \times 2a = 0$$

得

$$F_{Ey} = 2F_P(\uparrow)$$

$$\sum F_y = 0, \quad F_{Dy} + F_{Ey} - F_P = 0$$

得

$$F_{Dy} = -F_P(\downarrow)$$

将 F_{Dy} 反向作用到 BD 段的 D 点,视为已知荷载,取 BD 段为隔离体,列

$$\sum M_B = 0, \quad F_{Cy} \times a + F_P \times 2a - 2F_P a = 0$$

得

$$F_{Cy} = 0$$

$$\sum F_y = 0, \quad F_{By} + F_{Cy} + F_P = 0$$

得

$$F_{By} = -F_P(\downarrow)$$

将 F_{By} 反向作用到 AB 段的 B 点,视为已知荷载,并将集中力 $2F_P$ 作用在 AB 段上。上述计算结果如图 3-5(c) 所示。

(3)绘制内力图。根据各段梁上的受力很容易画出每一梁段的内力图,如图 3-5(d)示。

(4)校核。上述内力图是根据每个梁段分别画出的。可取其他形式的隔离体,利用平衡微分关系,校核内力图的正误。例如,取 BE 段为隔离体,隔离体上没有竖向荷载作用(C 支座的支反力为零),所以剪力图为水平线。

温馨提示:从例 3-3 和例 3-4 可以看出,二者分析过程是相同的,即按“组成相反顺序”,但取隔离体的方式不同。做题时可根据具体情况灵活选用。

4. 静定桁架的内力分析(1)(重点)

(1)静定平面桁架的特点。静定平面桁架，是由若干根直杆通过两端铰结组成的静定结构。桁架在工程实际中得到广泛的应用，但是，结构力学中的桁架与实际有差别，主要进行了以下简化：

1)所有结点都是无摩擦的理想铰。

2)各杆的轴线都是直线并通过铰的中心。

3)荷载和支座反力都作用在结点上。

由此知，桁架的受力特点是桁架的杆件都在两端受轴向力，因此，桁架中的所有杆件均为二力杆，故桁架又称为由二力杆组成的结构。

(2)桁架的分类。简单桁架：由一个基本铰结三角形开始，逐次增加二元体所组成的几何不变体，如图3-6(a)(b)所示。联合桁架：由几个简单桁架，按两刚片规则或三刚片规则组成的几何不变体，如图3-6(c)所示。复杂桁架：不属于前两种的桁架，如图3-6(d)所示。

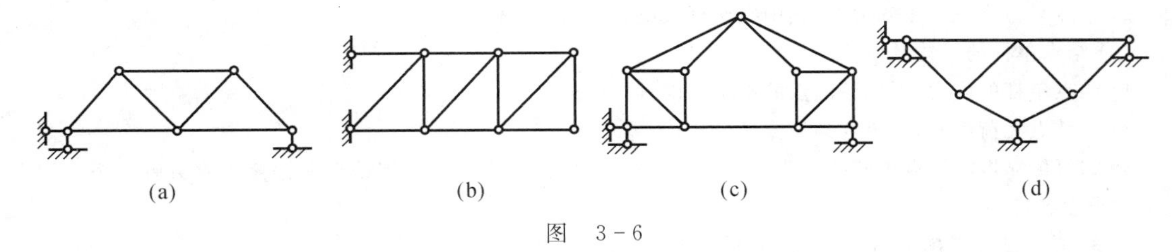

图　3-6

(3)结点法。结点法是截取桁架的一个结点为脱离体，计算桁架内力的方法。结点上的荷载、反力和杆件内力作用线都汇交于一点，组成了平面汇交力系。因此，结点法是利用平面汇交力系求解内力的。每一个结点只能求解两根杆件的内力，因此，结点法最适用于计算简单桁架。

由于静定桁架的自由度为零，即 $W=2j-b=0$，于是 $b=2j$。因此，利用 j 个结点的 $2j$ 个独立的平衡方程，便可求出全部 b 个杆件或支杆的未知力。

建立平衡方程式，一般将斜杆的轴力 F 分解为水平分力 F_x 和竖向分力 F_y，如图3-7所示。此三个力与杆长 L 及其水平投影 L_x、竖向投影 L_y 存在以下关系，有

$$\frac{F_N}{l}=\frac{F_x}{l_x}=\frac{F_y}{l_y}$$

分析时，各个杆件的内力一般先假设为受拉，当计算结果为正时，说明杆件受拉，为负时，杆件受压。最好利用结点法计算简单桁架，能够求出全部杆件内力。

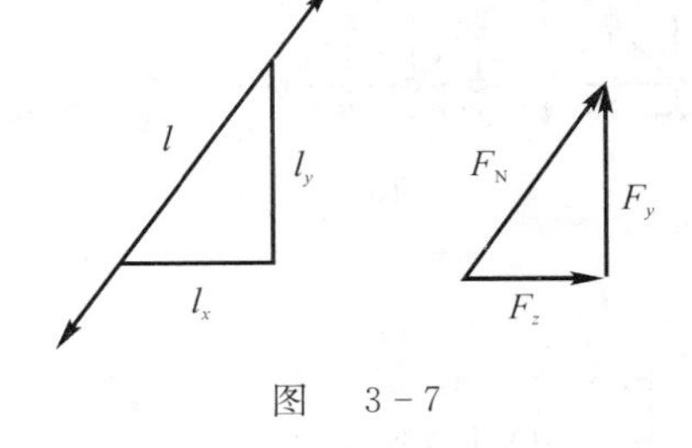

图　3-7

(4) 计算简化。常见的以下几种情况可使计算简化。

1) 如图3-8(a)所示，不共线的两杆结点，当无荷载作用时，则两杆内力为零，即

$$F_1=F_2=0$$

2) 如图3-8(b)所示，由三杆构成的结点，有两杆共线且无荷载作用时，则不共线的第三杆内力必为零，共线的两杆内力相等，符号相同，即

$$F_1=F_2,\quad F_3=0$$

3) 如图3-8(c)所示，由四根杆件构成的K型结点，其中两杆共线，另两杆在此直线的同侧且夹角相同，在无荷载作用时，则不共线的两杆内力相等，符号相反，即

$$F_3=-F_4$$

4) 如图3-8(d)所示，由四根杆件构成的X型结点，各杆两两共线，当无荷载作用时，共线的内力相等，且符号相同，即

$$F_1 = F_2, \quad F_3 = F_4$$

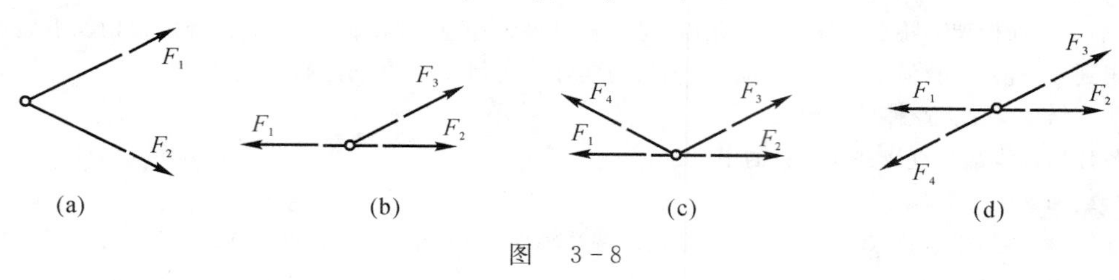

图 3-8

(5) 结点单杆。在同一结点的所有内力为未知的各杆中，除结点单杆外，其余杆件均共线。单杆结点主要有以下两种情况：

1) 结点只包含两个未知力杆，且此两杆不共线，则每杆都是单杆。

2) 结点只包含三个未知力杆，其中有两杆共线，则第三杆是单杆。

(6) 结点单杆的性质及应用。

1) 结点单杆的内力，可由该结点的平衡条件直接求出。

2) 当结点无荷载时，则单杆必为零杆(内力为零)。

3) 如果依靠拆除结点单杆的方法可将整个桁架拆完，则此桁架可应用结点法按照每次只解一个未知力的方式求出各杆内力。

例 3-5　试分析确定图 3-9(a) 所示桁架的零杆。

解　本题包括两种零杆情况。

(1) 如图 3-9(a)。结点 N 是两杆结点，且无荷载作用，故杆件 N_A，N_O 均为零杆。去掉杆件 N_A，N_O 以后，结点 O 也是同样的两杆结点，故杆件 OJ，OP 也是零杆。同理，可判断结点 V 的杆件 VI 和 VU，及结点 U 的杆件 UT 和 UM 也是零杆。

(2) 结点单杆去掉，判断出零杆后，结构如图 3-9(b) 所示。在这个图中可以明显看出，杆件 JB，DK，QK，RE，SL，LF，MH 都是无荷载作用的结点单杆，因此，均为零杆。去掉这些零杆后，又发现杆件 JC，CK，LG，MG 也变成了结点单杆，也是零杆。去掉全部零杆后，得到如图 3-9(c) 所示结构。这时，再进行计算就简单多了。

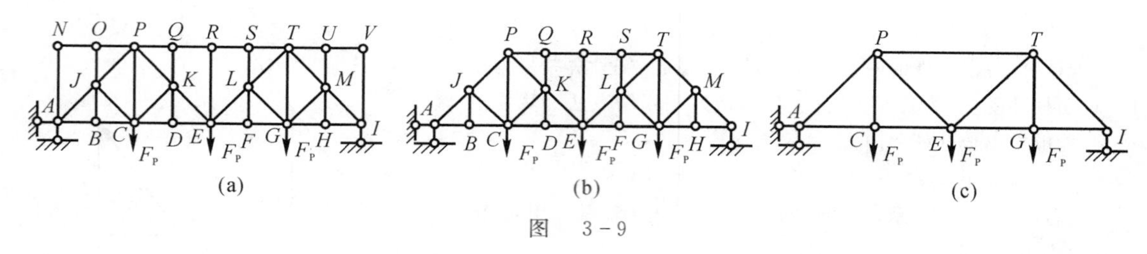

图 3-9

例 3-6　求图 3-10(a) 所示桁架各杆的轴力。

解　(1) 求支座反力。由整体的平衡方程，可得支座反力为

$$F_{Ax} = 0, \quad F_{Ay} = 40 \text{ kN}, \quad F_B = 40 \text{ kN}$$

(2) 求各杆的内力。在计算之前先找出零杆。由对结点 C，G 的分析，可知杆 CD，GH 为零杆。

此桁架和荷载都是对称的，只要计算其中一半杆件的内力即可，现计算左半部分。从只包含两个未知力的结点 A 开始，顺序取结点 C，D，E 为隔离体进行计算。

取结点 A 为隔离体(见图 3-10(b))，由 $\sum F_y = 0$，得

$$F_{NADy} = 10 \text{ kN} - 40 \text{ kN} = -30 \text{ kN}$$

利用比例关系，得

$$F_{NAD} = \frac{F_{NADy}}{1.5\ m} \times 3.35m = -67\ kN, \quad F_{NADx} = \frac{F_{NADy}}{1.5\ m} \times 3m = -60\ kN$$

由 $\sum F_x = 0$，得

$$F_{NAC} = -F_{NADx} = 60\ kN$$

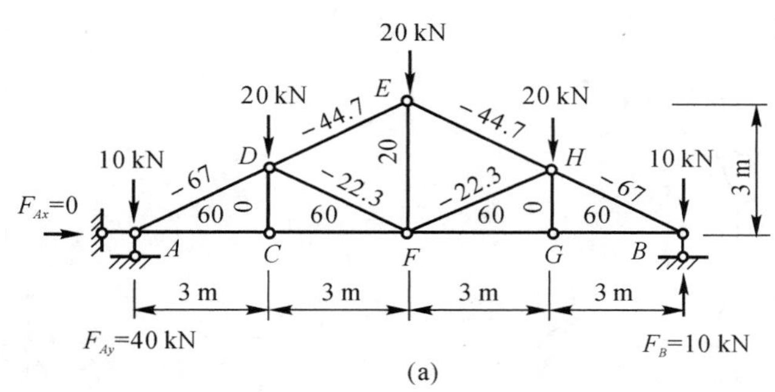

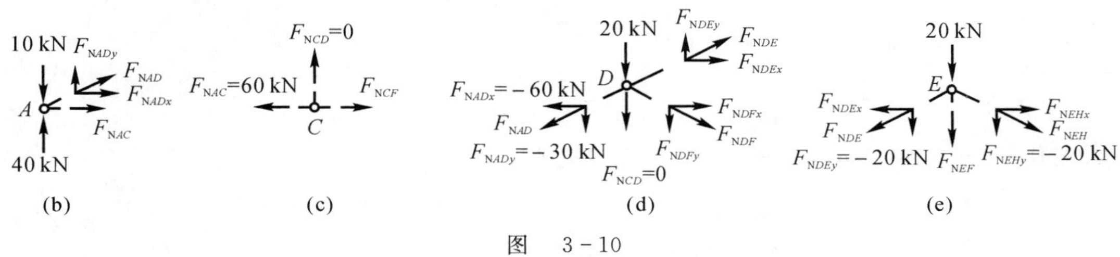

图 3-10

取结点 C 为隔离体(见图 3-10(c))，由 $\sum F_x = 0$，得

$$F_{NCF} = F_{NAC} = 60\ kN$$

取结点 D 为隔离体(见图 3-10(d))，列出平衡方程，有

$$\sum F_x = 0, \quad F_{NDEx} + F_{NDFx} + 60\ kN = 0$$

$$\sum F_y = 0, \quad F_{NDEy} - F_{NDFy} + 30\ kN - 20\ kN = 0$$

利用比例关系，得

$$F_{NDEx} = 2F_{NDEy}, \quad F_{NDFx} = 2F_{NDFy}$$

代入平衡方程，得

$$2F_{NDEy} + 2F_{NDFy} + 60\ kN = 0, \quad F_{NDEy} - F_{NDFy} + 10\ kN = 0$$

解得

$$F_{NDEx} = -40\ kN, \quad F_{NDEy} = -20\ kN, \quad F_{NDE} = -44.7\ kN$$

$$F_{NDFx} = -20\ kN, \quad F_{NDFy} = -10\ kN, \quad F_{NDF} = -44.7\ kN$$

取结点 E 为隔离体(见图 3-10(e))，由结构的对称性得 $F_{NEHy} = F_{NDEy} = -20\ kN$。

由 $\sum Y = 0$，得

$$F_{NEF} = 2 \times 20\ kN - 20\ kN = 20\ kN$$

内力计算完成后，为了查找方便，可将各杆的轴力标在图 3-10(a) 上。

例 3-7 试求图 3-11(a) 所示桁架各杆轴力。

解 由于结构和荷载都是对称的，处于对称位置的一对杆件轴力相等，故每对杆件采用了相同的编号，计算时均取左侧结点为隔离体。为了方便，先将所需角度(见图 3-11(b)(c)(d)) 的函数值计算出来，即

$$\sin\alpha = \frac{1}{\sqrt{5}}, \quad \cos\alpha = \frac{2}{\sqrt{5}}; \quad \sin\beta = \frac{2}{\sqrt{13}}, \quad \cos\beta = \frac{3}{\sqrt{13}}; \quad \sin\theta = \frac{3}{5}, \quad \cos\theta = \frac{4}{5}$$

该结构是简单桁架，可以从上部依次取二元体结点计算，解出全部杆件轴力。

取杆件 1,2 组成的二元体结点为隔离体(见图 3-11(b)),列

$$\sum F_x = 0,\quad F_{N1}\sin\beta + F_{N2}\cos\alpha = 0$$

$$\sum F_y = 0,\quad F_{N1}\cos\beta + F_{N2}\sin\alpha + F_P = 0$$

得
$$F_{N1} = -\frac{\sqrt{13}}{2}F_P = -1.802\,8F_P,\quad F_{N2} = \frac{\sqrt{5}}{2}F_P = 1.118F_P$$

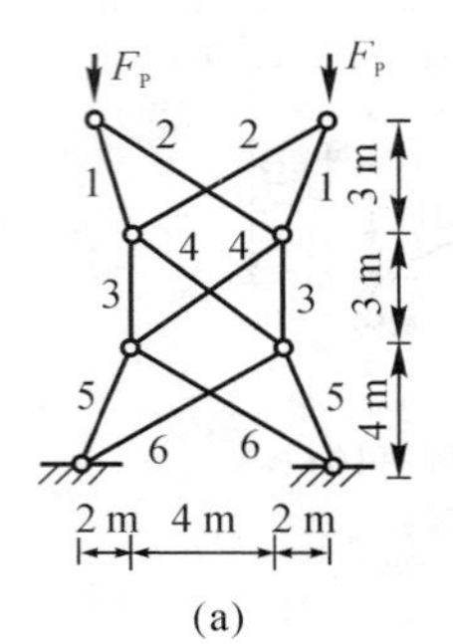

(a)

(b)

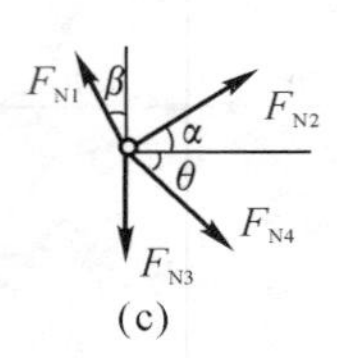

(c)

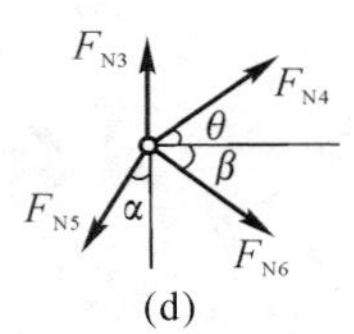

(d)

图 3-11

取杆件 3,4 组成的结点为隔离体(见图 3-11(c)),列

$$\sum F_x = 0,\quad F_{N4}\cos\theta + F_{N2}\cos\alpha - F_{N1}\sin\beta = 0$$

$$\sum F_y = 0,\quad F_{N3} + F_{N4}\sin\theta - F_{N2}\sin\alpha - F_{N1}\cos\beta = 0$$

得
$$F_{N4} = -2.5F_P,\quad F_{N3} = 0.5F_P$$

取杆件 5,6 组成的结点为隔离体(见图 3-11(d)),列

$$\sum F_x = 0,\quad F_{N6}\cos\beta - F_{N5}\sin\alpha + F_{N4}\cos\theta = 0$$

$$\sum F_y = 0,\quad F_{N6}\sin\beta + F_{N5}\cos\alpha - F_{N4}\sin\theta - F_{N3} = 0$$

得
$$F_{N5} = -\frac{7\sqrt{5}}{8}F_P = -1.956\,6F_P,\quad F_{N6} = \frac{3\sqrt{13}}{8}F_P = 1.352\,1F_P$$

二、第二教学单元知识点

1. 静定桁架的内力分析(2)(重点)

(1) 截面法。用适当的截面,截取桁架的一部分(至少包括两个结点)为隔离体,利用平面任意力系的平衡条件进行求解。

1) 截面法最适用于求解指定杆件的内力,隔离体上的未知力一般不超过三个。在计算中,轴力也一般假设为拉力。

2) 为避免联立方程求解,要注意选择平衡方程,每一个平衡方程一般包含一个未知力。

3) 有时轴力可直接计算,不进行分解,视计算方便与否而确定。

(2) 截面单杆。如果被某一截面所截的内力,在未知的各杆中,除某一根杆件外,其余各杆都汇交于一点(或平行),此杆称为该截面的单杆。截面单杆主要存在于以下情况中:

1) 截面只截断三根杆,此三杆不完全汇交也不完全平行,则每一根杆均是截面单杆。

2) 截面所截杆数大于三,除一根杆外,其余杆件均汇交于一点(或平行),则这根杆为截面单杆。截面单杆的性质是,截面单杆的内力可由本截面相应的隔离体的平衡方程直接求出。

3) 平衡方程的选取方法:坐标轴与未知力平行、矩心选在未知力的交点处。

例 3-8 求图 3-12(a) 所示桁架中杆 a,b,c,d 的轴力。

解 (1) 求支座反力。由整体平衡方程,可得支座反力为

$$F_{Ax}=0,\quad F_{Ay}=50\ \text{kN},\quad F_B=30\ \text{kN}$$

(2) 求杆 a,b,c 的内力。用截面 Ⅰ-Ⅰ 截取桁架的左半部分为隔离体(见图 3-12(b)),列平衡方程

$$\sum M_D=0,\quad F_{Nc}\times 4\ \text{m}-20\ \text{kN}\times 3\ \text{m}-50\ \text{kN}\times 3\ \text{m}=0$$

得 $F_{Nc}=52.5\ \text{kN}$, $\sum M_F=0,\quad -F_{Na}\times 4\ \text{m}+20\ \text{kN}\times 3\ \text{m}+20\ \text{kN}\times 6\ \text{m}-50\ \text{kN}\times 9\ \text{m}=0$

得

$$F_{Na}=-67.5\ \text{kN},\quad \sum F_x=0,\quad F_{Na}+F_{Nbx}+F_{Nc}=0$$

得

$$F_{Nbx}=-F_{Na}-F_{Nc}=15\ \text{kN}$$

利用比例关系,得

$$F_{Nb}=\frac{F_{Nbx}}{3\text{m}}\times 3.61\ \text{m}=18.05\ \text{kN}$$

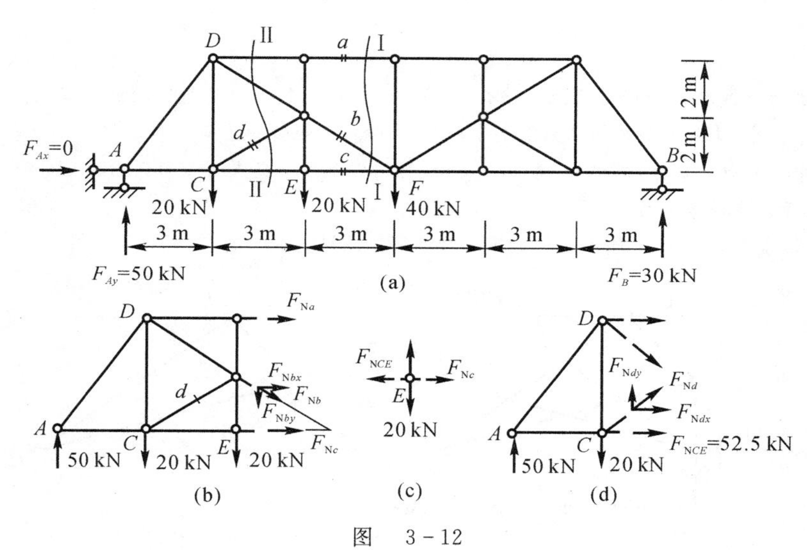

图 3-12

(3) 求杆 d 的内力。联合应用结点法和截面法计算杆 d 的内力较为方便。先取结点 E 为隔离体(见图 3-12(c)),由平衡方程 $\sum F_x=0$,得

$$F_{NCE}=F_{Nc}=52.5\ \text{kN}$$

再用截面 Ⅱ-Ⅱ 截取桁架左半部分为隔离体(见图 3-12(d)),列平衡方程:

$$\sum M_D=0,\quad F_{Ndx}\times 4\ \text{m}+52.5\ \text{kN}\times 4\ \text{m}-50\ \text{kN}\times 3\ \text{m}=0$$

得

$$F_{Ndx}=-15\ \text{kN}$$

利用比例关系,得

$$F_{Nd}=\frac{F_{Ndx}}{3\text{m}}\times 3.61\ \text{m}=-18.05\ \text{kN}$$

例 3-9 求图 3-13(a) 所示桁架中杆 ED 的轴力。已知 $ABCD$ 为正方形,$EF\,/\!/\,AC$,$FG\,/\!/\,AB$,C,E,G,B 四点共线,荷载 F 竖直向下。

解 通过分析,以图示闭合截面(虚线)截取 $\triangle EFG$ 为分析对象,画出其受力图如图 3-13(b) 所示。延长 F_{NAF} 的作用线交 EG 杆于 O。由几何关系知,O 为等腰直角三角形 EFG 斜边的中点。设 $\angle EDC=\theta$,由平衡条件

$$\sum M_O=0,\quad -F\times\frac{a}{6}-F_{NED}\cos\theta\times\frac{a}{6}-F_{NED}\sin\theta\times\frac{a}{6}=0$$

代入 $\sin\theta=\frac{1}{\sqrt{5}}$，$\cos\theta=\frac{2}{\sqrt{5}}$，解得 $F_{NED}=-\frac{\sqrt{5}}{3}F$（压力）。

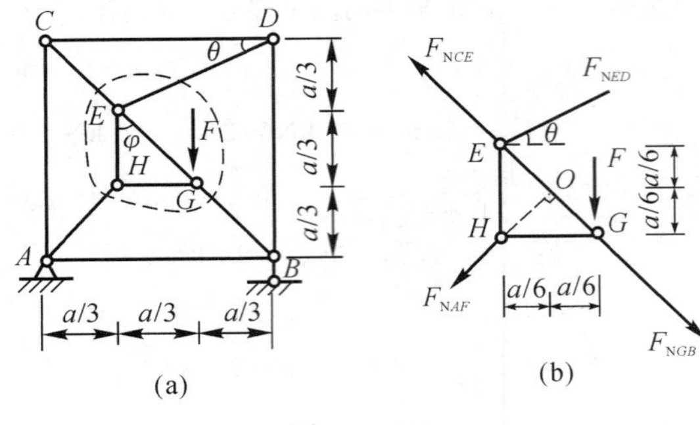

图 3-13

温馨提示：本例所截取的分析对象上，有四个未知力，我们仍然求出了所需的杆件轴力。这是因为除欲求的未知轴力 F_{NED} 外，其余三个未知轴力汇交于 O，在以 O 点为矩心的力矩平衡方程中只含未知轴力 F_{NED}。一般地，若力系中有 n 个未知力，其中 $n-1$ 个汇交于一点，则以该汇交点为矩心列出力矩平衡方程，必能求解出第 n 个不汇交于该点的未知力。

例 3-10 试求图 3-14(a) 所示桁架指定 1,2,3 杆件的轴力。

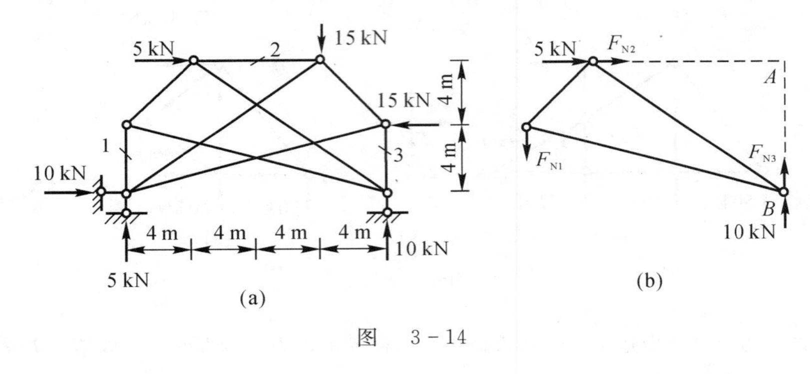

图 3-14

解 支座反力如图 3-14(a) 所示。上部结构是由两个三角形刚片用三根链杆连接组成的，待求轴力的杆就是连接刚片的链杆。因此，切开两刚片间的三根链杆，取出一个刚片作为隔离体，如图 3-14(b) 所示。对杆 2、杆 3 的交点取矩，得 $F_{N1}=0$。列 $\sum F_x=0$，得 $F_{N2}=-5$ kN。列 $\sum F_y=0$，得 $F_3=-10$ kN。

例 3-11 试确定图 3-15(a) 所示复杂桁架指定杆 a,b,c 的内力。

解 先求支反力，有

$$F_{1y}=F_{4y}=F_P(\uparrow),\quad F_{1x}=0$$

用 Ⅰ-Ⅰ 截面截取出如图 3-15(b) 所示的隔离体，列

$$\sum M_{12}=0,\quad F_P\times d-F_{Na}\times 3d=0$$

得

$$F_{Na}=\frac{F_P}{3}$$

再由结点 6、结点 9 都是 K 型结点（见图 3-15(c)），得

$$F_{Nb}=-F_{N6\text{-}3}\tag{3-1}$$

$$F_{Nb}=-F_{N9\text{-}12}\tag{3-2}$$

再用 Ⅱ-Ⅱ 截面截取隔离体，列

$$\sum F_y = 0,\quad F_P - F_P + (F_{Nb} - F_{N6\text{-}3} - F_{N9\text{-}12})\cos\alpha = 0 \tag{3-3}$$

将式(3-1)和式(3-2)代入式(3-3)，得

$$F_{Nb} = F_{N6\text{-}3} = F_{N9\text{-}12} = 0$$

取结点12为隔离体($F_{N9\text{-}12} = 0$)，列$\sum F_y = 0$，得

$$F_{Nc} = -F_P$$

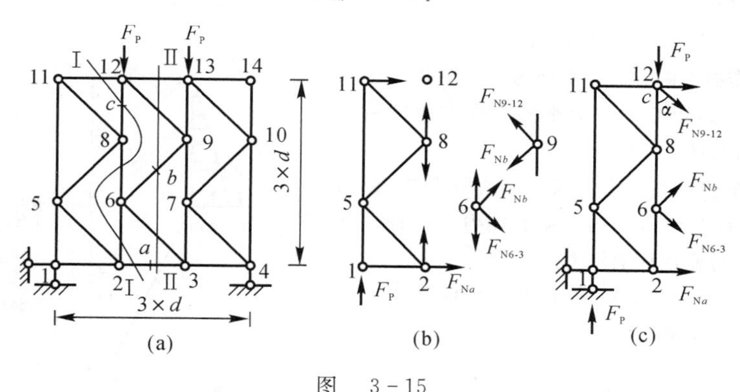

图　3-15

2. 静定刚架的内力分析(1)(重点)

(1) 刚架。刚架是由直杆组成具有刚结点的结构。当组成刚架的各杆的轴线和外力都在同一平面时，称作平面刚架。图3-16所示为一组平面刚架。

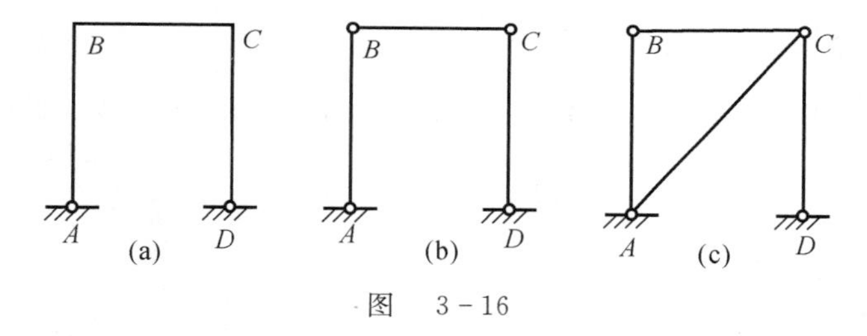

图　3-16

当B,C处为铰结点时(见图3-16(b))，结构为几何可变体。要使结构为几何不变体，则需增加杆AC或把B,C变为刚结点(见图3-16(a)(c))。

(2) 刚架的特点。

1) 杆件少，内部空间大，便于利用。

2) 刚结点处各杆不能发生相对转动，因而各杆件的夹角始终保持不变。

3) 刚结点处可以承受和传递弯矩，因而在刚架中弯矩是主要内力。

4) 刚架中的各杆通常情况下为直杆，制作加工较方便。

(3) 刚架的分类：悬臂刚架、简支刚架、三铰刚架。

(4) 刚架的内力计算。刚架中的杆件多为梁式杆，杆截面中同时存在弯矩、剪力和轴力，其计算方法与梁完全相同，即只需将刚架的每一根杆看作梁，逐杆用截面法计算控制截面的内力即可。

温馨提示：刚架的内力的正负号与梁基本相同，结点处有不同的杆端截面。正确选取隔离体，结点处要平衡。

(5) 刚架中杆端内力的表示。由于刚架的内力的正负号与梁基本相同，为了明确各截面内力，特别是区别相交于同一结点的不同杆端截面的内力，在内力符号右下角采用两个下标。其中第一个下标表示内力所属截面，第二个下标表示该截面所在杆的另一端。如M_{AB}表示AB杆A端截面的弯矩，M_{BA}则表示AB杆端B

截面的弯矩。

(6) 刚架内力图的画法。

1) 弯矩图:画在杆件的受拉一侧,不注正、负号。

2) 剪力图:画在杆件的任一侧,但应注明正、负号。

3) 轴力图:画在杆件的任一侧,但应注明正、负号。

4) 剪力的正负号规定:剪力使所在杆件产生顺时针转向为正,反之为负。

5) 轴力的正负号规定:拉力为正、压力为负。

(7) 由弯矩图作剪力图方法。取所考虑的杆件为隔离体,分别由其两端点为矩心的力矩平衡方程求两杆端剪力,然后作该杆的剪力图。

(8) 由剪力图作轴力图方法。取结点为隔离体,由结点的投影平衡方程计算它所连的杆端的轴力。当杆件两端的轴力均求出后,可作该杆的轴力图。

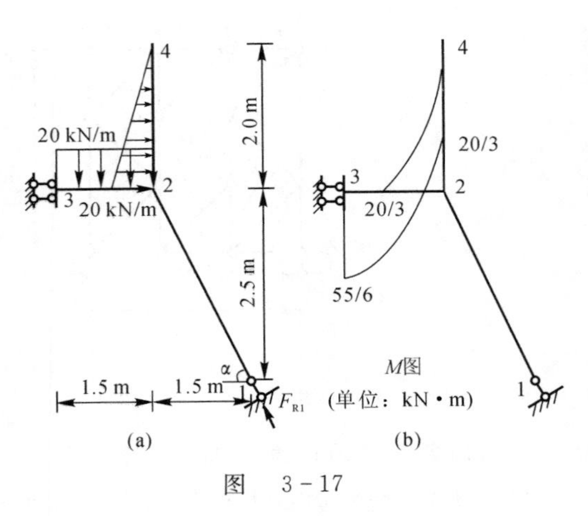

图 3-17

例 3-12 试作图 3-17(a) 所示结构的 M 图。

解 由图中几何尺寸可得

$$\sin\alpha = \frac{2.5\text{m}}{\sqrt{(2.5\ \text{m})^2+(1.5\ \text{m})^2}} = \frac{5\sqrt{34}}{34}$$

取整体,列 $\sum F_y = 0$,可得

$$F_{R1}\times\sin\alpha - 20\ \text{kN/m}\times 1.5\ \text{m} = 0$$

解得

$$F_{R1} = 6\sqrt{34}\ \text{kN}$$

取整体,对 2 点取矩,列 $\sum M_2 = 0$,可得

$$M_{32} - 20\ \text{kN/m}\times 1.5\ \text{m}\times 0.75\ \text{m} + \frac{1}{2}\times 20\ \text{kN/m}\times 2\ \text{m}\times\frac{1}{3}\times 2\ \text{m} = 0$$

解得

$$M_{32} = \frac{55}{6}\ \text{kN}\cdot\text{m}$$

取 2-4 杆,列 $\sum M_2 = 0$,可得

$$M_{24} + \frac{1}{2}\times 20\ \text{kN/m}\times 2\ \text{m}\times\frac{1}{3}\times 2\ \text{m} = 0;\quad M_{24} = -\frac{20}{3}\ \text{kN}\cdot\text{m}$$

因可动铰支杆与 1-2 杆轴重合,所以 $M_{21} = 0$。

有了控制截面弯矩,用区段叠加法可得如图 3-17(b) 所示的 M 图。

例 3-13 试作出如图 3-18(a) 所示刚架的 M 图。

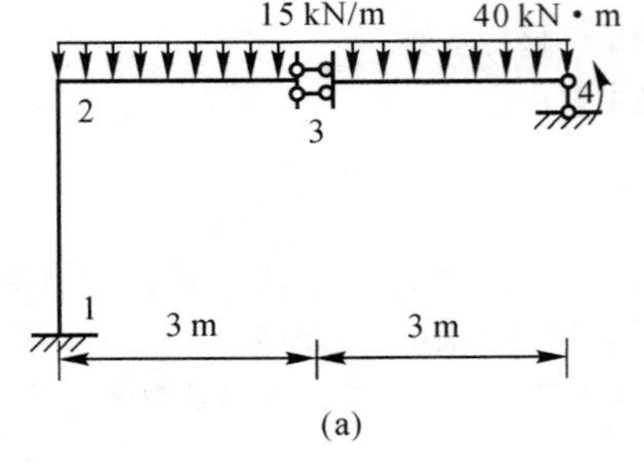

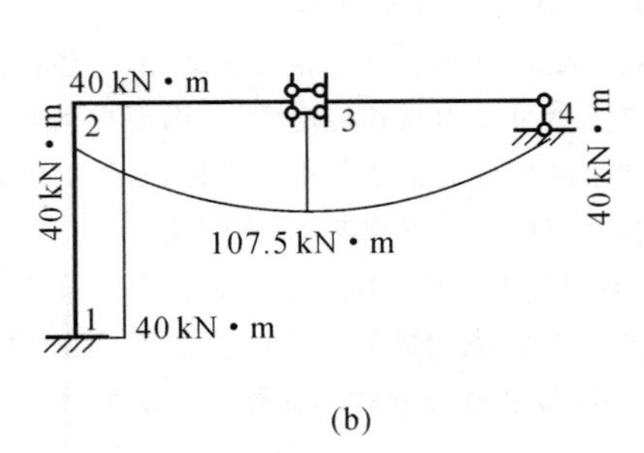

图 3-18

解 此刚架由 1-2-3 基本部分和 3-4 附属部分所组成,因此应先从附属部分分析。

取3-4杆，列$\sum F_y=0$，可得

$$F_{4y}-15\ \text{kN/m}\times 3\ \text{m}=0$$

解得

$$F_{4y}=45\ \text{kN}$$

再列$\sum M_3=0$，有

$$M_{34}+15\ \text{kN/m}\times 3\ \text{m}\times 3\ \text{m}/2-40\ \text{kN}\cdot\text{m}-45\ \text{kN}\times 3\ \text{m}=0$$

解得

$$M_{34}=107.5\ \text{kN}\cdot\text{m}$$

再取2-3杆，列$\sum M_2=0$，得

$$M_{23}+15\ \text{kN/m}\times 3\ \text{m}\times 3\ \text{m}/2-107.5\ \text{kN}\cdot\text{m}=0$$

解得

$$M_{23}=40\ \text{kN}\cdot\text{m}$$

由于外荷载合力作用线平行1-2杆轴线，所以1-2杆弯矩为常数（剪力为零）。有了控制弯矩，进行区段叠加即可得如图3-18(b)所示的M图。

三、第三教学单元知识点

1. 静定刚架的内力分析(2)(重点)

刚架的内力计算和作内力图，与梁基本一样的是计算方法仍为截面法；二者最大的不同是刚架计算复杂，梁计算简单。所以刚架的实际计算很重要。其计算步骤如下：

(1) 如需要计算支座反力的，首先计算出支座反力。

(2) 取结点或杆件为研究对象，画出受力图，利用平衡条件，分别求出各杆控制形截面的弯矩、剪力与轴力。

(3) 与作梁的内力图方法一样，分别作出弯矩图、剪力图、轴力图。弯矩图画在受拉边，不标正负号，剪力图、轴力图任画一边，但必须标出正、负号。

例3-14　试作图3-19(a)所示静定刚架的内力图。

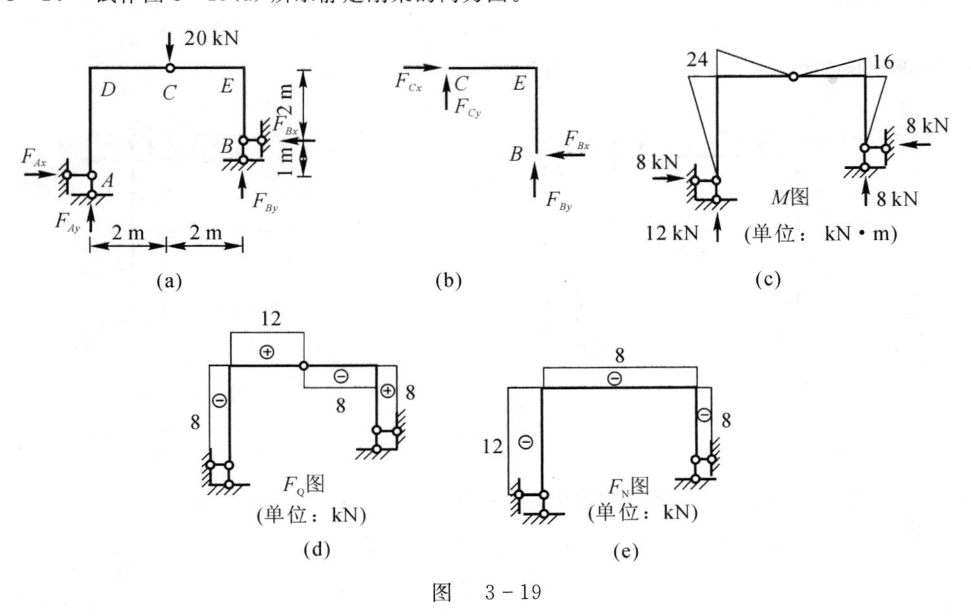

图　3-19

解　本例为底铰不等高的三铰刚架，先求支座B的支座反力。由整体平衡条件$\sum M_A=0$，得

$$F_{Bx} + 4F_{By} - 20 \times 2 = 0 \tag{3-4}$$

取 CB 部分为隔离体(见图 3-19(b)),列 $\sum M_C = 0$,得

$$-2F_{Bx} + 2F_{By} = 0 \tag{3-5}$$

联立求解式(3-4)和式(3-5),得

$$F_{Ax} = 8\ \text{kN}(\leftarrow),\quad F_{By} = 8\ \text{kN}(\uparrow)$$

由整体平衡条件 $\sum F_x = 0$ 和 $\sum F_y = 0$,分别可得

$$F_{Ax} = 8\ \text{kN}(\rightarrow),\quad F_{By} = 12\ \text{kN}(\uparrow)$$

把支座 A、B 的反力标在图 3-19(b) 上。作出的内力图如图 3-19(c) ~ (e) 所示。

例 3-15 试作出图 3-20(a) 所示三铰刚架的 M 图。

解 取整体,列 $\sum F_x = 0$,可得 $F_{2x} = -20$ kN。

取 5-6-2,列 $\sum M_5 = 0$,可得

$$F_{2x} \times 4\ \text{m} + F_{2y} \times 2\ \text{m} - 10\ \text{kN/m} \times 2\ \text{m} \times 1\ \text{m} = 0$$

$$F_{2y} = 50\ \text{kN}$$

取整体,列 $\sum M_1 = 0$,可得

$$M_{14} + 40\ \text{kN}\cdot\text{m} + 10\ \text{kN/m} \times 6\ \text{m} \times 1\ \text{m} + 20\ \text{kN} \times 2\ \text{m} - F_{2x} \times 2\ \text{m} - F_{2y} \times 4\ \text{m} = 0$$

解得

$$M_{14} = 20\ \text{kN}\cdot\text{m}$$

1-4 杆无剪力,弯矩为常量,有

$$M_{41} = -20\ \text{kN}\cdot\text{m}$$

取 2-6 杆,列 $\sum M_6 = 0$,得 $\qquad M_{62} = -80\ \text{kN}\cdot\text{m}$

取 3-4 杆,列 $\sum M_4 = 0$,得

$$M_{43} = -40\ \text{kN}\cdot\text{m} + 10\ \text{kN/m} \times 2\ \text{m} \times 1\ \text{m} = -20\ \text{kN}\cdot\text{m}$$

由结点 4,6 的力矩平衡条件可得

$$M_{45} = M_{43} + M_{41} = -40\ \text{kN}\cdot\text{m};\quad M_{65} = -M_{62} = 80\ \text{kN}\cdot\text{m}$$

有了全部控制弯矩,由区段叠加可作出如图 3-20(b) 所示的 M 图。

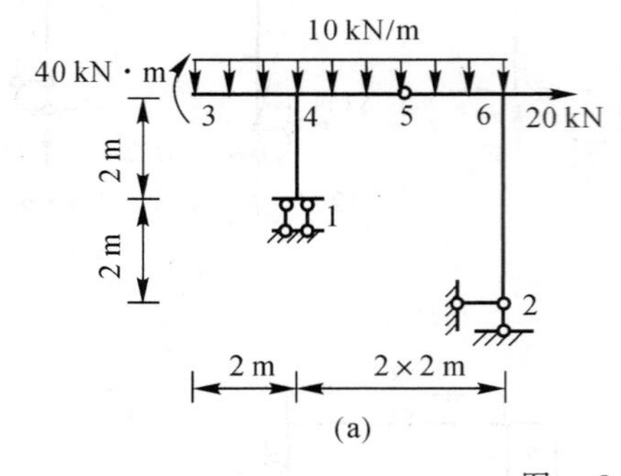

(a)

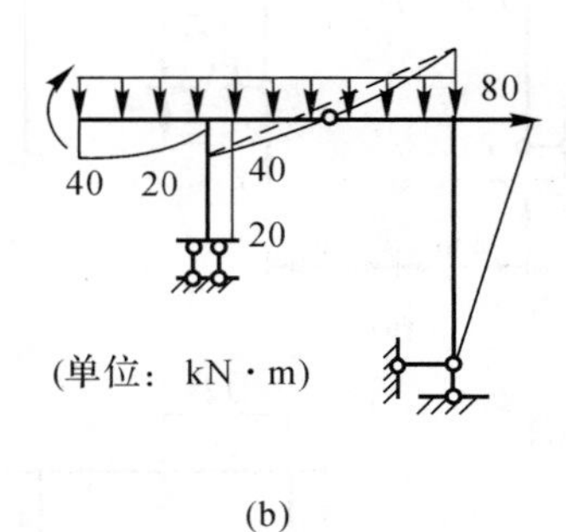

(b)

图 3-20

例 3-16 试作图 3-21(a) 所示三铰刚架的弯矩图。

解 取 1-3-4 为隔离体(见图 3-21(b)),列 $\sum F_y = 0$,得

$$F_{1y} - 10\ \text{kN/m} \times 4\ \text{m} = 0$$

解得

$$F_{1y} = 40\ \text{kN}$$

同理,取 4-5-2 为隔离体(见图 3-21(c)),列 $\sum F_y = 0$,得

$$F_{2y} - 10\ \text{kN/m} \times 4\ \text{m} = 0$$

解得

$$F_{2y} = 40\ \text{kN}$$

列 $\sum M_2 = 0$，得

$$M_{45} + F_{4x} \times 2\ \text{m} - 10\ \text{kN/m} \times 4\ \text{m} \times 2\ \text{m} = 0 \tag{3-6}$$

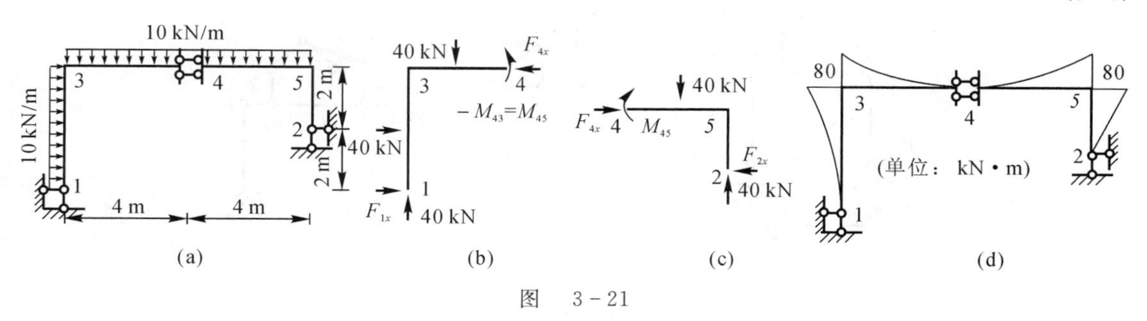

图　3-21

取 1-3-4 为隔离体，列 $\sum M_1 = 0$，得

$$M_{45} + F_{4x} \times 4\ \text{m} - 10\ \text{kN/m} \times 4\ \text{m} \times 2\ \text{m} - 10\ \text{kN/m} \times 4\ \text{m} \times 2\ \text{m} = 0 \tag{3-7}$$

联立求解式(3-6) 和式(3-7)，得

$$M_{45} = 0,\quad F_{4x} = -40\ \text{kN}$$

由图 3-21(c)，列 $\sum F_x = 0$，得

$$F_{2x} = -F_{4x} = -40\ \text{kN}$$

由图 3-21(b)，列 $\sum F_x = 0$，得

$$F_{1x} = -40\ \text{kN} + F_{4x} = 0$$

有了全部反力和 4 点处约束力，取各杆段求得控制(杆端) 弯矩如下：

$$M_{31} = 10\ \text{kN/m} \times 4\ \text{m} \times 2\ \text{m} = 80\ \text{kN} \cdot \text{m}$$

$$M_{52} = F_{2x} \times 2\ \text{m} = -80\ \text{kN} \cdot \text{m}$$

$$M_{34} = -M_{31} = -80\ \text{kN} \cdot \text{m}$$

$$M_{64} = -M_{62} = 80\ \text{kN} \cdot \text{m}$$

有了控制弯矩，通过区段叠加可得如图 3-21(d) 所示弯矩图。

2. 组合结构

组合结构是由受弯曲杆件与二力杆组合而成的结构。受弯曲杆件具有刚架的特点，有弯矩、剪力和轴力。二力杆只受拉压作用，只有轴力。

组合结构计算时，一般是先对结构进行几何组成分析，搞清杆件组成的先后顺序。再取合适的隔离体，逆着杆件的组成顺序进行计算。计算方法是，先求出二力杆的内力，将二力杆的内力作用于梁式杆上，再求梁式杆的内力。

例 3-17　计算图 3-22(a) 所示静定组合结构，求出桁架杆轴力，画出梁式杆的弯矩图。

解　先求支座反力，列 $\sum F_x = 0$，有

$$F_{Ax} - 16 = 0$$

得

$$F_{Ax} = 16\ \text{kN}(\rightarrow)$$

列 $\sum M_B = 0$，有

$$8 \times 6 + 16 \times 8.5 - F_{Ay} \times 8 = 0$$

得

$$F_{Ay} = 23\ \text{kN}(\uparrow)$$

列 $\sum F_y = 0$，有

$$F_{By} + 23 - 8 = 0$$

得
$$F_{By} = -15\ \text{kN}(\downarrow)$$

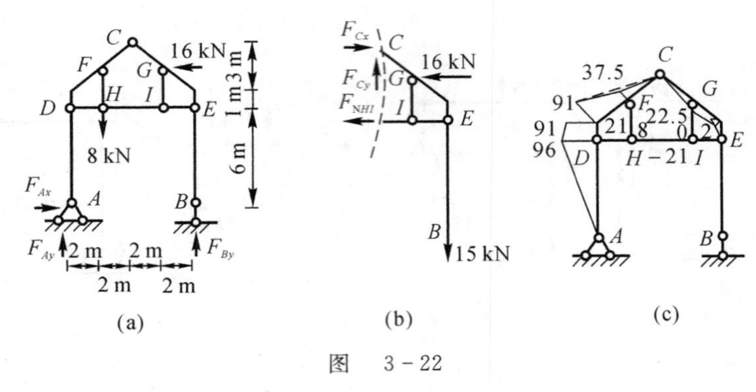

图 3-22

取右半部分为隔离体（见图 3-22(b)），列 $\sum M_C = 0$，有

$$-15 \times 4 - 16 \times 1.5 - F_{NHI} \times 4 = 0$$

得
$$F_{NHI} = -21\ \text{kN}(\text{压})$$

由结点 I 水平、竖向平衡可知

$$F_{NGI} = 0, \quad F_{NEI} = F_{NHI} = -21\ \text{kN}\ (\text{压})$$

由结点 H 水平、竖直平衡可知

$$F_{NFH} = 8\ \text{kN}(\text{拉}), \quad F_{NDH} = F_{NHI} = -21\ \text{kN}\ (\text{压})$$

梁式杆 ADC，BEC 的弯矩图如图 3-22(c) 所示。

四、第四教学单元知识点

1. 三铰拱支座反力的计算

三铰拱有 F_{VA}，F_{HA}，F_{VB}，F_{HB} 4 个反力（见图 3-23），可由三个整体平衡条件 $\sum F_x = 0$，$\sum F_y = 0$，$\sum M = 0$ 及取左（或右）半拱为隔离体，以中间铰 C 为矩心的平衡条件 $\sum M_C = 0$ 求出。

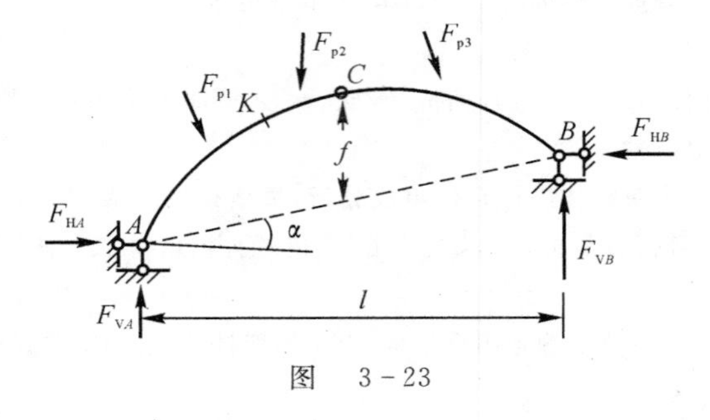

图 3-23

2. 三铰拱支座内力的计算（重点）

$$M = M^0 - F_H y, \quad F_Q = F_Q^0 \cos\varphi - F_H \sin\varphi, \quad F_N = -(F_Q^0 \sin\varphi + F_H \cos\varphi)$$

式中，M 为弯矩；M^0 为简支梁截面 D 的弯矩；F_Q 为剪力；F_Q^0 为简支梁截面 D 的剪力；F_N 为轴力；φ 为 D 处拱轴切线倾角。

例 3-18　试求图 3-24(a) 所示带拉杆的三铰拱截面 K 的弯矩。

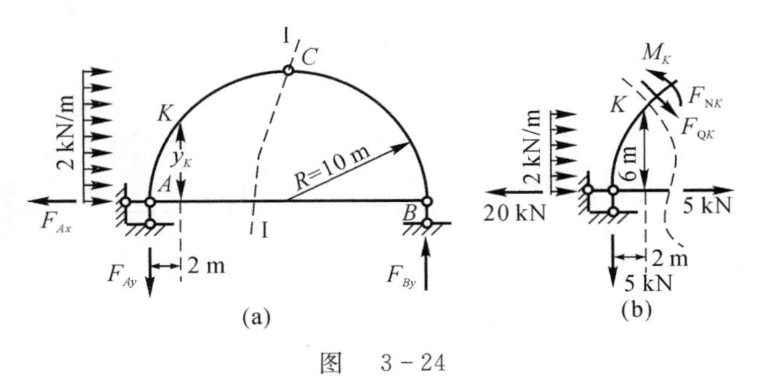

图　3-24

解　本例为水平荷载作用，故尽管是带拉杆的三铰拱，支座 A 仍有水平反力存在。由整体平衡条件 $\sum F_x = 0$，得

$$F_{Ax} = 2 \times 10 = 20 \text{ kN} (\leftarrow)$$

由 $\sum M_A = 0$，得

$$20F_{By} - 2 \times 10 \times \frac{10}{2} = 0, \quad F_{By} = 5 \text{ kN} (\uparrow)$$

列 $F_y = 0$，得

$$F_{Ay} = 5 \text{ kN} (\downarrow)$$

为了计算截面 K 的弯矩，应求出拉杆 AB 的内力和截面 K 的纵坐标 y_K。作截面 Ⅰ-Ⅰ，取右半边为隔离体，由 $\sum M_C = 0$，得

$$10F_{NAB} - 5 \times 10 = 0$$

即

$$F_{NAB} = 5 \text{ kN (拉)}$$

根据几何关系

$$y_K = \sqrt{10^2 - 8^2} = 6 \text{ m}$$

切断截面 K，取左部分为隔离体(见图 3-24(b))，列 $\sum M_K = 0$，有

$$M_K + \frac{1}{2} \times 2 \times 6^2 - (20 - 5) \times 6 + 5 \times 2 = 0$$

得

$$M_K = 44 \text{ kN} \cdot \text{m (内侧受拉)}$$

例 3-19(考研题)　试求图 3-25 所示抛物线 $y = 4fx(l - x)/l^2$(式中 f 表示拱高)三铰拱距 A 支座 5 m 的截面内力。

解　取 AC 隔离体，受力图如图 3-26 所示。由静力平衡条件可得

$$\sum M_A = 0, \quad F_{By} = 48 \text{ kN}$$

$$\sum F_y = 0, \quad F_{Ay} = 152 \text{ kN}$$

取 BC 隔离体，由静力平衡条件，有

$$\sum M_C = 0, \quad F_{Bx} = F_H = 130 \text{ kN}$$

$$\sum F_x = 0, \quad F_{Ax} = 132 \text{ kN (推力)}$$

由曲线方程可得

$$y = 4fx(l - x)/l^2 = \frac{20x - x^2}{25} = 3 \text{ m}$$

$$\tan\theta = \frac{20 - 2x}{25} = 0.4, \quad \sin\theta = 0.371, \quad \cos\theta = 0.928$$

对 K 取矩，可得

$$\sum M_K = 0,\quad M - F_{Ay}\times 5 + F_H \times 3 + 100\ \text{kN}\times 25 = 0$$

得

$$M = 120\ \text{kN}\cdot\text{m}$$

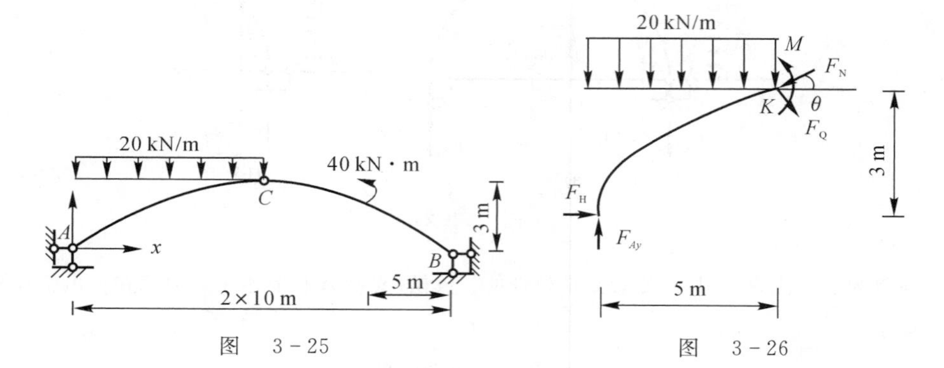

图 3-25　　图 3-26

分别在 K 处法线方向和切线方向投影，列方程有

$$F_Q + 100\cos\theta - F_{Ay}\cdot\cos\theta + F_H\cdot\sin\theta = 0,\quad F_Q = 0.26\ \text{kN}$$

$$F_N + 100\sin\theta - F_{Ay}\cdot\sin\theta - F_H\cdot\cos\theta = 0,\quad F_N = 140.14\ \text{kN}$$

3. 三铰拱的压力线和合理拱轴线

等截面合力作用线组成的多边形叫三铰拱的压力线，由它可以确定拱中任一截面一边外力合力。

在一定荷载作用下，使各截面弯矩处为零的轴线，称为合理轴线。在竖向向荷载(含力偶)作用下，合理拱轴方程为

$$y(x) = \frac{M^0(x)}{F_H}$$

式中，$M^0(x)$ 为简支梁的弯矩方程。

在沿水平分布的满跨均布荷载作用下，三铰拱的合理轴线为二次抛物线，即

$$y = \frac{4f}{l^2}x(l-x)$$

式中，L 为拱跨长；f 为拱高。坐标原点在左支座点。在均匀水压力作用下，三铰拱合理轴线为圆弧曲线。

例 3-20　试求图 3-27(a) 所示三铰拱在竖向均布荷载作用下的合理拱轴。

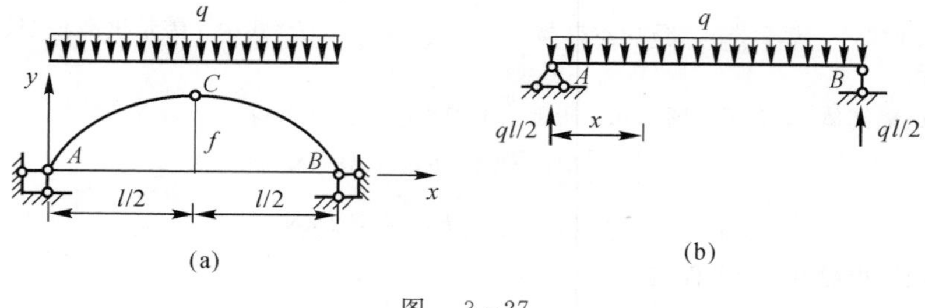

图 3-27

解　合理拱轴线方程为 $y = \frac{M^0}{F_H}$，代梁(见图 3-27(b))的弯矩方程及顶铰对应截面弯矩为

$$M^0 = \frac{qx}{2}(1-x),\quad M_C^0 = \frac{ql^2}{8}$$

由此得拱的水平推力为

$$F_H = \frac{M_C^0}{f} = \frac{ql^2}{8f}$$

将上述结果代入合理拱轴方程，即得

$$y = \frac{4f}{l^2}x(l-x)$$

温馨提示：三铰拱承受满跨均布荷载，合理拱轴为二次抛物线。在合理拱轴方程中，拱高没有确定，可见具有不同高跨比的一组抛物线，都是合理轴线。

需要指出，三铰拱的合理拱轴只是对一种给定荷载而言的，在不同的荷载作用下有不同的合理拱轴。例如，对称三铰拱在径向均布荷载的作用下，其合理拱轴为圆弧线（见图 3-28(a)）；在拱上填土（填土表面为水平）的重力作用下，其合理拱轴为悬链线（见图 3-28(b)）。

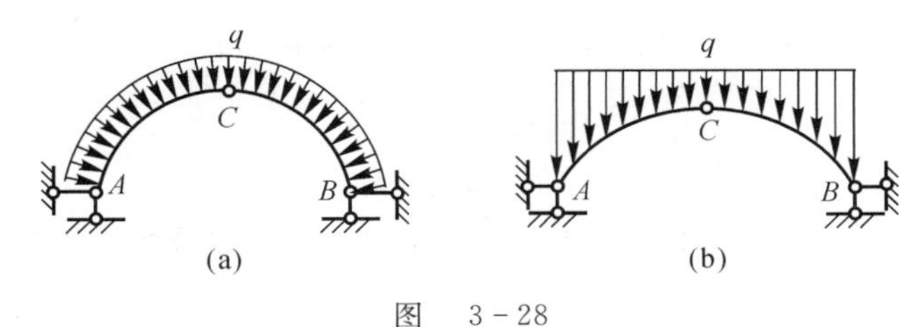

图 3-28

五、第五教学单元知识点

1. 隔离体方法及其截取顺序的优选

(1) 隔离体形式及独立平衡方程。

从结构中截取的隔离体的形式有结点（铰结点、刚结点、组合结点）、杆件、刚片（内部几何不变体）、几何可变体、杆件微段单元等。从结构中取出隔离体时，应画出与其相关的全部约束力及外荷载。对隔离体建立平衡方程时，其独立平衡方程个数等于隔离体的自由度数，在平面结构中其关系见表 3-1。

表 3-1 平面结构中平衡方程与隔离体的自由度数的关系

隔离体形式	独立平衡方程个数
铰结点	2
刚结点，组合结点	3
刚片，内部不变体系	3
具有 S 个自由度的内部可变体系	S

(2) 计算的简化和隔离体截取顺序的选择。

1) 掌握结构的受力特点可以简化计算。

2) 隔离体截取顺序的优选对简化计算至关重要。一般来说，截取顺序与结构几何组成顺序相反。

2. 刚体体系的虚功原理

设具有理想约束的刚体体系上作用任意平衡力系，又设体系发生符合约束条件的无限小位移（又称可能位移），则主动力在位移上所做的总虚功 W 恒等于零。虚功原理有以下两种方式，应用于不同的计算对象：

(1) 虚设位移，求未知力。这种形式的虚功原理称为虚位移原理。

(2) 虚设力系，求位移。这种形式的虚功原理称为虚力原理。

例 3-21 用虚功原理求图 3-29 所示静定结构的指定内力或支座反力。试求：

(1) 支座反力 F_{RC} 以及弯矩 M_{BC} 和 M_{BA}。

(2) 求 1,2,3 杆的力 F_{N1},F_{N2},F_{N3}。

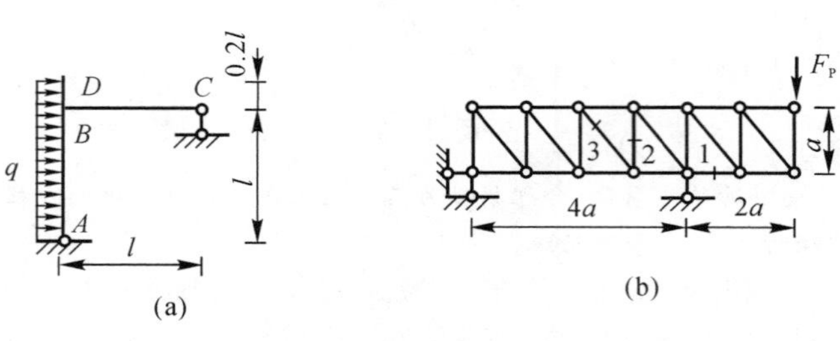

图 3-29

解 (1) 解除 C 点的支座,代以力 F_{RC},如图 3-30 图(a) 所示。则

$$-\int_0^{1.2l} q\theta x\,\mathrm{d}x + F_{RC}\cdot\theta\cdot\sqrt{2}\,l\cdot\frac{\sqrt{2}}{2}=0$$

可得

$$F_{RC}=0.729l$$

将 BC 与 AD 连接处改为铰结,并代以一对大小相等、方向相反的力偶 M_{BC},如图 3-30(b) 所示。则

$$-\int_0^{1.2l} q\theta x\,\mathrm{d}x + M_{BC}\cdot\theta=0$$

可得

$$M_{BC}=0.729l^2$$

将 AB 与 CBD 连接处改为铰结,并代以一对大小相等方向相反的力偶 M_{BA},如图 3-30(c) 所示。

则

$$-\int_0^{l} q\theta x\,\mathrm{d}x - q\cdot 0.2l\theta l + M_{BA}=0$$

可得

$$M_{BA}=0.7ql^2$$

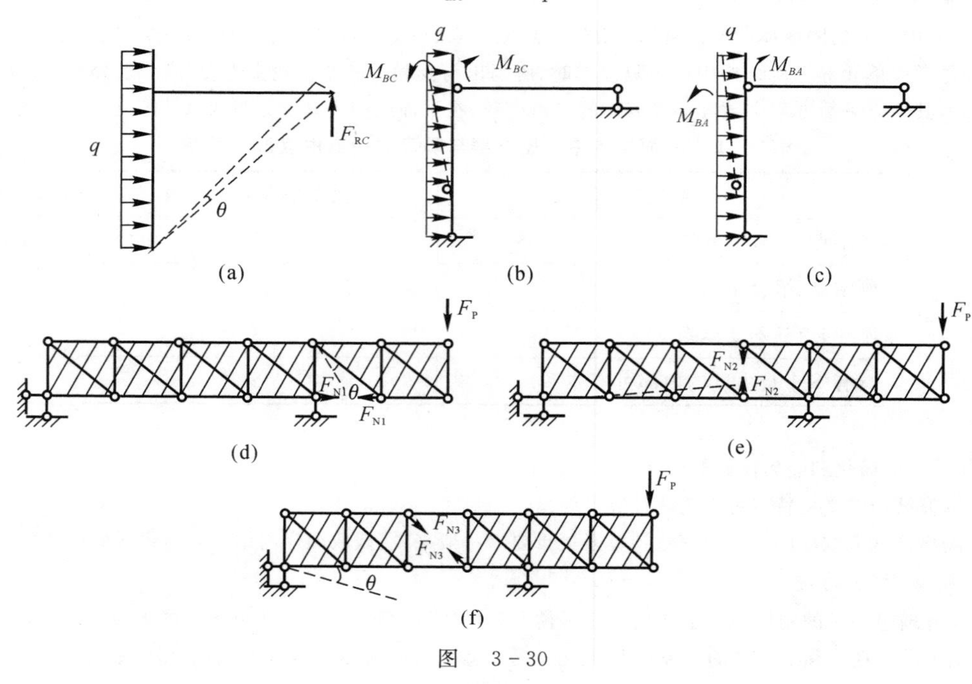

图 3-30

(2) 解除 1 杆的约束,代以大小相等、方向相反的一对力 F_{N1},如图 3-30 图(d) 所示。

两部分阴影区域可以看作两块刚片。则

$$F_{N1}\theta a + F_P\theta\cdot 2a=0$$

可得
$$F_{N1} = -2F_P$$

解除2杆的约束,代以大小相等、方向相反的一对力 F_{N2},如图3-30(e)所示。

两部分阴影区域可以看作两块刚片。则

$$F_{N2}\cdot\theta a + F_{N2}\cdot\theta\cdot 3a - F_P\cdot 2\theta a = 0$$

可得
$$F_{N2} = \frac{1}{2}F_P$$

解除3杆的的约束,代以大小相等、方向相反的一对力 F_{N3},如图3-30图(f)所示。

两部分阴影区域可以看作两块刚片。则

$$\frac{\sqrt{2}}{2}F_3\cdot\theta\cdot 2a + \frac{\sqrt{2}}{2}F_3\cdot\theta a + \frac{\sqrt{2}}{2}F_3\cdot\theta a + F_P\cdot\theta\cdot 2a = 0$$

可得
$$F_{N3} = -\frac{\sqrt{2}}{2}F_P$$

温馨提示:虚力原理较难理解,但要弄懂虚功原理本身并不难。再者它只是一种解决问题的方法,若没有特别说明,同样的题也可以用其他方法求解。

3.2　学习指导

3.2.1　学习方法建议

静定结构是无多余约束的几何不变体系,其上所有的约束都是维持平衡所必需的。因此,静定结构的全部反力和内力都可以利用平衡方程求解。求解的基本过程是取隔离体、列平衡方程、解方程求未知力。这个过程对所有静定结构都是适用的,必须熟练掌握。学习时要特别注意对这个过程的总体把握及在具体问题中的灵活应用。下面,总结一下这个基本过程在求支反力(约束力)及内力中的具体应用。

1.求支座反力或刚片间约束力的一般方法

(1)两刚片型结构。两个刚片间有三个约束力。取其中一个刚片为隔离体,可列出三个平衡方程,解出三个约束力。

(2)三刚片型结构。任意两个刚片间都有两个约束力。分别取这两个刚片为隔离体,可列出两个包含这两个约束力的联立方程,进而解出约束力。双截面法是求解三刚片型结构的一般方法,凡是符合三刚片组成规律的结构,用这个方法均可以求出全部约束力。对于一些简单的结构,有时并不用解联立方程。

(3)基-附(基本-附属)型结构,首先求附属结构的约束力;然后,将约束力反向作用到基本结构上,再求解基本结构的约束力。

2.求内力的一般方法

求出支座反力和刚片间约束力以后,就可以针对每一个刚片求截面内力了。

(1)切断控制截面,取出部分结构作为隔离体。取隔离体时要注意约束必须全部断开,用相应的约束反力来代替。未知力按规定的正向画,已知力按实际方向画。

(2)列隔离体的平衡方程,求截面内力。列方程时尽量使一个方程只包含一个未知力,避免解联立方程组。从上面的总结可以看出,无论是求支反力还是求内力,过程都是一样的。

3.桁架结构的受力分析法

(1)简单桁架。这是由基础或基本三角形,通过依次增加二元体所组成的桁架。这种桁架只需用结点法,不解联立方程就可以依次求出所有杆的内力。

(2)联合桁架。这是由几个简单桁架按两、三刚片组成规则构造的静定结构。这种桁架需要用截面法先求出支反力和简单桁架间的约束力,然后再解每一个简单桁架。

(3)复杂桁架。视具体情况,有些可用结点法和截面法联合求解。

学习时要熟练掌握简单桁架、联合桁架的求解。了解复杂桁架的求解。

桁架的一般求解方法为：

(1)结点法。取结点作为隔离体。隔离体上的力为平面汇交力系，所以只有两个平衡方程可以利用，由隔离体的平衡最多能求出两个未知力。对于简单桁架，按照去掉二元体的顺序逐步求解，不用解联立方程组，就可依次求得全部杆件的轴力。

(2)截面法。用截面切开桁架，取其中的一部分作为隔离体。隔离体上的力为平面任意力系，有三个平衡方程可以利用，最多能求三个未知力。

(3)联合法。联合应用结点法和截面法建立只包含一个未知力的平衡方程，主要用于复杂桁架的求解。求解步骤与具体问题有关，一般是用结点法建立出截面法方程中未知力间的关系。

桁架求解的一些特殊情况有：

(1)零杆的情况。①二杆结点(见图 3-31(a))。②结点单杆(见图 3-31(b))。③对称性中的 K 型结点(见图 3-31(c)。

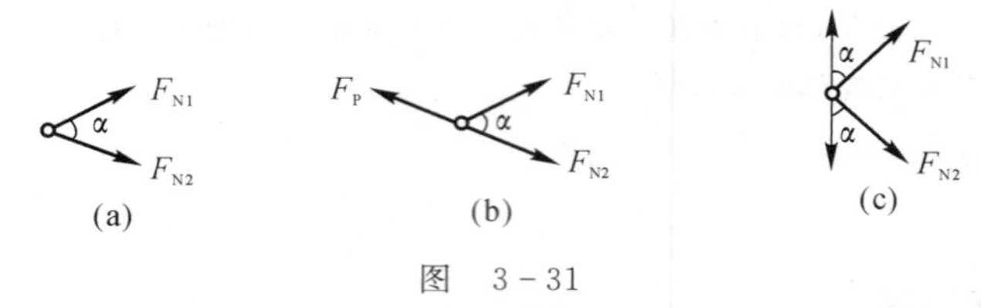

图 3-31

(a)$\alpha\neq0,\pi$ 时；$F_{N1}=F_{N2}=0$；(b)$\alpha\neq0,\pi$ 时；$F_{N1}=0$

(c)$\alpha\neq0,\pi$ 时，$F_{N1}=-F_{N2}$。若结点位于对称结构水平对称轴上，且结构的荷载为正对称，则 $F_{N1}=F_{N2}=0$

(2)特殊结点(见图 3-32)。

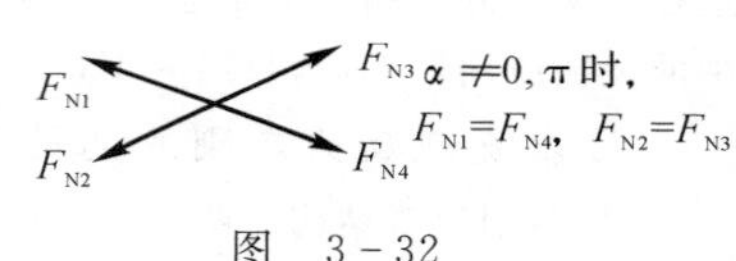

图 3-32

(3)截面单杆的情况。截断三杆以上时，若除一根杆(单杆)外，其余各杆均交于一点，用力矩法求该杆内力。若除一根杆(单杆)外，其余各杆均平行，用投影法求该杆内力。

(4)杆件轴力的滑移和分解。有些斜杆轴力的力臂不方便求，可以将轴力滑移至某一特殊位置，使该力的一个分力力臂等于零，另一个分力的力臂也很容易确定。求出一个分力后，按照比例关系，就可以求出轴力了。

(5)对称性的利用。利用对称性可以判断某些杆件的轴力，对于复杂结构还可以将荷载进行分组计算。

上面五种特殊情况可以使桁架计算过程得到简化。还有一些其他情况建议读者在学习时注意总结和积累。

4. 静定梁、静定刚架和组合结构的受力分析法

(1)熟练绘制简支梁、悬臂梁和伸臂梁在均布荷载、集中力和集中力偶作用下的弯矩图和剪力图。读者应该做到“提笔就画”的程度。

(2)熟练求解多跨静定梁、多层多跨刚架(基-附结构)的支反力及各部分之间的约束力。读者应做到思路清晰、求解正确。

(3)熟练掌握弯矩的区段叠加法(这个方法在梁及刚架的受力分析中具有非常广泛的应用)。建议读者一定要多做练习，做到熟能生巧。

(4)熟练掌握组合结构的计算。一定要区分哪些杆件是桁架杆、哪些杆件是梁式杆。取隔离体时，应尽量切断桁架杆，减少未知力的个数。

5. 三铰拱结构的受力分析法

(1)明确拱结构的受力特点、材料选用和适用范围等内容。轴线为曲线，在竖向荷载作用下能产生水平反力，可以发挥混凝土及砖石材料受压性能好的特点。

(2)熟练掌握竖向荷载作用下等高拱反力和截面内力计算公式。通过计算公式，正确理解拱与等代梁受

力的异同点，加深对拱结构受力特点的认识。

(3)理解合理拱轴的定义，熟练掌握其计算公式。

6.静定结构性质

解答的唯一性是基本性质，在前面的学习积累中注意体会静定结构的导出性质：

(1)支座移动、温度改变、制造误差等因素只能使结构产生位移，不能产生内力、反力。

(2)结构局部能平衡外荷载时，仅此部分受力，其他部分没有内力。

(3)对结构的一个几何不变部分上的外荷载作静力等效变换时，仅使变换部分范围内的内力发生变化。

(4)结构的一个几何不变部分在保持连接方式、不变性的条件下，可用另一构造方式的几何不变体代替，且其他部分受力不变。

(5)具有基本部分和附属部分的结构，当仅基本部分受荷载时，附属部分不受力。

温馨提示：静定结构计算的常见问题是浅尝辄止，认为静力学简单，不需要下功夫，在学习时一定要注意克服。熟练地应用上述静定结构性质，可使分析计算得到简化。

3.2.2 解题步骤及易犯的错误

1.各类结构受力分析的步骤

(1)桁架结构：首先判断零杆以便简化待分析问题，然后求反力。用结点法分析桁架受力时，依次按“后组成先求解”的顺序列平衡方程进行计算。当只求指定杆件内力时，选择合理的截面切取隔离体，用平面任意力系平衡方程进行计算。

(2)拱结构：先用双截面法求反力(竖向荷载时可与代梁对比计算)，根据杆轴方程求指定截面的倾角，用截面法列平面任意力系平衡方程求内力。竖向荷载可按公式计算。

(3)多跨静定梁：从几何组成分析基-附关系，按先附后基原则求反力，按单跨梁分析内力。

(4)刚架结构：不管是哪类刚架结构，一般原则是先求反力(组成相反顺序，三铰部分用双截面法)，接着求控制截面内力并按区段叠加法作内力图。

(5)组合结构：分析组成，确定哪些是桁架杆、哪些是弯曲杆。根据组成，先用截面法求约束杆轴力，接着求其他桁架杆轴力，最后根据荷载与桁架杆轴力求控制截面弯矩并作弯矩图。

(6)三铰拱：首先求出反力，然后再计算内力。计算内力有两种方式：一是直接用平衡条件，二是用内力计算公式。具体用哪种方式据题目条件选择。

2.易犯的错误

(1)不能正确地掌握平衡微分关系。

(2)不能熟记一些单跨梁的基本内力图。

(3)隔离体没有切断所有联系或暴露过多未知力。

(4)没有及时总结、消化一些快速分析的方法(如简化力臂计算、合理的投影方程等)。

3.2.3 学习中常遇问题解答

1.均布荷载作用下的受弯构件的弯矩一定是按曲线变化吗？没有荷载的区段，弯矩一定按直线变化吗？

答：对于直杆是这样的。但是，对于曲杆却不一定。具体例子见主教材例题。

2.为什么直杆上任一区段的弯矩图可以通过对应简支梁由叠加法来作？

答：因为区段杆件的受力与相同跨度的简支梁在两端截面弯矩和杆件原有荷载作用下的受力完全一样。

3.为什么相同跨度、相同荷载作用的斜梁与水平梁的弯矩是一样的(见图3-33)？

答：因为二者的竖向支反力和竖向荷载相等，斜梁没有水平反力和水平荷载。这样，斜梁截面的弯矩就只与竖向力到截面的水平距离有关。因此，二者的弯矩相等。

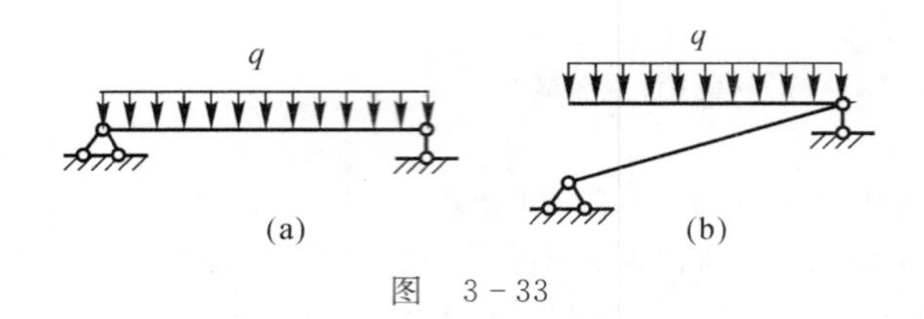

图 3-33

4. 何谓区段叠加法？用它作 M 图的步骤是什么？

答：在事先求得杆端内力的条件下，区段内的内力可利用简支梁在区段上的荷载作用下的内力通过叠加法来得到，这种作内力图的方法即为区段叠加法。区段叠加法作 M 图的步骤为：用截面法求区段两端的控制弯矩；作仅在控制弯矩作用下的简支梁 M 图；在所得简支梁 M 图基础上，叠加简支梁在荷载下的 M 图即得该区段最终 M 图。

5. 分析多跨静定梁的关键是什么？

答：分析多跨静定梁的关键是，通过其组成分析确定各部分之间的依赖关系，也即基本部分和附属部分(也称叠层)关系图。然后按照先附属部分，后基本部分，在正确处理作用、反作用关系条件下，变成求解一系列单跨静定梁问题。

6. 若基本部分与附属部分之间用铰连接，那么作用在该铰处的集中力由哪部分承担？

答：由基本部分承担。

7. 多跨静定梁的内力分布比简支梁有哪些优越性？

答：多跨静定梁的内力分布比较均匀，相同荷载下，内力最大值降低。因此，能充分发挥材料的性能，节约材料。

8. 由 M 图作剪力图的条件是什么？

答：因为在已知弯矩图的情况下，求杆端剪力对杆端取矩时，必须已知荷载，因此荷载作用是前提。

9. 由剪力图作轴力图的条件是什么？

答：因为杆上的轴向荷载不影响弯矩、剪力，所以由剪力图作轴力图也必须事先已知荷载。

10. 计算桁架内力时为何先判断零杆和某些易求杆内力？

答：判断零杆或先判断某些易求杆内力可使计算对象简化，有利于合理选择隔离体，以便尽可能实现一个方程解一个未知内力。

11. 图 3-33(a)所示以三刚片规则所组成的联合桁架应如何求解？

答：首先确定三刚片 6 个联系中以哪两个联系的作用力为基本求解未知量；然后分别用两个截面(因此也称双截面法)取包含基本求解未知量的两个简单桁架部分为隔离体；对非基本求解未知力的交点取矩，建立两个独立的含基本求解未知量的平衡方程并求解未知量；求非基本未知力的联系杆内力；最后按简单桁架分析每一组成部分。此过程如图 3-34 所示。

12. 作平面刚架内力图的一般步骤是什么？

答：(1)一般先求支座反力(悬臂刚架除外)，组成复杂时拟先分析构成，按与组成相反顺序求反力、约束力。

(2)求控制截面弯矩并用区段叠加法逐段作 M 图。

(3)求区段杆端剪力 F_Q(可取杆段为隔离体，由此隔离体受力图对两杆端取矩求得)，然后像在材料力学中的一样，作各杆的 F_Q 图。注意剪力图可画在杆轴任意一侧，但必须标明正负号。

(4)求区段杆端轴力 F_N(可取结点为隔离体，在已知剪力条件下用投影方程来求)，然后逐杆作 F_N 图。同样要注意标明正、负号。

(5)以结点、截面截取隔离体校核是否平衡。

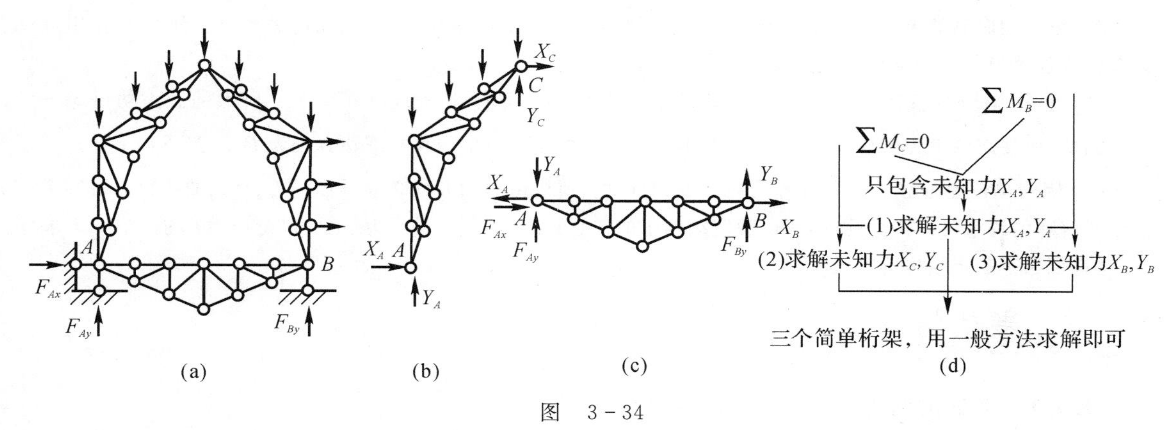

图 3-34

(a)荷载及反力示意图；(b)一个截面及隔离体受力图；(c)另一个截面及隔离体受力图；(d)计算过程

13.不等高三铰刚架的反力计算能否不解联立方程组？

答:能。将不等高三铰刚架的支座反力沿拱趾铰连线及竖向进行分解，则可像等高时一样不解联立方程，也即先整体对其中一支座铰取矩，然后再对顶铰取矩求得反力的斜角分量。

14.静定组合结构分析应注意什么？

答:应注意下列要点：

(1)分清哪些杆为桁架或二力杆，哪些是梁或受弯杆。

(2)除求梁或受弯杆控制截面弯矩以外，一般要避免切断受弯杆(它将暴露 F_N，F_Q 和 M 三个未知内力)。

(3)按组成结构的相反顺序进行受力分析。

15.如何利用几何组成分析结论计算支座(联系)反力？

答:如果想避免解联立方程，支座(联系)反力计算应该按结构组成(或几何组成)的相反顺序进行，即先组成的后求解。

16.静定结构内力分布情况与杆件截面的几何性质和材料物理性质是否有关？

答:静定结构内力可仅由平衡方程求得，因此与杆件截面的几何性质和材料物理性质无关。

17.如何确定(数解法)三铰拱的合理轴线？

答:基本出发点是合理拱轴定义：只有轴力，无弯矩、剪力的轴线。对仅受竖向力作用的等高三铰拱，根据弯矩计算公式 $M=M^0-F_H y$，由定义 $M\equiv0$，可得 $y=M^0/F_H$。对于其他荷载情况，要从平衡微分关系、挠曲线微分方程入手来解决。受均匀水压力的合理拱轴为圆，受回填土压力作用的合理拱轴为悬链线。

18.三铰拱的合理拱轴与哪些因素有关？

答:拱的合理拱轴与所作用的荷载、三铰位置有关。

19.对于给定的荷载，合理拱轴曲线是唯一的吗？

答:若三个铰的位置也已知，则合理拱轴是唯一的.

20.带拉杆三铰拱的拉杆轴力如何确定？

答:竖向荷载作用时可用 $F_N=M_C^0/f$ 来求，此时式中 f 为顶铰到拉杆的垂直距离。一般荷载情况下，在求得反力后，取部分为隔离体，由对顶铰的力矩总和为零来求。

21.如何证明静定结构解答的唯一性？

答:可利用刚体虚位移原理来证明。其证明的思路是：

(1)静定结构是无多余联系的几何不变体系，因此解除任意一个联系，结构都将变成单自由度体系(可运动的机构)。在所解除的联系处，以与联系所限制位移相对应的约束力 P 来代替。解除的是限制线位移的约束，所加约束力为所限制位移方向的力。解除的是限制转动的约束，所加约束力为力偶。

(2)令解除联系的单自由度体系沿约束力方向发生单位(刚体)虚位移,根据几何关系求出外力 F_i 作用点因单位虚位移引起的沿 F_i 方向的位移 δ_i。

(3) 根据刚体虚位移原理,主动力(这里包含解除联系所"暴露出来的约束力 P") 所做的总虚功恒等于零。因此,所暴露约束力的虚功等于约束力(因为所发生的是单位虚位移),虚功方程为 $P+\sum F_i\delta_i\equiv 0$。

(4) 因为单位虚位移所对应的 δ_i 是唯一的、有限的,所以由虚功方程必求得唯一的、有限的约束力解答。由于所解除的约束可以是任意的,所以静定结构中的任意约束力(可以是反力,也可以是内力) 均能唯一地求出,这就证明了静定结构解答的唯一性。

3.3 考试指点

3.3.1 考试出题点

本章主要内容是应用截面法取隔离体(包括取结点为隔离体)和利用内力与荷载间的平衡微分关系等知识,结合几种常用的典型结构形式讨论静定结构的受力分析问题,涉及梁、桁架、刚架、组合结构、拱等。内容包括支座反力和内力的计算,内力图的绘制,受力性能的分析等;杆件结构的支反力、内力,内力图的绘制。这些知识在理论力学、材料力学中已经学过,如果有所遗忘或还不够熟练,必须及时复习、巩固。否则,将会给今后的学习带来困难。其主要出题点如下:

(1)静定结构的性质。

(2)求解各种静定平面结构在荷载作用下的支座反力。

(3)静定梁与静定刚架内力图的绘制,特别是用叠加法绘制弯矩图,对内力图进行校核。

(4)利用结点法和截面法计算桁架的内力,判断零杆。求组合结构的内力。

(5)简单三铰拱的内力计算及内力图的绘制,求在简单荷载作用下拱的合理轴线方程。

3.3.2 名校考研真题选解

一、客观题

1. 填空题

(1)(哈尔滨工业大学试题) 1)如图 3-35(a)所示斜梁在水平方向的投影长度为 l,如图 3-35(b)所示为一水平梁,跨度为 l,两者的内力间的关系为:弯矩________,剪力________,轴力________。

2)(哈尔滨工业大学试题)图 3-36 所示结构 K 截面的 M 值为________,________侧受拉。

答案:1)相等 不等 不等 2)$3qd^2/2$ 左

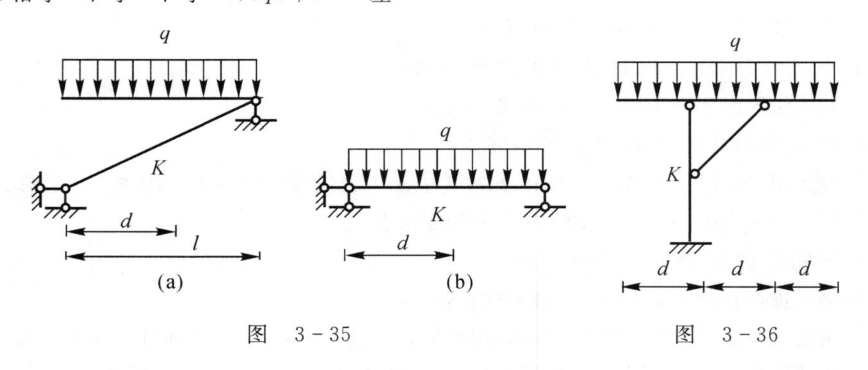

图 3-35

图 3-36

(2)(哈尔滨工业大学试题)1) 如图 3-37 所示结构支座 A 转动 φ 角,则 A 截面弯矩 $M_A=$________,C

截面转角 $\theta_C=$________。

2)三铰拱在竖向荷载作用下,其支座反力与三个铰的位置________关,与拱轴形状________关。

3)如图3-38所示桁架中杆 b 的轴力 $F_{Nb}=$________。

答案:1)0　φ(逆时针)　　2)有　无　　3)0

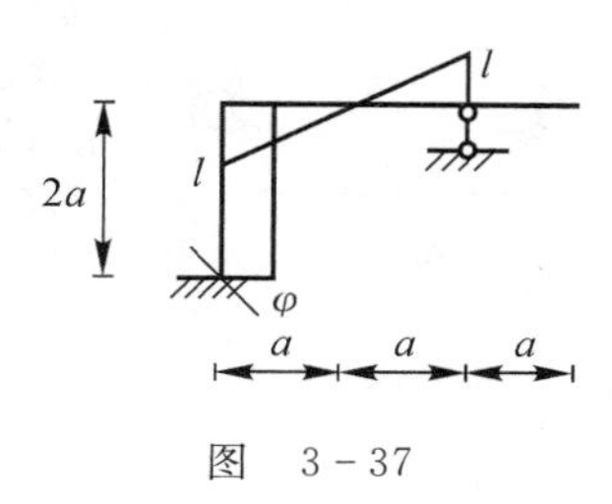

图　3-37

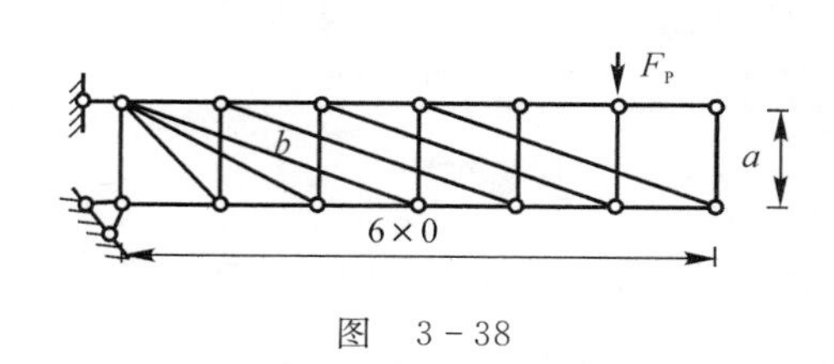

图　3-38

(3)(西南交通大学试题)在如图3-39所示的移动荷载作用下,a 杆的内力最大值等于________。

答案:1

(4)(西南交通大学试题)如图3-40所示结构 K 截面的 M 值为________,________侧受拉。

答案:$M=F_P d$　　右

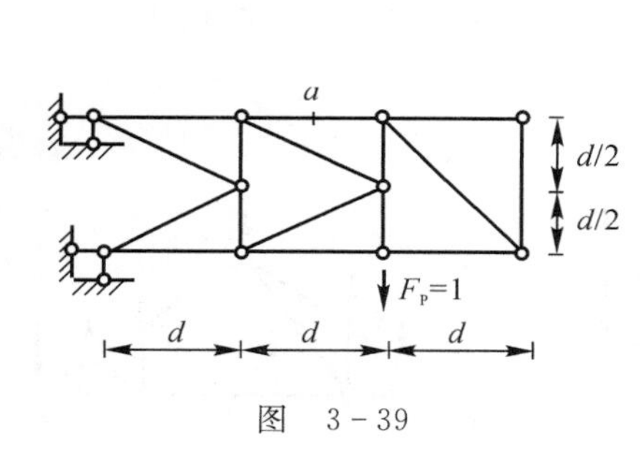

图　3-39

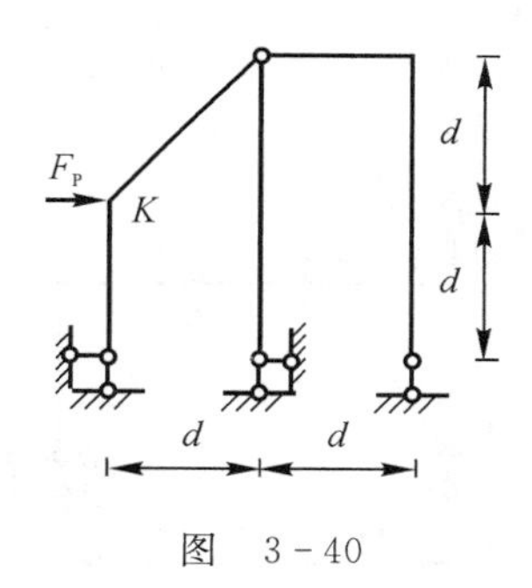

图　3-40

(5)(湖南大学试题)　1)如图3-41所示静定平面桁架,在荷载作用下,杆件1的轴力 $F_{N1}=$________,杆件2的轴力 $F_{N2}=$________。

2)如图3-42所示静定平面刚架,其计算的先后次序是________,截面 A 的弯矩 $M_A=$________,________侧受拉。

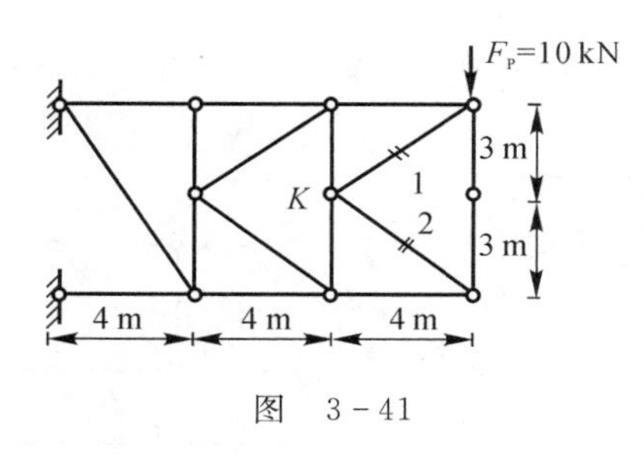

图　3-41

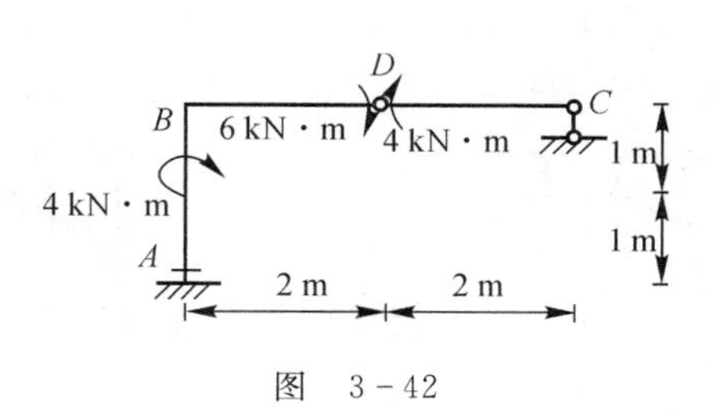

图　3-42

3)如图3-43所示三铰拱在荷载作用下,其水平推力 $F_H=$________。

4)如图3-44所示结构为一对称结构,在图示反对称荷载作用下,其半结构为________(用图表示),弯矩 $M_{CE}=$________,________侧受拉。

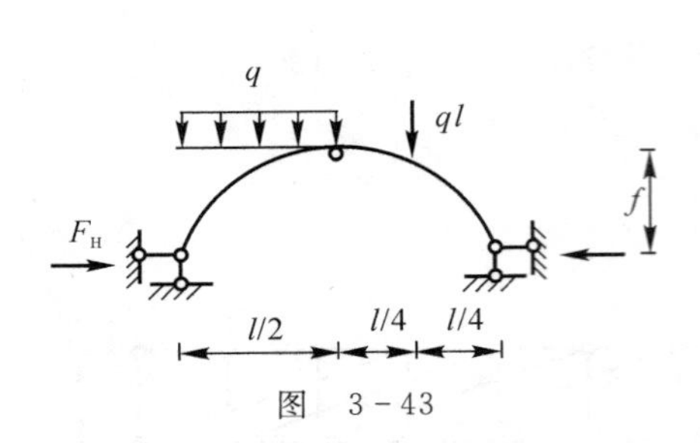

图 3-43

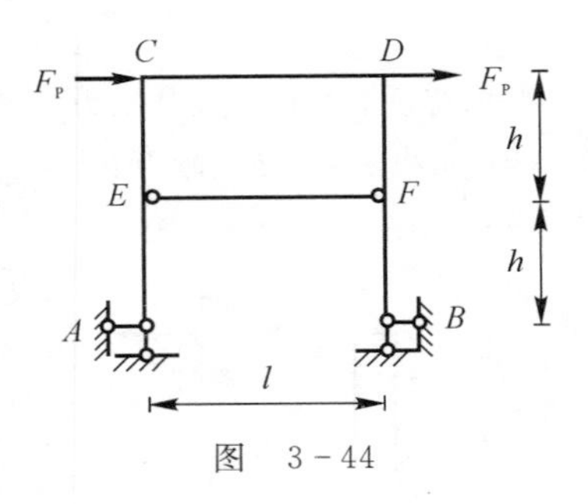

图 3-44

答案：1) −25/3 kN　25/3 kN　　2) 先算 CD，后算 AB　　6　　左(外)

3) $\frac{3ql^2}{16}\times\frac{1}{f}$　　4)

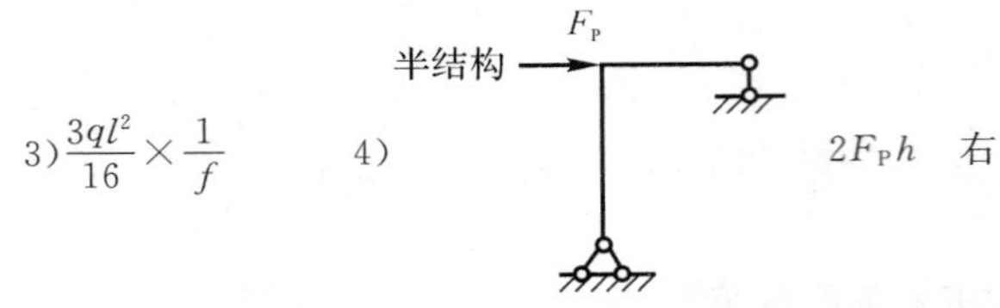

$2F_Ph$　右

(6)(湖南大学试题)　1) 如图 3-45 所示静定平面刚架，在荷载作用下，支座 B 的水平反力 F_{Bx} = ________，截面 D 的弯矩 M_D = ________，________侧受拉。

2) 如图 3-46 所示静定平面桁架，在荷载作用下，杆件 a,b,c 的拉压状态分别为________、________、________。

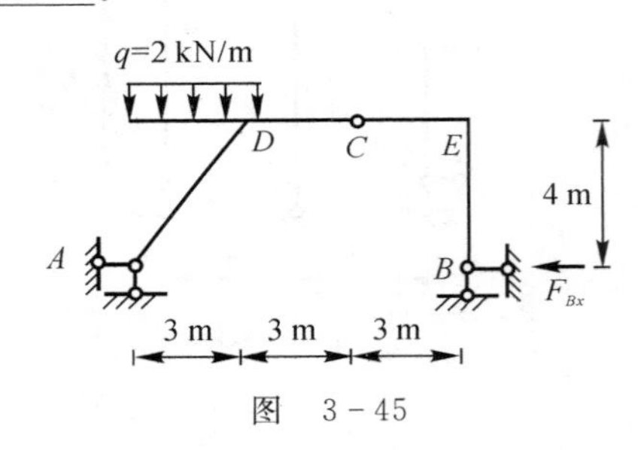

图 3-45

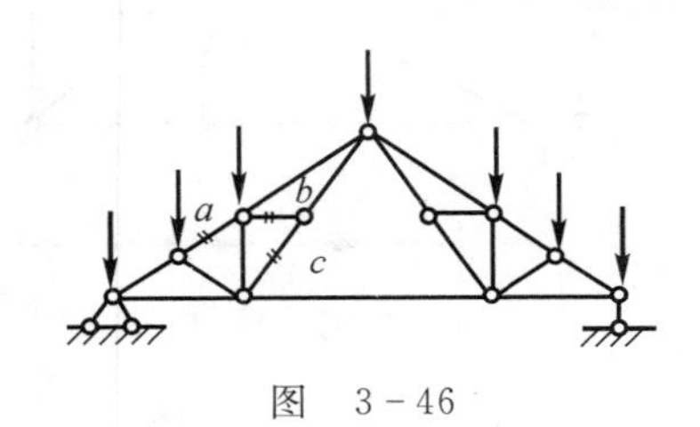

图 3-46

3) 合理拱轴线的定义是________。对称三铰拱在均布荷载作用下(见图 3-47(a))，其合理拱轴线是________；对称三铰拱在填土荷载作用下(见图 3-47(b))，其合理拱轴线是________。

4) 如图 3-48 所示静定组合结构，在荷载作用下，截面 E 的剪力 F_{EQ} = ________，弯矩 M_E = ________，________侧受拉。

答案：1) 0.75 kN　3 kN·m　　下　2) 压力　零杆　拉力　3) 在某一特定荷载作用下，使拱截面只承受压力的轴线　二次抛物线　悬链线　4) $2F_P$　　$2F_Pa$　　上

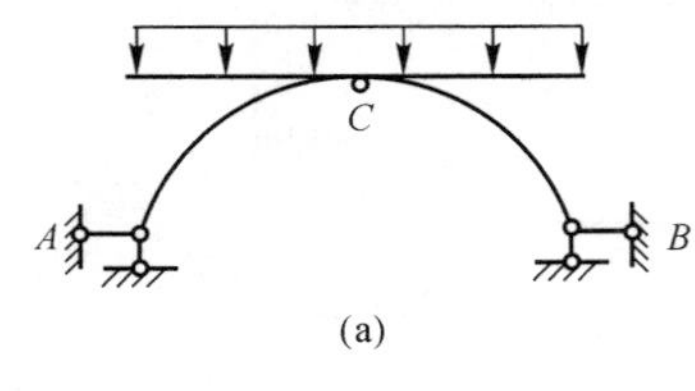

(a)

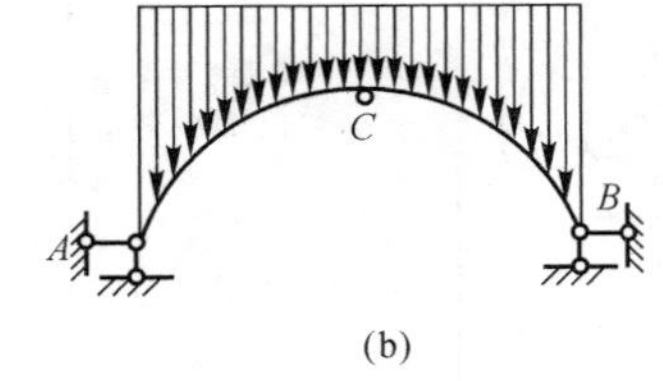

(b)

图 3-47

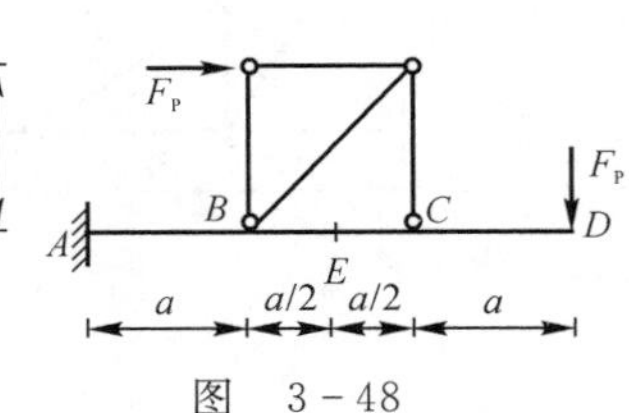

图 3-48

(7)(国防科技大学试题)　1) 如图 3-49(a) 所示结构 M_k = ________，________侧受拉。

2) 如图 3-49(b) 所示结构中，________部分的弯矩为零，________部分的剪力为零，________部分的轴力

为零，图中 90°>α>0°。

答案：1)ql^2　下　　2)CD　CD　EF

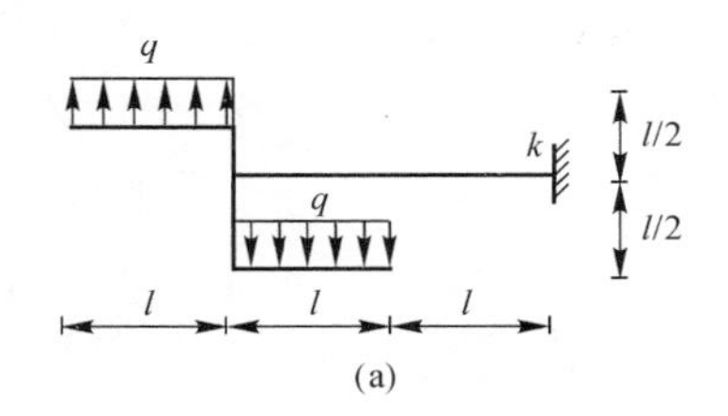

(a)

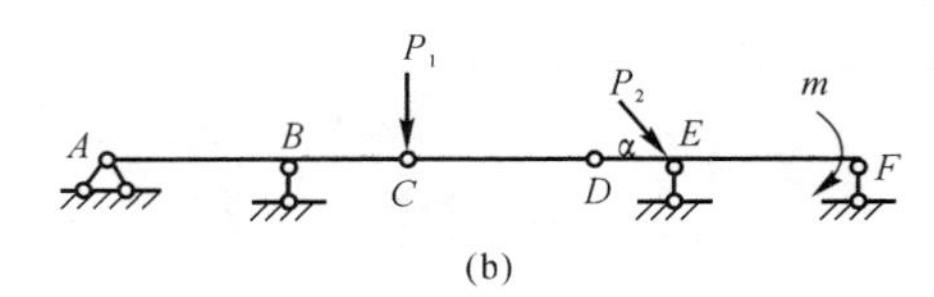

(b)

图　3－49

2.选择题

(1)(西南交通大学试题)　1)如图 3－50 所示结构 M 图的形状为(　　)。

2)如图 3－51 所示结构 AB 柱中点截面 D 的弯矩(右侧受拉为正)是(　　)。

A. 0　　B. F_Pa　　C. $-2F_Pa$　　D. $2F_Pa$

答案：1)A。图示梁为静定梁，所以弹簧的压缩不会引起梁中的内力。故将弹簧支座看作刚性支座进行绘制，由此可知选 A。

2)C。图示结构为静定刚架，取 $BDCE$ 为研究对象，可解得。

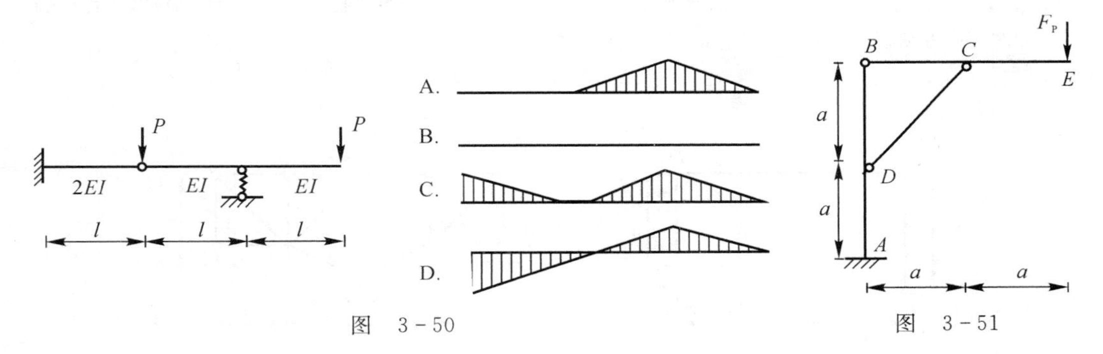

图　3－50　　　　图　3－51

(2)(哈尔滨工业大学试题)　1)如图 3－52 所示结构杆 BC 的轴力 N_{BC} 是(　　)。

A. $P/2$　　B. $-P$　　C. $2P$　　D. P

2)如图 3－53 所示结构在所示荷载作用下，其 A 支座的竖向反力与 B 支座的反力相比为(　　)。

A. 前者大于后者　　B. 二者相等，方向相同　　C. 前者小于后者　　D. 二者相等，方向相反

答案：1)B　　2)B

(3)(哈尔滨工业大学试题)若使如图 3－54 所示梁 C 截面的剪力发生最大负值，均布荷载应分布的区间为(　　)。

A. AC 段　　B. CD 段　　C. BD 段　　D. CB 段

答案：A

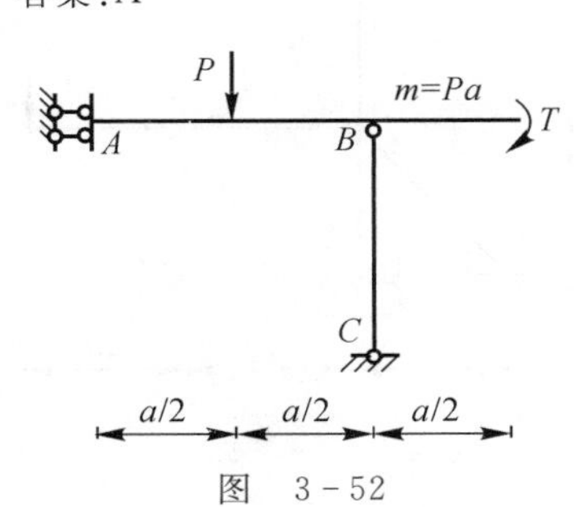

图　3－52

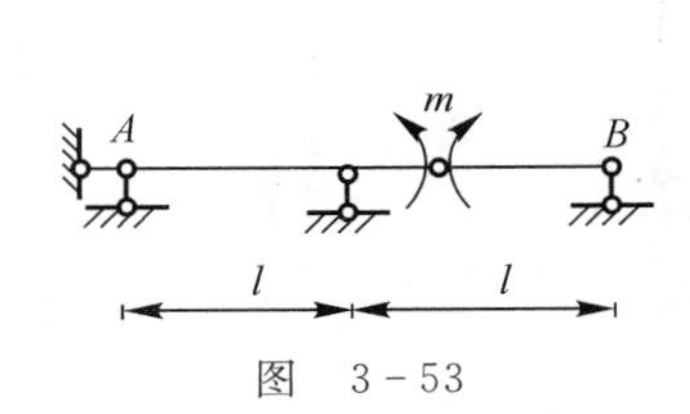

图　3－53

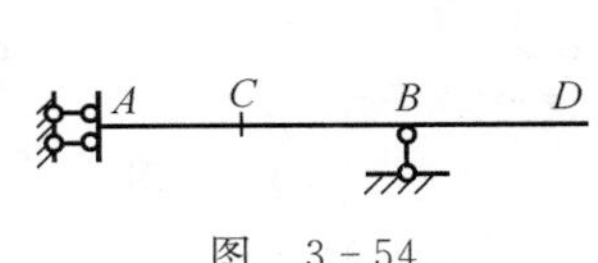

图　3－54

(4)(浙江大学试题) 1)对图 3-55 所示结构进行内力分析,应先计算(　　)。

A. CEF 部分　　B. CDB 部分　　C. AC 部分　　D. $ACDB$ 部分

2)图 3-56 所示对称桁架的零杆数目(不包括支座链杆)为(　　)。

A. 3 根　　B. 4 根　　C. 5 根　　B. 6 根

答案:1)B　2)C

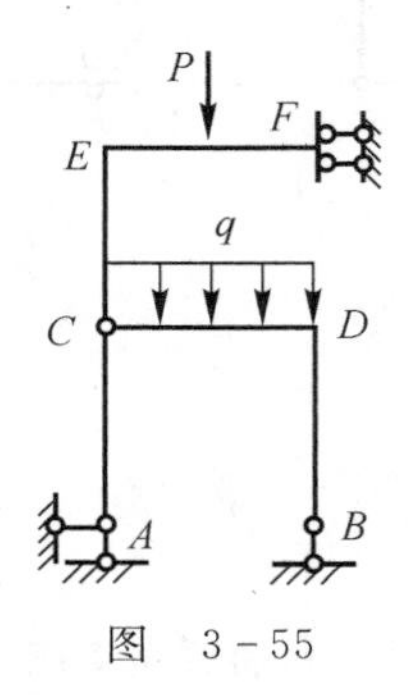

图 3-55

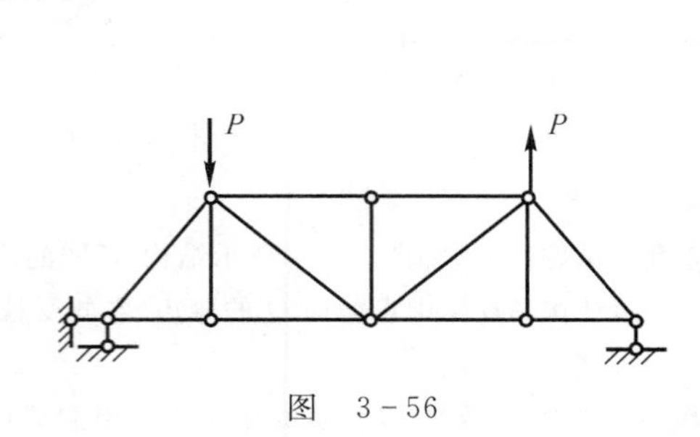

图 3-56

(5)(浙江大学试题) 1)如图 3-57 所示刚架结点 B 的弯矩 M_B=________。

A. qh^2,外侧受拉　　B. qh^2,内侧受拉　　C. $qa^2/2$,内侧受拉　　D. $qh^2/2$,内侧受拉

2)如图 3-58 所示桁架的零杆(包括支座链杆)数目为________。

A. 3 根　　B. 5 根　　C. 7 根　　D. 9 根

答案:1)D　　2)C

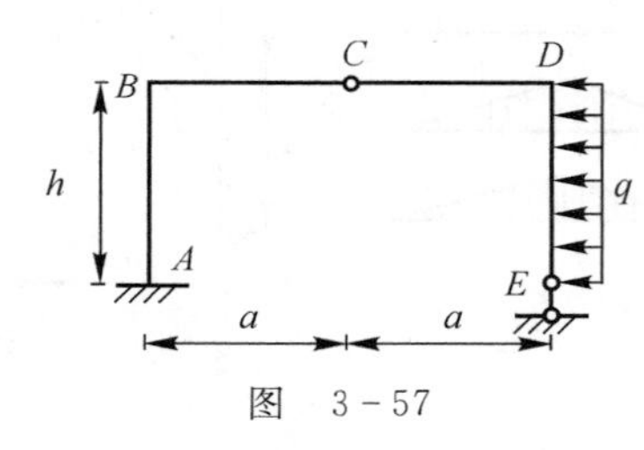

图 3-57

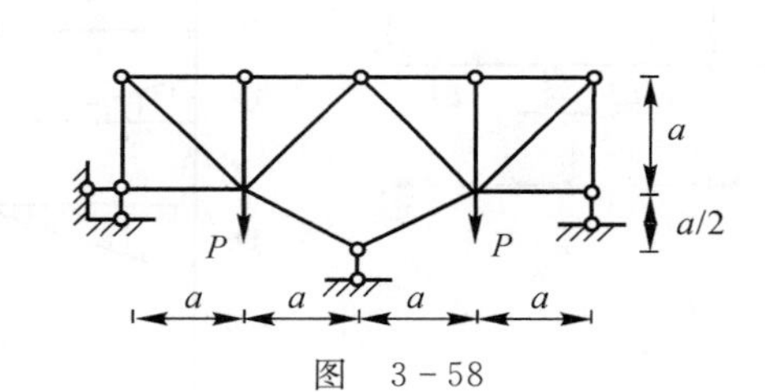

图 3-58

(6)(西南交通大学试题) 1)如图 3-59 所示一结构受两种荷载作用,则对应位置处的支座反力关系为(　　)。

A. 完全相同　　B. 完全不同

C. 竖向反力相同,水平反力不同　　D. 水平反力相同,竖向反力不同

2)如图 3-60 所示结构 ABC 柱 B 截面的弯矩(右侧受拉为正)是(　　)。

A. 0　　B. $4F_Pd$　　C. $8F_Pd$　　D. $-8F_Pd$

答案:1)C　　2)D

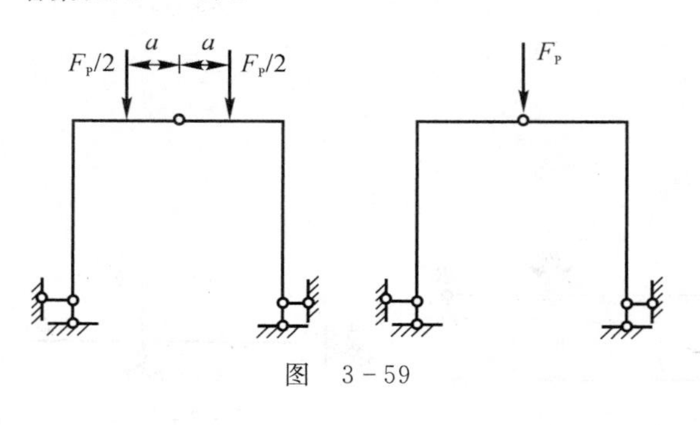

图 3-59

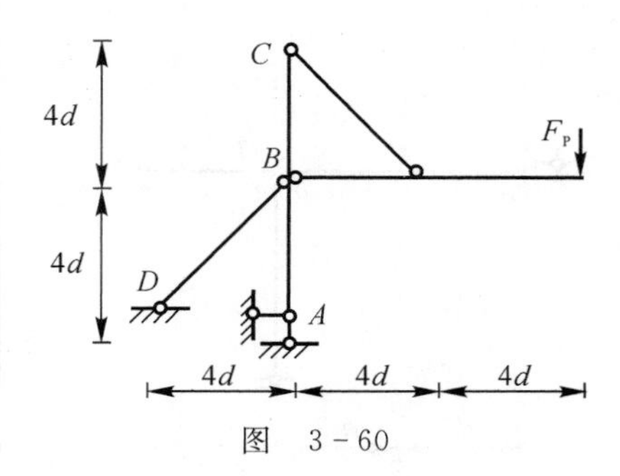

图 3-60

(7)(西南交通大学试题)如图 3-61 所示结构截面 A 的弯矩(以下侧受拉为正)是(　　)。

A. m　　B. $-m$　　C. $-2m$　　D. 0

答案:B

(8)(西南交通大学试题)如图 3-62 所示结构支座 B 的反力矩(以右侧受拉为正)是(　　)。

A. $ql^2/4$　　B. $-ql^2/4$　　C. $=-ql^2/2$　　D. $ql^2/8$

答案:C

(9)(中南大学试题)如图 3-63 所示三铰拱,链杆 AB 的轴力为(　　)。

A. $-P/2$　　B. $-P/4$　　C. $P/4$　　D. $P/2$

答案:D

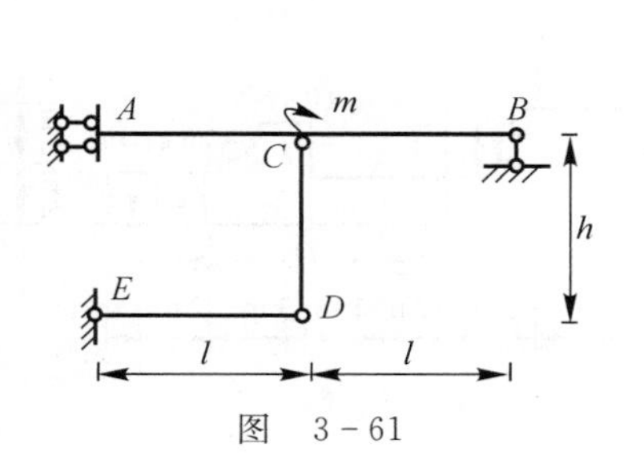

图 3-61

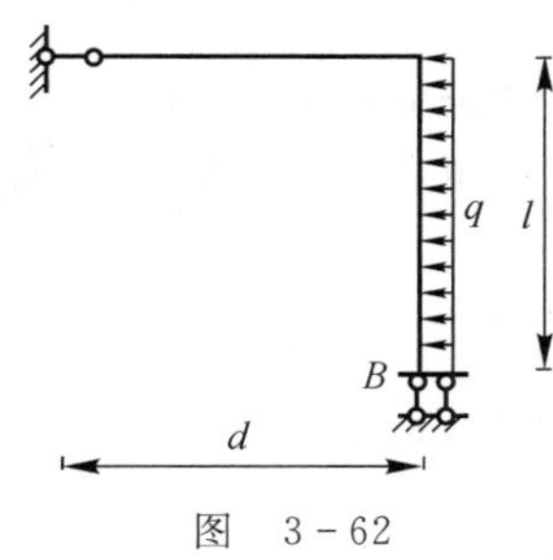

图 3-62

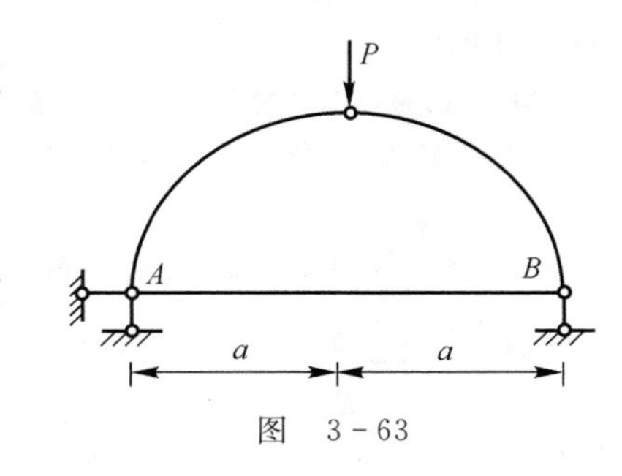

图 3-63

(10)(宁波大学试题) 1)在温度改变下,静定结构将(　　)。

A. 有内力、有位移、无应变　　C. 有内力、无位移、无应变

B. 无内力、有位移、有应变　　D. 有内力、无位移、有应变

2)如图 3-64 所示结构的内力图是(　　)。

A. N 图、Q 图均为零　　C. N 图不为零,Q 图均为零

B. N 图为零,Q 图均不为零　　D. N 图、Q 图均不为零

答案:1)B　2)A

(11)(天津大学试题)如图 3-65 所示简支斜梁,在荷载 P 作用下,若改变 B 支座链杆方向,则梁的内力将是(　　)。

A. M,Q,N 都改变　　B. M,N 不变,Q 改变

C. M,Q 不变,N 改变　　D. M 不变,Q,N 改变

答案:D

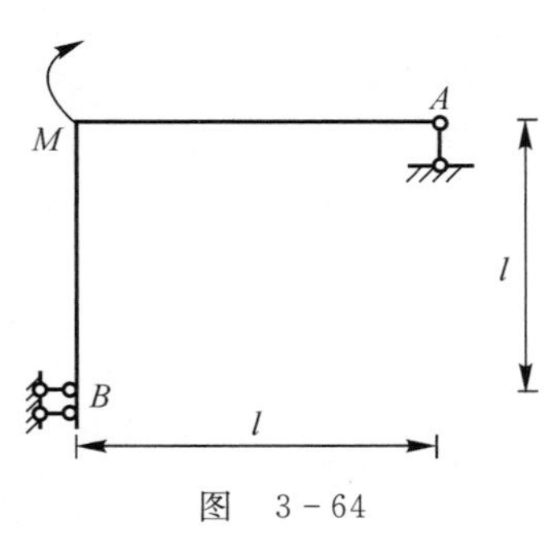

图 3-64

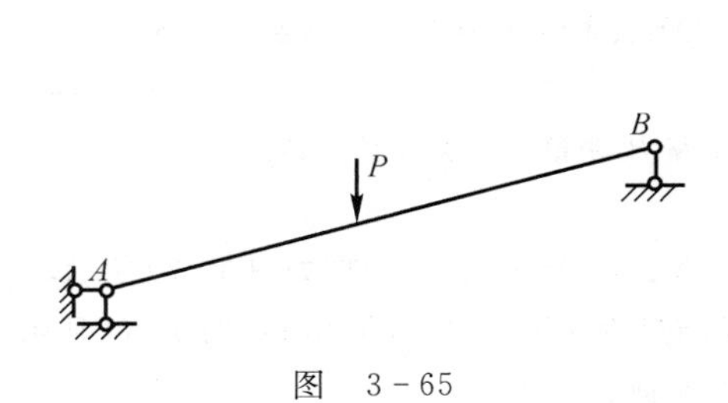

图 3-65

3. 判断题

(1)(天津大学试题)如图 3-66 所示桁架结构杆的轴力为零(　　)。

答案:对

(2)(中南大学试题)若某直杆段的弯矩为 0,则剪力必定为 0;反之,若剪力为 0,则弯矩必定为 0。

答案:错

(3)(湖南大学试题)温度改变、支座位移不会引起静定结构的内力及位移。

答案:错

图 3-66

二、计算题

1.(福州大学试题)作如图 3-67 所示结构的弯矩图、剪力图和轴力图。

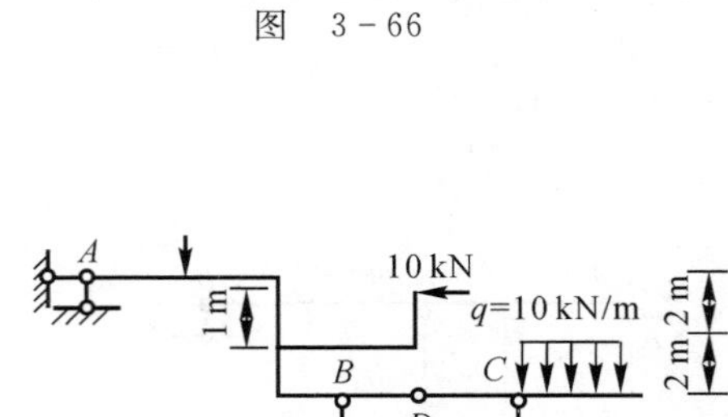

图 3-67

解 以整体为研究对象,支座从左到右分别为 A,B 和 C 中间的铰支座为 D,分别对 A 和 D 取矩,则由静力平衡条件可得

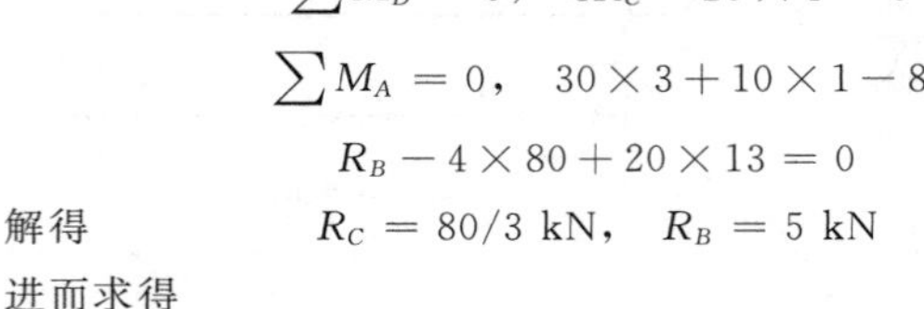

$$\sum M_D = 0,\quad 3R_C - 20\times 4 = 0$$

$$\sum M_A = 0,\quad 30\times 3 + 10\times 1 - 8$$

$$R_B - 4\times 80 + 20\times 13 = 0$$

解得 $R_C = 80/3\ \text{kN},\quad R_B = 5\ \text{kN}$

进而求得

$$H_A = 10\ \text{kN},\quad V_A = 18.333\ \text{kN}$$

这样,可画出弯矩图、剪力图和轴力图如图 3-68 所示。

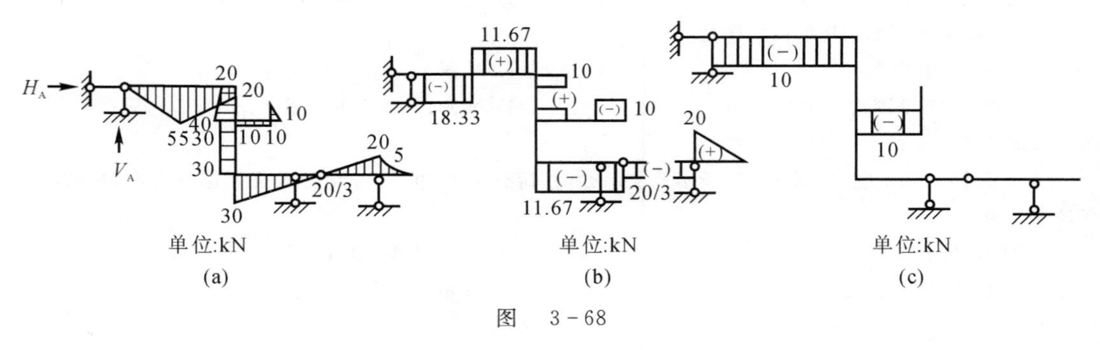

图 3-68

2.(同济大学试题)求图 3-69 所示桁架 C 支座反力和杆件 1 的轴力。

解 (1)F 点和 G 点均为三杆结点,且结点上没有外力作用,可得

$$F_{NFB} = F_{NAG} = 0$$

研究支座 B,由静力平衡条件可得

$$F_{NBD} = 0$$

(2) 去掉零杆,余下结构受力图如图 3-70 所示。

(3) 以结点 D 为研究对象,受力图如图 3-71 所示。

由静力平衡条件可得

$$\sum F_x = 0,\quad F_{NDF}\times\frac{\sqrt{2}}{2} + P = 0$$

$$\sum F_y = 0,\quad F_{N1} - F_{NDF}\times\frac{\sqrt{2}}{2} = 0$$

解得 $$F_{NFC} = F_{NDF} = -\sqrt{2}P, \quad F_{N1} = -P$$

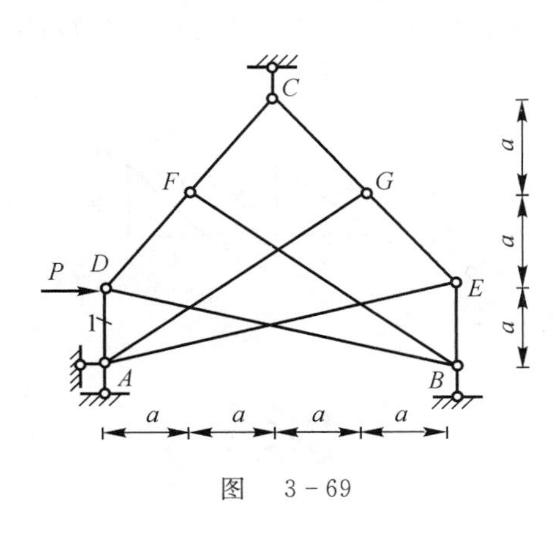

图 3-69

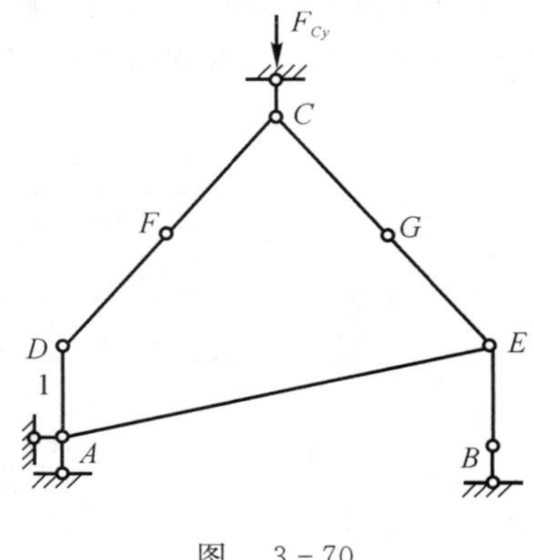

图 3-70

(4) 以节点 C 为研究对象，受力图如图 3-72 所示。

由静力平衡条件可得

$$\sum F_x = 0, \quad F_{NFC} = F_{NAC}$$

$$\sum F_y = 0, \quad F_{Cy} + F_{NFC} \times \frac{\sqrt{2}}{2} + F_{NGC} \times \frac{\sqrt{2}}{2} = 0$$

解得 $$F_{Cy} = -\sqrt{2}F_{NFC} = 2P(\downarrow)$$

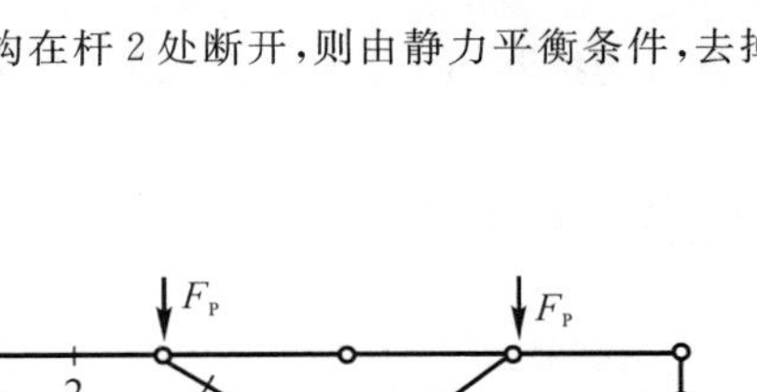

图 3-71　图 3-72

3.(西南交通大学试题) 求如图 3-73(a) 所示桁架杆 1 和杆 2 的轴力。

解 以整体为研究对象，可知两侧支座反力均为 0。将结构在杆 2 处断开，则由静力平衡条件，去掉零杆后的结构如图 3-73(b) 所示。

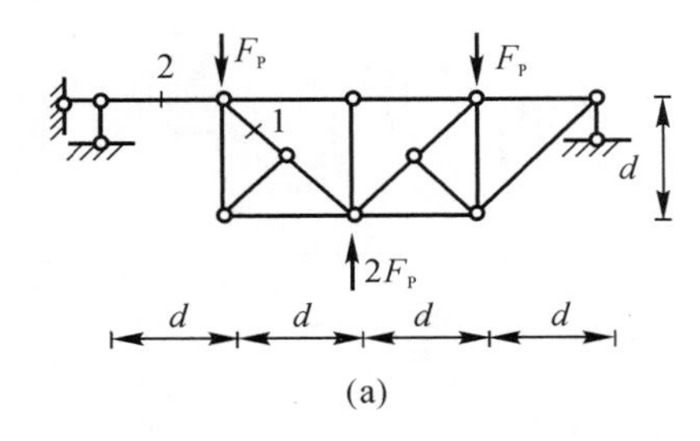

图 3-73

可得 $$F_{N2} = 0$$

则可得出零杆，并去掉零杆，易得

$$F_{N1} = -\sqrt{2}F_P$$

4.(同济大学试题) 用结点法计算图 3-74(a) 所示桁架各杆的轴力。

解 (1) 计算支座反力。

列整体平衡条件，则有

由 $\sum X = 0$，得 $X_A = 0$。

由 $\sum M_A = 0$，得 $X_B = 12\ \text{kN}(\uparrow)$。

由 $\sum M_B = 0$，得 $Y_A = 12\ \text{kN}(\uparrow)$。

(2) 求各杆轴力。图 3-74(a) 所示桁架是一个简单桁架，可以认为是从三角形 BEG 开始，每次增加一个二元体连接一个新结点 D,F,C,A 组成的。如果按照与组成次序相反的顺序截取结点 A,C,F,D,E,G，则每个结点总是只有两个未知轴力，依次地可求出全部杆的轴力。

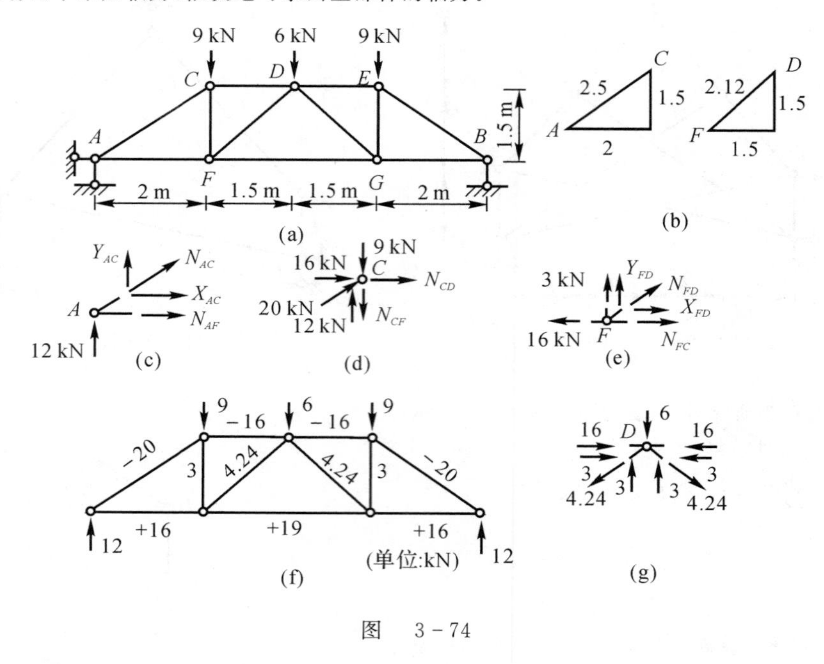

图 3-74

1) 结点 A。取结点 A 为隔离体，如图 3-74(c) 所示，支座反力 Y_A 用实际数值和方向画出，设未知轴力 N_{AC} 和 N_{AF} 为拉力，并将斜杆轴力 N_{AC} 用其水平分力 X_{AC} 和竖直分力 Y_{AC} 代替，斜杆 AC 的边长如图 3-74(b) 所示。

由 $\sum Y=0$ 则有

$$Y_{AC}+12=0$$

可得

$$Y_{AC}=-12\ \text{kN}$$

利用合分力与杆长投影的比例关系式，得

$$X_{AC}=-\frac{12}{1.5}\times 2=-16\ \text{kN}$$

$$N_{AC}=-12\times\frac{2.5}{1.5}=-20\ \text{kN(压力)}$$

由 $\sum X=0, N_{AF}+X_{AC}=0$，得

$$N_{AF}=-X_{AC}=16\ \text{kN(拉力)}$$

2) 结点 C。结点 C 的隔离体如图 3-74(d) 所示。其中已知力(荷载和杆 AC 的轴力) 都按实际数值和方向画出，未知轴力 N_{AC} 和 N_{AF} 均假设为拉力。由

$$\sum X=0,\quad N_{CD}+16=0$$

得

$$N_{CD}=-16\ \text{kN(压力)}$$

由

$$\sum Y=0,\quad 12-9-N_{CE}=0$$

得

$$N_{CF}=3\ \text{kN(拉力)}$$

3) 结点 F。结点 F 的隔离体图如图 3-74(e) 所示。杆 FD 的轴力用分力 X_{FD},Y_{FD} 表示。斜杆 FD 的边

长如图 3-74(b) 所示。由 $\sum Y=0, Y_{FD}+3=0$,得

$$Y_{FD}=-3\ \text{kN}$$

由比例关系得

$$N_{FD}=-3\times\frac{2.12}{1.5}=-4.24(\text{压力})$$

$$X_{FD}=-3\times\frac{1.5}{1.5}=-3\ \text{kN}$$

4) 利用对称性。因桁架和荷载都是对称的,桁架杆件轴力的分布也是对称的,处于对称位置的两根杆具有相同的轴力。因此另半个桁架杆件轴力可根据对称性算出。整个桁架的轴力如图 3-74(f) 所示。

5) 校核。利用未曾用过的结点 D 的平衡条件来校核,图 3-74(g) 所示为结点 D 的隔离体图。由于利用了对称 $\sum Y=0$,平衡条件自然满足,只需校核另一平衡方程:

$$\sum Y=0,\quad -6+3+3=0$$

图 3-73(a) 所示桁架,也可以认为是从 $\triangle ACF$ 开始,依次用二元体连接结点 D,G,E,B 组成的,则截取结点的次序为 B,E,G,D,C,F。

5.(西南交通大学试题) 求图 3-75 所示桁架杆件 6-8,6-9 和 8-11 的内力。

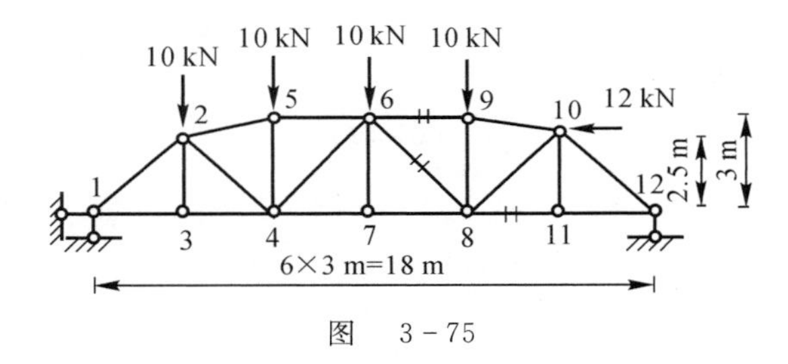

图　3-75

解　(1) 以整体为研究对象,由静力平衡条件求支座反力得

$$F_{1x}=-12\ \text{kN},\quad F_{1y}=25\ \text{kN(T)},\quad F_{12}=15\ \text{kN}$$

(2) 将系统从 6-9 和 6-8 杆处断开,其受力图如图 3-76(a) 所示。

由静力平衡条件可得

$$\sum M_8=0,\quad 3F_{\text{N69}}+12\times2.5+15\times6=0$$

解得

$$F_{\text{N69}}=-40\ \text{kN}$$

由

$$\sum X=0,\quad F_{\text{N68}}\times\frac{\sqrt{2}}{2}+15=10$$

解得

$$F_{\text{N68}}=-5\sqrt{2}\ \text{kN}$$

(3) 将系统从 9-10,8-10 和 8-11 处断开,其受力图如图 3-76(b) 所示。

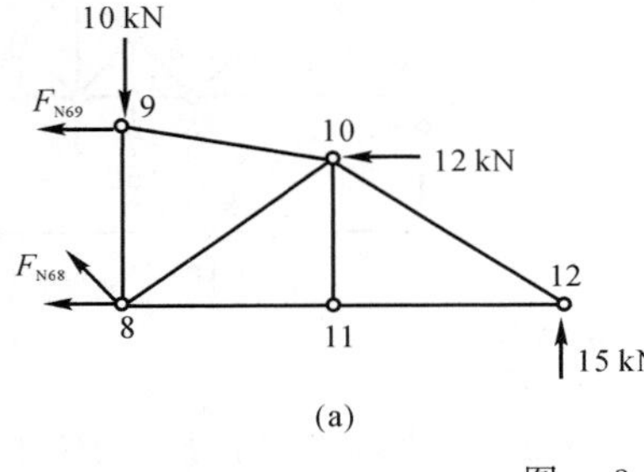

(a)

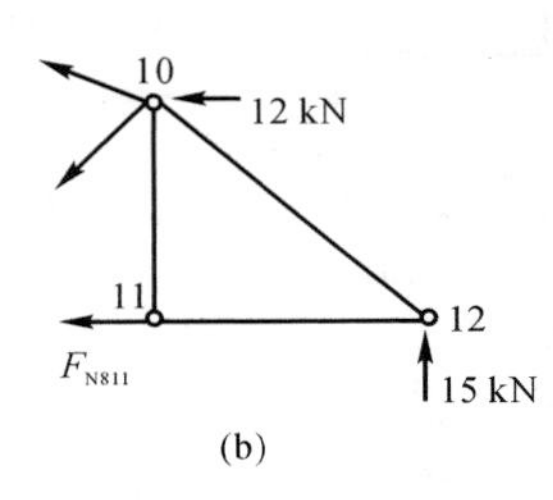

(b)

图　3-76

由静力平衡条件可得

$$\sum M_{10}=0,\quad 2.5F_{N811}=15\times 3$$

解得

$$N_{N811}=18\ \text{kN}$$

6.(西南交通大学试题)求图 3-77 所示桁架各杆轴力。

解 将系统在 BF 和 CE 交点处断开,如图 3-78(a) 所示。由静力平衡条件可得

$$\sum M_G=0,\quad F_A=0$$

由此可知:$F_{AB}=F_{AE}=F_{DE}=F_{BE}=F_{EC}=0$,则系统等效为如图 3-78(b) 所示结构。

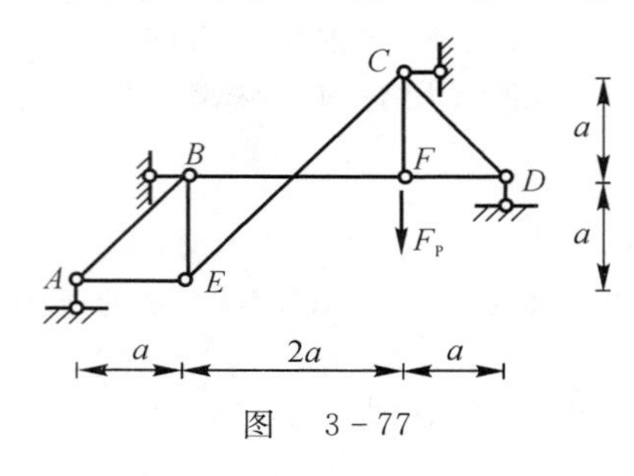

图 3-77

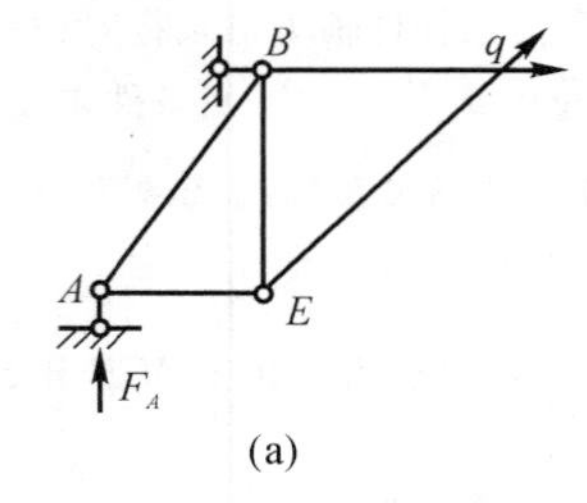

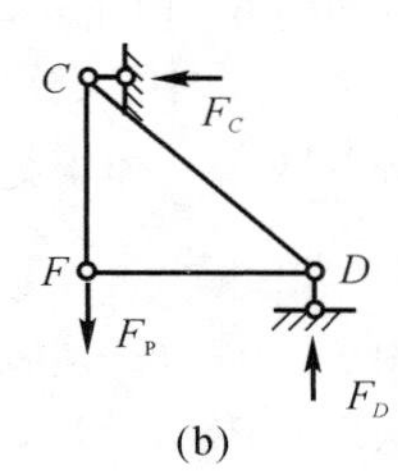

图 3-78

由静力平衡条件可得,整体

$$\sum Y=0,\quad F_D=F_P$$

C 结点处,有

$$\sum Y=0,\quad F_C=\frac{\sqrt{2}}{2}F_{CD}$$

D 结点处,有

$$\sum Y=0,\quad F_D=\frac{\sqrt{2}}{2}F_{CD}$$

所以

$$F_{CD}=\sqrt{2}F_P$$

F 结点处 $\sum Y=0, F_{CF}=F_P$,解得

$$F_{FD}=\frac{\sqrt{2}}{2}F_{CD}=F_P$$

7.(福州大学试题)求如图 3-79(a) 所示桁架 a,b,c 三杆的内力值。

解 首先对图 3-79(a) 所示的体系进行编号,受力图如图 3-79(b) 所示。

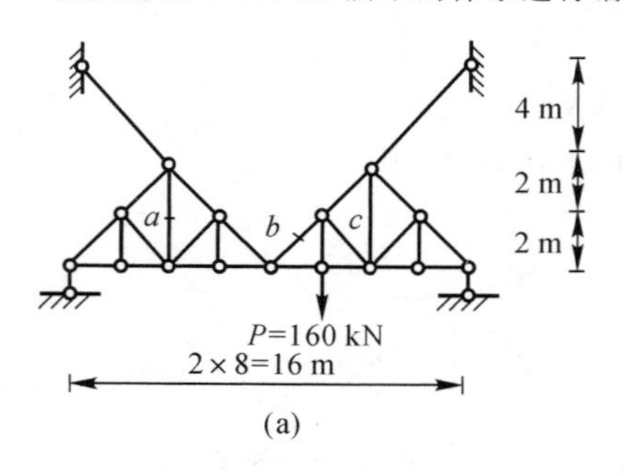

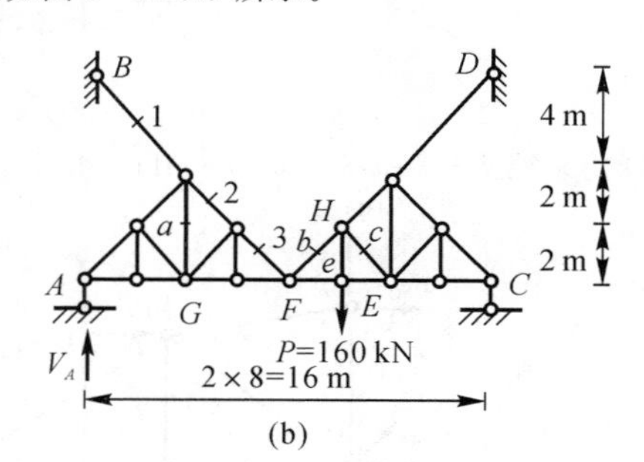

图 3-79

由图 3-79 所示可知,杆 1,2,3 均为二力杆,力的方向通过 F 点,将体系在 F 点处断开。对 F 点取矩,由静力平衡条件可得 $V_A=0$。

点 G 处为 K 型节点，可知 $N_a=0$，由 K 型节点的特点可知 $N_1=N_2=N_3$

以整体为研究对象，并对 D 点取矩，由静力平衡条件可得

$$\sum M_D=0,\quad 8\sqrt{2}N_1-6\times 190=0$$

解得
$$N_1=\frac{285}{4}\sqrt{2}\ \text{kN}$$

F 点为 K 型节点，则可得

$$N_b=-N_3=-60\sqrt{2}\ \text{kN}$$

又 E 为 X 型节点，则图中 e 杆的轴力为 $N_e=160$ kN。

取 H 点为研究节点，则由静力平衡条件可得

$$N_c=-\frac{\sqrt{2}}{2}N_e=-80\sqrt{2}\ \text{kN}$$

8.（哈尔滨工业大学试题）作如图 3-80 所示结构的弯矩图。

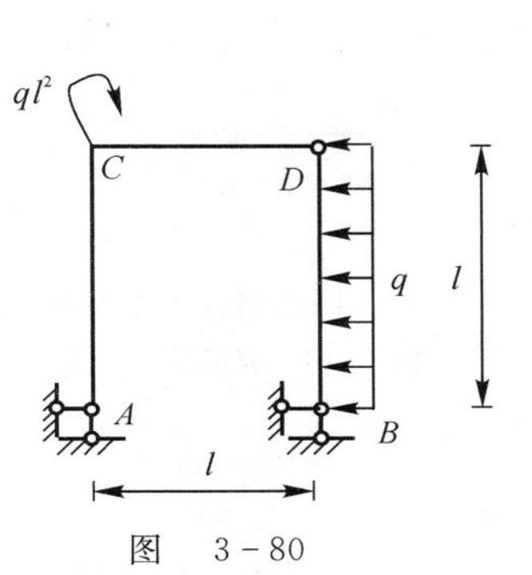

图　3-80

解　以 BD 为研究对象，受力图如图 3-81(a) 所示。由静力平衡条件可得

$$\sum M_D=0,\quad ql\times\frac{l}{2}-X_Bl=0$$

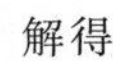

解得
$$X_B=\frac{ql}{2}(\rightarrow)$$

以整体为研究对象，受力分析图如图 3-81(b) 所示。

由静力平衡可得

$$\sum X=0,\quad X_A+X_B-ql=0$$

$$\sum Y=0,\quad Y_A=Y_B$$

$$\sum M_A=0,\quad ql^2-ql\times\frac{l}{2}-Y_B\cdot l=0$$

解得
$$X_A=\frac{ql}{2}(\rightarrow),\quad Y_A=Y_B=\frac{ql}{2}$$

画出弯矩图如图 3-81(c) 所示。

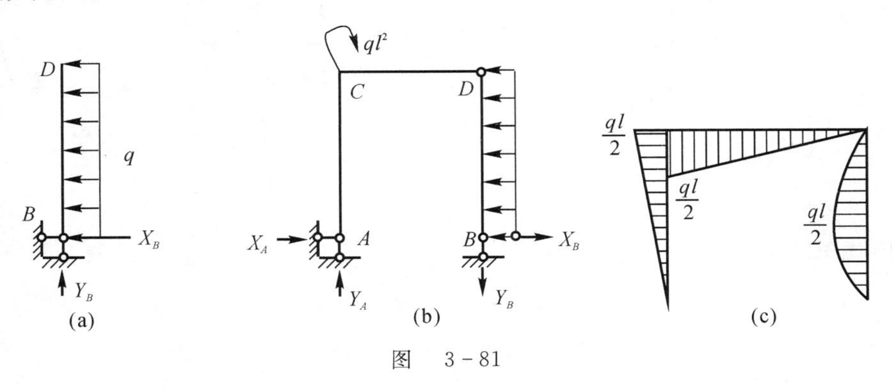

图　3-81

9.（哈尔滨工业大学试题）绘图 3-82 所示刚架弯矩图。

解　以整体为研究对象，则由静力平衡条件可得

$$\sum X=0,\quad X_D+q\cdot 2l=0$$

$$\sum M_A=0,\quad q\cdot 2l\cdot l-2ql\cdot 2l-Y_C\cdot 2l=0$$

$$\sum Y=0,\quad Y_A=ql$$

解得
$$Y_A = ql(\uparrow),\quad Y_C = -ql(\downarrow),\quad X_D = -2ql(\leftarrow)$$
进而求得
$$M_{EB} = -ql \cdot l + \frac{ql^2}{2} = -\frac{ql^2}{2}(\curvearrowright),\quad M_{ED} = 2ql \cdot l - \frac{1}{2}ql^2 = \frac{3}{2}ql^2(\downarrow)$$
则最终的弯矩图如图 3-83 所示。

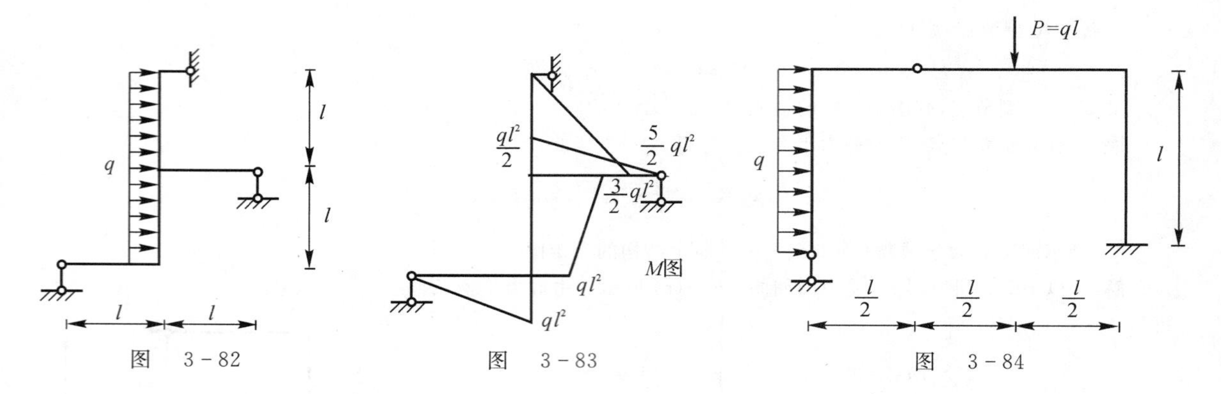

图 3-82　　图 3-83　　图 3-84

10.(国防科技大学试题)绘制图 3-84 所示结构的弯矩图。

解 (1)取隔离体,其受力图如图 3-85(a)所示。由静力平衡条件可得
$$\sum M_B = 0,\quad F_A \cdot \frac{1}{2} - ql \cdot \frac{1}{2} = 0$$
解得
$$F_A = ql$$
(2)以整体为研究对象,受力图如图 3-85(b)所示。

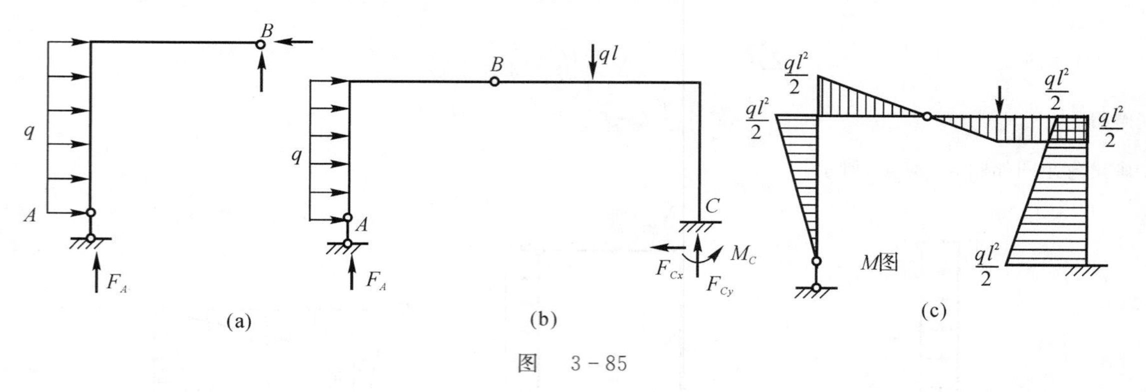

图 3-85

由静力平衡条件可得
$$\sum F_x = 0,\quad F_{Cx} = ql$$
$$\sum F_y = 0,\quad F_A + F_{Cy} = ql$$
$$\sum M_C = 0,\quad F_A \times \frac{3}{2}l + ql \times \frac{1}{2} - ql \times \frac{1}{2} = M_C$$
解得
$$F_{Cx} = ql,\quad F_{Cy} = 0,\quad M_C = \frac{3}{2}ql^2$$
(3)绘制弯矩图,如图 3-85(c)所示。

11.(武汉科技大学试题)(1)绘制图 3-86(a)所示结构弯矩图形状。

(2)已知图 3-86(b)结构弯矩图,绘制其荷载图。

(3)不经过计算,绘制图 3-86(c)所示结构弯矩图。

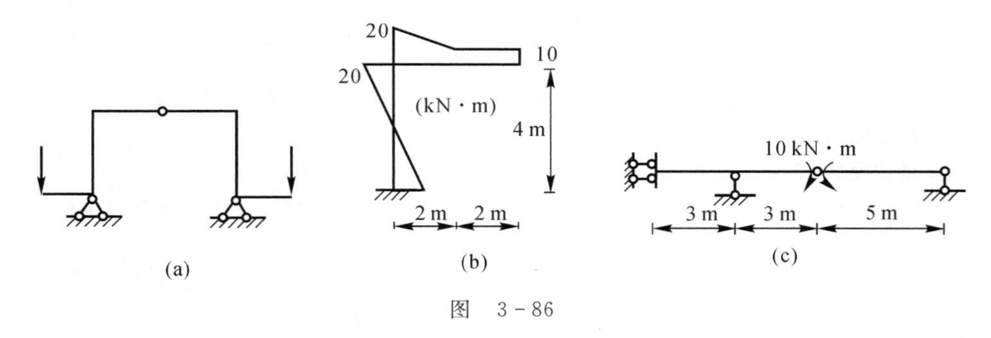

图　3-86

解　(1)图 3-86(a)所示结构为对称结构,所以只需分析半边结构。取右边结构,由于结构对称,荷载对称,所以中间梁只有对称的力,即只有水平力,没有剪力,所以中间梁中不会产生弯矩。由刚节点弯矩平衡可知,节点的右侧弯矩也为零。同理可得其他部分的弯矩。这样,可绘制如图 3-87(a)所示弯矩图。

(2)图 3-86(b)所示结构的水平部分中弯矩有一部分是水平的,故悬臂端应有一个弯矩,由弯矩图可推知这个弯矩方向为顺时针;弯矩图中在中点处弯矩出现增长,但没有突变,所以在点中应处有一个集中荷载,方向向下,大小求得为 5 kN。同理分析可知,竖直杆的上部有一个集中荷载,水平向左,大小为 10 kN。绘制荷载图如图 3-87(b)所示。

(3)绘制的弯矩图如图 3-87(c)所示。

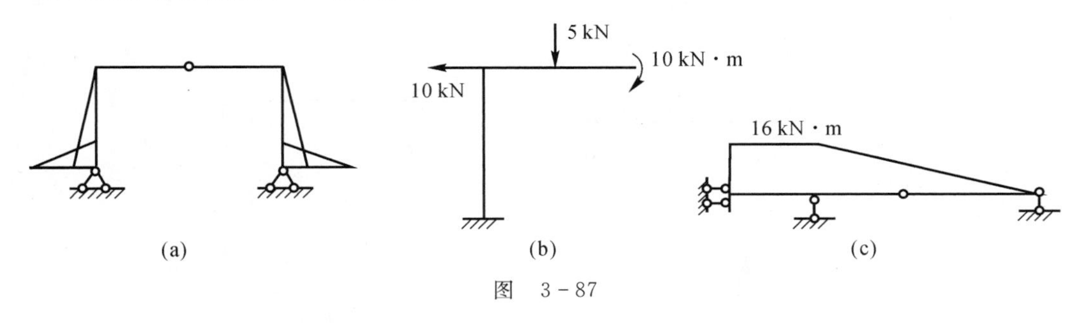

图　3-87

12.(武汉科技大学试题)绘制图 3-88(a)所示结构的弯矩图。

解　取右半刚架进行分析,受力图如图 3-88(b)所示。对 D 点取矩,由静力平衡条件有

$$F_{Ay}\times 3+M_A=0$$

取整体为研究对象,受力图如图 3-88(c)所示。

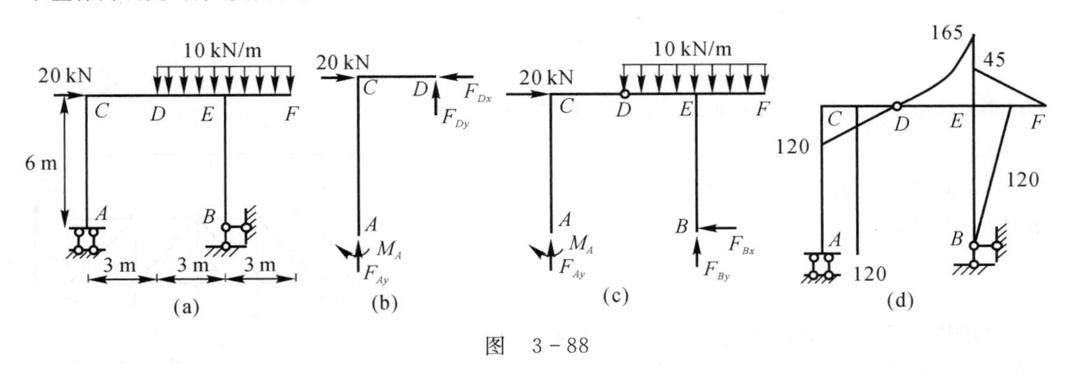

图　3-88

由静力平衡条件可得

$$F_{Bx} - 20 = 0$$
$$F_{Ay} + F_{By} - 10 \times 6 = 0$$
$$F_{Ay} \times 6 + M_A + 20 \times 6 = 0$$

解得 $F_{Ay} = -40 \text{ kN}$，$M_A = 120 \text{ kN} \cdot \text{m}$，$F_{Bx} = 20 \text{ kN}$，$F_{By} = 100 \text{ kN}$

绘制弯矩图如图 3-88(d) 所示。

13.（武汉科技大学试题）绘制图 3-89(a) 所示结构的弯矩图。

解 取左半结构为研究对象，受力图如图 3-89(b) 所示。对 B 点取矩，由静力平衡条件可得

$$\sum M_B = 0, F_A \cdot a = qa^2$$

解得
$$F_A = qa$$

以整体为研究对象，受力图如图 3-89(c) 所示。由静力平衡条件可得

$$\sum F_y = 0,\quad F_D = qa + qa = 2qa(\uparrow)$$
$$\sum F_x = 0,\quad F_C = 0$$
$$\sum M_A = 0,\quad qa^2 + qa \times \frac{3}{2}a = 2qa \cdot a + M_D$$

解得
$$M_D = \frac{qa^2}{2}$$

则绘制最终弯矩图如图 3-89(d) 所示。

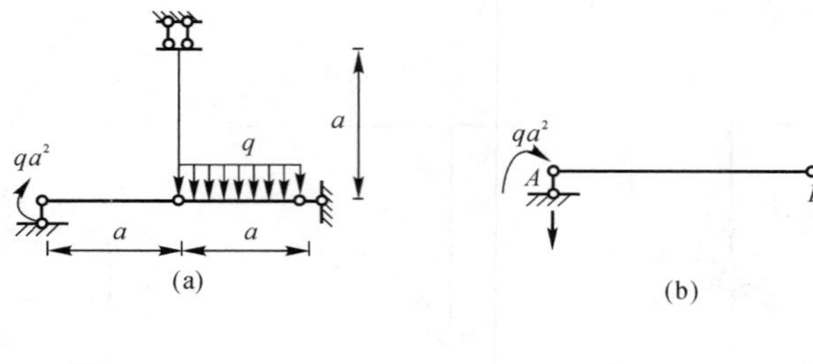

(a)

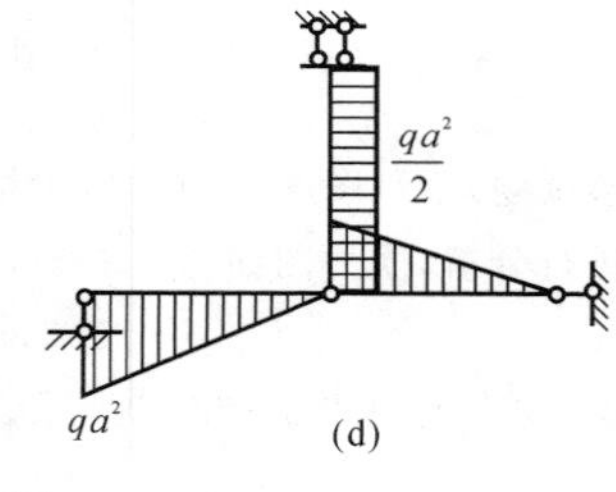

(b)

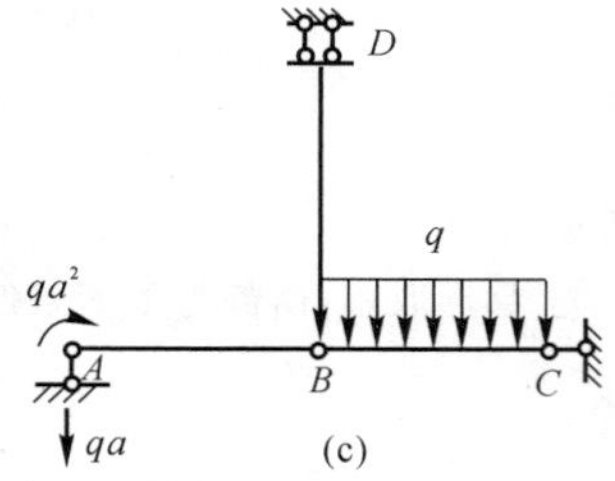

(c)

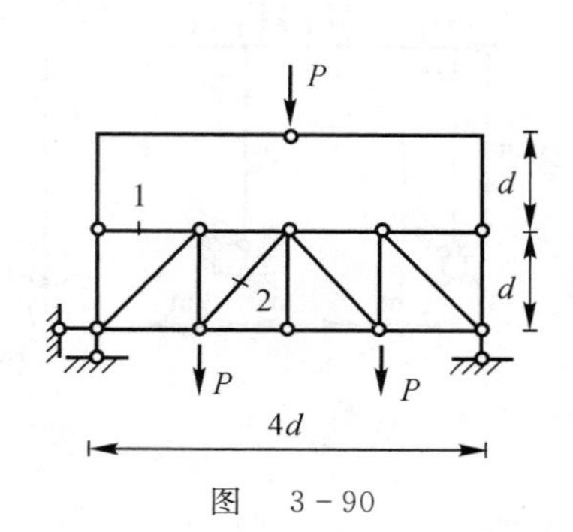

(d)

图 3-89

14.（浙江大学试题）作图 3-90 所示结构的弯矩图，并求杆 1 和杆 2 的轴力。

解 (1) 取上部附属结构为隔离体，受力图如图 3-91(a) 所示。由静力平衡条件可得

$$F_{Ay} = F_{Cy} = \frac{P}{2},\quad F_{Ax} = F_{Cy} = P$$

则据此可绘制附属结构的弯矩图，基本结构是桁架，故没有弯矩，体系弯矩图如图 3-91(b) 所示。由桁架的受力特点可知，图 3-91(b) 中的 2，3，4 杆是零杆，故 $N_2 = 0$；对于 1 杆，由结点法，易求得 $N_1 = P$(拉)。

图 3-90

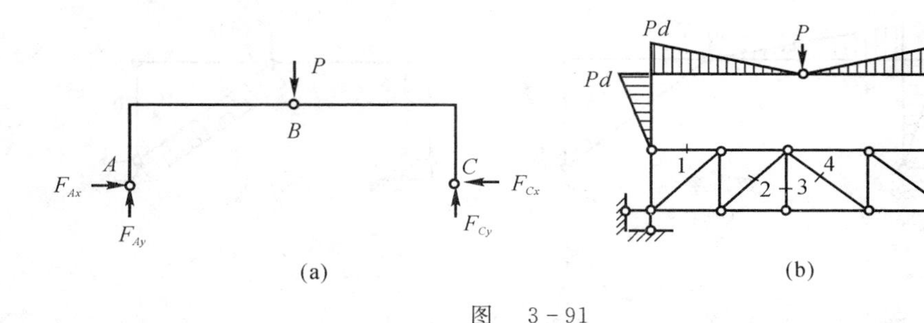

图　3-91

15.（浙江大学试题）作图 3-92 所示结构的弯矩、剪力和轴力图，并求 C 点的竖向位移（梁式杆只计弯曲变形，$EI=$ 常数；链杆计轴向变形，$EA=$ 常数）。

解　首先求 A,B 的支座反力。取隔离体 BCE，受力如图 3-93 所示。

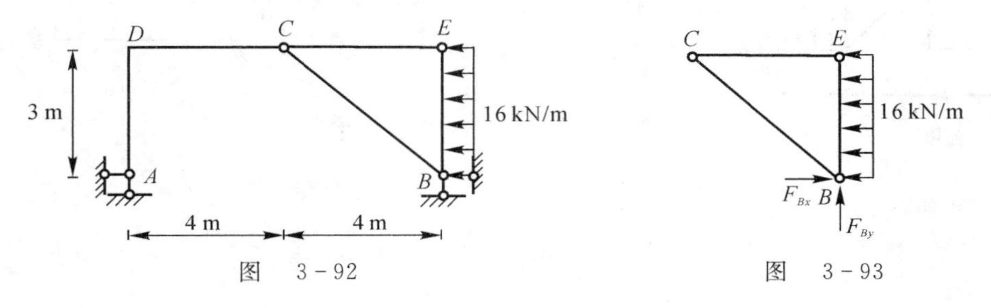

图　3-92　　　　　　　　　　图　3-93

对 C 点取矩，由静力平衡条件可得

$$\sum M_C=0,\quad 16\times3\times\frac{3}{2}=3F_{Bx}+4F_{By}$$

①

以整体为研究对象，由静力平衡条件可得

$$\sum M_A=0,\quad 16\times3\times\frac{3}{2}=F_{By}\times16 \qquad ②$$

由式 ①② 可得

$$F_{Bx}=18\ \text{kN},\quad F_{By}=\frac{9}{2}\ \text{kN},\quad F_{Ax}=12\ \text{kN},\quad F_{Ay}=9\ \text{kN}$$

则可得最终的内力图，如图 3-94(a)(b)(c) 所示（支座反力已标在图中）。

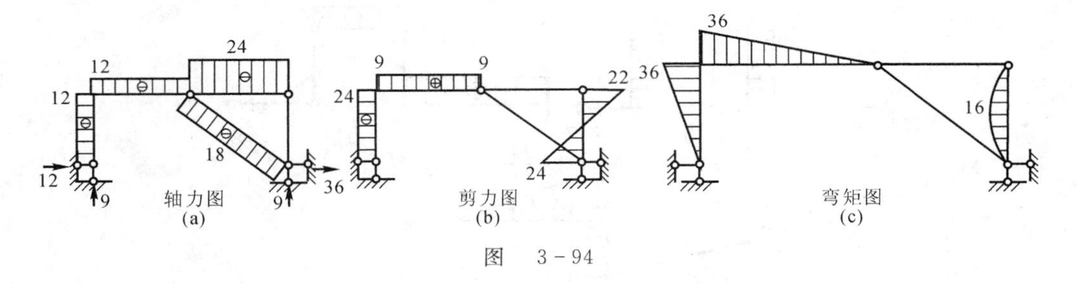

图　3-94

在 C 点加一个竖直向下的单位力，绘制此时的弯矩图和轴力图，如图 3-95(a)(b) 所示。

由图乘法可得 C 点的位移为

$$\Delta_C=\frac{168}{EI}-\frac{125}{2EA}(\downarrow)$$

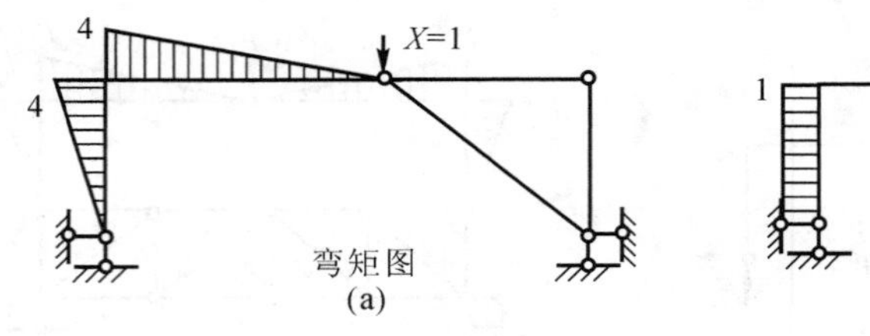

图 3-95

16.(浙江大学试题) 作如图 3-96 所示结构的弯矩、剪力和轴力图(杆 CB 与 CD 刚结)。

解 (1) 取 EF 为隔离体,受力图如图 3-97(a) 所示。

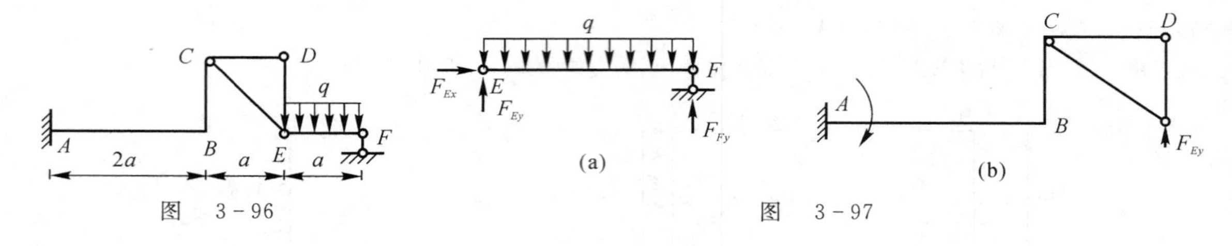

图 3-96　　　　图 3-97

由静力平衡条件,有

$$\sum F_y = 0, \quad F_{Ey} + F_{Fy} = qa$$

$$\sum M_E = 0, \quad qa \cdot \frac{a}{2} = F_{Ey} \cdot a$$

解得

$$F_{Ey} = F_{Fy} = \frac{qa}{2}, \quad F_{Ex} = 0$$

(2) 取 $ABCD$ 为隔离体,受力图如图 3-97(b) 所示。

由静力平衡条件可得

$$\sum F_x = 0, \quad F_{Ax} = 0$$

$$\sum F_{Ay} = 0, \quad F_{Ay} = F_{Ey} = \frac{qa}{2}(\downarrow)$$

$$\sum M_A = 0, \quad M_A = F_{Ey} \times 3a = \frac{3qa^2}{2}(\downarrow)$$

则可得最终的弯矩、剪力和轴力图,如图 3-98(a) ~ (c) 所示。

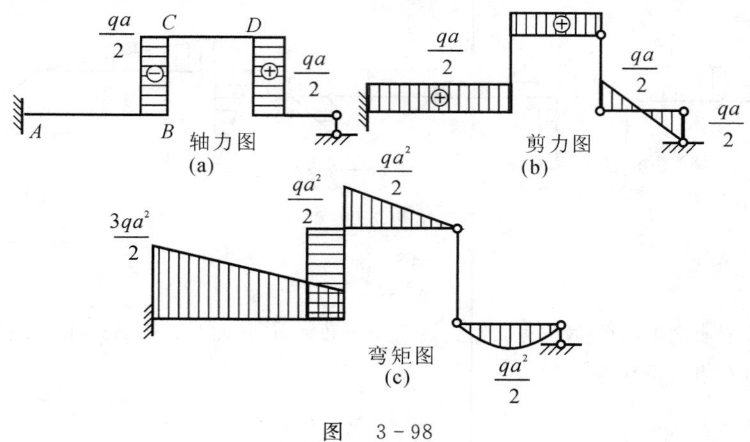

图 3-98

17.（西南交通大学试题）作图 3-99 所示结构的 M 图。

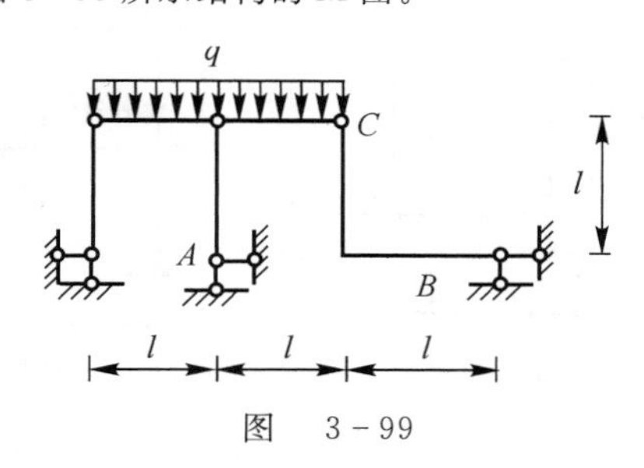

图　3-99

解　在 C 点处断开，取 CD 为隔离体，受力图如图 3-100(a) 所示。根据静力平衡条件可得 $F_{By}=ql/2$。取 BC 杆为研究对象，受力图如图 3-100(b) 所示，对 C 点取矩，由静力平衡条件可得 $F_{By}=ql/2$。这样，可绘制弯矩图如图 3-100(c) 所示。

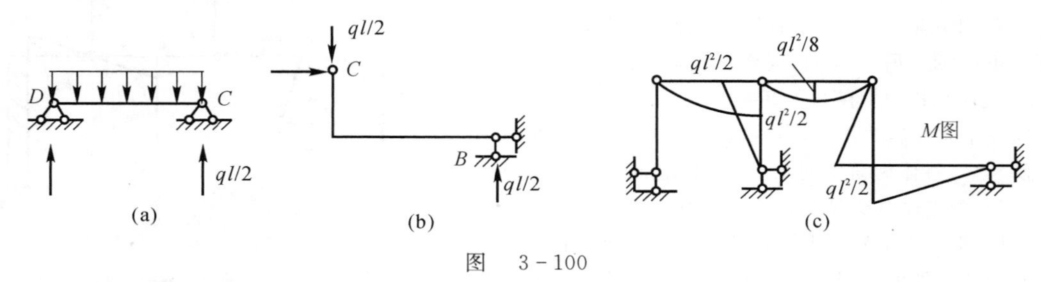

图　3-100

18.（西南交通大学试题）作图 3-101 所示结构的 M 图。

解　(1) 右侧部分为附属结构，附属结构相当于简支梁，因此易得弯矩图。在均布力作用下，附属结构左侧支反力为

$$F_{左}=\frac{ql}{2}(\uparrow)$$

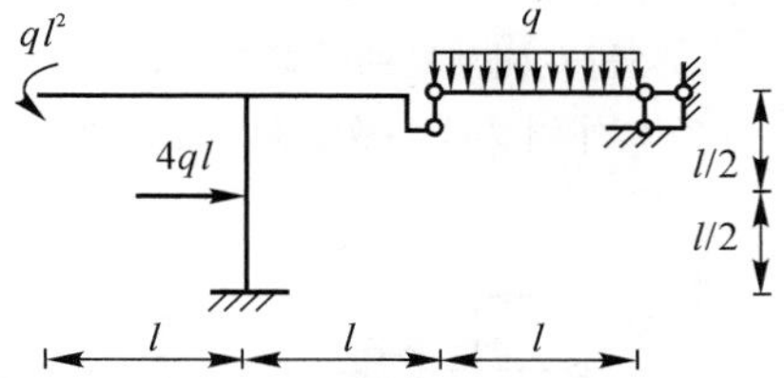

(2) 基本结构受力图如图 3-102(a) 所示。由静力平衡条件可得

图　3-101

$$\sum X=0,\quad F_{AX}=4ql(\leftarrow)$$

$$\sum Y=0,\quad F_{AY}=\frac{ql}{2}(\uparrow)$$

$$\sum M_A=0,\quad \frac{ql^2}{2}+4ql\cdot\frac{l}{2}-ql^2=M_A\quad\Rightarrow\quad M_A=\frac{3ql^2}{2}$$

这样，可画出图 3-101 所示结构的 M 图，如图 3-102(b) 所示。

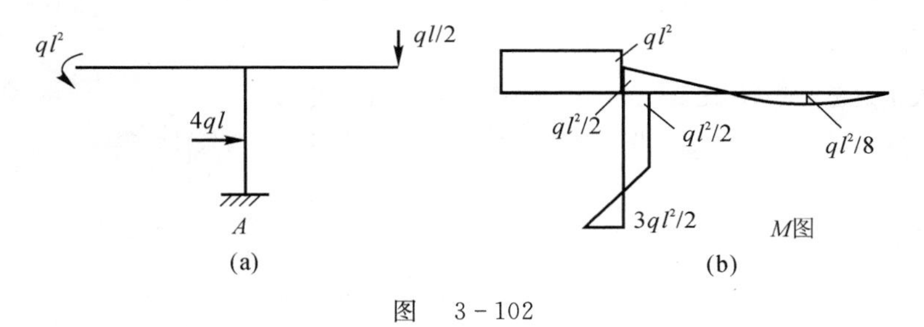

图　3-102

19.（东南大学试题）作如图 3-103 所示结构的弯矩图，可不写分析过程。

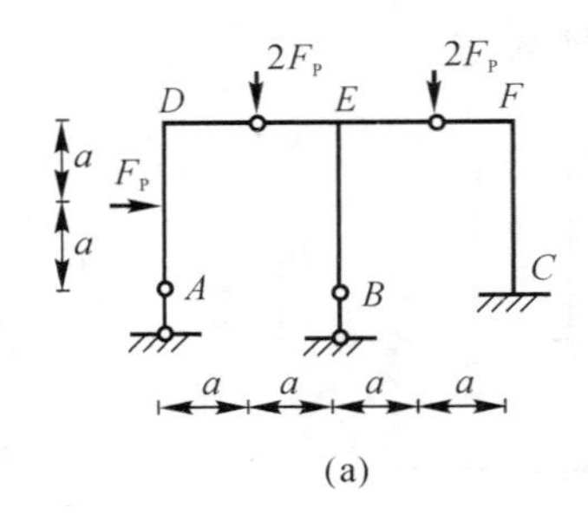

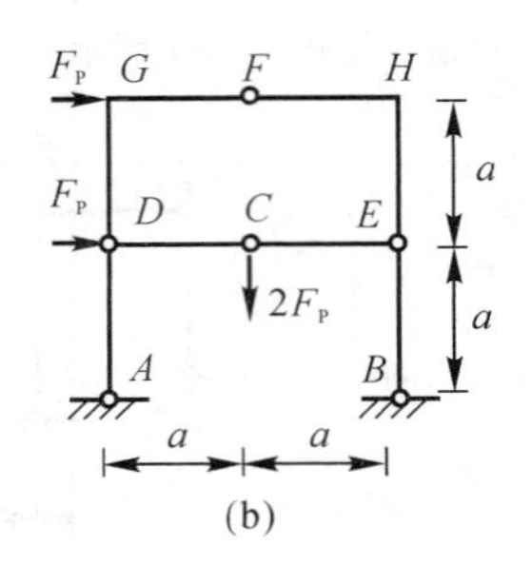

图 3-103

解 (1) 对于图 3-103(a) 所示结构，可以将整个结构分成三个部分，分别从两个铰结点处断开研究，易得最后的弯矩图如图 3-104 所示。

(2) 对于图 3-103(b)，可用叠加法进行分析。当结构受水平力 F_P 作用时，由于力是水平的，且 DCE 均为铰结，所以不存在弯矩；当受 $2F_P$ 作用时，同样可知，此时结构中的弯矩仍是 0，故此时结构中不存在弯矩。

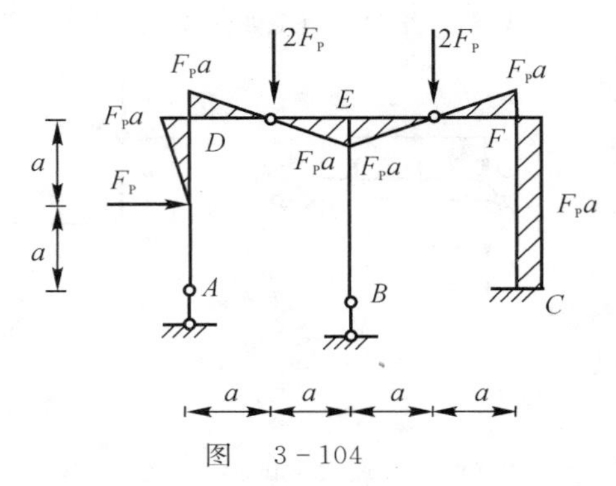

图 3-104

20.（宁波大学试题）作如图 3-105(a) 所示结构的 M 图。

解 以整体为研究对象，可知固定铰支座中没有水平力，所以左侧立柱中没有弯矩，右侧立柱力 P 以下部分也不受弯矩，以上部分弯矩为线性分布，在最高点为 Pl，外侧受拉。

在刚节点处由弯矩平衡可知，水平横梁节点处外侧有弯矩 Pl，外侧受拉。由静力平衡条件可知，右侧立柱的支座反力为 0，故水平横梁处弯矩为平行于梁的一条直线。

分析左侧立柱的悬臂部分，易知节点处弯矩为 Pl，根据节点处的弯矩平衡可知，左侧横梁节点处的弯矩为 $2Pl$，外侧受拉。故绘制弯矩图如图 3-105(b) 所示。

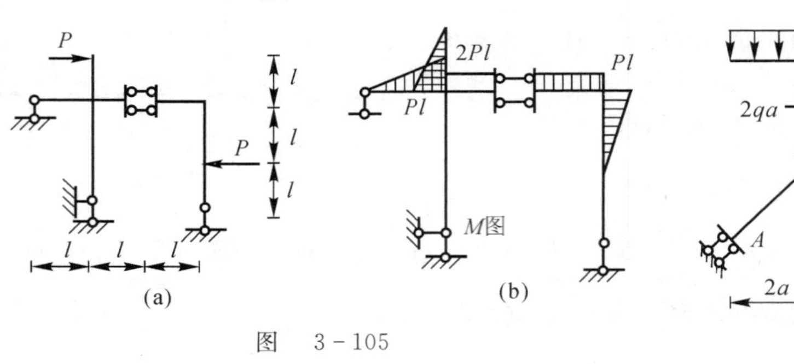

图 3-105

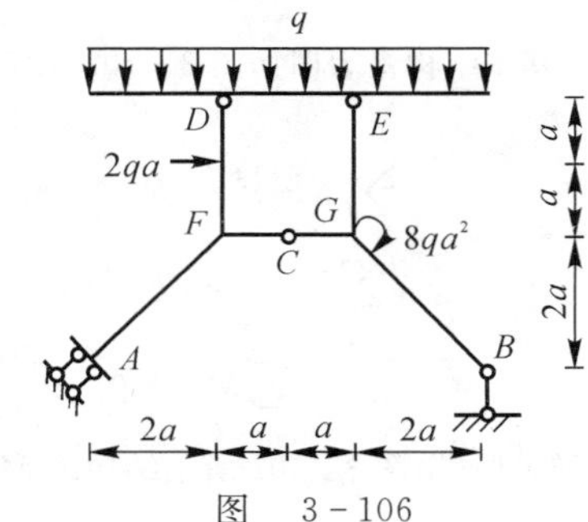

图 3-106

21.（同济大学试题）试求解图 3-106 所示刚架，并绘制弯矩图。

解 (1) 选取 DE 为隔离体，受力图如图 3-107(a) 所示，由静力平衡条件可得

$$\sum F_x = 0,\quad F_{QDF} + F_{QEG} = 0$$

即

$$F_{QDF} = -F_{QEG}$$

由

$$\sum M_D = 0,\quad F_{NEG} \times 2a + 69a \times a = 0$$

解得

$$F_{NEG} = -34.5a(\uparrow)$$

(2) 以整体为研究对象，受力图如图 3-107(b) 所示。由静力平衡条件可得

$$\sum F_x = 0,\quad F_{RA} \times \frac{\sqrt{2}}{2} - 2qa = 0$$

$$\sum F_y = 0,\quad F_{By} - 2\sqrt{2}qa \times \frac{\sqrt{2}}{2} - 9 \times 6a = 0$$

$$\sum M_D = 0,\quad M_A + 8qa^2 - 2qa \times 3a - \frac{1}{2}q(6a)^2 = 0 \quad (D\text{为支座}A\text{和}B\text{反力的交点})$$

解得 $$F_{RA} = 2\sqrt{2}qa,\quad F_{By} = 8qa(\uparrow),\quad M_A = 16qa^2$$

(3) 取 $CBGE$ 为隔离体，受力图如图 3-107(c) 所示。

由静力平衡条件可得

$$\sum M_C = 0,\quad F_{QEG} \times 2a + 3qa \cdot a + 8qa^2 - 8qa \times 3a^2 = 0$$

解得 $$F_{QDF} = -F_{QEG} = 6.5qa$$

(4) 绘制弯矩图如图 3-107(d) 所示。

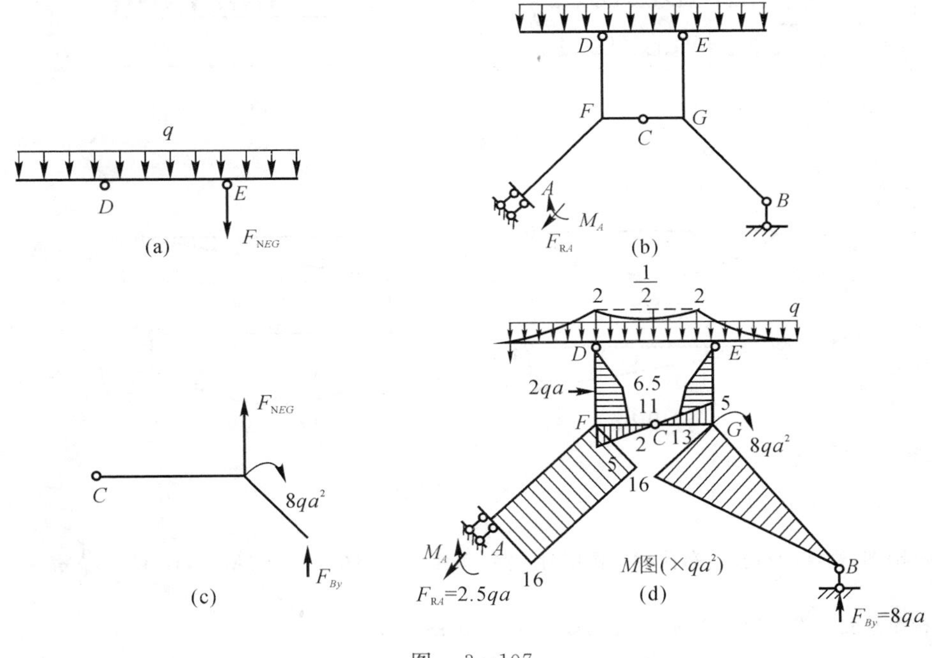

图　3-107

3.4　习题精选详解

3-1　试用分段叠加法作下列梁的 M 图。

解　(1) 解(a) 图。当结构单独受均布荷载 q 作用时，弯矩图如解 3-1(a) 图(ⅰ) 所示，且 $M_C = \frac{1}{8}ql^2$；

当结构单独受左端弯矩作用时，弯矩图如解 3-1(a) 图(ⅱ) 所示，且 $M_C = \frac{1}{16}ql^2$；

当结构单独受右端弯矩作用时，弯矩图如解 3-1(a) 图(ⅲ) 所示，且 $M_C = \frac{1}{16}ql^2$；

总弯矩 $M = M_1 + M_2 + M_3$，则 $M_C = \frac{1}{4}ql^2$，如解 3-1(a) 图(ⅳ) 所示。

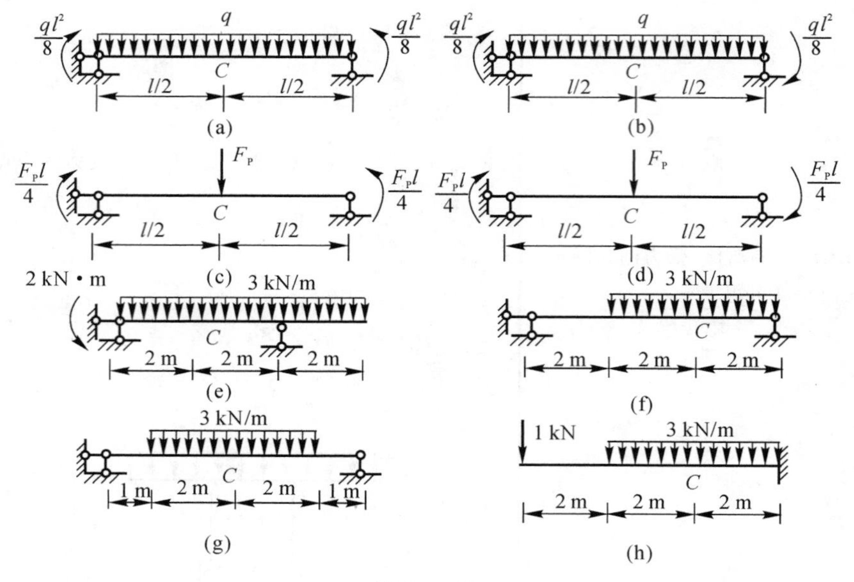

题 3-1 图

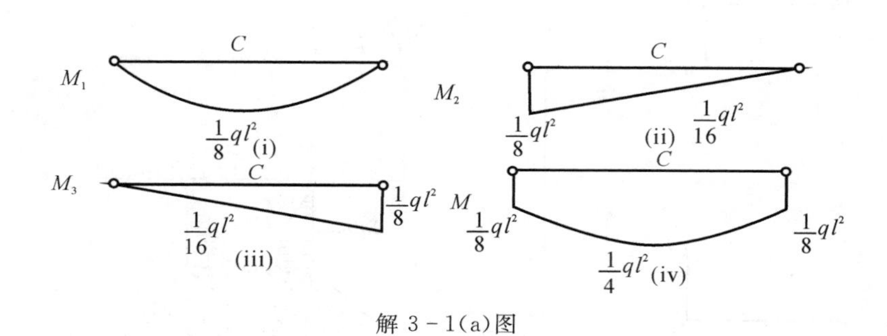

解 3-1(a)图

(2)解(b)图，当结构单独均布荷载 q 作用时，弯矩图如解 3-1(b)图(ⅰ)所示，且 $M_C=\frac{1}{8}ql^2$；

当结构单独受左端弯矩作用时，弯矩图如解 3-1(b)图(ⅱ)所示，且 $M_C=\frac{1}{16}ql^2$；

当结构单独受右端弯矩作用时，弯矩图如解 3-1(b)图(ⅲ)所示，且 $M_C=\frac{1}{16}ql^2$；

总弯矩 $M=M_1+M_2+M_3$，则 $M_C=\frac{1}{8}ql^2$，如解 3-1(b)图(ⅳ)所示。

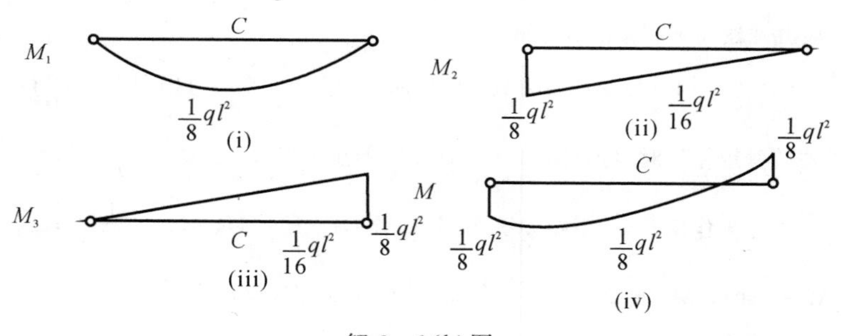

解 3-1(b)图

(3)解(c)图。当结构单独受左端弯矩作用时，弯矩图如解 3-1(c)图(ⅰ)所示，且 $M_C=\frac{1}{8}F_Pl$；

当结构单独受右端弯矩作用时，弯矩图如解 3-1(c)图(ⅱ)所示，且 $M_C=\frac{1}{8}F_Pl$；

当结构单独集中力 F_P 作用时，弯矩图如解 3-1(c)图(ⅲ)所示，且 $M_C=\frac{1}{4}F_Pl$；

总弯矩 $M=M_1+M_2+M_3$，则 $M_C=\frac{1}{2}F_Pl$，如解 3-1(c)图(ⅳ)所示。

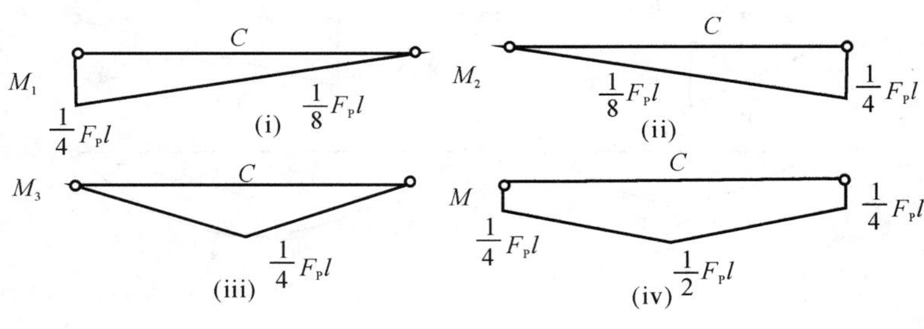

解 3-1(c)图

(4)解(d)图。当两端弯矩单独作用时，弯矩图如解 3-1(d)图(ⅰ)所示，$M_C=0$，C 点集中力 F_P 单独作用时，弯矩图如图解 3-1(d)图(ⅱ)所示，$M_C=\frac{1}{4}F_Pl$。

总弯矩 $M=M_1+M_3$，　$M_C=\frac{1}{4}F_P\mathrm{l}$，如解 3-1(d)图(ⅲ)所示。

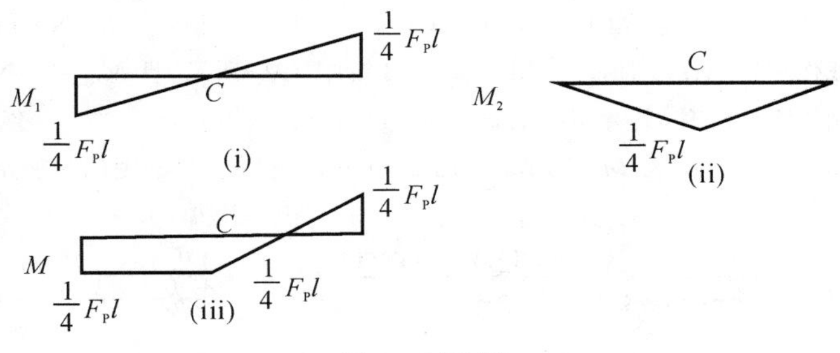

解 3-1(d)图

(5)解(e)图。当结构单独受左端弯矩作用时，弯矩图如解 3-1(e)图(ⅰ)所示，且 $M_C=1\ \mathrm{kN\cdot m}$；
当结构单独受均布荷载作用时，弯矩图如解 3-1(e)图(ⅱ)所示，且 $M_C=3\ \mathrm{kN\cdot m}$；
总弯矩 $M=M_1+M_2$，则 $M_C=2\ \mathrm{kN\cdot m}$，如解 3-1(e)图(ⅲ)所示。

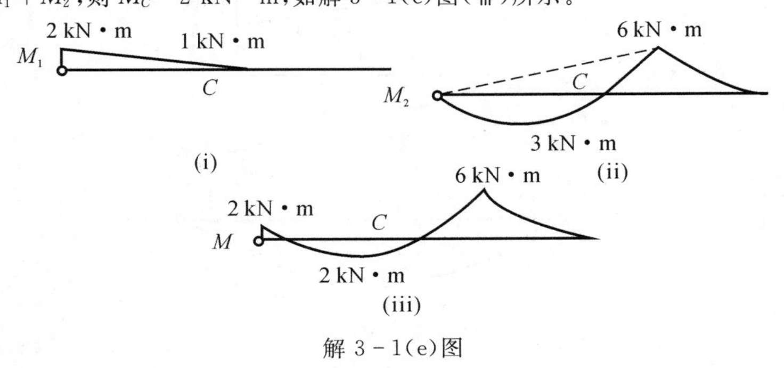

解 3-1(e)图

(6)解(f)图。结构可分为两段，分别利用叠加法。AB 段弯矩图如解 3－1(f)图(ⅲ)所示，且 $M_C=8\ \mathrm{kN\cdot m}$；

单独考虑左端弯矩 M_{BD} 作用于 BD 段时，弯矩图如解 3－1(f)图(ⅲ)所示，且 $M_C=4\ \mathrm{kN\cdot m}$；

单独考虑均布荷载作用于 BD 段时，弯矩图如解 3－1(f)图(ⅳ)所示，且 $M_C=6\ \mathrm{kN\cdot m}$；

总弯矩 $M=M_1+M_2+M_3$，则 $M_C=10\ \mathrm{kN\cdot m}$，如解 3－1(f)图(ⅴ)所示。

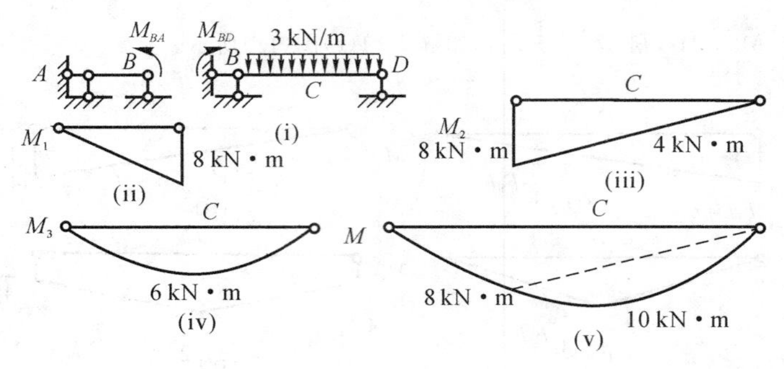

解 3－1(f)图

(7)解(g)图。结构可分解为如解 3－1(g)图(ⅰ)所示的三段，分别利用叠加法。首先求支反力，进一步可求得

$$M_{AD}=M_{AB}=M_{BE}=6\ \mathrm{kN\cdot m}$$

单独考虑 M_{AD} 作用于 DA 段，其弯矩图如解 3－1(g)图(ⅱ)所示；

单独考虑 M_{AB} 作用于 AB 段，其弯矩图如解 3－1(g)图(ⅲ)所示，且 $M_C=3\ \mathrm{kN\cdot m}$；

单独考虑 M_{BA} 作用于 AB 段，其弯矩图如解 3－1(g)图(ⅳ)所示，且 $M_C=3\ \mathrm{kN\cdot m}$；

单独考虑均布荷载作用于 AB 段时，弯矩图如解 3－1(g)图(ⅴ)所示，且 $M_C=6\ \mathrm{kN\cdot m}$；

单独考虑 M_{BE} 作用于 BE 段时，其弯矩图如解 3－1(g)图(ⅵ)所示；

总弯矩 $M=M_1+M_2+M_3+M_4+M_5$，则 $M_C=12\ \mathrm{kN\cdot m}$，如解 3－1(g)图(ⅶ)所示。

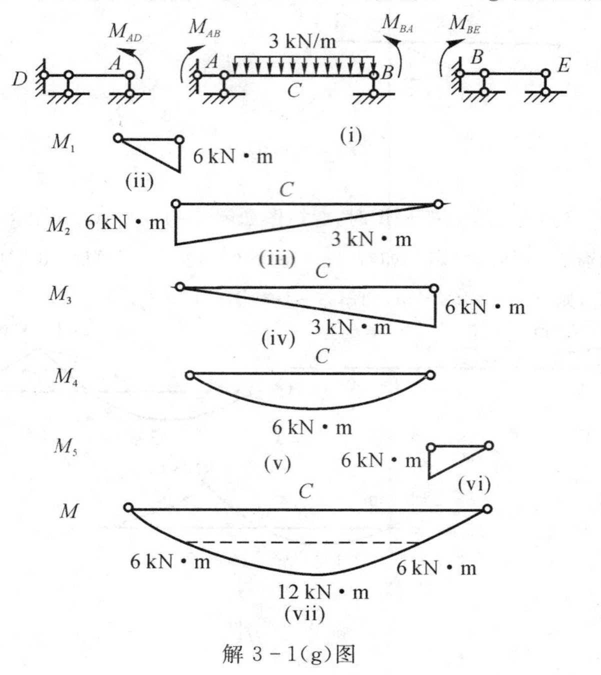

解 3－1(g)图

(8)解(h)图。当单独考虑集中荷载作用时，弯矩图如解 3-1(h)图(ⅰ)所示，且 $M_C=4$ kN·m；当单独考虑均布载荷作用时，弯矩图如解 3-1(h)图(ⅱ)所示，且 $M_C=6$ kN·m；总弯矩 $M=M_1+M_2$，且 $M_C=10$ kN·m，如解 3-1(h)图(ⅲ)所示。

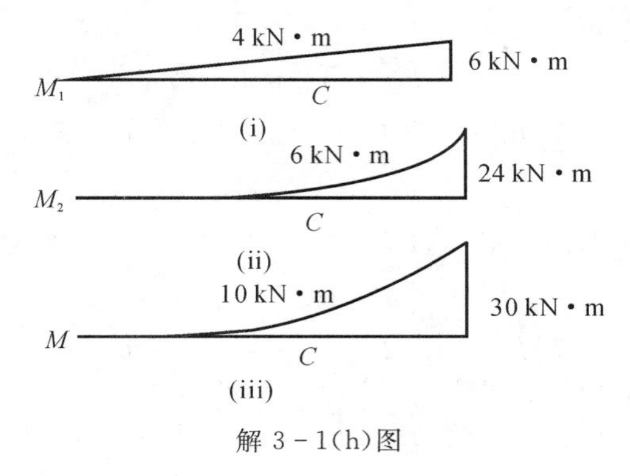

解 3-1(h)图

3-3　试求图示梁的支座反力，并作其内力图。

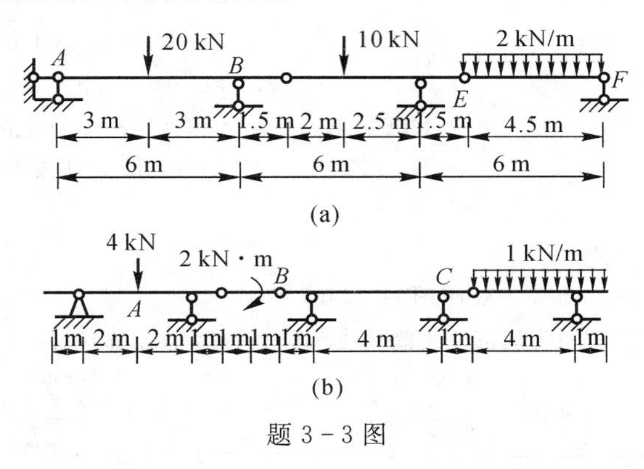

题 3-3 图

解　(1)解(a)图。首先进行几何构造分析，按照附属与基本部分，以及梁的组成顺序将其拆成单跨梁，如解 3-3(a)图(ⅰ)所示。

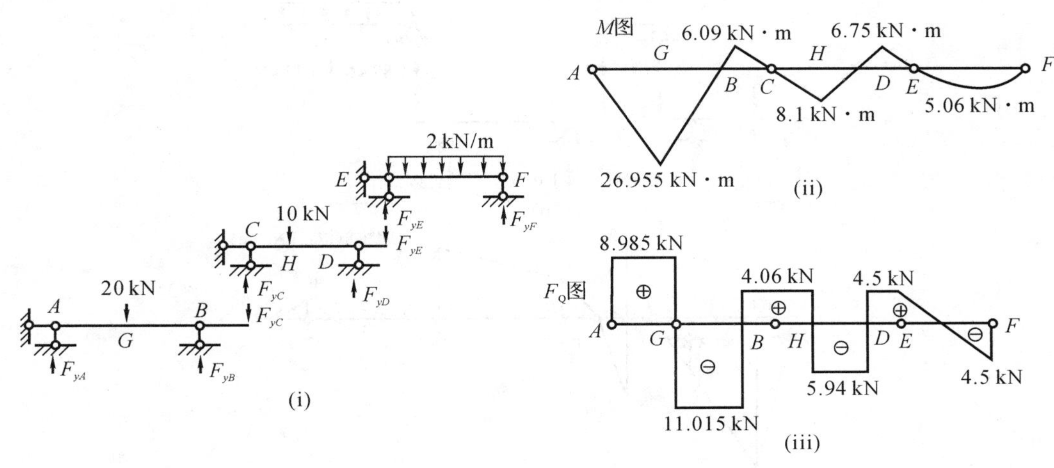

解 3-3(a)图

1)求支座反力,有

$$F_{yE}=F_{yF}=\frac{1}{2}\times 2\times 4.5=4.5\ \text{kN}$$

$$\sum M_C=0,\quad -F_{yE}\times 6+F_{yD}\times 4.5-10\times 2=0$$

解得

$$F_{yD}=10.44\ \text{kN}$$

$$\sum F_y=0,\quad F_{yC}+F_{yD}-F_{yE}-10=0$$

解得

$$F_{yc}=4.06\ \text{kN}$$

$$\sum M_A=0,\quad -F_{yC}\times 7.5+F_{yB}\times 6-20\times 3=0$$

解得

$$F_{yB}=15.075\ \text{kN}$$

$$\sum F_y=0,\quad F_{yA}+F_{yB}-F_{yC}-20=0$$

解得

$$F_{yA}=8.985\ \text{kN}$$

2) 求各杆端弯矩,有

$$M_{EF}^{中}=\frac{1}{8}ql^2=\frac{1}{8}\times 2\times 4.5^2=5.06\ \text{kN}\cdot\text{m}\quad(下侧受拉)$$

$$M_D=-F_{yE}\times 1.5=-4.5\times 1.5=-6.75\ \text{kN}\cdot\text{m}\quad(上侧受拉)$$

$$M_H=-F_{yE}\times 4+F_{yD}\times 2.5=8.1\ \text{kN}\cdot\text{m}\quad(下侧受拉)$$

$$M_B=-F_{yC}\times 1.5=-4.06\times 1.5=-6.09\ \text{kN}\cdot\text{m}\quad(上侧受拉)$$

$$M_G=-F_{yC}\times 4.5+F_{yB}\times 3=26.955\ \text{kN}\cdot\text{m}\quad(下侧受拉)$$

3) 求各杆端力,有

各杆端剪力等于其支座反力。

4) 弯矩 M 图,剪力 F_Q 图,如解 3-3(a) 图(ⅱ)(ⅲ)所示。

(2)解(b)图。结构基本部分与附属部分之间的支承关系如解 3-3(b)图(ⅰ)所示。

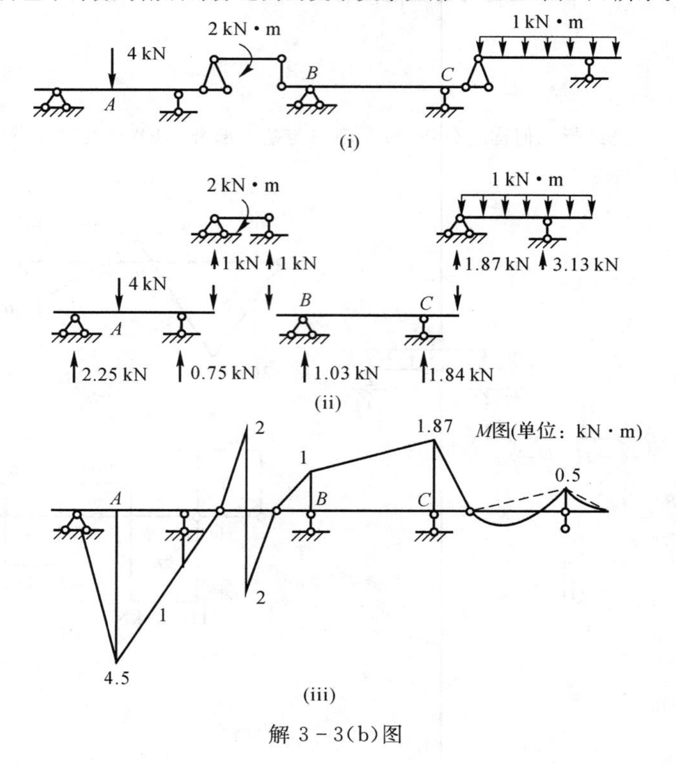

解 3-3(b)图

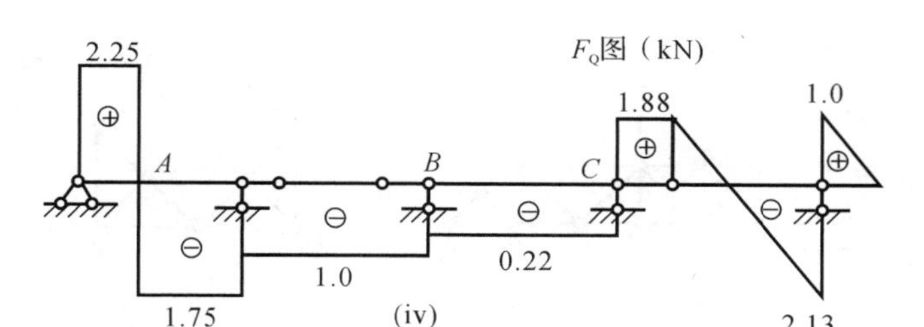

续解 3－3(b)图

各部分的支座反力、M 图、F_Q 图如解 3－3(b)图(ⅱ)(ⅲ)(ⅳ)所示。

3－5　试分析图示桁架的类型，指出零杆。

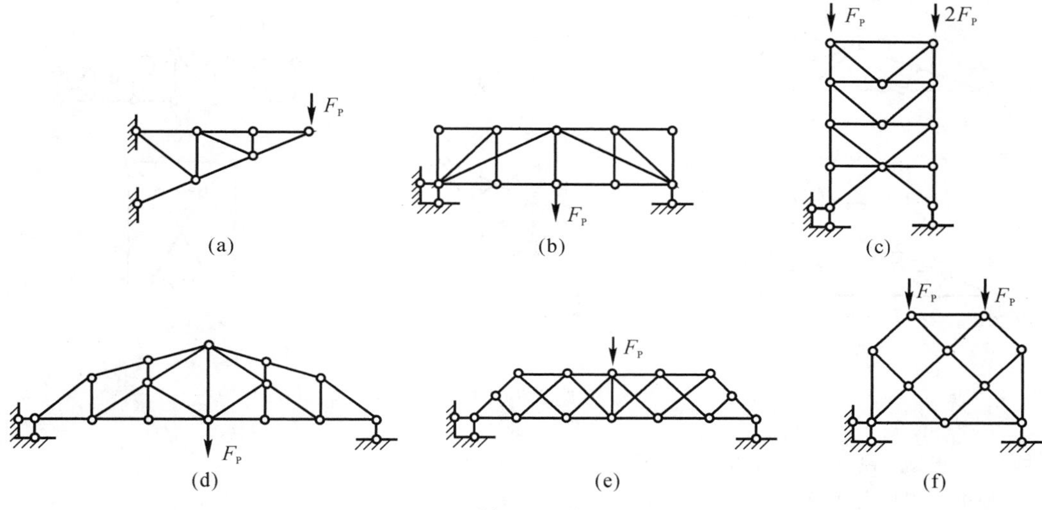

题 3－5 图

(a)简单桁架，4 根零杆；（b)联合桁架，10 根零杆；（c)简单桁架，15 根零杆
(d)简单桁架，6 根零杆；（e)简单桁架，7 根零杆；（f)复杂桁架，利用对称性，8 根零杆

解　注意特殊结点的力学性质。零杆如解 3－5 图所示。

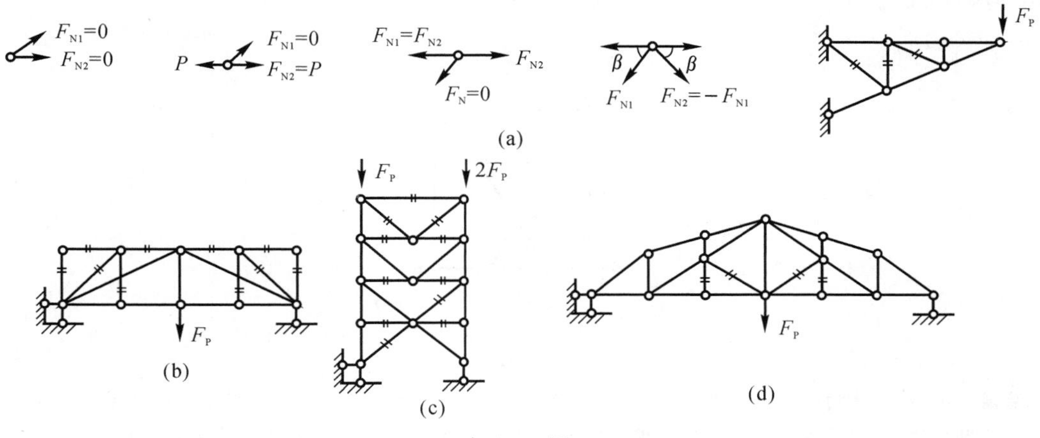

解 3－5 图

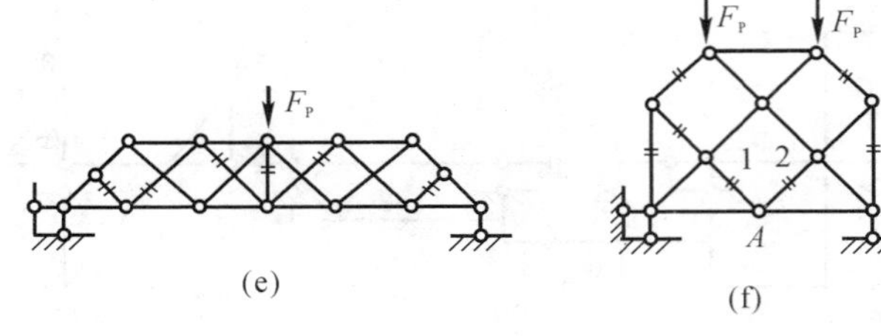

续解 3-5 图

温馨提示:解 3-5 图(f)中,由 A 点利用对称性得 $F_{N1}=F_{N2}=0$,开始向外展开,应熟练掌握分析中所列零杆的判定方法。

3-7 试分析图示桁架的几何构造,确定是否几何不变?

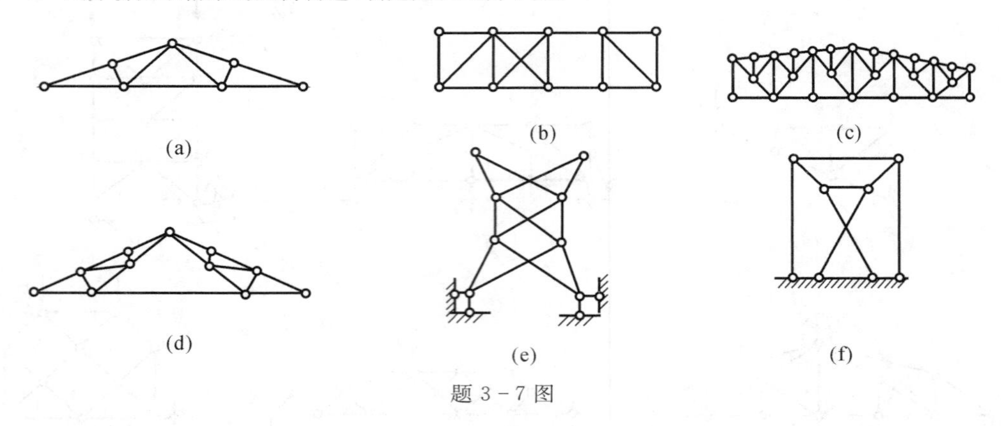

题 3-7 图

解 (1)根据三刚片定理,易知(a)图所示结构为几何不变。

(2)根据两刚片定理,易知(b)图所示结构为几何不变。

(3)根据三刚片定理,易知(c)图所示结构为几何不变。

(4)根据三刚片定理,易知(d)图所示结构为几何不变。

(5)根据拆二元体,易知(e)图所示结构为几何不变。

(6)将(f)图结构拆分为Ⅰ,Ⅱ,Ⅲ刚片,如解 3-7(f)图所示,可根据三刚片定理判断。三刚片分别交于铰 A,B,C,AB 的连线平行于链杆 5,6,所以(f)图所示结构为几何可变体系。

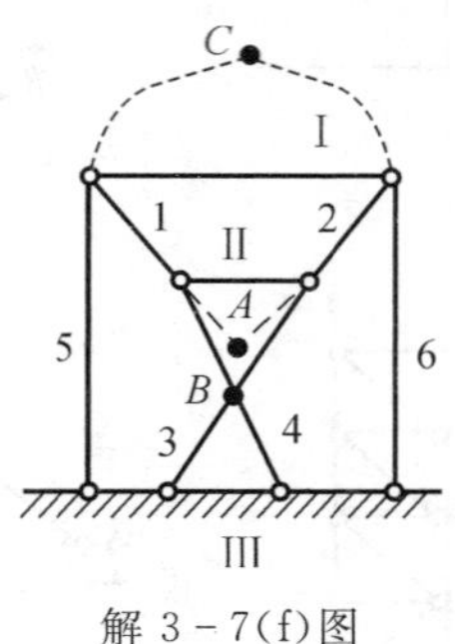

解 3-7(f)图

温馨提示:对于结构的内力计算问题,几何组成分析非常重要。①只有几何不变体系才能用于结构,才需要进行内力计算;②根据结构的几何组成可决定计算顺序(一般逆组成顺序进行内力计算)。

3-9 试求图示各桁架中指定杆的内力。

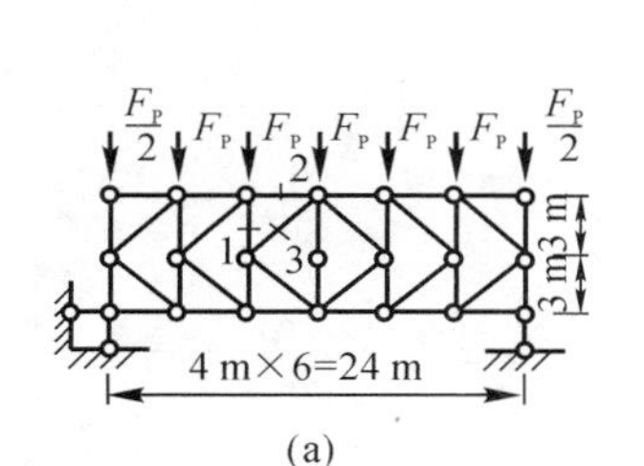

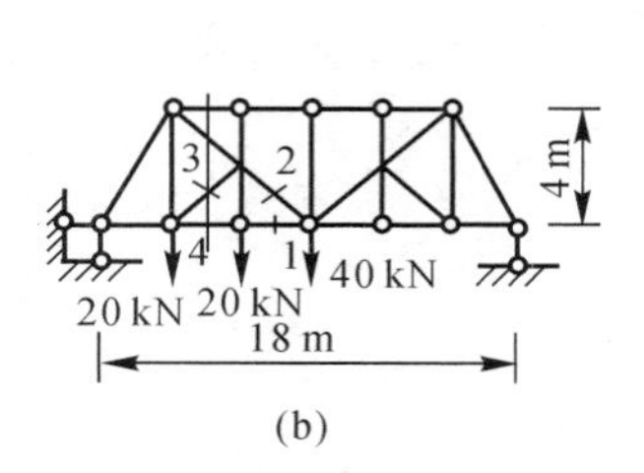

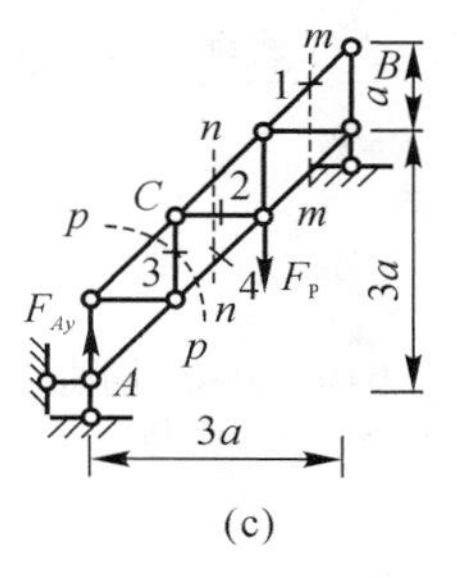

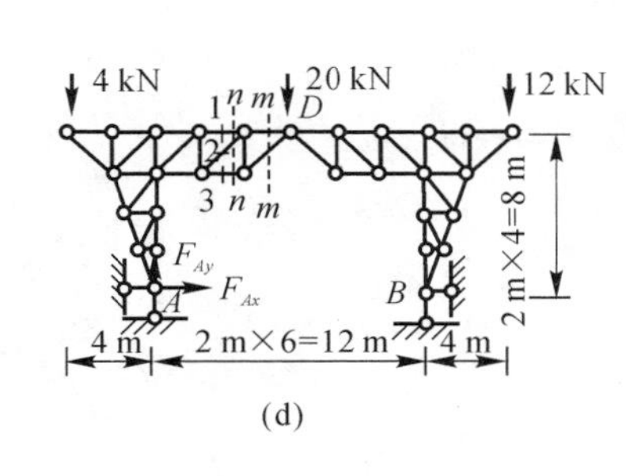

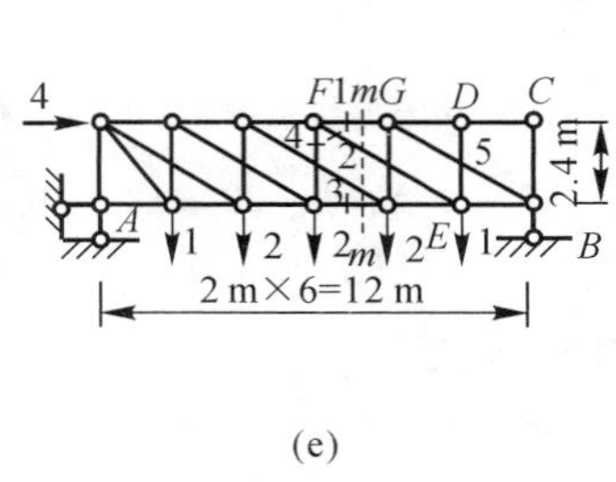

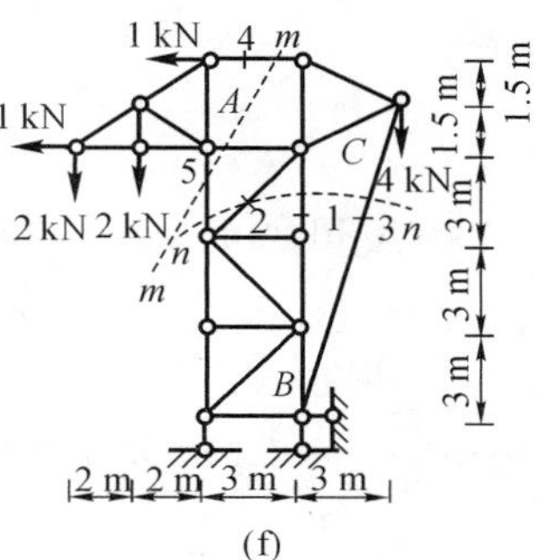

题 3－9 图

解　(1) 解(a)图。以整体为研究对象，如解 3－9(a)图所示，由 $\sum M_A = 0$，则有

$$F_{By} \cdot 24 - \frac{F_P}{2} \cdot 24 - F_P \cdot 20 - F_P \cdot 16 - F_P \cdot 12 - F_P \cdot 8 - F_P \cdot 4 = 0$$

可得

$$F_{By} = 3F_P$$

取截面 $n-n$ 左侧部分为研究对象，由 $\sum M_C = 0$ 可得

$$F_2 \cdot 6 + F_{By} \cdot 8 - \frac{F_P}{2} \cdot 8 - F_P \cdot 4 = 0$$

解得

$$F_2 = -\frac{8}{3} F_P$$

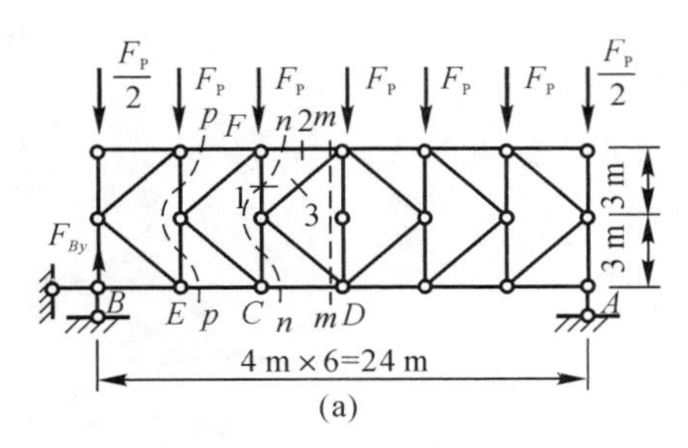

(a)

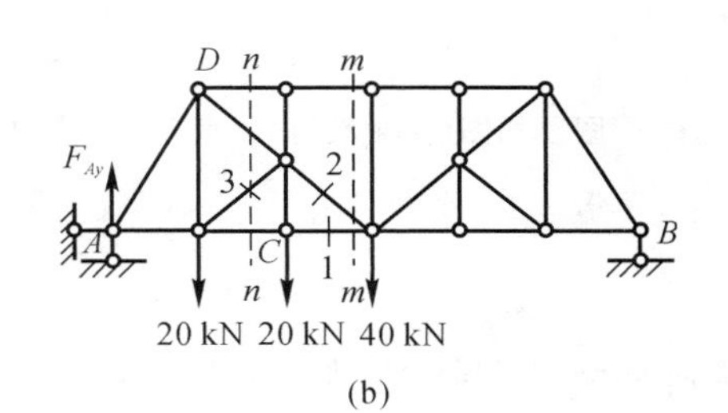

(b)

解 3－9 图

取截面 $m-m$ 左侧部分为研究对象，由 $\sum M_D = 0$，可得

$$F_2 \cdot 6 + F_3 \cdot 6 \times \frac{4}{5} + F_{By} \cdot 12 - \frac{F_P}{2} \cdot 12 - F_P \cdot 8 - F_P \cdot 4 = 0$$

解得

$$F_3 = -\frac{5}{12} F_P$$

取截面 $p-p$ 左侧部分为研究对象，由 $\sum M_E = 0$ 可得

$$F_4 \cdot 6 + F_{By} \cdot 4 - \frac{F_P}{2} \cdot 4 = 0$$

解得

$$F_4 = -\frac{5}{3}F_P$$

以结点 F 为确定对象，则有

$$\begin{cases} F_2 - F_4 - \frac{4}{5}F_5 = 0 \\ F_P + F_1 + \frac{3}{5}F_5 = 0 \end{cases}$$

解得

$$F_1 = -\frac{1}{4}F_P$$

(2) 解(b) 图，如解 3-9(b) 图所示，以整体为研究对象，由 $\sum M_B = 0$，可得

$$F_{Ay} \cdot 18 - 20 \times 15 - 20 \times 12 - 40 \times 9 = 0$$

解得

$$F_{Ay} = 50\ \text{kN}$$

取截面 $m-m$ 左侧部分为研究对象，由 $\sum M_P = 0$，可得

$$F_1 \cdot 4 - 20 \times 3 - F_{Ay} \cdot 3 = 0$$

所以

$$F_1 = 52.5\ \text{kN}$$

由 $\sum F_y = 0$，得

$$F_{Ay} - F_2 \cdot \frac{2}{\sqrt{13}} - 20 - 20 = 0$$

所以

$$F_2 = 5\sqrt{13} = 18\ \text{kN}$$

以结点 C 为研究对象，由 $\sum F_x = 0$，得

$$F_1 - F_4 = 0$$

所以

$$F_4 = F_1 = 52.5\ \text{kN}$$

取截面 $n-n$ 左侧部分为研究对象，由 $\sum M_D = 0$，得

$$F_4 \cdot 4 + F_3 \cdot 4 \times \frac{3}{\sqrt{13}} - F_{Ay} \cdot 3 = 0$$

所以

$$F_1 = -5\sqrt{13} = 18\ \text{kN}$$

(3) 解(c) 图。如图(见主教材 94 页)所示，以整体为研究对象，由 $\sum M_B = 0$，得

$$F_{Ay} \cdot 3a - F_P \cdot a = 0$$

所以

$$F_{Ay} = \frac{1}{3}F_P$$

取截面 $m-m$ 左侧部分为研究对象，由 $\sum M_B = 0$，得

$$F_1 \cdot \frac{\sqrt{2}}{2}a + F_{Ay} \cdot 3a \cdot F_P \cdot a = 0$$

所以

$$F_1 = 0$$

取截面 $n-n$ 左侧部分为研究对象，设垂直于 AB 的方向为 w，由 $\sum F_w = 0$，得

$$F_2 \cdot \frac{\sqrt{2}}{2} - F_{Ay} \cdot \frac{\sqrt{2}}{2} = 0$$

所以

$$F_2 = F_{Ay} = \frac{1}{3}F_P$$

由$\sum M_C = 0$,得

$$F_4 \cdot \frac{\sqrt{2}}{2}a - F_{Ay} \cdot a = 0$$

所以
$$F_4 = \frac{\sqrt{2}}{3}F_P$$

取截面 $p-p$ 左侧部分为研究对象,由$\sum F_W = 0$,得

$$F_3 \cdot \frac{\sqrt{2}}{2} + F_{Ay} \cdot \frac{\sqrt{2}}{2} = 0$$

所以
$$F_3 = -\frac{1}{3}F_P$$

(4) 解(d)图。以整体为研究对象,由$\sum M_B = 0$,得

$$F_{Ay} \cdot 12 + 12 \times 4 - 20 \times 6 - 4 \times 16 = 0$$

所以
$$F_{Ay} = \frac{34}{3} = 11.33 \text{ kN}$$

取截面 $m-m$ 左侧部分为研究对象,由$\sum M_B = 0$,得

$$F_{Ax} \cdot 8 + 4 \times 10 - F_{Ay} \cdot 6 = 0$$

$$A_{Ax} = 3.5 \text{ kN}$$

取截面 $n-n$ 左侧部分为研究对象,由$\sum M_C = 0$,得

$$F_1 \cdot 2 + F_{Ay} \cdot 2 - 4 \times 6 - F_{Ax} \cdot 6 = 0$$

所以
$$F_1 = 11.17 \text{ kN}$$

由$\sum F_y = 0$,得

$$\frac{\sqrt{2}}{2}F_2 + F_{Ay} - 4 = 0$$

所以
$$F_2 = -10.37 \text{ kN}$$

由$\sum F_x = 0$,得

$$F_1 + \frac{\sqrt{2}}{2}F_2 + F_3 + F_{Ax} = 0$$

所以
$$F_3 = -7.33 \text{ kN}$$

(5) 解(e)图。以整体为研究对象(图见主教材94页),由$\sum M_A = 0$,得

$$F_{By} \cdot 12 - 1 \times 2 - 2 \times 4 - 2 \times 6 - 2 \times 8 - 1 \times 10 - 4 \times 2.4 = 0$$

所以
$$F_{By} = 4.8 \text{ kN}$$

依次以 C,D 结点为研究对象,可知与 C,D 相连的杆均为零杆。以 B 结点为研究对象,由$\sum F_y = 0$,得

$$F_{By} + F_5 \frac{2.4}{\sqrt{2.4^2 + 16}} = 0$$

所以
$$F_5 = -9.33 \text{ kN}$$

以 C 结点为研究对象,由$\sum F_x = 0$,得

$$F_1 - F_5 \cdot \frac{4}{\sqrt{2.4^2 + 16}} = 0$$

所以
$$F_1 = -8 \text{ kN}$$

以 E 结点为研究对象,设垂直于 EF 方向为 w,由$\sum F_y = 0$,得

$$F_2 \cdot \frac{2.4}{\sqrt{2.4^2+16}} - 1 = 0$$

所以 $$F_2 = 1.94\ \text{kN}$$

以 F 结点为研究对象，由 $\sum F_y = 0$，得

$$F_2 = \frac{2.4}{\sqrt{2.4^2+16}} + F_4 = 0$$

所以 $$F_4 = -1\ \text{kN}$$

取截面 $m-m$ 右侧部分为研究对象，由 $\sum F_w = 0$，得

$$(F_1+F_3)\times\frac{2.4}{\sqrt{2.4^2+16}} + (2+1-F_{By})\times\frac{4}{\sqrt{2.4^2+16}} = 0$$

所以 $$F_3 = 11\ \text{kN}$$

(6) 解(f) 图。取截面 $m-m$ 左侧为研究对象，由 $\sum M_A = 0$，得

$$F_4 \cdot 3 - 1\times 3 - 2\times 2 - 2\times 4 = 0$$

所以 $$F_4 = 5\ \text{kN}$$

由 $\sum F_y = 0$，得

$$F_5 + 2 + 2 = 0$$

所以 $$F_5 = 4\ \text{kN}$$

取截面 $n-n$ 上侧为研究对象，由 $\sum M_B = 0$，得

$$F_2 \cdot 9\times\frac{\sqrt{2}}{2} + F_5 \cdot 3 + 1\times 12 + 1\times 9 + 2\times 5 + 2\times 7 - 4\times 3 = 0$$

所以 $$F_2 = -3.3\ \text{kN}$$

由 $\sum M_C = 0$，得

$$F_3 \cdot 9\times\frac{3}{\sqrt{10.5^2+9}} - F_5 \cdot 3 + 4\times 3 - 1\times 3 - 2\times 5 - 2\times 7 = 0$$

所以 $$F_3 = 1.21\ \text{kN}$$

由 $\sum F_x = 0$，得

$$F_2 \cdot \frac{\sqrt{2}}{2} + 1 + 1 + F_3 \cdot \frac{3}{\sqrt{10.5^2+9}} = 0$$

所以 $$F_2 = -3.3\ \text{kN}$$

3-10　求桁架 a,b,c,d 的轴力。

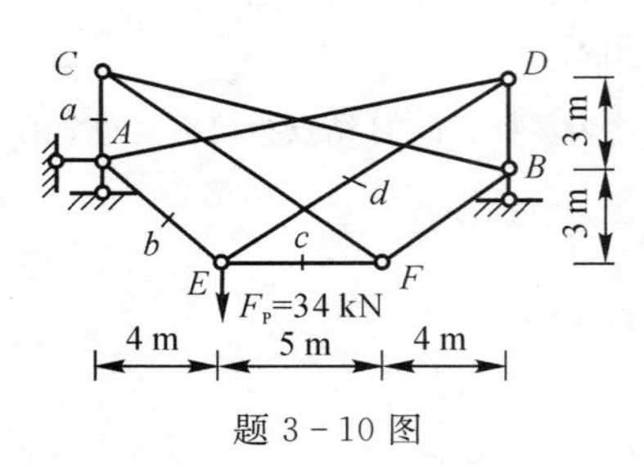

题 3-10 图

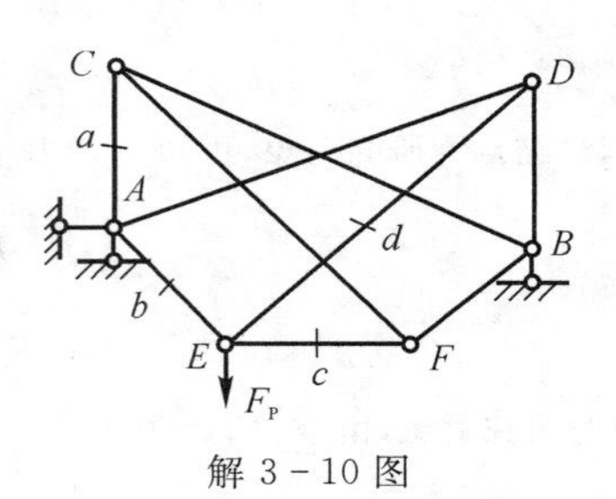

解 3-10 图

解　如解 3-10 图所示，易知

$$F_{Na} = F_{Nc} = 0$$

取 E 点为研究对象，由

$$\begin{cases}\sum F_x = 0\\ \sum F_y = 0\end{cases}$$

得

$$\begin{cases}\dfrac{3}{\sqrt{13}}F_{Nd} = \dfrac{4}{5}F_{Nb}\\ \dfrac{3}{5}F_{Nb} + \dfrac{2}{\sqrt{13}}F_{Nd} = 34\ \text{kN}\end{cases}$$

即
$$F_{Nb} = 30\ \text{kN},\quad F_{Nd} = 28.84\ \text{kN}$$

温馨提示： 此桁架与多跨静定梁一样为主从结构，当外力只作用于基本部分时，附属部分不受力。

3-13　试作图示刚架的内力图。

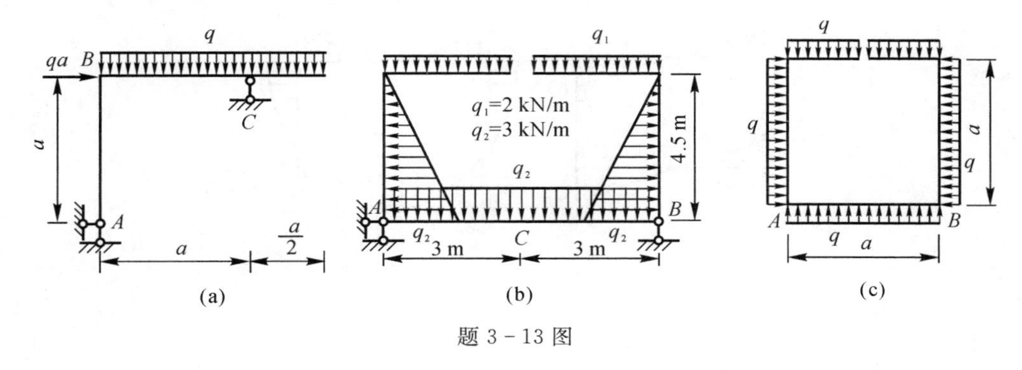

题 3-13 图

解　(1) 解(a)图。由 $\sum M_A = 0$，得

$$F_{Ay}\cdot a - qa\cdot a - qa\cdot\frac{3}{4}a = 0$$

所以
$$F_{Ay} = \frac{7}{4}qa$$

由 $\sum F_x = 0$，得
$$qa - F_{Ax} = 0$$

所以
$$F_{Ax} = qa$$

由 $\sum F_y = 0$，得

$$F_{Cy} + F_{Ay} - q\cdot\frac{3}{2}a = 0$$

所以
$$F_{Cy} = -\frac{1}{4}qa$$

取 AB 部分，可得 $M_B = qa^2$（右侧受拉），其内力图如解 3-13(a) 图(ⅰ)所示。

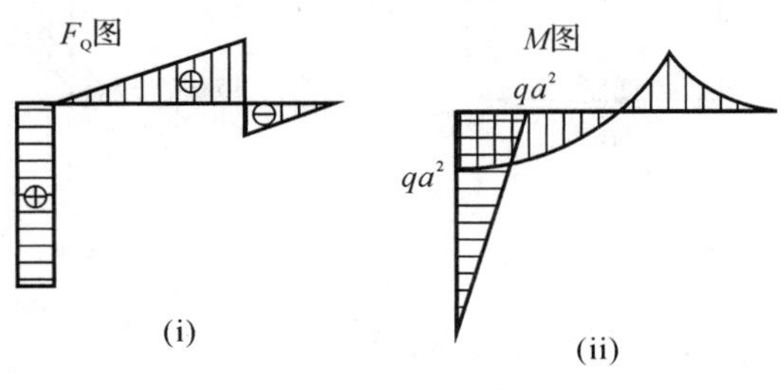

解 3-13(a) 图

(2) 解(b)图。由对称性可知

$$F_{Ax}=0,\quad F_{Ay}=F_{By}=q_1\cdot 3+q_2\cdot 3=15\ \text{kN}$$

$$M_B+q_1\cdot 3\times\frac{3}{2}-\frac{1}{2}q_2\cdot 4.5\times\frac{1}{3}\times 4.5=0$$

$$M_B=1.125\ \text{kN}\cdot\text{m}(\text{内侧受拉})$$

同理 $M_A=1.125\ \text{kN}\cdot\text{m}$(内侧受拉),其内力图如解 3-13(b) 图所示。

(3) 解(c)图。

$M_A=M_B=q\cdot\frac{a}{2}\cdot\frac{a}{4}+qa\cdot\frac{a}{2}=\frac{5}{8}qa^2$(外侧受拉),其内力图如解 3-13(c) 图所示。

注:请读者完成求轴力、画轴力图。

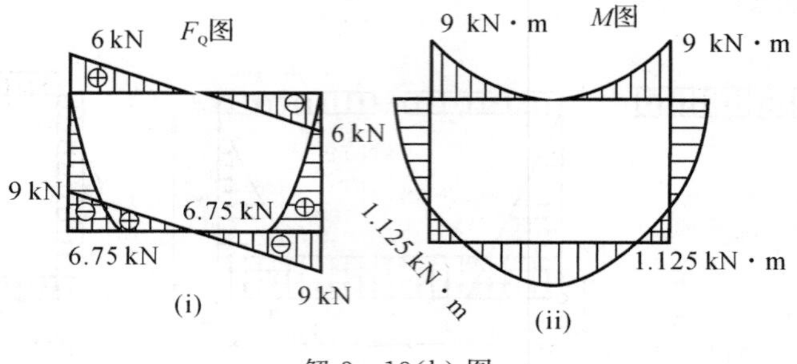

解 3-13(b) 图

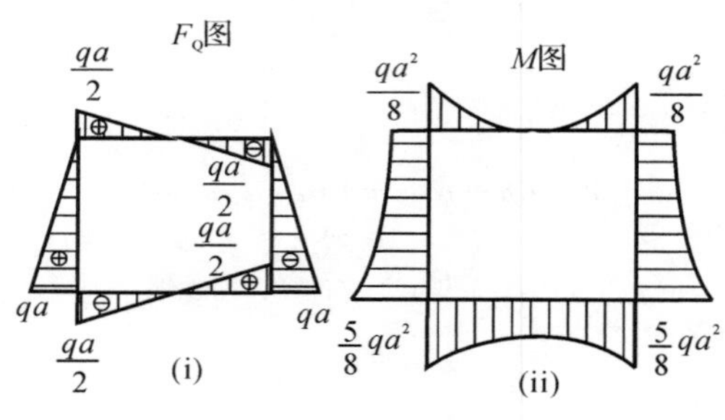

解 3-13(c) 图

3-15 试求图示门式刚架在各种荷裁作用下的弯矩图,并作图(a)所示刚架的 F_Q 和 F_N 图。

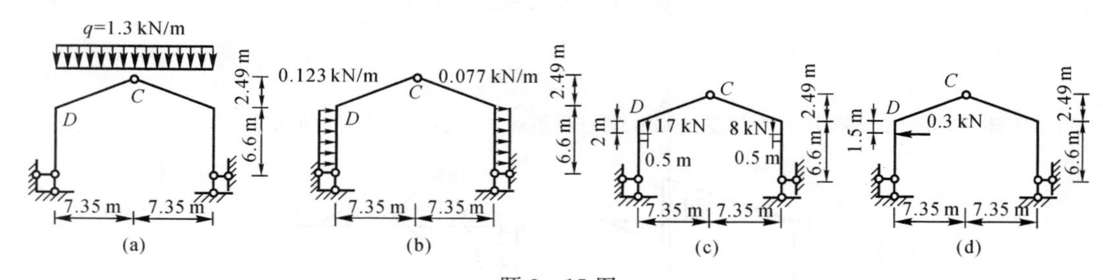

题 3-15 图

(a) 屋面桓载; (b) 风载; (c) 吊车轮压; (d) 吊车水平制动力

解 (1) 解(a)图。如解 3-15(a) 图所示,由对称性易知

$$F_{yA}=F_{yB}=\frac{1}{2}\times q\times(7.35\times 2)=9.56(\uparrow)$$

取左半结构为研究对象,到平衡方程,解得

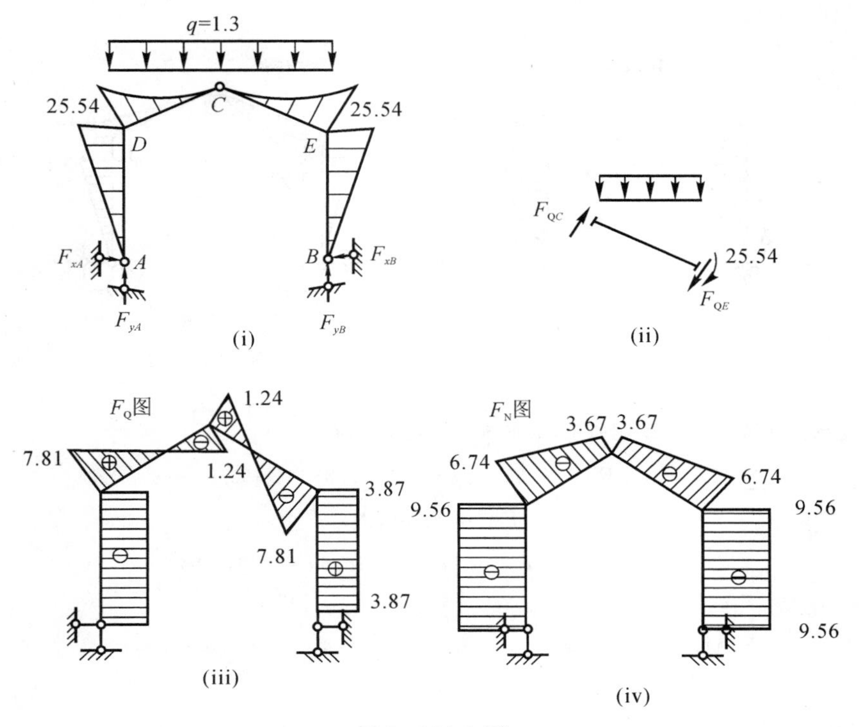

解 3 - 15(a) 图

$$\sum M_C = 0,\quad F_{xA} \times (2.49 + 6.6) + 1.3 \times 7.35 \times \frac{7.35}{2} = 7.35 F_{yA}$$

$$F_{xA} = 3.87(\rightarrow)$$

$$F_{xB} = -F_{xA} = -3.87(\leftarrow)$$

作 M 图如解 3 - 15(a) 图(ⅰ)所示。

由 M 图截取各段杆受力分析，得 F_Q 图；由结点力平衡，得 $F_Q = F_N$。现取 CE 段杆分析，如解 3 - 15(a) 图(ⅱ)，所示。

$$\sum M_E = 0,\quad F_{QC} = 1.24$$

$$F_{QE} = -7.81$$

温馨提示：对称结构在正对称荷载作用下，M，F_N 图为正对称，如解 3 - 15(a) 图(ⅰ)(ⅱ)所示。F_Q 图为反对称形式，如解 3 - 15(a) 图(ⅲ)所示。

(2) 解(b) 图。如解 3 - 15(b) 图所示，取整体为研究对象，有

$$(q_2 + q_1) \times \frac{6.6^2}{2} = 7.35 \times 2F_{yA} \quad \Rightarrow \quad F_{yA} = 0.30(\downarrow)$$

$$\sum F_y = 0,\quad F_{yB} = 0.30(\uparrow)$$

取半结构为研究对象，有

$$\sum M_C = 0,\quad 7.35F_{yA} + 6.6q_1 \times \left(\frac{6.6}{2} + 2.49\right) = (6.6 + 2.49)F_{xA}$$

即
$$F_{xA} = 0.757(\leftarrow)$$

$$\sum F_x = 0,\quad F_{xA} +_{xB} = (q_1 + q_2)6.6$$

即
$$F_{xB} = 0.563(\leftarrow)$$

作 M 图如解 3-15(b) 图所示。

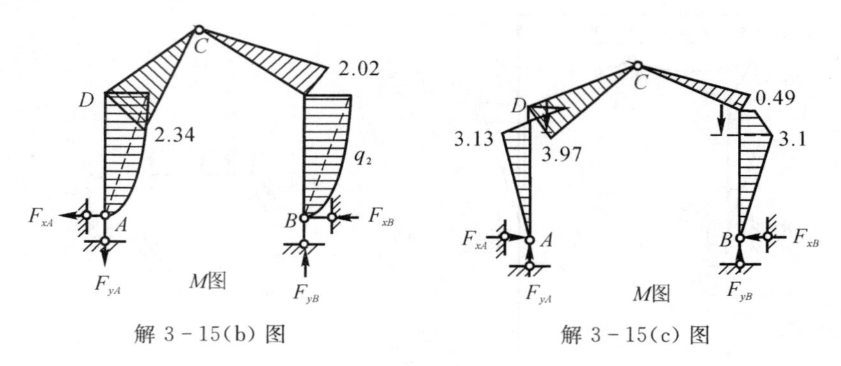

解 3-15(b) 图　　　　解 3-15(c) 图

(3) 解(c) 图。如解 3-15(c) 图所示，取整体为研究对象，有

$$\sum M_B = 0, \quad F_{yA} \times 7.35 \times 2 = 17 \times (7.35 \times 2 - 0.5) + 8 \times 0.5$$

解得

$$F_{yA} = 16.69(\uparrow)$$

$$\sum F_y = 0, \quad F_{yB} = 17 + 8 - 16.69 = 8.31(\uparrow)$$

取半结构，有

$$\sum M_C = 0, \quad 17 \times (7.35 - 0.5) = 7.35F_{yA} - (6.6 + 2.49)F_{xA}$$

解得

$$F_{xA} = 0.69(\rightarrow)$$

作 M 图如解 3-15(c) 图所示。

(4) 解(d) 图。取整体，得

$$F_{yA} = 0.104 = -F_{yB}(\uparrow)$$

取半结构，有

$$\sum M_C = 0, \quad F_{xA} = 0.216(\rightarrow), \quad \sum F_x = 0, \quad F_{xB} = 0.084(\rightarrow)$$

$$M_D = 6.6F_{xA} - 0.3 \times 1.5 = 0.98(\circlearrowleft)$$

作 M 图如解 3-15(d) 图所示。

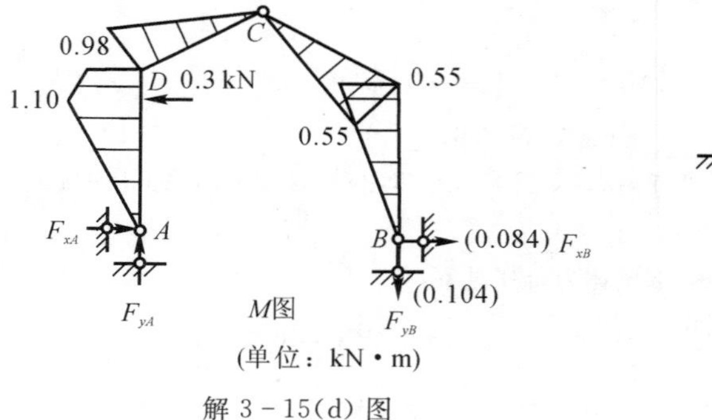

解 3-15(d) 图

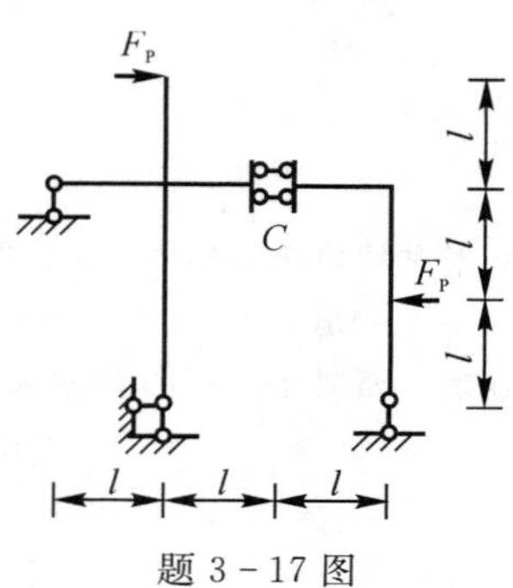

题 3-17 图

3-17　试作图示刚架的弯矩图。

解　(1) 求支座反力，如解 3-17 图(a) 所示。选整体为研究对象，由于水平受力平衡，所以支座 A 并不受水平力。取隔离体 CFB，如解 3-17 图(b) 所示，有

$$\sum F_y = 0, \quad F_{yB} = 0, \quad \sum F_x = 0, \quad F_{xC} = F_P$$

$$M_{CF} = F_P l$$

则
$$\sum M_A = 0,\quad F_P l - F_P \times 3 \times 3l + F_{yE} \cdot l = 0$$
$$F_{yE} = 2F_P$$
$$\sum F_y = 0,\quad F_{yA} = F_{yE} = 2F_P$$

(2) 求各杆端弯矩。

$$M_{FG} = F_P l(\text{外侧受拉}),\quad M_{ED} = M_{CF} = F_P l(\text{外侧受拉})$$
$$M_{DK} = F_P l(\text{左侧受拉}),\quad M_{DE} = F_{yE} \cdot l = 2F_P l(\text{外侧受拉})$$

(3) 作弯矩图如解 3-17 图(c) 所示。

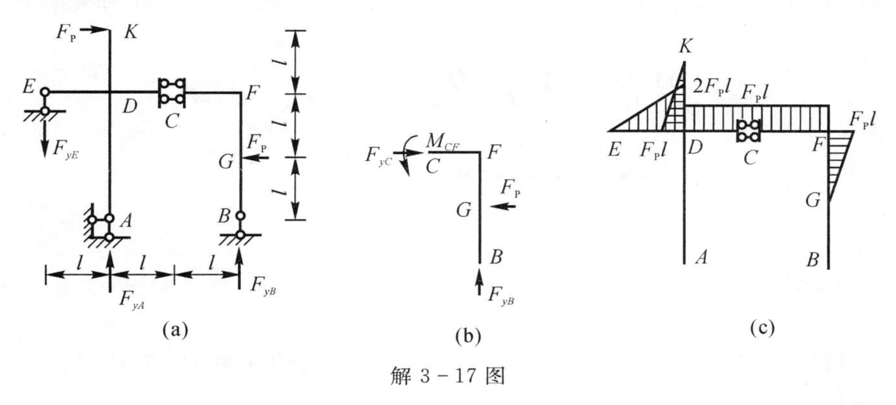

解 3-17 图

3-18 试求图示刚架的支座反力。

解 如解 3-18 图(a) 所示,有

$$\sum M_A = 0,\quad F_{yB} \cdot 2a - q \cdot 2a \cdot a = 0$$
$$\sum F_y = 0,\quad F_{yA} = F_{yB} = qa$$

利用二力杆 CD 这个联系杆的受力特点,即 $S_C = S_D$,并分别取 AE 和 BF 为隔离体,如解 3-18 图(b) 所示,列方程,有

$$\sum M_E = 0,\quad F_{xA} \cdot 2a - S_D \cdot \cos\alpha \cdot a + q \cdot 2a^2 = 0 \qquad ①$$
$$\sum M_F = 0,\quad F_{xB} \cdot 2a - S_C \cdot \cos\alpha \cdot \frac{a}{2} = 0 \qquad ②$$

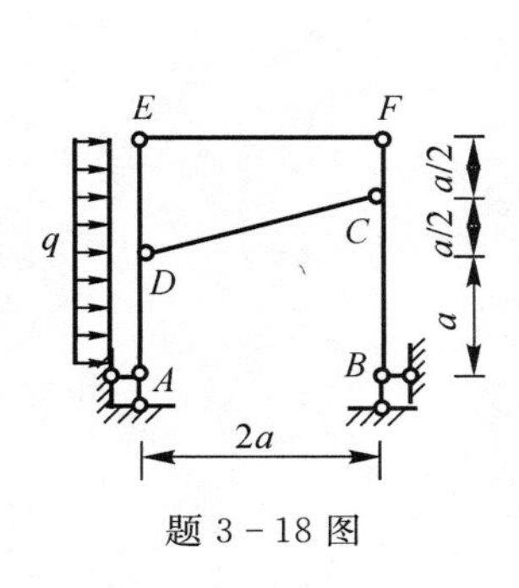

题 3-18 图

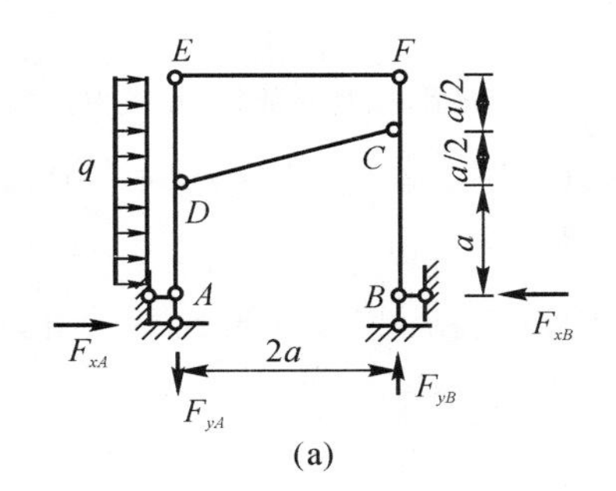

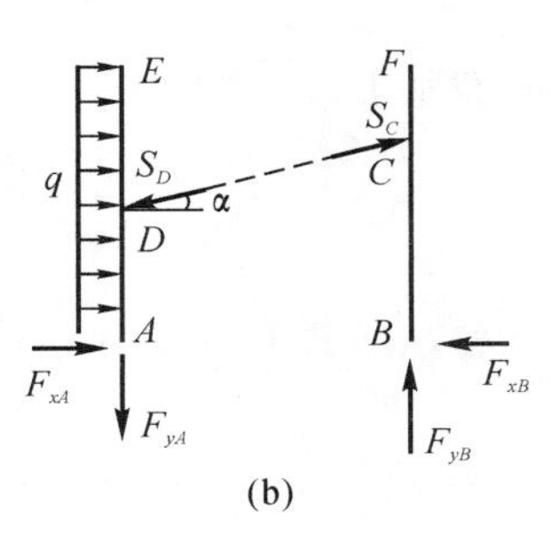

解 3-18 图

利用 $S_C = S_D$,联立式 ①②,得 $F_{xA} - 2F_{xB} + qa = 0$

且有 $\sum F_x = 0,\quad F_{xA} + 2qa - F_{xB} = 0$

可得 $F_{xA} = -3qa,\quad F_{xB} = -qa$

所以支座反力 $F_{xA}=-3qa$（与图示方向相反），有

$$F_{yA}=qa$$

$$F_{xB}=-qa\text{（与图示方向相反）}$$

$$F_{yB}=qa$$

温馨提示：此为组合结构，只能切断链杆，选择合适的点取矩，进而求未知量。

3-19　在图示的组合结构中，试问：

(1)DF 是零杆吗？为什么？

(2) 取结点 A，用结点法计算 AD，AF 的轴力，得 $F_{NAD}=2qa\sqrt{2}$，$F_{NAF}=-2qa$，这样做对吗？为什么？

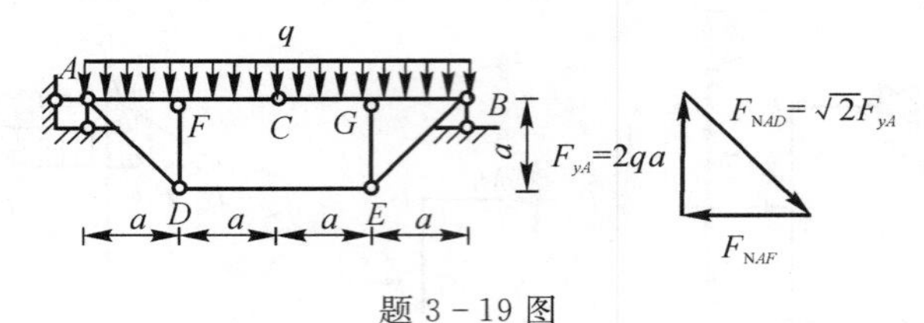

题 3-19 图

解　(1)DF 不是零杆。因为判定零杆的几种方法只适用于桁架结构，AB 是梁式杆，不适用判定零杆的几种方法。

(2) 不对。因为 AF 中不仅有轴力还包含弯矩和剪力，用结点法计算无法得出正确解答。

3-20　试作图示组合结构的内力图。

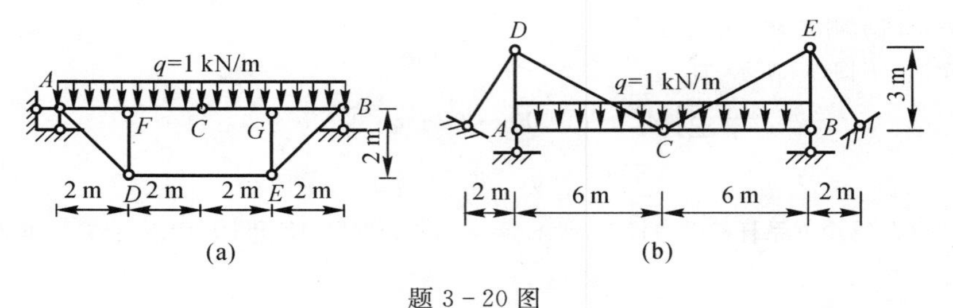

题 3-20 图

解　(1) 解(a) 图。由于对称结构受对称荷载作用，故支反力为

$$F_{yA}=F_{yB}=\frac{8\times1}{2}=4\ \text{kN}$$

作截面 Ⅰ-Ⅰ，如解 3-20(a) 图(ⅰ) 所示，取其左部，对 C 点取矩，有

$$\sum M_C=0,\quad F_{NDE}\times2+\frac{1}{2}\times1\times4^2-F_{yA}\times4=0$$

则

$$F_{NDE}=4\ \text{kN}$$

取结点 D，其计算简图如解 3-20(a) 图(ⅲ) 所示，采用结点法计算，有

$$F_{NDA}\times\frac{1}{\sqrt{2}}=F_{NDE}$$

$$F_{NDF}+F_{NDA}\cdot\frac{1}{\sqrt{2}}=0$$

则

$$F_{NDA}=5.66\ \text{kN},\quad F_{NDF}=-4\ \text{kN}$$

以 AFC 杆为隔离体，受力分析如解 3-20(a) 图所示，有

$$\sum F_x=0,\quad F_{NDA}\cdot\frac{1}{\sqrt{2}}=F_{xC}$$

则
$$F_{xC}=4\ \text{kN}$$
$$M_{F右}=\frac{1}{2}\times 1\times 2^2=2\ \text{kN}\cdot\text{m}$$
$$M_{F左}=\frac{1}{2}\times 1\times 2^2+F_{NDA}\cdot\frac{1}{\sqrt{2}}\times 2-F_{yA}\times 2=2\ \text{kN}\cdot\text{m}$$
$$F_{QAF}=F_{xA}-F_{NDA}\cdot\frac{1}{\sqrt{2}}=0$$
$$F_{QFA}=0-1\times 2=-2\ \text{kN}$$
$$F_{QFC}=1\times 2=2\ \text{kN}$$
$$F_{QCF}=0$$
$$F_{NAC}=F_{NCA}=F_{xC}=4\ \text{kN}$$

根据对称性质，可以作 M 图、F_Q 图、F_N 图如解 3-20(a) 图(ⅳ)(ⅴ)(ⅵ) 所示。

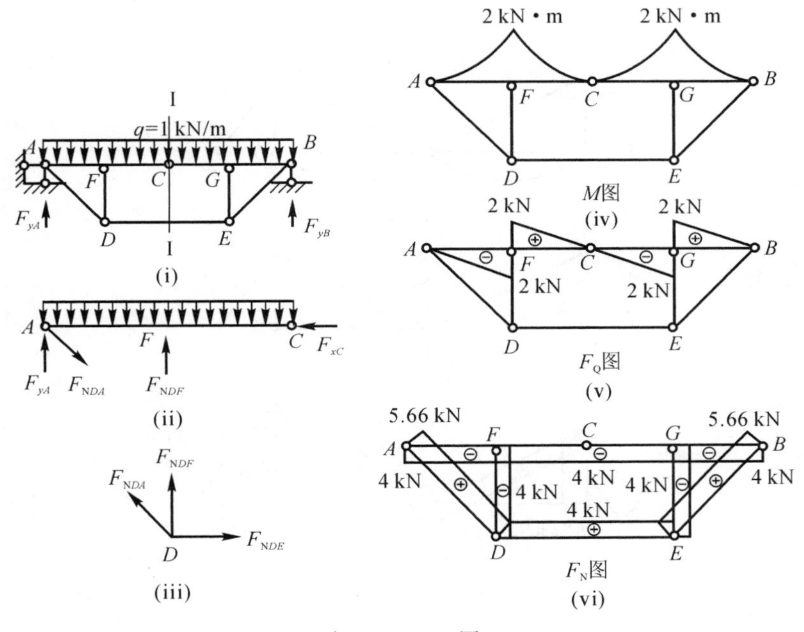

解 3-20(a) 图

(2) 解(b) 图。对称结构，取其一半进行计算。首先求支座反力。取整体为研究对象，如题 3-20 图(b) 所示，有
$$\sum F_y=0,\quad 2F_{yA}+2\times F_{NFD}\times\frac{3}{3.32}-1\times 12=0$$

取 C 点以左为研究对象，有
$$\sum M_C=0,\quad \frac{1}{2}\times 1\times 6^2-F_{yA}\times 6-F_{NFD}\times\frac{3}{3.32}\times 8=0$$

则
$$F_{yA}=15\ \text{kN},\quad F_{NFD}=-10.82\ \text{kN}$$

取结点 D 求 DC 杆内力，其受力图如解 3-20(b) 图(ⅰ)(ⅱ)(ⅲ) 所示，有
$$-F_{NFD}\times\frac{2}{\sqrt{13}}+F_{NDC}\times\frac{6}{\sqrt{45}}=0$$
$$F_{NFD}\times\frac{3}{\sqrt{13}}+F_{NDA}+F_{NDC}\times\frac{3}{\sqrt{45}}=0$$

则

$$F_{NDC}=6.71\ \text{kN},\quad F_{NDA}=-12\ \text{kN}$$

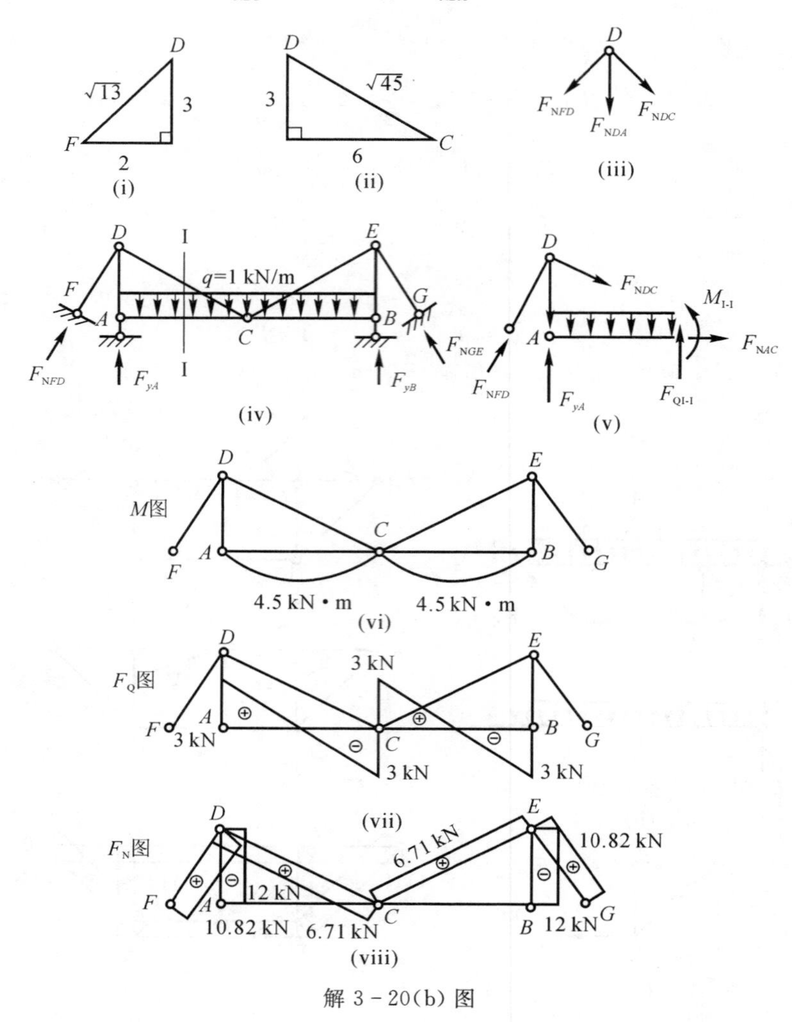

解 3-20(b) 图

取 Ⅰ-Ⅰ 截面,取左部分为研究对象,如解 3-20(b) 图(ⅳ)(ⅴ) 所示,有

$$\sum F_x=0,\quad -F_{NDF}\times\frac{2}{\sqrt{13}}+F_{NDC}\times\frac{6}{\sqrt{45}}+F_{NDC}=0$$

则

$$F_{NAC}=0$$

现在求 AC 杆的弯矩和剪力,有

$$M_{AC}=\frac{1}{8}ql^2=\frac{1}{8}\times1\times6^2=4.5\ \text{kN}\cdot\text{m}$$

$$F_{QAC}=-F_{QCA}=\frac{1}{2}ql=3\ \text{kN}$$

根据对称特性可作弯矩图 M、剪力图 F_Q、轴力图 F_N,如解 3-20(b) 图(ⅵ)(ⅶ)(ⅷ) 所示。

温馨提示:① 应用截面法计算组合结构时,应注意被截的杆件是链杆还是梁式杆。② 注意梁式杆与链杆的区分,充分运用结点平衡。

3-21　图示抛物线三铰拱轴线的方程为 $y=\frac{4f}{l^2}x(l-x)$,$l=16$ m,$f=4$ m,试:

(1) 求支座反力。

(2) 求截面 E 的 M, F_N, F_Q 值。

(3) 求 D 点左右两侧藏面的 F_Q, F_N 值。

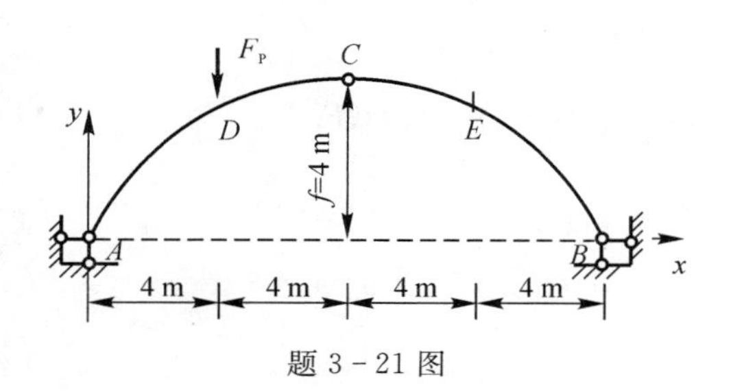

题 3-21 图

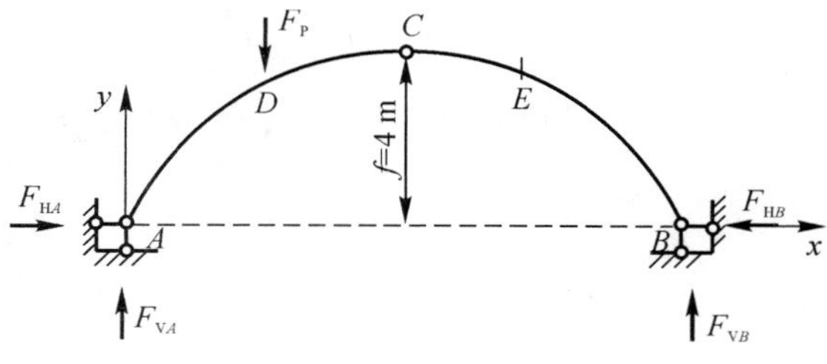

解 3-21 图

解　(1) 首先求支座反力，如解 3-21 图所示，有

$$\sum M_A = 0,\quad -F_P \times 4 + F_{NB} \times 16 = 0$$

则
$$F_{NB} = \frac{F_P}{4}$$

$$\sum F_y = 0,\quad F_{VA} + F_{VB} - F_P = 0$$

则
$$F_{VA} = \frac{3}{4}F_P$$

$$\sum M_C = 0(\text{取右半部分}),\quad F_{VB} \times 8 - F_{HB} \times 4 = 0$$

则
$$F_{HB} = \frac{F_P}{2},\quad F_H = F_{HA} = F_{HB} = \frac{F_P}{2}$$

(2) 求 E 点内力，有

$$M_E^0 = F_{NB} \times 4 = F_P,\quad F_{QE}^0 = F_{VB} = \frac{F_P}{4}$$

当 $x = 12$ 时，有

$$y = \frac{4 \times 4}{256} \times 12(16 - 12) = 3$$

$$\tan\varphi = \frac{dy}{dx} = \frac{4f}{l^2}(l - 2x)$$

当 $x = 12$ 时，有

$$\tan\varphi = -0.5$$

则
$$\varphi = -26°34',\quad \sin\varphi = -0.447,\quad \cos\varphi = 0.894$$

所以
$$F_{QE} = F_{QE}^0\cos\varphi - F_H\sin\varphi = \frac{F_P}{4} \times 0.89 + \frac{F_P}{2} \times 0.45 = 0.45F_P$$

$$F_{NE} = F_{QE}^0\sin\varphi - F_H\cos\varphi = \frac{F_P}{4} \times 0.45 - \frac{F_P}{2} \times 0.89 = 0.33F_P$$

$$M_E = M_E^0 - F_H \cdot y = F_P - \frac{F_P}{2} \times 3 = -0.5F_P$$

(3) 求 D 点内力。

在 D 点处，有

$$M_D^0 = -F_{VA} \times 4 = -3F_P$$

$$\tan\varphi = \frac{dy}{dx} = \frac{4f}{l^2}(l - 2x)$$

当 $x = 4$ 时，有

$$\tan\varphi = 0.5$$

则 $$\varphi = 26°34', \quad \sin\varphi = 0.447, \quad \cos\varphi = 0.894$$

由于在 D 点有集中力 F_P 作用，剪力有突变，且

$$F_{QL}^0 = \frac{3}{4}F_P, \quad F_{QR}^0 = \frac{1}{4}F_P$$

所以 $$F_{QD}^L = F_{QL}^0\cos\varphi - F_H\sin\varphi = \frac{3}{4}F_P \times 0.894 - \frac{F_P}{2} \times 0.45 = 0.447F_P$$

$$F_{QD}^R = F_{QR}^0\cos\varphi - F_H\sin\varphi = -\frac{1}{4}F_P \times 0.894 - \frac{F_P}{2} \times 0.45 = -0.447F_P$$

$$F_{ND}^L = -F_{QL}^0\sin\varphi - F_H\cos\varphi = -\frac{3}{4}F_P \times 0.45 - \frac{F_P}{2} \times 0.894 = -0.782F_P$$

$$F_{ND}^R = -F_{QR}^0\sin\varphi - F_H\cos\varphi = \frac{1}{4}F_P \times 0.45 - \frac{F_P}{2} \times 0.894 = -0.335F_P$$

3-22　图(a)所示为一个三铰拱式屋架。上弦通常用钢筋混凝土或预应力混凝土，拉杆用角钢或圆钢，结点不在弦杆的轴线上而有偏心。图(b)为其计算简图。设 $L = 12$ m，$h = 2.2$ m，$e_1 = 0.2$ m，$e = 0$，$q = 1.2$ kN/m。试求支座反力和内力。

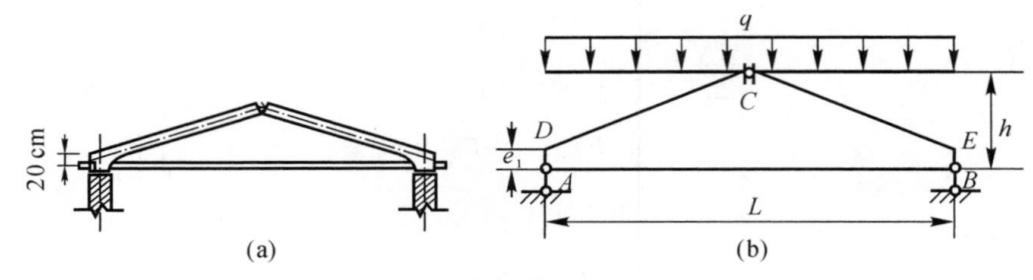

题 3-22 图

解　(1) 求支座反力。如解 3-22 图(a)所示。

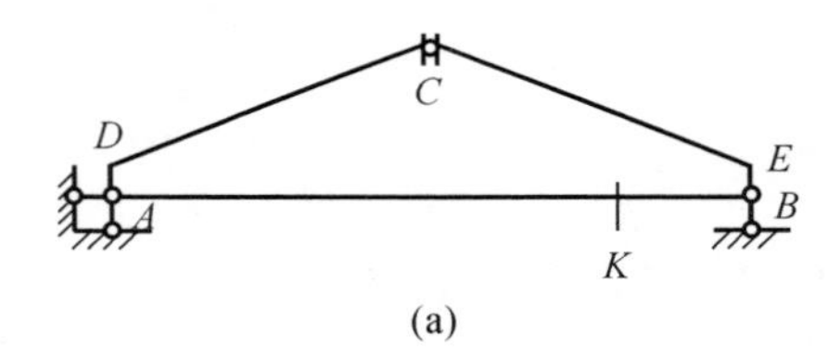

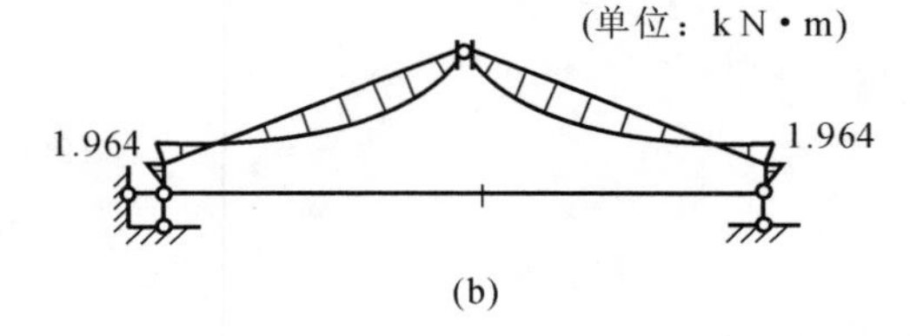

解 3-22 图

利用整体平衡 $\sum M_A = 0$，则有

即 $$F_{VB}l = \frac{1}{2}ql^2$$

$$F_{VB} = \frac{1}{2}q \cdot l = \frac{1}{2} \times 1.2 \times 12 = 7.2 \text{ kN}(\uparrow)$$

同样 $$\sum M_B = 0, \quad F_{VA} = \frac{1}{2}ql = 7.2 \text{ kN}(\uparrow)$$

(2) 求内力。将杆 AB 在 K 处截断，设轴力 F_{NAB}，利用铰结点 C 处 $M_C = 0$，则有

$$F_{VB}\frac{l}{2} - F_{NAB}h = \frac{1}{2}q\left(\frac{l}{2}\right)^2 = 7.2 \times 6 - F_{NAB} \cdot 22 - \frac{l}{2} \times 12 \times 6^2 = 0$$

解得 $$F_{NAB} = 9.82 \text{ kN}$$

$$M_3 = F_{NAB}e_1 = 9.82 \times 0.2 = 1.964 \text{ kN} \cdot \text{m}$$

左右对称，作弯矩图如解 3-22 图(b)所示。

温馨提示：此结构为静定结构，可将结构看作一整体，利用平衡条件求得支座反力；而对于结构内力，可根据截面法，利用铰结点处弯矩为零进行求解。

3-24　图示为一抛物线三铰拱，铰C位于抛物线的顶点和最高点，试：

(1) 求由铰C到支座A的水平距离。

(2) 求支座反力。

(3) 求D点处的弯矩。

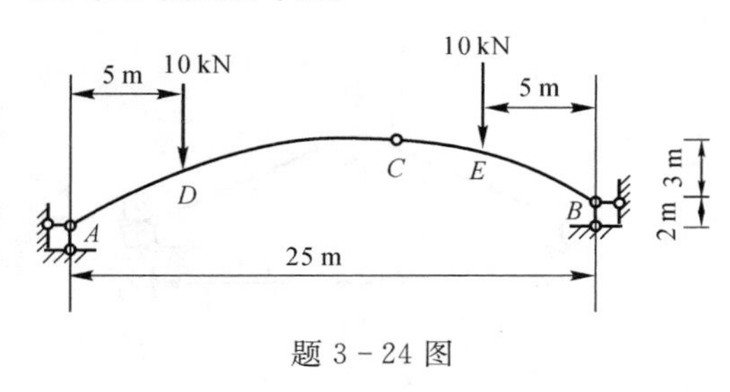

题3-24图

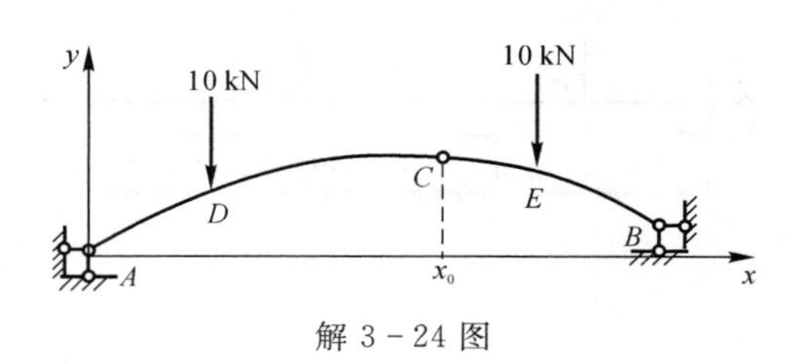

解3-24图

解　(1) 建立坐标系如解3-24图所示，并设抛物线方程为

$$y = ax^2 + bx + c(\text{其中 } a < 0)$$

利用所给条件，求未知数。

$y(0) = 0$，则

即
$$c = 0$$

$$y(25) = 2$$

即
$$625a + 25b = 0$$

$$y'(x_0) = 0$$

即
$$x_0 = \frac{-b}{2a}$$

$$y(x_0) = 5$$

即
$$\frac{-b^2}{4a} = 5$$

可求得$x_0 = 14.29$(由于$x_0 < 20$ m，所以舍去一个根)

(2) 取整体$\sum F_x = 0$，则有

即
$$F_{xA} = F_{xB}$$

$$\sum F_y = 0$$

即
$$F_{yA} + F_{yB} = 20$$

$$\sum M_B = 0$$

即
$$2F_{xA} + 20 \times 10 + 10 \times 5 = 25F_{yA}$$

再取半边结构，有

$$\sum M_C = 0$$

即
$$F_{yA} \cdot x_0 = 10 \times (x_0 - 5) + 5F_{xA}$$

也即
$$F_{xA} = -F_{xB} = 11.0 \text{ kN}, \quad F_{yA} = 10.9 \text{ kN}, \quad f_{yB} = 9.1 \text{ kN}$$

(3)
$$M_D = 10.9 \times 5 - 11 \times y(5) = 22.74 \text{ kN} \cdot \text{m}(\curvearrowright)$$

3-25　参见习题3-21中的三铰拱，试问：

(1) 如果改变拱高(设$f = 8$ m)，支座反力和弯矩有何变化？

(2) 如果拱高和跨度同时改变，但高跨比f/L保持不变，支座反力和弯矩有何变化？

解 (1) 如果改变拱高，F_{yA} 与 F_{yB} 不改变，水平力 F_H 减小一倍，M 不变。

(2) 如果拱高和跨度同时改变，但高跨比 f/L 保持不变，则反力不变，拱高和跨度增大一倍，M 也增大一倍。

3-27 用虚功原理求图示静定结构的指定内力或支座反力。试求：

(1) 支座反力 F_{RC} 和 F_{RF} 以及弯矩 M_B 和 M_C。

(2) 支座反力 F_H 和 F_v 以及杆 AC 的轴力 F_N。

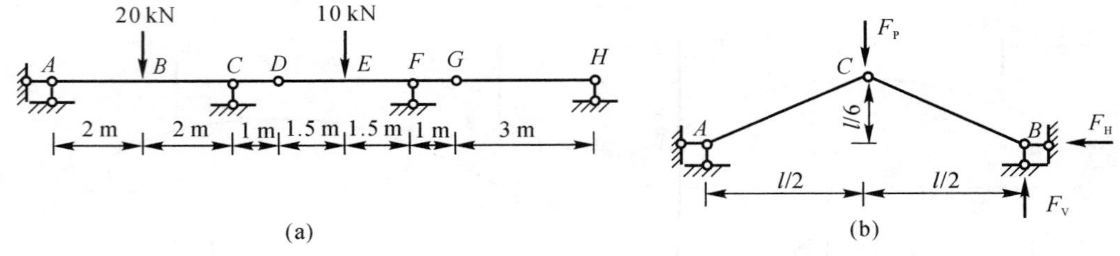

题 3-27 图

解 (a) 解除 F 点约束，代以力 F_{RF}，如解 3-27(a) 图(ⅰ)所示。

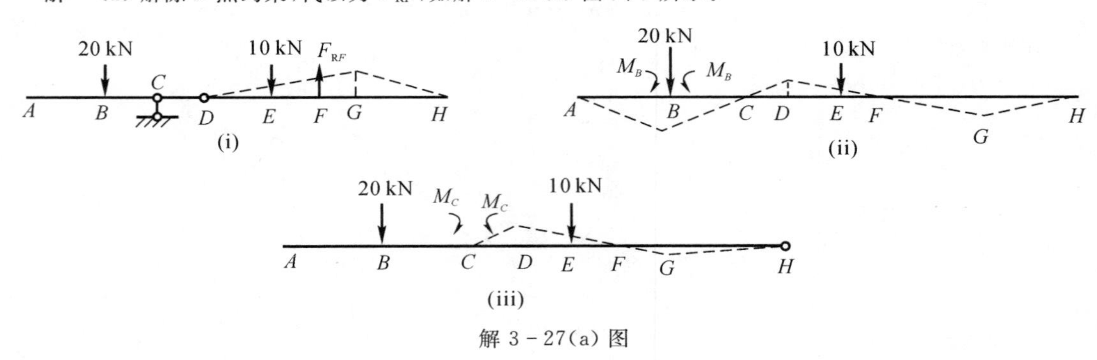

解 3-27(a) 图

有
$$F_{RF}\times 1-10\times\frac{1.5}{3}=0$$

所以
$$F_{RF}=5\ \text{kN}$$

将 B 处代以一铰链和一对力矩 M_B，如解 3-27(a) 图(ⅱ)所示，则

$$M_B\cdot 2\cdot\frac{\delta}{2}+20\cdot\delta-10\times\frac{1}{2}\delta\times\frac{1}{2}=0$$

所以
$$M_B=-17.5\ \text{kN}\cdot\text{m}$$

将 C 处代以一铰链和一对力矩 M_C，如解 3-27(a) 图(ⅲ)所示。则

$$M_C\alpha-10\times\frac{\alpha}{2}=0$$

所以
$$M_C=5\ \text{kN}\cdot\text{m}$$

(2) 解除 B 点水平约束，代似力 F_μ，如解 3-27(b) 图(ⅰ)所示。

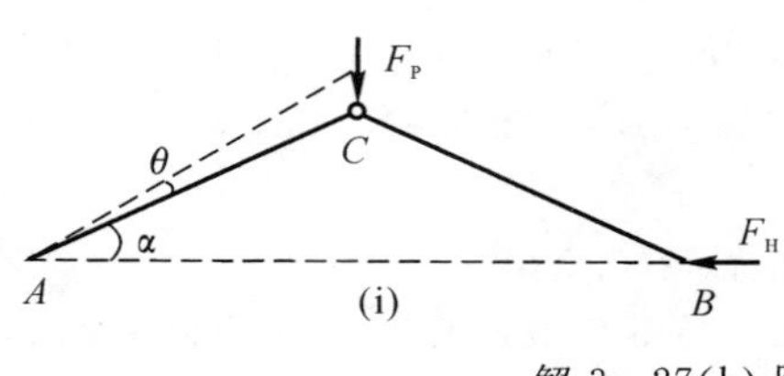

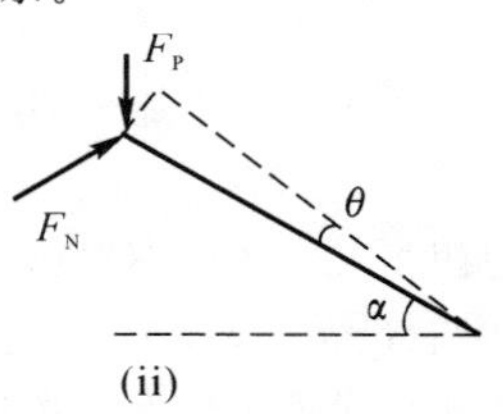

解 3-27(b) 图

则C点竖直方向虚位移为

$$-\theta\cdot\frac{l}{2\cos\alpha}\cdot\cos\alpha=-\frac{\theta l}{2}$$

B点水平方向虚位移为

$$2\theta\cdot\frac{l}{6\sin\alpha}\cdot\sin\alpha=\frac{\theta l}{3}$$

则

$$-\frac{\theta l}{2}\cdot F_{P}+\frac{\theta l}{3}\cdot F_{\mu}=0$$

所以

$$F_{\mu}=\frac{3}{2}F_{P}$$

解除AC杆，代以轴力F_{μ}，如解3-27(b)图(ⅱ)所示。则

$$F_{N}\cdot\theta\frac{1}{2\cos\theta}\cos(90^{\circ}-2\alpha)-F_{P}\cdot\theta\frac{1}{2\cos\alpha}=0$$

其中

$$\sin\alpha=\frac{\frac{1}{6}}{\sqrt{\left(\frac{1}{6}\right)^{2}+\left(\frac{1}{2}\right)^{2}}}=\frac{1}{\sqrt{10}}$$

故得

$$F_{N}=\frac{F_{P}}{2\sin\alpha}=\frac{\sqrt{10}}{2}F_{P}$$

温馨提示：用虚功原理求解支反力或内力，最重要的是会画虚位移图。

第4章 影 响 线

4.1 教学基本要求

4.1.1 内容概述

影响线，是研究移动荷载作用下结构内力和位移的基本工具。本章主要讲授内容为移动荷载和影响线的概念，静力法作简支梁影响线、桁架影响线，结点荷载作用下梁的影响线，机动法作静定结构的影响线及影响线的应用等。介绍的次序是，先介绍移动荷载及在单位移动荷载下物理量(反力、内力等)的变化规律图形——影响线及其作法；然后讨论实际移动荷载作用下，设计中所关心的物理量的计算问题。

4.1.2 目的和要求

本章的学习要求如下：

(1)了解移动荷载及影响线的概念；

(2)深刻理解影响线横坐标和纵坐标的物理概念，能熟练地用静力法和机动法作静定梁的影响线，会作桁架指定杆件的内力影响线等；

(3)能熟练地确定最不利荷载位置及最大影响量，会计算简支梁的绝对最大弯矩。

学习这些内容的目的有下列两个方面：

(1)确定荷载的最不利布置。针对某一控制截面，根据影响线可以确定可变荷载的最不利布置，确定该截面内力的最大值。这个最大值与其他荷载引起的内力组合后可作为截面设计的依据。

(2)为移动荷载作用下的结构设计做准备。对于桥梁、吊车梁等经常承受移动荷载作用的结构，设计时必须考虑荷载的移动效应。

4.1.3 教学单元划分

本章共6个教学时，分3个教学单元。

第一教学单元讲授内容：移动荷载和影响线的概念，静力法作简支梁内力影响线，结点承载方式下梁的内力影响线。

第二教学单元讲授内容：静力法作桁架轴力影响线，机动法作静定内力影响线。

第三教学单元讲授内容：影响线的应用，习题课，本章小结。

4.1.4 教学单元知识点归纳

一、第一教学单元知识点

1.移动荷载和影响线的概念(重点)

(1)移动荷载。指结构所承受的荷载作用点在结构上是移动的荷载。如桥梁上承受火车、汽车和走动的人群等荷载，厂房中的吊车梁承受的吊车荷载等都是移动荷载。

(2)影响线。单位移动荷载作用下，结构上某一量值 Z 的变化规律的图形称为该量值 Z 的影响线。

2. 静力法作简支梁的影响线(重点)

利用静力平衡条件作影响线的方法叫静力法。

(1)作支座反力的影响线,如图4-1所示。

由$\sum M_B=0$,得

$$F_{RA}l-F_P(l-x)=0,\quad F_{RA}=\frac{l-x}{l}F_P(0\leqslant x\leqslant l)$$

影响系数为

$$\overline{F}_{RA}=\frac{l-x}{l}\quad(0\leqslant x\leqslant l)$$

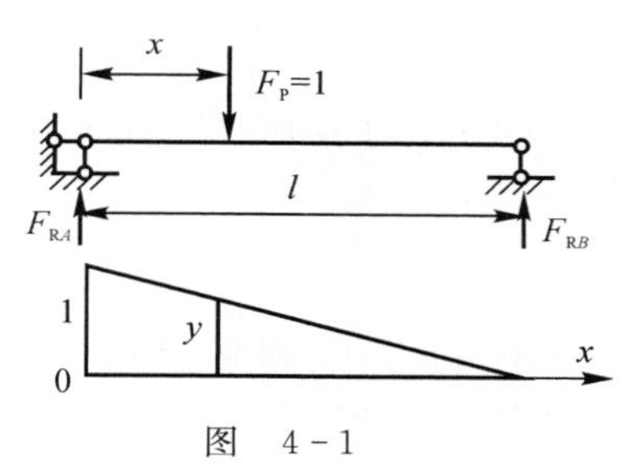

图 4-1

(2)作剪力影响线,如图4-2所示。

当移动荷载在截面的左侧时,有

$$F_{QC}=F_{RA}-F_P=-\frac{x}{l}\quad(0\leqslant x\leqslant a)$$

当移动荷载在截面的右侧时,有

$$F_{QC}=F_{RA}=\frac{l-x}{l}\quad(a\leqslant x\leqslant l)$$

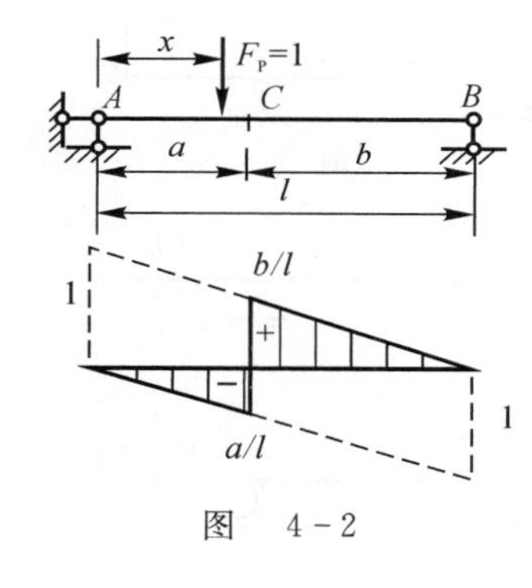

图 4-2

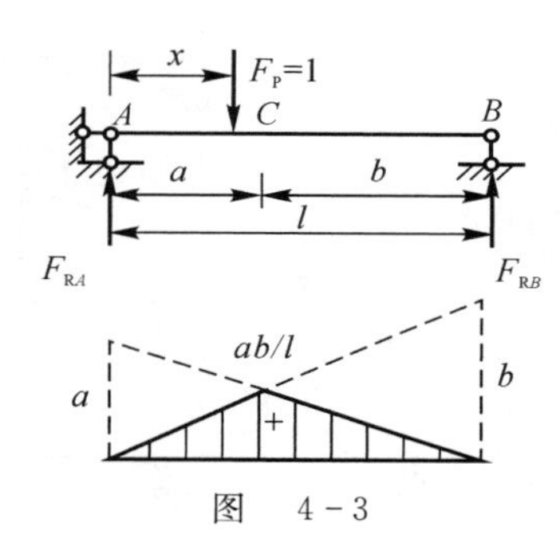

图 4-3

(3)弯矩影响线,如图4-3所示。

当移动荷载在截面的左侧时,有

$$M_C=F_{RA}\cdot a-F_P(a-x)=\frac{x}{l}b\quad(0\leqslant x\leqslant a)$$

当移动荷载在截面的右侧时,有

$$M_C=F_{RA}\times a=\frac{l-x}{l}a\quad(a\leqslant x\leqslant l)$$

(4)绘制内力影响线图。

方向:剪力以使隔离体有顺时针转动趋势为正,梁的弯矩以使梁下侧受拉为正。

温馨提示:①静定结构的反力、内力影响线是由直线构成的图形。②弯矩和剪力影响线都是由两条斜直线构成的,若把在界限截面C以左、以右的直线分别叫作左直线、右直线,则简支梁的弯矩和剪力影响线的左、右直线,均可分别由两个支座的竖向反力影响线图作简单组合。③剪力影响线的左、右直线是平行线。

例4-1 试作图示4-4(a)所示伸臂梁F_{By},F_{Cy},M_K,F_{QK},M_C,F_{QC}^R的影响线。

解 (1)F_{By},F_{Cy}影响线。取整体为隔离体,列F_{By},F_{Cy}的影响系数方程为

$$\sum M_C=0,\quad F_{By}=1-x/l$$

$$\sum M_B=0,\quad F_{Cy}=x/l$$

由此作出F_{By},F_{Cy}的影响线如图4-4(c)(d)所示。可见,跨中部分与简支梁相同,伸臂部分是跨中部分

的延长线。

(2)M_K,F_{QK} 影响线。当 $F_P=1$ 在 K 点左边移动时,取右部分为隔离体,建立影响系数方程为

$$\sum M_K=0,\quad M_K=F_{Cy}b$$

$$\sum F_y=0,\quad F_{QK}=-F_{Cy}$$

当 $F_P=1$ 在 K 点右边移动时,取左部分为隔离体,建立影响系数方程为

$$\sum M_K=0,\quad M_K=F_{By}a$$

$$\sum F_y=0,\quad F_{QK}=F_{By}$$

利用 F_{QK},F_{Cy} 影响系数方程作出 M_K,F_{QK} 影响线如图 4-4(e)(f) 所示。跨中部分与简支梁相同,伸臂部分为跨中部分的延长线。

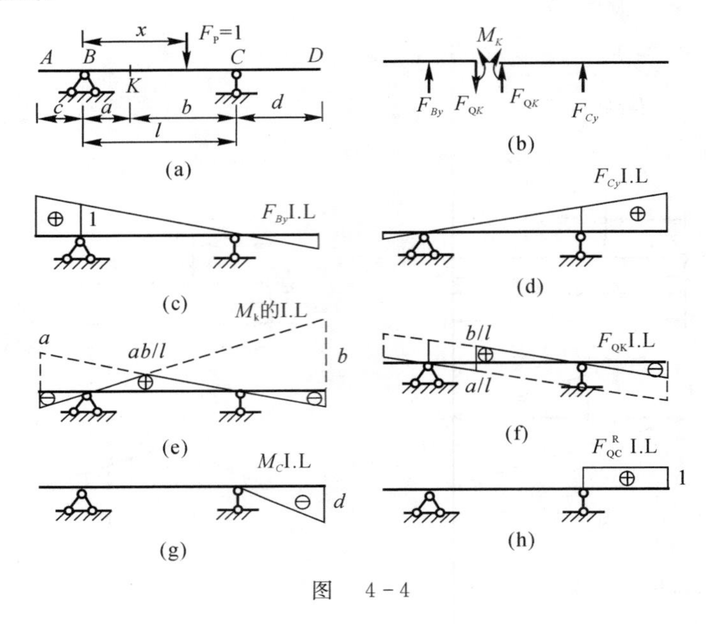

图 4-4

(3)M_C,F_{QC}^R 影响线。

当 $F_P=1$ 在 C 点左边移动时,M_C,F_{QC}^R 都等于零。

当 $F_P=1$ 在 C 点右边移动时,取右部分为隔离体,建立影响系数方程为

$$\sum M_C=0,\quad M_C=-(x-l)$$

$$\sum F_y=0,\quad F_{QC}^R=1$$

据此,可作出 M_C,F_{QC}^R 影响线,如图 4-4(g)(h) 所示。由此可见,这两个影响线与悬臂梁的影响线相同。

温馨提示:由于多跨静定梁可由基本部分、附属部分组成,而这些部分分别属简支、伸臂和悬臂三类单跨梁,再加上静定结构的基本性质 —— 荷载作用在基本部分时附属部分不受力,即可作出多跨静定梁的反力、内力影响线。

例 4-2 试作图 4-5(a) 所示多跨静定梁物理量 M_A,F_{Cy},F_{Dy},M_D^L,M_D^R,F_{QE}^R,F_{QE}^L 的影响线。

解 (1) 分析基本、附属关系。本例静定梁 AB 和 $CDEF$ 为基本部分,BC 和 FG 是附属部分。

(2)M_A 影响线。荷载在 AB 部分时,由悬臂梁影响线可知 $M_A=-x, x\in(A,B)$。荷载在 $CDEFG$ 时,ABC 部分不受力,M_A 等于零。

荷载在 BC 部分时,M_A 随附属部分 BC 的 B 支座反力变化,因此,可以判断 M_A 的影响线在 BC 段是直线。

由已知的 B,C 两点的 B 支座的反力 M_A 影响量可作出图 4-5(b) 所示的 M_A 影响线。

(3)F_{Cy} 影响线。荷载在 $ABCDEF$ 上时,附属部分 FG 不受力,因此 F_{Cy} 影响线可由简支梁反力影响线得到,如图 4-5(c) 所示。

(4)F_{Dy},M_D^L,M_D^R,F_{QE}^R,F_{QE}^L 影响线。分析方法同 M_A 影响线(略),影响线分别如图 4-5(d)(e)(f)(g)(h) 所示。

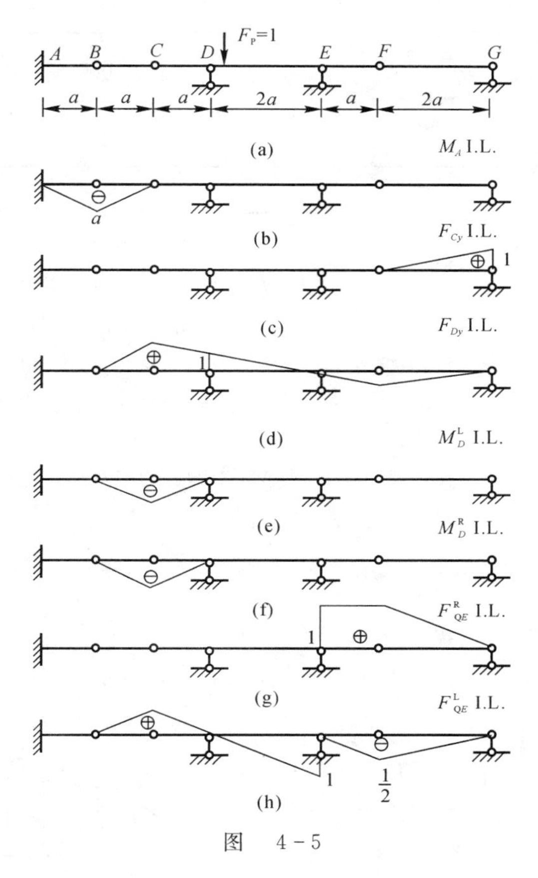

图 4-5

温馨提示:① 附属部分物理量影响线,荷载在基本部分时影响线竖标为零;② 支座截面左、右两侧的弯矩影响线相同;③ 支座截面左、右两侧的剪力影响线不相同;④ 求支座左、右截面内力影响线,可先作跨中该量影响线,然后将截面往支座移动,得正确的影响线;⑤ 伸臂部分可按悬臂梁考虑。

例 4-3 作图 4-6(a) 所示桁架中各指定杆轴力的影响线(荷载在下弦杆移动)。

解 与用静力法作水平梁影响线方法一样,设一水平坐标 x,将单位移动荷载放在下弦任一位置,利用截面法分段求出各轴力表示式,即为影响线方程,分别作图即为所求影响线。

根据平衡条件可求出各量影响线方程为

$$F_{Na}=\frac{\sqrt{5}}{4}x \quad (0\leqslant x\leqslant 4\ \text{m})$$

$$F_{Nb}=\begin{cases}-\dfrac{\sqrt{5}}{4}x & (0\leqslant x\leqslant 2\ \text{m})\\[2ex] -\dfrac{\sqrt{5}}{4}(4-x) & (2\ \text{m}<x\leqslant 4\ \text{m})\end{cases}$$

$$F_{Nc}=\begin{cases}0 & (0\leqslant x\leqslant 2\ \text{m})\\ 2-x & (2\ \text{m}<x\leqslant 4\ \text{m})\end{cases}$$

由此,即可作出各量影响线分别如图 4-6(b)(c)(d) 所示。

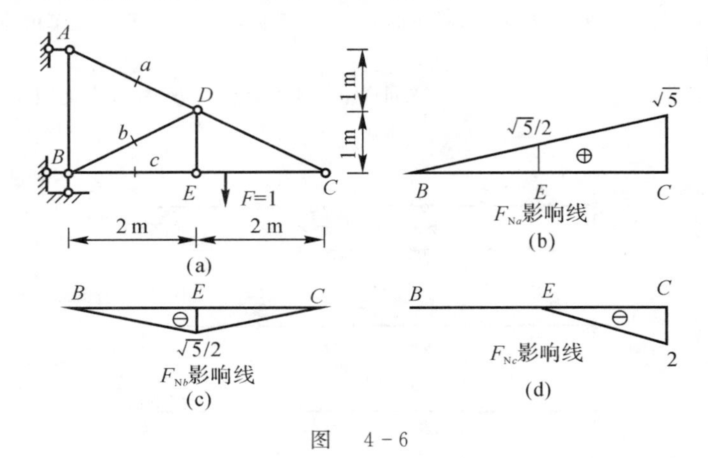

图 4-6

3. 结点荷载作用下梁的影响线(难点)

在图 4-7(a 所示结构) 中,支反力和结点处弯矩的影响线与简支梁相同,主要考虑 D 截面弯矩影响线的画法。

(1) 假设移动单位荷载直接作用在主梁 AB 上,则 M_D 影响线为三角形,顶点坐标为

$$\frac{ab}{l}=\left(\frac{3}{2}d\times\frac{5}{2}d\right)\Big/(4d)=\frac{15}{16}d$$

(2) 按比例计算出 C,E 两点的竖距,有

$$y_C=\frac{15}{16}d\times\frac{2}{3}=\frac{5}{8}d,\quad y_E=\frac{15}{16}d\times\frac{4}{5}=\frac{3}{4}d$$

(3) 将 C,D 两点的竖距连一直线,即得 M_D 影响线,如图 4-7(b) 所示。

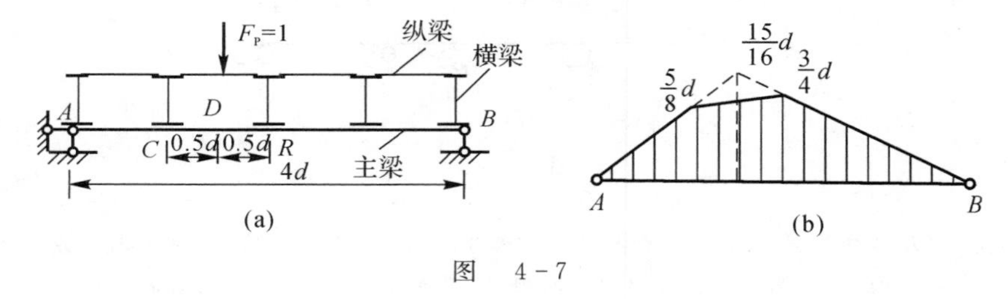

图 4-7

结论:

(1) 在结点荷载作用下,结构任何影响线在相邻两结点之间为直线。

(2) 先作直接荷载作用下的影响线,用直线连接相邻两结点的竖距,就得到结点荷载作用下的影响线。

对于桥梁等结构,荷载在小梁上移动,荷载通过小梁的结点传到主梁上,主梁受的集中荷载就是结点荷载。结点在荷载作用下,主梁影响线的做法是:

(1) 将单位移动荷载直接作用在主梁上,作直接荷载作用下静定梁的影响线。

(2) 从小梁的各个结点引竖线,与直接荷载影响线相交,得到各个交点。

(3) 用直线连接相邻的两个交点,就得到了结点荷载作用下静定梁的影响线。

例 4-4 作图 4-8(a) 所示结间梁 M_C,F_{QC} 的影响线。

解 (1) 作出直接荷载作用下 M_C,F_{QC} 的影响线,如图4-8(b)(c) 中虚线所示。

(2) 取小梁各结点处的纵坐标,并将其顶点在相邻结点之间连成直线,即得各量对应的影响线,如图 4-8(b)(c) 中实线所示。

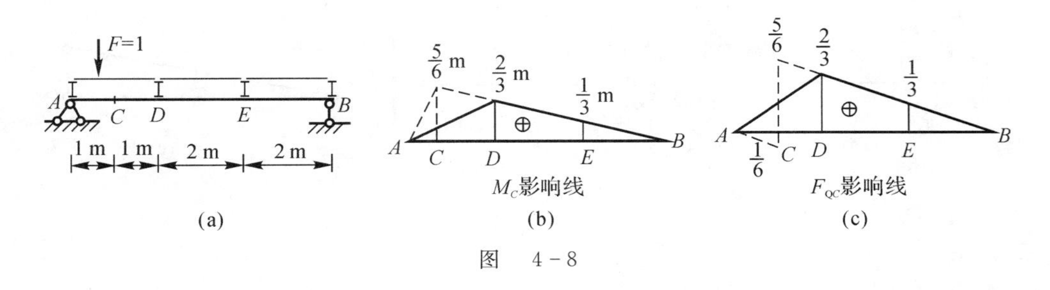

图 4-8

例 4-5 试作图 4-9 所示结点传荷主梁的 F_{Ay},M_K 和 F_{QK} 影响线。

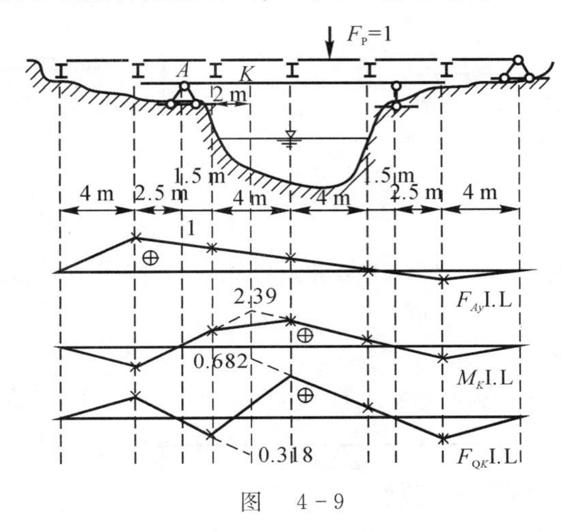

图 4-9

解 (1) 作出荷载直接在主梁上移动时 F_{Ay},M_K 和 F_{QK} 的影响线。

(2) 将结点投影到荷载直接作用时的主梁影响线,得投影点(见图 4-9 中的"×")。

(3) 将相邻投影点连以直线,即得 F_{Ay},M_K 和 F_{QK} 的影响线,如图 4-9 所示(图中实线部分)。

温馨提示:因结间梁在结点处的影响线纵坐标与直接荷载作用下相应纵坐标相同,在相邻结点之间为直线,故结点荷载影响线的作法为:先作直接荷载影响线,再确定小梁各结点的纵坐标,然后连以直线即为所求间接荷载的影响线。

二、第二教学单元知识点

机动法作静定结构的影响线为第二教学单元的重点,下面进行具体介绍。

(1) 虚功原理与机动法。机动法是以虚功原理为依据,把作反力和内力影响线的形状、静力计算问题转化为作位移图的一种方法。其优点是不经具体计算即可迅速确定影响线的形状及其正负号,对静定结构通常还可以确定影响线的控制纵标,如图 4-10 所示。

虚功方程为

$$Z\delta_Z + F_P\delta_P = 0 \quad \rightarrow \quad \overline{Z} = -\frac{\delta_P}{\delta_Z}$$

当 $F_P = 1$ 移动时,δ_Z 为常量,有

$$\overline{Z}(x) = -\frac{1}{\delta_Z} \cdot \delta_P(x)$$

$\overline{Z}(x)$ 表示 Z 的影响线函数;$\delta_P(x)$ 表示荷载作用点的竖向位移。当 $\delta_Z = 1$ 时,得到影响线。

正负号规定:当 δ_Z 为正时,Z 与 δ_P 的正、负号正好相反,以 δ_P 向下为正。因此,位移图在横坐标轴的上方,

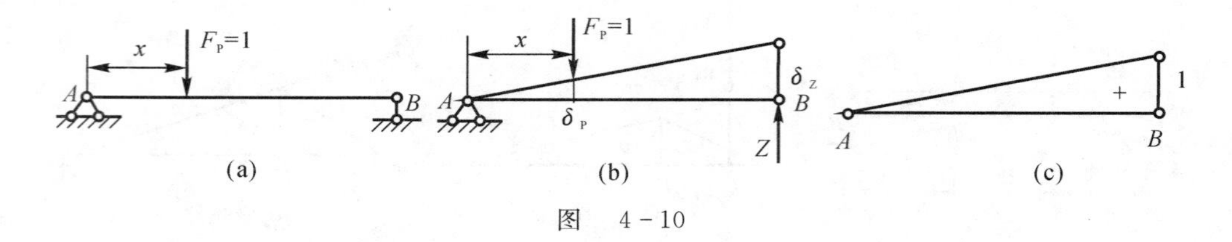

图 4-10

影响系数为正。

(2) 机动法作影响线的步骤,如图 4-11 所示。

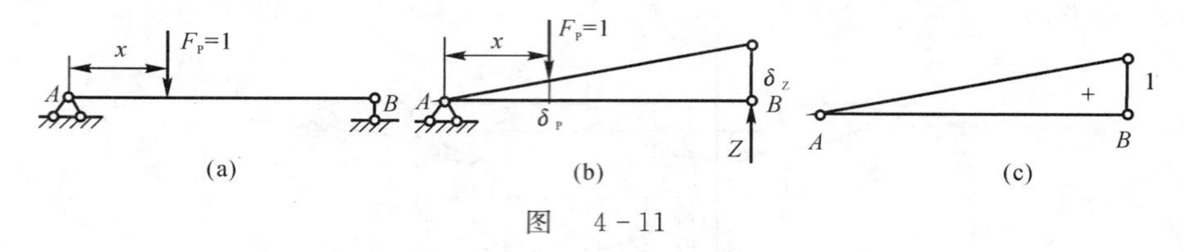

图 4-11

1) 撤去约束,用未知量 Z 代替。

2) 使体系沿 Z 的正方向发生位移,得出荷载作用点的竖向位移图,由此可得出影响线的轮廓。

3) 令 $\delta_Z = 1$,进一步可得影响线的数值。

4) 横坐标以上的图形影响系数为正,反之为负。

例 4-6 试用机动法作图 4-12(a) 所示梁的 M_C,$F_{QC右}$,$F_{QE左}$,F_{QF} 影响线。$F_P = 1$ 沿 DG 杆移动。

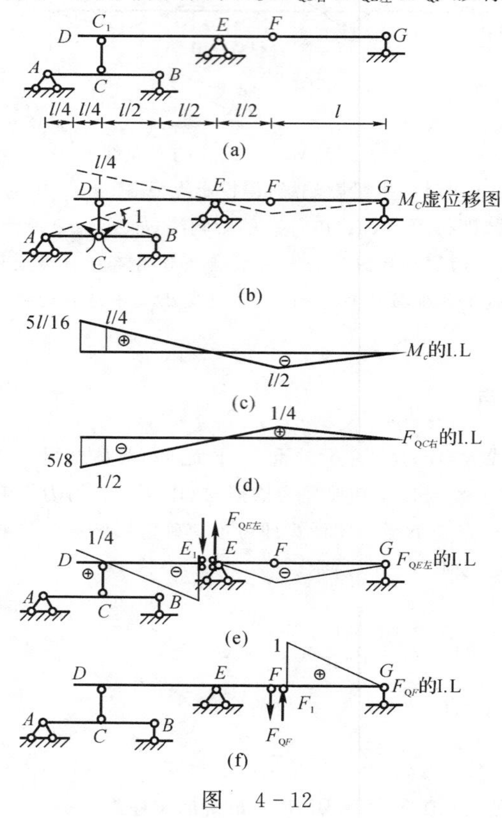

图 4-12

解 (1) 求 M_C 影响线。

在 C 截面加铰，以 M_C 代替转动约束，沿 M_C 正方向使 C 截面两侧发生单位相对转动，使 C 点上移值为 $l/4$，C_1 点随之上移 $l/4$，得梁 DG 的虚位移图如图 4-12(b) 所示。因 $F_P=1$ 沿 DG 杆移动，故 M_C 影响线如图 4-12(c) 所示。

(2) 求 $F_{QC右}$ 影响线。

将结点 C 右侧截面变为滑动约束，代以 $F_{QC右}$，沿 $F_{QC右}$ 正方向给体系虚位移，使滑动约束截面两侧发生单位相对滑动，则 C 点与 C_1 点均下移 $l/2$，得梁 DG 的虚位移图(略)，可得 $F_{QC右}$ 影响线如图 4-12(d) 所示。

(3) 求 $F_{QE左}$ 影响线。

将结点 E 左侧变为滑动约束，代以 $F_{QE左}$，沿 $F_{QE左}$ 正方向给体系虚位移，使滑动约束截面两侧发生单位相对滑动，此时梁 AB 及 C_1 点无位移，得梁 DG 的虚位移图，即 $F_{QE左}$ 影响线，如图 4-12(e) 所示。

(4) 求 F_{QF} 影响线。

将铰 F 变为水平链杆 FF_1(长度无限小)以去掉相对竖向约束，代以 F_{QF}，沿 F_{QF} 正方向给体系虚位移，水平链杆 FF_1 两端发生单位相对竖向位移，得梁 DG 的虚位移图，即 F_{QF} 影响线如图 4-12(f) 所示。

温馨提示：在本题中需注意有关机动法作影响线的下述问题：

(1) 体系的虚位移必须符合约束条件。如求 $F_{QE左}$ 影响线时，沿 $F_{QE左}$ 正方向发生虚位移，此时 E 点不能移动，E_1 点向下移动使 C_1E_1 转动，为保持滑动约束的约束特性，EF 段必须与 C_1E_1 平行，由此确定虚位移图。再如求 F_{QF} 影响线时，由约束条件限制，AB 与 DF 部分不可能发生位移，只有 F_1 可以上移而使 F_1G 转动。由于 F 处原来就有铰，故影响线 DF 段不必与 F_1G 平行。

(2) 影响线的轮廓必须是单位荷载作用点的虚位移 δ_P 图。例如求 M_C 影响线时，不能将机构 ACB 的虚位移图误作影响线轮廓。实际上荷载在梁 DG 上移动，δ_P 图是 DG 部分的虚位移图，即影响线的形状。只有当 $F_P=1$ 直接作用在梁 AB 上时，机构 ACB 的虚位移图才是影响线轮廓(此时 DG 部分的虚位移图又不是影响线轮廓)。

例 4-7 试用机动法作图 4-13(a) 所示经结点传荷多跨静定梁的 M_1，M_B，F_{Dy}，F_{QB} 影响线。

解 与静力法一样，先用虚功法作荷载直接作用于主梁时的对应量影响线，如图 4-13(b) ～ (e) 中虚线所示。然后与经结点转荷的静定梁一样，将结点投影到基线或主梁影响线上。最后用直线连接相邻投影点，所得折线图形即为所求梁相应物理量的影响线，如图 4-13(b) ～ (e) 中实线所示。

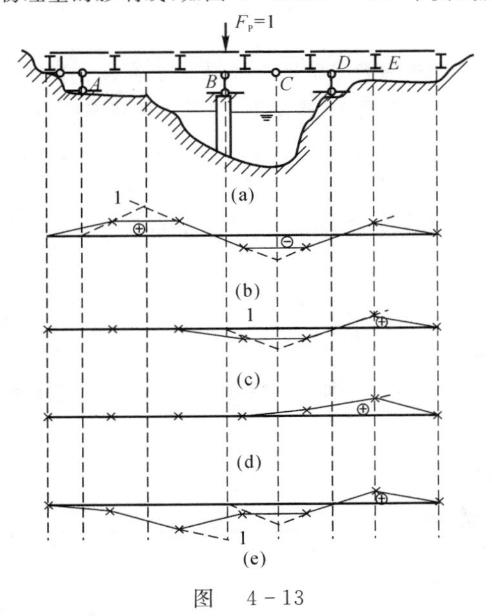

图 4-13

(a) 原图； (b) M_1 I. L.； (c) M_B I. L.； (d) F_{Dy} I. L.； (e) F_{QB} I. L.

三、第三教学单元知识点

1. 影响线的两种应用(重点)

一是求各种荷载作用下的内力值,二是求荷载的最不利位置(使某内力达到最大值或最小值时的荷载位置)。

2. 求各种荷载作用的影响量

(1) 求各种荷载作用下的影响量。

1) 一组集中荷载如图 4-14 所示。C 截面弯矩计算公式为

$$M_C = F_{P1}y_1 + F_{P2}y_2 + F_{P3}y_3$$

一组集中荷载影响量的一般计算公式为

$$Z = F_{P1}y_1 + F_{P2}y_2 + \cdots + F_{Pn}y_n$$

$$Z = \sum_{i=1}^{n} F_{Pi}y_i$$

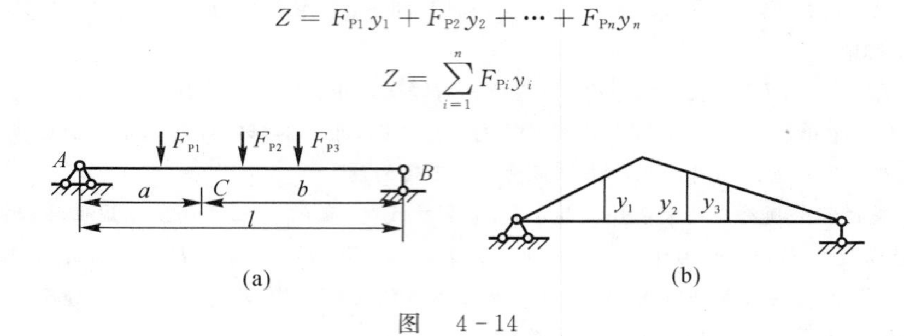

图 4-14

2) 分布荷载,如图 4-15 所示。影响量的一般计算公式为

$$Z = \int_A^B yq\,\mathrm{d}x = q\int_A^B y\,\mathrm{d}x = qA_0$$

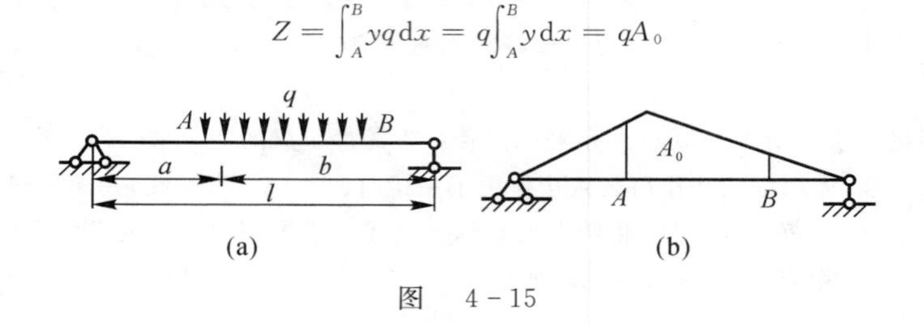

图 4-15

温馨提示:A_0 是影响线的图形在受载段 AB 的面积,在这里应注意面积的正负号。

在集中荷载 F_{Pi}、均布荷载 q_i、集中力偶 M_i 作用下,利用 Z 的影响线计算 Z 值的一般公式为

$$Z = \sum_{i=1}^{n} F_{Pi}y_i + \sum_{i=1}^{n} q_iA_i + \sum_{i=1}^{k} M_i\frac{\mathrm{d}y_i}{\mathrm{d}x}$$

式中,y_i 为与集中力 F_{Pi} 对应的影响竖标;A_i 为均布荷载 q_i 分布范围内影响线面积的代数和;$\frac{\mathrm{d}y_i}{\mathrm{d}x}$ 为集中力偶 M_i 作用点处影响切线的斜率。

(2) 影响量计算。

此处举例说明如何计算影响量。

例 4-8 利用影响线求图 4-16 所示外伸梁在固定荷载作用下 C 截面的弯矩和剪力。

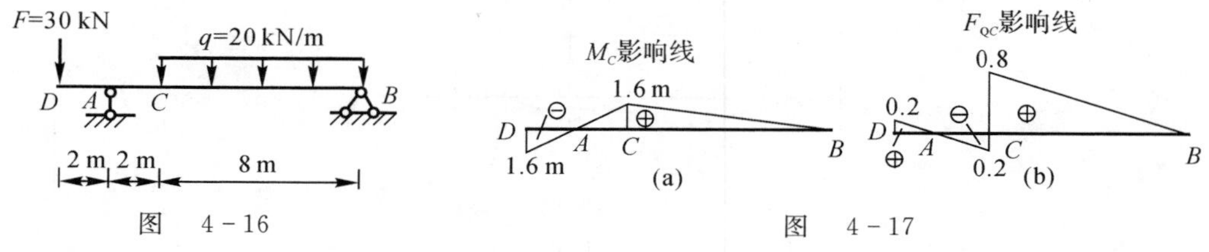

图 4-16　　图 4-17

解 作 M_C，F_{QC} 影响线，分别如图 4-17(a)(b) 所示，则图 4-16 所示外伸梁在固定荷载作用下 C 截面的弯矩和剪力为

$$M_C = F_y + q\omega = 30 \times (-1.6) + 20 \times \left(\frac{1}{2} \times 8 \times 1.6\right) = 80\ \text{kN} \cdot \text{m}$$

$$F_{QC} = F_y + q\omega = 30 \times 0.2 + 20 \times \left(\frac{1}{2} \times 8 \times 0.8\right) = 70\ \text{kN}$$

例 4-9 试利用影响线，求出图 4-18(a) 所示荷载作用下的 F_{Ay}，F_{By}，F_{QC}，M_C。

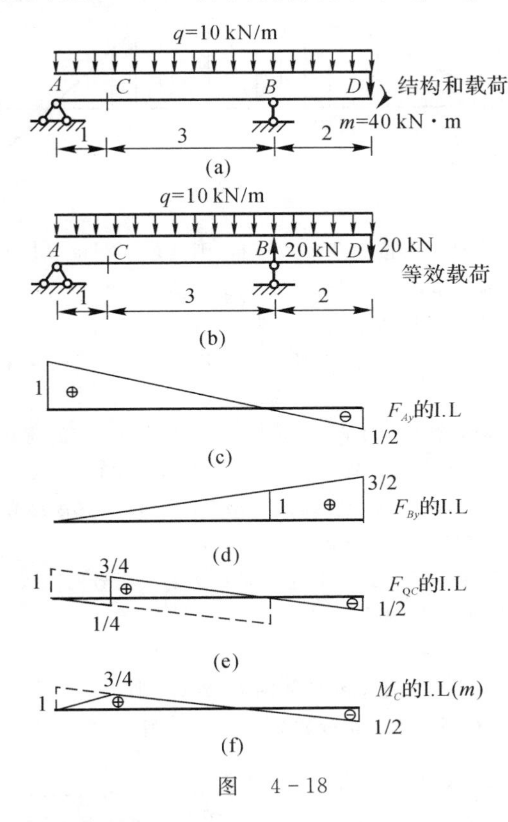

图 4-18

解 将集中力偶 $m = 40\ \text{kN} \cdot \text{m}$ 在 BD 段等效化为一对竖向荷载，如图 4-18(b) 所示(集中力偶等效为一对竖向荷载，不影响支座反力，但影响等效间的内力。本题在 BD 段等效为一对竖向荷载，便于计算且不影响各计算结果)。

(1) 作 F_{Ay} 影响线如图 4-18(c) 所示，求出荷载作用下的 F_{Ay}，有

$$F_{Ay} = 10\ \text{kN/m} \times (0.5 \times 4\ \text{m} \times 1 - 0.5 \times 2\ \text{m} \times 1/2) - 20\ \text{kN} \times 1/2 = 5\ \text{kN}(\uparrow)$$

(2) 作 F_{By} 影响线如图 4-18(d) 所示，求出荷载作用下的 F_{By}，有

$$F_{By} = 10\ \text{kN/m} \times 0.5 \times 6\ \text{m} \times 3/2 - 20\ \text{kN} \times 1 + 20\ \text{kN} \times 3/2 = 55\ \text{kN}(\uparrow)$$

(3) 作 F_{QC} 影响线如图 4-18(e) 所示，求出荷载作用下的 F_{QC}，有

$$F_{QC} = 10\ \text{kN/m} \times (-0.5 \times 1\ \text{m} \times 1/4 + 0.5 \times 0.3\ \text{m} \times 3/4 - 0.5 \times 2\ \text{m} \times 1/2) - 20\ \text{kN} \times 1/2 = -5\ \text{kN}$$

(4) 作 M_C 影响线如图 4-18(f) 所示，求出荷载作用下的 M_C，有

$$M_C = 10\ \text{kN/m} \times (0.5 \times 4\ \text{m} \times 3/4\ \text{m} - 0.5 \times 2\ \text{m} \times 1/2\ \text{m}) - 20\ \text{kN} \times 1/2\ \text{m} = 0$$

3. 确定荷载的最不利位置(重点、难点)

(1) 如果移动荷载是单个集中荷载，则最不利位置是这个集中荷载作用在影响线的竖距最大处。如果移动荷载是一组集中荷载，则在最不利位置时，必有一个集中荷载作用在影响线的顶点。通常先求出荷载的临

界位置，然后从位置中选出荷载的最不利位置。如图 4-19 所示为移动集中荷载（行列荷载）最不利位置的确定方法。

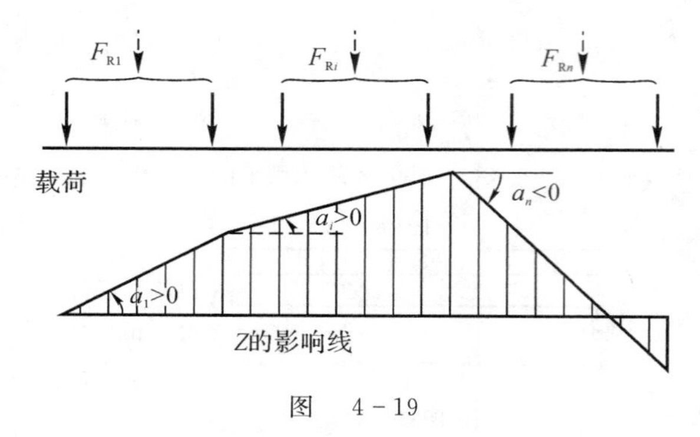

图 4-19

如果移动荷载是均布荷载，而且可以按任意方式分布，则其最不利位置是在影响线正号部分布：布满荷载（求最大正号值）；或者在负号部分布：布满荷载（求最大负号值）。

(2) 求荷载的最不利位置。当一组移动荷载移动到结构上的某一位置时，使结构的某指定截面上的某量值 Z 有最大值 $Z_{\max}$（或最小值 $Z_{\min}$）。该荷载位置即是量值 Z 的最不利荷载位置。原则：数量大、排列密集的荷载放在影响竖距较大的部位。

(3) 临界位置的判断。求 Z 最不利分以下两步：① 求出使 Z 达到极值的荷载位置，称为荷载的临界位置；② 从所有可能的临界位置中选出最不利的位置，即从极大值中选最大值，从极小值中选最小值。

例 4-10　用机动法绘制图 4-20(a) 所示连续梁的 M_G，$F_{QC左}$，F_{Ay} 影响线轮廓。若该梁受可任意分布的均布荷载，画出使 M_G，$F_{QC左}$，F_{Ay} 有最大正值的荷载最不利布置。

解　使某个物理量有最大正值的荷载最不利位置是在影响线正号的区段布置荷载。所以，只要画出影响线的轮廓即可确定荷载的最不利布置。故

(1) M_G 影响线轮廓及相应的荷载最不利布置如图 4-20(b) 所示。

(2) $F_{QC左}$ 影响线轮廓及相应的荷载最不利布置如图 4-20(c) 所示。

(3) F_{Ay} 影响线轮廓及相应的荷载最不利布置如图 4-20(d) 所示。

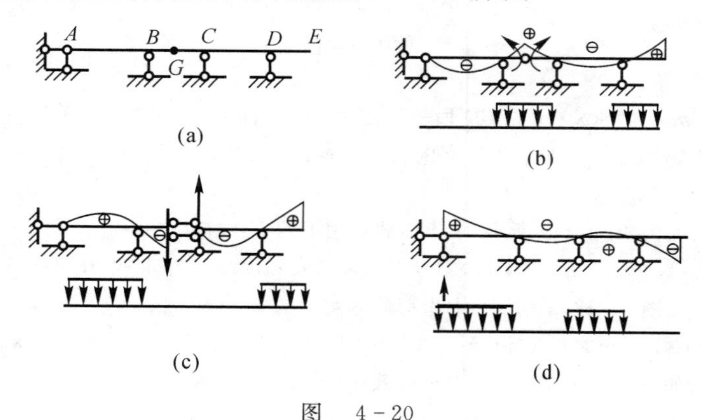

图 4-20

例 4-11　两台吊车的轮压和轮距如图 4-21(a) 所示，试求吊车梁 C 截面的 $M_{C\max}$，$F_{QC\max}$，$F_{QC\min}$。已知 $F_1=F_2=F_3=F_4=82\ \text{kN}$。

解　(1) 求 $M_{C\max}$。作 M_C 影响线如图 4-21(b) 所示。由于

$$F_1=F_2=F_3=F_4=82\ \text{kN}$$

且 F_2,F_3 距离较近,故可直接判定当 F_2 或 F_3 作用于 M_C 影响线顶点时,是 M_C 的最不利荷载位置。

如图 4-21(c) 所示,当 F_2 位于 M_C 影响线顶点时,$\frac{82}{3}=\frac{82+82}{6}$,$\frac{82+82+82}{6}>0$。满足临界荷载的条件,因此 F_2 是临界荷载。且

$$M_{C2}=82\times(2+1.617+0.45)\approx 333.4\ \text{kN}\cdot\text{m}$$

如图 4-21(d) 所示,当 F_3 位于 M_C 影响线顶点时,$\frac{82+82}{6}\ \frac{82}{6}$,$\frac{82}{3}=\frac{82+82}{6}$,也满足临界荷载的条件,因此 F_3 也是临界荷载。且

$$M_{C3}=82\times(2+1.233+0.833)\approx 333.4\ \text{kN}\cdot\text{m}=M_{C2}$$

故当 F_2 或 F_3 作用 C 点时,M_C 都达到最大。

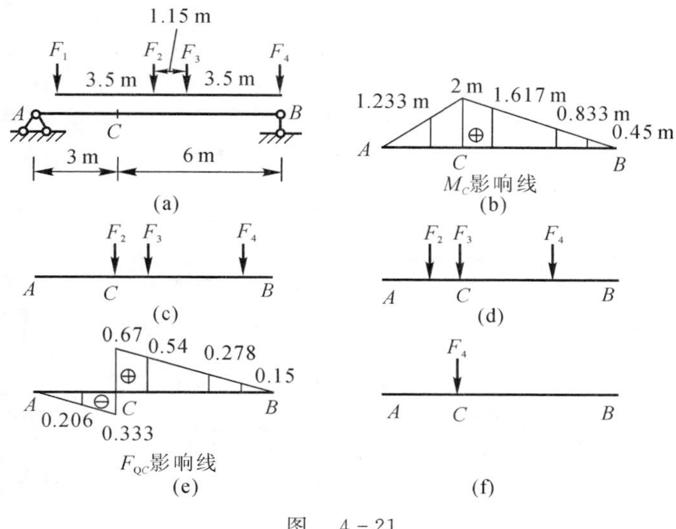

图 4-21

(2) 求 $F_{QC\max}$。作 F_{QC} 影响线如图 4-219(e) 所示。分别将 F_1,F_2,F_3,F_4 置于 F_{QC} 影响线正值顶点(C 右截面),易知 F_3 或 F_4 位于 C 右截面时,F_{QC} 的最不利荷载位置如图 4-21(c) 所示。则有

$$F_{QC\max}=82\times(0.67+0.54+0.15)=111.5\ \text{kN}$$

(3) 求 $F_{QC\min}$。分别将 F_1,F_2,F_3,F_4 置于影响线负值顶点(C 左截面),易知 F_3 或 F_4 位于 C 左截面时 F_{QC} 比较小(见图 4-21(d)(f))。

F_3 位于 C 左截面时(见图 4-21(d)),有

$$F_{QC3}=82\times[0.333+0.206+0.278]=-21.4\ \text{kN}$$

F_4 位于 C 左截面时(见图 4-21(f)),故得

$$F_{QC4}=82\times 0.333=-27.3\ \text{kN}$$

$$F_{QC\min}=F_{QC4}=-27.3\ \text{kN}$$

例 4-12 试求图 4-22(a) 所示简支梁,在所示移动荷载作用下的绝对最大弯矩。

已知:$F_{P1}=F_{P2}=F_{P3}=F_{P4}=324.5\ \text{kN}$。

解 作出简支梁跨中截面 C 弯矩影响线如图 4-22(b) 所示,并确定出使 C 截面弯矩发生最大值的临界力。对本题,临界荷载有两个,即 F_{P2} 和 F_{P3}。

将 F_{P2} 放在梁中点(见图 4-22(c)),计算梁上合力 F_R 和 F_R 到 F_{P2} 的距离 a,则有

$$F_R=F_{P2}+F_{P3}=649\ \text{kN},\quad a=0.725\ \text{m}$$

将 F_R 和 F_{P2} 对称放在中点 C 两侧(见图 4-22(d)),F_{P2} 作用点即是发生绝对最大弯矩的截面,其值为

$$M_{max}^{2} = \frac{649\ \text{kN} \times [(6-0.725)\ \text{m}]^2}{4 \times 6\ \text{m}} - 0 = 752.5\ \text{kN} \cdot \text{m}$$

把 F_{P3} 放在 C 点，重复上面过程可得

$$F_R = 649\ \text{kN},\quad a = -0.725\ \text{m}\quad (F_R \text{ 在 } F_{P3} \text{ 左侧})$$

$$M_{max}^{3} = \frac{649\ \text{kN} \cdot [6\ \text{m} - (-0.725)\text{m}]^2}{4 \times 6\ \text{m}} - 470.5\ \text{kN} \cdot \text{m} = 752.5\ \text{kN} \cdot \text{m}$$

即另一发生绝对最大弯矩的截面在 C 点右侧 $a/2$ 处。对比两结果，此移动荷载下两个位置都是发生绝对最大弯矩的位置。

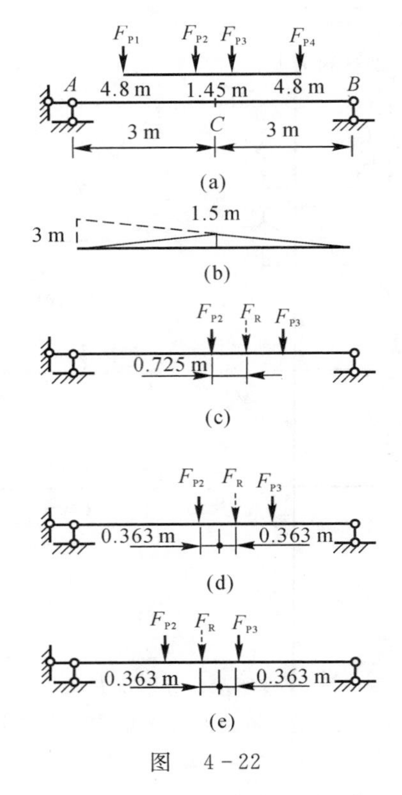

图　4－22

温馨提示：在用公式求绝对最大弯矩时，要注意 a 的正、负号。当 F_R 在 F_K 右边时 a 取(—)，当 F_R 在 F_P 左侧边时 a 取“+”。

4.2　学习指导

4.2.1　学习方法建议

1.首先弄懂下列重要问题

(1)影响线的定义。单位移动荷载作用下，结构的反力、内力等影响系数随荷载位置变化的函数关系，分别称为反力、内力等的影响系数方程，对应的函数图形分别称为反力、内力等的影响线。

(2)影响线的量纲。物理量的量纲和移动荷载量纲之比即为影响系数的量纲。例如，如果移动荷载是集中力，则弯矩影响线的量纲为 l，剪力影响线的量纲为 1。

(3)影响线的正负号。承受移动荷载的结构大多数为水平梁结构。因此，本章对梁的影响量符号做了统一规定。支反力一般以向上为正，轴力以拉力为正，剪力以绕隔离体顺时针转动为正，弯矩以下侧受拉为正。

一般将影响系数为正的影响线画在基线上方。对于其他形式的构件,可自行规定正负号。

(4)影响线的表达。一般要求画出的影响线要有"正确的外形、必要的控制点纵坐标值和正负号"。

2. 弄清用静力法作单跨静定梁影响线的特点

对于如图4-23和图4-24所示的简支梁和悬臂梁的影响线,不但要求能画,而且要记住。因为这是画伸臂梁影响线的基础。

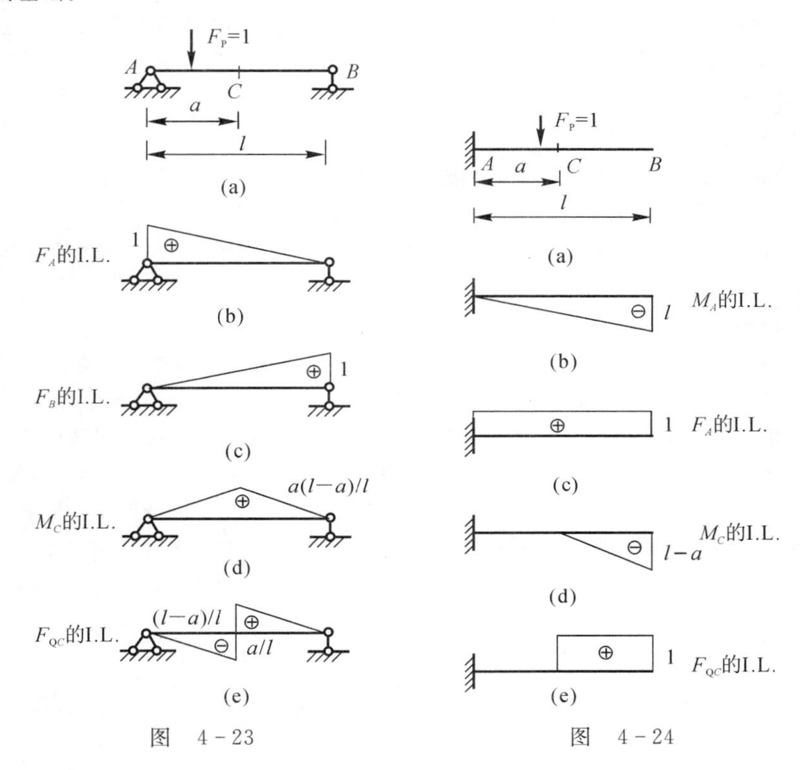

图 4-23　　图 4-24

伸臂梁影响线的特点如下:

(1)支反力和跨间截面的剪力、弯矩影响线,在跨间与简支梁相同,伸臂部分为跨间部分的延长;

(2)伸臂部分的剪力、弯矩影响线,在跨间等于零,伸臂部分与悬臂梁相同。

3. 了解用静定法作静定桁架影响线的技巧

(1)要区别上弦荷载、下弦荷载两种情况。

(2)可先求出荷载在各结点时杆件的轴力,将这些轴力(影响线在结点处的数值)依次连成直线。这种方法在结点较多时使用不方便。

(3)先做出支反力的影响线,利用所求影响线的轴力与反力的静力关系,得到该轴力的影响线。

(4)对于竖直的腹杆,其轴力可直接判断。

(5)对于一些斜杆,由于列平衡方程时,力臂不好求,可以考虑先求分力的影响线,然后利用比例关系得到斜杆的轴力影响线。

4. 清楚用机动法作影响线的注意点

机动法作影响线的理论基础是虚功原理。对这部分要求读者能理解机动法作影响线的原理,并能熟练准确地利用机动法做出单跨梁,特别是多跨梁的影响线。具体应注意以下几点:

(1)能正确去掉与影响量对应的约束,并能正确判断影响量的正向。容易出错的地方是剪力和弯矩约束正方向的判断。根据符号规定,一对剪力的正方向为左边向下、右边向上。一对弯矩的正方向为左边逆时针、右边顺时针。

(2)能沿着影响量的正向,正确地画出可能的、协调的位移图。

1)去掉约束后,体系有些部分是可变的,有些可能仍然是几何不变的,不变的这部分没有位移。

2)对于一些支座、铰结点附近等特殊截面的影响量,若画位移图有困难,可以先取支座或结点附近的截面,作这个截面影响量的影响线,然后将这个影响线向支座或结点靠近。这个方法非常有用。

3)一段通常的杆件,剪力影响线为两段平行线,在截面处,影响线的突变值为1(截面左边的值$\leqslant 0$、右边的值$\geqslant 0$)。根据这个规律,可正确判断两段影响线的位置和数值。

5. 了解经结点传荷的主梁影响线的做法

(1)结点传荷时主梁影响线的特点。

①在结点处的数值与直接荷载下的影响线相同;②在相邻结点之间,影响线是直线。

(2)结点传荷时主梁影响线的做法。

①先做出直接荷载下的主梁影响线;②将所有结点投影到这个影响线上,然后将相邻投影点依次连成直线即可。

6. 掌握影响线的应用

因为下面的公式都是基于荷载作用的叠加原理的,所以,公式只适用于线弹性结构。

(1)利用影响线求固定荷载作用下的某一量值。

1) 集中力作用。例如,求图 4-25(a) 所示简支梁在集中荷载 F_{P1},F_{P2} 作用下 C 截面的弯矩 M_C 和剪力 F_{QC}。很明显,$M_C = F_{P1}y_1 + F_{P1}y_2$。因为,$C$ 截面有集中力作用,剪力应分 C 点左右两个截面求,即 $F_{QC}^{L} = -F_{P1}y'_1 + F_{P1}y'^{上}_2$,$F_{QC}^{R} = -F_{P1}y'_1 + F_{P1}y'^{下}_2$。

温馨提示:由于 C 截面的剪力影响线在 C 点有突变(两个值),许多读者不清楚集中力 F_{P2} 究竟与哪个值相乘。为此,图 4-25(d)(e) 分别给出了 C 点左截面和右截面的剪力影响线(为了突出,故意向左或向右偏差大一些)。从图中可以很清楚地看出 F_{P2} 应该与哪个值相乘。

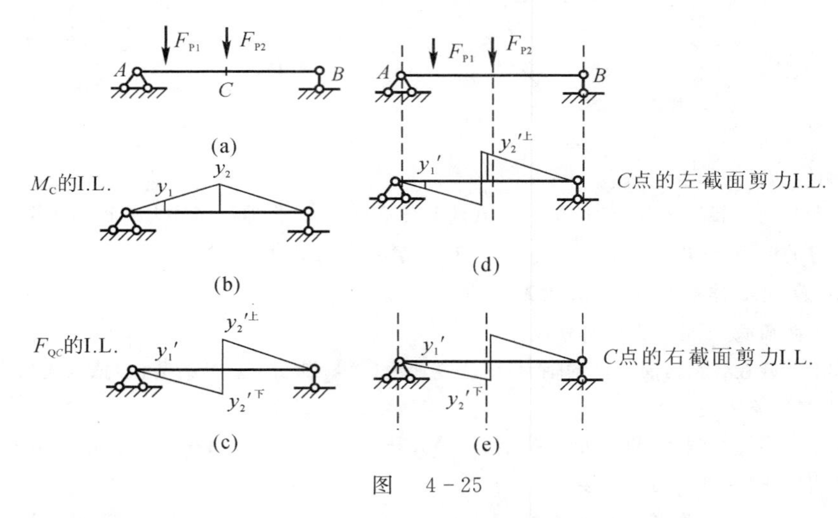

图 4-25

2) 均布荷载作用。用均布荷载与其对应区段的影响线面积相乘即可,需要注意的是当影响线纵坐标为负值的时候,对应的影响线的面积也为负值。

(2) 确定最不利荷载位置。

1) 集中移动荷载。

(a) 应用判别式,判断某个集中荷载是否是临界荷载。对于多边形影响线,判别式为

$$\Delta x > 0,\quad \sum F_{Ri} \cdot \tan\alpha_i \leqslant 0$$

$$\Delta x < 0, \quad \sum F_{Ri} \cdot \tan\alpha_i \geqslant 0$$

对于三角形影响线，判别式可简化为

$$\frac{F_R^L + F_{PK}}{a} \geqslant \frac{F_R^R}{b}$$

$$\frac{F_R^L}{a} \leqslant \frac{F_R^R + F_{PK}}{b}$$

(b) 需要考虑列车或车队正向、反向行使两种情况。

(c) 注意将临界荷载置于影响线顶点时，有的荷载可能不在梁上的情况。

2) 均布荷载。结构中的一些可变荷载(如人群等)可以按均布荷载考虑。图 4-26(a)(b) 分别给出了伸臂梁针对跨间截面弯矩及支座反力的最不利荷载布置。

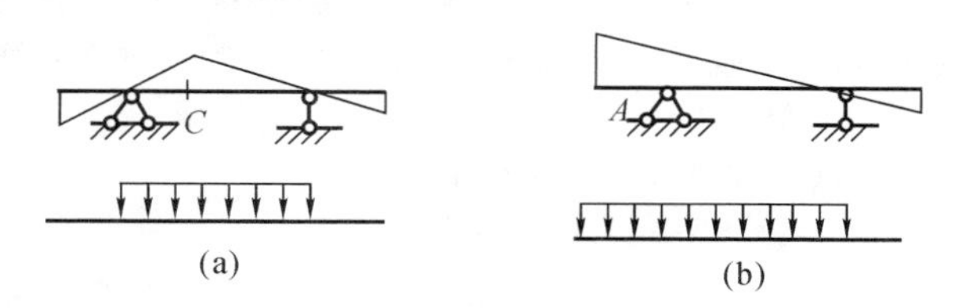

图 4-26

(a)M_C 的 I. L. 及荷载的最不利布置；(b)F_A 的 I. L. 及荷载的最不利布置

(3) 简支梁的绝对最大弯矩。

简支梁的绝对最大弯矩，系指所有截面最大弯矩中的最大者，其特点：

1) 绝对最大弯矩发生在某一个临界荷载 F_{PK} 作用的截面处。

2) 当 F_{PK} 作用点弯矩为绝对最大时，临界荷载 F_{PK} 与合力 F_R 对称作用于梁中点的两侧。

其实际计算方法为：将所有临界荷载进行计算，得到各自的弯矩最大值。这些最大值中的最大值及该临界荷载所在的截面就是简支梁的绝对最大弯矩及危险截面。

实际计算时，可用跨中截面最大弯矩的临界荷载代替绝对最大弯矩的临界荷载。

温馨提示： 在将临界荷载 F_{PK} 和合力 F_R 对称置于跨中两侧时，如果有荷载移入或移出梁上，则合力 F_R 及它和临界荷载 F_{PK} 间的距离 a 要重新计算。

7. 作内力包络图(主要指弯矩包络图和剪力包络图)

将在恒载和可变荷载共同作用下各截面内力的最大值和最小值分别连成线。这两条线围成的图形称为内力包络图。对于这部分内容，读者理解包络图的意义即可。在“钢筋混凝土结构”课程中，还要进一步学习。

4.2.2 解题步骤及易犯的错误

1. 静力法作影响线的步骤

(1) 以单位移动荷载移动区间为“基线”，确定分析的坐标系；

(2) 根据所要求的影响线物理量，分析是否要分段建立影响系数方程，并用已掌握的知识建立影响系数方程；

(3) 根据影响系数方程作影响量的变化图形 —— 影响线外形；

(4) 标注正负号、控制值。

2. 机动法作影响线的步骤

(1) 以单位移动荷载移动区间为“基线”；

(2) 解除所求影响量对应的约束，以正约束力代替，令解除约束体系沿约束力正向发生单位虚位移，作出体系的单位虚位移图；

(3) 标注正负号和控制值，虚位移图即为影响线。

3. 确定最不利荷载位置及最大影响量的步骤

(1) 作对应的影响线；

(2) 对每一个移动荷载，判断其是否为临界荷载；

(3) 对每一个临界荷载进行试算；

(4) 对比试算结果，从中找出最不利位置和最大(最小)影响量。

4. 求简支梁绝对最大弯矩的计算步骤

(1) 作跨中弯矩影响线；

(2) 判断跨中弯矩的临界荷载；

(3) 将临界荷载放在跨中，看哪些荷载在简支梁上，并求出合力及临界荷载与合力的间距；

(4) 将合力与临界荷载分放在跨中等距两侧，如有荷载移出简支梁，要重算合力、间距，否则代公式或用平衡条件求临界荷载作用点的弯矩值；

(5) 对比试算结果，从中找出最大的弯矩即为所求结果。

5. 易犯的错误

(1) 影响线的基本概念(横坐标为荷载位置，纵坐标为荷载位于此处时影响量的值)掌握不好，不能和内力图彻底区分；

(2) 缺少影响线的三要素：正确的外形、控制值、正负号(缺一不可)；

(3) 静力法建立影响系数方程时，没有正确地分段考虑，或方程建立错误；

(4) 机动法作影响线时，错误地解除了约束，或虚位移不满足未解除的约束条件；

(5) 临界荷载判断错误；

(6) 对车辆荷载而言，没有考虑双向移动分析；

(7) 求绝对最大弯矩时，当荷载有移出时，没有重新计算；

(8) 在用公式求绝对最大弯矩时，a 的正、负号取错。注意，F_K 在 F_R 左边时取负号，F_K 在 F_R 右边时取正号。

4.2.3 学习中常遇问题解答

1. 影响线横坐标和纵坐标的物理意义是什么？

答：横坐标是单位移动荷载的作用位置，纵坐标是单位移动荷载作用在此位置时物理量的影响系数值。

2. 影响线与内力图有何不同？

答：影响线是在单位“移动”荷载作用下，指定物理量随移动荷载的移动而变化的规律图形。此时，截面位置是固定的，移动荷载所在位置是变化的。而内力图是在给定荷载作用下，内力随位置改变的规律图形。此时，截面位置是变化的，荷载位置是固定的。

3. 各物理量影响线纵坐标的量纲是什么？

答：所谓影响线的量纲实质是影响系数的量纲，它等于“该物理量的量纲除以单个移动荷载的量纲”。

4. 求内力的影响系数方程与求内力方程有何区别？

答：截取隔离体、建立影响系数方程的方法都是一样的。但是，建立影响系数方程时截面位置是固定的，移动荷载所在位置是变化的。而建立内力方程时截面位置是变化的，荷载位置是固定的。

5. 若移动荷载为集中力偶，能用影响线分析吗？

答：能。建立影响系数的方法完全一样，只不过影响系数的量纲不一样。如：弯矩影响线的量纲为 1，而不是 l 了。

6. 简支梁任一截面剪力影响线左、右两支为什么一定平行？截面处两个突变纵坐标的含义是什么？

答：左、右两支影响线方程分别为$-x/l$和$1-x/l$。二者斜率均为$-1/l$，故平行。突变处有两个值，一正、一负。负值是荷载移动到C点左截面时，C截面的剪力，在数值上等于此时右支座的反力。正值是荷载移动到C点右截面时，C截面的剪力，在数值上等于此时左支座的反力。

7. 影响线的应用条件是什么？

答：因为影响线应用是基于叠加原理成立这一前提的，因此应用条件是线弹性结构。

8. 当荷载组左、右移动Δx时，$\sum F_{Ri}\tan_{\alpha i}>0$均成立，应该如何移动荷载组才能找到临界位置？

答：因为当荷载组左、右移动Δx时，影响量的增量为$\Delta S=\Delta x\sum F_{Ri}\tan\alpha_i$，设右移$\Delta x>0$，左移$\Delta x<0$，则由于$\sum F_{Ri}\tan\alpha_i>0$，所以右移$\Delta S>0$、左移$\Delta S<0$，如果要求影响量最大值，显然应该继续右移才能找到临界位置(因为右移ΔS增加)，如果要求影响量最小值，则应该继续往左移才能找到临界位置。

9. “超静定结构内力影响线一定是曲线”，这种说法对吗？为什么？

答：对无静定部分的超静定直接承荷载结构，内力影响线一定是曲线是对的。但是，当超静定结构中含有静定部分时，静定部分内力影响线是直线。此外，对于经结点传荷的超静定主梁影响线，因为结点之间直线变化，所以超静定主梁经结点传荷的内力影响线是折线。

10. 有突变的F_Q影响线，能用临界荷载判别公式吗？

答：应该将突变处看成间距趋于零、斜率趋于无穷大的一个区段，然后按折线影响线临界荷载判别公式(左、右移时变号)来判断。

11. 什么情况下影响系数方程需分段列出？

答：当移动荷载作用位置不同将影响隔离体受力图时，影响量方程就应分段建立。

12. 静力法作静定桁架影响线时有何特点？

答：弦杆的影响量方程一般通过取矩建立，与直接承荷梁的弯矩影响线对应。一般腹杆影响量方程由投影求得，与直接承荷梁剪力影响线对应。一般都必须注意区分上下承载方式的不同。

13. 在什么样的移动荷载作用下，简支梁的绝对最大弯矩与跨中截面的最大弯矩相同？

答：当移动荷载仅为一个单位集中力时，简支梁的绝对最大弯矩与跨中截面的最大弯矩相同。

14. 某组移动荷载下简支梁绝对最大弯矩与跨中截面最大弯矩有多大差别？

答：差别不大。它随组移动荷载不同而不同。计算结果表明，二者相差1.3%左右。

15. 静定的梁式桁架影响线与梁的影响线有何关系？

答：支反力的影响线相同；上下弦杆的影响线与梁的弯矩影响线形状相同，且成比例；大多数腹杆的影响线(除个别竖杆外)与梁的剪力影响线形状相同，且成比例。

4.3 考试指点

4.3.1 考试出题点

影响线是处理移动荷载影响量的工具，在工程中应用十分广泛。因而，在各种考试中是不可或缺的内容。其考试出题点可能为以下几方面。

(1)影响线的概念，影响线和内力图的区别。

(2)静力法作影响线的原理和方法，求静定单跨梁和梁式桁架影响线。

(3)机动法作影响线的原理和方法，应用机动法求静定单跨梁和多跨梁的影响线。

(4)用影响线求荷载的最不利位置，在行列荷载移动时求某量的最不利位置。

4.3.2 名校考研真题选解

一、客观题

1. 填空题

(1)(中南大学试题) 如图 4-27 所示组合结构，P 在 ACB 段移动，链杆 DE 轴力的影响线在 C 点处的竖标值为________。

答案：1

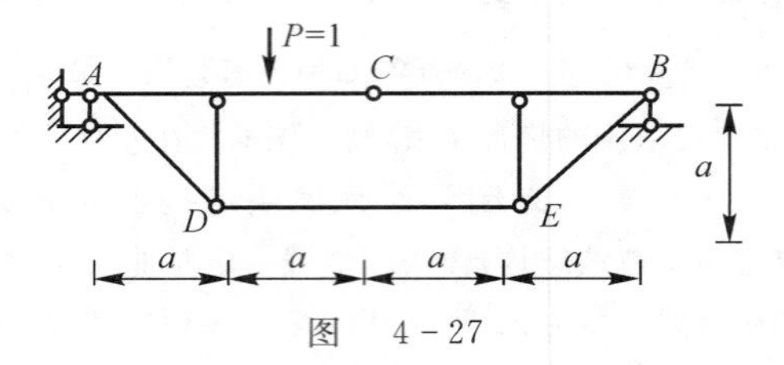

图 4-27

(2)(西南交通大学试题) 在间接荷载作用下，梁截面内力影响线的作法是：应先作________截面内力影响线，然后再对该截面有影响的区段按直线规律变化修正。

答案：直接荷载下该指定量值的影响线，而后按两横梁间为直线修改。

(3)(湖南大学试题) 如图 4-28 所示多跨静定梁 M_D 及 F_{DQ} 影响线分别为________，________(用图表示)。

答：如图 4-29 所示。

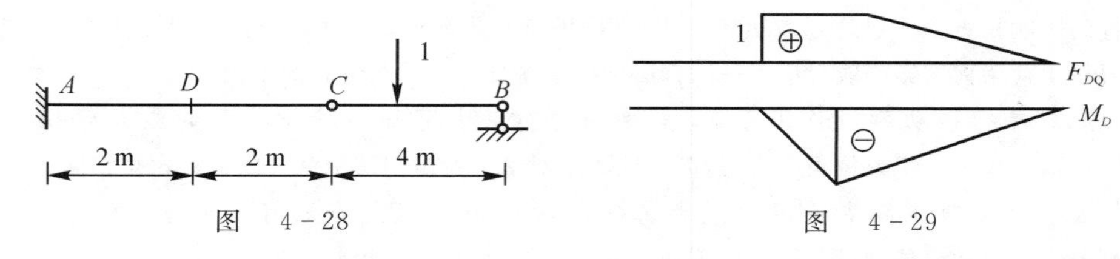

图 4-28　　图 4-29

2. 选择题

(1)(浙江大学试题) 图 4-30 所示结构在单位移动力偶 $M=1$ 作用下，M_C(下侧受拉为正) 影响线为(　　)。

答案：D

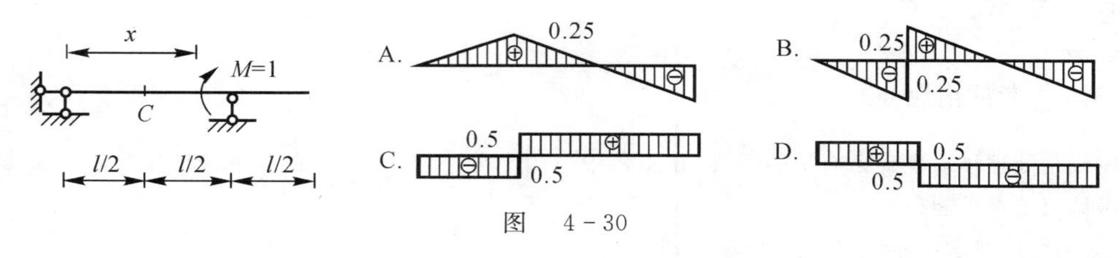

图 4-30

(2)(浙江大学试题) 如图 4-31(a) 所示结构某截面的剪力影响线已做出，如图 4-31(b) 所示，则竖标 y_C 表示(　　)。

A. $P=1$ 在 B 时，C 截面的剪力值　　B. $P=1$ 在 C 时，C 截面的剪力值

C. $P=1$ 在 C 时，B 截面左侧的剪力值　　D. $P=1$ 在 C 时，B 截面右侧的剪力值

答案：C

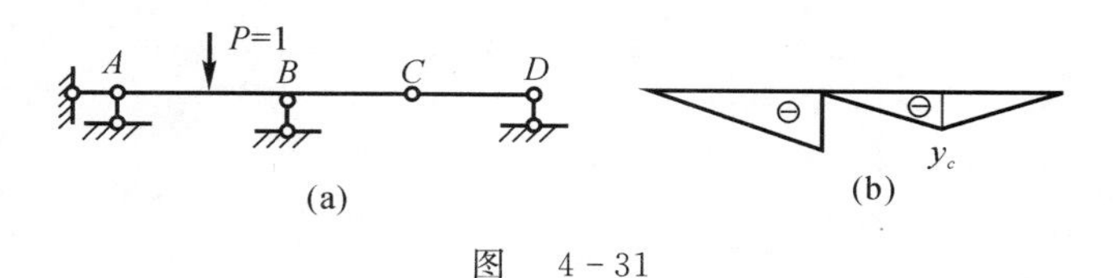

图 4-31

(3)(浙江大学试题)如图4-32所示三跨连续梁作用有可任意布置的移动均布荷载(方向向下)，则截面k的剪力达到正最大值的荷载布置为(　　)。

A. AB 和 BK 部分布满　　B. AB 和 KC 部分布满

C. BK 和 CD 部分布满　　D. KC 和 CD 部分布满

答案：B

(4)(浙江大学试题)图4-33所示三铰拱的拉杆 N_{AB} 的影响线为(　　)。

A. 斜直线　　B. 曲线　　C. 平直线　　D. 三角形

答案：D

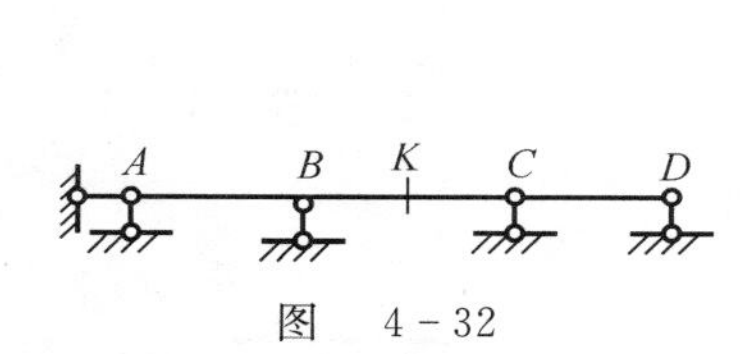

图 4-32

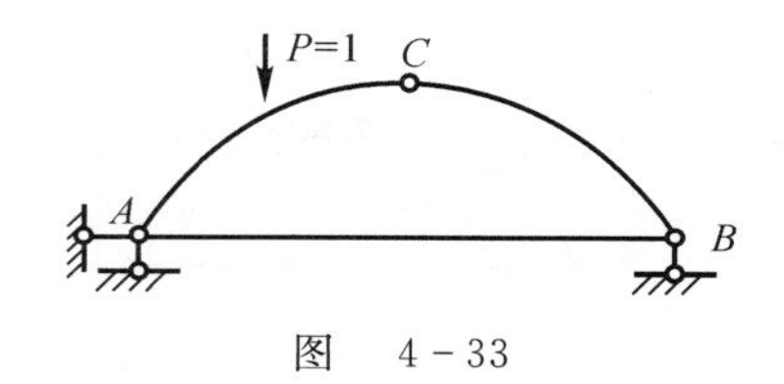

图 4-33

(5)(西南交通大学试题)欲使图4-34所示支座B截面出现弯矩最大值$M_{B\max}$，梁上均布荷载的布局应为(　　)。

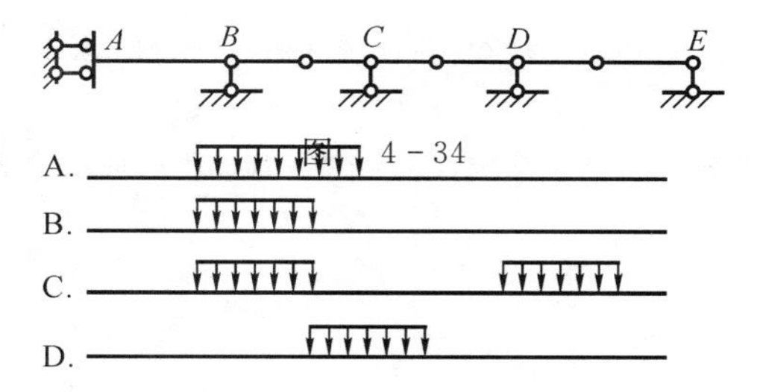

图 4-34

答案：D

(6)(西南交通大学试题)简支梁绝对最大弯矩的意义是(　　)。

A. 梁中某截面的最大弯矩值　　B. 距梁中点较近的某截面的弯矩值

C. 梁中各截面最大弯矩中的最大值　　D. 梁中点截面的最大弯矩值

答案：C

(7)(西南交通大学试题)图4-35所示结构的F_{QC}影响线($P=1$在BE段移动)，BC，CD段纵标的情况是(　　)。

A. BC，CD 均不为零　　B. BC，CD 均为零

C. BC 为零，CD 不为零　　D. BC 不为零，CD 为零

答案：C

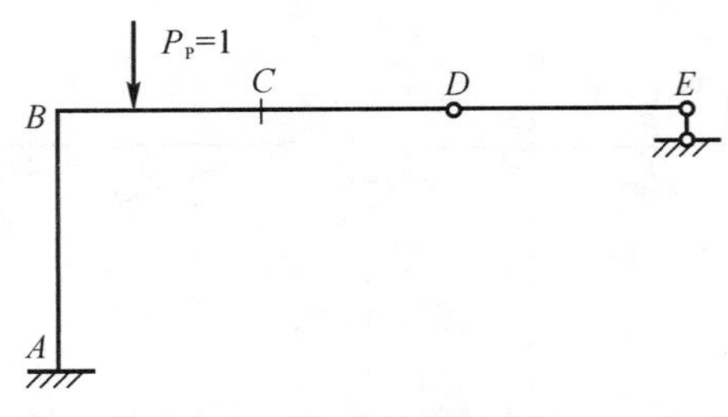

图 4-35

(8)(宁波大学试题) 结构某截面某一内力影响线将(　　)而改变。

A. 随实际荷载　　　　　C. 因坐标系的不同选择

B. 不随实际荷载　　　　D. 随实际荷载数值

答案:B

3. 判断题

(1)(天津大学试题) 图 4-36(a) 所示结构 a 杆的内力影响线如图 4-36(b) 所示。(　　)

答案:对

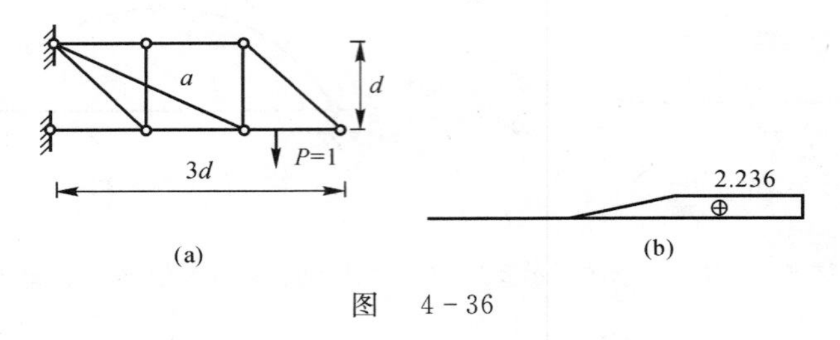

图 4-36

(2)(天津大学试题) 图 4-37(a) 所示结构 Q_K 影响线如图 4-37(b) 所示。(　　)

答案:对

(3)(西南交通大学试题) 如图 4-38 所示结构,$F_P=1$ 在 AB 段移动时,K 截面的弯矩影响线值 M_K 为零。(　　)

答案:对

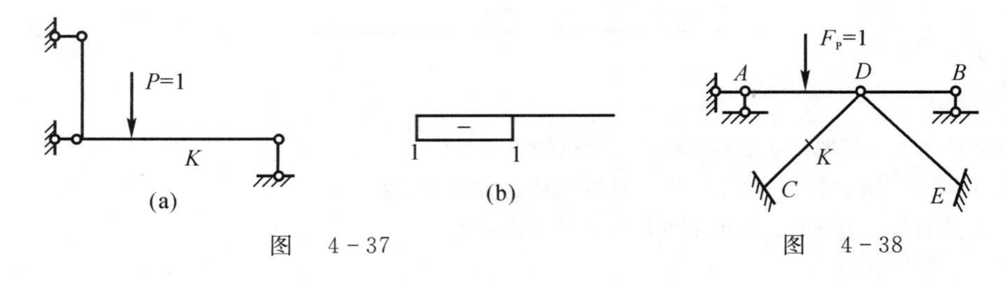

图 4-37　　　　　　　　　　图 4-38

(4)(中南大学试题) 如图 4-39 所示,简支梁右端为弹性支座,其内力、反力影响线与刚性支座简支梁影响线完全相同。(　　)

答案:对

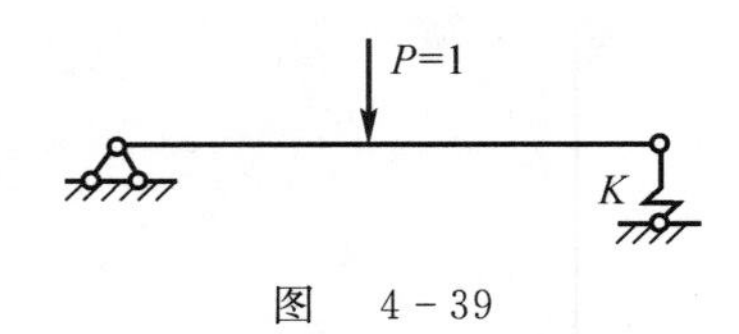

图 4-39

(5)(中南大学试题) 结构上某截面剪力的影响线,在该截面处必定有突变。(　　)

答案:对

二、计算题

1.(哈尔滨工业大学试题) 如图 4-40(a) 所示两台吊车,在 A,C 之间移动,求 R_B 的最大值及 Q_B 的最小值。已知 $P_1 = 150\ \text{kN}$,$P_2 = 150\ \text{kN}$,$P_3 = 180\ \text{kN}$,$P_4 = 180\ \text{kN}$。

解　(1) 采用机动法绘制影响线,易得 R_B 和 $Q_{B左}$ 的影响线,如图 4-40(b) 所示。

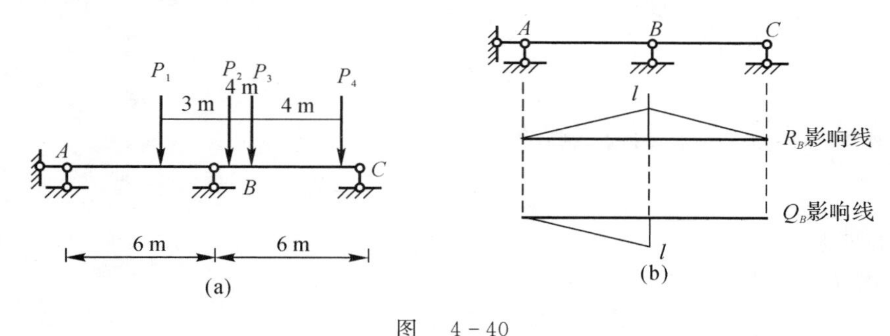

图　4-40

(2) 荷载的分布有两种情况,分别如图 4-41(a)(b) 所示。

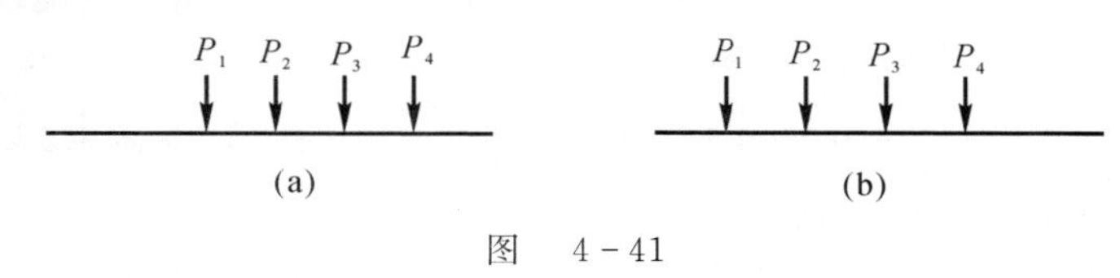

图　4-41

对于情况(a),由于 $\begin{cases} \dfrac{150}{6} < \dfrac{150+180+180}{6} \\ \dfrac{150}{6} < \dfrac{180+180}{6} \end{cases}$,则不是荷载最不利的位置;

对于情况(b),由于 $\begin{cases} \dfrac{150+150+180}{6} > \dfrac{180}{6} \\ \dfrac{150+150}{6} < \dfrac{180+180}{6} \end{cases}$,是荷载最不利的位置。

因此可得

$$R_B = \frac{1}{3} \times 150 + \frac{5}{6} \times 150 + 1 \times 180 + \frac{1}{3} \times 180 = 415\ \text{kN}$$

$$Q_{B左} = -\left(180 \times 1 + 150 \times \frac{5}{6} + 150 \times \frac{1}{3}\right) = -355\ \text{kN}$$

2.(同济大学试题) 求如图 4-42 所示结构 C 点弯矩的最大值。

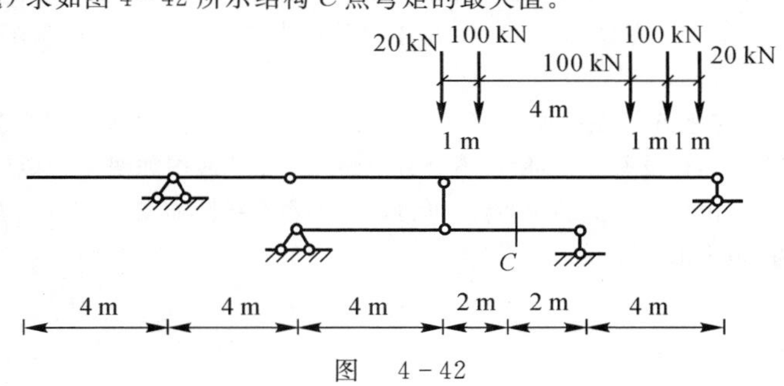

图　4-42

解 (1) 根据机动法，可画出弯矩的影响线，如图 4-43 所示。

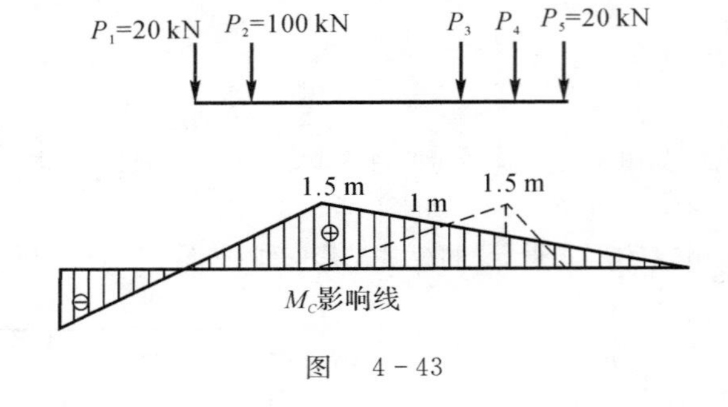

图 4-43

(2) 第一种情况：P_1 位于影响线顶点，则有

$$左移 \quad \frac{20}{4} < \frac{100\times 3+20}{12}$$

所以 P_1 不是临界荷载。

第二种情况：P_2 位于影响线顶点。则有

$$左移 \quad \frac{20+100}{4} < \frac{100\times 2+20}{12}$$

$$右移 \quad \frac{20}{4} < \frac{100\times 3+20}{12}$$

此时是临界荷载位置，对 C 截面取矩，则有

$$M_C = 20\times 1.5\times\frac{3}{4} + 100\times 1.5\left(1+\frac{2}{3}+\frac{7}{12}\right) + 20\times 1.5\times\frac{1}{2} = 375\ \text{kN}\cdot\text{m}$$

第三种情况：P_3 位于影响线顶点。则有

$$左移 \quad (20+100\times 2)\times\frac{1.5}{4} + (100+20)\times\left(-\frac{1.5}{12}\right) > 0$$

$$右移 \quad (20+100)\times\frac{1.5}{4} + (100\times 2+20)\times\left(-\frac{1.5}{12}\right) > 0$$

所以也不是临界荷载位置。

3.(同济大学试题) 做出如图 4-44 所示结构反力 R_A、剪力 $Q_{A左}$ 和弯矩 M_A 的影响线，并求出在可任意分布的均布荷载 q 作用下，R_A 的最大值。

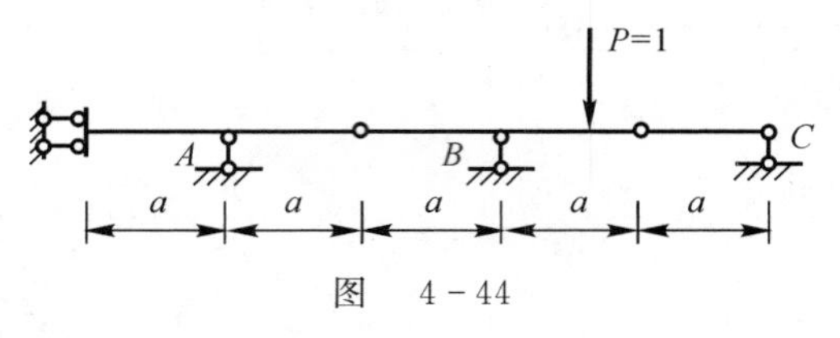

图 4-44

解 (1) 支反力的影响线。可用机动法进行绘制，由图 4-44 所示结构可知，由于支座 A 两端都是铰支座，所以该段的影响线是一条水平直线(向上)。又由于都是铰支座，因此每段的影响线都是直线，则影响线图如图 4-45(a) 所示。

(2) 剪力的影响线。在支座 A 的左端加一个可上下滑动的滑动支座，则易知该段影响线是一条平行线(在下方)。由于支座 A 右侧结构没有外力，所以不会有影响线。影响线图如图 4-45(b) 所示。

(3) 弯矩影响线。同理，由机动法的绘制步骤，可得此时的影响线图如图 4-45(c) 所示。

(4) 由影响线图可得，最大的支座反力为

$$R_{A\max} = q\left(2a \times 1 + \frac{1}{2}a \times 1\right) = 2.5qa$$

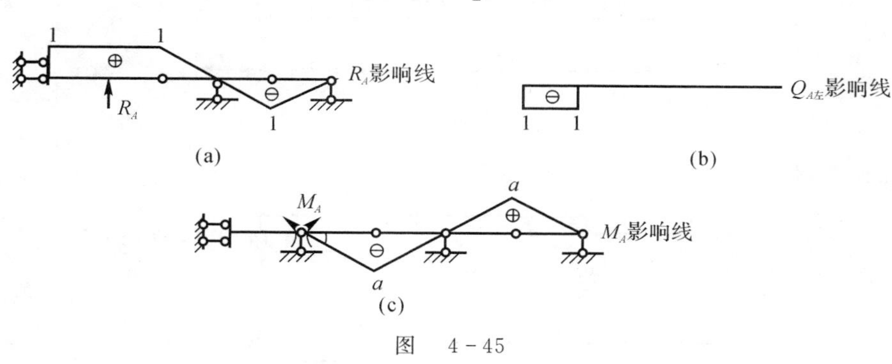

图 4-45

4.(国防科技大学试题)作图 4-46 所示结构截面 C 弯矩 M_C 的影响线和支座 B 左侧截面剪力 $Q_{B左}$ 的影响线。

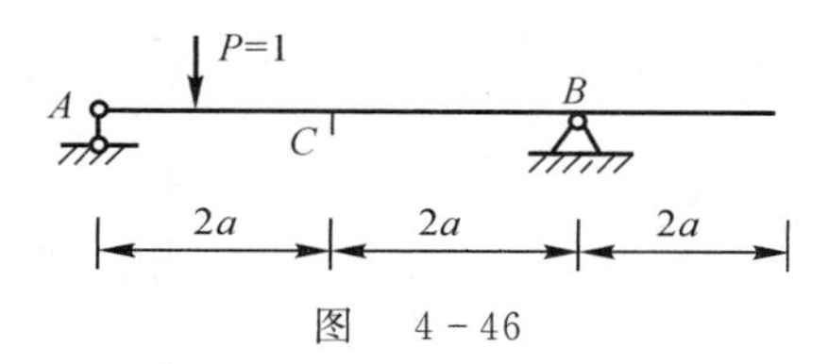

图 4-46

解 (1) 利用机动法,可画出 M_C 的影响线,如图 4-47(a) 所示。

(2) 剪力 $Q_{B左}$ 的影响线如图 4-47(b) 所示。

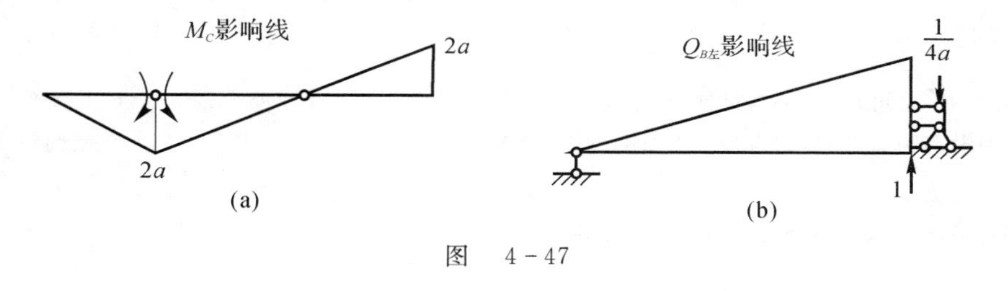

图 4-47

5.(武汉科技大学试题)单位荷载在 DE 范围内移动,绘制如图 4-48 所示结构 R_A,F_{SC},M_C 的影响线。

解 绘制 R_A,F_{SC},M_C 的影响线如图 4-49 所示。

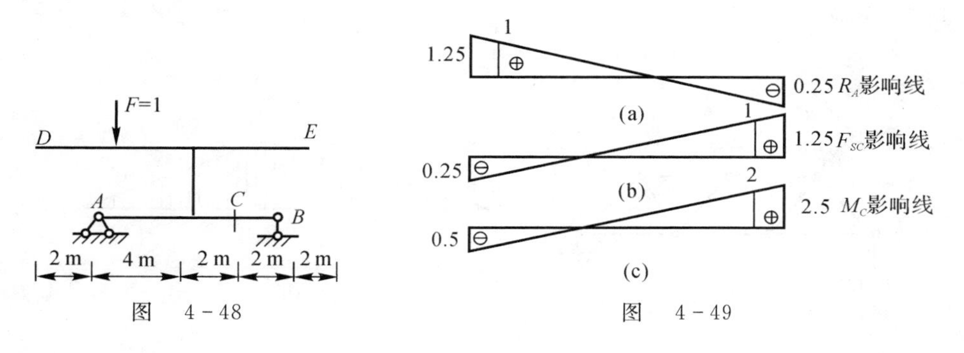

图 4-48　　　　图 4-49

6.(武汉科技大学试题)作图 4-50 所示结构 M_B,$Q_{E左}$ 影响线,单位荷载在纵梁 HG 范围内移动。

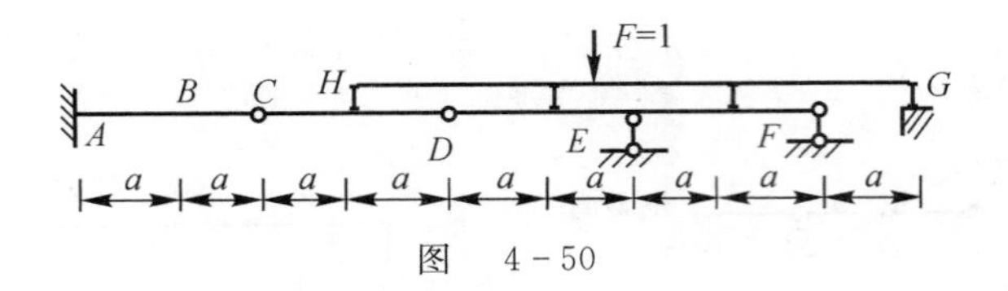

图 4-50

解 用机动法作的影响线如图 4-51 所示。

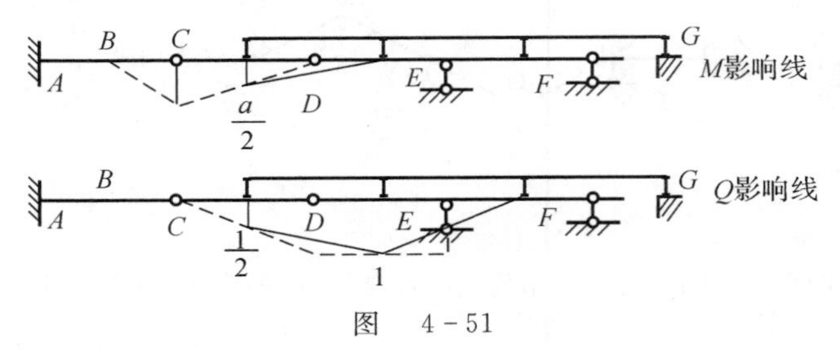

图 4-51

7.(浙江大学试题) 作图 4-52 所示结构杆 a 内力 N_a 的影响线,单位荷载 $P=1$ 在下弦杆移动。

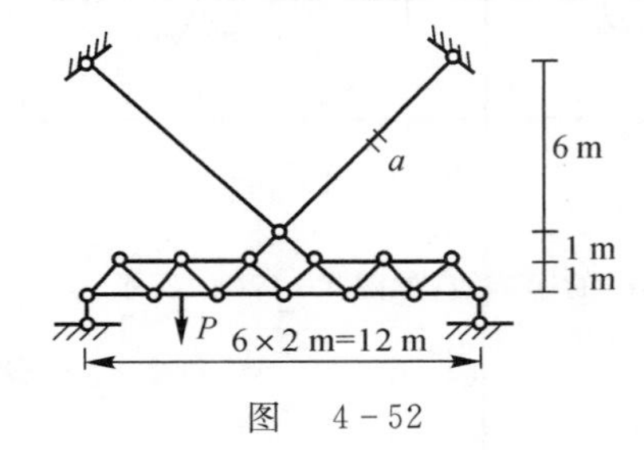

图 4-52

解 由图 4-52 可知,该结构对称,故结构的影响线也对称。设两个支座分别为 A,B,则易知,当 P 在 A,B 处时,a 杆中没有轴力,即竖标为零。由对称性知,影响线是两个三角形,只需求出当 P 在中间铰点处时的影响线即可。

取半结构如图 4-53(a) 所示。因取一半结构,可令 $P=\frac{1}{2}$。

由静力平衡条件,可求得

$$N_a=\frac{3}{2\sqrt{2}}$$

则绘制影响线图如图 4-53(b) 所示。

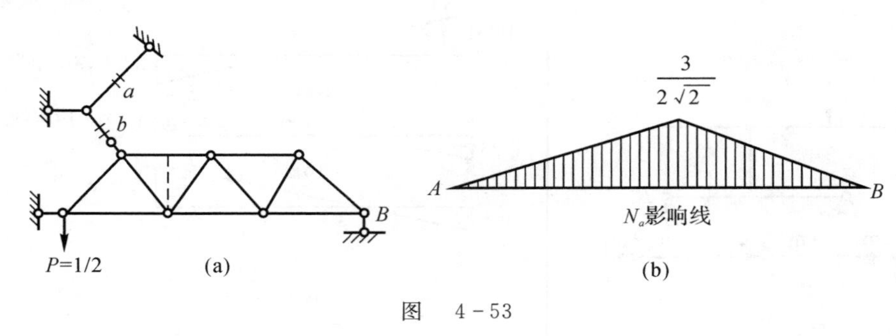

图 4-53

8.(浙江大学试题)作图4-54所示桁架杆件1当单位荷载分别在下弦杆和上弦杆移动时的内力影响线。

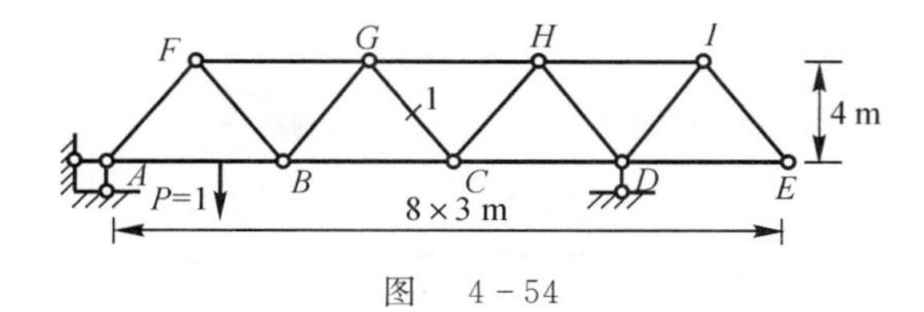

图 4-54

解 (1)当 $P=1$ 在上弦杆移动时,以 A 为坐标原点,向右为正,则由静力平衡条件可得

$$\sum M_D = 0:\quad \begin{cases} 4R_A - (6-x) = 0 & (3 \leqslant x \leqslant 6) \\ 4R_A + (x-6) = 0 & (6 < x \leqslant 18) \end{cases}$$

则有

$$R_A = \begin{cases} -\dfrac{x}{4} + \dfrac{3}{2} & (3 \leqslant x \leqslant 6) \\ -\dfrac{x}{4} + \dfrac{3}{2} & (6 < x \leqslant 18) \end{cases}$$

即

$$R_A = -\frac{x}{4} + \frac{3}{2} \quad (3 \leqslant x \leqslant 18)$$

同理,得

$$R_D = \frac{x}{18} \quad (3 \leqslant x \leqslant 18)$$

所以 R_A 和 R_D 的影响线如图4-55(a)(b)所示。

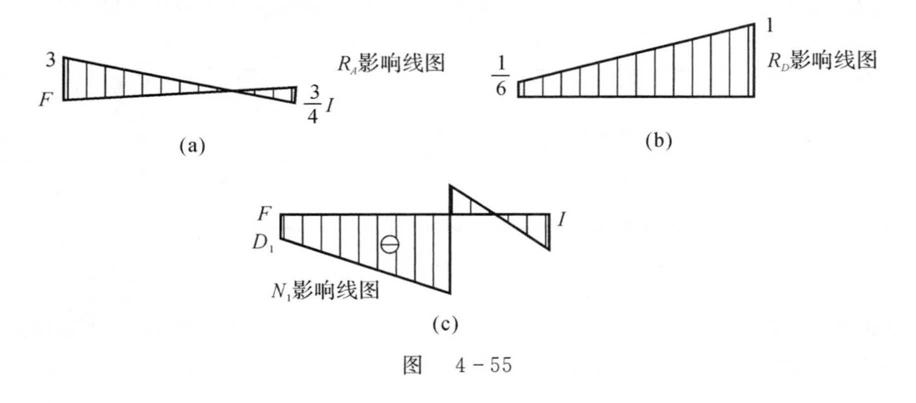

图 4-55

当单位荷载在 H 以左时,轴力 $N_1 = -\dfrac{5}{4}R_D$;在 C 点以右时,由静力平衡条件可得 $N_1 = \dfrac{5}{4}R_A$,则影响线如图4-55(c)所示。

(2)当单位荷载在下弦杆时,同理可求得 R_A,R_D 的影响线,如图4-56(a)(b)所示。

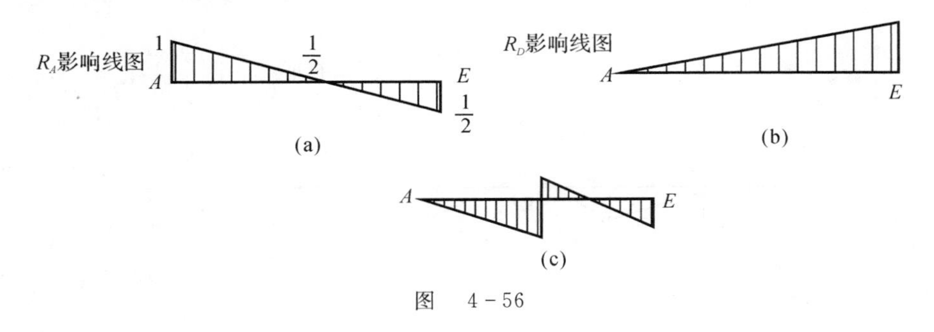

图 4-56

当单位荷载在 C 点以左时，轴力 $N_1=-\frac{5}{4}R_D$；在 C 点以右时，轴力 $N_1=\frac{5}{4}R_D$。影响线如图 4-56(c) 所示。

9.（西南交通大学试题）作图 4-57 所示结构的 M_E，M_F 影响线。

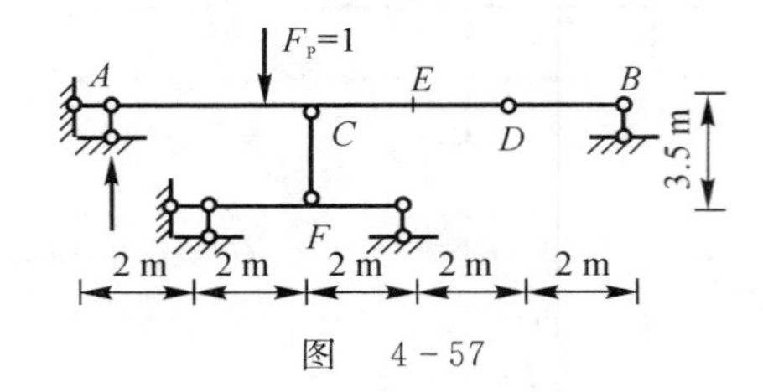

图 4-57

解 如图 4-58 所示。

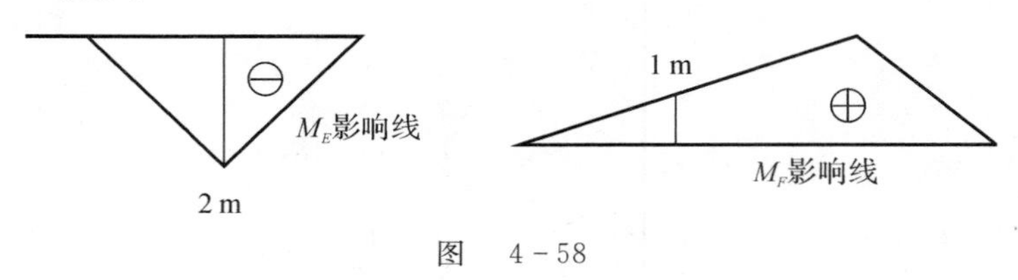

图 4-58

10.（东南大学试题）作图 4-59 所示结构 a 点的弯矩和剪力影响线，可不写分析过程。

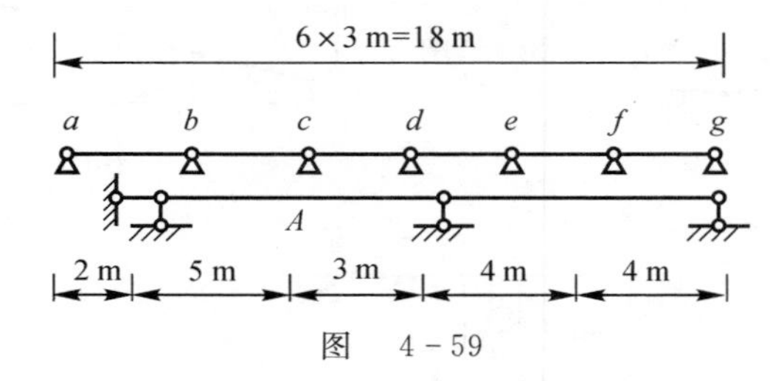

图 4-59

解 可利用机动法绘制。先绘制图 4-59 所示结构中下方连续梁的影响线图，然后再减掉由于存在 ag 而造成的减小值，即可画出弯矩的影响线，如图 4-60(a) 所示。

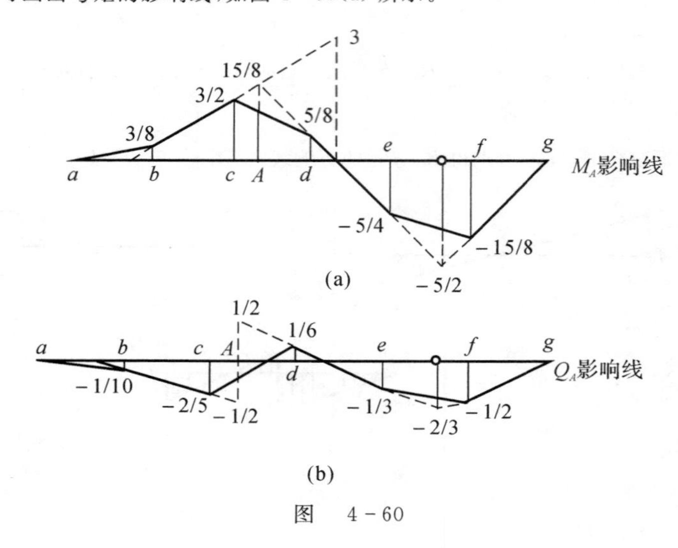

图 4-60

同理,可以画出剪力的影响线如图 4-60(b) 所示。

图 4-60 中,虚线表示由于存在 ag 而造成下面连续梁的影响线竖标的减小值。

11.(宁波大学试题) 作如图 4-61 所示结构的 M_K,Q_K 的影响线。单位力偶 $M=1$ 在 BC 上移动。

解 利用机动法可绘制出如图 4-62 所示影响线。

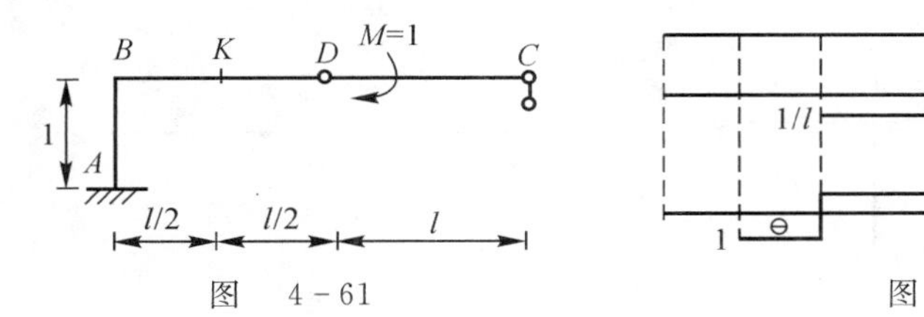

图 4-61　　　图 4-62

12.(福州大学试题) 试作如图 4-63 所示结构弯矩 M_1,剪力 Q_2 和轴力 N_3 影响线。

解 (1) 由如图 4-63 所示结构可知,两边的 T 形杆分别为结构的基本体系,而截面 1 在附属结构中,没有力的作用,不会对其内力产生影响,所以可按单跨静定梁来进行绘制,则 Q_1 和 M_1 的影响线如图 6-64 所示。

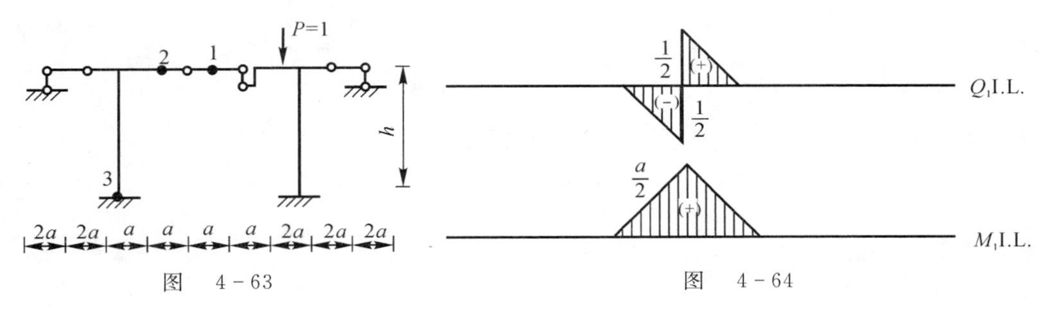

图 4-63　　　图 4-64

(2) 可用机动法绘制 Q_2 和 M_2 的影响线。将体系在截面 2 处断开,去掉相应的约束,如图 4-65 所示。

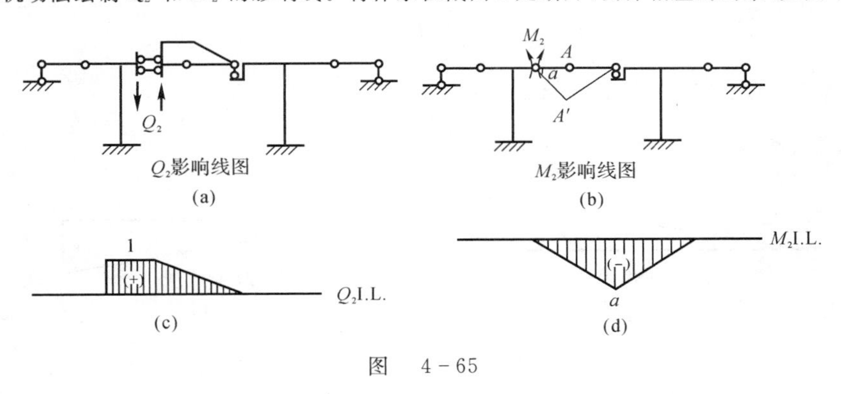

图 4-65

在力 Q_2 的作用下左侧为刚性静定结构,所以不会有位移,只有右侧的结构会产生位移。由于都是铰支连接,故易得影响线如图 4-65(c) 所示。

同理,在弯矩 M_2 的作用下也只有右侧有位移,影响线如图 4-65(d) 所示。

(3) 同样采用机动法来绘制 M_3 和 N_3 的影响线。去掉相应的约束,加上相应的支座,得影响线分别如图 4-66(a)(b) 所示。

设右侧受拉为正,T 形刚架绕 3 铰支转动时,会带动 A 点和 B 点位移,AB 也会转动单位角,故 A 点和 B 点的竖向位移分别为 $+2a$ 和 $-2a$,影响线如图 4-66(c) 所示。

画轴力的影响线时,设其正向做单位轴向虚位移。由于下端固定,T 形钢构只能向下平移单位虚位移,并带动 A 铰支和 B 铰支下移,影响线如图 4-66(d) 所示。

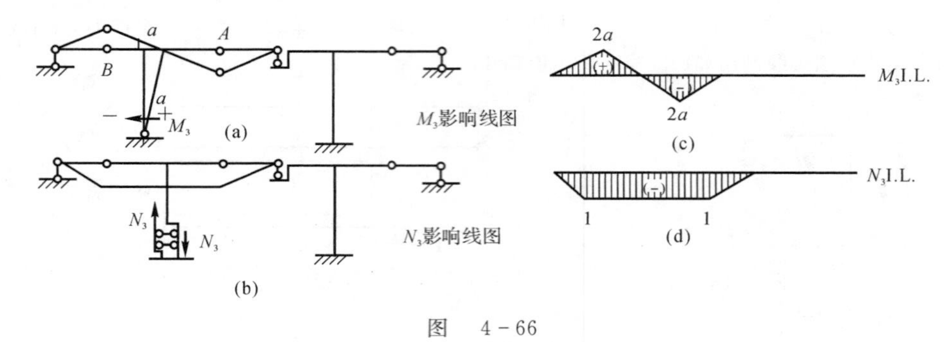

图 4-66

13.(西南交通大学试题)如图 4-67 所示竖向荷载在梁 EF 上移动,利用影响线求绝对值为最大的 M_C。

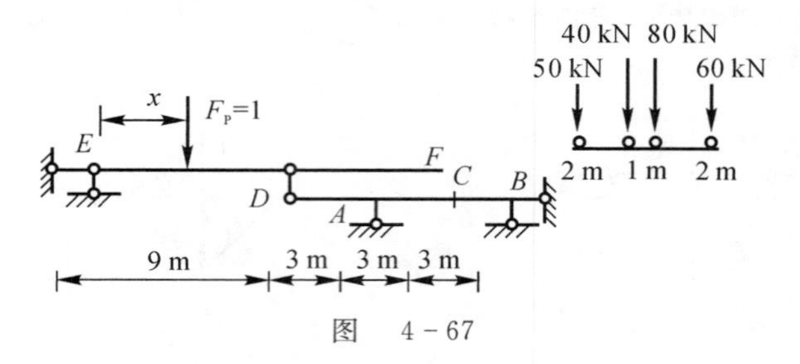

图 4-67

解 取 E 点为原点,向右为正,则可求得支座 D 处的反力为

$$F_D = \frac{x}{3a}$$

进而求得支座 A 处的竖直反力为

$$F_{Ay} = \frac{3F_D}{2} = \frac{x}{2a}$$

绘制此时的影响线如图 4-68(a) 所示。

支座 C 处的弯矩为 $M_C = \frac{x}{6a}$,绘制影响线如图 4-68(b) 所示。

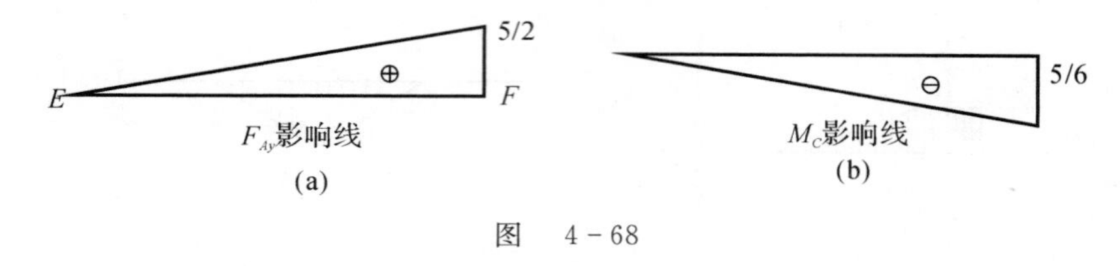

图 4-68

由于上式中 $a=3m$,所以可求得 C 截面的最大弯矩为

$$M_{C\max} = -486.67\ \text{kN}\cdot\text{m}$$

14.(北京工业大学试题)求图 4-69 所示桥梁(主次梁)结构 D 点右侧剪力 $F_{QD右}$ 的影响线,并计算图中移动荷载载引起的 $F_{QD右}$ 的最大值。

解 基本结构受力图如图 4-70(a) 所示。由静力平衡条件可解得

$$F_A = \frac{2-x}{2},\quad F_B = \frac{x}{2}$$

可画出 $F_{Q右}$ 的影响线如图 4-70(b) 所示。

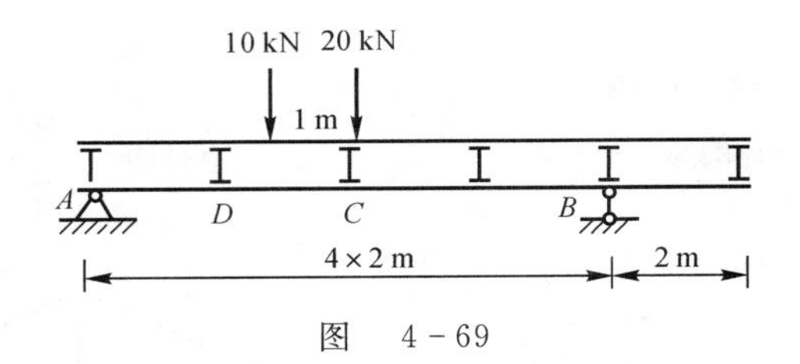

图 4-69

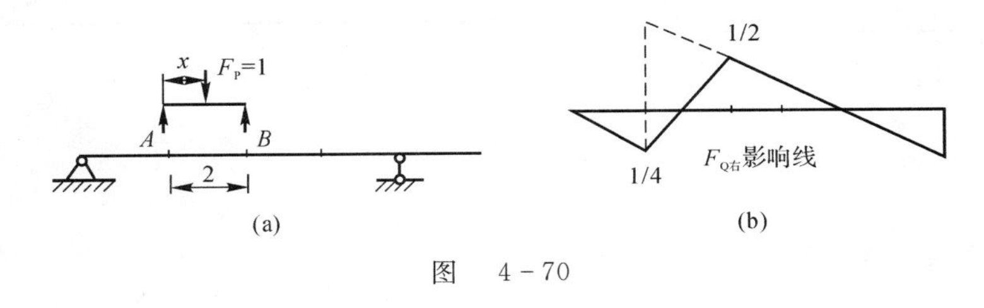

图 4-70

以 $P = 20$ kN 为临界荷载，满足判别式 $30 \geqslant 0$ kN，$10 \leqslant 20$ kN，故 $P = 20$ kN 为临界荷载。则最大剪力为

$$F_{Q右\max} = (10 + 20) - \frac{10 \times 3 + 20 \times 4}{8} = 12.5 \text{ kN}$$

15.（国防科技大学试题）如图 4-71 所示为 12 m 跨度简支梁及移动荷载，试求梁中点截面 C 发生的最大弯矩值及相应的荷载位置。

解 （1）设 $P_1 = 60$ kN 为临界荷载，代入判别式，得

$$P_1 \geqslant P_2 + P_3 = 60 \text{ kN}$$

$$0 \leqslant P_1 + P_2 + P_3 = 120 \text{ kN}$$

满足临界荷载条件，所以 P_1 为临界荷载。同理可知，其他位置不是临界荷载。

（2）计算移动荷载等效合力 F_R，则有

$$F_R = \sum_{i=1}^{3} P_i = 120 \text{ kN}$$

以 P_1 为矩心，设 F_R 到 P_1 的距离为 a，有

$$F_R a = P_2 \times 4 + P_3 \times 8 = 360$$

故得有 $a = 3$。

（3）将临界荷载 F_R 和等效荷载合力放在梁中点心的对称位置处，如图 4-72 所示。

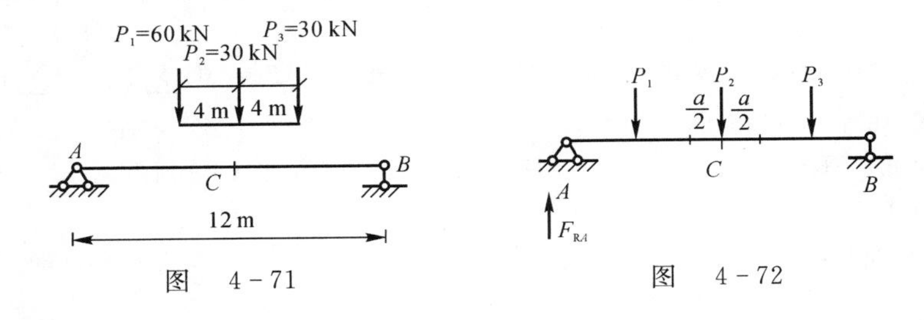

图 4-71

图 4-72

对 B 取矩，可得

$$\sum M_B = 0, \quad F_{RA} = \frac{1}{12} \times 120 \times (6 - 1.5) = 45 \text{ kN}$$

故得最大弯矩为

$$M_{C\max} = 45 \times (61 - 4) - 60 \times 4 = 210 \text{ kN} \cdot \text{m}$$

16.（西南交通大学试题）作如图 4-73 所示梁中点 C 的弯矩影响线，并求在移动系列荷载作用下梁中点的

弯矩最大值。

解 (1) 首先画出截面 C 在弯矩作用下的影响线，如图 4-74 所示。

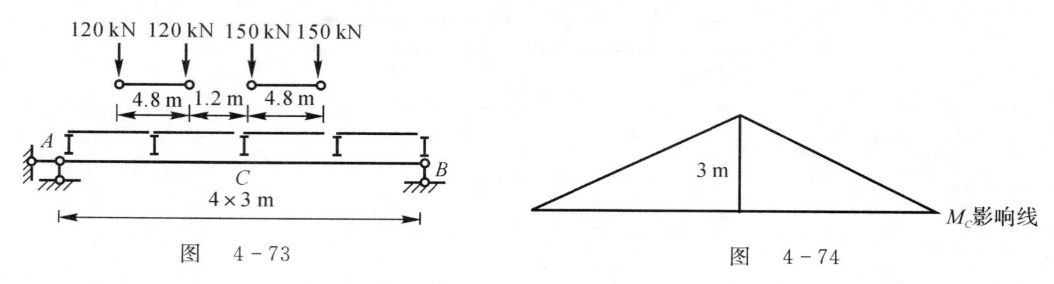

图 4-73　　　图 4-74

(2) 求支座反力，其求解结果为

$$F_{Ax}=0,\quad F_{Ay}=285\ \mathrm{kN},\quad F_{By}=255\ \mathrm{kN}$$

经过判别，系统的临界荷载为

$$F_K=F_3=150\ \mathrm{kN}$$

故最大弯矩为

$$M_{C\max}=828\ \mathrm{kN\cdot m}$$

4.4 习题精选详解

4-1 试用静力法作图中：

(a) F_{yA}，M_A，M_C 及 F_{QC} 的影响线。

(b) 斜梁 F_{yA}，M_C，F_{QC}，F_{NC} 的影响线。

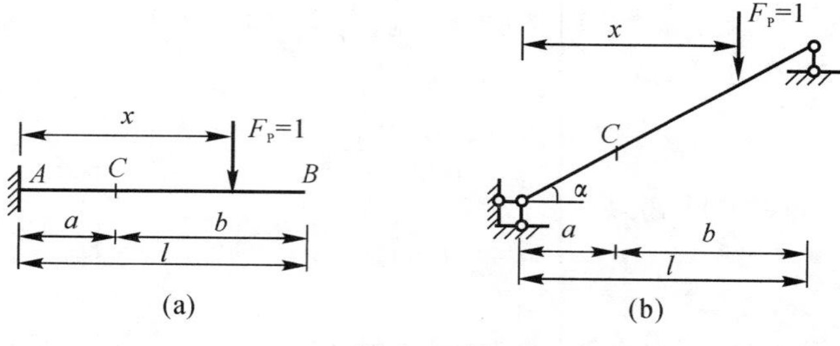

题 4-1 图

解 (a)(1) F_{yA} 的影响线。如解题 4-1(a) 图(ⅰ) 所示，由于 $\sum F_y=0$，$\sum F_{yA}=\sum F_P=1$，所以 F_{yA} 的影响线与 x 无关，如解 4-1(a) 图(ⅱ) 所示。

(2) M_A 的影响线。$M_A=-F_P\cdot x=-x$ 斜率 -1，如解 4-1(a) 图(ⅲ) 所示。

(3) M_C 的影响线。

当 F_P 作用在 C 左时，$M_C=0$。

当 F_P 作用在 C 右时，$M_C=-F_P(x-a)=-(x-a)$。

其中 $l\geqslant x\geqslant a\geqslant$，影响线如解 4-1(a) 图(ⅳ) 所示。

(4) F_{QC} 的影响线。

当 F_P 作用在 C 左时，$F_{QC}=0$。

当 F_P 作用在 C 右时，$F_{QC}=-F_P=1$。

其影响线如解 4-1(a) 图(ⅴ) 所示。

(b)(1) F_{yA} 的影响线。

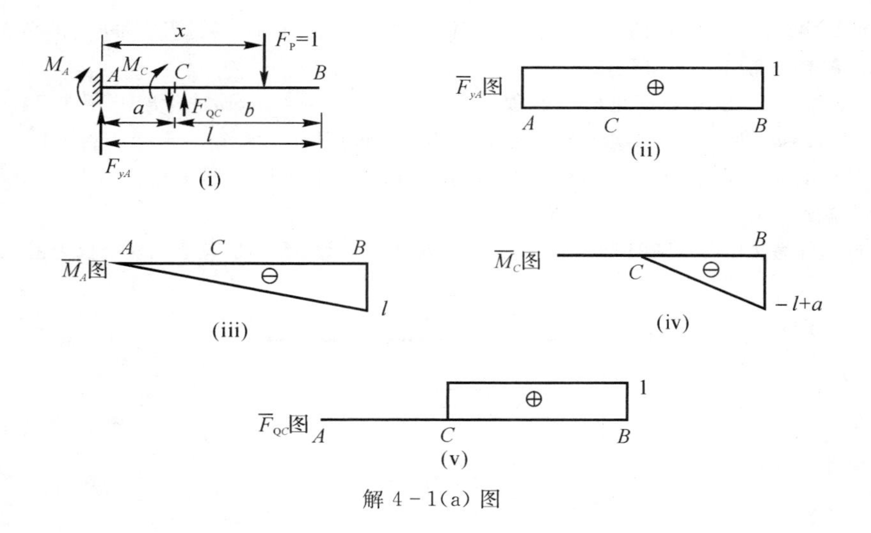

解 4-1(a) 图

如解 4-1(b) 图(ⅰ)所示，$\sum M_B = 0, -F_{yA} \cdot l + F_P(l-x) = 0$，则

$$F_{yA} = \frac{l-x}{l}$$

当 $x=0$ 时，$F_{yA}=1$；当 $x=l$ 时，$F_{yA}=0$。

其影响线如解 4-1(b) 图(ⅱ)所示。

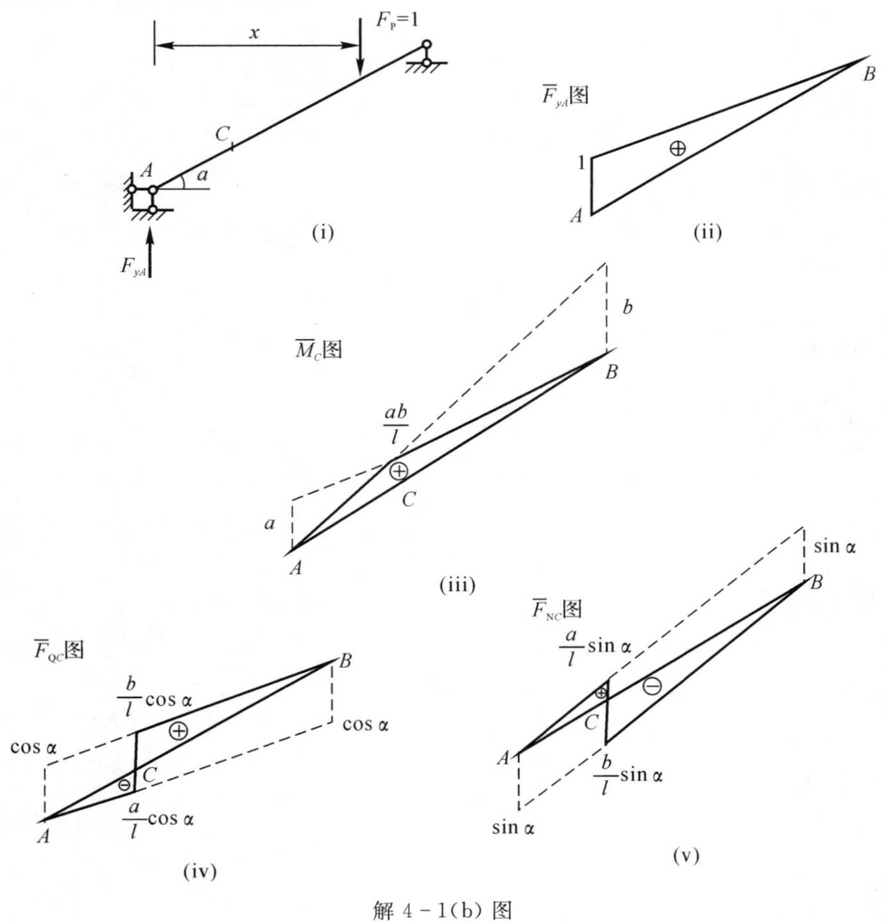

解 4-1(b) 图

(2)M_C 的影响线。同理,M_C 的影响线也和水平简支梁的影响线相同,通过 F_{yA} 和 F_{yB} 的影响线分别乘以系数 a 和 b,如解4-1(b)图(ⅲ)所示。

(3)F_{QC} 的影响线。当 F_P 作用在 C 左时,取 C 右计算,得 $F_{QC}=F_{yB}\cos\alpha$。当 F_P 作用在 C 右时,取 C 左计算,得 $F_{QC}=F_{yA}\cos\alpha$。所以 F_{QC} 的影响线如解 4-1(b) 图(ⅳ)所示。

(4)F_{NC} 的影响线。同理,当 F_P 作用在 C 左时,$F_{NC}=F_{yB}\sin\alpha$。当 F_P 作用在 C 右时,得 $F_{NC}=-F_{yA}\sin\alpha$。所以,F_{NC} 的影响线如解 4-1(b) 图(ⅴ)所示。

4-3 试用静力法作图示刚架 M_A,F_{yA},M_K,F_{QK} 影响线。设 M_A,M_K 均以内侧受拉为正。

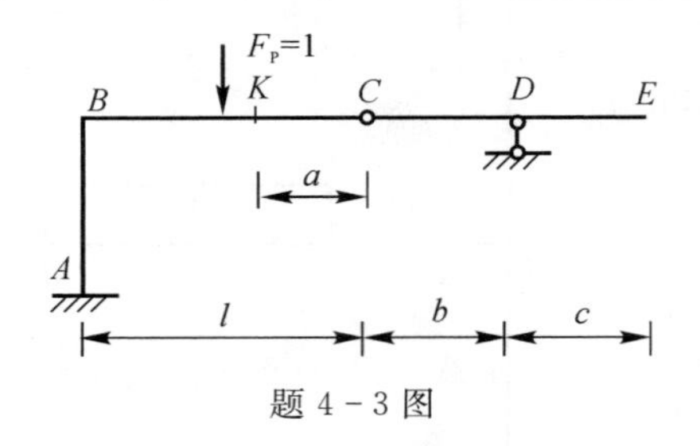

题 4-3 图

解 如解 4-3 图(a)所示,M_A,F_{yA},M_K,F_{QK} 都属于基本部分,所以其影响线对基本部分刚架来说就是其本身影响线。而对于附属部分来说,影响线是一直线,可以直接画出,也可通过计算画其影响线。

(1) 当 F_P 作用在 AC 段时,有

$$M_A=-F_Px=-x$$

$$F_{yA}=F_P=1$$

$$M_K=\begin{cases}0 & (F_P\text{ 作用在 }K\text{ 左})\\ -F_P\cdot x=x & (F_P\text{ 作用在 }K\text{ 右})\end{cases}$$

$$F_{QK}=\begin{cases}0 & (F_P\text{ 作用在 }K\text{ 左})\\ F_P=1 & (F_P\text{ 作用在 }K\text{ 右})\end{cases}$$

(2) 当 F_P 作用在 CD 段时,有

$$F_{yD}=\frac{x}{b}(b\geqslant x\geqslant 0),\quad F_{yC}=\frac{b-x}{b}(b\geqslant x\geqslant 0)$$

则
$$M_A=-F_{yC}\cdot l=\frac{b-x}{b}\cdot l$$

当 $x=0$ 时,有

$$M_A=-l$$

当 $x=b$ 时,有

$$M_A=0,\quad F_{yA}=F_{yC}=\frac{b-x}{b}$$

当 $x=0$ 时,有

$$F_{yA}=1$$

当 $x=b$ 时,有

$$F_{yA}=0,\quad M_K=-F_{yC}\times a=-\frac{b-x}{b}\cdot a$$

$x=0$ 时,有

$$M_K=-a$$

当 $x=b$ 时,有

$$M_K=0,\quad F_{QK}=F_{yC}=\frac{b-x}{b}$$

当 $x=0$ 时，有

$$F_{QK}=1$$

当 $x=b$ 时，有

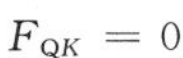

$$F_{QK}=0$$

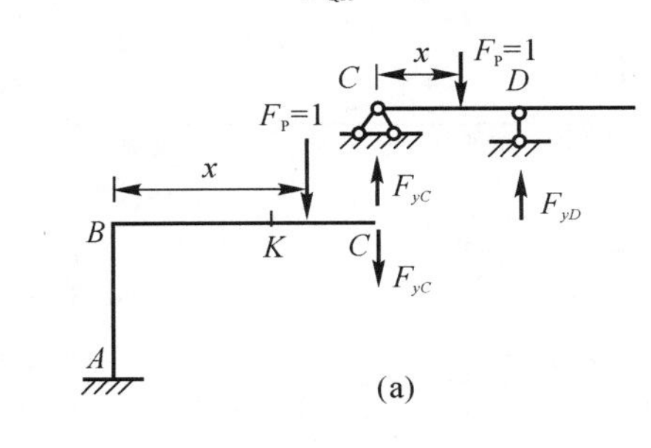

(a)

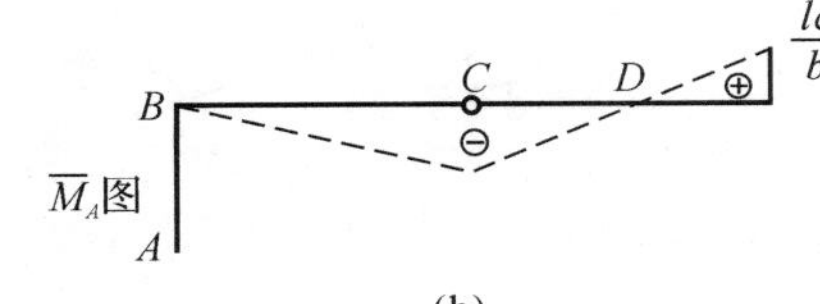

(b)

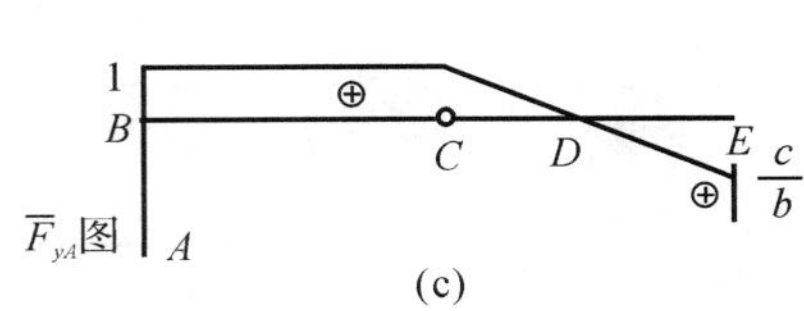

(c)

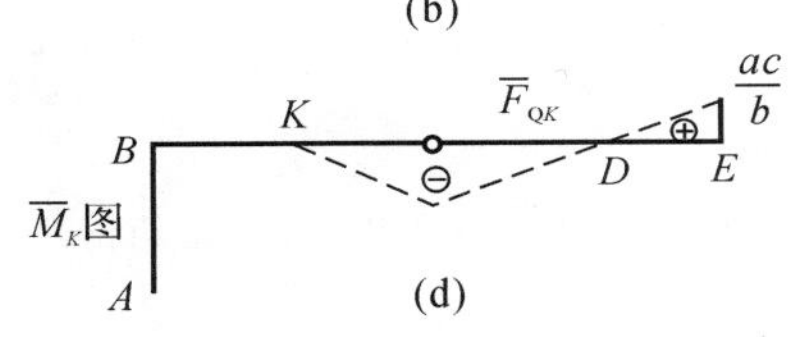

(d)

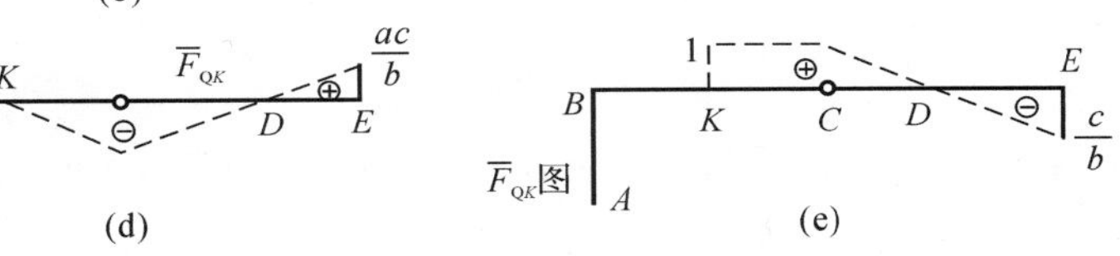

(e)

解 4-3 图

(3) DE 段属于悬挑部分，只需将 CD 段影响线延长即可。所以其影响如解 4-3 图(b)～(e) 所示。

4-4　试用机动法作图中 M_E，F_{QB}^L，F_{QB}^R 的影响线。注意：

(1) δ_z 是广义位移，必须与撤去的约束相应。

(2) $\delta(x)$ 必须符合约束条件。

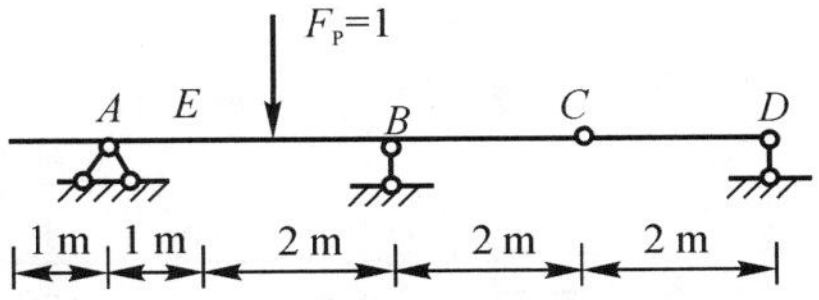

F_P=1　A　E　B　C　D　1 m　1 m　2 m　2 m　2 m

题 4-4 图

解　(1) M_E 的影响线。撤去相应约束，其结构和位移图如解 4-4 图(a)(b) 所示。

令
$$\delta_z=\alpha+\beta=\frac{a}{1}+\frac{a}{2}=\frac{3}{2}a=1$$

则
$$a=\frac{2}{3}$$

根据几何关系，可得其影响线，如解图 4-4(c) 所示。

(2) F_{QB}^L 的影响线。撤去相应约束，结构和位移图如解 4-4 图(a)(e) 所示。其中，当 F_P 作用在 AB 段时，F_{QB} 方向应向下，在 B 点传递一个顺时针方向弯矩，使 BC 段向下位移且切口两边梁位移后保持平行，所以根据几何关系得其影响线如解 4-4 图(5) 所示。

(3) F_{QB}^R 的影响线。

撤去相应约束，结构和位移图如解 4-4 图(g)(h)所示。F_{QB}^{R} 可以使 BD 段向上位移，但 AB 部分属基本部分，几何不变，即使有弯矩传递也不会发生位移，所以可得其影响线(见解 4-4 图(ⅰ))。

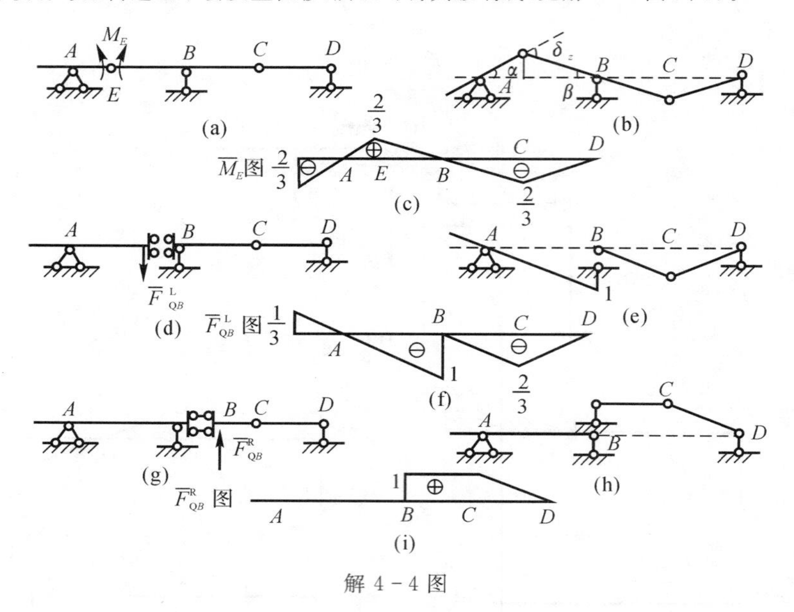

解 4-4 图

温馨提示：机动法作影响线应注意几何分析与影响线的关系：几何分析中，应从结构附属部分受力对基本部分有影响；而作影响线时，单位力作用于基本部分时才对附属部分没有影响。

4-5　试用机动法作图中：

(a) M_C，F_{QC} 的影响线。

注意：主梁虚位移图与荷载作用点位移图的区别。

(b) 单位移动旁偶 $M=1$ 作用下 F_{RA}，F_{RB}，M_C，F_{QC} 的影响线。

注意：与 $M=1$ 相应的位移是转角 $\theta(x)$，$\theta(x)$ 与 $F_P=l$ 作用下 $\delta_P(x)$ 的关系为 $\theta(x)=\dfrac{d\delta_P}{dx}$。

(c) 单位水平移动荷载作用下 F_{xA}，F_{yA}，M，F_{QC} 的影响线。

注意：$\delta(x)$ 的方向必须与荷载方向一致，故应在位移图中找出水平位移分量。

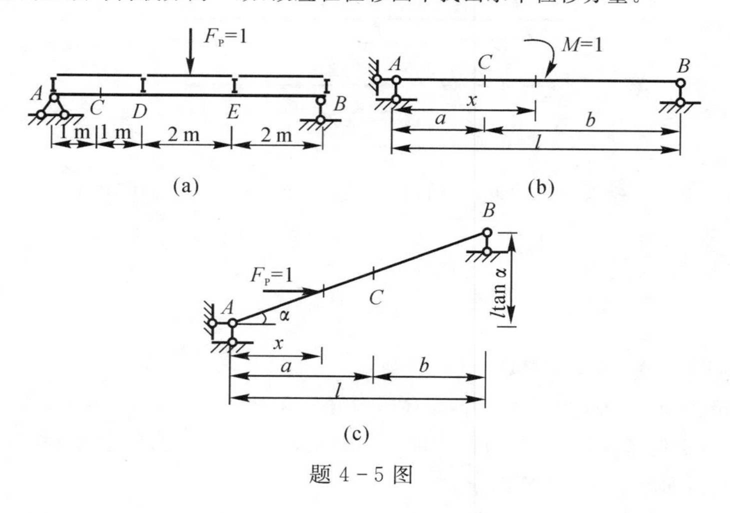

题 4-5 图

解 (a) 解 4－5 图(a) 中虚线为主梁虚位移图。

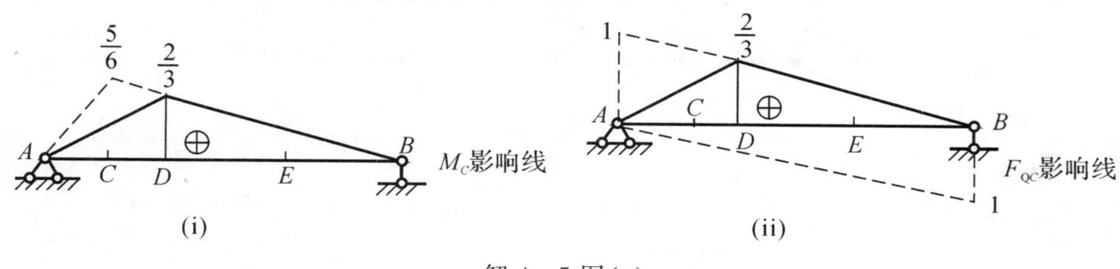

解 4－5 图(a)

(b) 当 $M=1$ 作用在 x 处时,有

$$F_{RA}=-\frac{1}{l},\quad F_{RB}=-\frac{1}{l}$$

二者影响线如解 4－5 图(b)(ⅰ)(ⅱ) 所示,M_C,F_{QC} 影响如解 4－5 图(b)(ⅲ)(ⅳ) 所示。

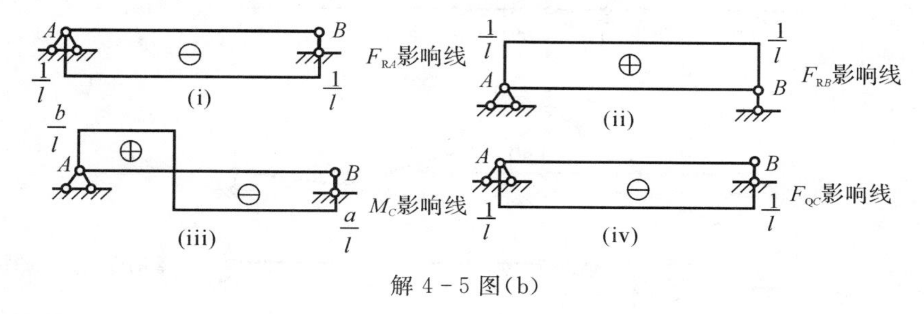

解 4－5 图(b)

(c) 当 $F_P=1$ 作用在 x 处时,有

$$F_{xA}=1(\leftarrow),\quad F_{yA}=\frac{x\tan\alpha}{l}(\downarrow)$$

二者影响线如解 4－5 图(c)(ⅰ)(ⅱ) 所示,M_C,F_{QC} 影响线如解 4－5 图(c)(ⅲ)(ⅳ) 所示。

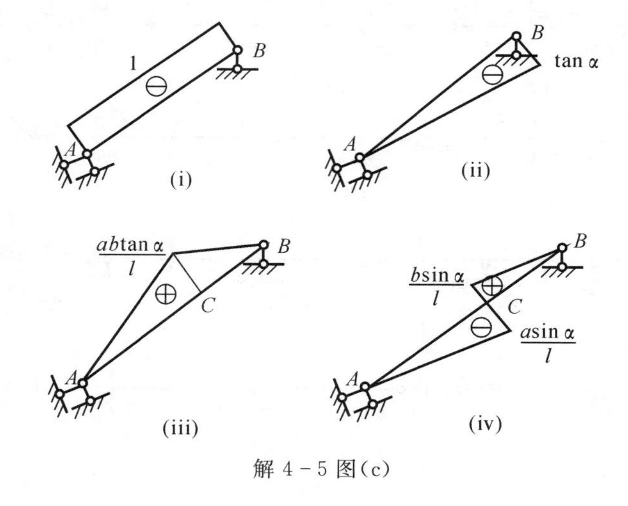

解 4－5 图(c)

温馨提示:机动法作静定内力影响线,应从结构中撤去 Z 相应约束,则荷载作用点的竖向位移图与 Z 的影响线成正比。

4－7 试用静力法作图示静定多跨梁 F_{RA},F_{RC},F_{QB}^{L},F_{QB}^{R} 和 M_F,F_{QF},M_G,F_{QG} 的影响线。

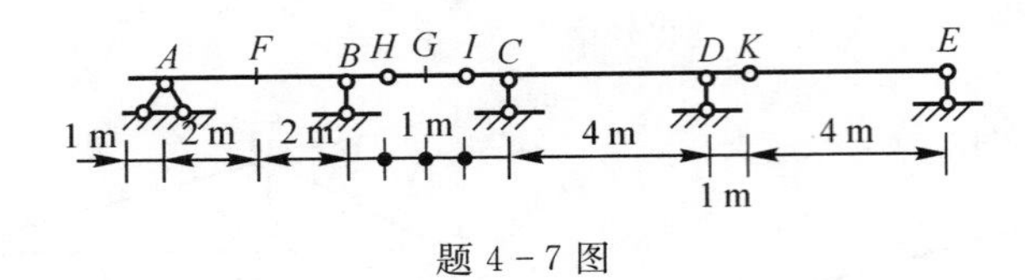

题 4-7 图

解　(1 求 F_{RA}。当 $F_P=1$ 作用在 IE 段时，$F_{RA}=0$；当 $F_P=1$ 作用在 AH 段时，有

$$\sum M_B=0,\quad F_{RA}\times 4=(5-x)\times 1$$

即

$$F_{RA}=\frac{5-x}{4}$$

从而可作 F_{RA} 影响线，如解 4-7 图(a) 所示。

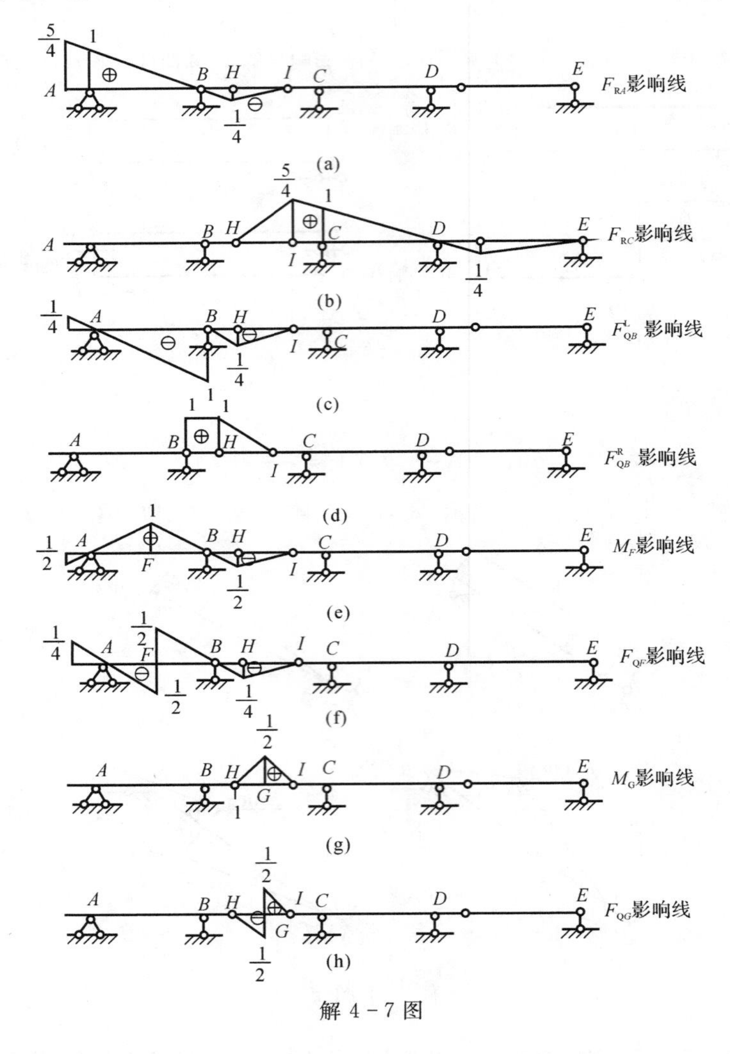

解 4-7 图

(2) 同理，可作 F_{RC} 影响线，如解 4-7 图(b) 所示。

(3) 求 F_{QB}^{L}。当 $F_P=1$ 作用于 AB 段时，有

$$F_{QB}^{L}=-F_{RB}=-\frac{x-1}{4}=\frac{1-x}{4}$$

同理可以分析 $F_P=1$ 作用于其他梁段时的情况，从而作 F_{QB}^{L} 影响线如解 4－7 图(c) 所示。

同理，可作 F_{QB}^{R} 影响线，如解 4－7 图(d) 所示，同理，其他影响线也可作出，分别如图解 4－7 图(e)～(h) 所示。

4－8 试用静力法作图示静定多跨梁 F_{RA}，F_{RB}，M_A 的影响线。

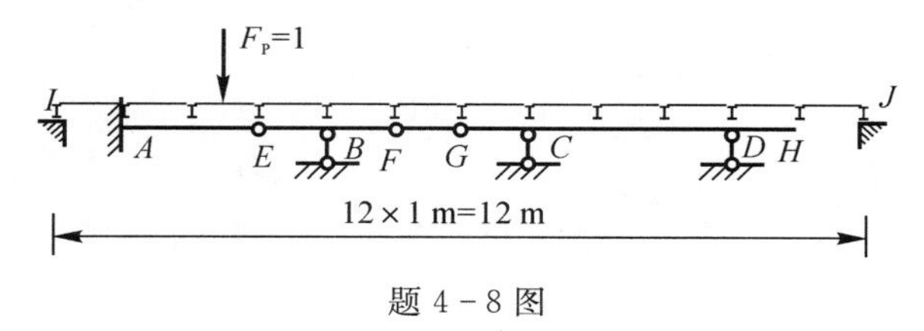

题 4－8 图

解 结点荷载作用下梁的影响线如解 4－8 图所示。

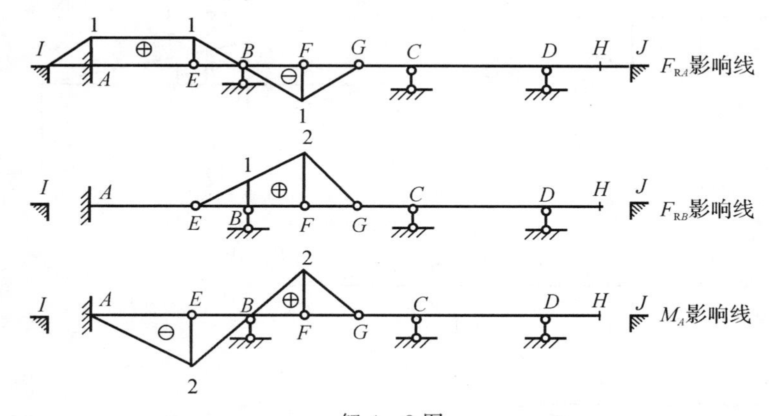

解 4－8 图

4－9 试用静力法作图示桁架轴力 F_{N1}，F_{N2}，F_{N3} 的影响线(荷载分为上承、下承两种情形)。

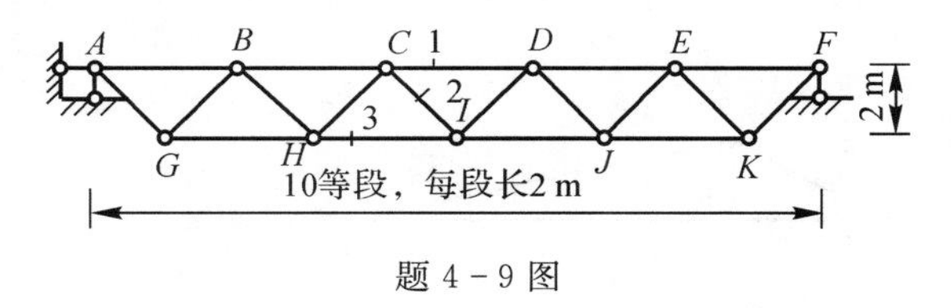

题 4－9 图

解 (1) 当荷载为上承时：

1) 求 F_{N1} 影响线。当 $F_P=1$ 作用于 C 左侧时，有

$$\sum M_I=0,\quad F_{N1}\times 2+F_{RF}\times 5\times 2=0$$

即

$$F_{N1}=-5F_{RF}$$

当 $F_P=1$ 作用于 D 右侧时，有

$$\sum M_I=0,\quad F_{N1}\times 2+F_{RA}\times 5\times 2=0$$

即

$$F_{N1}=-5F_{RA}$$

可作 F_{N1} 影响线，如解 4－9 图(a) 所示。

2)F_{N2} 影响线。当 $F_P=1$ 作用于 C 左侧时，有

$$F_{N2y}=-F_{RF},\quad F_{N2}=-\sqrt{2}F_{RF}$$

当 $F_P = 1$ 作用于 C 右侧时，有

$$F_{N2y} = -F_{RA}, \quad F_{N2} = -\sqrt{2} F_{RA}$$

从而可作 F_{N2} 影响线，如解 4－9 图(b) 所示。

3) 求 F_{N3} 影响线。当 $F_P = 1$ 作用于 C 左侧时，有

$$\sum M_C = 0, \quad F_{N3} \times 2 + F_{RF} \times 6 \times 2$$

即
$$F_{N3} = 6F_{RF}$$

当 $F_P = 1$ 作用于 C 右侧时，有

$$\sum M_C = 0, \quad F_{N3} \times 2 + F_{RA} \times 4 \times 2$$

即
$$F_{N3} = 4F_{RA}$$

从而可作 F_{N3} 影响线，如解 4－9 图(c) 所示。

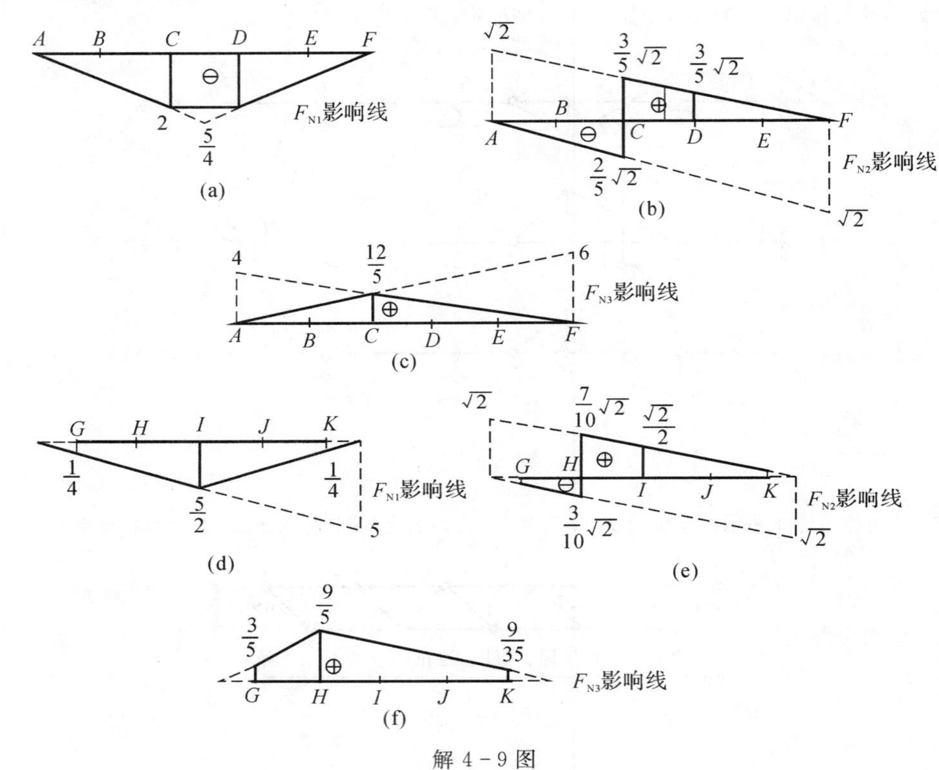

解 4－9 图

(2) 当荷载为下承时。

1) F_{N1} 影响线。当 $F_P = 1$ 作用于 I 点左侧时，有

$$\sum M_I = 0, \quad F_{N1} \times 2 = F_{RF} \times 5 \times 2 = 0$$

即
$$F_{N1} = -5F_{RF}$$

当 $F_P = 1$ 作用于 I 点右侧时，有

$$\sum M_I = 0, \quad F_{N1} \times 2 + F_{RA} \times 5 \times 2 = 0$$

即
$$F_{N1} = -5F_{RA}$$

从而可作 F_{N1} 影响线，如解 4－9 图(d) 所示。

2) 同理可得 F_{N2}，F_{N3} 影响线，分别如解 4－9 图(e)(f) 所示。

温馨提示：用静力法作桁架轴力影响线，其基础仍然是截面法和结点法。静力法的基本计算步骤是不变的，只是在桁架影响线计算中要注意取矩和取结点的技巧。

4-11 试作图示组合结构 F_{N1},F_{N2},F_{NDA},F_{QD}^{L}、F_{QD}^{R} 的影响线。

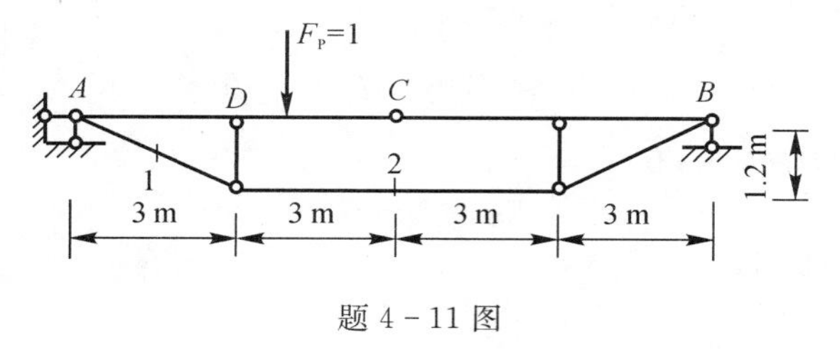

题 4-11 图

解 (1) 由

$$F_{N2}=\begin{cases}5F_{RB}, & F_P=1 \text{ 作用于 } C \text{ 左侧} \\ 5F_{RA}, & F_P=1 \text{ 作用于 } C \text{ 右侧}\end{cases}$$

可得 F_{N2} 影响线，如解 4-11 图(a) 所示。

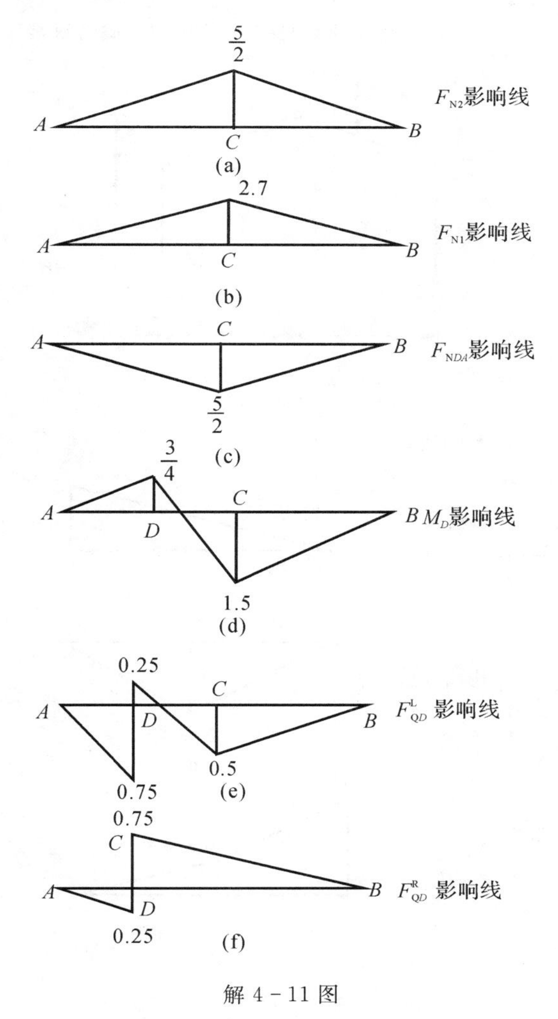

解 4-11 图

(2) 由

$$F_{N1}=\frac{\sqrt{1.2^2+3^2}}{3}F_{N2}=1.077F_{N2}$$

可得 F_{N1} 影响线，如解 4－11 图(b) 所示。

(3) $F_{NDA}=-F_{N1}\times\frac{3}{1.2^2+3^2}=-F_{N2}$，影响线图如解 4－11 图(c) 所示。

(4) 当 $F_P=1$ 作用于 D 左侧时，有

$$M_D=F_{RB}\times 9-F_{N2}\times 1.2$$

当 $F_P=1$ 作用于 D 右侧时，有

$$M_D=3F_{RA}-F_{N2}\times 1.2$$

可作 M_D 影响线，如解 4－11 图(d) 所示。

(5) 对于 F_{QD} 影响线，与(4) 同理，分为两段讨论。可得

$$F_{QD}^{L}=\begin{cases}-F_{N1y}-F_{RB}, & AD\text{ 段}\\ F_{RA}-F_{N1y}, & DB\text{ 段}\end{cases},\quad F_{QD}^{R}=\begin{cases}F_{RB}, & AD\text{ 段}\\ F_{RA}, & DB\text{ 段}\end{cases}$$

如解 4－11(e)(f) 所示所示。

4－12　试作图示门式刚架 M_D，F_{QDA}，F_{QDC} 的影响线，单位竖向荷载沿斜梁移动。

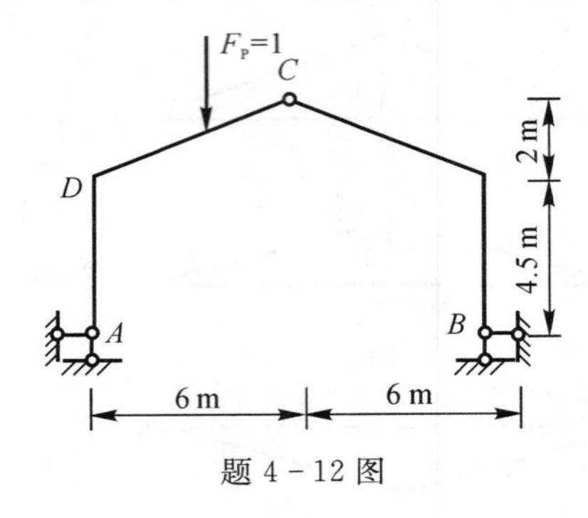

题 4－12 图

解　求得水平推力 F_{HA}，F_{HB} 影响线，分别如解 4－12 图(a)(b) 所示(以向内为正)。

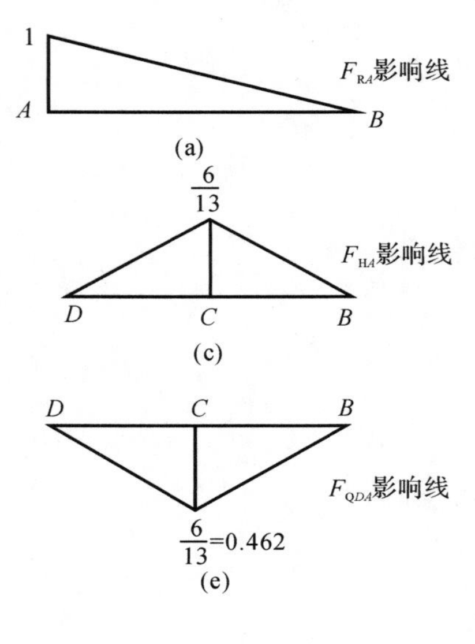

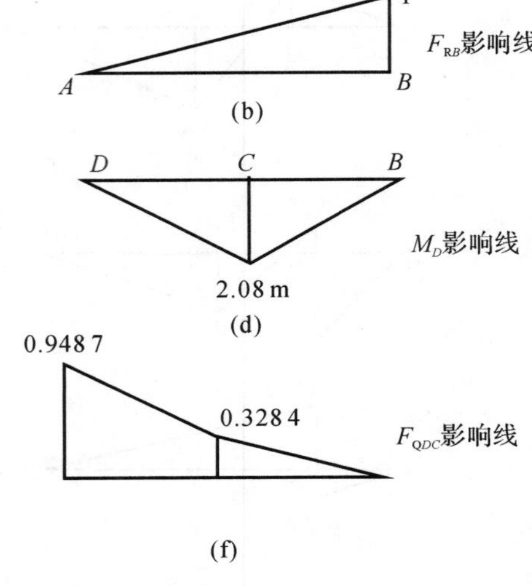

D　α　F_{HA}　A　F_{RA}

(g)

解 4－12 图

$$F_{NA}=\begin{cases}\dfrac{12}{13}F_{RB}, & F_P=1\text{ 作用在 }DC\text{ 段}\\ \dfrac{12}{13}F_{RA}, & F_P=1\text{ 作用在 }CB\text{ 段}\end{cases}$$

可作 F_{HA} 影响线($F_{HA}=F_{HB}$),如解 4-12 图(c) 所示。

又 $M_D=-F_{HA}\times4.5$,从而可得 M_D 影响线,如解 4-12 图(d) 所示。由

$$F_{QDA}=-F_{HA}$$

可作 F_{QDA} 影响线,如解 4-12 图(e) 所示,有

$$F_{QDC}=F_{RA}\cdot\cos\alpha-F_{HA}\cdot\sin\alpha=\frac{3}{\sqrt{10}}F_{RA}-\frac{1}{\sqrt{10}}F_{HA}$$

可作 F_{QDC} 影响线,如解 4-12 图(f) 所示。

注:$\cos\alpha$ 的求法如解 4-12 图(g) 所示,有

$$\cos\alpha=\frac{6}{\sqrt{6^2+2^2}}=\frac{6}{\sqrt{40}}=\frac{3}{\sqrt{10}}\sin\alpha=-\frac{1}{\sqrt{10}}$$

温馨提示:水平推力影响线简单易求,故先求出水平推力影响线,再利用它可求得其他待求影响线。

4-15 试用影响线求在所示荷载作用下的 F_{yA},F_{yB},F_{QC},M_C。

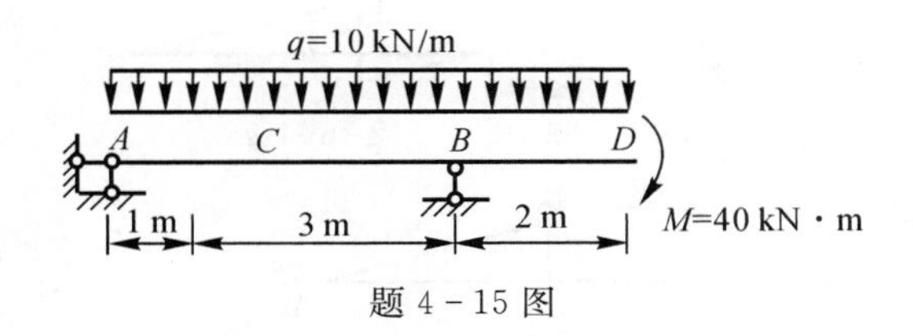

题 4-15 图

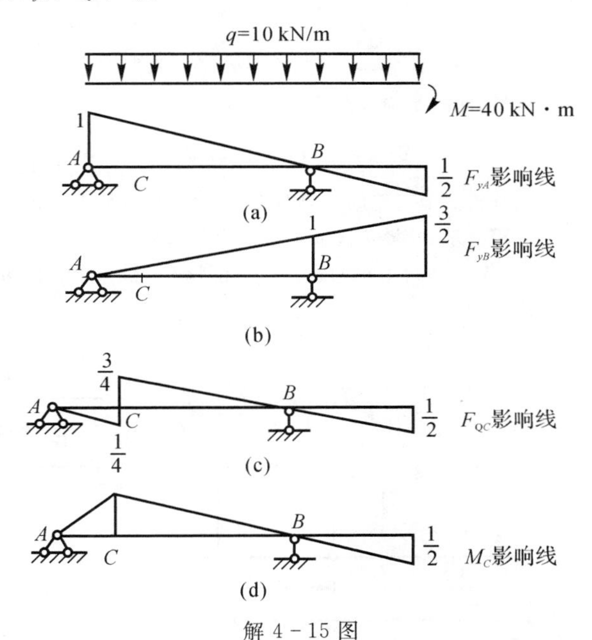

解 4-15 图

解 先作作影响线图,如解 4-15 图所示,则有

(1)$F_{yA}=\left(\frac{1}{2}\times4\times1-\frac{1}{2}\times2\times\frac{1}{2}\right)\times10-40\times\frac{1}{4}=15-10=5\text{ kN}(\uparrow)$

(2)$F_{yB}=\left(\frac{1}{2}\times6\times\frac{3}{2}\right)\times10+40\times\frac{1}{4}=55\text{ kN}(\uparrow)$

(3)$F_{QC}=\left(-\frac{1}{2}\times1\times\frac{1}{4}+\frac{1}{2}\times3\times\frac{3}{4}-\frac{1}{2}\times2\times\frac{1}{2}\right)\times10-40\times\frac{1}{4}=-5\text{ kN}$

(4)$M_C=\left(\frac{1}{2}\times4\times\frac{3}{4}-\frac{1}{2}\times2\times\frac{1}{2}\right)\times10-\frac{1}{4}\times40=0$

4-16 试求图示车队荷载,在影响线 Z 上的最不利位置和 Z 的绝对最大值。

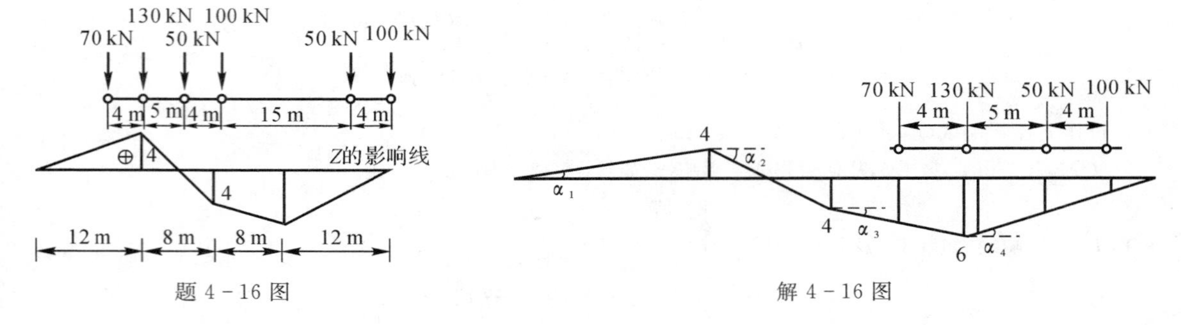

题 4-16 图　　　　　　解 4-16 图

解　按解 4-16 图所示的不利布置求解，有

$$\tan\alpha_1 = \frac{1}{3},\quad \tan\alpha_2 = -1,\quad \tan\alpha_3 = -\frac{1}{4},\quad \tan\alpha_4 = \frac{1}{2}$$

当 $F_P = 70\ \text{kN}$ 稍向左移时，有

$$\sum F_{Ri}\tan\alpha_i = 70\times(-1)+130\times\left(-\frac{1}{4}\right)+(50+100)\times\frac{1}{2} = -27.5\ \text{kN} < 0$$

当 $F_P = 70\ \text{kN}$ 稍向右移时，有

$$\sum F_{Ri}\tan\alpha_i = (70+130)\times\left(-\frac{1}{4}\right)+(50+100)\times\frac{1}{2} = 15\ \text{kN} > 0$$

可见，此时是临界荷载位置，即

$$Z_{\max} = -\left(70\times4+130\times5+50\times\frac{11}{12}\times6+100\times\frac{7}{12}\times6\right) = -1\ 555\ \text{kN}$$

又分析其他可能的临界荷载，Z 的绝对值都小于 $Z_{\max}$ 的绝对值，所以 $Z_{\max}$ 为绝对最大值。

温馨提示：确定荷载最不利位置步骤见主教材 137 页。

4-17　两台吊车如题 4-17 图所示，试求吊车梁的 M_C，F_{QC} 的荷载最不利位置，并计算其最大值和最小值。

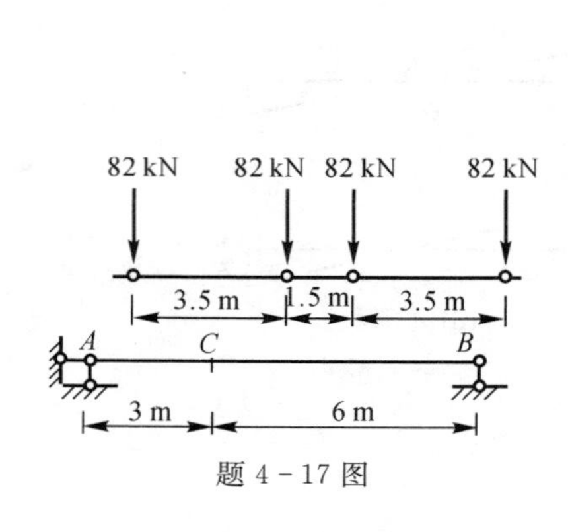

题 4-17 图

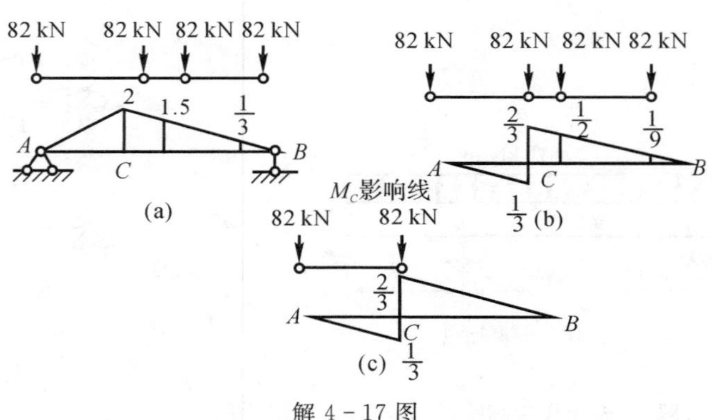

解 4-17 图

解　(1) 显然，M_C 荷载的最不利如解 4-17 图(a) 所示，有

$$M_{C\max} = 82\times(2+1.5+1/3) = 314.33\ \text{kN}\cdot\text{m}$$

(2) F_{QC} 达到最大值时的荷载布置如解 4-17 图(b) 所示，此时有

$$F_{Q\max}^{+} = 82\times\left(\frac{3}{2}+\frac{1}{2}+\frac{1}{9}\right) = 104.5\ \text{kN}$$

(3) F_{QC} 达到最小值时的荷载布置如解 4-17 图(c) 所示，此时有

$$F_{QC\min}^{-} = -82\left(\frac{1}{3}\right) = -27.33\ \text{kN}$$

温馨提示:应该把最密集的荷载靠近影响线最大处布置。

4-18　两台吊车同题 4-17,试求图示支座 B 的最大反力。

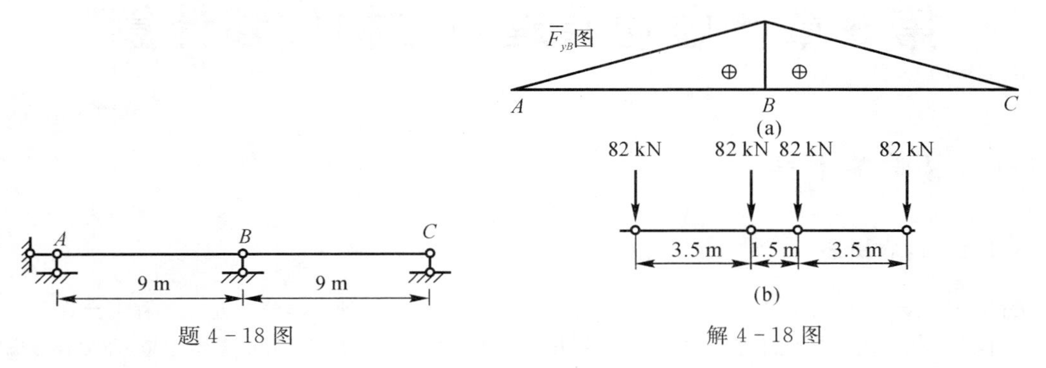

题 4-18 图　　　解 4-18 图

解　首先画支座 B 的影响线,如解 4-18(a) 图所示,只有当两中间轮压布置在影响线的最高点时,才可能有最大值。又由于影响线对称,荷载对称,所以,中间两轮压分别布置在最高点时,$F_{yB\max}$ 是相同的,现以中间左轮压置于最高点为例求 $F_{yB\max}$,荷载布置如解 4-18 图(b) 所示。

当荷载稍向左移动时,有

$$F_{R1}=164,\quad F_{R2}=164,\quad \tan\alpha_1=\frac{1}{9},\quad \tan\alpha_2=-\frac{1}{9}$$

$$\sum F_{R1}\tan\alpha_i=164\times\frac{1}{9}-164\times\frac{1}{9}=0$$

当荷载稍向右移动时,有

$$F_{R1}=82,\quad F_{R2}=246$$

$$\sum F_{R1}\tan\alpha_i=82\times\frac{1}{9}-246\times\frac{1}{9}=-18.2<0$$

由于 $\sum F_{R1}\tan\alpha_i$ 变号,故此位置是临界位置,且

$$F_{yB\max}=82\times\left(\frac{5.5}{9}+1+\frac{7.5}{9}+\frac{4}{9}\right)=237\text{ kN}$$

第5章 虚功原理与结构位移计算

5.1 教学基本要求

5.1.1 内容概述

工程结构设计，除了必须满足强度要求外，还必须满足刚度要求，即不能产生超过工程上允许的变形。此外，工程中大量的结构是超静定的，在材料力学中已经给出了解决超静定问题的基本思想，即综合考虑“力的平衡、变形的协调和材料的物理性质”三方面才能求得问题的答案。因此，对超静定结构不仅要会分析结构的内力，而且要能分析结构的变形。而结构的变形是由各部分位移表征的，所以学习并掌握结构的位移计算，对本课程具有十分重要的意义。

本章首先介绍若干基本概念，然后在变形体虚功原理的基础上，推导出用于位移计算的单位荷载法，建立杆系结构位移计算公式，并举例说明各种外因引起的结构位移计算，最后导出线性弹性结构的互等定理。

5.1.2 目的和要求

本章的学习要求如下：

(1)掌握计算结构位移的一般公式，并将其正确应用于各类静定结构受荷载、支座移动等作用而引起的位移计算。

(2)熟练掌握梁和刚架位移计算的图乘法。

(3)掌握刚体体系虚功原理与变形体虚功原理的内容及应用条件，掌握广义位移与广义荷载概念。

(4)了解功的互等定理和位移互等定理等概念。

学习这些内容的目的有如下两方面：

(1)为学习力法做准备。在用力法解超静定结构的过程中，需要建立力法方程。力法方程中的系数就是某种静定结构的位移。因此，在用力法解超静定结构的每一道题中都要不止一次地求解静定结构位移，而且求解要又准又快。否则，对力法这一章会学习会非常吃力。

(2)为学习超静定结构位移计算做准备。本章中通过虚设单位力求结构位移的方法，超静定结构也是适用的。超静定结构不仅要满足强度要求，也要满足刚度要求。如果结构的刚度太小，结构的位移(例如梁的跨中挠度)就会比较大。这种现象不仅影响结构的正常使用(例如精密仪器的安装和工作)，而且还会使人产生压抑感。实际工程中，绝大多数结构都是超静定的。因此，学习本章的静定位移计算方法也能为超静定结构的位移计算奠定基础。

5.1.3 教学单元划分

本章共8个教学时，分4个教学单元。

第一教学单元讲授内容：应用虚功原理求刚体体系的位移，结构位移计算的一般公式——单位荷载法。

第二教学单元讲授内容：荷载作用下的位移计算，荷载作用下的位移计算举例。

第三教学单元讲授内容：图乘法，温度改变的位移计算。

第四教学单元讲授内容：变形体的虚功原理，互等定理，小结。

5.1.4 教学单元知识点归纳

一、第一教学单元知识点

1. 应用虚力原理求刚体体系的位移(难点)

刚体体系的位移引起刚体体系的各杆件产生刚体平移或刚体转动。计算方法是虚力原理 —— 虚功原理的一种应用形式。对于静定结构,在支座移动时,求位移的虚功方程为

$$1 \cdot \Delta + \sum \overline{F}_{RK} c_K = 0$$

移项得

$$\Delta = -\sum \overline{F}_{RK} \cdot c_K$$

式中,Δ 为刚体体系某点的待求位移值;c_K 为已知第 K 个支座位移值;F_{RK} 为待求位移 Δ 方向上虚设单位荷载引起第 K 支座位移方向的支座反力。

2. 计算结构位移的一般公式(重点、难点)

将静定结构视为变形体,在荷载作用或支座移动等因素影响下,静定结构发生变形和位移。结构位移计算公式是利用虚力原理和叠加原理导出的,有

$$\Delta = \sum \int (\overline{M}_C + \overline{F}_N + \overline{F}_Q \gamma_0) \mathrm{d}s - \sum \overline{F}_{RK} c_K$$

或

$$\Delta = \sum \int \overline{M} \mathrm{d}\theta + \sum \int \overline{F}_N \mathrm{d}\lambda + \sum \int \overline{F}_Q \mathrm{d}\eta - \sum \overline{F}_{RK} c_K$$

式中,$\overline{M}$,$\overline{F}_N$,$\overline{F}_Q$ 和 $\overline{F}_{RK}$ 分别为在结构上沿待求位移方向虚设单位荷载时,根据平衡关系求得的弯矩、轴力、剪力和支座反力。κ,ε,γ_0 和 c_K 分别为结构实际产生的变形(曲率、正应变、切应变)和支座移动。κ,ε 和 γ_0 的产生可以是荷载引起的,也可以是温度变化等非荷载外因引起的。

3. 支座位移和制造误差引起的位移(重点、难点)

支座位移和制造误差引起位移的计算公式皆为 $\Delta = -\sum \overline{F}_{RK} c_K$,只是 $\overline{F}_{RK}$ 和 c_K 的含义不同。在支座位移引起结构位移的计算中,$\overline{F}_{RK}$ 是单位荷载在位移 c_K 方向的支反力,c_K 是支座位移;在制造误差引起位移的计算中,$\overline{F}_{RK}$ 是单位荷载在制造误差 λ 方向的内力,c_K 是制造误差 λ。$\overline{F}_{RK}$,c_K 正、负号取法:对于因支座移动引起的位移,若 $\overline{F}_{RK}$ 方向与支座位移 c_K 方向一致取正,否则取负;对于因制造误差引起的位移,若 $\overline{F}_{RK}$ 为拉力,c_K 为伸长取正,否则取负。

例 5-1　图 5-1(a) 所示结构,支座 A 发生已知位移 a,b,φ。试求 B 点的竖向位移 Δ_{BV}、水平位移 Δ_{BH} 和转角 θ_B。

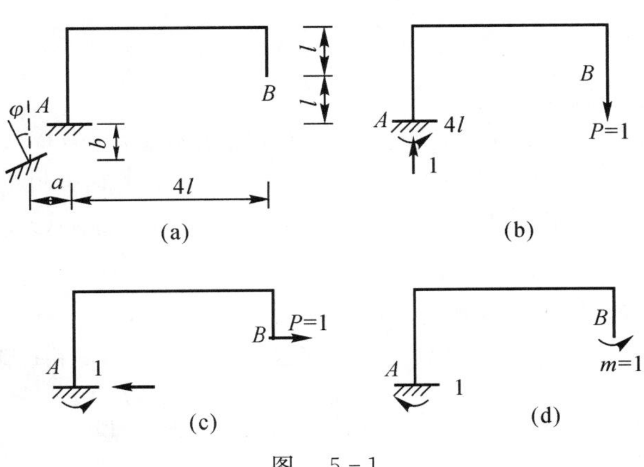

图　5-1

解 (1) 求 Δ_{BV}。在 B 点上加竖向单位力以求支座反力，如图 5-1(b) 所示，则

$$\Delta_{BV} = -\sum \overline{F}_{RK}c_K = -[-(1\times b)+4l\times\varphi] = b-4l\varphi(\downarrow)$$

(2) 求 Δ_{BH}。在 B 点上加水平单位力以求支座反力，如图 5-1(c) 所示，则

$$\Delta_{BH} = -\sum \overline{F}_{RK}c_K = -(1\times a+l\times\varphi) = -(a+l\varphi)(\leftarrow)$$

(3) 求 θ_B。在 B 点上加单位力偶以求支座反力，如图 5-1(d) 所示，则

$$\theta_B = -\sum \overline{F}_{RK}c_K = -(-1\times\varphi) = \varphi(\nwarrow)$$

例 5-2 图 5-2(a) 所示桁架，因制造误差，AB 杆比设计长度短了 4 cm，试求由此引起的结点 C 的竖向位移 Δ_{CV}。

解 如图 5-2(b) 所示，在 C 点加竖向单位力，求得拉杆内力为 $\overline{F}_{NAB}=\dfrac{5}{8}$。切开 AB 杆，$\overline{F}_{NAB}$ 的方向与缩短位移方向相同，因此

$$\Delta_{CV} = -\sum \overline{F}_{RK}c_K = -\frac{5}{8}\times 4\ \text{cm} = -2.5\ \text{cm}(\uparrow)$$

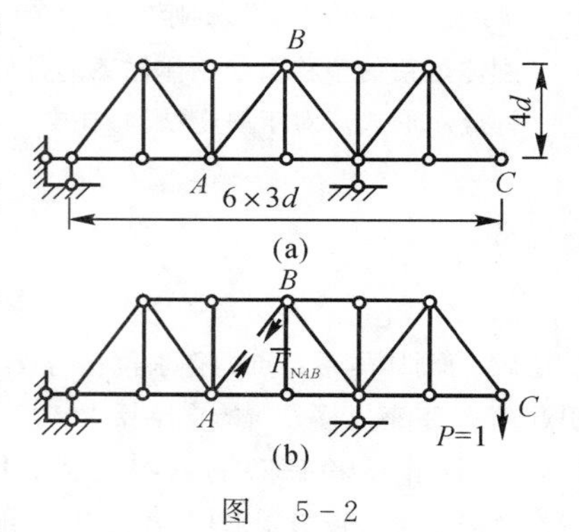

图 5-2

例 5-3 欲使图 5-3(a) 所示桁架的下弦结点 C 产生向上的拱度 a，问上弦 6 根杆应如何制造？设上弦 6 根杆的长度相同，其他杆件按设计尺寸精确制造。

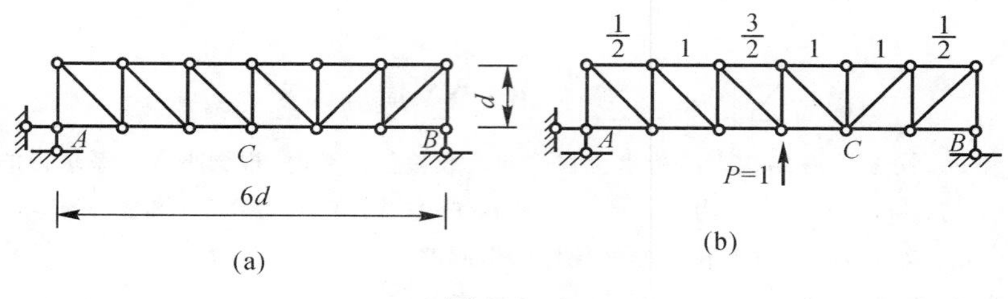

图 5-3

解 设上弦 6 根杆的长度为 $d+\Delta d$，在 C 点施加竖向单位力并求得上弦各杆的轴力如图 5-3(b) 所示。切开上弦各杆，各杆轴力的方向与 Δd 方向相反，因此

$$\Delta_{CV} = -\sum \overline{F}_{RK}c_K = -\left[\frac{1}{2}\times(-\Delta d)\times 2+1\times(-\Delta d)\times 3+\frac{3}{2}\times(-\Delta d)\right] = \frac{11}{2}\Delta d(\uparrow)$$

令 $\Delta_{CV}=a$，可求得 $\Delta d=\dfrac{2}{11}a$，即上弦 6 根杆的制造长度应为 $d+\dfrac{2}{11}a$。

二、第二教学单元知识点

1. 广义位移和广义单位荷载

在结构位移计算式中，Δ 可以是所求某点沿某方向线位移或者某截面的角位移，也可以所求某两个截面的相对线位移和相对角位移等，这些统称为广义位移。对应于广义位移的虚拟单位荷载称为广义单位荷载。在应用虚力原理求广义位移时，广义位移与广义单位荷载的乘积的量纲与功的量纲相同。广义位移与广义单位荷载具有共轭关系。

2. 荷载作用下的位移计算(重点)

设 k 为考虑截面剪应变不均匀分布的系数(对于矩形截面 $k=1.2$)，则结构位移计算公式为

$$\Delta = \sum\int\frac{\overline{M}M_P}{EI}ds+\sum\int\frac{\overline{F}_QF_{QP}}{GA}ds+\sum\int\frac{\overline{F}_NF_N}{EA}ds$$

式中，$\overline{M}$ 与 M_P，$\overline{F}_Q$ 与 F_Q，$\overline{F}_N$ 与 F_N 同方向为正，反之为负。根据不同的结构形式，上式可简化。对于刚架，有

$$\Delta=\sum\int\frac{\overline{M}M_P}{EI}ds$$

对于桁架，有

$$\Delta=\sum\int k\frac{\overline{F}_N F_N}{EA}ds$$

对于组合结构与拱。有

$$\Delta=\sum\int\frac{\overline{M}M_P}{EI}ds+\sum\int k\frac{\overline{F}_N F_N}{EA}ds$$

例 5-4　图 5-4(a) 所示开口圆环，EI 等于常数，微小缺口 AB 间距为 Δ。试在只考虑弯曲变形条件下，求需施加多大的荷载 F_P 才能使缺口正好闭合。

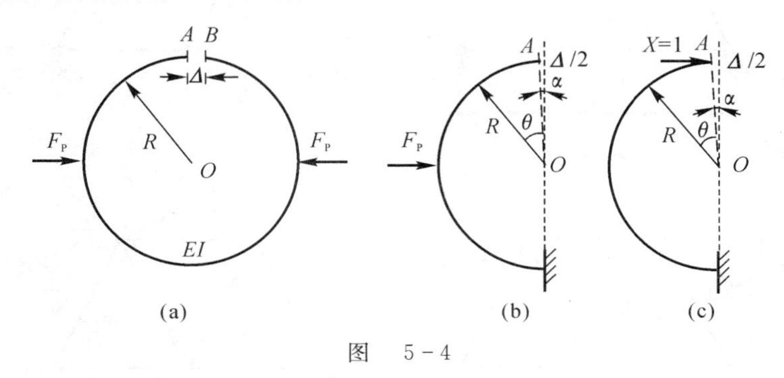

图　5-4

解　因图 5-4(a) 所示结构关于过圆心的铅垂轴对称，因此可化为图 5-4(b) 所示结构计算。本问题转化为已知 A 点水平位移为 $\Delta/2$，要求外荷载 F_P。显然只要建立在 F_P 作用下的计算位移公式，令此位移等于 $\Delta/2$ 即可求得外荷载 F_P。

基于上述分析，单位广义状态如图 5-4(c) 所示。由图 5-4(b)(c) 可建立两种状态下的 θ 截面弯矩分别为

$$M_P=F_P\cos\theta,\quad \pi/2\leqslant\theta\leqslant\pi,\quad 其他处为零$$
$$M=-1\cdot R(\cos\alpha-\cos\theta),\quad \alpha\leqslant\theta\leqslant\pi$$

式中，$a=\arcsin\dfrac{\Delta}{2R}$。当 $\Delta\ll 2R$ 时 $\cos\alpha\approx 1$。

将单位及荷载弯矩代入计算公式并积分，可得

$$\Delta_{AH}=\int_{\frac{\pi}{2}}^{\pi}\frac{\overline{M}M_P}{EI}R\,d\theta=\frac{R}{EI}\int_{\frac{\pi}{2}}^{\pi}-R(\cos\alpha-\cos\theta)\cdot F_2R\cos\theta d\theta=$$
$$-\frac{F_PR^3}{EI}\int_{\frac{\pi}{2}}^{\pi}(\cos\alpha-\cos\theta)\cdot\cos\theta d\theta=\frac{F_PR^3}{EI}\left(\cos\alpha+\frac{\pi}{4}\right)$$

由此，令 $\Delta_{AH}=\dfrac{\Delta}{2}$，可得

$$F_P=\frac{2EI}{R^3(4\cos\alpha+\pi)}\Delta$$

当 $\Delta\ll 2R$ 时，可得

$$F_P=\frac{2EI}{R^2(4+\pi)}\Delta$$

例 5-5　求图 5-5(a) 所示桁架 A 点的竖向位移 Δ_{AV} 和 AB 杆的转角 θ_{AB}。各杆的 $EA=$ 常数。

解　求得荷载作用下各杆的轴力 F_N 如图 5-5(b) 所示。

(1) 求 Δ_{AV}。在 A 点施加竖向单位力，求得各杆的轴力 $\overline{F}_N$ 如图 5-5(c) 所示，则

$$\Delta_{AV}=\sum\frac{\overline{F}_N F_N}{EA}l=\frac{1}{EA}\left[\left(-\frac{3}{4}P\right)\times\left(-\frac{1}{2}\right)\times a+\left(-\frac{5\sqrt{5}}{8}\right)P\times\left(-\frac{\sqrt{5}}{4}\right)\times\frac{\sqrt{5}}{2}a+\frac{\sqrt{5}}{8}P\times\frac{\sqrt{5}}{4}\times\frac{\sqrt{5}}{2}a+\right.$$

$$\left.\left(-\frac{\sqrt{5}}{8}P\right)\times\frac{\sqrt{5}}{4}\times\frac{\sqrt{5}}{2}a+\left(-\frac{7\sqrt{5}}{8}P\right)\times\left(-\frac{\sqrt{5}}{4}\right)\times\frac{\sqrt{5}}{2}a+\frac{5}{8}P\times\frac{1}{4}\times a+\frac{7}{8}P\times\frac{1}{4}\times a\right]=$$

$$\left(\frac{15\sqrt{5}}{16}+\frac{3}{4}\right)\frac{Pa}{EA}=2.846\frac{Pa}{EA}(\downarrow)$$

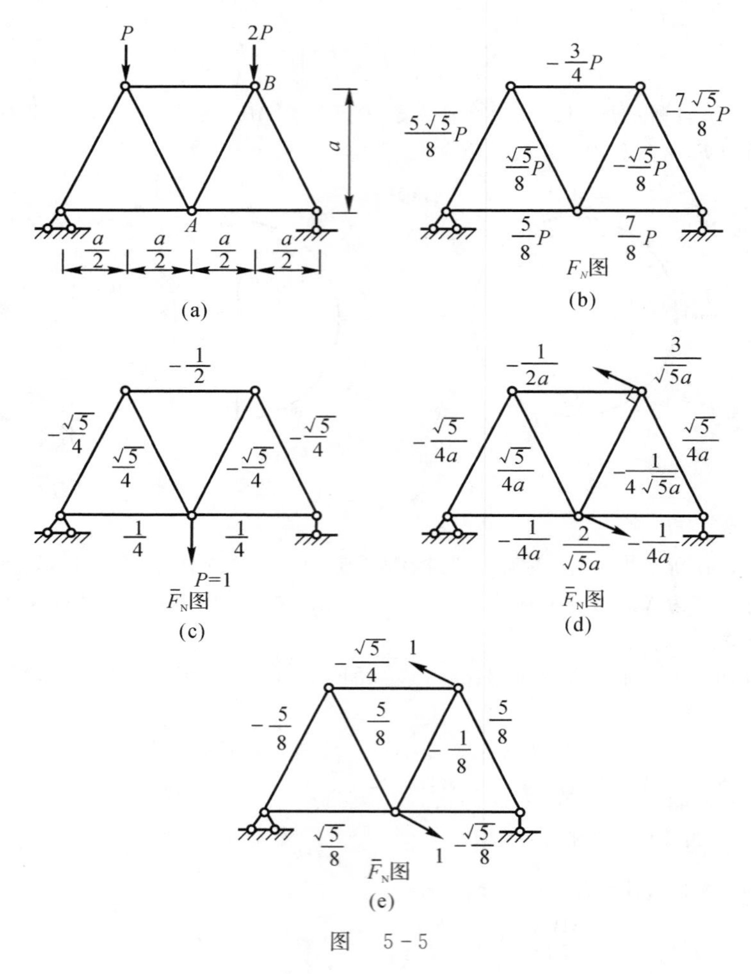

图 5-5

(2) 求 θ_{AB}。在 AB 杆上施加单位力偶，将其转化为结点力后求得各杆的轴力 $\overline{F}_N$ 如图 5-5(d) 所示，则

$$\theta_{AB}=\sum\frac{\overline{F}_N F_N}{EA}l=$$

$$\frac{1}{EA}\left[\left(-\frac{3}{4}P\right)\times\left(-\frac{1}{2a}\right)\times a+\left(-\frac{5\sqrt{5}}{8}P\right)\times\left(-\frac{\sqrt{5}}{4a}\right)\times\frac{\sqrt{5}}{2}a+\left(-\frac{\sqrt{5}}{8}P\right)\times\left(-\frac{1}{4\sqrt{5}a}\right)\times\frac{\sqrt{5}}{2}a+\right.$$

$$\left.\left(-\frac{7\sqrt{5}}{8}P\right)\times\left(-\frac{\sqrt{5}}{4a}\right)\times\frac{\sqrt{5}}{2}a+\frac{5}{8}P\times\frac{1}{4a}\times a+\frac{7}{8}P\times\left(-\frac{1}{4a}\right)\times a\right]=\left(\frac{5-\sqrt{5}}{16}\right)\frac{P}{EA}=$$

$$0.173\frac{P}{EA}(\swarrow)$$

温馨提示：求 θ_{AB} 时，也可以在 A,B 两点加一对垂直于 AB 杆的单位力，如图 5-5(e) 所示。先求出 A,B 两点垂直于 AB 杆的相对线位移 Δ_{AB}，然后利用 $\theta_{AB}=\frac{\Delta_{AB}}{l_{AB}}$ 也可得同样的结果。即

$$\Delta_{AB}=\sum\frac{\overline{F}F_{\mathrm{N}}}{EA}l=\frac{1}{EA}\Big[\Big(-\frac{3}{4}P\Big)\times\Big(-\frac{\sqrt{5}}{4}\Big)\times a+\Big(-\frac{5\sqrt{5}}{8}P\Big)\times\Big(-\frac{5}{8}\Big)\times\frac{\sqrt{5}}{2}a+\frac{\sqrt{5}}{8}P\times\frac{5}{8}\times\frac{\sqrt{5}}{2}a+\Big(-\frac{\sqrt{5}}{8}P\Big)\times\Big(-\frac{1}{8}\Big)\times\frac{\sqrt{5}}{2}a+\Big(-\frac{7\sqrt{5}}{8}P\Big)\times\Big(-\frac{5}{8}\Big)\times\frac{\sqrt{5}}{2}a+\frac{5}{8}P\times\frac{\sqrt{5}}{8}\times a+\frac{7}{8}P\times\Big(-\frac{\sqrt{5}}{8}\Big)\times a\Big]=\Big(\frac{5\sqrt{5}-5}{32}\Big)\frac{Pa}{EA}$$

$$\theta_{AB}=\frac{\Delta_{AB}}{l_{AB}}=\Big(\frac{5-\sqrt{5}}{16}\Big)\frac{P}{EA}=0.173\frac{P}{EA}$$

三、第三教学单元知识点

1. 图乘法(重点、难点)

对于等截面直杆，$s=x$，x 为直杆的轴向坐标。当 M，$\overline{M}$ 图满足以下条件(见图 5-6)时：①M 位于杆件的同一侧，则 $M\geqslant 0$(或者 $M\leqslant 0$)；②$\overline{M}$ 为直线，即 $\overline{M}$ 可写为 $\overline{M}=a+bx$，则

$$\int\frac{\overline{M}M}{EI}\mathrm{d}s=\frac{Ay_0}{EI}$$

式中，$A=\int M\mathrm{d}z$ 为 M 图的面积，$y_0=a+bx_0$，x_0 为 M 图形心的 x 坐标，y_0 为 $\overline{M}$ 图上与 M 图形心位置对应的点的纵坐标，M 与 y_0 位于同一侧取正。

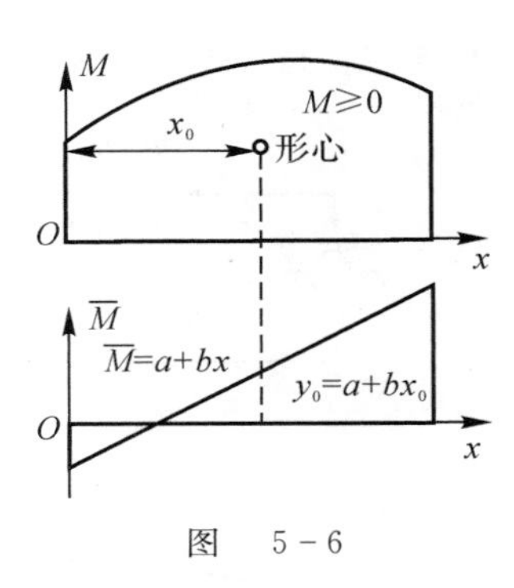

图 5-6

例 5-6 试求图 5-7(a) 所示简支梁中点 C 的竖向位移 Δ_{CV}，设梁的横截面为矩形 $b\times h$，且材料的泊松比 $\mu=1/3$，试比较弯曲变形与剪切变形对位移的影响。

解 作 M，F_{Q} 图如图 5-7(b)(c) 所示。在 C 点加竖向单位力 $P=1$，并作 $\overline{M}$、$\overline{F}_{\mathrm{Q}}$ 图如图 5-7(d)(e) 所示。记由弯曲变形所引起的位移为 Δ_{CV}^{M}，则

$$\Delta_{CV}^{M}=\sum\int\frac{\overline{M}M}{EI}\mathrm{d}s=\frac{1}{EI}\Big[\Big(\frac{2}{3}\times\frac{1}{8}ql^2\times\frac{1}{2}l\Big)\times\Big(\frac{5}{8}\times\frac{1}{4}l\Big)\Big]\times 2=\frac{5ql^4}{384EI}(\downarrow)$$

式中，Δ_{CV}^{M} 为正值表示与所加单位力方向一致，括号内箭头表示 Δ_{CV}^{M} 的真实方向。

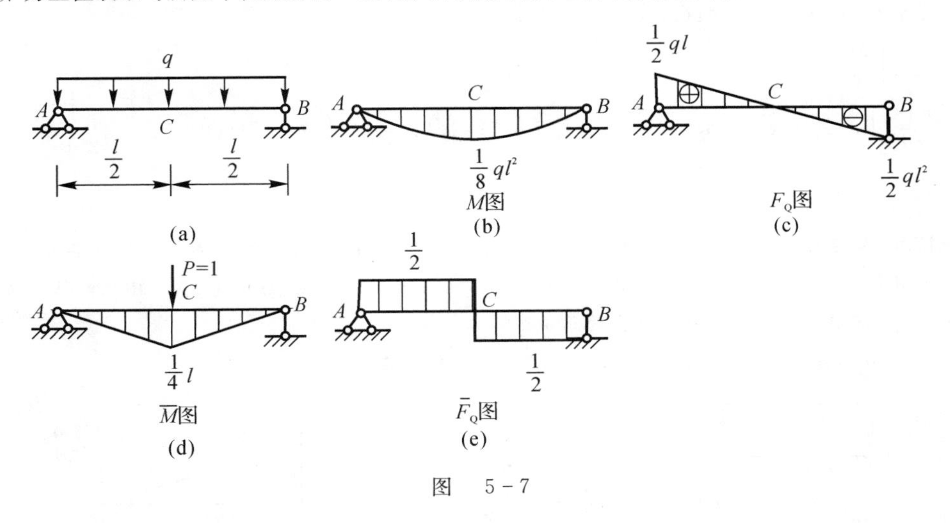

图 5-7

记由剪切变形所引起的位移为 $\Delta_{CV}^{F_{\mathrm{Q}}}$，则

$$\Delta_{CV}^{F_{\mathrm{Q}}}=\sum\int k\frac{\overline{Q}Q}{EI}\mathrm{d}s=\frac{k}{GA}\Big[\Big(\frac{1}{2}\times\frac{1}{2}ql\times\frac{1}{2}l\Big)\times\frac{1}{2}\Big]\times 2=\frac{kql^2}{8GA}(\downarrow)$$

总位移是这两部分位移之和，即

$$\Delta_{CA}=\Delta_{CA}^{M}+\Delta_{CA}^{F_Q}=\frac{5ql^4}{384EI}+\frac{kql^2}{8GA}(\downarrow)$$

比较：由于矩形截面 $I=\frac{1}{12}h^2A,k=1.2,\mu=\frac{1}{3}$ 时，$\frac{E}{G}=2(1+\mu)=\frac{8}{3}$，故

$$\frac{\Delta_{CV}^{F_Q}}{\Delta_{CV}^{M}}=\frac{48k}{5l^2}\left(\frac{E}{G}\right)\left(\frac{I}{A}\right)=2.56\left(\frac{h}{l}\right)^2$$

当 $\frac{h}{l}=\frac{1}{10}$ 时，$\frac{\Delta_{CV}^{F_Q}}{\Delta_{CV}^{M}}=2.56\%$；当 $\frac{h}{l}=\frac{1}{5}$ 时，$\frac{\Delta_{CV}^{F_Q}}{\Delta_{CV}^{M}}=10\%$。因此对于 $\frac{h}{l}$（高跨比）较小的浅梁，可以忽略剪切变形对位移的影响，而对于 $\frac{h}{l}$ 较大的深梁，剪切变形对位移的影响是不可忽略的。

例 5-7 试求图 5-8(a) 所示结构 B 截面的转角 θ_B，已知 $EI=$ 常数。

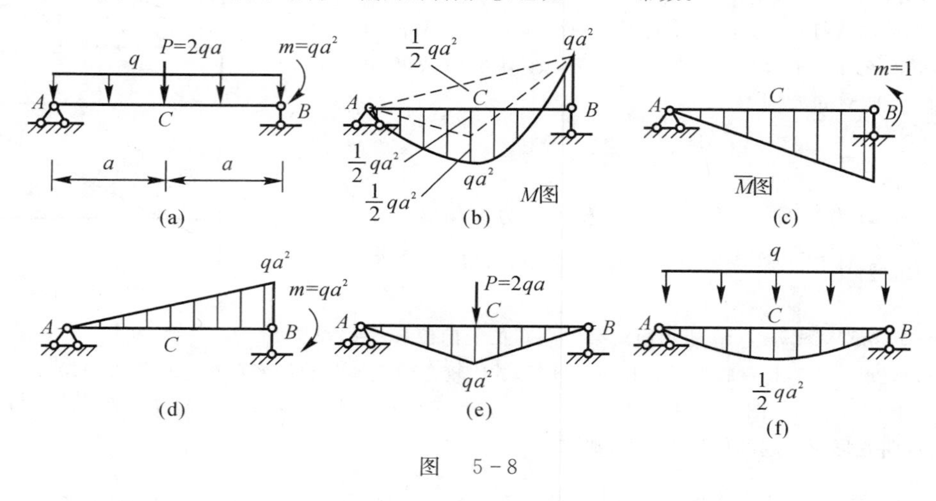

图 5-8

解 作结构 M 图如图 5-8(b) 所示。在 B 截面加单位力偶并作 $\overline{M}$ 图如图 5-8(c) 所示。将 M 图分解为两个三角形和一个标准二次抛物线图形，运用图乘法可得

$$\theta_B=\sum\int\frac{M\overline{M}}{EI}ds=$$

$$\frac{1}{EI}\left[\left(-\frac{1}{2}\times qa^2\times 2a\right)\times\frac{1}{3}+\left(\frac{1}{2}\times qa^2\times 2a\right)\times\frac{1}{2}+\left(\frac{2}{3}\times\frac{1}{2}qa^2\times 2a\right)\times\frac{1}{2}\right]=$$

$$\frac{qa^3}{6EI}(\nwarrow)$$

温馨提示：事实上，θ_B 是在梁上三种荷载的共同作用下产生的，M 图分解而得的三个简单图形恰好与这三种荷载单独作用时的弯矩图相同（见图 5-8(d) ～ (f)。其中图 5-8(d) 与图 5-8(c) 图乘的结果为负值，图 5-8(e)(f) 分别与图 5-8(c) 图乘的结果为正值。

例 5-8 试求图 5-9(a) 所示变截面梁 B 点的竖向位移 Δ_{BV}。

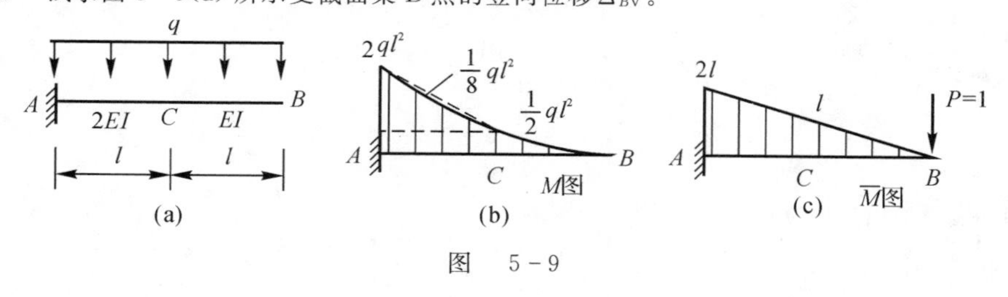

图 5-9

解　作结构 M 图如图5-9(b)所示。在 B 截面加单位力并作 $\overline{M}$ 图如图5-9(c)所示。将 AC 段的 $\overline{M}$，M 图分解为一个矩形、一个三角形和一个标准二次抛物线图形，运用图乘法可得

$$\Delta_{BV}=\sum\int\frac{\overline{M}M}{EI}\mathrm{d}s=\frac{1}{EI}\left[\left(\frac{1}{3}\times\frac{1}{2}ql^2\times l\right)\times\frac{3}{4}l\right]+$$

$$\frac{1}{2EI}\left[\left(\frac{1}{2}ql^2\times l\right)\times\frac{3}{2}l+\frac{1}{2}\times\left(2ql^2-\frac{1}{2}ql^2\right)\times l\times\frac{5}{3}l+\left(-\frac{2}{3}\times\frac{1}{8}ql^2\times l\right)\times\frac{3}{2}l\right]=$$

$$\frac{17ql^4}{16EI}(\downarrow)$$

按积分法计算，得

$$M=-\frac{1}{2}qx^2,\quad \overline{M}=-x$$

根据位移公式可得

$$\Delta_{BV}=\int\frac{\overline{M}M}{EI}\mathrm{d}s=\int_{BC}\frac{\overline{M}M}{EI}\mathrm{d}s+\int_{AC}\frac{\overline{M}M}{EI}\mathrm{d}s=\int_0^l\frac{1}{EI}(-x)\left(-\frac{1}{2}qx^2\right)\mathrm{d}x+$$

$$\int_l^{2l}\frac{1}{2EI}(-x)\left(-\frac{1}{2}qx^2\right)\mathrm{d}x=\frac{17ql^4}{16EI}(\downarrow)$$

温馨提示：由于各分段杆的刚度不同，因此必须分段运用图乘法或积分法才能求解。

例5-9　如图5-10(a)所示结构，欲使 E 点的竖向位移 $\Delta_{EV}=0$，则铰 C 的位置 x 应在何处？$EI=$ 常数。

解　作结构 M 图如图5-10(b)所示。在 E 点施加竖向单位力并作 $\overline{M}$ 图如图5-10(c)所示。将 AB 段的 M 图分解为一个三角形和一个标准二次抛物线图形。运用图乘法可得

$$\Delta_{EV}=\sum\int\frac{\overline{M}M}{EI}\mathrm{d}s=\frac{1}{EI}\left[\left(-\frac{1}{2}\times\frac{1}{2}l\times\frac{1}{4}l\times 2\right)\times\frac{1}{4}qlx\right]+$$

$$\frac{1}{EI}\left[\left(\frac{2}{3}\times\frac{1}{8}ql^2\times\frac{1}{2}l\right)\times\frac{5}{32}l\right]\times 2=\frac{1}{EI}\left(\frac{5ql^4}{384}-\frac{ql^3}{32}x\right)$$

令 $\Delta_{EV}=0$，故得 $x=\dfrac{5}{12}l$。

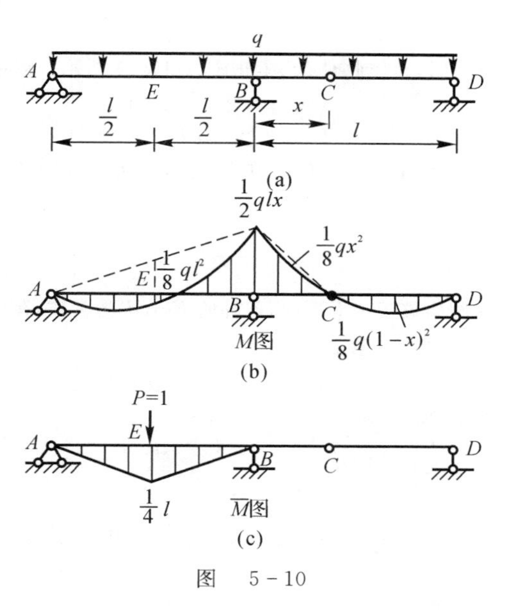

图　5-10

例5-10　试求图5-11(a)所示结构 A 的水平位移 Δ_{AH} 和转角 θ_A 以及 C 铰左、右两侧截面的相对转角 θ_{CC}。

解　作结构 M 图如图5-11(b)所示。将 BD 段的 M 图分解为一个三角形和一个标准二次抛物线图形。

(1) 求 Δ_{AH}。在 A 截面上加水平单位力,并作此时 $\overline{M}$ 图如图 5-11(c) 所示。运用图乘法可得

$$\Delta_{AH}=\sum\int\frac{\overline{M}M}{EI}\mathrm{d}s=\frac{1}{EI}\left[\left(\frac{1}{2}\times\frac{1}{4}qa^2\times a\right)\times\frac{1}{3}a\right]\times 2+$$

$$\frac{1}{EI}\left[\left(\frac{2}{3}\times\frac{1}{8}qa^2\times a\right)\times\frac{1}{4}a\right]+\frac{1}{2EI}\left[\left(\frac{1}{2}\times\frac{1}{4}qa^2\times a\right)\times\frac{1}{3}a\right]\times 2=\frac{7qa^4}{48EI}(\rightarrow)$$

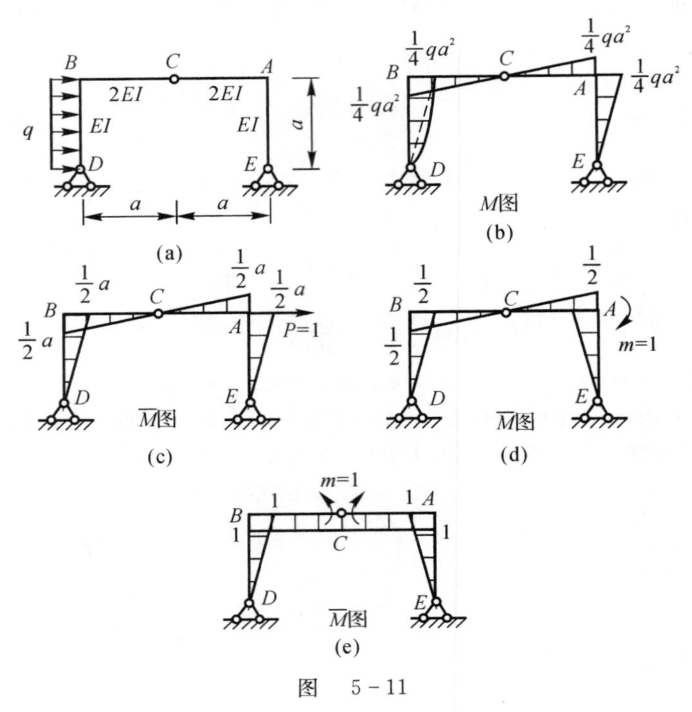

图 5-11

(2) 求 θ_A。在 A 截面加单位力偶,并作此时 $\overline{M}$ 图如图 5-11(d) 所示。运用图乘法可得

$$\theta_A=\sum\int\frac{\overline{M}M}{EI}\mathrm{d}s=\frac{1}{EI}\left[\left(\frac{2}{3}\times\frac{1}{8}qa^2\times a\right)\times\frac{1}{4}\right]+\frac{1}{2EI}\left[\left(\frac{1}{2}\times\frac{1}{4}qa^2\times a\right)\times\frac{1}{3}\right]\times 2=\frac{qa^3}{16EI}(\searrow)$$

(3) 求 θ_{CC}。在 C 铰左、右两侧截面上加一对反向单位力偶,作此时 $\overline{M}$ 图如图 5-11(e) 所示。运用图乘法可得

$$\theta_{CC}=\sum\int\frac{\overline{M}M}{EI}\mathrm{d}s=\frac{1}{EI}\left[\left(\frac{2}{3}\times\frac{1}{8}qa^2\times a\right)\times\frac{1}{2}\right]=\frac{qa^3}{24EI}(\nwarrow\nearrow)$$

例 5-11 图 5-12(a) 所示刚架位于水平面内,各杆的 EI,GI 为常数,在中点 EI 切开 AD 边,并施加一对反向的竖向荷载 P,求切口的相对竖向位移 Δ_{EE}。

解 作结构的 M 图及 M_t 图分别如图 5-12(b)(c) 所示。在切口处加一对反向的竖向单位力,作此时的 $\overline{M}$ 图及 $\overline{M}_t$ 图分别如图 5-12(d)(e) 所示,则

$$\Delta_{CV}=\sum\int\frac{\overline{M}M}{EI}\mathrm{d}s+\sum\int\frac{\overline{M}_tM_t}{GI_t}\mathrm{d}s=$$

$$\frac{1}{EI}\left[\left(\frac{1}{2}\times\frac{1}{2}Pa\times\frac{1}{2}a\right)\times\frac{1}{3}a\times 4+\left(\frac{1}{2}\times Pb\times b\right)\times\frac{2}{3}b\right]+$$

$$\frac{1}{GI_t}\left[\left(\frac{1}{2}Pa\times b\right)\times\frac{1}{2}a\times 2+Pb\times a\times b\right]=$$

$$\frac{P(a^3+4b^3)}{6EI}+\frac{Pab(a+2b)}{2GI_t}(\updownarrow)$$

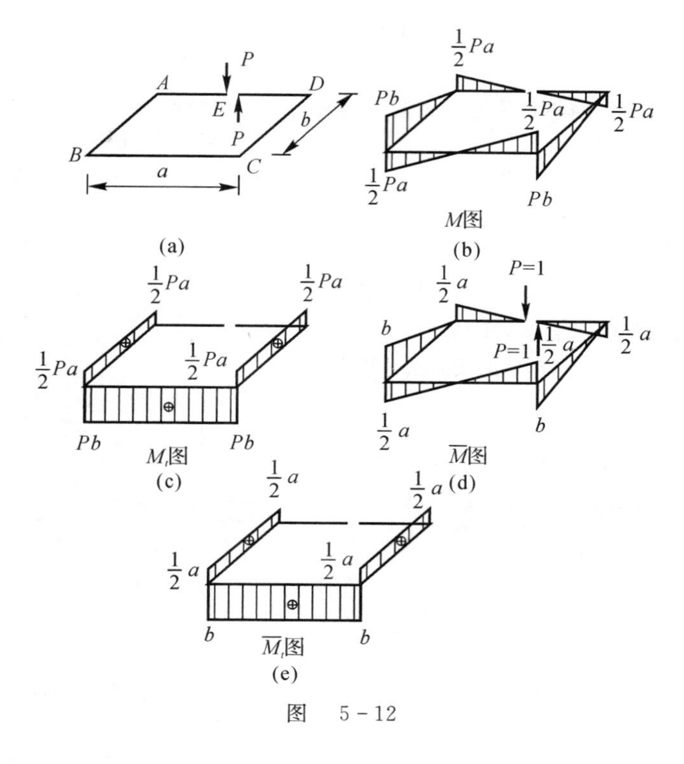

图　5－12

2. 温度变化因素作用下结构位移的计算(难点)

设 t_0 为杆件轴线温度变化值(升高为正)，Δt 为杆件上、下两侧温度变化值的差值，α 为杆件线膨胀系数，h 为杆件截面高度，则静定结构在温度变化因素作用下的位移计算公式为

$$\Delta = \sum \frac{\alpha \Delta t}{h}\int \overline{M} \mathrm{d}s + \sum \alpha t_0 \int \overline{F}_{\mathrm{N}} \mathrm{d}s$$

例 5－12　如图 5－13(a) 所示刚架，同时承受荷载、温度变化和支座移动等因素的影响，试求 C 点的竖向位移 Δ_{CV}。已知 EI ＝ 常数，截面高度均为 h，材料的线膨胀系数为 α。

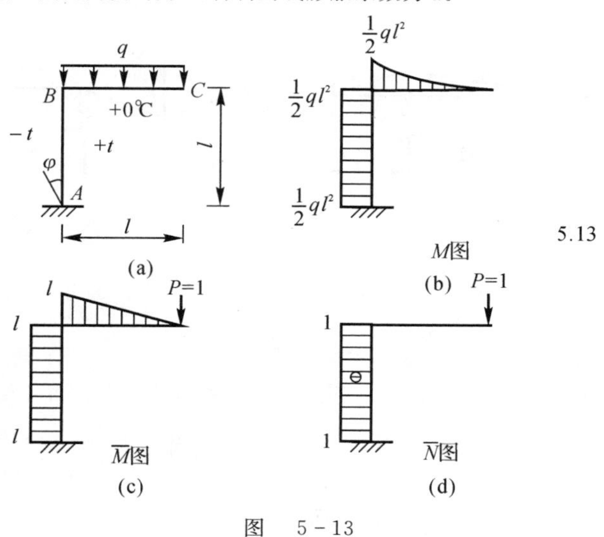

图　5－13

解 作结构的 M 图如图 5－13(b) 所示。在 C 点加竖向单位力，并作各杆的 $\overline{M}$ 及 $\overline{F}_{\mathrm{N}}$ 图分别如图 5－13(c)(d) 所示，则

$$\Delta_{CV}=\sum\int\frac{\overline{M}M}{EI}\mathrm{d}s+\sum\frac{\alpha\Delta t}{h}\int\overline{M}\mathrm{d}s+\sum\alpha t_0\int\overline{F}_{\mathrm{N}}\mathrm{d}s-\sum\overline{F}_{RK}c_K=$$

$$\frac{1}{EI}\left[\left(\frac{1}{3}\times\frac{1}{2}ql^2\times l\right)\times\frac{3}{4}l+\left(\frac{1}{2}ql^2\times l\right)\times l\right]+\frac{\alpha\times 2t}{h}(-l\times l)+\frac{\alpha\times t}{h}\left(-\frac{1}{2}\times l\times l\right)-l\times\varphi=$$

$$\frac{5ql^4}{8EI}-\frac{5\alpha tl^2}{2h}-l\varphi(\downarrow)$$

例 5－13 在如图 5－14(a) 所示桁架中，各杆 EA ＝ 常数。试求下列两种情况下 C 点的竖向位移 Δ_{CV}：

(1) 由于温度升高，杆 AC 伸长 λ_1，杆 BC 伸长 λ_2；

(2) 只有 AD 杆的温度上升 t，材料的线膨胀系数为 α。

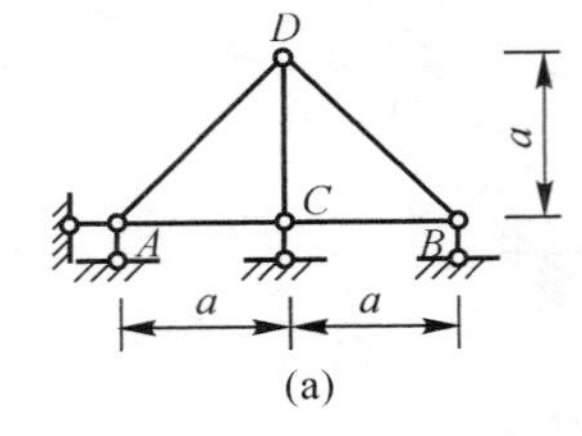

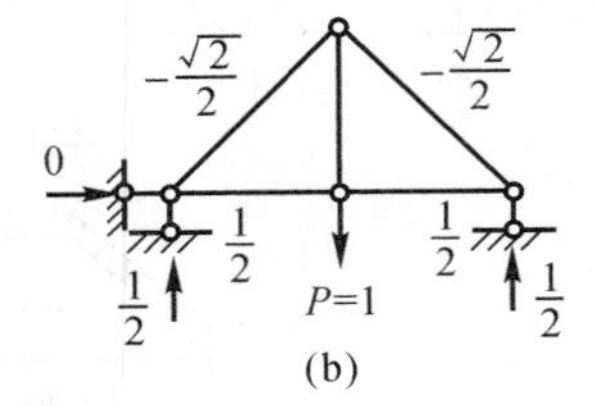

图 5－14

解 在 C 点加竖向单位力并求各杆的轴力 $\overline{F}_{\mathrm{N}}$ 如图 5－14(b) 所示，在第(1) 种情况下，温度变化产生的应变为 $\varepsilon_{AC}=\dfrac{\lambda_1}{\alpha}$，$\varepsilon_{BC}=\dfrac{\lambda_2}{\alpha}$，其余各杆的 $\varepsilon=0$，则有

$$\Delta_{CV}=\sum\int\overline{F}_{\mathrm{N}}\varepsilon\mathrm{d}s=\frac{1}{2}\times\frac{\lambda_1}{\alpha}\times\alpha+\frac{1}{2}\times\frac{\lambda_2}{\alpha}\times\alpha=\frac{1}{2}(\lambda_1+\lambda_2)(\downarrow)$$

在第(2) 种情况下，则有

$$\Delta_{CV}=\sum\alpha t\int\overline{F}_{\mathrm{N}}\mathrm{d}s=\alpha t\times\left(-\frac{\sqrt{2}}{2}\right)\times\frac{\sqrt{2}}{2}\times\alpha=-\frac{1}{2}\alpha t\alpha(\uparrow)$$

例 5－14 求图 5－15(a) 所示具有弹性支座的梁 C 截面处的竖向位移。梁的 EI 为常数，弹性支座的弹簧刚度系数 $k=EI/l^3$。

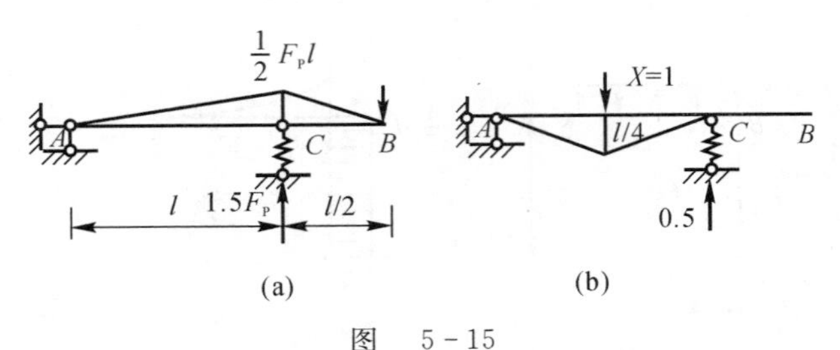

图 5－15

(a) 结构、荷载与 M_P 图； (b) 单位弯矩 $\overline{M}$ 图与反力

解 本例的特点是结构中有弹性支座。这种情况下的位移计算有两条途径可以选择。一个途径是将弹簧视为结构中的一个可变形构件(本例中视其为一拉压杆)，若在单位广义力和荷载作用下此"构件" 内力记为 $\overline{F}_{\mathrm{R}}$ 和 F_{RP}，则 $\overline{F}_{\mathrm{R}}$ 与对应的虚变形位移为$\dfrac{F_{\mathrm{RP}}}{k}$，因上此由虚功方程可得

$$\Delta=\sum\int\frac{\overline{M}M_{\mathrm{P}}}{EI}\mathrm{d}s+\overline{F}_{\mathrm{R}}\cdot\frac{F_{\mathrm{RP}}}{k}$$

另一途径是将荷载作用下弹性支座的变形视为主体结构的支座位移，若将荷载作用下的支座反力记为

F_{RP}，则支座位移为$\frac{F_{RP}}{k}$。此时是荷载和支座位移其同作用的情形，由位移计算一般公式可得

$$\Delta = \sum\int\frac{\overline{M}M_P}{EI}ds - \sum\overline{F}_{RP}\cdot c_k = \sum\int\frac{\overline{M}M_P}{EI}ds + \frac{\overline{M}_R F_{RP}}{k}$$

由上可见两种途径所得结果相同。上述分析过程表明，当$\overline{F}_R$与F_{RP}同向时，上式中第二项结果为正。将图5-15中解得的$\overline{M}$，M_P，$\overline{F}_R$，F_{RP}代入上式则有

$$\Delta_{c_y} = \frac{1}{EI}\times\frac{1}{2}\times l\cdot\frac{l}{4}\times\frac{1}{2}\times\frac{F_P l}{2} + \frac{1}{2}\times\frac{\frac{3}{2}F_P}{k} = \frac{23}{32}\times\frac{F_P l^3}{EI}(\downarrow)$$

四、第四教学单元知识点

1. 变形体的虚功原理(难点)

设变形体系在力系作用下处于平衡状态，又设变形体系由于其他原因产生符合约束条件的微小连续变形，则外力在位移上所做的外虚功W恒等于各个微段的应力在变形上所做的内力虚功之和W_i，即

$$W = W_i$$

变形体虚功原理的应用条件是力系满足平衡条件，变形满足协调条件。注意：作虚功的力系与变形没有因果关系。所谓虚功也因此得名。

2. 变形体虚功原理的两种应用(重点)

变形体虚功原理存在着两种应用方程：一种为虚力方程，另一种为虚位移方程。

(1) 虚力方程。平衡力系状态是虚设的，而另一种状态的变形是实际存在的，即

$$\sum F_P^*\Delta + \sum F_{RK}^* c_K = \sum\int(M^* K + F_N^*\varepsilon + F_Q^*\gamma_0)ds$$

上式用虚功形式表示变形体实际变形状态的几何关系。单位荷载法是虚力方程的典型运用，用于求实际结构的某点位移Δ。

(2) 虚位移方程。变形状态为虚拟的，而另一状态为变形体受到的是实际平衡力系，即

$$\sum F_P\Delta^* + \sum F_{RK} c_K^* = \sum\int(M^* K + F_N\varepsilon^* + F_Q\gamma_0^*)ds$$

上式用虚功形式表示变形体所处的力系状态为平衡形式。对于变形体，用虚位移表示的平衡方程为积分形式；而对于刚体，用虚位移表示的平衡方程为非积分形式。

3. 互等定理(重点)

(1) 功的互等定理。在任一线性变形体系中，第一状态力在第二状态位移上所做的功W_{12}等于第二状态力在第一状态位移上所作的功W_{21}，即$W_{12} = W_{21}$。

温馨提示：结构力学中有四个互等定理，分别为功的互等定理、位移互等定理、反力互等定理和位移反力互等定理。其中，功的互等定理是最基本的互等定理。其他互等定理都是由功的互等定理导出的。下面所讲定理是为讲授第6、7章作准备的。

(2) 位移互等定理。在任一线性变形体系中，由荷载F_{P1}引起的且与荷载F_{P2}对应的位移影响系数δ_{21}等于由荷载F_{P2}引起的且与荷载F_{P1}对应的位移影响系数δ_{12}，即$\delta_{12} = \delta_{21}$。

(3) 反力互等定理。在任一线性变形体系中，由位移c_1引起的且与位移c_2对应的反力影响系数r_{21}等于由位移c_2引起的且与位移c_1对应的反力影响系数r_{12}，即$r_{12} = r_{21}$。

(4) 位移反力互等定理。在任一线性变形体系中，由位移c_2引起的的与荷载F_{P1}对应的位移影响系数δ'_{12}，在绝对值上等于由荷载F_{P1}所引起的并对与位移c_2对应的反力影响系数r'_{21}，但二者异号，即$\delta'_{12} = -r'_{21}$。

5.2 学习指导

5.2.1 学习方法建议

本章的主要内容是利用虚功原理推导荷载、支座位移、制造误差和温度变化等作用下，静定结构位移的计算公式及这些公式的具体应用。本章中部分内容较难理解，如虚功原理及应用虚功原理推导结构位移计算公式等，需在这些问题多下功夫。

1. 虚功原理

虚功原理是贯穿本章内容的一条主线。对学习虚功原理的要求如下：

(1) 准确理解虚力、虚位移和虚功的含义。

下面以图 5-16 所示结构为例加以说明。图 5-16(a) 所示结构为一个简支梁在均布荷载作用下，K 截面产生竖向位移 Δ；图 5-16(b) 所示结构为与图 5-16(a) 相同的简支梁在 K 点作用有集中荷载 F_P。

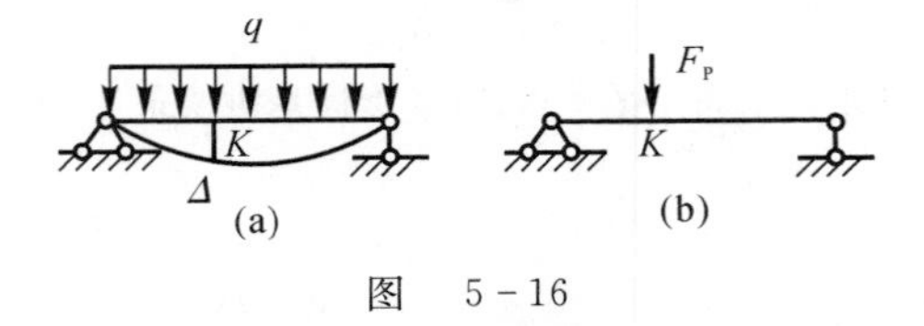

图 5-16

虚力、虚位移：若一个体系处于两种状态(a)(b)(见图 5-16(a)(b))，则状态(a) 上的位移与状态(b) 上的力系无关，即对位移 Δ 来说，F_P 就是虚力，而对 F_P 来说，Δ 就是虚位移。

虚功：力在虚位移上做的功称为虚功。这里的"虚"是指位移不是由做功的力引起的，做虚功时力的大小是不变的。列虚功的时候，需要注意的是，虚功中的力与位移一定是对应的。这种对应关系有以下两个含义：

1) 同一位置。这是指力和位移都针对同一截面(如 F_P 作用在 K 点、Δ 指的是 K 点的位移)。

2) 同一性质。这是指力与位移必须是对应的。即竖向力与竖向线位移对应、水平力与水平线位移对应以及力偶与转角对应。

(2) 理解虚功原理的前提条件。

1) 平衡的力状态。这个概念比较容易理解。

2) 协调的变形状态。协调有两个含义：一个是位移与变形协调，指的是杆件变形后不断开、不重叠；另一个是位移与约束协调，指的是位移函数在约束处等于约束位移，例如固定端截面的线位移和转角位移都等于零。

虚功原理的一般表达式为 $\delta W_c = \delta W_i$。

在推导这个公式的时候，只用到了力的平衡和变形的协调两个条件，没有涉及结构的类型，也没有用到材料具体的力与位移的关系，因此，这个公式适用于任何杆系结构及任何变形体。

2. 应用虚功原理推导结构位移计算公式

下面简单汇总了几种因素下位移公式的推导过程，便于读者找到这几个公式的内在联系，达到对概念的总体理解。建议读者对这几个公式自行推导几遍。

荷载作用下的位移计算公式。对此应先弄清下面两个概念。

位移状态 —— 结构在荷载作用下的位移，如图 5-17(a) 所示。对于线弹性材料，位移状态的应变为

$$\delta\varepsilon = \frac{F_{NP}}{EA}, \quad \delta\gamma = \frac{kF_{QP}}{GA}, \quad \delta\kappa = \frac{M_P}{EI}$$

力状态 —— 虚设的单位力及由单位力产生的支座反力、结构内力，如图 5-17(b) 所示。

对两种状态应用虚功原理，得总外力功 $\delta W_e = 1 \cdot \Delta$，总变形功为

$$\delta W_i = \sum_e (\overline{F}_N \delta\varepsilon + \overline{F}_Q \delta\gamma + \overline{M}\delta\kappa)\mathrm{d}s = \sum_e \int_0^l \left(\frac{\overline{F}_N F_{NP}}{EA} + \frac{k\overline{F}_Q F_{QP}}{GA} + \frac{\overline{M}M_P}{EI}\right)\mathrm{d}s$$

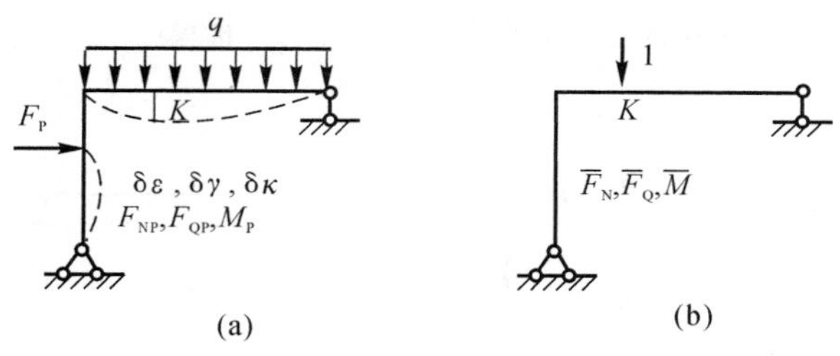

图　5 - 17

(a) 位移状态；(b) 虚设的力状态

因此，虚功方程为

$$1 \cdot \Delta = \sum_e \int_0^l \left(\frac{\overline{F}_N F_{NP}}{EA} + \frac{k\overline{F}_Q F_{QP}}{GA} + \frac{\overline{M}M_P}{EI}\right)\mathrm{d}s$$

位移计算公式为

$$\Delta = \sum_e \int_0^l \left(\frac{\overline{F}_N F_{NP}}{EA} + \frac{k\overline{F}_Q F_{QP}}{GA} + \frac{\overline{M}M_P}{EI}\right)\mathrm{d}s$$

因为上式应用了线弹性材料的内力与变形关系，因此它仅适用于线弹性杆系结构的位移计算。判断一些公式的适用范围，就是看公式推导过程中是否用到了某个条件，如果用到了，这个条件就是这个公式的适用条件。

(2) 温度变化引起的静定结构位移计算。将结构在温度改变时的实际位移作为位移状态，如图 5－18(a) 所示。温度改变后，杆件的应变为

$$\delta\varepsilon = \alpha t_0, \quad \delta\kappa = \frac{\alpha\Delta t}{h}$$

将虚设的单位力及由单位力产生的支座反力、结构内力作为力状态，如图 5 - 18(b) 所示。

对两种状态应用虚功原理，得总外力功 $\delta W_e = 1 \cdot \Delta$，总变形功为

$$\delta W_i = \sum_e \int_0^t (\overline{F}_N \delta\varepsilon + \overline{F}_Q \delta\gamma + \overline{M}\delta\kappa)\mathrm{d}s = \sum_e \int_0^t \left(\overline{F}_N \alpha t_0 + \overline{M}\frac{\alpha\Delta t}{h}\right)\mathrm{d}s$$

因此，虚功方程为

$$1 \cdot \Delta = \sum_e \int_0^l \left(\overline{F}_N \alpha t_0 + \overline{M}\frac{\alpha\Delta t}{h}\right)\mathrm{d}s$$

位移计算公式为

$$\Delta = \sum_e \int_0^l \left(\overline{F}_N \alpha t_0 + \overline{M}\frac{\alpha\Delta t}{h}\right)\mathrm{d}s$$

如果材料、温度变化沿杆长不变，而且为等截面杆件，则上式变为

$$1 \cdot \Delta = \sum_e \left(A_{\overline{F}_N} t_0 + A_{\overline{M}}\frac{\Delta t}{h}\right)\alpha$$

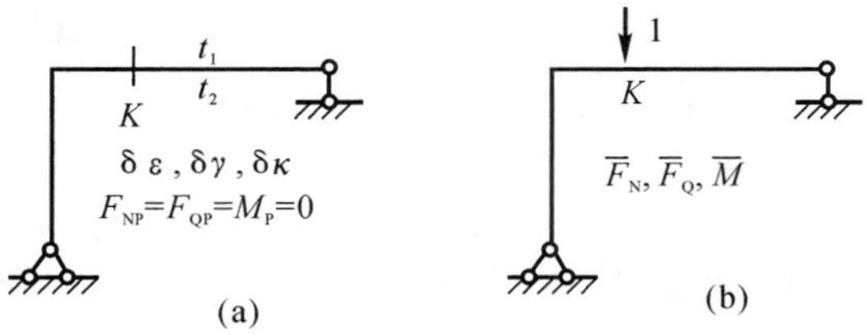

图　5 - 18

(a) 位移状态；(b) 虚设的力状态

(3) 支座位移引起的静定结构位移计算。将结构在有支座位移时的实际位移作为位移状态，如图 5－19(a) 所示。很明显，发生支座位移后，杆件的变形和内力都等于零，结构只有刚体位移。

将虚设的单位力及由单位力产生的支座反力、结构内力作为力状态，如图 5－19(b) 所示。这个力状态的特点是支座反力在虚位移上也做功。

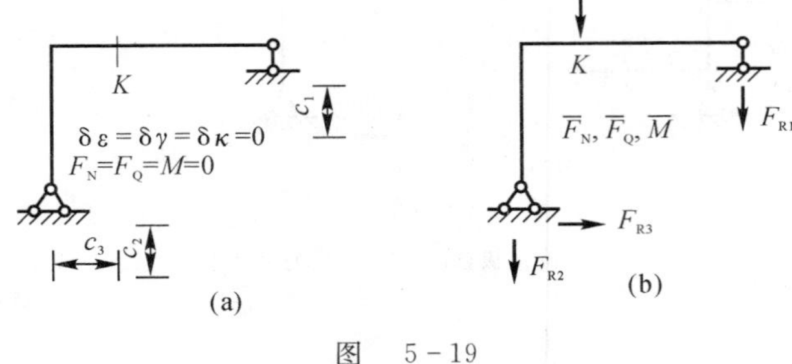

图 5－19

(a) 位移状态； (b) 虚设的力状态

对两种状态应用虚功原理，得总外力功为

$$\delta W_e = 1 \cdot \Delta + \sum \overline{F}_{Ri} c_k$$

得总变形功为

$$\delta W_i = \sum_e \int_0^l (\overline{F}_N \delta\varepsilon + \overline{F}_Q \delta\gamma + \overline{M}\delta\kappa)\mathrm{d}s = 0$$

因此，虚功方程为

$$1 \cdot \Delta + \sum \overline{F}_{Ri} c_i = 0$$

位移计算公式为

$$\Delta = -\sum \overline{F}_{Ri} c_i$$

需要指出的是，位移计算公式的右侧是由有支座位移杆件对应的总虚功移项得到的，因此，求和符号前有负号。在求和符号后，支座位移与对应的单位力引起的支反力方向相同取正号，反之取负号。

(4) 制造误差引起的结构位移。对此以求图 5－20(a) 所示桁架由杆件 AC 制造时短了 ΔL_{AC} 所产生的 E 点竖向位移为例进行说明。

将结构制造误差引起实际位移作为位移状态，如图 5－20(a) 所示。制造误差不引起内力，故除有误差的杆件外各杆均无变形，有误差的杆件的变形为制造误差 ΔL_{AC}。

在原结构求位移的 E 结点上加一个单位力作为力状态，如图 5－20(b) 所示。

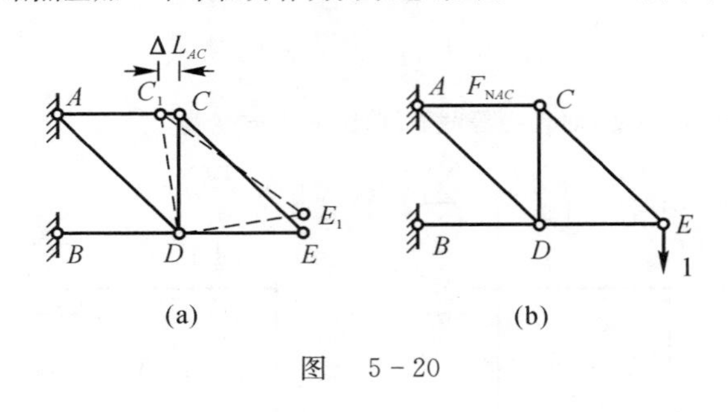

图 5－20

总外力功 $\delta W_e = 1 \cdot \Delta$。总变形功为 $\delta W_e = F_{NAC} \cdot \Delta L_{AC}$，这是因为除 AC 杆外，其他杆无变形，内力功为零，只有 F_{NAC} 做功。当 F_{NAC} 为拉力，AC 杆造短了，或 F_{NAC} 为压力，AC 杆造长了时，这个功为正，否则为负。对两种状态应用虚功原理，有

$$\Delta = F_{NAC} \cdot \Delta L_{AC}$$

当有 S 个杆件有制造误差时，同样可推得位移计算公式为

$$\Delta = \sum_{i=1}^{S} \overline{F}_{Ni} \cdot \Delta L_i$$

式中，F_{Ni} 为单位力引起的第 i 个有制造误差的杆件中的轴力。

对其他结构或其他形式制造误差(如初曲率)等引起的位移可类似计算。

3. 荷载位移计算公式的简化

对这部分内容的学习要求是，明确公式简化的理由和简化公式的准确程度。这样可以深刻认识各种结构的受力特点。

(1) 对于桁架结构只有轴力、没有剪力和弯矩，位移计算公式简化为

$$\Delta = \sum_{e} \frac{\overline{F}_N F_{NP} l}{EA}$$

因此，简化公式从理论上是准确的。

(2) 梁及刚架。忽略剪切变形和轴向变形对位移的贡献，位移计算公式简化为

$$\Delta = \sum_{e} \int_0^l \frac{\overline{M} M_P}{EI} ds$$

因此，简化公式是近似的。但是，从主教材的例题计算结果可以看出，上式的计算精度还是很高的。

(3) 小曲率拱结构。此时轴力比较大，故一般需要考虑轴向变形和弯曲变形对位移的影响。用直杆的计算公式也会带来误差，但对于曲率很小的杆件这个误差是很小的。故采用如下近似公式计算，有

$$\Delta = \int_s \left(\frac{\overline{M} M_P}{EI} + \frac{\overline{F}_N F_{NP}}{EA} \right) ds$$

(4) 组合结构。桁架杆只有轴向变形，对梁式杆只需考虑弯曲变形对位移的作用，位移计算公式化简为

$$\Delta = \sum_{e1} \frac{\overline{F}_N F_{NP} l}{EA} + \sum_{e2} \int_0^l \frac{\overline{M} M_P}{EI} ds$$

4. 图乘法

图乘法的应用是本章内容的重点，需要熟练掌握。

(1) 图乘法计算公式。图乘法的计算公式为

$$\Delta = \sum \int_A^B \frac{\overline{M} M_P}{EI} ds = \frac{1}{EI} \sum A y_0$$

(2) 图乘法的前提条件。与所有公式的适用范围一样，前提条件就是看在推导公式的过程中用到了哪些限制条件。由主教材中公式的推导过程可以总结出图乘法的应用前提条件有：

1) 杆件为等截面直杆。

2) $EI =$ 常数。

3) 两个弯矩图中至少有一个是直线图形。在进行弯矩图图乘时，要特别注意两点：一是杆件的抗弯刚度 EI 是否是常数。二是选取的纵坐标的图形是否是直线图形，特别是当折线中的一段的纵坐标为零时，很容易误将折线看成直线。

(3) 图形分解。学习图乘法时，应该熟记图 5-21 中的两个图形面积计算公式和其形心位置。对于复杂图形应该能熟练地将其分解成简单图形。分解的方法一般有以下三种：

1) 按杆件上作用的荷载分解。将多种荷载作用下的弯矩图分解成几个单一荷载作用下的弯矩图。

2) 按弯矩叠加法作弯矩图的过程分解。将弯矩图分解成两部分，一部分是将杆件的两端弯矩纵坐标连成直线的图形。这个图形一般是梯形，可以将这个梯形分解成两个三角形或一个三角形和一个矩形。另一部分是杆上荷载作用在同等跨度简支梁上的弯矩图，这个图形一般是一个简单图形。

3) 可以将杆件一端看成固定端，将另一端截面的内力求出来，再将这些内力连同杆上荷载一起看成是这个悬臂梁的荷载，这样就可以将杆件的弯矩图分解成若干单一荷载作用下的弯矩图了。

对图乘法这部分内容的学习要求是熟练掌握。学习时必须做足够多数量的习题才能达到熟练掌握的程度。应用图乘法解题时，有以下两个步骤非常重要：

1）对每个题需要画两个静定结构弯矩图（荷载下和单位力下的弯矩图），这是对读者对静定结构弯矩图是否达到熟练掌握程度的一个检验。如果没有达到这个要求，建议读者复习第4章相应内容，并做一定量的练习。在这部分多花一些时间是十分必要的。

2）对两个静定结构弯矩图（荷载下和单位力下的弯矩图）进行图乘。对这一步的要求是能熟练灵活地分解复杂弯矩图，并能正确地进行图乘。达到这个要求的途径是在理解基本概念的基础上多做习题。

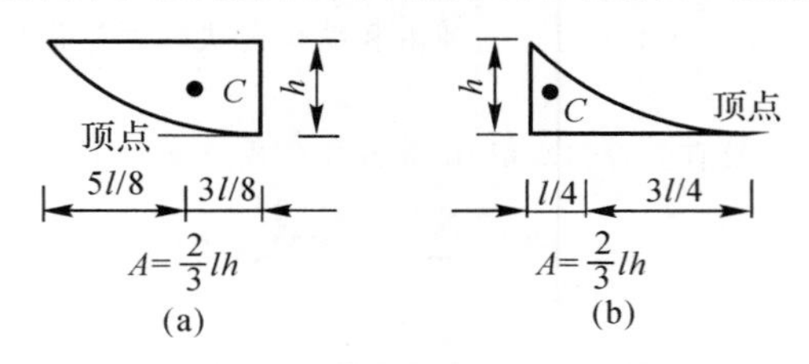

图 5-21

（a）均布荷载下简支梁弯矩图的一半；（b）均布荷载下悬臂梁弯矩图

5. 互等定理

深刻理解互等定理，并记住结论。这些结论在超静定结构的求解过程中应用得非常多。

5.2.2 解题步骤及易犯的错误

1. 解题步骤

（1）根据待求位移建立单位广义力状态。

（2）荷载下的位移计算。

1）桁架结构：求单位广义力作用下的各杆轴力，再求荷载作用下对应单位广义力下非零轴力杆的内力，代入计算公式 $\Delta=\sum\frac{F_{NP}\overline{F}_N l}{EA}$ 求位移。

2）拱结构：求单位广义力作用下的轴力和弯矩表达式，再求荷载作用下的轴力和弯矩表达式，代入计算公式 $\Delta=\sum\int\left(\frac{F_{NP}\overline{F}_N}{EA}+\frac{M_P\overline{M}}{EI}\right)\mathrm{d}s$ 求位移。

3）多跨静定梁与刚架：作出单位广义力弯矩图和荷载弯矩图，在满足图乘条件的前提下，按图乘法 $\Delta=\sum\frac{A_i y_i}{EI}$ 求位移。

4）组合结构：求单位广义力及荷载作用下的各桁架杆的轴力，并求单位广义力及荷载作用下的梁式杆弯矩图，代入计算公式 $\Delta=\sum\frac{F_{NP}\overline{F}_N l}{EA}+\sum\frac{A_i y_i}{EI}$ 求位移。

（3）温度引起的位移计算。根据已知条件确定 t_0 和 Δt，作单位广义力的弯矩和轴力图，按下式求位移，有

$$\Delta=\sum\pm\alpha t_0 A_N+\sum\pm\frac{\alpha\Delta t}{h}A_M$$

（4）支座位移引起的位移计算。求单位广义力作用与已知支座位移对应的反力，代入计算公式 $\Delta=-\sum\overline{F}_{Ri}c_i$ 求位移。

（5）当有多种外因作用时，可按考虑多种荷载共同作用于位移一般计算公式来求，也可先按单一外因分别计算，再将结果相加。

2. 易犯的错误

（1）单位广义力状态建立错误（与所求位移不对应）。

(2) 遗漏了杆件的刚度(EA,EI 等)。

(3) 不满足图乘条件按图乘法计算,不是标准图形而没有正确分解,或者面积形心对应的直线图形坐标取值不对。

(4) 正、负号确定错误。

(5) 数值计算单位不统一。

5.2.3　学习中常遇问题解答

1. 为什么要计算结构的位移?

答:一个原因是验算结构刚度,因为过大的位移和变形会影响结构的正常使用。另一个原因是在用力法求解超静定结构和动力学计算时,要用到结构的位移计算。

2. 产生静定结构位移的因素有哪些?

答:荷载、温度变化、支座位移、制造误差等。

3. 变形体虚功原理与刚体虚功原理有何区别和联系?

答:对于变形体,因为虚位移能产生虚变形,所以外荷载的总虚功等于变形体所接受的总虚变形功,也即 $\sum \delta W_e = \sum \delta W_i$。对于刚体,因为不可能产生虚变形,因此外荷载的总虚功等于零。这是二者的区别。

二者的联系:刚体虚功原理是变形体虚功原理的基础,也可以说是变形体虚功原理的特例。

4. 单位广义力状态中"单位广义力"的量纲是什么?

答:位移计算公式是通过功的计算导出的,为使功的计算能够直接得到位移值,应该将功除以做功的广义力。因此单位广义力状态中的单位广义力,其实质是广义力比自身。由此,单位广义力的量纲为 1。

5. 试说明如下位移计算公式的适用条件、各项的物理意义:

$$\Delta = \sum \int (\overline{M}_{\kappa} + \overline{F}_{N}\varepsilon + \overline{F}_{Q}\gamma)\mathrm{d}s - \sum \overline{F}_{RK} c_K$$

答:此计算公式适用于一切杆系结构、一切变形体材料。式中,$\overline{M}$,$\overline{F}_N$,$\overline{F}_Q$ 分别为单位广义力状态所引起的杆件弯矩、轴力和剪力;κ,ε,γ 为所求位移结构与 $\overline{M}$,$\overline{F}_N$,$\overline{F}_Q$ 对应的虚曲率、虚轴向线应变和虚切应变;$\mathrm{d}s$ 为微段长度;c_K 为 K 支座的已知位移;$\overline{F}_{RK}$ 为与已知位移 c_K 对应的单位广义力引起的反力。

6. 图乘法的适用条件是什么? 对连续变截面梁或拱能否用图乘法?

答:图乘法只适用于等截面直杆组成的结构(每一图乘计算均应该是等直杆),并且两个内力图中必须有一个是直线图形。因此对连续变截面梁或拱不能用图乘法计算。

7. 图乘法公式中正、负号如何确定?

答:当面积和形心坐标在轴线同侧时为正,否则为负。

8. 计算矩形截面细长杆($h/l=1/18\sim1/8$,h 为矩形截面高度,l 为杆长)位移时,忽略轴向变形和剪切变形会产生多大的误差?

$$\Delta = \sum \int \frac{M_P\overline{M}}{EI}\left(1 + \frac{F_{NP}\overline{F}_N}{M_P\overline{M}}\frac{I}{A} + \frac{F_{QP}\overline{F}_Q}{M_P\overline{M}}\frac{kE}{G}\frac{I}{A}\right)\mathrm{d}x$$

因为对矩形截面 $\dfrac{I}{A}$ 为 $\dfrac{h^2}{12}$,弯矩是力×长度,因此 $\dfrac{F_{NP}\overline{F}_N}{M_P\overline{M}}$ 可表示为 $\alpha\dfrac{1}{l^2}$,同理,$\dfrac{F_{QP}\overline{F}_Q}{M_P\overline{M}}$ 可表示为 $\beta\dfrac{1}{l^2}$,其中 α,β 为量纲 1 的代数量,$k=1,2$,若 $\dfrac{E}{G}\approx\dfrac{8}{3}$,则上式积分号中括号内项可表示为

$$\int \frac{M_P\overline{M}}{EI}\left[1+\alpha\left(\frac{h}{l}\right)^2+\beta\left(\frac{h}{l}\right)^2\right]\mathrm{d}x = \int \frac{M_P\overline{M}}{EI}\left[1+\gamma\left(\frac{h}{l}\right)^2\right]\mathrm{d}x$$

在 $h/l=1/18\sim1/8$ 时,$(h/l)^2=(3.086\,4\times10^{-3}\sim0.015\,625)$。因此对一般细长杆矩形截面刚架,忽略轴向和剪切变形对位移的贡献,其误差小于 3‰ ~ 2%。

9. 图 5-22 所示图乘结果是否正确？为什么？

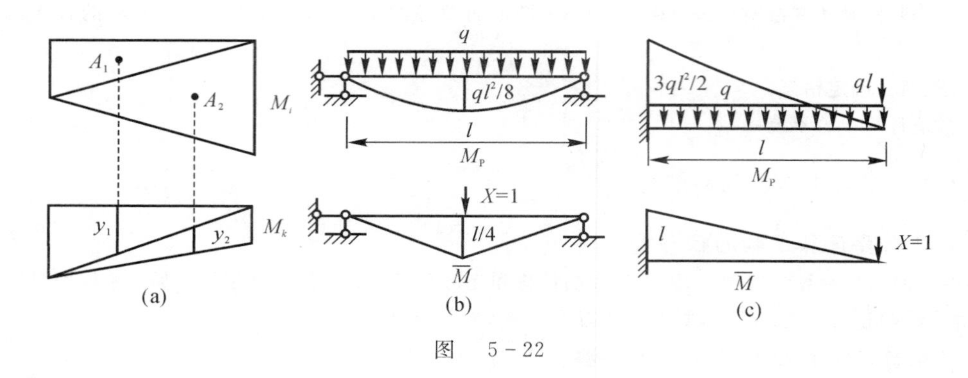

图 5-22

答：三个结论都是不对的。原因为：图 5-22(a) 中 y_i 应该是面积 A_i 形心对应的直线图形坐标，不应该是分割图形的对应坐标。图 5-22(b) 中 $\overline{M}$ 是折线图形，而图乘条件要求必须有一个是直线图形。图 5-22(c) 中使用二次抛物线 $hl/3$ 的面积公式时，要求图形必须是标准抛物线，也即顶点处图形切线必须与基线(轴线) 平行或重合。

10. 荷载和单位弯矩图如图 5-23 所示，如何用图乘法计算位移？

答：因为对于图 5-23 所示结构，截面变化点是荷载 M_P 图的顶点，因此两侧均是标准二次抛物线，只要分成两段即可用图乘计算，即

$$\Delta = \frac{1}{2EI}\left(\frac{2}{3}\cdot\frac{ql^2}{2}\cdot\frac{1}{2}\right)\cdot\frac{11}{16}+\frac{1}{EI}\left(\frac{2}{3}\cdot\frac{ql^2}{8}\cdot\frac{l}{2}\right)\cdot\frac{5}{16}=\frac{21ql^2}{768EI}$$

11. 用图乘法求位移时应避免哪些易犯的错误？

答：有如下一些情况应注意避免：

(1) 求面积范围内所对应的取纵坐标图形是折线而非一条直线，如图 5-24(a) 所示。

(2) 非标准抛物线图形没有分解，如图 5-24(b) 所示。

(3) 梯形图形相乘时，取坐标图形不能因求面积时分割而只取分割部分坐标，如图 5-24(c) 所示。

(4) 各杆件刚度不相同时，没有考虑各杆件应该用其对应的刚度，或者遗漏分母刚度项。

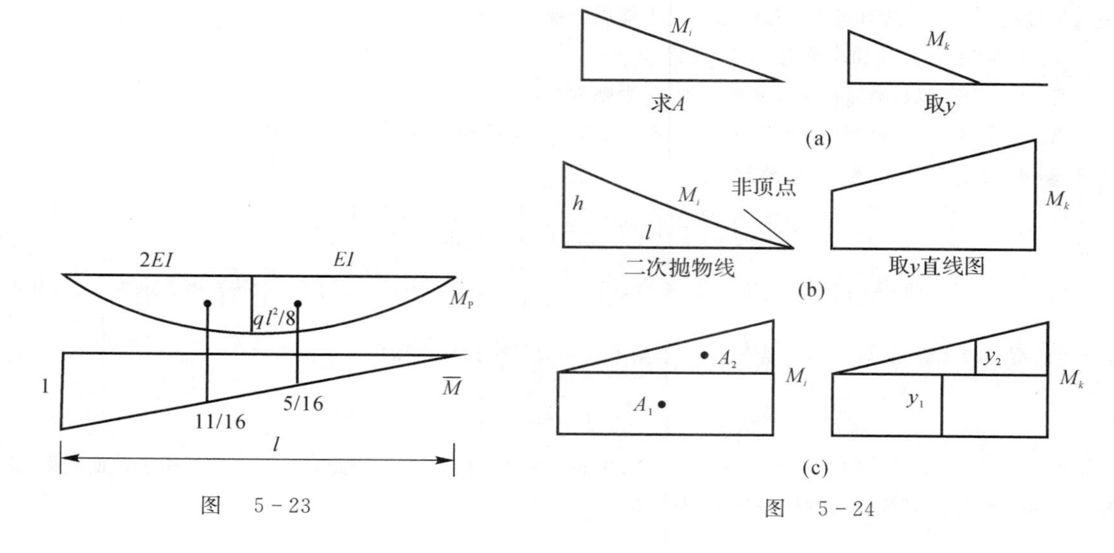

图 5-23

图 5-24

12. 如果杆件截面关于中性轴不对称，则对温度改变引起的位移有何影响？

答：一般情况下，温度改变引起的位移包含两部分，即轴线温度改变引起的伸长，两侧温差引起的弯曲。对后者计算虚曲率时，是用微段截面两侧“伸长之差”除截面高度，因此截面关于中性轴不对称对它没有影响。但是，因为假设温度沿截面高度线性变化，因此当截面关于中性轴对称时，轴线温度为$\frac{t_1+t_2}{2}$。而截面关于中性轴不对称时，轴线温度就要根据中性轴位置按沿截面高度线性变化来求。设截面高度为h，中性轴到t_l一侧高度为h_1，到另一侧高度为h_2，则按温度线性变化的假设，可求得轴线温度为$\frac{t_1h_2+t_2h_1}{h}$，即关于中性轴不对称，对轴线温度改变引起的伸长是有影响的。

13. 增加各杆刚度是否一定能减小荷载作用引起的结构位移？

答：不一定。因为位移公式中各杆对位移的贡献可正可负，如果最终位移是正值，则增加负位移贡献的刚度，反而能使正位移增加。反之，当位移为负值时，增加正位移贡献项刚度，必使总位移绝对值增加。

14. 试说明δ_{12}和δ_{21}的量纲并用文字阐述位移互等定理。

答：对比以具体例子加以说明。设悬臂梁 Ⅰ 状态为悬臂端作用竖向集中力F_{P1}，Ⅱ 状态为悬臂端作用集中力偶M_2。悬臂梁I状态悬臂端沿集中力偶M_2方向转角位移为θ_{21}，Ⅱ 状态悬臂端沿竖向集中力F_{P1}方向线位移为Δ_{12}。则根据功的互等定理有$F_{P1}\Delta_{12}:M_2\theta_{21}$，因为$\delta_{12}=\frac{\Delta_{12}}{M_2}$，$\delta_{21}=\frac{\theta_{21}}{F_{P1}}$，若记质量量纲为 M，长度量纲为 L，时间量纲为 T，则力的量纲为MLT^{-2}，力偶的量纲为ML^2T^{-2}，考虑到角度是弧长比曲率半径的结果，所以其量纲为 1，由此δ_{12}和δ_{21}的量纲相同，均为$M^{-1}L^{-1}T^2$。

位移互等定理可表述为：j状态单位广义力作用引起的i状态单位广义力方向的广义位移δ_{ij}，恒等于i状态单位广义力作用，引起的j状态单位广义力方向的广义位移$\delta_{Ⅱ}$。即$\delta_{ij}\equiv\delta_{ji}$。

15. 反力互等定理是否适用于静定结构？这时会得到什么结果？如何阐述反力互等定理？

答：原则上反力互等定理适用于静定结构。由于静定结构支座位移不产生内力、反力，因此反力互等的结果是零等于零。

反力互等定理可表述为：j状态发生单位广义位移引起的i状态单位广义位移方向的广义反力k_{ij}，恒等于i状态发生单位广义位移引起的j状态单位广义位移方向的广义反力k_{ji}。也即$k_{ij}\equiv k_{ji}$。

5.3 考试指点

5.3.1 考试出题点

结构的位移计算是结构计算的重要内容，它的理论基础是虚功原理，它的计算方法是单位荷载法，它的基本运算是图乘和积分，它的计算内容是计算梁、刚架、桁架、组合结构和三铰拱在荷载、支座沉降和温度改变等情况下的线位移和角位移。本章是结构力学的重要章节，知识考点有以下几方面。

(1) 刚体和变形体的虚功原理；

(2) 单位荷载法，积分法和图乘法的概念；

(3) 用图乘法计算梁和刚架在荷载作用下的位移；

(4) 计算梁、刚架、桁架和组合法在温度改变、支座位移情况下的位移；

(5) 功的互等定理、位移互等定理和反力互等定理的概念。

5.3.2 名校考研真题选解

一、客观题

1. 填空题

(1)(哈尔滨工业大学试题) 互等定理只适用于________体系。反力互等定理、位移互等定理是以________定理为基础导出的。

答案:线弹性　功的互等

(2)(西南交通大学试题) 在如图 5-25 所示结构中,杆 AB,BE 截面抗弯刚度为 EI,杆 DC 的抗拉压刚度为 EA,则 D 点水平位移为________。

答案:$(1/2EI),a^2\times 2F_P,a=F_Pa^3/EI(\rightarrow)$

(3)(湖南大学试题) 图 5-26 所示两图的图乘结果为________。

答案:$-\dfrac{25abl}{48EI}$

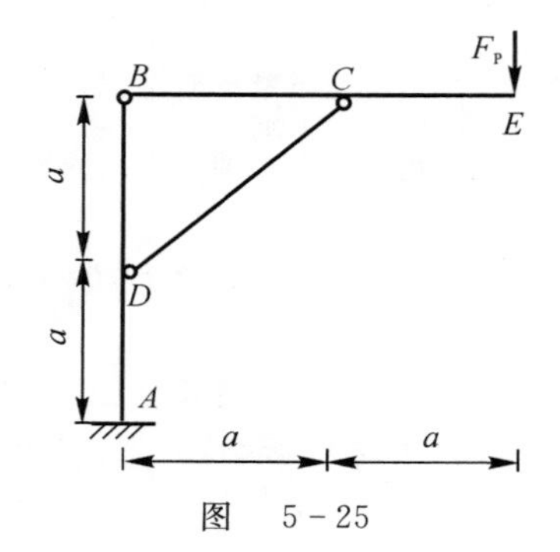

图 5-25

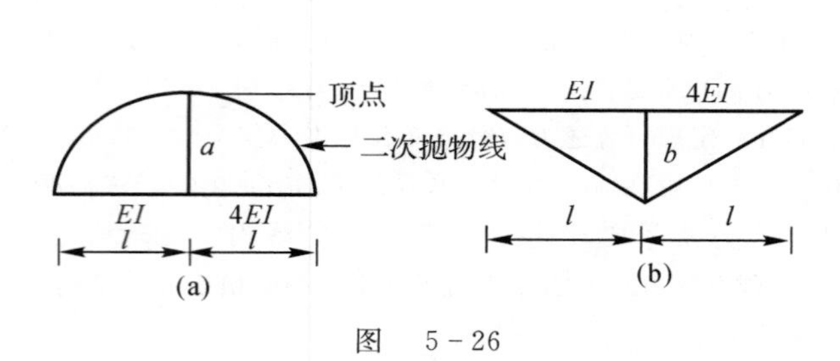

图 5-26

(4)(国防科技大学试题) 如图 5-27 所示桁架各杆 EA 相同,AB 杆的转角大小为________,方向为________。

答案:P/EA　顺时针

(5)(中南大学试题) 如图 5-28 所示结构,各标长均为 l,各杆刚度均为 EI,弹性支座的刚度系数 $k=3EI/l^3$,A 点的水平位移为________,方向为________。

答案:$\dfrac{2Pl^2+l^3}{3EI}$　向右

(6)(浙江大学试题) 如图 5-29 所示结构,支座 A 发生了顺时针转动 θ,支座 E 的弹簧刚度为 k,则铰 C 左、右截面的相对转角为________。

答案:2θ

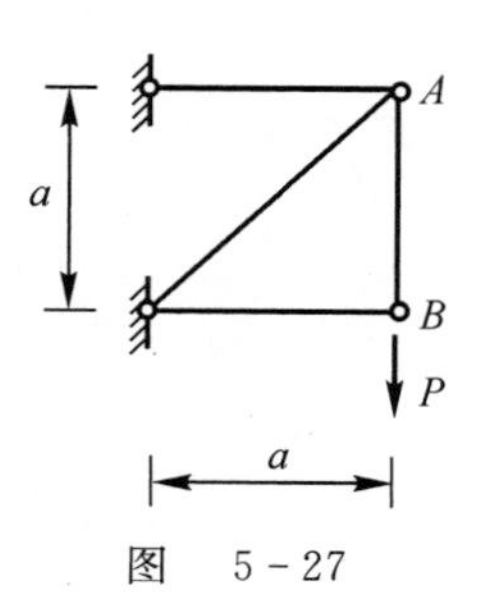

图 5-27

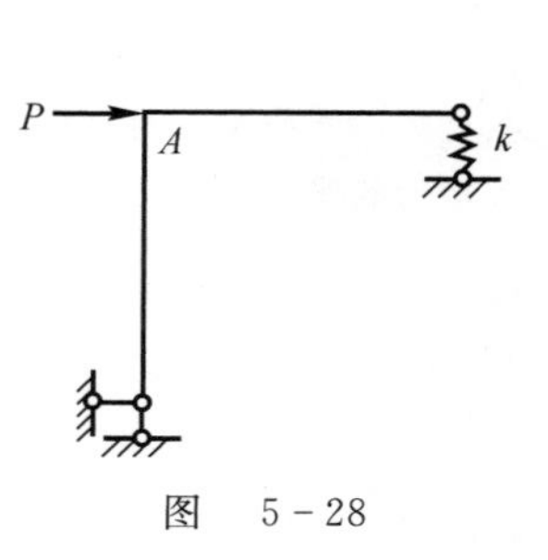

图 5-28

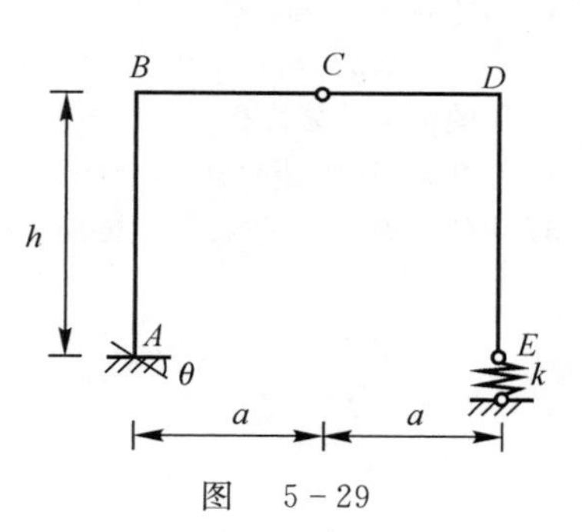

图 5-29

2. 选择题

(1)(天津大学试题) 如图 5-30 所示结构，$EI=$ 常数，已知结点 C 的水平位移为 $\Delta_{CH}=7ql^4/184EI(\rightarrow)$，则结点 C 的角位移 φ_C 应为(   )。

A. $ql^3/46EI$(顺时针向)　　B. $-ql^3/46EI$(逆时针向)

C. $3ql^3/92EI$(顺时针向)　　D. $-3ql^3/92EI$(逆时针向)

答案：C

(2)(哈尔滨工业大学试题) 如图 5-31 所示为刚架在荷载作用下的 M_P 图，曲线为二次抛物线，横梁的抗弯刚度为 $2EI$，竖柱的为 EI，则横梁中点 K 的竖向位移为(   )。

A. $87.75/(EI)\downarrow$　　B. $43.875/(EI)\downarrow$　　C. $94.5/(EI)\downarrow$　　D. $47.25/(EI)\downarrow$

答案：B

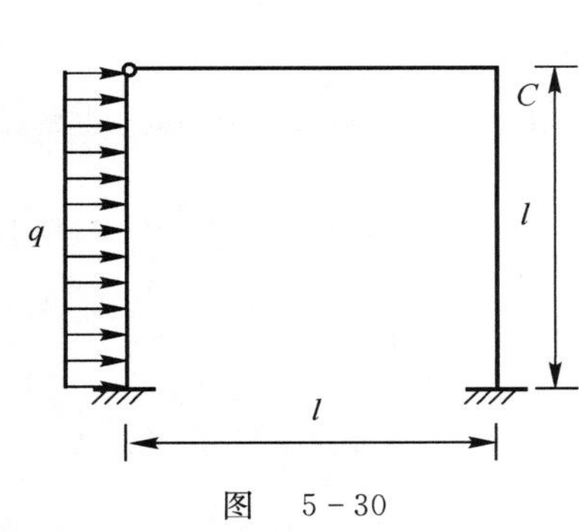

图 5-30

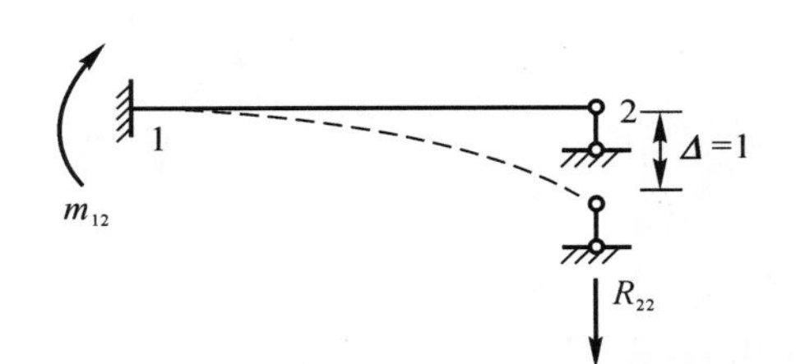

图 5-31

(3)(国防科技大学试题) 1) 如图 5-32 所示梁两种状态下所产生的支座反力关系为(   )。

A. $m_{11}=m_{12}$　　B. $m_{12}=R_{21}$　　C. $R_{21}=R_{22}$　　D. $m_{11}=R_{22}$

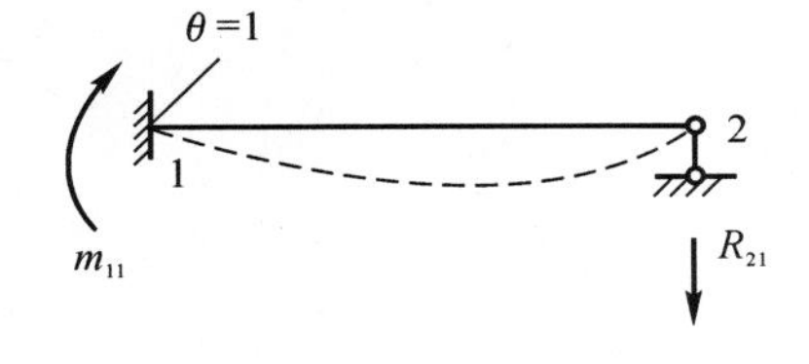

图 5-32

2) 如图 5-33 所示梁，当 $EI=$ 常数时，B 端的转角是(   )。

A. $\dfrac{5ql^3}{48EI}$(顺时针)　　B. $\dfrac{5ql^3}{48EI}$(逆时针)　　C. $\dfrac{7ql^3}{48EI}$(逆时针)　　D. $\dfrac{9ql^3}{48EI}$(逆时针)

答案：1) B　2) C

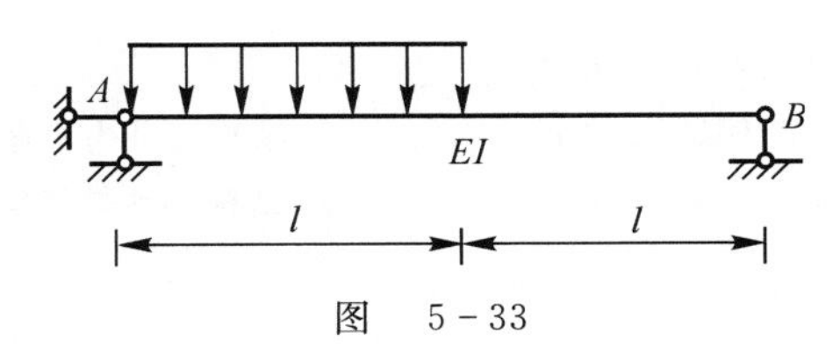

图 5-33

(4)(浙江大学试题) 1) 如图 5-34 所示结构，$EI=$ 常数，若要使 B 点水平位移为零，则 P_1/P_2 应为(   )。

A. 10/3　　B. 9/2　　C. 20/3　　D. 17/2

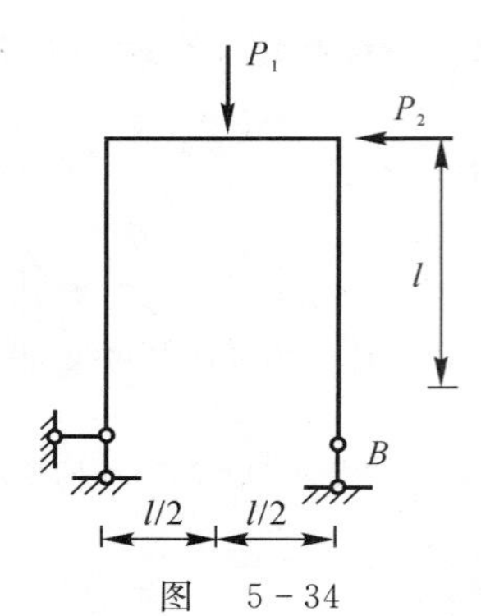

图 5-34

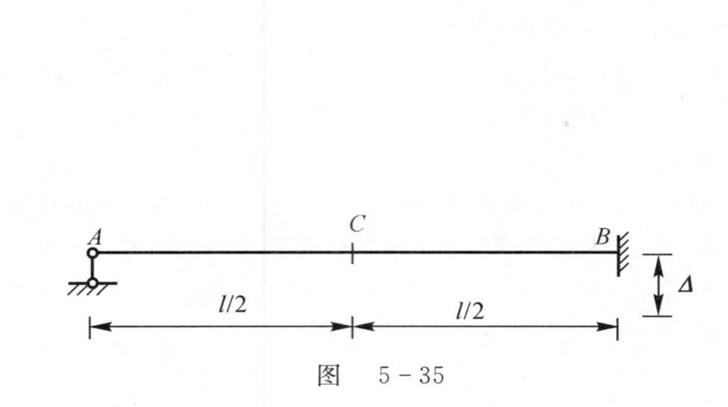

图 5-35

2) 如图5-35所示梁，$EI=$常数，固定端B发生了向下的支座位移Δ，则由此引起的梁中点C的竖向位移为(　　)。

A. $\Delta/4$(↑)　　B. $\Delta/2$(↓)　　C. $5\Delta/8$(↓)　　D. $11\Delta/16$(↓)

答案:(1)C　(2)D

(5)(西南交通大学试题) 如图5-36所示桁架，C点水平位移(　　)

A. 向左　　B. 向右

C. 等于零　　D. 不定，取决于A_1/A_2值

答案:D

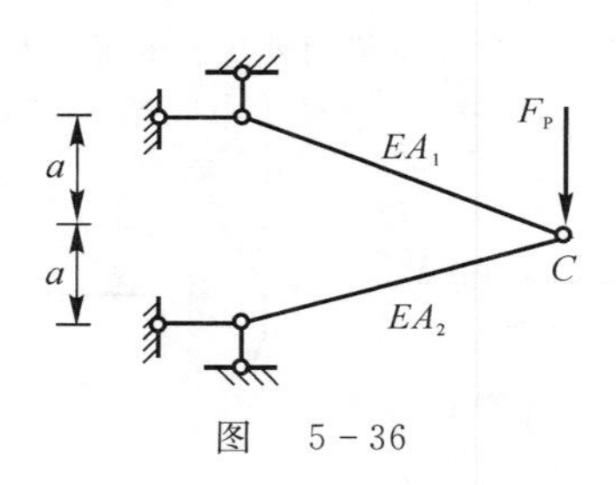

图 5-36

(6)(国防科技大学试题) (1) 用单位荷载法计算结构位移的理论依据是(　　)。

A. 位移互等定理　　B. 虚功原理

C. 功的互等定理　　D. 反力与位移互等定理

2) 分析线弹性结构时，能够应用叠加原理的情况是(　　)。

A. 计算荷载作用下的内力和位移　　B. 计算支座位移引起的内力和位移

C. 计算温度改变引起的内力和位移　　D. 以上三种情况均可以

答案:1)B　2)D

(7)(宁波大学试题) 用图乘法求位移的必要条件之一是(　　)。

A. 单位荷载下的弯矩图为一直线　　B. 结构可分为等截面直杆段

C. 所有杆件EI为常数且相同　　D. 结构必须是静定的

答案:B

3. 判断题

(1)(天津大学试题) 如图5-37所示结构，$EI=$常数，求K点的竖向位移时，由图乘法得:$\Delta_K=(1/EI)\times\omega_1y_1$。

答案:错

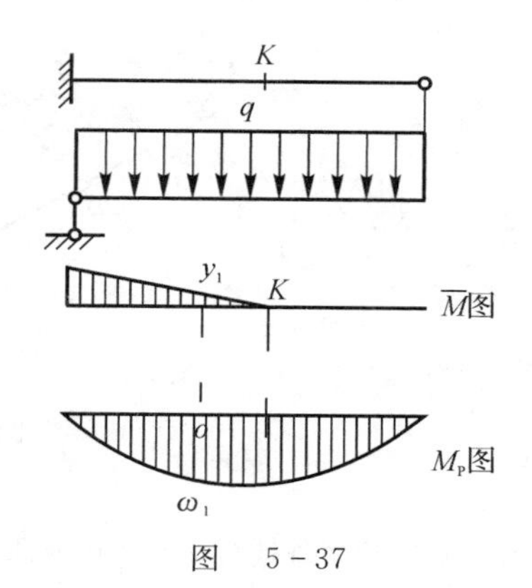

图　5-37

(2)(中南大学试题) 静定结构在产生支座沉降时,其位移与结构的刚度有关。

答案:错

二、计算题

1.(哈尔滨工业大学试题) 如图 5-38 所示第一状态与第二状态,试证明功的互等定理对于该情况不成立。

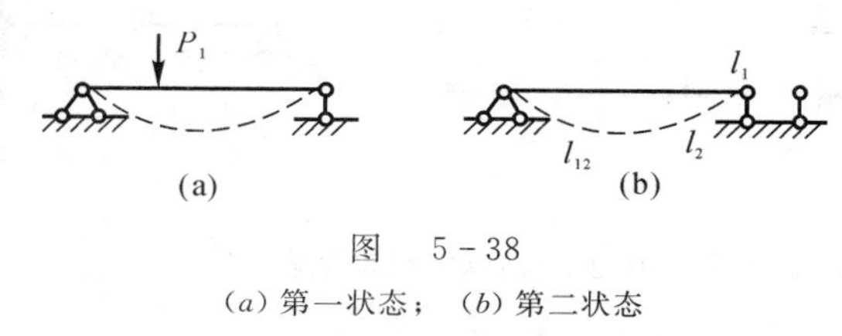

图　5-38

(a) 第一状态;　(b) 第二状态

证明　题图所示结构为静定结构,温度的改变不会产生内力,故

$$W_{12} = P_1 \cdot \Delta_{12}, \quad W_{21} = P_2 \cdot \Delta_{21}$$

第二状态为无荷载状态,故 $P_2 = 0, W_{21} = 0$。而 $W_{21} \neq 0$,故 $W_{12} \neq W_{21}$。可见,功的互等定理对于该情况不成立。

2.(同济大学试题) 试用单位荷载法求解如图 5-39 所示结构由图中支座位移引起的 C 点竖向位移(a,b 为支座位移)。

解　(1) 首先判断零杆。根据节点受力特点可知,有 7 个零杆,去掉后体系变为如解 5-39 图所示的体系。

欲求 C 点的垂直位移,需在图 5-40(a) 所示体系的 C 点上加垂直向下的单位力。由静力平衡条件可得:

$$F_{Ay} = 1/2, \quad F_{Bx} = 1/2(\text{标于图中})。$$

(2) 节点 C 的受力图如图 5-40(b) 所示。由静力平衡条件,可得

$$\sum F_x = 0, \quad F_{NAC} = F_{NDC}$$

$$\sum F_y = 0, \quad F_{NAC} \times \frac{\sqrt{2}}{2} + F_{NDC} \times \frac{\sqrt{2}}{2} + 1 = 0$$

解得

$$F_{NDB} = F_{NDC} = F_{NAC} = -\frac{\sqrt{2}}{2}$$

故点 C 的垂直位移为

$$\Delta_{Cy} = \sum \overline{R}_C = -\left(-\frac{1}{2} \times a - \frac{1}{2} \times b\right) = \frac{a+b}{2}(\downarrow)$$

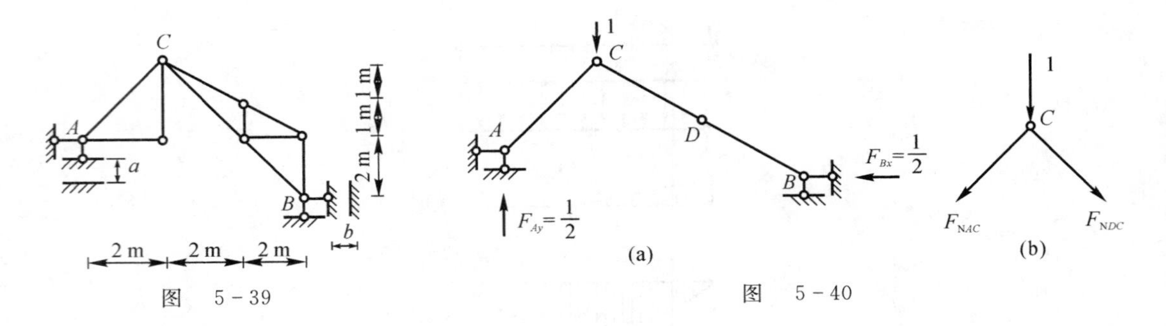

图 5-39

图 5-40

3.（武汉科技大学试题）如图 5-41 所示桁架各杆刚度为 EA，弹性支座刚度为$\frac{EA}{a}$，试计算桁架各杆的轴力，并求结点 7 的竖向位移。

解 取基本体系如图 5-42 所示。

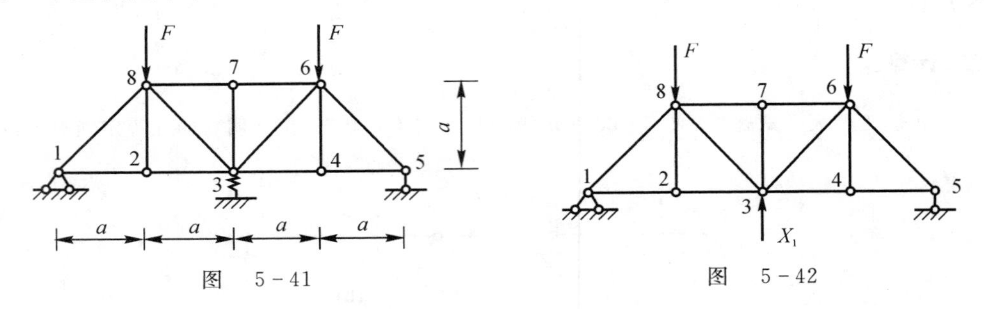

图 5-41

图 5-42

由于结构是对称的，所以只需研究半边结构，求解结果见表 5-1。

表 5-1

序号	杆件	长度	$\overline{F}_N$	F_{NP}	F_N
1	12	a	$-\frac{1}{2}$	F	$\frac{F}{2}$
2	23	a	$-\frac{1}{2}$	F	$\frac{F}{2}$
3	18	$\sqrt{2}a$	$\frac{\sqrt{2}}{2}$	$-\sqrt{2}F$	$-\frac{\sqrt{2}}{2}F$
4	28	a	0	0	0
5	38	$\sqrt{2}a$	$-\frac{\sqrt{2}}{2}$	0	$-\frac{\sqrt{2}}{2}F$
6	78	a	1	$-F$	0
7	37	a	0	0	0
		$\delta_{11}=\sum\frac{\overline{F}_N^2 l}{EA}=\frac{(3+2\sqrt{2})a}{EA}$			
		$\Delta_{1P}=\sum\frac{\overline{F}_N F_{NP} l}{EA}=-\frac{(4+2\sqrt{2})Fa}{EA}$			

将表 5－1 中数据代入力法基本方程中，可得

$$X_1 = F$$

表 5－1 的最后一列是各个桁架的内力，得节点 7 的位移为

$$\Delta_{TV} = \frac{X_1 a}{EA} = \frac{Fa}{EA}(\downarrow)$$

4.（天津大学试题）如图 5－43 所示结构，$EA = 4.2\times10^5$ kN，$EI = 2.1\times10^8$ kN·cm²，问当结构所受外荷 P 为多少时，D 点竖向位移为向下 1 cm。

解　在 D 点加一个竖直向下的单位荷载，则易得此时的弯矩图图 5－44 所示。

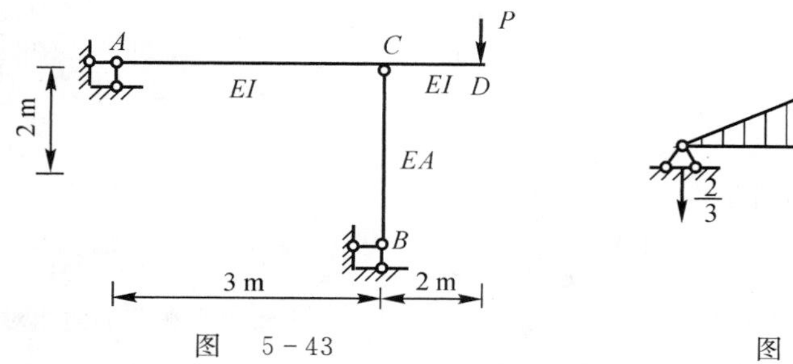

图　5－43

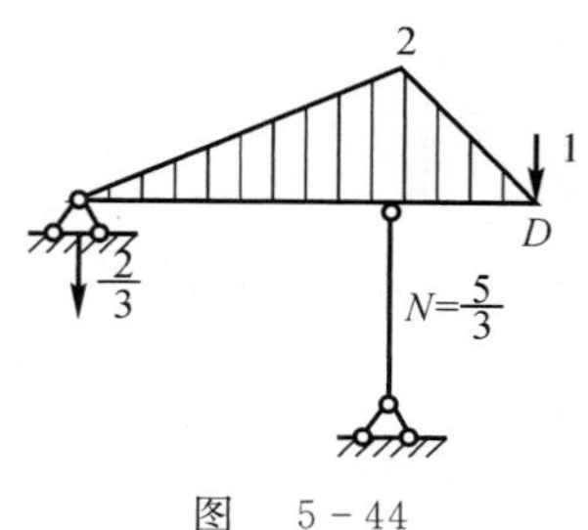

图　5－44

由图乘法可得 D 点的位移为

$$\Delta_D = \delta_{11}P = \left(\int\frac{\overline{M}_1^2}{EI}ds + \frac{\overline{F}^2 l}{EA}\right)P =$$

$$\left[\frac{1}{EI}\left(\frac{1}{2}\times3\times2\times\frac{2}{3}\times2+\frac{1}{2}\times2\times2\times\frac{2}{3}\times2\right)+\frac{(5/3)^2\times2}{EA}\right]\cdot P = 1$$

解得
$$P = 30.24\ \text{kN}$$

5.（西南交通大学试题）作如图 5－45 所示结构的 M 图，并求 E 点的水平位移。

解　去掉原荷载，在 E 点处加一个水平向右的单位力，则可得此时的弯矩图如图5－46(a) 所示。原荷载作用下的弯矩图如图 5－46(b) 所示。

由图乘法可得

$$\Delta_{Ex} = 768/EI$$

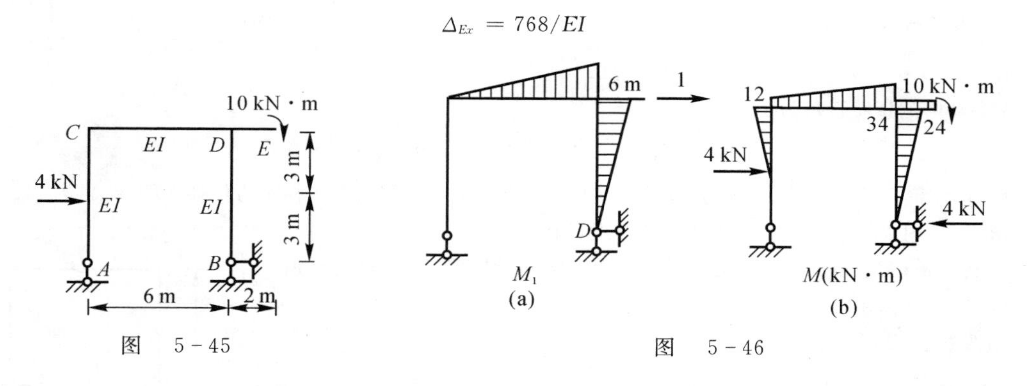

图　5－45　　　　图　5－46

6.（西南交通大学试题）求图 5－47 所示结构 A 点竖向位移 Δ_{Ay}，已知 EI 为常数。

解　在 A 点处加一个竖直向下的单位力，求解支座反力。由静力平衡条件可得两端支座均为 1/2，可绘制出此时的弯矩图，如图 5－48(a) 所示。

在原荷载作用下，求解支座反力为

$$F_{左x} = ql,\quad F_{左y} = \frac{ql}{4},\quad F_{簧} = \frac{ql}{4}$$

绘制弯矩图，如图 5-48(b) 所示。

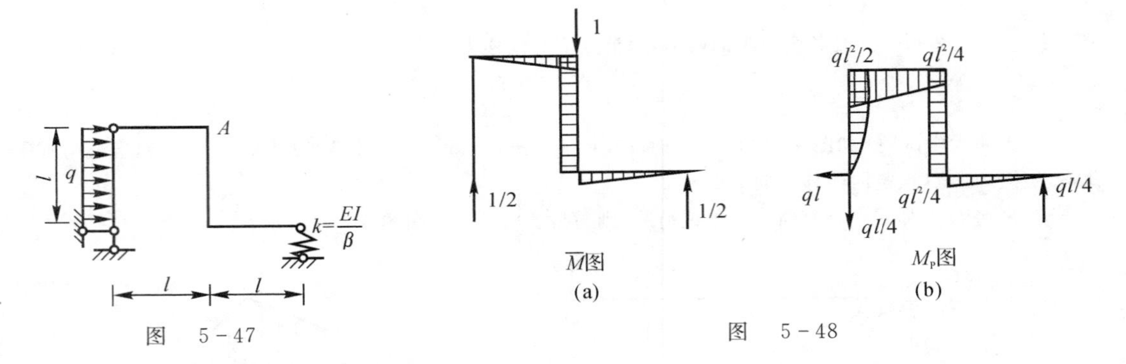

图 5-47

图 5-48

利用图乘法，可求得 A 的竖直位移为

$$\Delta_{Ay}=\int\frac{M_{\mathrm{P}}\overline{M}\mathrm{d}x}{EI}-\sum\overline{F}_{\mathrm{R}}c=\frac{3ql^4}{8EI}(\downarrow)$$

7.(国防科技大学试题) 结构的支座移动情况如图 5-49 所示。求铰 B 两侧截面的相对转角 φ_{BB}。

解 (1) 在 B 铰处加一对单位力偶，则基本体系受力图如图 5-50 所示。

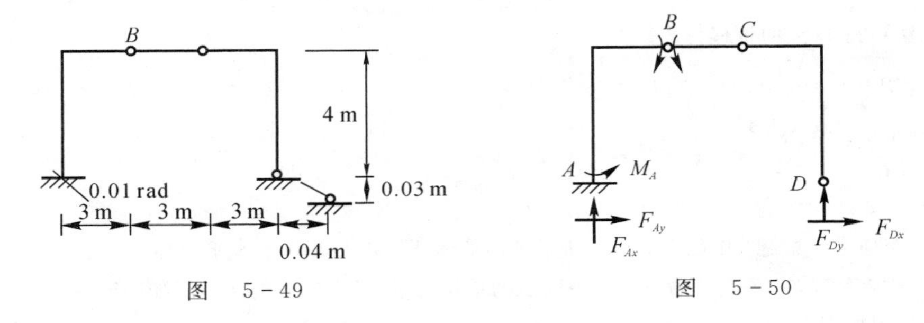

图 5-49

图 5-50

由图 5-50 所示结构可看出，当单位弯矩作用在基本结构上时，D 支座反力为 0。取 AB 段，并对 B 点取矩，由静力平衡条件，可得

$$\sum M_B=0,\quad M_A=1$$

所以，铰 B 两侧相对转角为

$$\varphi_{BB}=-\sum F_{\mathrm{R}B}P=0.001\ \mathrm{rad}(\circlearrowright)$$

8.(哈尔滨工业大学试题) 试求如图 5-51 所示结构铰 C 两侧截面的相对角位移。$EI=$ 常数。

解 采用虚位移法。首先添加广义弯矩，如图 5-52(a) 所示。

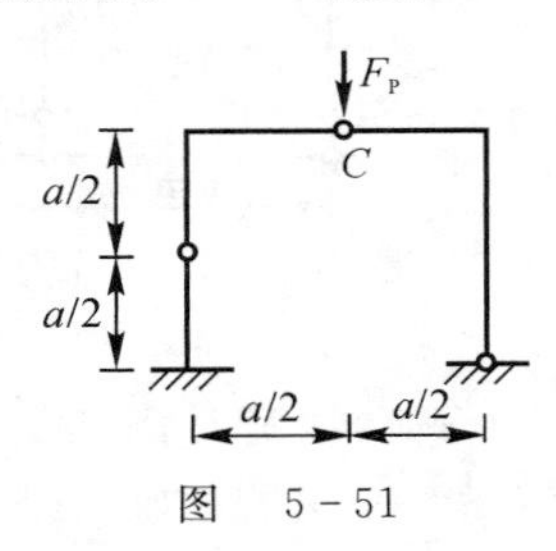

图 5-51

绘制体系在 F_{P} 和广义单位力作用下的弯矩图，分别如图 5-52(b)(c) 所示(支座反力已标在图中)。

用图乘法，则 C 点的转角为

$$\varphi_C=\sum\frac{\overline{M}M_{\mathrm{P}}}{EI}\mathrm{d}s=\frac{1}{EI}\Big(\frac{1}{2}a\times\frac{F_{\mathrm{P}}a}{3}\times\frac{2}{3}\times\frac{4}{3}+\frac{1}{2}\times\frac{a}{2}\times\frac{F_{\mathrm{P}}a}{3}\times\frac{11}{9}+\frac{1}{2}\times\frac{a}{2}\times\frac{F_{\mathrm{P}}a}{6}\times\frac{7}{9}+\frac{1}{2}\times\frac{a}{2}\times\frac{F_{\mathrm{P}}a}{6}\times\frac{2}{3}\times\frac{2}{3}\times 2\Big)=\frac{69F_{\mathrm{P}}a^2}{216EI}$$

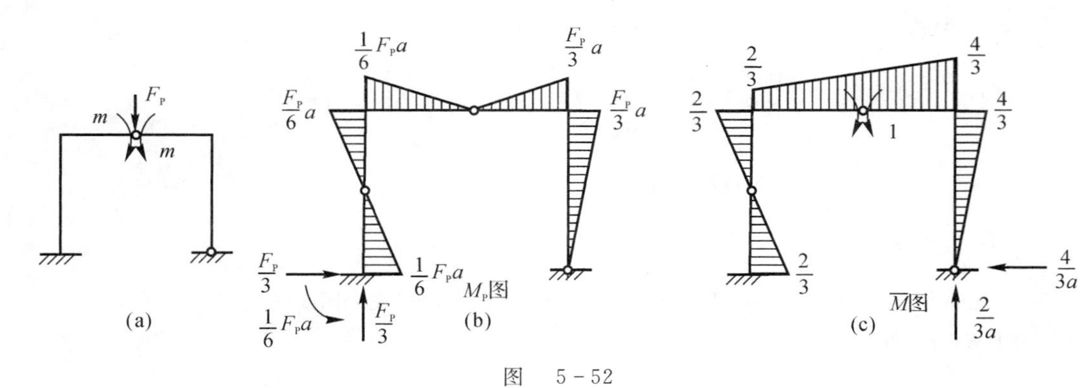

图　5－52

9.(武汉科技大学试题)如图5－53所示结构，支座B向左移动1 cm，支座D向下移动2 cm，求铰A左、右两截面的相对转角。

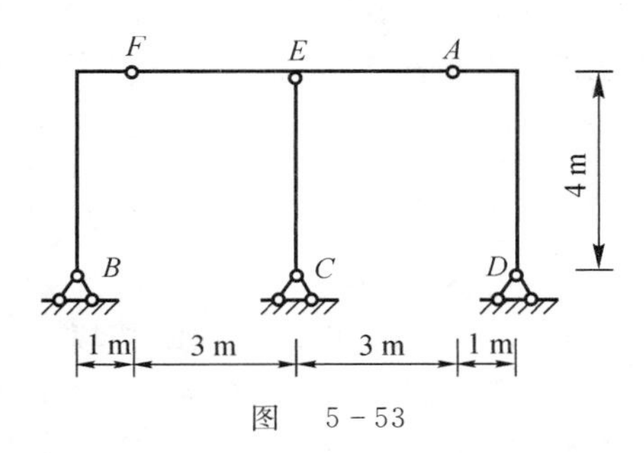

图　5－53

解　在A加一个单位力偶，受力图如图5－54(a)所示。取EA杆为隔离体，受力图如图5－54(b)所示。由静力平衡条件，可得

$$\sum M_E = 0,\quad Q_{AE}\cdot 3 = 1$$

解得

$$Q_{AE} = 1/3$$

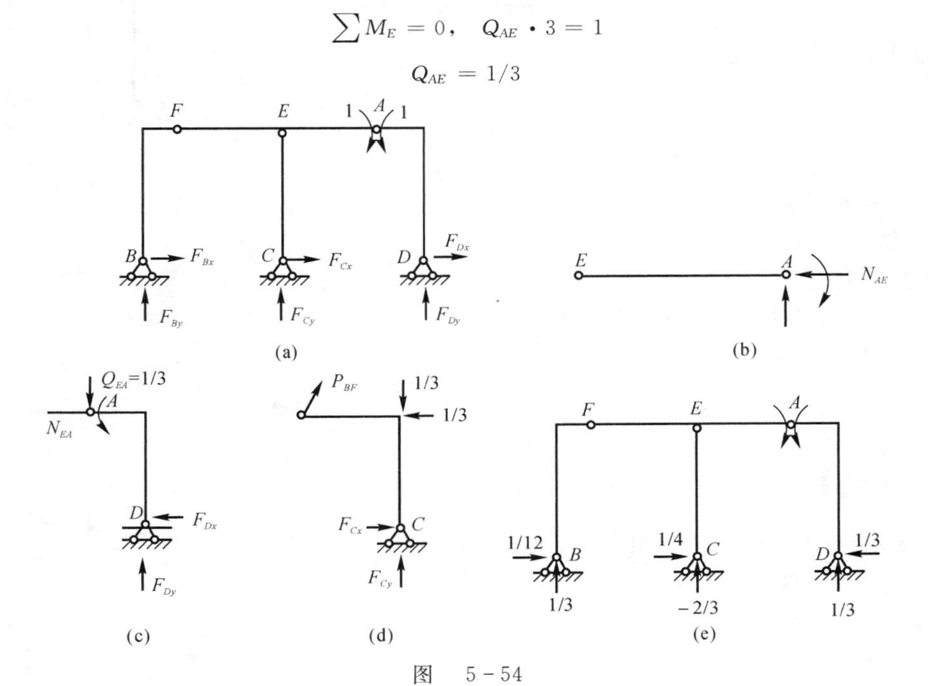

图　5－54

取 AD 杆为隔离体，受力图如图 5-54(c) 所示。由静力平衡条件，可得

$$\sum F_x = 0,\quad N_{EA} = F_{Nx}$$

$$\sum F_y = 0,\quad Q_{EA} = F_{Dy} = \frac{1}{3}$$

$$\sum M_A = 0,\quad F_{Dy} \times 1 + 1 = F_{Nx} \times 4$$

解得

$$F_{Dy} = F_{Nx} = \frac{1}{3}（方向已在图上标注）$$

由于 BF 无外力作用，故为二力杆，所受合力沿 BF 连线方向。FEC 受力图如图 5-54(d) 所示。

由静力平衡条件，可得

$$F_{Cx} = \frac{1}{4},\quad F_{Cy} = -\frac{2}{3}$$

同理可求得

$$F_{Bx} = \frac{1}{12},\quad F_{By} = \frac{1}{3}$$

则整体结构的受力图如图 5-54(e) 所示。

A 点的相对转角为

$$\theta_{AA} = -\sum M_C = \left(-\frac{1}{12} \times 0.01 - \frac{1}{3} \times 0.02\right) = 0.007\ 5$$

方向同单位力偶的方向。

10.（宁波大学试题）求如图 5-55 所示结构 A，B 相对竖向线位移，EI = 常数，$a = 2$ m。

解 (1) 若求 AB 的相对竖向位移，要分别在 AB 两点加一对单位力，其中 A 点的力竖直向下，B 点的力竖直向上。由静力平衡条件可知，此时结构的支座反力为 0，故此时的弯矩图如图5-56(a) 所示。

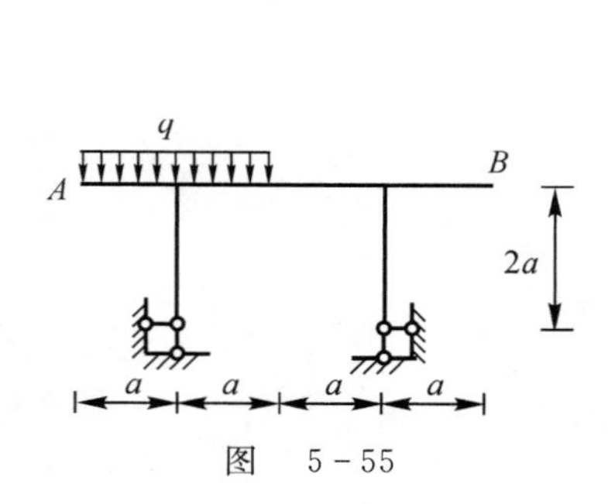

图 5-55

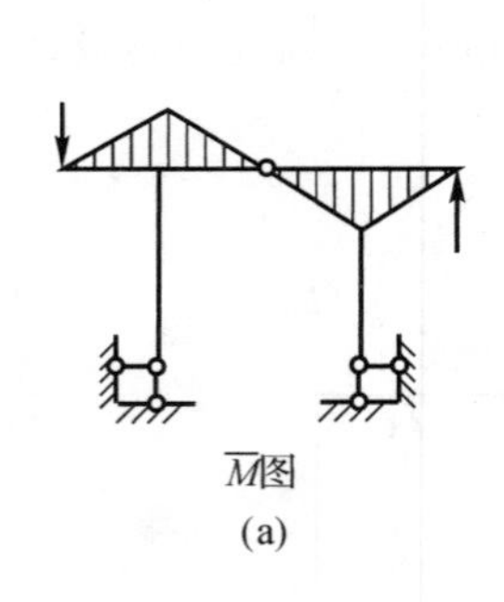

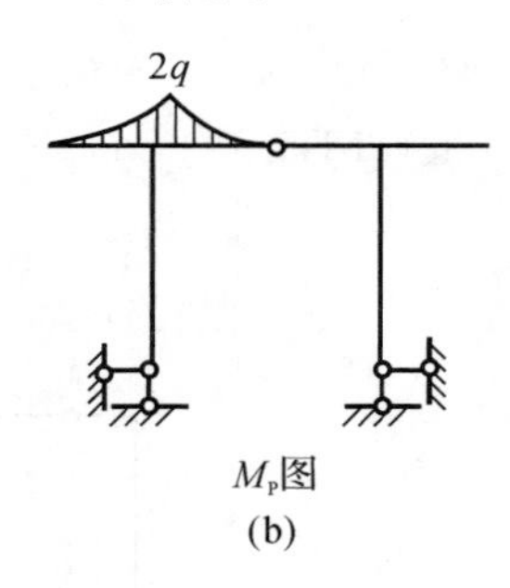

图 5-56

(2) 绘制结构在原荷载作用下的弯矩图，如图 5-56(b) 所示。

(3) 由图乘法可得 AB 的相对竖直位移为

$$\Delta = \frac{2}{EI}\left(\frac{1}{3} \times 2 \times 2q\right) \times \frac{3}{4} \times 2 = \frac{4q}{EI}(\downarrow\uparrow)$$

5.4 习题精选详解

5-1 试用刚体体系虚力原理求图示结构 D 点的水平位移：

(1) 设支座 A 向左移动 1 cm。

(2) 设支座 A 下沉 1 cm。

(3) 设支座 B 下沉 1 cm。

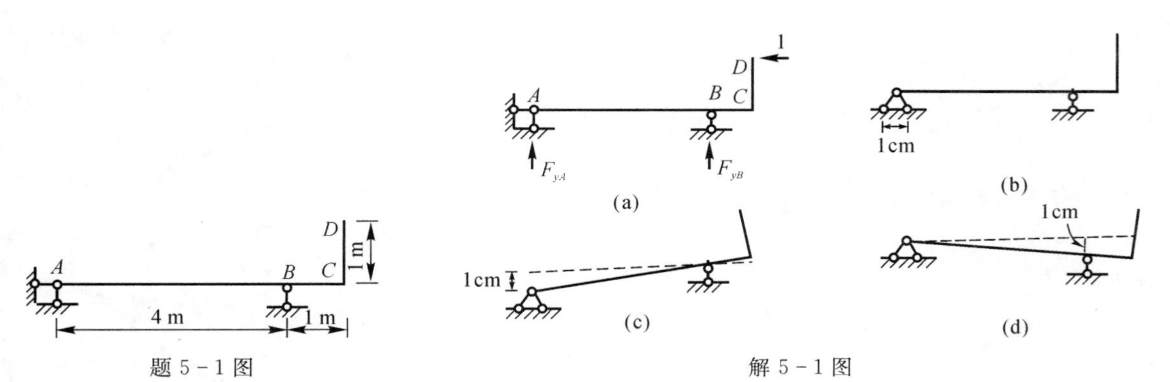

题 5－1 图　　　　解 5－1 图

解　首先在 D 处设置水平单位荷载，如解 5－1 图(a) 所示，则可得

$$F_{yA}=\frac{1}{4},\quad F_{yB}=-\frac{1}{4}$$

(1) 当支座 A 向左移动 1 cm 时，机构整体移动，位移图如解 5－1 图(b) 所示。有

$$\Delta x=1\ \text{cm}(\leftarrow)$$

(2) 当支座 A 下沉 1 cm，位移图如解 5－1 图(c) 所示。有

$$\Delta x=F_{yA}\times 1=\frac{1}{4}\ \text{cm}(\leftarrow)$$

(3) 当支座 B 下沉 1 cm，位移图如解 5－1 图(d) 所示。有

$$-\Delta x=-F_{yB}\times 1$$

则

$$\Delta x=-\frac{1}{4}\ \text{cm}(\rightarrow)$$

5－2　设图示支座 A 有给定位移 Δ_x，Δ_y，Δ_φ，试求 K 点的竖向位移 Δ_V、水平位移 Δ_H 和转角 θ。

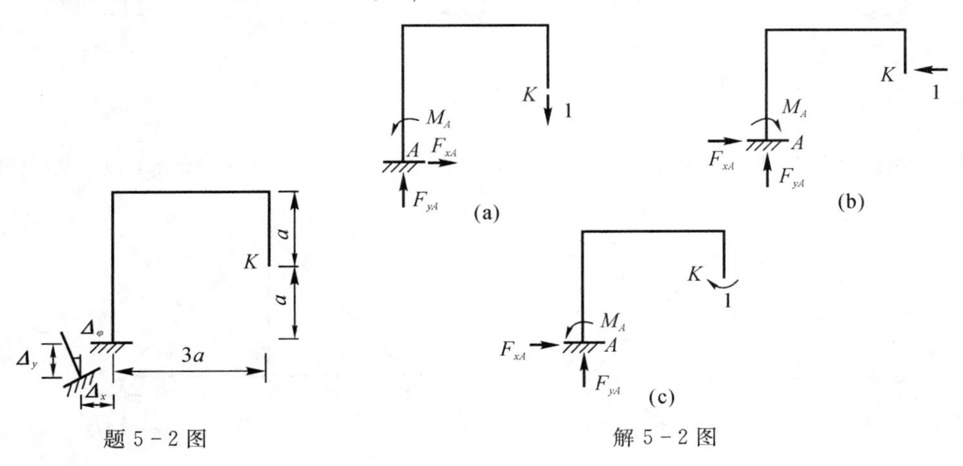

题 5－2 图　　　　解 5－2 图

解　(1) 求 ΔV。设置单位荷载，如解 5－2 图(a) 所示，相应地，有

$$F_{yA}=1,\quad F_{yA}=0,\quad M_A=3a$$

虚功方程为

$$\Delta_V-F_{yA}\cdot\Delta_y+M_A\cdot\Delta_\varphi=0$$

即

$$\Delta_W=\Delta_y-3a\cdot\Delta_\varphi(\downarrow)$$

(2) 求 Δ_H。设置单位荷载，如解 5－2 图(b) 所示，相应地，有

$$F_{xA}=1,\quad F_{xA}=0,\quad M_A=a$$

虚功方程为

$$\Delta_H - F_A \cdot \Delta_x - M_A \cdot \Delta_\varphi = 0$$

即

$$\Delta_H = \Delta_x + a \cdot \Delta_\varphi(\leftarrow)$$

(3) 求转角 θ。设置单位荷载，如解 5-2 图(c) 所示，相应地有

$$F_{xA} = F_{yA} = 0, \quad M_A = 1$$

虚功方程为

$$\theta + M_A \cdot \Delta_\varphi = 0$$

即

$$\theta = -\Delta_\varphi(\uparrow)$$

5-4　设图示三铰拱中的拉杆 AB 在 D 点装有花蓝螺栓。如果拧紧螺栓，使截面 D_1 与 D_2 彼此靠近的距离为 λ。试求 C 点的竖向位移 Δ。

解　在 $F_P = 1$ 作用下的结构，如解 5-4 图所示。应用支座沉降引起的结构位移计算公式，得 C 点的竖向位移为

$$\Delta = -\left(+\frac{l}{4f} \times \lambda\right) = -\frac{l\lambda}{4f}(\downarrow)$$

即

$$\Delta = \frac{l\lambda}{4f}(\uparrow)$$

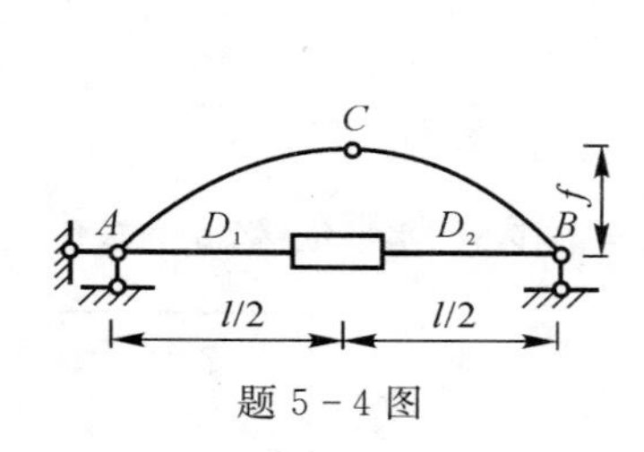

题 5-4 图

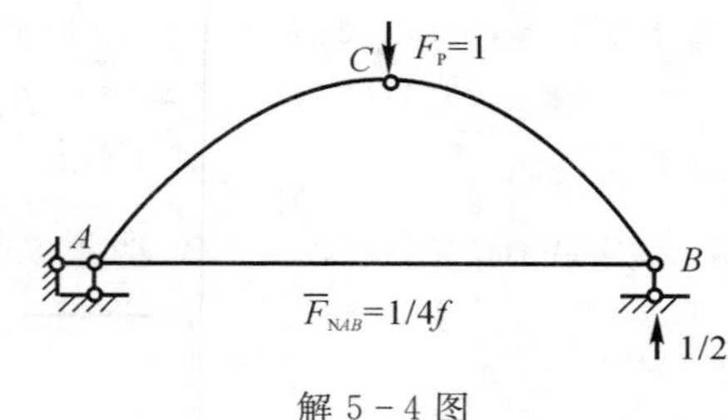

解 5-4 图

5-6　设由温度升高，图示杆 AC 伸长 $\lambda_{AC} = 1$ mm，杆 CB 伸长 $\lambda_{CB} = 1.2$ mm。试求 C 点的竖向位移 Δ。

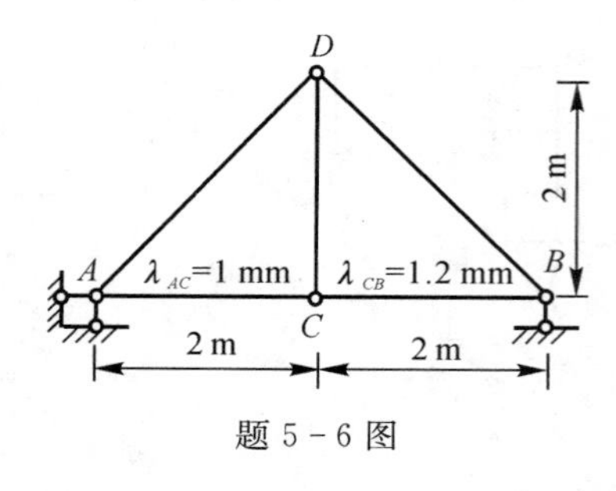

题 5-6 图

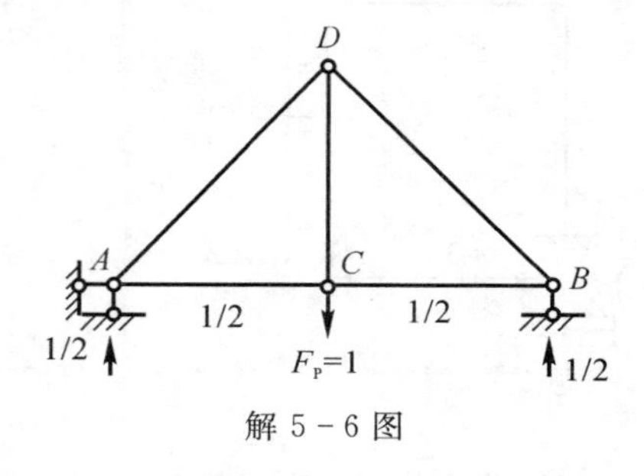

解 5-6 图

解　如解 5-6 图所示，C 点的竖向位移 Δ 为

$$\Delta = \frac{1}{2} \times (\lambda_{AC} + \lambda_{CB}) = \frac{1}{2} \times (1 + 1.2) = 1.1 \text{ mm}(\downarrow)$$

5-9　试求图示简支梁中点 C 的竖向位移 Δ，并将剪力和弯矩对位移影响加以设截面为矩形，h 为截面高度，$G = \frac{3}{8}E$，$k = 1.2$，$\frac{h}{l} = \frac{1}{10}$。

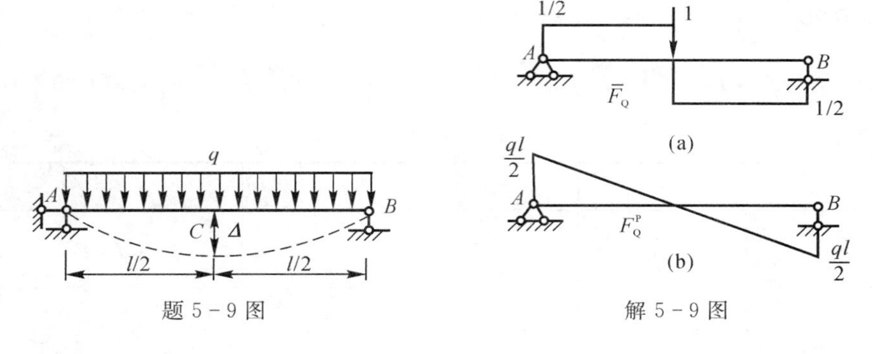

题 5-9 图　　　　解 5-9 图

解　如果不考虑剪力影响，则均布荷载简支梁中点挠度为

$$\Delta = \frac{5ql^4}{384EI}$$

考虑剪力对位移的影响并进行比较，如解 5-9 图(a)(b) 所示。有

$$\Delta_Q = \frac{2k}{GA}\times\frac{1}{2}\times\frac{l}{2}\times\frac{ql}{2}\times\frac{1}{2} = \frac{k}{GA}\frac{ql^2}{16}\times 2 = \frac{k}{GA}\frac{ql^2}{8}$$

又

$$G = \frac{3}{8}E,\quad k = 1.2,\quad l = \frac{1}{12}bh^3,\quad A = bh$$

则有

$$A = \frac{12I}{h^2},\quad \Delta_Q = \frac{1.2}{\frac{3}{8}E\times\frac{12I}{h^2}}\times\frac{ql^2}{8} = \frac{ql^2h^2}{30EI}$$

可见，当 $\frac{h}{l} = \frac{1}{10}$ 时，有

$$\frac{\Delta_Q}{\Delta_M} = \frac{h^2}{30}\times\frac{384}{5l^2} = \frac{384}{150}\times\left(\frac{h}{l}\right)^2 = 0.025\,6 = 2.56\%$$

可见剪力对位移的影响比弯矩小得多，所以在一般情况下可以忽略。

5-10　试求图示结点 C 的竖向位移 Δ_C，设各杆的 EA 相等。

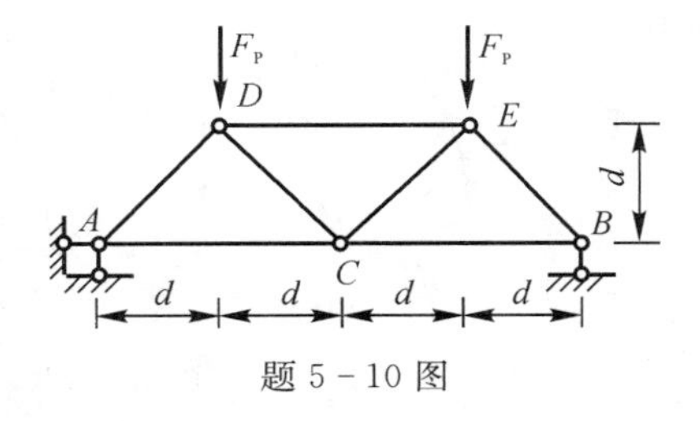

题 5-10 图

解　(1)F_{NP} 图如解 5-10(a) 图所示。

(2) 设置单位竖向荷载，相应地，$\overline{F}_N$ 图如解 5-10(b) 图所示。

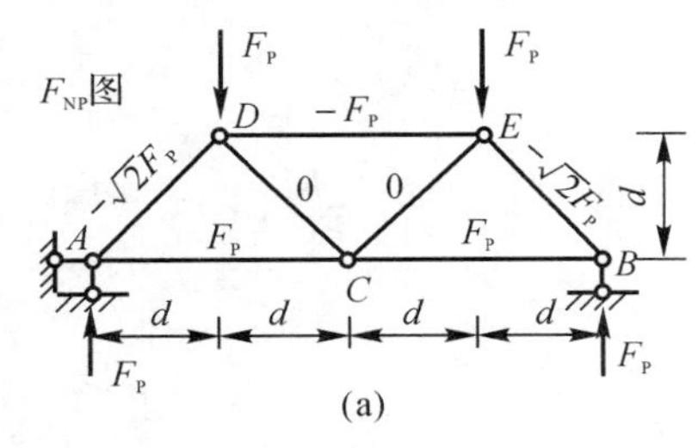

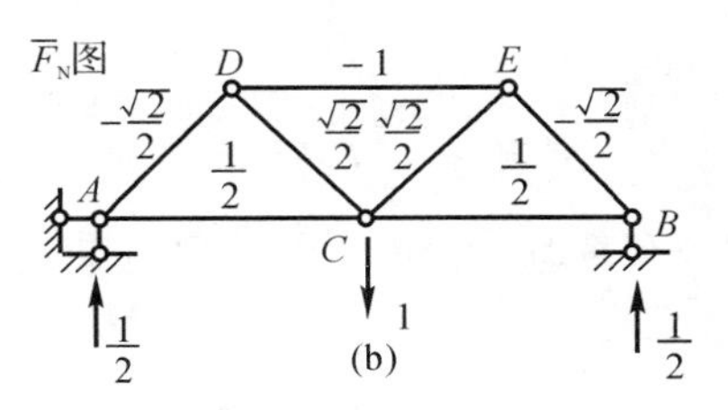

解 5-10 图

(3) 将上述数据汇总列入表 5-2,并根据桁架位移公式 $\Delta_C = \sum \frac{\overline{F}_M \cdot F_{NP} \cdot l}{EA}$,可得

$$\Delta_C = (\sqrt{2}d \cdot F_P \times 2 + 4d \cdot F_P)/EA = \frac{(2\sqrt{2}+4)d \cdot F_P}{EA} = \frac{6.828 \cdot F_P \cdot d}{EA}(\downarrow)$$

表 5-2

	l	F_{NP}	$\overline{F}_N$	$\overline{F}_N \cdot F_{NP} \cdot l$
AD	$\sqrt{2}d$	$-\sqrt{2}F_P$	$-\frac{\sqrt{2}}{2}$	$\sqrt{2} \cdot d \cdot F_P$
DC	$\sqrt{2}d$	0	$\frac{\sqrt{2}}{2}$	0
CE	$\sqrt{2}d$	0	$\frac{\sqrt{2}}{2}$	0
EB	$\sqrt{2}d$	$-\sqrt{2}F_P$	$-\frac{\sqrt{2}}{2}$	$\sqrt{2} \cdot d \cdot F_P$
DE	$2d$	$-F_P$	-1	$1 \cdot d \cdot F_P$
AC	$2d$	F_P	$\frac{1}{2}$	$d \cdot F_P$
CB	$2d$	F_P	$\frac{1}{2}$	$d \cdot F_P$

5-13　试求图示等截面圆弧曲杆 A 点的竖向位移 Δ_V 和水平位移 Δ_H。设圆弧为 1/4 个圆周,半径为 R, EI 为常数。

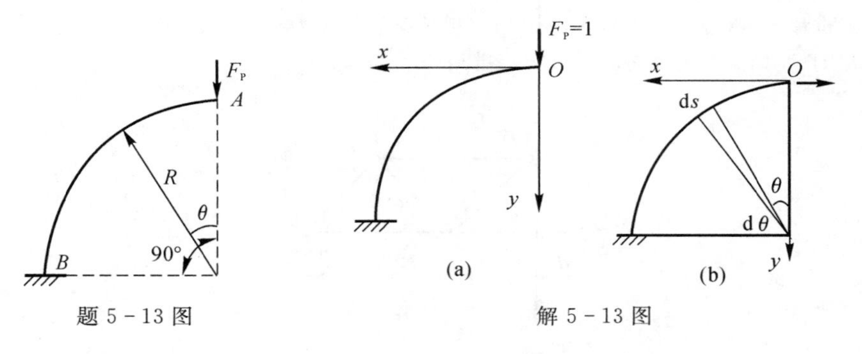

题 5-13 图　　　　解 5-13 图

解　(1) 求竖向位移 Δ_H。由解 5-13 图(a) 可知

$$M_P = F_P x, \quad \overline{M}_1 = x$$

而

$$x = R\sin\theta, \quad ds = Rd\theta$$

$$\Delta_H = \frac{1}{EI}\int_0^{\frac{\pi}{2}} F_P R^2 \sin^2\theta \cdot Rd\theta = \frac{F_P R^3}{EI}\int_0^{\frac{\pi}{2}} \frac{1-\cos 2\theta}{2}d\theta = \frac{\pi}{4}\frac{F_P R^3}{EI}(\downarrow)$$

(2) 求水平位移 Δ_H 上。由解 5-13 图可知

$$\overline{M}_2 == R(1-\cos\theta)$$

$$\Delta_H = \frac{1}{EI}\int_0^{\frac{\pi}{2}} F_P xy ds = \frac{1}{EI}\int_0^{\frac{\pi}{2}} F_P R\sin\theta \cdot R(1-\cos\theta)Rd\theta = \frac{F_P R^3}{EI}\int_0^{\frac{\pi}{2}} (\sin\theta - \sin\theta\cos\theta)d\theta = \frac{1}{2}\frac{F_P R^3}{EI}(\rightarrow)$$

温馨提示:此题为圆弧曲杆,不能用图乘法,但仍能应用单位力法,运用积分法求位移。

5-14　试求图示曲梁 B 点的水平位移 Δ_B,已知曲梁轴线为抛物线,方程为 $y=\frac{4f}{l^2}x(l-x)$,EI 为常数,承受均布荷载 q。计算时可只考虑弯曲变形。设拱比较平,可取 $ds=dx$。

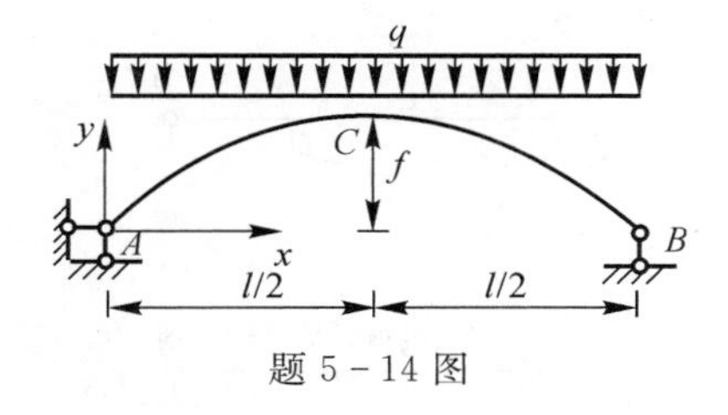

题 5-14 图

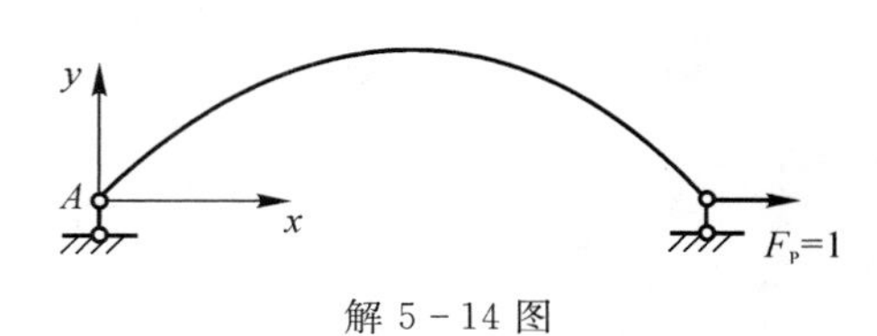

解 5-14 图

解　如解 5-14 图所示,在 B 点加水平单位力 $F_P=1$,有 $\overline{M}_1=y$,而 $M_P=\frac{qlx}{2}-\frac{qx^2}{2}$,则

$$\Delta_B=\frac{1}{EI}\int\overline{M}_1 MP\mathrm{d}s=\frac{1}{EI}\int_0^l y\left(\frac{qlx}{2}-\frac{qx^2}{2}\right)\mathrm{d}x\quad(\text{取 } \mathrm{d}s=\mathrm{d}x)$$

又由 $y=\frac{4f}{l^2}x(l-x)$,可得

$$\Delta_B=\frac{1}{EI}\int_0^l\frac{2qf}{l^2}x(l-x)(lx-x^2)\mathrm{d}x=\frac{1}{EI}\times\frac{2qf}{l^2}\times\left[\frac{l^2}{3}x^3+\frac{1}{5}x^5-\frac{l}{2}x^4\right]_0^l=\frac{qfl^3}{15EI}(\rightarrow)$$

5-17　试用图乘法求图示梁的最大挠度 $f_{\max}$。

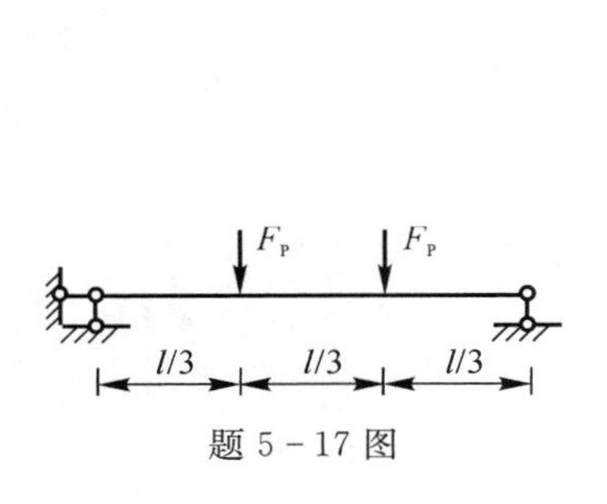

题 5-17 图

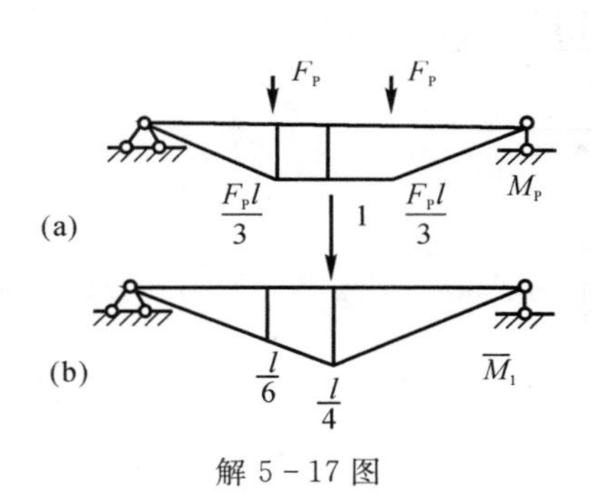

解 5-17 图

解　显然,梁的最大挠度在跨中,由解 5-17 图(a)(b) 图乘可得

$$f_{\max}=\frac{1}{EI}\times2\times\left[\frac{1}{2}\times\frac{l}{3}\times\frac{l}{6}\times\frac{2}{3}\times\frac{F_Pl}{3}+\frac{1}{2}\times\left(\frac{l}{6}+\frac{l}{4}\right)\times\frac{l}{6}\times\frac{F_Pl}{3}\right]=\frac{23F_Pl^3}{648EI}(\downarrow)$$

5-18　试求图示梁截面 C 和 E 处的挠度。已知 $E=2.0\times10^5$ MPa,$I_1=6\,560$ cm^4,$I_2=12\,430$ cm^4。

解　由解 5-18 图(a)(b) 图乘可得

$$\Delta_C=\frac{1}{EI_1}\times\frac{1}{2}\times2\times60\times\frac{2}{3}\times1.5+\frac{1}{EI_2}\times\frac{1}{2}(1.5+0.5)\times4\times60+\frac{1}{EI_1}\times\frac{1}{2}\times2\times0.5\times\frac{2}{3}\times60=$$

$$\frac{80}{EI_1}+\frac{240}{EI_2}=\frac{80\times10^3}{2\times10^{11}\times6.56\times10^{-5}}+\frac{240\times10^3}{2\times10^{11}\times1.243\times10^{-4}}=15.752\text{ mm}=1.58\text{ cm}(\downarrow)$$

由解 5-18 图(a)(c) 图乘可得

$$\Delta_E=2\times\left[\frac{1}{EI_1}\times\frac{1}{2}\times2\times1\times\frac{2}{3}\times60+\frac{1}{EI_2}\times\frac{1}{2}\times(1+2)\times2\times60\right]=\frac{80}{EI_1}+\frac{360}{EI_2}=$$

$$\frac{80\times10^3}{2\times10^{11}\times6.56\times10^{-5}}+\frac{360\times10^3}{2\times10^{11}\times1.243\times10^{-4}}=20.579\text{ mm}=2.06\text{ cm}(\downarrow)$$

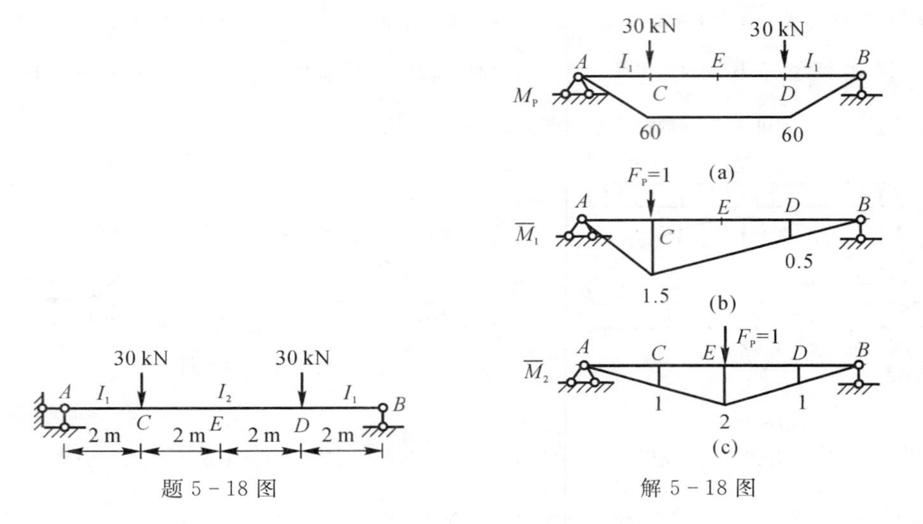

题 5-18 图　　解 5-18 图

5-19　试求图示梁 C 点的挠度，已知 $F_P = 9\ 000\ \text{N}$，$q = 15\ 000\ \text{N/m}$，梁为18号工字钢，$I = 1\ 660\ \text{cm}^4$，$h = 18\ \text{cm}$，$E = 2.1 \times 10^5\ \text{MPa}$。

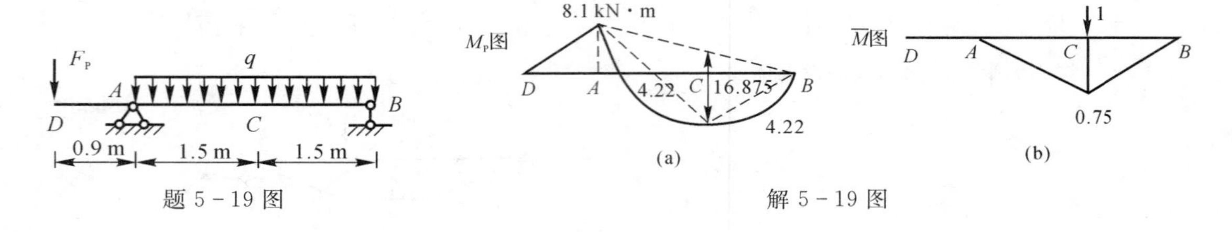

题 5-19 图　　解 5-19 图

解　荷载作用下和单位力作用下的 M 图分别如解 5-19 图(a)(b) 所示，则

$$\Delta_C = \frac{10^6}{EI}\left(2 \times \frac{2}{3} \times 1.5 \times 16.875 \times 0.75 \times \frac{5}{8} - \frac{1}{2} \times 0.75 \times 1.5 \times 8.1\right) =$$

$$\frac{11.264 \times 10^6}{1\ 660 \times 2.1 \times 10^4} = 0.32\ \text{cm}(\downarrow)$$

5-21　试求图示梁 B 端的挠度。

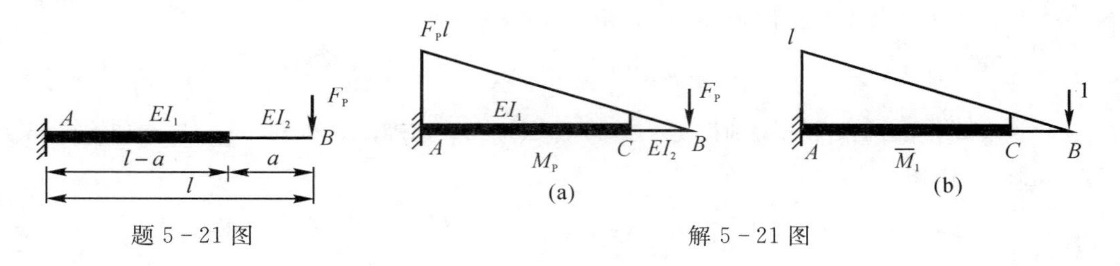

题 5-21 图　　解 5-21 图

解　先将 AB 整体看作刚度为 EI_1(较刚) 的杆，求 Δ_{B1}，有

$$\Delta_{B1} = \frac{1}{EI_1} \times \frac{1}{2} \times l \times l \times \frac{2}{3} \times F_P l = \frac{F_P l^3}{3EI_1}$$

再补上 CB 段(较弱)，有

$$\Delta_{B2} = \left(\frac{1}{EI_2} - \frac{1}{EI_1}\right) \times \frac{1}{2} \times a \times a \times \frac{2}{3} \times F_P a = \left(\frac{1}{EI_2} - \frac{1}{EI_1}\right) \times \frac{F_P a^3}{3}$$

$$\Delta_B = \Delta_{B1} + \Delta_{B2} = \frac{F_P(l^2 - a^3)}{3EI_1} + \frac{F_P a^3}{3EI_2}(\downarrow)$$

温馨提示：此梁一部分刚度很大，一部分刚度很小。求这种梁位移的方法是分段求出位移再相加，称为“贴补法”。此题由解 5-21 图(a)(b) 分段图乘相加求解。

5-23　试求图示三铰刚架 E 点的水平位移和截面 B 的转角。设各杆 EI 为常数。

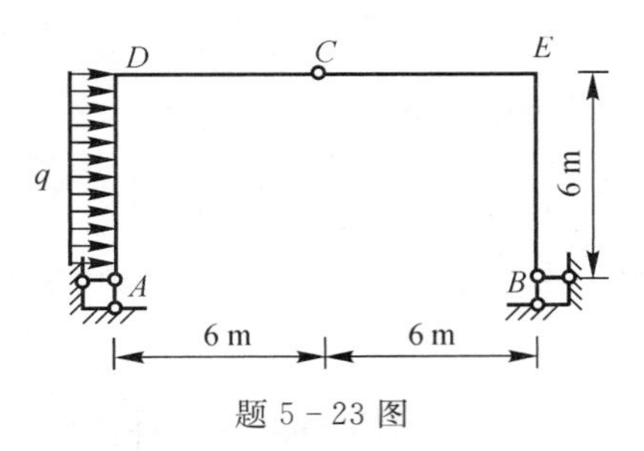

题 5-23 图

解　由解 5-23 图(a)(b) 图乘可得

$$\Delta_E = \frac{1}{EI} \times \left[\frac{1}{2} \times 6 \times 9q \times \frac{2}{3} \times 3 + \frac{2}{3} \times 6 \times \frac{9}{2}q \times \frac{1}{2} \times 3 + 3 \times \frac{1}{2} \times 6 \times 9q \times \frac{2}{3} \times 3\right] = \frac{243}{EI}q(\rightarrow)$$

而由解 5-23 图(a)(c) 图乘可得

$$\Delta_B = \frac{1}{EI} \times \left[\frac{1}{2} \times 6 \times 9q \times \frac{2}{3} \times \frac{1}{2} + \frac{2}{3} \times 6 \times \frac{9}{2}q \times \frac{1}{2} \times \frac{1}{2} + 2 \times \frac{1}{2} \times 6 \times 9q \times \frac{2}{3} \times \frac{1}{2} + \frac{1}{2} \times 6 \times 9q \times \left(\frac{1}{3} \times 1 + \frac{2}{3} \times \frac{1}{2}\right)\right] = \frac{49.5}{EI}q(\circlearrowright)$$

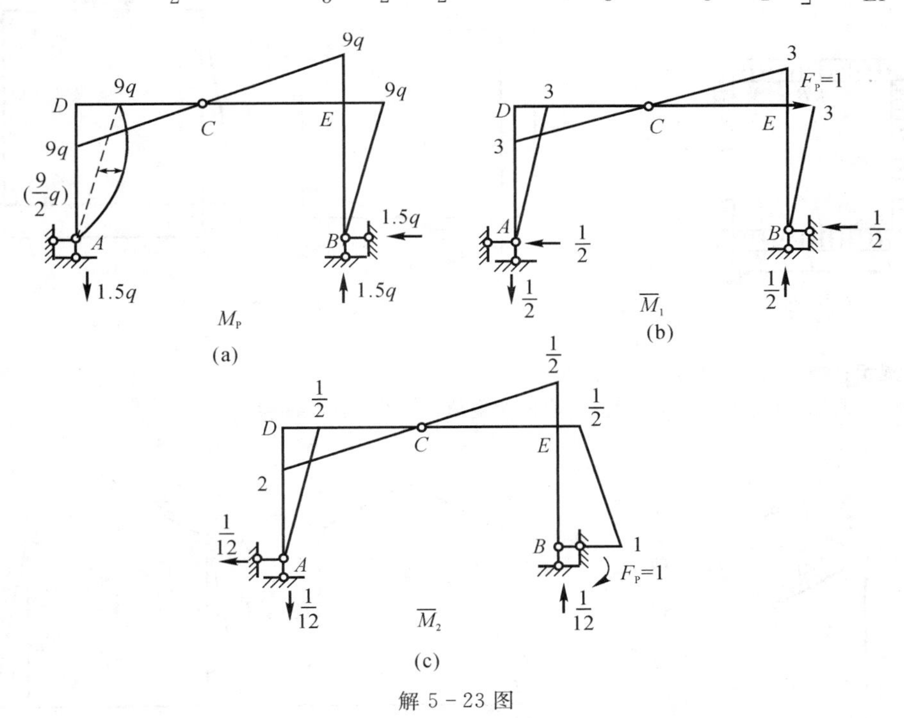

解 5-23 图

5-27　图示框形刚架，在顶部横梁中点被切开。试求切口处两侧截面 A 与 B 的竖向相对位移 Δ_1、水平相对位移 Δ_2 和相对转角 Δ_3。设各杆 EI 为常数。

解 由解 5-27 图(a)(b)图乘可得

$$\theta_{AB}=\frac{-1}{EI}\times 2\times\left[\frac{1}{3}\times\frac{l}{2}\times\frac{1}{8}ql^2+\frac{1}{2}\times\left(\frac{1}{8}ql^2+\frac{5}{8}ql^2\right)\times l-\frac{2}{3}\times l\times\frac{1}{8}ql^2+\frac{l}{2}\times\frac{5}{8}ql^2-\frac{2}{3}\times\frac{l}{2}\times\frac{1}{8}ql^2\right]=-\frac{7ql^3}{6EI}(\uparrow\uparrow)$$

即

$$\Delta_3=1.167\frac{ql^3}{EI}(\downarrow\downarrow)$$

由对称性可知,解 5-27 图(a)(c)图乘为 0,即 $\Delta_1=0$。由解 5-27 图(a)(d)图乘可得

$$\Delta_2=2\times\frac{1}{EI}\times\left[\frac{1}{2}\times l\times l\times\left(\frac{1}{3}\times\frac{1}{8}ql^2+\frac{2}{3}\times\frac{5}{8}ql^2\right)-\frac{2}{3}\times l\times\frac{1}{8}ql^2\times\frac{1}{2}l+\frac{l}{2}\times\frac{5}{8}ql^2\times l-\frac{2}{3}\times\frac{l}{2}\times\frac{1}{8}ql^2\times l\right]=\frac{11ql^4}{12EI}=0.917\frac{ql^4}{EI}(\rightarrow\leftarrow)$$

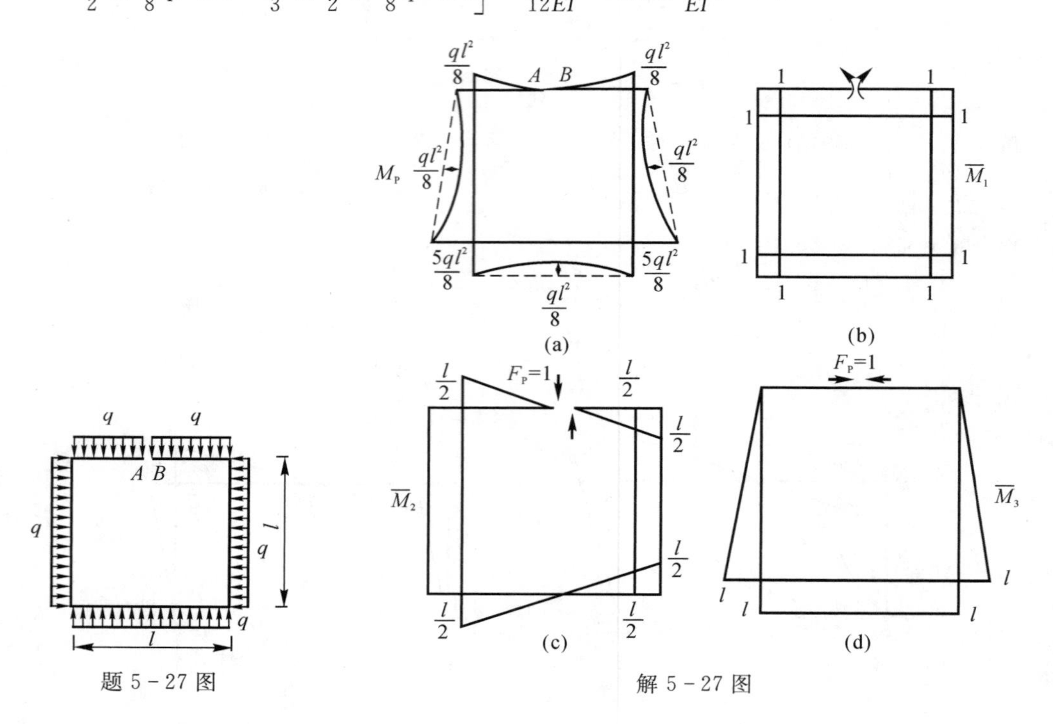

题 5-27 图 解 5-27 图

温馨提示: 注意图乘法中对称性的应用。

5-28 试求图示结构中 A,B 两点距离的改变值 Δ。设各杆截面相同。

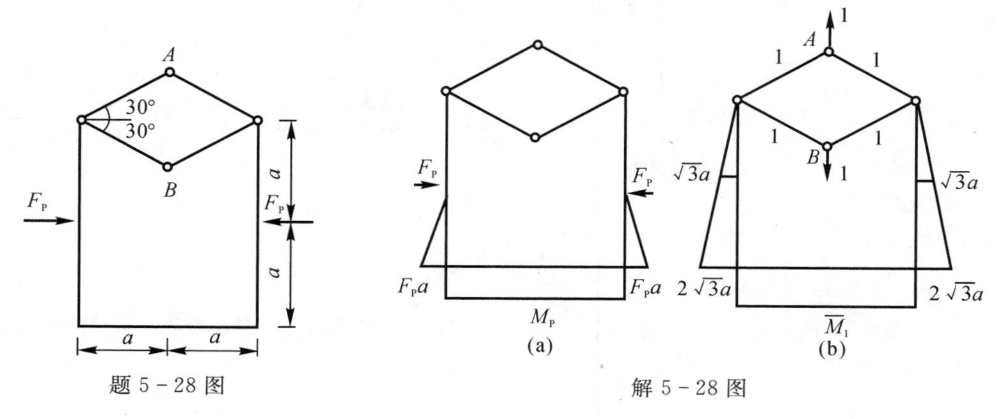

题 5-28 图 解 5-28 图

解　由解5-28图(a)(b)图乘可得

$$\Delta=\frac{1}{EI}\times\left[\frac{1}{2}\times a\times F_{P}a\times\left(\frac{\sqrt{3}a}{2}+\frac{2}{3}\times 2\sqrt{3}a\right)\times 2+2a\times F_{P}a\times 2\sqrt{3}a\right]=$$

$$\frac{17}{3}\sqrt{3}\times\frac{F_{P}a^{3}}{EI}=9.815\frac{F_{P}a^{3}}{EI}(\updownarrow)$$

5-29　设图示三铰刚架内部升温30℃，各杆截面为矩形，截面高度 h 相同。试求 C 点的竖向位移 Δ_C。

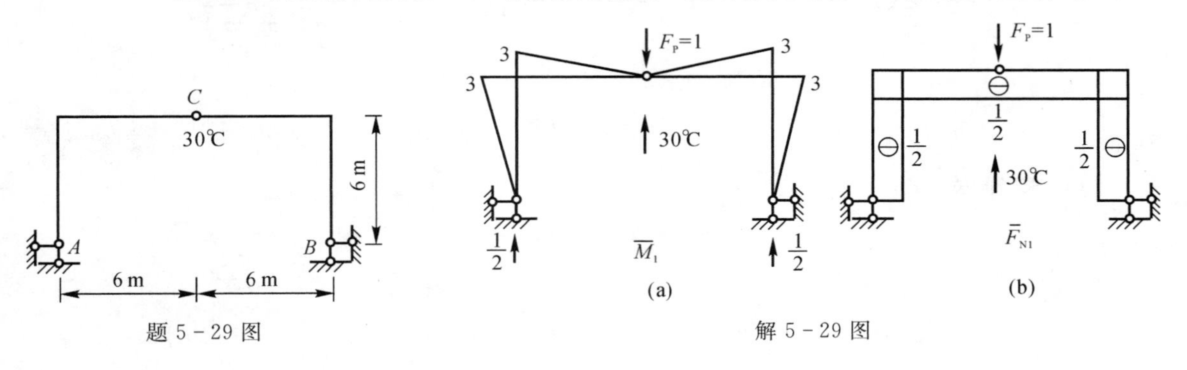

题5-29图　　　　解5-29图

解　如解5-29图所示，C 点的竖向位移 Δ_C 为

$$\Delta_C=\sum a t_0\int\overline{F}_N\mathrm{d}s+\sum\frac{a\Delta_t}{h}\int\overline{M}\mathrm{d}s=15a\times\left(4\times 6\times\frac{1}{2}\right)-\frac{a\times 30}{h}\times 4\times\frac{1}{2}\times 6\times 3=$$

$$-180a-\frac{1\ 080a}{h}(\downarrow)=180a+\frac{1\ 080a}{h}(\downarrow)$$

5-30　在简支梁两端作用一对力偶 M，同时梁上侧温度升高 t_1，下侧温度下降 t_1。试求端点的转角 θ。如果 $\theta=0$，问力偶 M 应是多少？设梁为矩形截面，截面尺寸为 $b\cdot h$。

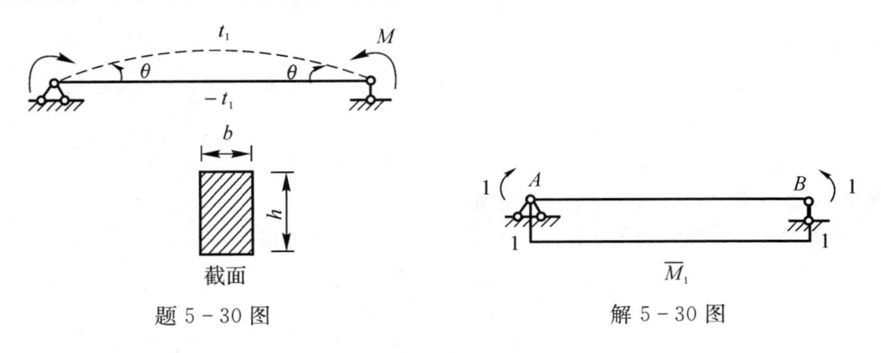

题5-30图　　　　解5-30图

解　如解5-30图所示，有

$$2\theta=\frac{l\times M\times 1}{EI}-\frac{a(t_1+t_1)}{h}\times l\times 1=\frac{Ml}{EI}-\frac{2at_1l}{h}$$

即

$$\theta=\frac{Ml}{2EI}-\frac{at_1l}{h}(\uparrow)$$

由 $\theta=0$，得

$$M=\frac{2EIat_1}{h}$$

5-31　题5-3中的三铰拱温度均匀上升 t。试求 C 点的竖向位移 Δ_1 和 C 铰两侧截面的相对转角 Δ_2，拱轴方程为 $y=\frac{4f}{l^2}x(1-x)$。

解　为求 C 点竖向位移相对转角，分别虚设单位力和单位力偶，如解5-31图(a)(b)所示，可求出相应的支反力。

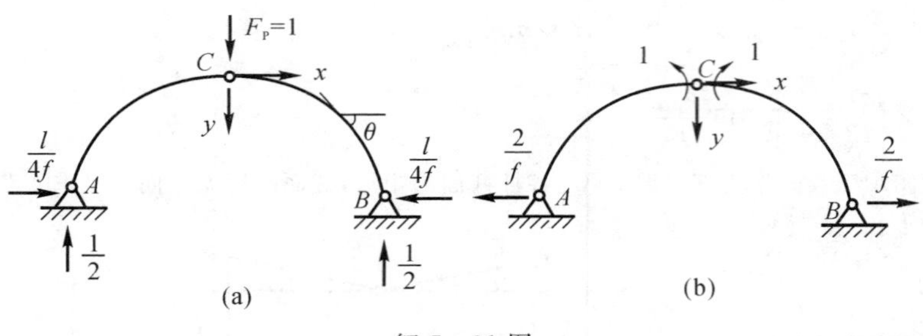

解 5-31 图

(1) 求竖向位移,有

$$\overline{F}_{N1}=\frac{-l}{4f}\cdot\cos\theta-\frac{1}{2}\sin\theta$$

所以

$$\Delta_1=\sum at\int\overline{F}_{N1}\,ds=at\times2\times\int-\left(\frac{l}{4f}+\frac{1}{2}\tan\theta\right)ds\cdot\cos\theta=-2at\int_0^{\frac{l}{2}}\left(\frac{l}{4f}+\frac{1}{2}y'\right)dx$$

其中

$$ds\cdot\cos\theta=ds$$

又

$$y=\frac{4f}{l^2}x(l-x)$$

则

$$y'=\frac{4f}{l^2}(l-2x)$$

代入可得

$$\Delta_1=-2at\int_0^{\frac{l}{2}}\left(\frac{l}{4f}+\frac{2f}{l}-\frac{4f}{l^2}x\right)dx=-at\left(f+\frac{l^2}{4f}\right)(\downarrow)$$

(2) 求相对转角,有

$$\overline{F}_{N2}=\frac{1}{f}\cos\theta$$

$$\Delta_2=at\times2\times\int\overline{F}_{N2}\,ds=2at\int_0^{\frac{l}{2}}\frac{l}{f}\cos\theta ds=2at\int_0^{\frac{l}{2}}\frac{l}{f}dx=\frac{atl}{f}(\curvearrowright\curvearrowleft)$$

温度提示:注意图乘中的微积分计算。注意 $dx=ds\cos\theta$。

5-32 设题 5-10 中桁架的下弦杆温度上升 t。试求 C 点的竖向位移 Δ_C。

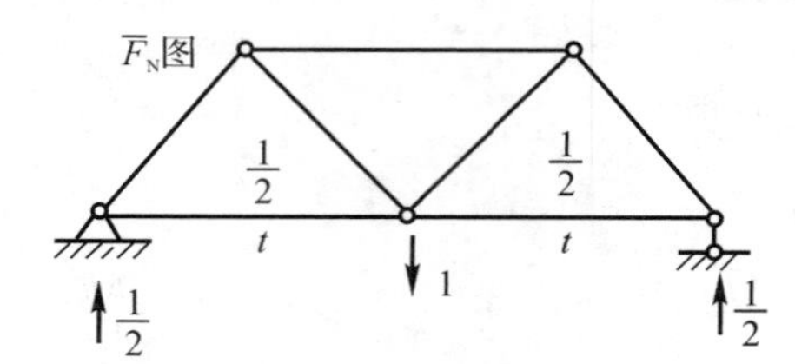

解 5-32 图

解 在 C 点设置竖向单位荷载并作结构 $\overline{F}_N$ 图,如解 5-32 图所示,且 $t_0=t$。因此 C 点竖向位移为

$$\Delta_C=\sum ta_0\int\overline{F}_N\,ds=a\cdot t_0\left(\frac{1}{2}\times2d+\frac{1}{2}\times2d\right)=2atd(\downarrow)$$

第6章　力　　法

6.1　教学基本要求

6.1.1　内容概述

本章主要介绍超静定结构内力、位移等的求解方法。在前5章的学习中，读者已经掌握结构的几何组成分析、利用平衡条件分析静定结构受力，以及静定结构位移计算的原理和方法。这些内容除其本身有工程意义外，也是解决工程中大量超静定结构计算的基础。

对超静定结构，从构造上看，是几何不变、有多余约束；从受力上看，需求的反力和内力的总数多于能建立的独立平衡方程数。因此仅利用平衡方程不能求出全部反力和内力，还必须建立补充方程。在“材料力学”中已经介绍了综合“平衡、变形和材料力学行为”是分析、解决超静定问题的一般方法。本章将在此基础上，介绍以多余约束力为基本未知量解超静定结构的基本方法及相关的解题方法和技巧。

6.1.2　目的和要求

本章的学习要求如下：

(1)掌握力法的基本原理及基本结构的选取原则。

(2)理解力法方程及系数、自由项的物理意义。

(3)熟练掌握力法方程的建立、系数和自由项的计算。

(4)掌握在荷载、支座移动、温度改变等外因作用下，计算各种超静定结构的方法和步骤。

(5)掌握利用对称性的计算简化方法。

(6)掌握超静定结构的位移计算、弯曲变形图的绘制及最后内力图的校核方法。

学习这些内容的目的有以下几方面：

(1)为校核结构强度、刚度做准备。对于超静定次数较少的结构可以用力法来计算内力和位移。内力的计算结果可用来校核结构的强度是否满足要求，位移的计算结果可用来校核结构的刚度是否满足要求。

(2)为学习位移法做准备。在位移法解超静定结构的过程中，要用到单跨等截面梁在各种因素作用下的杆端弯矩和杆端剪力。这些杆端内力都是用力法求解的。

(3)了解力法解超静定结构的特点。用力法解超静定结构时，首先将超静定结构转化为静定结构，然后应用变形协调条件消除二者的差别。

6.1.3　教学单元划分

本章共10个教学时，分5个教学单元：

第一教学单元讲授内容：超静定次数的确定——力法的前期工作，力法的基本概念。

第二教学单元讲授内容：力法解超静定刚架和排架，力法解超静定桁架和组合结构。

第三教学单元讲授内容：力法解对称结构，力法解两铰拱。

第四教学单元讲授内容：力法解无铰拱，及支座移动和温度改变时的力法分析。

第五教学单元讲授内容：超静定结构位移的计算，超静定计算的校核，小结。

6.1.4 教学单元知识点归纳

一、第一教学单元知识点

1. 超静定结构的基本特性(重点)

超静定结构是具有多余约束的几何不变体系。超静定结构的内力不能仅由静力平衡条件确定，必须同时考虑变形条件，建立补充方程，以求得全部内力和反力。在荷载作用下，超静定结构的内力只与各杆的相对刚度有关，与各杆刚度的绝对值无关。在支座移动、温度变化、制造误差、材料收缩等外因作用下，超静定结构的内力与各杆刚度的绝对值有关。

2. 超静定次数的确定(重点)

超静定结构中多余约束的个数也可以认为是多余未知力的数目。去掉超静定结构的多余约束，使其成为静定结构，则去掉多余约束的个数即为该结构的超静定次数。

去掉多余的方法如下：

(1)去掉支座的一根支杆或切断一根链杆相当于去掉一个联系。

(2)去掉一个铰支座或一个简单铰相当于去掉两个联系。

(3)去掉一个固定支座或将刚性连接切断相当于去掉三个联系。

(4)将固定支座改为铰支座或将刚性连接改为铰连接相当于去掉一个联系。

要避免将必要约束拆掉，即最后不应是几何可变体系或几何瞬变体系。

例 6-1 确定图 6-1 所示结构的超静定次数。

解 解法一：将 2,3,4 和 6,7,8 处的刚结点变成铰。对于 3,6，相当于解除一个约束；2,4,7,8 是由复刚结变成复铰结，每个铰相当于解除 2 个约束。所得铰结体系(桁架)静定，因此 $n=10$。

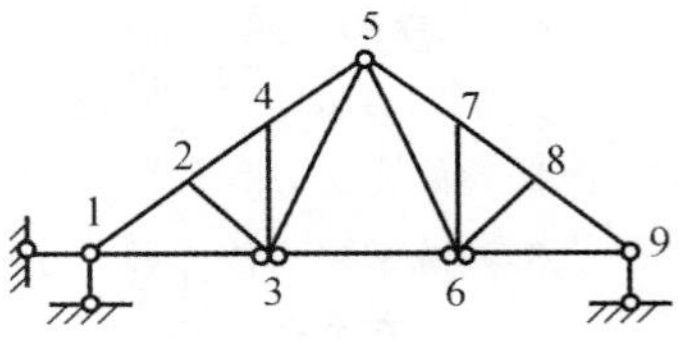

解法二：△234 和△678 是无铰闭合框，每闭合框有三次超静定，但从静定角度 1-3,3-5,6-9 和 5-6 杆仍是多余的，故 $n=10$。

解法三：切断 2-4,7-8 杆，各暴露出三个内力未知量；解除 1-3,3-5,6-9 和 5-6 杆轴向联系，各暴露一个轴力未知量。因此 $n=10$。

图 6-1

例 6-2 确定图 6-2 所示结构超静定次数。

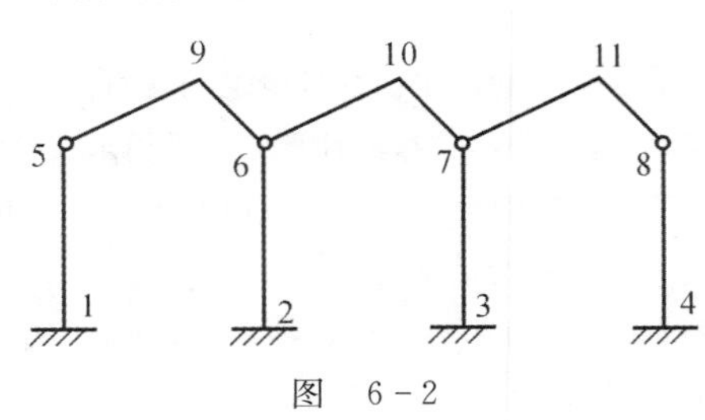

图 6-2

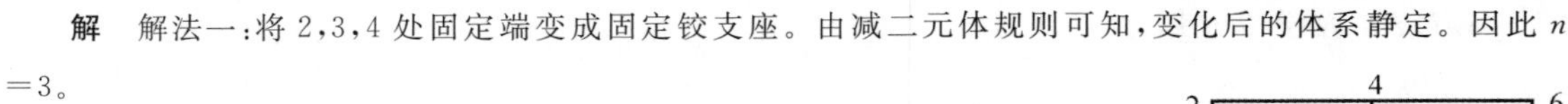

解 解法一：将 2,3,4 处固定端变成固定铰支座。由减二元体规则可知，变化后的体系静定。因此 $n=3$。

解法二：将 9,10,11 处单刚片节点变成铰，解除了 3 个约束。解除后的体系由减二元体规则可知为静定，故 $n=3$。

例 6-3 确定图 6-3 所示结构的超静定次数。

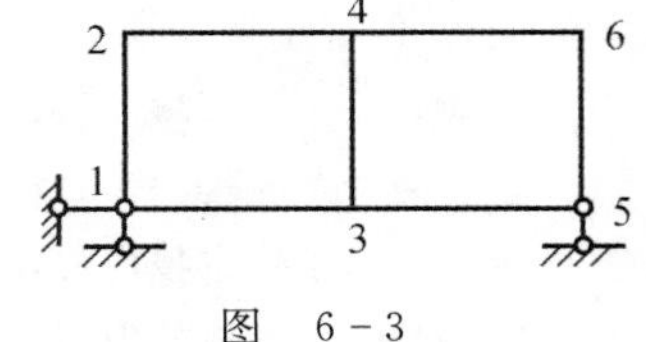

图 6-3

解 解法一：将 2,4,6 处刚结点变成铰，2,6 为单刚结，相当解除一个约束。4 处为复刚结变成复铰结，相当于解除 2 个约束。因此 $n=4$。

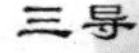

解法二：切断 3－4 杆，在 2－4 或 4－6 杆上加一铰，这样做后共出现 4 个未知内力，故 $n=4$。

解法三：两个闭合框，因每框均有一个简单铰，因此 $n=2\times3-2=4$。

温馨提示：解一个题目用多种方法，比解多个题目练习效果还好。建议读者多进行一题多解练习。

3．力法的基本原理（重点）

力法求解超静定结构是以多余未知力作为基本未知量的。按照超静定结构上解除的多余约束性质确定基本未知量和基本结构。根据基本结构沿多余约束方向的位移和原结构对应位移相同建立位移（变形）条件，得到力法方程。

力法方程的建立表明基本结构与原结构具有相同的变形状态和受力状态。由力法方程求得多余未知力后，反力和内力均为静定问题，可按叠加法或基本结构的平衡计算内力。

4．荷载作用时的力法基本方程（重点）

$$\begin{cases}\delta_{11}X_1+\delta_{12}X_2+\cdots\delta_{1n}X_n+\Delta_{1P}=0\\ \delta_{21}X_1+\delta_{22}X_2+\cdots\delta_{2n}X_n+\Delta_{2P}=0\\ \cdots\cdots\\ \delta_{n1}X_1+\delta_{n2}X_2+\cdots\delta_{nn}X_n+\Delta_{nP}=0\end{cases}$$

力法方程的等式左边为基本体系沿基本未知力方向的位移，等式右边为原结构的相应位移。

柔度系数 δ_{ij} 为当 $X_j=1$ 作用于基本结构时，沿 X_i 方向引起的位移。对于直杆结构其计算式为

$$\delta_{ij}=\sum\int\frac{\overline{M}_i\overline{M}_j}{EI}\mathrm{d}s+\sum\frac{\overline{F}_{Ni}\overline{F}_{Ni}}{EA}(i=1,2,\cdots,n;j=1,2,\cdots,n)$$

荷载作用时的自由项计算式为

$$\Delta_{iP}=\sum\int\frac{\overline{M}_i\overline{M}_P}{EI}\mathrm{d}s+\sum\frac{\overline{F}_{Ni}\overline{F}_{NP}}{EA}(i=1,2,\cdots,n)$$

例 6－4 试作图 6－4(a) 所示单跨梁的弯矩图。E 为常数。

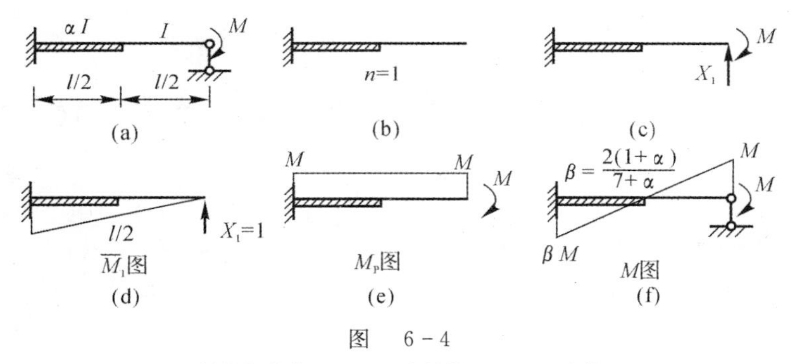

图 6－4

(a) 结构与荷载；(b) 基本结构；(c) 基本体系；
(d) 单位弯矩图；(e) 荷载弯矩图；(f) 结构弯矩图

解 解法一：(1) 选择基本结构和基本体系。此梁是 1 次超静定结构，取图 6－4(b)(c) 所示的基本结构和基本体系。

(2) 建立力法方程。力法方程的物理意义是在多余约束力 X_1 和荷载 M 的共同作用下，沿 X_1 的位移等于零，即

$$\delta_{11}X_1+\Delta_{1P}=0$$

(3) 求系数 δ_{11} 和自由项 Δ_{1P}，解方程。首先作基本结构在 $X_1=1$ 作用下的弯矩 $\overline{M}_1$ 图（见图 6－4(d)），及荷载作用下的弯矩 M_P 图（见图 6－4(e)）。由 M_1 图自乘得系数为

$$\delta_{11}=\frac{(0.5l)^3}{3EI}+\frac{1}{\alpha EI}\left(\frac{1}{2}\times l\times\frac{l}{2}\times\frac{5l}{6}+\frac{1}{2}\times\frac{l}{2}\times\frac{l}{2}\times\frac{2l}{3}\right)=\frac{l^3}{24EI}\left(1+\frac{7}{\alpha}\right)$$

由 $\overline{M}_1$ 图和 M_P 图互乘得自由项为

$$\Delta_{1P} = -\frac{\frac{1}{2} \times \frac{l}{2} \times \frac{l}{2} \cdot M}{EI} + \frac{\frac{3l}{4} \times \frac{1}{2} \cdot M}{\alpha EI} = -\frac{Ml^2}{8EI}\left(1 + \frac{3}{\alpha}\right)$$

将系数和自由项代入力法方程中，解得

$$X_1 = \frac{3M}{l}\frac{\alpha + 3}{\alpha + 7}$$

令
$$\beta = \frac{\alpha + 3}{\alpha + 7}, \quad X_1 = 3\beta\frac{M}{l}$$

(4) 由 $M = M_1 X_1 + M_P$ 叠加可得图 4-4(f) 所示弯矩图。当 $\alpha = 1$ 时，有

$$\beta = \frac{1}{2}, \quad X_1 = \frac{3M}{2l}$$

此即第 7 章表 7-1 序号 15 的载常数。

温馨提示：在荷载作用情况下，δ_{ij} 和 Δ_{iP} 都包含有杆件抗弯刚度，但在力法方程中提取公因子后，超静定梁内力将只与杆件相对刚度 α 有关，与绝对刚度无关。因此，可以得出结论——超静定结构在荷载作用下的内力只与杆件刚度的相对值有关，与绝对值无关。

解法二：(1) 取图 6-5(b)(c) 所示的基本结构和基本体系。

(2) 建立力法方程。此时方程右侧的 O 指的是原结构固定端的转角为零，即

$$\delta_{11} X_1 + \Delta_{1P} = 0$$

(3) 求系数和自由项。作单位弯矩 $\overline{M}_1$ 图，如图 6-5(d) 所示；作荷载弯矩 M_P 图，如图 6-5(e) 所示。由 $\overline{M}_1$ 图自乘得

$$\delta_{11} = \frac{1}{EI}\left(\frac{1}{2} \times \frac{l}{2} \times \frac{1}{2} \times \frac{2}{3} \times \frac{1}{2}\right) + \frac{1}{\alpha EI}\left(\frac{1}{2} \times \frac{l}{2} \times \frac{1}{2} \times \frac{5}{6} \times 1 + \frac{1}{2} \times \frac{l}{2} \times \frac{3}{4}\right) = \frac{l}{24EI}\left(\frac{7}{\alpha} + 1\right)$$

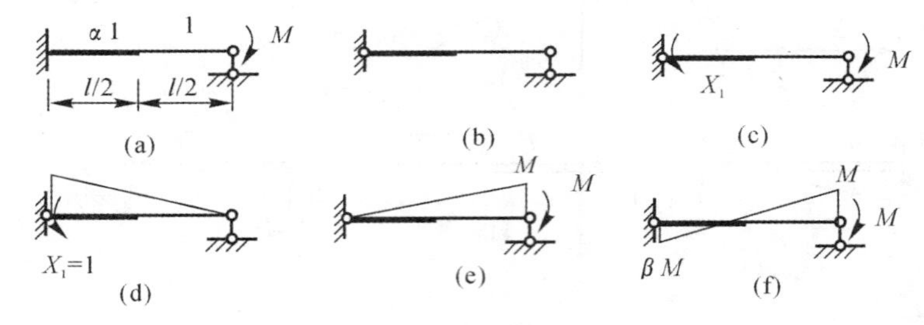

图 6-5

(a) 结构与荷载； (b) 基本结构； (c) 基本体系

(d) 单位弯矩图($\overline{M}_1$ 图)； (e) 荷载弯矩图($\overline{M}_P$ 图)； (f) 结构弯矩图(M 图)

由 $\overline{M}_1$ 图和 M_P 图互乘得

$$\Delta_{1P} = \frac{1}{\alpha EI}\left(\frac{1}{2} \times \frac{l}{2} \times \frac{M}{2} \times \frac{2}{3} \times 1\right) + \frac{1}{EI}\left(\frac{1}{2} \times \frac{l}{2} \times \frac{1}{2} \times \frac{2}{3} \times M\right) = \frac{Ml}{12EI}\left(\frac{1}{\alpha} + 1\right)$$

将系数和自由项代入力法方程，解得

$$X_1 = -2\frac{(1+\alpha)}{(7+\alpha)}M$$

令

$$X_1 = -2\beta M, \quad \beta = \frac{1+\alpha}{7+\alpha}$$

当 $\alpha = 1$ 时，有

$$\beta = \frac{1}{2}, \quad X_1 = -\frac{M}{2}$$

(4) 由 $\overline{M}_1 X_1 + M_P = M$ 叠加可得图 6-5(f) 所示的单跨梁的弯矩图。

温馨提示: 可见两种解法最终结果完全一样,但不同基本结构解算工作量是不一样的,例如解法二的 Δ_{1P} 计算工作量大于解法一。因此在学习中要注意归纳、总结,积累求解的经验。

二、第二教学单元知识点

用力法解超静定刚架、排架、桁架和组合结构是力法的重要应用,它主要解决一次、二次超静定问题,故其主要的知识点如下所述:

1. 一次超静定结构计算步骤(重点)

(1) 判断多余约束,取基本结构。

(2) 列力法基本方程 $\delta_{11} X_1 + \Delta_{1P} = 0$(多余约束处没有支座移动),或者 $\delta_{11} X_1 + \Delta_{1P} = \overline{\Delta}_1$(多余约束处有支座移动)。

(3) 作基本结构的 $\overline{M}_1$ 图和 M_P 图。

(4) 计算位移 δ_{11} 和 Δ_{1P}。

(5) 解力法基本方程,求多余未知力 X_1。

(6) 按 $M = \overline{M}_1 X_1 + M_P$ 作弯矩图。

2. 二次超静定结构的计算步骤(重点)

(1) 判断多余约束,取基本结构。

(2) 列力法基本方程为

$$\begin{cases} \delta_{11} X_1 + \delta_{12} X_2 + \Delta_{1P} = 0 \\ \delta_{21} X_1 + \delta_{22} X_2 + \Delta_{2P} = 0 \end{cases} \quad \text{(多余约束处没有支座移动)}$$

或者

$$\begin{cases} \delta_{11} X_1 + \delta_{12} X_2 + \Delta_{1P} = \overline{\Delta}_1 \\ \delta_{21} X_1 + \delta_{22} X_2 + \Delta_{2P} = \overline{\Delta}_2 \end{cases} \quad \text{(多余约束处有支座移动)}$$

(3) 作基本结构的 $\overline{M}_1, \overline{M}_2, M_P$ 图。

(4) 计算位移 $\delta_{11}, \delta_{12} = \delta_{21}, \delta_{22}, \Delta_{1P}, \Delta_{2P}$。

(5) 解力法基本方程求多余未知力 X_1, X_2。

(6) 按 $M = \overline{M}_1 X_1 + \overline{M}_2 X_2 + M_P$ 作弯矩图。

对于 n 次超静定问题,其力法基本方程和计算步骤,都可按二次超静定情况处理,不再赘述。

温馨提示: ① 用力法计算超静定基本体系不止一个,要尽量选取便于计算的基本体系,但绝不能选取瞬变体系和可变体系。② 力法的一切计算都是在基本体系上进行的,而求得的结果是真解。③ 在力法典型方程中,δ_{ii} 总是大于零,且 $\delta_{ij} = \delta_{ji}$。

例 6-5 试用力法计算图 6-6(a) 所示铰结排架结构弯矩图。设阶梯柱上、下段的弯曲刚度分别为 EI_1 和 EI_2,且 $EI_2 = 7EI_1$。已知柱子受到吊车传来水平制动力 $F = 20$ kN。

解 (1) 切断刚性链杆 CD,以一对轴力为多余未知力 x_1,选取如图 6-6(b) 所示的基本体系。

(2) 建立力法方程。比较原结构和基本体系可知,因 CD 为连续杆件故切口处相对轴向线位移应为零,即有

$$\delta_{11} x_1 + \Delta_{1P} = 0$$

(3) 求系数和自由项。绘出 $\overline{M}_1, M_P$ 图分别如图 6-6(c)(d) 所示。按阶梯柱弯曲刚度不同分段图乘,则可得

$$\delta_{11} = \frac{1}{EI_1}\left(\frac{1}{2} \times 3 \times 3 \times \frac{2}{3} \times 3\right) \times 2 + \frac{1}{EI_2}\left(\frac{1}{2} \times 3 \times 9 \times 6 + \frac{1}{2} \times 12 \times 9 \times 9\right) \times 2 =$$

$$\frac{18}{EI_1} + \frac{1\,134}{EI_2} = \frac{1}{EI_2}\left(18 \times \frac{I_2}{I_1} + 1134\right) = 1\,260 \times \frac{1}{EI_2}$$

$$\Delta_{1P} = -\frac{1}{EI_1}\left(\frac{1}{2}\times 20\times 1\times \frac{8}{9}\times 3\right)\times 2 - \frac{1}{EI_2}\left(\frac{1}{2}\times 20\times 9\times 6 + \frac{1}{2}\times 200\times 9\times 9\right) =$$

$$-\frac{1}{EI_1}\left(\frac{240}{9}\right) - \frac{1}{EI_2}\times 8\ 640 = -\frac{1}{EI_2}\left(26.7\times\frac{I_2}{I_1} + 8\ 640\right) = -\frac{1}{EI_2}\times 8\ 826.9$$

(4) 求解多余未知力，有

$$x_1 = -\frac{\Delta_{1P}}{\delta_{11}} = -\frac{(-8\ 826.9/EI_2)}{1\ 260/EI_2} = 7\ \text{kN}$$

(5) 绘内力图，根据叠加法 $M = \overline{M}_1 x_1 + M_P$，作出立柱的弯矩图如图 6-6(e) 所示。

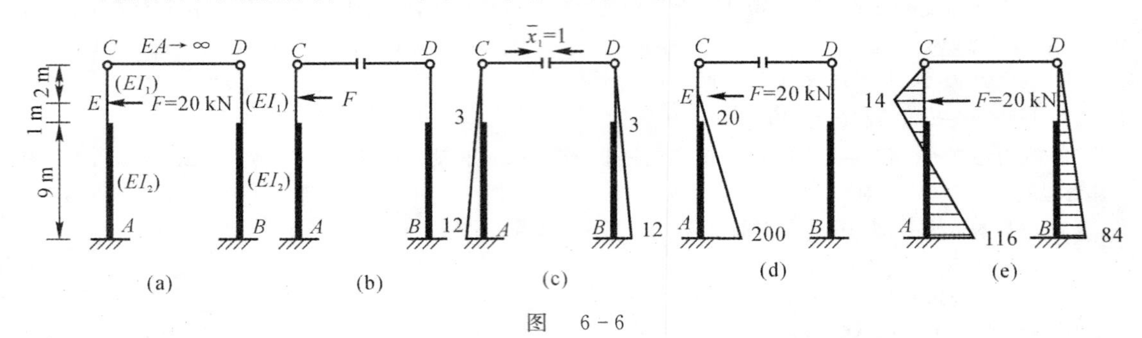

图 6-6

(a) 原结构；(b) 基本体系；(c) $\overline{M}_1$ 图；(d) M_P 图；(e) M 图(kN·m)

温馨提示：由本例可以看出排架的计算原理与用力法计算超静定梁、刚架是相似的，其特点是：阶梯柱的上、下段弯曲刚度是不同的，因此在用图乘法求系数和自由项时应分段图乘。

例 6-6 试求图 6-7(a) 所示超静定桁架的各杆内力。EI 为常数。

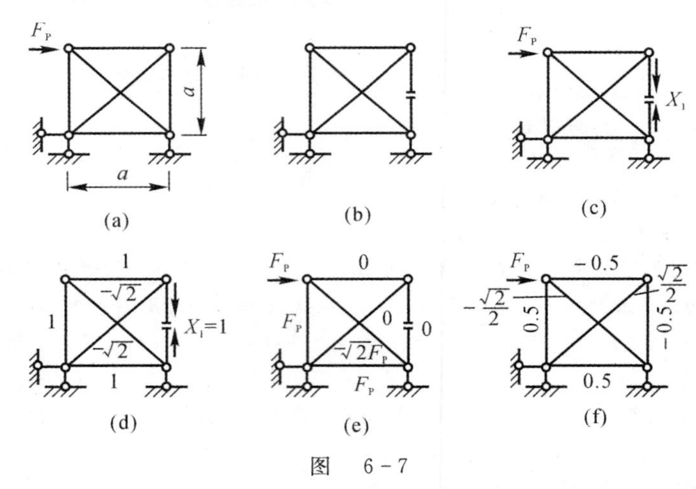

图 6-7

(a) 结构及荷载；(b) 基本结构；(c) 基本体系

(d) $X_1=1$ 作用的内力；(e) 荷载作用的内力；(f) 结构内力($\times F_P$)

解 解法一：(1) 选择基本结构和基本体系。此桁架为 1 次超静定结构。解除其中一根杆的轴向约束，得基本结构(这里是解除右边竖杆的轴向约束) 如图 6-7(b) 所示，得基本体系如图 6-7(c) 所示。

(2) 建立力法方程。因为切开的截面原本是连续的，两侧没有相对位移，所以力法方程右侧等于零，即

$$\delta_{11}X_1 + \Delta_{1P} = 0$$

(3) 求系数和自由项，解方程。先求单位力和荷载作用下的轴力，结果如图 6-7(d)(e) 所示。进而求得

$$\delta_{11} = \sum\frac{\overline{F}_{N1}^2 l}{EA} = \frac{1}{EA}\times[4\times 1^2\cdot a + 2\times(-\sqrt{2})^2\times\sqrt{2}] = \frac{4(1+\sqrt{2})a}{EA}$$

$$\Delta_{1P} = \sum \frac{\overline{F}_{N1} F_{NP} l}{EA} = \frac{1}{EA} \times [2 \times 1 \times F_P \cdot a + (-\sqrt{2})^2 \times (-\sqrt{2} F_P) \cdot \sqrt{2} a] = \frac{2(1+\sqrt{2})}{EA} F_P a$$

再将系数和自由项代入力法方程解得

$$X_1 = -0.5 F_P$$

(4) 根据 $F_N = F_{N1} X_1 + F_{NP}$，对每一对应杆进行叠加，即可获得图 6-7(f) 所示的桁架各杆内力。

温馨提示：(1) 所谓解除轴向约束是指按图 6-8 所示拆除轴向链杆，因此基本体系是静定的。为作图方便，习惯上以切断杆件来表示。

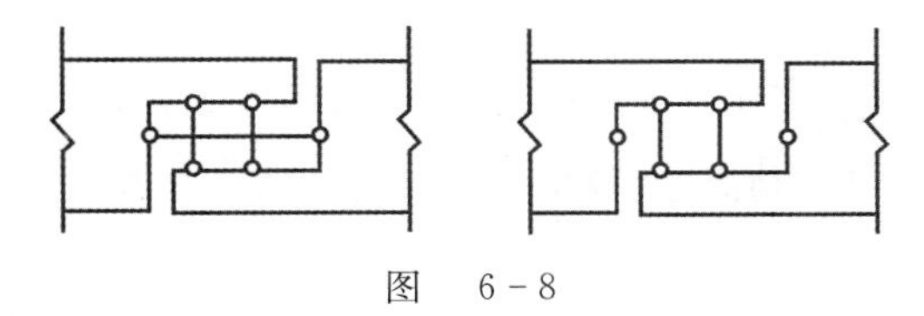

图 6-8

(2) 由计算可知，荷载作用情形下，超静定桁架的内力与杆件的绝对刚度 EA 无关，只与各杆刚度比值有关。这与梁和刚架的结论一样。

解法二：(1) 选择基本结构和基本体系。拆除一根桁架杆，取如图 6-9(b)(c) 所示为基本结构和基本体系。

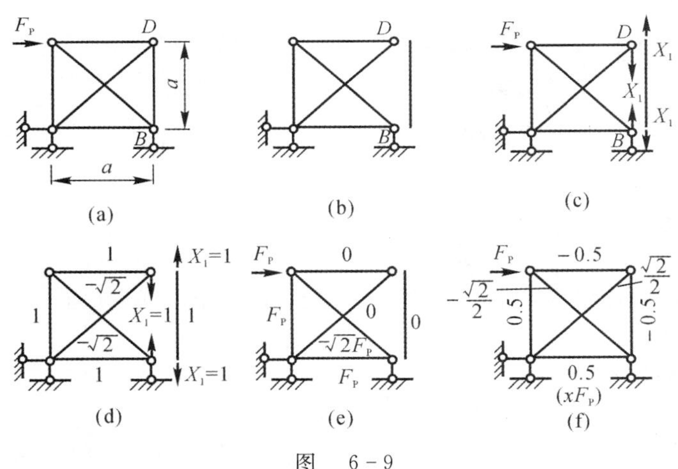

图 6-9

(a) 结构及荷载； (b) 基本结构； (c) 基本体系

(d) $X_1 = 1$ 作用的内力； (e) 荷载作用的内力； (f) 结构内力

(2) 建立力法方程。本例中力法方程的物理意义是，在多余约束力 X_1 和荷载 F_P 的共同作用下，B，D 两点的相对位移等于拆除杆件的变形，即

$$\delta_{11} X_1 + \Delta_{1P} = -\frac{a}{EA} X_1$$

上式等号左边为基本体系上 B，D 两点的相对位移，由基本体系中 X_1 的方向可知，B，D 两点的相对位移以两点靠近为正。方程的右侧为实际结构中 B，D 两点的相对位移，同样由 X_1 的方向可知，此时杆件的变形是伸长，即 B，D 两点的实际相对位移是相互离开的，应该取负号。

若将基本体系中 X_1 的方向改变，则 B，D 两点的相对位移以两点离开为正，而此时，实际结构中 BD 杆件的变形是压缩，B，D 两点的实际相对位移是相互靠近的，因此也取负号。

那么，若取将多余约束的杆件拆除为基本结构，力法方程右侧的负号始终是存在的。

(3) 求系数和自由项，解方程。单位力与荷载作用下的各杆内力如图 6-9(d)(e) 所示。故

$$\delta_{11}=\frac{(3+4\sqrt{2})a}{EA},\quad \Delta_{1P}=\frac{2(1+\sqrt{2})}{EA}F_{P}a$$

将力法方程等号右边移项到左边，并将系数和自由项代入，得

$$\begin{cases}\left(\delta_{11}+\dfrac{a}{EA}\right)X_1+\Delta_{1P}=0\\[2mm] \dfrac{(4+4\sqrt{2})a}{EA}X_1+\dfrac{1(1+\sqrt{2}a)}{EA}F_P=0\end{cases}$$

从上式可以看出，移项后的力法方程与解法一相同。解方程，得

$$X_1=-0.5F_P$$

后面的计算步骤与解法一相同。

例 6-7 试求图 6-10(a) 所示超静定组合结构各桁架杆的内力。梁 EI = 常数，桁架杆 E_1A = 常数。

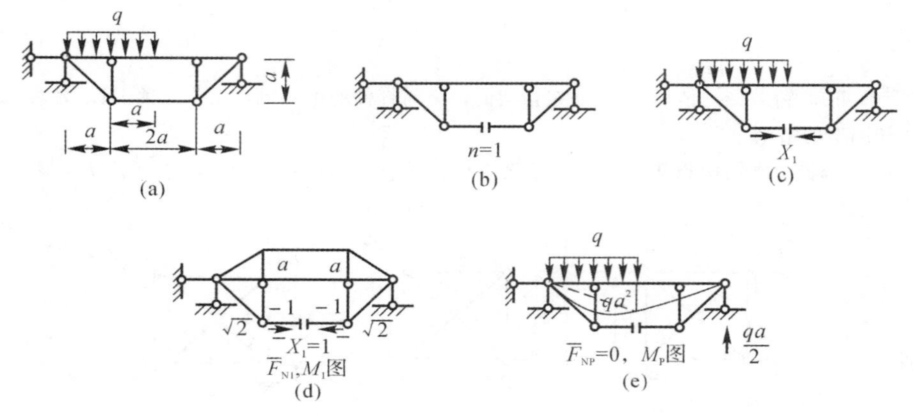

图 6-10

(a) 结构与荷载；(b) 基本结构；(c) 基本体系；(d) 单位内力图；(e) 荷载内力图

解 (1) 选择基本结构和基本体系。此组合结构为1次超静定结构，取图 6-10(b) 所示为基本结构，取图 6-10(c) 所示为基本体系。

(2) 建立力法方程，有

$$\delta_{11}X_1+\Delta_{1P}=0$$

(3) 求系数和自由项，解方程。基本结构在单位力和荷载作用下的弯矩图分别如图 6-10(d)(e) 所示。由单位力作用下的内力可求得

$$\delta_{11}=\frac{2\times(-1)^2\times a+1^2\times 2a+2\times(\sqrt{2})^2\times\sqrt{2}a}{E_1A}+\frac{2\times\dfrac{1}{2}\times a\cdot a\times\dfrac{2}{3}a+a\cdot 2a\cdot a}{EI}=$$

$$\frac{4(1+\sqrt{2}a)}{E_1A}+\frac{8a^3}{3EI}$$

由单位弯矩图和荷载弯矩图可得

$$\Delta_{1P}=-\frac{1}{EI}\left\{\frac{qa^2}{2}\cdot a\times\frac{2a}{3}+\frac{3}{2}\times\frac{qa^2}{8}\cdot a\times\frac{a}{2}+\left[\frac{2}{3}\times\frac{qa^2}{8}\cdot a+qa^2\cdot a+\right.\right.$$

$$\left.\left.\frac{1}{2}\left(qa^2+\frac{qa^2}{2}\right)\cdot a\right]\cdot a+\frac{1}{2}\times\frac{qa^2}{2}\cdot a\times\frac{2a}{3}\right\}=-\frac{57qa^4}{24EI}$$

将系数和自由项代入力法方程，解得

$$X_1=\frac{\Delta_{1P}}{\delta_{11}}=\frac{57qa}{64}\times\frac{1}{1+\dfrac{3(1+\sqrt{2})EI}{2E_1Aa^2}}=\frac{57qa}{64}\times\frac{1}{1+K}$$

其中，$K=3(1+\sqrt{2})EI/2E_1Aa^2$。

(4) 由公式 $F_N=\overline{F}_NX_1$ 和 $M=\overline{M}_1X_1+M_P$ 即可求得梁式杆的弯矩图和桁架杆的轴力。

温馨提示：由参数 K 的分析可知，当桁架杆非常刚硬、梁式杆比较柔软时，$K\to 0$，梁的弯矩接近于三跨连续梁情况。反之，当桁架杆拉压刚度较小、梁式杆非常刚硬时，K 很大，$K_1\to 0$，梁的弯矩接近于简支梁情况。

三、第三教学单元知识点

形状、支座、截面、材料均对称的结构称为对称结构，对称结构的计算思路如下。

1. 对称结构受一般荷载作用(重点)

求解对称结构在一般荷载的作用下问题时，若选取对称的基本结构，则在力法方程中，对称多余未知力与反对称多余未知力分为各自独立的两组方程，即一组方程只包含对称的未知力，另一组只包含反对称的未知力。如图 6-11(a) 所示为对称结构，取图 6-11(b) 所示的基本结构。其力法方程可简化为

$$\begin{cases}\delta_{11}X_1+\delta_{12}X_2+\Delta_{1F}=0\\ \delta_{21}X_1+\delta_{22}X_2+\Delta_{2F}=0\\ \delta_{33}X_3+\Delta_{3F}=0\end{cases}$$

式中，X_1，X_2 为对称未知力；X_3 为反对称未知力。也可将一般荷载化为对称荷载和反对称荷载处理。

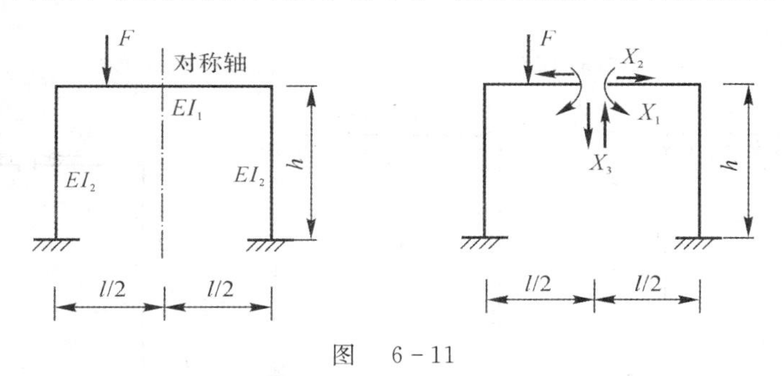

图 6-11

2. 将荷载分解为对称与反对称荷载(重点)

对称结构的任何荷载都可以分解为对称荷载与反对称荷载之和，如图 6-12 所示。

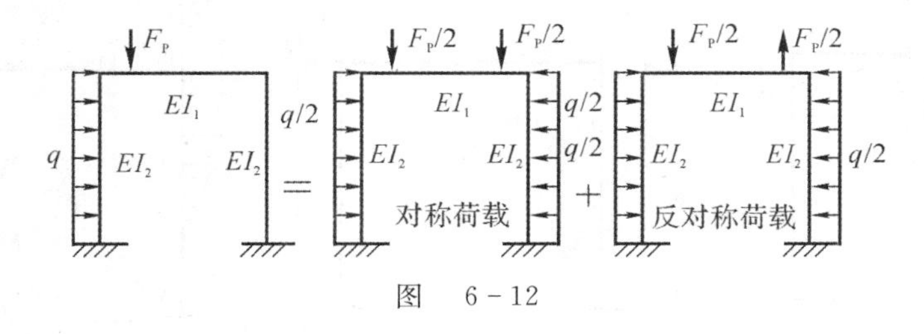

图 6-12

(1) 对称结构受对称荷载作用。图 6-13(a) 所示的对称结构在对称荷载的作用下，结构产生的变形是对称的。与对称轴相交的截面 E，既不能转动也不能左右移动，而只能向上下移动。因此，可取图 6-13(b) 所示的半刚架来代替图 6-13(a) 所示的进行计算。

(2) 对称结构受反对称荷载的作用。如图 6-14(a) 所示的对称结构，在反对称荷载的作用下，结构产生的变形也是反对称的。与对称轴相交的截面 E，没有上下移动，而有转动和向左右移动。已知 E 点为反弯点，该处弯矩为零。因此，可取图 6-14(b) 所示的半刚架，来代替图 6-14(a) 所示的原结构进行计算。

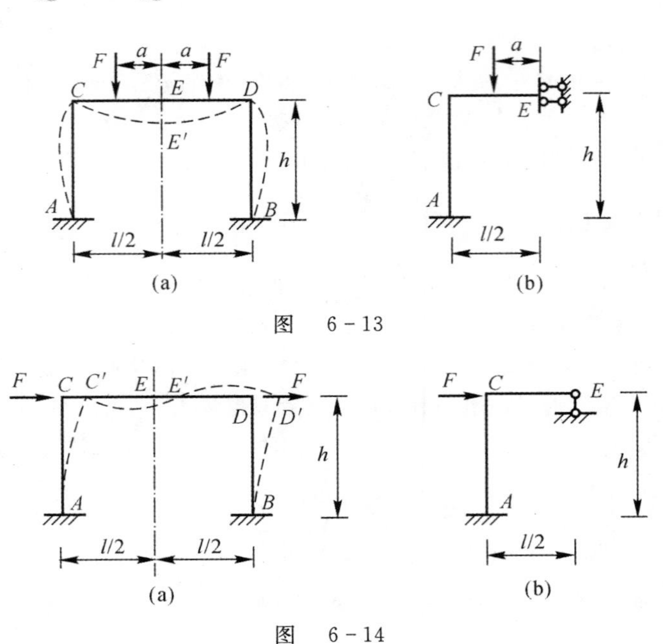

图 6-13

图 6-14

例 6-8 用力法计算图 6-15(a) 所示刚架,绘出弯矩 M 图。设 EI = 常数。

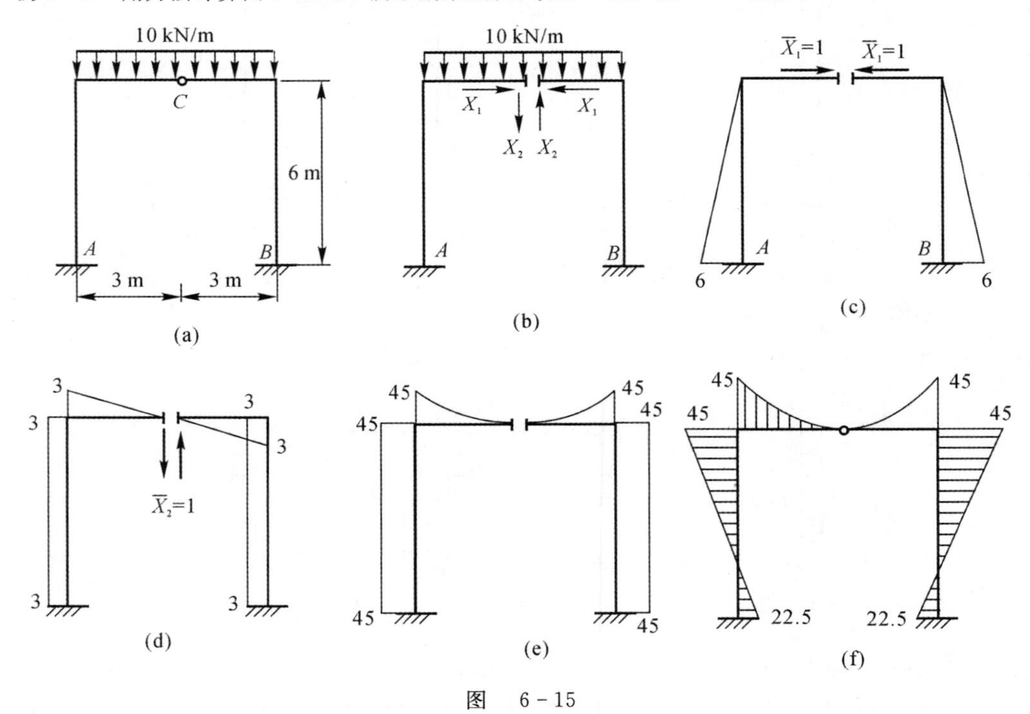

图 6-15

(a) 原结构; (b) 基本体系; (c)$\overline{M}_1$ 图; (d)$\overline{M}_2$ 图; (e)M_P 图; (f)M 图

解 (1) 取基本体系,如图 6-15(b) 所示。

(2) 建立力法方程。此处按 C 铰处沿 X_1,X_2 方向相对线位移为零计算,则有

$$\begin{cases}\delta_{11}X_1+\delta_{12}X_2+\Delta_{1P}=0\\ \delta_{21}X_1+\delta_{22}X_2+\Delta_{2P}=0\end{cases}$$

(3) 作出 $\overline{M}_1$,$\overline{M}_2$,M_P 图如图 6-15(c)(d)(e) 所示,求得主、副系数和自由项分别为

$$\delta_{11}=\frac{1}{EI}\left(\frac{1}{2}\times 6\times 6\times\frac{2}{3}\times 6\right)\times 2=144/EI$$

$$\delta_{22}=\frac{1}{EI}\left(\frac{1}{2}\times 3\times 3\times\frac{2}{3}\times 3+3\times 6\times 3\right)\times 2=126/EI$$

$$\delta_{12}=\delta_{21}=\frac{1}{EI}\left(\frac{1}{2}\times 6\times 6\times 3-\frac{1}{2}\times 6\times 6\times 3\right)=0$$

$$\Delta_{1P}=\frac{1}{EI}\left(\frac{1}{2}\times 6\times 6\times 45\right)\times 2=1\ 620/EI$$

$$\Delta_{2P}=\frac{1}{EI}\left(\frac{1}{3}\times 3\times 45\times\frac{3}{4}\times 3+3\times 6\times 45-\frac{1}{3}\times 3\times 45\times\frac{3}{4}\times 3-3\times 6\times 45\right)=0$$

(4) 求解多余未知力。把系数和自由项代入力法方程,则有

$$\begin{cases}144X_1+1\ 620=0\\126X_2=0\end{cases}$$

解得 $X_1=-11.25$ kN(压力),$X_2=0$

(5) 绘 M 图。由 $M=\overline{M}_1X_1+M_P$ 可作出 M 图,如图 6-15(f) 所示。

温馨提示: 由本例看出对称结构在对称荷载作用下,当选用对称的基本结构时,反对称的多余未知力 X_2 为零,最终 M 图也呈正对称。因此利用对称性常可以使一些副系数和自由项为零,以简化计算。

例 6-9 试作图 6-16(a) 所示结构的弯矩图。

解 本题结构对称,荷载任意。因此为了利用对称性,可将荷载分成对称和反对称两组,如图 6-16(b) 所示。这样取的半结构(见图 6-16(c))都是一次超静定的。

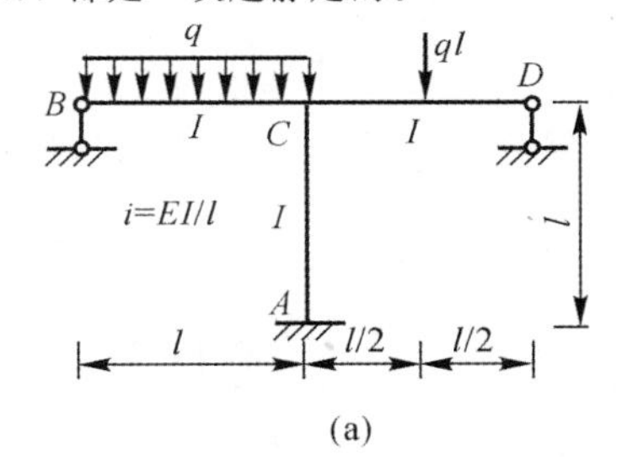

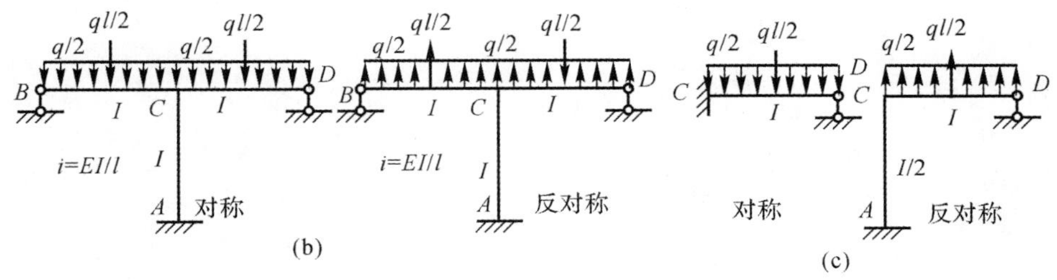

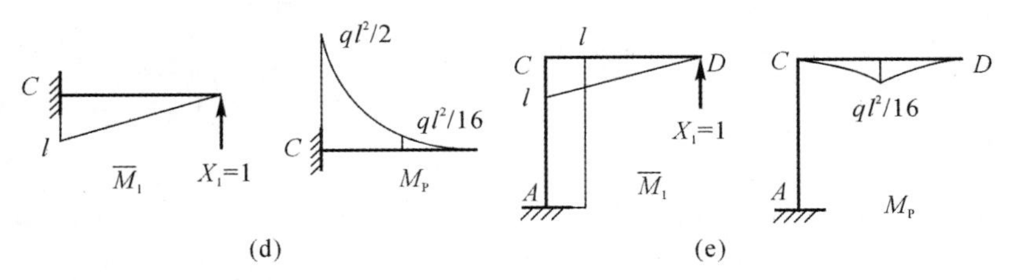

图 6-16

(a) 结构与荷载; (b) 荷载分组; (c) 半边结构;

(d) 对称半边结构的 $\overline{M}_1$ 和 $\overline{M}_P$ 图; (e) 反对称半边结构的 $\overline{M}_1$ 和 $\overline{M}_P$ 图

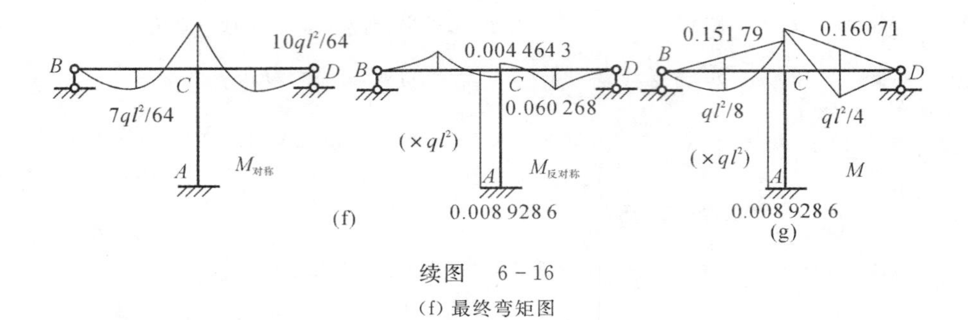

续图 6-16

(f) 最终弯矩图

对称情况单位荷载弯矩图如图 6-16(d) 所示，由此可得

$$\delta_{11} = \frac{l^3}{3EI}$$

$$\Delta_{1P} = -\frac{1}{EI}\cdot\left(\frac{1}{3}\cdot\frac{ql^2}{4}\cdot l\right)\cdot\frac{3l}{4} - \frac{1}{EI}\cdot\left(\frac{1}{2}\cdot\frac{ql^2}{4}\cdot\frac{l}{2}\right)\cdot\frac{5l}{6} = -\frac{11ql^4}{96EI}$$

$$X_1 = \frac{11ql}{32}$$

反对称情况单位荷载弯矩图如图 6-16(e) 所示，由此可得

$$\delta_{11} = \frac{7l^3}{3EI}$$

$$\Delta_{1P} = -\frac{1}{EI}\cdot\left(\frac{1}{3}\cdot\frac{ql^2}{16}\cdot\frac{1}{2}\right)\cdot\frac{3}{4}\cdot\frac{l}{2} + \frac{1}{EI}\cdot\left(\frac{1}{3}\cdot\frac{ql^2}{16}\cdot\frac{l}{2}\right)\cdot\left(\frac{l}{2}+\frac{1}{4}\times\frac{l}{2}\right) = -\frac{ql^4}{96EI}$$

$$X_1 = \frac{ql}{224}$$

由此可得对称和反对称结构 M 图如图 6-16(f) 所示。再将两 M 图叠加，即可得最终弯矩图，如图 6-16(g) 所示。

例 6-10　试作图 6-17(a) 所示结构的弯矩图，EI = 常数。

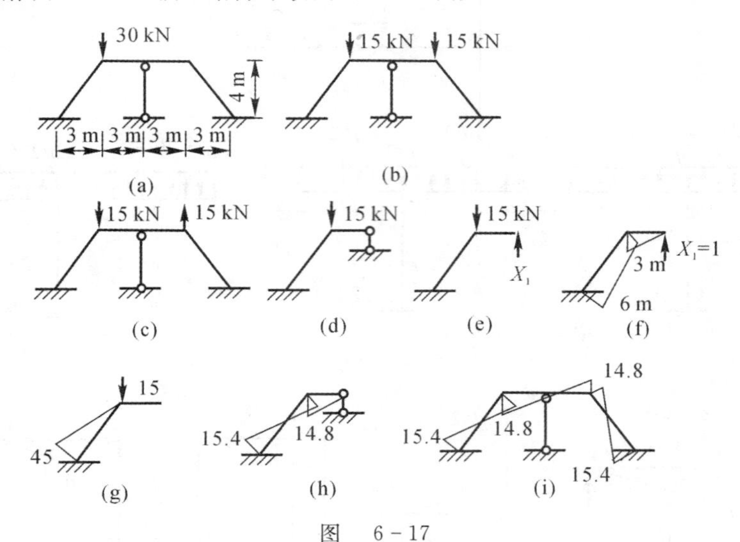

图 6-17

(a) 结构与荷载；(b) 对称荷载：$M=0$；(c) 反对称荷载；(d) 半结构；(e) 基本体系；(f) $\overline{M}_1$ 图；(g) M_P 图(kN·m)；(h) 半结构 M 图(kN·m)；(i) M 图(kN·m)

解　(1) 对荷载进行分组，取半结构。图 6-17(a) 所示结构对称，荷载不对称，需要将荷载分成对称和反

对称两组(见图 6-17(b)(c))。很明显,在对称荷载作用下,结构为无弯矩状态。反对称荷载作用下的半结构如图 6-17(d) 所示。

(2) 解半结构。图 6-17(d) 所示的半结构是一次超静定结构。取图 6-17(e) 基本体系,并建立力法方程为

$$\delta_{11}X_1+\Delta_{1P}=0$$

作出相应的 M_1 和 M_P 图(见图 6-17(f)(g)),由图乘法求得系数和自由项后,解方程得

$$\delta_{11}=\frac{114}{EI},\quad \Delta_{1P}=-\frac{1\ 125}{2EI},\quad X_1=\frac{375}{76}$$

由叠加公式 $M=\overline{M}_1X_1+M_P$ 得半结构的弯矩图(图 6-17(h))。按弯矩图反对称的性质,得到最终弯矩图(见图 6-17(i))。

例 6-11 试利用对称性计算图 6-18(a) 所示闭合刚架弯矩图。

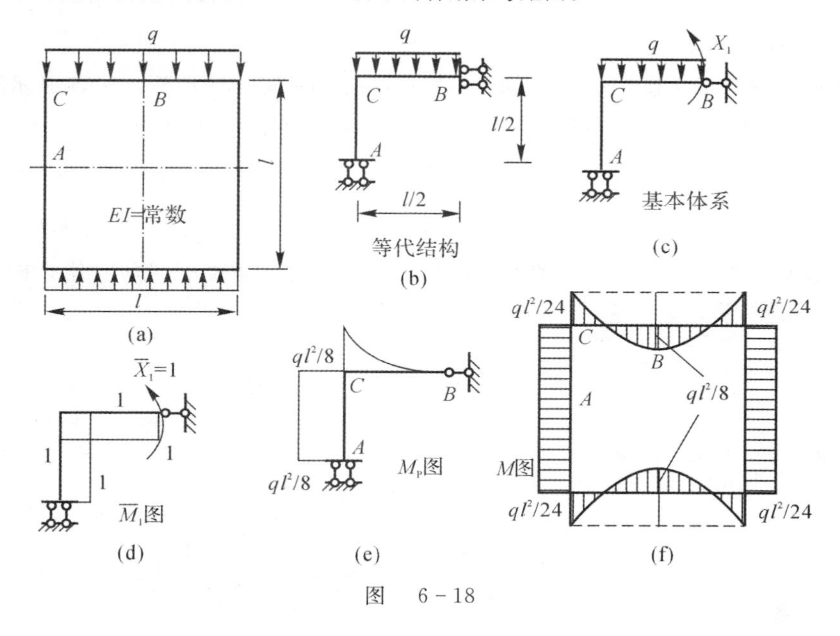

图 6-18

解 该闭合刚架为承受对称荷载且具有两个对称轴的结构,因此取 1/4 结构做为等代结构来计算较方便,所取结构如图 6-18(b) 所示。

(1) 选取基本体系如图 6-18(c) 所示。

(2) 建立力法典型方程为

$$\delta_{11}x_1+\Delta_{1P}=0$$

(3) 求系数和自由项。画出 $\overline{M}_1$,M_p 图分别如图 5-18(d)(e) 所示。利用图乘法有

$$\delta_{11}=\frac{1}{EI}\left(\frac{1}{2}l\times1\times1\right)\times2=\frac{l}{EI}$$

$$\Delta_{1P}=-\frac{1}{EI}\left(\frac{ql^2}{8}\times\frac{l}{2}\times1\right)-\frac{1}{EI}\left(\frac{1}{3}\times\frac{l}{2}\times\frac{ql^2}{8}\times1\right)=-\frac{ql^3}{12EI}$$

(4) 求多余未知力,有

$$X_1=-\frac{\Delta_{1p}}{\delta_{11}}=\frac{1}{12}ql^2$$

(5) 整体弯矩图:按 $M=\overline{M}_1\cdot X_1+M_p$ 可作出 ABC 部分弯矩图,按对称性可绘出全部刚架弯矩图,如图 6-18(f) 所示。

3. 两铰拱(重点、难点)

如图 6-19 所示的两铰拱,是一次超静定结构。拱结构弯矩以拱的下侧受拉为正。力法基本方程为

$$\delta_{11}X_1+\Delta_{1P}=0$$

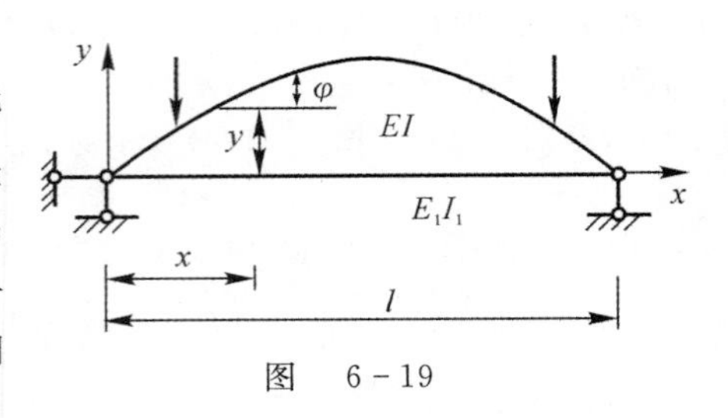

图 6-19

式中，$\delta_{11}=\int\frac{y^2}{EI}ds+\int\frac{\cos^2\varphi}{EA}ds+\frac{l}{E_1A_1}$，$\Delta_{1P}=-\int\frac{yM_P}{EI}ds$。对于无拉杆的两铰拱，令 E_1A_1 为无穷大即可。M_P 为基本结构在荷载作用下的弯矩图。对于只受竖向荷载作用的两铰拱，$M_P=M^0$，其中 M^0 为两铰拱同跨度、同荷载的对应简支梁的弯矩。求出 X_1 后，计算内力方法与三铰拱相同。例见主教材 193 ～ 195 页例 6-6 和例 6-7。

四、第四教学单元知识点

1. 无铰拱(难点)

对称无铰拱的计算可采用弹性中心法。如图 6-20(a) 所示为无铰拱，采用图 6-20(b) 所示的在拱顶切口加刚臂的对称基本体系进行计算，三对基本未知力作用在弹性中心 O，弹性中心 0 的位置由下式确定，有

$$d=\frac{\int\frac{y'}{EI}ds}{\int\frac{1}{EI}ds}$$

式中，y' 为在选取的参照坐标系 $o'X'y'$ 中的拱轴曲线方程，当三对基本未知力均作用于刚臂下端 o 时，三个力法方程中全部副系数均等于零，力法方程简化为

$$\begin{cases}\delta_{11}X_1+\Delta_{1P}=0\\ \delta_{22}X_2+\Delta_{2P}=0\\ \delta_{33}X_3+\Delta_{3P}=0\end{cases}$$

例见主教材 198 ～ 202 页例 6-8 和例 6-9。

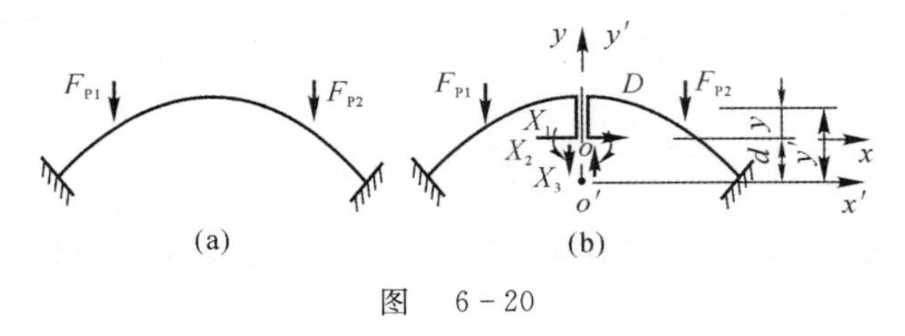

图 6-20

2. 支座移动时的力法方程(重点、难点)

$$\delta_{11}X_1+\delta_{12}X_2+\cdots+\delta_{in}X_n+\Delta_{ic}=\Delta_i\quad(i=1,2,\cdots,n)$$

$$\Delta_i=-\sum\overline{F}_{RKi}c_K$$

3. 温度变化与材料收缩时的力法方程(难点)

$$\Delta_{it}=\sum at_0\int\overline{F}_{Ni}ds+\sum a\frac{\Delta t}{h}\int\overline{M}_i ds$$

4. 荷载、支座移动、温度变化诸因素共同作用时的力法方程

$$\delta_{i1}X_1+\delta_{i2}+X_2+\cdots+\delta_{in}X_n+\Delta_{iP}+\Delta_{ic}+\Delta_{it}=\Delta_i\quad(i=1,2,,\cdots,n)$$

5. 荷载与支座位移及温度改变共同作用时的结构位移公式

$$\Delta=\sum\int\frac{\overline{M}M}{EI}ds+\sum\int\frac{\overline{F}_N F_N}{EA}ds+\sum\int\frac{k\overline{F}_Q F_Q}{GA}ds-\sum\int\overline{F}_{RK}c_K+ds+$$

$$\sum at_0\int\overline{F}_N ds+\sum\frac{a\Delta t}{h}\int\overline{M}ds$$

例 6－12 为使图 6－21(a) 所示结构 B 铰两侧截面产生单位相对转角，试作图示结构 M 图。

解 本例既非荷载作用，又非支座已知位移，而是使 B 铰两侧截面产生相对单位转角。为此，可按如下思路求解：首先求解 B 铰两侧受相对力偶 M 作用时的内力，这是荷载作用问题；然后再求在 B 铰两侧受相对力偶 M 作用下，B 铰两侧相对转角，并令此转角为一个单位；最后在解得 B 铰两侧发生单位相对位移所需施加的 M 后，即可完成本例要求的任务。

根据上述分析，对图 6－21(b) 所示结构取图 6－21(c) 所示结构为基本结构，单位和荷载内力图如图 6－21(d)(e)(f) 所示。根据图 6－21(d)(e)(f) 可求得

$$\delta_{11} \neq 0(>0), \quad \delta_{12} = \delta_{21} = 0, \quad \delta_{22} = \frac{a^3 + b^3}{3EI}$$

$$\Delta_{1P} = 0, \quad \Delta_{2P} = -\frac{1}{EI} \cdot (M \cdot l) \cdot \left(\frac{l}{2} - a\right) = -\frac{Ml^2}{2EI}\left(1 - \frac{a}{l}\right)$$

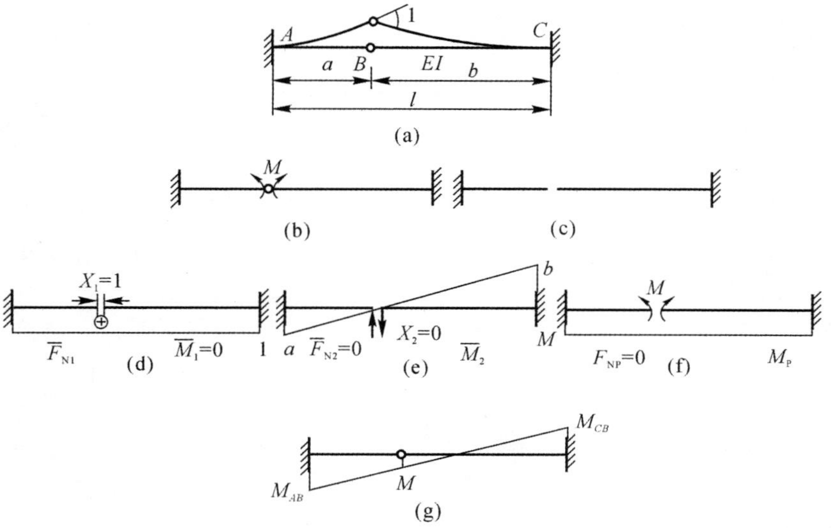

A 1 C
a B EI b
l

(a)

M

(b) (c)

$X_1=1$ $\overline{F}_{N1}$ $\overline{M}_1=0$ 1 a $\overline{F}_{N2}=0$ b $X_2=0$ $\overline{M}_2$ M M $F_{NP}=0$ M_P

(d) (e) (f)

M_{CB} M_{AB} M

(g)

图 6－21

由力法方程解得

$$X_1 = 0, \quad X_2 = \frac{3Ml^2}{2(a^3 + b^3)}\left(1 - \frac{a}{l}\right)$$

根据叠加原理可得最终弯矩图，如图 6－21(e) 所示，图中

$$M_{AB} = \frac{M(5a^3 + 6a^2 b + 3ab^2 + 2b^3)}{2(a^2 + b^3)}\left(1 - \frac{2a}{l}\right)$$

$$M_{CB} = \frac{M(-2a^3 + 3a^2 b + 6ab^2 + b^3)}{2(a^3 + b^3)}\left(1 - \frac{2a}{l}\right)$$

有了最终弯矩图后，在 M 作用下，B 铰两侧截面的相对转角为

$$\theta_B = \frac{1}{EI} \cdot (1 \times l) \times \left[\frac{1}{2}(M + aX_2 + bX_2 - M) - aX_2\right] = \frac{l^2}{2EI} \cdot \left(1 - \frac{2a}{l}\right)^2 \cdot \frac{3Ml^2}{2(a^3 + b^3)}$$

令 $\theta_B = 1$，则

$$\begin{cases} M = \dfrac{4EI(a^3 + b^3)}{3l^2(l - 2a)^2}, & a \neq \dfrac{l}{2} \\ M = \dfrac{EI}{l}, & a = \dfrac{l}{2} \end{cases}$$

将图 6－21(g) 中 M 用上述结果代替，即可得最终 M 图。

例 6-13 试作图 6-22(a) 所示结构的 M 图。

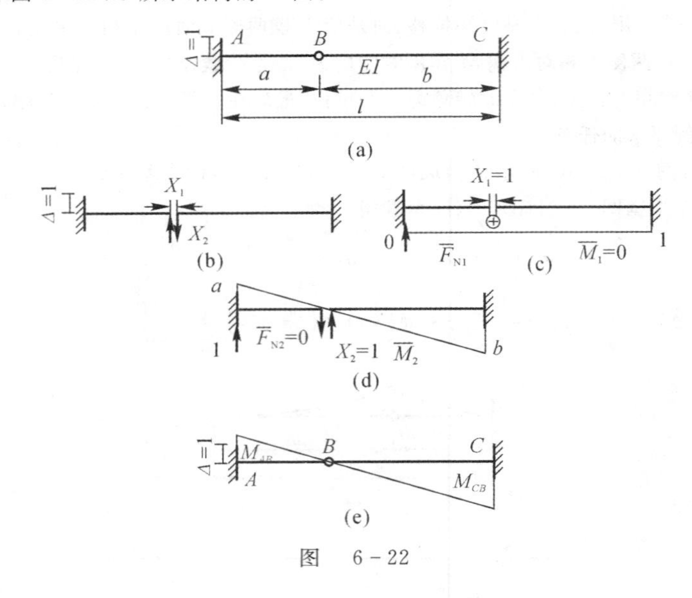

图 6-22

解 基本体系、单位弯矩图、单位力引起的反力(因为基本体系有支座位移,因此需要求反力)分别如图 6-22(b)(c)(d) 所示。

由此可得

$$\delta_{11} > 0, \quad \delta_{12} = \delta_{21} = 0, \quad \delta_{22} = \frac{a^3 + b^3}{3EI}, \quad \Delta_{1C} = 0, \quad \Delta_{2C} = -1 \cdot 1$$

解方程,得

$$X_1 = 0, \quad X_2 = \frac{3EI}{a^3 + b^3}$$

由此可得最终弯矩图如图 6-22(e) 所示,图中

$$M_{AB} = \frac{3EIa}{a^3 + b^3}, \quad M_{CB} = \frac{3EIb}{a^3 + b^3}$$

例 6-14 作图 6-23(a) 所示结构因温度改变引起的弯矩图和轴力图,并求 B 结点的转角。材料的线胀系数为 α,梁截面高度是柱截面高度的$\sqrt[3]{2}$ 倍(也即 $h' = \sqrt[3]{2}h$)。

解 (1) 基本体系。取图 6-23(b) 所示结构为基本体系。

(2) 作单位弯矩图、轴力图,如图 6-23(c) 所示。

(3) 求系数。由 $\overline{M}_1$ 图自乘可得

$$\delta_{11} = \sum\int \frac{\overline{M}_1^2 \mathrm{d}x}{EI} = \frac{1}{2EI} \times 0 + \frac{1}{EI} \cdot \left(\frac{l^2}{2}\right) \cdot \frac{2l}{3} = \frac{l^3}{3EI}$$

由 $\overline{M}_2$ 图自乘可得

$$\delta_{22} = \sum\int \frac{\overline{M}_1^2 \mathrm{d}x}{EI} = \frac{1}{2EI} \cdot \left(\frac{l^2}{2}\right) \cdot \frac{2l}{3} + \frac{1}{EI} \cdot (l^2) \cdot l = \frac{7l^3}{6EI}$$

由 $\overline{M}_1$ 和 $\overline{M}_2$ 图互乘可得

$$\delta_{12} = \delta_{21} = \sum\int \frac{\overline{M}_1 \overline{M}_2 \mathrm{d}x}{EI} = \frac{1}{2EI} \times 0 - \frac{1}{EI} \cdot (l^2) = \frac{l^3}{2EI}$$

因基本体系有温度的改变,由温度引起的位移计算公式为

$$\Delta = \sum \pm \alpha t_0 A_{\overline{F}_N} + \sum \pm \frac{\alpha \Delta t}{h} A_{\overline{M}}$$

因为 AB,BC 两杆 $t_0=0$,$\Delta t=2t$,所以本例只用弯矩项,有

$$\Delta_{1t}=\frac{\alpha\cdot 2t}{h}\times\left(-\frac{1}{2}\cdot l\cdot l\right)=-\frac{\alpha t l^2}{h}$$

$$\Delta_{2t}=\frac{\alpha\cdot 2t}{h}\times(l\cdot l)+\frac{\alpha\cdot 2t}{h'}\times\frac{1}{2}\cdot l\cdot l=\frac{(2\sqrt[3]{2}+1)\alpha t l^2}{\sqrt[3]{2}h}\approx 2.793\ 7\frac{\alpha t l^2}{h}$$

(4) 列方程:

$$\begin{cases}\dfrac{l^3}{3EI}X_1-\dfrac{l^3}{2EI}X_2-\dfrac{\alpha t l^2}{h}=0\\ -\dfrac{l^3}{2EI}X_1+\dfrac{7l^3}{6EI}X_2+2.793\ 7\dfrac{\alpha t l^2}{h}=0\end{cases}$$

由此解得

$$X_1=-1.653\ 72\frac{EI\alpha t}{lh},\quad X_1=-36.104\ 88\frac{EI\alpha t}{lh}$$

(5) 作 M 图和 F_N 图。根据 $M=\sum\overline{M}_iX_i$,$F_N=\sum\overline{F}_{Ni}X_i$ 可得最终内力图如图 6-23(d) 所示,图中

$$M_{AB}=1.447\ 56\frac{EI\alpha t}{h},\quad M_{BA}=3.104\ 88\frac{EI\alpha t}{h}=M_{BC}$$

$$F_{NBA}=3.104\ 88\frac{EI\alpha t}{h},\quad F_{NBC}=1.657\ 32\frac{EI\alpha t}{lh}$$

(6) 求 B 结点转角。由最终 M 图(图 6-23(d))和单位弯矩图 M(图 6-23(e))互乘求得。因为基本体系有温度改变,因此要用到多因素位移计算公式:

$$\Delta=\sum\int\frac{M\overline{M}}{EI}\mathrm{d}x+\sum\pm\alpha t_0A_{\overline{F}_N}+\sum\pm\frac{\alpha\Delta t}{h}A_{\overline{M}}$$

由此得

$$\theta_B=\frac{1}{2EI}\times 0+\frac{1}{EI}\times(1\times l)\times\frac{1}{2}\times(3.104\ 88+1.447\ 56)\cdot\frac{EI\alpha t}{h}-\frac{\alpha\cdot 2t}{h}\cdot(1\times l)\approx 0.276\ 22\frac{\alpha t l}{h}$$

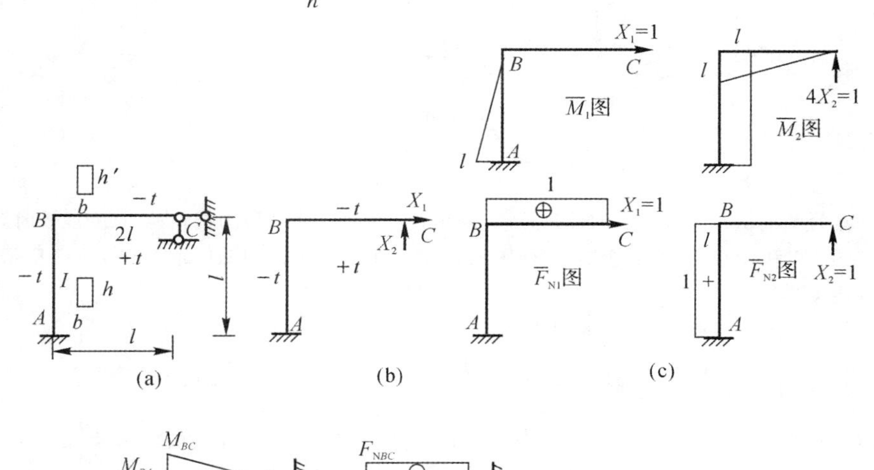

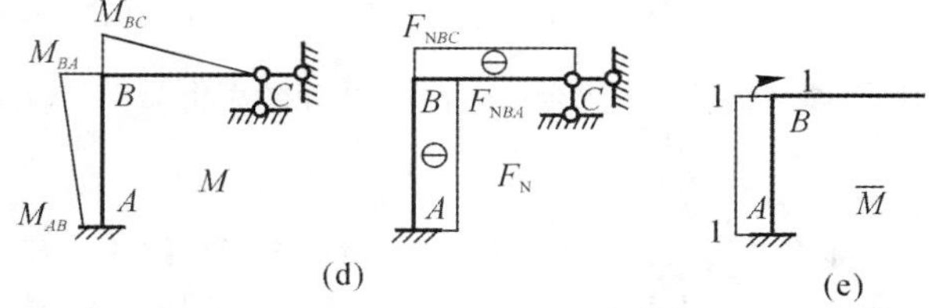

图 6-23

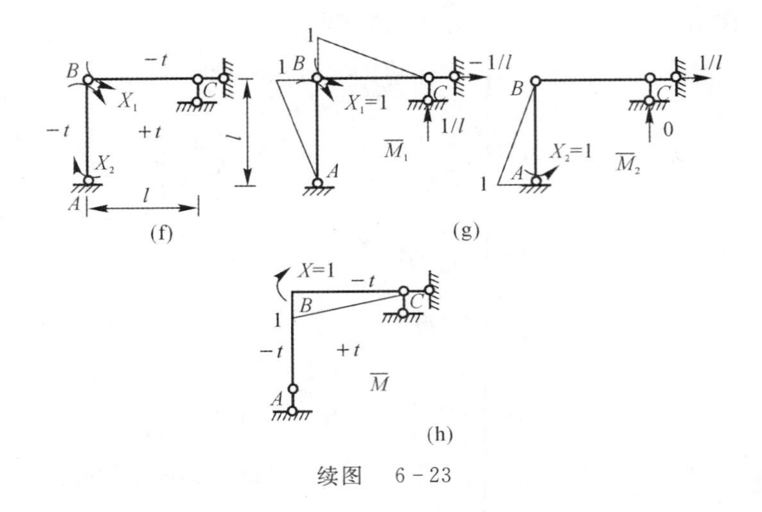

续图 6-23

五、第五教学单元知识点

1. 超静定结构的位移计算(重点、难点)

超静定结构的位移计算与静定结构的位移计算大致相同,都是用单位荷载法;所不同的是作内力图的方式不同。只要作出超静定结构的内力图,其位移计算与静定结构是一样的。

特别提醒:在进行超静定结构的位移计算时,其基本结构可任意选取而不影响计算结果。

例 6-15 已知图 6-24(a) 所示刚架在荷载下的弯矩图如图 6-24(b) 所示,试求 B 截面的转角。

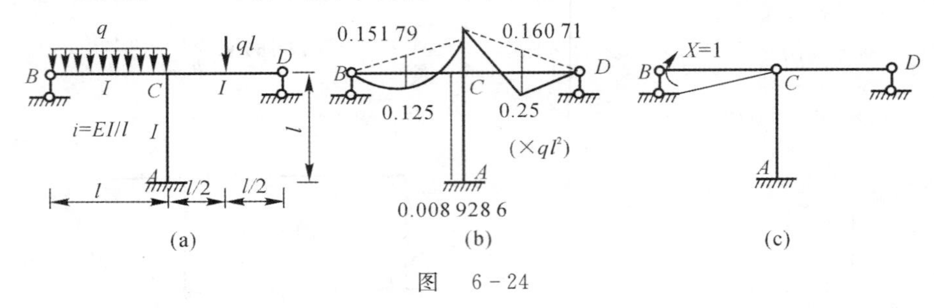

图 6-24

解 (1) 选择基本结构。求 B 点的转角时,需要在 B 点施加一个单位力偶,将 C 点变成铰时,加在 B 点的单位力偶不会在 CA 和 CD 杆上引起弯矩,这样图乘时,就只有 BC 杆了。因此,取图 6-24(c) 所示的单位广义力状态及单位弯矩图。

(2) 求转角。由图 6-24(b)(c) 图乘可求得

$$\varphi_B = \frac{1}{EI}\left(-\frac{1}{2}\times 0.151\ 79ql^2\cdot l\times\frac{1}{3}+\frac{2}{3}\cdot\frac{ql^2}{8}\cdot l\times\frac{1}{2}\right)\approx 0.016\ 37\frac{ql^3}{EI}(\uparrow)$$

例 6-16 试求图 6-25(a) 所示结构中 A,B 两点的相对位移 Δ_{A-B}。已知 $EA=\dfrac{EI}{2l^2}$。

解 (1) 求原结构的内力图。原结构是一个组合结构,拆去多余约束桁架杆后,力法方程为

$$\delta_{11}X_1+\Delta_{1P}=-\frac{X_1 l}{EA}$$

此时,力法方程的物理意义是基本结构在多余约束力 X_1 和荷载 F_P 的共同作用下,A,B 两点的相对位移等于桁架杆 AB 的伸长。因为,所设的多余约束力是压力的方向,所以桁架杆在 X_1 作用下是缩短的,故力法方程的等号右边有负号。

作结构 $\overline{M}_1$ 图和 M_P 图，如图 6-25(b)(c) 所示。由 $\overline{M}_1$ 图自乘、$\overline{M}_1$ 图和 M_P 图互乘，得系数和自由项为

$$\delta_{11}=\frac{5l^3}{3EI},\quad \Delta_{1P}=-\frac{5F_Pl^3}{3EI}$$

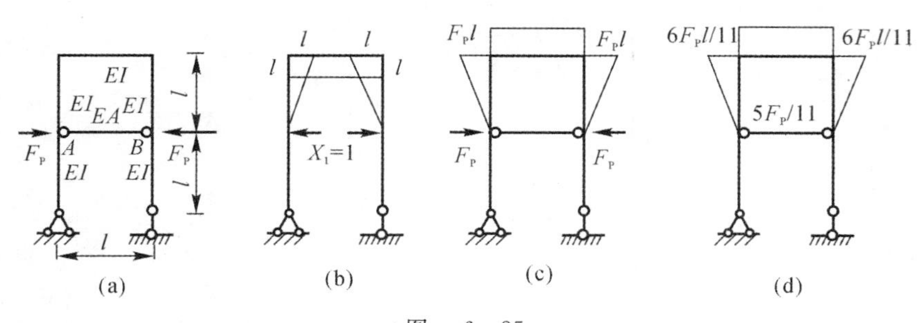

图 6-25

(a) 结构与荷载； (b) $\overline{M}_1$ 图； (c) M_P 图； (d) M 图和轴力

将它们代入力法方程中，解得

$$X_1=\frac{5}{11}F_P$$

由 $M=\overline{M}_1X_1+M_P$ 得到结构弯矩图，如图 6-25(d) 所示。

(2) 求位移。取图 6-25(b) 所示基本结构，将图 6-25(b) 与图 6-25(d) 图乘得

$$\Delta_{A-B}=-\frac{1}{EI}\left(2\times\frac{1}{2}\times\frac{6F_Pl}{11}\times l\times\frac{2}{3}\times l+\frac{6F_Pl}{11}\times l\times l\right)=-\frac{10F_Pl^3}{11EI}(\rightarrow\leftarrow)$$

实际上，注意到 A，B 两点的相对位移就是桁架杆的压缩变形，可直接用材料力学公式，算得

$$\Delta_{A-B}=\frac{5F_P}{11EA}=\frac{10F_Pl^3}{11EI}(\rightarrow\leftarrow)$$

例 6-17 图 6-26(a) 所示结构除受荷载作用外，在 C 支座有水平位移 Δ，竖向位移 1.5Δ，求作 M 图，并求 B 结点的转角。

解 (1) 选择基本结构。取解除 C 支座约束的静定结构作为基本结构，基本体系如图 6-26(b) 所示。

(2) 作 M 图。单位弯矩图及荷载弯矩图如图 6-26(c) 所示。

(3) 求系数和自由项。由图 6-26(b)(c) 自乘和互乘得系数和自由项如下：

$$\delta_{11}=\frac{l^3}{3EI},\quad \delta_{22}=\frac{7l^3}{6EI},\quad \delta_{12}=-\frac{l^3}{2EI}$$

$$\Delta_{1P}=\frac{ql^3}{4EI},\quad \Delta_{2P}=-\frac{9ql^3}{16EI}$$

(4) 列方程并求解。由于解除约束的 C 支座有已知位移，根据力法是位移协调条件，力法方程等号右边是未知力方向的已知位移，因此不为零。根据上述系数可得力法方程为

$$\begin{cases}\dfrac{l^3}{3EI}X_1-\dfrac{l^3}{2EI}X_2+\dfrac{ql^4}{4EI}=\Delta\\[2mm]-\dfrac{l^3}{2EI}X_1+\dfrac{7l^3}{6EI}X_2-\dfrac{9ql^4}{16EI}=-\dfrac{3}{2}\Delta\end{cases}$$

解方程，得

$$X_1=\frac{3EI}{l^3}\Delta-\frac{3ql}{40},\quad X_2=\frac{9ql}{20}$$

(5) 作最终 M 图。由 $M=\sum\overline{M}_1\times X_1+\overline{M}_2\times X_2+M_P$，可得结构最终 M 图如图 6-26(d) 所示。

(6) 求 B 结点转角。为求 B 结点的转角，可在基本结构 B 结点上作用单位力偶，得 $\overline{M}$ 图如图 6-26(e) 所示。由最终 M 图和单位弯矩 $\overline{M}$ 图互乘，可得

$$\theta_B = \frac{1}{EI} \times \frac{1}{2} \times \left(\frac{3EI}{l^2}\Delta - \frac{ql^2}{40} + \frac{ql^2}{20}\right) \times l \times 1 = \frac{3}{2l}\Delta + \frac{ql^3}{80EI}$$

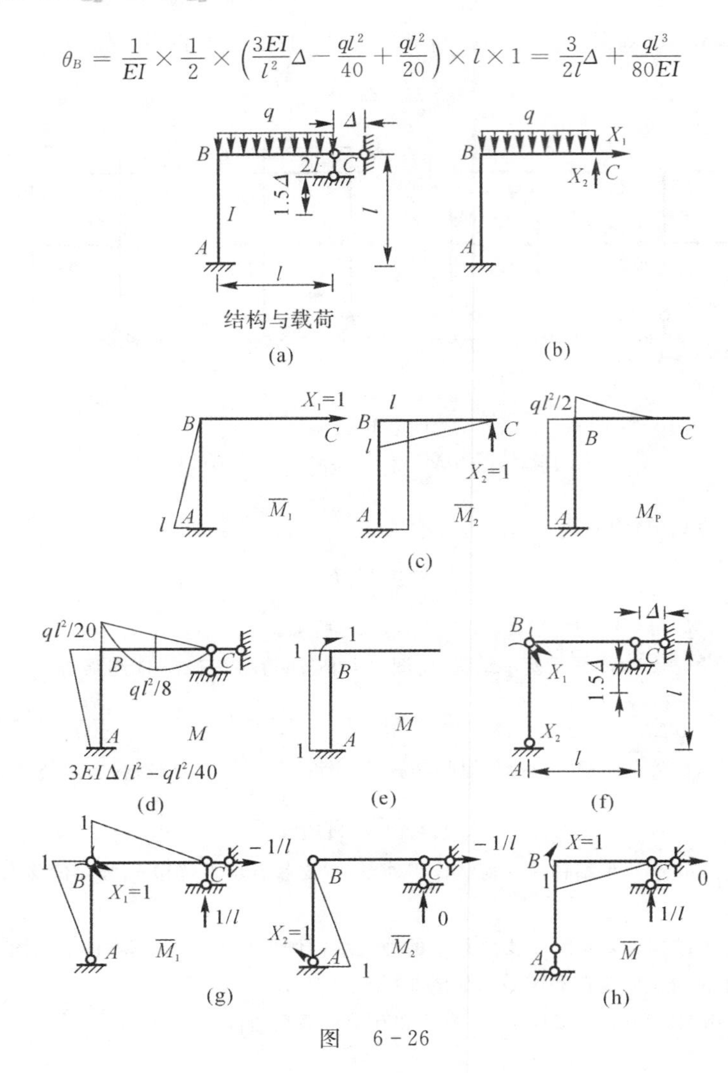

图 6-26

温馨提示: 荷载与支座移动共同作用的位移计算,可以按叠加原理分成仅考虑荷载和仅考虑支座位移分别计算后叠加得到。

2.超静定结构计算的校核(难点)

对于超静定结构,仅满足平衡条件的解答有无限多组,在同时满足位移条件后才能得到它的唯一解。因此,正确的内力图应同时满足平衡条件和位移条件,对内力图应作以下两方面的校核。

(1) 平衡条件的校核。截取结构中的刚结点、杆件或某一部分,检验其是否满足:

$$\sum F_x = 0, \quad \sum F_y = 0, \quad \sum M = 0$$

(2) 变形条件的校核。检验多余约束处的位移是否与已知实际位移 Δ 相等($\Delta_i = a$)。

对于刚架、无铰拱和圆环中的无铰闭合环路,M 图应满定 $\oint \frac{M}{EI}\mathrm{d}s = 0$。

例 6-18 试校核图 6-27(a) 所示弯矩图的正确性。

解 为了校核弯矩图的正确性,可计算由所给弯矩图求得的原结构已知位移是否等于已知值。若二者相等,则一般来说结果是正确的,否则说明计算有误。

对于本例,应计算复刚结点 C 处 CD 和 CA 间的相对转角,如果它等于零则说明结果正确(当然也可计算其他已知位移)。为此建立单位广义力状态及单位弯矩图如图 6-27(b) 所示,由图 6-27(a)(b) 所示弯矩图互乘即可求得

$$\varphi_c = \frac{1}{EI}\left(\frac{1}{2}\times 0.160\ 71ql^2 \cdot l\times\frac{2}{3}-\frac{1}{2}\times 0.25ql^2\cdot l\times\frac{1}{2}+1\cdot l\times 0.008\ 928ql^2\right)\approx 0$$

结果表明,所给弯矩图是正确的。

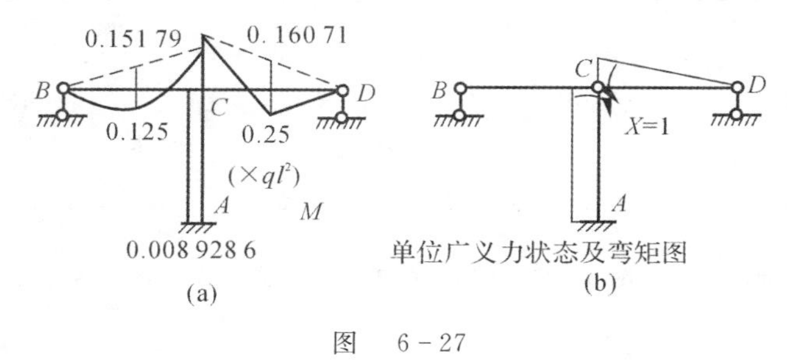

图 6-27

例 6-19 图 6-28(a) 所示为结构在支座位移作用下的弯矩图。试求 C 点的竖向位移,并校核弯矩图的正误。

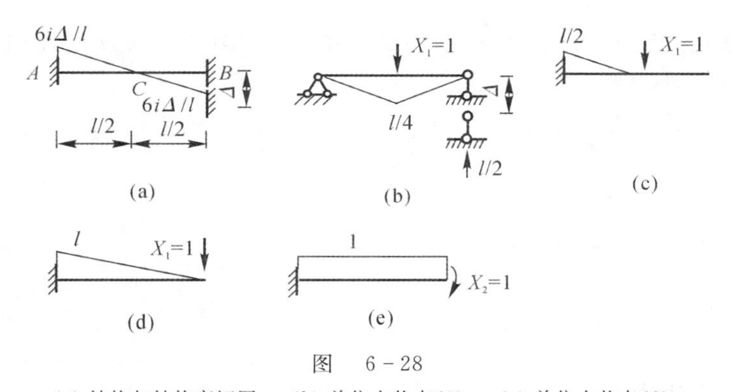

图 6-28

(a) 结构与结构弯矩图; (b) 单位力状态(1); (c) 单位力状态(2);

(d) 与 B 点竖向位移对应的单位力状态; (e) 与 B 点转角位移对应的单位力状态

解 (1) 取如图 6-28(b) 所示的单位力状态。在这个基本结构中,B 支座有竖向支座位移Δ。因此,求位移时要考虑荷载和支座位移两个因素的作用,可得

$$\Delta_{CV} = \int_0^l \frac{\overline{M}_1 M}{EI}\cdot \mathrm{d}x - \sum \overline{F}_{Ri}c_i = 0-\left(-\frac{1}{2}\cdot\Delta\right)=\frac{\Delta}{2}(\downarrow)$$

(2) 取如图 6-28(c) 所示的单位力状态,在这个基本结构中只有荷载的作用,可得

$$\Delta_{CV} = \int_0^l \frac{\overline{M}_1 M}{EI}\cdot \mathrm{d}x = \frac{1}{EI}\ \frac{1}{2}\times\frac{6i\Delta}{l}\times\frac{l}{2}\times\frac{2}{3}\times\frac{l}{2}=\frac{\Delta}{2}(\downarrow)$$

可见,所取的两种单位力状态的计算结果完全一致。

(3) 校核。B 点的竖向位移:取如图 6-28(d) 所示的单位力状态。由图 6-28(a) 与图 6-28(d) 图乘得

$$\Delta_{BV} = \frac{1}{EI}\ \frac{1}{2}\times l^2\times\frac{1}{3}\times\frac{6i\Delta}{l}=\Delta(\downarrow)$$

B 点的转角位移:取如图 6-28(e) 所示的单位力状态。由图 6-28(a) 为反对称图形,图 6-28(e) 图为对称图形,因此二者的图乘结果为

$$P_B = 0$$

因此,可以断定原结构的弯矩图正确。

例 6-20 已知图 6-29(a) 为结构温度改变作用下的弯矩图。试求 A 点的转角位移，并校核弯矩图的正误。其中 $X_1=\dfrac{3\alpha(t_2-t_1)EI}{2hl}$，$\alpha$ 为线膨胀系数。

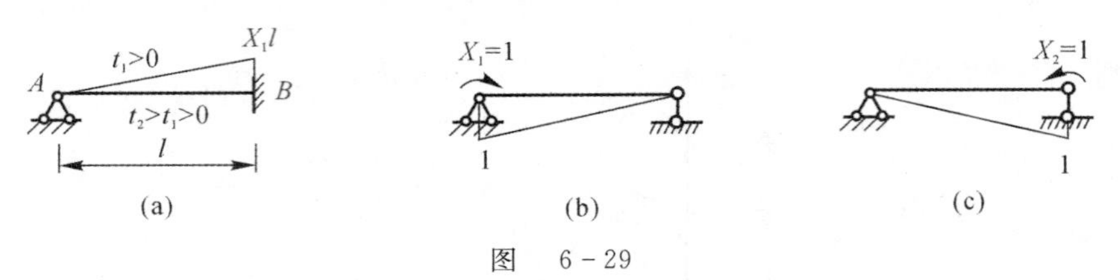

图 6-29

(a) 结构与结构弯矩图；(b) 与 A 点转角位移对应的单位力状态；(c) 与 B 点转角位移对应的单位力状态

解 (1) 计算 A 点的转角。取图 6-29(b) 所示的单位力状态。在计算位移时要考虑原有结构的弯矩图和温度变化的作用，可得

$$\varphi_A=\int_0^l\frac{\overline{M}_1M}{EI}\cdot dx+\alpha\cdot\frac{\Delta t}{h}A_M=-\frac{1}{EI}\times\frac{1}{2}\times X_1l\times l\times\frac{1}{3}\times1+$$

$$\alpha\cdot\frac{t_2-t_1}{h}\times\frac{1}{2}\times l\times1=\frac{\alpha(t_2-t_1)}{4h}l$$

(2) 计算 B 点的转角，校核弯矩图。取图 6-29(c) 所示的单位力状态，计算位移时同样要考虑原有结构的弯矩图和温度变化的作用，可得

$$\varphi_A=\int_0^l\frac{\overline{M}_1M}{EI}\cdot dx+\alpha\cdot\frac{\Delta t}{h}A_M=-\frac{1}{EI}\times\frac{1}{2}\times X_1l\times l\times\frac{2}{3}\times1+$$

$$\alpha\cdot\frac{t_2-t_1}{h}\times\frac{1}{2}\times l\times1=0$$

因此，可以断定原结构的弯矩图正确。

6.2 学习指导

6.2.1 学习方法建议

力法是求解超静定结构的基本方法。本章的主要内容是用力法求解超静定结构在荷载、温度变化、支座位移和制造误差等因素作用下的内力和位移。

学习本章之前，必须熟练掌握静定结构内力的计算（特别是弯矩图和桁架杆轴力），必须熟练掌握荷载、支座位移、制造误差和温度变化等因素作用下的静定结构位移计算。这些知识是学习力法的必要基础，每一个例题都不止一次地用到这些知识。毫不夸张地说，如果不掌握这些知识，力法的学习将无法进行。

例如，一个荷载作用下的一次超静定结构，需要绘制 3 个弯矩图，进行两次静定结构位移的计算。对于一个二次超静定结构，则需要绘制 4 个弯矩图，进行 5 次静定结构位移的计算。

1. 力法求解超静定结构内力

建立力法方程是贯穿本章的主线，其基本要求如下：

(1)准确理解并正确判断多余约束力。力法求解超静定结构的第一步就是去掉结构的多余约束。对于一个超静定结构，虽然多余约束的数量是一定的，但是，选择哪些约束作为多余约束，答案是不唯一的。去掉多余约束的方法直接影响力法解题的繁简程度。学习时，应适当练习多种去掉多余约束的方法。

(2)深刻理解力法方程的物理意义。力法方程的物理意义是基本结构在多余约束力和各种因素（荷载、温度变化、支座位移和制造误差等）作用下，去掉约束处的位移等于原结构的实际位移。力法方程的一般形式为

$$\begin{cases}\delta_{11}X_1+\delta_{12}X_2+\cdots+\delta_{1n}X_n+\Delta_{1\mathrm{P}}+\Delta_{1c}+\Delta_{1e}+\Delta_{1t}=\bar{\Delta}_1\\ \delta_{21}X_1+\delta_{22}X_2+\cdots+\delta_{2n}X_n+\Delta_{2\mathrm{P}}+\Delta_{2c}+\Delta_{2e}+\Delta_{2t}=\bar{\Delta}_2\\ \cdots\cdots\\ \delta_{n1}X_1+\delta_{n2}X_2+\cdots+\delta_{nn}X_n+\Delta_{n\mathrm{P}}+\Delta_{nc}+\Delta_{ne}+\Delta_{nt}=\bar{\Delta}_n\end{cases}$$

式中，δ_{ii}，δ_{ij} 为基本结构在单位力作用下，在去掉约束处引起的位移；$\Delta_{i\mathrm{P}}$、Δ_{iC}、Δ_{ie} 和 Δ_{it} 分别为基本结构在荷载、支座位移、制造误差和温度变化等因素作用下，在去掉约束处引起的位移；$\bar{\Delta}_i$ 为原结构在去掉约束处的实际位移。

现在将各种外因作用下、选择不同基本结构建立力法方程的方法作一总结。

1）荷载作用。图 6－30(a) 所示为单跨超静定梁。选择图 6－30(b)(c) 两种基本体系，力法方程的形式均为

$$\delta_{11}X_1+\Delta_{1\mathrm{P}}=0$$

其中，δ_{11} 由单位多余约束力弯矩图自乘求得；$\Delta_{1\mathrm{P}}$ 由单位多余约束力与荷载弯矩图互乘求得。但是，针对每一种基本体系，力法方程的物理意义是不同的。

选择图 6－30(b) 所示的基本体系，力法方程的物理意义是基本结构在多余约束力 X_1 和荷载 F_P 的共同作用下，B 点的竖向位移等于零。

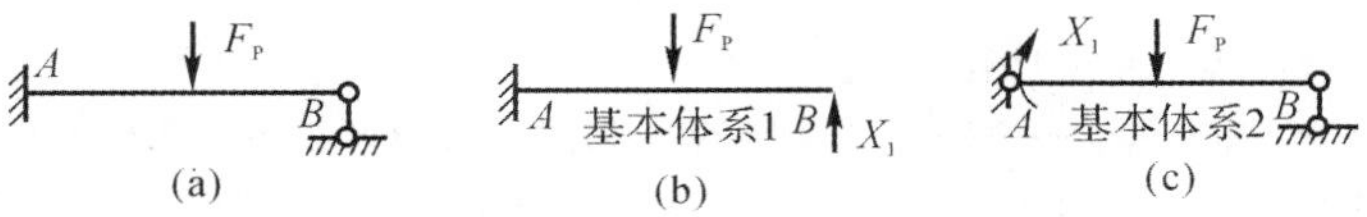

图 6－30

若选择图 6－30(c) 所示的基本体系，则力法方程的物理意义是基本结构在多余约束力 X_1 和荷载 F_P 共同作用下，A 截面的转角位移等于零。

读者还可以练习选择其他形式的基本结构和基本体系，并阐述相应力法方程的物理意义。

图 6－31 所示为一个一次超静定桁架。选择基本结构时，可以采用切断作为多余约束的杆件或去掉作为多余约束的杆件两种办法。

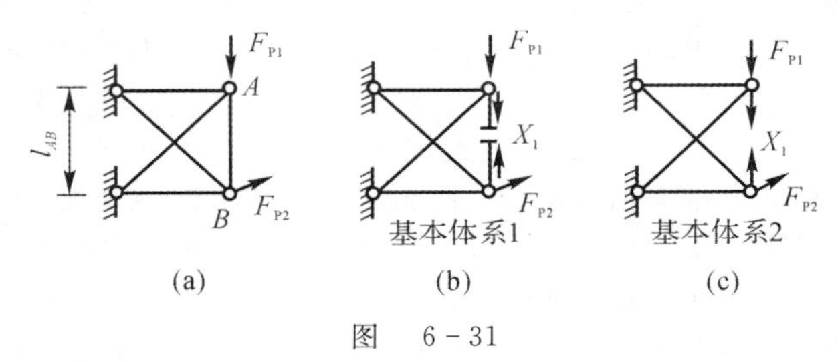

图 6－31

选择图 6－31(b) 所示的基本结构和基本体系，力法方程的物理意义是基本结构在多余约束力 X_1 和荷载 F_P 的共同作用下，断开截面两侧相对位移等于零，即

$$\delta_{11}X_1+\Delta_{1\mathrm{P}}=0$$

若选择图 6－31(c) 所示的基本体系，则力法方程的物理意义是基本结构在多余约束力 X_1 和荷载 F_P 共同作用下，去掉杆件两端的相对位移等于这个杆件的轴向变形，即

$$\delta_{11}X_1+\Delta_{1\mathrm{P}}=-\frac{X_1 l_{AB}}{EA}$$

由于在荷载作用下的力法方程每一项系数的分母中都含有刚度项，因此求出的多余约束力 X_1 只与刚度的相对值有关。进而可以判断，荷载作用下的超静定结构的内力只与刚度的相对值有关。

2）支座位移。有支座位移时，去掉多余约束有两种情况：一种是去掉有支座位移的多余约束，另一种是

去掉没有支座位移的多余约束。图6-32所示为一个2次超静定结构，有两个支座位移。现在分3种情况选择基本结构和基本体系(见图6-32(b)～(d))。

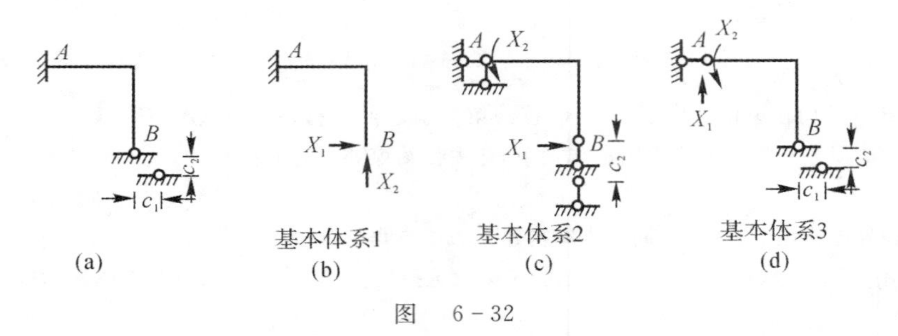

图 6-32

图6-32(b)所示的基本体系是去掉有支座位移的多余约束。这时，力法方程的物理意义是基本结构在多余约束力 X_1 和 X_2 的共同作用下，B 点的水平位移等于 c_1、竖向位移等于 $-c_2$，即

$$\begin{cases}\delta_{11}X_1+\delta_{12}X_2=c_1\\ \delta_{21}X_1+\delta_{22}X_2=-c_2\end{cases}$$

这时，每个力法方程的等号左边只有两项。

图6-32(c)所示的基本体系是去掉了一个有支座位移的多余约束和一个没有支座位移的多余约束。这时，力法方程的物理意义是基本结构在多余约束力 X_1、X_2 和支座位移 c_2 共同作用下，B 点的水平位移等于 c_1，A 截面的转角位移等于零，即

$$\begin{cases}\delta_{11}X_1+\delta_{12}X_2+\Delta_{1c}=c_1\\ \delta_{21}X_1+\delta_{22}X_2+\Delta_{2c}=0\end{cases}$$

这时，每个力法方程的等号左边有3项，求 Δ_{1c} 和 Δ_{2c} 只需求一个支座反力，即

$$\begin{cases}\Delta_{1c}=-\overline{F}_{R2}c_2 & (\text{这时的}\overline{F}_{R2}\text{ 为 }X_1=1\text{ 时},B\text{ 点竖向支座的反力})\\ \Delta_{2c}=-\overline{F}_{R2}c_2 & (\text{这时的}\overline{F}_{R2}\text{ 为 }X_2=1\text{ 时},B\text{ 点竖向支座的反力})\end{cases}$$

图6-32(d)所示的基本体系去掉的多余约束都是没有支座位移的约束。这时，力法方程的物理意义是基本结构在多余约束力 X_1、X_2 和支座位移 c_1、c_2 共同作用下，A 截面的竖向位移和转角位移分别等于零，即

$$\begin{cases}\delta_{11}X_1+\delta_{12}X_2+\Delta_{1c}=c_1\\ \delta_{21}X_1+\delta_{22}X_2+\Delta_{2c}=0\end{cases}$$

这时，每个力法方程的等号左边虽然也有3项，但求 Δ_{1c} 和 Δ_{2c} 却需求两个支座反力，即

$$\begin{cases}\Delta_{1c}=-(\overline{F}_{R1}c_1+\overline{F}_{R2}c_2) & (\text{这时的}\overline{F}_{R1}、\overline{F}_{R2}\text{ 分别为 }X_1=1\text{ 时},B\text{ 支座的水平和竖向反力})\\ \Delta_{2c}=-(\overline{F}_{R1}c_1+\overline{F}_{R2}c_2) & (\text{这时的}\overline{F}_{R1}、\overline{F}_{R2}\text{ 分别为 }X_2=1\text{ 时},B\text{ 支座的水平和竖向反力})\end{cases}$$

比较这三种基本结构和基本体系，可以看出，第1种(见图6-32(b))是最简单的。因此，解题时，应尽量将有支座位移的多余约束去掉。这样，可避免求自由项 Δ_{ic}，简化解题过程，而且不易出错。

3) 制造误差。与支座位移一样，尽量将有制造误差杆件的多余约束去掉，使计算过程简化。

4) 温度变化。与支座位移作用时的情况类似，尽量将有温度变化杆件的多余约束去掉，使计算过程简化。

在支座位移、制造误差和温度变化等因素作用下，力法方程系数的分母含有刚度的绝对值，而方程的自由项或等号右侧项与刚度无关，因此可以判断，超静定结构在这些因素作用下的内力与刚度的绝对值有关。

(3) 对称性的利用。大多数情况下，利用对称性，可以使计算得到简化。利用对称性主要有以下两种方式：

1) 将与对称轴相交截面的约束作为多余约束，这样可以使力法方程中的某些系数为零。

例如，图6-33(a)所示对称结构为三次超静定结构。将横梁中间截面断开作为基本结构，三对多余约束力中两对是对称的，一对是反对称的。单位多余约束力作用下的弯矩图如图6-33(b)～(d)所示。力法方

程为

$$\begin{cases}\delta_{11}X_1+\delta_{12}X_1+\delta_{13}X_1+\Delta_{1P}=0\\\delta_{21}X_1+\delta_{22}X_1+\delta_{23}X_1+\Delta_{2P}=0\\\delta_{31}X_1+\delta_{32}X_1+\delta_{33}X_1+\Delta_{3P}=0\end{cases}$$

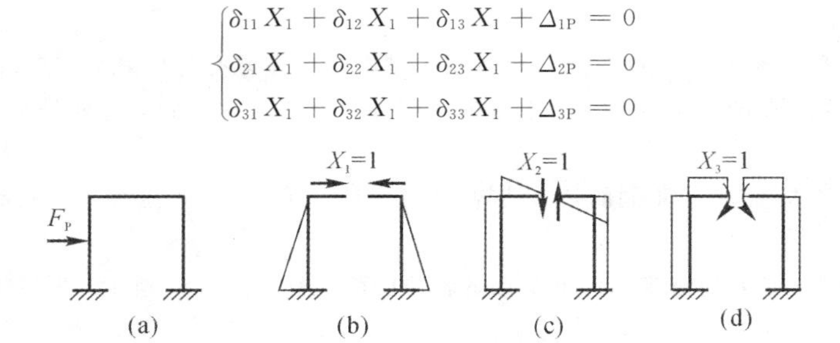

图 6-33

(a) 结构与荷载； (b)$\overline{M}_1$ 图； (c)$\overline{M}_2$ 图； (d)$\overline{M}_3$ 图

由于单位多余约束力弯矩图的对称性，很明显，系数 $\delta_{12}=\delta_{21}=\delta_{23}=\delta_{32}=0$，这时，方程可简化为

$$\begin{cases}\delta_{11}X_1+\delta_{13}X_1+\Delta_{1P}=0\\\delta_{21}X_1+\Delta_{2P}=0\\\delta_{31}X_1+\delta_{33}X_1+\Delta_{3P}=0\end{cases}$$

另外，在求系数 δ_{11}，δ_{13}，δ_{22}，δ_{31} 和 δ_{32} 时，也可以利用弯矩图的对称性，只对半边图形进行图乘，然后将结果乘 2 即可。

2) 利用对称性，取半结构进行计算。若结构上的荷载是对称的或反对称的，可以取一半结构进行计算。对这部分，读者一定要熟练掌握奇数跨、偶数跨在对称荷载和反对称荷载作用下半结构的取法，甚至要分类记住。这部分内容的应用分以下几种情况：

(a) 若荷载不对称，可以先将荷载分解成对称和反对称两组，然后分别利用对称性计算。

(b) 对于图 6-33(a) 所示结构，如果将荷载分成对称和反对称两组(见图 6-34(a))，各自的半结构如图 6-34(b) 所示。很明显，这两个半结构一个是二次超静定，一个是一次超静定。这样的解题过程并不比图 6-33 所示的过程简单。因此，没有必要利用荷载分组。

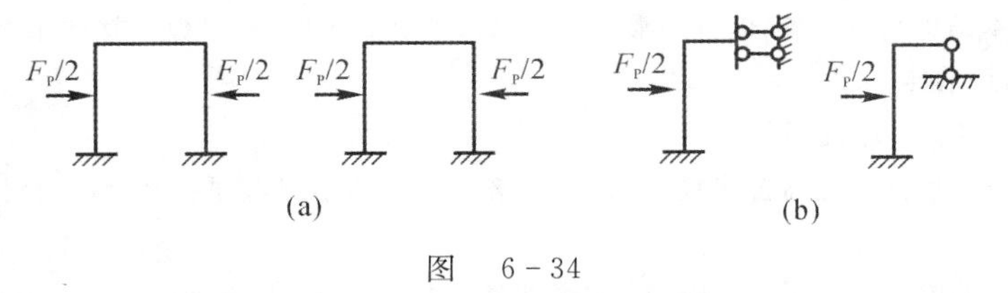

图 6-34

(a) 荷载分组； (b) 对称与反对称荷载下的半结构

(c) 若荷载作用在结点上(见图 6-35(a))，将荷载分组(见图 6-35(b))，再利用对称性(见图 6-35(c)，就会获得大幅简化。这是因为，这种情况下对称荷载下的弯矩图为零。但是，需要注意的是，反对称荷载下的轴力图并不等于原结构的轴力图。因为，对称荷载作用下横梁的轴力并不为零。

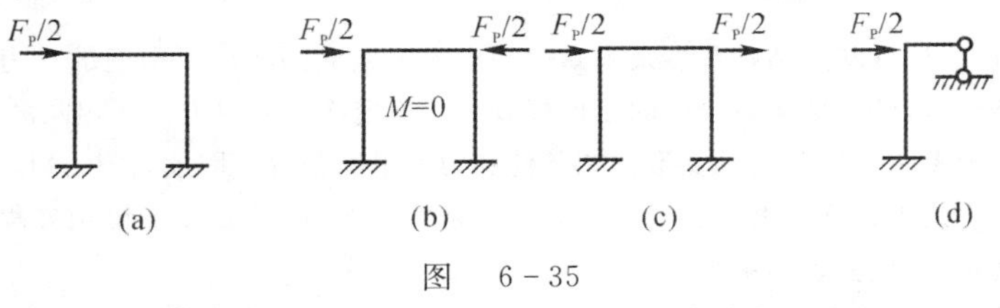

图 6-35

(a) 结构与荷载； (b) 荷载分组； (c) 反对称荷载下的半结构

2.超静定结构位移计算

超静定结构在各种因素作用下的位移，可以看成是基本结构在原有各种因素和多余约束力共同作用下的位移。因此，采用单位荷载法时，可以将单位力加在基本结构上。这样做的好处是基本结构是静定的，容易求解。

基本结构的选择不是唯一的，不同的基本结构，计算量是不同的。学习这部分的主要要求是选出最佳基本结构进行计算。

例如，求图 6-36(a) 所示超静定结构 B 截面的转角位移。图 6-36(b) 所示为原结构的弯矩图。

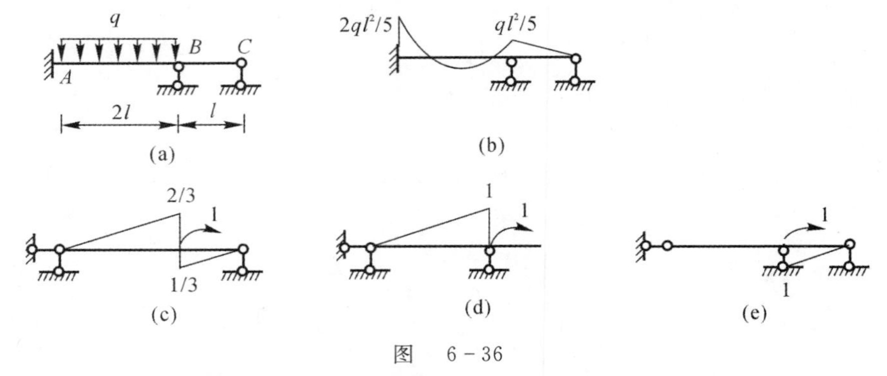

图 6-36

(a) 结构与荷载；(b) 结构弯矩图；(c) 基本结构 1 及单位力弯矩图；

(d) 基本结构 2 及单位力弯矩图；(e) 基本结构 3 及单位力弯矩图

求解时，可以任选一个基本结构，在 B 点加上一个单位力偶，画出相应的弯矩图。将这个弯矩图与原结构的弯矩图作图乘，即可求得 B 截面的转角位移。为了比较，此处选择三种基本结构，分别画出单位力作用下的弯矩图(见图 6-36(c)～(e))。

对于图 6-36(c)所示基本结构，图乘时，要分两段，而且在 AB 段还要将结构弯矩图分解成三个简单图形。图 6-36(d)所示基本结构虽然只有一段，但图乘时也要将 AB 段弯矩图分解成三个简单图形。图 6-36(e)所示基本结构只有一段，而且图乘时两个图形都是简单图形，可以直接图乘。很明显，选择图 6-36(e)所示基本结构是最佳的。

3.内力图计算结果的校核

这部分内容主要要求读者提高自我校核的能力，培养良好的学习习惯。这个能力对于从事工程设计的人员尤为重要。

因为超静定结构的内力是利用变形协调条件和平衡条件求出来的，正确的结果应同时满足这两个条件。因此，校核计算结果就是看其是否能满足这两个条件。力法是通过基本结构计算的，基本结构在多余未知力和外界因素共同作用下的内力及位移与原结构是一致的，所以校核可在基本结构上进行，分以下两步。

(1)校核变形条件。计算基本结构在多余未知力和外界因素共同作用下引起的位移，看其是否与原结构的位移一致。若不一致，说明不能满足变形条件，计算结果是错误的。校核的位移应选原结构上已知的位移，比如支座处的位移。

(2)校核平衡条件。校核基本结构在多余未知力和外界因素共同作用下引起的内力，看其是否满足平衡条件。不满足平衡条件时，计算结果是错误的。校核方法与静定结构的内力校核相同。

超静定结构的内力图需要同时满足变形协调条件和力的平衡条件。因此，校核分以下两个步骤。

1)校核多余约束力是否正确。求解多余约束力用的是力法方程，这是变形协调方程。因此，由某一已知位移条件是否得到满足，校核多余约束力是否正确。

2)校核内力图是否正确。在保证多余约束力正确的前提下，这一步是将已求出的多余约束力和原有荷载一起作用在基本结构上，用力的平衡条件作内力图。因此，任意取一个隔离体，由力的平衡条件是否得到满足，校核这一步是否正确。

第2)步校核内容属于静定结构的范畴，假定读者已经掌握。因此，本章的校核主要指第2)步。

6.2.2 解题步骤及易犯的错误

1. 力法分析问题的步骤

(1)确定超静定次数、基本未知力和建立合理的基本体系。

(2)列出力法典型方程。

(3)建立单位内力图(桁架为轴力图，梁和刚架为弯矩图，组合结构为梁式杆弯矩图和桁架杆轴力图)。当基本体系有支座移动时，求对应的支座反力。

(4)荷载作用下作荷载内力图(同上)，温度改变时求轴线和杆两侧温差。

(5)按第5章的方法计算 δ_{ij}，Δ_{1P} 或 Δ_{ic}，A_{it}。

(6)求解典型方程。

(7)按控制内力叠加(例如荷载作用弯矩为 $M=\sum \overline{M}_i X_1+M_P$ 等)作内力图。

(8)计算原超静定结构已知位移，检查计算结果的正确性。

(9)如果原超静定结构对称，一般可利用对称性简化计算。

2. 易犯的错误

(1)超静定次数分析不正确，建立的基本结构或仍是超静定结构或是可变体系。这要复习和切实掌握第2章知识，逐一解除约束直到无多余几何不变为止。

(2)单位及荷载内力计算错误。这要复习和切实掌握第3章知识，达到熟练确定各杆内力的程度。

(3)所建立的力法典型方程不正确。这要复习和深刻理解力法的基本思想，牢牢记住它是位移协调条件。

(4)不能正确地计算力法方程系数。这要复习和切实掌握第3章知识，避免第3章所述的“易犯的错误”。

(5)粗心大意，计算错误。对此应确保方程求解，以及杆端内力和杆中区段叠加计算正确。

(6)错误使用对称性。这要牢记超静定对称结构的定义，要将一般荷载计算正确地分解成对称和反对称，分别求解对称和反对称后，要正确地进行叠加。

6.2.3 学习中常遇问题解答

1. 何谓力法基本结构和基本体系？

答：通过解除约束(暴露未知力——基本未知力)用于进行力法求解的无荷载(或外因作用)、无未知力的结构——一般取静定结构为力法基本结构。

承受原结构荷载(或外因作用)和解除约束所暴露的基本未知力共同作用的结构，称为力法的基本体系。

2. 力法方程的各项及整个典型方程的物理意义是什么？

答：力法方程各项均为位移，$\delta_{ij}X_j$ 是基本未知力 X_j 作用引起的 X_i 方向的位移，Δ_{iP} 为广义荷载引起的 X_i 方向的位移，$\overline{\Delta}_i$ 是 X_i 方向的原超静定结构已知位移。整个力法方程是一组位移协调的条件。对第 i 个方程来说，其物理意义为：在全部未知力及外界因素共同作用下所引起的基本结构与第 i 个未知量对应方向的位移，恒等于原超静定结构与第 i 个未知量对应方向的位移。

3. 为什么力法方程的主系数 δ_{ii} 恒大于零，副系数 $\delta_{ij}(i\neq j)$ 可正可负也可为零？

答：因为主系数是基本结构在单位力作用下引起的自身方向的位移，只要是变形体，此位移一定沿力方向发生，因此 $\delta_{ii}>0$。而副系数 $\delta_{ij}(=\delta_{ji})$ 是第 j 个单位力作用所引起的第 i 个单位力相对应的位移，这就要视具体问题而定了(例如对刚架来说，就要看 $\overline{M}_i$，$\overline{M}_j$ 图的具体情况了)。因此，它只能是代数量。

4. 为什么当超静定结构各杆刚度改变时，内力状态将发生改变，而静定结构却不因此而改变？为什么荷载作用下的超静定结构内力只与各杆的相对刚度(刚度比值)有关，而与绝对刚度无关？

答：因为静定结构求反力、内力只需应用平衡条件，不需要考虑变形，因此结构内力与各杆刚度无关。但超静定结构必须同时考虑"平衡、变形、力-位移(应力-应变)关系"才能求解，而变形计算与各杆刚度有关，所以改变各杆刚度必将导致结构内力状态的改变。当结构仅受荷载作用时，力法方程为

$$\sum_{i=1}^{n}\delta_{ij}X_j+\Delta_{iP}=0,\quad i=1,2,\cdots,n$$

在求柔度系数 δ_{ij} 和荷载位移 Δ_{iP} 时，它们都与杆件的刚度有关，所以从方程中就可以某杆件刚度为基准，消去其他杆的绝对刚度。因此力法方程的系数只和各杆刚度与基准杆刚度比值(也即相对刚度)有关，与绝对刚度无关。即基本未知量 X_j 只与相对刚度有关。而超静定结构内力是由各单位内力图放大未知力数倍与荷载内力叠加所得的，也即 $\sum_{i=1}^{n}\delta_{ij}X_j+\Delta_{iP}=0$。因此内力一定只与相对刚度有关，而与绝对刚度无关。

5. 在超静定桁架计算中，以切断多余轴向联系和以拆除对应杆件构成基本结构，二者力法方程是否相同？为什么？

答：一般二者力法方程是不同的。因为前者在计算主系数时考虑了有多余约束杆内力对位移的贡献，所建立的方程含义是截面相对轴向位移等于零。而拆除杆件情况的基本结构在计算主系数时此多余约束杆不存在，当然不用考虑。但此时的力法方程含义是此杆件所连接的两点间的相对位移应该等于此杆在未知力作用下的位移，这时主系数中没被考虑的项出现在方程等号右边(为负)。对于排架因为不考虑铰结横杆的变形，所以二者所列方程是一样的。

6. 什么情况下刚架可能是无弯矩的？

答：在不计轴向变形和仅受结点集中力作用的情况下，即以下两种情况的刚架将是无弯矩的：

(1) 将全部刚结点(包括固定端支座)变成铰，所得铰结体系几何不变(静定或超静定)。

(2) 将全部刚结点(包括固定端支座)变成铰，所得铰结体系虽然几何可变，但是附加链杆是使其几何不变的杆，在给定荷载下均为零杆。

7. 没有荷载作用，结构就没有内力。这一结论正确吗？为什么？

答：对于超静定结构，如果外界作用只有荷载，那么无荷载就无内力的结论成立。但是当外界作用有支座移动或温度改变或制造误差等情况时，由于多余约束的存在，上述结论就不成立了。因为多余约束限制了由于这些外因而产生的位移，所以结构必将产生内力。

8. 为什么非荷载作用时超静定结构的内力与各杆的绝对刚度有关？

答：因为在这种情况下，力法方程存在其他外因引起的基本未知力对应的位移 Δ_i，或者存在方程等号右边的原结构未知力方向位移，而从位移计算公式可见，它们与各杆刚度无关 $\left(\text{如 } \Delta_{iC}=-\sum_i\overline{F}_{Ri}C_i,\Delta_{it}\sum\pm\alpha t_0A_{\overline{F}}+\sum\pm\frac{\alpha\Delta t}{h}A_{\overline{M}}\text{ 等}\right)$，这就不可能以某杆刚度为基准在方程中消去此基准刚度。结果就是未知力与各杆绝对刚度有关，从而内力与各杆绝对刚度有关了。

9. 力法计算结果校核应注意什么？

答：当然每一力法计算过程都应仔细校核，但若单位和荷载内力计算是正确的，则即使未知力求解错误，在不出现叠加错误的条件下，由未知力和荷载共同作用的内力也一定满足平衡条件。因此，力法计算结果的整体校核以校核位移条件为主。

作位移条件校核就需要计算超静定结构的位移。由于超静定结构采用不同基本结构求解时，其正确解答是唯一的；又由于力法方程的建立已消除基本结构和原超静定结构之间的差别；因此超静定结构位移计算可看成是从任一静定基本结构出发的，在所解得的未知力和外因共同作用的结果，也即单位广义力状态可从

任一基本结构建立。但是位移计算时除要考虑内力引起的变形外，还必须考虑其他外因(如果受非荷载或多因素作用)引起的位移，否则必将得到错误的结论。

10. 为什么对超静定结构进行位移计算时可取任一静定基本结构建立单位广义力状态？

答：由于解答的唯一性，可将超静定结构内力看成是从任一静定基本结构出发求解而得的，而力法方程又消除了基本结构在未知力与外因共同作用下的区别，因此超静定结构可以等同于任一静定结构。正因如此，超静定结构位移计算可取任一静定基本结构建立单位广义力状态。

6.3 考试指点

6.3.1 考试出题点

力法是计算超静定结构的基本方法之一，在工程计算中得到广泛应用，也是重点考核章节。要深刻理解力法将超静定问题转化为静定问题的思想，掌握超静定结构基本解法——力法，明确由力法计算所得单跨超静定梁杆端力的结果为位移法提供基础。原则上用力法可解决一切超静定问题，但实际上却很难，一般用力法解决低次超静定问题。本章考核出题点为：

(1)超静定结构的持征，超静定次数的确定。

(2)用力法将超静定问题转化为静定问题的解决思路。

(3)作超静定梁和刚架在荷载作用下的弯矩图，计算超静定桁架和组合结构的内力。

(4)结构对称性的概念及其对称性的利用。

(5)超静结构因支座移动、温度改变引起的内力。

(6)超静定结构位移计算和最终弯矩图的校核。

6.3.2 名校考研真题选解

一、客观题

1. 填空题

(1)(哈尔滨工业大学试题) 1) 如图 6-37 所示结构 EI = 常数，链杆的 $EA = EI/l^2$，则链杆 AB 的轴力 F_{NAB} = ________。

2) 如图 6-38 所示结构，EA = 常数，指定杆内力 F_N = ________。

答案：1) $-P/10$ 2) 0

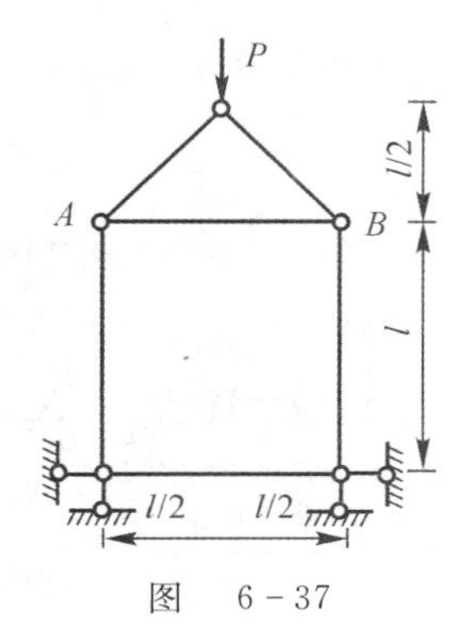

图 6-37

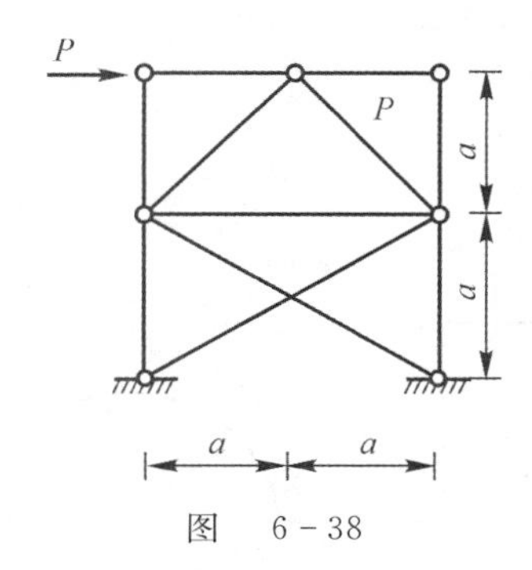

图 6-38

(2)(浙江大学试题) 如图 6-39 所示结构，若取支座 A 反力为力法基本未知量 X_1，则当 I_1 增大时，δ_{11} ________。

A. 变小　　　　B. 变大　　　　C. 不变　　　　D. 取决于 I_l/I_2 的值

答案：A

(3)（西南交通大学试题）如图 6－40(a) 所示桁架，EA 为常数，若采用图 6－40(b) 所示的基本体系，则力法典型方程中的 Δ_{1P} 为________。

答案：$F_P/2k$

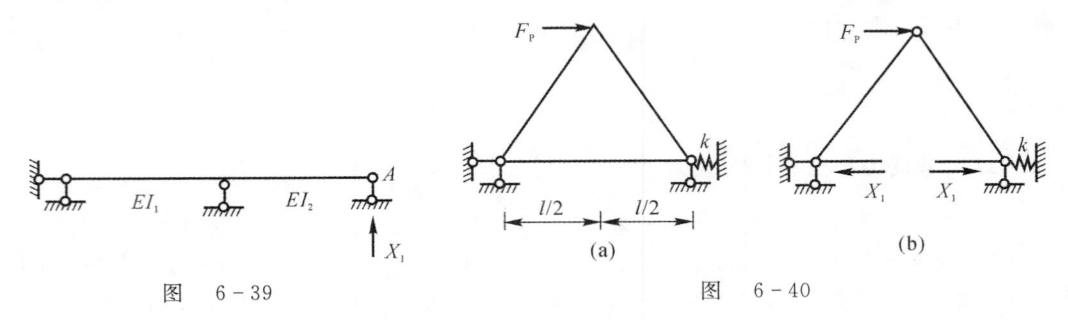

图　6－39　　　　图　6－40

2. 选择题

(1)（哈尔滨工业大学试题）　1) 如图 6－41 所示对称结构，其半结构计算简图为(　　)。

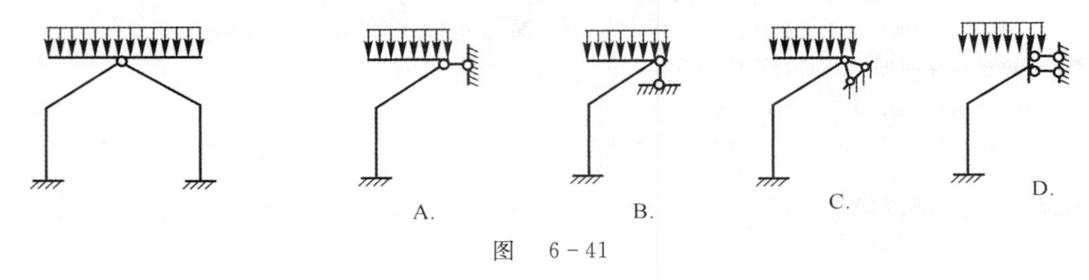

图　6－41

2) 在力法方程 $\sum\delta_{ij}X_j+\Delta_{1c}=\Delta_1$ 中(　　)。

A. $\Delta_1=0$　　　　B. $\Delta_1>0$，　　　　C. $\Delta_1<0$　　　　D. 前三种答案均有可能

3) 如图 6－42 所示结构用力法求解时，基本结构不能选(　　)。

A. C 为铰结点，A 为固定铰支座　　　　B. C 为铰结点，D 为固定铰支座

C. A，D 均为固定铰支座　　　　D. A 为竖向链杆支座

答案：1) A　2) D　3) D

(2)（哈尔滨工业大学试题）　1) 图 6－43 所示对称无铰拱，全拱温度均匀升高 t(℃)，则拱顶截面弯矩以下的受拉为(　　)。

A. 正的　　　　B. 负的

C. 零　　　　D. 正负不能确定，取决于截面变化规律

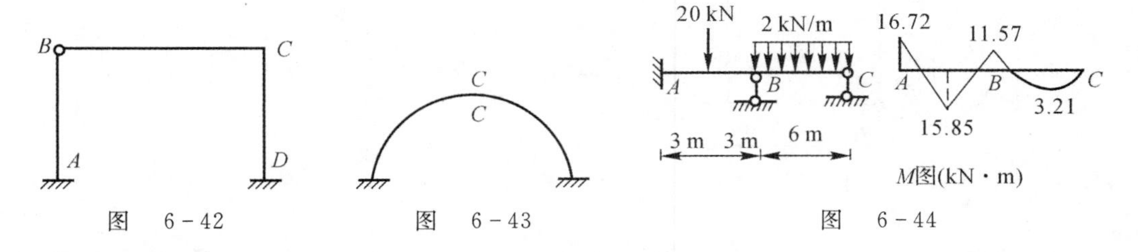

图　6－42　　　　图　6－43　　　　图　6－44

2) 连续梁及其 M 图如图 6－44 所示，则 F_{QAB}（单位为 kN）为(　　)。

A. -9.14　　B. -7.86　　C. 10.86　　D. 12.14

答案:1)A　2)A

(3)(天津大学试题)　1)用力法计算图6-45所示结构时,使其典型方程中副系数全为零的力法基本结构为(　　)。

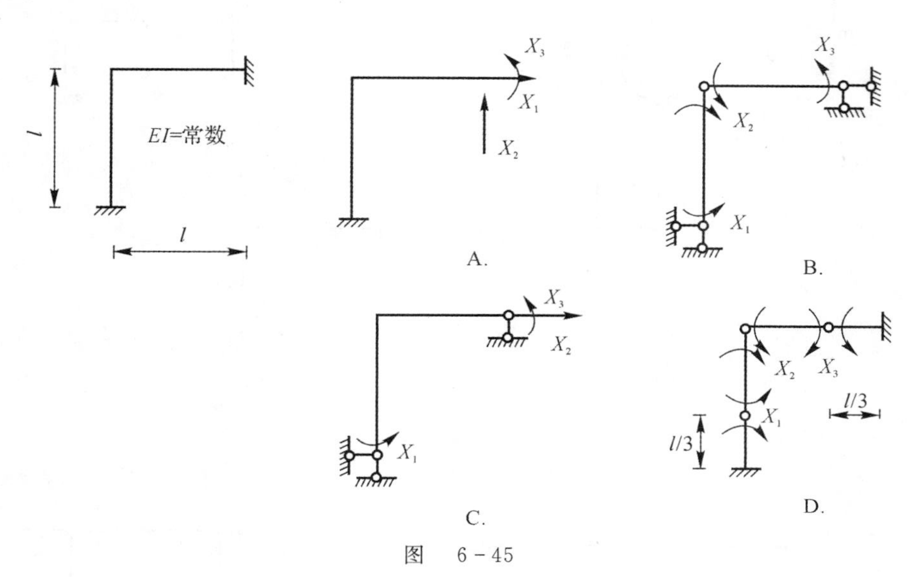

图　6-45

2)如图6-46所示烟囱的圆形截面,EI为常数,线膨胀系数为α,截面壁厚为h,在所示温度场中各截面M值为(　　)。

A. $EI\alpha t/h$(内侧受拉)　　B. $EI\alpha tR/h$(外侧受拉)

C. $EI\alpha t/hR$(内侧受拉)　　D. $EI\alpha t/h$(外侧受拉)

3)图6-47所示刚架的弯矩图,在各杆抗弯刚度按同一比例变化时,其弯矩值为(　　)。

A. 随着刚度的增大而增大　　B. 随着刚度的增大而减小

C. 保持不变　　D. 需要新计算确定

答案:1)D　2)D　3)C

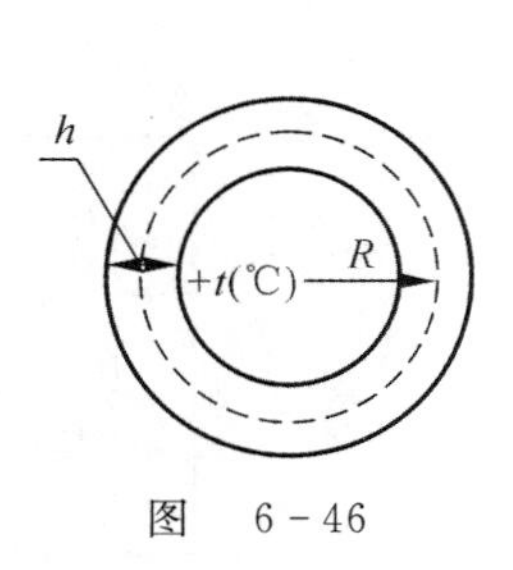

图　6-46

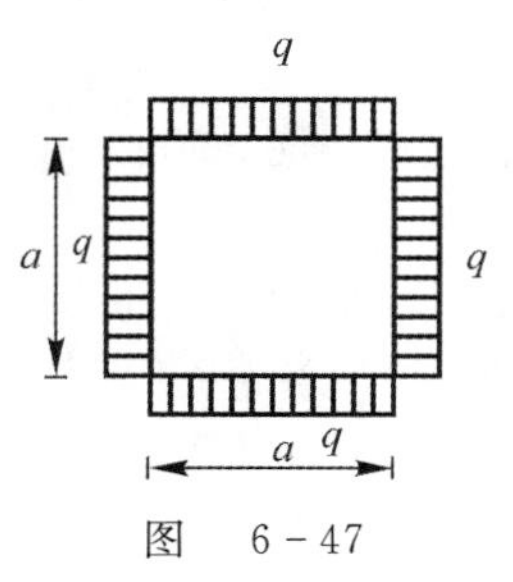

图　6-47

(4)(浙江大学试题)　1)图6-48(a)所示结构,如取图6-48(b)所示为力法基本结构,则力法方程系数Δ_{2c}等于(　　)。

A. $-b$　　B. 0　　C. b　　D. a

2)图6-48(c)所示对称刚架在结点力偶矩作用下,弯矩图的正确形状是图6-49(　　)。

3) 如图 6-48(d) 所示结构中，n_1，n_2 均为比例常数，当 n_1 大于 n_2 时，则(　　)。

A. M_A 大于 M_B　　B. M_A 小于 M_B　　C. M_A 等于 M_B　　D. 不一定

答案：1)B　2)C　3)D

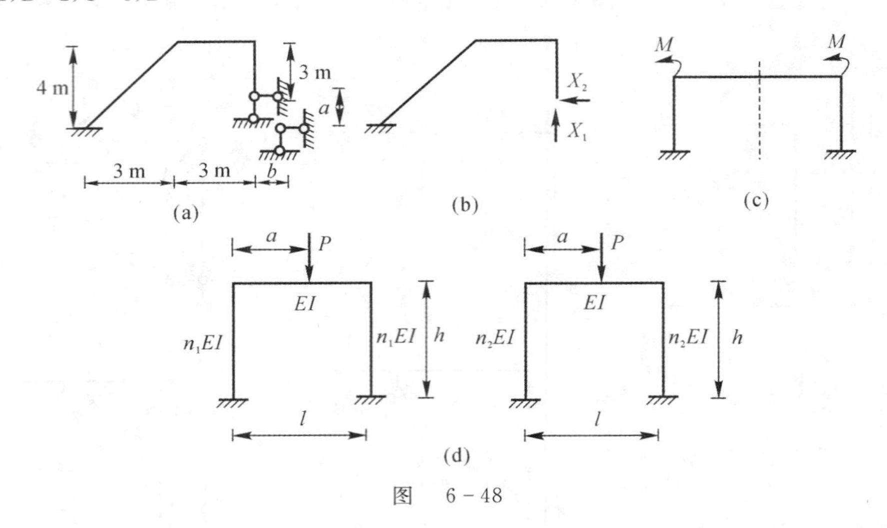

图　6-48

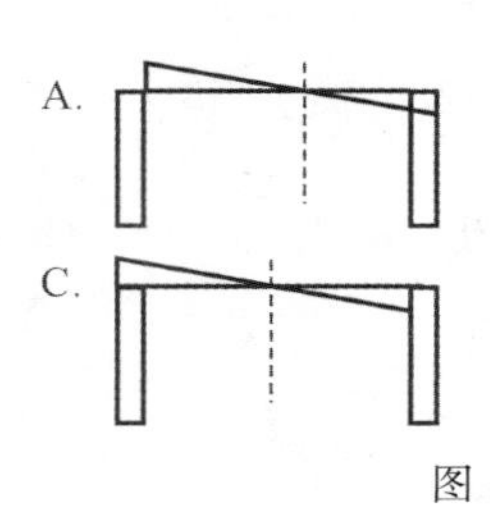

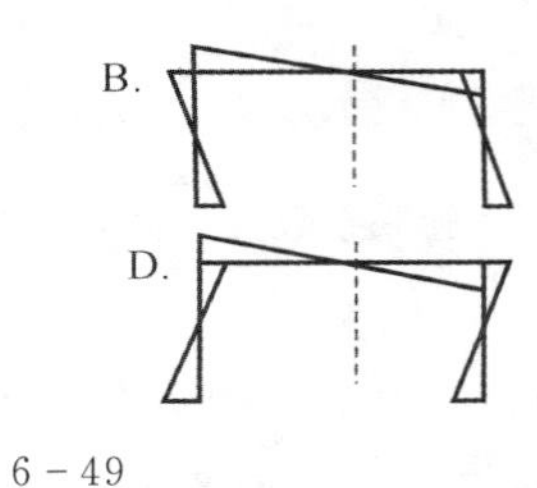

图　6-49

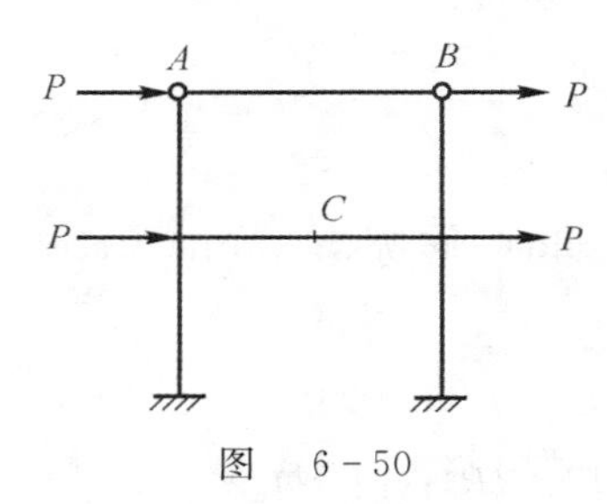

图　6-50

(5)(浙江大学试题) 如图 6-50 所示对称结构中点截面 C 及杆件 AB 的内力应满足(　　)。

答案：B

(6)(浙江大学试题) 力法典型方程的副系数 $\delta_{ij}=\delta_{ji}$，其依据是(　　)。

A. 位移互等定理　　B. 反力互等定理

C. 反力位移互等定理　　D. 虚位移原理

答案：A

(7)(西南交通大学试题) 如图 6-51 所示对称结构 EI 为常数，中点截面 C 及 AB 杆内力应满足(　　)。

A. $M\neq O,\ Q=O,\ N=Q,\ N_{AB}\neq 0$

B. $M=O,\ Q\neq 0,\ N=O,\ N_{AB}\neq 0$

C. $M=0,\ Q\neq 0,\ N=0,\ N_{AB}=0$

D. $M\neq O,\ Q\neq 0,\ N=O,\ N_{AB}=0$

答案：C

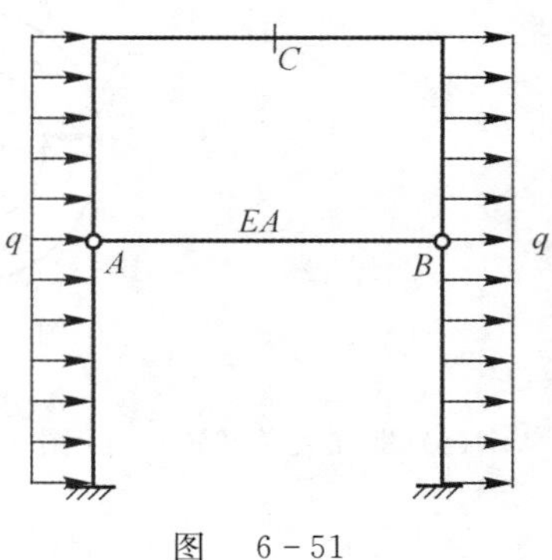

图　6-51

(8)(西南交通大学试题) 用力法计算如图 6-52 所示结构时，使其典型方程中副系数为零的力法基本结构是(　　)。

答案：C

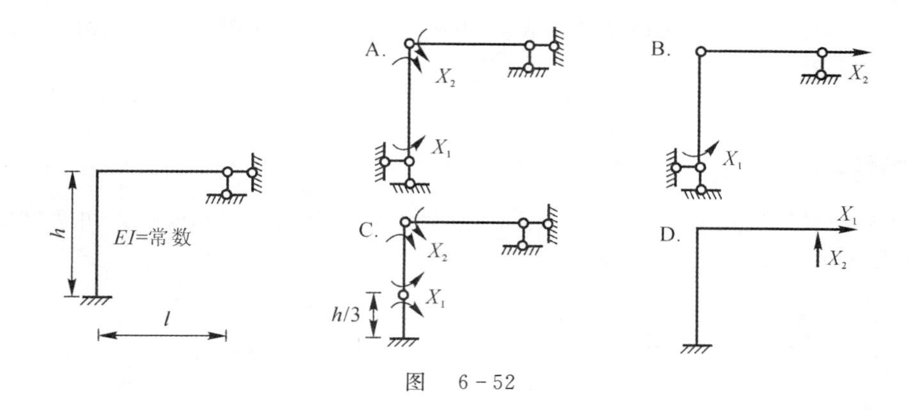

图 6-52

(9)(西南交通大学试题)用力法计算如图6-53所示结时,使其典型方程中副系数为零的力法基本结构是(   )。

答案:B

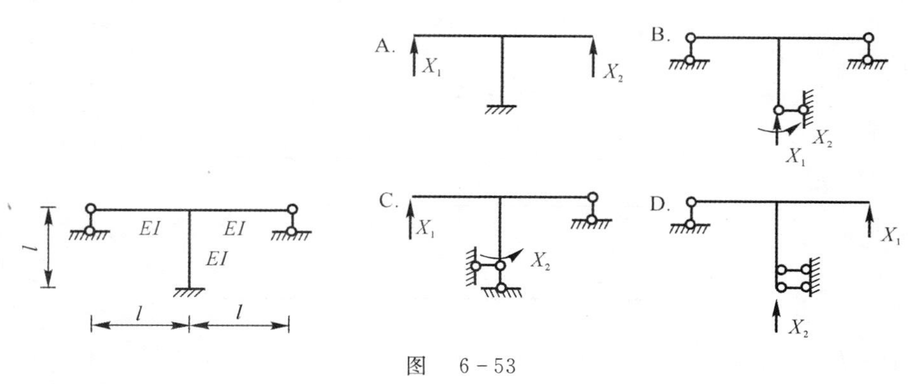

图 6-53

(10)(宁波大学试题)力法基本方程的使用条件是(   )构成的超静定结构。

A. 弹塑性材料　　　　B. 任意变形的任何材料

C. 微小变形且线性弹性材料　　　　D. 任意变形的线性弹性材料

答案:C

3. 判断题

(1)(西南交通大学试题)图6-54(a)所示桁架结构可选用图6-54(b)所示的体系作为力法基本体系(   )。

答案:对

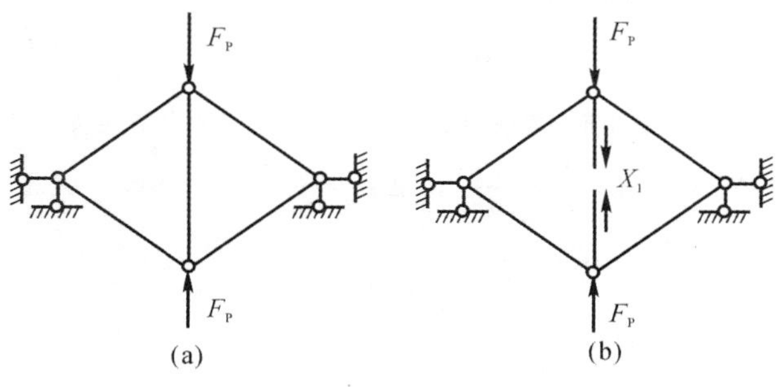

图 6-54

(2)(中南大学试题) 用图乘法计算超静定结构位移时,虚拟状态的弯矩图可取任一力法基本结构对应的 $\overline{M}$ 图。

答案:对

二、计算题

1.(同济大学试题) 采用图 6-55 中选定的基本结构用力法求解图示结构时,试填写表中列出的力法方程系数和自由项。

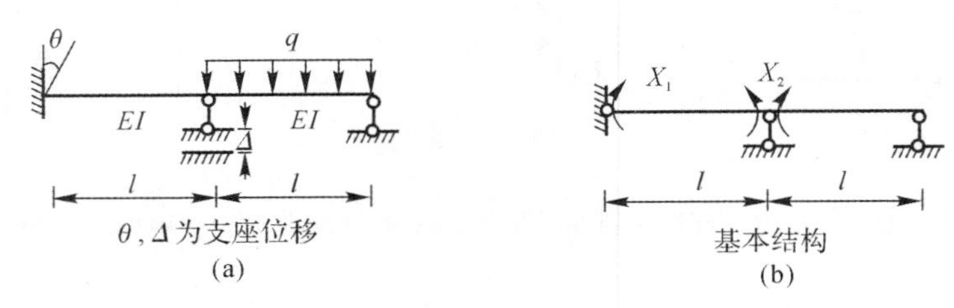

图 6-55

力法方程为

$$\begin{cases}\delta_{11}X_1+\delta_{12}X_2+\Delta_{1P}+\Delta_{1c}=\Delta_1\\ \delta_{21}X_1+\delta_{22}X_2+\Delta_{2P}+\Delta_{2c}=\Delta_2\end{cases}$$

$\delta_{12}=$	$\Delta_{1P}=$
$\Delta_{1c}=$	$\Delta_{2c}=$
$\Delta_1=$	$\Delta_2=$

解 (1) 当外荷载作用在基本体系上时,弯矩图如图 6-56 所示。可得

$$\Delta_1=\theta,\quad \Delta_2=0$$

(2) 当结构只在单位力 X_1 作用下时,弯矩图如图 6-57 所示。

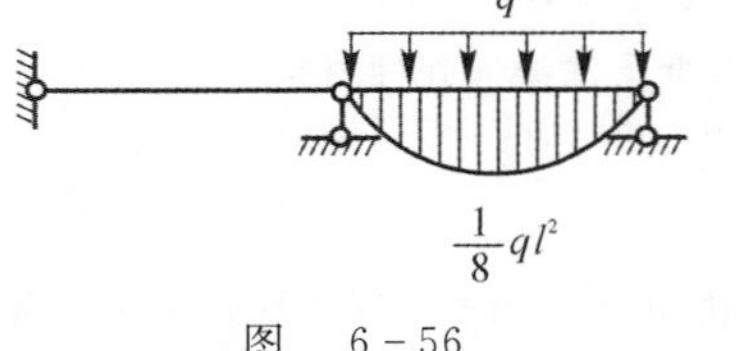

图 6-56

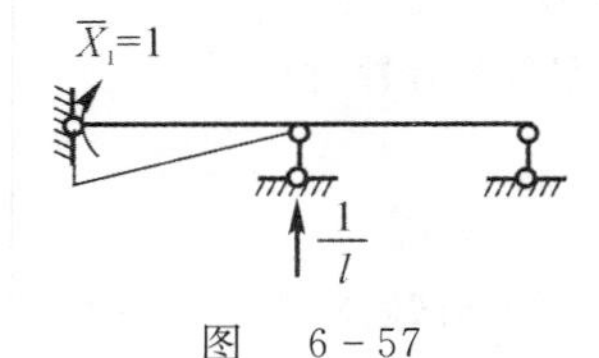

图 6-57

可求得支座反力(已标在上图中),则由图乘法得

$$\Delta_{1c}=-\left(-\frac{1}{l}\times\Delta\right)=\frac{\Delta}{l}$$

(3) 当结构只在单位力 X_2 作用下时,弯矩图如图 6-58 所示。则由图乘法可得

$$\delta_{12}=\frac{1}{EI}\times\frac{1}{2}\times l\times1\times\frac{1}{3}=\frac{l}{6EI},\quad \Delta_{2P}=\frac{1}{EI}\times\frac{2}{3}\times l\times\frac{1}{8}ql^2\times\frac{1}{2}=\frac{ql^3}{24EI}$$

另外,由图乘法可求得

$$\Delta_{2c}=-\left(\frac{2}{l}\times\Delta\right)=-\frac{2\Delta}{l}$$

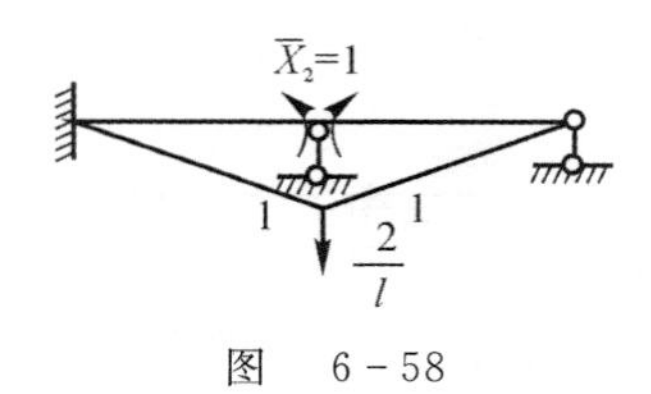

图 6-58

2.(同济大学试题)如图6-59所示，平面链杆系各杆 l 及 EA 均相同，杆 AB 的制作长度短了 Δ，现将其拼装就位，试求该杆轴力和长度。

解 去掉多余约束杆 AB，代之以大小相等方向相反的力 X_1。当 X_1 为单位荷载时，可求出每个杆的内力。取基本体系如图6-60所示。

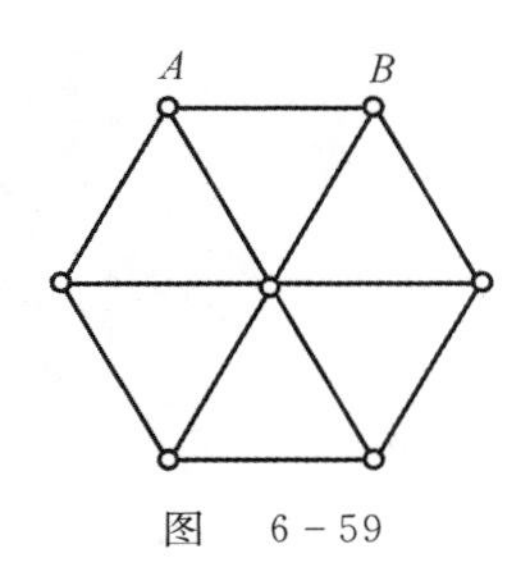

图 6-59

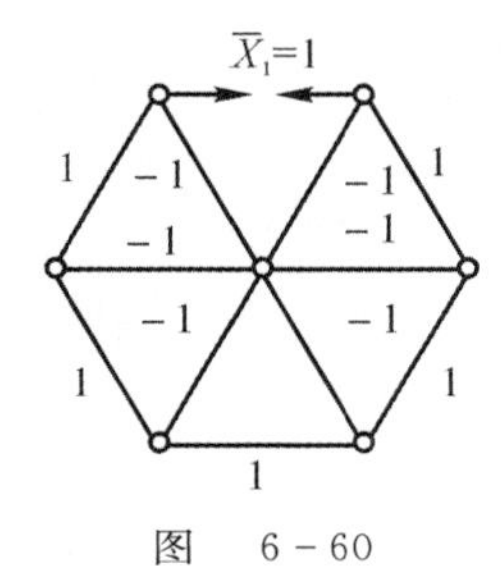

图 6-60

此时，力法典型方程为

$$\delta_{11}X_1+\Delta_{1c}=0$$

利用图乘法原理，得

$$\delta_{11}=\sum\frac{\overline{N}_1^2 l}{EA}=\frac{1^2\times l}{EA}\times 12=\frac{12l}{EA}$$

又 $\Delta_{1c}=\overline{N}_1 u_a=1\times(-\Delta)=-\Delta$，代入力法典型方程，可知

$$N_{AB}=X_1=-\frac{\Delta_{1c}}{\delta_{11}}=\frac{EA\Delta}{12l}$$

又 $l_{AB}=l-\Delta+\dfrac{N_{AB}(1-\Delta)}{EA}$，代 N_{AB} 的值，可得

$$l_{AB}=l-\Delta+\frac{EA\Delta/12l(1-\Delta)}{EA}\approx l-\frac{11\Delta}{12}$$

3.(哈尔滨工业大学试题)用力法计算图6-61所示结构，并作 M 图。已知 $EI=$ 常数。

解 由图6-61可知，结构为二次超静定结构，去掉两侧铰支座后，取基本体系如图6-62所示。

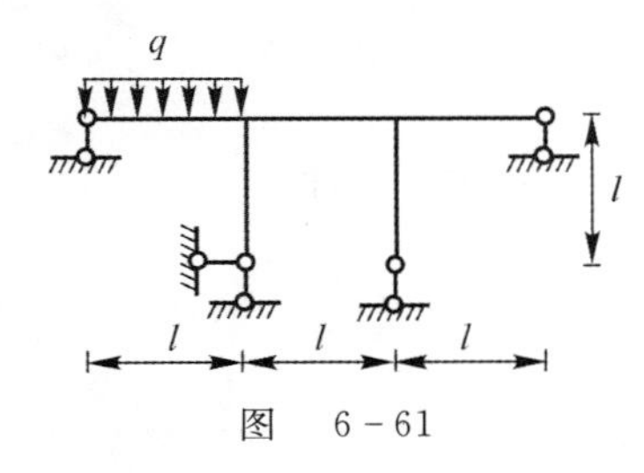

图 6-61

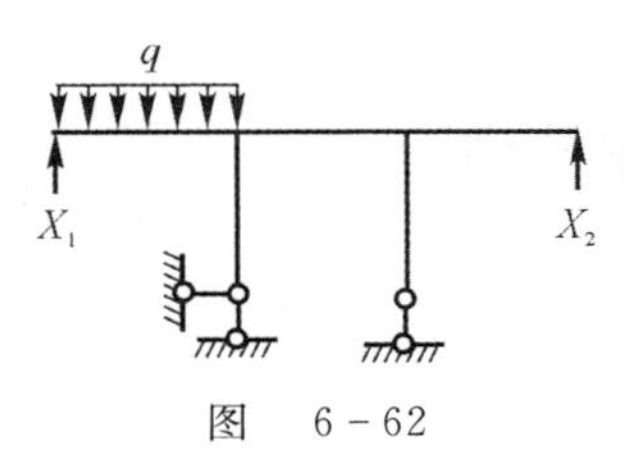

图 6-62

分别令 $X_1=1,X_2=1$，绘制出 M_1 图和 M_2 图；然后令 $X_1=X_2=0$，绘制出 M_P 图，分别如图6-63所示。

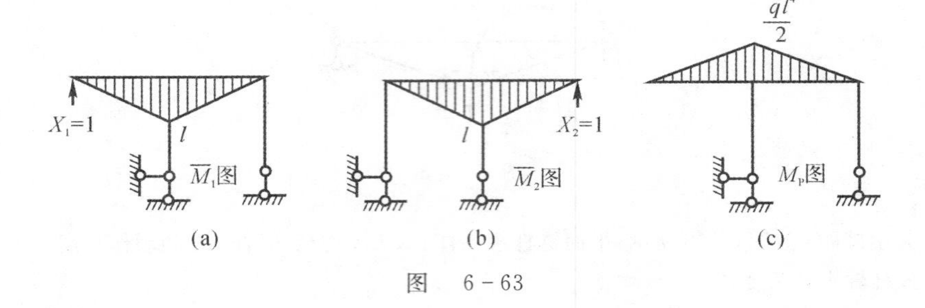

图 6-63

由图乘法得

$$\delta_{11}=\frac{1}{EI}\left(\frac{1}{2}\times l\times l\times\frac{2}{3}l\times 2\right)=\frac{2l^3}{3EI},\quad \delta_{22}=\frac{2l^3}{3EI},\quad \delta_{21}=\delta_{12}=\frac{1}{EI}\left(\frac{1}{2}\times l\times l\times\frac{1}{3}l\right)=\frac{l^3}{6EI}$$

$$\Delta_{1P}=-\frac{1}{EI}\left(\frac{1}{3}\times\frac{1}{2}ql^2\times l\times\frac{3}{4}l+\frac{1}{2}\times l\times\frac{1}{2}ql^2\times\frac{2}{3}l\right)=-\frac{7ql^4}{24EI}$$

$$\Delta_{2P}=-\frac{1}{EI}\left(\frac{1}{2}\times\frac{1}{2}ql^2\times l\times\frac{1}{3}\right)=-\frac{ql^4}{12EI}$$

代入力法基本方程，有

$$\begin{cases}X_1\delta_{11}+X_2\delta_{12}+\Delta_{1P}=0\\X_1\delta_{21}+X_{21}\delta_{22}+\Delta_{2P}=0\end{cases}$$

解得
$$X_1=\frac{13}{30}ql,\quad X_2=\frac{ql}{60}$$

由弯矩叠加 $M=\overline{M}_1X_1+\overline{M}_2X_2+M_P$ 可得最后的弯矩图，如图 6-64 所示。

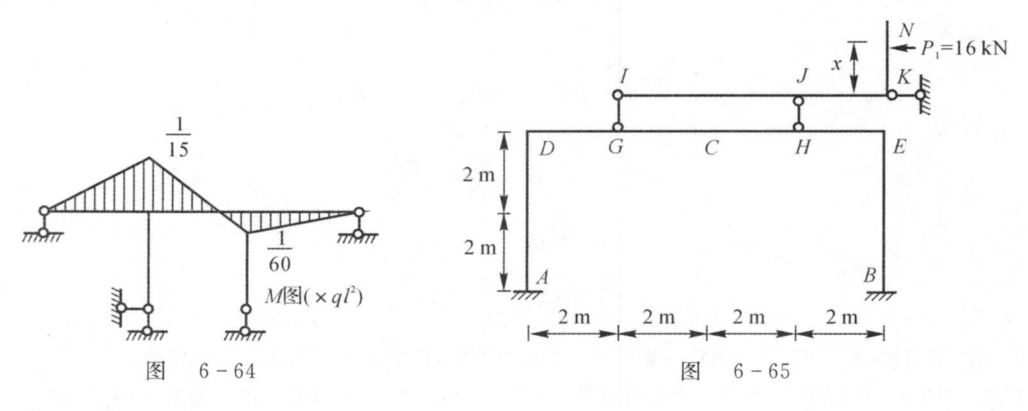

图 6-64　　图 6-65

4.（天津大学试题）已知图 6-65 所示结构的 $EI=$ 常数。试求：当 $M_C=0$，$M_D=2.25\ \text{kN}\cdot\text{m}$（外侧受拉）时，$P_1$ 的位置 x。

解　首先取 $IJKN$ 为隔离体，受力如图 6-66 所示。由静力平衡条件，得

$$F_A=4x(\uparrow),\quad F_B=4x(\downarrow)$$

取下部刚架为研究对象，则刚架基本受力示意图如图 6-67 所示。

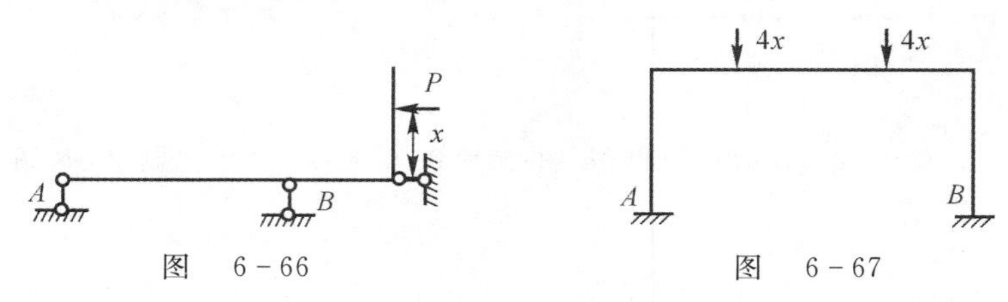

图 6-66　　图 6-67

由图 6-67 可知结构为对称结构，受反对称荷载，故可研究半结构。取左半部分为研究对象，则基本结构如图 6-68 所示。

分别绘制 M_P 图和 $\overline{M}$ 图，如图 6-69 所示。

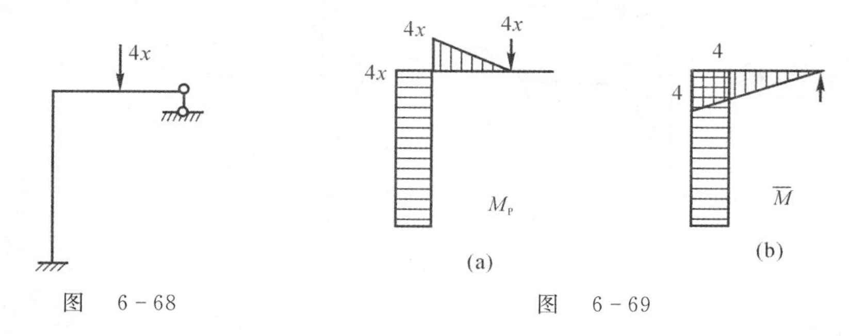

图 6-68　　图 6-69

由图乘法，得

$$\delta_{11}=\frac{1}{EI}\left(\frac{1}{2}\times4\times4\times\frac{2}{3}\times4+4\times4\times4\right)=\frac{64\times4}{3EI}$$

$$\Delta_{1y}=-\frac{1}{EI}\left[4\times4\times8x+\frac{1}{2}\times2\times8x\times\left(2+\frac{2}{3}\times2\right)\right]=-\frac{464x}{3EI}$$

代入力法基本方程，可得

$$X_1=\frac{\Delta_{1P}}{\delta_{11}}=\frac{464x}{64\times4}=-3.8x$$

又　$$M_D=8x-7.25x=0.75x=2.75\ \text{kN}\cdot\text{m}$$

解得　$$x=3.67\ \text{m}$$

5.（浙江大学试题）用力法计算并作如图 6-70 所示结构的弯矩 M 图。$EI=$ 常数。

解　由图 6-70 可知，结构对称，荷载对称，故系统横杆只存在对称的力。取半结构研究，可等效为如图 6-71 所示结构。

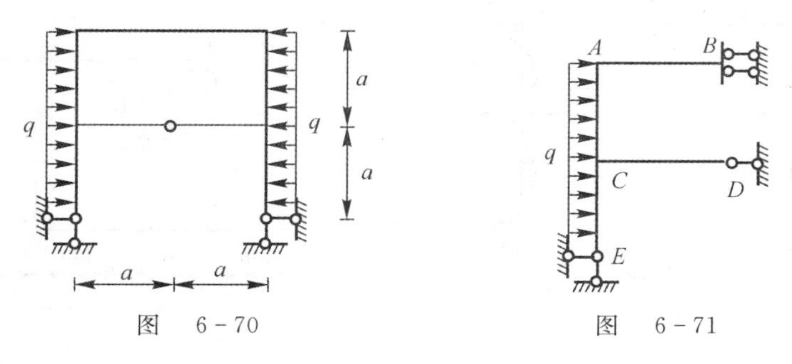

图 6-70　　图 6-71

由图 6-71 可知，系统为二次超静定结构。去掉 B，添加 X_1，X_2 后，基本体系如图 6-72 所示。令 $X_1=X_2=0$，则此时弯矩图 M_P 如图 6-73 所示。

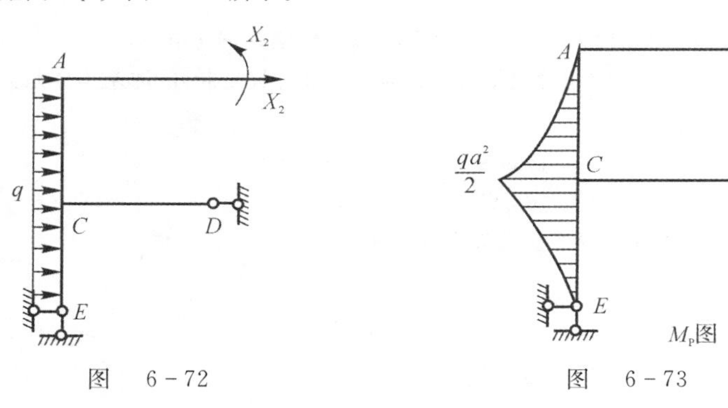

图 6-72　　图 6-73

令 $X_2=0, X_1=1$；再令 $X_1=0, X_2=1$，则可分别画出弯矩图，如图 6-74 所示。

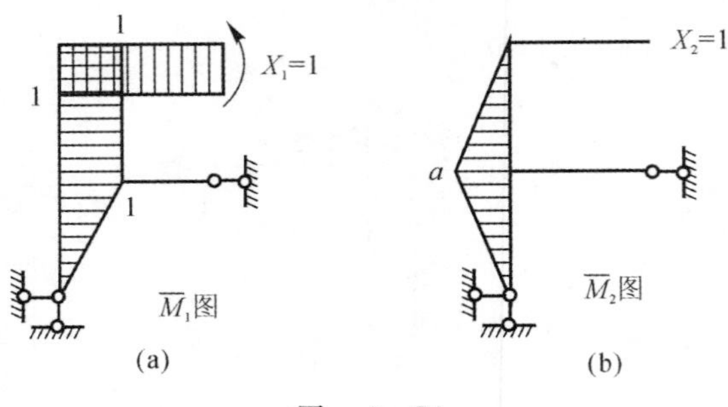

图 6-74

由图乘法，可得

$$\delta_{11}=\frac{7a}{3EI},\quad \delta_{12}=\delta_{21}=\frac{5a^2}{6EI},\quad \delta_{22}=\frac{2a^3}{3EI}$$

$$\Delta_{1P}=\frac{7qa^3}{24EI},\quad \Delta_{2P}=\frac{qa^4}{4EI}$$

代入力法方程，有

$$\begin{cases}\delta_{11}X_1+\delta_{12}X_2+\Delta_{1P}=0\\ \delta_{21}X_1+\delta_{22}X_2+\Delta_{2P}=0\end{cases}$$

可得
$$X_1=-\frac{qa^2}{62},\quad X_2=-\frac{49qa}{124}$$

则由弯矩叠加原理可绘制最后的弯矩图，如图 6-75 所示。

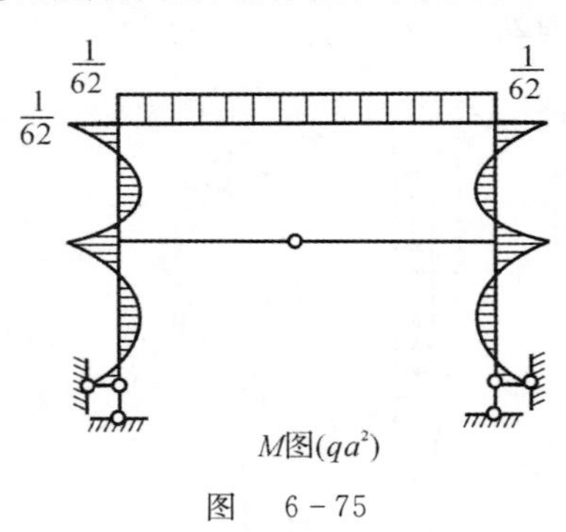

图 6-75

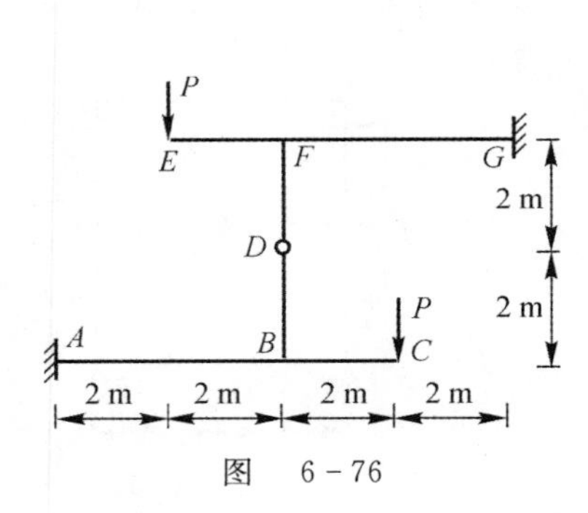

图 6-76

6.（浙江大学试题）如图 6-76 所示结构，各杆 $EI=$ 常数。

(1) 用力法计算，并作出弯矩图。

(2) 作出单位荷载在 EFG 移动时 FG 杆 F 端的弯矩 M_{FG} 影响线的轮廓图。

解 (1) 图 6-76 所示体系为二次超静定结构。将体系从竖杆铰处断开，取基本体系如图 6-77 所示。力法典型方程为

$$\begin{cases}\delta_{11}X_1+\delta_{12}X_2+\Delta_{1P}=0\\ \delta_{12}X_1+\delta_{22}X_2+\Delta_{2P}=0\end{cases}$$

当 $X_1=1, X_2=0$ 时，基本体系的弯矩图如图 6-78 所示。

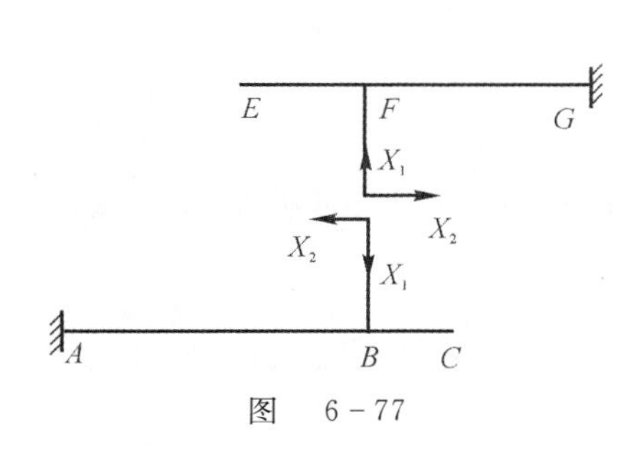

图 6-77

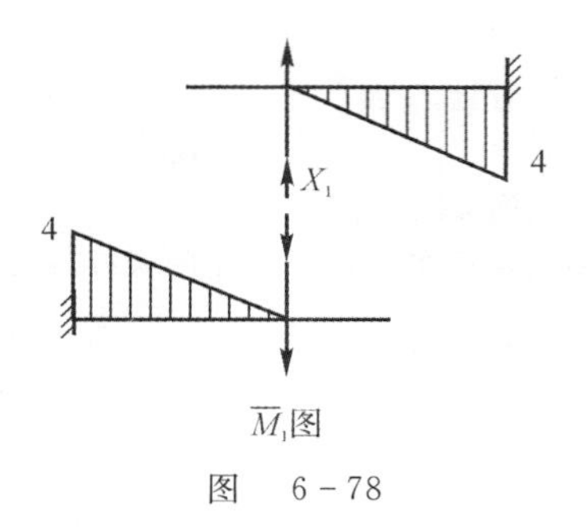

图 6-78

当 $X_2=1, X_1=0$ 时，基本体系在 $X_2=1$ 作用下的弯矩图如图 6-79 所示。当 $X_1=0, X_2=0$ 时，体系在原荷载作用下的弯矩图如图 6-80 所示。

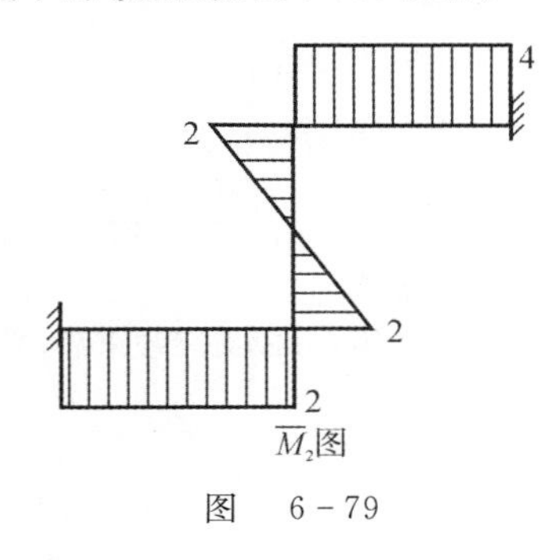

图 6-79

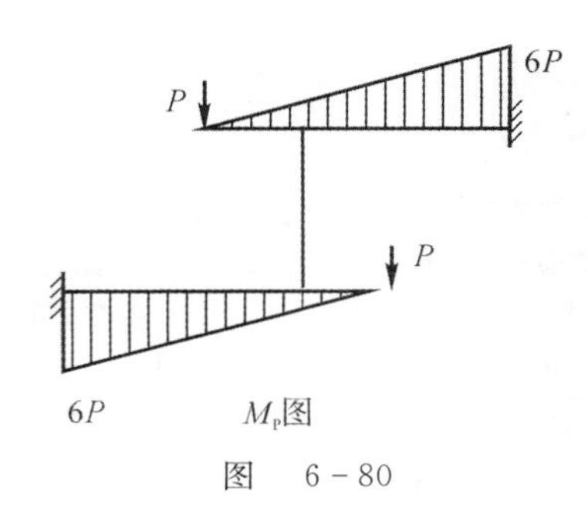

图 6-80

由图乘法得

$$\delta_{11}=\frac{128}{3EI},\quad \delta_{12}=\delta_{21}=\frac{32}{EI},\quad \delta_{22}=\frac{112}{3EI}$$

将其代入力法典型方程中，可得

$$X_1=X_2=0$$

故 M_P 图即为 M 图。

(2) 将 F 点换成铰结，施加单位弯矩，由机动法易知影响线如图 6-81 所示。

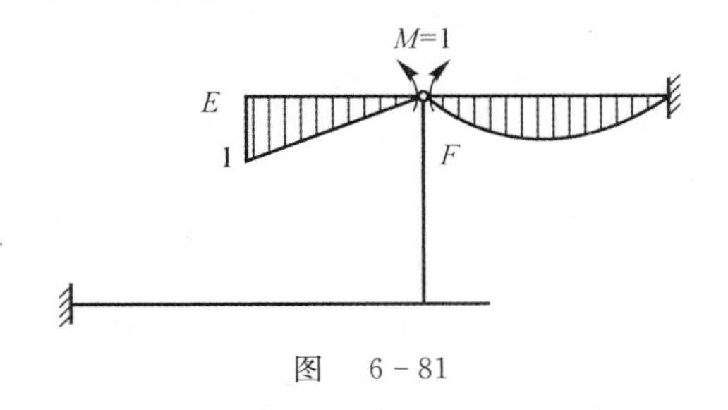

图 6-81

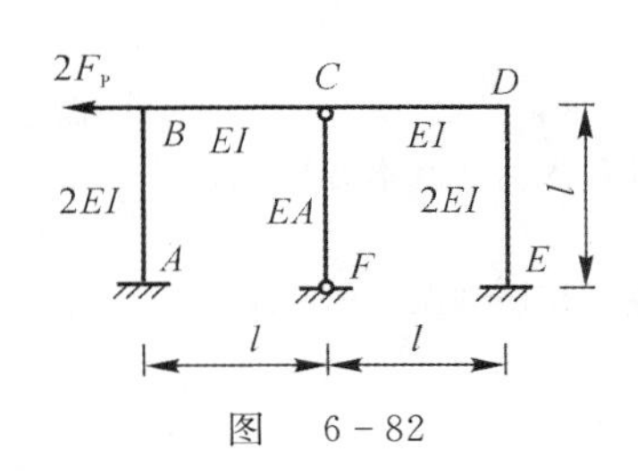

图 6-82

7.(西南交通大学试题) 用力法计算如图 6-82 所示结构，并作结构的 M 图。

解 图 6-82 所示体系为对称体系，可以将荷载变化成两部分：一部分是对称荷载，另一部分是反对称荷载。当将荷载简化为反对称荷载时，取左半部分为研究对象，结构等效为如图 6-83 所示。则力法的基本方程为

$$\delta_{11}X_1+\Delta_{1P}=0$$

利用图乘法可知，上式中

$$\delta_{11}=5l^3/6EI,\quad \Delta_{1P}=-F_Pl^3/4EI$$

代入力法方程，解得

$$X_1=3F_P/10$$

画出弯矩图如图 6-84 所示。

由于结构是对称结构，不计中间竖杆的变形，因此弯矩也为零。故可知系统的弯矩图就是反对称的弯矩图。

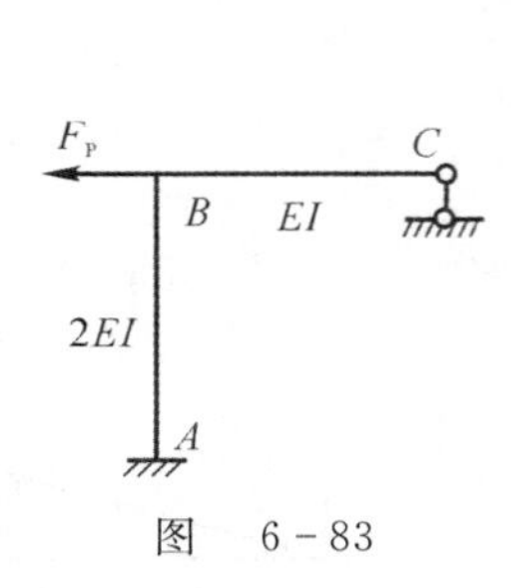

图 6-83

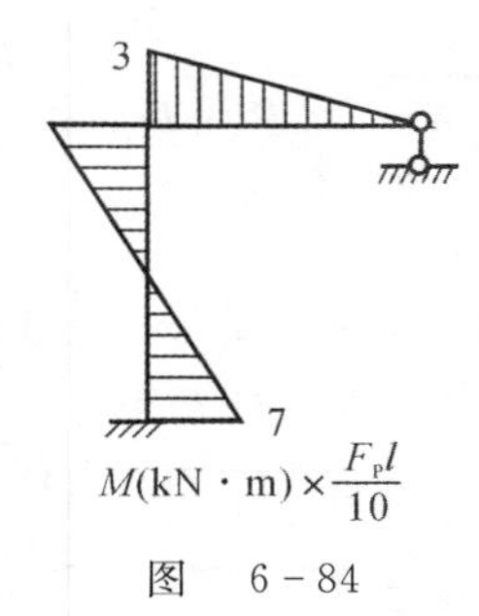

图 6-84

8.（西南交通大学试题）用力法计算如图 6-85 所示结构，并作结构的 M 图。已知 EI 为常数。

解 首先去掉结构右侧滑动支座，绘制此时的弯矩图如图 6-86 所示。

分析可知本结构为二次超静定结构，在右支座处存在着水平力和弯矩，去掉支座约束后，首先添加向左的单位水平力，并绘制弯矩图如图 6-87 所示。

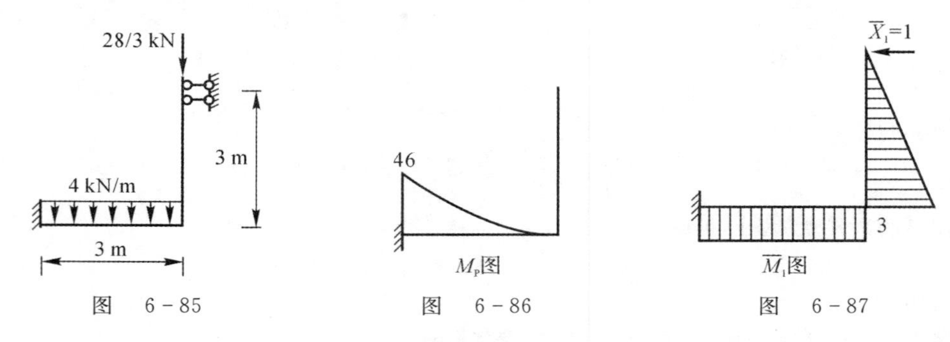

图 6-85 图 6-86 图 6-87

添加顺时针方向的弯矩，绘制此时的弯矩图如图 6-88 所示。利用图乘法依次得

$$EI\delta_{11}=36,\quad EI\delta_{22}=6,\quad EI\delta_{12}=27/2$$

$$EI\Delta_{1P}=-180,\quad EI\Delta_{2P}=-60$$

将其代入力法基本方程，解得

$$X_1=8,\quad X_2=-8$$

绘制弯矩图如图 6-89 所示。

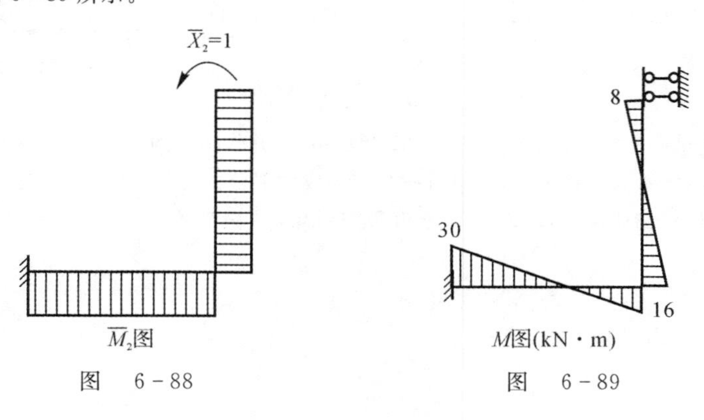

图 6-88 图 6-89

9.(西南交通大学试题)用力法计算如图 6-90 所示结构,并作结构的 M 图。

解 图 6-90 所示结构为一次超静定结构。将结构在弹簧处断开,加大小相等、方向相反的力,得基本体系如图 6-91 所示。

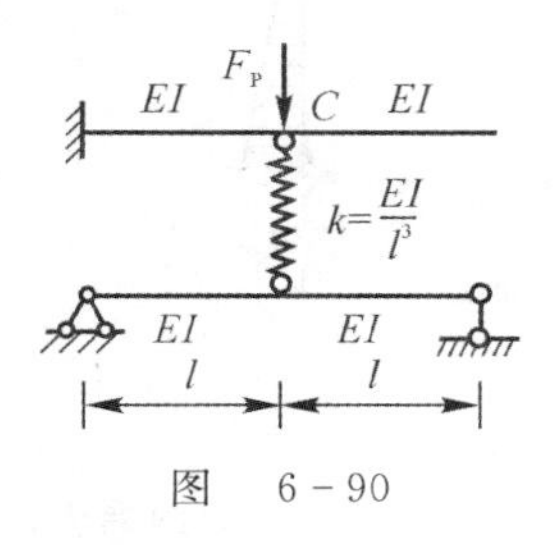

图 6-90

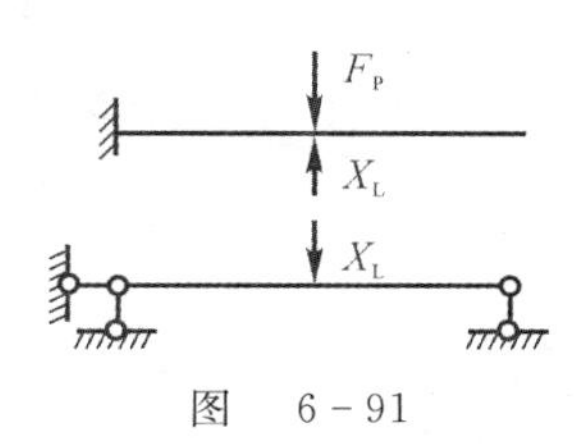

图 6-91

令 $X_1=1$,可画出单位荷载作用下基本结构的弯矩图,如图 6-92 所示。去掉弹簧后,令 $X_1=0$,在外荷载作用下,下方简支梁没有弯矩,因此系统的弯矩图如图 6-93 所示。由图乘法可得

$$\delta_{11}=\frac{l^3}{2EI},\quad \Delta_{1P}=-\frac{F_P l^3}{3EI}$$

代入力法基本方程,有

$$\delta_{11}X_1+\Delta_{1P}=-\frac{X_1}{k}$$

解得

$$X_1=\frac{2F_P}{9}$$

由弯矩叠加原理可得最后的弯矩图如图 6-94 所示。

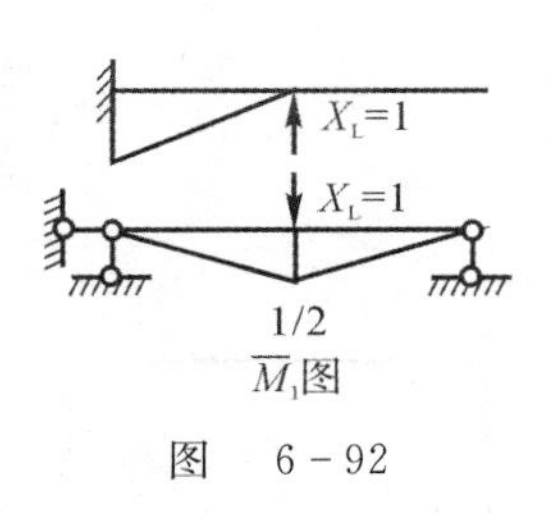

图 6-92

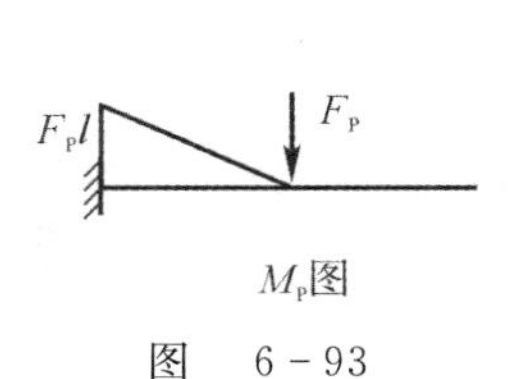

图 6-93

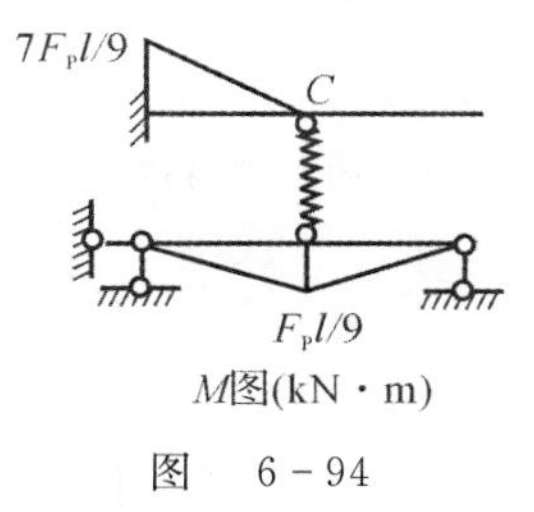

图 6-94

10.(湖南大学试题)用力法计算如图 6-95 所示结构,并作其弯矩图。

解 图 6-95 所示结构为二次超静定结构,取基本结构如图 6-96 所示。

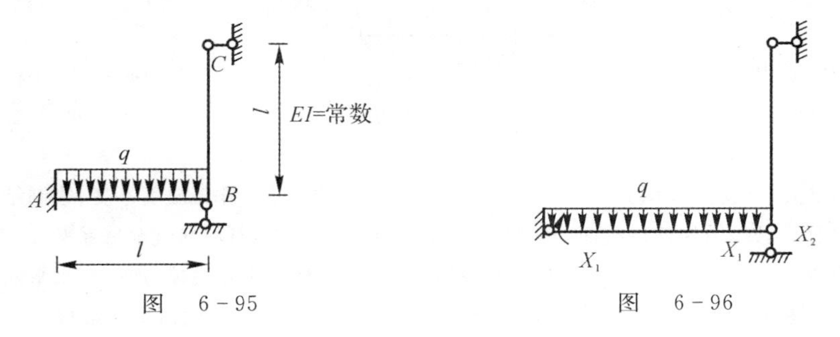

图 6-95　　图 6-96

力法基本方程为

$$\begin{cases}\delta_{11}X_1+\delta_{12}X_2+\Delta_{1P}=0\\ \delta_{21}X_1+\delta_{22}X_2+\Delta_{2P}=0\end{cases}$$

分别令 $X_1=1$ 和 $X_2=1$，绘制此时的弯矩图如图 6-97 所示。

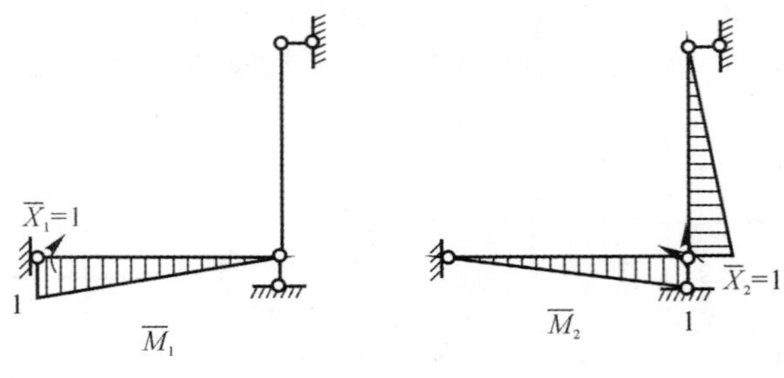

图 6-97

令 $X_1=X_2=0$，则静定结构在原荷载作用下的弯矩图如图 6-98 所示。由图乘法，得

$$\delta_{11}=\frac{1}{EI}\left(\frac{1}{2}\times1\times l\times\frac{2}{3}\right)=\frac{l}{3EI},\quad \delta_{22}=\frac{2l}{3EI},\quad \delta_{12}=\delta_{21}=\frac{1}{EI}\left(\frac{1}{2}\times1\times l\times\frac{1}{3}\right)=\frac{l}{6EI}$$

$$\Delta_{1P}=\frac{1}{EI}\left(\frac{2}{3}l\times\frac{1}{8}ql^2\times\frac{1}{2}\right)=\frac{ql^3}{24EI},\quad \Delta_{2P}=\frac{ql^3}{24EI}$$

代入力法典型方程，可得

$$\begin{cases}\dfrac{1}{3}X_1+\dfrac{1}{6}X_2+\dfrac{1}{24}ql^2=0\\[2mm]\dfrac{1}{6}X_1+\dfrac{2}{3}X_2+\dfrac{1}{24}ql^2=0\end{cases}$$

解得

$$\begin{cases}X_1=-\dfrac{3}{28}ql^2\\[2mm]X_2=-\dfrac{1}{28}ql^2\end{cases}$$

由弯矩叠加原理可得最后的弯矩图如图 6-99 所示。

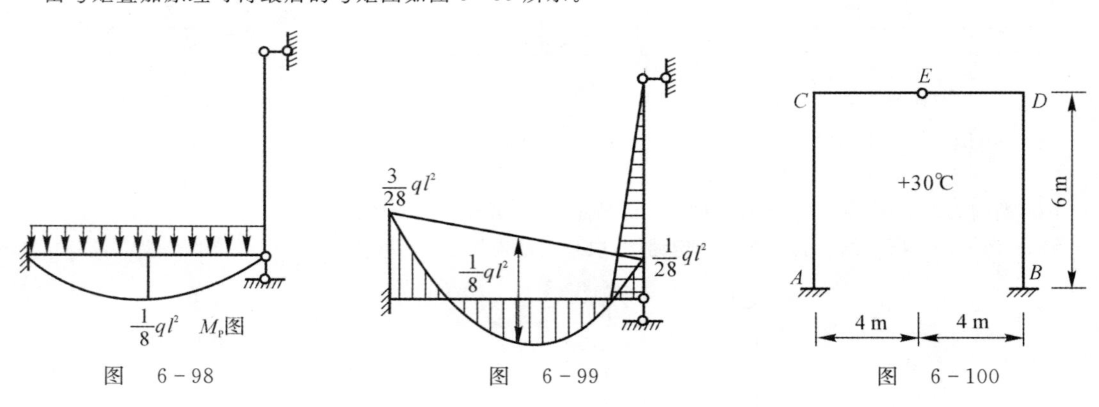

图 6-98　　图 6-99　　图 6-100

11.（武汉科技大学试题）如图 6-100 所示结构内部温度升高 30℃，外部温度不变，绘制结构弯矩图，并计算 E 点的竖向位移。已知结构杆件截面为矩形，截面高度 $h=0.6$ m，材料线性膨胀系数 a 和 EI 为常数。

解　将结构从 E 点断开，得等效结构如图 6-101(a) 所示。将支座 E 去掉，加一个水平向左的单位力，则结构此时弯矩图如图 6-101(b) 所示（各杆轴力已标在图 6-101(b) 中）。则由图乘法得

$$\delta_{11}=\frac{1}{EI}\left(\frac{1}{2}\times6\times6\times\frac{2}{3}\times6\right)=\frac{72}{EI}$$

$$\Delta_{1t}=\sum\overline{F}_{N1}atl+\sum\frac{a\Delta t}{h}\int\overline{M}_1\mathrm{d}s=-a\times15\times4+\frac{30a}{0.6}\times\left(\frac{1}{2}\times6\times6\right)=840a$$

代入办法基本方程，可得

$$x_1=-\frac{70aEI}{6}$$

可绘制弯矩图如图 6-101(c) 所示。

在 E 点处加一个竖直向下的单位力，绘制此时的弯矩图 M_2（见图 6-101(d)，各杆轴力标在图上）。则由图乘法可得 E 点的竖直位移为

$$\Delta_{EV}=-a\times 15\times 6-\frac{30a}{0.6}\times\left(\frac{1}{2}\times 4\times 4+4\times 6\right)+\frac{1}{EI}\left(\frac{1}{2}\times 70aEI\times 6\times 4\right)=-850a$$

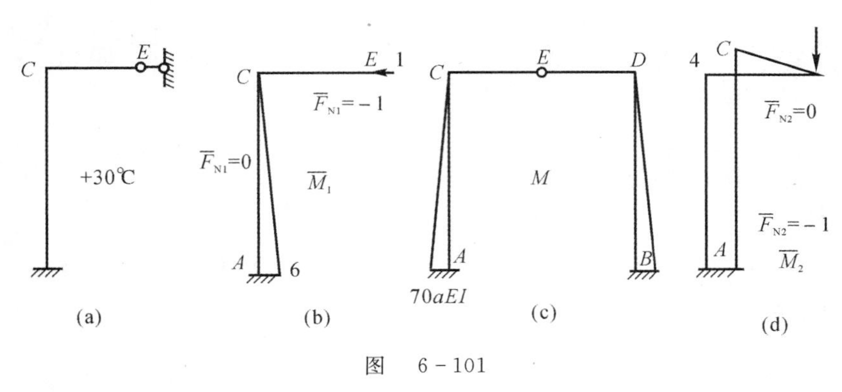

图 6-101

12.（武汉科技大学试题）图 6-102 所示结构支座 B 下沉 $\Delta_{BV}=1$ 时，D 处的竖向位移 $\Delta_{DV}=\frac{11}{16}$。试作结构在 D 处受到竖向集中力 F 作用时的弯矩图。

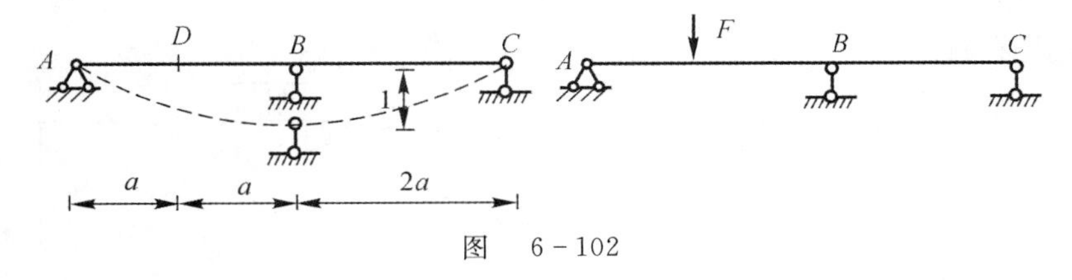

图 6-102

解 由虚功原理可知

$$F\times\frac{11}{16}-F_B\times 1=0$$

解得

$$F_B=\frac{11}{16}F$$

这样，可以绘制出弯矩图如图 6-103 所示。

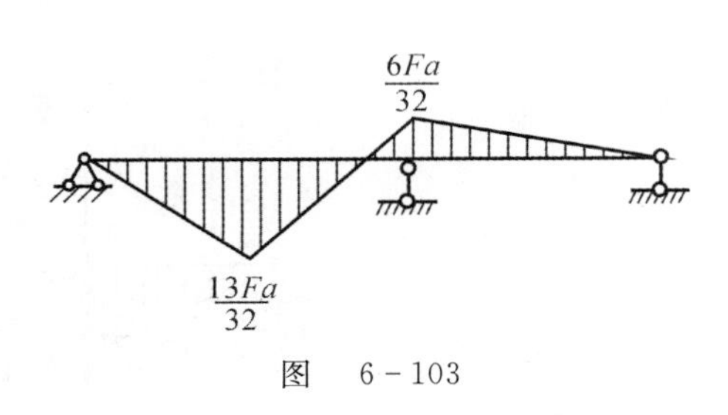

图 6-103

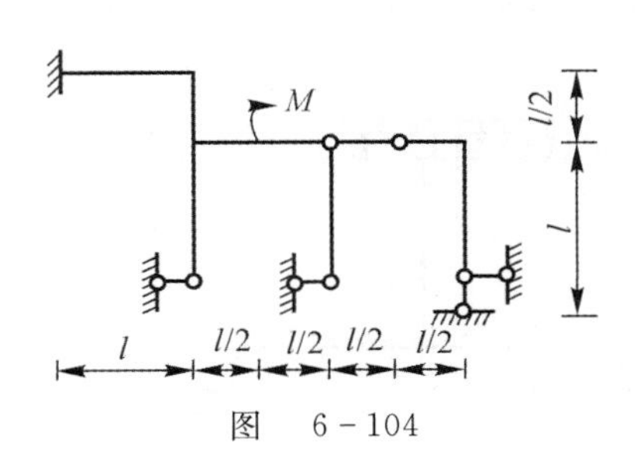

图 6-104

13.（福州大学试题）作图 6-104 所示结构的 M 图。

解 图 6-104 所示结构为超静定结构，其基本体系如图 6-105 所示。

设 $X_1 = 1$，则在此力作用下的弯矩图如图 6-106 所示。由图乘法得

$$\delta_{11} = \frac{1}{EI}\cdot\frac{1}{2}\cdot\frac{3l}{2}\cdot\frac{3l}{2}\cdot l + \frac{1}{EI}\cdot l\cdot\frac{3l}{2}\cdot\frac{3l}{2} = \frac{27l^3}{8EI}$$

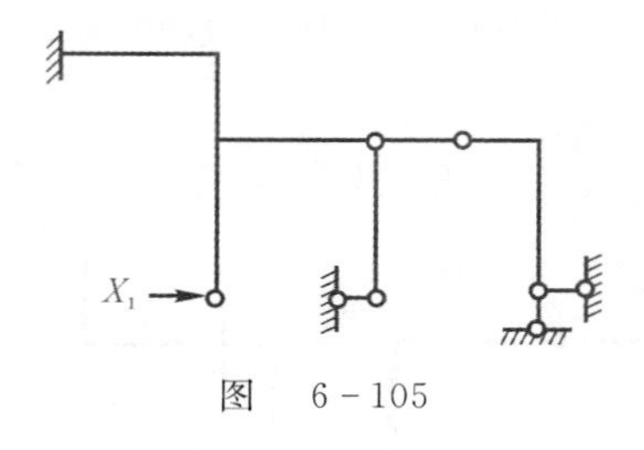

图 6-105

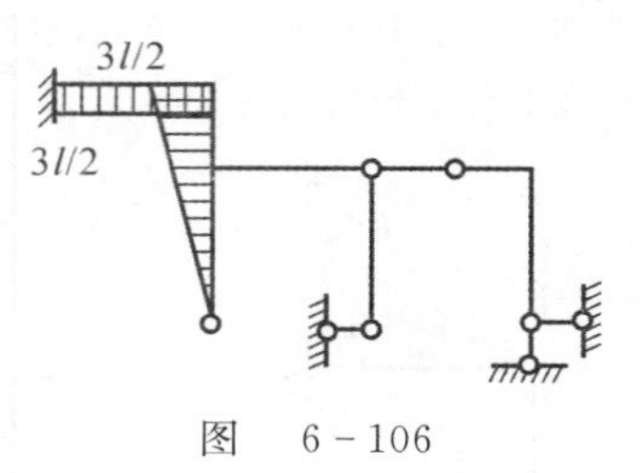

图 6-106

令 $X_1 = 0$，作 M_P 图，如图 6-107 所示。

由图乘法可得

$$\Delta_{1P} = -\frac{1}{EI}\left(l + \frac{3l}{2}\right)\cdot\frac{1}{2}\cdot\frac{l}{2}M - \frac{1}{EI}\cdot\frac{3}{2}l\cdot l\cdot M = -\frac{17Ml^2}{8EI}$$

根据力法基本方程，有

$$X_1 = -\frac{\Delta_{1P}}{\delta_{11}} = \frac{17M}{27l}$$

根据弯矩叠加，可得

$$M = \overline{M}_1 X_1 + M_P$$

绘制结构弯矩图如图 6-108 所示。

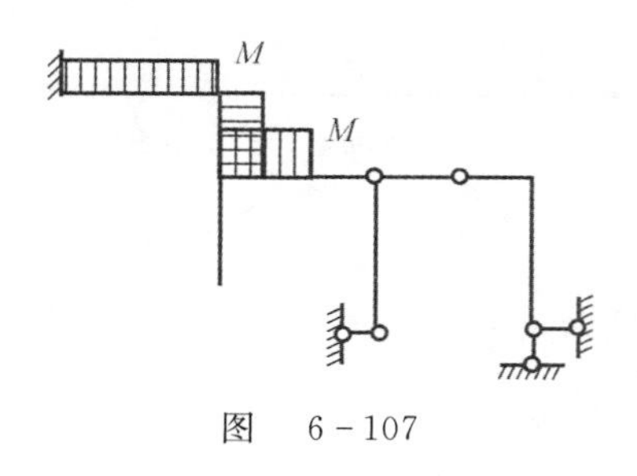

图 6-107

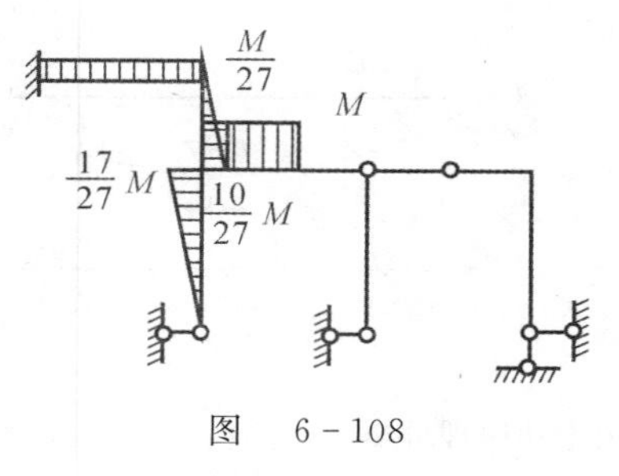

图 6-108

14.（福州大学试题）试用最简便的方法计算图 6-109 所示结构，并作 M 图。各杆 EI = 常数。

解 图 6-109 所示结构对称，荷载对称，所以可取半结构进行分析。在中间竖杆处断开，并加滑动支座，如图 6-110 所示。

在竖杆的下支座加向下的单位力。由于结构为基本结构，可画由此时的弯矩图如图 6-111 所示。

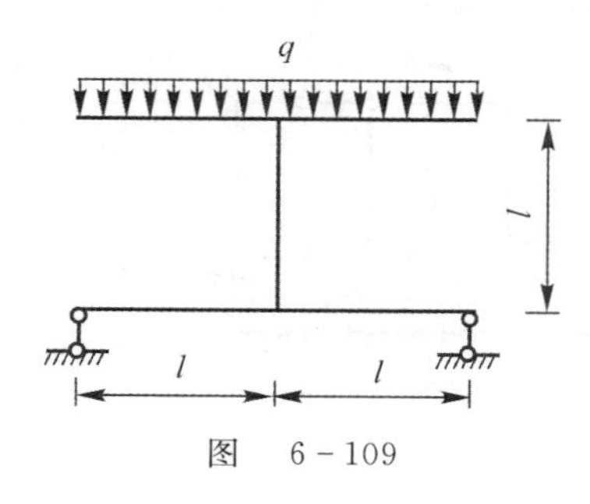

图 6-109

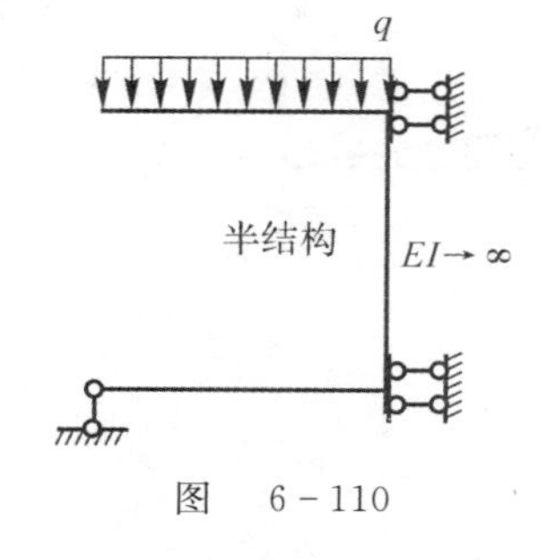

图 6-110

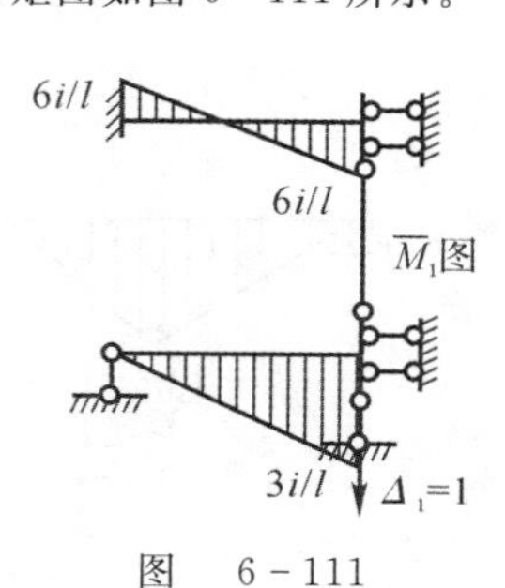

图 6-111

画出 M_P 图如图 6－112 所示。则由图乘法可得系数和自由项分别为

$$k_{11}=\frac{15i}{l^2},\quad F_{1P}=-\frac{ql}{2}$$

可得位移为

$$\Delta_1=-\frac{F_{1P}}{k_{11}}=\frac{ql^3}{30i}$$

根据弯矩叠加可得所求 M 图，如图 6－113 所示。

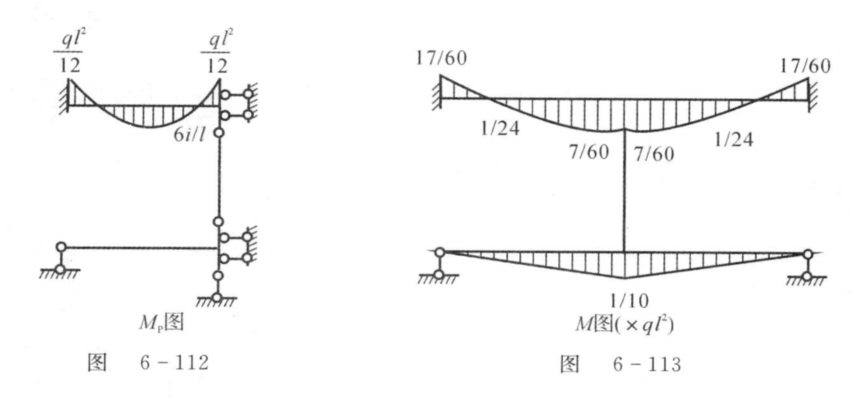

图 6－112　　　　图 6－113

15.（福州大学试题）有一超静定刚架（见图 6－114(a)）的 M 图如图 6－114(b) 所示，求 D 铰左、右两截面的相对转角。

解　在结构的 D 铰处加一对单位弯矩，构成基本体系，如图 6－115 所示。绘制此时的弯矩图，如图 6－116 所示。

利用图乘法，可求得转角为

$$\varphi_{DD}=\frac{63}{EI}$$

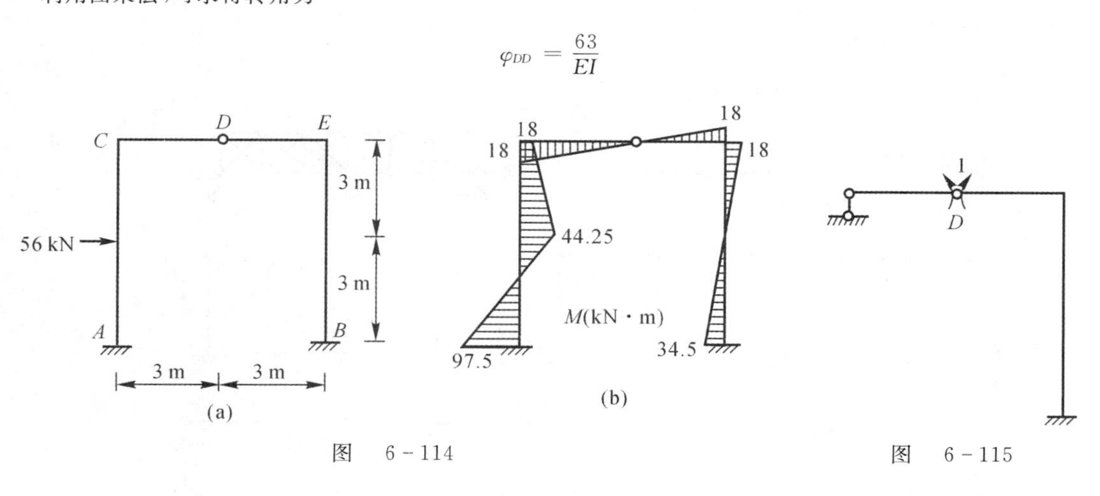

图 6－114　　　　图 6－115

16.（宁波大学试题）已知 EA，EI 均为常数，试用力法计算并作如图 6－117 所示结构的 M 图。

解　将外弯矩分解为等效的两个反对称弯矩，由于结构是对称的，所以结构中不存在对称的力，故可知 $N_{EF}=0$。

将结构分为两个部分，取左半部分进行研究，则此时结构在外弯矩作用下的弯矩图如图 6－118 所示。

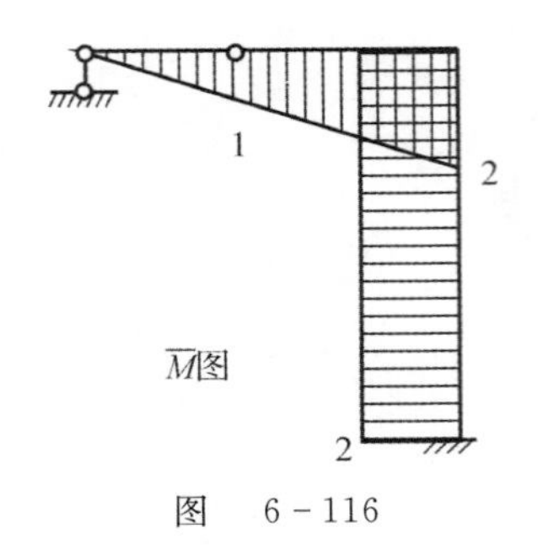

图 6-116

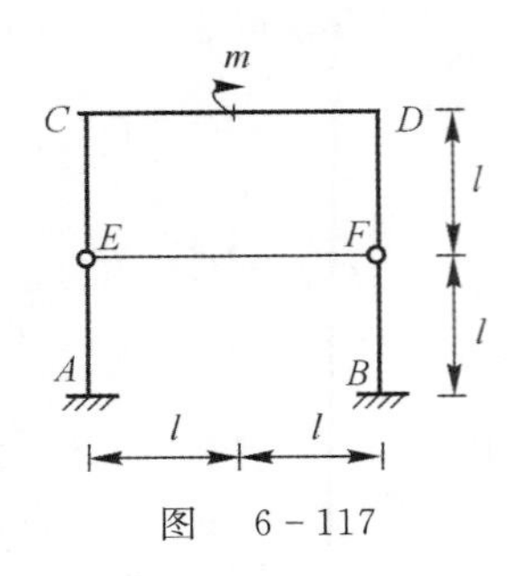

图 6-117

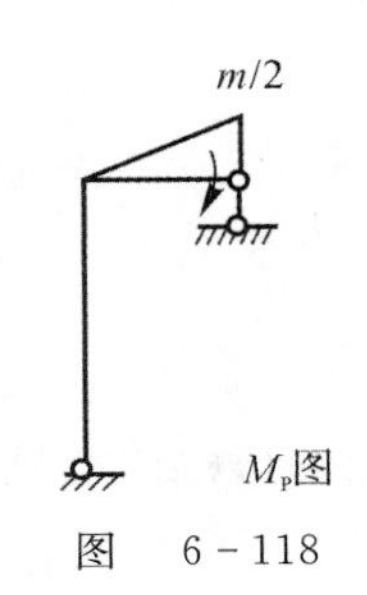

图 6-118

在立柱的铰支座处加一个单位弯矩，此时的弯矩图如图 6-119 所示。由图乘法可得

$$\delta_{11}=\frac{7l}{3EI},\quad \Delta_{1P}=-\frac{ml}{12EI}$$

代入力法典型方程，可得

$$X_1=\frac{m}{28}$$

绘制弯矩图，如图 6-120 所示。

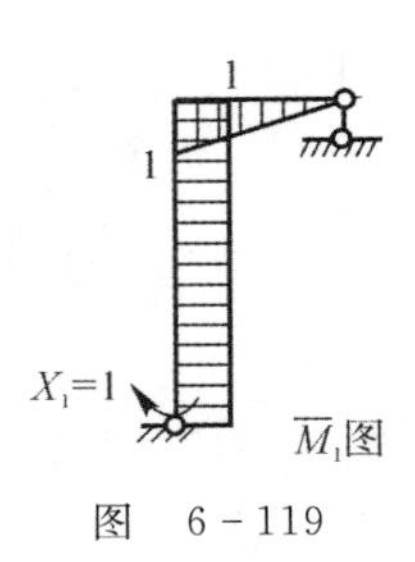

图 6-119

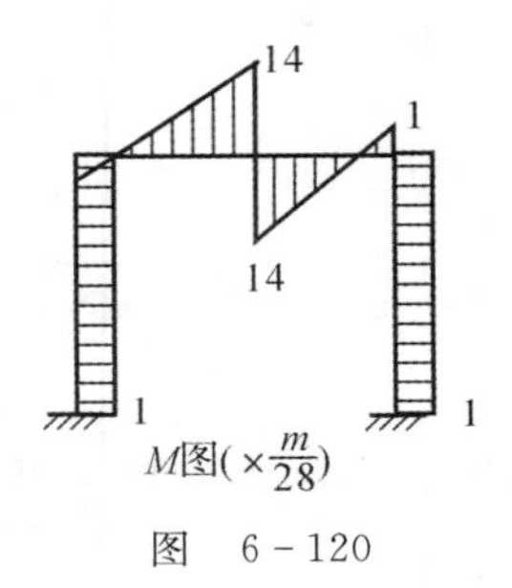

图 6-120

6.4 习题精选详解

6-1 试确定下列图示结构的超静定次数。

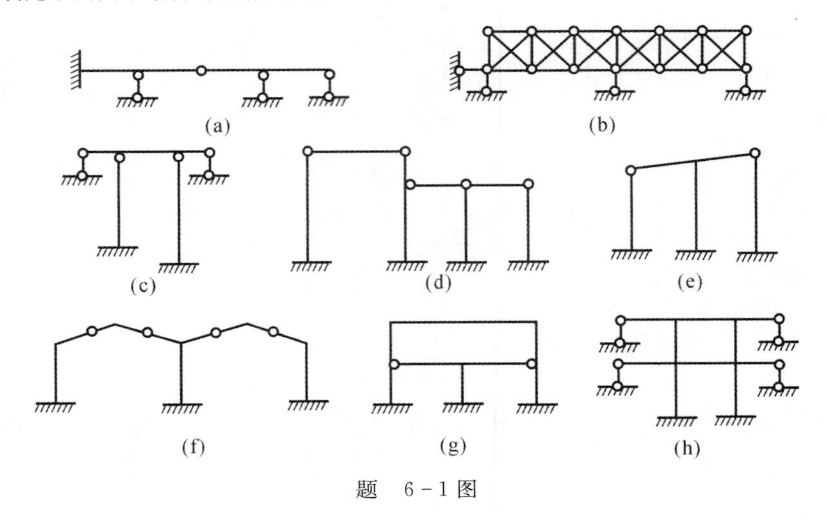

题 6-1 图

解 (1) 如解(6-1)图(a)所示，去掉2根链杆，超静定次数为2。

(2) 如解(6-1)图(b)所示，去掉7根链杆，超静定次数为7。

(3) 如解(6-1)图(c)所示，去掉1根链杆和1个铰支，超静定次数为3。

(4) 如解(6-1)图(d)所示，去掉3根链杆，超静定次数为3。

(5) 如解(6-1)图(e)所示，去掉2个铰支，超静定次数为4。

(6) 如解(6-1)图(f)所示，去掉2根链杆，超静定次数为2。

(7) 如解(6-1)图(g)所示，去掉2个铰支和切断1根杆，超静定次数为7。

(8) 如解(6-1)图(h)所示，去掉4根链杆，切断2根杆，超静定次数为10。

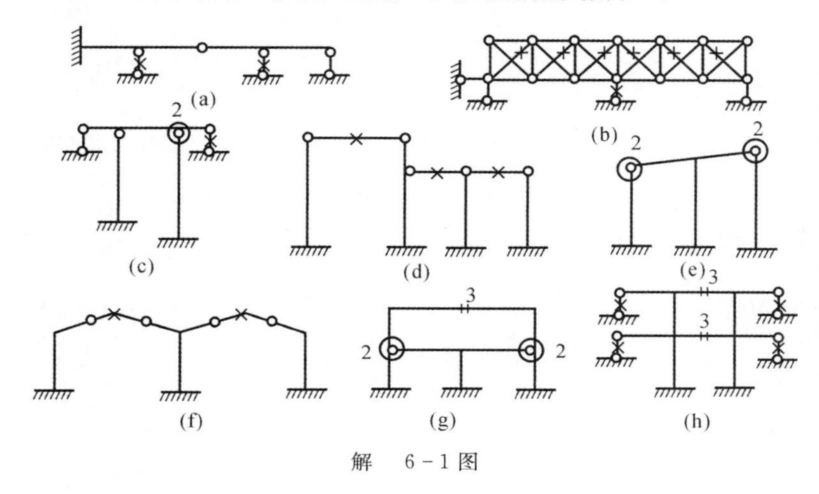

解 6-1图

6-3 试用力法计算下列图示刚架，作 M 图。

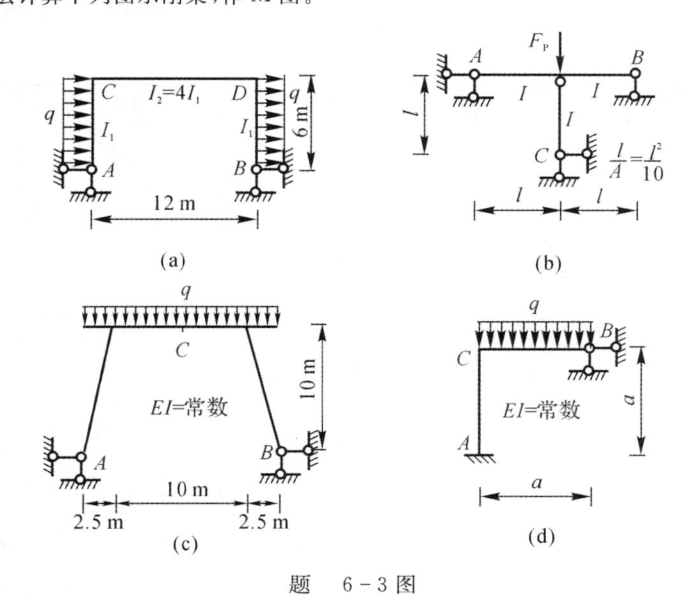

题 6-3图

解 (1) 解(a)图。解除 B 点的水平约束，代以水平方向的力 X_1。

由 $\sum M_A = 0$，得

$$F_{By} \cdot 12 - 2 \times 6q \cdot 3 = 0$$

故得

$$F_{By} = 3q$$

分别作出结构 M_P 图和 M_1 图，如解 6-3(a) 图(ⅰ)(ⅱ)所示。

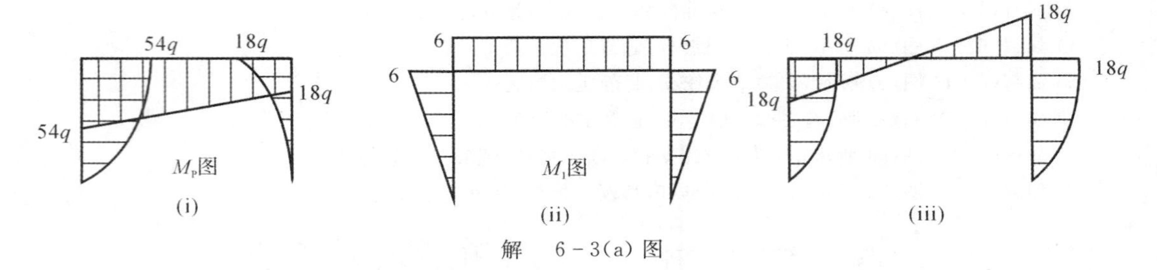

解 6-3(a) 图

可知力法方程为

$$\delta_{11}X_1 + \Delta_{1P} = 0$$

式中

$$\delta_{11} = \sum\int\frac{\overline{M}_1\overline{M}_1}{EI}\mathrm{d}s = \frac{2}{EI_1}\cdot\frac{1}{2}\times6\times6\times\frac{2}{3}\times6+\frac{1}{EI_2}\cdot6\times12\times6 = \frac{144}{EI_1}+\frac{108}{EI_1} = \frac{252}{EI_1}$$

$$\Delta_{1P} = \sum\int\frac{M_P\overline{M}_1}{EI}\mathrm{d}s = -\int_0^6\frac{\left(12qx-\frac{qx^2}{2}\right)x}{EI_1}\mathrm{d}x - \frac{1}{EI_2}\cdot\frac{1}{2}(54q+18q)\cdot12\cdot6-\frac{1}{EI_1}\cdot\frac{1}{3}\times$$

$$6\times16q\times\frac{3}{4}\times6 = -\frac{72q}{EI_1}-\frac{648q}{EI_1}-\frac{162q}{EI_1} = -\frac{1\ 512q}{EI_1}$$

代入力法方程，解得

$$X_1 = 6q$$

由 $M = M_P + X_1\overline{M}_1$，可得弯矩图，如解 6-3(a) 图(ⅲ)所示。

(2) 解(b)图。解除 B 点的约束，代以竖直方向的力 X_1。可知 AB 杆的 M_P 图为 O，$\overline{M}_1$ 图如解 6-3(b) 图(ⅰ)所示。

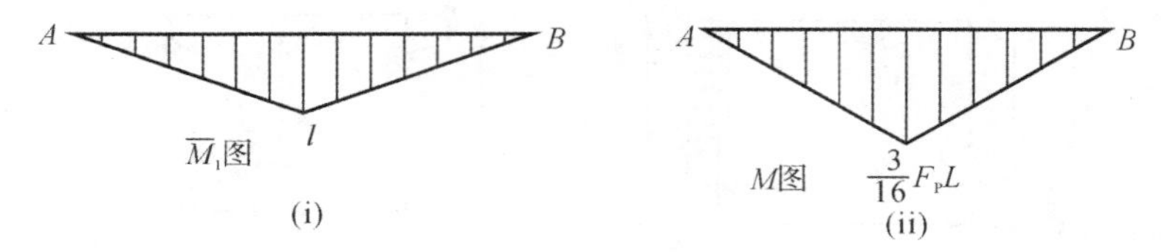

解 6-3(b) 图

对于 C 杆，可知

$$F_{NP} = F_P,\quad F_{N1} = 2$$

力法方程为

$$\delta_{11}X_1 + \Delta_{1P} = 0$$

式中

$$\delta_{11} = \frac{\overline{F}_{N1}\cdot\overline{F}_{N1}}{EA}\cdot l+\int\frac{\overline{M}_1\overline{M}_1}{EI}\mathrm{d}s = \frac{4l}{EA}+\frac{1}{EI}\cdot2\times\frac{1}{2}\cdot l\cdot l\cdot\frac{2}{3}l = \frac{32l}{3EA}$$

$$\Delta_{1P} = \frac{2F_P}{EA}l$$

代入力法方程，解得

$$X_1 = \frac{3}{16}F_P$$

由 $M = M_P + X_1\overline{M}_1$ 得 M 图，如解 6-3(b) 图(ⅱ)所示。

(3) 解(c)图。解除 B 端水平约束,代以水平力 X_1。由 $\sum M_A = 0$,得

$$F_{By} = 7.5q$$

分别作出结构 M_P 图和 $\overline{M}_1$ 图,如解 6-3(c) 图(ⅰ)(ⅱ)所示。

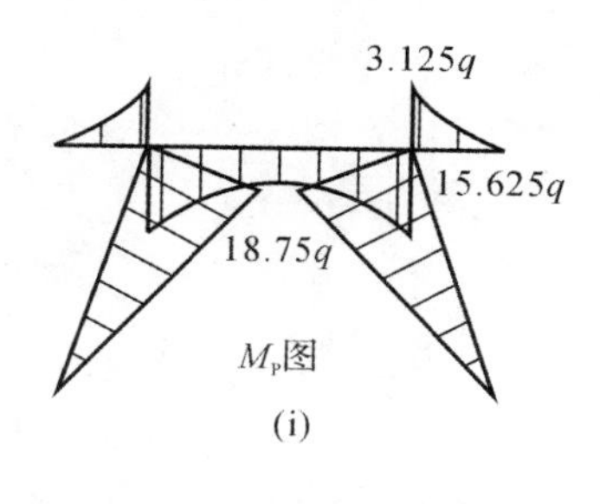

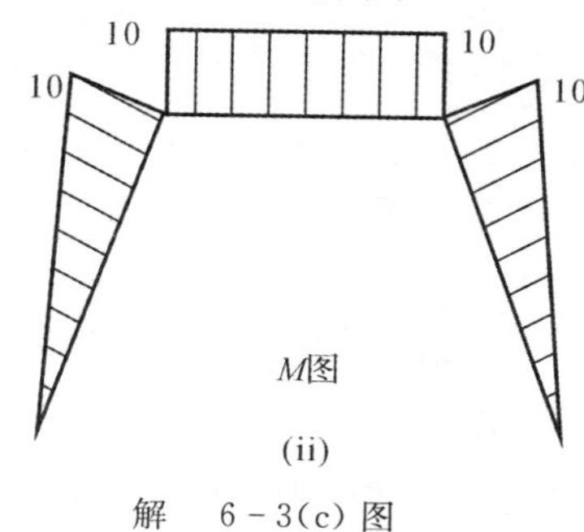

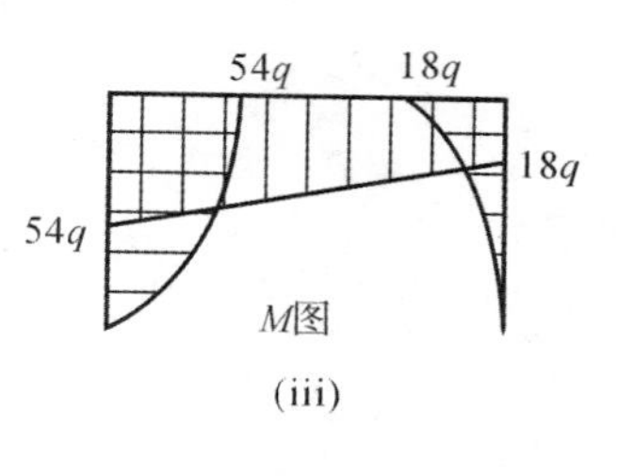

解 6-3(c) 图

力法方程为

$$\delta_{11} X_1 + M_{1P} = 0$$

式中

$$\delta_{11} = \sum \int \frac{\overline{M}_1 \overline{M}_1}{EI} ds = \frac{2}{EI} \cdot \frac{1}{2} \cdot \sqrt{10^2 + 2.5^2} \times 10 \times \frac{2}{3} \times 10 + \frac{1}{EI} \times 10 \times 10 \times 10 = \frac{1\,687}{EI}$$

$$\Delta_{1P} = \sum \int \frac{\overline{M}_P \overline{M}_1}{EI} ds = -\frac{2}{EI} \cdot \frac{1}{2} \cdot \sqrt{10^2 + 2.5^2} \times 18.78q \times \frac{2}{3} \times 10 - \frac{1}{EI}(15.625q \times 10 - \frac{2}{3} \times 10 \times 125q) \times 10 = -\frac{2\,017.6q}{EI}$$

代入方程,解得 $X_1 = 1.19q$。由 $M = \overline{M}_1 \times X_1 + M_P$ 得 M 图,如解 6-3(c) 图(ⅲ)所示。

(4) 解(d)图。解除 B 端的竖直约束,代以竖直力 X_1;解除 B 端的水平约束,代以水平力 X_2。分别作出结构 M_P 图、M_1 图和 M_2 图,如解 6-3(d) 图(ⅰ)(ⅱ)(ⅲ)所示。

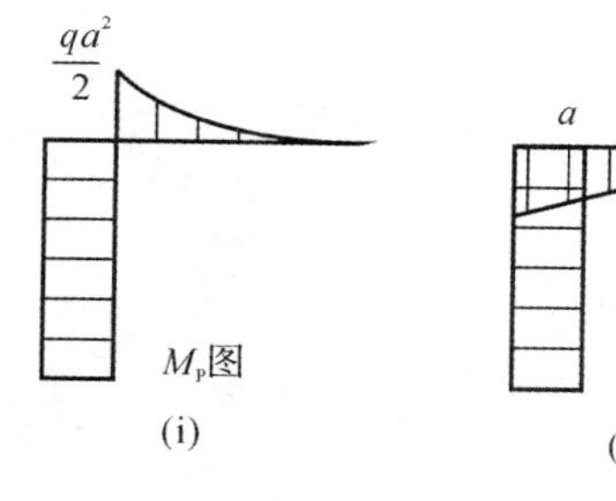

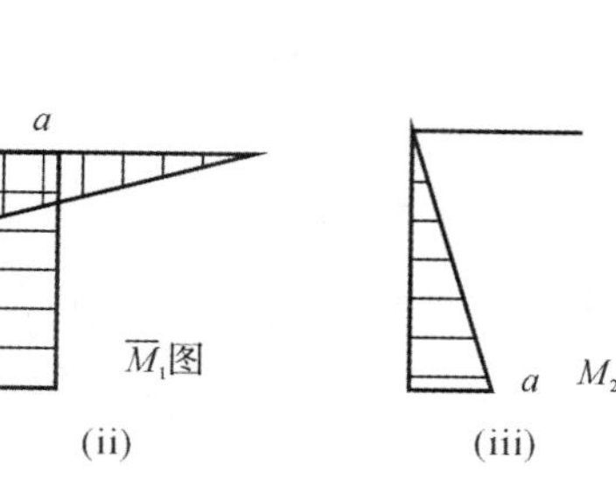

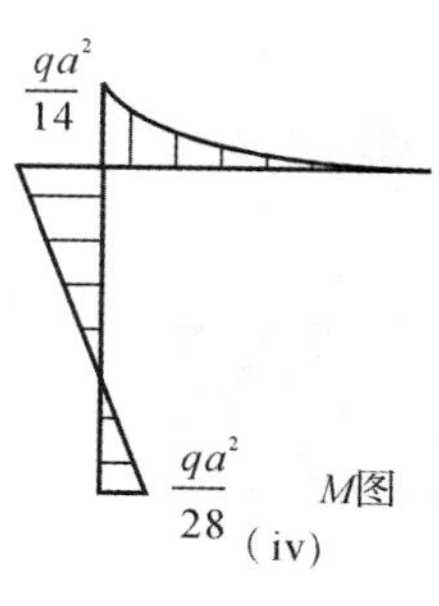

解 6-3(d) 图

力法方程为

$$\begin{cases} \delta_{11} X_1 + \delta_{12} X_2 + \Delta_{1P} = 0 \\ \delta_{21} X_1 + \delta_{22} X_2 + \Delta_{2P} = 0 \end{cases}$$

式中

$$\Delta_{1P} = \int \frac{M_P \overline{M}_1}{EI} ds = -\frac{\frac{1}{3} a \frac{qa^2}{2} \cdot \frac{3}{4} a}{EI} - \frac{\frac{qa^2}{2} \cdot a \cdot a}{EI} = -\frac{5qa^4}{8EI}$$

$$\Delta_{2P} = \int \frac{M_P \overline{M}_2}{EI} ds = -\frac{\frac{1}{2} a \cdot a \cdot \frac{qa^2}{2}}{EI} = -\frac{qa^4}{4EI}$$

$$\delta_{11}=\int\frac{\overline{M}_1\overline{M}_1}{EI}\mathrm{d}s=\frac{\frac{1}{2}a\cdot a\cdot\frac{2}{3}a}{EI}+\frac{a^2\cdot a}{EI}=\frac{4a^3}{3EI}$$

$$\delta_{12}=\delta_{21}=\int\frac{\overline{M}_1\overline{M}_2}{EI}\mathrm{d}s=\frac{a^2\cdot\frac{a}{2}}{EI}=\frac{a^3}{2EI}$$

$$\delta_{22}=\int\frac{\overline{M}_2\overline{M}_2}{EI}\mathrm{d}s=\frac{\frac{1}{2}a^2\cdot\frac{2}{3}a}{EI}=\frac{a^3}{3EI}$$

代入力法方程，解得

$$X_1=\frac{6qa}{14},\quad X_2=\frac{3qa}{28}$$

由 $M=\overline{M}_1X_1+\overline{M}_2X_2+M_P$ 得 M 图，如解 6-3(d) 图(ⅳ) 所示。

6-4 试用力法计算下列图示排架，作 M 图(图(c) 中圆圈内数字代表各杆 EI 的相对值)。

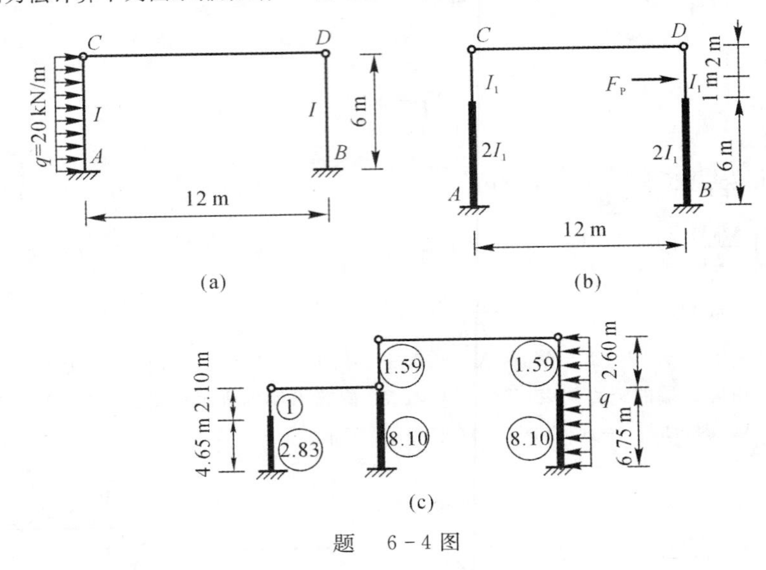

题 6-4 图

解 (1) 解(a) 图。

1) 取力法基本体系，如解 6-4(a) 图(ⅰ) 所示。

2) 列力法方程为

$$\delta_{11}X_1+\Delta_{1P}=0$$

3) 求系数 δ_{11} 和自由项 Δ_{1P}，有

$$\delta_{11}=\frac{1}{EI}\times2\times\frac{1}{2}\times6\times6\times\frac{2}{3}\times6=\frac{144}{EI}$$

$$\Delta_{1P}=\frac{1}{EI}\times\frac{1}{3}\times6\times360\times\frac{3}{4}\times6=\frac{360\times9}{EI}=\frac{3\ 240}{EI}$$

4) $X_1=-\frac{\Delta_{1P}}{\delta_{11}}=-225\ \mathrm{kN\cdot m}$

5) 从而可作 M 图，如解 6-4(a) 图(ⅳ) 所示。

(2) 解(b) 图。

1) 取力法基本体系，如解 6-4(b) 图(ⅰ) 所示。

2) 列力法方程为

$$\delta_{11}X_1+\Delta_{1P}=0$$

3) 求系数 δ_{11} 和自由项 Δ_{1P}。计算 δ_{11} 时采用贴补法，有

$$\delta_{11}=2\times\left[\frac{1}{2EI_1}\times\frac{1}{2}\times9\times9\times\frac{2}{3}\times9+\left(\frac{1}{EI_1}-\frac{1}{2EI_1}\right)\times\frac{1}{2}\times3\times3\times\frac{2}{3}\times3\right]=\frac{252}{EI_1}$$

$$\Delta_{1P}=-\left\{\frac{1}{EI_1}\times\frac{1}{2}\times1\times F_P\times\left(\frac{2}{3}\times3\times\frac{1}{3}\times2\right)+\frac{1}{2EI_1}\times\left[6\times F_P\times6+\frac{1}{2}\times6\times6F_P\times\left(\frac{2}{3}\times9+\frac{1}{3}\times3\right)\right]=-\frac{247}{3EI}F_P\right\}$$

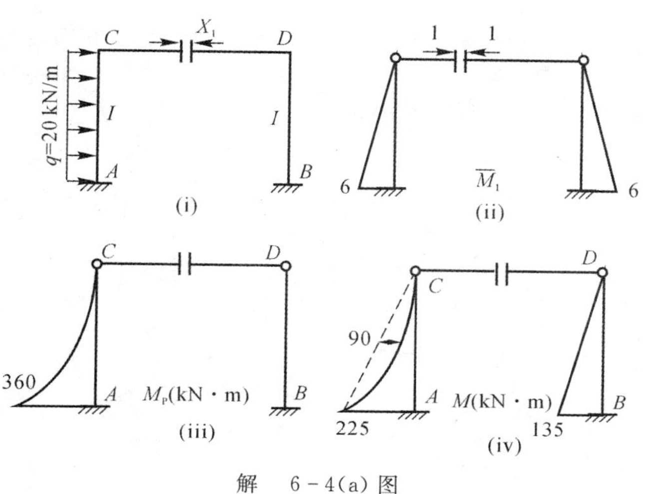

解 6-4(a) 图

4) $X_1=-\frac{\Delta_{1P}}{\delta_{11}}=0.326\ 72F_P$。

5) 从而可得 M 图，如解 6-4(b) 图(ⅰ) 所示。

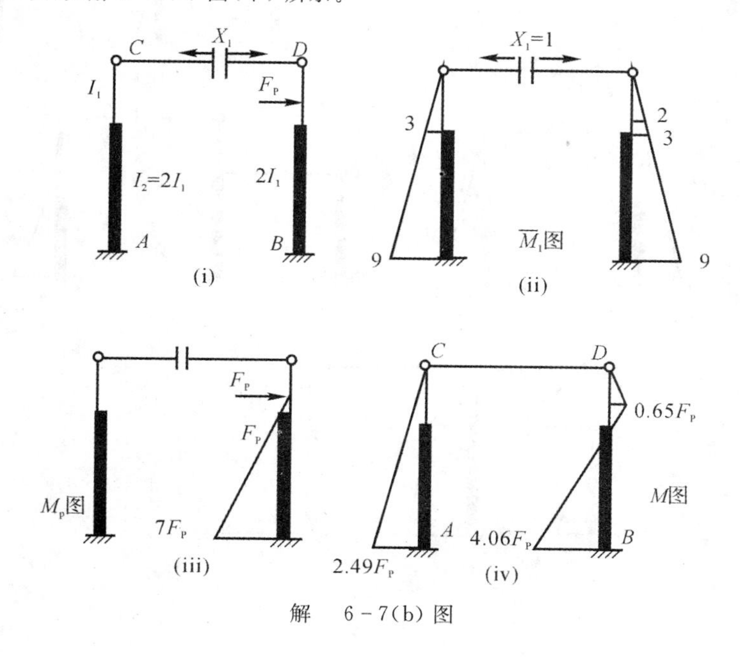

解 6-7(b) 图

(3) 解(c) 图。

1) 取力法基本体系，如解 6-4(c) 图(ⅰ) 所示。

2）列力法方程为

$$\delta_{11}X_1+\Delta_{1P}=0$$

3）求系数 δ_{11} 和自由项 Δ_{1P}，有

$$\delta_{11}=\frac{1}{2.83}\times\frac{1}{2}\times6.75\times6.75\times\frac{2}{3}\times6.75+\frac{1}{8.1}\times\frac{1}{2}\times6.75\times6.75\times\frac{2}{3}\times6.75+$$

$$\left(1-\frac{1}{2.83}\right)\times\frac{1}{2}\times2.1\times2.1\times\frac{2}{3}\times2.1=38.221+12.656=50.87$$

$$\delta_{12}=\delta_{21}=-\frac{1}{8.1}\times\frac{1}{2}\times6.75\times6.75\times\left(\frac{1}{3}\times2.6+\frac{2}{3}\times9.35\right)=-19.969$$

$$\delta_{22}=2\times\left[\frac{1}{8.1}\times\frac{1}{2}\times9.35\times\frac{2}{3}\times9.35+\left(\frac{1}{1.59}-\frac{1}{8.1}\right)\times\frac{1}{2}\times2\times6\times2.6\times\frac{2}{3}\times2.6\right]=73.19$$

$$\Delta_{1P}=0$$

$$\Delta_{2P}=\frac{1}{8.1}\times\frac{1}{3}\times9.35\times43.71lq\times\frac{3}{4}\times9.35+\left(\frac{1}{1.59}-\frac{1}{8.1}\right)\times$$

$$\frac{1}{3}\times2.6\times3.38q\times\frac{3}{4}\times2.6=-120.83q$$

4）解方程组：

$$\begin{cases}50.877X_1-19.969X_2=0\\-19.969X_1+73.199X_2+120.83q=0\end{cases}$$

可得

$$X_1=0.725q,\quad X_2=1.84q$$

5）从而可作 M 图，如解 6－4(c) 图(ⅳ) 所示。

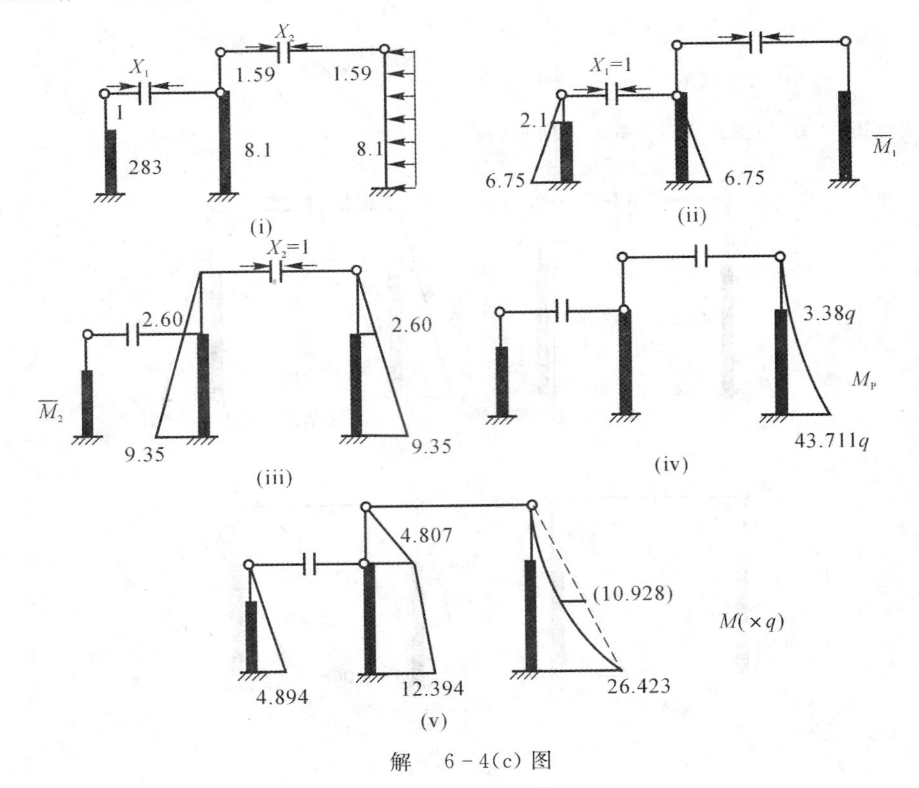

解　6－4(c) 图

温馨提示：① 此题为典型排架题目，应注意 X_1 的选择。② 注意 I 的变化对图乘法的影响。③ 应用相对

值可大大简化计算。

6-6 图示一组合式吊车梁，上弦横梁截面 $EI = 1\,400\ \text{kN}\cdot\text{m}^2$，腹轩和下弦的 $EA = 2.56\times10^5\ \text{kN}$。试计算各杆内力，并作横梁的弯矩图。

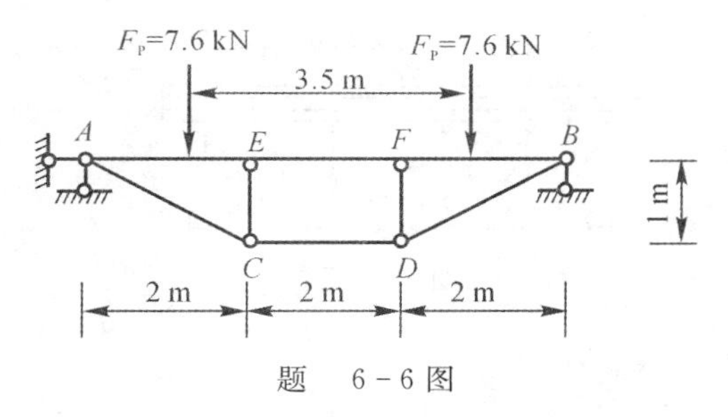

题 6-6 图

解 (1) 取力法基本体系，如解 6-6 图(a) 所示。

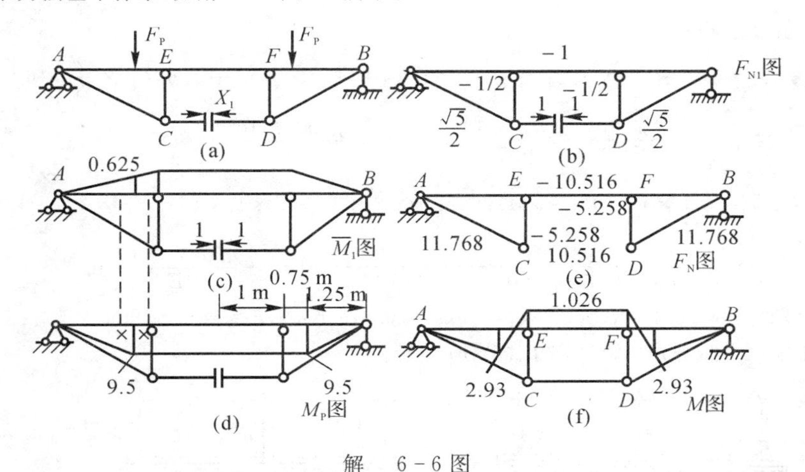

解 6-6 图

(2) 列力法方程为

$$\delta_{11}X_1+\Delta_{1P}=0$$

(3) 求系数 δ_{11} 和自由项 Δ_{1P}，有

$$\delta_{11}=\int\frac{\overline{M}_1^2}{EI}ds+\sum\frac{F_{N1}^2 l}{EA}=\frac{1}{EI}\times\left(2\times\frac{1}{2}\cdot2\cdot1\times\frac{2}{3}\times1+2\times1\times1\right)+\frac{1}{EA}\times$$

$$\left[2\times\left(-\frac{1}{2}\right)^2\times1+2\times\left(\frac{\sqrt{5}}{2}\right)^2\times\sqrt{5}+2\times(1)^2\times1\right]=\frac{10}{3EI}+\frac{8.090}{EA}=$$

$$\frac{10}{3\times1\,400}+\frac{8.090}{2.56\times10^5}=2.413\times10^{-3}\ \text{m/kN}$$

$$-\Delta_{1P}=\int\frac{\overline{M}_1M_P}{EI}ds=\frac{1}{EI}\times\left(2\times\frac{1}{2}\times1.25\times9.5\times\frac{2}{3}\times0.625+2\times0.75\times9.5\times\frac{1+0.625}{2}\right)+$$

$$2\times9.5\times1=\frac{35.526}{EI}=\frac{35.526}{1\,400}=2.538\times10^{-2}\ \text{m}$$

(4) 解方程，有

$$\delta_{11}X_1+\Delta_{1P}=0$$

可得 $$X_1=-10.5\ \text{kN}\quad(X_{CD}=10.516\ \text{kN})$$

(5) 画 F_N，M 图，分别如解 6-6 图(e)(f) 所示。

温馨提示： 计算组合结构的系数和自由项时，对链杆只考虑轴力影响，对梁式杆只考虑弯矩影响。

6-7　图示连续两跨悬挂式吊车梁，承受吊车荷载 $F_P=4.5$ kN，考虑吊杆的轴向变形。试计算吊杆的拉力和伸长，画出梁的 M 和 F_Q 图。$\phi20$ 钢筋每根截面积 $A=3.14\ \text{cm}^2$，I20a 钢梁 $I=2\ 370\ \text{cm}^4$。

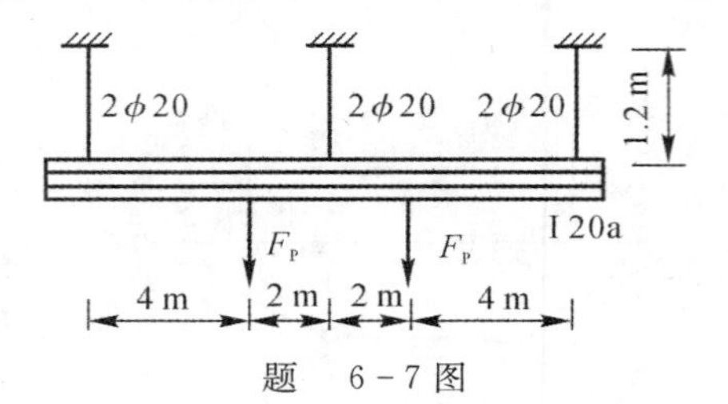

题　6-7 图

解　(1) 取力法基本体系，如解 6-7 图(a) 所示。

(2) 列力法方程为

$$\delta_{11}X_1+\Delta_{1P}=0$$

(3) 求系数 δ_{11} 及自由项 Δ_{1P}。

$$\delta_{11}=\frac{1}{EA}\times[(-2)^2\times1.2+2\times1^2\times1.2]+\frac{1}{EI}\times\left[2\times\frac{1}{2}\times6\times6\times\frac{2}{3}\times6\right]=$$

$$\frac{1}{E}\left(2\times\frac{7.2}{3.14\times10^{-4}}+\frac{144}{0.237\times10^{-4}}\right)=\frac{6.087\times10^6}{E}\ \text{m/kN}$$

$$\Delta_{1P}=\frac{1}{EA}\times(-2)\times9\times1.2\times\frac{-1}{EI}\times2\times\frac{1}{2}\times2\times9\times\left(4+\frac{2}{3}\times2\right)=$$

$$-\frac{1}{E}\left(\frac{21.6}{2\times3.14\times10^{-4}}+\frac{96}{0.237\times10^{-4}}\right)=-\frac{4.085\times10^6}{E}\ \text{m}$$

(4) 解方程得 $X_1=0.671$ kN，所以 $F_{NA}=F_{NC}=0.675\ 1$ kN，$F_{NB}=7.67$ kN。

(5) 画梁 M 和 F_Q 图，分别如解 6-7 图(d)(e) 所示。

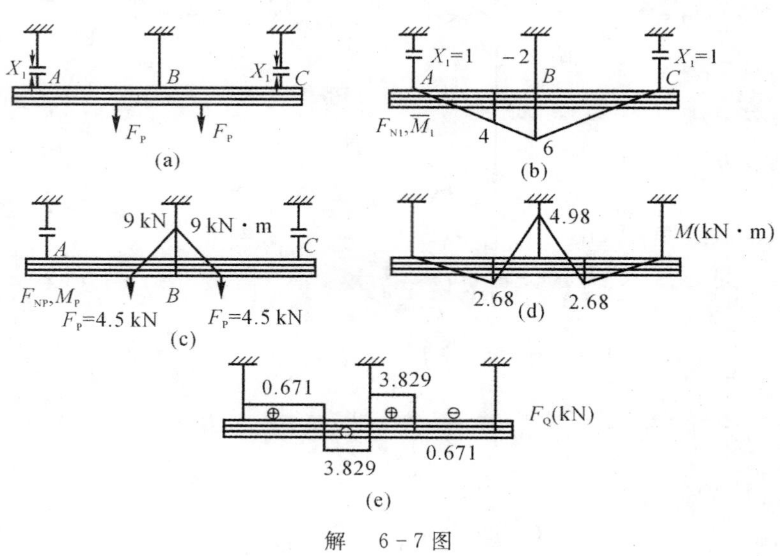

解　6-7 图

6-9　试求解下列具有弹性及座的结构(图(a) 中弹性支座刚度 $k=\frac{3FI}{l^3}$，图(b) 中弹性支座刚度 $k_\theta=\frac{EI}{l}$)，并作 M 图。

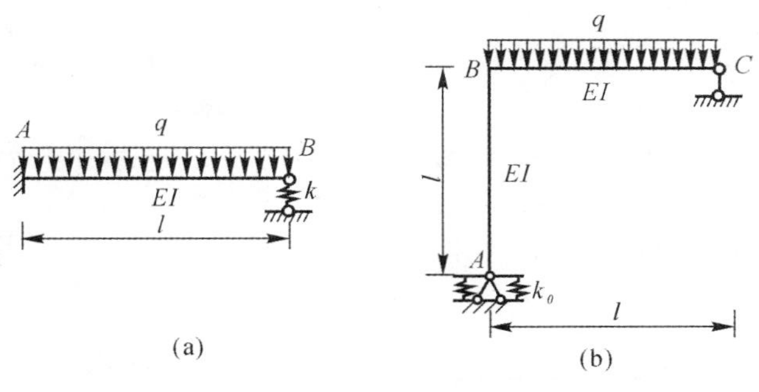

题 6-9图

解 (1) 解(a)图。

1) 取基本体系，如解 6-9(a) 图(i) 所示。

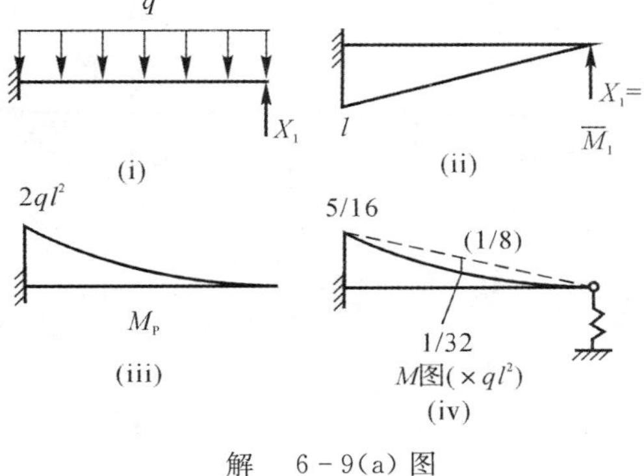

解 6-9(a) 图

2) 列力法方程为

$$\delta_{11}X_1+\Delta_{1P}=-\frac{X_1}{k}\Rightarrow(\delta_{11}+\frac{1}{k})X_1=-\Delta_{1P}$$

3) 求系数 δ_{11}、自由项 Δ_{1P}。

$$\delta_{11}=\frac{1}{EI}\times\frac{1}{2}\times l\times l\times\frac{2}{3}l=\frac{l^3}{3EI}$$

$$\Delta_{1P}=-\frac{1}{EI}\times\frac{1}{3}l\cdot\frac{ql^2}{2}\times\frac{3}{4}l=-\frac{-ql^4}{8EI}$$

4) $X_1=-\dfrac{\Delta_{1P}}{\delta_{11}+\dfrac{1}{k}}=\dfrac{3}{16}ql$。

5) 从而可作 M 图，如解 6-9(a) 图(ⅳ) 所示。

(2) 解(b) 图。

1) 取基本体系，如解 6-9(b) 图(ⅰ) 所示。

2) 列力法方程为

$$\delta_{11}X_1+\Delta_{1P}=-\frac{X_1}{k}$$

3) 求系数 δ_{11}，自由项 Δ_{1P}，有

$$\delta_{11}=\frac{1}{EI}\times\left(\frac{1}{2}\times l\times 1\times\frac{2}{3}\times 1+l\times 1\times 1\right)=\frac{4l}{3EI}$$

$$\Delta_{1P} = -\frac{1}{EI} \times \left(\frac{2}{3} l \times \frac{1}{8} ql^2 \times \frac{1}{2} \right) = \frac{ql^3}{24EI}$$

4）解方程。

$$\delta_{11} X_1 + \Delta_{1P} = -\frac{X_1}{k}, \quad X_1 = \frac{\Delta_{1P}}{\delta_{11} + \frac{1}{k}} = -\frac{1}{56} ql^2$$

5）从而可得 M 图，如解 6－9(b) 图(ⅳ) 所示。

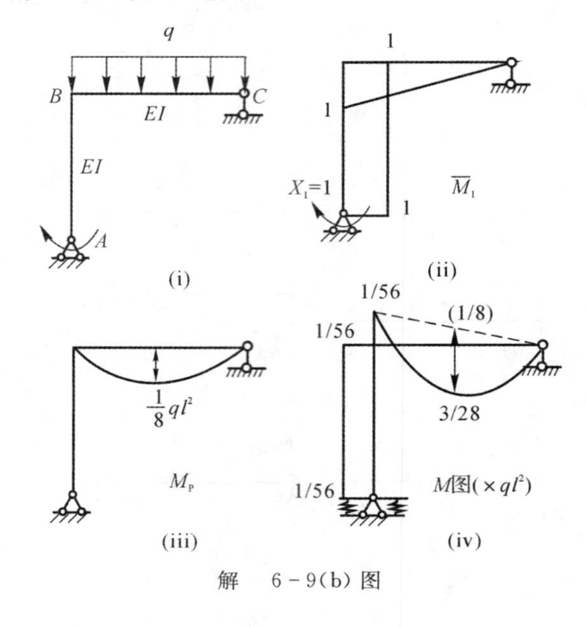

解　6－9(b) 图

温馨提示：注意弹簧支座对系数、自由项计算的影响。

6－11　试推导图示带拉杆抛物线两铰拱在均布荷载作用下拉杆内力的表达式。拱截面 EI 为常数，拱轴方程为

$$y = \frac{4f}{l^2} x(l - x)$$

计算位移时，对拱身只考虑弯矩的作用，并假设 $\mathrm{d}s = \mathrm{d}x$。

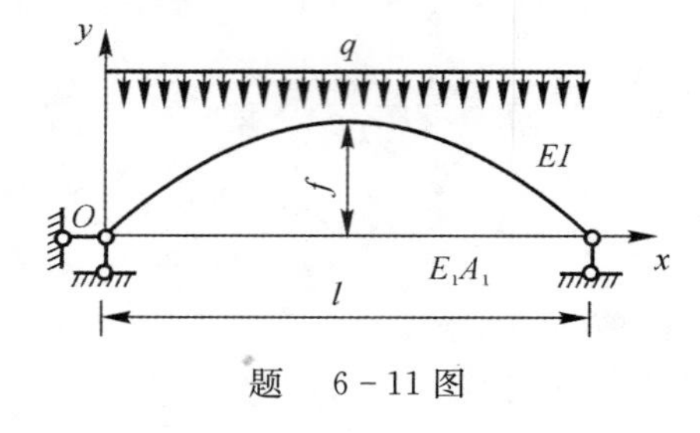

题　6－11 图

解　(1) 取基本体系，如解 6－11 图(a) 所示。

(2) 列力法方程为

$$\delta_{11} X_1 + \Delta_{1P} = 0$$

(3) 求系数 δ_{11} 和自由项 Δ_{1P}。在 $X = 1$ 作用下，有

$$\delta_{11} = \sum \frac{\overline{F}_{N1}^2 l}{E_1 A_1} + \int \frac{\overline{M}_1^2 \mathrm{d}s}{EI}(\text{假设 } \mathrm{d}s = \mathrm{d}x) = \frac{1 \times 1 \times l}{E_1 A_1} + \int_0^l \frac{y^2}{EI} \mathrm{d}x$$

又

$$y=\frac{4f}{l^2}x(l-x)$$

可得

$$\delta_{11}=\frac{l}{E_1A_1}+\frac{16f^2}{EIl^4}\int_0^l x^2(1-x)^2\,\mathrm{d}x=\frac{l}{E_1A_1}+\frac{8f^2}{15EI}$$

而在荷载作用下，$M_P=\frac{qlx}{2}-\frac{qx^2}{2}$，则有

$$\Delta_{1P}=-\frac{1}{EI}\int_0^l\overline{M}_1M_P\,\mathrm{d}x=-\frac{1}{EI}\times\frac{2qf}{l^2}\int_0^l(l-x)^2\,\mathrm{d}x=-\frac{qfl^2}{15EI}$$

(4) 解方程 $\delta_{11}X_1+\Delta_{1P}=0$，可得

$$X_1=-\frac{\Delta_{1P}}{\delta_{11}}=\frac{qfl^2}{15EI}\Big/\left(\frac{l}{E_1A_1}+\frac{8f^2l}{15EI}\right)=\frac{ql^2}{8f}\frac{1}{1+\dfrac{15EI}{8E_1A_1f^2}}$$

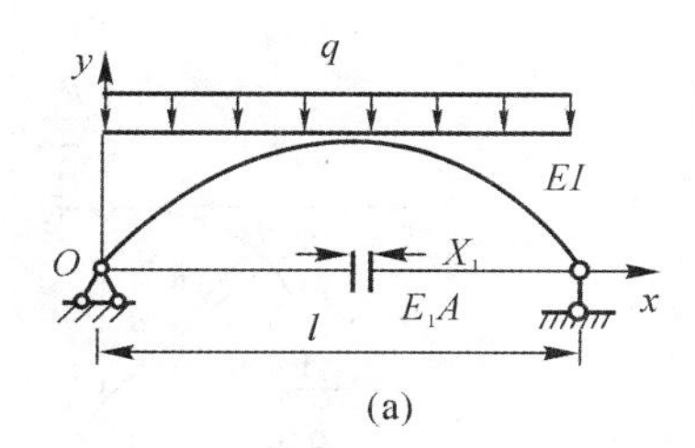

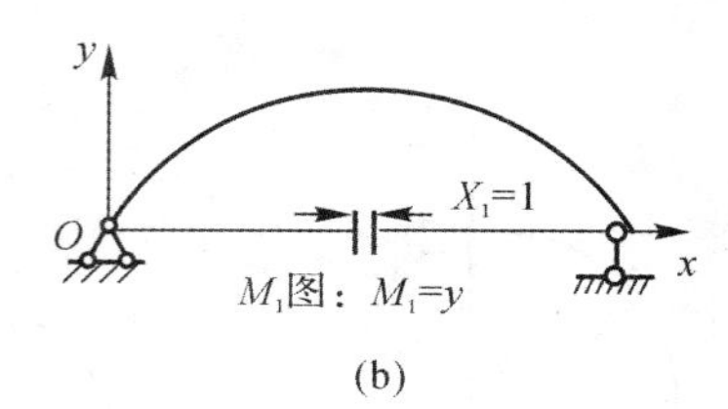

解 6-11图

6-13 试求等截面圆管在图示荷载作用下的内力，圆管半径为 R。

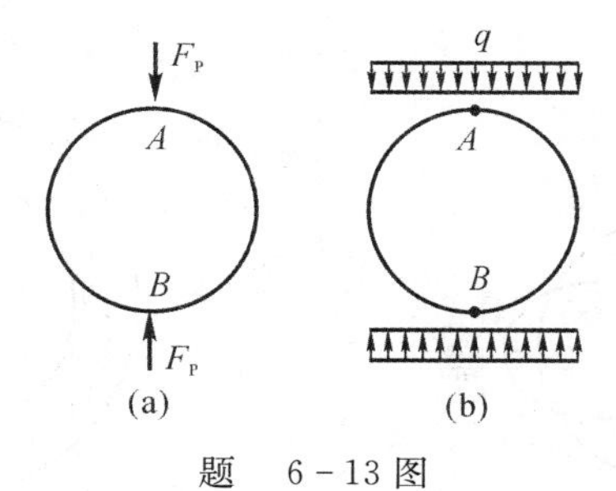

题 6-13图

解 (1) 解(a) 图。

1) 根据对称性，取 1/4 结构进行分析，如解 6-13(a) 图(ⅰ) 所示。

2) 取力法基本体系，如解 6-13(a) 图(ⅱ) 所示。

3) 列力法方程为

$$\delta_{11}X_1+\Delta_{1P}=0$$

在 $X_1=1$ 作用下，$\overline{M}_1=1$，有

$$\delta_{11}=\frac{1}{EI}\times\frac{\pi}{2}R\times1\times1=\frac{\pi R}{2EI}$$

在荷载作用下，有

$$M_P=\frac{F_Px}{2}$$

如解 6-13(a) 图(ⅲ) 所示。

$$\Delta_{1P}=-\frac{1}{EI}\int\overline{M}_1M_P\,\mathrm{d}s=-\frac{1}{EI}\int_0^{\frac{\pi}{2}}\frac{F_Px}{2}R\cdot\sin\theta\cdot R\mathrm{d}\theta=-\frac{F_PR^2}{2EI}$$

$$X_1 = -\frac{\Delta_{1P}}{\delta_{11}} = \frac{F_P R}{\pi}$$

可作 M,F_Q 图,如解 6-13(a) 图(ⅳ)(ⅴ)所示。

(2) 解(b) 图。与(a) 图同理,如解 6-13(b) 图(ⅰ)所示,$\delta_{11} = \frac{\pi R}{2EI}$。

只是在荷载作用下

$$M_P = qx^2/2$$

$$\Delta_{1P} = -\frac{1}{EI}\int_0^{\frac{\pi}{2}} \frac{1}{2}qR^2\sin^2\theta R\,d\theta = -\frac{qR^3\pi}{8EI}$$

$$X_1 = -\frac{\Delta_{1P}}{\delta_{11}} = \frac{qR^2}{4}$$

可作 M 和 F_Q 图,如解 6-13(b) 图(ⅰ)(ⅱ)所示。

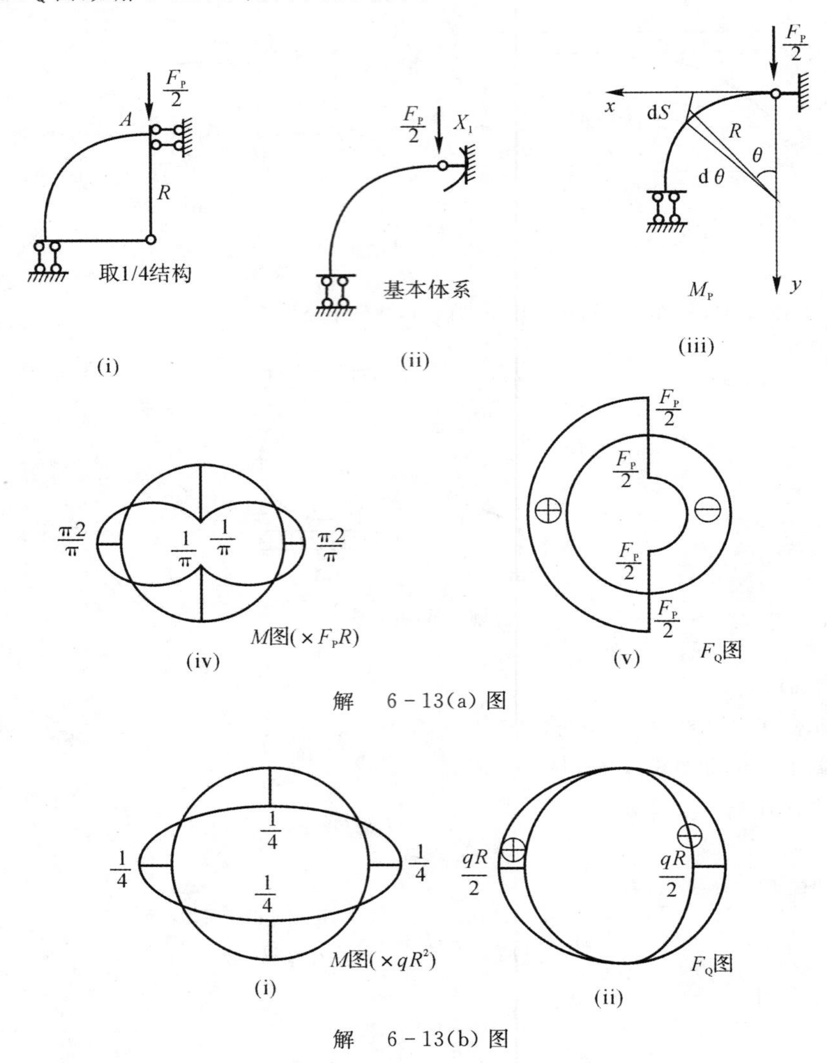

解 6-13(a) 图

解 6-13(b) 图

6-15 图示为一等截面圆弧形无铰拱,试求拱顶和拱脚截面弯矩。

解 (1) 求圆拱半径和圆心角 α。如解 6-15 图所示,有

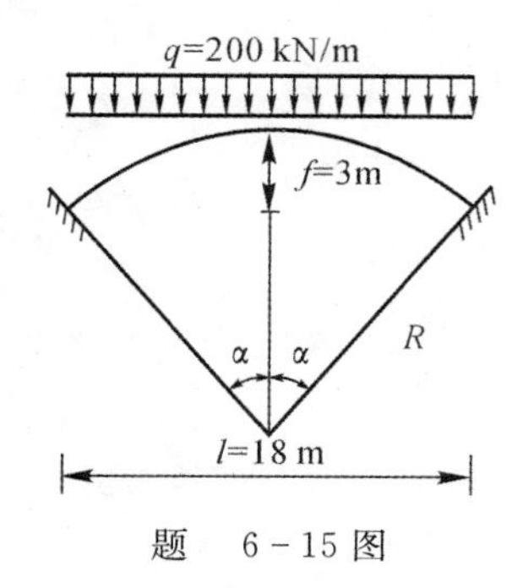

题 6－15图

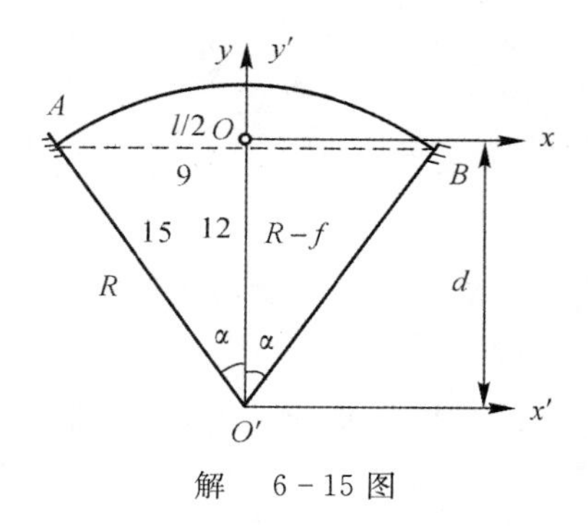

解 6－15图

$$(R-f)^2+\left(\frac{l}{2}\right)^2=R^2,\quad f=3\ \text{m},\quad l=18\ \text{m}$$

$$(R-3)^2+81=R^2$$

即

$$R=15\ \text{m}$$

$$\sin\alpha=\frac{9}{15}=\frac{3}{5},\quad \cos\alpha=\frac{12}{15}=\frac{4}{5},\quad \alpha=0.643\ 5\ \text{rad}$$

(2) 确定弹性中心 O 的位置,有

$$d=\frac{\int\frac{y'}{EI}\mathrm{d}s}{\int\frac{\mathrm{d}s}{EI}}=\frac{2\int_0^\alpha R\cos\varphi\cdot R\mathrm{d}\varphi}{2\int_0^\alpha R\mathrm{d}\varphi}=\frac{R\sin\alpha}{\alpha}=\frac{15\times\frac{3}{5}}{0.643\ 5}=13.986\ \text{m}$$

(3) 求系数 δ_{11} 和 δ_{22}。

由对称性,$X_3=0$。在 $X_1=1,X_2=1$ 分别作用下,有

$$\overline{M}_1=1,\quad \overline{M}_2=-y=d-y'=R\left(\frac{\sin\alpha}{\alpha}-\cos\varphi\right)$$

$$EI\delta_{11}=\int\overline{M}_2^2\mathrm{d}s=2\int_0^\alpha R\mathrm{d}\varphi=2R\alpha=1.287R$$

$$EI\delta_{22}=\int\overline{M}_2^2\mathrm{d}s=2\int_0^\alpha R^2\left(\frac{\sin\alpha}{\alpha}-\cos\varphi\right)\cdot R\mathrm{d}\varphi=2R^3\int_0^\alpha\left(\frac{\sin\alpha}{\alpha}-2\,\frac{\sin\alpha}{\alpha}\cos\varphi+\cos^2\varphi\right)\mathrm{d}\varphi=$$

$$2R^3\int_0^\alpha\left[\frac{\sin^2\alpha}{\alpha^2}\varphi-2\,\frac{\sin\alpha}{\alpha}\sin\varphi+\left(\frac{\varphi}{2}+\frac{1}{4}\sin^2\varphi\right)\right]_0^\alpha=2R^3\left(\frac{\alpha}{2}-\frac{\sin^2\alpha}{\alpha}+\frac{1}{4}\sin^2\alpha\right)=$$

$$0.004\ 62R^3$$

(4) 求自由项 Δ_{1P} 和 Δ_{2P}。在荷载 q 作用下,有

$$M_P=-\frac{q}{2}x^2=-\frac{q}{2}R^2\sin^2\varphi$$

$$EI\Delta_{1P}=\int\overline{M}_1M_P\mathrm{d}s=2\int_0^\alpha 1\times\left(-\frac{q}{2}R^2\sin^2\varphi\right)\cdot R\mathrm{d}\varphi=-qR^2\left[\frac{\varphi}{2}-\frac{1}{4}\sin2\varphi\right]_0^\alpha=$$

$$-qR^3\left(\frac{\alpha}{2}-\frac{1}{4}\sin2\alpha\right)=-0.081\ 75qR^3$$

$$EI\Delta_{1P}=\int\overline{M}_1M_P\mathrm{d}s=2\int_0^\alpha R\left(\frac{\sin^2\alpha}{\alpha}-\cos\varphi\right)\times\left(-\frac{q}{2}R^2\sin^2\varphi\right)\cdot R\mathrm{d}\varphi=$$

$$-qR^4\left(\frac{1}{2}\sin\alpha-\frac{1}{4\alpha}\sin2\alpha\sin\alpha-\frac{1}{3}\sin^3\alpha\right)=-0.004\ 22qR^4$$

(5) 内力计算,有

$$X_1=\frac{-\Delta_{1P}}{\delta_{11}}=\frac{0.081\ 750\ 155qR^3}{1.287\ 002\ 218R}=2\ 858.4\ \text{kN}\cdot\text{m}$$

注意:由于 qR^3 极大,所以系数计算时应有尽量多取有效数字。

$$X_2=-\frac{\Delta_{2P}}{\delta_{22}}=\frac{0.004\ 224\ 146qR^4}{0.004\ 621\ 878R^3}=2\ 742.7\ \text{kN}$$

由此可得水平推力为

$$F_H=X_2=2\ 742.7\ \text{kN}$$

拱顶弯矩为

$$M_0=X_1-X_2(R-d)=2\ 858.4-2\ 741.5\times(15-13.986)=76.65\ \text{kN}\cdot\text{m}$$

拱脚弯矩为

$$M_A=M_B=X_1+X_2(d-R\cos\alpha)-\frac{q}{2}\left(\frac{l}{2}\right)^2=2\ 858.4+2\ 741.8\times(13.986-12)-$$

$$\frac{200}{2}\times\left(\frac{18}{2}\right)^2=-206.79\ \text{kN}\cdot\text{m}$$

温馨提示： 确定弹性中心位置是此类题型的特殊之处。

6-18　设图示梁 B 端下沉 c，试作梁的 M 图和 F_Q 图。

解　(1) 选取如解 6-18(a) 图所示的基本结构体系，可知 X_1 对弯矩、剪力没有影响，在 $X_2=1,X_3=1$ 作用下的 $\overline{M}_2$ 和 $\overline{M}_3$ 图如解 6-18 图(b)(c) 所示。

(2) 求系数和自由项。

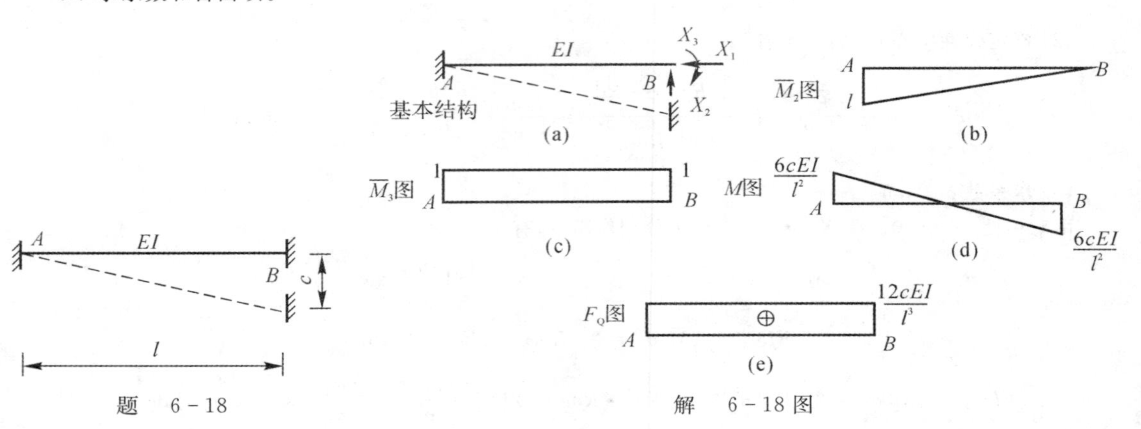

题　6-18　　　解　6-18 图

(3) 列力法方程为

$$\delta_{22}X_2+\delta_{23}X_3+\Delta_{2c}=0,\quad \delta_{32}X_2+\delta_{33}X_3+\Delta_{3c}=0$$

代入数据，可得

$$X_2=\frac{12EI}{l^3}c,\quad X_3=-\frac{-6cEI}{l^2}$$

(4) 利用叠加法作弯矩图。由 $M=\overline{M}_2\times X_2+\overline{M}_3\times X_3$，作出 M 图如解 6-18 图(d) 所示。

利用截面法作剪力图。由 $F_Q=X_2$，作出 F_Q 图如解 6-18 图(e) 所示。

6-19　如题图所示的钢筋混凝土烟囱平均半径为 R，壁厚为 h，温度膨胀系数为 α。试求当内壁温度与外壁温度差值为 t 时的烟囱内力。

解　忽略剪力和轴力的影响，得基本结构体系如解 6-19 图所示。

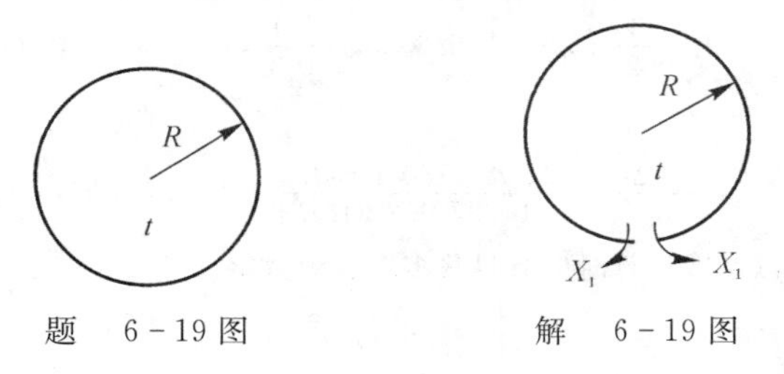

题　6-19 图　　　解　6-19 图

有 $X_1 = 1$ 作用下的弯矩 $\overline{M}_1 = 1$，则有

$$\delta_{11} = \int_0^{2\pi} \frac{\overline{M}_1^2 \mathrm{d}s}{EI} = \frac{1}{EI}\int_0^{2\pi} R\mathrm{d}\varphi = \frac{2\pi R}{EI}$$

$$\Delta_{1t} = \alpha \cdot \frac{\Delta t}{h}\int_0^{2\pi} R\mathrm{d}\phi = \frac{\alpha \cdot t \cdot R \cdot 2\pi}{h}$$

代入力法方程，得

$$X_1 = \frac{-\Delta_{1t}}{\delta_{11}} = \frac{-2\pi R \cdot \alpha \cdot t}{h} \cdot \frac{EI}{2\pi R} = -\frac{\alpha \cdot t}{h} \cdot EI\text{（外部受拉）}$$

6-21　图示桁架各杆长度均为 l，EA 相同。杆 AB 在制作时短了 Δ，将其拉伸（在弹性极限内）后进行装配。试求装配后杆 AB 的长度。

解　选取如解 6-21 图所示的基本结构体系，且将 $X_1 = 1$ 作用时的各杆轴力图 $\overline{F}_{N1}$ 标在图中。

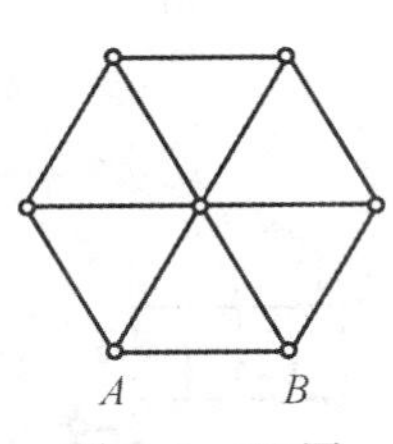

题　6-21 图

解　6-21 图

有
$$\delta_{11} = \frac{\sum \overline{F}_{N1}^2 \cdot l}{EA} = \frac{12 \times 1 \times l}{EA} = \frac{12l}{EA}$$

$$\Delta_{1Z} = \sum \overline{F}_{N1} - \Delta = -\Delta$$

代入力法方程，可得

$$X_1 = \frac{-\Delta_{1Z}}{\delta_{11}} = \frac{\Delta \cdot EA}{12l}$$

又
$$\varepsilon = \frac{X_1}{EA} = \frac{\Delta \cdot EA}{12lEA} = \frac{\Delta}{12 \cdot l}$$

同时
$$\frac{l - \Delta - l_{AB}}{l - \Delta} = -\varepsilon$$

则
$$l_{AB} = l - \Delta + \frac{l \cdot \Delta \cdot \Delta^2}{12l}$$

Δ^2 为微小量，可忽略不计，故得

$$l_{AB} = l - \Delta + \frac{\Delta}{12} = t - \frac{11}{12}\Delta$$

6-22　图示门式刚架，梁的 I_2 是柱的 I_1 的 s 倍，即 $I_2 = sI_1$。s 值分为三种情况：$s = 0.2, 1, 5$；屋顶矢高有四种取位：$f = 0$ m，6 m，2 m，4 m。试求：

(1) 固定 $f = 2$ m，取各种 s 值时内力的变化。

(2) 固定 $f = 1$ m，取各种 s 值时内力的变化。

解　(1) 解(a)图。将荷载分为正对称、反对称。

1) 在反对称荷载下，图示结构取 1/2 结构时为静定结构，可求得结构受力图，如解 6-22(a) 图(ⅰ) 所示。

2) 在正对称荷载作用下，结构力情况如解 6-22(a) 图(ⅱ) 所示，在 $X_1 = 1$ 作用下，结构受力情况如解 6-22 图(a)(ⅲ) 所示。有

$$\delta_{11} = \frac{1}{sEI_1} \times \sqrt{36 + f^2} \times 1 \times 1 + \frac{1}{EI_1} \times \frac{1}{2} \times 4 \times 1 \times \frac{2}{3} \times 1 \times \left(\frac{\sqrt{36 + f^2}}{s} + \frac{4}{3}\right) \cdot$$

$$\frac{1}{EI_1}-\Delta_{1P}=\frac{1}{sEI_1}\left(\frac{1}{2}\times\sqrt{36+f^2}\times\frac{360}{4+f}-\frac{2}{3}\times\sqrt{36+f^2}\times 22.5\right)\times 1+$$

$$\frac{1}{EI_1}\times\frac{1}{2}\times 4\times 1\times\frac{2}{3}\times\frac{360}{4+f}=\frac{1}{sEI_1}\times\sqrt{36+f^2}\times\frac{120-15f}{4+f}+\frac{1}{EI_1}\times\frac{480}{4+f}$$

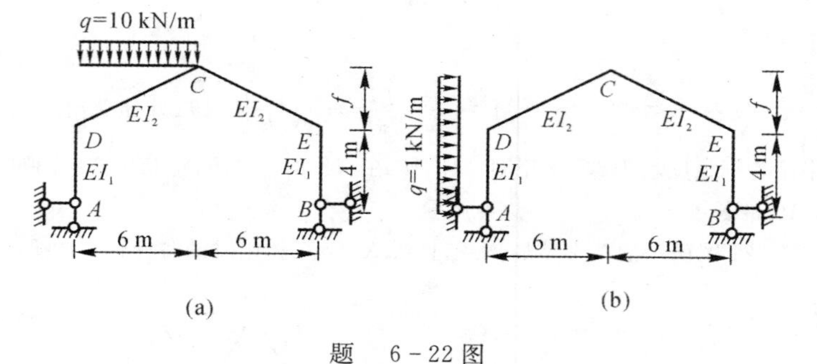

题 6-22 图

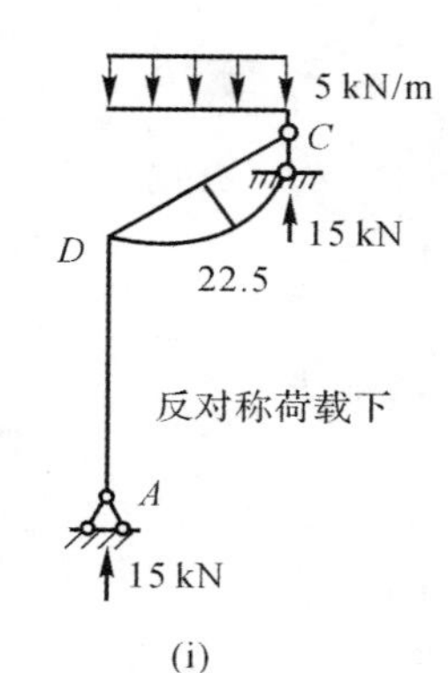

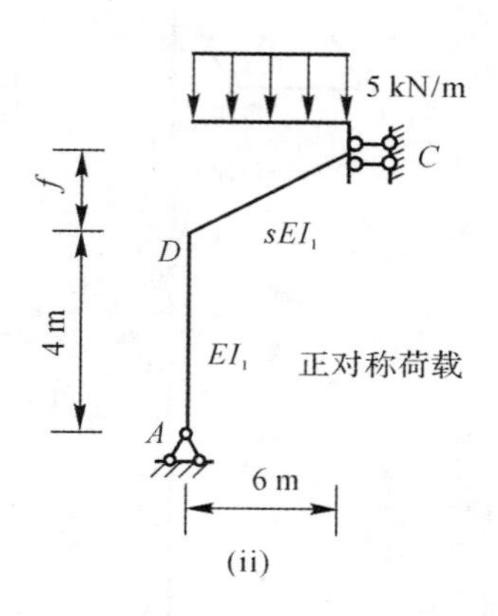

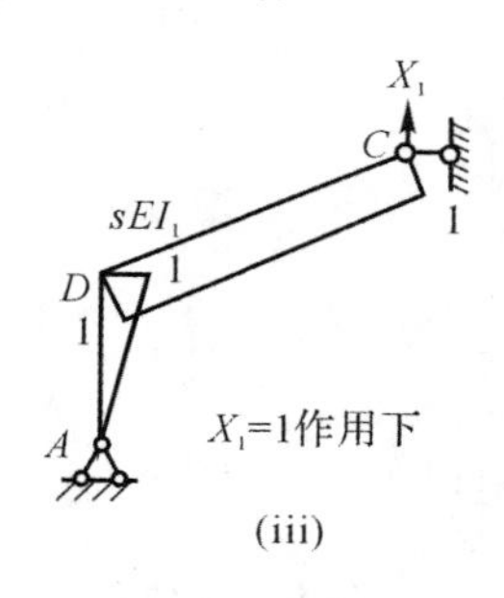

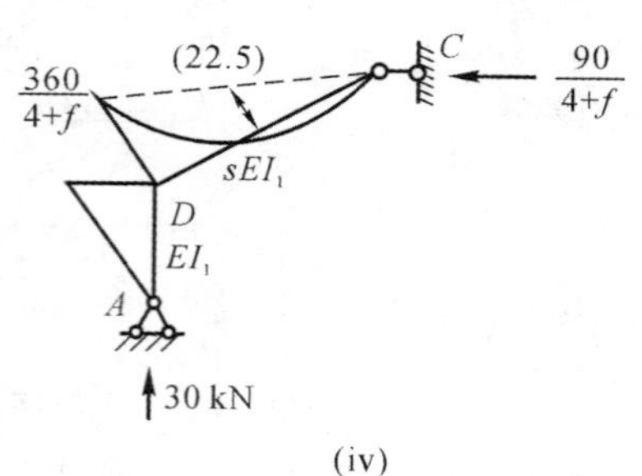

解 6-22(a) 图

3) 现分析题中各种情况。

(a) 固定 $f=2$ m，$s=0.2, 1.0, 5.0$。分析结构主要内力的变化情况，有

$$M_C=X_1,\quad M_D=X_1-\frac{360}{4+f}$$

水平推力为

$$F_H=-\frac{M_D}{4}$$

从而可计算出它们的主要变化(见表 6-1)。

表 6-1

s	0.2	1.0	5.0
$M_C/(\text{kN}\cdot\text{m})$	16.82	22.835	38.093
$M_D/(\text{kN}\cdot\text{m})$	−43.18	−37.165	−21.907
F_H/kN	10.80	9.291	5.477

(b) 固定 $s=1$，当 $f=0$ m，0.6 m，2 m，4 m 时，求得结构主要内力变化见表 6-2。

表 6-2

f	0 m	0.6 m	2 m	4 m
$M_C/(\text{kN}\cdot\text{m})$	40.911	33.934	22.835	13.352
$M_D/(\text{kN}\cdot\text{m})$	−49.089	−44.327	−37.165	−31.648
F_H/kN	12.272	11.082	9.291	7.912
δ_{11}	7.333	7.363	7.658	8.544
$-\Delta_{1P}$	300	249.853	174.868	114.083

有
$$\delta_{11}=\frac{1}{EI_1}\left(\sqrt{36+f^2}+\frac{4}{3}\right)$$

$$-\Delta_{1P}=\frac{1}{EI_1}\left(\sqrt{36+f^2}+\frac{120-15f}{4+f}+\frac{480}{4+f}\right)=\frac{1}{EI_1}\left[\frac{480+(120-15f)\sqrt{36+f^2}}{4+f}\right]$$

$$M_C=X_1=\frac{-\Delta_{1P}}{\delta_{11}},\quad M_D=M_C-\frac{360}{4+f},\quad F_H=-\frac{M_D}{4}\text{(以准向内为正)}$$

温馨提示：由题干(1)情况可以看出，在竖向荷载作用下，M_C 随着 s 的提高而变大，而 M_D 则相反，这体现了结构中杆件受力按“能者多劳”变化的原则。由题干(2)情况可以看出，在竖向荷载作用下，随着矢高 f 的增加，M_C，M_D，F_H 都逐渐减小，这是因为结构越来越与“合理拱轴”靠近，受力渐趋合理，内力也都下降了。

从以上分析还可以看到，M_C，M_D，F_H 都在荷载正对称作用下产生，而在荷载反对称作用下仅斜杆 CD、CE 内力受到影响。

(2) 解(b)图。此部分与图(a)同理，现作如下分析。

1) 在反对称荷载下，如解 6-22(b)图(i)所示，有
$$F_{Ax}=\frac{4+f}{2}(\leftarrow)$$

2) 在正对称荷载下，有
$$\delta_{11}=\left(\frac{4}{3}+\frac{\sqrt{36+f^2}}{s}\right)\cdot\frac{1}{EI_1}\text{((1)中已经求出)}$$

$$\Delta_{1P}=\frac{1}{sEI_1}\times\left[\frac{1}{2}\times\sqrt{36+f^2}\times\left(3-\frac{f}{4}\right)\times1-\frac{2}{3}\times\sqrt{36+f^2}\times\frac{f^2}{16}\times1\right]+\frac{1}{EI_1}\times$$
$$\left[\frac{1}{2}\times4\times\left(3-\frac{f}{4}\right)\times\frac{2}{3}\times1-\frac{2}{3}\times4\times1\times\frac{1}{2}\times1\right]=$$
$$\frac{1}{sEI_1}\times\left[\sqrt{36+f^2}\times\frac{36-3f-f^2}{4}\right]+\frac{1}{EI_1}\times\frac{8-f}{3}$$

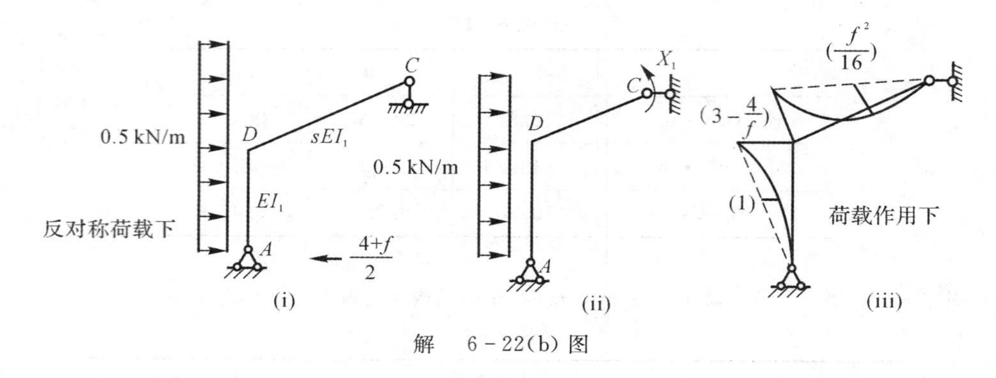

解　6-22(b) 图

(a) 对于题干(1) 情况，表 6-3 给出了 M_C 的变化情况，其他主要内力变化情况与(a) 同理，也可以分析。

表 6-3

s	0.2	1.0	5.0
δ_{11}	32.956	7.658	2.598
$-\Delta_{1P}$	207.548	43.110	10.222
M_C/(kN·m)	6.298	5.629	3.935

(b) 对于题干(2) 情况，求解结果见表 6-4。

表 6-4

f	0 m	0.6 m	2 m	4 m
δ_{11}	7.333	7.363	7.658	8.544
$-\Delta_{1P}$	56.667	53.413	43.110	15.756
M_C/(kN·m)	7.728	7.254	5.629	1.844

温馨提示：在水平荷载作用下，在题干给出的(1)(2)两种情况中：M 随 s 提高而降低，随 f 增大而降低，同理可以分析其他内力变化情况。

第7章 位 移 法

7.1 教学基本要求

7.1.1 内容概述

位移法是在力法之外,求解超静定结构的另一基本方法。它是以结点独立位移作为基本未知量,求解超静定结构的手算方法。为减少基本未知量,与力法一样,此处仍然假定梁和刚架等结构构件不计轴向变形。因对它的求解与超静定次数无关,只与结点独立的结点位移有关,所以它适用于求解超静定次高而结点位移少的结构。本章主要内容是用位移法求解超静定结构在荷载、温度变化、支座位移和制造误差等因素作用下的内力。

7.1.2 目的和要求

本章的学习要求如下:

(1)掌握位移法的基本概念、基本原理及基本结构的确定。

(2)理解位移法的典型方程及系数、自由项的物理意义。

(3)能灵活应用等截面杆件的转角位移方程,确定它们在各种因素影响下的杆端弯矩和杆端力。

(4)熟练掌握利用基本结构建立位移法典型方程及系数、自由项的计算。

(5)熟练掌握荷载作用下,求解超静定梁和刚架的方法以及对称性的利用。

(6)掌握支座移动、温度变化、弹性支座、斜杆刚架、链杆体系的位移法问题。

(7)会校核计算结果。

学习这些内容的目的有以下几方面:

(1)为校核结构强度作准备。对于独立结点位移数量较少的结构,可以用位移法来计算内力。内力的计算结果可用来校核结构的强度是否满足要求。

(2)了解位移法解超静定结构的特点。用位移法解超静定结构时,需首先将超静定结构转化为已知杆端内力的单跨超静定梁,然后应用变形协调条件和平衡条件消除二者的差别。

(3)为学习矩阵位移法作准备。在位移法中,要用到"先将结构离散成单元,再将单元集成结构"的思路,这也是矩阵位移法及有限单元法的基本思路。因此,本章解题的思路、概念、过程及方法将为后面的矩阵位移法及有限单元法学习奠定必要的基础。

7.1.3 教学单元划分

本章共 8 个学时,分 4 个教学单元。

第一教学单元讲授内容:位移法的基本概念,杆件单元的形常数和载常数——位移法的前期工作;

第二教学单元讲授内容:位移法解无侧移刚架,位移法解有侧移刚架;

第三教学单元讲授内容:位移法的基本体系,位移法解对称结构;

第四教学单元讲授内容:支座位移和温度改变时的位移法分析,小结。

7.1.4 教学单元知识点归纳

一、第一教学单元知识点

1. 位移法的基本概念(重点)

位移法以结点位移为基本未知量。先将结构拆成杆件，建立单相刚度方程(杆端力和与杆端位移的关系式)；再将杆件组装成原结构，利用结构的结点和截面平衡条件建立位移法基本方程。由基本方程解出结点位移，再由单杆刚度方程求出内力。

2. 等截面杆件的刚度方程(重点、难点)

(1)两端固定：

$$M_{AB} = 4i\theta_A + 2i\theta_B - \frac{6i}{l}\Delta + M_{AB}^F$$

$$M_{BA} = 2i\theta_A + 4i\theta_B - \frac{6i}{l}\Delta + M_{BA}^F$$

(2)A 端固定，B 端铰支：

$$M_{AB} = 3i\theta_A - \frac{3i}{l}\Delta + M_{AB}^F$$

$$M_{BA} = 0$$

(3)A 端固定，B 端滑动：

$$M_{AB} = i\theta_A - i\theta_B + M_{AB}^F$$

$$M_{BA} = -i\theta_A + i\theta_B + M_{BA}^F$$

式中，i 为杆件的线刚度，$i=\frac{EI}{l}$；M_{AB}^F，M_{BA}^F 为固端弯矩，为梁在荷载(温度变化、支座移动)作用下产生的杆端弯矩，以顺时针为正，逆时针为负；M_{AB}，M_{BA} 为杆端弯矩，以顺时针为正，逆时针为负；φ_A，φ_B 为杆端转角，以顺时针为正，逆时针为负；Δ 为杆端相对线位移，以使杆件顺时针转动为正。

二、第二教学单元知识点

1. 无侧移刚架的计算(重点)

如果刚架的各结点(不包括支座)只有角位移而没有线位移，这种刚架称为无侧移刚架。通常选取结点角位移作为基本未知量。需要再次说明的是，求解时未知位移的正方向本可任意设，但为了与第 9 章矩阵位移法的符号规定一致，本书中设结点和杆端水平位移向右为正，竖向位移向上为正，转角逆时针为正。不论位移正向如何规定，在确定刚度系数 k_{ij} 和广义荷载反力 F_{iP} 时，均应从所作出的弯矩图出发，其正向设定必须和位移正向规定一致。

例 7-1 用直接平衡法计算图 7-1(a) 所示结构，画 M 图。

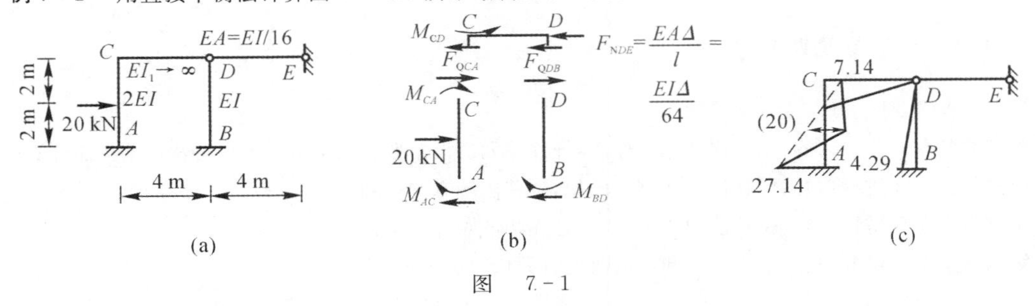

图 7-1

(a) 结构与荷载；(b) CA，DB，CDE 受力图；(c) 结构的弯矩图(kN·m)

解 (1) 确定基本未知量。横梁 CD 的 $EI=$ 常数,结点 C 无转角,位移法基本未知量为横梁 CD 向右侧移 Δ。

(2) 写出杆端弯矩表达式:

$$M_{CA}=-6\times\frac{2EI}{4}\times\frac{\Delta}{4}+\frac{20\times4}{8}=-\frac{3}{4}EI\Delta+10$$

$$M_{AC}=-6\times\frac{2EI}{4}\times\frac{\Delta}{4}-\frac{20\times4}{8}=-\frac{3}{4}EI\Delta-10$$

$$M_{BD}=-3\times\frac{EI}{4}\times\frac{\Delta}{4}=-\frac{3}{16}EI\Delta$$

(3) 建立位移法方程,求结点位移:

取 CD 杆为隔离体(见图 7-1(b)),列 $\sum M_A=0$,有

$$F_{QCA}\times4+M_{CA}+M_{AC}+20\times2=0$$

得

$$F_{QCA}=\frac{3}{8}EI\Delta-10$$

取 DB 杆为隔离体(见图 7-1(b)),列 $\sum M_D=0$

$$F_{QDB}\times4+M_{BD}=0$$

得

$$F_{QDB}=\frac{3}{64}EI\Delta$$

取横梁 CD 为隔离体(见图 7-1(b)),列 $\sum F=0$

$$-F_{NDE}-F_{QCA}-F_{QDB}=0$$

即

$$-\frac{EI\Delta}{64}-\left(\frac{3}{8}EI\Delta-10\right)-\frac{3}{64}EI\Delta=0$$

得

$$\Delta=\frac{160}{7EI}$$

(4) 求最终杆端弯矩和结构弯矩图:

$$M_{CA}=-\frac{3}{4}EI\times\frac{160}{7EI}+10=-\frac{50}{7}=-7.14\ \text{kN}\cdot\text{m}$$

$$M_{AC}=-\frac{3}{4}EI\times\frac{160}{7EI}-10=-\frac{190}{7}=-27.14\ \text{kN}\cdot\text{m}$$

$$M_{BD}=-\frac{3}{16}EI\times\frac{160}{7EI}=\frac{-30}{7}=-4.29\ \text{kN}\cdot\text{m}$$

得结构的 M 图如图 7-1(c) 所示。

2. 有侧移刚架的计算(重点、难点)

如果刚架的各结点(不包括支座)除有结点转角外,还有结点线位移,这种刚架称为侧移刚架。有侧移刚架的求解基本思路与无侧移刚架基本相同,需注意以下几方面:

(1) 在基本未知量中,要包括结点线位移。

(2) 在杆件计算中,要考虑线位移的影响。

(3) 列基本方程时,要增加与结点线位移对应的平衡方程。

例 7-2 用直接平衡法作图 7-2(a) 所示刚架的 M 图。

解 (1) 确定基本未知量。此刚架有两个基本未知量,结点 C 的转角 $\theta_C=\Delta_1$ 和结点 C 或 D 的水平线位移 Δ_2。

(2) 求解各杆杆端弯矩表达式。为满足结构结点位移和各杆杆端位移的变形连续条件,列各杆杆端弯矩表达式时,应用结点位移的符号表示杆端位移。根据等截面直杆的转角位移方程式,令 $i_{CA}=i_{BD}=\frac{EI}{4}=i$,$i_{CD}=\frac{3EI}{6}=2i$,各杆杆端弯矩表达式为

$$\left.\begin{aligned}M_{CA} &= 4i_{CA}\Delta_1 - \frac{6i_{CA}}{l_{CA}}\Delta_2 = 4i\Delta_1 - \frac{3i}{2}\Delta_2 \\ M_{AC} &= 2i_{CA}\Delta_1 - \frac{6i_{CA}}{l_{CA}}\Delta_2 = 2i\Delta_1 - \frac{3i}{2}\Delta_2 \\ M_{CD} &= 3i_{CD}\Delta_1 = 3\times(2i)\Delta_1 = 6i\Delta_1 \\ M_{BD} &= -\frac{3i_{BD}}{l_{BD}}\Delta_2 - \frac{10}{8}\times 4^2 = -\frac{3i}{4}\Delta_2 - 20\end{aligned}\right\} \tag{7-1}$$

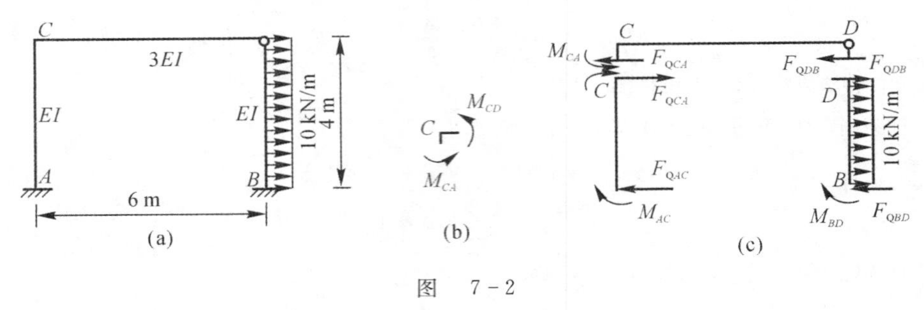

图 7-2

(3) 建立位移法方程。

1) 相应于结点 C 的角位移 $\Delta_1(=\theta_C)$，取结点 C 为隔离体(见图 7-2(b))，建立力矩平衡方程有

$$\sum M_C = 0,\quad M_{CD} + M_{CA} = 0 \tag{7-2}$$

将式(7-1) 中的 M_{CD}，M_{CA} 代入式(7-2)，得

$$10i\Delta_1 - \frac{3}{2}i\Delta_2 = 0 \tag{7-3}$$

2) 相应于结点 D 的水平线位移 Δ_2，截取含有 Δ_2 的柱顶以上的横梁为隔离体(见图 7-2(c))，建立水平投影方程，有

$$\sum F_x = 0 \quad F_{QCA} + F_{QDB} = 0$$

可由式(7-1) 杆端弯矩表达式求得杆端剪力表达式。分别取柱 AC 和 BD 为隔离体(见图 7-2(c))，由力矩平衡方程，有

$$\left.\begin{aligned}\sum M_A = 0,\quad F_{QCA} &= -\frac{M_{AC} + M_{CA}}{l_{AC}} \\ \sum M_B = 0,\quad F_{QDB} &= -\frac{M_{BD}}{l_{BD}} - \frac{1}{2}ql_{BD}\end{aligned}\right\} \tag{7-4}$$

将式(7-4) 代入式(7-3)，得

$$M_{AC} + M_{CA} + M_{BD} + 80 = 0$$

再将式(7-1) 中的 M_{AC}，M_{CA}，M_{BD} 代入上式，得

$$6i\Delta_1 - 3.75i\Delta_2 + 60 = 0 \tag{7-5}$$

(4) 解联立方程组(式(7-4) 和式(7-5))：

$$\begin{cases}10i\Delta_1 - \dfrac{3}{2}i\Delta_2 = 0 \\ 6i\Delta_1 - 3.75i\Delta_2 + 60 = 0\end{cases}$$

得
$$\Delta_1 = 3.16\,\frac{1}{i},\quad \Delta_2 = 21.05\,\frac{1}{i}$$

(5) 将 Δ_1，Δ_2 代入式(7-1)，可得各杆杆端弯矩为

$$M_{CA} = -18.95\ \mathrm{kN\cdot m},\quad M_{AC} = -25.26\ \mathrm{kN\cdot m}$$
$$M_{CD} = 18.95\ \mathrm{kN\cdot m},\quad M_{BD} = -35.79\ \mathrm{kN\cdot m}$$

(6) 作 M 图,如图 7-3 所示。

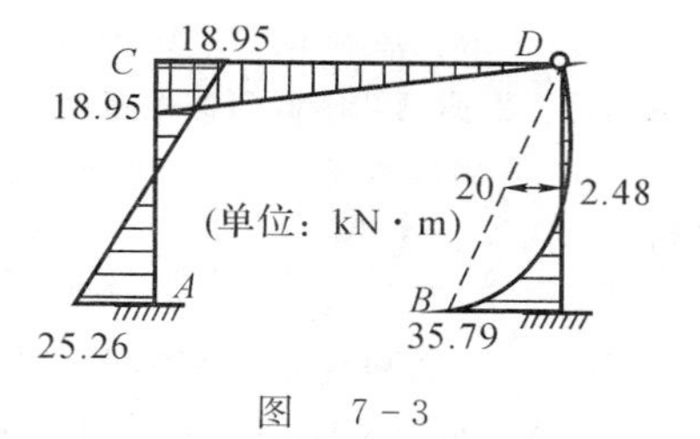

图 7-3

温馨提示:利用转角位移方程直接建立平衡方程的方法与下一节用基本体系建立位移法方程的方法在原理上是完全相同的,只是表现形式不同而已。杆端弯矩表达式实际上就是基本体系各杆在基本未知量和荷载共同作用下的弯矩的叠加公式,它已经把荷载和基本未知量的作用综合在一起了。

三、第三教学单元知识点

1. 位移法基本未知量数目的确定(重点)

结点转角未知量的数目一般等于刚结点数。求结点独立线位移未知量,对于简单刚架可用观察法;对于形式较复杂的刚架,可将结构中所有结点均改为铰结点(包括固定端改为铰支端),然后在这个铰结体系中增设链杆,使它恰好成为几何不变体系,则所增设的链杆数即为结点独立线位移未知量的数目。

2. 位移法的基本方程(重点)

位移法基本方程是平衡方程,方程个数与基本未知量个数相等。

在原结构中附加转动约束控制刚结点转角、附加支杆控制独立结点线位移,所得到的超静定单杆的组合体称为位移法基本体系。解除所有附加约束,按约束反力等于零的条件建立平衡方程。位移法基本方程的形式为

$$\left.\begin{aligned}&k_{11}\Delta_1+k_{12}\Delta_2+\cdots+k_{1n}\Delta_n+F_{1P}=0\\&k_{21}\Delta_1+k_{22}\Delta_2+\cdots+k_{2n}\Delta_n+F_{2P}=0\\&\cdots\cdots\\&k_{n1}\Delta_1+k_{n2}\Delta_2+\cdots+k_{nn}\Delta_n+F_{nP}=0\end{aligned}\right\}\tag{7-6}$$

式(7-6)称为位移法典型方程。其中 $\Delta_1,\cdots,\Delta_i,\cdots,\Delta_n$,称为基本未知量。$k_{ij}$ 称为结构刚度系数,即在基本结构中沿 j 方向发生单位位移时,沿 i 方向产生的相应约束力。由反力互等定理可知 $k_{ij}=k_{ji}$。F_{iP} 为荷载引起的沿 i 方向的约束力。

例 7-3 试求图 7-4(a) 所示无侧移刚架的弯矩图。

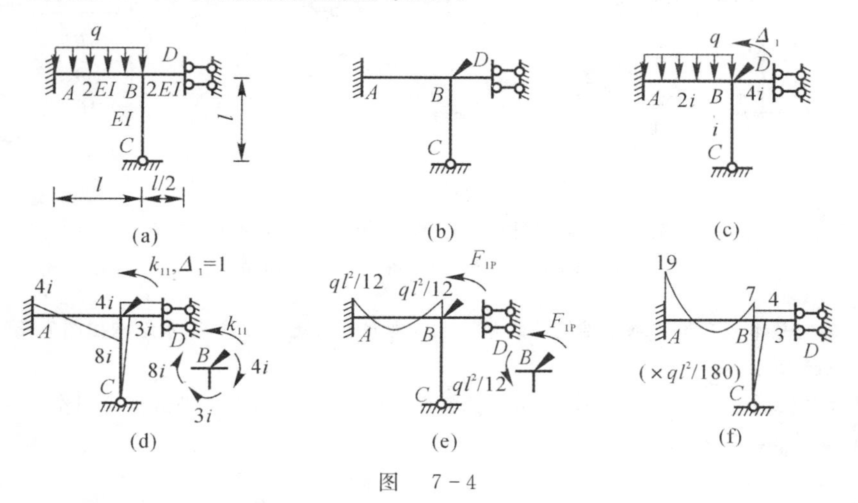

图 7-4

(a) 结构与荷载; (b) 基本结构; (c) 基本体系; (d) $\overline{M}_1$ 图及系数 k_{11} 的求解;

(e) M_P 图及自由项 F_{1P} 的求解; (f) 结构的弯矩 M 图

解 (1) 确定基本未知量及基本结构。只一个角位移 Δ_1,基本结构如图 7-4(b) 所示,基本体系如图

7-4(c) 所示。基本体系中 AB 杆为两端固定单元，BC 杆为 B 端固定 C 端铰支单元，BD 杆为 B 端固定 D 端定向单元。根据已知的截面惯性矩和单元长度，上述三单元的线刚度分别为 $2i$，i 和 $4i$，其中 $i=EI/l$。

(2) 写出位移法方程。方程的物理意义是在转角位移 Δ_1 和均布荷载作用下，B 结点附加约束刚臂上的总约束力偶等于零，即

$$k_{11}\Delta_1+F_{1P}=0$$

(3) 求系数和自由项，解方程。作基本结构只发生转角位移 $\Delta_1=1$ 时的单位弯矩图——$\overline{M}_1$ 图(见图 7-4(d))，取图示隔离体，列力矩平衡方程，求得系数 k_{11} 为

$$k_{11}=8i+3i+4i=15i$$

作基本结构只受荷载作用的弯矩图——M_P 图(见图 7-4(e))。取图 7-4(e) 所示隔离体，列力矩平衡方程，求得自由项 F_{1P} 为

$$F_{1P}=-ql^2/12$$

将求得的系数和自由项代入方程中，解得

$$\Delta_1=ql^2/180i$$

(4) 由叠加公式 $M=\overline{M}_1\Delta_1+M_P$ 和弯矩的区段叠加法可作出结构的弯矩图，如图 7-4(f) 所示。

(5) 校核。取刚结点 B，显然满足 $\sum M=0$，即满足平衡条件，说明结果是正确的。

例 7-4 试用位移法求图 7-5(a) 所示结构的弯矩图，$i=EI/l$。

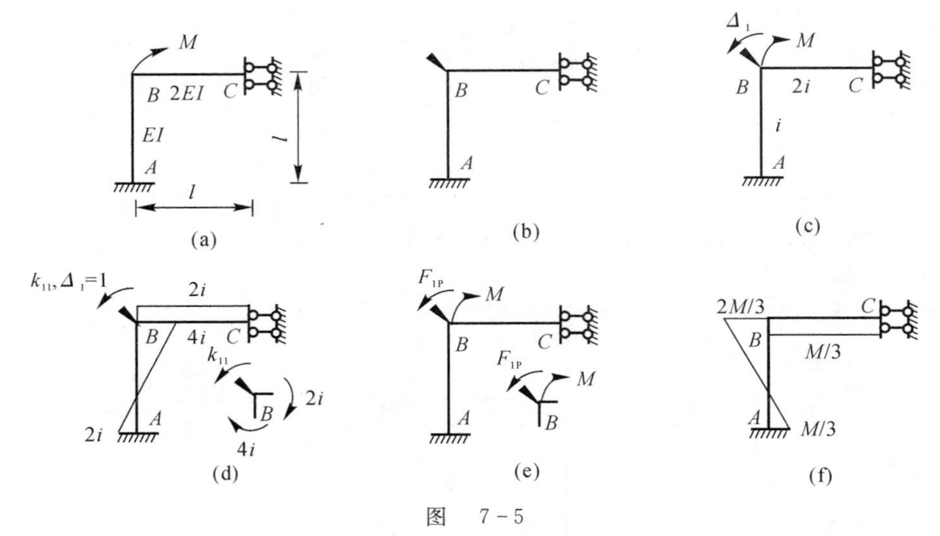

图 7-5

(a) 结构与荷载； (b) 基本结构； (c) 基本体系； (d) $\overline{M}_1$ 图及系数 k_{11} 的求解；
(e) M_P 图及自由项 F_{1P} 的求解； (f) 结构的弯矩图

解 (1) 确定基本未知量及基本结构。此题 $n=1$，为 B 点的转角位移，基本结构如图 7-5(b) 所示，基本体系如图 7-5(c) 所示。

(2) 写出位移法典型方程。本题位移法方程的物理意义是在转角位移和荷载的共同作用下，基本结构附加约束上的总反力偶等于零，即

$$k_{11}\Delta_1+F_{1P}=0$$

(3) 求系数并解方程。作单位弯矩图——$\overline{M}_1$ 图(见图 7-5(d))，取图示隔离体，列力矩平衡方程，求得

$$k_{11}=4i+2i=6i$$

作荷载弯矩图——M_P 图(见图 7-5(e))。取图 7-5(e) 所示隔离体，列力矩平衡方程可得

$$F_{1P}=M$$

将求得的系数和自由项代入方程中,解得

$$\Delta_1 = -\frac{M}{6i}$$

(4) 由 $M = \overline{M}_1\Delta_1 + M_P$ 叠加可得如图 7-5(f) 所示的弯矩图。

温馨提示:本题中,集中力偶正好作用在需求转角位移的结点上,由 M_P 图可知该集中力偶不产生弯矩,但对广义荷载反力有影响。

例7-5 试求图7-6(a)所示有弹性支座超静定梁的位移法刚度系数和自由项。k 为弹性支座刚度系数,已知梁的 EI 为常数,$i=\dfrac{EI}{l}$,且 $k=3EI/l^3$。

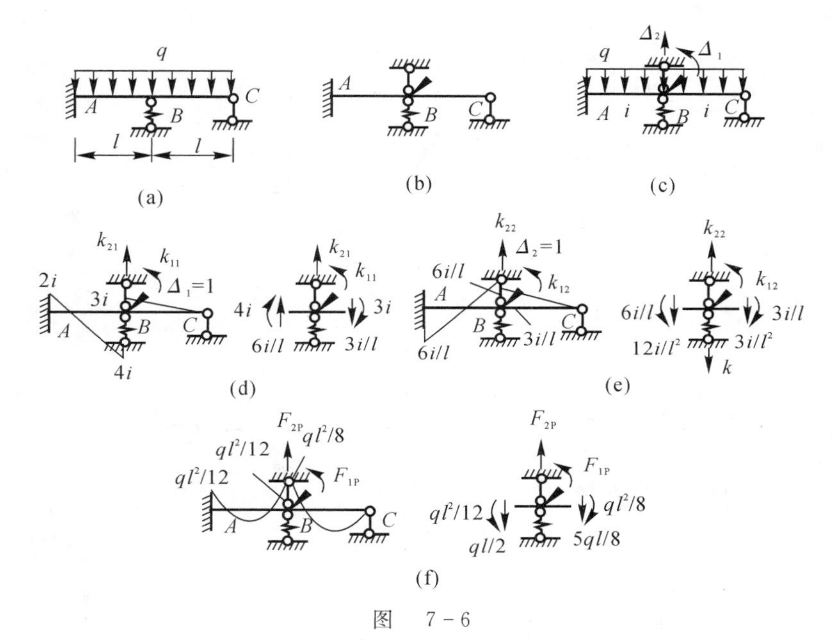

图 7-6

(a) 结构和支座位移; (b) 基本结构; (c) 基本体系; (d)$\overline{M}_1$ 图及系数 k_{11},k_{21} 的求解;
(e)$\overline{M}_2$ 图及系数 k_{12},k_{22} 的求解; (f)M_P 图及自由项 F_{1P},F_{2P} 的求解

解 (1) 确定基本未知量及基本结构。因为有一个刚结点,因此刚结点数 $n_a=1$。但本题跨中是弹性支座,荷载下弹性支座要变形,由此可知 $n_1=1$。据此可得图 7-6(b) 所示基本结构和图 7-6(c) 所示基本体系。

(2) 列出位移法方程,有

$$\begin{cases} k_{11}\Delta_1 + k_{12}\Delta_2 + F_{1P} = 0 \\ k_{21}\Delta_1 + k_{22}\Delta_2 + F_{2P} = 0 \end{cases}$$

(3) 求系数和自由项。由形常数作单位弯矩图,如图 7-6(d)(e) 所示。

取图示隔离体,可求得

$$k_{11} = 7i, \quad k_{12} = k_{21} = -3i/l, \quad k_{22} = \frac{12i}{l^2} + \frac{3i}{l^2} + k = 18i/l^2$$

由载常数作荷载弯矩图,如图 7-6(f) 所示。取图示隔离体,可求得自由项为

$$F_{1P} = ql^2/24, \quad F_{2P} = 9ql/8$$

温馨提示:① 任何具有弹性支座的问题都应该按此思路求解,也即弹性支座处必须加限制位移的约束。抗线位移的弹簧加链杆约束,抗转动的弹簧加刚臂约束。② 建议读者,作为练习,自行完成本题余下计算,作出最终弯矩图。

例 7-6 用位移法解图 7-7(a) 所示结构，画 M 图，求 C,E 点的位移。

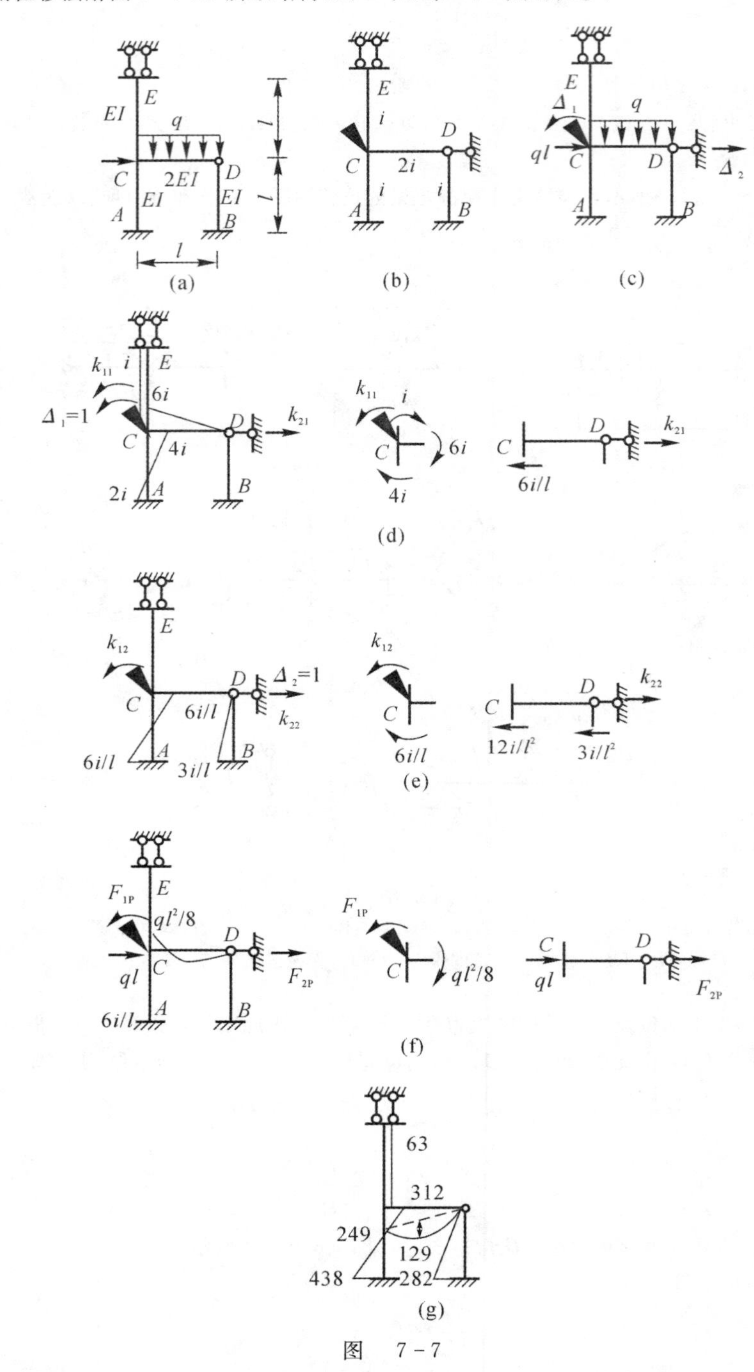

图 7-7

(a) 结构和支座位移；(b) 基本结构；(c) 基本体系；(d)$\overline{M}_1$ 图及系数 k_{11},k_{21} 的求解；(e)$\overline{M}_2$ 图及系数 k_{12},k_{22} 的求解；(f)M_P 图及自由项 F_{1P},F_{2P} 的求解；(g) 结构弯矩图($\times ql^2/1\ 032$)

解 (1) 作结构的 M 图。

1) 确定基本未知量及基本结构。C 为刚结点，有一个角位移；D 结点的水平位移为独立线位移。取基本结构和基本体系如图 7-7(b)(c) 所示。设 $i = EI/l$。

2) 建立位移法方程,有

$$\begin{cases} k_{11}\Delta_1 + k_{12}\Delta_2 + F_{1P} = 0 \\ k_{21}\Delta_1 + k_{22}\Delta_2 + F_{2P} = 0 \end{cases}$$

3) 求系数和自由项,解方程,有

作基本结构只发生角位移 $\Delta_1 = 1$ 时的单位弯矩图——$\overline{M}_1$ 图(见图 7-7(d)),取图 7-7(d) 所示隔离体,列力矩平衡方程和水平投影方程,求得系数为

$$k_{11} = 11i, \quad k_{21} = 6i/l$$

作基本结构只发生线位移 $\Delta_2 = 1$ 时的单位弯矩图——$\overline{M}_2$ 图(见图 7-7(e)),取图 7-7(e) 所示隔离体,求得系数为

$$k_{12} = 6i/l, \quad k_{22} = 15i/l^2$$

作基本结构荷载弯矩图——M_P 图(见图 7-7(f))。取图 7-7(f) 所示隔离体,求得自由项为

$$F_{1P} = ql^2/8, \quad F_{2P} = -ql$$

将求得的系数和自由项代入方程中,解得

$$\Delta_1 = -\frac{63ql^2}{1\,032i}, \quad \Delta_2 = \frac{94ql^3}{1\,032i}$$

4) 由 $M = \overline{M}_1\Delta_1 + \overline{M}_2\Delta_2 + M_P$,叠加可得如图 7-7(g) 所示弯矩图。

5) 取出刚结点 C,显然 $\sum M = 0$,满足平衡条件。从最终弯矩图求柱上端剪力,与求 k_{22} 或 F_{2P} 一样取隔离体,可验证 $\sum F_x = 0$。因此,本例题结果是正确的。

(2) 计算 C,E 点的位移。

1)C 点的转角位移和水平位移分别为 Δ_1 和 Δ_2,无须再求。

2) 取图 7-7(b) 所示基本结构,在 E 点施加水平单位力,作出相应的单位弯矩图.将其与图 7-7(g) 所示弯矩图图乘,得 E 点的水平位移为

$$\Delta_{EH} = \frac{ql^2}{1\,032EI}\left[-63\times l\times\frac{1}{2}l - \frac{1}{2}\times 312\times l\times\left(\frac{1}{3}l + l\right) + \frac{1}{2}\times 438l\times\left(\frac{2}{3}l + l\right)\right] = \frac{251ql^4}{2\,064EI}(\rightarrow)$$

3. 对称结构的计算(重点)

用半刚架计算对称结构时,要区分奇数跨结构与偶数跨结构。取半刚架后,奇数跨结构一般只切开梁,偶数跨结构则要切开整根柱子。以下 4 种情况讲解。

(1) 奇数跨对称刚架在对称荷载作用下。如图 7-8(a) 所示为奇数跨对称刚架在对称荷载作用下,可取如图 7-8(b) 所示的计算简图。

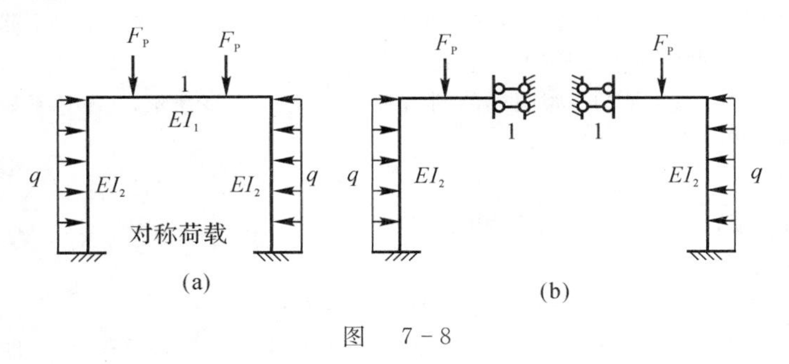

图 7-8

(2) 奇数跨对称刚架在反对称荷载作用下。如图 7-9(a) 所示为奇数跨对称刚架在反对称荷载作用下,

可取如图 7-9(b) 所示的计算简图。

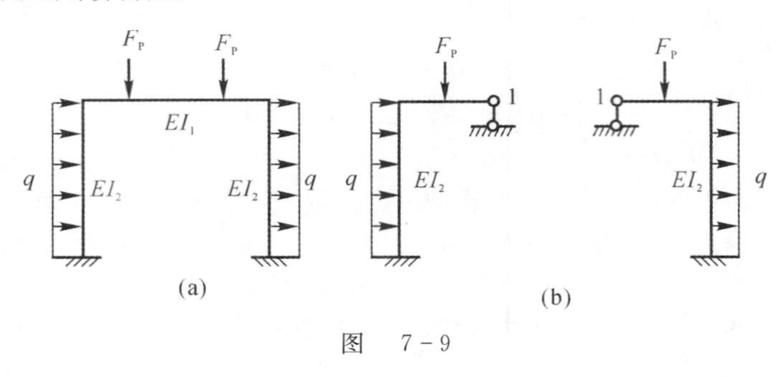

图 7-9

(3) 偶数跨对称刚架在对称荷载作用下。如图 7-10(a) 所示。偶数跨对称刚架在对称荷载作用下,可取如图 7-10(b) 所示的计算简图。

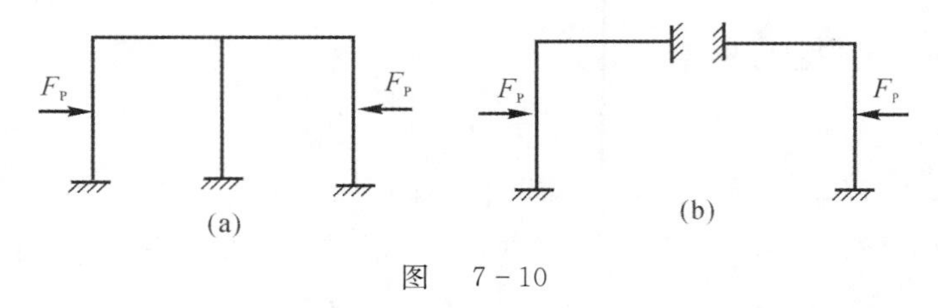

图 7-10

(4) 偶数跨对称刚架在反对称荷载作用下。如图 7-11(a) 所示为偶数跨对称刚架在反对称荷载作用下,可取如图 7-11(b) 所示的计算简图。

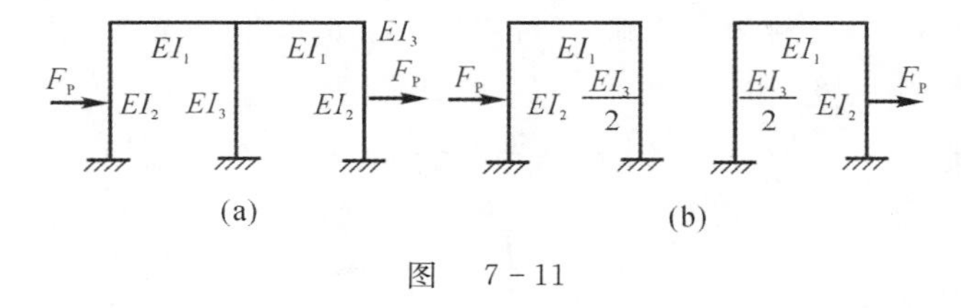

图 7-11

例 7-7 试求图 7-12(a) 所示结构的弯矩图。EI = 常数,$i = EI/6\text{m}$。

解 (1) 对称性的利用。本题属于在对称结构作用对称荷载的情况。取图 7-12(b) 所示半结构。从图 7-12(b) 可以看出,C 处的水平链杆对结构的弯矩图不起作用,可以去掉。从图 7-12(b) 还可以看出,EC 杆的弯矩和剪力都可由静力平衡条件确定,可以将 EC 杆去掉。其上荷载对余下结构的作用可以用一个力偶和一个竖向的集中力表示。因为不计杆件的轴向变形,这个竖向力对结构的弯矩也不起作用,所以,只考虑力偶的作用。去掉 C 处的水平链杆和 EC 杆以后的结构如图 7-12(c) 所示。

(2) 确定基本未知量及基本结构。很明显,基本结构如图 7-12(d) 所示,基本体系如图 7-12(e) 所示。

(3) 建立位移法方程。有

$$k_{11}\Delta_1 + F_{1P} = 0$$

(4) 求系数和自由项,解方程。作基本结构的单位弯矩图——$\overline{M}_1$ 图(见图 7-12(f)),取图示隔离体,列力矩平衡方程。求得系数为

$$k_{11} = 4i + 6i = 10i$$

作荷载弯矩图——M_P 图(见图 7-12(g))。取图示隔离体,列力矩平衡方程,可得自由项为

$$F_{1P} = 300\ \text{kN}\cdot\text{m}$$

将求得的系数和自由项代入方程中,解得

$$\Delta_1=-\frac{30}{i}$$

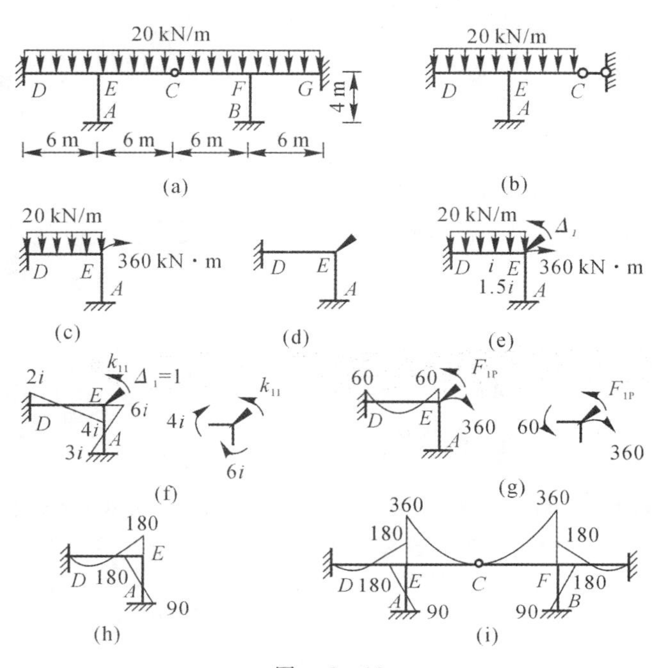

图 7-12

(a) 结构与荷载；(b) 半结构；(c) 半结构的简化；(d) 基本结构；(e) 基本体系；(f)$\overline{M}_1$ 图及系数 k_{11} 的求解；(g)M_P 图(kN·m)及 F_{1P} 的求解；(h) 弯矩图(kN·m)；(i) 整个结构的弯矩图(kN·m)

(5) 由 $M=\overline{M}_1\Delta_1+M_P$，叠加可得图 7-12(h) 所示弯矩图。

(6) 在图中添加 EC 杆的弯矩图，再根据弯矩图正对称的性质画出另一半结构的弯矩图。则整个结构的弯矩图如图 7-12(i) 所示。

例 7-8 试求图 7-13(a) 所示结构的弯矩图。

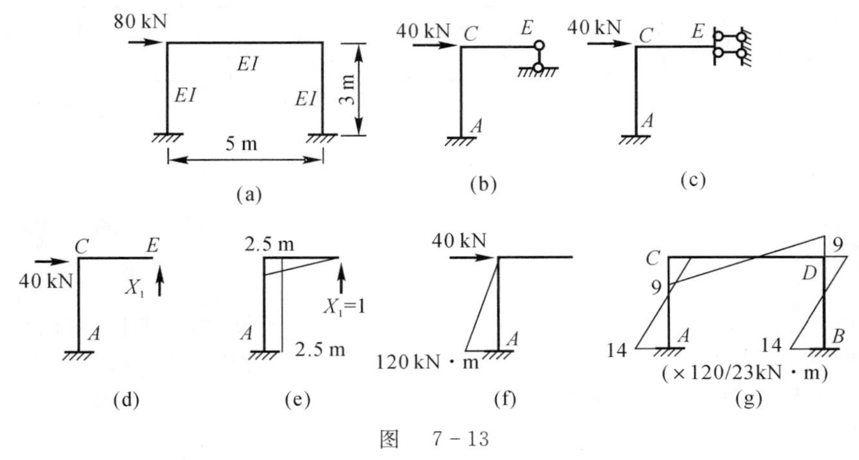

图 7-13

(a) 结构与荷载；(b) 反对称半结构；(c) 对称半结构；(d) 基本体系；(e) 单位弯矩图；(f) 荷载弯矩图；(g) 弯矩图

解 (1) 对称性的利用。利用对称性可得图 7-13(b)(c) 所示的反对称半结构和对称半结构。因为对称半结构属于无弯矩状态，故只需计算反对称半结构。

(2) 选择计算方法。很明显，按位移法求解两个未知数，按力法求解一个未知数。图 7-13(d) 所示为力法的基本体系。

(3) 建立力法方程。有

$$\delta_{11}X_1+\Delta_{1P}=0$$

(4) 求系数和自由项，解方程。作基本结构单位弯矩图——$\overline{M}_1$ 图(见图 7-13(e))和荷载弯矩图——M_P 图(见图 7-13(f))。可求得系数和自由项分别为

$$\delta_{11}=\left(\frac{1}{3}\times2.5^3+2.5\times3\times2.5\right)\cdot/EI\approx23.958\ \mathrm{m^3}/EI$$

$$\Delta_{1P}=-(1/2\times120\ \mathrm{kN\cdot m}\times3\ \mathrm{m}\times2.5\ \mathrm{m})/EI=-450\ \mathrm{kN\cdot m^3}/EI$$

将求得的系数和自由项代入力法方程中，解得

$$X_1\approx18.783\ \mathrm{kN}$$

(5) 由 $M=\overline{M}_1X_1+M_P$ 叠加可得半结构的弯矩图，因为本题的对称半结构无弯矩，因此根据对称性可由半结构弯矩图得到如图 7-13(g) 所示的最终弯矩图。

温馨提示：对于受任意荷载的单跨对称结构，当将荷载分解成对称和反对称两组时，对称半结构用位移法求解，反对称半结构用力法求解。这种利用对称性后，采用不同结构用不同方法求解以达到未知量(也即工作量)最少的解法，称为联合法。同时也可看到，如何选择解法，应该综合已有的知识，不应只用单一方法。

例 7-9 图 7-14(a) 所示结构各杆长为 l，$EI=$ 常数，求 A 点的位移。

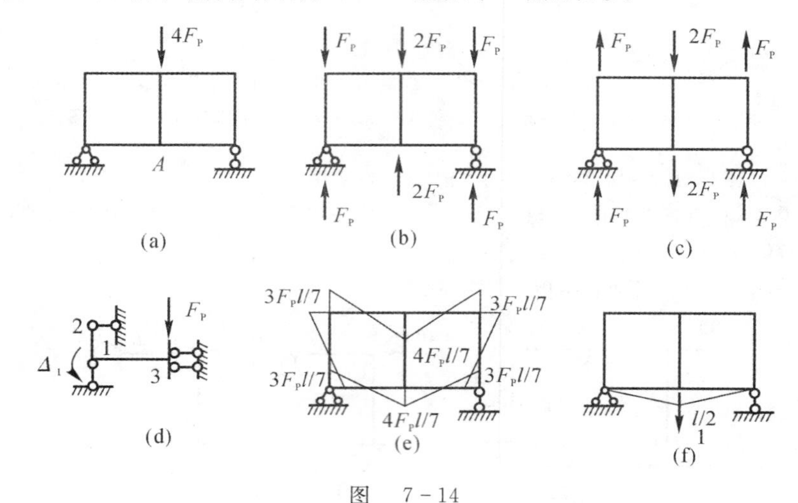

图 7-14

(a) 结构与荷载； (b) 对称荷载； (c) 左右对称、上下反对称荷载； (d) 1/4 结构和荷载；

(e) M 图； (f) 单位荷载和 $\overline{M}$ 图

解 结构为双轴对称，荷载和反力构成左右对称外力系，故将该外力系分解成上下对称和上下反对称。在上下对称外力系下(见图 7-14(b))，各杆弯矩为零，只需计算上下反对称外力系情况(见图 7-14(c))。因图 7-14(c) 所示结构为双轴对称，外力系左右对称，上下反对称，又可取 1/4 结构(见图 7-14(d)) 计算。

(1) 求解超静定结构(见图 7-14(d))。

1) 基本未知量为 Δ_1。

2) 求解杆端弯矩。设原结构各杆线刚度为 i，则杆 1-2 的线刚度为 $2i$。

$$M_{12}=3i_{12}\Delta_1=6i\Delta_1,\quad M_{13}=i_{13}\Delta_1-F_Pl/2=i\Delta_1-F_Pl/2$$

$$M_{31}=-i_{13}\Delta_1-F_Pl/2=-i\Delta_1-F_Pl/2$$

3）建立位移法方程。有

$$7i\Delta_1 - F_{\mathrm{P}}l/2 = 0$$

4）求位移 Δ_1。有

$$\Delta_1 = F_{\mathrm{P}}l/14i$$

5）求最终杆端弯矩，有

$$M_{12} = 6i\Delta_1 = 3F_{\mathrm{P}}l/7$$

$$M_{13} = i\Delta_1 - F_{\mathrm{P}}l/2 = F_{\mathrm{P}}l/14 - F_{\mathrm{P}}l/2 = -3F_{\mathrm{P}}l/7$$

$$M_{31} = -i\Delta_1 - F_{\mathrm{P}}l/2 = -F_{\mathrm{P}}l/14 - F_{\mathrm{P}}l/2 = -4F_{\mathrm{P}}l/7$$

画出1/4结构的 M 图，再按左右对称、上下反对称弯矩图特点，画结构 M 图，如图 7-14(e) 所示。

(2) 求 A 点的竖向位移。取静定的基本结构，画单位力的弯矩图(见图 7-14(f))，将图 7-14(f) 与图 7-14(e) 进行图乘，得

$$\Delta_{\mathrm{AV}} = \frac{2}{EI}\left(-\frac{1}{2}\cdot l\cdot\frac{3F_{\mathrm{P}}l}{7}\cdot\frac{l}{2}\cdot\frac{1}{3}+\frac{1}{2}\cdot l\cdot\frac{4F_{\mathrm{P}}l}{7}\cdot\frac{l}{2}\cdot\frac{2}{3}\right)=\frac{5F_{\mathrm{P}}l^3}{42EI}(\downarrow)$$

四、第四教学单元知识点

1. 支座移动时的内力计算(难点)

对于支座移动(或转动)的梁和刚架，在计算时，可将给定的支座位移值写入相关的杆端弯矩中，作为等效固端弯矩，其余步骤与荷载作用下的步骤相同。

例 7-10 试作图 7-15(a) 所示连续梁由于图示支座位移引起的弯矩图，$i=\frac{EI}{l}$。

解 (1) 确定基本未知量及基本结构。支座位移是一种广义荷载，位移法基本结构和“荷载”没有关系，因此基本未知量 $n=n_\alpha=1$，基本结构和基本体系如图 7-15(b)(c) 所示。

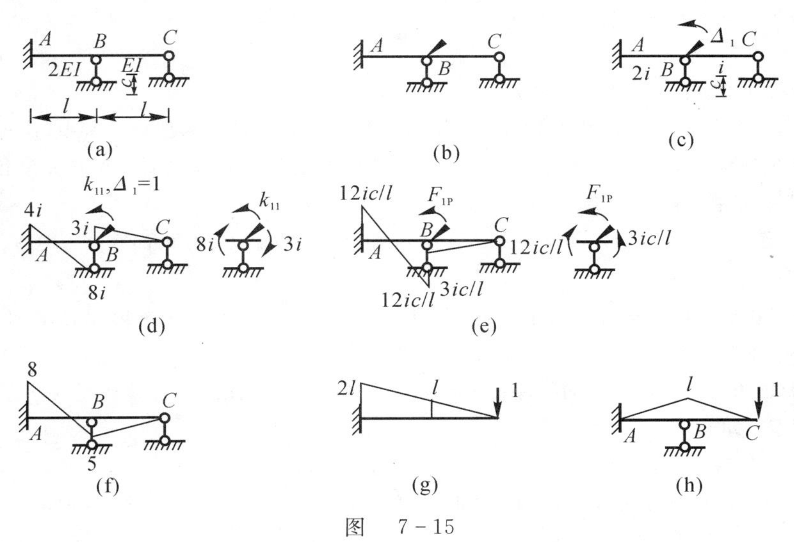

图 7-15

(a) 结构和支座位移； (b) 基本结构； (c) 基本体系； (d)$\overline{M}_1$ 图及系数 k_{11} 的求解；

(e)M_{P} 图及 $F_{1\mathrm{P}}$ 的求解； (f)M 图($\times 12EIc/11l^2$)； (g) 单位弯矩图(1)； (h) 单位弯矩图(2)

(2) 建立位移法方程，有

$$k_{11}\Delta_1 + F_{1c} = 0$$

(3) 求系数和自由项，解方程。作出基本结构单位弯矩图如图 7-15(d) 所示。取图示的刚结点为隔离体，列力矩平衡方程得

$$k_{11} = 11i$$

做出基本结构广义荷载(支座位移)引起的弯矩图,如图 7-15(e) 所示。取图示的刚结点为隔离体,列力矩平衡方程,可得

$$F_{1c} = \frac{9i}{l}c$$

将求得的系数和自由项代入方程中,解得

$$\Delta_1 = -\frac{9c}{11l}$$

(4) 由 $M = \overline{M}_1\Delta_1 + M_P$ 叠加,可得图 7-15(f) 所示弯矩图。

温馨提示:下面以两种方案计算超静定结构位移,校核此例的变形条件。

(1) 取左端固定,长 $2l$、右端受向下单位力作用的悬臂梁为单位力状态,将其单位弯矩图(见图 7-15(g))和图 7-15(f) 所示的弯矩图相乘,可得

$$\Delta = \frac{12EIc}{11l^2} \cdot \left[\frac{1}{2EI}\left(\frac{1}{2}\times 8\times l\times\frac{5}{6}\times 2l - \frac{1}{2}\times 5\times l\times\frac{4}{6}\times 2l\right) - \frac{1}{EI}\times\frac{1}{2}\times 5\times l\times\frac{2}{3}l\right] = 0$$

与原结构已知位移条件相符。

(2) 取图 7-15(h) 所示外伸梁为单位力状态,将图 7-15(h) 的单位弯矩图和图 7-15(f) 所示的最终弯矩图相乘,可得

$$\Delta = \frac{12EIc}{11l^2} \cdot \left[\frac{1}{2EI}\left(\frac{1}{2}\times 8\times l\times\frac{1}{3}l - \frac{1}{2}\times 5\times l\times\frac{2}{3}l\right) - \frac{1}{EI}\left(\frac{1}{2}\times 5\times l\times\frac{2}{3}l\right)\right] = -2c \neq 0$$

为什么两个方案结果不一样?哪里出错了?对于广义荷载引起的超静定结构位移计算,应该注意什么问题?请读者自行研究。

2. 温度作用下的内力计算(难点)

在温度作用下,计算自内力时,由温度变化引起的等效固端弯矩包含两部分。其中,由杆两侧温度差引起的固端弯矩可查表得到;由杆轴温度升降引起的轴向变形,将使结点产生已知线位移并使相关杆件发生转动,它所引起的等效固端弯矩可由转角位移方程求出。

例 7-11 试作图 7-16(a) 所示刚架弯矩图。已知刚架外部升温 t(℃)、内部升温 $2t$(℃)。梁截面尺寸为 $6h\times 1.26h$,柱截面尺寸为 $b\times h$,$l = 10h$,$i = EI/l$。

解 (1) 确定基本未知量及基本结构。与支座位移情况相同,基本结构和外因无关,因此本例 $n = n_a = 1$,基本结构和基本体系如图 7-16(b)(c) 所示。

(2) 建立位移法方程。本题方程的物理意义是基本结构在结点位移 Δ_1 和温度改变共同作用下,附加约束上总反力偶等于零。即

$$k_{11}\Delta_1 + F_{1t} = 0$$

(3) 求系数和自由项,解方程。做出 $\Delta_1 = 1$ 时的单位弯矩图——$\overline{M}_1$ 图,如图 7-16(d) 所示,取图示隔离体可求得系数为

$$k_{11} = 12i$$

温度改变可分解成如图 7-16(e)(g) 所示两种情况。对于图 7-16(e) 所示情况,当图中杆轴线温度改变 $t_0 = 1.5t$ 时,杆件将产生伸长,因为刚臂不能限制线位移,故基本结构将产生图示的结点线位移。根据产生的线位移,由形常数可做出图 7-16(f) 所示的轴线温度改变弯矩图,记作 M_{t_0}。对于图 7-16(g) 所示两侧温差 $\Delta t = t$℃ 情况,由载常数作出图 7-16(g) 所示的温差弯矩图,记作 $M_{\Delta t}$。因此,有温度改变时的弯矩图 M_t 应该是 M_{t_0} 图和 $M_{\Delta t}$ 图相加。取出图 7-16(h) 所示的隔离体,可得

$$F_{1t}=\frac{937}{63}\alpha ti$$

将求得的系数代入位移法典型方程并求解，得

$$\Delta_1=-\frac{937}{63\times 12}\alpha ti$$

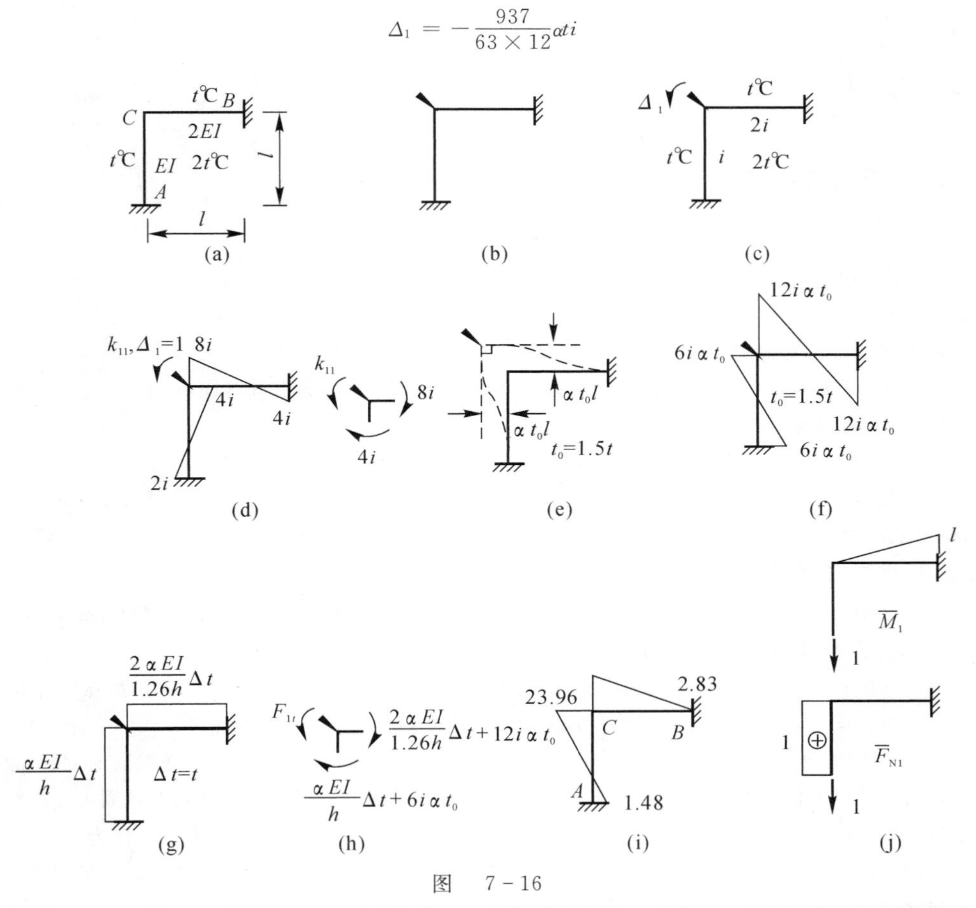

图 7-16

(a) 结构与温度改变；(b) 基本结构；(c) 基本体系；(d) $\overline{M}_1$ 图及系数 k_{11} 的求解；(e) 轴线温度改变引起的变形；(f) 轴线温度改变引起的变矩图 M_{t_0}；(g) 轴线两侧温差引起的弯矩图 $M_{\Delta t}$；(h) 自由项 F_{1t} 的求解；(i) 结构弯矩图($\times i\alpha t$)；(j) 校核用 $\overline{M}_1$ 图及 $\overline{F}_{N1}$ 图

(4) 由 $M=\overline{M}_1\Delta_1+M_{t_0}+M_{\Delta_t}$ 进行叠加，可得图 7-16(i) 所示的结构弯矩图。

(5) 校核。用 A 点的竖向位移进行校核。选图 7-16(j) 所示静定基本结构，并做出单位弯矩图和轴力图，则

$$\Delta_{AV}=\frac{1}{2EI}\left(\frac{1}{2}\times 23.96\times\frac{1}{3}l+\frac{1}{2}\times 2.83\times\frac{2}{3}l\right)\cdot\alpha it-\frac{\alpha\cdot\Delta t}{1.26h}\cdot\frac{l^2}{2}+\alpha t_0\cdot 1\cdot t=$$

$$(2.468-3.968+1.5)\alpha tl=0$$

读者也可用 B 点的转角位移进行校核，过程更简单。

温馨提示：(1) 对温度改变问题，首先根据内、外侧具体温度将其分解成轴线温度改变和两侧温差两种情况。

(2) 温度引起的基本结构弯矩图(广义荷载弯矩图)由两部分构成，即由轴线温度改变产生杆件自由伸缩的结点线位移所引起，由轴线两侧温差所引起。前者需先分析基本结构杆件自由伸缩所引起的结点位移。后者可直接查载常数表得到。

(3) 用位移法手算求解温度改变问题时，仍然需遵循本节开始时的假定 —— 不计轴向变形。但是，有杆件轴线温度改变时，必须考虑杆件的温度伸缩所产生的广义荷载内力。

(4) 和力法一样计算温度改变超静定结构位移，可化为静定结构位移计算问题来处理。这时需同时考虑超静定内力引起的位移和温度改变引起的位移。

7.2 学习指导

7.2.1 学习方法建议

学习本章之前，必须熟练掌握下列 1，2 两项基础知识。

1. 单跨梁的形常数和载常数

建议读者将各种形常数和载常数中的杆端弯矩记住，并能正确画出相应的弯矩图。至于剪力，可以根据需要由弯矩图求出。特别常用的包括以下两种：

(1) 载常数。满跨布置的均布荷载，跨中集中力，杆端集中力(杆端为平行链杆) 和杆端集中力偶(杆端为固定铰支座、另一端为固定端) 的载常数。

(2) 形常数。主教材 7.2 节中所有的形常数。

这些常数是学习位移法的基础，每一个例题都不止一次地用到这些常数。毫不夸张地说，如果不记住这些常数，位移法的学习将无法进行。

2. 由弯矩求杆端剪力

只要有独立结点线位移的例题都会不止一次地用到由弯矩图求杆端剪力的方法。因此，必须熟练掌握。

3. 准确理解并正确判断结点独立位移

用位移法求解超静定结构的第一步就是判断结点独立位移。对于一个超静定结构，结点独立位移的数量取决于已知单跨梁的形常数和载常数种类的多少。

例如，图 7-17(a) 所示连续梁，如果知道一端固定一端铰支和两端固定这两种单跨梁的形常数和载常数，就可只将 B 结点的转角位移作为结点独立位移，如图 7-17(b) 所示。如果我们只知道两端固定单跨梁的形常数和载常数，就必须将 B，C 两个结点的转角位移作为结点独立位移，如图 7-17(c) 所示。作为一种手算方法，建议读者在位移法学习过程中，熟记三种单跨梁(一端固定一端铰支、两端固定、一端固定一端平行链杆) 的形常数和载常数，以减少独立结点位移的数量。

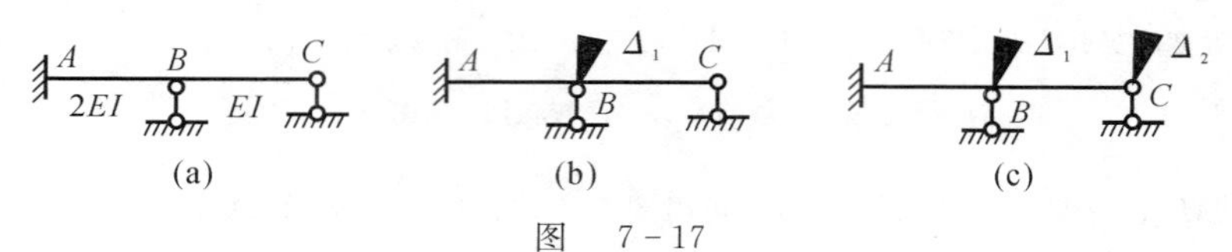

图 7-17

(a) 结构； (b) 基本结构 1； (c) 基本结构 2

4. 深刻理解位移法方程的物理意义

位移法方程的物理意义是基本结构在结点独立位移和各种因素(荷载、温度变化、支座位移和制造误差等) 的共同作用下，附加约束上的反力等于零。

位移法方程的一般形式为

$$k_{11}\Delta_1 + k_{12}\Delta_2 + \cdots + k_{1n}\Delta_n + F_{1P} + F_{1c} + F_{1t} = 0$$
$$k_{21}\Delta_1 + k_{22}\Delta_2 + \cdots + k_{2n}\Delta_n + F_{2P} + F_{2c} + F_{2t} = 0$$
$$\cdots\cdots\cdots\cdots$$
$$k_{n1}\Delta_1 + k_{n2}\Delta_2 + \cdots + k_{nn}\Delta_n + F_{nP} + F_{nc} + F_{nt} = 0$$

式中，k_{ij} 为基本结构发生单位结点位移时附加约束的反力；F_{iP}，F_{ic} 和 F_{it} 分别为基本结构在荷载、支座位移和温度变化等因素作用下附加约束的反力。

5. 掌握位移法解超静定结构的一般步骤

(1) 选择基本结构和基本体系。

(2) 建立位移法方程。

(3) 求方程中的系数和自由项，解方程。

(4) 由 $M=\overline{M}_1\Delta_1+\overline{M}_2\Delta_2+\cdots+\overline{M}_n\Delta_n+M_P+M_c+M_t$ 得到结构的弯矩图。与力法不同，位移法的基本结构是超静定结构，荷载、支座位移、温度变化等因素都有可能引起内力。

6. 各种题型的总结(以两个结点独立位移为例)

(1) 无侧移结构。无侧移结构一般取有独立位移的结点作为隔离体，利用弯矩平衡条件求系数和自由项。

1) 荷载作用的情况。需要注意的是有附加刚臂的结点上作用的集中力偶对荷载弯矩图(M_P 图) 没有影响，但是，对附加刚臂的反力(F_{iP}) 有影响，求自由项 F_{iP} 时不要忘记将集中力偶加上。

荷载作用时，系数 k_{ij} 的分子包含刚度项，自由项 F_{iP} 中不包含刚度项。由此可以判断，荷载作用下的结构位移与刚度的绝对值有关。而结构的弯矩则只与刚度的相对值有关。

2) 支座位移作用的情况。支座位移作用时，系数 k_{ij} 和自由项 F_{ic} 都包含刚度项，所以得到的结点位移只与刚度的相对值有关。由此可以判断，支座位移作用下的结构位移与刚度的相对值有关。结构的弯矩与刚度的绝对值有关。

3) 温度变化作用的情况。温度变化作用时的 M_t 图包括两部分：一部分是由平均温度升高引起的轴向变形的影响，杆件的轴向变形将引起与之相连的其他杆件的侧移；另一部分是由温差引起的弯曲变形的影响，因为结点的转角位移被刚臂锁住，所以弯曲变形会使杆件产生弯矩。计算 F_{it} 时要将两部分的影响加在一起。

与支座位移作用时的情况相同，温度变化作用时的系数 k_{ij} 和自由项 F_{it} 都包含刚度项。所以，结构位移与刚度的相对值有关，弯矩与刚度的绝对值有关。

(2) 有侧移结构。对于有侧移结构，一般将有侧移的柱端切断，取部分结构作为隔离体，利用侧移方向力的平衡条件求系数和自由项。

1) 有侧移结构需要用到由弯矩图求剪力。若附加约束位置上作用有集中力，则集中力对荷载弯矩图(M_P 图) 和杆端剪力没有影响，但是，对附加链杆的反力(F_{iP}) 有影响，求自由项 F_{iP} 时不要忘记将集中力加上；若 Δ_i 是转角位移，Δ_j 是线位移，求副系数 k_{ij} 时，一般是由 $\overline{M}_j$ 图利用结点弯矩平衡条件求 $k_{ji}=k_{ij}$，这样可以避免一次由弯矩图求剪力的工作。

2) 弹簧支座。若在线位移方向上有弹簧支座，在求基本结构发生单位位移的附加约束反力时，不要忘记将弹簧反力加上。

3) 横梁刚度为无穷大的两层刚架。用位移法计算这种结构时，可将其化为一个有两个侧移的结构，也很简单。但是，这种结构模型和计算方法同样也在后续的“钢筋混凝土结构设计”及“建筑抗震设计原理”等课程中有重要作用，特别是将在地震作用下多层房屋的计算中得到具体应用。

(3) 对称性的利用。半结构的取法与力法中一样，此处不再赘述。需要注意的是，当需要将荷载分组时，一般情况下，对称荷载下的半结构用位移法求解比较简单，而反对称荷载下的半结构用力法求解比较简单。

读者已经学习了力法和位移法，因此遇到这种情况，就应该能够分别用两种方法求解了。

7. 内力图的校核

与力法一样，超静定结构的内力图需要同时满足变形协调条件和力的平衡条件。因此，校核同样分两个步骤。

(1) 平衡条件 —— 验证结点位移是否正确。

求解结点位移用的是位移法方程，这是力的平衡方程。因此，任取结构的一部分作为隔离体，验算是否满足平衡条件，可以校核结点位移是否正确。

(2) 变形协调条件。

在求解过程中，已经保证了各杆端位移的协调。所以，变形协调条件自然得到了满足。

8. 位移法与力法基本未知量的对比

图 7-18(a) 所示结构只有 1 个结点独立位移。但是，此结构如果用力法求解，则多余约束力的个数为 4。

图 7-18(b) 所示结构有 3 个结点独立位移(C，D 两点的转角和 CD 杆的水平位移)。但是，此结构如果用力法求解，则多余约束力的个数只有 1 个。

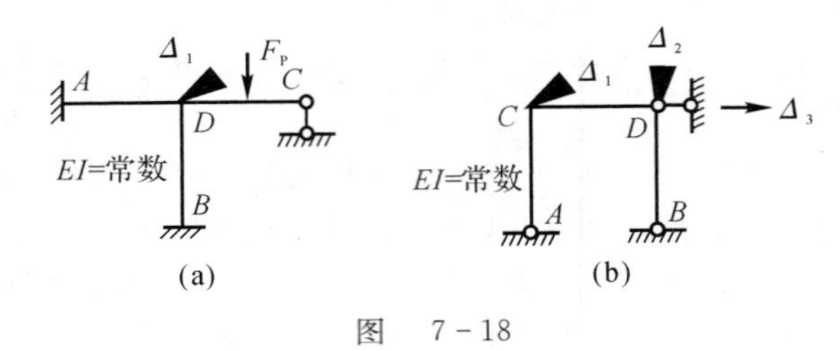

图 7-18

因此，对于 1 个超静定结构，如果没有指定解题方法，读者应该能够判断用哪种方法比较合适。

温馨提示：在力法中，读者已经掌握了超静定结构位移的计算方法，但是，如果题目要求的是结点位移，则考虑用位移法，因为位移法的基本未知量就是结点位移。

7.2.2 解题步骤及易犯的错误

1. 位移法分析的步骤

(1) 确定独立位移数、基本未知位移，建立合理的基本体系。

(2) 列出位移法典型方程。

(3) 建立单位弯矩图。

(4) 作荷载作用下的荷载弯矩图。

(5) 按结点或隔离体平衡求反力系数 k_{ij}，F_{iP}，或 $F_{i\Delta}$。

(6) 求解典型方程。

(7) 按控制弯矩叠加(例如荷载作用弯矩为 $M=\sum \overline{M}_i Z_i + M_P$ 等)，作最终弯矩图。

2. 易犯的错误

(1) 独立位移数分析不正确，过多附加约束，使计算工作量增加。或者该加约束消除位移处没加约束，使“基本体系”中仍含有未知位移，致使无法正确做出单位和荷载弯矩图。为此要复习和深刻理解角位移、线位移数的确定方法。

(2) 单位及荷载弯矩图做得不对，这要复习并确实记住一些最常用的形常数和载常数，达到熟练确定各杆弯矩的程度。

(3) 所建立的位移法典型方程不正确。对此要复习和深刻理解位移法的基本思想，牢牢记住它是平衡条件(原结构没有附加约束，因此总附加约束反力恒等于零)。

(4) 不能正确地计算位移法方程系数。对此要复习和切实掌握，对应角位移取结点力矩平衡来求，对应线位移的 k_{ii} 取隔离体由力的平衡来求的知识。

(5) 需克服粗心大意，确保方程求解和弯矩叠加正确。

(6) 错误地使用对称性。对此要牢记超静定对称结构的定义,对一般荷载要能正确地分解成对称和反对称,分别求解对称和反对称后的结构,要正确地进行叠加。

7.2.3 学习中常遇问题解答

1. 超静定结构的超静定次数、位移法基本未知量个数是否唯一? 为什么?

答:力法的超静定次数取决于选取什么样的基本结构,若以静定结构作为基本结构,则力法超静定次数是唯一的。但若以次数较低的超静定结构为基本结构,则不同超静定次数基本结构的力法超静定次数——基本未知力个数就不一样了。

对位移法来说,即使仅以三类基本杆件形、载常数为出发点,角位移未知量恒等于刚结点个数是唯一的,但线位移个数就不一定唯一了。例如有静定或剪力、弯矩静定的杆件时,一种方法是先求解静定部分,然后以作用反作用关系将静定部分内力化为超静定部分荷载,这时静定部分杆端位移不作为基本未知量;另一种方法是将静定的杆端位移也作为基本未知量,以能折成三类基本杆件集合体作为目标,确定未知量个数。显然两种方法的位移未知量个数是不相等的。此外,从位移法基本思想出发,如果用力法建立诸如杆端有弹性约束等单跨梁的形、载常数表,则基本杆件类型就将增多,这样原本需要作为独立未知量处理的位移,因为增加了基本杆件类型,可以不再作为独立未知量。因此,位移法基本未知量个数不唯一。

2. 如何理解两端固定梁的形、载常数是最基本的,一端固定、一端铰支和一端固定、一端定向这两类梁的形、载常数可认为是导出的?

答:因为两端固定单跨(等直杆)梁在对称或反对称外因下,将产生对称或反对称的内力和变形。当取半结构考虑时,取半结构对称轴处的支座条件就是反对称时为可动铰支座,对称时为定向支座。因此,另两类杆件的形、载常数可由两端固定承受对称、反对称外因导出。

3. 用位移法典型方程求解时,如何体现超静定结构必须综合考虑"平衡、变形和本构关系"三方面的原则?

答:作单位弯矩图时,各杆端(交汇结点)产生同样的结点位移,这体现了变形协调的自动满足。建立位移法典型方程是消除附加约束上的总反力,从而使结点或部分隔离体处于平衡,这体现了平衡条件的自动满足。单跨梁的形、载常数是由力法解算得来的,在力法解算中包含了本构关系。

4. 如何处理支座位移、温度改变等作用下的位移法求解?

答:已知支座位移、温度改变等在位移求解中都是作为一些"特殊"荷载来处理的,基本结构与所受外因是无关的。因此不管是荷载作用还是其他外因都是一样的,所不同的是约束上外因刚度系数的反力:荷载时为 F_{iP},支座移动时为 F_{ic},温度改变时为 $F_{it}=F_{it_0}+F_{i\Delta t}$,其中 F_{it_0} 是由于轴线温度改变所产生位移引起的约束反力,$F_{i\Delta t}$ 为两侧温差引起的约束反力。

5. 荷载作用下,为什么求内力时可用杆件的相对刚度,而求位移时必须用绝对刚度?

答:用力法求解时,内力只和杆件的相对刚度有关。这里从位移法求解角度加以解释。因为位移法典型方程为

$$\sum k_{ij}\Delta_j+R_{iP}=\sum k_{ij}Z_j+R_{iP}=0,\quad i=1,2,\cdots,n$$

刚度系数 k_{ij} 与各杆的线刚度有关。若以某杆线刚度 i 为基准,k_{ij} 可化为 $\alpha_{ij}\times i$,α_{ij} 是由相对刚度和杆件尺寸 l 确定的常数。单位弯矩图 $\overline{M}_i$ 中各杆端弯矩(由其导出杆端剪力)均可用基准杆线刚度 i 来表示。又因荷载下的 F_{iP} 是与刚度无关的量,因此由位移法矩阵方程求解,即

$$\boldsymbol{Z}=-\frac{1}{i}\boldsymbol{\alpha}^{-1}\boldsymbol{R}$$

再考虑内力由叠加 $M=\sum_{i=1}^{n}\overline{M}_iZ_i+M_P$ 求得,因此最终内力中不包含 i 而只与各种相对刚度有关。

但是从上述位移解答的矩阵形式可见,位移不仅与相对刚度有关的 $\boldsymbol{\alpha}^{-1}$ 有关,而且还与基准杆的绝对线

刚度 i 有关。所以要求得真实位移必须用各杆的绝对刚度值。

6. 在力法和位移法中，各以什么方式满足平衡和位移协调条件？

答：在力法中，通过单位力和外因内力图满足平衡条件，通过建立力法典型方程满足位移协调条件。在位移法中，通过单位弯矩图满足位移协调条件，而通过建立位移法典型方程满足平衡条件。

7. 非结点的截面位移可否作为位移法的基本未知量？位移法能否解静定结构？

答：截面位移可以作为位移法的基本未知量，但手算时将会因未知量过多难以求解。用计算机程序计算时就没有任何困难了。

位移法可求解一切形式的结构（刚架、梁、拱、桁架、组合结构），可解静定也可解超静定。和上述原因一样，手算时用位移法解静定结构将大大增加计算工作量。

7.3 考试指点

7.3.1 考试出题点

本章介绍的是另一种以结点独立位移作为基本未知量解超静定结构的手算方法——位移法。其主要内容是用位移法求解超静定结构在荷载、温度变化、支座位移和制造误差等因素作用下的内力。为减少基本未知量，这里假定不考虑梁和刚架等结构构件轴向变形。本章考试知识点为：

(1) 位移法的基本概念、基本原理及基本结构的确定。

(2) 位移法的典型方程及系数、自由项的物理意义。

(3) 应用等截面杆件的转角位移方程，确定它们在各种因素影响下的杆端弯矩和杆端力。

(4) 利用基本结构建立位移法典型方程及其系数、自由项的计算。

(5) 荷载作用下，位移法解超静定梁和刚架的方法以及对称性的利用。

(6) 支座移动、温度变化、弹性支座、斜杆刚架、链杆体系的位移法问题。

(7) 校核计算结果。

7.3.2 名校考研真题选解

一、客观题

1. 填空题

(1)（浙江大学试题）如图 7-19 所示位移法的基本结构，当刚臂 B 沿正方向发生单位转角时，支座 C 水平链杆的反力大小为________，方向向________。EI = 常数。

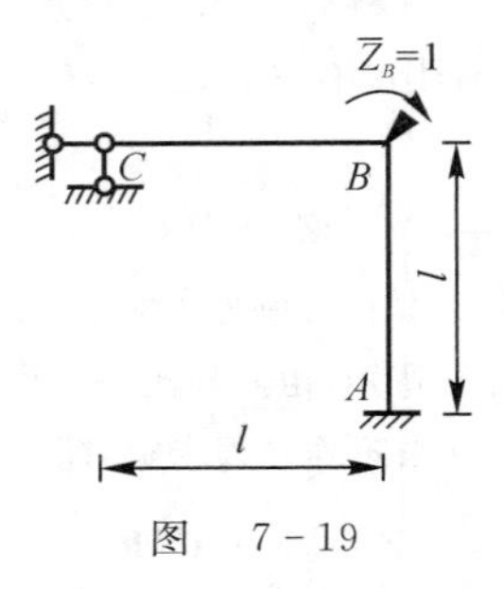

图 7-19

答案：$\frac{6EI}{l^3}$，左

(2)（西南交通大学试题）如图 7-20(a) 所示结构弹性支座抗转刚度 $\beta = 2EI/l$，横梁刚度无穷大，用位移

法求得弯矩如图 7-20(b) 所示，则 B 点的转角为________。

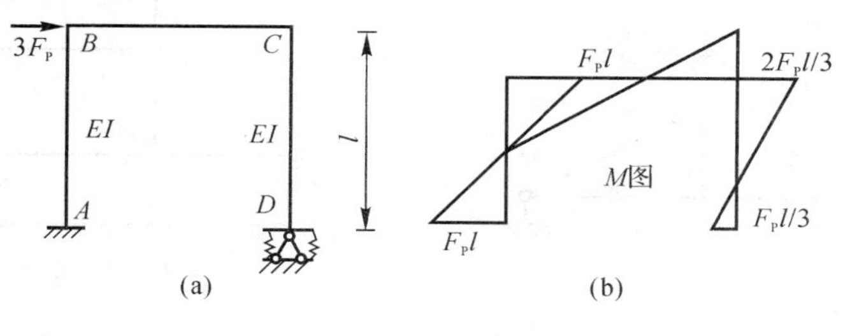

图 7-20

答案：0

(3)(湖南大学试题) 如图 7-21 所示多跨静定梁，其层叠图为________(用图表示)，截面 E 的弯矩 M_E = ________，________侧受拉。

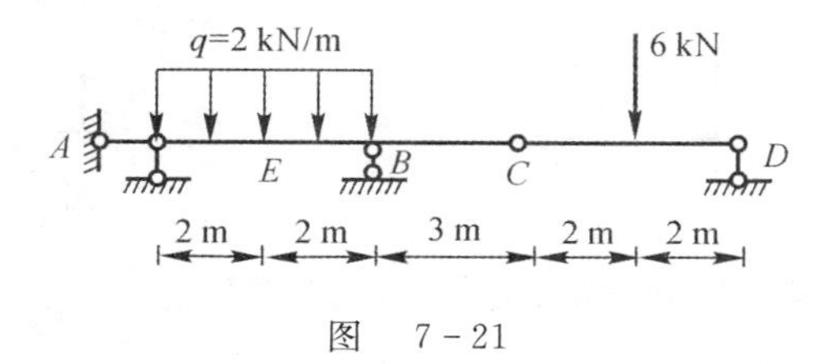

图 7-21

答案：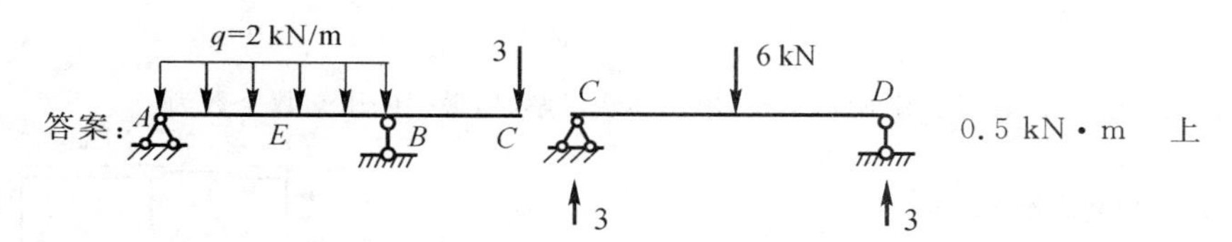

0.5 kN·m 上

(4)(西南交通大学试题) 如图 7-22 所示结构，用位移法求解时，r_{11} = ________，设 $A = I/l^2$(其他杆件不计轴向变形)。

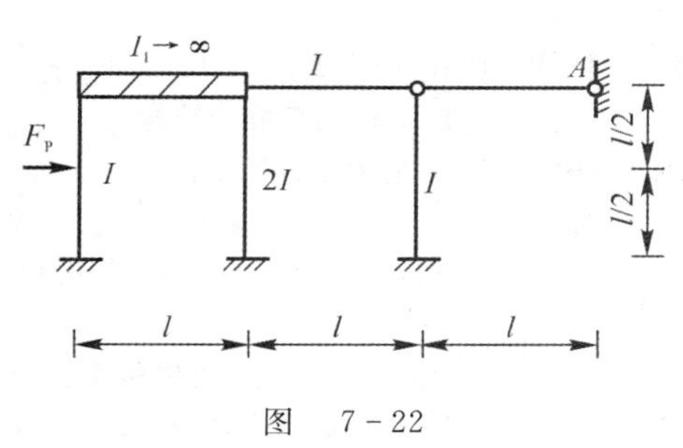

图 7-22

答案：$\dfrac{EA}{l}+\dfrac{12EI}{l^3}+\dfrac{12(2EI)}{l^3}+\dfrac{3EI}{l^3}=\dfrac{40EI}{l^3}$

(5)(中南大学试题) 如图 7-23 所示结构，用位移法计算时，基本未知量数目为________。

答案：6

(6)(国防科技大学试题) 图 7-24 所示结构 B 支座反力为________，方向为________，E 支座反力为________(以向右为正)。

答案：Pa 逆时针 0

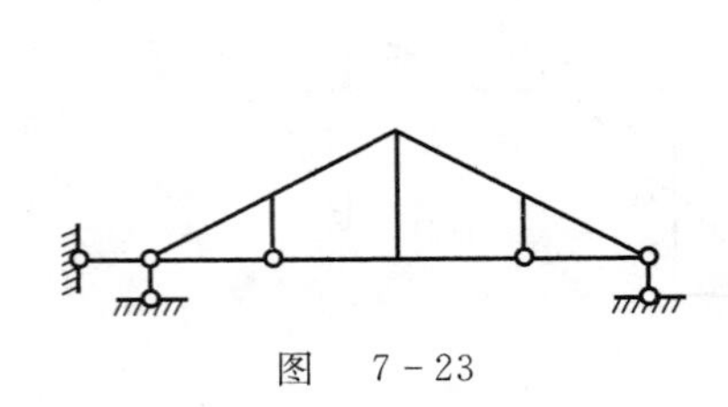

图 7-23

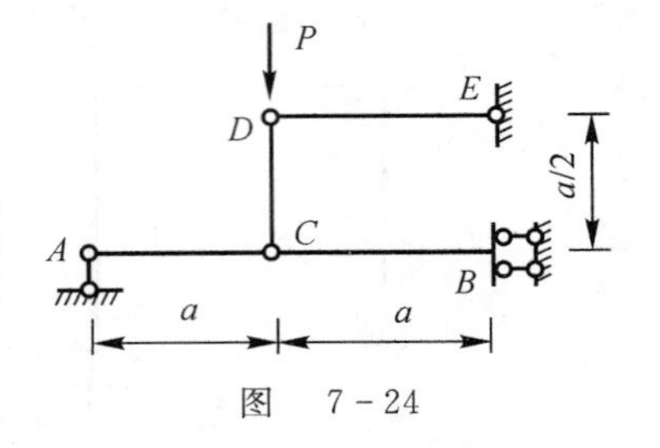

图 7-24

(7)(国防科技大学试题) 如图 7-25 所示结构,超静定次数为________,如果考虑杆件的轴向变形,则位移法基本未知数为________个。

答案:5　6

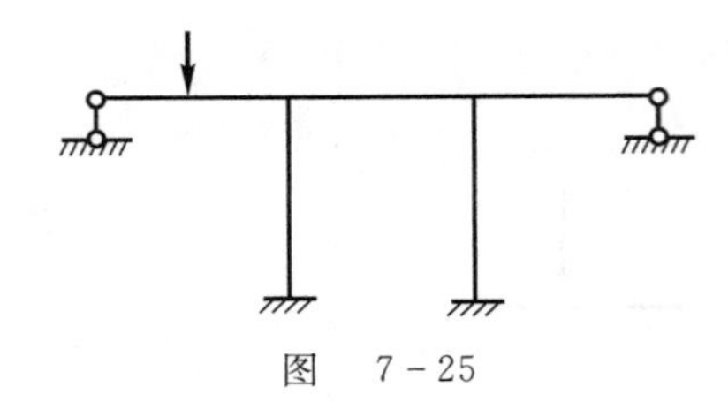

图 7-25

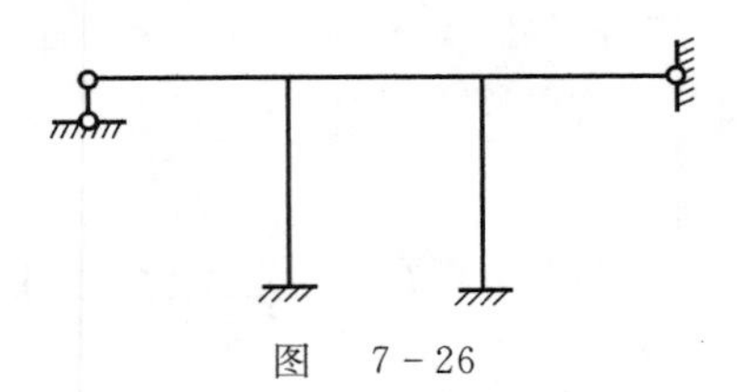

图 7-26

(8)(国防科技大学试题) 如图 7-26 所示结构的超静定次数为________;用位移法求解时,基本未知数为________个。

答案:6　2

2. 选择题

(1)(哈尔滨工业大学试题) 1) 图 7-27 所示结构,用位移法求解时,最少的未知数个数为(　　)。

A. 1　　B. 2　　C. 3　　D. 4

2) 计算刚架时,位移法的基本结构是(　　)。

A. 超静定铰结体系　　B. 单跨超静定梁的集合体

C. 单跨静定梁的集合体　　D. 静定刚架

答案:1)B　2)B

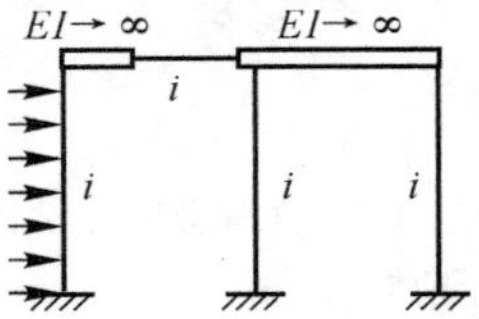

EI→∞　EI→∞　i　i　i　i

图 7-27

(2)(浙江大学试题) 从位移法的计算原理看,该方法(　　)。

A. 只能用于超静定结构　　B. 只能用于静定结构

C. 只能用于超静定结构中的刚架和连续梁　　D. 适用于各类结构

答案:D

(3)(浙江大学试题) 如图 7-28 所示结构,不计轴向变形,采用位移法计算,则基本未知量数目为(　　)。

A. 角位移 4 个,线位移 4 个　　B. 角位移 4 个,线位移 5 个

C. 角位移 4 个,线位移 6 个'　　D. 角位移 3 个,线位移 5 个

答案:A

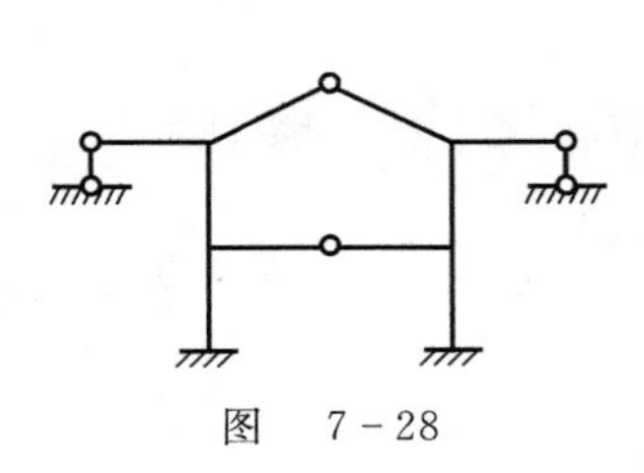

图 7-28

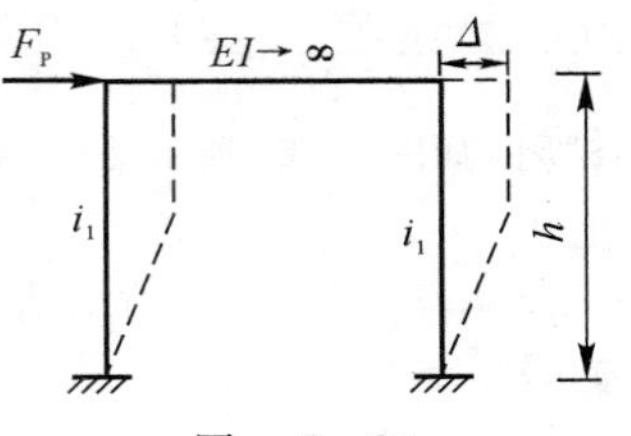

图 7-29

(4)(西南交通大学试题) 如图 7－29 所示结构用位移法求解可得(　　)。

A. $\Delta = F_P h^2/24i_1$　　B. $\Delta = F_P/(12i_1/h)$

C. $\Delta = F_P/(12i_1/h^2)$　　D. $\Delta = F_P/(24i_1/h)$

答案:A

(5)(西南交通大学试题) 图 7－30(b) 是图 7－30(a) 所示结构位移法所作图的条件是(　　)。

A. $i_1 = i_2 = i_3$　　B. $i_1 \neq i_2, i_1 = i_3$　　C. $i_1 \neq i_2 \neq i_3$　　D. $i_1 = i_3, i_2 \to \infty$

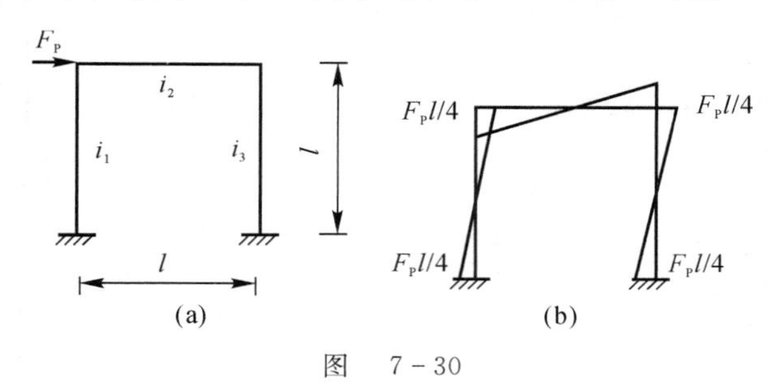

图 7－30

答案:D

(6)(国防科技大学试题) 如图 7－31 示结构,用位移法求解时,基本未知量为(　　)。

A. 一个线位移　　B. 两个线位移和四个角位移

C. 四个角位移　　D. 两个线位移

答案:D

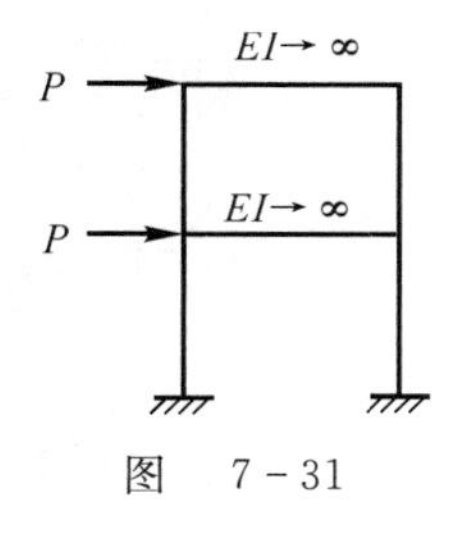

图 7－31

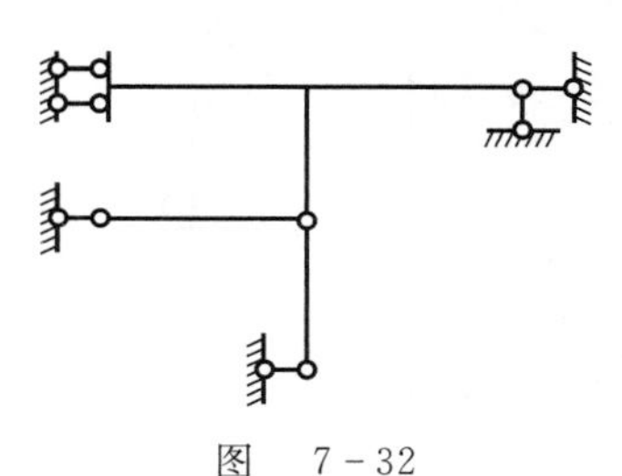

图 7－32

(7)(宁波大学试题) 如图 7－32 所示结构,各杆 EI 为常数,位移法中其结点位移基本未知量个数为(　　)。

A. 3　　B. 4　　C. 5　　D. 6

答案:A

3. 判断题

(1)(中南大学试题) 位移法既可用于求解超静定结构,也可用于求解静定结构。

答案:对

(2)(天津大学试题) 如图 7－33(a) 结构,当 A 端产生单位转角时,其弯矩图如图 7－33(b) 所示。

答案:错

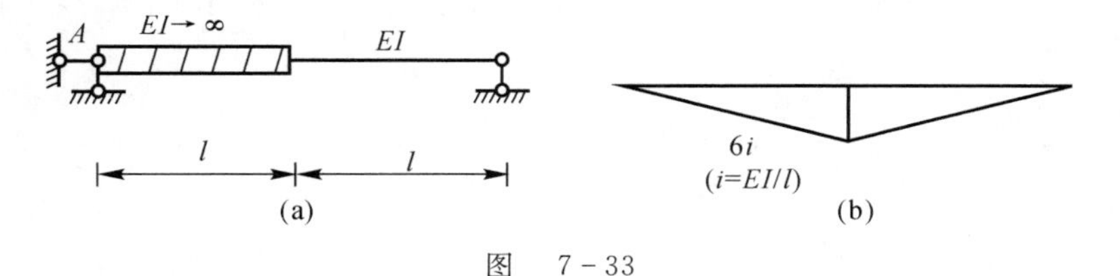

图 7－33

(3)(湖南大学试题) 位移法典型方程中的主、副系数与作用于结构上的各种因素无关。

答案:对

二、计算题

1.(同济大学试题) 试用位移法求解图 7-34 所示刚架,并且绘制弯矩图。设各杆的 EI 为常数。

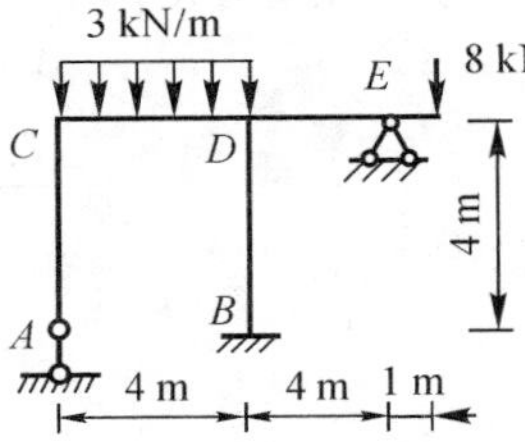

解 (1) 在图示荷载作用下,系统有一个位移未知量,即节点 D 的转角,则此时的基本体系如图 7-35(a) 所示。位移法基本方程为

$$r_{11}Z_1 + F_{1P} = 0$$

(2) 令 $Z_1 = 1$,则系统在位移分量作用下的弯矩图如图 7-35(b) 所示。令 $EI/4 = i$,则由图示结构刚结点弯矩平衡,可得

$$r_{11} = 3i + 4i + 3i = 10i$$

图 7-34

(3) 在节点处附加刚臂,此时的弯矩图如图 7-35(c) 所示。

由图示结构刚结点弯矩平衡,可得

$$F_{1P} = 6 + 4 = 10\ \text{kN} \cdot \text{m}$$

代入位移基本方程解得

$$Z_1 = -\frac{1}{i}$$

(4) 根据弯矩叠加原理绘制弯矩图,如图 7-35(d) 所示。

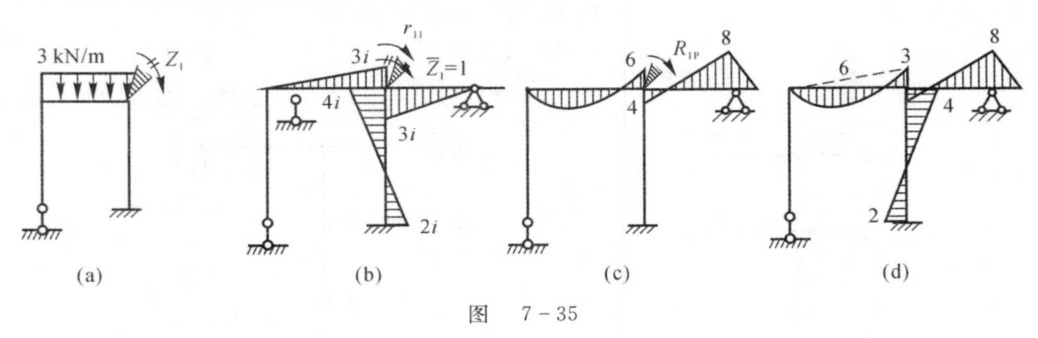

图 7-35

2.(同济大学试题) 用位移法求图 7-36 所示结构的 M 图。

解 (1) 体系有两个位移未知量,分别是刚节点的水平位移和转角,则基本体系如图 7-37(a) 所示。此时位移法的典型方程为

$$\begin{cases} r_{11}Z_1 + r_{12}Z_2 + R_{1P} = 0 \\ r_{21}Z_1 + r_{22}Z_2 + R_{2P} = 0 \end{cases}$$

(2) 令 $Z_1 = 1, Z_2 = 0$,则此时结构的弯矩图为如图 7-37(b) 所示。

设 $\frac{EI}{l} = i$,由弯矩图可知

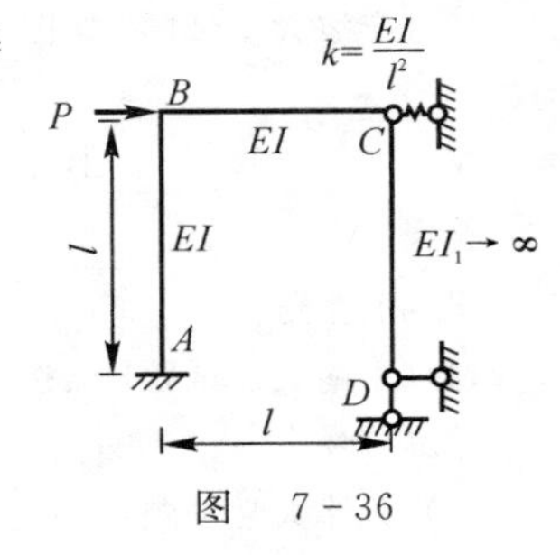

图 7-36

$$r_{11} = 4i + 4i = 8i, \quad r_{21} = \frac{2i}{l} - \frac{6i}{l} = -\frac{4i}{l}$$

(3) 令 $Z_1 = 0, Z_2 = 1$,此时的弯矩图如图 7-37(c) 所示。由图可知,利用刚结点弯矩平衡,可得

$$r_{22} = \frac{12i}{l^2} + \frac{4i}{l^2} + k = \frac{17i}{l^2}, \quad r_{12} = r_{21} = -\frac{4i}{l}$$

(4) 在刚节点处分别附加刚臂,约束位移,则此时的弯矩图如图 7-37(d) 所示。则由弯矩图,可得

$$R_{1P} = 0, \quad R_{2P} = -P$$

将系数和自由项代入位移法方程中,可得

$$8iZ_1-\frac{4iZ_2}{l}=0,\quad -\frac{4iZ_1}{l}+17iZ_2-P=0$$

解得

$$Z_1=\frac{Pl}{30i},\quad Z_2=\frac{Pl^2}{15i}$$

根据弯矩叠加法，可得如图 7-37(e) 所示的弯矩图。

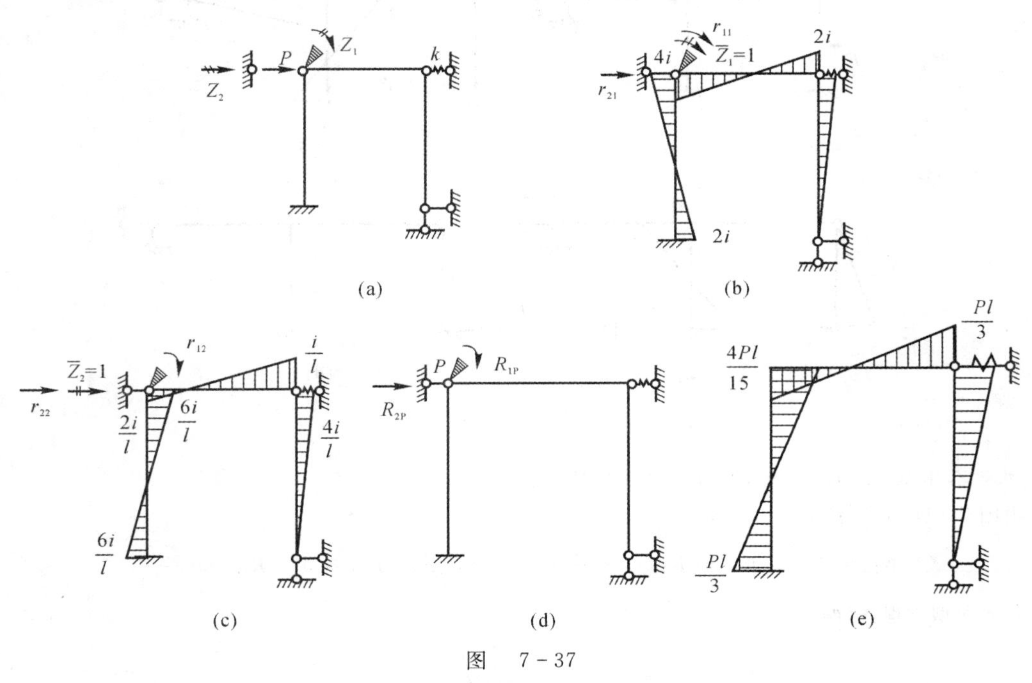

图 7-37

3.(哈尔滨工业大学试题) 试确定图 7-38 所示结构位移法基本未知量数目和基本结构。两根链杆 a 和 b 需考虑变形。

解 有 7 个位移未知量，具体如图 7-39 所示。

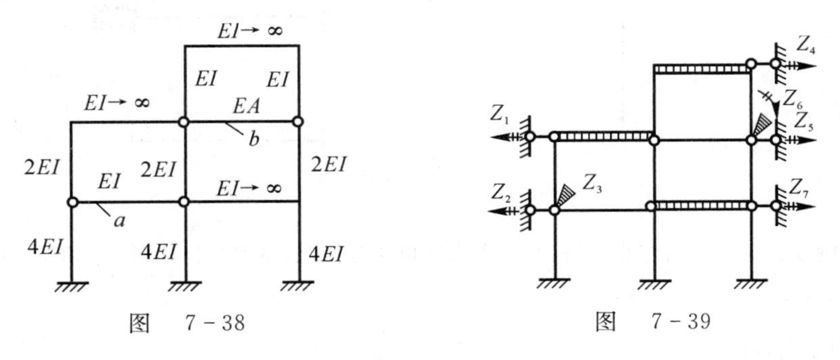

图 7-38　　　　图 7-39

4.(哈尔滨工业大学试题) 已知图 7-40 所示结构 B 点的位移为 Δ，试求 F_P。$EI=$ 常数。

解 由图 7-40 可知，结构有两个位移未知量，取基本体系如图 7-41(a) 所示。

位移典型方程为

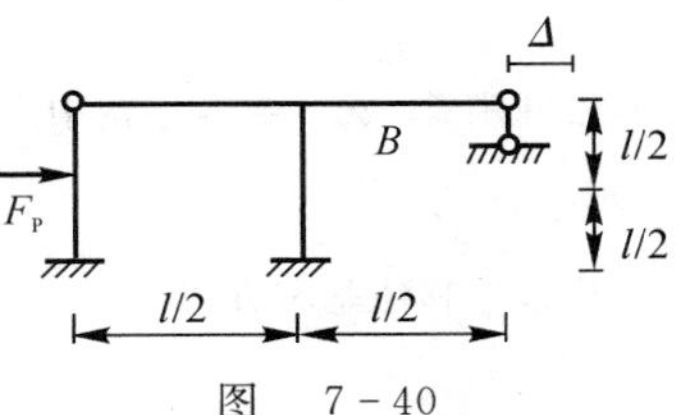

图 7-40

$$\begin{cases} K_{11}Z_1 + K_{12}Z_2 + R_{1P} = 0 \\ K_{21}Z_1 + K_{22}Z_2 + R_{2P} = 0 \end{cases}$$

分别令 $Z_1 = 1, Z_2 = 1$，此时可得到 $\overline{M}_1$ 图和 $\overline{M}_2$ 图，分别如图 7-41(b)(c) 所示。

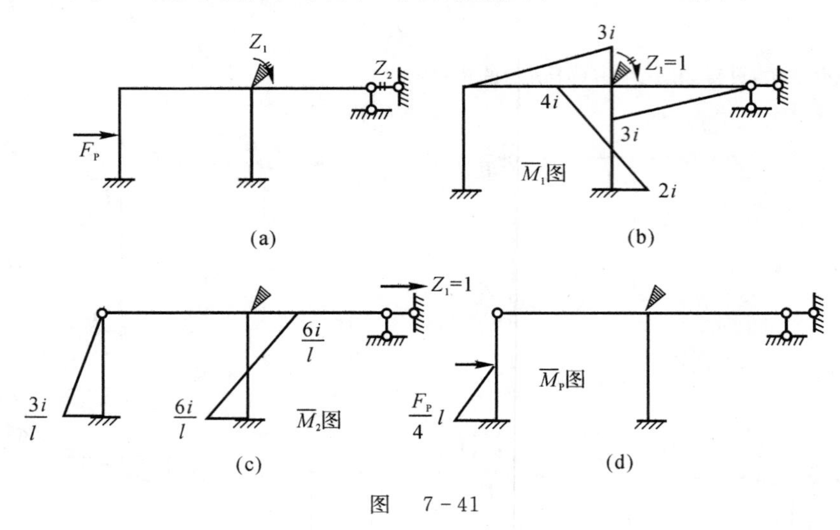

图 7-41

固定 Z_1 和 Z_2，绘制 M_P 图，如图 7-41(d) 所示。

由图 7-41 可求得

$$K_{11} = 10i, \quad K_{12} = K_{21} = -\frac{6i}{l}, \quad K_{22} = \frac{15i}{l^2}, \quad R_{1P} = 0, \quad R_{2P} = -\frac{5F_P}{16}$$

代入典型方程，解得

$$F_P = \frac{912}{5}\frac{\Delta EI}{l^3}$$

5.(天津大学试题) 用位移法计算如图 7-42 所示结构，并作弯矩图。各杆刚度为 EI。杆长为 l。

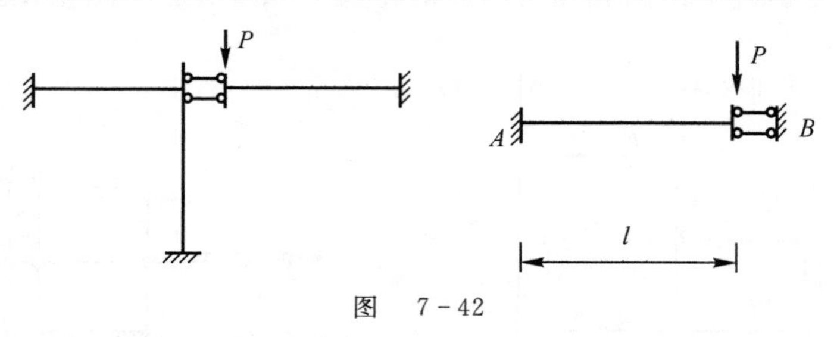

图 7-42

解 利用刚度法求解。由题意可得，有一个未知位移分量，取基本结构如图 7-43(a) 所示。固定刚臂，则得到的弯矩图如图 7-43(b) 所示。

由结点弯矩平衡，可得

$$F_{1P} = \frac{Pl}{2}$$

松开刚臂，令 $Z = l$，结构中产生的弯矩如图 7-43(c) 所示。令 $i = \frac{EI}{l}$，根据结点弯矩平衡，可得

$$K_{11} = 8i$$

代入位移法基本方程 $K_{11}\Delta_1 + F_{1P} = 0$，解得

$$\Delta_{1P} = -\frac{Pl}{16i}$$

由叠加原理可得最后的弯矩图，如图 7-43(d) 所示。

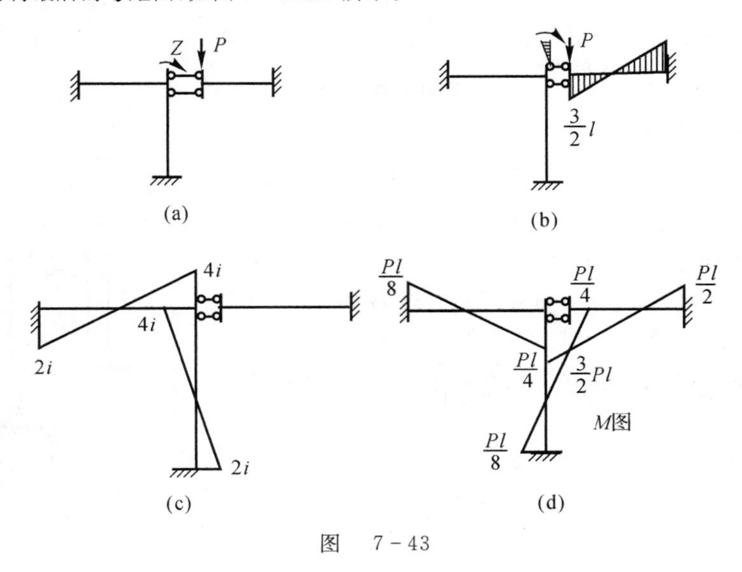

图 7-43

6.（天津大学试题）求图 7-44 所示结构位移法方程的各系数及自由项。

$$M\Big|_{AB}^{F}=-\frac{1}{8}ql^2,\quad M\Big|_{BA}^{F}=0$$

$$Q\Big|_{AB}^{F}=\frac{5}{8}ql,\quad Q\Big|_{BA}^{F}=-\frac{3}{8}ql$$

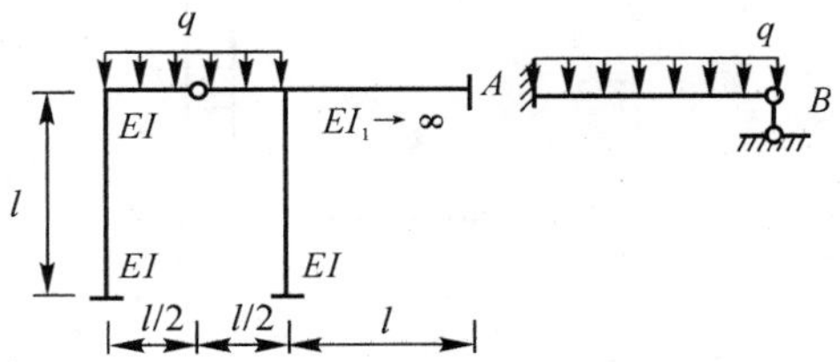

图 7-44

解 由图 7-44 可知，结构中有两个位移未知量，分别为转角 Z_1 和竖直向下的位移 Z_2，如图 7-45(a) 所示。首先固定住 Z_1 和 Z_2，绘制此时的弯矩图，如图 7-45(b) 所示。

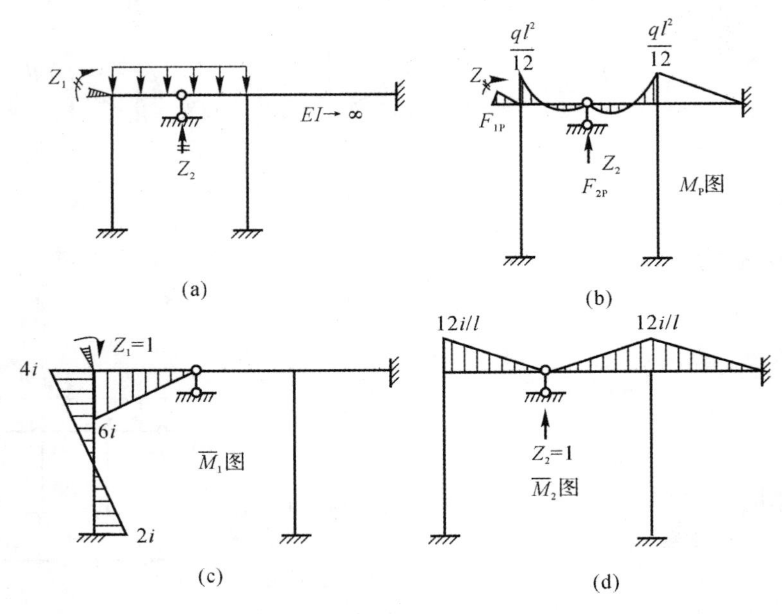

图 7-45

由图 7-45(b) 可知，分别取刚结点和铰支点部分为隔离体，根据弯矩平衡，可得

$$F_{1P}=-\frac{1}{8}q\left(\frac{l}{2}\right)^2=-\frac{ql^2}{32},\quad F_{2P}=-\left(\frac{3}{16}ql+\frac{5}{16}ql\right)=-\frac{1}{2}ql$$

令 $Z_1=1,Z_2=0$，然后令 $Z_1=0,Z_2=1$，可分别绘制 M_1 图和 M_2 图，如图 7-45(c)(d) 所示。其中 $i=EI/l$。由 $\overline{M}_1$ 和 $\overline{M}_2$ 图，根据结点弯矩平衡，可知

$$K_{11}=10i,\quad K_{12}=K_{21}=-\frac{12i}{l},\quad K_{22}=\frac{48i}{l^2}$$

7.(天津大学试题) 用位移法计算图 7-46 所示对称刚架，作 M 图。除注明者外，各杆 $EI=$ 常数，$EI_1\rightarrow\infty$。

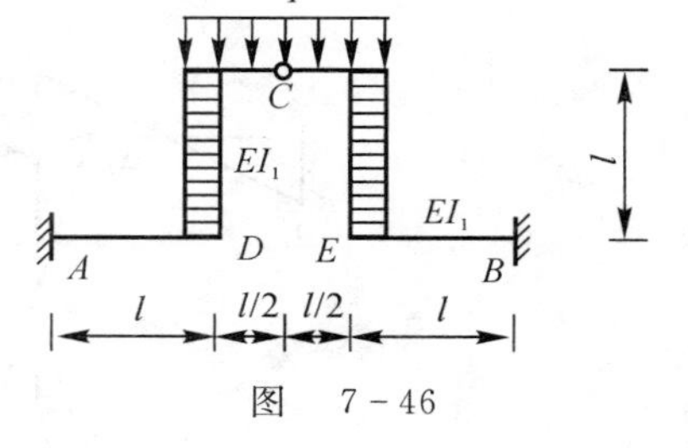

图 7-46

解 图 7-46 所示结构为对称结构，荷载对称，故结构中只存在对称的力。将系统从 C 点断开，余下的结构如图 7-47(a) 所示。

原结构在均布荷载作用下的弯矩图如图 7-47(b) 所示。由图可知

$$F_{1P}=-\frac{1}{2}ql$$

将支座去掉，加一个向上的单位位移，弯矩图如图 7-47(c) 所示。

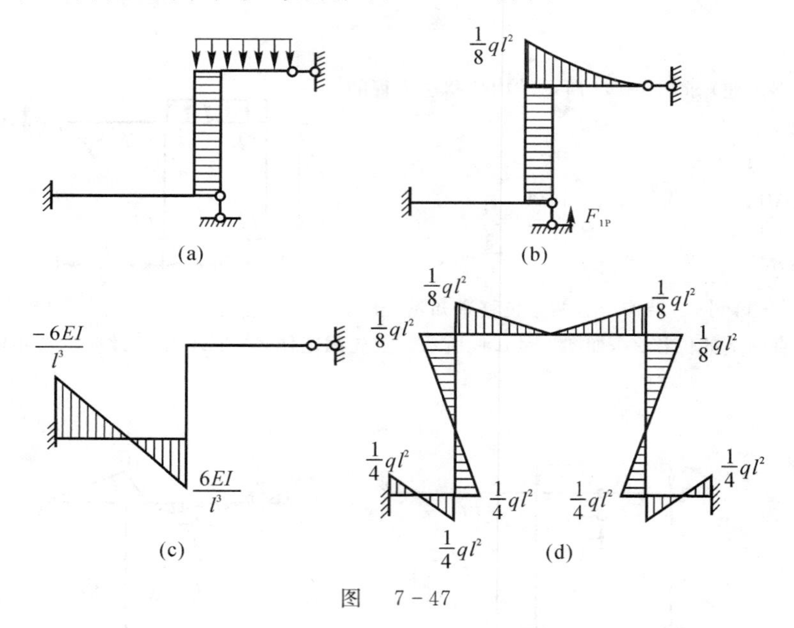

图 7-47

由结点弯矩平衡，可得

$$K_{11}=\frac{12EI}{l^3}$$

代入 $k_{11}\Delta_1+F_{1P}=0$，解得

$$\Delta_1=\frac{ql^4}{21EI}$$

则最后的弯矩图如图 7-47(d) 所示。

8.(浙江大学试题) 计算如图 7-48 所示结构(忽略轴向变形)，并作出弯矩 M 图。$EI=$ 常数。

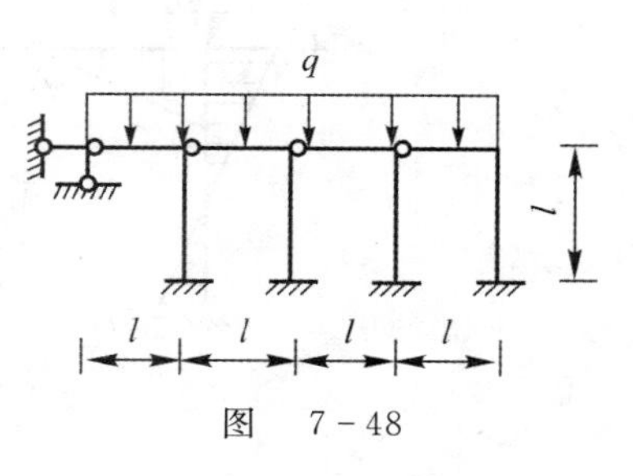

图 7-48

解 由图 7-48 可知，每一个刚架的受力情形和约束状态都相同，故只需研究刚架。取最左端的刚架为研究对象，只有拐角处一个转角

位移未知量，故基本体系如图 7-49(a) 所示。固定刚臂，则基本体系在均布荷载作用下的弯矩图如图 7-49(b) 所示。

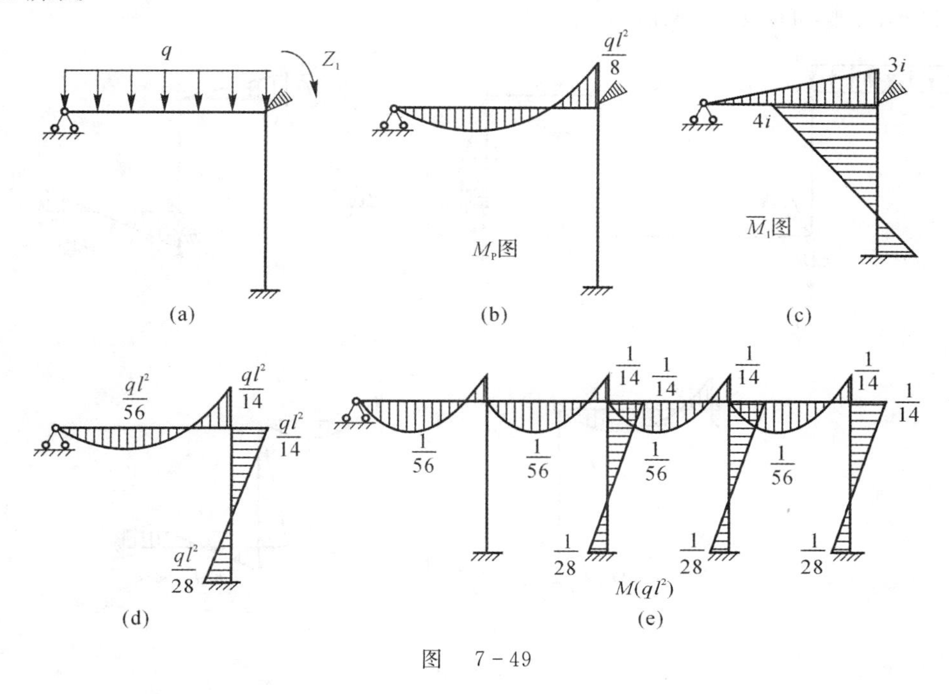

图 7-49

松开刚臂，令 $Z_1 = 1$，则此时的弯矩图如图 7-49(c) 所示。由结点弯矩平衡可求得

$$K_1 = 7i, \quad F_{1P} = \frac{ql^2}{8}$$

代入 $K_{11}Z_1 + F_{1P} = 0$，可得

$$Z_1 = -\frac{ql^3}{56EI}$$

则最终的弯矩图如图 7-49(d) 所示。

这样，系统最终的弯矩图如图 7-49(e) 所示。

9.(浙江大学试题) 如图 7-50 所示结构各杆 $EI =$ 常数，试用位移法计算，并作弯矩图。

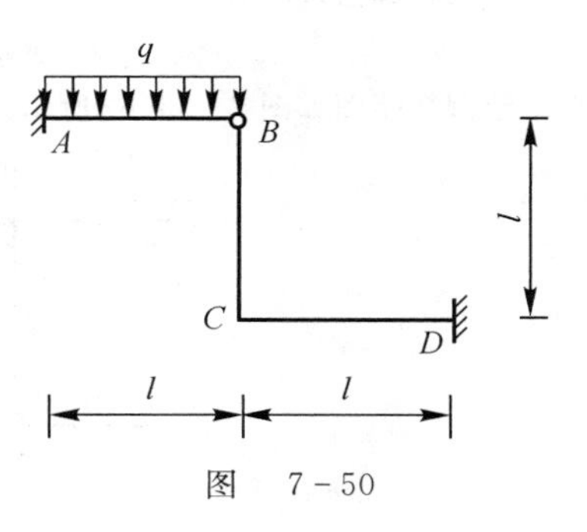

图 7-50

解 由图 7-50 所示结构知，有两个位移未知量。取基本体系如图 7-51(a) 所示。

分别令 $Z_1 = 1, Z_2 = 0$ 和 $Z_1 = 0, Z_2 = 1$，则产生的弯矩图 $\overline{M}_1, \overline{M}_2$，如图 7-51(b)(c) 所示。

将 Z_1, Z_2 固定，则原体系在原荷载作用下的弯矩图如图 7-51(d) 所示。由图乘法可得

$$K_{11} = 7i, \quad K_{12} = K_{21} = \frac{6i}{l}, \quad K_{22} = \frac{15i}{l^2}$$

位移法典型方程为

$$\begin{cases} K_{11}Z_1 + K_{12}Z_2 + F_{1P} = 0 \\ K_{21}Z_1 + K_{22}Z_2 + F_{2P} = 0 \end{cases}$$

代入可得

$$Z_1 = -\frac{6ql^2}{552i}, \quad Z_2 = \frac{7ql^2}{552i}$$

由位移叠加原理，可得最后的弯矩图如图 7-51(e) 所示。

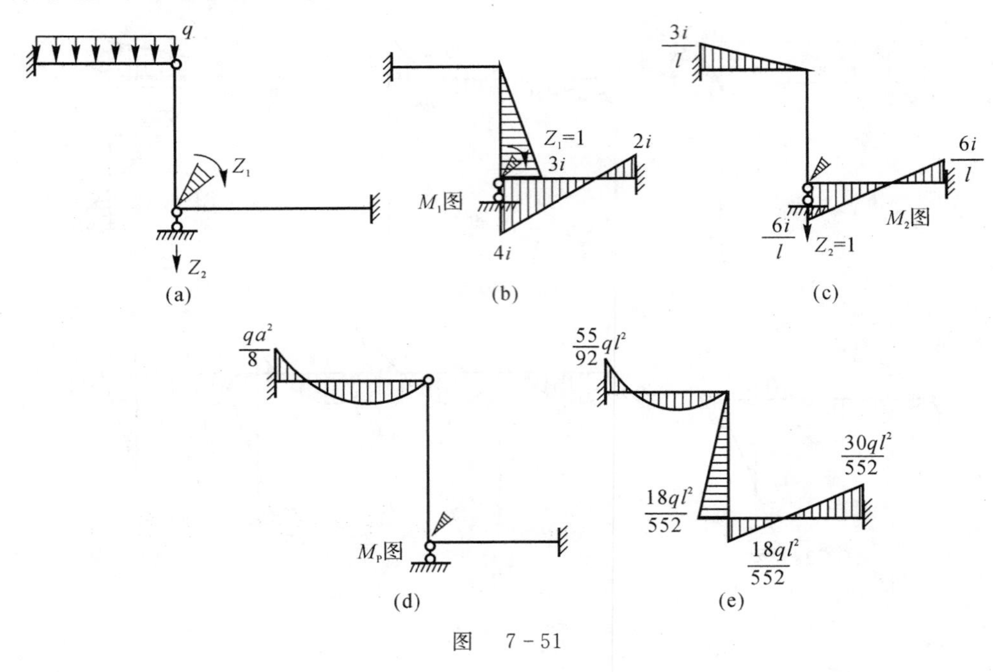

图 7-51

10.（西南交通大学试题）用位移法计算如图 7-52 所示结构，并作其 M 图。各杆 EI 为常数。

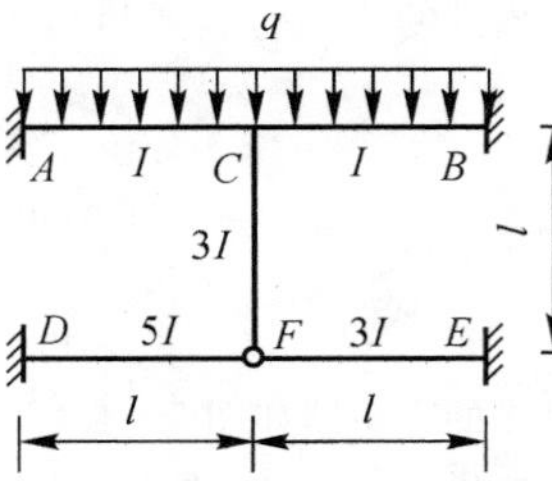

解 由图 7-52 所示结构可知，系统的位移未知量只有一个，即 CF 杆的竖向位移。基本体系如图 7-53(a) 所示。

可求得系统的位移未知量为

$$r_{11} = 48EI/l^3, \quad R_{1P} = -ql$$

代入位移法基本方程，解得

$$Z_1 = ql^4/48EI$$

绘制弯矩图如图 7-53(b) 所示。

图 7-52

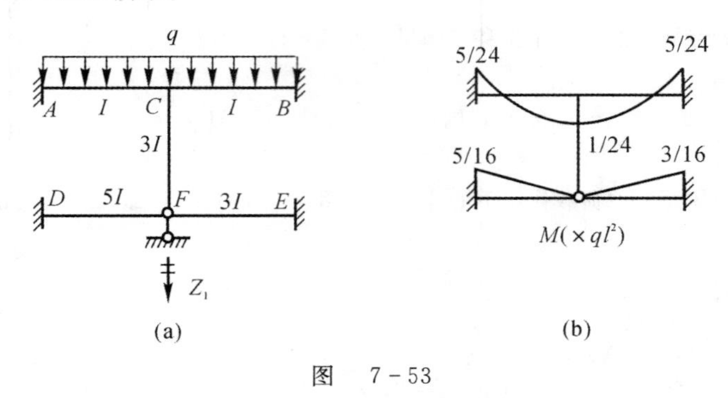

图 7-53

11.（西南交通大学试题）用位移法计算如图 7-54 所示结构，并作结构的 M 图。已知 EI 为常数。

解 图 7-54 所示结构为对称结构，所以可取半个结构进行研究。将中间断开后，加一个竖直向上的滑动铰支座，则体系有两个位移未知量，如图 7－55(a) 所示。

根据静力平衡，可得位移法的基本量为

$$r_{11}=2.25EI,\quad r_{12}=r_{21}=-0.375EI,\quad r_{22}=0.1875EI$$

$$R_{1P}=18\ \text{kN}\cdot\text{m},\quad R_{2P}=0$$

代入位移法的基本方程，解得

$$Z_1=-12/EI,\quad Z_2=-24/EI$$

绘制弯矩图如图 7－55(b) 所示。

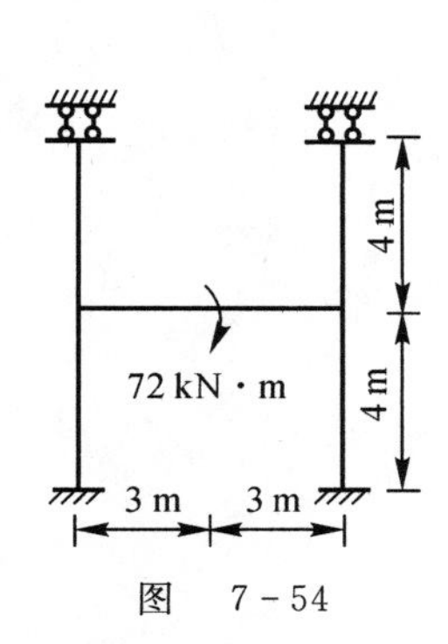

图 7－54

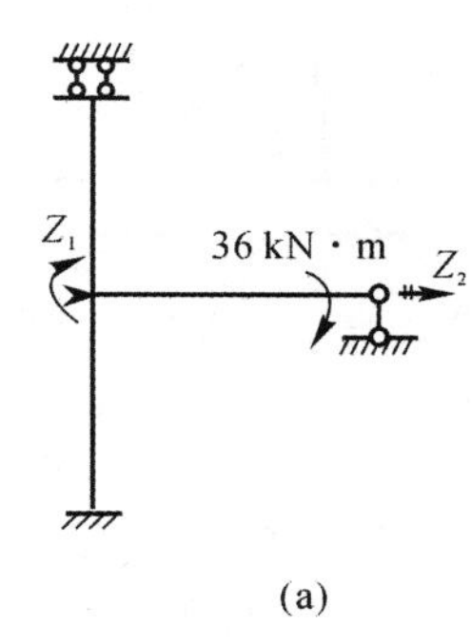

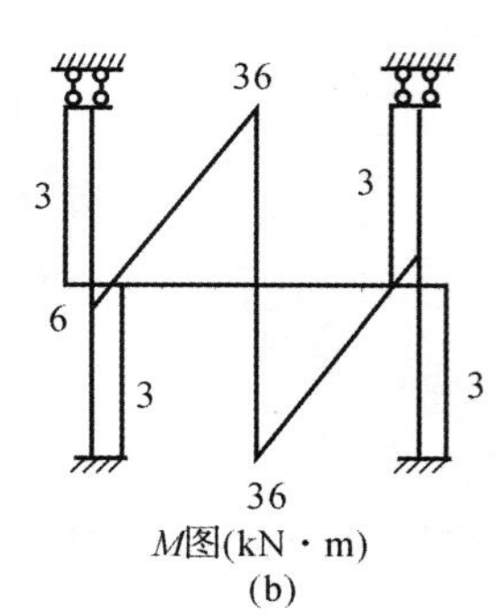

图 7－55

12.（湖南大学试题）用位移法计算如图 7－56 所示结构，作其弯矩图，并勾划其弯曲变形示意图。$EI=$ 常数。

解 (1) 体系有一个位移基本量，为刚结点的转角位移分量，基本体系如图 7－57(a) 所示。位移法典型方程为

$$r_{11}Z_1+R_{1P}=0$$

(2) 绘制当结构在转角发生单位转角时的弯矩图，如图 7－57(b) 所示。

令 $\dfrac{EI}{l}=i$，则系数为

$$r_{11}=9i$$

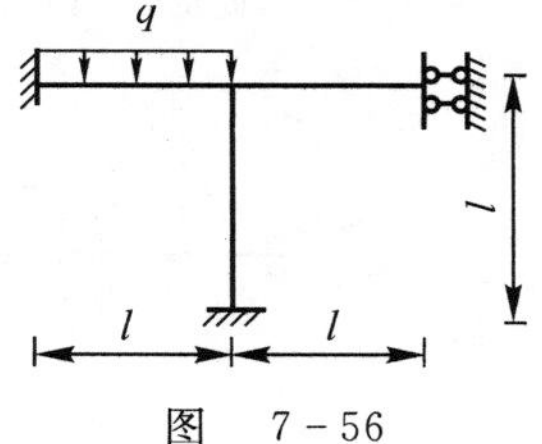

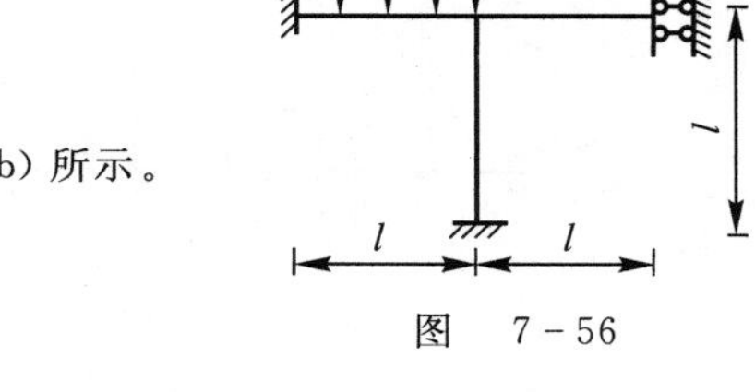

图 7－56

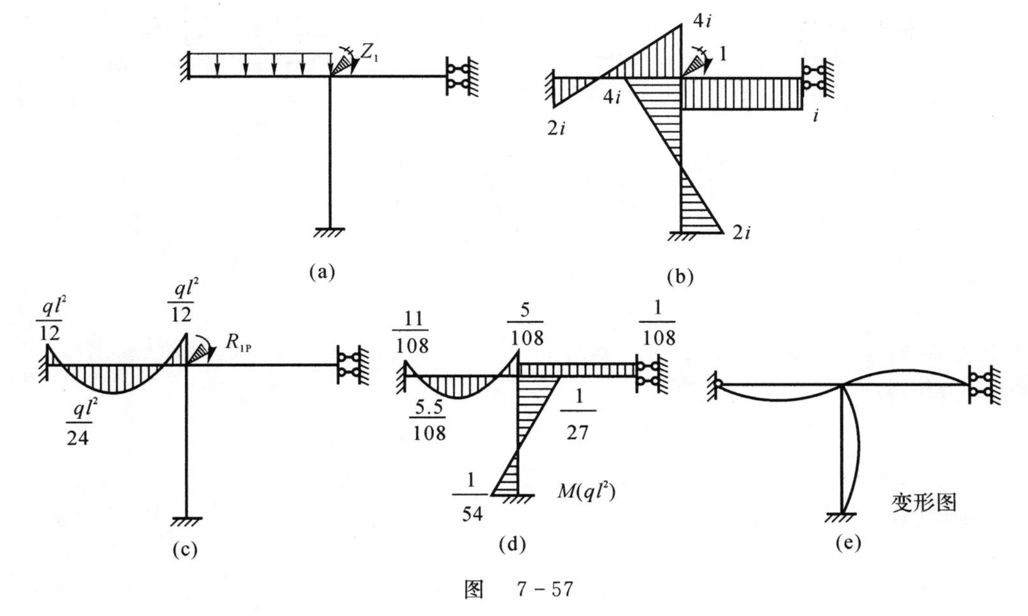

图 7－57

(3) 在结点加一个刚臂缚住位移，则此时的弯矩图如图 7-57(c) 所示。

则自由项为
$$R_{1P} = \frac{ql^2}{12}$$

代入位移法方程，可得
$$Z_1 = -\frac{ql^3}{108EI}$$

(4) 根据弯矩叠加原理，绘制弯矩图和变形图，如图 7-57(d)(e) 所示。

13.(武汉科技大学试题) 如图 7-58 所示结构中各杆的 EI 为常数，绘制结构的弯矩图，并求 B 点的转角。

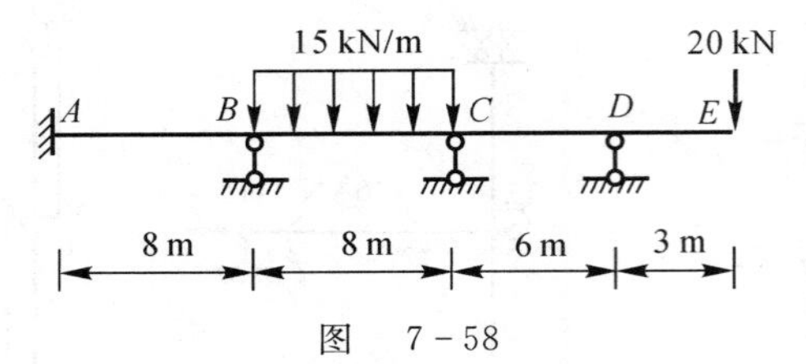

图 7-58

解 图 7-58 所示结构有两个未知位移量，采用位移法求解的基本方程为

$$\begin{cases} r_{11}Z_1 + r_{12}Z_2 + R_{1P} = 0 \\ r_{21}Z_1 + r_{22}Z_2 + R_{2P} = 0 \end{cases}$$

基本体系如图 7-59(a) 所示。

令 $Z_1 = 1$，此时产生的弯矩图如图 7-59(b) 所示。

令 $Z_2 = 1$，此时的弯矩图如图 7-59(c) 所示。

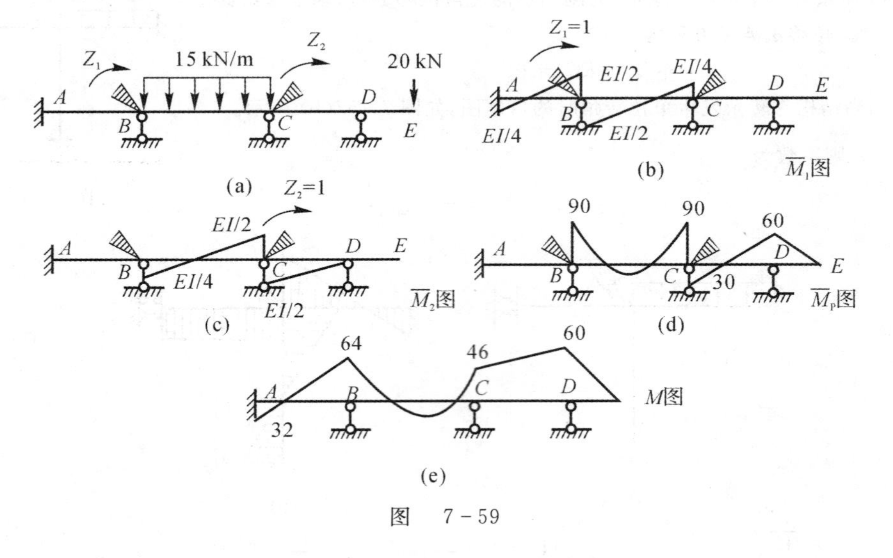

图 7-59

固定 Z_1 和 Z_2，系统在原荷载作用下的弯矩图如图 7-59(d) 所示。

由图示弯矩图，可得

$$r_{11} = EI, \quad r_{12} = r_{21} = \frac{EI}{4}, \quad r_{22} = EI$$

$$R_{1P} = -90, \quad R_{2P} = 90 + 30 = 120$$

代入基本方程，求得

$$\begin{cases} Z_1 = 128/EI \\ Z_2 = -152/EI \end{cases}$$

由弯矩叠加原理得 M 图，如图 7－59(e) 所示。进而求得 B 点的转角位移为

$$Z_1 = 128/EI$$

14.（武汉科技大学试题）已知各杆 EI 为常数，支座 B 发生沉陷 Δ 及转角 α，$\Delta = \alpha l$，试绘制如图 7－60 所示结构的弯矩图并求支座 B 的水平反力。

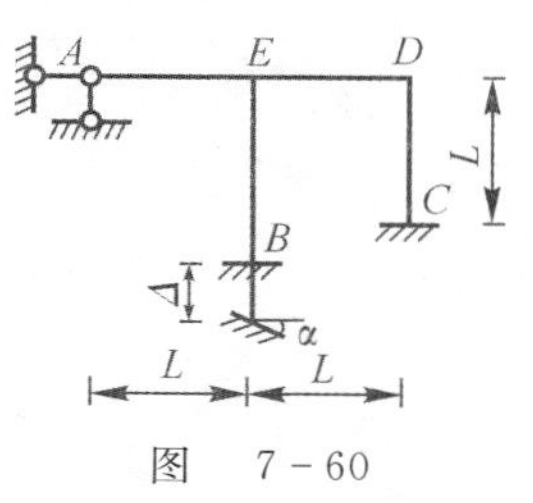

图 7－60

解 图 7－58 所示结构有两个位移未知量，分别是 E 点和 D 点的转角，附加刚臂 Z_1 和 Z_2。位移的基本方程为

$$\begin{cases} r_{11}Z_1 + r_{12}Z_2 + R_{1P} = 0 \\ r_{21}Z_1 + r_{22}Z_2 + R_{2P} = 0 \end{cases}$$

分别令 $Z_1 = 1$ 和 $Z_2 = 1$，分别绘制此时的弯矩图如图 7－61(a)(b) 所示。

固定 Z_1 和 Z_2，则此时结构产生单位转角时的内力如图 7－61(c) 所示。由节点弯矩平衡可求得方程的系数和自由项，见表 7－1。

表 7－1

系数			自由项	
r_{11}	$r_{12} = r_{21}$	r_{22}	R_{1P}	R_{2P}
$11i$	$2i$	$8i$	$5i\alpha$	$6i\alpha$

将表 7－1 中数据代入基本方程，可得

$$Z_1 = -\frac{1}{3}\alpha, \quad Z_2 = -\frac{2}{3}\alpha$$

由弯矩叠加原理可绘制弯矩图，如图 7－61(d) 所示。

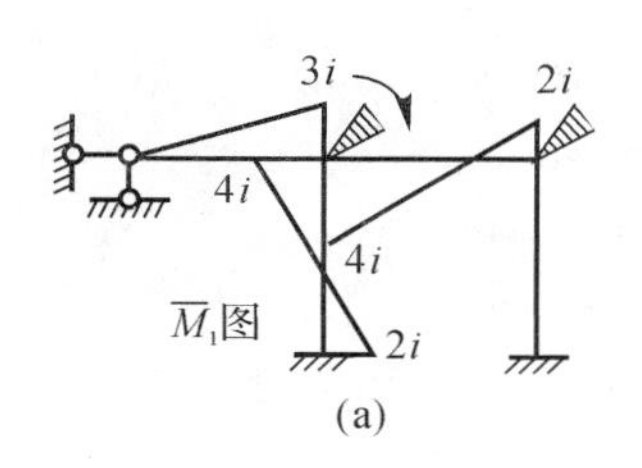

(a)

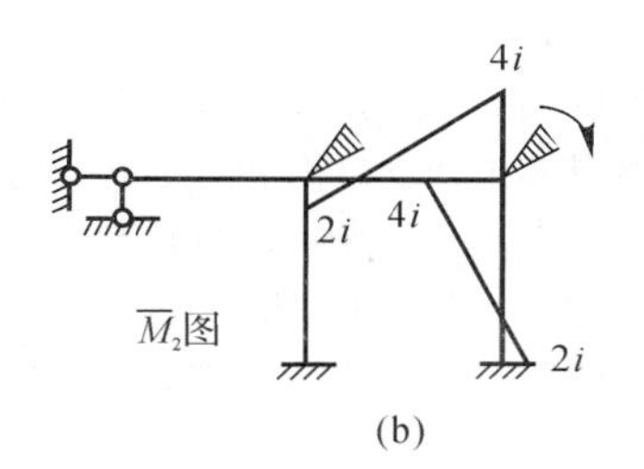

(b)

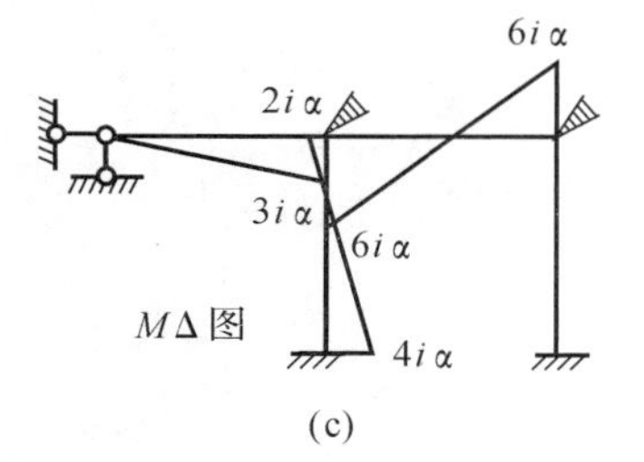

(c)

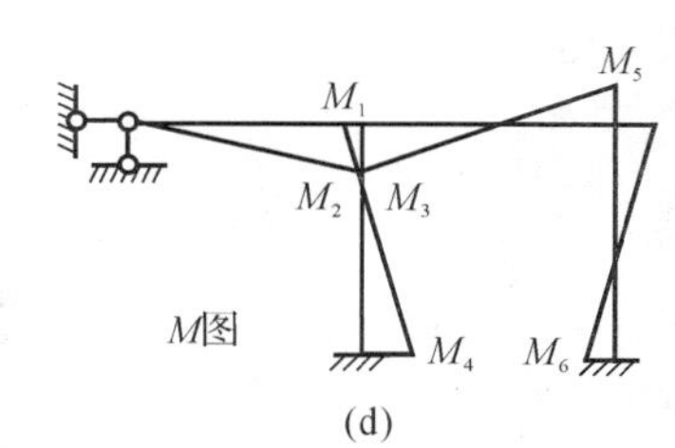

(d)

图 7－61

图 7－61(d) 中各个符号见表 7－2。

表 7－2

M_1	M_2	M_3	M_4	M_5	M_6
$\frac{2}{3}i\alpha$	$4i\alpha$	$\frac{10}{3}i\alpha$	$\frac{10}{3}i\alpha$	$\frac{8}{3}i\alpha$	$\frac{4}{3}i\alpha$

7.4 习题精选详解

7-1 试确定图中基本未知量。

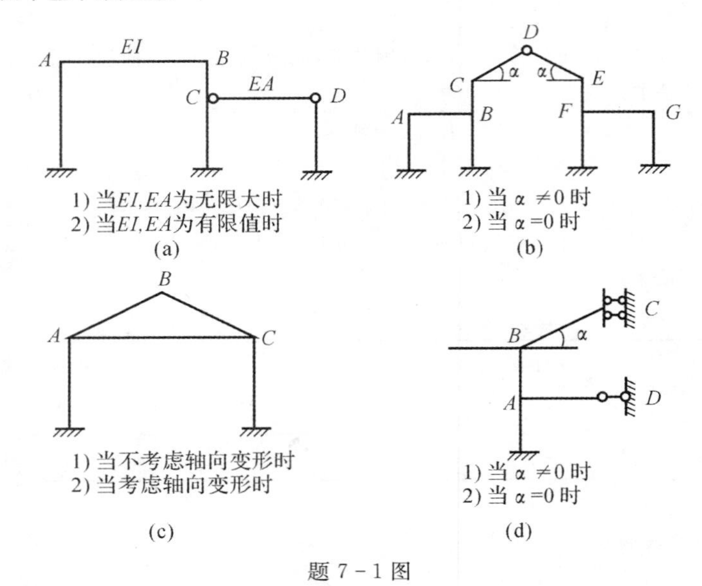

题 7-1 图

解 (1) 解(a) 图。1) 当 EI,EA 无限大时,基本未知量为 θ_C,Δ_D,Δ_B。

2) 当 EI,EA 为有限值时,基本未知量为 θ_A,θ_B,θ_C,Δ_B,Δ_C,Δ_D。

(2) 解(b) 图。1) 当 $\alpha \neq 0$ 时,基本未知量为 θ_A,θ_B,θ_C,θ_E,θ_F,θ_G,u_A,u_C,u_E,u_G。

2) 当 $\alpha = 0$ 时,基本未知量为 θ_A,θ_B,θ_C,θ_E,θ_F,θ_G,u_A,u_C,u_E,u_G。

(3) 解(c) 图。1) 当不考虑轴向变形时,基本未知量为 θ_A,θ_B,θ_C,Δ_H。

2) 当考虑轴向变形时,基本未知量为 u_A,v_A,θ_A,u_B,v_B,θ_B,u_C,v_C,θ_C。

(4) 解(d) 图。1) 当 $\alpha \neq 0$ 时,基本未知量为 θ_A,θ_B,Δ_V。

2) 当 $\alpha = 0$ 时,基本未知量为 θ_A,θ_B。

7-2 试写出图示各杆端弯矩表达式及位移法基本方程。

解 (1) 解(a) 图:

$$M_{DA} = 3i\theta_D + \frac{3ql^2}{16}, \quad M_{DC} = i\theta_D - \frac{ql^2}{3}, \quad M_{DB} = 4i\theta_D$$

$$\sum M_D = 0$$

位移法基本方程为

$$8i\theta_D - \frac{7}{48}ql^2 = 0$$

(2) 解(b) 图:

$$M_{DC} = -10 \times 4 = -40 \text{ kN} \cdot \text{m}$$

$$M_{DB} = 4i\theta_D = 4 \times \frac{EI}{4}\theta_D = EI\theta_D$$

$$M_{DA} = 3i\theta_D + \frac{1}{8} \times 2.5 \times 16 = \frac{3}{4}EI\theta_D + 5$$

$$\sum M_D = 0, \quad 1.75EI\theta_D = 35$$

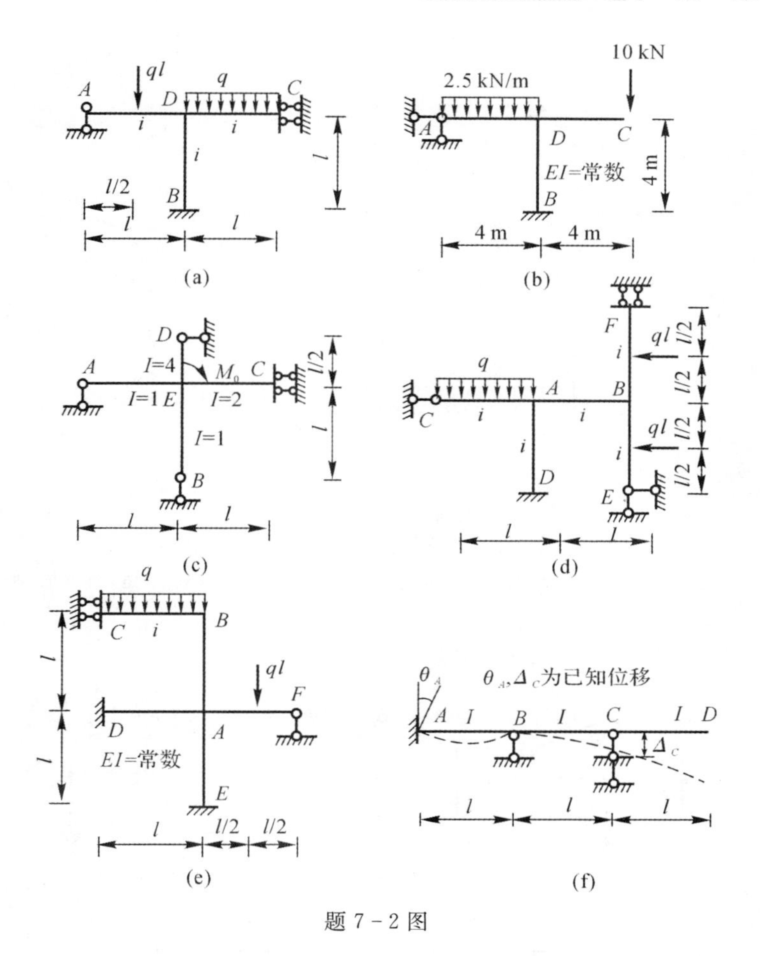

题 7－2 图

(3) 解(c)图：

$$M_{EA}=3\frac{EI}{l}\theta_E=3\frac{E}{l}\theta_E,\quad M_{ED}=3\frac{E\times4}{\frac{l}{2}}\theta_E=24\frac{E}{l}\theta_E$$

$$M_{EB}=0,\quad M_{EC}=\frac{E\times4}{l}\theta_E=4\frac{E}{l}\theta_E$$

$$\sum M_E=M_0,\quad 30\frac{E}{l}\theta_E=M_0$$

(4) 解(d)图：

$$M_{AB}=4i\theta_A+2i\theta_B,\quad M_{AD}=4i\theta_A,\quad M_{AC}=\frac{ql^2}{2}$$

$$\begin{cases}\sum M_A=0\\ \sum M_B=0\end{cases},\quad \begin{cases}8i\theta_A+2i\theta_B+\dfrac{ql^2}{2}=0\\ 2i\theta_A+8i\theta_B+\dfrac{3ql^2}{16}=0\end{cases}$$

(5) 解(e)图：

$$M_{BC}=i\theta_B+\frac{ql^2}{3},\quad M_{BA}=4i\theta_B+2i\theta_A,\quad M_{AB}=4i\theta_A$$

$$M_{AF}=3i\theta_A-\frac{3}{16}ql^2,\quad M_{AE}=4i\theta_A,\quad M_{AD}=4i\theta_A+2i\theta_B$$

$$\begin{cases}\sum M_A = 0 \\ \sum M_B = 0\end{cases},\quad \begin{cases}15i\theta_A + 2i\theta_B - \dfrac{3}{16}ql^2 = 0 \\ 2i\theta_A + 5i\theta_B + \dfrac{ql^2}{3} = 0\end{cases}$$

(6) 解(f)图：

$$M_{AB} = 4i\theta_B + 2i\theta_A,\quad M_{BC} = 4i\theta_B + 2i\theta_C + \left(\frac{-6i}{l}\right)\Delta_C$$

$$M_{CB} = 4i\theta_C + 2i\theta_B - \frac{6i}{l}\Delta_C,\quad M_{CD} = 0$$

$$\begin{cases}\sum M_A = 0 \\ \sum M_B = 0\end{cases} \Rightarrow \begin{cases}8i\theta_B + 2i\theta_A + 2i\theta_C - \dfrac{6i}{l}\Delta_C = 0 & ① \\ 4i\theta_C + 2i\theta_B - \dfrac{6i}{l}\Delta_C = 0 & ②\end{cases}$$

将 $2i\theta_C = -i\theta_B + \dfrac{3i}{l}\Delta_C$ 代入式 ① 可得

$$7i\theta_B + 2i\theta_A - 3\frac{i}{l}\Delta_C = 0$$

温馨提示：荷载作用下的杆端弯矩很重要，应记住常见荷载下的杆端弯矩，利用结点、结点力平衡求解即可。

7－3　对图示对称结构确定基本未知量并选半边结构。

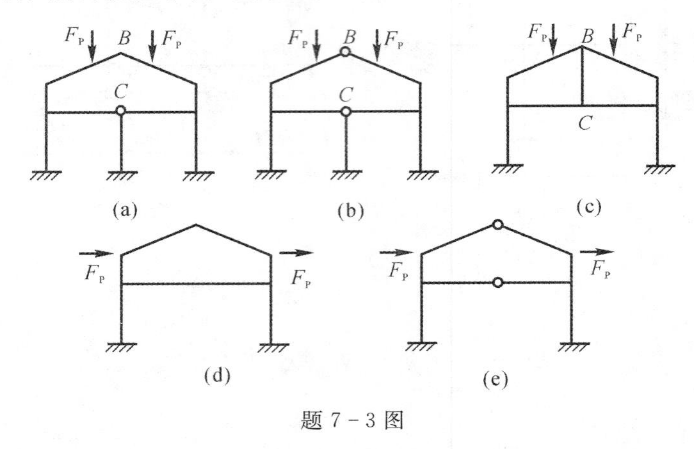

题 7－3 图

解　根据结构的对称性，取题 7－3 图所示各结构半边结构，如解 7－3 图所示。

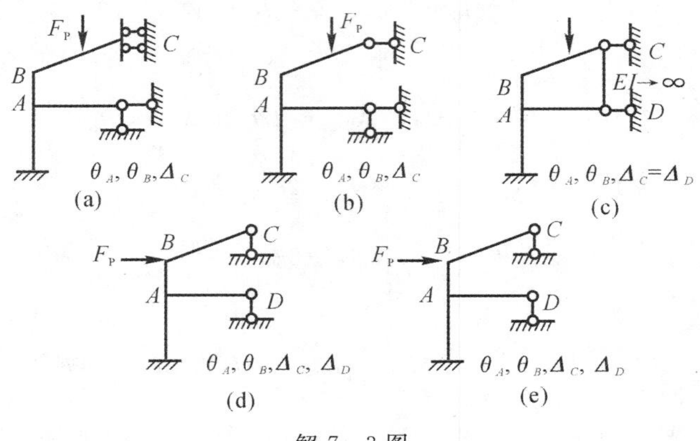

解 7－3 图

7-4　图示刚性承台，各杆 EA 相同，试用位移法求各杆轴力。

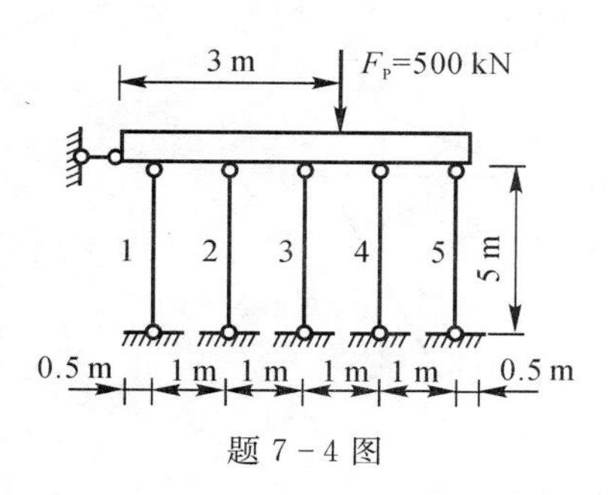

题 7-4 图

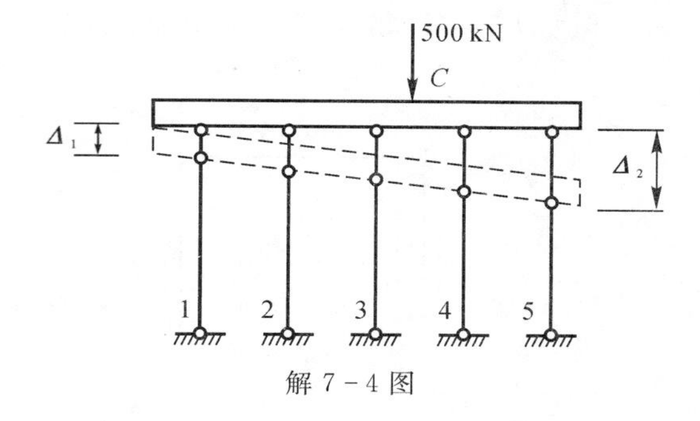

解 7-4 图

解　取 Δ_1，Δ_5 为基本未知量，如解 7-4 图所示，设受压为正。有

$$F_{Ni}=\frac{\Delta_i}{5}EA\quad(i=1,2,3,4,5)$$

$$\sum F_{Ni}=500,\quad \frac{EA}{5}\sum\Delta_i=500$$

$$\frac{5}{2}(\Delta_1+\Delta_5)=\frac{2\,500}{EA}$$

$$\Delta_1+\Delta_2=\frac{1\,000}{EA}$$

由几何关系可得

$$\begin{cases}\Delta_2=\dfrac{1}{4}(3\Delta_1+\Delta_5)\\[2ex]\Delta_3=\dfrac{1}{2}(\Delta_1+\Delta_5)\\[2ex]\Delta_4=\dfrac{1}{4}(\Delta_1+3\Delta_5)\end{cases}$$

$$\sum M_C=0,\quad 2.5F_{N1}+1.5F_{N2}+0.5F_{N3}=0.5F_{N4}+1.5F_{N5}$$

$$2.5\Delta_1+1.5\Delta_2+0.5\Delta_3=0.5\Delta_4+1.5\Delta_5$$

将 $\Delta_5=3\Delta_1$ 代入式 ① 得

$$\Delta_1=\frac{250}{EA}\Delta_5=\frac{750}{EA}$$

$$F_{N1}=50\text{ kN},\quad F_{N2}=75\text{ kN},\quad F_{N3}=100\text{ kN}$$

$$F_{N4}=125\text{ kN},\quad F_{N5}=150\text{ kN (压力)}$$

温馨提示：① 利用几何关系解题。② 位移法解题一般步骤为将刚架拆成杆件，求杆端弯矩；将杆件合成刚架。利用平衡条件建立方程，求基本未知量。

7-7　试作图示刚架的 M，F_Q，F_N 图。

解　如解 7-7 图(a) 所示，有

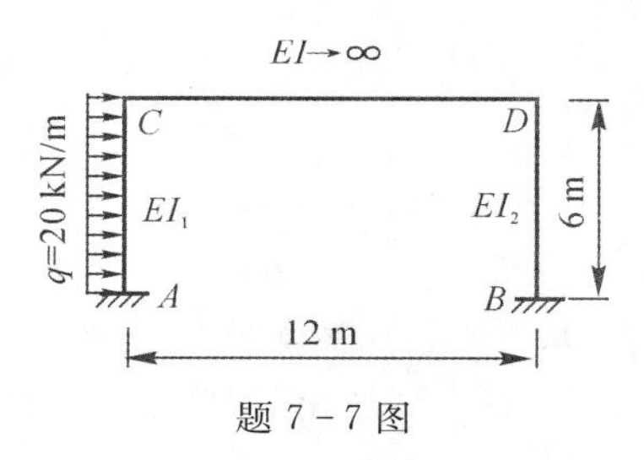

题 7-7 图

$$2\times12\frac{EI}{6^3}\Delta_1-\frac{1}{12}\times20\times6=0,\quad \Delta_1=\frac{540}{EI}$$

$$M_{AC}=-6\times\frac{EI}{6^3}\times\Delta_1-\frac{1}{12}\times20\times6^2=-150\text{ kN}\cdot\text{m}$$

$$M_{CA}=\frac{1}{2}\times20\times6^2-6\times\frac{EI}{6^3}\times\Delta_1=-30\text{ kN}\cdot\text{m}$$

$$M_{BD}=M_{DB}=-\frac{6EI}{6^2}\times\Delta_1=-90\text{ kN}\cdot\text{m}$$

从而可作 M 图，如解 7-7 图(b) 所示。

由 M 图可得 F_Q 图，如解 7-7 图(c) 所示。由 F_Q 图可得 F_N 图，如解 7-7 图(d) 所示。

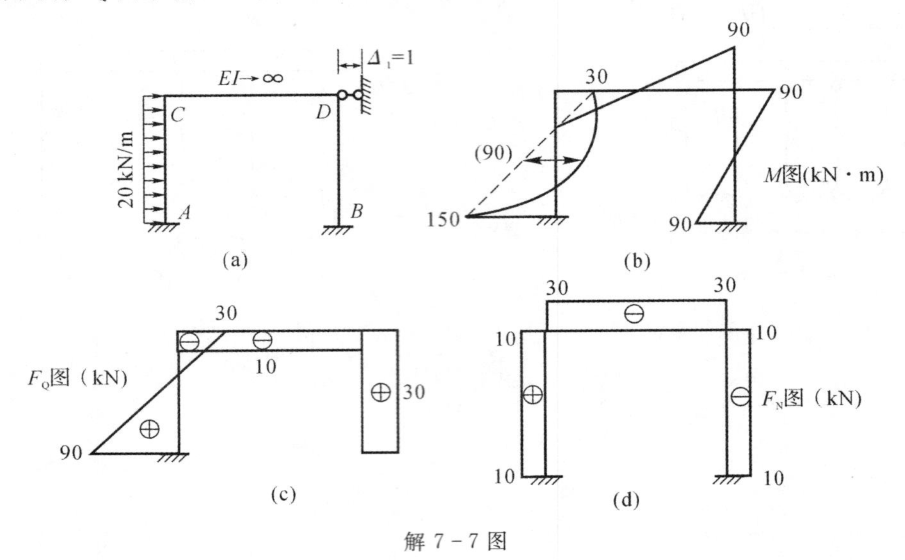

解 7-7 图

温馨提示： 当 $EI\to\infty$ 时，C、D 结点的水平相对位移相同。

7-9 试作如题 7-9 图所示刚架的 M 图。设各杆 EI 为常数。

解 如解 7-9 图(a) 所示，在 Δ_1 方向上，有

$$3\times\frac{EI}{5^3}\Delta_1+\frac{6EI}{6^3}\Delta_1+\frac{3EI}{7^3}\Delta_1-6\,\frac{EI}{6^2}\Delta_2=50 \qquad ①$$

在 Δ_2 方向上，有

$$2\times3\times\frac{EI}{\sqrt{37}}\Delta_2+4\times\frac{EI}{6}\Delta_2-6\times\frac{EI}{6^2}\Delta_1=0 \qquad ②$$

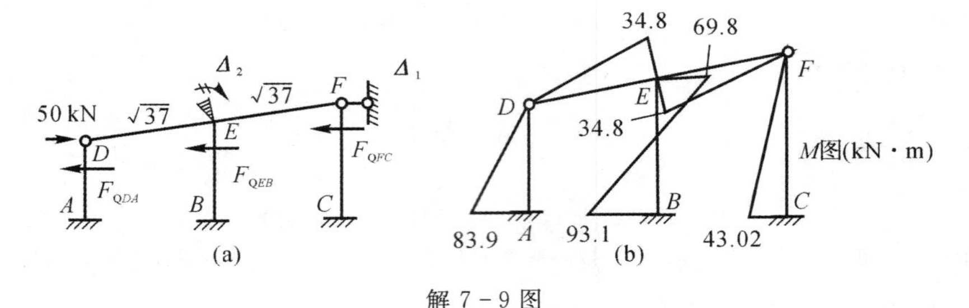

解 7-9 图

联立式 ①②，解得

$$\Delta_1=699.34/EI,\quad \Delta_2=70.51/EI$$

$$M_{AD}=-83.9\ \text{kN}\cdot\text{m},\quad M_{EB}=-69.6\ \text{kN}\cdot\text{m}$$

$$M_{BE}=-93.1\ \text{kN}\cdot\text{m},\quad M_{CF}=-42.8\ \text{kN}\cdot\text{m}$$

$$M_{ED}=34.8\ \text{kN}\cdot\text{m}$$

从而可作 M 图，如解 7-9 图(b) 所示。

7-11 试作图示刚架的内力图。

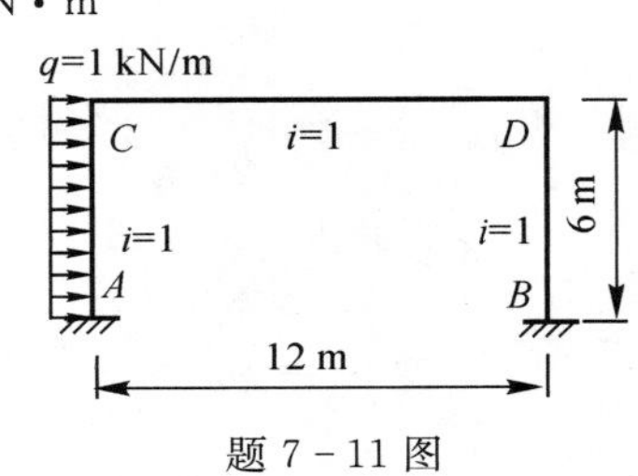

题 7-11 图

解 将荷载分成对称、反对称两组。

在对称荷载作用下，如解 7-11 图(a) 所示，有

$$M_{CA}=\frac{1}{12}\times0.5\times6^2+4\times1\times\Delta_1=4\Delta_1+1.5,\quad M_{CE}=2\Delta_1$$

$$\sum M_C=0,\quad 6\Delta_1+1.5=0$$

即

$$\Delta_1=-0.25$$

此时可作 M_1 图，如解 7-11 图(b) 所示。

在反对称荷载作用下，如解 7-11 图(c) 所示。

由解 7-11 图(d) 可知，由 i 相等，l 不相等，所以各杆 EI 不等，有

$$EI_1=EI_3=6,\quad EI_2=12$$

$$\delta_{11}=\frac{1}{12}\times\frac{1}{2}\times6\times6\times\frac{2}{3}\times6+\frac{1}{6}\times6\times6\times6=42$$

$$\Delta_{1P}=-\frac{1}{6}\times\frac{1}{3}\times6\times9\times6=-18$$

$$\Delta_1=-\frac{\Delta_{1P}}{\delta_{11}}=0.43\ \text{kN}(\uparrow)$$

此时可作 M_2 图，如解 7-11 图(f) 所示。

叠加 M_1，M_2 可得原结构 M 图，如解 7-11 图(g) 所示。

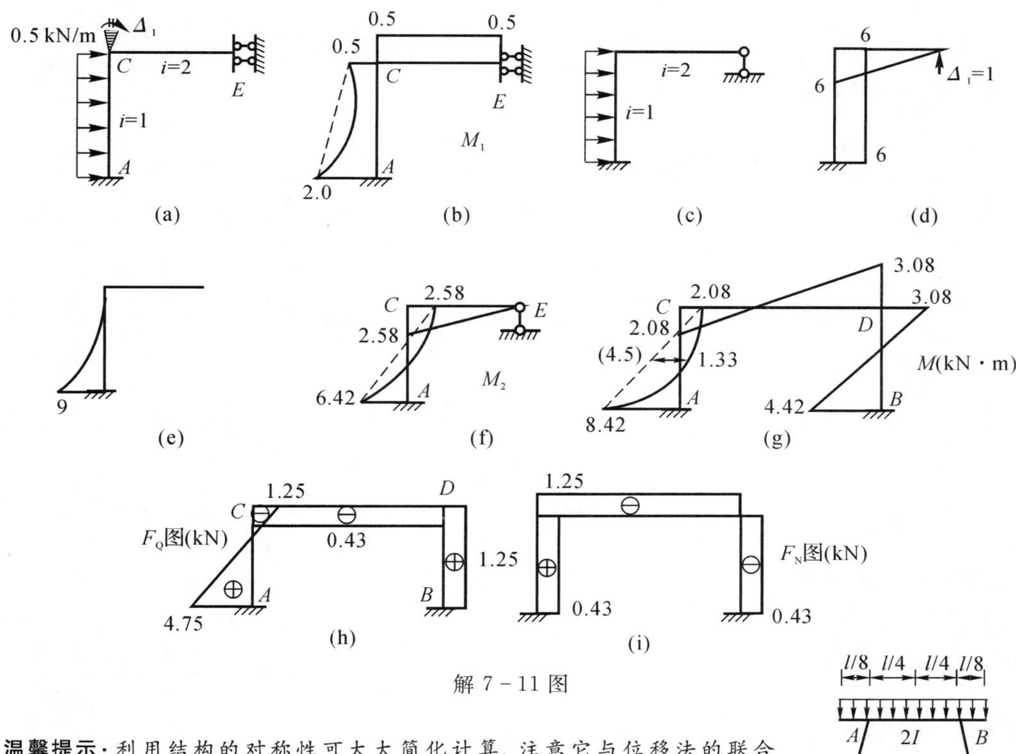

解 7-11 图

温馨提示：利用结构的对称性可大大简化计算. 注意它与位移法的联合应用。

7-14　试作图示刚架的 M 图。$l=10$ m，E 为常数，均布荷载集度为 q。

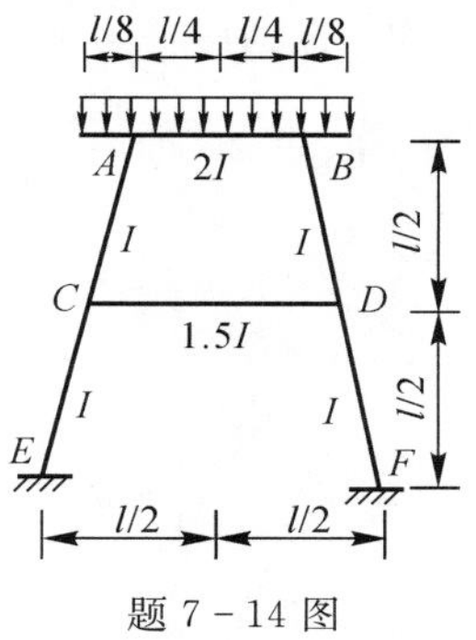

题 7-14 图

解　取半结构计算，如解 7-14 图(a) 所示。

在 Δ_1 方向上有　　$\left(\frac{EI}{l}=i\right)$

$$\frac{2EI}{\frac{l}{4}}\Delta_1+4\frac{EI}{0.5154l}\Delta_1-\frac{1}{3}q\left(\frac{l}{4}\right)^2+\frac{1}{2}q\left(\frac{l}{8}\right)^2+\frac{2EI}{0.5154l}\Delta_2=0$$

则
$$8\frac{EI}{l}\Delta_1+7.761\frac{EI}{l}\Delta_1+3.880\frac{EI}{l}\Delta_2=0.0130ql^2$$

$$15.761i\Delta_1+3.880i\Delta_2=0.0130ql^2 \quad ①$$

在 Δ_2 方向上，有

$$4\frac{EI}{0.5154l}\Delta_2+\frac{1.5EI}{\frac{3}{8}l}\Delta_2+\frac{4EI}{0.5154l}\Delta_2+\frac{2EI}{0.5154l}\Delta_1=0$$

即
$$19.522i\Delta_2+3.880i\Delta_1=0 \quad ②$$

联立式①②，解得

$$\Delta_1=\frac{0.08673q}{i},\quad \Delta_2=-\frac{0.01724}{i}q$$

$$M_{AG}=8\times0.08673q-\frac{1}{3}q\left(\frac{10}{4}\right)^2=-1.389q$$

$$M_{CH}=\frac{1.5EI}{\frac{3}{8}l}\times\Delta_2=-0.069q$$

$$M_{CA}=\frac{4EI}{0.5154l}\Delta_2+\frac{2EI}{0.5154l}\Delta_1=0.202q$$

$$M_{AC}=0.607q,\quad M_{CE}=\frac{4EI}{0.6124l}\Delta_2=-0.134q$$

从而可作 M 图，如解 7－14 图(b) 所示。

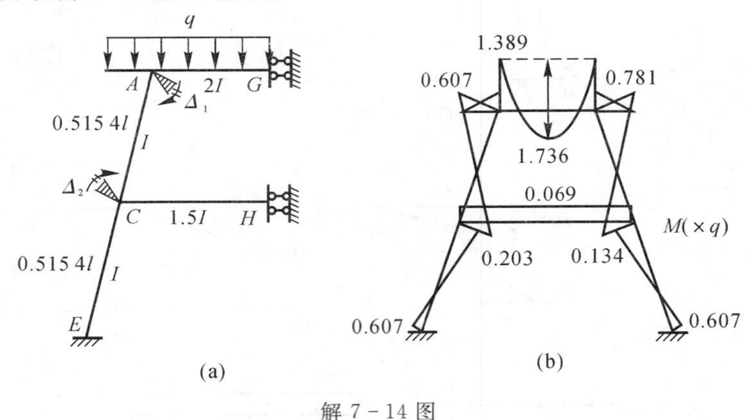

解 7－14 图

温馨提示：注意斜杆及对称性的处理。

7－16　设支座 B 下沉 $\Delta_B=0.5$ m，试作图示刚架的 M 图。

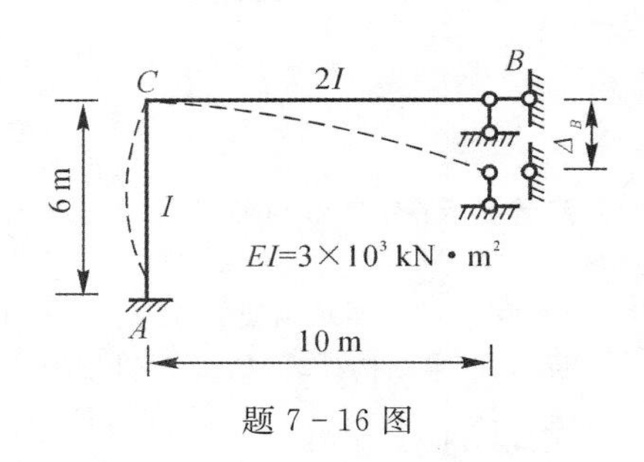

题 7－16 图

解
$$M_{CA}=4\times i_{AC}\theta_C=4\times\frac{EI}{6}\theta_C=\frac{2}{3}EI\theta_C$$

$$M_{CB}=3i_{BC}\theta_C-3\frac{i_{BC}}{10}\times\Delta_B=3\times\frac{2EI}{6}\theta_B-3\times\frac{2EI}{100}\Delta_B$$

$$\sum M_C=0,\quad \frac{19}{15}EI\theta_C$$

即
$$\theta_C=\frac{9}{190}\Delta_B$$

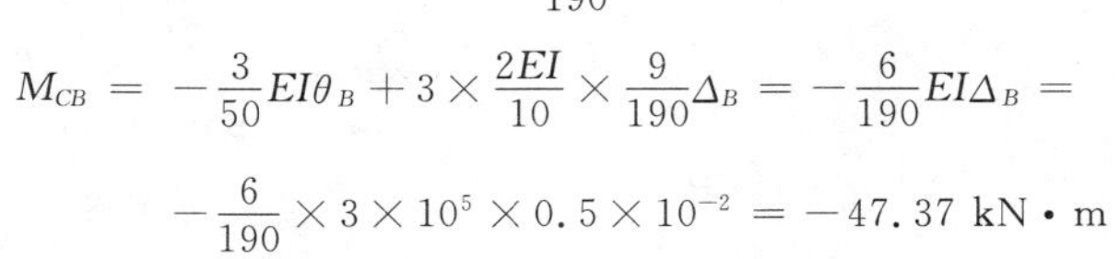

$$M_{CB}=-\frac{3}{50}EI\theta_B+3\times\frac{2EI}{10}\times\frac{9}{190}\Delta_B=-\frac{6}{190}EI\Delta_B=$$

$$-\frac{6}{190}\times3\times10^5\times0.5\times10^{-2}=-47.37\ \text{kN}\cdot\text{m}$$

$$M_{CA} = -M_{CB} = 47.37\ \text{kN} \cdot \text{m}$$

作 M 图如解 7－16 图所示。

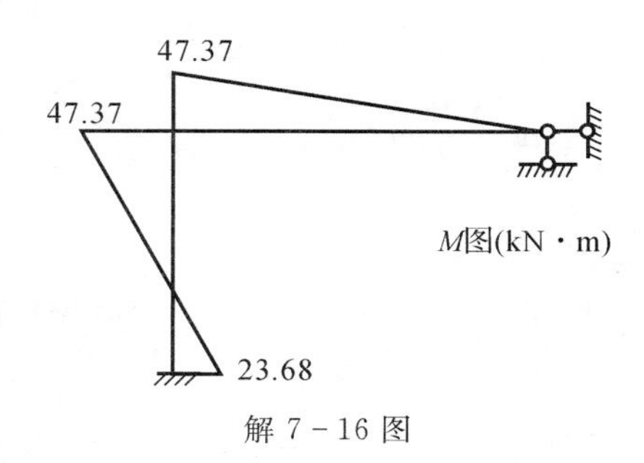

解 7－16 图

温馨提示：对于这类型题，用直接刚度法解题好。

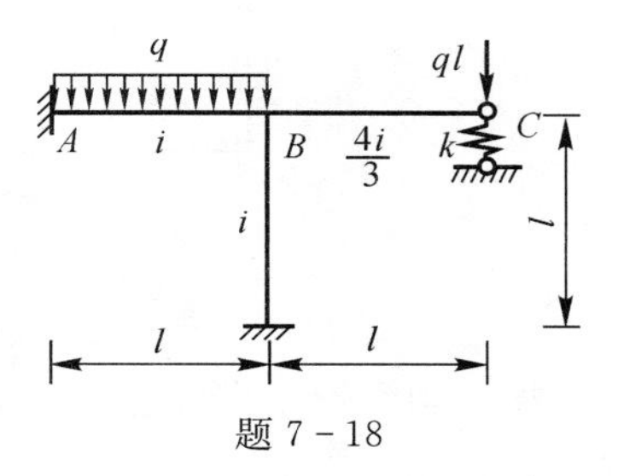

题 7－18

7－18　试作图示弹性支座上刚架的 M 图，i 为杆的线刚度，弹簧支座刚度 $k = 4i/l^2$。

解　(1) 取如解 7－18 图(a) 所示基本体系。

(2) 在 $\Delta_1 = 1$ 作用下，有

$$k_{11} = 12i, \quad k_{21} = -\frac{4i}{l}$$

(3) 在 $\Delta_2 = 1$ 作用下，有

$$k_{12} = -\frac{4i}{l}, \quad k_{22} = \frac{4i}{l^2} + k = \frac{8i}{l^2}$$

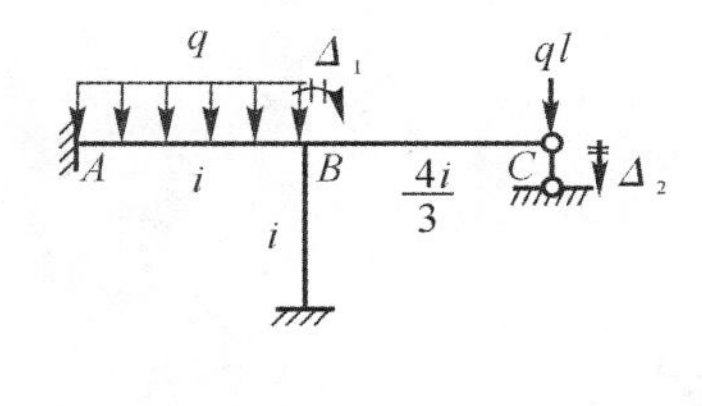

(a)

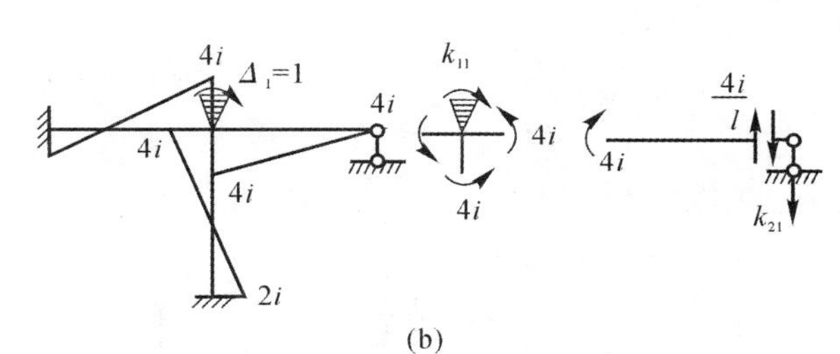

(b)

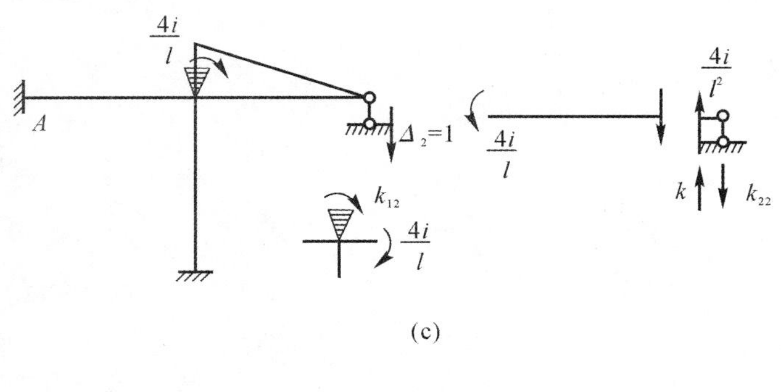

(c)

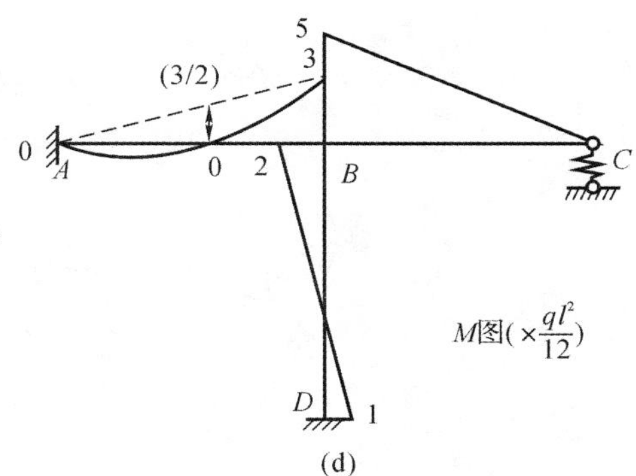

(d)

解 7－18 图

(4) 在荷载作用下，有

$$F_{1P} = \frac{1}{12}ql^2, \quad F_{2P} = -ql$$

(5) 解方程组：

$$\begin{cases}12i\Delta_1 - \dfrac{4i}{l}\Delta_2 = -\dfrac{1}{12}ql^2\\ -\dfrac{4i}{l}\Delta + \dfrac{8i}{l^2}\Delta_2 = ql\end{cases}$$

得
$$\Delta_1 = \frac{1}{24i}ql^2,\quad \Delta_2 = \frac{7}{48i}ql^3$$

从而可作 M 图，如解 7-18 图(d) 所示。

温馨提示：列平衡方程时注意对弹性支座的处理。

7-19　图示分别为等截面正方形、正六边形、正八边形刚架，内部温度升高 t，杆截面厚度为 δ，温度膨胀系数为 α。试作 M 图。

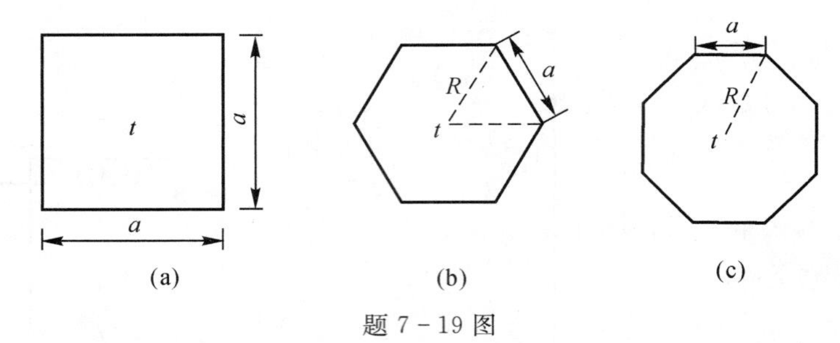

题 7-19 图

解　如解 7-19 图(a)(b)(c) 所示。

由于
$$M_1 = M_2 = \frac{EI\alpha t}{\delta}$$

在三种情况下，有

$$F_{1P} = F_{2P} = 0$$

$$\Delta_1 = 0,\quad \Delta_2 = 0$$

三种情况均为
$$M_{外} = \frac{EI\alpha t}{\delta}\text{（外部受拉）}$$

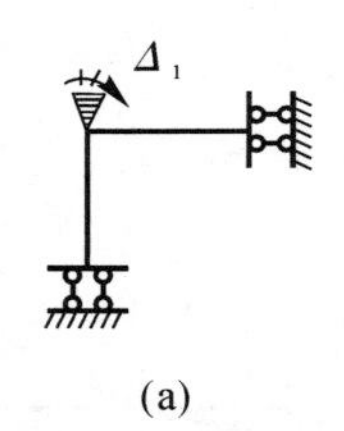

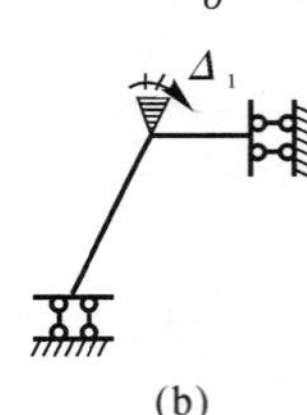

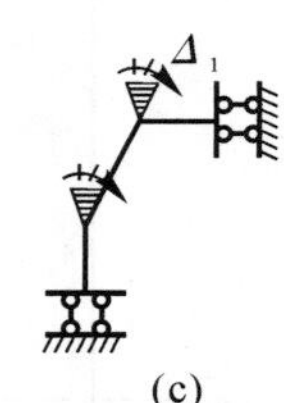

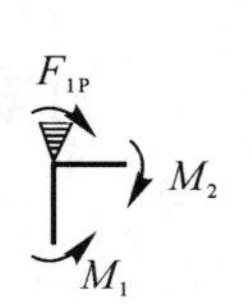

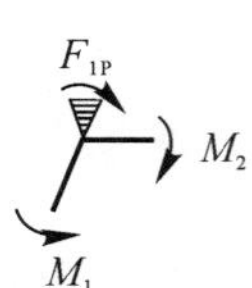

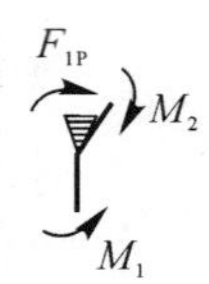

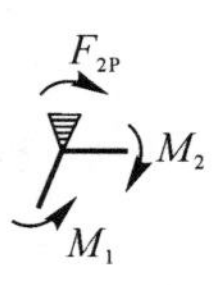

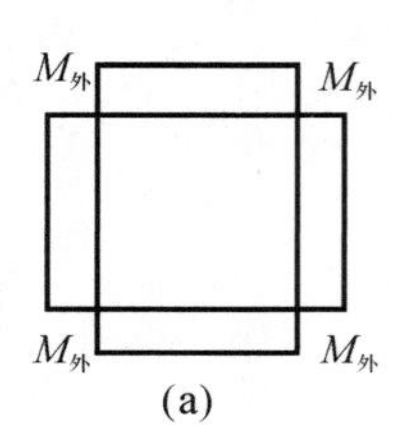

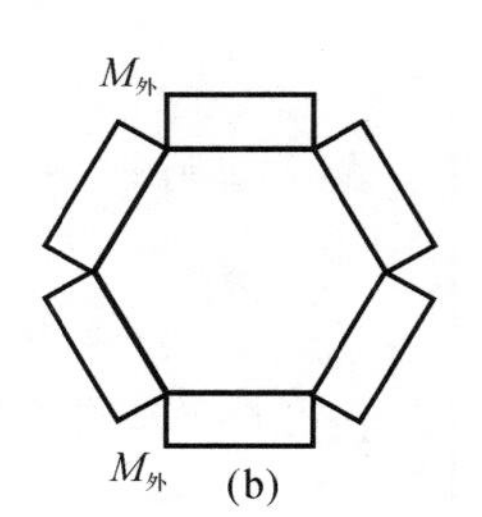

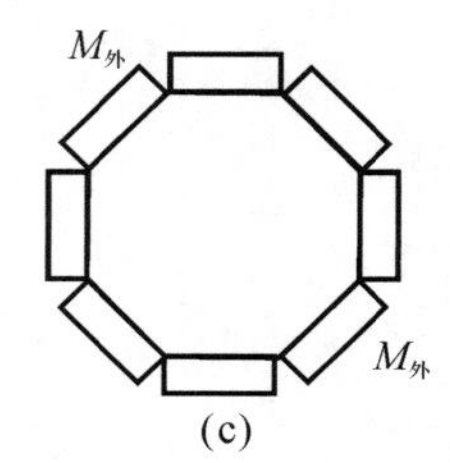

解 7-19 图

温馨提示:对于解 7-19 图(a)(b)(c) 分别取 1/4 结构计算,由于温度变化产生的轴向变形不引起结构的弯矩,弯矩只由内外温差引起。

7-21 题 7-21 图(a) 所示为 2 跨 2 层刚架,梁的线刚度 i_b 为柱的线刚度 i_c 的 s 倍,即 $i_b = si_c$。试求 $s = 0.1, 0.5, 1, 5, 10$ 五种情况时,柱的侧向位移和弯矩。题 7-21 图(b) 所示为 $s \to \infty$ 时的极限情况,题 7-21 图(c) 所示为 $s \to 0$ 时的极限情况。试问当 s 的数值大(或小)到什么程度时,即可认为 s 趋向极限值?

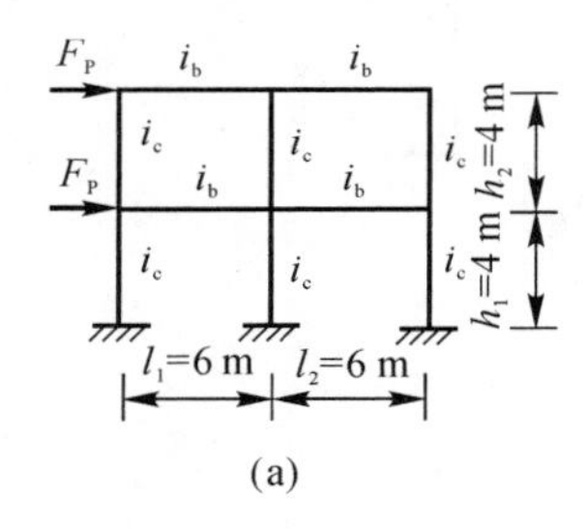

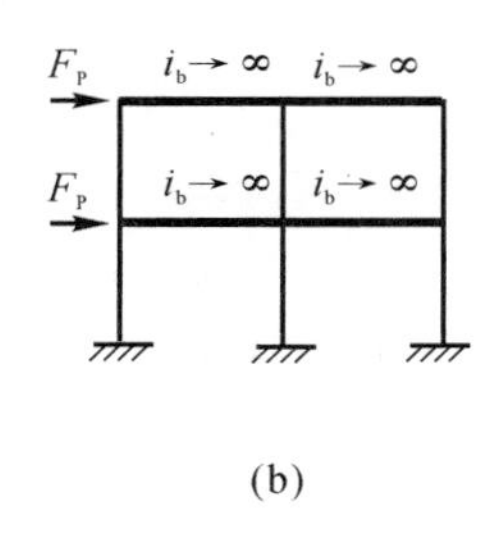

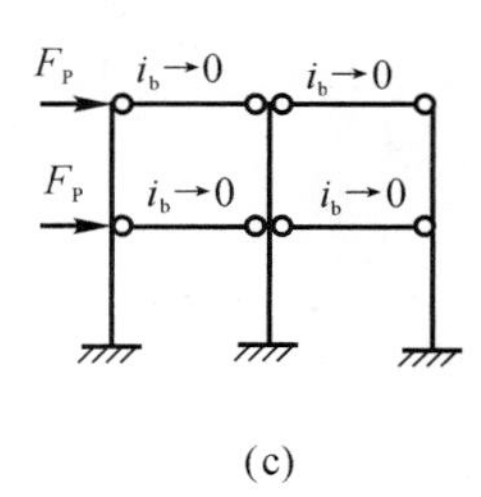

题 7-21 图

解 (1) 在 Δ_1 作用下,如解 7-21 图(一)(a) 所示,有

$$k_{11} = 4(i_b + i_c),\quad k_{21} = 2i_b,\quad k_{31} = 2i_c,\quad k_{41} = 0$$

$$k_{51} = -\frac{6i_c}{4} = -\frac{3}{2}i_c,\quad k_{61} = -\frac{3}{2}i_c$$

在 Δ_2 作用下,如解 7-21 图(一)(b) 所示,有

$$k_{12} = 2i_b,\quad k_{22} = 4i_b + 2i_c,\quad k_{32} = 0,\quad k_{42} = i_c$$

$$k_{52} = -\frac{3}{4}i_c,\quad k_{62} = \frac{3}{4}i_c$$

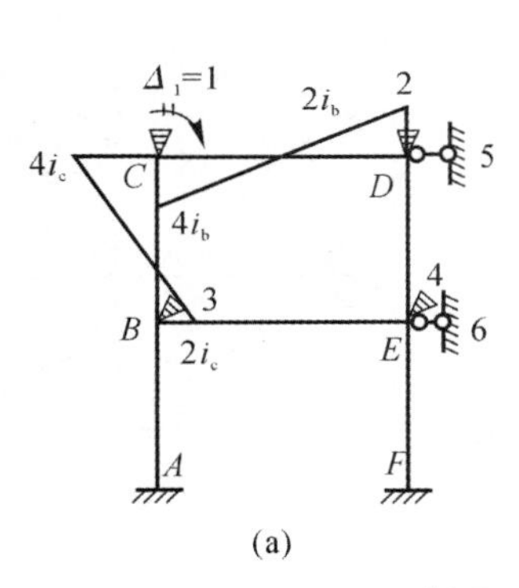

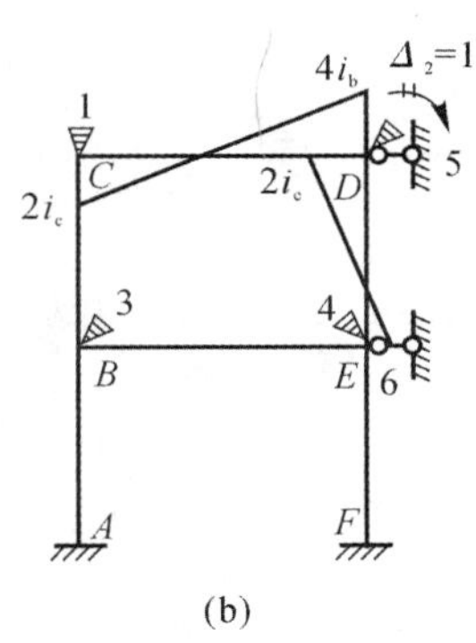

解 7-21 图(一)

(a)$\Delta_1 = 1$ 作用下 $\overline{M}_1$; (b)$\Delta_2 = 1$ 作用下 $\overline{M}_2$

(2) 在 $\Delta_3 = 1$ 作用下,如解 7-21 图(二)(a) 所示,有

$$k_{13} = k_{31} = 2i_c,\quad k_{23} = 0,\quad k_{33} = 8i_c + 4i_b,\quad k_{43} = 2i_b$$

$$k_{53} = -\frac{3}{2}i_c,\quad k_{63} = 0$$

在 $\Delta_4 = 1$ 作用下,如解 7-21 图(二)(b) 所示,有

$$k_{14} = k_{41} = 0,\quad k_{24} = i_c,\quad k_{34} = 2i_b,\quad k_{44} = (i_b + i_c)$$

$$k_{54} = -3i/4,\quad k_{64} = 0$$

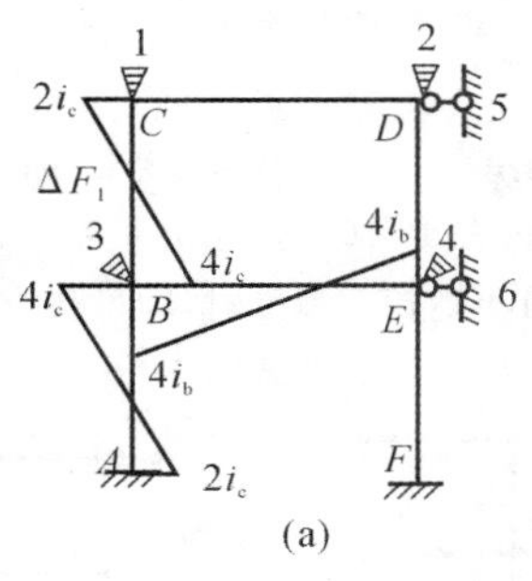

(a)

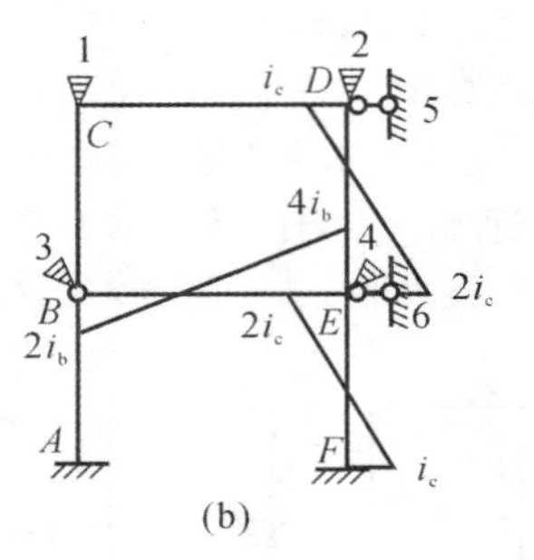

(b)

解 7－21 图(二)

(a)$\Delta_3=1$ 作用下 $\overline{M}_3$； (b)$\Delta_4=1$ 作用下 $\overline{M}_4$

(3) 在 $\Delta_5=1$ 作用下，如解 7－21 图(三)(a) 所示，有

$$k_{15}=-\frac{3}{2}i_c,\quad k_{25}=-\frac{3}{4}i_c$$

$$k_{35}=-\frac{3}{2}i_c,\quad k_{45}=-\frac{3}{4}i_c$$

$$k_{55}=\frac{9}{8}i_c,\quad k_{65}=-\frac{9}{8}i_c$$

在 $\Delta_6=1$ 作用下，如解 7－21 图(三)(b) 所示，有

$$k_{16}=\frac{3}{2}i,\quad k_{26}=\frac{3}{4}i_c,\quad k_{36}=0,\quad k_{46}=0$$

$$k_{56}=-\frac{9}{8}i_c,\quad k_{66}=\frac{9}{4}i_c$$

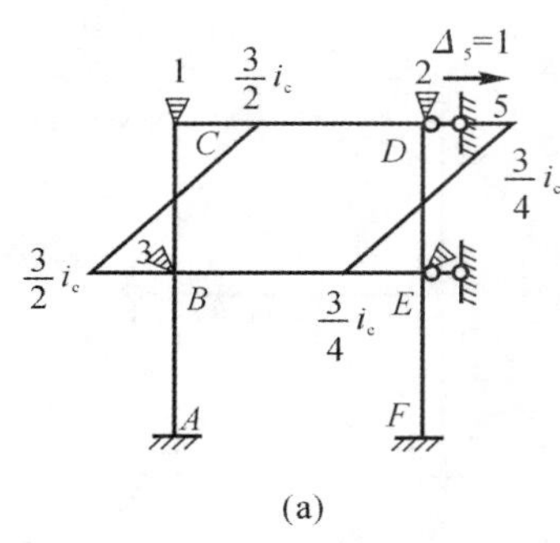

(a)

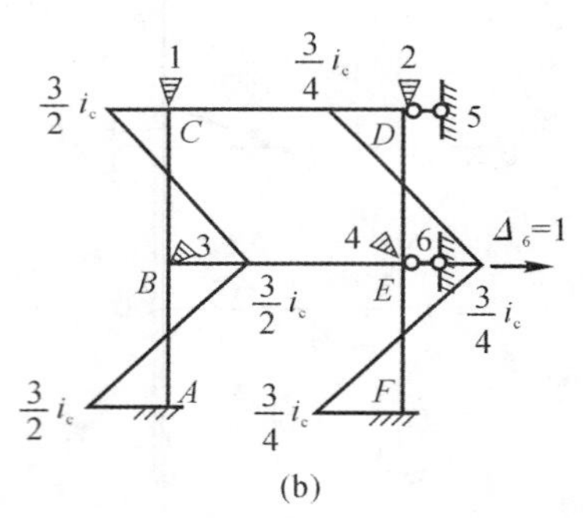

(b)

解 7－21 图(三)

(a)$\Delta_5=1$ 作用下 $\overline{M}_5$； (b)$\Delta_6=1$ 作用下 $\overline{M}_6$

(4) 在荷载作用下，如解 7－21 图(四) 所示，有

$$F_{1P}=F_{2P}=F_{3P}=F_{4P}=0$$

$$F_{5P}=-\frac{F_P}{2},\quad F_{6P}=-\frac{F_P}{2}$$

(5) 将位移法方程写成矩阵形式为

$$\boldsymbol{K\Delta}=\boldsymbol{F}$$

则

$$\boldsymbol{\Delta}=[\Delta_1,\Delta_2,\Delta_3,\Delta_4,\Delta_5,\Delta_6]^T$$

$$\boldsymbol{F}=[0,0,0,0,\frac{F_P}{2},\frac{F_P}{2}]^T$$

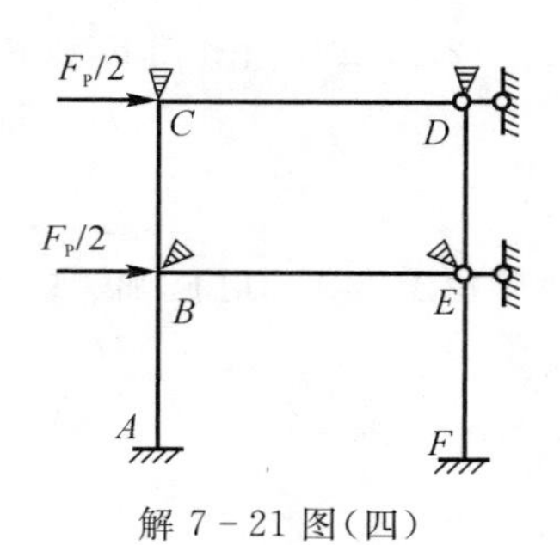

解 7－21 图(四)

$$\boldsymbol{K}=\begin{bmatrix} 4(i_b+i_c) & i_b & i_c & 0 & -\frac{3}{2}i_c & \frac{3}{2}i_c \\ & 4i_b+2i_c & 0 & i_c & -\frac{3}{4}i_c & \frac{3}{4}i_c \\ & & 8i_b+4i_c & 2i_b & -\frac{3}{2}i_c & 0 \\ & & & 4(i_b+i_c) & -\frac{3}{4}i_c & 0 \\ & & & & \frac{9}{8}i_c & -\frac{9}{8}i_c \\ & & & & & \frac{9}{4}i_c \end{bmatrix}$$

将 $i_b=si_c$ 代入，可得位移法方程为

$$\begin{bmatrix} 4(s+1) & 2s & 2 & 0 & -\frac{3}{2} & \frac{3}{2} \\ & 4s+2 & 0 & 1 & -\frac{3}{4} & \frac{3}{4} \\ & & 8+4s & 2s & -\frac{3}{2} & 0 \\ & & & 4(s+1) & -\frac{3}{4} & 0 \\ & & & & \frac{9}{8} & -\frac{9}{8} \\ & & & & & \frac{9}{4}i \end{bmatrix}$$

将 $s=0.1,0.5,1,5,10$ 分别代入 $\boldsymbol{k\Delta}=\boldsymbol{F}$，即可解得各个情况相应的位移值。而上下两层柱侧移就是 Δ_5，Δ_6，见表7-3。

对于每一种 s 情况，柱端弯矩 M 可由 $\overline{M}_1,\cdots,\overline{M}_6,M_P$ 叠加而得，即

$$M=\sum_{i=1}^{6}\overline{M}_i\Delta_i$$

例如：当 $s=1$ 时，一层左侧角柱为

$$M_A=\overline{M}_3\Delta_3+\overline{M}_6\Delta_6=2i_c\times\frac{F_P}{2i_c}\times 0.5059+\left(-\frac{3}{2}i_c\right)\times\frac{F_P}{2i_c}\times 2.6646=1.4926F_P$$

表　7-3

$\frac{FF_P}{22i_c}\times\Delta_i$	$s=0.1$	$s=0.5$	$s=1$	$s=5$	$s=10$
Δ_1	1.329 2	0.447 4	0.251 8	0.059 9	0.031 4
Δ_2	1.344 1	0.331 6	0.046 9	0.011 6	0.003 3
Δ_3	1.214 6	0.721 9	0.505 9	0.167 2	0.091 0
Δ_4	0.781 5	0.456 3	0.318 3	0.089 3	0.047 2
Δ_5	9.616 0	6.017 8	4.807 1	3.319 1	3.016 3
Δ_6	3.918 2	3.044 6	2.664 6	2.060 2	1.930 6

同理，可求得其他情况各柱端弯矩。

当 $s\to\infty$ 时，由刚度矩阵 $\boldsymbol{k}$ 可知，$\Delta_1=\Delta_2=\Delta_3=\Delta_4=0$，也即没有转角位移。

这时，$\Delta_5=2.6667\times\dfrac{F_P}{2i_c}$，$\Delta_6=1.7778\times\dfrac{F_P}{2i_c}$，$s=50,100$ 时认为 $s\to\infty$，则产生的 Δ_5（误差最大）的相对误差分别是 3%，1.4%。此时，可认为当 $s\geqslant 100$ 时，$s\to\infty$，这样误差仅有 1.4% 左右。

当 $s=0$ 时，有

$$\boldsymbol{\Delta}=\frac{F_P}{2i_c}\times[2.7556,3.1111,1.7778,1.0667,14.5778,4.8593]^T$$

当 $s=0.01$ 时，有

$$\boldsymbol{\Delta}=\frac{F_P}{2i_c}\times[2.4847,2.7715,1.6761,1.0194,13.6561,4.6922]^T$$

此时相对误差最大为 9.8%（发生在 Δ_1），可见当 $s=0.01$ 时，认为 $s\to 0$ 也是合理的。

温馨提示：将荷载分为对称与反对称两组，显然，在对称荷载下，柱没有侧移，也没有弯矩，所以只需分析反对称情况，如解 7-21 图（五）(a) 所示。这时，采用(b) 中的位移法基本体系，不考虑轴向弯形时，基本未知量为 4 个转角，加 2 个侧移，如解 7-21 图（五）(b) 所示。

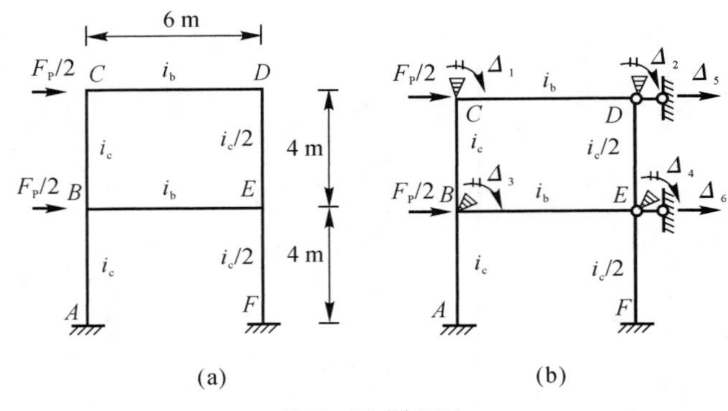

解 7-21 图（五）

7-23 图示为 2 跨 2 层刚架，梁的线刚度为 i_b，柱的线刚度为 i_c。在以下三种情况下（均为杆线刚度相对值）：① $i_b=1$，$i_c=1$；② $i_b=1$，$i_c=10$；③ $i_b=10$，$i_c=1$。

试求：(1) 忽略结点侧移时，刚架的弯矩图。

(2) 考虑结点侧移时，刚架的弯矩图。

(3) 比较以上两种情况下，忽略结点侧移与考虑结点侧移内力的差别。

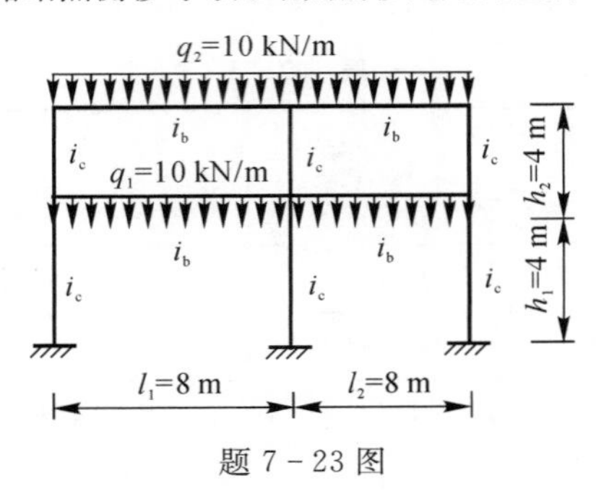

题 7-23 图

解 注意忽略和考虑结点侧移时，刚架的位移法基本体系是不同的，其弯矩图也是不同的，下面分析考虑结点侧移。取如解 7-23 图(a) 所示基本体系，并作 $\overline{M}_1$ 图 ~ $\overline{M}_8$ 图以及 M_P 图，分别如解 7-23 图(b) ~ (j) 所示。

(1) 分析各单位结点位移下的结构反应，求 k_{ij}。

1) $\Delta_1=1(\overline{M}_1)$：

$k_{11}=4(i_c+i_b)$, $k_{21}=2i_c$, $k_{31}=2i_b$, $k_{41}=0$

$k_{51}=0$, $k_{61}=0$, $k_{71}=-\frac{3}{2}i_c$, $k_{81}=\frac{3}{2}i_c$

2)$\Delta_2=1(\overline{M}_2)$：

$k_{12}=2i_c$, $k_{22}=8i_c+4i_b$, $k_{32}=0$, $k_{42}=2i_b$

$k_{52}=0$, $k_{62}=0$, $k_{72}=-\frac{3}{2}i_c$, $k_{82}=0$

3)$\Delta_3=1(\overline{M}_3)$：

$k_{13}=2i_c$, $k_{23}=0$, $k_{33}=4i_c+8i_b$, $k_{43}=2i_c$

$k_{53}=2i_b$, $k_{63}=0$, $k_{73}=-\frac{3}{2}i_c$, $k_{83}=\frac{3}{2}i_c$

4)$\Delta_4=1(\overline{M}_4)$：

$k_{14}=0$, $k_{24}=2i_b$, $k_{34}=2i_b$, $k_{44}=8(i_c+i_b)$

$k_{54}=0$, $k_{64}=2i_b$, $k_{74}=-\frac{3}{2}i_c$, $k_{84}=0$

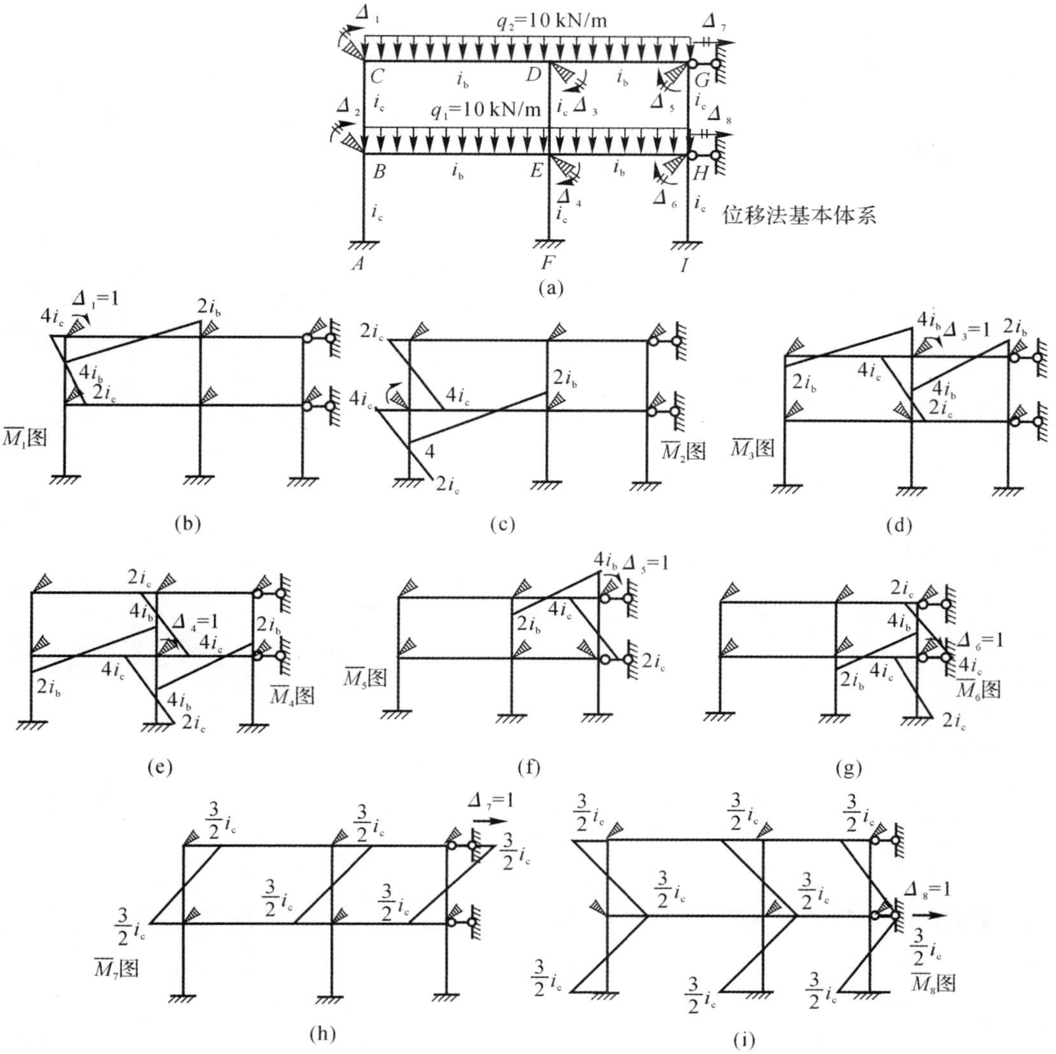

(a)

(b) (c) (d)

(e) (f) (g)

(h) (i)

解 7－23 图

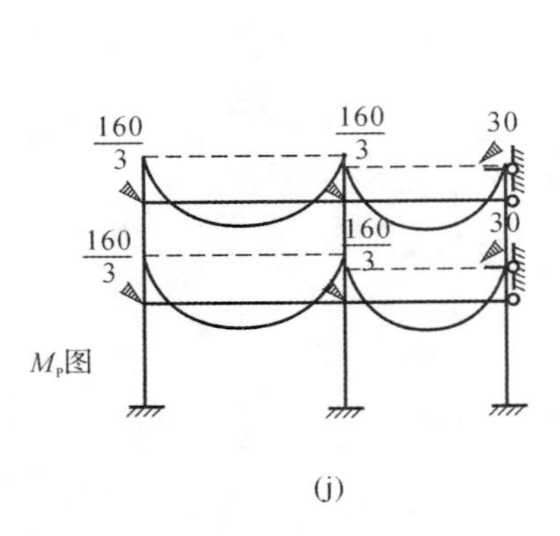

(j)

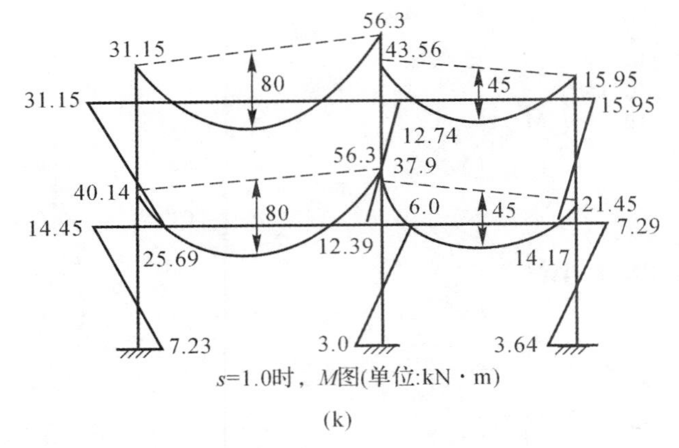

(k)

续解 7－23 图

5) $\Delta_5 = 1(\overline{M}_5)$：

$$k_{15} = k_{25} = 0, \quad k_{35} = 2i_b, \quad k_{45} = 0$$

$$k_{55} = 4(i_b + i_c), \quad k_{65} = 2i_c, \quad k_{75} = -\frac{3}{2}i_c, \quad k_{85} = -\frac{3}{2}i_c$$

6) $\Delta_6 = 1(\overline{M}_6)$：

$$k_{16} = k_{26} = k_{36} = 0, \; k_{46} = 2i_b$$

$$k_{56} = 2i_c, \quad k_{66} = 8i_c + 4i_b, \quad k_{76} = -\frac{3}{2}i_c \quad k_{86} = 0$$

7) $\Delta_7 = 1(\overline{M}_7)$：

$$k_{17} = k_{37} = k_{57} = k_{27} = k_{47} = k_{67} = -\frac{3}{2}i_c$$

$$k_{77} = \frac{\frac{3}{2}i_c \times 2}{4} \times 3 = \frac{9}{4}i_c, \quad k_{87} = -\frac{9}{4}i_c$$

8) $\Delta_8 = 1(\overline{M}_8)$：

$$k_{18} = k_{38} = k_{48} = \frac{3}{2}i_c, \quad k_{28} = k_{48} = k_{68} = 0$$

$$k_{78} = -\frac{9}{4}i_c, \quad k_{88} = \frac{9}{2}i_c$$

9) 荷载作用下(M_P)：

$$F_{1P} = -\frac{160}{3}, \quad F_{2P} = -\frac{160}{3}, \quad F_{3P} = F_{4P} = \frac{70}{3}$$

$$F_{5P} = 30, \quad F_{6P} = 30, \quad F_{7P} = 0, \quad F_{8P} = 0$$

(2) 建立位移法矩阵方程,有

$$\boldsymbol{K} \cdot \boldsymbol{\Delta} = \boldsymbol{F}$$

其中,当 $s = \frac{i_b}{i_c}$ 时,有

$$
\boldsymbol{K}=\begin{bmatrix}
4(s+1) & 2 & 2s & 0 & 0 & 0 & -\frac{3}{2} & \frac{3}{2} \\
 & 8+4s & 0 & 2s & 0 & 0 & -\frac{3}{2} & 0 \\
 & & 4+8s & 2 & 2s & 0 & -\frac{3}{2} & \frac{3}{2} \\
 & & & 8(1+s) & 0 & 2s & -\frac{3}{2} & 0 \\
 & & & & 4(1+s) & 2 & -\frac{3}{2} & \frac{3}{2} \\
 & & & & & 8+4s & -\frac{3}{2} & 0 \\
 & & & & & & \frac{9}{4} & -\frac{9}{4} \\
 & & & & & & & \frac{9}{2}
\end{bmatrix}\times i_c
$$

$$
\boldsymbol{\Delta}=[\Delta_1 \quad \Delta_2 \quad \Delta_3 \quad \Delta_4 \quad \Delta_5 \quad \Delta_6 \quad \Delta_7 \quad \Delta_8]^{\mathrm{T}}
$$

$$
\boldsymbol{F}=\left[\frac{160}{3} \quad \frac{160}{3} \quad -\frac{70}{3} \quad -\frac{70}{3} \quad -30 \quad -30 \quad 0 \quad 0\right]^{\mathrm{T}}
$$

(3) 对每一 s 情况列表计算,见表 7-4。

表 7-4

Δ_i/i_c	$s=1.0$	$s=0.1$	$s=10$
Δ_1	6.634 8	10.739 5	1.245 9
Δ_2	3.903 4	3.663 9	1.147 5
Δ_3	12.178 4	−8.705 6	−0.143 4
Δ_4	−1.210 2	−1.596 9	−0.144 3
Δ_5	−2.423 2	−1.622 6	−0.628 9
Δ_6	−1.531 4	−2.971 2	−0.564 6
Δ_7	2.904 6	−0.931 5	0.900 4
Δ_8	0.774 6	−0.602 8	0.292 3

(4) 利用叠加法求各杆端弯距:

$$
M=\sum_{i=1}^{8}\overline{M}_i\Delta_i+M_{\mathrm{P}},\quad M_{CD}=(4\Delta_1+2\Delta_3)s-\frac{160}{3}
$$

$$
M_{DC}=(2\Delta_1+4\Delta_3)s+\frac{160}{3},\quad M_{BE}=(4\Delta_2+2\Delta_4)s-\frac{160}{3}
$$

$$
M_{EB}=(2\Delta_2+4\Delta_4)s+\frac{160}{3},\quad M_{DG}=(4\Delta_3+2\Delta_5)s-30
$$

$$
M_{GD}=(2\Delta_3+4\Delta_5)s+30,\quad M_{AB}=2\Delta_2-\frac{3}{2}\Delta_8
$$

$$
M_{BA}=4\Delta_2-\frac{3}{2}\Delta_8,\quad M_{EH}=(4\Delta_4+2\Delta_6)s-30
$$

$$
M_{HE}=(2\Delta_4+2\Delta_6)s+30,\quad M_{BC}=2\Delta_1+4\Delta_2-\frac{3}{2}\Delta_7+\frac{3}{2}\Delta_8
$$

$$M_{CB}=4\Delta_1+2\Delta_2-\frac{3}{2}\Delta_7+\frac{3}{2}\Delta_8,\quad M_{IH}=2\Delta_6-\frac{3}{2}\Delta_8$$

$$M_{HI}=4\Delta_6-\frac{3}{2}\Delta_8,\quad M_{FE}=2\Delta_4-\frac{3}{2}\Delta_8$$

$$M_{EF}=4\Delta_4-\frac{3}{2}\Delta_8,\quad M_{ED}=2\Delta_3+4\Delta_4-\frac{3}{2}\Delta_7+\frac{3}{2}\Delta_8$$

$$M_{DE}=4\Delta_3+2\Delta_4-\frac{3}{2}\Delta_7+\frac{3}{2}\Delta_8$$

$$M_{HG}=2\Delta_5+4\Delta_6-\frac{3}{2}\Delta_7+\frac{3}{2}\Delta_8$$

$$M_{GH}=4\Delta_5+2\Delta_6-\frac{3}{2}\Delta_7+\frac{3}{2}\Delta_8$$

(5) 当 $s=1.0$ 时,可作弯矩 M 图如解 7-23 图(k) 所示。

(6) 当 $s=0.1$ 或 10 时,同理可以画出其弯矩图,此处略。

温馨提示:忽略和考虑结点侧移时,刚架的位移法基本体系不同。

第 8 章　渐近法及其他算法概述

8.1　教学基本要求

8.1.1　内容概述

渐近法是利用位移法的基本原理，逐次逼近真实计算的一种方法。它的代表就是力矩分配法和无剪力分配法。力矩分配法适用于连续梁和无结点线位移的刚架；无剪力分配法适用于刚架中除杆端无相对线位移的杆件外，其余杆件都是剪力静定杆件的情况，是力矩分配法的一种特殊的形式。对于一般有结点线位移的刚架，可用力矩分配法和位移法联合求解。

渐近法是本章讨论的重点。此外，本章还简略地介绍了联合法、近似法及利用挠度图作超静定力影响线的方法。

8.1.2　目的和要求

本章的学习要求如下：

(1) 掌握力矩分配法中的几个基本概念和基本参数，即转动刚度、力矩分配系数与传递系数。

(2) 熟练用力矩分配法计算连续梁和无侧移刚架。

(3) 掌握无剪力分配法的概念及运用条件，能解简单的单跨刚架。

(4) 掌握用位移法和力距分配法联合求解有侧移刚架的原理和方法。

(5) 了解超静定结构反力、内力影响线的绘制方法。

学习这些内容的目的有以下几方面：

(1) 为校核结构强度作准备。对于无结点线位移的刚架、连续梁，可以用力矩分配法来计算内力。内力的计算结果可用来校核结构的强度是否满足要求。

(2) 了解渐近法解超静定结构的特点。用渐近法解超静定结构与位移法一样，首先将超静定结构转化为已知杆端内力的单跨超静定梁，然后应用渐近方法消除二者的差别。

(3) 为各种工程计算提供了计算方法。实际工程结构是非常复杂的，不同的结构有不同的解法。本章提供了不少计算法，如力矩分配法、无剪力分配法、联合法、近似法，并对它们进行了比较，介绍了利用挠度图作超静定力影响线的方法等，这为各种工程计算提供了合适的计算方法。

8.1.3　教学单元划分

本章共 8 个教学时，分 4 个教学单元。

第一教学单元讲授内容：力矩分配法的基本概念，多结点的力矩分配。

第二教学单元讲授内容：力矩分配法解对称结构，无剪力分配法。

第三教学单元讲授内容：力矩分配法与位移法的联合应用，近似法。

第四教学单元讲授内容：超静定结构各类解法的比较和合理选用，超静定力的影响线，小结。

8.1.4 教学单元知识点归纳

一、第一教学单元知识点

1. 力矩分配法应用范围

力矩分配法应用范围：无结点线位移的刚架、连续梁。

2. 力矩分配法正、负号规定（重点）

杆端弯矩以顺时针为正，结点力偶荷载及转动约束中的约束力矩以顺时针为正。

3. 等截面直杆的转动刚度和传递系数（重点）

等截面直杆的转动刚度和传递系数见表 8－1。

表 8－1

近端支承情况	远端支承情况	转动刚度 S	传递系数 C
固定	固定	$4i$	0.5
	铰支	$3i$	0
	滑动	i	-1
	自由	0	0
滑动	固定	i	-1
	铰支	0	0

4. 单结点的力矩分配（重点）

用力矩分配法计算单结点结构时，只需对结构进行一次锁定和放松，且分配和传递也是一次完成的。

5. 多结点的力矩分配（重点、难点）

多个刚结点刚架或连续梁的计算步骤如下：

(1) 先锁。加约束锁紧全部刚结点，计算各杆固端弯矩与各结点的约束力矩。

(2) 逐次放松。每次放松一个结点（其余结点仍锁住）来进行力矩分配与传递。对每个结点轮流放松并经过多次循环后，结点渐趋平衡。对于多结点连续梁，为了加速收敛，也可同时间隔放松两个结点。实际计算一般进行 2～3 个循环就可获得足够精度的结果。

(3) 叠加。将各次计算所得固端弯矩、分配力矩、传递力矩相加，得实际杆端弯矩。

例 8－1 用力矩分配法计算如图 8－1(a) 所示两跨结构的弯矩图。

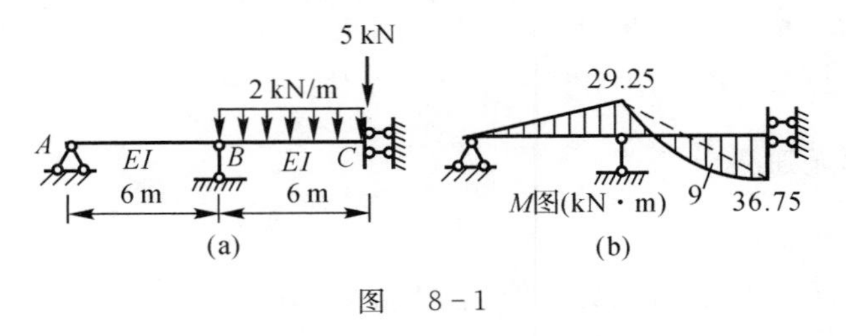

图 8－1

解 列计算表（见表 8－2）。

由表 8－2 得结构弯矩图如图 8－1(b) 所示。

表　8-2

杆　端	BA	BC	CB
S	$3\times\frac{EI}{6}$	$\frac{EI}{6}$	
μ	3/4	1/4	
C	0	−1	
M^F		−39	−27
B 点分配传递	29.25	9.75 →	−9.75
M	29.25	−29.25	−36.75

例 8-2　用力矩分配法计算如图 8-2(a) 所示结构的弯矩图。

解　将图 8-2(a) 所示结构中静定部分 CD 杆去除。其等效结构如图 8-2(b) 所示，为单结点力矩分配图。列表计算，具体见表 8-3。

表　8-3

杆　端	BA	BC	CB
S	$3\times\frac{2EI}{2}$	$3\times\frac{EI}{4}$	
μ	2/3	1/3	
C	0	0	
M^F	0	−13	10
B 点分配传递	8.67	4.33	
M	8.67	−8.67	10

由表 8-3 得结构弯矩图如图 8-2(c) 所示。

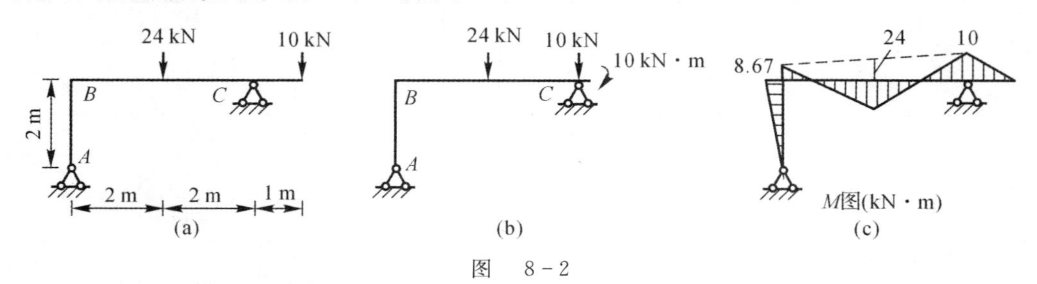

图　8-2

例 8-3　用力矩分配法计算如图 8-3(a) 所示结构弯矩图。

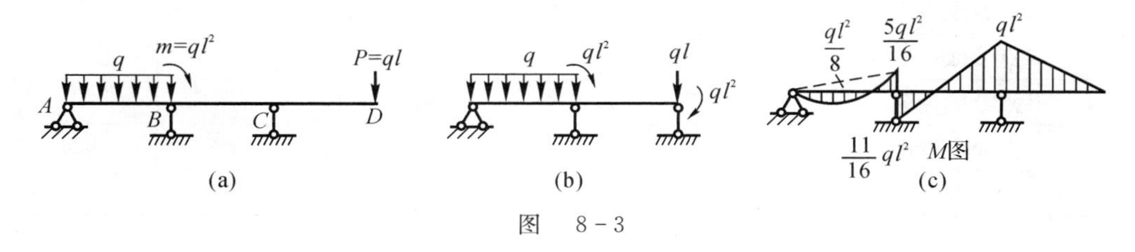

图　8-3

解 去除如图 8-3(a) 所示结构静定部分 CD 杆后，得等效结构如图 8-3(b) 所示。列计算表(见表8-4)。

表 8-4

杆端	AB	BC
S	$3\times\frac{EI}{l}$	$3\times\frac{EI}{l}$
μ	1/2	1/2
C	0	0
M^F	$\frac{ql^2}{8}(ql^2)$	$\frac{ql^2}{2}$
B 点分配传递	$\frac{3ql^2}{16}$	$\frac{3ql^2}{16}$
M	$\frac{5ql^2}{16}$	$\frac{11ql^2}{16}$

由表 8-4 得结构弯矩图如图 8-3(c) 所示。

例 8-4 用力矩分配法计算如图 8-4(a) 所示结构弯矩图。

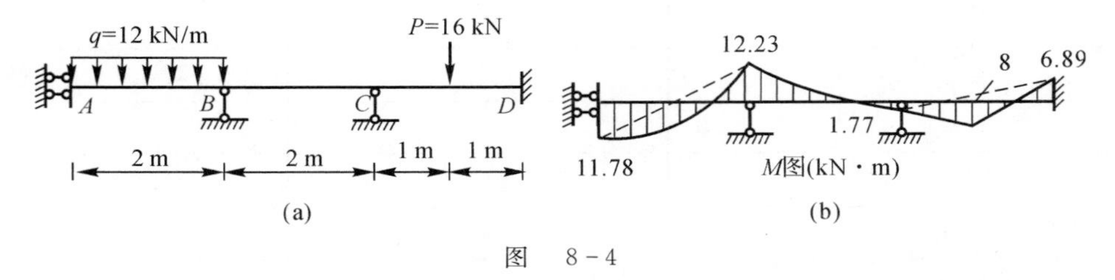

图 8-4

解 列计算表(见表 8-5)。

表 8-5

杆端	AB	BA	BC	CB	CD	DC
S		$\frac{EI}{2}$	$4\times\frac{EI}{2}$	$4\times\frac{EI}{2}$	$4\times\frac{EI}{2}$	
μ		1/5	4/5	1/2	1/2	
C		−1	1/2	1/2	1/2	
M^F	8	16	0	0	−4	4
B 点分配传递	3.2 ←	−3.2	−12.8 →	−6.4		
C 点分配传递			2.6 ←	5.2 →	5.2 →	2.6
B 点分配传递	0.52 ←	−0.52	−2.08 →	−1.04		
C 点分配传递			0.26 ←	0.52	0.52 →	0.26
B 点分配传递	0.52 ←	−0.052	−0.208 →	−0.104		
C 点分配传递				−0.052	0.052 →	0.026
M	11.78	12.23	−12.33	−1.77	1.77	6.89

由表 8-5 得结构弯矩图如图 8-4(b) 所示。

温馨提示：对双、多结点进行分配力矩时，尽量先对不平衡力矩大的结点进行计算，以加快收敛速度。一般经过两三个循环后结点的不平衡力矩已很小，可停止计算。

例 8-5　用力矩分配法计算如图 8-5(a) 所示结构弯矩图。

解　将如图 8-5 所示结构静定部分 CE 作静力等效代换后的结构如图 8-5(b) 所示。列计算表(见表8-6)。

表 8-6

杆　端	AB	BA	BC	CB	CD	DC
S		$\frac{4EI}{2}$	$\frac{4EI}{2}$	$\frac{4EI}{2}$	$\frac{4EI}{2}$	
μ		1/2	1/2	1/2	1/2	
C		1/2	1/2	1/2	1/2	
M^F	0	0	−1.33	1.33(8)	0	
C 点分配传递			1.668 ←	3.335	3.335	1.668
B 点分配传递	−0.085 ←	−0.169	−0.169 ←	−0.085		
C 点分配传递			0.021 ←	0.042	0.042	0.021
B 点分配传递	−0.005 ←	−0.010	−0.010 ←			
M	−0.09	−0.18	0.18	4.62	3.38	1.69

由计算得结构弯矩图如图 8-5(c) 所示。

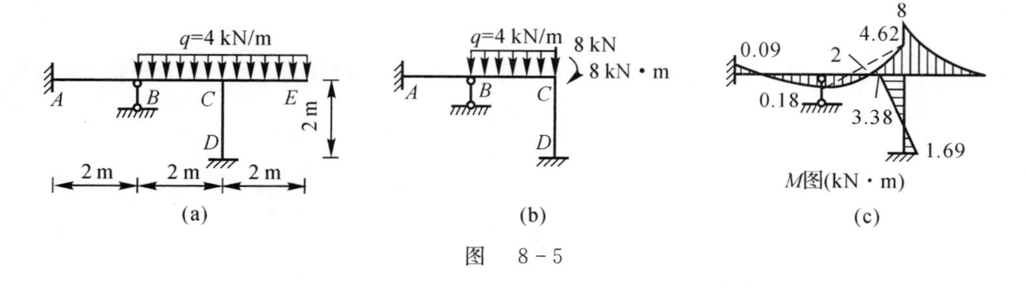

图　8-5

二、第二教学单元知识点

1. 用力矩分配法解对称结构(重点)

运用力矩分配法解对称结构，与用力法、位移法解题一样。若不是受对称荷载和反对称荷载，先将一般荷载分解为对称荷载和反对称荷载；若能将结构转化为半边或 1/4 结构就先将其转化为半边或 1/4 结构。剩下的计算与普通结构一样，进行力矩分配后作出整个结构的内力或内力图。

例 8-6　计算图 8-6(a) 所示对称刚架作 M 图，EI = 常数。

解　(1) 对于图 8-6(a) 所示刚架，结构和荷载关于 x，y 轴都是对称的。在 x 轴上的 E，F 点只有水平位移，而没有竖向位移和转角；在 y 轴上的 G，H 点只有竖向位移，而没有水平位移和转角。因此，可取结构的 1/4 进行计算，可将对称轴上的点化为滑动支座。得到的计算简图如图 8-6(b) 所示。

(2) 计算转动刚度和分配系数。利用对称简化后，只有一个结点 C，令 $\frac{EI}{1} = 6i$，有

$$S_{CG}=i_{CG}=\frac{EI}{3}=2i$$

$$S_{CE}=i_{CE}=\frac{EI}{2}=3i$$

$$\mu_{CG}=\frac{S_{CG}}{S_{CG}+S_{CE}}=\frac{2i}{2i+3i}=0.4$$

$$\mu_{CE}=\frac{S_{CE}}{S_{CG}+S_{CE}}=\frac{3i}{5i}=0.6$$

(3) 计算固端弯矩，有

$$M_{CG}^{F}=-\frac{1}{3}ql^{2}=-\frac{1}{3}\times 24\times 3^{2}=-72\ \text{kN}\cdot\text{m}$$

$$M_{GC}^{F}=-\frac{1}{6}ql^{2}=-\frac{1}{6}\times 24\times 3^{2}=-36\ \text{kN}\cdot\text{m}$$

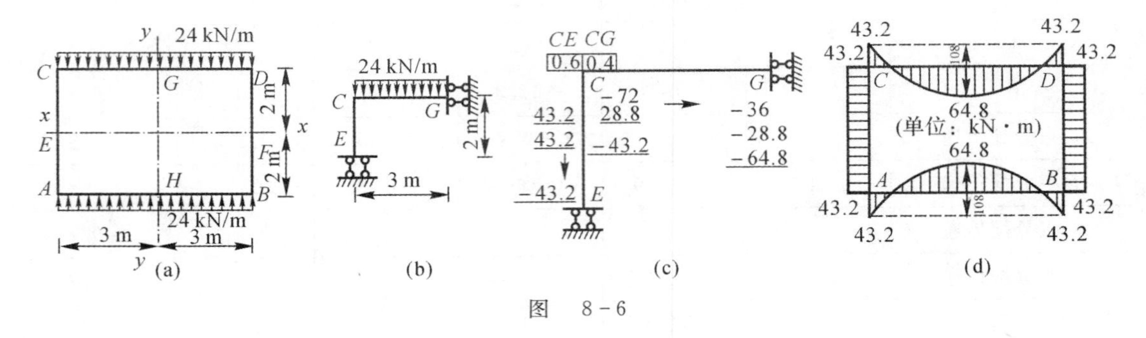

图 8-6

(4) 进行力矩分配与传递。分配与传递的过程如图 8-6(c) 所示。

特别注意：E，G 是滑动支座，由 C 向 E，G 传递时，传递系数为 -1。

(5) 作 M 图。计算得到的杆端弯矩只有 C，E，G 三点的值，利用对称性可作出其 M 图，如图 8-6(d) 所示。

例 8-7 图 8-7(a) 所示结构为对称的等截面连续梁，支座 B，C 都发生向下 2 cm 的线位移。试用力矩分配法计算该结构，并作出其弯矩图。已知 $E=200$ GPa，$I=4\times10^{-4}\ \text{m}^4$。

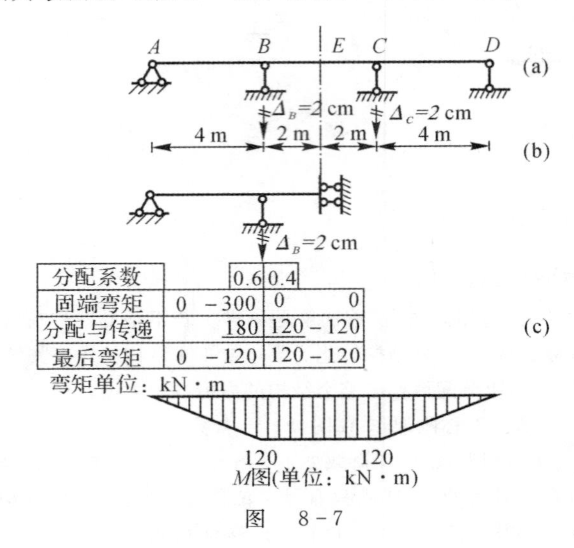

分配系数		0.6	0.4	
固端弯矩	0	-300	0	0
分配与传递		180	120	-120
最后弯矩	0	-120	120	-120

图 8-7

解 由于结构对称，外力也正对称，故可取结构的一半（见图 8-7(b)）进行分析。分配系数为

$$\mu_{BA}=\frac{3\times\frac{EI}{4\text{m}}}{3\times\frac{EI}{4\text{m}}+\frac{EI}{2\text{m}}}=0.6,\quad \mu_{BE}=\frac{\frac{EI}{2\text{m}}}{3\times\frac{EI}{4\text{m}}+\frac{EI}{2\text{m}}}=0.4$$

当结点 B 被固定时，由 B 支座沉陷在杆端引起的固端弯矩为

$$M_{BA}^{F}=-\frac{3EI}{l^{2}}\Delta=-\frac{3\times200\times10^{6}\ \text{kN/m}^{2}\times4\times10^{-4}\ \text{m}^{4}}{(4\ \text{m})^{2}}\times2\times10^{-2}\ \text{m}=-300\ \text{kN}\cdot\text{m}$$

$$M_{AB}^{F}=0,\quad M_{BE}^{F}=0,\quad M_{EB}^{F}=0$$

其余计算过程如图 8-7(b) 所示，弯矩图如图 8-7(c) 所示。

2.无剪力分配法(难点)

无剪力分配法的应用条件是刚架中有侧移的杆都是剪力静定杆。剪力静定杆的固端弯矩、转动刚度和传递系数，与一端刚结另一端滑动的杆的相同。在计算每一层柱的固端弯矩时，除要考虑直接作用于该层柱的水平荷载外，还需将该层以上所有层的水平荷载累加作用于该层柱的上端结点处。除剪力静定杆的 M^{F}，S,C 有所不同外，力矩分配过程和用一般力矩分配法的分配过程相同。

例 8-8 图 8-8 所示结构中的哪些可以用无剪力分配法求解?

解 当支座反力矩在“竖”杆的剪力方向投影为零时，“竖”杆的剪力可直接求出，即剪力静定，于是可用无剪力分配法进行求解。

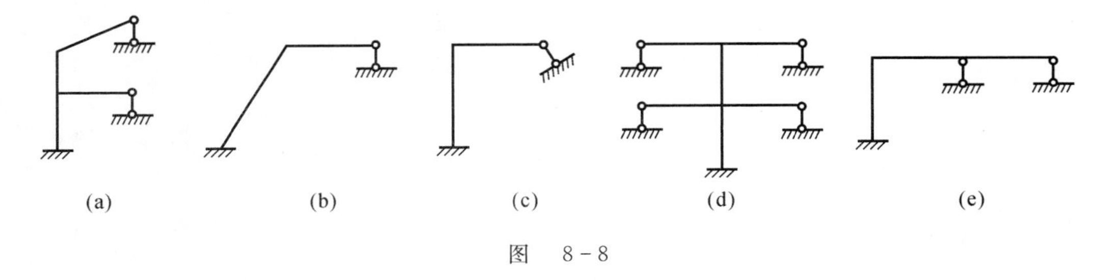

图 8-8

由上可知，图 8-8(a)(d)(e) 所示的结构可用无剪力分配法进行计算，而图 8-8(b)(c) 所示结构不可用此法计算。

例 8-9 用无剪力分配法作图 8-9(a) 所示结构的弯矩图。

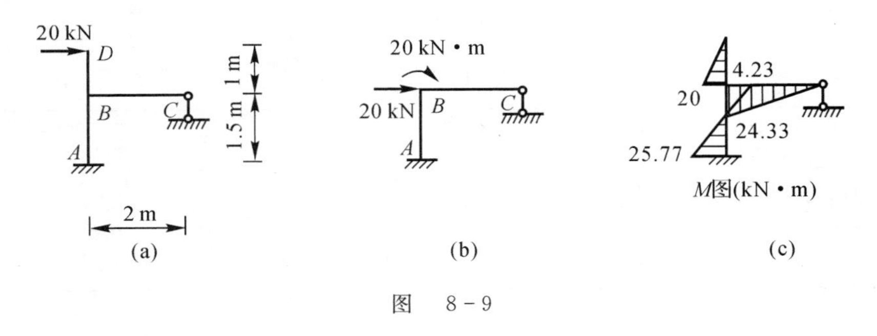

图 8-9

解 先去除图 8-9(a) 所示结构的静定部分，简化得到等效结构如图 8-9(b) 所示。列计算表(见表8-7)。

由计算表得结构弯矩图如图 8-9(c) 所示。

表 8-7

杆端	AB	BA	BC
S		$\frac{EI}{1.5}$	$3\times\frac{EI}{2}$
μ		4/13	9/13
C		-1	0
M^F	-15	$-15(20)$	
B 点分配传递	-10.77	10.77	24.33
M	-25.77	-4.23	24.23

例 8-10 用无剪力分配法作如图 8-10(a) 所示结构的弯矩图。

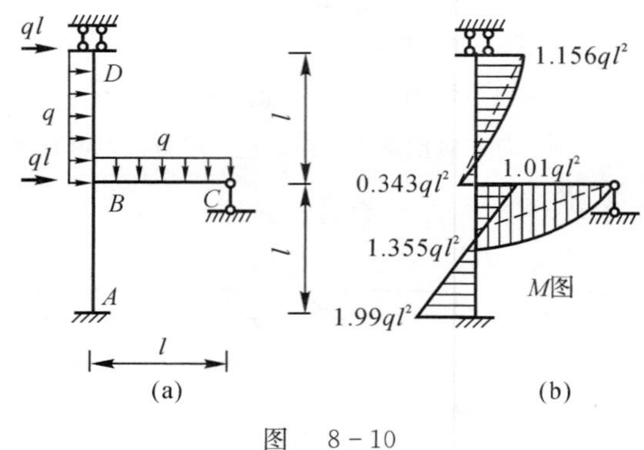

图 8-10

解 列计算表(见表 8-8)。

表 8-8

杆端	AB	BA	BC	BD	DB
S		$\frac{EI}{l}$	$3\times\frac{EI}{l}$	$\frac{EI}{l}$	
μ		1/5	3/5	1/5	
C		-1	0	-1	
M^F	$-\frac{3ql^2}{2}$	$-\frac{3ql^2}{2}$	$-\frac{ql^2}{8}$	$-\frac{5ql^2}{6}$	$-\frac{4ql^2}{6}$
B 点分配传递	$-0.49ql^2$	$-0.49ql^2$	$1.48ql^2$	$0.49ql^2$	$-0.49ql^2$
M	$-1.99ql^2$	$-1.01ql^2$	$1.355ql^2$	$-0.343ql^2$	$-1.156ql^2$

由计算表得结构弯矩图如图 8-10(b) 所示。

例 8-11 用无剪力分配法作如图 8-11(a) 所示结构的弯矩图,各杆 EI 为常数。

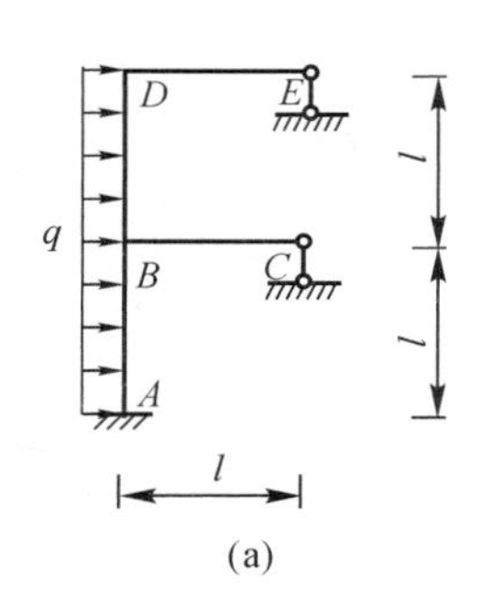

(a)

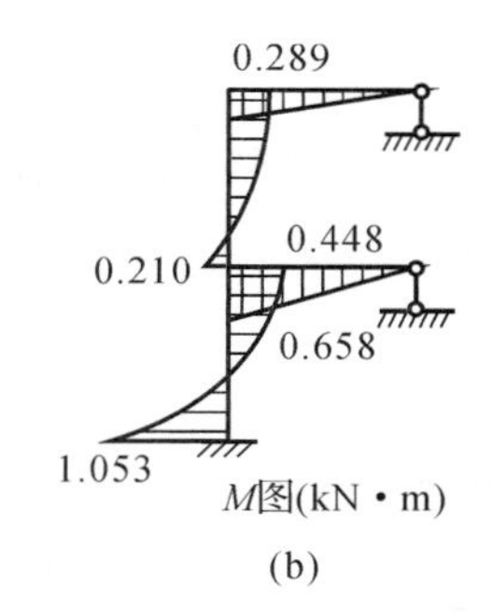

(b)

图　8-11

解　列计算表(见表 8-9)。

表　8-9

杆　端	AB	BA	BC	BD	DB	DE
S		$\frac{EI}{l}$	$\frac{3EI}{l}$	$\frac{EI}{l}$	$\frac{EI}{l}$	$\frac{3EI}{l}$
μ		1/5	3/5	1/5	1/4	3/4
C		−1	0	−1	−1	0
M^F	$-0.8333ql^2$	$-0.6667ql^2$	0	$-0.3333ql^2$	$-0.1667ql^2$	0
B 点分配传递	$-0.2ql^2$	$0.2ql^2$	$-0.6ql^2$	$0.2ql^2$	$-0.2ql^2$	
D 点分配传递				$-0.0917ql^2$	$0.0917ql^2$	$0.2750ql^2$
B 点分配传递	$-0.8333ql^2$	$-0.8333ql^2$	$-0.0550ql^2$	$0.0183ql^2$	$-0.0183ql^2$	
D 点分配传递				$-0.0046ql^2$	$-0.0046ql^2$	$0.0138ql^2$
B 点分配传递	$-0.0009ql^2$	$0.0009ql^2$	$0.0028ql^2$	$0.0009ql^2$		
M	$-1.053ql^2$	$-0.448ql^2$	$0.658ql^2$	$-0.210ql^2$	$-0.289ql^2$	$0.289ql^2$

由计算表得结构弯矩图如图 8-11(b) 所示。

三、第三教学单元知识点

1. 力矩分配与位移法的联合应用(重点、难点)

力矩分配法只能计算仅有结点角位移的结构，对于既有结点角位移又有结点线位移的结构则无能为力。有一种在力矩分配法基础上发展起来的迭代法，可计算既有结点角位移又有结点线位移的结构，但计算过程复杂，不容易掌握，目前已很少用了。对于既有结点角位移又有结点线位移的结构，可联合应用力矩分配法与位移法(用位移法求解结点线位移，用力矩分配法求解结点角位移)，即按位移法建立求解结点位移的方程，又由于基本结构是有角位移的结构，可按力矩分配法计算角位移。

例 8-12　试用力矩分配法与位移法作图 8-12 所示刚架的 M 图。

解　(1) 先图 8-12 锁住线位移并作 M_P 图(见图 8-13(a))。由于此时无结点线位移，可用力矩分配法求解。求解过程如图 8-13(b) 所示，得出的弯矩图如图 8-13(c) 所示。由杆端弯矩可求出柱底剪力为

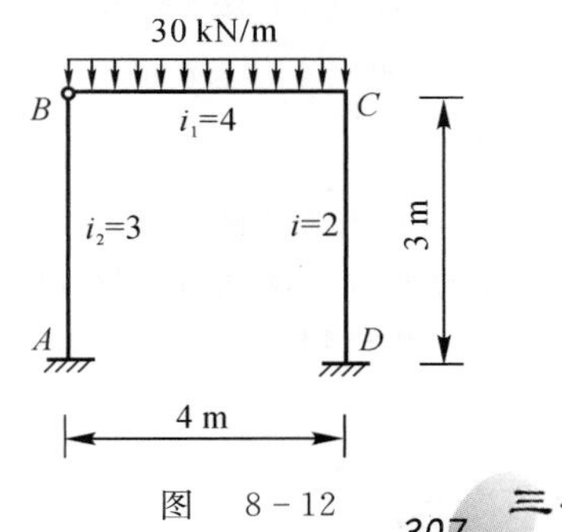

图　8-12

$$F_{QAB} = 0$$

$$F_{QDC} = \frac{30+15}{3} = 15\ \text{kN}$$

再由整个刚架的平衡条件 $\sum F_x = 0$，求得

$$F_{iP} = 15\ \text{kN}$$

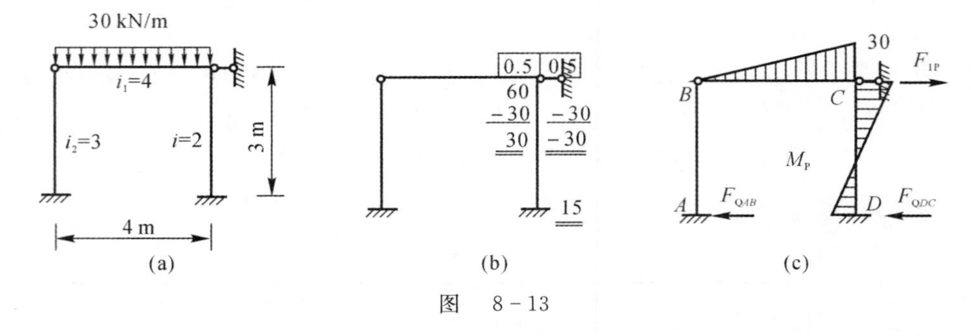

图 8-13

(2) 求 $Z_1 = 1$ 时刚架的弯矩 $\overline{M}_1$ 图(见图 8-14(a))。此时结点线位移已知，$Z_1 = 1$，可用力矩分配法计算。在 $Z_1 = 1$ 作用下固端弯矩为

$$M_{AB} = -3i_2\frac{1}{l} = -3$$

$$M_{CD} = M_{DC} = -6i_2\frac{1}{l} = -6$$

力矩分配过程如图 8-14(b) 所示。得到 $\overline{M}_1$ 图如图 8-14(c) 所示。

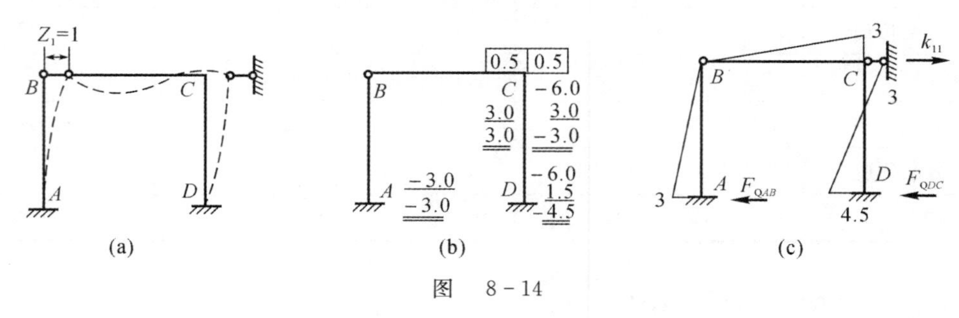

图 8-14

由杆端弯矩求出柱底剪力为

$$F_{QAB} = \frac{3}{3} = 1,\quad F_{QDC} = \frac{3+4.5}{3} = 2.5$$

再由整体平衡条件求出，有

$$k_{11} = 1 + 2.5 = 3.5$$

(3) 由位移法方程求 Z_1。由

$$k_{11}Z_1 + F_{1P} = 0$$

求得

$$Z_1 = \frac{F_{1P}}{k_{11}} - \frac{15}{3.5} = -4.28$$

(4) 作弯矩图。将图 8-14(c) 中的 $\overline{M}_1$ 的标距乘以 -4.28，再与图 8-13(c) 中的 M_P 的标距叠加，即得最后弯矩图，如图 8-15 所示。

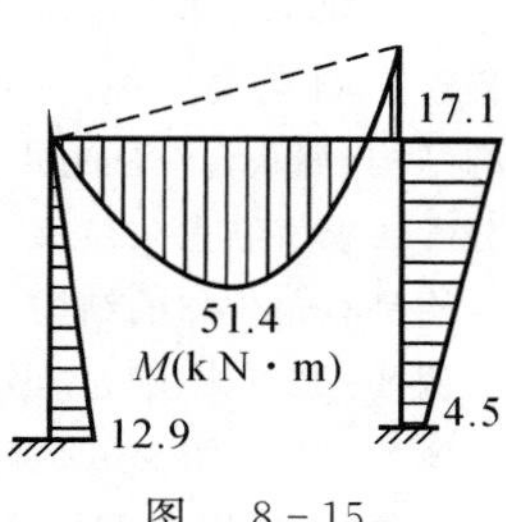

图 8-15

例 8-13 求图 8-16 所示刚架的弯矩图、剪力图和轴力图，并计算各支座的反力。

解　(1) 计算转动刚度(设 $EI=1$)：

$$i_{DC}=\frac{2EI}{6}=\frac{1}{3},\quad S_{DC}=3i_{DC}=1$$

$$i_{DA}=\frac{2EI}{4}=\frac{1}{2},\quad S_{DA}=4i_{DA}=2$$

$$i_{DE}=\frac{3EI}{6}=\frac{1}{2},\quad S_{DE}=4i_{DE}=2$$

$$i_{ED}=\frac{3EI}{6}=\frac{1}{2},\quad S_{ED}=4i_{ED}=2$$

$$i_{EF}=\frac{4EI}{3}=\frac{4}{3},\quad S_{EF}=3i_{EF}=4$$

$$i_{EB}=\frac{2EI}{4}=\frac{1}{2},\quad S_{EB}=4i_{EB}=2$$

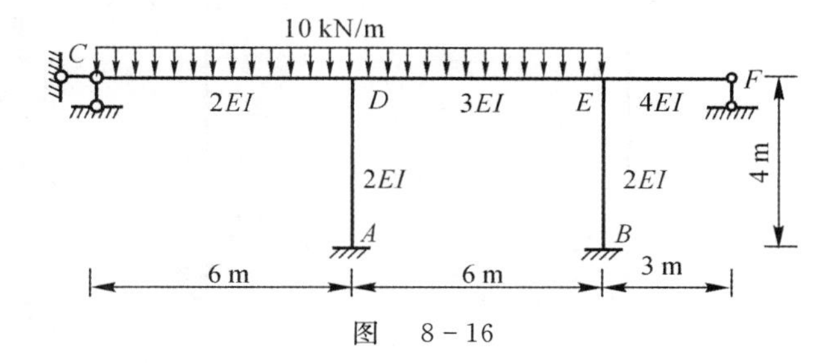

图　8-16

(2) 计算分配系数。

1) 结点 D：

$$\mu_{DC}=\frac{S_{DC}}{\sum_D S}=\frac{S_{DC}}{S_{DC}+S_{DA}+S_{DE}}=\frac{1}{1+2+2}=0.2$$

$$\mu_{DA}=\frac{S_{DA}}{\sum_D S}=\frac{2}{5}=0.4$$

$$\mu_{DE}=\frac{S_{DE}}{\sum_D S}=\frac{2}{5}=0.4$$

$$\sum_D \mu=1$$

2) 结点 E：

$$\mu_{ED}=\frac{S_{ED}}{\sum_E S}=\frac{S_{ED}}{S_{ED}+S_{EB}+S_{EF}}=\frac{2}{2+2+4}=0.25$$

$$\mu_{EB}=\frac{S_{EB}}{\sum_E S}=\frac{2}{8}=0.25$$

$$\mu_{EF}=\frac{S_{EF}}{\sum_E S}=\frac{4}{8}=0.5$$

$$\sum_E \mu=1$$

(3) 计算固端弯矩：

$$M_{DC}^{F}=\frac{1}{8}ql^2=\frac{1}{8}\times 10\times 6^2=45\ \text{kN}\cdot\text{m}$$

$$M_{DE}^{F}=-\frac{1}{12}ql^2=-\frac{1}{12}\times 10\times 6^2=-30\ \text{kN}\cdot\text{m}$$

$$M_{ED}^{F}=+\frac{1}{12}ql^{2}=+\frac{1}{12}\times10\times6^{2}=30\ \text{kN}\cdot\text{m}$$

(4) 力矩分配与传递。按先 E 后 D 的顺序进行分配。为缩短计算过程，应先放松约束力矩较大的结点，因此，先放松结点 E。分配及传递计算如图 8-17 所示。

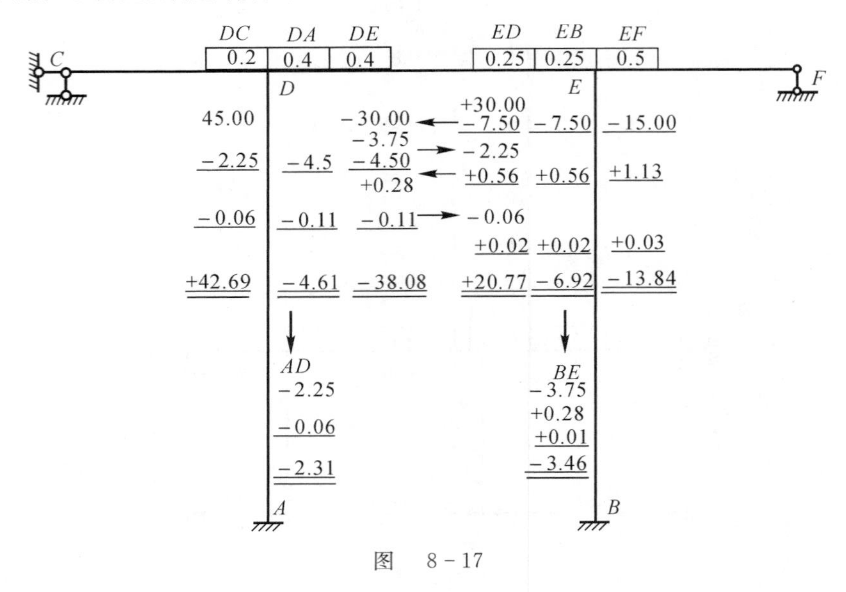

图 8-17

(5) 根据叠加的杆端弯矩，作弯矩图如图 8-18(a) 所示。

(6) 作剪力图。以各杆件为隔离体，利用杆端弯矩，建立力矩平衡方程，可求出各杆杆端剪力。根据各杆杆端剪力作剪力图，如图 8-18(b) 所示。

(7) 作轴力图。 取结点为隔离体，利用各杆对结点的剪力，建立投影平衡方程，可求出各杆对结点的轴力，从而求得各杆的轴力。根据各杆杆端轴力作轴力图，如图 8-18(c) 所示。

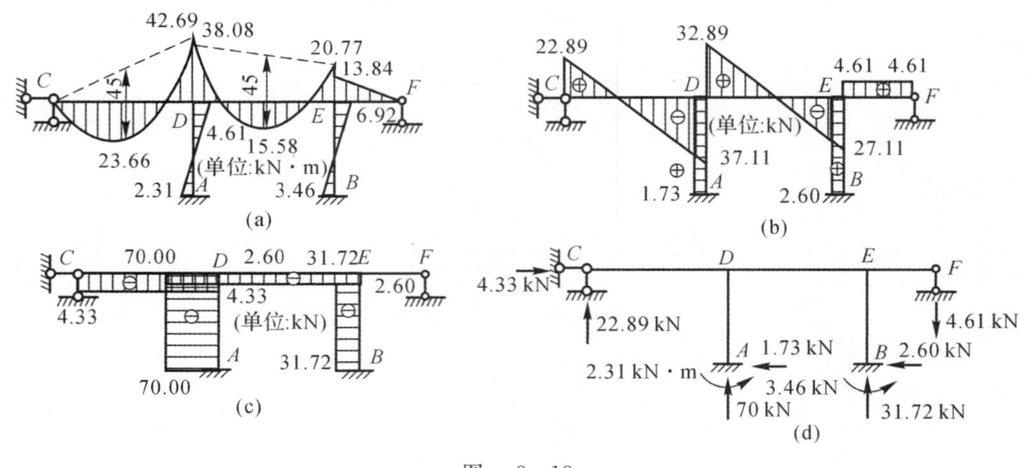

图 8-18

(8) 计算各支座反力。 由内力图中支座处的弯矩、剪力、轴力值可求得各支座的反力。支座反力图如图 8-18(d) 所示。

2. 近似法

在计算中可以忽略一些次要影响，进行近似计算，例如：① 忽略剪力和轴力引起的变形；② 在竖向荷载作用下忽略刚架的侧移，如分层计算法；③ 在水平荷载作用下忽略刚架的结点转角，如反弯点法。

例题见主教材第 287 页例 8-10。

四、第四教学单元知识点

1. 超静定结构各类解法的比较和合理选用(重点)

超静定结构问题的解法可以从不同角度加以分类和比较：① 从选取基本未知量的方案来看，可分为力法和位移法两类；② 从基本方程的表述形式来看，可分为传统形式和能量形式两种；③ 从线性方程组的解法来看，可分为直接解法和渐近解法两种；④ 从所采用的计算手段来看，可分为手算方法和计算机方法两类。在解题过程中应根据具体情况选用不同的方法。

2. 超静定力的影响线(难点)

(1) 超静定力影响线做法的分类。作超静定力影响线有两种方法：一种是用力法(或位移法)直接求出影响系数；另一种是用超静定力影响线与挠度图间的比拟关系求解。前者为静力法，后者为机动法。

(2) 超静定结构力法方程。超静定结构某量 Z_1 的影响线与静定梁用机动法求影响线的原理及函数式相同，并利用位移互等定理，有

$$Z_1(x) = -\frac{-\delta_{1P}(x)}{\delta_{11}} = -\frac{1}{\delta_{11}}\delta_{P1}(x) \qquad (*)$$

式中，$\delta_{P1}(x)$ 为原结构解除与 Z_1 相关约束后，所得力法基本结构沿 Z_1 方向发生位移 δ_{11} 时的变形轴线(挠度)图。当 $\delta_{11}=1$ 时，$\delta_{P1}(x)$ 图即为 Z_1 影响线。

(3) 超静定力影响线的做法。在力法基本结构中，沿 Z_1 方向给定虚位移 $\delta_{11}=1$，根据变形连续和约束条件即可画出 $\delta_{P1}(Z)$ 的轮廓。影响线 δ_{P1} 的竖标，可按计算超静定结构位移的方法确定。基于这个结论，可以直接利用竖向位移图绘制连续梁的影响线，这就是用机动法绘制连续梁影响线的方法。其步骤如下：

1) 撤去与所求约束力 Z_1 相应的约束，代以约束力 Z_1。

2) 使体系沿 Z_1 的正方向发生位移，做出 $Z_1=1$ 作用下荷载作用点的竖向位移图——δ_{P1} 图即为影响线的形状。

3) 将 δ_{P1} 图除以常数 δ_{11}(或在 δ_{P1} 图中令 $\delta_{11}=1$) 便确定了影响线纵坐标的数值。

4) 横坐标轴以上图形为正号，横坐标轴以下图形为负号。

例 8-14　用静力法绘制图 8-19(a) 所示梁支座反力 Y_B 的影响线。

解　(1) 取基本体系，如图 8-19(b) 所示。这是一个 $1-1=0$ 次超静定的基本体系。

(2) 作基本结构的 $\overline{M}_1$，M_P 图，如图 8-19(c)(d) 所示。

(3) 利用图乘法计算 δ_{11} 和 δ_{P1}，有

$$\delta_{11} = \frac{1}{EI}\times\frac{1}{2}l\times l\times\frac{2}{3}l = \frac{l^3}{3EI}$$

$$\delta_{P1} = -\frac{1}{EI}\left[\frac{1}{2}\alpha l\times(1-\alpha)l\times\frac{1}{3}\alpha l+\frac{1}{2}\alpha l\times l\times\frac{2}{3}\alpha l\right] = -\frac{l^3}{EI}\left(\frac{1}{2}\alpha^2-\frac{1}{6}\alpha^3\right)$$

(4) 将 δ_{11}，δ_{P1} 代入超静定结构影响线方程，有

$$Z_1(x) = -\frac{\delta_{P1}(x)}{\delta_{11}} = \frac{3}{2}\alpha^2-\frac{1}{2}\alpha^3 = \frac{1}{2}(3\alpha^2-\alpha^3)$$

(5) 根据 $P=1$ 的不同位置，将 $\alpha=0,\frac{1}{4},\frac{1}{2},\frac{3}{4},1$ 等值代入，得 Z_1 影响线纵坐标值。连成曲线，即为支座反力 Y_B 的影响线，如图 8-19(e) 所示。

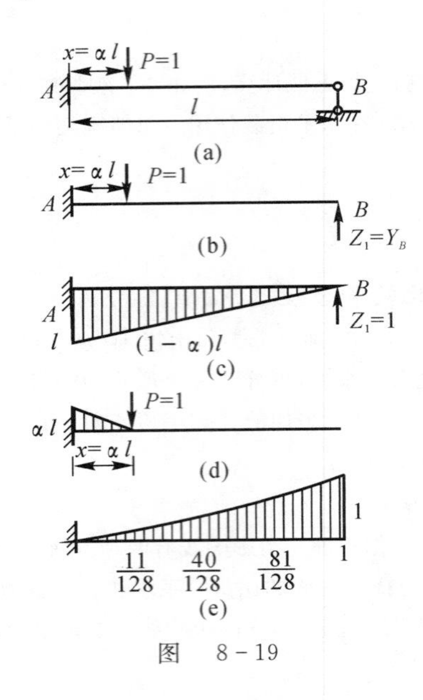

图 8-19

温馨提示:由图 8-19(e) 所示影响线图形可看出,超静定梁影响线与静定梁影响线的主要区别是:静定梁是几何不变、无多余约束的体系,撤去约束后体系的位移图是几何可变体系的刚体位移图,是直线组成的图形;而超静定梁是几何不变、有多余约束的体系,由于多余约束的存在,撤去一个约束后基本结构仍是几何不变的,其位移图是曲线图形。

例 8-14 用机动法绘制图 8-20 所示连续梁支座 B 的弯矩影响线(EI = 常数)。

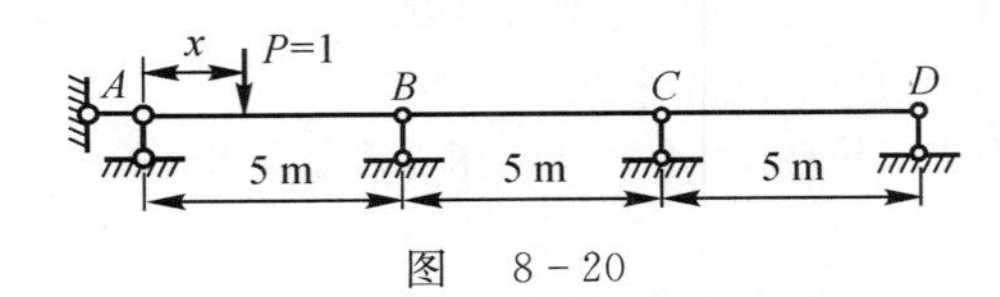

图 8-20

解 (1) 将支座 B 处改为铰结,并加相应的约束力(一对力偶)$Z_1 = 1$。$Z_1 = 1$ 产生的变形曲线的竖向位移图——δ_{P1} 图,即为影响线的形状,如图 8-21(a) 所示。δ_{11} 为 B 点两侧截面转角 δ'_{11} 和 δ''_{11} 之和。

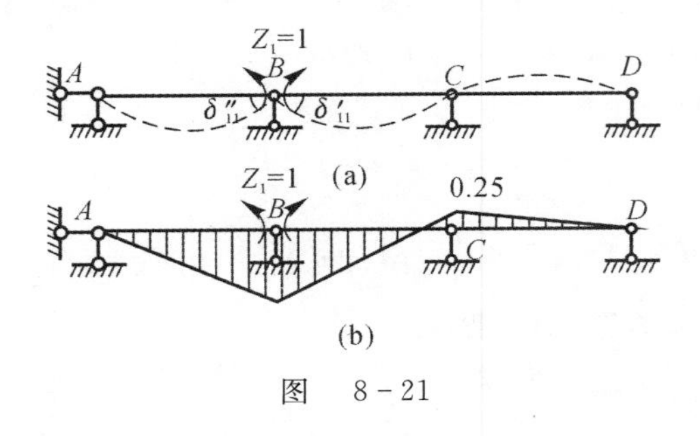

图 8-21

(2) 计算 δ_{11}。δ_{11} 是超静定基本结构在 $Z_1 = 1$ 作用下沿 Z_1 方向的位移,可由以下公式计算:

$$\delta_{11} = \sum\int \frac{\overline{M}_1 M_1}{EI} \mathrm{d}x$$

这里要注意:M_1 为超静定基本结构在 $Z_1 = 1$ 作用下产生的弯矩图,可用力矩分配法求得,结果如图 8-

21(b) 所示；

$\overline{M}$ 为与 $Z_1=1$ 所对应的单位弯矩图。可任取基本结构(本例取简支梁为基本结构)，作其受单位力 $Z_1=1$ 作用下产生的弯矩图，如图 8-22(b) 所示。

用图乘法求得

$$\delta_{11}=\frac{l}{6EI}[(2+M_A)+(2+M_C)]=\frac{5}{6EI}[(2+0)+(2-0.25)]=\frac{3.125}{EI}$$

这里，M_A，M_B，M_C 等都以梁下侧纤维受拉为正。

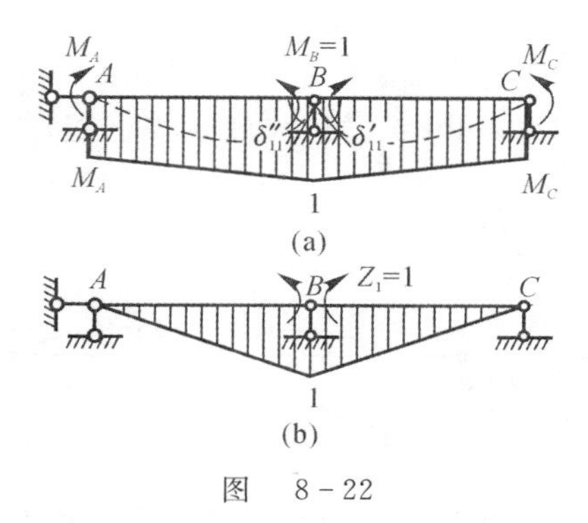

图　8-22

(3) 计算 δ_{P1}。将 $P=1$ 分别置于第一、第二和第三跨的任意位置 Z，利用下式计算，有

$$\delta_{P1}=\int\frac{\overline{M}_P M_1}{EI}dx$$

这里要注意：$\overline{M}_P$ 是与 $P=1$ 所对应的单位弯矩图。可任取基本结构(本例取简支梁为基本结构(见图 8-23(a)) 受单位力 $P=1$ 作用，作出 $\overline{M}_P$ 图，如图 8-23(c) 所示。

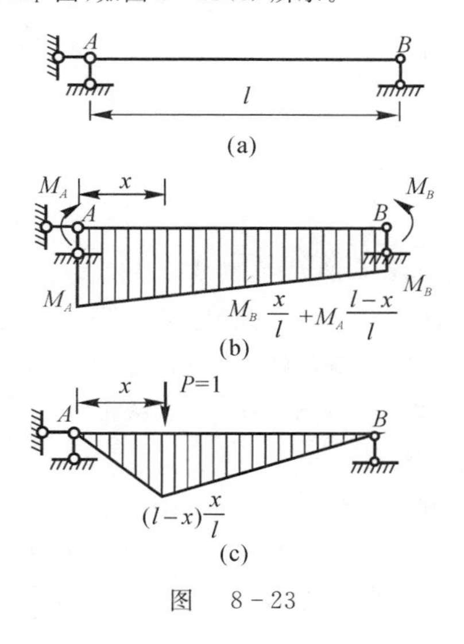

图　8-23

用图乘法(见图 8-23(b) 和(c))，有

$$\delta_{P1}=\frac{x(l-x)}{6EIl}[M_A(2l-x)+M_B(l+x)]\tag{8-1}$$

将 $P=1$ 作用于第一跨，将 $M_A=0$，$M_B=1$ 代入式(8-1)，有

$$\delta_{P1}=\frac{x(5-x)}{6EI\times 5}[0+1\times(5+x)]=\frac{x(25-x^2)}{30EI}$$

将 $P=1$ 作用于第二跨，将 $M_B=1, M_C=-0.25$ 代入式(8-1)，有

$$\delta_{P1}=\frac{x(5-x)}{30EI}[1\times(2\times 5-x)-0.25\times(5+x)]=\frac{x(5-x)}{30EI}(8.75-1.25x)$$

将 $P=1$ 作用于第三跨，将 $M_C=-0.25, M_D=0$ 代入式(8-1)，有

$$\delta_{P1}=\frac{x(5-x)}{30EI}[-0.25\times(10-x)+0]=\frac{x(5-x)}{30EI}[-2.5+0.25x]=$$

$$\frac{x(5-x)}{30EI\times 4}(-10+x)$$

将连续梁每跨分成五等份，即将每跨中 $x=0$ m，1 m，2 m，3 m，4 m，5 m代入以上算式，可求得 $EI\delta_{P1}$ 图，如图 8-24(a) 所示。

(4) 将 $EI\delta_{P1}$ 图除以 $EI\delta_{11}$，即得 M_B 影响线，如图 8-24(b) 所示。

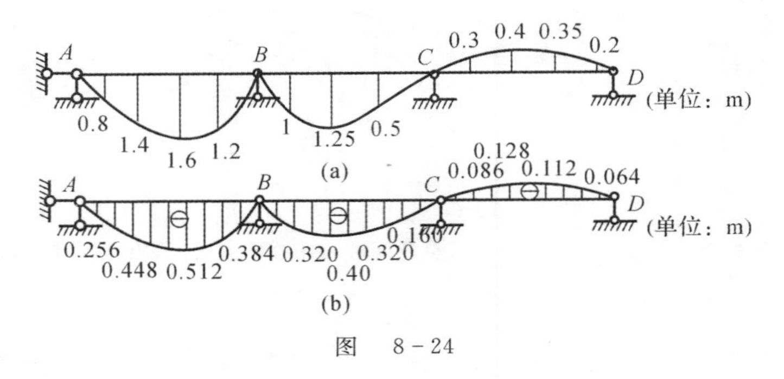

图 8-24

8.2 学习指导

8.2.1 学习方法建议

1. 弄懂力矩分配法的原理

力矩分配法是求解只有结点角位移结构的方法，其基础是位移法。力矩分配法的公式是由位移法导出的。与位移法相比，力矩分配法不必求结点位移，不用解方程，就可直接得到杆端弯矩，因而计算简便。对于仅含一个结点角位移的结构，力矩分配法得到的结果是精确的。对于含有两个及两个以上结点角位移的结构，力矩分配法得到的结果是渐近的，即通过多次计算可逼近精确解。

2. 熟练计算力矩分配法的三要素

力矩分配三要素是转动刚度、分配系数和传递系数。单跨梁一端发生单位转角时，该端的杆端弯矩为该杆端的抗弯刚度，称为转动刚度，用 S 表示，以顺时针转为正。等截面单跨梁的杆端抗弯刚度见表 8-10。

单跨梁一端发生单位转角时，其另一端的杆端弯矩与该端的杆端弯矩之比为传递系数。传递系数用 C 表示，等截面单跨梁的传递系数见表 8-10。

杆端力矩分配系数 μ 为杆端抗弯刚度 S 与交于某结点的所有杆端的抗弯刚度之和的商，即 $\mu=S/\sum S$，其中 $\sum S$ 为交于某结点的所有杆端的抗弯刚度之和。分配系数满足 $\sum\mu=1$，即交于某结点的所有杆端的分配系数之和为 1。

表　8-10

单跨梁	弯矩图	抗弯刚度 S_{AB}	传递系数 C_{AB}
固定梁	$\theta=1$, A, B, $2i$, $4i$	$4i$	0.5
一端固定 一端可动铰支座	$\theta=1$, A, B, $2i$	$3i$	0
一端固定 一端滑动支座	$\theta=1$, A, B, i	i	-1

3. 先要熟悉一个结点角位移结构的力矩分配法计算过程

(1) 预备工作：计算杆端抗弯刚度 S，由 $\mu=S/\sum S$ 计算分配系数 μ，计算固端弯矩 M^F。

(2) 分配：先计算结点不平衡力矩($m-\sum M^F$)，再计算杆端分配弯矩，杆端分配弯矩 = 分配系数×结点不平衡力矩。

(3) 传递：计算杆端传递弯矩，杆端传递弯矩 = 传递系数×杆端分配弯矩。

(4) 叠加：近端杆端弯矩 = 杆端分配弯矩＋固端弯矩，远端杆端弯矩 = 杆端传递弯矩＋固端弯矩。近端为处于分配点的杆件杆端，远端为离开分配点的杆件杆端。

(5) 根据杆端弯矩作内力图。

以上计算杆端弯矩的过程一般通过列表进行计算。要注意结点不平衡力矩为 $m-\sum M^F$，即结点固端弯矩之和反号后与结点外力矩相加。计算杆端矩完成后可利用下式计算结点转角：

杆端分配弯矩 = 杆端抗变刚度×结点转角

4. 进一步熟悉多个结点力矩分配法的计算过程

对于含有两个结点角位移的结构和多个结点角位移的结构，其力矩分配法的计算过程如下：

(1) 预备工作：计算杆端抗弯刚度，由 $\mu=S/\sum S$ 计算分配系数，计算固端弯矩 M^F。

(2)1 点分配传递：在 2 点加上刚臂，固定 2 点，对 1 点进行力矩分配传递。

(3)2 点分配传递：在 1 点加上刚臂，固定 1 点，放松 2 点(去掉 2 点刚臂，反方向加上 2 点刚臂的力矩)，对 2 点进行力矩分配传递。

(4) 按以上步骤对 1,2 点反复计算。直到计算的误差很小，可以忽略不计时，各个结点达到平衡。

(5) 将每个杆端的固端弯矩以及每次分配传递的弯矩叠加，可得到杆端弯矩。

(6) 根据杆端弯矩作内力图。

图 8-25 所示结构的求解，涉及了结点集中力偶、静定的悬臂端等知识点，是一道综合性很强的练习题，建议读者将这道例题认真地做几遍，一定会有很大的收获。

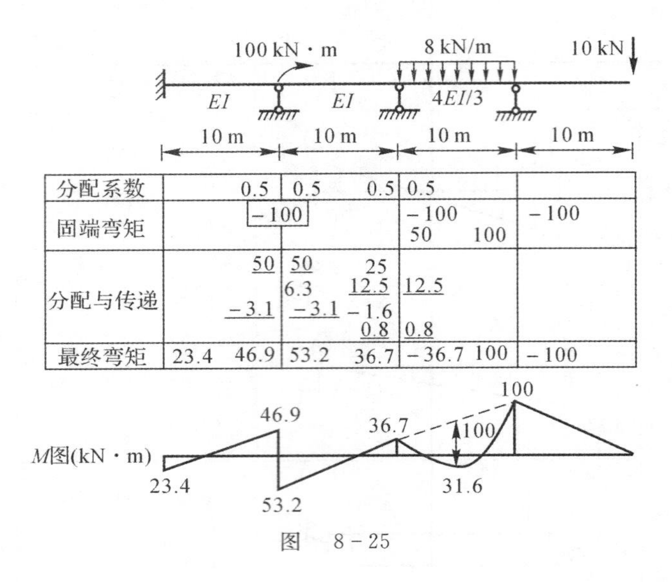

分配系数	0.5	0.5　0.5	0.5	
固端弯矩		−100	−100 50　100	−100
分配与传递	50 −3.1	50　25 6.3　12.5 −3.1　−1.6 0.8	12.5 0.8	
最终弯矩	23.4　46.9	53.2　36.7	−36.7　100	−100

图　8－25

5. 掌握力矩分配法与位移法的联合应用

对于图 8－26(a) 所示的有两个结点角位移和一个结点线位移的结构，按位移法计算时，应约束结点线位移，其位移法基本方程为

$$r_{11}Z_1 + F_{1P} = 0$$

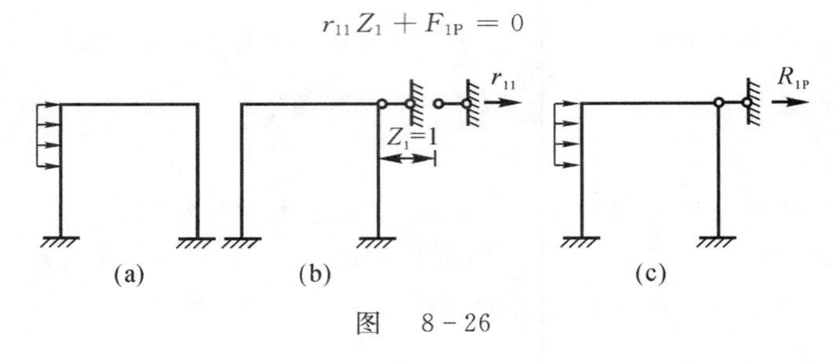

图　8－26

位移法基本结构(见图 8－26(b)) 为只有两个结点角位移的结构，可用力矩分配法计算。对于图 8－26(b) 所示结构，可用力矩分配法求 r_{11}；对于图 8－26(c) 所示结构，可用力矩分配法求 F_{1P}。求出 r_{11}，F_{1P} 后，解方程，得 Z_1，再按 $M = \overline{M}_1 Z_1 + M_P$ 求原结构的弯矩图。

6. 掌握无剪力分配法

力矩分配法一般不能计算既有结点角位移又有结点线位移的结构，但有一类结构比较特别，即剪力静定的柱子。由静力平衡方程可求解柱子的剪力，柱子的线位移可以不被当作未知数，因此只有结点角位移是未知数。确定约束结点角位移后，可将柱子看成是下端固定、上端滑动的杆件，柱子的线位移(侧移)就不是未知数了，那么结构就成为只有结点角位移的结构，仍可用力矩分配法进行计算。计算杆件的抗弯刚度、传递系数时，可将柱子看成是下端固定、上端滑动杆件。计算杆件的固端力矩时，由于柱子的横向荷载要向下传递，每根柱子滑支端的横向荷载等于原结构该端点及以上所有横向荷载之和。这种力矩分配法叫做无剪力分配法。可结合例题进行深入研究。

7. 了解多层多跨刚架在水平荷载作用下的近似计算 —— 反弯点法

在水平荷载作用下多层多跨刚架可按反弯点法进行近似计算。反弯点法假定：① 水平荷载为结点荷载；② 底层柱的反弯点位于 2/3 柱高度处，其他各层柱的反弯点位于柱高的中点；③ 柱的剪力与柱的侧移刚度 EI/h^3 成正比。

反弯点法的计算步骤如下：

(1) 计算柱的剪力。计算某层以上水平荷载之和，将柱的侧移刚度分配到该层的每根柱子，计算柱的剪力。

(2) 计算柱的弯矩。根据柱的剪力与反弯点位置，计算柱的弯矩。

(3) 计算梁的弯矩。通过位于边柱处的结点，按结点力矩平衡计算梁端的弯矩。通过位于中间柱的结点，按梁端的弯矩与梁的线刚度成正比计算梁端的弯矩。

8. 了解超静定力的影响线做法

影响线是处理移动荷载效应的工具，工程中应用得比较广泛，读者应有所了解。要明确：不论是静定结构还是超静定结构，影响线都是用静力法和机动法作。但其做法不同，请对照学习，找出异同。

8.2.2　解题步骤及易犯的错误

1. 弯矩分配法的解题步骤

(1) 确定各杆的线刚度。

(2) 锁住所有位移，做出“荷载”弯矩图。

(3) 根据他端约束条件，确定转动刚度、分配系数、传递系数。

(4) 绘图或列表进行分配和传递。一般先分配不平衡力矩大的结点，计算两轮即可。

(5) 叠加固端弯矩、分配弯矩、传递弯矩。计算杆端最终弯矩。

(6) 根据杆端最终弯矩作弯矩图。

如果原超静定结构对称，一般可利用对称性简化计算。

2. 易犯的错误

(1) 分配系数弄错。这要复习和切实掌握转动刚度定义、分配系数的计算方法和传递系数的定义。

(2) 分配错。这可能是将不平衡力矩弄错，也可能是忘记不平衡力矩变号与分配系数相乘。

(3) 最终结点不平衡。除了可能是计算有误外，更多的可能是在确定的轮数后，有些结点多传递了一次。

8.2.3　学习中常遇问题解答

1. 不平衡力矩如何计算？为什么不平衡力矩要反号分配？

答：未分配时的不平衡力矩可通过位移法锁定全部结点，由载常数确定固定端弯矩，再求交汇结点各杆端固端弯矩的代数和的步骤得到。在多结点分配、传递过程中，因为每次分配只放松一个结点，其他均是锁定的，因此一轮分配后的不平衡力矩是结点传递弯矩的代数和。如果是在第一轮分配过程中，则通过固端弯矩、传递弯矩的代数和来计算。

力矩分配法是位移法的一种特例，单结点力矩分配是由位移法导出的。位移法有 $F_{1P}=\sum M_{ij}^{F}$，$k_{11}Z_1+F_{1P}=0$，分配时，因为移项出现负号，所以不平衡力矩要反号分配。

2. 何谓转动刚度、分配系数、分配弯矩、传递系数、传递弯矩？它们如何确定或计算？

答：对于 AB 杆，当仅发生 A 端单位转动时，A 端所需施加的力矩称为 AB 杆 A 端的转动刚度，记为 S_{AB}。

以交汇于结点 i 的各杆转动刚度之和为分母，以某杆该端的转动刚度为分子，即

$$\frac{S_{ij}}{\sum_{j} S_{ij}}$$

称为 ij 杆 i 端的分配系数，记为 μ_{ij}。

不平衡力矩反号乘某杆结点的分配系数 μ_{ij}，所得的该杆端弯矩，称为分配力矩(弯矩)M'_{ij}。

当仅 A 端产生转角时，由此引起的 B 端杆端弯矩与 A 端杆端弯矩的比值，称为 AB 杆由 A 向 B 传递弯矩的系数，记作 C_{AB}。

分配弯矩 M' 乘以经由传递系数 C_{ij} 传递到他端的杆端弯矩，称为传递力矩 M'_{ij}（弯矩）。

3. 为什么弯矩分配法随分配和传递的轮数增加会趋于收敛？

答：是否收敛取决于随轮数增加新的不平衡力矩是否越来越小。由于分配系数恒小于1，故分配弯矩小于不平衡力矩。由于传递系数小于1（定向时为 -1，但定向支座处不会反传传递弯矩），因此传递弯矩小于分配弯矩。由于不平衡力矩（非第一轮）是传递弯矩代数和，因此不平衡力矩随计算轮数增加迅速减小，由此可知力矩分配法是收敛的。

4. 弯矩分配法的求解前提是无结点线位移，为什么连续梁有支座已知位移时，结点有线位移，而仍然能用弯矩分配法求解？

答：与位移法一样，已知支座线位移是一种"荷载"，将其转为"固端弯矩"后，结点处没有未知线位移，因此仍能单独使用力矩分配法求解。

5. 图 8-27(a) 所示刚架能否用弯矩分配法求解？

答：由于此刚架有线位移，是不能仅用力矩分配法求解的。但是按下述思路分析，借助位移法思想，则实际具体计算都可由力矩分配来完成。

图 8-27(a) 所示刚架可看成如下两种情况的叠加：图 8-27(b) 所示无线位移刚架，此时附加约束上的反力为 F_R；图 8-27(c) 所示只受结点力 F_R 作用的有线位移刚架，此时线位移为 Z。

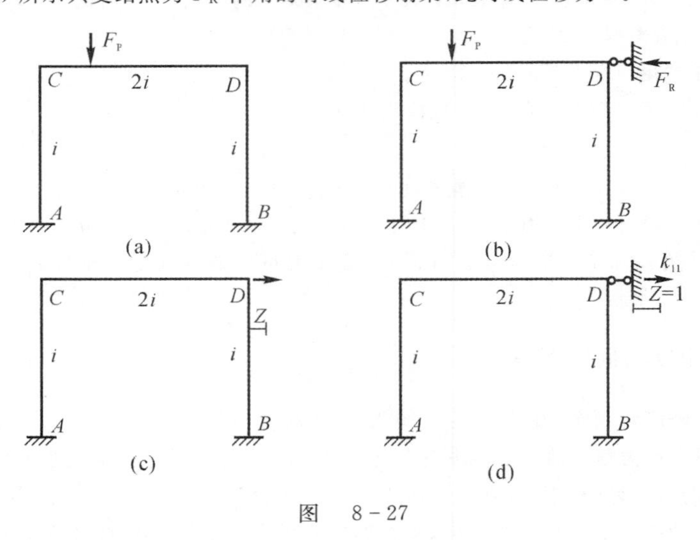

图 8-27

显然，图 8-27(c) 所示结构可完全用力矩分配法求解，从而可得到 F_R 值。但是图 8-27(c) 所示结构仍无法用力矩分配法求解。

图 8-27(d) 所示刚架属于已知支座位移的无线位移未知量问题，可以单独地用力矩分配法求解，从而可求解得反力系数 k_{11}。需要强调的是，图 8-27(d) 所示结构中 C，D 都是可产生转角的，并非一般位移法基本结构。

由于 k_{11} 的物理意义是结点横梁产生单位线位移时所需施加的结点反力，因此使其产生线位移 Z 时所需施加的力为 $k_{11} \cdot Z$。而由图 8-27(c) 可知在 F_R 作用下，结点位移为 Z，因此应用位移思想，有

$$k_{11}Z = F_R$$

由此即可求解得 F_R 作用下结点的线位移 Z。

因为图 8-27(d) 所示结构的单位位移，已用弯矩分配法计算并得到了单位弯矩图 $\overline{M}$，因此将图 8-27(b) 所示结构的弯矩分配结果作为荷载弯矩图 M_P，则

$$M = \overline{M}Z + M_P$$

即可得到原结构的解答。由于图8-27(b)(d)所示结构都是单独通过弯矩分配求解的,但又用位移法消除了差别,所以一般将这样的解题方法称为弯矩分配和位移法联合求解有线位移结构。

6.为什么用近似法?什么样的结构可用近似法分析?

答:用精确法计算多跨多层刚架,常需要进行大量的计算工作,如果不借助于计算机,往往无法进行计算。在计算中忽略一些次要影响,则可得到各种近似法。近似法以较小的工作量,取得较为粗略的解答,可用于结构的初步设计,也可用于计算结果的合理性判断。

常用的近似法有分层计算法和反弯点法。那么,什么情况下可用这两种方法呢?

(1)多层多跨刚架承受竖向荷载可用分层计算法。分层计算法适用于多层多跨刚架承受竖向荷载作用时的情况,其中有两个近似假设:① 忽略侧移的影响,用力矩分配法计算;② 忽略每层梁的竖向荷载对其他各层的影响,把多层刚架分解成一层一层的,单独计算。

(2)多层多跨刚架承受水平荷载可用反弯点法。反弯点法是多层多跨刚架承受水平结点荷载作用时,最常用的近似方法,对强梁弱柱的情况最为适用。反弯点的基本假设是将刚架中的横梁简化为刚性梁,进而用剪力分配法计算。

7.超静定梁影响线与静定结构影响线有什么区别?

答:超静定梁影响线与静定梁影响线的主要区别是:静定梁是几何不变、无多余约束的体系,撤去约束后,体系的位移图是几何可变体系的刚体位移图,是直线组成的图形;而超静定梁是几何不变、有多余约束的体系,由于多余约束的存在,撤去一个约束后,基本结构仍是几何不变的,其位移图是曲线图形。

8.3 考试指点

8.3.1 考试出题点

本章主要介绍基于位移法原理的两种渐近解法——力矩分配法和无剪力分配法。在力矩分配法和无剪力分配法中,总是重复着一个基本运算过程——单结点的锁住与放松。其中包括三个环节:① 根据荷载求各杆的固端弯矩和结点的约束力矩;② 根据分配系数求分配力矩;③ 根据传递系数求传递力矩。另外,本章还介绍了近似法,并以连续梁为例,介绍了超静定结构影响线的作法。基于上述内容,知识考核点为:

(1)力矩分配法中的几个基本概念和基本参数,即转动刚度、力矩分配系数与传递系数。

(2)用力矩分配法计算连续梁和无侧移刚架。

(3)无剪力分配法的概念及运用条件,解简单的单跨刚架。

(4)用位移法和力距分配法联合求解有侧移刚架的原理和方法。

(5)超静定结构反力、内力影响线的绘制方法。

8.3.2 名校考研真题选解

一、客观题

1.填空题

(1)(浙江大学试题)　1)如图8-28所示结构,AB杆A端的剪力$F_{QAB}=$________。

2)如图8-29所示结构(EA和EI为常数),A端的弯矩$M_{AB}=$________。

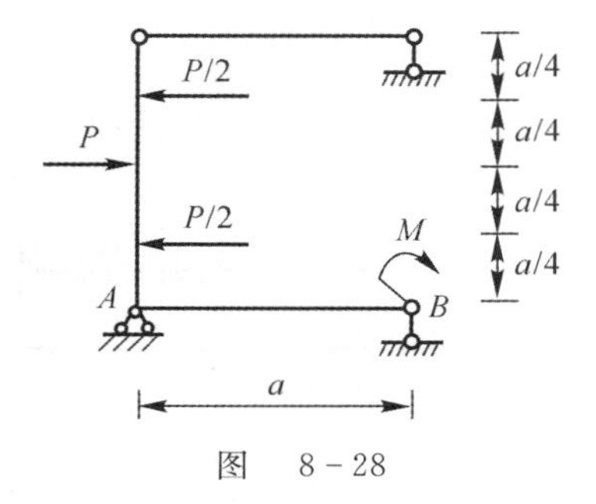

图　8-28

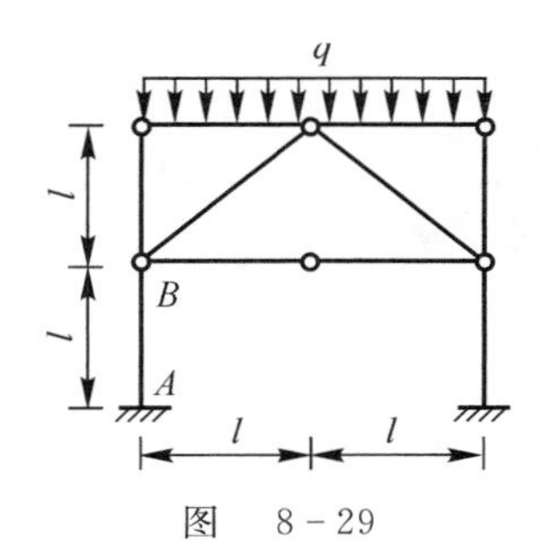

图　8-29

3) 如图 8-30 所示结构，各杆 $EI=$ 常数，$q=20\ \mathrm{kN/m}$。若采用力矩分配法计算(忽略轴向变形)，则 AD 杆的分配系数 $\mu_{AD}=$ ________，B 端弯矩 $M_{BA}=$ ________ kN·m。

答：1) $-\dfrac{M}{a}$　2) 0　3) $\dfrac{18}{53}$　$\dfrac{50}{159}$

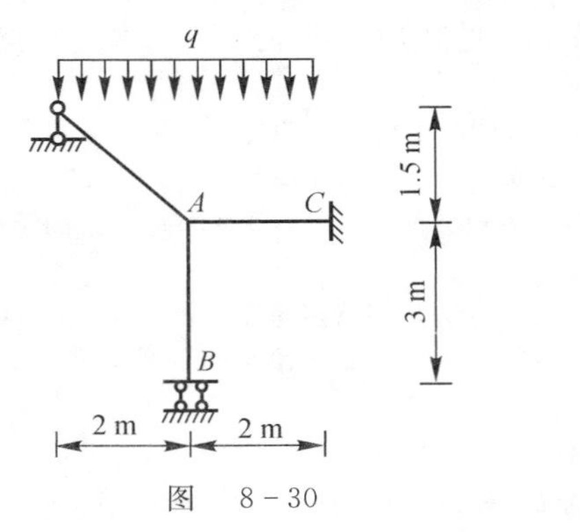

图　8-30

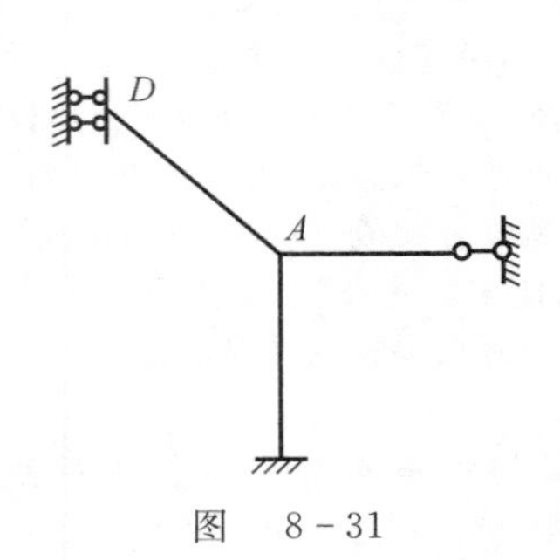

图　8-31

(2)(浙江大学试题) 如图 8-31 所示结构各杆线刚度 $i=$ 常数，若采用力矩分配法计算(忽略轴向变形)，则 AD 杆的近端分配系数为________。

答：1/2

(3)(哈尔滨工业大学试题) 如图 8-32 所示对称结构的杆端弯矩 $M_{BA}=$ ________，杆端剪力 F_{QBA} ________。

答：$\dfrac{3}{16}F_P\cdot 2a$　$-\dfrac{11}{16}F_P$

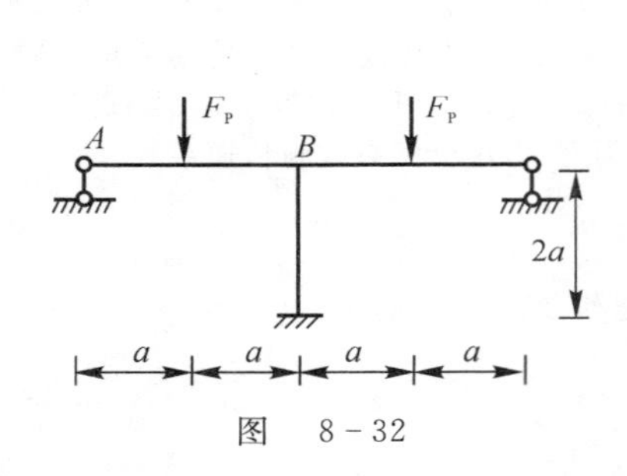

图　8-32

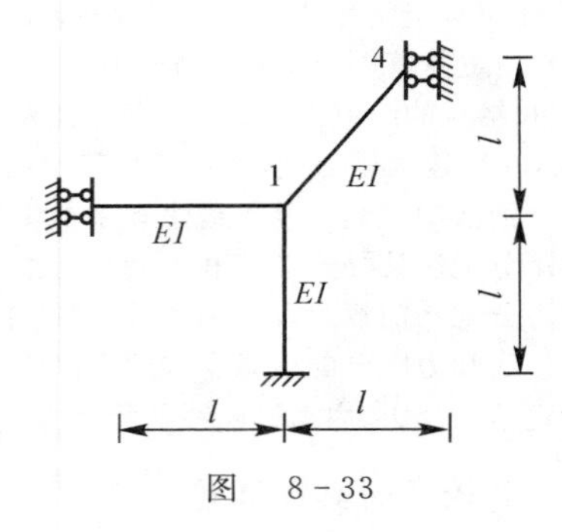

图　8-33

(4)(西南交通大学试题) 如图 8-33 所示结构中杆 1-4 的分配系数 $\mu_{14}=$ ________。

答：$S_{14}/\sum S=2\sqrt{2}i/(2\sqrt{2}i+i+4i)=0.36$

(5)(中南大学试题) 如图 8-34 所示刚架，用力矩分配法计算时已知分配系数，$\mu_{12}=0.5$，$\mu_{13}=0.2$，则 $\mu_{14}=$ ________。

答案：0.3

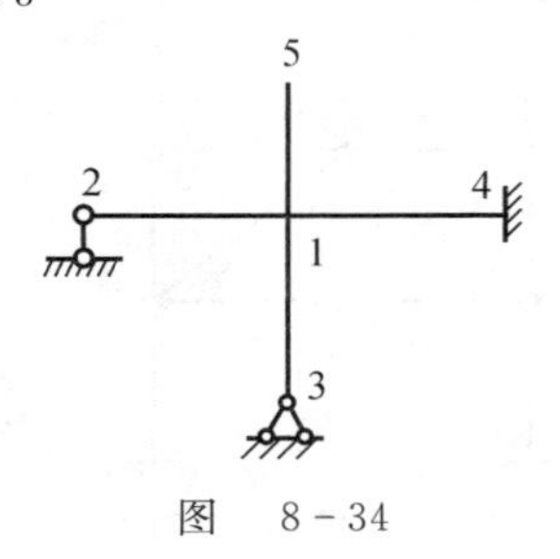

图　8-34

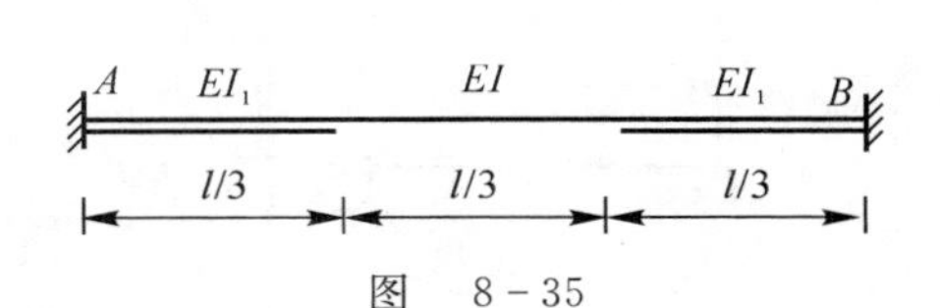

图　8-35

(6)(国防科技大学试题) 如图 8-35 所示结构中,EI = 常数,$EI_1 \to \infty$,全长受均布荷载 q,则 M_{AB} = ________。

答:$\frac{13ql^2}{108}$(上侧受拉)

(7)(国防科技大学试题) 如图 8-36 所示结构中,M_A = ________。

答案:0

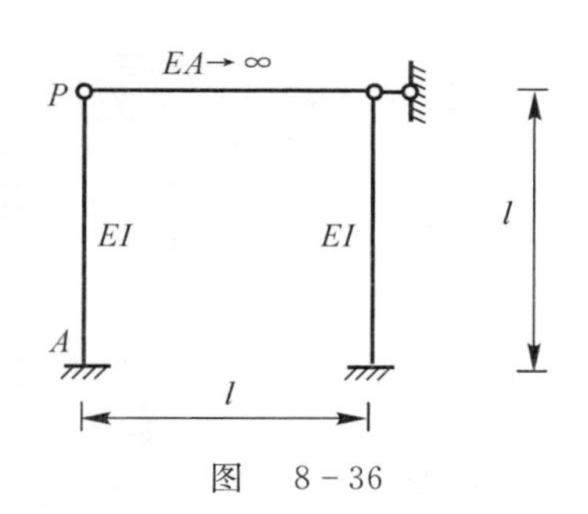

图　8-36

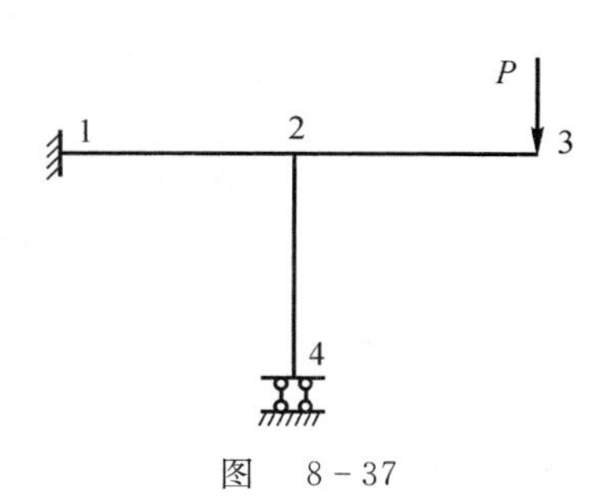

图　8-37

(8)(中南大学试题) 如图 8-37 所示刚架,各杆线刚度相同。用力矩分配法计算时,分配系数 μ_{21} = ________,μ_{23} = ________,μ_{24} = ________。

答:$\frac{4}{5}$　0　$\frac{1}{5}$

2. 选择题

(1)(宁波大学试题) 下列说法正确的是(　　)。

A. 力法以多余力作为未知数,故力法方程表示的是力的平衡条件

B. 位移法以结点位移作为基本未知数,故位移法方程表示的是几何条件

C. 力矩分配法是由位移法得到的,故力矩分配法可以解有侧移的结构

D. 位移法可以求解静定结构,但力法不能解静定结构

答案:D

(2)(浙江大学试题) 如图 8-38 所示结构各杆线刚度相等,采用力矩分配法计算,则分配系数 μ_{AD} = ________。

A. 3/4　　B. 3/5　　C. 3/7　　D. 3/10

杆端 B 的弯矩 M_{BA} = ________。

A. $3Pa/164$,上侧受拉　　B. $3Pa/112$,上侧受拉

C. $3Pa/180$,下侧受拉　　D. $3Pa/156$,下侧受拉

答案:C,D

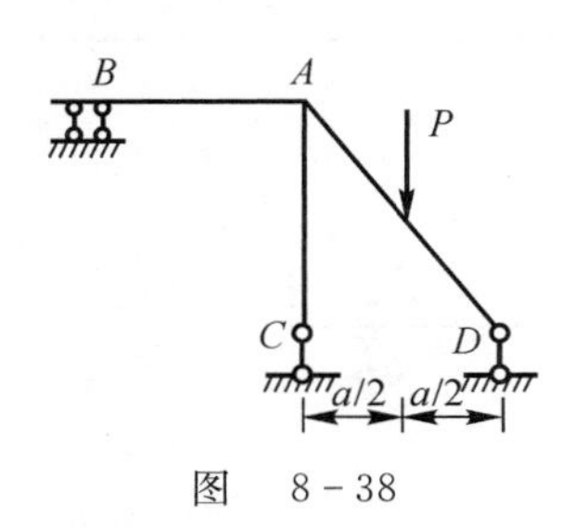

图　8-38

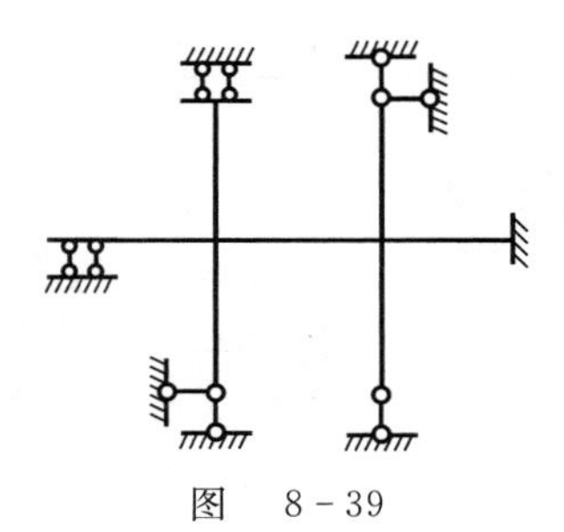

图　8-39

(3)(国防科技大学试题) 用矩分配法解如图 8-39 所示结构内力时,若不考虑支座到自由结点的传递,则传递系数等于 0,-1 和 1/2 的杆件个数分别为(　　)。

A. 3,2,2　　　　B. 1,2,4　　　　C. 2,1,4　　　　D. 3,1,3

答案:D

二、计算题

1.(同济大学试题) 用弯矩分配法作图 8-40 所示结构的 M 图(计算两个循环)。

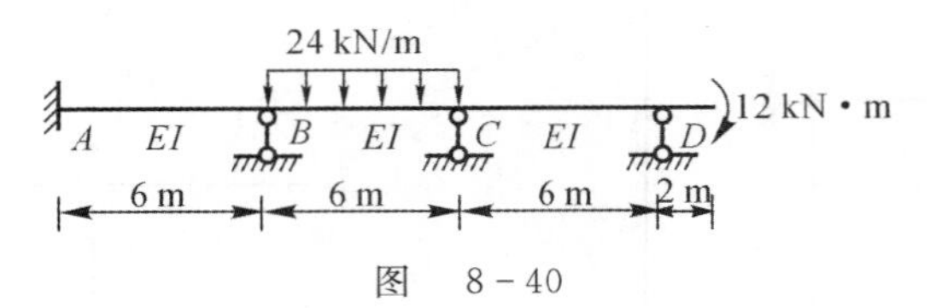

图　8-40

解　(1) 设 $EI/2=1$,则对于单元 B 而言,有

$$S_{BA}=3,\quad S_{BC}=3$$

则此时的弯矩分配系数为

$$\mu_{BA}=\mu_{BC}=0.5$$

对于节点 C 的单元体而言,有

$$S_{CB}=3,\quad S_{CE}=4$$

所以分配系数为

$$\mu_{CB}=\frac{4}{4+3}=0.571,\quad \mu_{CD}=0.429$$

(2) 计算固端弯矩,可得

$$M_{CB}^{F}=-M_{BC}^{F}=\frac{1}{2}\times 24\times 6=72\ \text{kN}\cdot\text{m},\quad M_{CD}^{F}=\frac{1}{2}\times 12=6\ \text{kN}\cdot\text{m}$$

(3) 弯矩分配。计算过程见表 8-11。

表　8-11

μ		0.5	0.5	0.571	0.429		
M^F			−72	72	6	12	−12
M^μ,M^C			−22.27	−44.54	−33.46		
	23.57	47.13	47.14	23.57			
			−6.73	−13.46	−10.11		
	1.68	3.37	3.36				
M	25.25	50.5	−50.5	37.57	−37.57	12	−12

因此得最终弯矩图如图 8-41 所示。

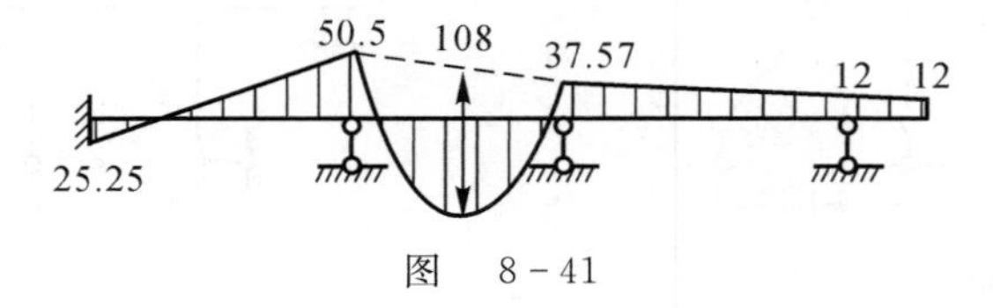

图　8-41

2.(哈尔滨工业大学试题) 用力矩分配法作如图 8-42 所示对称结构的 M 图。已知:$q=40$ kN/m,各杆

EI 相同。

解　由图 8－42 可知，结构对称，荷载反对称，所以横梁部分只承受反对称的力，即剪力。取半结构，如图 8－43(a) 所示。有

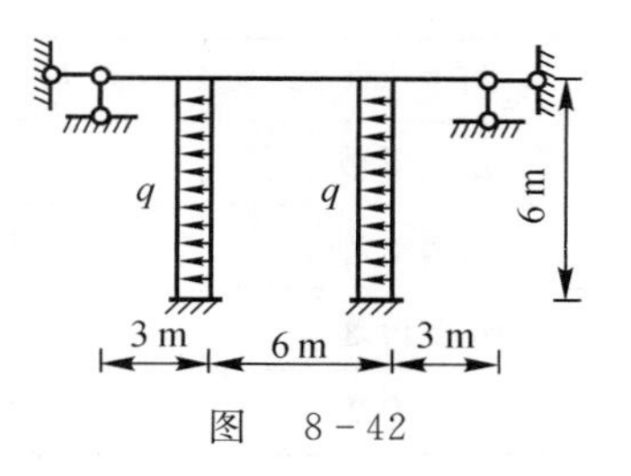

图　8－42

$$i_{AD}=\frac{EI}{3},\quad i_{DB}=\frac{EI}{3},\quad i_{DC}=\frac{EI}{6}$$

求得分配系数为

$$\mu_{DA}=\frac{3i_{AD}}{3i_{AD}+3i_{DB}+4i_{DC}}=\frac{3}{8}=0.375$$

$$\mu_{BD}=\mu_{AD}=0.375,\quad \mu_{BC}=\mu_{DC}=0.25$$

则弯矩分配过程如图 8－43(b) 所示，最终弯矩图如图 8－43(c) 所示。

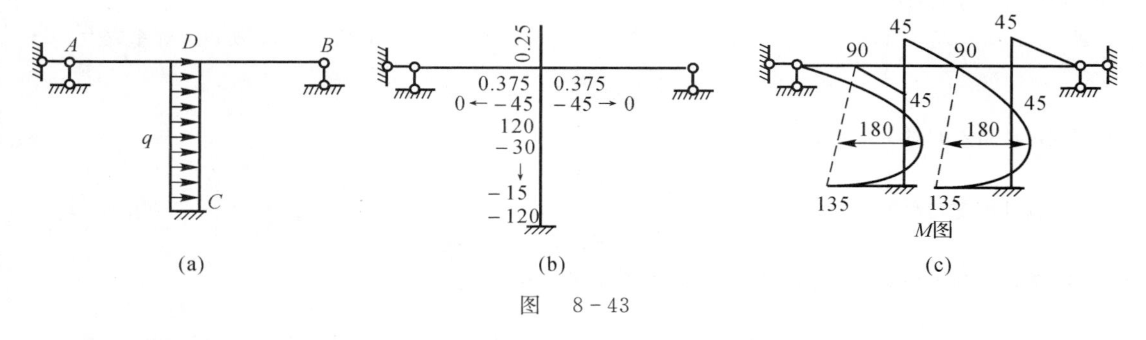

图　8－43

3.（浙江大学试题）利用对称性，采用力矩分配法计算如图 8－44 所示刚架，作出其弯矩图。各杆 $EI=$ 常数。

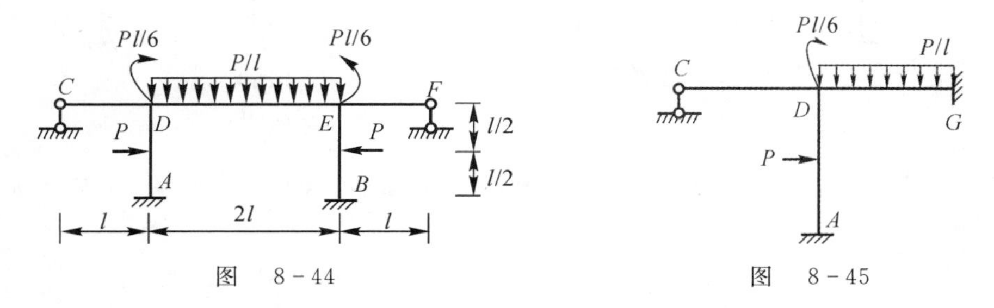

图　8－44　　　　图　8－45

解　由题意可知，结构对称，取一半进行研究即可。所取半结构如图 8－45 所示。

令 $i=\frac{EI}{l}$，查表得

$$S_{DC}=3i,\quad S_{DG}=i,\quad S_{DA}=4i$$

分配系数为

$$\mu_{DC}=\frac{3i}{3i+i+4i}=\frac{3}{8},\quad \mu_{DG}=\frac{i}{8i}=\frac{1}{8},\quad \mu_{DA}=\frac{4i}{8i}=\frac{1}{2}$$

可得固端弯矩为

$$m_{AD}=-\frac{Pl}{8},\quad m_{AD}=\frac{Pl}{8},\quad m_{CD}=0,\quad m_{DC}=0,\quad m_{D}=-\frac{3}{8}Pl$$

分配计算过程见表 8－12。

表 8-12

杆端	AD	DA	CD	DC	DG	GD
分配系数		1/2		3/8	1/8	
固端弯矩	$-Pl/8$	$Pl/8$	0	0	$-Pl/3$	$-Pl/6$
分配传递	$3Pl/32$	$3Pl/16$	0	$9Pl/64$	$3Pl/64$	$-3Pl/64$
最后弯矩	$-Pl/32$	$5Pl/16$	0	$9Pl/64$	$-55Pl/192$	$-41Pl/192$

据此可以绘制结构的弯矩图。

4.(西南交通大学试题)用力矩分配法计算如图 8-46 所示结构,并作其 M 图。已知:$q=2.4\text{kN/m}$,各杆 EI 相同(每结点分配两次)。

解 设 $EI/2.5=1$,则节点 B 的单元的转动刚度为 $S_{BA}=4$,$S_{BE}=4$,$S_{BC}=4$。所以分配系数为

$$\mu_{BC}=\mu_{BA}=\mu_{BE}=\frac{1}{3}$$

同理可得结点 C 的分配系数为

$$\mu_{CB}=\mu_{CD}=0.5$$

计算杆件固定端弯矩,有

$$-M_{BC}^{F}=M_{CB}^{F}=20\text{kN}\cdot\text{m}$$

这样就可以利用分配法求出最终弯矩。绘制弯矩图如图 8-47 所示。

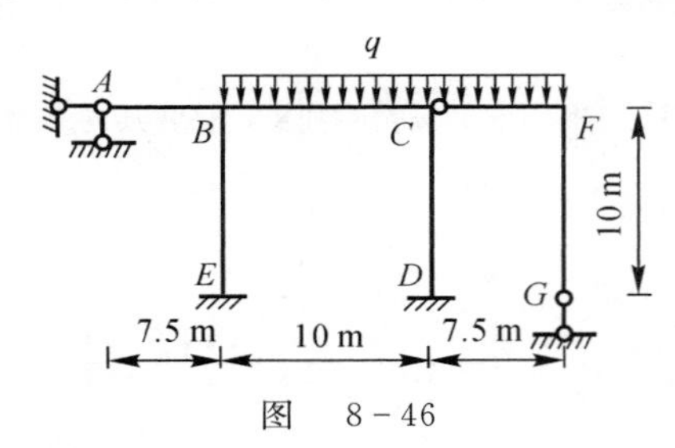

图 8-46

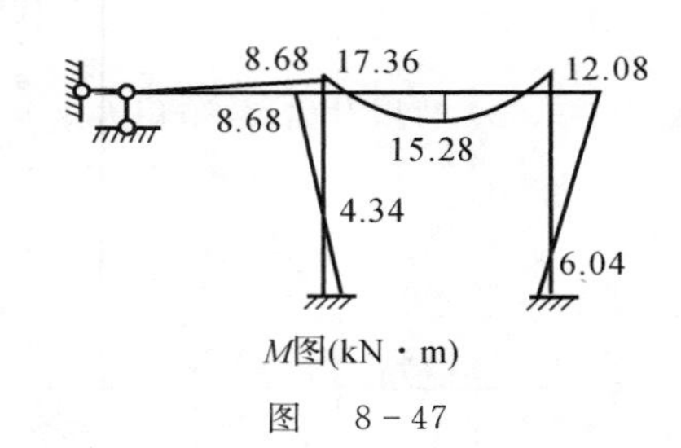

图 8-47

5.(西南交通大学试题)用力矩分配法绘制如图 8-48 所示连续梁的弯矩图。已知 EI 为常数。(计算两轮)

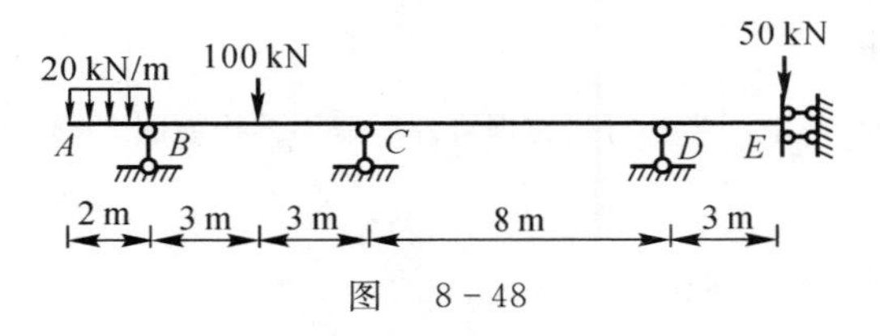

图 8-48

解 (1)计算分配系数。设 $EI/24=1$,则节点 C 单元的转动刚度为 $S_{DC}=3$,$S_{CB}=3$。所以分配系数为

$$\mu_{DC}=\mu_{BC}=\frac{1}{2}$$

同理可得节点 D 处的分配系数为

$$\mu_{DC}=2/5,\quad \mu_{DE}=2/5$$

(2)计算固端弯矩。有

$$M_{CB}^{F}=3F_{P}l/16-M/2=112.5\text{kN}\cdot\text{m}-20\text{kN}\cdot\text{m}=92.5\text{kN}\cdot\text{m}$$

$$M_{DE}^F = M_{ED}^F = -F_P l/2 = -75\text{kN} \cdot \text{m}$$

(3) 由力矩分配法原理,可得分配最终的杆端弯矩为

$$M_{BC} = -40\text{kN} \cdot \text{m}, \quad M_{BC} = 31.5\text{kN} \cdot \text{m}$$

$$M_{DC} = 32.81\text{kN} \cdot \text{m}, \quad M_{ED} = -117.19\text{kN} \cdot \text{m}$$

据此可做出结构的弯矩图,如图 8-49 所示。

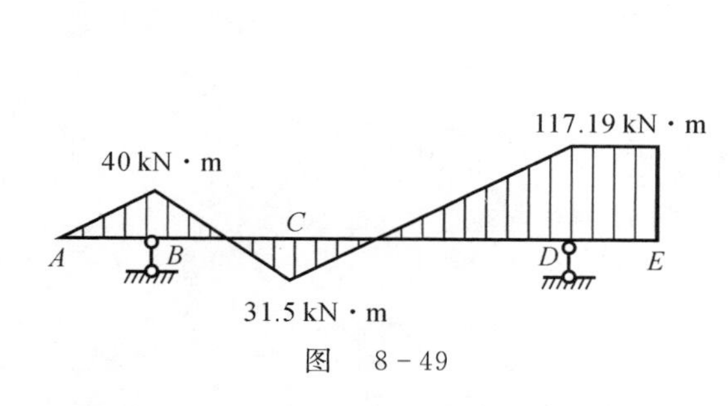

图　8-49

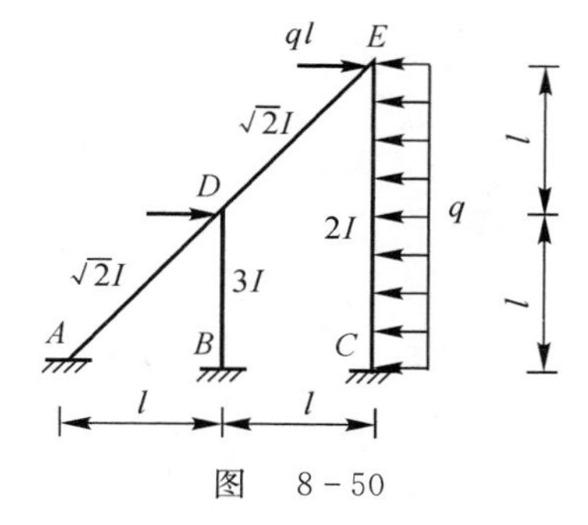

图　8-50

6.(西南交通大学试题) 用力矩分配法作如图 8-50 所示结构的 M 图。已知:$l = 10\text{m}$,$q = 24\text{kN/m}$,各杆的 EI 如图 8-50 所示。(每个结点分配两次)

解　(1) 计算分配系数。设 $EI/l = 1$,则节点 E 的单元转动刚度为 $S_{EC} = 4$,$S_{ED} = 4$,所以力矩分配系数为

$$\mu_{EC} = \frac{1}{2}, \quad \mu_{ED} = \frac{1}{2}$$

节点 D 的单元转动刚度为 $S_{DA} = 4$,$S_{DB} = 12$,$S_{DE} = 4$。所以力矩分配系数为

$$\mu_{DE} = \mu_{DA} = 0.2, \quad \mu_{DB} = 0.6$$

(2) 计算固端弯矩,有

$$M_{EC}^F = -800\text{kN} \cdot \text{m}, \quad M_{CE}^F = 800\text{kN} \cdot \text{m}$$

(3) 应用力矩分配法,可得

$$M_{AD} = 21.5\text{kN} \cdot \text{m(左拉)}, \quad M_{ED} = 390\text{kN} \cdot \text{m(左拉)}$$

$$M_{BD} = 61.5\text{kN} \cdot \text{m(左拉)}, \quad M_{CE} = 1\,005\text{kN} \cdot \text{m(右拉)}$$

综合以上分析,可以绘制出结构的 M 图。

7.(东南大学试题) 若如图 8-51 所示结构支座 1 下沉 15mm,已知 $E = 2.1 \times 10^{11}$ Pa,$I = 4 \times 10^{-4}\,\text{m}^4$,用力矩分配法作此时结构的弯矩图,写出分析过程。

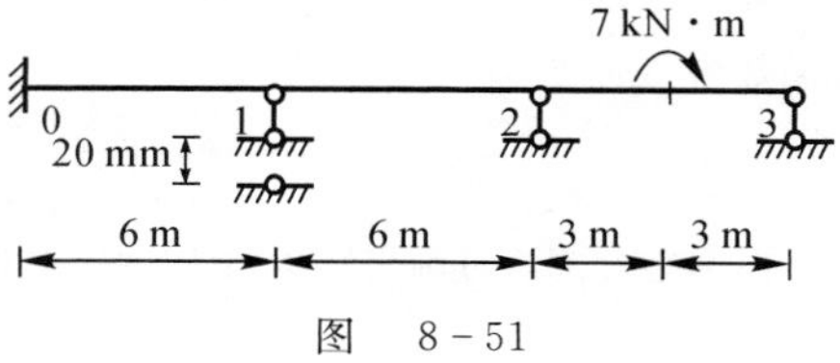

7 kN · m
0　1　2　3
20 mm
6 m　6 m　3 m　3 m

图　8-51

解　如图 8-51 所示,首先计算两个节点的分配系数。

节点 1:

$$S_{10} = S_{12} = 4i, \quad \mu_{10} = \mu_{12} = \frac{4i}{8i} = 0.5$$

节点 2:

$$S_{21} = 4i, \quad S_{23} = 3i, \quad \mu_{21} = \frac{4i}{7i} = \frac{4}{7}, \quad \mu_{23} = \frac{3i}{7i} = \frac{3}{7}$$

式中

$$i = \frac{EI}{l} = \frac{2.1 \times 10^{11} \times 10^{-3} \times 4 \times 10^{4}}{6} = 1.4 \times 10^{4}\ \text{kN} \cdot \text{m}$$

将两个节点分别固定,计算此时的固定弯矩,可得

$$M_{12}^F = \Delta \times 6\,\frac{i}{l} = 0.020 \times 6 \times \frac{1.4 \times 10^4}{6} = 280\ \text{kN} \cdot \text{m}$$

$$M_{21}^{F}=M_{12}^{F}=280\ \text{kN}\cdot\text{m}\quad M_{23}^{F}=\frac{M}{8}=0.875\ \text{kN}\cdot\text{m}$$

进行力矩分配，如图 8－52 所示。

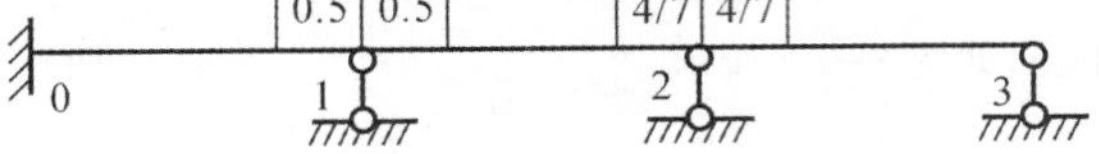

	0	1	1	2	2
分配系数		0.5	0.5	4/7	4/7
Ⅰ 放松1			280	280	
Ⅰ 放松2	−70 ←	−140	−140 →	−70	
Ⅱ 放松1			−60.25 ←	−120.5	−90.375
Ⅱ 放松2	15.063 ←	30.125	30.125 →	15.063	
Ⅲ 放松1			−4.304 ←	−8.607	−6.456
Ⅲ 放松2	1.076 ←	2.152	2.152 →	1.076	
Ⅳ 放松1			−0.308 ←	−0.615	−0.461
Ⅳ 放松2	0.077 ←	0.154	0.154 →	0.077	
Ⅴ 放松1			−0.022 ←	−0.044	−0.003
Ⅴ 放松2	0.006 ←	0.011	0.011 →	0.006	
				−0.033	−0.003
杆端弯矩	−53.778	−107.558	107.558	97.328	−97.328

图 8－52

因此此时结构的弯矩图如图 8－53 所示。

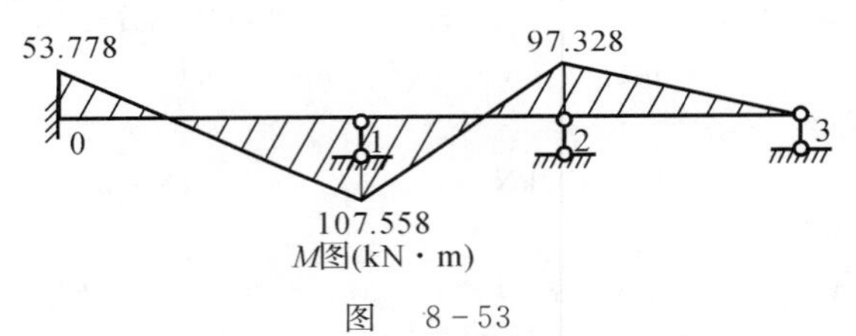

图 8－53

8.（宁波大学试题）用力矩分配法计算如图 8－54 所示结构，并作 M 图。

解 图 8－54 所示结构为对称结构，因此只需研究一半结构。取右半部分为研究对象，则刚结点处的分配系数为

$$\mu_{AB}=\frac{2}{5},\quad \mu_{AC}=\frac{1}{5},\quad \mu_{AD}=\frac{2}{5}$$

由力矩分配法可画出结构的弯矩图，如图 8－55 所示。

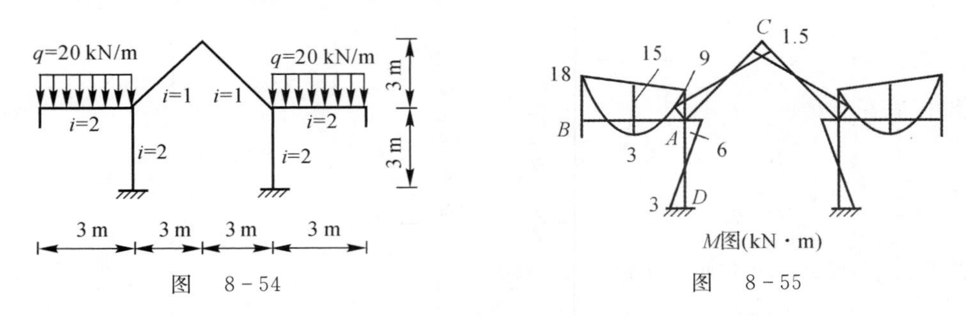

图 8－54 图 8－55

9.（西安建筑科技大学试题）用力矩分配法计算如图 8－56 所示结构并作 M 图（保留一位小数）。

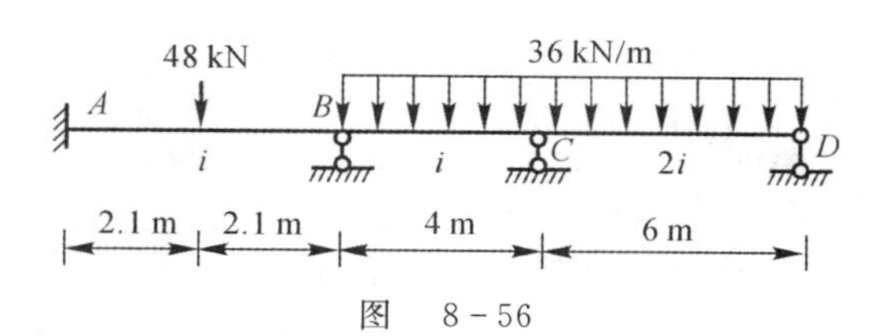

图　8-56

解　(1) 求分配系数，令 $\frac{EI}{12}=i$，则每个节点的分配系数为

$$\mu_{BA}=0.5,\quad \mu_{BC}=0.5,\quad \mu_{CB}=0.4,\quad \mu_{CD}=0.6$$

(2) 分配过程如图 8-57(a) 所示。固端弯矩 M^g 为

	−25.2	25.2	−48	48	−162	
			21.8	−45.6	68.9	
$\sum$	−25.2	25.2	−16.1	95.6	−93.6	(kN·m)

得结构弯矩图如图 8-57(b) 所示。

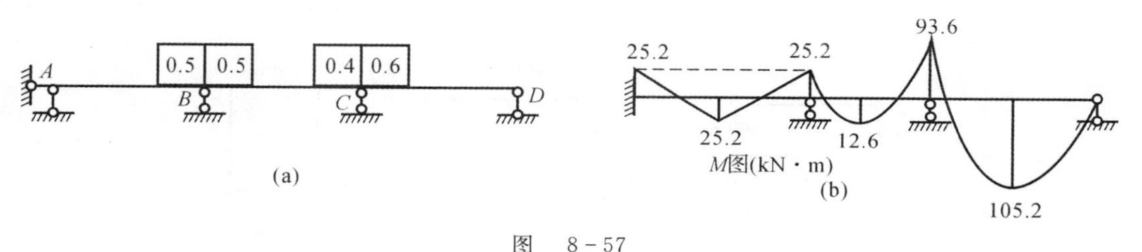

图　8-57

8.4　习题精选详解

8-1　试用力矩分配法计算图示结构，并作 M 图。

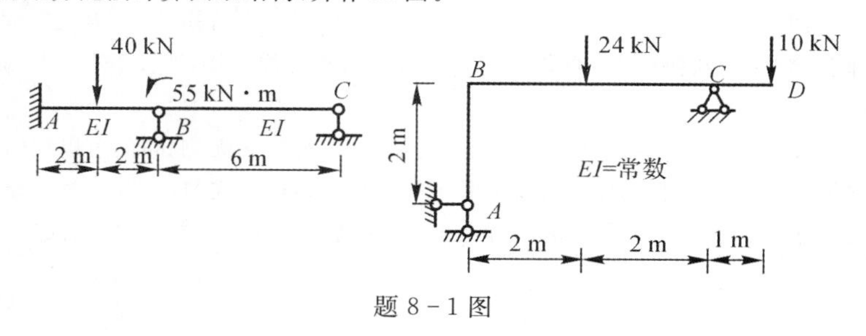

题 8-1 图

解　(1) 解(a) 图，如解 8-1(a) 图所示。

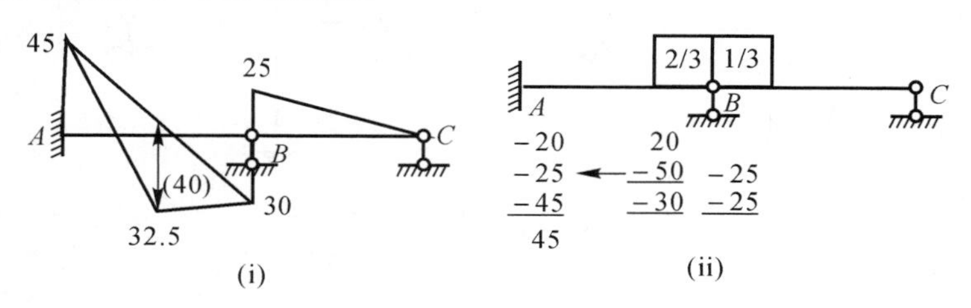

解 8-1(a) 图

(2) 解(b)图,如解 8-1(b)图所示。

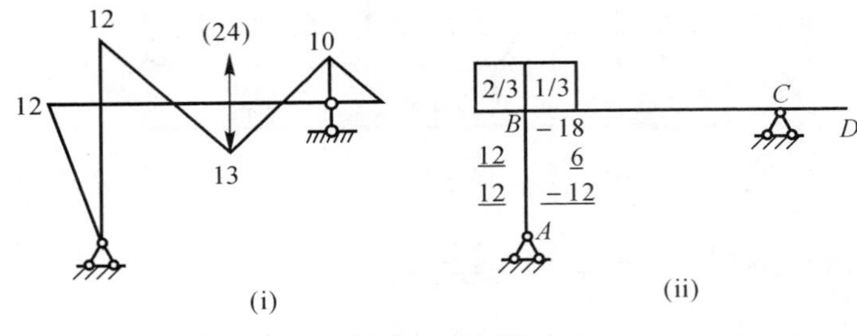

解 8-1(b)图

8-2　试判断图示结构可否用无剪力分配法计算,说说理由。

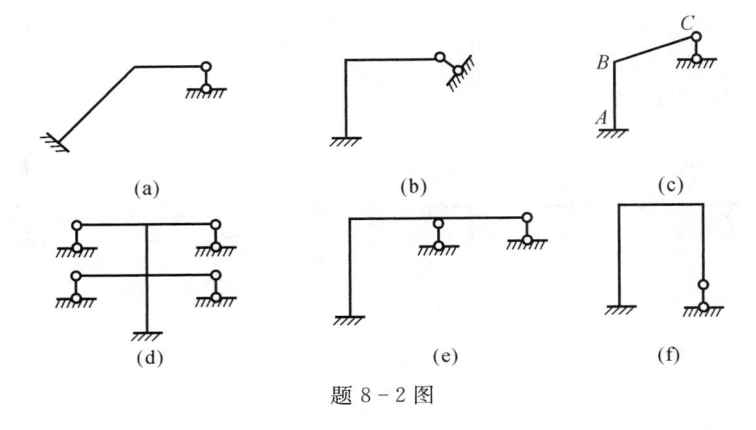

题 8-2 图

解　(1) 在如题 8-2 图(a)(b)所示结构中,两杆既不是无侧移杆,也不是剪力静定杆,故该结构不能用力矩分配法计算。

(2) 在如题 8-2 图(c)所示结构中,竖杆为剪力静定杆。依据假设易知,结点 B 无竖向位移,而其水平位移应与 C 处的水平位移相等,从而杆 BC 两端无垂直于杆轴的相对线位移,即杆 BC 为无侧移杆,故该结构可用力矩分配法计算。

(3) 在如题 8-2 图(d)(e)所示结构中,竖杆为剪力静定杆,横杆为无侧移杆,可以用力矩分配法计算。

(4) 如题 8-2 图(f)所示结构,同样是由剪力静定杆和无侧移杆组成的,可以用力矩分配法计算。

8-3　试讨论图示结构的解法。各杆的固端弯矩、转动刚度和传递系数应如何确定?

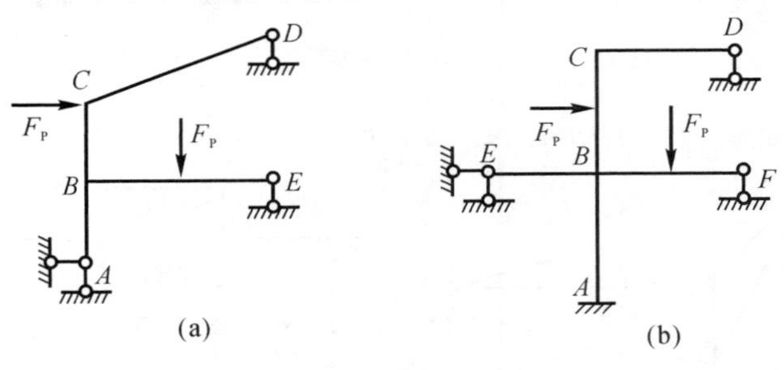

题 8-3 图

解　(1) 如题 8-3 图(a)所示结构只有一根立柱,且横梁外端的支杆与立柱平行,适合用无剪力分配法求解。对于横梁 CD,BE,按近端固定支承、远端铰支的单跨静定梁的方法计算其固端弯矩,则 $M_{BE}=\frac{3}{16}F_Pl$,转动刚度 $S=3i$,传递系数 $C=0$。

立柱按下端固定支承、上端滑动支承的单跨超静定梁的方法计算,水平荷载作用下的固端弯矩 $M_{BE}=\frac{F_Pl}{2}$,转动刚度 $S=i$,传递系数 $C=-1$。

(2) 如题 8-3 图(b) 所示结构的上部 BCD 部分,其竖柱 BC 的剪力是静定的,故可用无剪力分配法计算。CD 梁转动刚度 $S=3i$,传递系数 $C=0$。

BC 柱转动刚度 $S=i$,传递系数 $C=-1$,弯矩 $M_{BC}=M_{CB}=-\frac{F_Pl}{8}$。对于 $BEFA$ 部分,结点 B 只有角位移,可用力矩分配法计算。故整个结构可联合应用剪力分配法和力矩分配法,则 $M_{BE}=-\frac{3}{16}F_Pl$,BF、BE 杆转动刚度 $S=3i$,传递系数 $C=0$,BA 杆转动刚度 $S=4i$,传递系数 $C=1/2$。

8-5　试作图示连续梁的 M,F_Q 图,并求 CD 跨的最大正弯矩和反力。

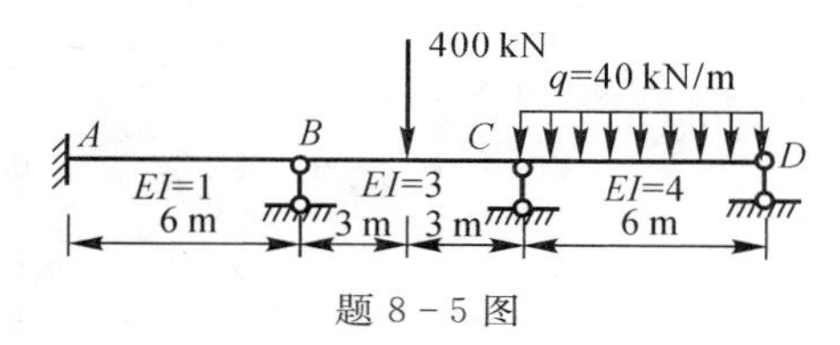

题 8-5 图

解　(1) 求杆端弯矩。有

$$M_{BC}=-\frac{F_Pl}{8}=-\frac{400}{8}\times 6=-300\ \text{kN}\cdot\text{m}$$

$$M_{CB}=\frac{F_Pl}{8}=300\ \text{kN}\cdot\text{m}$$

$$M_{CD}=-\frac{ql^2}{8}=-\frac{40\times 36}{8}=-180\ \text{kN}\cdot\text{m}$$

(2) 求分配系数。有

$$S_{BA}=4\frac{EI}{l}=\frac{2}{3},\quad S_{BC}=4\frac{EI}{l}=\frac{4\times 3}{6}=2$$

$$\sum S_B=\frac{2}{3}+2=\frac{8}{3}$$

$$\mu_{BA}=0.25,\quad \mu_{BC}=0.75$$

$$S_{CB}=2,\quad S_{CD}=3\frac{EI}{l}=\frac{3\times 4}{6}=2$$

$$\mu_{CB}=\mu_{CD}=0.5$$

(3) 弯矩分配过程如解 8-5 图(a) 所示。

(4) 弯矩图如解 8-5 图(b) 所示。

(5) 取如解 8-5 图(c) 所示隔离体,计算剪力值,有

$$F_{QAB}=\frac{M_{AB}+M_{BA}}{6}=\frac{45.5+91}{6}=22.75\ \text{kN}(\downarrow)$$

$$F_{QBA}=22.75\ \text{kN}(\uparrow),\quad F_{QBC}=-163.8\ \text{kN}(\uparrow)$$

$$F_{QCB}=236.2\ \text{kN}(\downarrow),\quad F_{yD}=68.6\ \text{kN}(\uparrow)$$

$$F_{QCD}=-171.4\ \text{kN}(\uparrow)$$

(6) 作剪力图如解 8-5(d) 所示。

(7) 求解 CD 跨的最大正弯矩和反力。

反力为 $$F_{yD}=68.6\ \text{kN}(\uparrow)$$

$$F_{yC}=F_{QCB}-F_{QCD}=236.2+171.4=407.6\ \text{kN}(\uparrow)$$

取如解 8-5 图(e) 所示的隔离体,任意截面 x 处的弯矩为

$$M_x=\frac{1}{2}qx^2-F_{yD}\cdot x=20x^2-68.6x$$

则
$$\frac{dM_x}{dx}=40x-68.6=0,\quad x=1.715\ \text{m}$$

可得
$$M_{max}=20\times1.715^2-68.6\times1.715=-58.8\ \text{kN}\cdot\text{m}$$

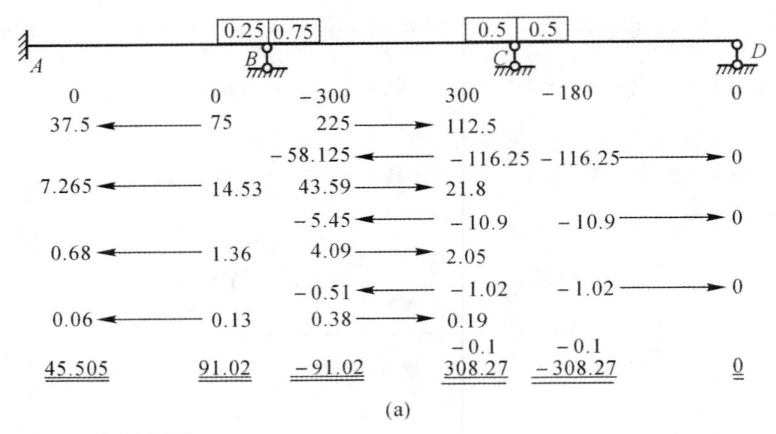

(a)

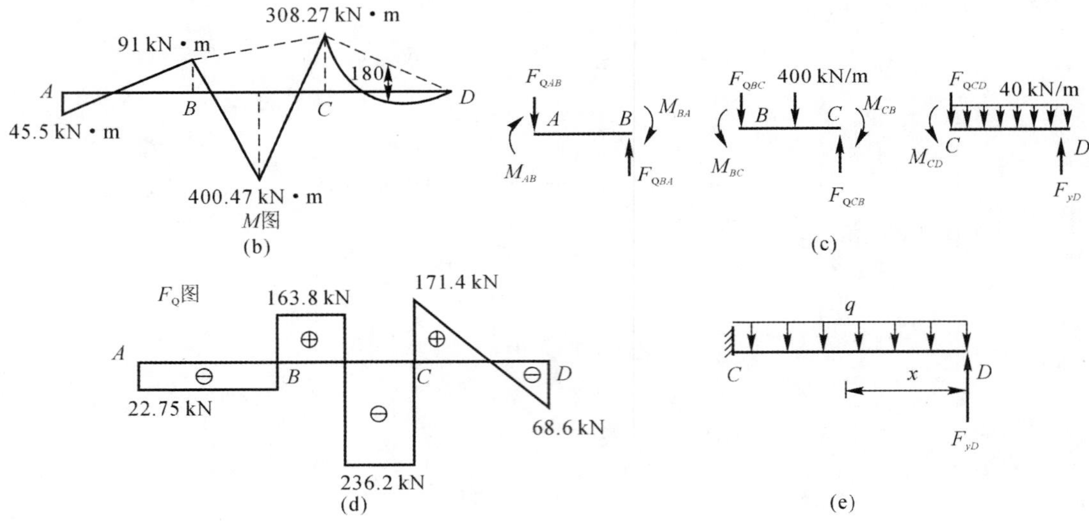

(b) (c) (d) (e)

解 8-5 图

8-7 试作图示刚架的 M 图。设 $EI=$ 常数。

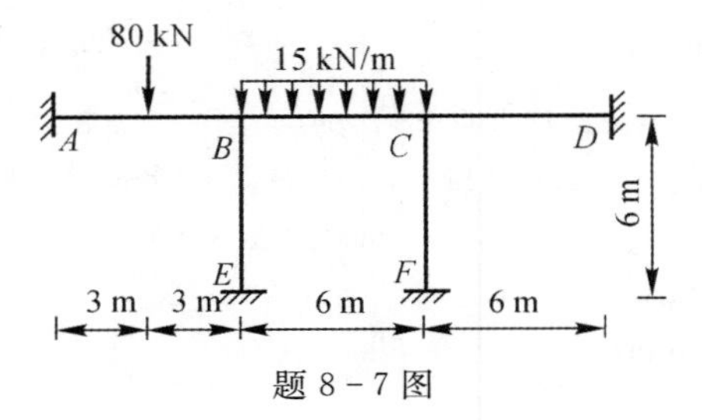

题 8-7 图

解　力矩分配和传递的计算过程见表 8-13，可得弯矩图如解 8-7 图所示。

表　8-13

结　点	A	B			C		
	AB	BA	BE	BC	CB	CF	CD
μ		$\frac{1}{3}$	$\frac{1}{3}$	$\frac{1}{3}$	$\frac{1}{3}$	$\frac{1}{3}$	$\frac{1}{3}$
M_P^F	−60	60		−45	45		
				−7.5	−15	−15	−15
	−1.25	−2.5	−2.5	−2.5	−1.25		
				0.21	0.42	0.42	−0.41
	−0.03	−0.07	−0.07	−0.07			
	−61.30	57.43	−2.57	−54.86	29.17	−14.58	−14.59

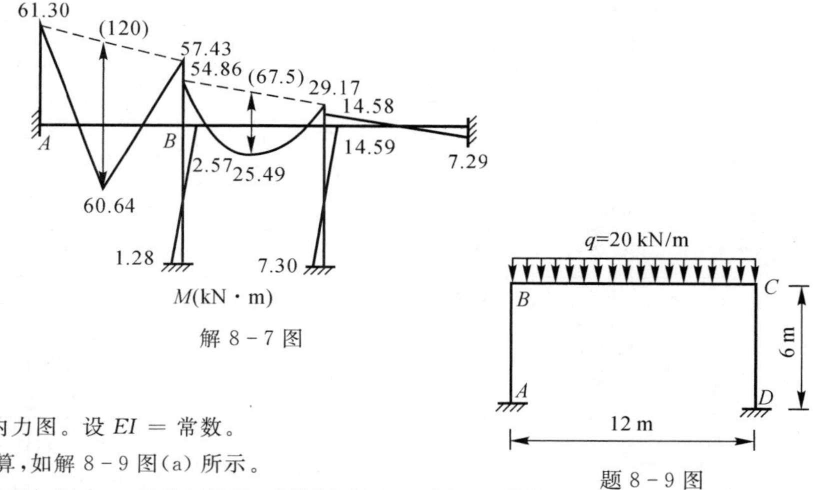

解 8-7 图

8-9　试作图示刚架的内力图。设 EI = 常数。

题 8-9 图

解　取 1/2 结构进行计算，如解 8-9 图(a) 所示。

力矩分配和传递的计算过程如解 8-9 图(b) 所示。M 图如解 8-9 图(c) 所示。

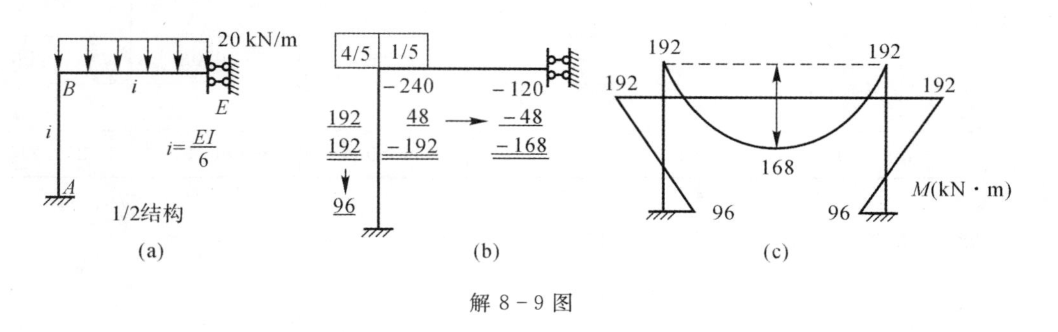

解 8-9 图

8-11　试作图示对称刚架受对称荷载作用的 M, F_Q, F_N 图(图中 I 为相对值)。

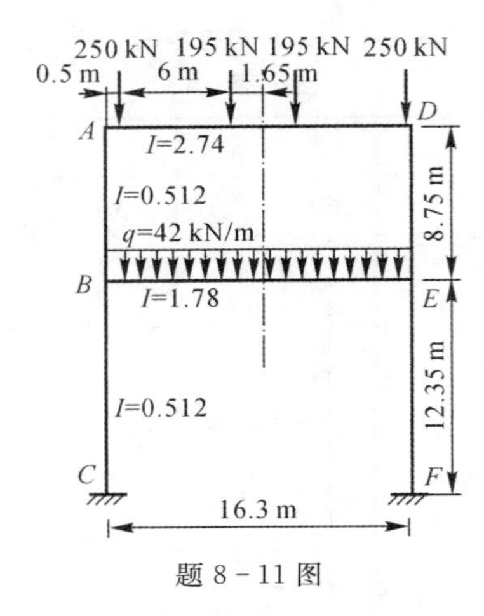

题 8-11 图

解 取 1/2 结构进行计算，如解 8-11 图(a) 所示，力矩分配和传递的计算过程见表 8-14。

表 8-14

结 点	A		传 递	B		
杆 端	*AG*	*AB*		*BA*	*BH*	*BC*
i	$\frac{2.74}{8.15}$	$\frac{0.512}{8.75}$		$\frac{0.512}{8.75}$	$\frac{1.78}{8.15}$	$\frac{0.512}{12.35}$
S	0.336	0.234	←	0.234	0.218	0.166
μ	0.589 5	0.410 5	→	0.376 8	0.352 8	0.268 6
M^F	−883.221		←		−929.915	
		176.033	→	352.066	328.074	249.775
	416.887	290.30	←	145.15		
		−27.48	→	−54.95	−51.21	−38.99
	16.20	11.28	←	5.64	−1.99	−1.51
	0.63	−1.07		−2.14		
		0.44		0.22		
	0.02	−0.04		−0.08	−0.08	−0.06
		0.02				
	−449.484	449.483		445.906	−665.121	209.215

现在求解 *AG* 的杆端弯距。如解 8-11 图(b)(c) 所示，有

$$M_{AG}=-\frac{F_{P}a(2l-a)}{2l}$$

$$M_{AG}^{F}=-\frac{250\times0.5\times(2\times8.15-0.5)}{2\times8.15}-\frac{195\times6.5\times(2\times8.15-6.5)}{2\times8.15}=-883.221\ \text{kN}\cdot\text{m}$$

在作 *AD* 杆 *M* 图时，将 *A*,*D* 端弯矩连线、叠加，得到作用在 *AD* 杆上 4 个集中力的弯矩图如解 8-11 图(d)(e) 所示。最后作 M,F_{Q},F_{N} 图分别如解 8-11 图(f)(g)(h) 所示。

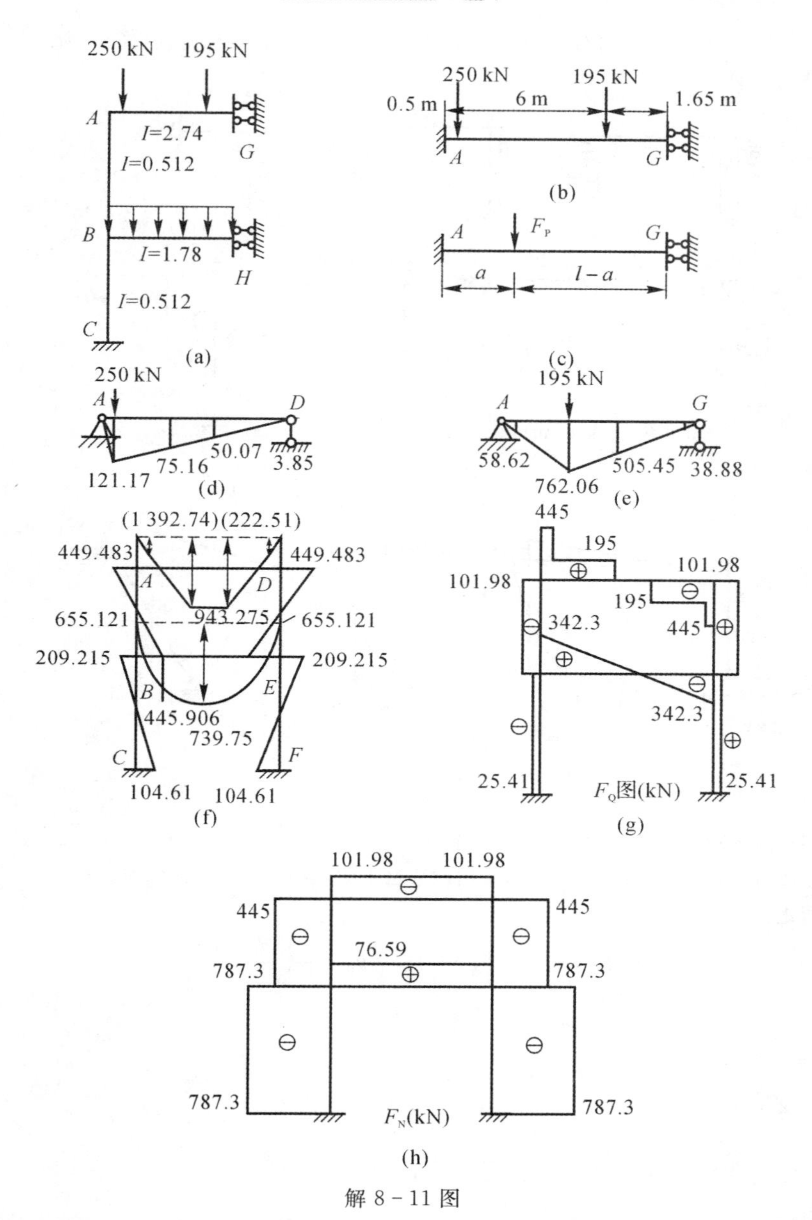

解 8－11 图

特别提醒：熟练掌握对称性的应用，会使用叠加法。两种方法都是解题中常用的方法。

8－14　试作图示刚架的 M 图。

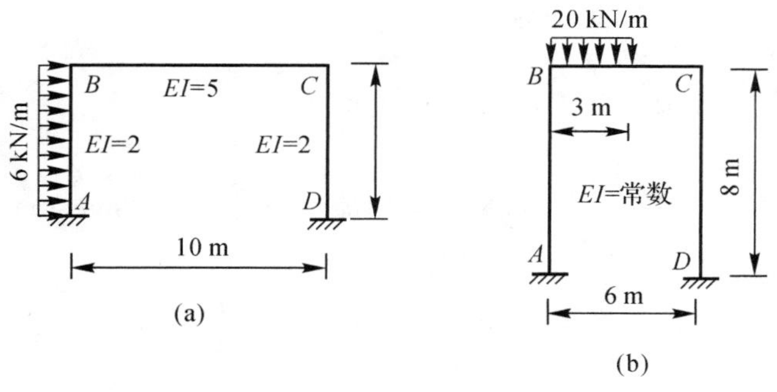

题 8－14 图

解　(一)解(a)图。刚架受力可分解为解 8-14 图(a)(i)所示的正对称荷载与(ⅱ)所示的反对称荷载两种情况,需分别进行计算。

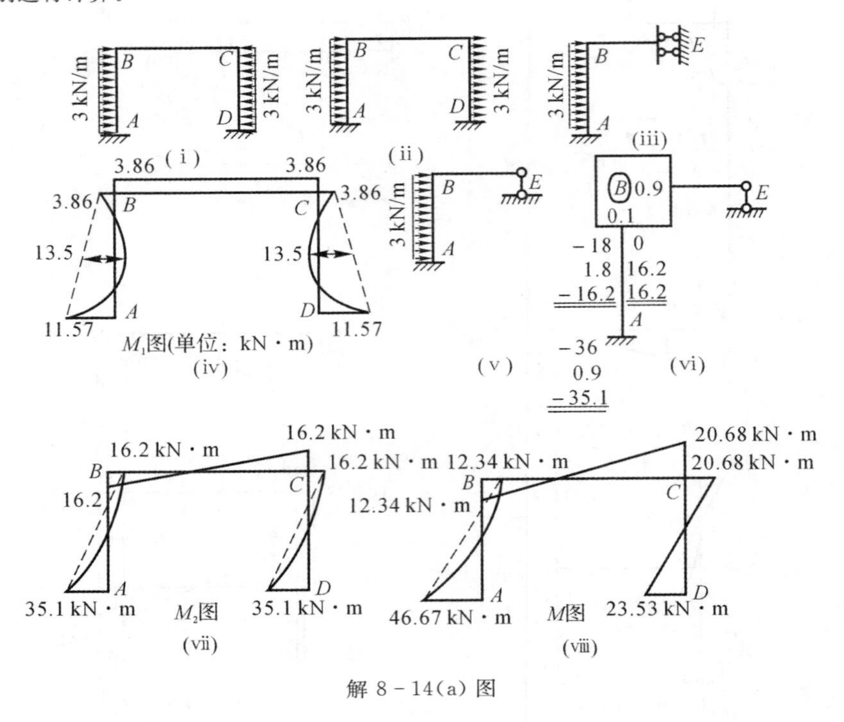

解 8-14(a) 图

(1) 计算正对称荷载情况。

取半边结构,如解 8-14(a) 图(ⅲ)所示,采用位移法求解,取 θ_B 为基本未知量。

1) 列杆端弯矩:

$$M_{AB}=2i_{AB}\cdot\theta_B-\frac{ql^2}{12}=2\cdot\frac{1}{3}\theta_B-\frac{3\times36}{12}=\frac{2\theta_B}{3}-9$$

$$M_{BA}=4i_{BA}\theta_B+\frac{ql^2}{12}=\frac{4}{3}\theta_B+9$$

$$M_{BE}=i_{BE}\theta_B=\theta_B,\quad M_{EB}=-i_{BE}\theta_B=-\theta_B$$

2) 列位移法方程:

$$\sum M_B=0,\quad \frac{4}{3}\theta_B+9+\theta_B=0,\quad \theta_B=-\frac{27}{7}$$

3) 求杆端弯矩:

$$M_{AB}=-11.57\ \mathrm{kN\cdot m},\quad M_{BA}=3.86\ \mathrm{kN\cdot m}$$

$$M_{BE}=-3.86\ \mathrm{kN\cdot m},\quad M_{EB}=3.86\ \mathrm{kN\cdot m}$$

4) 弯矩 M_1 图如解 8-14(a) 图(ⅳ)所示。

(2) 计算反对称荷载情况。

取半边结构,如解 8-14(a) 图(ⅴ)所示,采用剪力分配法求解。

1) 计算杆端弯矩:

$$M_{AB}=-\frac{ql^2}{3}=-36\ \mathrm{kN\cdot m},\quad M_{BA}=-\frac{ql^2}{3}=-18\ \mathrm{kN\cdot m}$$

2) 计算分配系数:

$$S_{BA}=\frac{EI}{6}=\frac{2}{6}=\frac{1}{3},\quad S_{BE}=3\,\frac{EI}{5}=3$$

$$\mu_{BA} = 0.1, \quad \mu_{BE} = 0.9$$

3）弯矩分配过程如解 8－14(a)(ⅵ) 所示。

4）弯矩 M_2 图如解 8－14 图(a)(ⅶ) 所示。

(3) 叠加 M_1，M_2，即 $M = M_1 + M_2$，得到 M 图如解 8－14 图(a)(ⅷ) 所示。

(二) 解(b) 图。原结构受力可分解为解 8－14 图(b)(ⅰ) 所示正对称荷载和(ⅱ) 所示的反对称荷载两种情况。

(1) 计算正对称荷载作用下的弯矩。

取半边结构，如解 8－14 图(b)(ⅲ) 所示。

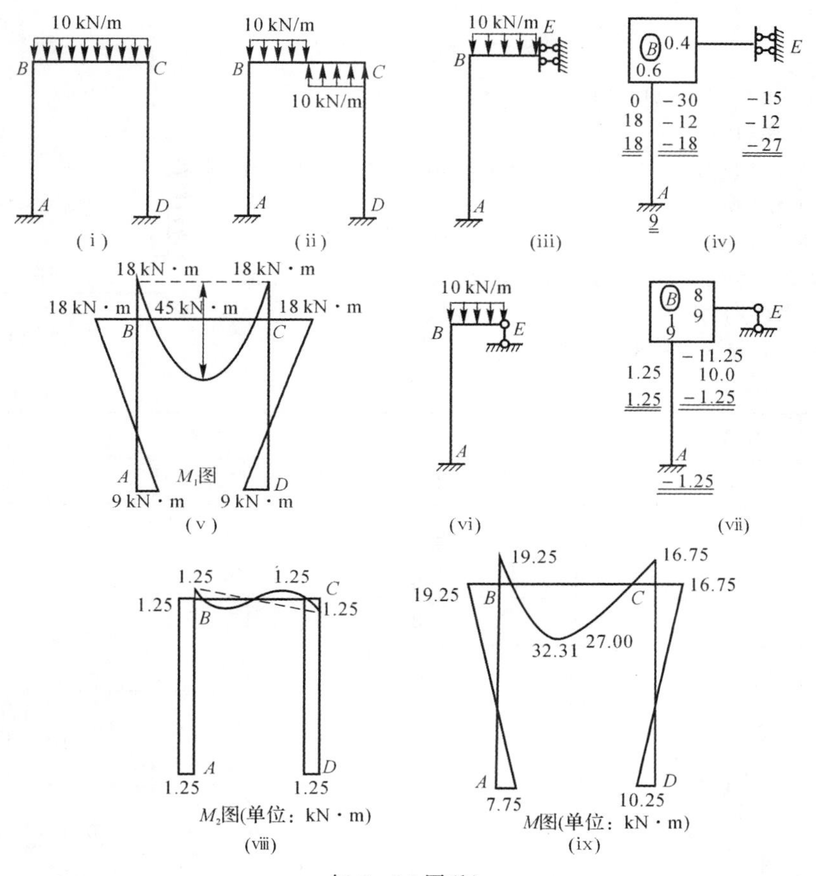

解 8－14 图(b)

1）求杆端弯矩：

$$M_{BE} = -\frac{1}{3}ql^2 = -\frac{1}{3} \times 10 \times 3^2 = -30 \text{ kN} \cdot \text{m}$$

$$M_{EA} = -\frac{1}{6}ql^2 = -15 \text{ kN} \cdot \text{m}$$

2）求分配系数：

$$S_{BE} = \frac{EI}{3}, \quad S_{BA} = 4\frac{EI}{8} = \frac{EI}{2}$$

$$\mu_{BA} = \frac{3}{5}, \quad \mu_{BE} = \frac{2}{5}$$

3）弯矩分配过程如解 8－14 图(b)(ⅳ) 所示。

4) 作弯矩 M_1 图如解 8－14 图(b)(ⅴ) 所示。

(2) 计算反对称荷载作用下的弯矩。

取半边结构，如解 8－14 图(b)(ⅵ) 所示。用剪力分配法求解。

1) 计算杆端弯矩：

$$M_{BE} = -\frac{1}{8}ql^2 = -\frac{1}{8}\times 10\times 9 = -11.25\ \text{kN}\cdot\text{m}$$

2) 求分配系数：

$$S_{BA} = \frac{EI}{8},\quad S_{BE} = \frac{3EI}{3} = EI$$

$$\mu_{BA} = \frac{1}{9},\quad \mu_{BE} = \frac{8}{9}$$

3) 弯矩分配过程如解 8－14 图(b)(ⅶ) 所示。

4) 作弯矩 M_2 图如解 8－14 图(b)(ⅷ) 所示。

(3) 叠加正对称和反对称弯矩 M_1，M_2，即 $M = M_1 + M_2$，得到 M 图如解 8－14 图(b)(ⅸ) 所示。

8－16　试联合应用力矩分配法和位移法计算图示刚架。

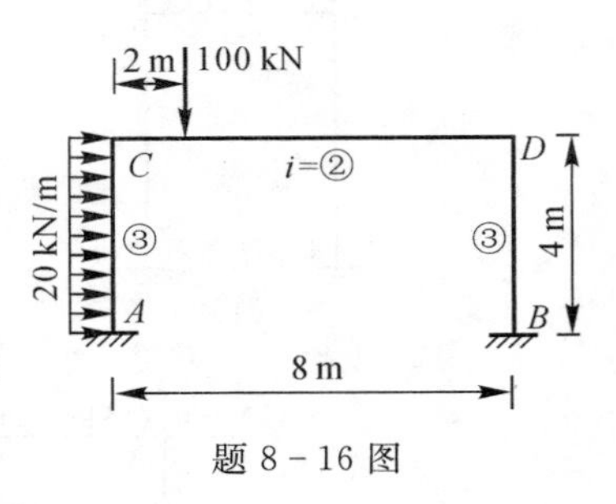

题 8－16 图

解　先用力矩分配法计算。力矩分配和计算过程见表8-15。作 M 图如解 8－16 图(a)(b) 所示。

利用位移法计算，过程如解 8－16 图(c) 所示。

表　8－15

<table>
<tr><td>结　点</td><td>A</td><td colspan="2">C</td><td>↔</td><td colspan="2">D</td><td>B</td></tr>
<tr><td>杆　端</td><td>AC</td><td>CA</td><td>CD</td><td rowspan="10"></td><td>DC</td><td>DB</td><td>BD</td></tr>
<tr><td>M</td><td></td><td>0.6</td><td>0.4</td><td>0.4</td><td>0.6</td><td></td></tr>
<tr><td>M^F</td><td>－26.67</td><td>26.67</td><td>－112.5</td><td>37.5</td><td></td><td></td></tr>
<tr><td rowspan="7">荷载作用下
M 分配计算</td><td>25.75</td><td>51.50</td><td>34.33</td><td>17.17</td><td rowspan="2">－32.80</td><td rowspan="2">－16.40</td></tr>
<tr><td rowspan="2">3.28</td><td rowspan="2">6.56</td><td>－10.93</td><td>－21.87</td></tr>
<tr><td>4.37</td><td>2.19</td><td rowspan="2">－1.314</td><td rowspan="2">－0.657</td></tr>
<tr><td rowspan="2">0.132</td><td rowspan="2">0.264</td><td>－0.44</td><td>－0.88</td></tr>
<tr><td>0.176</td><td>0.088</td><td rowspan="2">－0.048</td><td rowspan="2">－0.024</td></tr>
<tr><td rowspan="2">2.492</td><td rowspan="2">84.994</td><td rowspan="2">－84.994</td><td>－0.04</td></tr>
<tr><td>34.162</td><td>－34.162</td><td>－17.081</td></tr>
<tr><td>M^F</td><td>－4.5</td><td>－4.5</td><td></td><td></td><td></td><td>－4.5</td><td>－4.5</td></tr>
<tr><td rowspan="5">Δ₁ ＝ 1
作用下分
配计算</td><td rowspan="2">1.08</td><td rowspan="2">2.16</td><td>0.9</td><td></td><td>1.8</td><td>2.7</td><td>1.35</td></tr>
<tr><td>1.44</td><td>←
→</td><td>0.72</td><td rowspan="2">－0.432</td><td rowspan="2">－0.0216</td></tr>
<tr><td rowspan="2">＋0.042</td><td rowspan="2">＋0.084</td><td>－0.144</td><td>←</td><td>－0.288</td></tr>
<tr><td>＋0.06</td><td></td><td rowspan="2">2.232</td><td rowspan="2">－2.232</td><td rowspan="2">－3.366</td></tr>
<tr><td>－3.378</td><td>－2.256</td><td>2.256</td><td></td></tr>
</table>

位移法方程为

$$k_{11}\Delta_1 + F_{1P} = 0$$

解得 $2.81\Delta_1 = 49.06$，即

$$\Delta_1 = 17.46$$

$$M_{AC} = -17.46 \times 3.378 + 2.492 = -56.5\ \text{kN} \cdot \text{m}$$

$$M_{CA} = 84.904 - 2.256 \times 17.46 = 45.51\ \text{kN} \cdot \text{m}$$

$$M_{DB} = -34.162 - 2.232 \times 17.46 = -73.13\ \text{kN} \cdot \text{m}$$

$$M_{BD} = -17.08 - 3.366 \times 17.46 = -75.85\ \text{kN} \cdot \text{m}$$

从而可作 M 图如解 8-16 图(d) 所示。

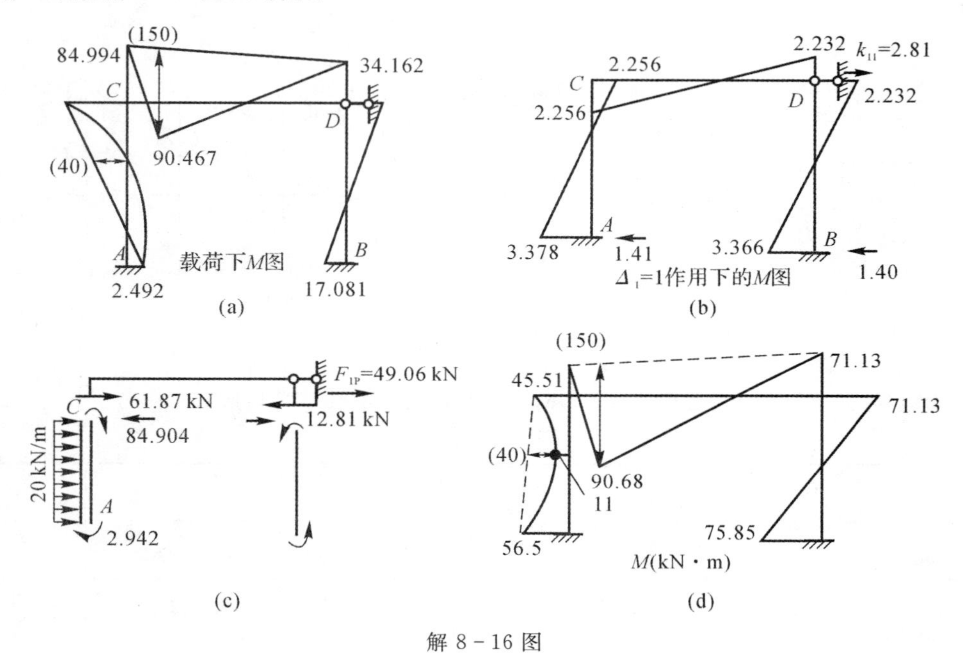

解 8-16 图

特别提醒：对于有侧移的刚架，不能直接应用力矩分配法，只能联合应用力矩分配法和位移法。

8-18　试联合应用力矩分配法和位移法计算图示刚架。

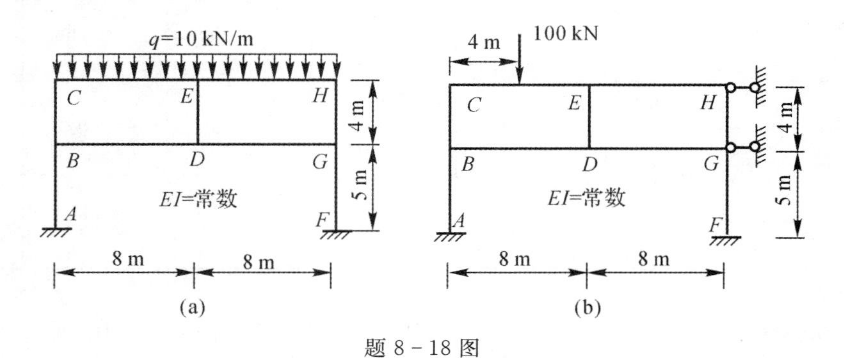

题 8-18 图

温馨提示：原结构可视为如解 8-18 图(a) 所示结构，显然可以利用对称性进行分析。CF 为对称轴，不受弯矩作用，在 C,F 处也没有角位移，故可将如解 8-18 图(a) 所示结构转化为如解 8-18 图(b) 所示结构。通过解 8-18 图(b) 结构的结点，可以将荷载分为正对称荷载与反对称荷载。在正对称荷载作用下，结构不受弯矩作用，所以又可将原结构简化为如解 8-18 图(c) 所示结构。对解 8-18 图(c) 所示结构，可采用无剪力分配

法计算。

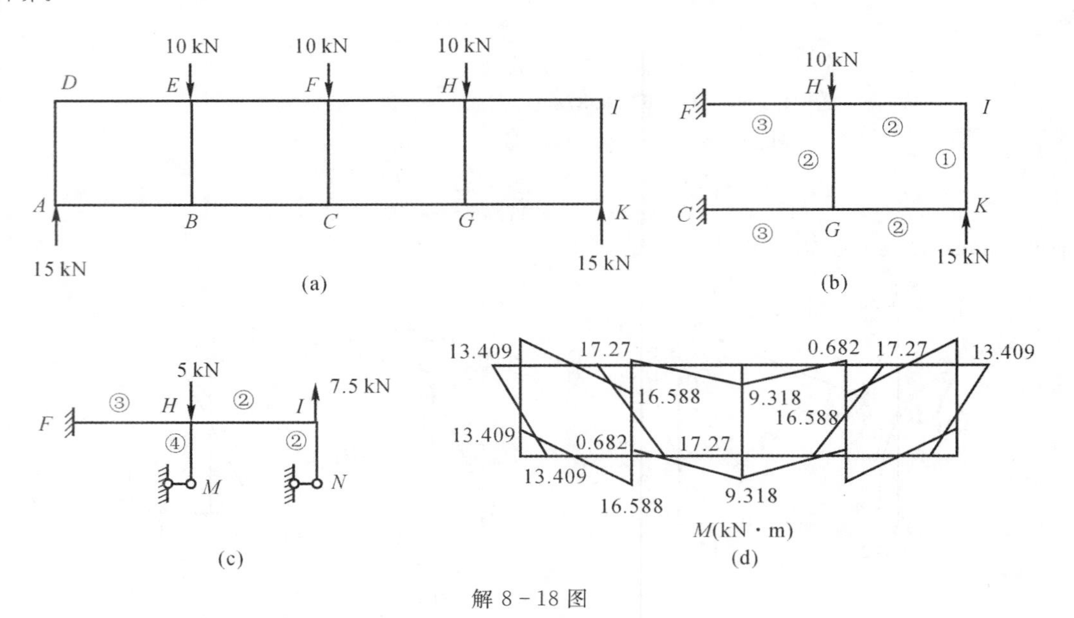

解 8－18 图

解 力矩分配和传递的计算过程见表 8－16，求得 M 图如解 8－18 图(d) 所示。

表 8－16

<table>
<tr><td>结 点</td><td colspan="2">I</td><td>↔</td><td colspan="3">H</td><td>F</td></tr>
<tr><td>杆端</td><td>IN</td><td>IH</td><td></td><td>HI</td><td>HM</td><td>HF</td><td>FH</td></tr>
<tr><td>M</td><td>3/4</td><td>1/4</td><td></td><td>2/17</td><td>12/17</td><td>3/17</td><td></td></tr>
<tr><td>M^F</td><td></td><td>15</td><td></td><td>15</td><td></td><td>5</td><td>5</td></tr>
<tr><td rowspan="7"></td><td rowspan="2">－13.015</td><td>2.353</td><td rowspan="7"></td><td>－2.353</td><td>－14.118</td><td>－3.529</td><td>3.529</td></tr>
<tr><td>－4.338</td><td>4.338</td><td rowspan="2">－3.602</td><td rowspan="2">－0.766</td><td rowspan="2">0.766</td></tr>
<tr><td rowspan="2">－0.383</td><td>0.51</td><td>－0.510</td></tr>
<tr><td>－0.128</td><td>0.128</td><td rowspan="2">－0.090</td><td rowspan="2">－0.023</td><td rowspan="2">0.023</td></tr>
<tr><td rowspan="2">－0.011</td><td>0.015</td><td>－0.015</td></tr>
<tr><td>－0.004</td><td rowspan="2">16.588</td><td rowspan="2">－17.27</td><td rowspan="2">0.682</td><td rowspan="2">9.318</td></tr>
<tr><td>－13.409</td><td>13.408</td></tr>
</table>

8－20 剧院眺台结构如题 8－20 图(a) 所示，其计算简图如题 8－20 图(b) 所示，杆旁字母为杆的线刚度 i。在竖向荷载 q 作用下，试作 M 图。注意：本题有结点线位移。

解 利用复式刚架的求解方法，注意柱的串并联关系和结点线位移的处理，可采用位移法和力矩分配法联合求解，过程繁琐。因此这里只给出结果，结构 M 图如解 8－20 图所示。

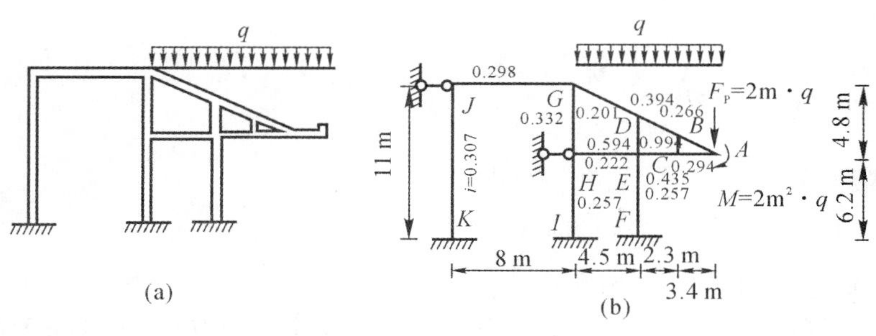

题 8－20 图

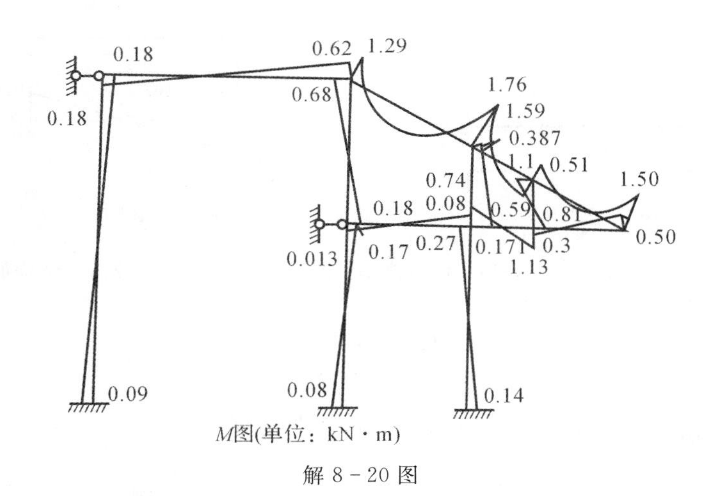

解 8－20 图

8－21　试用反弯点法作图示刚架 M 图。

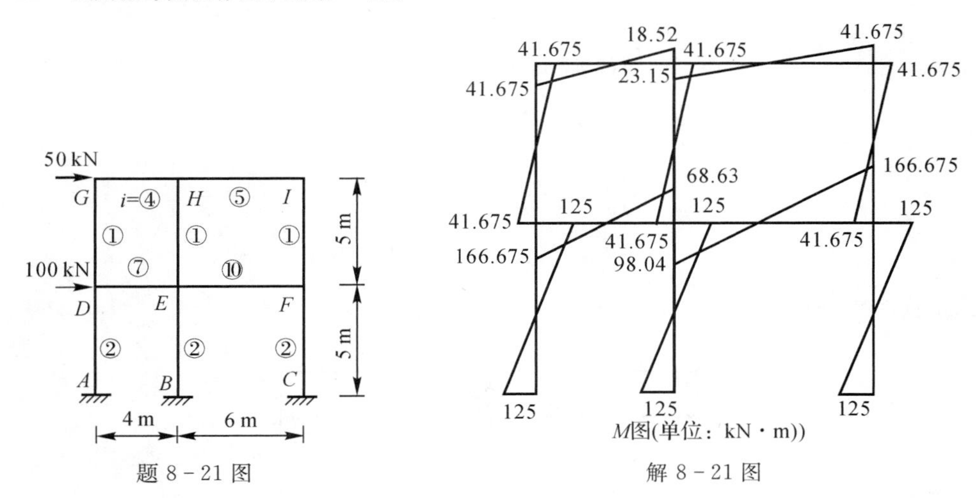

题 8－21 图　　　　解 8－21 图

解　设柱的反弯点位于柱中点，且由于顶层各柱线刚度相同，底层各柱线刚度也分别相同，所以各柱分配系数都等于 1/3。则柱端剪力为

上层柱：

$$F_{Q1} = 50 \times \frac{1}{3} = \frac{50}{3}\ \text{kN}$$

下层柱：

$$F_{Q2} = 150 \times \frac{1}{3} = 50\ \text{kN}$$

所以柱端弯矩为

上层柱：
$$M_{上} = M_{下} = \frac{50}{3} \times 2.5 = 41.675 \text{ kN} \cdot \text{m}$$

下层柱：
$$M_{上} = M_{下} = 50 \times 2.5 = 125 \text{ kN} \cdot \text{m}$$

对于梁端弯矩，按分配系数分配不平衡弯矩，其中

$$S_{HG} = \frac{4}{9}, \quad S_{HI} = \frac{5}{9}, \quad S_{ED} = \frac{7}{17}, \quad S_{EF} = \frac{10}{17}$$

所以可作出结构弯矩 M 图，如解 8-21 图所示。

8-22　试作图示两端固定梁 AB 的杆端 M_A 的影响线。荷载 $F_P = 1$ 作用在何处时，M_A 达到极大值？

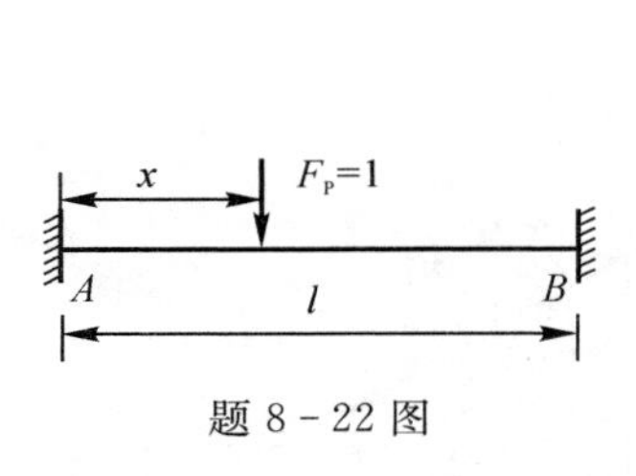

题 8-22 图

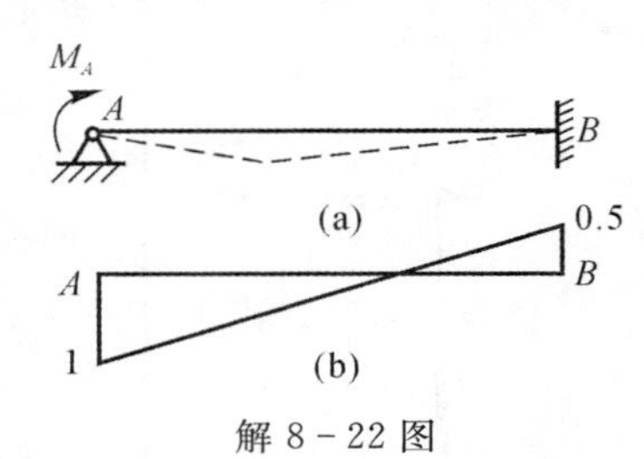

解 8-22 图

解　为求 M_A 的影响线，在支座 A 处加单位力偶 M_A 并将其改为铰支，转化后的结构如解 8-22 图(a) 所示。得弯矩图如解 8-22 图(b) 所示，即

$$M_A = 1 \text{ kN} \cdot \text{m}$$
$$M_B = -0.5 \text{ kN} \cdot \text{m}$$

所以
$$y(x) = \frac{x(l-x)}{6EIl}[M_A(2l-x) + M_B(l+x)] = \frac{x(l-x)}{6EIl}[2l - x - 0.5l - 0.5x] = \frac{x(l-x)(1.5l-1.5x)}{6EIl}$$

即
$$\delta_{P1} = y(x) = \frac{1.5x(1-x)^2}{6EIl}$$

且
$$\delta_n = \theta_A = \frac{l}{6EI}(2M_A + M_B) = \frac{l}{6EI}(2-0.5) = \frac{1.5l}{6EI}$$

所以
$$\overline{M}_A = -\frac{\delta_{P1}}{\delta_{11}} = -\frac{1.5x(l-x)^2}{6EIl} \cdot \frac{6EI}{1.5l} = -\frac{x(l-x)^2}{l^2}$$

$$\frac{d\overline{M}_A}{dx} = \frac{3x^2 - 4lx + l^2}{l^2} = 0$$

则
$$x = \frac{l}{3}, \quad \overline{M}_A = -\frac{4l}{27}$$

8-23　试作图示两跨等跨等截面连续梁 F_{RB}，M_D，F_{QD} 的影响线。

题 8-23 图

解　(1) 求 M_B 的影响线。将支座 B 处改为铰结，并作用一对单位力偶 $X_2 = 1$，则弯矩 M_B 图如解 8-23 图(a) 所示。

利用图乘法求影响线，有

$$\delta_{11} = \frac{1}{EI}\left(\frac{1}{2} \times 1 \times l \times 1 \times \frac{2}{3} \times 2\right) = \frac{2l}{3EI}$$

第一跨：

$$\overline{M}_B = -\frac{3EI}{2l}\cdot\frac{l^2}{6EI\cdot x}(1-x^2) = -\frac{l}{4}x(1-x^2)$$

第二跨：

$$\overline{M}_B = -\frac{3EI}{2l}\cdot\frac{6l^2}{6EI\cdot x}(1-x)(2-x) = -\frac{l}{4}x(1-x)(2-x)$$

现将连续梁分成若干段，列表计算其竖标值，见表 8-17。

表　8-17

	第一跨	第二跨
x	$\overline{M}_B - \frac{l}{4}x(1-x^2)$	$\overline{M}_B = -\frac{l}{4}x(1-x)(2-x)$
0.0	0	0
0.2	$-0.048l$	$-0.072l$
0.4	$-0.084l$	$-0.096l$
0.5	$-0.093\ 75l$	$-0.093\ 75l$
0.6	$-0.096l$	$-0.084l$
0.8	$-0.072l$	$-0.048l$
1.0	0	0

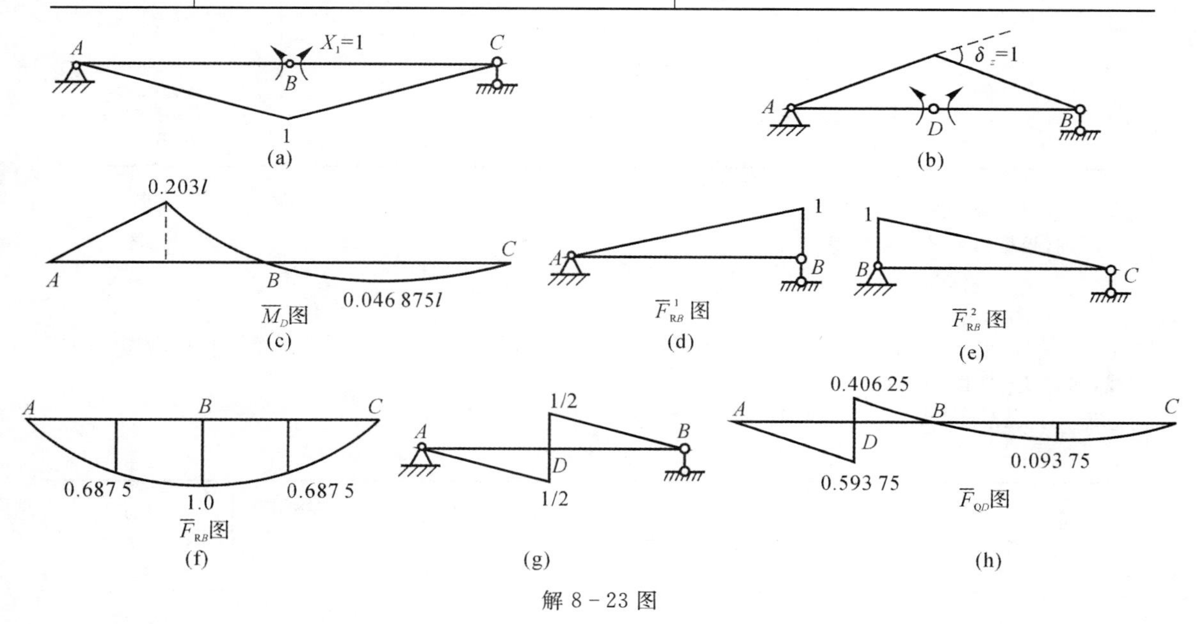

解 8-23 图

(2) 求 M_D 的影响线。

利用第一跨梁的平衡条件可求得

$$M_D = M_D^0 + \frac{M_B}{2}$$

其中 M_D^0 为相应简支梁荷载作用下的弯矩，有关系式

$$\overline{M}_D = \overline{M}_D^0 + \frac{\overline{M}_B}{2}$$

$\overline{M}_D^0$ 图如解 8-23 图(b) 所示。$\overline{M}_D$ 结果见表 8-19。描图可得 $\overline{M}_D$，如解 8-23 图(c) 所示。

表 8-18

	x	$\overline{M}_D^0$	$\frac{M_B}{2}$	$\overline{M}_D$
第一跨	0.0	0	0	0
	0.2	$0.1l$	$-0.024l$	$0.076l$
	0.4	$0.2l$	$-0.042l$	$0.015\ 8l$
	0.5	$0.25l$	$-0.046\ 875l$	$0.203l$
	0.6	$0.2l$	$-0.048l$	$0.152l$
	0.8	$0.1l$	$-0.036l$	$0.064l$
	1.0	0	0	0
第二跨	0.0	0	0	0
	0.2	0	$-0.036l$	$-0.036l$
	0.4	0	$-0.048l$	$-0.048l$
	0.5	0	$-0.046\ 875l$	$-0.046\ 875l$
	0.6	0	$-0.042l$	$-0.042l$
	0.8	0	$-0.024l$	$-0.024l$
	1.0	0	0	0

(3) 求 F_{RB} 影响线。

同理，根据力系平衡可求得

$$\overline{F}_{RB}=\overline{F}_{RB}^1+\overline{F}_{RB}^2-\frac{2\overline{M}_B}{l}$$

其中 $\overline{F}_{RB}^1$ 表示荷载作用下第一跨 F_{RB} 的影响线，如解 8-23 图(d) 所示。$\overline{F}_{RB}^2$ 表示荷载作用下第二跨 $\overline{F}_{RB}$ 的影响线，如解 8-23 图(e) 所示。

F_{RB} 计算结果见表 8-19。描图可得 F_{RB}，如解 8-23 图(f) 所示。

表 8-19

	x	$\overline{F}_{RB}^1$	$\overline{F}_{RB}^2$	$-\frac{2\overline{M}_B}{l}$	$\overline{F}_{RB}$
第一跨	0.0	0	0	0	0
	0.2	0.2	0	0.096	0.296
	0.4	0.4	0	0.168	0.568
	0.5	0.5	0	0.187 5	0.687 5
	0.6	0.6	0	0.192	0.792
	0.8	0.8	0	0.144	0.944
	1.0	1.0	0	0	1.0

续 表

	x	$\overline{F}_{RB}^{1}$	$\overline{F}_{RB}^{2}$	$-\frac{2\overline{M}_B}{l}$	$\overline{F}_{RB}$
第二跨	0.0	0	1.0	0	1.0
	0.2	0	0.8	0.144	0.944
	0.4	0	0.6	0.192	0.792
	0.5	0	0.5	0.187 5	0.687 5
	0.6	0	0.4	0.168	0.568
	0.8	0	0.2	0.096	0.296
	1.0	0	0	0	0

(4) 求 F_{QD} 影响线：

$$\overline{F}_{QD}=\overline{F}_{QD}^{0}+\frac{\overline{M}_B}{l}$$

其中$\overline{F}_{QD}^{0}$ 表示荷载作用下相应简支梁的影响线，如解 8-23 图(g) 所示。

其结果见表 8-20。描图可得 $\overline{F}_{QD}$，如解 8-23 图(h) 所示。

表　8-20

	x	$\overline{F}_{QD}^{0}$	$\frac{\overline{M}_B}{l}$	$\overline{F}_{QD}$
第一跨	0.0	0	0	0
	0.2	−0.2	−0.048	−0.248
	0.4	−0.4	−0.084	−0.484
	0.5 左	−0.5	−0.093 75	−0.593 75
	0.5 右	0.5	−0.093 75	0.406 25
	0.6	0.4	−0.096	0.304
	0.8	0.2	−0.072	0.128
	1.0	0	0	0
第二跨	0.0	0	0	0
	0.2	0	−0.072	−0.072
	0.4	0	−0.096	−0.096
	0.5	0	−0.093 75	−0.093 75
	0.6	0	−0.084	−0.084
	0.8	0	−0.048	−0.048
	1.0	0	0	0

第9章　矩阵位移法——结构矩阵分析基础

9.1　教学基本要求

9.1.1　内容概述

矩阵位移法是用矩阵形式表示的位移法，该方法公式规格统一，计算过程程序化，便于计算机自动化计算。由此编制的计算机软件，在工程界应用广泛。矩阵位移法分析过程分为两大部分：一是离散，即将结构的不同组成元件进行分解，如杆元件，梁元件等，这些元件称为单元，对各单元进行分析，把单元的变形与单元的端点（称为结点）的自由度联系起来，单元的变形在结点产生的作用力称为广义力，这些广义力与结点的自由度联系起来；二是拼装与计算，由于结构在外载的作用下是一个变形协调的整体，在结点处各单元变形协调，所以在结点处各单元自由度应相同，且各单元的作用力在结点处也应与外加荷载平衡，据此形成平衡方程，进行计算分析。

9.1.2　目的和要求

矩阵位移法是以计算机作为计算工具的现代化结构分析方法。学习本章，将进一步巩固位移法的知识，为用计算机进行结构分析奠定基础。学习本章的目的和要求如下：

（1）能深刻理解矩阵位移法的两个基本内容，即单元分析，整体分析。

（2）掌握矩阵位移法的基本概念，单元分析的目的与结果，整体分析的目的与结果。了解它与位移法的异同点。

（3）掌握矩阵位移法的计算步骤，包括单元分析、整体坐标中的单元刚度矩阵的计算整体刚度矩阵的集成、非结点荷载的处理。理解每一个步骤的物理意义。

（4）借助计算机能用矩阵位移法计算连续梁，及简单的平面刚架和桁架（重点在列出方程），借以弄清原理和计算方法。

（5）本章方法是一个通过程序和计算机进行计算的方法，因此要求上机实践。掌握通过程序和计算机进行平面刚架、桁架和组合结构的计算。

9.1.3　教学单元划分

本章共8个教学时，分4个教学单元。

第一教学单元讲授内容：概述，单元刚度矩阵（局部坐标系）和单元刚度矩阵（整体坐标系）。

第二教学单元讲授内容：连续梁的整体刚度矩阵和刚架的整体刚度矩阵。

第三教学单元讲授内容：等效结点荷载向量，矩阵位移法的计算步骤和忽略轴向变形时矩形刚架的矩阵位移法。

第四教学单元讲授内容：桁架及组合结构的矩阵位移法和小结。

9.1.4　教学单元知识点归纳

一、第一教学单元知识点

1. 矩阵位移法的基本原理和解题思路

（1）原理：矩阵位移法的基本原理同第7章位移法，但用矩阵形式表示。

(2)解题思路:先将结构离散为单元(杆件),建立单元杆端力与杆端位移之间的关系——单元刚度方程(单元分析);再将各单元集成为原结构,由满足变形连续条件和平衡条件,建立基本方程——整体刚度方程(整体分析);最后由基本方程解出结点位移进而求出结构内力。即

$$\text{结构}\underset{\text{集成}}{\overset{\text{离散}}{\rightleftarrows}}\text{单元}$$

2. 单元分析(一)——局部坐标系中的单元刚度方程

(1)单元分析是矩阵位移法的基础。

(2)单元分析的目的是建立单元刚度方程,即

$$\overline{\boldsymbol{F}}^{ⓔ}=\overline{\boldsymbol{k}}^{ⓔ}\overline{\boldsymbol{\Delta}}^{ⓔ}$$

(3) 典型单元的刚度方程。

1) 拉压杆单元(见图 9-1)。桁架采用下式计算:

$$\begin{bmatrix}\overline{X}_1\\ \overline{X}_2\end{bmatrix}^{ⓔ}=\begin{bmatrix}\dfrac{EA}{l} & -\dfrac{EA}{l}\\ -\dfrac{EA}{l} & \dfrac{EA}{l}\end{bmatrix}^{ⓔ}\begin{bmatrix}\overline{u}_1\\ \overline{u}_2\end{bmatrix}^{ⓔ} \tag{9-1}$$

2) 连续梁单元 —— 无线位移弯曲单元(见图 9-2)。连续梁采用下列计算:

$$\begin{bmatrix}\overline{M}_1\\ \overline{M}_2\end{bmatrix}^{ⓔ}=\begin{bmatrix}4i & 2i\\ 2i & 4i\end{bmatrix}^{ⓔ}\begin{bmatrix}\overline{\theta}_1\\ \overline{\theta}_2\end{bmatrix}^{ⓔ} \tag{9-2}$$

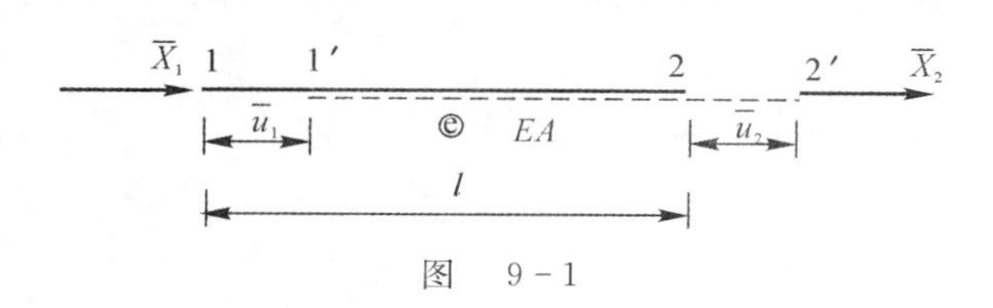

图 9-1

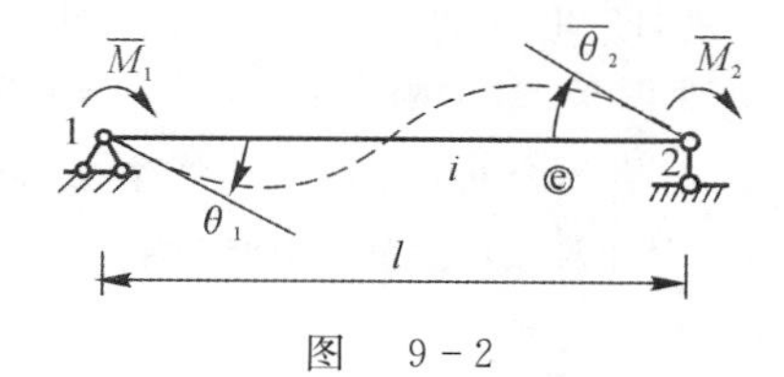

图 9-2

3) 忽略轴向变形的梁柱单元(见图 9-3)。忽略轴向变形时刚架采用下式计算:

$$\begin{bmatrix}\overline{Y}_1\\ \overline{M}_1\\ \overline{Y}_2\\ \overline{M}_2\end{bmatrix}^{ⓔ}=\begin{bmatrix}\dfrac{12i}{l^2} & \dfrac{6i}{l} & -\dfrac{12i}{l^2} & \dfrac{6i}{l}\\ \dfrac{6i}{l} & 4i & -\dfrac{6i}{l} & 2i\\ -\dfrac{12i}{l^2} & -\dfrac{6i}{l} & \dfrac{12i}{l^2} & -\dfrac{6i}{l}\\ \dfrac{6i}{l} & 2i & -\dfrac{6i}{l} & 4i\end{bmatrix}^{ⓔ}\begin{bmatrix}\overline{v}_1\\ \overline{\theta}_1\\ \overline{v}_2\\ \overline{\theta}_2\end{bmatrix}^{ⓔ} \tag{9-3}$$

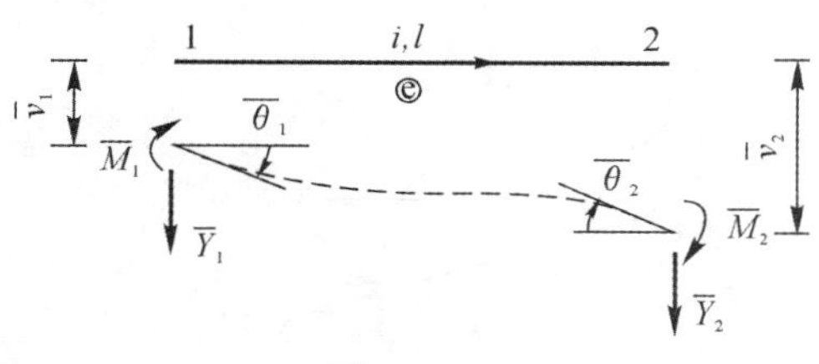

图 9-3

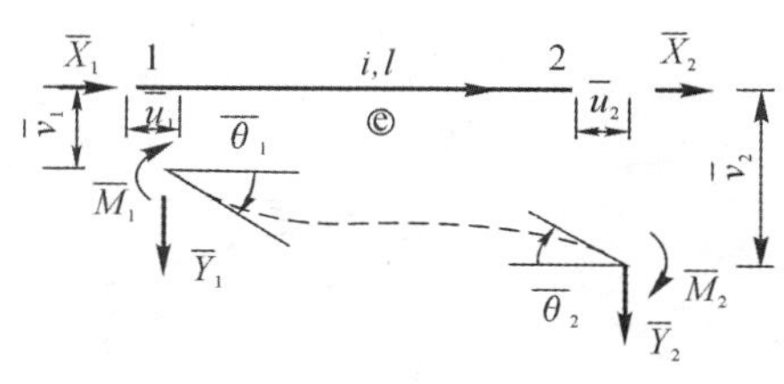

图 9-4

4) 一般弯曲单元(见图 9-4)。一般刚架采用下式计算:

$$
\begin{bmatrix} \overline{X}_1 \\ \overline{Y}_1 \\ \overline{M}_1 \\ \hdashline \overline{X}_2 \\ \overline{Y}_2 \\ \overline{M}_2 \end{bmatrix}^{\textcircled{e}} = \left[\begin{array}{ccc:ccc} \frac{EA}{l} & 0 & 0 & -\frac{EA}{l} & 0 & 0 \\ 0 & 12i/l^2 & 6i/l & 0 & -12i/l^2 & 6i/l \\ 0 & 6i/l & 4i & 0 & -6i/l & 2i \\ \hdashline -\frac{EA}{l} & 0 & 0 & \frac{EA}{l} & 0 & 0 \\ 0 & -12i/l^2 & -6i/l & 0 & 12i/l^2 & -6i/l \\ 0 & 6i/l & 2i & 0 & -6i/l & 4i \end{array}\right]^{\textcircled{e}} \begin{bmatrix} \bar{u}_1 \\ \bar{v}_1 \\ \bar{\theta}_1 \\ \hdashline \bar{u}_2 \\ \bar{v}_2 \\ \bar{\theta}_2 \end{bmatrix}^{\textcircled{e}} \tag{9-4}
$$

以上各种单元刚度矩阵 $\bar{\boldsymbol{k}}^{\textcircled{e}}$ 中的 i 行 j 列元素 k_{ij}，表示第 j 个杆端位移分量 $\bar{\Delta}_j = 1$(其余位移分量为零)时，引起的第 i 个杆端力分量 $\bar{F}_i$ 的值。

5) 单元局部坐标系和杆端力、杆端位移正负号的规定。

上述各种单元的局部坐标都规定为顺时针坐标，即杆端 $\bar{1} \to \bar{2}$ 为 $\bar{x}$ 正向，由 $\bar{x} \to \bar{y}$ 为顺时针方向。杆端线位移 $\bar{u}_1$，$\bar{u}_2$，杆端为 $\overline{X}_1$，$\overline{X}_2$ 均规定为与 $\bar{x}$ 轴正方向一致时为正，杆端线位移 $\bar{u}_1$，$\bar{u}_2$ 杆端力 $\overline{Y}_1$，$\overline{Y}_2$ 均规定为与 $\bar{y}$ 轴正方向一致时为正；杆端转角 $\bar{\theta}_1$，$\bar{\theta}_2$，杆端为矩 $\overline{M}_1$，$\overline{M}_2$ 均以顺时针方向为正。图 9-1～图 9-4 所示杆端位移与杆端力均为正向。

(4) 单元刚度矩阵的特性。

1) 对称性。

2) 可表为分块形式。

3) 自由单元(见图 9-1、图 9-3 和图 9-4) 的刚度矩阵为奇异矩阵. 即 $|\bar{\boldsymbol{k}}^{\textcircled{e}}| = 0$。端部有约束的连续梁单元(见图 9-2) 的刚度矩阵为非奇异矩阵，即 $|\bar{\boldsymbol{k}}^{\textcircled{e}}| \neq 0$。

3. 单元分析(二)—— 整体坐标系中的单元刚度方程

整体坐标系中的单元刚度方程为

$$\boldsymbol{F}^{\textcircled{e}} = \boldsymbol{k}^{\textcircled{e}} \boldsymbol{\Delta}^{\textcircled{e}}$$

其中，局部坐标系与整体坐标系中杆端位移和杆端力的转换关系为(见图 9-5)

$$\bar{\boldsymbol{F}}^{\textcircled{e}} = \boldsymbol{T} \boldsymbol{F}^{\textcircled{e}}$$

$$\bar{\boldsymbol{\Delta}}^{\textcircled{e}} = \boldsymbol{T} \boldsymbol{\Delta}^{\textcircled{e}}$$

式中

$$
\boldsymbol{T} = \left[\begin{array}{ccc:ccc} \cos\alpha & \sin\alpha & 0 & 0 & 0 & 0 \\ -\sin\alpha & \cos\alpha & 0 & 0 & 0 & 0 \\ 0 & 0 & 1 & 0 & 0 & 0 \\ \hdashline 0 & 0 & 0 & \cos\alpha & \sin\alpha & 0 \\ 0 & 0 & 0 & -\sin\alpha & \cos\alpha & 0 \\ 0 & 0 & 0 & 0 & 0 & 1 \end{array}\right] \tag{9-5}
$$

(a) (b)

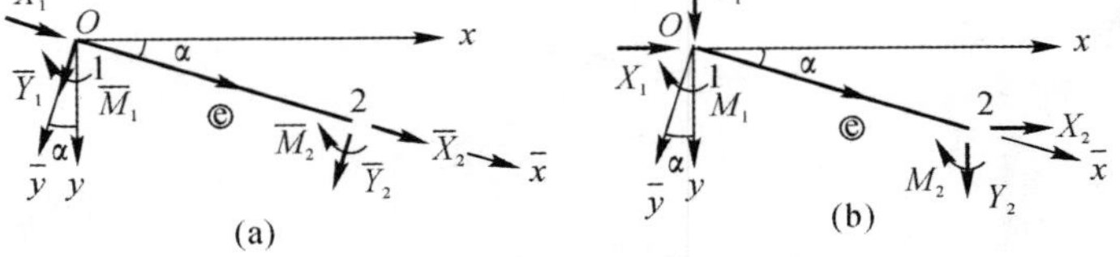

图 9-5 单元杆端力的转换关系

① 局部坐标系中的单元杆端力；② 整体坐标中的单元杆端力两种坐标系中单元刚度矩阵的转换关系为

$$\boldsymbol{k}^{ⓔ}=\boldsymbol{T}^{\mathrm{T}}\boldsymbol{k}^{ⓔ}\boldsymbol{T}$$

二、第二教学单元知识点

连续梁的整体分析。

1. 整体分析的目的

进行连续梁整体分析的目的是建立整体刚度方程：

$$\boldsymbol{F}=\boldsymbol{K}\boldsymbol{\Delta}$$

2. 刚度集成法求整体刚度矩阵 $\boldsymbol{K}$（重点、难点）

采用刚度集成法求连续梁的整体刚度矩阵 $\boldsymbol{K}$ 的方法分为换码、叠加两步，具体如下：

(1) 换码：将单元位移分量局部码换为对应的整体结构结点位移的总码。换码关系反映了变形连续条件。如图 9-6(a) 所示连续梁，其单元编码与结点总编码自左至右顺序编排，单元杆端位移与结点位移间的关系为

$$\left.\begin{aligned}&\bar{\Delta}_1^{①}=\Delta_1\\&\bar{\Delta}_2^{①}=\bar{\Delta}_1^{②}=\Delta_2\\&\bar{\Delta}_2^{②}=\bar{\Delta}_1^{③}=\Delta_3\\&\cdots\cdots\\&\bar{\Delta}_2^{(n-1)}=\Delta_n\end{aligned}\right\}$$

上式的位移换码关系可用单元两端局部码$(\bar{1},\bar{2})$换为整体结点编码$(1,2,\cdots,n)$的关系表示为

$$单元(1):\begin{bmatrix}\bar{1}\\\bar{2}\end{bmatrix}\rightarrow\begin{bmatrix}1\\2\end{bmatrix},\quad 单元(2):\begin{bmatrix}\bar{1}\\\bar{2}\end{bmatrix}\rightarrow\begin{bmatrix}2\\3\end{bmatrix},\quad 单元(3):\begin{bmatrix}\bar{1}\\\bar{2}\end{bmatrix}\rightarrow\begin{bmatrix}3\\4\end{bmatrix},\cdots\cdots$$

若连续梁的左边界端为固定端，因其转角为零，位移编码也为“0”，单元与结点编码如图 9-6(c)(d) 所示。此时换码关系为

$$单元(1):\begin{bmatrix}\bar{1}\\\bar{2}\end{bmatrix}\rightarrow\begin{bmatrix}0\\1\end{bmatrix},\quad 单元(2):\begin{bmatrix}\bar{1}\\\bar{2}\end{bmatrix}\rightarrow\begin{bmatrix}1\\2\end{bmatrix},\quad 单元(3):\begin{bmatrix}\bar{1}\\\bar{2}\end{bmatrix}\rightarrow\begin{bmatrix}2\\3\end{bmatrix},\cdots\cdots$$

(a)　(b)　(c)　(d)

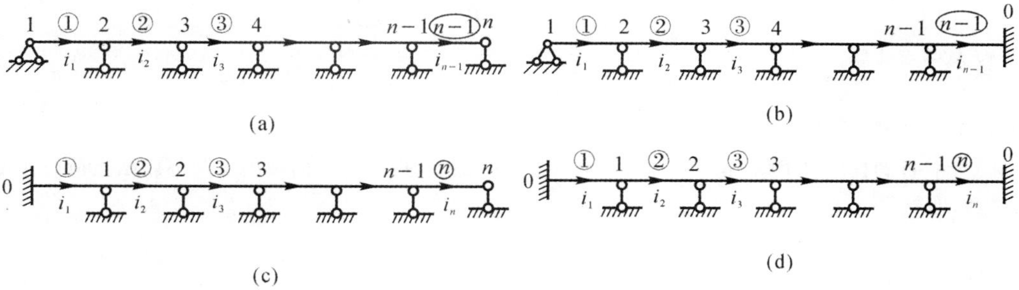

图 9-6　连续梁的局部和整体编码

(2) 叠加：按换码关系用“对号入座”的方法，将 $\bar{\boldsymbol{k}}^{ⓔ}$ 中的各元素分别累加到 $\boldsymbol{K}$ 相应的元素所在的行、列位置中去，集成 $\boldsymbol{K}$。

$$
\mathbf{K}=\begin{array}{c} \text{结点总码} \\ 1 \\ 2 \\ 3 \\ \vdots \\ n-1 \\ n \end{array}
\begin{array}{c} \begin{array}{cccccc} 1 & 2 & 3 & \cdots & n-1 & n \end{array} \\
\left[\begin{array}{cccccc}
4i_1 & 2i_1 & & & & \\
2i_1 & 4i_1+4i_2 & 2i_2 & & & \\
 & 2i_2 & 4i_2+4i_3 & \ddots & & \\
 & & \ddots & \ddots & \ddots & \\
 & & & \ddots & 4i_{n-2}+4i_{n-1} & 2i_{n-1} \\
 & & & & 2i_{n-1} & 4i_{n-1}
\end{array}\right]\end{array} \qquad (9-6)
$$

对于图 9-6(b) 所示具有 $n-1$ 个单元、n 个结点的连续梁的编码方法，集成后的整体刚度矩阵为：

对于图 9-6(c) 所示左端固定的连续梁，编码如图所示，集成后的整体刚度矩阵为：

对于图 9-6(d) 所示具有 $n-1$ 个单元、n 个结点的连续梁的编码方法，集成后的整体刚度矩阵为：

$$
\mathbf{K}=\begin{array}{c} \text{结点总码} \\ 1 \\ 2 \\ 3 \\ \vdots \\ n-1 \\ n \end{array}
\begin{array}{c} \begin{array}{cccccc} 1 & 2 & 3 & \cdots & n-1 & n \end{array} \\
\left[\begin{array}{cccccc}
4i_1+4i_2 & 2i_2 & & & & \\
2i_2 & 4i_2+4i_3 & 2i_3 & & & \\
 & 2i_3 & 4i_3+4i_4 & \ddots & & \\
 & & \ddots & \ddots & \ddots & \\
 & & & \ddots & 4i_{n-1}+4i_n & 2i_n \\
 & & & & 2i_n & 4i_n
\end{array}\right]\end{array} \qquad (9-7)
$$

当连续梁两端均为固定端(见图 9-6(d))时，两端的整体编码均为"0"，此时只须在式(9-7)中去掉第 n 行及第 n 列，即为相应的 $\mathbf{K}$。

3. 形成结点荷载向量 $\boldsymbol{P}$(重点)

先将非结点荷载转化为等效结点荷载 $\boldsymbol{E}$，再将它们叠加直接作用于结点的力偶荷载{$\boldsymbol{P}_0$}。具体步骤如下：

(1) 在各结点施加约束，求出各单元的固端约束力$\overline{\boldsymbol{F}}_{\mathrm{P}}^{\mathrm{F}Ⓔ}$。注意当连续梁两端为铰支时，固端力矩均按两端固定梁计算。

(2) 求单元的等效结点荷载：

$$\overline{\boldsymbol{P}}_{\mathrm{e}}{}^{Ⓔ}=-\overline{\boldsymbol{F}}_{\mathrm{P}}{}^{Ⓔ}$$

(3) 集成结构的等效结点荷载 $\boldsymbol{P}_{\mathrm{e}}$。用"对号入座"方法，将 $\boldsymbol{P}_{\mathrm{e}}{}^{Ⓔ}=\overline{\boldsymbol{P}}_{\mathrm{e}}{}^{Ⓔ}$ 中各元素累加到 $\boldsymbol{P}_{\mathrm{e}}$ 中，集成等效结点荷载 $\boldsymbol{P}_{\mathrm{e}}$，有

$$\boldsymbol{P}_{\mathrm{e}}=\sum\boldsymbol{P}_{\mathrm{e}}{}^{Ⓔ}=\sum\overline{\boldsymbol{P}}^{Ⓔ}=-\sum\overline{\boldsymbol{F}}_{\mathrm{P}}{}^{Ⓔ}$$

(4) 总结点荷载：

$$\boldsymbol{P}=\boldsymbol{P}_{\mathrm{e}}+\boldsymbol{P}_0$$

(5) 解整体刚度方程 $\boldsymbol{K\Delta}=\boldsymbol{P}$，求出结点位移 $\boldsymbol{\Delta}$。

(6) 求各杆的杆端力 $\overline{\boldsymbol{F}}^{Ⓔ}$。在非结点荷载作用下，单元杆端内力等于固端内力与等效结点荷载作用下的内力之和，即

$$\overline{\boldsymbol{F}}^{Ⓔ}=\overline{\boldsymbol{k}}^{Ⓔ}\overline{\boldsymbol{\Delta}}^{Ⓔ}+\overline{\boldsymbol{F}}_{\mathrm{P}}{}^{Ⓔ}$$

三、第三教学单元知识点

1. 忽略轴向变形矩形刚架的整体分析(重点)

忽略轴向变形的由横梁、竖柱组成的刚架的整体分析步骤同上，但要简单一些。注意以下两点区别：

(1) 由于忽略单元轴向变形，独立的结点线位移数目少了，编码时应注意。

(2) 采用的单元刚度方程为图 9-3 所示忽略轴向变形的梁、柱单元的刚度方程。

2. 矩阵位移法的计算步骤

矩阵位移法计算求解的一般步骤如下：

(1) 离散并建立结构坐标系，把结构分解成单元，对结点和单元进行编号。

(2) 按结点顺序建立结点荷载列阵。

(3) 计算单元刚度矩阵和单元荷载列阵，采用先处理法，即若单元有边界约束，进行单元刚度矩阵和单元荷载列阵处理，否则不进行处理。

(4) 建立结构刚度矩阵和结构荷载列阵。

(5) 若采用后处理法(直接刚度法)，则根据约束边界条件修改原始刚度矩阵，求解平衡方程，得自由结点的位移。

(6) 计算单元内力和支反力。

四、第四教学单元知识点

1. 桁架和组合结构的整体分析(重点)

(1) 桁架的整体分析步骤仍同刚架一样。但要注意，对结点位移分量进行编码时，桁架单元的结点转角不作为基本未知量。

(2) 桁架单元为如图 9-1 所示的拉压杆单元。对于斜杆单元，其轴力和轴向位移在整体坐标系中有沿 z 轴和 y 轴的两个分量(见图 9-7)。为便于利用以前的转换关系，需先将局部坐标系中的单元刚度方程(式(9-1)) 扩大为四阶形式：

$$\begin{bmatrix} \overline{X}_1 \\ \overline{Y}_1 \\ \overline{X}_2 \\ \overline{Y}_2 \end{bmatrix}^{ⓔ} = \begin{bmatrix} \frac{EA}{l} & 0 & -\frac{EA}{l} & 0 \\ 0 & 0 & 0 & 0 \\ -\frac{EA}{l} & 0 & \frac{EA}{l} & 0 \\ 0 & 0 & 0 & 0 \end{bmatrix} \begin{bmatrix} \bar{u}_1 \\ \bar{v}_1 \\ \bar{u}_2 \\ \bar{v}_2 \end{bmatrix}^{ⓔ}$$

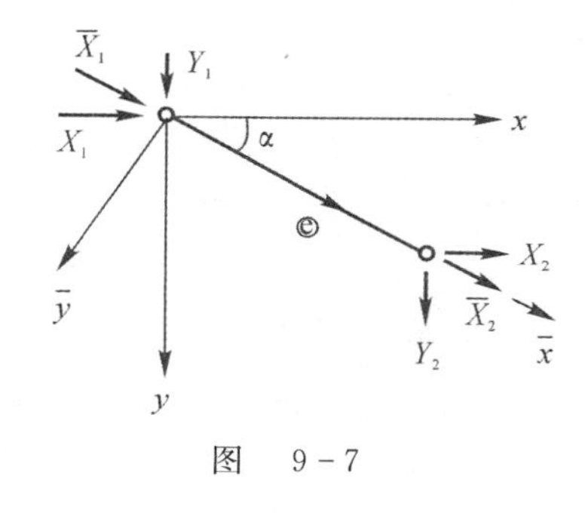

图 9-7

则桁架单元的坐标转换矩阵 $\boldsymbol{T}$ 为

$$\boldsymbol{T} = \begin{bmatrix} \cos\alpha & \sin\alpha & 0 & 0 \\ -\sin\alpha & \cos\alpha & 0 & 0 \\ 0 & 0 & \cos\alpha & \sin\alpha \\ 0 & 0 & -\sin\alpha & \cos\alpha \end{bmatrix}$$

(3) 计算组合结构时，应先区分梁式杆和桁架杆。对梁式杆，采用一般单元的单元刚度方程及相应的计算公式。对桁架杆，采用桁架单元的单元刚度方程及相应的计算公式。

2. 小结

(1) 矩阵位移法是新的计算工具(电子计算机)与传统力学原理(位移法)相结合的产物。矩阵移法要与传统位移法对照起来学习，注意它们之间“原理上同源、做法上有别”的关系。

矩阵位移法(有限元位移法)是结构矩阵分析(有限法)中占主导地位的方法。矩阵位移法的基本方程为

$$\boldsymbol{K\Delta} = \boldsymbol{P} \qquad (9-8)$$

它既可用于分析梁、刚架、桁架和组合结构等平面和空间结构，又可用于分析板、壳和弹性力学问题，具有普遍性。

(2) 矩阵位移法基本方程的建立可归结为两个问题：一是根据结构的几何和弹性性质建立整体刚度矩阵 $\boldsymbol{K}$，二是根据结构的受载情况形成整体荷载向量 $\boldsymbol{P}$。

(3) 在进行整体分析时，有“先处理”和“后处理”两种做法。本章采用的是先处理法。为了加深对矩阵位移法的理解，应当同时对计算程序有所了解并进行上机实践。

例 9-1 求图 9-8(a) 所示桁架的内力。各杆 EA 相同。

解 (1) 单元与结点位移分量进行统一编码(见图 9-8(b))。对于结点 A 和 B 为铰支承,两个位移分量都为零,故编码为[0]。结点 C 的编码为[1 2],结点 D 的编码为[3 4]。

单元的局部坐标用箭头方向表示,如图 9-8(b) 所示,整体坐标如图 9-8(a) 所示。

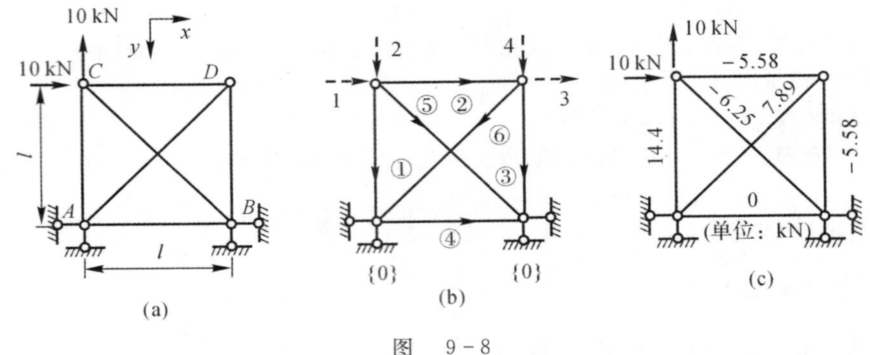

图 9-8

(a) 原结构; (b) 单元与结点位移编码; (c) 内力

(2) 形成局部坐标系中的单元刚度矩阵 $\bar{\boldsymbol{k}}^{ⓔ}$:

$$\bar{\boldsymbol{k}}^{①}=\bar{\boldsymbol{k}}^{②}=\bar{\boldsymbol{k}}^{③}=\bar{\boldsymbol{k}}^{④}=\frac{EA}{l}\begin{bmatrix}1&0&-1&0\\0&0&0&0\\-1&0&1&0\\0&0&0&0\end{bmatrix}$$

$$\bar{\boldsymbol{k}}^{⑤}\bar{\boldsymbol{k}}^{⑥}=\frac{EA}{\sqrt{2}\,l}\begin{bmatrix}1&0&-1&0\\0&0&0&0\\-1&0&1&0\\0&0&0&0\end{bmatrix}$$

(3) 形成整体坐标系中的单元刚度矩阵 $\boldsymbol{k}^{ⓔ}$。

对于单元 ① 和单元 ③,$\alpha=\frac{\pi}{2}$

$$\boldsymbol{T}=\begin{bmatrix}0&1&&\\-1&0&&\boldsymbol{0}\\&&0&1\\\boldsymbol{0}&&-1&0\end{bmatrix}$$

$$\boldsymbol{k}^{①}=\boldsymbol{k}^{③}=\boldsymbol{T}^{\mathrm{T}}\bar{\boldsymbol{k}}^{①}\boldsymbol{T}=\frac{EA}{l}\begin{bmatrix}0&0&0&0\\0&1&0&-1\\0&0&0&0\\0&-1&0&1\end{bmatrix}$$

对于单元 ② 和单元 ④,$\alpha=0$

$$\boldsymbol{k}^{②}=\boldsymbol{k}^{①}=\bar{\boldsymbol{k}}^{②}=\frac{EA}{l}\begin{bmatrix}1&0&-1&0\\0&0&0&0\\-1&0&1&0\\0&0&0&0\end{bmatrix}$$

对于单元 ⑤,$\alpha=\frac{\pi}{4}$

$$\boldsymbol{T}=\frac{1}{\sqrt{2}}\left[\begin{array}{cc:cc}1 & 1 & & \\ -1 & 1 & \multicolumn{2}{c}{\boldsymbol{0}} \\ \hdashline & & 1 & 1 \\ \multicolumn{2}{c:}{\boldsymbol{0}} & -1 & 1\end{array}\right]$$

$$\boldsymbol{k}^{⑤}=\boldsymbol{T}^{\mathrm{T}}\bar{\boldsymbol{k}}^{⑤}\boldsymbol{T}=\frac{EA}{l}\frac{1}{2\sqrt{2}}\left[\begin{array}{cc:cc}1 & 1 & -1 & -1 \\ 1 & 1 & -1 & -1 \\ \hdashline -1 & -1 & 1 & 1 \\ -1 & -1 & 1 & 1\end{array}\right]$$

对于单元 ⑥，$\alpha=\dfrac{3\pi}{4}$

$$\boldsymbol{T}=\frac{1}{\sqrt{2}}\left[\begin{array}{cc:cc}-1 & 1 & & \\ -1 & -1 & \multicolumn{2}{c}{\boldsymbol{0}} \\ \hdashline & & -1 & 1 \\ \multicolumn{2}{c:}{\boldsymbol{0}} & -1 & -1\end{array}\right]$$

$$\boldsymbol{k}^{⑥}=\boldsymbol{T}^{\mathrm{T}}\bar{\boldsymbol{k}}^{⑥}\boldsymbol{T}=\frac{EA}{l}\frac{1}{2\sqrt{2}}\left[\begin{array}{cc:cc}1 & -1 & -1 & 1 \\ -1 & 1 & 1 & -1 \\ \hdashline -1 & 1 & 1 & -1 \\ 1 & -1 & -1 & 1\end{array}\right]$$

(4) 用单元集成法形成整体刚度矩阵 $\boldsymbol{K}$。由图 9-8(b)，可写出各杆的单元定位向量为

$$\boldsymbol{\lambda}^{①}=[1\quad 2\quad 0\quad 0]^{\mathrm{T}}\qquad \boldsymbol{\lambda}^{②}=[1\quad 2\quad 3\quad 4]^{\mathrm{T}}$$
$$\boldsymbol{\lambda}^{③}=[3\quad 4\quad 0\quad 0]^{\mathrm{T}}\qquad \boldsymbol{\lambda}^{④}=[0\quad 0\quad 0\quad 0]^{\mathrm{T}}$$
$$\boldsymbol{\lambda}^{⑤}=[1\quad 2\quad 0\quad 0]^{\mathrm{T}}\qquad \boldsymbol{\lambda}^{⑥}=[3\quad 4\quad 0\quad 0]^{\mathrm{T}}$$

按照单元定位向量 $\boldsymbol{\lambda}^{ⓔ}$。将各单元 $\boldsymbol{k}^{ⓔ}$ 中的元素在 $\boldsymbol{K}$ 中定位，并与前阶段结果叠加。最后得到 $\boldsymbol{K}$ 为

$$\boldsymbol{K}=\begin{array}{c}\\1\\2\\3\\4\end{array}\begin{array}{c}\begin{array}{cccc}1 & 2 & 3 & 4\end{array}\\ \left[\begin{array}{cc:cc}1.35 & 0.35 & -1 & 0 \\ 0.35 & 1.35 & 0 & 0 \\ \hdashline -1 & 0 & 1.35 & -0.35 \\ 0 & 0 & -0.35 & 1.35\end{array}\right]\end{array}\times\frac{EA}{l}$$

(5) 结点荷载向量 $\boldsymbol{P}$。由图 9-6(a)(b)，$\boldsymbol{P}$ 可直接写出，即

$$\boldsymbol{P}=[10\quad -10\quad 0\quad 0]^{\mathrm{T}}$$

(6) 解基本方程：

$$\frac{EA}{l}=\left[\begin{array}{cc:cc}1.35 & 0.35 & -1 & 0 \\ 0.35 & 1.35 & 0 & 0 \\ \hdashline -1 & 0 & 1.35 & -0.35 \\ 0 & 0 & -0.35 & 1.35\end{array}\right]\left[\begin{array}{c}u_{\mathrm{C}} \\ v_{\mathrm{C}} \\ \hdashline u_{\mathrm{D}} \\ v_{\mathrm{D}}\end{array}\right]=\left[\begin{array}{c}10 \\ -10 \\ \hdashline 0 \\ 0\end{array}\right]$$

求得

$$\left[\begin{array}{c}u_{\mathrm{C}} \\ v_{\mathrm{C}} \\ \hdashline u_{\mathrm{D}} \\ v_{\mathrm{D}}\end{array}\right]=\frac{l}{EA}\times\left[\begin{array}{c}26.94 \\ -14.42 \\ \hdashline 21.36 \\ 5.58\end{array}\right]$$

(7) 求各杆杆端力 $\boldsymbol{F}^{ⓔ}$。

单元 ①：

$$\overline{\boldsymbol{F}}^{①}=\boldsymbol{T}\boldsymbol{F}^{①}=\boldsymbol{T}\boldsymbol{k}^{①}\boldsymbol{\Delta}^{①}=\begin{bmatrix}0&1&0&0\\-1&0&0&0\\0&0&0&1\\0&0&-1&0\end{bmatrix}\begin{bmatrix}0&0&0&0\\0&1&0&-1\\0&0&0&0\\0&-1&0&1\end{bmatrix}\begin{bmatrix}26.94\\-14.42\\0\\0\end{bmatrix}=\begin{bmatrix}-14.4\\0\\14.4\\0\end{bmatrix}$$

单元 ②：

$$\overline{\boldsymbol{F}}^{②}=\boldsymbol{F}^{②}=\boldsymbol{k}^{②}=\boldsymbol{\Delta}^{②}=\begin{bmatrix}1&0&-1&0\\0&0&0&0\\-1&0&1&0\\0&0&0&0\end{bmatrix}\begin{bmatrix}26.94\\-14.42\\21.36\\5.58\end{bmatrix}=\begin{bmatrix}5.58\\0\\-5.58\\0\end{bmatrix}$$

单元 ③：

$$\overline{\boldsymbol{F}}^{③}=\boldsymbol{T}\boldsymbol{F}^{③}=\boldsymbol{T}\boldsymbol{k}^{③}\boldsymbol{\Delta}^{③}=\begin{bmatrix}0&1&0&0\\-1&0&0&0\\0&0&0&1\\0&0&-1&0\end{bmatrix}\begin{bmatrix}0&0&0&0\\0&1&0&-1\\0&0&0&0\\0&-1&0&1\end{bmatrix}\begin{bmatrix}21.36\\5.58\\0\\0\end{bmatrix}=\begin{bmatrix}5.58\\0\\-5.58\\0\end{bmatrix}$$

单元 ④：

$$\overline{\boldsymbol{F}}^{④}=\boldsymbol{F}^{④}=\boldsymbol{k}^{④}\boldsymbol{\Delta}^{④}=\boldsymbol{0}$$

单元 ⑤：

$$\overline{\boldsymbol{F}}^{⑤}=\boldsymbol{T}\boldsymbol{F}^{⑤}=\boldsymbol{T}\boldsymbol{k}^{⑤}=\boldsymbol{\Delta}^{⑤}=\frac{1}{\sqrt{2}}\begin{bmatrix}1&1&0&0\\-1&1&0&0\\0&0&1&1\\0&0&-1&1\end{bmatrix}\times\frac{1}{2\sqrt{2}}\begin{bmatrix}1&1&-1&-1\\1&1&-1&-1\\-1&-1&1&1\\-1&-1&1&1\end{bmatrix}\begin{bmatrix}26.94\\-14.42\\0\\0\end{bmatrix}=\begin{bmatrix}6.26\\0\\-6.26\\0\end{bmatrix}$$

单元 ⑥：

$$\overline{\boldsymbol{F}}^{⑥}=\boldsymbol{T}\boldsymbol{F}^{⑥}=\boldsymbol{T}\boldsymbol{k}^{⑥}=\boldsymbol{\Delta}^{⑥}=\frac{1}{\sqrt{2}}\begin{bmatrix}-1&1&0&0\\-1&1&0&0\\0&0&-1&1\\0&0&-1&-1\end{bmatrix}\times\frac{1}{2\sqrt{2}}\begin{bmatrix}1&-1&-1&1\\-1&1&1&-1\\-1&1&1&-1\\1&-1&-1&1\end{bmatrix}\begin{bmatrix}21.36\\5.58\\0\\0\end{bmatrix}=\begin{bmatrix}-7.89\\0\\7.89\\0\end{bmatrix}$$

将求得的各杆内力值标在图 9-8(c) 中。

例 9-2 求图 9-9 所示组合结构的内力。设横梁截面抗拉和抗弯刚度分别为 EA 和 EI，且 $EA=2EI/m$，吊杆截面抗拉刚度 $E_1A_1=\left(\frac{EI}{20}\right)/\mathrm{m}^2$。

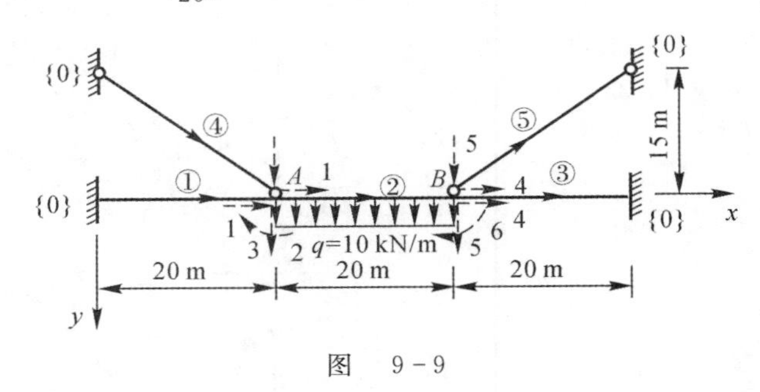

图 9-9

解 (1) 对单元与结点位移分量统一编码(见图 9-9)。横梁固定端的三个位移分量都为零，用{0} 编码。拉杆 ④ 和 ⑤ 在支座处的两个线位移分量均为零，也用{0} 编码。单元 ① 和 ② 间刚结点 A，编码为[1 2 3]。单元 ② 和 ③ 间刚结点 8，编码为[4 5 6]。单元 ④⑤ 与横梁的铰结点处，线位移不独立，因此，应采用同码，分别为 [1 2] 和[4 5]。所取的整体坐标系也标于图 9 - 9 中。

(2) 形成局部坐标系中的单元刚度矩阵 $\bar{k}^{ⓔ}$。单元 ①②③ 为梁式杆。按一般梁单元的计算式(式(9 - 4))形成单元刚度矩阵 $\bar{k}^{ⓔ}$，有

$$\bar{k}^{①}=\bar{k}^{②}=\bar{k}^{③}=\frac{EI}{20}\left[\begin{array}{ccc:ccc}2 & 0 & 0 & -2 & 0 & 0\\ 0 & 0.03 & 0.3 & 0 & -0.03 & 0.3\\ 0 & 0.3 & 4 & 0 & -0.3 & 2\\ \hdashline -2 & 0 & 0 & 2 & 0 & 0\\ 0 & -0.03 & -0.3 & 0 & 0.03 & -0.3\\ 0 & 0.3 & 2 & 0 & -0.3 & 4\end{array}\right]$$

单元 ④⑤ 为桁架杆，按桁架单元的计算公式(式(9 - 1)) 形成单元刚度矩阵 $\bar{k}^{ⓔ}$，有

$$\bar{k}^{④}=\bar{k}^{⑤}=E_1A_1\left[\begin{array}{cc:cc}0.04 & 0 & -0.04 & 0\\ 0 & 0 & 0 & 0\\ \hdashline -0.04 & 0 & 0.04 & 0\\ 0 & 0 & 0 & 0\end{array}\right]$$

(3) 形成整体坐标系中的单元刚度矩阵 $\bar{k}^{ⓔ}$。对于单元 ①②③，$\alpha=0$，则有

$$k^{①}=k^{②}=k^{③}=\bar{k}^{①}=\bar{k}^{②}=\bar{k}^{③}$$

对于单元 ④，$\cos\alpha=0.8$，$\sin\alpha=0.6$，有

$$T=\left[\begin{array}{cc:cc}0.8 & 0.6 & & \\ -0.6 & 0.8 & \multicolumn{2}{c}{\mathbf{0}} \\ \hdashline & & 0.8 & 0.6\\ \multicolumn{2}{c:}{\mathbf{0}} & -0.6 & 0.8\end{array}\right]$$

$$k^{④}=T^{\mathrm{T}}\bar{k}^{④}T=\begin{matrix} & (1) & (2) & (3) & (4)\\ (1) & 0.0256 & 0.0192 & -0.0256 & -0.0192\\ (2) & 0.0192 & 0.0144 & -0.0192 & -0.0144\\ (3) & -0.0256 & -0.0192 & 0.0256 & 0.0192\\ (4) & -0.0192 & -0.0144 & 0.0192 & 0.0144\end{matrix}\times E_1A_1$$

对于单元 ⑤，$\cos\alpha=0.8$，$\sin\alpha=-0.6$，则有

$$T=\left[\begin{array}{cc:cc}0.8 & -0.6 & & \\ 0.6 & 0.8 & \multicolumn{2}{c}{\mathbf{0}} \\ \hdashline & & 0.8 & -0.6\\ \multicolumn{2}{c:}{\mathbf{0}} & 0.6 & 0.8\end{array}\right]$$

$$k^{⑤}=T^{\mathrm{T}}\bar{k}^{⑤}T=\begin{matrix} & (1) & (2) & (3) & (4)\\ (1) & 0.0256 & 0.0192 & -0.0256 & -0.0192\\ (2) & 0.0192 & 0.0144 & -0.0192 & -0.0144\\ (3) & -0.0256 & -0.0192 & 0.0256 & 0.0192\\ (4) & -0.0192 & -0.0144 & 0.0192 & 0.0144\end{matrix}\times E_1A_1$$

(4) 用单元集成法形成整体刚度矩阵 K。各杆的单元定位向量可由图 9 - 9 得到：

$$\lambda^{①}=[0\ \ 0\ \ 0\ \ 1\ \ 2\ \ 3]^{\mathrm{T}}$$
$$\lambda^{②}=[1\ \ 2\ \ 3\ \ 4\ \ 5\ \ 6]^{\mathrm{T}}$$
$$\lambda^{③}=[4\ \ 5\ \ 6\ \ 0\ \ 0\ \ 0]^{\mathrm{T}}$$
$$\lambda^{④}=[0\ \ 0\ \ 1\ \ 2]^{\mathrm{T}}$$
$$\lambda^{⑤}=[4\ \ 5\ \ 0\ \ 0]^{\mathrm{T}}$$

按单元定位向量 $\boldsymbol{\lambda}^{ⓔ}$，将各单元 $\boldsymbol{k}^{ⓔ}$ 中的元素在 $\boldsymbol{K}$ 中定位并与前阶段结果叠加，最后得到 $\boldsymbol{K}$ 如下（注意：$E_1A_1=\dfrac{EI}{20}$）：

$$\boldsymbol{K}=\begin{array}{c} \\ 1\\2\\3\\4\\5\\6\end{array}\begin{array}{c}\begin{array}{cccccc}1&2&3&4&5&6\end{array}\\ \left[\begin{array}{ccc:ccc}4.0256&0.0192&0&-2&0&0\\0.0192&0.0744&0&0&-0.03&0.3\\0&0&8&0&-0.3&2\\ \hdashline -2&0&0&4.0256&-0.0192&0\\0&-0.03&-0.3&-0.0192&0.0744&0\\0&0.3&2&0&0&8\end{array}\right]\end{array}\times\frac{EI}{20}$$

(5) 求等效结点荷载 $\boldsymbol{P}$。只有单元 ②，无须坐标转换，则有

$$\boldsymbol{P}^{②}=\overline{\boldsymbol{P}}^{②}=-\boldsymbol{F}_{\mathrm{P}}=-\left[\begin{array}{c}0\\-\dfrac{200}{2}\\-\dfrac{10}{12}\times400\\ \hdashline 0\\-\dfrac{200}{2}\\\dfrac{10}{12}\times400\end{array}\right]=\begin{array}{c}(1)\\(2)\\(3)\\(4)\\(5)\\(6)\end{array}\left[\begin{array}{c}0\\100\\333\\ \hdashline 0\\100\\-333\end{array}\right]$$

按单元定位向量 $\boldsymbol{\lambda}^{②}$，将 $\boldsymbol{P}^{②}$ 中的元素在 $\boldsymbol{P}$ 中定位，得

$$\begin{array}{cccccc}1&2&3&4&5&6\end{array}$$
$$\boldsymbol{P}=[0\quad100\quad333\quad0\quad100\quad-333]^{\mathrm{T}}$$

(6) 解基本方程：

$$\frac{EI}{20}\left[\begin{array}{ccc:ccc}4.0256&0.0192&0&-2&0&0\\0.0192&0.0744&0&0&-0.03&0.3\\0&0&8&0&-0.3&2\\ \hdashline -2&0&0&4.0256&-0.0192&0\\0&-0.03&-0.3&-0.0192&0.0744&\\0&0.3&2&0&0&8\end{array}\right]\left[\begin{array}{c}u_A\\u_A\\\theta_A\\ \hdashline u_B\\v_B\\\theta_B\end{array}\right]=\left[\begin{array}{c}0\\100\\333\\ \hdashline 0\\100\\-333\end{array}\right]$$

得

$$\left[\begin{array}{c}u_A\\v_A\\\theta_A\\ \hdashline u_B\\v_B\\\theta_B\end{array}\right]=\frac{20}{EI}\left[\begin{array}{c}-12.67\\3976\\254.3\\ \hdashline 12.67\\3976\\-254.3\end{array}\right]$$

(7) 求各杆杆端力 $\overline{\boldsymbol{F}}^{ⓔ}$。因结构与荷载均对称，内力也对称，故只计算单元 ①②④ 即可。

对于单元 ①，有

$$\bar{F}^{①}=\frac{EI}{20}\begin{bmatrix}2&0&0&-2&0&0\\0&0.03&0.3&0&-0.03&0.3\\0&0.3&4&0&-0.3&2\\-2&0&0&2&0&0\\0&-0.03&-0.3&0&0.03&-0.3\\0&0.3&2&0&-0.3&4\end{bmatrix}\times\frac{20}{EI}\begin{bmatrix}0\\0\\0\\-12.67\\397\ 6\\254.3\end{bmatrix}=\begin{bmatrix}25.34\\-42.99\\-684.2\\-25.34\\42.99\\-175.6\end{bmatrix}$$

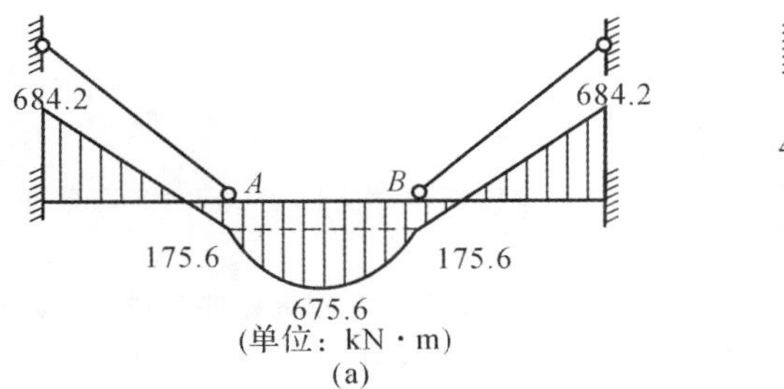

(a)

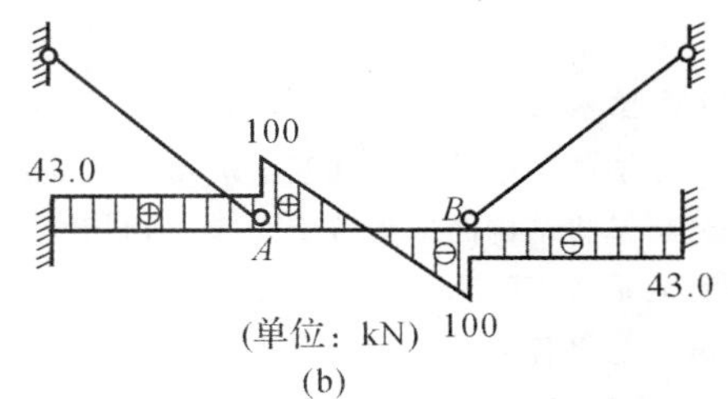

(b)

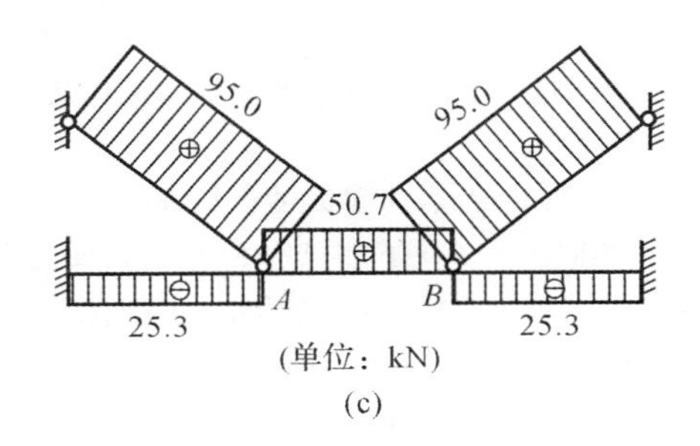

(c)

图　9－10

(a)M 图；(b)F_{Q} 图；(c)F_{N} 图

对于单元 ②，有

$$\bar{F}^{②}=\begin{bmatrix}2&0&0&-2&0&0\\0&0.03&0.3&0&-0.03&0.3\\0&0.3&4&0&-0.3&2\\-2&0&0&2&0&0\\0&-0.03&-0.3&0&0.03&-0.3\\0&0.3&2&0&-0.3&4\end{bmatrix}\begin{bmatrix}12.67\\3\ 976\\254.3\\12.67\\397\ 6\\-254.3\end{bmatrix}+\begin{bmatrix}0\\-100\\-333\\0\\-100\\333\end{bmatrix}=\begin{bmatrix}50.68\\-100\\175.6\\50.68\\-100\\-175.6\end{bmatrix}$$

对于单元 ④，有

$$\bar{F}^{①}=\bar{k}^{④}T^{④}\Delta^{①}=\frac{EI}{20}\begin{bmatrix}0.04&0&-0.04&0\\0&0&0&0\\-0.04&0&0.04&0\\0&0&0&0\end{bmatrix}\begin{bmatrix}0.8&0.6&\multicolumn{2}{c}{\boldsymbol{O}}\\-0.6&0.8&&\\\multicolumn{2}{c}{\boldsymbol{O}}&0.8&0.6\\&&-0.6&0.8\end{bmatrix}\begin{bmatrix}0\\0\\-12.67\\397\ 6\end{bmatrix}\times\frac{20}{EI}=\begin{bmatrix}95.02\\0\\95.02\\0\end{bmatrix}$$

(8) 作内力图，如图(9－10)(c) 所示。可知位移值是确定的，则其整体刚度矩阵是可逆的。

9.2 学习指导

9.2.1 学习方法建议

1. 必须了解的名词术语

单元；结点；结点自由度；单元自由度；局部坐标系；单元刚度矩阵；杆单元，弹簧元，梁单元，刚架单元，连续梁单元。

2. 矩阵位移法

矩阵位移法的基本计算步骤包括单元分析和整体分析。

单元分析是将结构离散为若干个单元，再建立单元的杆端力与杆端位移之间的关系式，即单元刚度方程。该方程的系数矩阵称为单元刚度矩阵。

整体分析是将各离散单元集合成原来的结构，先根据刚度集成规则由单元刚度矩阵形成结构的整体刚度矩阵，再考虑坐点荷载，建立起整体刚度方程，进而求得结点位移及结构内力。

(1)局部坐标系与整体坐标系。如图 9-11 所示，对于单元 e，在进行单元分析时，为了求得其最简单的单元刚度矩阵的形式，选用的坐标系以杆件轴线为轴，其正方向由单元始端 1 指向末端 2，这个坐标系 $O\bar{x}\bar{y}$ 称为局部坐标系，亦称为单元坐标系。

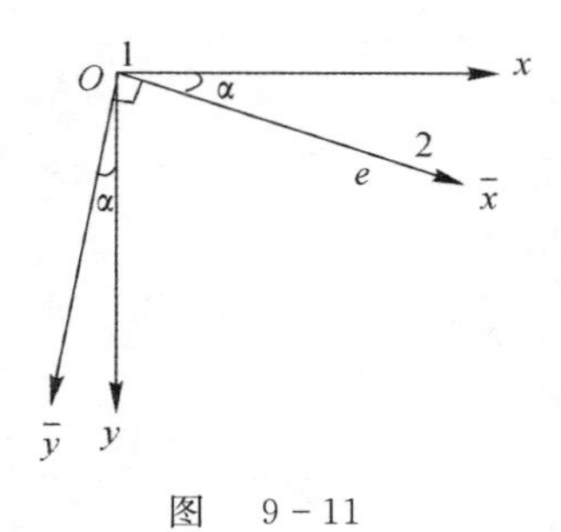

图 9-11

对于一个复杂的结构，在进行整体分析时，各个单元的杆轴方向不尽相同，所以它们各自的局部坐标系也不尽相同。为了便于进行整体分析，需要选用统一的公共坐标系，这个坐标系 Oxy 称为整体坐标系，亦称为结构坐标系。

(2) 单元刚度矩阵。一般的平面杆件单元每一杆端有三个杆端位移，即两个线位移和一个角位移，与此对应有三个杆端力，即两个集中力和一个集中力矩。单元分析的目的是建立如下单元刚度方程：

$$\bar{\boldsymbol{F}}^{ⓔ} = \boldsymbol{k}^{ⓔ}\bar{\boldsymbol{\delta}}^{ⓔ}$$

式中，$\bar{\boldsymbol{F}}^{ⓔ}$ 为局部坐标系中的杆端力向量；$\bar{\boldsymbol{\delta}}^{ⓔ}$ 为局部坐标系中的杆端位移向量；$\bar{\boldsymbol{k}}$ 为局部坐标系中的单元刚度矩阵。

单元刚度矩阵中的元素垛称为单元刚度系数。

$$\bar{\boldsymbol{k}}^{ⓔ} = \begin{bmatrix} \frac{EA}{l} & 0 & 0 & -\frac{EA}{l} & 0 & 0 \\ 0 & \frac{12EI}{l^3} & \frac{6EI}{l^2} & 0 & -\frac{12EI}{l^3} & \frac{6EI}{l^2} \\ 0 & \frac{6EI}{l^2} & \frac{4EI}{l} & 0 & -\frac{6EI}{l^2} & \frac{2EI}{l} \\ -\frac{EA}{l} & 0 & 0 & \frac{EA}{l} & 0 & 0 \\ 0 & -\frac{12EI}{l^3} & -\frac{6EI}{l^2} & 0 & \frac{12EI}{l^3} & -\frac{6EI}{l^2} \\ 0 & \frac{6EI}{l^2} & \frac{2EI}{l} & 0 & -\frac{6EI}{l^2} & \frac{4EI}{l} \end{bmatrix}$$

根据反力互等定理，可以证明单元刚度矩阵是对称矩阵，即 $\bar{k}_{ij}^{ⓔ} = k_{ij}^{ⓔ}$。此外，由于单元中包含刚体位移，所以单元刚度矩阵还是奇异矩阵，即 $|\bar{\boldsymbol{k}}^{ⓔ}| = 0$。

对于拉压杆单元(如桁架单元)，其两端只有轴向力和轴向位移，因此局部坐标系中的单元刚度矩阵可简化为

$$\bar{k}^{ⓔ} = \begin{bmatrix} \frac{EA}{l} & -\frac{EA}{l} \\ -\frac{EA}{l} & \frac{EA}{l} \end{bmatrix}$$

而对于没有线位移的弯曲单元(如连续梁单元),在局部坐标系中的单元刚度矩阵可简化为

$$\bar{k}^{ⓔ} = \begin{bmatrix} \frac{4EI}{l} & \frac{2EI}{l} \\ \frac{2EI}{l} & \frac{4EI}{l} \end{bmatrix}$$

(3) 坐标变换矩阵。整体分析之前,需要将各个单元在局部坐标系的杆端位移、杆端力以及单元刚度矩阵均变换到整体坐标系中,它们的变换公式分别为

$$\bar{F}^{ⓔ} = T^{T} = \bar{F}^{ⓔ}$$

$$\bar{\Delta}^{ⓔ} = T^{T} = \bar{\Delta}^{ⓔ}$$

$$\bar{k}^{e} = T^{T} = \bar{k}^{ⓔ} T$$

上式中,T 为坐标变换矩阵。

T 为正交矩阵,并且有

$$T = \left[\begin{array}{ccc:ccc} \cos\alpha & \sin\alpha & 0 & 0 & 0 & 0 \\ -\sin\alpha & \cos\alpha & 0 & 0 & 0 & 0 \\ 0 & 0 & 1 & 0 & 0 & 0 \\ \hdashline 0 & 0 & 0 & \cos\alpha & \sin\alpha & 0 \\ 0 & 0 & 0 & -\sin\alpha & \cos\alpha & 0 \\ 0 & 0 & 0 & 0 & 0 & 1 \end{array}\right]$$

通过转换矩阵,就可以将局部坐标系下的单元刚度矩阵变为整体刚度矩阵。

3. 等效结点荷载

(1) 等效的原则是要求这两种荷载在基本结构中产生相同的结点约束力。

如果将原来荷载在基本结构中引起的结点约束力记为 E,则等效结点荷载 $P^{①}$ 在基本结构中引起的结点约束力也应为 F_P。由此即可得出如下结论:$P = -F_P$。

又位移的基本方程为

$$K\Delta + F_P = 0$$

代入 $P = -F_P$,可得位移方程为

$$K\Delta = P$$

(2) 按单元集成法求整体结构的等效结点荷载。

1) 单元等效结点荷载 $\bar{P}^{ⓔ}$(局部坐标系):$\bar{P}^{ⓔ} = -\bar{F}_P^{ⓔ}$。

2) 单元的等效结点荷载 $\bar{P}^{ⓔ}$(整体坐标系):$P^{ⓔ} = T^{T}\bar{P}^{ⓔ}$。

9.2.2　解题步骤及易犯的错误

1. 解题步骤

(1) 建立整体坐标系,用以确定结点位置、荷载正向和结点位移正向等。

(2) 对结构进行整体编码。包括对单元编码、对结点编码和对结点位置编码。

(3) 单元分析。包括杆端力、杆端位移的两种表达式,以及单元刚度矩阵。

(4) 整体分析。包括整体刚度矩阵的形成,结构综合结点荷载的形成,以及方程求解与杆端力计算等。

2. 易犯的错误

对于此类问题,本章提供解题容易出错的例题并进行解答。

(1)(判断题) 图 9-12 所示刚架,各杆 E,I,l 均为常数,忽略轴向变形,可动结点位移向量已求出为 $\boldsymbol{\Delta}=[147l\quad 77\quad 91]^{\mathrm{T}}\times\dfrac{ql^3}{1\,008EI}$,则单元 ① 杆端力向量为 $\overline{\boldsymbol{F}}^{①}=[-1.292ql\quad -0.569ql^2\quad 1.292ql\quad -0.722ql^2]^{\mathrm{T}}$。

答案:(错)。

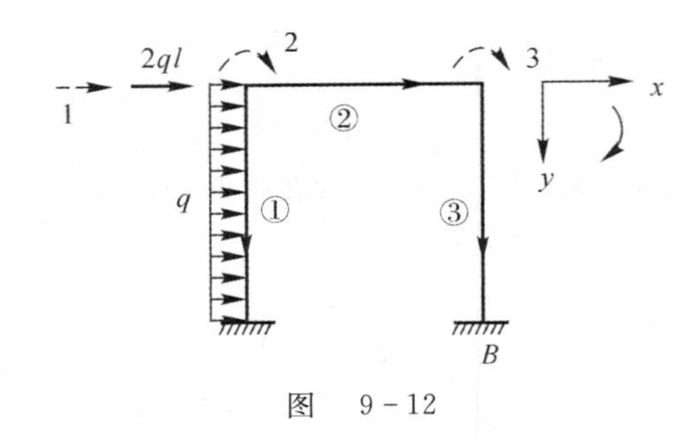

图 9-12

分析:以上仅为结点荷载的结果,还应叠加上固端力。

正确的答案为

$$\overline{\boldsymbol{\Delta}}^{①}=[-147l\quad 77\quad 0\quad 91]^{\mathrm{T}}\frac{ql^3}{1\,008EI}$$

$$\overline{\boldsymbol{F}}^{①}=\overline{\boldsymbol{k}}^{①}\overline{\boldsymbol{\Delta}}^{①}+\overline{\boldsymbol{F}}_{\mathrm{P}}^{①}=[-0.792ql\quad -0.487ql^2\quad 1.792ql\quad -0.805ql^2]^{\mathrm{T}}$$

(2)(判断题) 在矩阵位移法中,结构在等效结点荷载作用下的内力,与结构在原有荷载作用下的内力相同。(　　)

答案:(错)。

分析:结构在原有荷载作用下的内力为等效结点荷载作用下的内力与结点固定时荷载在单元内产生的附加内力之和。

(3)(判断题) 图 9-13 示结构,以单元元素符号形式表示的整体刚度矩阵为:(　　)

$$\begin{bmatrix} k_{11}^{①}+k_{11}^{②} & k_{12}^{②} & k_{13}^{③} \\ k_{21}^{②} & k_{22}^{②} & 0 \\ k_{31}^{①} & 0 & k_{33}^{①} \end{bmatrix}$$

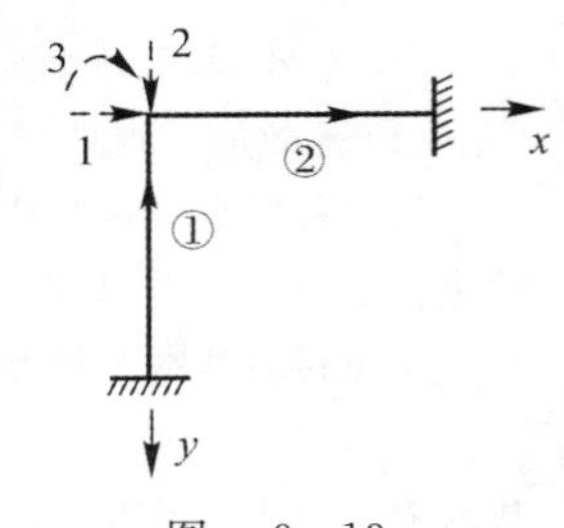

图 9-13

答案:(错)。

分析:整体刚度矩阵应为

$$\begin{bmatrix} k_{44}^{①}+k_{11}^{②} & k_{45}^{①}+k_{12}^{②} & k_{46}^{①}+k_{13}^{②} \\ k_{54}^{①}+k_{21}^{②} & k_{55}^{①}+k_{22}^{②} & k_{56}^{①}+k_{23}^{②} \\ k_{64}^{①}+k_{31}^{②} & k_{65}^{①}+k_{32}^{②} & k_{66}^{①}+k_{33}^{②} \end{bmatrix}$$

(4)(选择题) 如图 9-14(a) 所示结构,荷载及结点位移编号如图所示。考虑杆件轴向变形的影响时,等效结点荷载列阵 $\boldsymbol{F}^{ⓔ}$ 中的第二个元素应为(　　)。

A. 40 kN　　B. −40 kN　　C. 80 kN　　D. −80 kN

答案:(D)

分析:荷载列阵 $\boldsymbol{F}^{ⓔ}$ 中的第二个元素为 1 结点的 Δ_1 方向的结点力,即 1 结点的竖向力。先求出非荷载作用下,各单元结构坐标系中的固端力,如图 9-14(b) 所示。取 ①② 单元 1 结点的竖向力固端力为

$$F_{\mathrm{F1y}}^{(1)}=40\ \mathrm{kN},\quad F_{\mathrm{F1y}}^{(2)}=40\ \mathrm{kN}$$

将上述竖向力固端力变号并累加,得到等效结点荷载列阵 $\boldsymbol{F}^{ⓔ}$ 中的第二个元素,有 $F=-80$ kN。

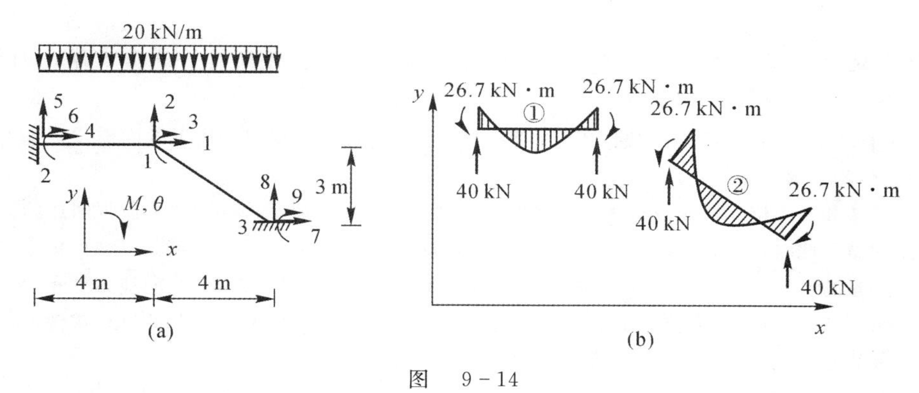

图 9－14

(5)(问答题) 在矩阵位移法中，如何处理有已知支座移动的情况？如何处理具有弹性支座的情况？

答：与在位移法中一样，当有已知支座移动时，先求出与此支座移动相当的等效结点荷载，其他计算步骤与荷载作用时相同。

与在位移法中一样，当有弹簧支座时，弹性支座处仍有一个位移基本未知量，但相应地，也有一个平衡方程。此方程中含有与弹性支座的刚度有关的项，其他计算步骤与荷载作用时相同。原理如此，对结构整体刚度矩阵要作相应修改、处理。

(6)(计算题) 求如图 9－15 所示刚架水平梁中点 K 截面的转角 φ_K，已知 EI 为常数。

解 利用叠加法进行求解。

1) 只受均布荷载作用时，结构可等效为简支梁，可得弯矩图如图 9－16(a) 所示。

2) 只受集中荷载作用时结构的弯矩图如图 9－16(b) 所示。

3) 去掉原荷载，在界面 K 处加对称弯矩，则易得弯矩图如图 9－16(c) 所示。

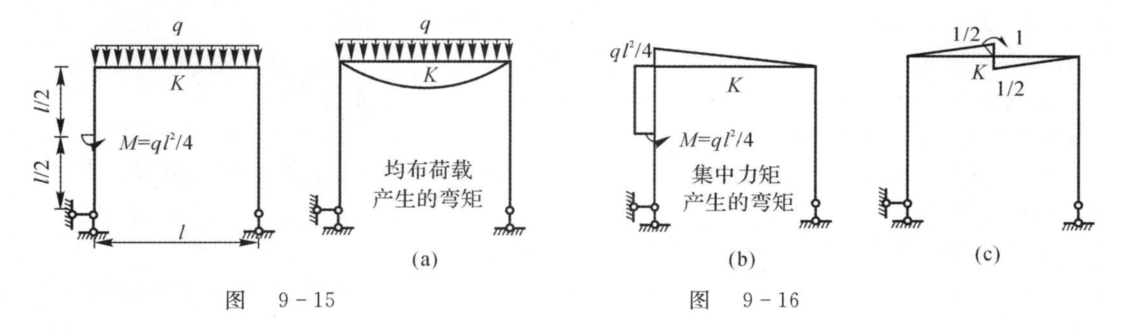

图 9－15　　　　图 9－16

4) 图乘法求解。图 9－16 可以看出，由于单位荷载作用下的弯矩图是反对称的，而均布荷载作用下的弯矩图是对称的，因此经过图乘可知，结果为零，只需将集中荷载作用下的弯矩图与单位荷载作用下的弯矩图图乘，可得结果为

$$\varphi_K = \frac{ql^3}{96EI}$$

方向为顺时针方向。

9.2.3 学习中常遇问题解答

1. 什么是结构的离散化？在梁和刚架中，怎样划分单元？

答：矩阵位移法的解题思路是：先将结构划分为单元，建立单元杆端力与杆端位移之间的关系 —— 单元刚度方程(单元分析)。这一步就称为结构的离散化。在梁和刚架等杆件结构中，通常取一个等截面的杆件为单元。

2. 什么是等效结点荷载？矩阵位移法的等效结点荷载和传统位移法基本体系的约束力是相同的吗？

答：在位移法中，结构受跨间荷载作用时，能使结构产生与此跨间荷载作用下的同样位移基本未知量的静力等效荷载，叫等效结点荷载。

传统位移法和矩阵位移法的基本解题思路，都可以用“一锁、二松”来表示。“一锁”，即加约束锁住全部位移基本未知量。此时，结构变成一个个单杆，在附加约束中会产生约束反力。此约束住的体系是没有结点位移基本未知量的。“二松”，是将附加的约束反力（即等效结点荷载）全部等值、反向地施加在前一步的体系上，此时，体系将产生变形，结点位移基本未知量也产生了。从以上过程可以看出，矩阵位移法的等效结点荷载与传统位移法基本体系中的约束力是等值、反向的。

3. 为什么整体刚度矩阵中主对角线上的元素都是正的，而非对角线上的元素不一定是正的？

答：$\boldsymbol{K}$ 中主对角线上的元素 k 即是位移法方程中的主系数，其力学意义为：在结构中某处沿 i 方向发生单位位移 $\Delta_i=1$ 时，在该处沿 i 方向相应施加的力。该力的方向与 Δ_i 方向永远一致，故恒为正值。非对角线上的元素（即副系数）$k_{ij}\ (i\neq j)$ 是指当发生单位位移 $\Delta_i=1$ 时，沿 j 方向相应的约束力，此力与 Δ_j 的方向可能相同也可能相反，故其值不一定为正。

4. 刚架中的铰结点是如何处理的？为什么铰结点的角位移在矩阵位移法中作为基本未知量，而在传统位移法中却不作为基本未知量？

答：矩阵位移法中刚架的铰结点角位移是被作为基本未知量的，而且交于同一铰结点的各杆的角位移是不同的，这样就增加了基本未知量的总量，但却可以减少单元的种类。传统位移法中刚架的铰结点角位移是不被作为基本未知量的，这样就减少了基本未知量的总量，却要增加单元的类型（除两端刚结外，还有一端刚结、另端铰结的单元）。矩阵位移法是用计算机来实现计算的（简称为“电算”），传统的位移法是手算（通过计算器）的方法。“手算怕繁，电算怕乱”。手算讨厌重复性的大量运算，电算喜欢程序简单、通用性强的方法。因而同为位移法，在电算和手算中对铰结点采用了不同的处理方法。

5. 在矩阵位移法中，为什么要将非结点荷载转化成等效结点荷载？

答：矩阵位移法的基本方程（整体刚度方程）是平衡（结点力矩平衡和截面投影平衡）方程，是在结点力和力矩荷载作用下得到的。当单元跨间有荷载时，需要将这些非结点荷载转化成等效的结点荷载，这样才能应用整体刚度方程。

6. 矩阵位移法是否能求解静定结构？

答：可以。矩阵位移法基本原理同位移法。位移法可以求解静定结构，那么矩阵位移法也可求解静定结构。

7. 矩阵位移法中，整体刚度方程 $\boldsymbol{F}=\boldsymbol{K\Delta}-\boldsymbol{P}$ 与位移法基本方程有何异同？

答：位移法的基本方程和矩阵位移法的刚度方程都是表示的结点力矩和截面投影的平衡方程是相同的。但在表现形式有一点差别，在位移法中表示为

$$\boldsymbol{K\Delta}+\boldsymbol{F}_{\mathrm{P}}=\boldsymbol{0}$$

在矩阵位移法中表示为

$$\boldsymbol{FK}+\boldsymbol{\Delta}=\boldsymbol{P}$$

对比二者可知

$$\boldsymbol{P}=-\boldsymbol{F}_{\mathrm{P}}$$

即等效结点荷载 $\boldsymbol{P}$ 与位移法基本体系中约束力 $\boldsymbol{F}_{\mathrm{P}}$ 等值、反向。

9.3　考试指点

9.3.1　考试出题点

本章的主要考点为：

(1)矩阵位移法的基本概念。

(2)单元刚度矩阵、单元荷载矩阵、结构刚度矩阵和结构荷载矩阵。

(3)单元内力和支反力。

9.3.2　名校考研真题选解

一、客观题

1. 填空题

(1)(东南大学试题) 图9－17所示连续梁，不考虑轴向变形，单元及结构编码如图所示，结构的等效结点荷载向量 $\boldsymbol{P}_e =$ ________。

答案：$\boldsymbol{P}_e = \begin{bmatrix} \dfrac{ql^2}{24} & -\dfrac{ql^2}{8} \end{bmatrix}^T$

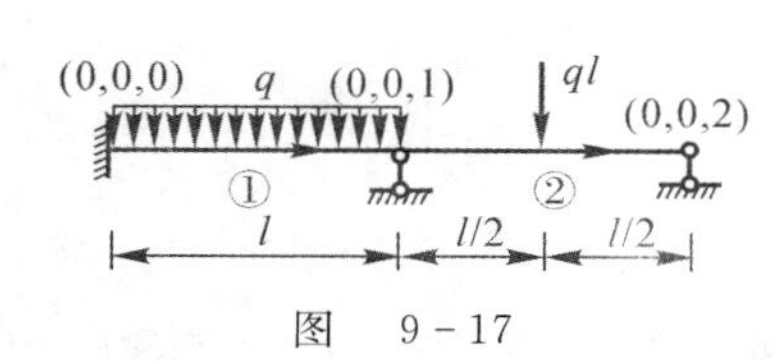

图　9－17

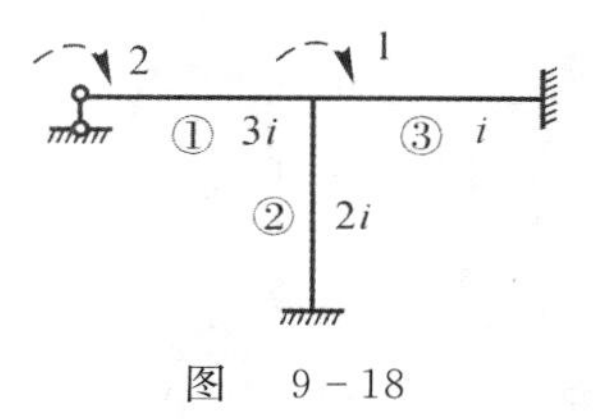

图　9－18

(2)(湖南大学试题) 图9－18所示结构，不计轴向变形，结构整体刚度矩阵 $\boldsymbol{K}$ 中的元素 $K_{11} =$ ________，$K_{22} =$ ________。

答案：$K_{11} = 24i, K_{22} = 12i$

(3)(国防科技大学试题) 如图9－19所示结构，已知在整体坐标中单元的等效结点荷载 $\boldsymbol{P}_e =$ ________。

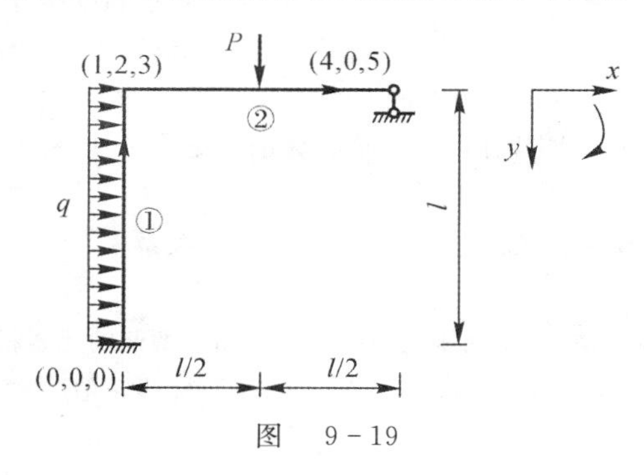

图　9－19

答案：$\boldsymbol{P}_e = [30 \quad 10 \quad -10 \quad 0 \quad -10]^T$

(4)(西南交通大学试题) 如图9－20(a) 所示结构只考虑弯曲变形，各杆 EI 为常数。按先处理法解，结点位移编号如图20(b) 所示，则结点荷载向量 $\boldsymbol{F} =$ ________。

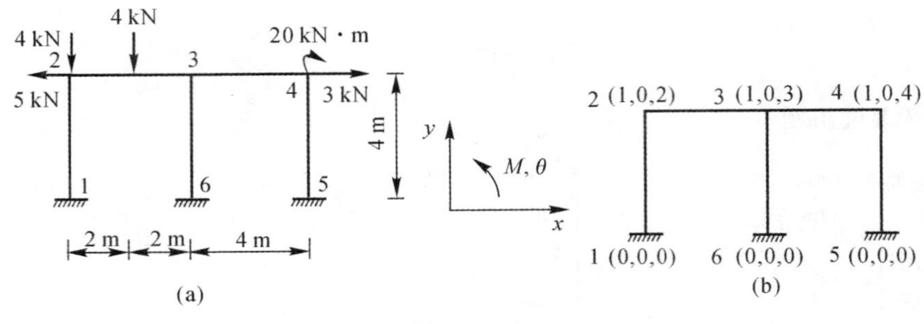

图 9-20

答案：$\boldsymbol{F}=[-2,-2,2,-20]^{\mathrm{T}}$

(5)(国防科技大学试题) 如图 9-21 所示结构，各杆的 EI 相同，弯矩 $M_{BA}=$ ________，________侧受拉。

答案：$M/5$　右

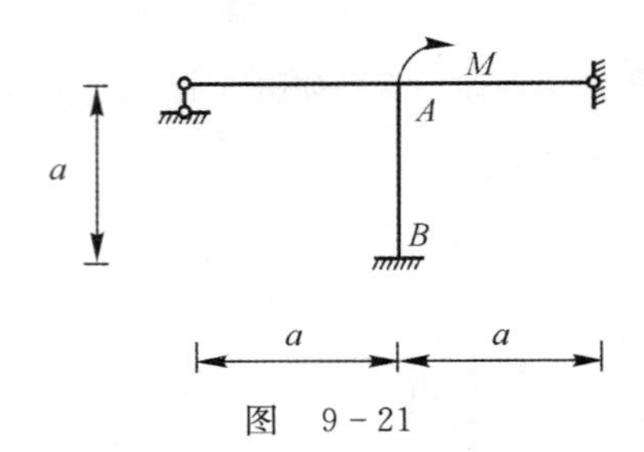

图 9-21

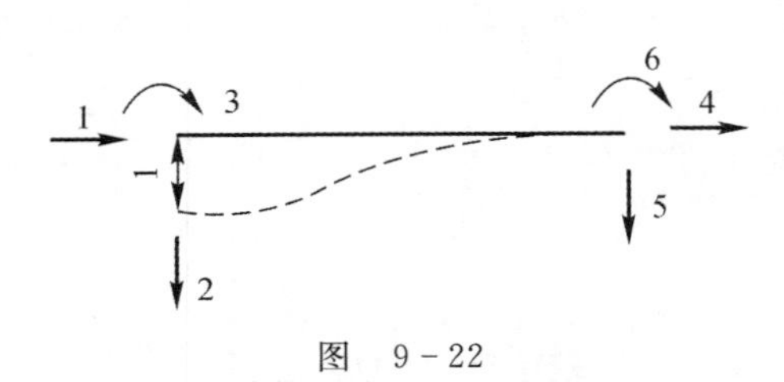

图 9-22

2. 选择题

(1)(东南大学试题)图 9-22 所示单元变形情况下的六个杆端力组成了单元刚度矩阵中哪一行(列)元素(　　)

A. 第二行　　B. 第二列　　C. 第三行　　D. 第三列

答案：B

(2)(西南交通大学试题)直接刚度法的先处理法中，通过单元定位向量解决的是(　　)

A. 变形连续条件　　B. 变形连续和位移边界条件

C. 位移边界条件　　D. 平衡条件

答案：B

(3)(上海交通大学试题)将单元刚度矩阵集合成整体刚度矩阵时，应引入结构的连续条件和 A,B,C,D 中的哪一个？(　　)

A. 物理关系　　B. 平衡条件　　C. 几何关系　　D. 单元刚度性质

答案：B

(4)(东南大学试题)矩阵位移法中，单元刚度矩阵中的对角线两侧的元素符合哪种说法？(　　)

A. 可能为零　　B. 不可能为负值　　C. 不可能为正值　　D. 一定为零

答案：A

(5)(西南交通大学试题)直接刚度法的先处理法中，通过单元定位向量解决的是(　　)

A. 变形连续条件　　B. 变形连续和位移边界条件

C. 位移边界条件　　D. 平衡条件

答案：B

(6)(西北工业大学试题)用矩阵位移法求解各类杆件结构时，它们的计算步骤是否相同？形成整体刚度

矩阵的方法是否相同？(　　)

A. 相同；不同　　B. 相同；相同　　C. 不同；不同　　D. 不好确定

答案：B

(7)(国防科技大学试题)矩阵位移法中的单元刚度矩阵是(　　)。

A. 对称的非奇异矩阵　　B. 对称的奇异矩阵

C. 非对称的奇异矩阵　　D. 非对称的非奇异矩阵

答案：B

(8)(国防科技大学试题)桁架单元中任一单元的最后内力计算公式是下列哪一个？(　　)

A. $\bar{\boldsymbol{F}}^{ⓔ}=\bar{\boldsymbol{k}}^{ⓔ}\boldsymbol{\delta}^{ⓔ}$　　B. $\bar{\boldsymbol{F}}^{ⓔ}=\bar{\boldsymbol{k}}^{ⓔ}\boldsymbol{T}\boldsymbol{\delta}^{ⓔ}$　　C. $\bar{\boldsymbol{F}}^{ⓔ}=\boldsymbol{T}\bar{\boldsymbol{k}}^{ⓔ}\boldsymbol{\delta}^{ⓔ}+\bar{\boldsymbol{F}}_0^{ⓔ}$　　D. $\bar{\boldsymbol{F}}^{ⓔ}=\bar{\boldsymbol{k}}^{ⓔ}\boldsymbol{\delta}^{ⓔ}+\bar{\boldsymbol{F}}_0^{ⓔ}$

答案：B

3. 判断题

(1)(东南大学试题)单元刚度矩阵均具有对称性和奇异性。(　　)

答案：(错)

分析：自由单元的刚度矩阵才是奇异的。

(2)(国防科技大学试题)矩阵位移法中，结构在等效结点荷载作用下的内力与结构在原有荷载作用下的内力相同。(　　)

答案：(错)

分析：不相同，还有固端力项。

(3)(西南交通大学试题)在矩阵位移法中，整体刚度方程的实质是结点平衡方程。(　　)

答案：(错)

分析：整体刚度方程不单有结点力矩平衡方程，还有截面平衡方程。

(4)(东南大学试题)单元刚度矩阵是单元的固有特性，与坐标的选取无关。(　　)

答案：(错)

分析：与坐标选取有关。

(5)(国防科技大学试题)矩阵位移法中，等效结点荷载的“等效原则”是指与原非结点荷载产生的结点位移相等。(　　)

答案：(对)

(6)(上海交通大学试题)如图 9－23 所示变截面连续梁，不考虑轴向变形影响，用矩阵位移法求解时，基本未知量数目为 1。(　　)

答案：(错)

分析：变截面处应视为结点。有 3 个结点角位移、1 个结点线位移，共 4 个基本未知量。

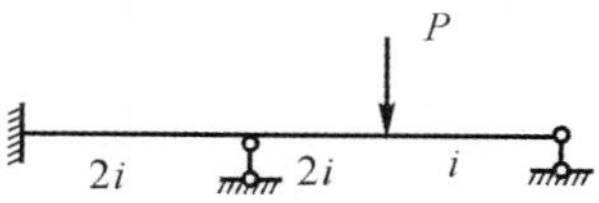

图　9－23

4. 问答题

(1)(上海交通大学试题)在矩阵位移法中，为什么要将非结点荷载转化成等效结点荷载？

答案：矩阵位移法的基本方程(整体刚度方程)是平衡(结点力矩平衡和截面投影平衡)方程，是在结点力和力矩荷载作用下推得的。当单元跨间有荷载时，需要将这些非结点荷载转化成等效的结点荷载，才能应用整体刚度方程。

(2)(同济大学试题)若用矩阵位移法中后处理法求解如图 9－24(a) 所示刚架，结构标识如图，杆件上箭头表示局部坐标系 x 轴，已知各杆 E,A,I 均相同，试回答：

1)② 单元刚度矩阵中第 2 行第 6 列的元素值是多少？

2) 该元素送至原始总刚度矩阵第几行第几列？

3) 处理边界条件时应删除原始总刚度矩阵的哪几行、哪几列？

答案：1) 由图 9－24(a) 所示结构可知，② 单元的局部坐标系和整体坐标系相同，因此不用变换，如图 9－

22(b) 所示。可得

$$k_{26}^{(2)} = \frac{6EI}{l^2}$$

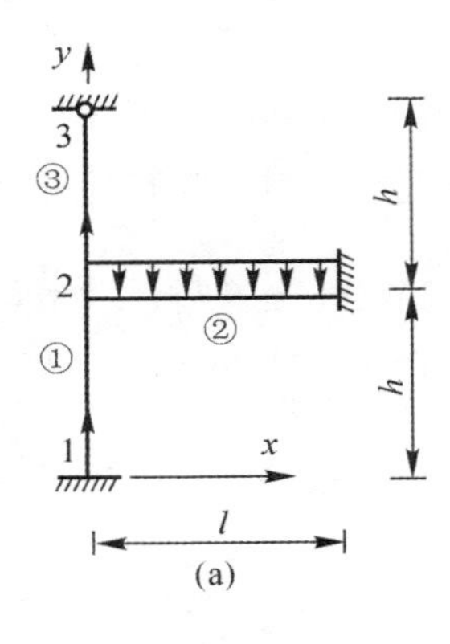

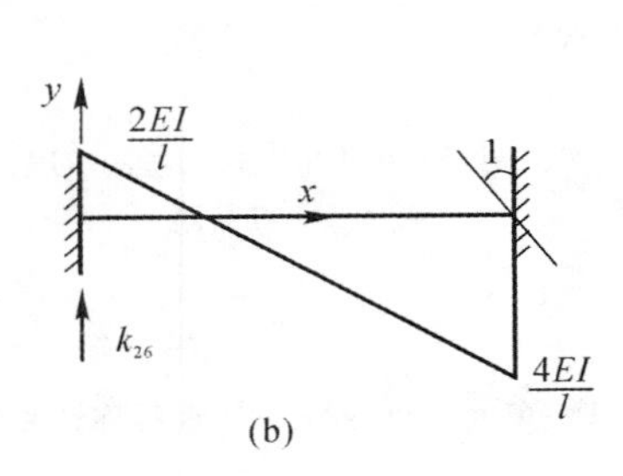

图 9-24

2) 对单元体进行编号，如图 9-24(a) 所示。因此该元素送至原始总刚得第 5 行第 12 列。

3) 处理边界条件时应删除 1,2,3,7,8,10,11,12 行和列。

二、计算题

1.(西南交通大学试题) 试用先处理法求如图 9-26 所示桁架的刚度矩阵。已知各杆件长度为 l,EA 为常数。

解 图 9-26 所示结构为铰支，可知每个节点有两个未知量，可以在整体坐标系下求解。因此，当位移为单位水平位移时，刚度系数为

$$K_{11} = \frac{EA}{l} + \frac{EA}{l} + \frac{EA}{l} \times \frac{\sqrt{2}}{2}\frac{2}{\sqrt{2}} = \frac{5EA}{2l}, \quad K_{12} = K_{21} = \frac{EA}{21} = K_{22}$$

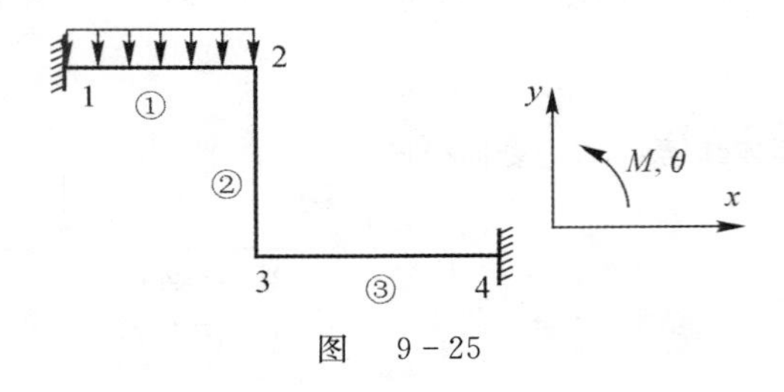

图 9-25

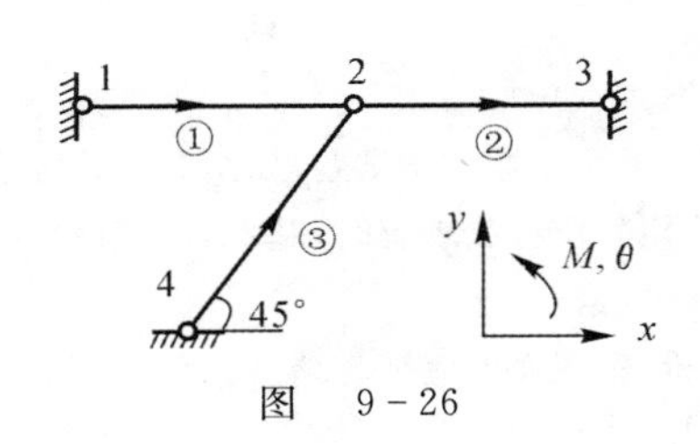

图 9-26

2.(湖南大学试题) 用矩阵位移法计算如图 9-27 所示结构(忽略轴向变形)，并作其弯矩图。

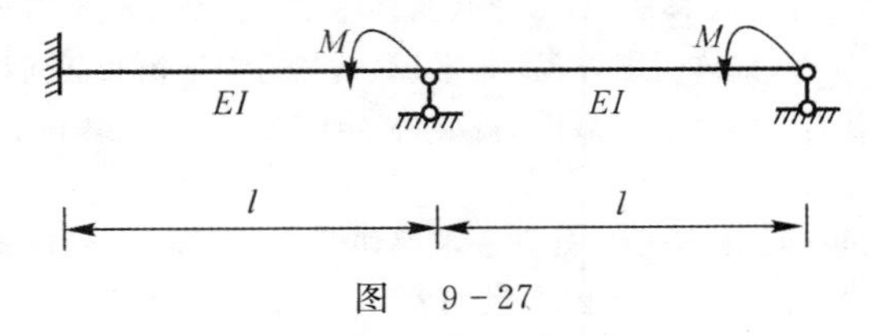

图 9-27

解 对结构图进行编号，区别节点和单元，如图 9-28(a) 图所示。则节点的位移为

$$\boldsymbol{\Delta} = \begin{bmatrix} \Delta_1 \\ \Delta_2 \end{bmatrix}$$

又知荷载为

$$\boldsymbol{P}=\begin{bmatrix}M\\M\end{bmatrix}$$

每个单元的刚度矩阵为

$$\overline{\boldsymbol{K}}^{①}=\left[\frac{4EI}{l}\right],\quad \overline{\boldsymbol{K}}^{②}=\begin{bmatrix}\frac{4EI}{l},\frac{2EI}{l}\\\frac{2EI}{l},\frac{4EI}{l}\end{bmatrix}$$

所以刚度矩阵为

$$\boldsymbol{K}=\begin{bmatrix}\frac{8EI}{l},\frac{2EI}{l}\\\frac{2EI}{l},\frac{4EI}{l}\end{bmatrix}\Rightarrow\boldsymbol{K}^{-1}=\begin{bmatrix}\frac{l}{7EI},-\frac{l}{14EI}\\-\frac{l}{14EI},\frac{2l}{7EI}\end{bmatrix}$$

则有 $\boldsymbol{\Delta}=\boldsymbol{K}^{-1}\boldsymbol{P}=\left[\frac{lM}{14EI},\frac{3lM}{14EI}\right]$。

固端荷载分别为

$$\overline{\boldsymbol{F}}^{①}=\begin{bmatrix}\frac{4EI}{l},\frac{2EI}{l}\\\frac{2EI}{l},\frac{4EI}{l}\end{bmatrix}\begin{bmatrix}0\\\frac{lM}{14EI}\end{bmatrix}=\begin{bmatrix}\frac{1}{7}M\\\frac{2}{7}M\end{bmatrix}$$

$$\overline{\boldsymbol{F}}^{②}=\begin{bmatrix}\frac{4EI}{l},\frac{2EI}{l}\\\frac{2EI}{l},\frac{4EI}{l}\end{bmatrix}\begin{bmatrix}\frac{lM}{14EI}\\\frac{3lM}{14EI}\end{bmatrix}=\begin{bmatrix}\frac{5}{7}M\\M\end{bmatrix}$$

绘制弯矩图如图 9－28(b) 所示。

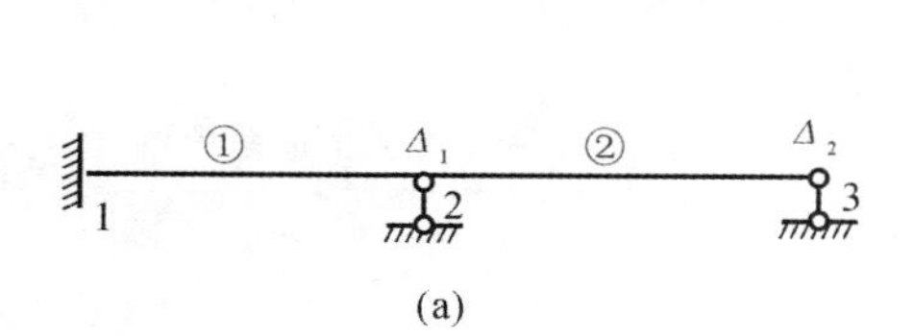

(a)

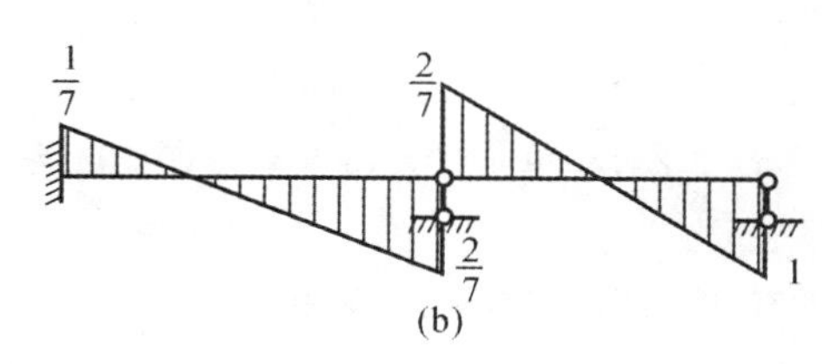

(b)

图　9－28

3.（东南大学试题）写出如图 9－29 所示结构的整体刚度矩阵。EI 为常数。写出分析过程。

解　建立局部坐标系和整个结构的整体坐标系，同时划分单元及节点位移分量，如图 9－30 所示。

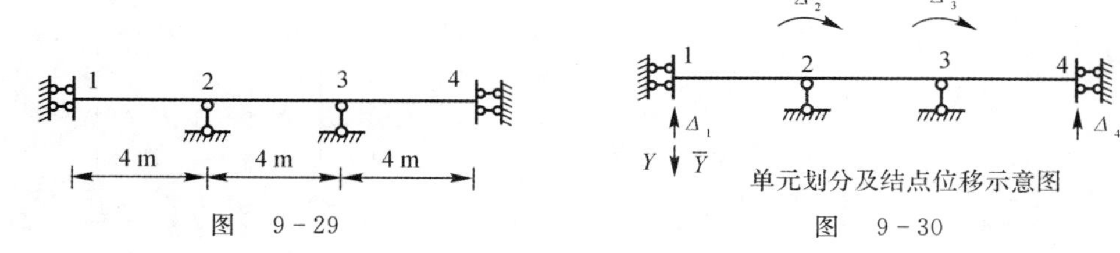

图　9－29

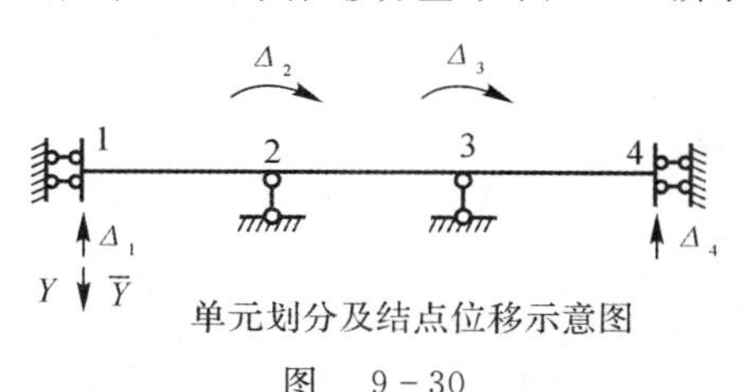

单元划分及结点位移示意图

图　9－30

据此可分别求出每个节点的刚度矩阵为

$$\boldsymbol{K}^{①}=\overline{\boldsymbol{K}}^{①}=\frac{EI}{l^2}\begin{bmatrix}\frac{12}{l}&6\\6&\frac{4}{l}\end{bmatrix}=EI\begin{bmatrix}\frac{3}{16}&\frac{3}{8}\\\frac{3}{8}&1\end{bmatrix}$$

$$\boldsymbol{K}^{②}=\bar{\boldsymbol{K}}^{②}=\frac{EI}{l}\begin{bmatrix}8 & 4\\4 & 8\end{bmatrix}=EI\begin{bmatrix}2 & 1\\1 & 2\end{bmatrix}$$

$$\boldsymbol{K}^{③}=\bar{\boldsymbol{K}}^{③}=\frac{EI}{l}\begin{bmatrix}4 & -\frac{6}{l}\\-\frac{6}{l} & \frac{12}{l^2}\end{bmatrix}=EI\begin{bmatrix}1 & -\frac{3}{8}\\-\frac{3}{8} & \frac{3}{16}\end{bmatrix}$$

定位向量为

$$\boldsymbol{\lambda}^{①}=\begin{bmatrix}1\\2\end{bmatrix},\quad \boldsymbol{\lambda}^{②}=\begin{bmatrix}2\\3\end{bmatrix},\quad \boldsymbol{\lambda}^{③}=\begin{bmatrix}3\\4\end{bmatrix}$$

按照刚度矩阵的形成过程,可得最后的刚度矩阵为

$$\boldsymbol{K}=EI\begin{bmatrix}\frac{3}{16} & \frac{3}{8} & 0 & 0\\\frac{3}{8} & 3 & 1 & 0\\0 & 1 & 3 & -\frac{3}{8}\\0 & 0 & -\frac{3}{8} & \frac{3}{16}\end{bmatrix}$$

4.(浙江大学试题)如图 9-31 所示结构,各杆在局部坐标系下的单元刚度矩阵均为

$$\bar{\boldsymbol{k}}^{e}=\begin{bmatrix}500 & 0 & 0 & -500 & 0 & 0\\0 & 12 & 24 & 0 & -12 & 24\\0 & 24 & 64 & 0 & -24 & 32\\-500 & 0 & 0 & 500 & 0 & 0\\0 & -12 & -24 & 0 & 12 & -24\\0 & 24 & 32 & 0 & -24 & 64\end{bmatrix}$$

解 设 1,2 杆为单元 ①;2,3 为单元 ②;3,4 为单元 ③,则 ① 的杆端位移在局部坐标系中可表示为

$$\bar{\boldsymbol{A}}^{①}=[v_2,-u_2,\varphi_2,0,0,0]^{\mathrm{T}}$$

因此有,单元 ① 的固端力向量为

$$\bar{\boldsymbol{F}}_{\mathrm{P}}^{①}=\left[0,\frac{P}{2},\frac{Pl}{8},0,\frac{P}{2},-\frac{Pl}{8}\right]^{\mathrm{T}}$$

所以杆端力为

$$\bar{\boldsymbol{F}}^{①}=\bar{\boldsymbol{k}}^{①}\bar{\boldsymbol{A}}^{①}+\bar{\boldsymbol{F}}_{\mathrm{P}}^{①}=\begin{bmatrix}500 & 0 & 0 & -500 & 0 & 0\\0 & 12 & 24 & 0 & -12 & 24\\0 & 24 & 64 & 0 & -24 & 32\\500 & 0 & 0 & 500 & 0 & 0\\0 & -12 & -24 & 0 & 12 & -24\\0 & 24 & 32 & 0 & -24 & 64\end{bmatrix}\begin{bmatrix}v_2\\-u_2\\\varphi_2\\0\\0\\0\end{bmatrix}+\begin{bmatrix}0\\P/2\\Pl/8\\0\\P/2\\-Pl/8\end{bmatrix}=$$

$$\left[500v_2,-12u_2+24\varphi_2+\frac{P}{2},-24u_2+64P_2+\frac{Pl}{8},-500v_2,12u_2-24\varphi_2+\frac{P}{2},-24u_2+32\varphi_2-\frac{Pl}{8}\right]^{\mathrm{T}}$$

故有

$$x_1=12u_2-24\varphi_2+\frac{P}{2}(\rightarrow)\quad y_1=500v_2(\uparrow),\quad M_1=-24u_2+32\varphi_2+\frac{Pl}{8}(\downarrow)$$

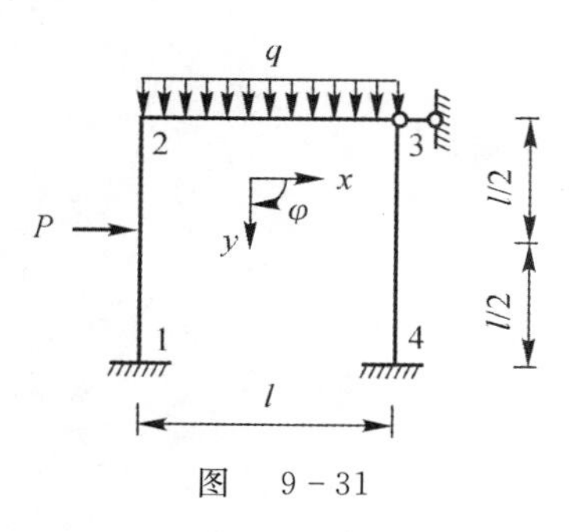

图　9-31

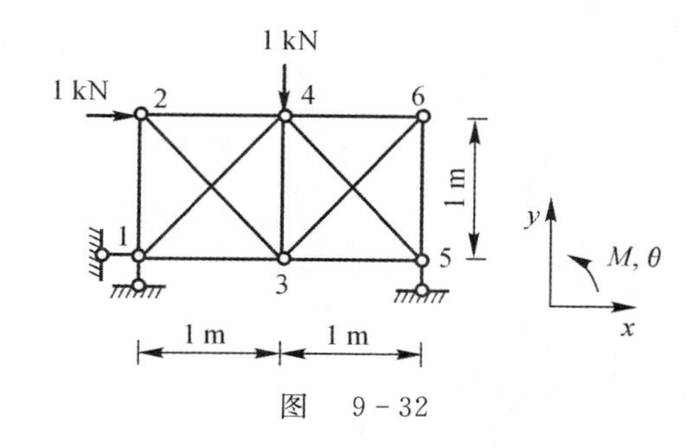

图　9-32

5.(西南交通大学试题)已知如图 9-32 所示桁架的结点位移列向量为:$\boldsymbol{\Delta}=[0\quad 0\quad 2.567\,7\quad 0.041\,5\quad 1.041\,5\quad 1.367\,3\quad 1.609\,2\quad -1.726\,5\quad 1.640\,8\quad 0\quad 1.208\,4\quad 0.400\,7]^{\mathrm{T}}$,$EA=1$ kN。试求杆 1-4,4-6 的轴力。

解　由定义可知,杆 1-4 的轴力为

$$\boldsymbol{F}_{1\text{-}4}=\bar{\boldsymbol{k}}\boldsymbol{T}\boldsymbol{\Delta}=\frac{EA}{\sqrt{2}\,l}\begin{bmatrix}1&0&-1&0\\0&0&0&0\\-1&0&0&0\\0&0&0&0\end{bmatrix}\frac{\sqrt{2}}{2}\begin{bmatrix}1&1&0&0\\-1&0&0&0\\0&0&1&1\\0&0&-1&0\end{bmatrix}\begin{bmatrix}0\\0\\1.609\,2\\-1.726\,5\end{bmatrix}=\begin{bmatrix}0.058\,65\\0\\-0.058\,65\\0\end{bmatrix}\text{kN}$$

易求得杆 4-6 的轴力为

$$F_{4\text{-}6}=\frac{EA}{l}\Delta=\frac{EA}{l}(u_4-u_6)=\frac{1\text{ kN}}{1}(1.609\,2-1.208\,4)=0.400\,8\text{ kN}$$

9.4　习题精选详解

9-1　试计算图示连续梁的结点转角和杆端弯矩。

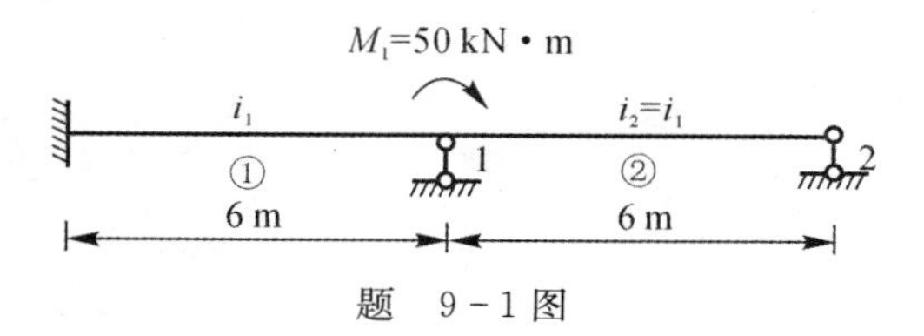

题　9-1 图

解　(1) 求单元刚度。有

$$i_2=i_1$$

$$\boldsymbol{K}^{①}=\boldsymbol{K}^{②}=\begin{bmatrix}4i_1&2i_1\\2i_1&4i_1\end{bmatrix}\begin{matrix}0&1\\1&2\end{matrix}$$

	λ_1	λ_2
λ_1	0	1
λ_2	1	2

(2) 单元定位向量为

$$\boldsymbol{\lambda}^{①}=[0,1]^{\mathrm{T}},\quad \boldsymbol{\lambda}^{②}=[1,2]^{\mathrm{T}}$$

(3) 形成总刚度矩阵。有

$$\boldsymbol{K}=\begin{bmatrix}8i_1&2i_1\\2i_1&4i_1\end{bmatrix}$$

(4) 求结点荷载。有　$\boldsymbol{P}=[50,0]^{\mathrm{T}}$

(5) 解方程。

由
$$K\begin{bmatrix}\theta_1\\ \theta_2\end{bmatrix}=P$$

可得
$$\theta_1=\frac{50}{7i_1},\quad \theta_2=-\frac{25}{7i_1}$$

$$\begin{bmatrix}\theta_1\\ \theta_2\end{bmatrix}=\begin{bmatrix}\dfrac{50}{7i_1}\\ -\dfrac{25}{7i_1}\end{bmatrix}$$

(6) 求杆端弯矩。

$$\begin{bmatrix}\overline{M}_1\\ \overline{M}_2\end{bmatrix}^{①}=K^{①}\cdot\begin{bmatrix}\theta_1\\ \theta_2\end{bmatrix}^{①}=\begin{bmatrix}4i_1 & 2i_1\\ 2i_1 & 4i_1\end{bmatrix}\begin{bmatrix}0\\ \dfrac{50}{7i_1}\end{bmatrix}=\begin{bmatrix}14.286\\ 28.571\end{bmatrix}\text{kN}\cdot\text{m}$$

$$\begin{bmatrix}\overline{M}_1\\ \overline{M}_2\end{bmatrix}^{②}=K^{②}\cdot\begin{bmatrix}\theta_1\\ \theta_2\end{bmatrix}^{②}=\begin{bmatrix}4i_1 & 2i_1\\ 2i_1 & 4i_1\end{bmatrix}\begin{bmatrix}\dfrac{50}{7i_1}\end{bmatrix}=\begin{bmatrix}21.43\\ 0\end{bmatrix}\text{kN}\cdot\text{m}$$

9-6　试求图示连续梁的刚度矩阵 $\boldsymbol{K}$(忽略轴向变形影响)。

温馨提示:单元集成法求整体刚度矩阵的步骤为

$$k^{ⓔ}\xrightarrow{\lambda^{ⓔ}}K^{ⓔ}\longrightarrow\boldsymbol{K}$$

解　(1) 求结点位移分量并编码。此连续梁有4个结点位移分量,即 $\boldsymbol{\Delta}=[v_1\quad\theta_1\quad\theta_3\quad v_4]$。对结点和单元编码如题9-6图所示。

(2) 形成整体坐标系下的单元刚度矩阵 $\boldsymbol{k}^{ⓔ}$。有

$$\boldsymbol{k}^{e}=\bar{\boldsymbol{k}}^{e}$$

$$\boldsymbol{k}^{①}=\begin{bmatrix}\dfrac{12i}{l^2} & \dfrac{6i}{l}\\ \dfrac{6i}{l} & 4i\end{bmatrix},\quad \boldsymbol{k}^{②}=\begin{bmatrix}8i & 4i\\ 4i & 8i\end{bmatrix},\quad \boldsymbol{k}^{③}=\begin{bmatrix}4i & -\dfrac{6i}{l}\\ -\dfrac{6i}{l} & \dfrac{12i}{l^2}\end{bmatrix}$$

(3) 集成整体刚度矩阵 $\boldsymbol{K}$。有

$$\boldsymbol{\lambda}^{①}=[1\quad 2]^{\mathrm{T}},\quad \boldsymbol{\lambda}^{②}=[2\quad 3]^{\mathrm{T}},\quad \boldsymbol{\lambda}^{③}=[3\quad 4]^{\mathrm{T}}$$

$$\boldsymbol{K}=\begin{bmatrix}\dfrac{12}{l^2} & \dfrac{6}{l} & 0 & 0\\ \dfrac{6}{l} & 4+8 & 4 & 0\\ 0 & 4 & 8+4 & -\dfrac{6}{l}\\ 0 & 0 & -\dfrac{6}{l} & \dfrac{12}{l^2}\end{bmatrix}i$$

9-7　试求图示刚架的整体刚度矩阵 $\boldsymbol{K}$(考虑轴向变形影响)。设各杆几何尺寸相同,$l=5$ m,$A=0.5$ m^2,$I=\dfrac{1}{24}$ m^4,$E=3\times10^4$ MPa。

温馨提示:固定端不存在基本未知量。

解　(1) 求结点位移分量并编码。此刚架有三个结点位移分量,即 $\boldsymbol{\Delta}=[u_1\quad v_1\quad\theta_1]$。对结点和单元编码如题9-7图所示,箭头标明局部坐标系方向。

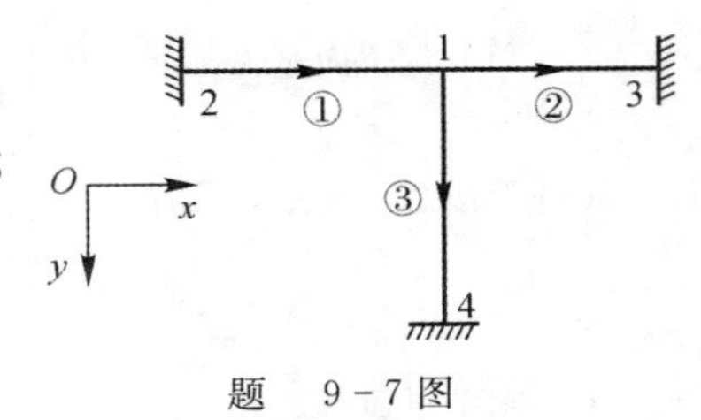

题　9-7图

(2) 形成整体坐标系下的单元刚度矩阵 $\boldsymbol{k}^{ⓔ}$。

对单元 ①②

$$\alpha=0^\circ,\quad \boldsymbol{T}=\boldsymbol{I},\quad \boldsymbol{k}^{ⓔ}=\bar{\boldsymbol{k}}^{ⓔ}$$

$$\boldsymbol{k}^{①}=\begin{bmatrix}\frac{EA}{l} & 0 & 0\\ 0 & \frac{12EI}{l^3} & -\frac{6EI}{l^2}\\ 0 & -\frac{6EI}{l^2} & \frac{4EI}{l}\end{bmatrix}\quad \boldsymbol{k}^{②}=\begin{bmatrix}\frac{EA}{l} & 0 & 0\\ 0 & \frac{12EI}{l^3} & \frac{6EI}{l^2}\\ 0 & \frac{6EI}{l^2} & \frac{4EI}{l}\end{bmatrix}$$

对 ③ 单元

$$\alpha=90^\circ$$

$$\boldsymbol{T}=\begin{bmatrix}0 & 1 & 0\\ -1 & 0 & 0\\ 0 & 0 & 1\end{bmatrix}$$

$$\boldsymbol{k}^{③}=\boldsymbol{T}^{\mathrm{T}}\bar{\boldsymbol{k}}^{③}\boldsymbol{T}=\begin{bmatrix}0 & 1 & 0\\ 1 & 0 & 0\\ 0 & 0 & 1\end{bmatrix}\begin{bmatrix}\frac{EA}{l} & 0 & 0\\ 0 & \frac{12EI}{l^3} & \frac{6EI}{l^2}\\ 0 & \frac{6EI}{l^2} & \frac{4EI}{l}\end{bmatrix}\begin{bmatrix}0 & 1 & 0\\ -1 & 0 & 0\\ 0 & 0 & 1\end{bmatrix}=\begin{bmatrix}\frac{12EI}{l^3} & 0 & -\frac{6EI}{l^2}\\ 0 & \frac{EA}{l} & 0\\ -\frac{6EI}{l^2} & 0 & \frac{4EI}{l}\end{bmatrix}$$

(3) 集成整体刚度矩阵 $\boldsymbol{K}$。有

$$\boldsymbol{\lambda}^{①}=\boldsymbol{\lambda}^{②}=\boldsymbol{\lambda}^{③}=[1\quad 2\quad 3]^{\mathrm{T}}$$

$$\boldsymbol{K}=\begin{bmatrix}\frac{2EA}{l}+\frac{12EI}{l^3} & 0 & -\frac{6EI}{l^2}\\ 0 & \frac{24EI}{l^3}-\frac{EA}{l} & 0\\ \frac{6EI}{l^2} & 0 & \frac{12EI}{l^3}\end{bmatrix}$$

代入数据,有

$$EI=3\times 10^4\times 10^3\times\frac{1}{24}=\frac{1}{8}\times 10^7$$

$$E=3\times 10^4\times 10^3\times 0.5=1.5\times 10^7$$

得

$$\boldsymbol{K}=\begin{bmatrix}612 & 0 & -30\\ 0 & 324 & 0\\ 30 & 0 & 300\end{bmatrix}\times 10^4$$

9 - 11　试求图示刚架的整体刚度矩阵、结点位移和各杆内力(忽略轴向变形)。

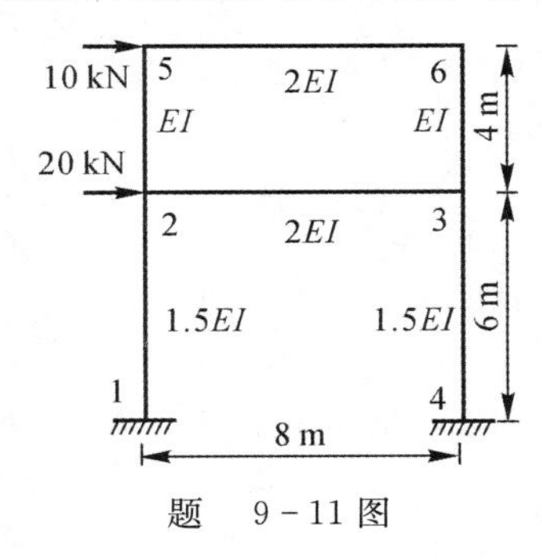

题　9 - 11 图

特别提醒: 注意忽略轴向变形的条件,无竖向位移。

解　对结点单元编号如解 9 - 11 图(a) 所示。

(1) 求单元在局部坐标系下的刚度(设$\frac{EI}{l}=i$)：

$$\bar{\boldsymbol{k}}^{①}=\bar{\boldsymbol{k}}^{②}=\frac{i}{12}\begin{bmatrix}1 & 3 & -1 & 3\\ 3 & 12 & -3 & 6\\ -1 & -3 & 1 & -3\\ 3 & 6 & -3 & 12\end{bmatrix},\quad \bar{\boldsymbol{k}}^{③}=\frac{i}{16}\times\begin{bmatrix}3 & 6 & -3 & 6\\ 6 & 16 & -6 & 8\\ -3 & -6 & 3 & -6\\ 6 & 8 & -6 & 16\end{bmatrix}=\bar{\boldsymbol{k}}^{④}$$

$$\bar{\boldsymbol{k}}^{⑤}=\bar{\boldsymbol{k}}^{⑥}=\frac{i}{64}\begin{bmatrix}3 & 12 & -3 & 12\\ 12 & 64 & -12 & 32\\ -3 & -12 & 3 & -12\\ 12 & 32 & -12 & 64\end{bmatrix}$$

(2) 求单元在整体坐标系下的刚度：

$$\boldsymbol{k}^{⑤}=\bar{\boldsymbol{k}}^{⑤},\quad \boldsymbol{k}^{⑥}=\bar{\boldsymbol{k}}^{⑥}$$

$$\boldsymbol{k}^{①}=\boldsymbol{k}^{②}=\frac{i}{12}\begin{bmatrix}1 & 0 & -3 & -1 & 0 & -3\\ 0 & 0 & 0 & 0 & 0 & 0\\ -3 & 0 & 12 & 3 & 0 & 6\\ & -1 & 0 & 3 & 1 & 0\\ 0 & 0 & 0 & 0 & 0 & \\ -3 & 0 & 6 & 3 & 0 & 12\end{bmatrix}\begin{array}{cc}\overset{①}{\downarrow} & \overset{②}{\downarrow}\\ 1 & 1\\ 0 & 0\\ 2 & 3\\ 0 & 0\\ 0 & 0\\ 0 & 0\end{array}$$

$$\begin{array}{lcccccc}①\rightarrow & 1 & 0 & 2 & 0 & 0 & 0\\ ②\rightarrow & 1 & 0 & 3 & 0 & 0 & 0\end{array}$$

$$\boldsymbol{k}^{③}=\boldsymbol{k}^{④}=\frac{i}{16}\begin{bmatrix}3 & 0 & -6 & -3 & 0 & -6\\ 0 & 0 & 0 & 0 & 0 & 0\\ -6 & 0 & 16 & 6 & 0 & 8\\ -3 & 0 & 6 & 3 & 0 & 6\\ 0 & 0 & 0 & 0 & 0 & \\ -6 & 0 & 8 & 6 & 0 & 16\end{bmatrix}\begin{array}{cc}\overset{③}{\downarrow} & \overset{④}{\downarrow}\\ 4 & 4\\ 0 & 0\\ 5 & 6\\ 1 & 1\\ 0 & 0\\ 2 & 3\end{array}$$

$$\begin{array}{lcccccc}①\rightarrow & 4 & 0 & 5 & 1 & 0 & 2\\ ②\rightarrow & 4 & 0 & 6 & 1 & 0 & 3\end{array}$$

$$\boldsymbol{k}^{⑤}=\boldsymbol{k}^{⑥}=\frac{i}{64}\begin{bmatrix}0 & 0 & 0 & 0 & 0 & 0\\ 0 & 3 & 12 & 0 & -3 & 12\\ 0 & 12 & 64 & 0 & -12 & 32\\ 0 & 0 & 0 & 0 & 0 & \\ 0 & -3 & -12 & 0 & 3 & -12\\ 0 & 12 & 32 & 0 & -12 & 64\end{bmatrix}\begin{array}{cc}\overset{⑤}{\downarrow} & \overset{⑥}{\downarrow}\\ 1 & 4\\ 0 & 0\\ 2 & 5\\ 1 & 4\\ 0 & 0\\ 3 & 6\end{array}$$

$$⑤ \to 1 \quad 0 \quad 2 \quad 1 \quad 0 \quad 3$$

$$⑥ \to 4 \quad 0 \quad 5 \quad 4 \quad 0 \quad 6$$

(3) 集合形成总体刚度矩阵：

$$K = i \times \begin{bmatrix} \frac{13}{24} & \frac{1}{8} & \frac{1}{8} & -\frac{3}{8} & \frac{3}{8} & \frac{3}{8} \\ \frac{1}{8} & 3 & \frac{1}{2} & -\frac{3}{8} & \frac{1}{2} & 0 \\ \frac{1}{8} & \frac{1}{2} & 3 & -\frac{3}{8} & 0 & \frac{3}{8} \\ -\frac{3}{8} & -\frac{3}{8} & -\frac{3}{8} & \frac{3}{8} & -\frac{3}{8} & -\frac{3}{8} \\ \frac{3}{8} & \frac{1}{2} & 0 & -\frac{3}{8} & 2 & \frac{1}{2} \\ \frac{3}{8} & 0 & \frac{3}{8} & -\frac{3}{8} & \frac{1}{2} & 2 \end{bmatrix}$$

(4) 求等效结点荷载：

$$F = [20,0,0,10,0,0]^T$$

(5) 解方程组。

由 $K\Delta = P$ 可得

$$\Delta = [11.155\,8, 1.216\,0, 1.221\,3, 15.615\,8, 0.405\,8, 0.505\,8]^T \times \frac{EI}{24}$$

(6) 求各杆内力：

$$\bar{F}^{①} = TF^{①} = Tk^{①}\Delta^{①} = [0, -15.016, -37.751, 0, 15.016, -52.343]^T$$

$$\bar{F}^{②} = TF^{②} = Tk^{②}\Delta^{②} = [0, -14.984, -37.624, 0, 14.984, -52.279]^T$$

同理

$$\bar{F}^{③} = [0, -5.474, -15.809, 0, 5.474, -6.086]^T$$

$$\bar{F}^{④} = [0, -4.526\,1, -13.345, 0, 4.526\,1, -4.759\,2]^T$$

对单元 ⑤⑥ 只求杆端弯矩，有

$$\bar{M}^{⑤} = [43.84, 43.904]^T, \quad \bar{M}^{⑥} = [15.808, 17.024]^T$$

(7) 得内力图。

如解 9 - 11 图(b) ~ (e) 所示。

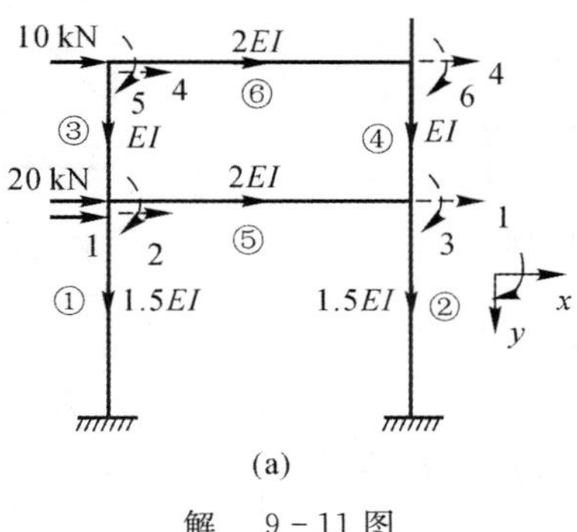

(a)

解　9 - 11 图

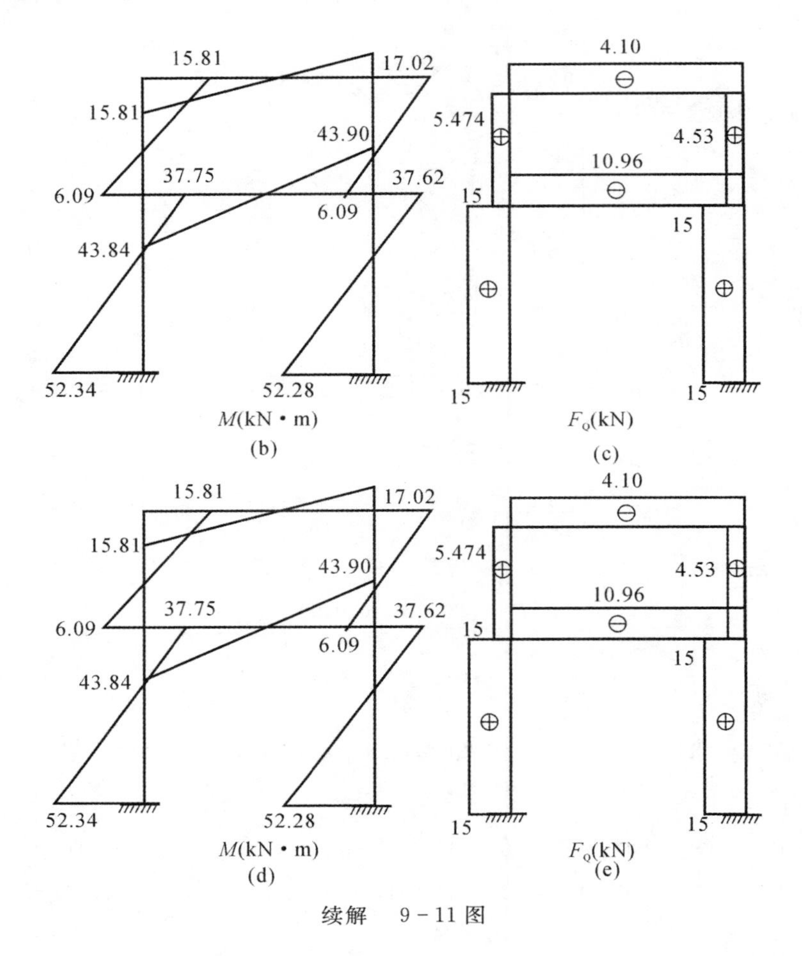

M(kN·m)
(b)

F_Q(kN)
(c)

M(kN·m)
(d)

F_Q(kN)
(e)

续解　9-11 图

9-13　设图示桁架各杆 E,A 相同，试求各杆轴力。如撤去任一水平支杆，求解时会出现什么情况？

温馨提示：可参考主教材例 9-6，尽量使各单元方向一致，减少单元坐标转换矩阵的变化，以简化计算。

解　编码如解 9-13 图所示。

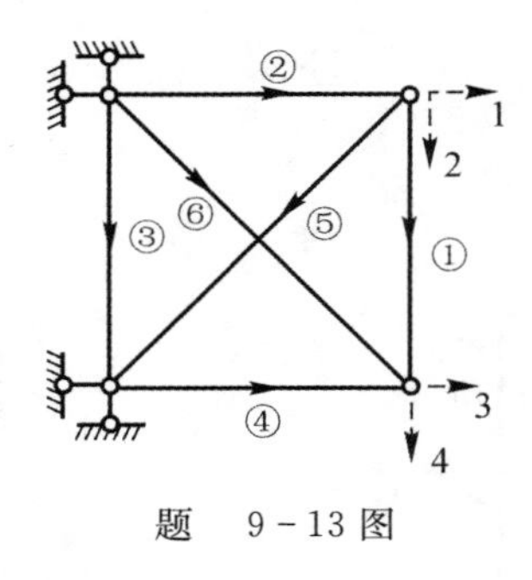

题　9-13 图

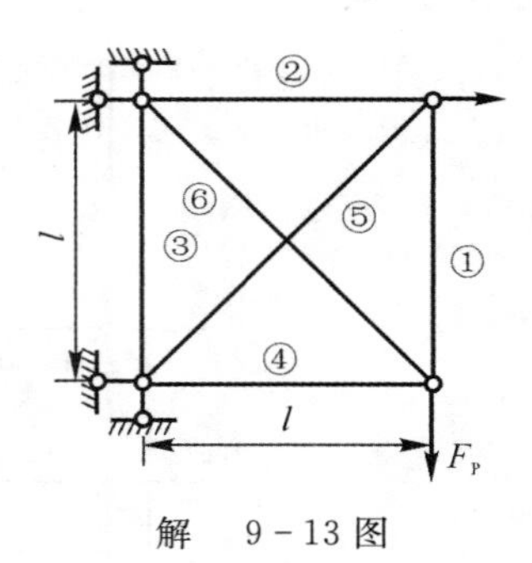

解　9-13 图

(1) 求单元在局部坐标系下的刚度。有

$$\bar{\boldsymbol{k}}^{①}=\bar{\boldsymbol{k}}^{②}\bar{\boldsymbol{k}}^{③}\bar{\boldsymbol{k}}^{④}=\frac{EA}{l}\begin{bmatrix}1&0&-1&0\\0&0&0&0\\-1&0&1&0\\0&0&0&0\end{bmatrix}$$

$$\bar{\boldsymbol{k}}^{⑤}=\bar{\boldsymbol{k}}^{⑥}=\frac{EA}{\sqrt{2}\,l}\begin{bmatrix}1 & 0 & -1 & 0\\ 0 & 0 & 0 & 0\\ -1 & 0 & 1 & 0\\ 0 & 0 & 0 & 0\end{bmatrix}$$

(2) 求单元在整体坐标系下的刚度。对于单元 ①③：

$$\alpha=\frac{\pi}{2}$$

$$\boldsymbol{T}=\begin{bmatrix}0 & 1 & 0 & 0\\ -1 & 0 & 0 & 0\\ 0 & 0 & 0 & 1\\ 0 & 0 & -1 & 0\end{bmatrix}$$

$$\begin{array}{l}\\ \boldsymbol{k}^{①}=\boldsymbol{k}^{③}=\dfrac{EA}{l}\begin{bmatrix}0 & 0 & 0 & 0\\ 0 & 1 & 0 & -1\\ 0 & 0 & 0 & 0\\ 0 & -1 & 0 & 1\end{bmatrix}\begin{array}{cc}③\downarrow & ①\downarrow\\ 0 & 1\\ 0 & 2\\ 0 & 3\\ 0 & 4\end{array}\\ \begin{array}{lcccc}③\rightarrow & 0 & 0 & 0 & 0\\ ①\rightarrow & 1 & 2 & 3 & 4\end{array}\end{array}$$

对于单元 ②④：

$$\alpha=0$$

$$\begin{array}{l}\boldsymbol{k}^{②}=\boldsymbol{k}^{④}=\dfrac{EA}{l}\begin{bmatrix}1 & 0 & -1 & 0\\ 0 & 0 & 0 & 0\\ -1 & 0 & 1 & 0\\ 0 & 0 & 0 & 0\end{bmatrix}\begin{array}{cc}②\downarrow & ④\downarrow\\ 0 & 0\\ 0 & 0\\ 1 & 3\\ 2 & 4\end{array}\\ \begin{array}{lcccc}②\rightarrow & 0 & 0 & 1 & 2\\ ④\rightarrow & 0 & 0 & 3 & 4\end{array}\end{array}$$

对于单元 ⑤：

$$\alpha=\frac{\pi}{4}$$

$$\boldsymbol{T}=\frac{1}{\sqrt{2}}\begin{bmatrix}1 & 1 & 0 & 0\\ -1 & 1 & 0 & 0\\ 0 & 0 & 0 & 0\\ 0 & 0 & -1 & 1\end{bmatrix}$$

$$\boldsymbol{k}^{⑥}=\boldsymbol{T}^{\mathrm{T}}\bar{\boldsymbol{k}}^{⑥}\boldsymbol{T}=\frac{1}{2\sqrt{2}}\frac{EA}{l}\begin{bmatrix}1 & 1 & -1 & -1\\ 1 & 1 & -1 & -1\\ -1 & -1 & 1 & 1\\ -1 & -1 & 1 & 1\end{bmatrix}\begin{array}{c}⑥\downarrow\\ 0\\ 0\\ 3\\ 4\end{array}$$

$$⑥ \rightarrow 0 \quad 0 \quad 3 \quad 4$$

对于单元⑥：

$$\alpha = \frac{3\pi}{4}$$

$$\boldsymbol{T} = \frac{1}{\sqrt{2}}\begin{bmatrix} -1 & 1 & 0 & 0 \\ -1 & -1 & 0 & 0 \\ 0 & 0 & -1 & -1 \\ 0 & 0 & -1 & 1 \end{bmatrix}$$

$$\boldsymbol{k}^{⑤} = \boldsymbol{T}^{\mathrm{T}}\bar{\boldsymbol{k}}^{⑤}\boldsymbol{T} = \frac{1}{2\sqrt{2}}\frac{EA}{l}\begin{bmatrix} 1 & -1 & -1 & 1 \\ -1 & 1 & 1 & -1 \\ -1 & 1 & 1 & -1 \\ 1 & -1 & -1 & 1 \end{bmatrix}\begin{matrix} 1 \\ 2 \\ 0 \\ 0 \end{matrix}$$

$$⑤ \rightarrow 1 \quad 2 \quad 0 \quad 0$$

(3) 求单元定位向量：

$$\boldsymbol{\lambda}^{①} = [1,2,3,4]^{\mathrm{T}}, \quad \boldsymbol{\lambda}^{②} = [0,0,3,4]^{\mathrm{T}}, \quad \boldsymbol{\lambda}^{③} = [0,0,0,0]^{\mathrm{T}}$$

$$\boldsymbol{\lambda}^{④} = [0,2,3,4]^{\mathrm{T}}, \quad \boldsymbol{\lambda}^{⑤} = [1,2,0,0]^{\mathrm{T}}, \quad \boldsymbol{\lambda}^{⑥} = [0,0,3,4]^{\mathrm{T}}$$

(4) 集合成总体刚度矩阵：

$$\boldsymbol{K} = \begin{bmatrix} 1.35 & -0.35 & 0 & 0 \\ -0.35 & 1.35 & 0 & -1 \\ 0 & 0 & 1.35 & 0.35 \\ 0 & -1 & 0.35 & 1.35 \end{bmatrix}$$

(5) 求结点荷载：

$$\boldsymbol{P} = [1,0,0,1]^{\mathrm{T}} \times F_{\mathrm{P}}$$

(6) 解方程组：

由 $\boldsymbol{K\Delta} = \boldsymbol{P}$ 可得

$$\boldsymbol{\Delta} = [1.327\,9, 2.264\,6, -0.672\,1, 2.592\,5]^{\mathrm{T}} \times \frac{F_{\mathrm{P}}l}{EA}$$

(7) 求各杆内力，有

$$\bar{\boldsymbol{F}}^{②} = \frac{EA}{l}\begin{bmatrix} 1 & 0 & -1 & 0 \\ 0 & 0 & 0 & 0 \\ -1 & 0 & 1 & 0 \\ 0 & 0 & 0 & 0 \end{bmatrix}\begin{bmatrix} 0 \\ 0 \\ 1.327\,9 \\ 2.264\,6 \end{bmatrix} = [-1.328, 0, 1.328, 0]^{\mathrm{T}}F_{\mathrm{P}}$$

$$F_{\mathrm{N2}} = 1.328F_{\mathrm{P}}$$

同理可求其他杆件内力为

$$F_{\mathrm{N1}} = 0.326F_{\mathrm{P}}, \quad F_{\mathrm{N3}} = 0, \quad F_{\mathrm{N4}} = -0.673F_{\mathrm{P}}$$

$$F_{\mathrm{N5}} = -0.468F_{\mathrm{P}}, \quad F_{\mathrm{N6}} = 0.952F_{\mathrm{P}}$$

(8)当撤去一水平支杆时，结构出现刚体位移，体现为矩阵出现奇异，将无法求解。

温馨提示：本题中桁架的位移未知量只有结点线位移。

第 10 章　结构的动力计算基础

10.1　教学基本要求

10.1.1　内容概述

许多工程结构除承受静力荷载外，还承受动力荷载。动力荷载区别于静力荷载的特点是荷载随时间变化，并使结构产生不可忽略的惯性力。结构动力计算区别于静力计算的特点是：在所考虑的力系中必须计入结构的惯性力，结构的平衡、荷载及动力反应（内力、位移、速度和加速度等）都是时间的函数。结构动力计算的基本原理是动静法原理和能量守衡原理。动静法根据达朗贝尔原理，将动力平衡问题转化为静力平衡问题来处理。求解单自由度体系的动力问题，是求解多自由度体系动力问题的基础。

10.1.2　目的和要求

学习本章的目的和要求如下：

(1)掌握弹性体系振动自由度的概念及其确定方法。

(2)了解单自由度体系自由振动方程的建立及其解答，振幅与初始条件的关系。

(3)重点掌握结构自振周期（及频率）的公式与计算方法，要记住公式。

(4)在单自由度体系强迫振动中，重点搞清动力系数的概念，掌握简谐荷载与突加荷载作用时动力系数的求法。了解一般动荷载下的位移解答（杜哈梅积分）中各项参数的意义。

(5)了解阻尼对自由振动的振幅及强迫振动动力系数的影响。

(6)对于多自由度体系自由振动，重点掌握两个自由度体系自振频率的计算，主振型的概念与求法以及主振型正交性原理。

(7)会用能量法计算频率。了解集中质量法。

(8)会计算两个自由度体系在简谐荷载下强迫振动的振幅。

(9)选学部分：多自由度体系在一般动荷载下的强迫振动（振型叠加法），结构地震荷载计算原理。

10.1.3　教学单元划分

本章共 6 个教学时，分 3 个教学单元。

第一教学单元讲授内容：结构动力计算的特点和动力自由度，单自由度体系的自由振动，以及单自由度体系的强迫振动。

第二教学单元讲授内容：阻尼对振动的影响和双自由度体系的自由振动。

第三教学单元讲授内容：双自由度体系在简谐荷载下的强迫振动和小结。

10.1.4　教学单元知识点归纳

一、第一教学单元知识点

1. 结构动力计算的特点和动力自由度

(1)结构动力计算的特点。

1)荷载动力反应与时间有关,即荷载、位移、内力等随时间急剧变化;

2)建立平衡方程时要考虑惯性力。

(2)工程中经常遇到的动力荷载主要有以下三类:

1)周期荷载。周期荷载随时间作周期性的变化,其变化规律可用周期函数表示。周期荷载又可以分为简谐荷载和非简谐荷载。简谐荷载随时间的变化规律可以用正弦或余弦函数表示。机器转动部分引起的荷载常属于简谐荷载。

2)冲击荷载。冲击荷载的特点是:在很短的时间内,荷载值急剧增大或急剧减小。爆炸荷载是典型的冲击荷载。

3)随机荷载。随机荷载具有不确定性和统计规律。地震荷载和风荷载是典型的随机荷载。

(3)弹性体系振动的自由度。

确定体系中全部质量的位置所需的独立几何参数的个数,称为弹性体系振动的自由度。

2.单自由度体系的自由振动(重点)

(1)自由振动是由初始位移和初始速度引起的振动,在振动过程中没有动荷载作用。振动方程为

$$m\ddot{y} + ky = 0 \quad (\text{刚度法})$$

或

$$y = -m\ddot{y} \cdot \delta \quad (\text{柔度法})$$

在单自由度体系中,刚度系数 k 与柔度系数 δ 互为倒数,即

$$k = \frac{1}{\delta}$$

(2) 任一时刻质体的位移为

$$y(t) = y_0 \cos\omega t + \frac{v_0}{\omega}\sin\omega t = A\sin(\omega t + \alpha)$$

式中,$y(t)$ 为时间 t 的周期函数,质点作简谐振动;y_0 为初始位移;v_0 为初始速度。

圆频率为

$$\omega = \sqrt{\frac{k}{m}} = \sqrt{\frac{1}{m\delta}}$$

振幅为

$$A = \sqrt{y_0^2 + \frac{v_0^2}{\omega^2}}$$

初相位角为

$$\alpha = \text{arc tan}\,\frac{y_0\omega}{v_0}$$

质体的动力位移 $y(t)$,是以静力平衡位置为位移零点来确定的。质体的重力对 $y(t)$ 没有影响,但在确定质体最大竖向位移时,则应考虑自重下的静位移。

(3) 结构的自振频率 ω 与自振周期 T,是结构自身固有的重要动力特性,它只与体系的质量分布及刚度(或柔度) 分布状况有关,而与动荷载及初始干扰无关。

结构自振周期的计算公式为

$$T = 2\pi\sqrt{\frac{m}{k}} = 2\pi\sqrt{m\delta} = 2\pi\sqrt{\frac{W\delta}{g}} = 2\pi\sqrt{\frac{\Delta_{st}}{g}}$$

式中,m 为质体的质量;$\Delta_{st} = W\delta$ 为在质体上沿振动方向作用有数值等于 W 的静力时,质体沿振动方向的静位移(此处要注意的是:W 不一定沿重力方向作用,而可能沿振动方向作用。)。

自振频率(即圆频率) 为

$$\omega = \frac{2\pi}{T}$$

工程频率为

$$f=\frac{1}{T}$$

周期的单位是“s(秒)”;圆频率的单位是“1/s”,即“弧度 / 秒”;工程频率的单位是“Hz(赫兹)”,即每秒振动的次数。

3. 单自由度体系的强迫振动(重点)

(1) 振动方程为

$$m\ddot{y}+ky=P(t)$$

(2) 简谐荷载 $P(t)=F\sin\theta t$ 作用下,平稳阶段的振幅为

$$[y(t)]_{\max}=\frac{1}{1-\frac{\theta^2}{\omega^2}}y_{st}=\beta y_{st}$$

其中,$y_{st}=F\delta$,为在动荷载幅值 F 作用下质体的静位移。

动力系数为

$$\beta=\frac{[y(t)]_{\max}}{y_{st}}=\frac{1}{1-\frac{\theta^2}{\omega^2}}$$

当$\frac{\theta}{\omega}\rightarrow 1$,则 $|\beta|\rightarrow\infty$,体系将发生共振。

(3) 一般动荷载下强迫振动的位移解答为

$$y(t)=\frac{1}{m\omega}\int_0^t P(\tau)\sin\omega(t-\tau)\mathrm{d}\tau$$

上式称为杜哈梅积分。式中,t 为计算动位移的时刻;τ 为由 $0\sim t$ 时间间隔内的任一时刻。

(4) 突加荷载下的位移解答为

$$y(t)=y_{st}(1-\cos\omega t)$$

动力系数为

$$\beta=2$$

(5) 瞬时冲量 S 作用下的等效静荷载为

$$P_E=S\omega$$

最大动位移为

$$y_{\max}=P_E\cdot\delta$$

(6) 升载后保持常量的荷载下动力系数 β 与相对升载时间 t_τ/T 的关系曲线如图 10-1 所示。

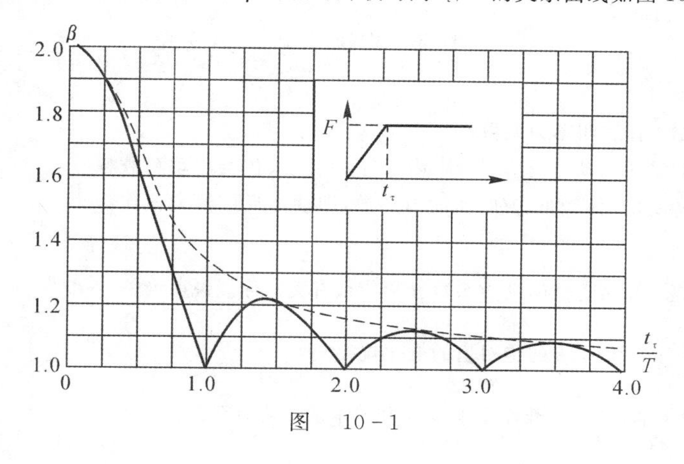

图　10-1

例 10-1　确定图 10-2(a)(b) 所示体系的振动自由度。

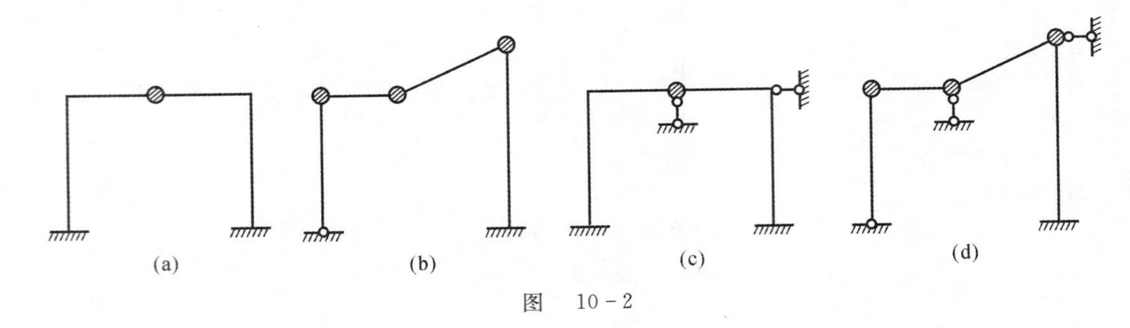

图 10-2

解 用附加支杆法。为固定集中质量的位置应加的支杆最少数量分别如图 10-2(c)(d) 所示。故图 10-2(a)(b) 所示都是两个自由度体系。由此可见,自由度数一般并不等于集中质量的个数。

例 10-2 (填空题) 如图 10-3 所示体系,已知自振频率 $\omega^2 = \dfrac{12EI}{ml^3}$,阻尼比 $\xi = 0.04$,共振时质点的最大位移 $y_{\max} =$ ________,截面 A 的最大弯矩 $M_{\max} =$ ________。

$P(t)=\sin\theta t$ kN

EI　2EI　l/2　l

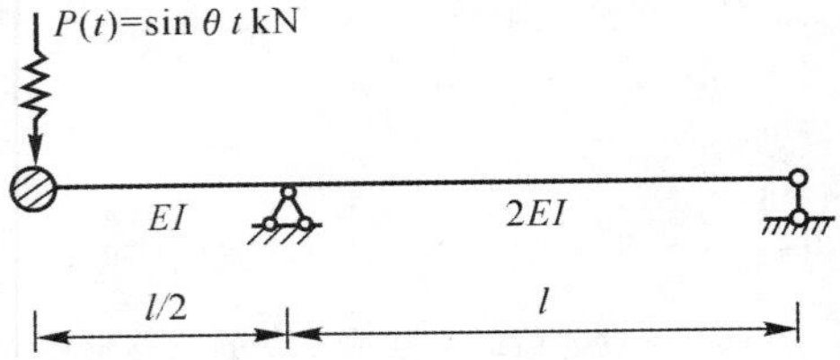

图 10-3

答案:$y_{\max} = \dfrac{1.04l^3}{EI}$, $M_{\max} = 6.25l$

解 动力系数

$$\beta = \frac{1}{2\xi} = 12.5$$

$$y_{\max} = \beta P\delta$$

$$M_{\max} = \beta\frac{Pl}{2}$$

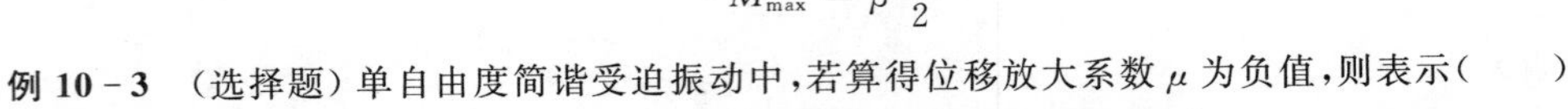

例 10-3 (选择题) 单自由度简谐受迫振动中,若算得位移放大系数 μ 为负值,则表示(　　)

A. 不可能振动　　B. 干扰力频率与自振频率不同步

C. 位移小于静位移　　D. 干扰力方向与位移方向相反

答案:D

例 10-4 (选择题) 图 10-4(a)(b) 所示两结构中,EI_1,EI_2 与 h 均为非零常量,则两者自振频率 ω_a 与 ω_b 的关系为(　　)

A. $\omega_a > \omega_b$　　B. $\omega_a = \omega_b$

C. $\omega_a < \omega_b$　　D. 不确定,取决于 $\dfrac{EI_1}{EI_2}$ 及 h 值

答案:C

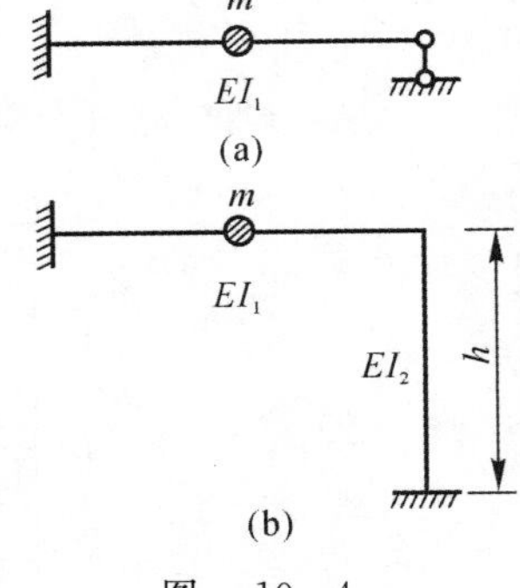

图 10-4

例 10-5 (问答题) 什么叫动力系数?

答:动荷载作用时,结构的动力反应(位移、内力等) 的最大值与将动荷载幅值作为静载作用于结构时的反应的比值叫作动力系数,即动力反应最大值比静力反应的值。

例 10-6 (问答题) 简谐荷载的动力系数 β 和什么有关? 你能说明当 $\dfrac{\theta}{\omega} \to 0$,$0 < \dfrac{\theta}{\omega} < 1$,$\dfrac{\theta}{\omega} \to 1$,$\dfrac{\theta}{\omega} > 1$ 时,β 的绝对值的变化规律吗?

答:不考虑阻尼的影响,简谐荷载作用下单自由度体系的动力系数公式为 $\beta = \dfrac{1}{1-\dfrac{\theta^2}{\omega^2}}$。可见,动力系数的

大小与$\frac{\theta}{\omega}$的比值有关。当$\frac{\theta}{\omega}\to 0$时,$\beta\to 1$;当$0<\frac{\theta}{\omega}<1$时,$|\beta|$随$\frac{\theta}{\omega}$的增大而变大;当$\frac{\theta}{\omega}\to 1$时,$\beta\to\infty$;当$\frac{\theta}{\omega}>1$时,$|\beta|$随$\frac{\theta}{\omega}$的增大而变小;当$\frac{\theta}{\omega}\to\infty$时,$|\beta|\to 0$。

例 10-7　求图 10-5 所示体系稳态时 B 处最大水平位移,并绘最大动弯矩图。已知 $a=3l/4$,各杆 EI 相同,无阻尼。$\theta=\sqrt{\frac{EI}{ml^3}}$。

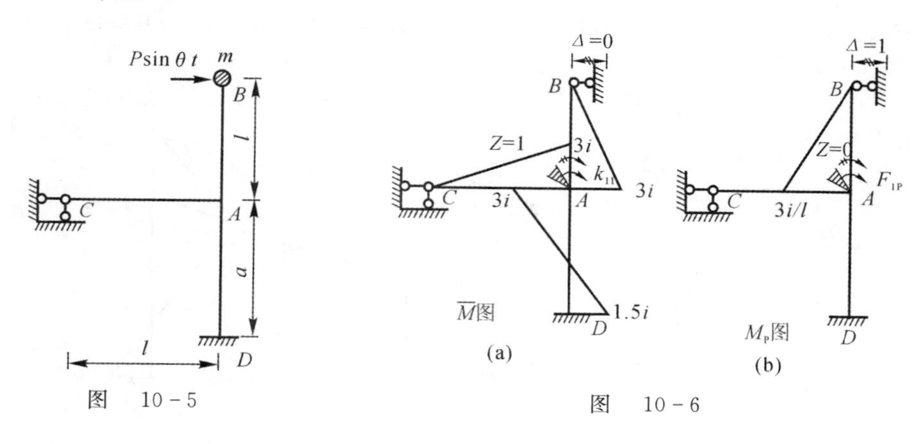

图　10-5　　　　图　10-6

解　解法一:刚度法。需要计算当质点 B 处产生单位水平位移时所需力的大小。可用位移法,将单位位移作为已知条件,求出结构的弯矩图。具体求解步骤如下:

忽略轴向变形时,用位移法,则只有刚结点 A 的转角位移是基本未知量。可作出对应的弯矩 $\overline{M}$ 图和 M_{p} 图分别如图 10-6(a)(b) 所示。取

$$i=\frac{EI}{l}$$

则

$$k_{11}=3i+3i+3i=9i$$

$$F_{1\mathrm{P}}=-\frac{3i}{l}$$

解位移法方程,有

$$k_{11}Z_1+F_{1\mathrm{P}}=0$$

$$Z_1=\frac{1}{3l}$$

得到弯矩图如图 10-7 所示。

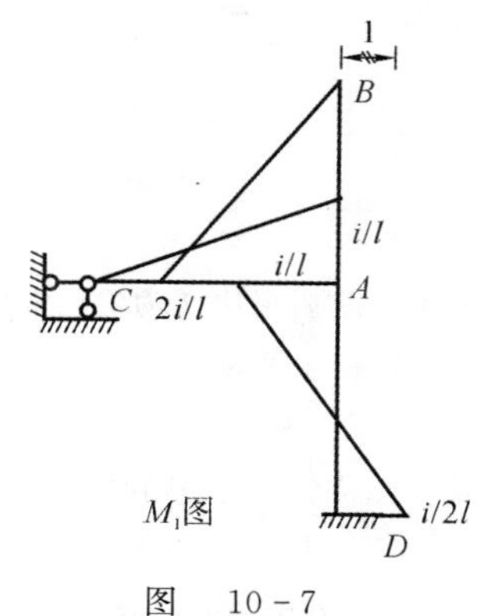

图　10-7

从而确定刚度系数为

$$k=\overline{F}_{\mathrm{QAB}}=-\frac{\overline{M}_{\mathrm{AB}}}{l}=\frac{2EI}{l^3}$$

解法二:柔度法。需计算在位移方向 B 处施加单位力时此方向产生的位移。可先用力矩分配法作出此状态的弯矩 M 图,再取任一静定状态,作弯矩分别 $\overline{M}$ 图,如图 10-8(a)(b) 所示。

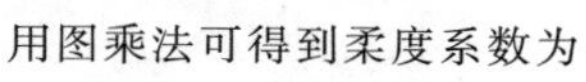

用图乘法可得到柔度系数为

$$\delta=\frac{1}{EI}\left(\frac{1}{2}\times l\times l\times\frac{2}{3}l+\frac{1}{2}\times\frac{1}{2}\times l\times\frac{2}{3}l\right)=\frac{l^3}{2EI}$$

计算自振圆频率为

$$\omega=\sqrt{\frac{k}{m}}=\sqrt{\frac{1}{m\delta}}=\sqrt{\frac{2EI}{ml^3}}$$

动力系数为

$$\beta=\frac{1}{1-\frac{\theta^2}{\omega^2}}=2$$

最大位移为

$$y_{\max}=\beta y_{\mathrm{st}}=2\times\frac{P}{k}=2P\delta=\frac{Pl^3}{EI}$$

最大动弯矩图如图 10-8(c) 所示(由图 10-7 乘以 $y_{\max}$,或由图 10-8(a) 乘以 δP 得到)。

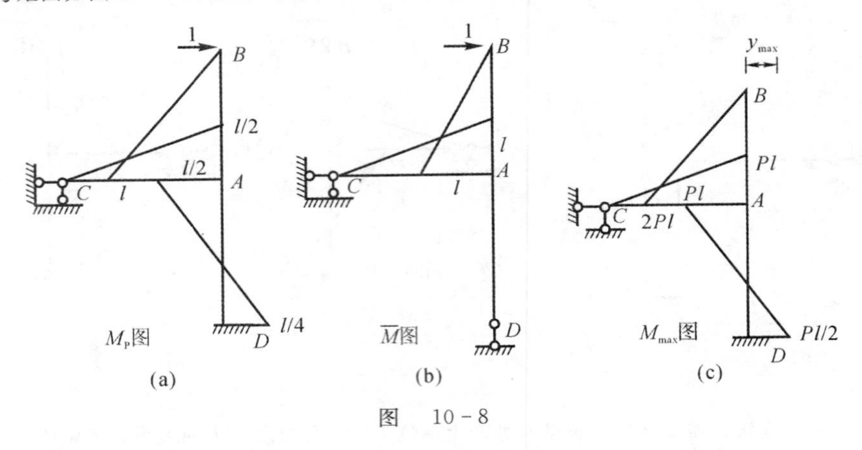

图 10-8

温馨提示:本题体系为单自由度体系,需计算自振频率、动力系数,从而确定最大位移和最大内力。

二、第二教学单元知识点

1. 阻尼对振动的影响(重点)

(1) 有阻尼时,自由振动方程为

$$\ddot{y}+2\xi w\dot{y}+w^2y=0$$

其中

$$\omega=\sqrt{\frac{k}{m}}$$

$$\xi=\frac{c}{2m\omega}$$

式中,ξ 为阻尼比,c 为阻尼常数。

位移解答为

$$y=Ae^{-\varepsilon\omega t}\sin(\omega_r t+\alpha)$$

其振幅 $Ae^{-\varepsilon\omega t}$ 是一随时间单调衰减的曲线,最后质体停止在静力平衡位置上,不再振动,即。

$$\omega_r=\omega\sqrt{1-\xi^2}\approx\omega$$

(2) 利用有阻尼振动时振幅衰减的特性,可以用实验方法测定体系的阻尼比,公式为

$$\xi=\frac{1}{2n\pi}\ln\frac{y_k}{y_{k+n}}$$

式中,y_k 与 y_{k+n} 为相距 n 个周期的两个振幅。

(3) 在强迫振动中,阻尼起着减小动力系数的作用。简谐荷载作用下有阻尼振动的动力系数为

$$\beta=\frac{1}{\sqrt{\left(1-\frac{\theta^2}{\omega^2}\right)+4\xi^2\frac{\theta^2}{\omega^2}}}$$

在共振区内，即当$\frac{\theta}{\omega}$比值接近于1时，阻尼对降低动力系数的作用特别显著。当$\frac{\theta}{\omega}=1$时，动力系数为

$$\beta=\frac{1}{2\xi}$$

例 10-8　图10-9所示为刚架。设横梁$EI\to\infty$，质量集中于横梁上。设使柱顶发生初位移$y_0=0.5$ cm。当刚架自由振动时，测得一个周期后柱顶的侧移为$y_1=0.3$ cm。试计算：

(1) 刚架的阻尼比ξ值；

(2) 振幅衰减到$5\%y_0$(即0.025 cm)以下所需的时间(以整周期计)。

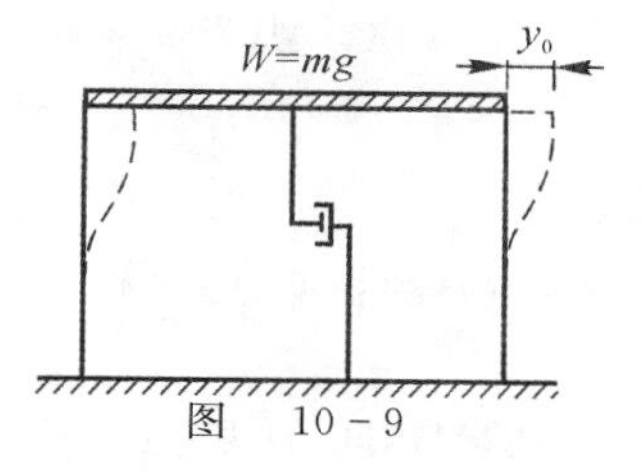

图　10-9

解　(1) 求ξ。假定阻尼比$\xi<0.2$，此时阻尼对周期的影响很小，可取$T_r=T$，于是可用公式求阻尼比为

$$\xi=\frac{1}{2\pi}\ln\frac{y_0}{y_1}=\frac{1}{2\pi}\ln\frac{0.5}{0.3}=\frac{1}{2\pi}\times 0.510\ 8=0.081\ 3$$

可见$\xi<0.2$，与假定符合。

(2) 求振幅衰减到$0.05y_0$所需的振动周数n。由$\xi=\frac{1}{2n\pi}\ln\frac{y_0}{y_n}$，可得

$$n=\frac{1}{2\pi\xi}\ln\frac{y_0}{y_n}=\frac{1}{2\pi\times 0.081\ 3}\ln\frac{0.5}{0.025}=5.87$$

取$n=6$，即经过6个周期后，振幅可衰减到初位移的5%以下。

2. 两个自由度体系的自由振动(重点、难点)

n个自由度体系具有2个自振频率。当体系(即所有质体)按某一自振频率作自由振动时，任一时刻各质体位移之间的比值保持不变，这种特殊的振动形式称为主振型。

两个自由度体系自振频率和主振型的计算公式如下：

(1) 柔度法求自振频率。用振幅表示的位移方程为

$$\begin{cases}\left(\delta_{11}m_1-\frac{1}{\omega^2}\right)Y_1+\delta_{12}m_2Y_2=0\\ \delta_{11}m_1Y_1+\left(\delta_{22}m_2-\frac{1}{\omega^2}\right)Y_2=0\end{cases}$$

频率方程为

$$\begin{vmatrix}m_1\delta_{11}-\frac{1}{\omega^2} & m_2\delta_{12}\\ m_1\delta_{21} & m_2\delta_{22}-\frac{1}{\omega^2}\end{vmatrix}=0$$

频率参数为

$$\lambda=\frac{1}{\omega^2}=\frac{1}{2}[(m\delta_{11}+m_2\delta_{22})]\pm\sqrt{(m_1\delta_{11}+m_2\delta_{22})-4m_1m_2(\delta_{11}\delta_{12}-\delta_{12}^2)}$$

(2) 刚度法求自振频率。用振幅表示的刚度方程为

$$\begin{cases}(k_{11}-\omega^2m_1)Y_1+k_{12}Y_2=0\\ k_{21}Y_1+(k_{22}-\omega^2m_2)Y_2=0\end{cases}$$

频率方程为

$$\begin{vmatrix}k_{11}-m_1\omega^2 & k_{12}\\ k_{21} & k_{22}-m_2\omega^2\end{vmatrix}=0$$

频率为

$$\omega^2=\frac{1}{2}\left[\left(\frac{k_{11}}{m_1}+\frac{k_{22}}{m_2}\right)^2\pm\sqrt{\left(\frac{k_{11}}{m_1}+\frac{k_{22}}{m_2}\right)-4\frac{k_{11}k_{22}-k_{12}^2}{m_1m_2}}\right]$$

(3) 主振型。第一主振型(当 $\omega=\omega_1$ 时) 为

$$\frac{Y_1^{(1)}}{Y_2^{(1)}}=\frac{m_2\delta_{12}}{\frac{1}{\omega_1^2}-m_1\delta_{11}}=\frac{k_{12}}{m_1\omega_1^2-k_{11}}$$

第二主振型(当 $\omega=\omega_2$ 时) 为

$$\frac{Y_1^{(2)}}{Y_2^{(2)}}=\frac{m_2\delta_{12}}{\frac{1}{\omega_2^2}-m_1\delta_{11}}=\frac{k_{12}}{m_1\omega_2^2-k_{11}}$$

(4) 主振型的正交性。当 $\omega_1\neq\omega_2$ 时,恒有

$$m_1Y_1^{(1)}Y_1^{(2)}+m_2Y_2^{(1)}Y_2^{(2)}=0$$

即质量与对应的两个主振型振幅连乘积的代数和为零。

三、第三教学单元知识点

两个自由度体系在简谐荷载作用下的强迫振动。

1. 柔度法

质体的振幅方程为

$$\begin{cases}(m_1\theta^2\delta_{11}-1)Y_1+m_2\theta^2\delta_{12}Y_2+\Delta_{1P}=0\\ m_1\theta^2\delta_{21}Y_1+(m_2\theta^2\delta_{22}-1)Y_2+\Delta_{2P}=0\end{cases}$$

由此可解出振幅 Y_1,Y_2。

惯性力幅值为

$$\begin{cases}I_1=m_1\theta^2Y_1\\ I_2=m_2\theta^2Y_2\end{cases}$$

将惯性力幅值 I_1,I_2 与动荷载幅值 F 同时加在结构上,即可按静力方法求出动内力幅值。如最大动力弯矩为

$$[M(t)]_{\max}=\overline{M}_1I_1+\overline{M}_2I_2+M_P$$

若在振幅方程中引入 $Y_1=\frac{I_1}{m_1\theta^2},Y_2=\frac{I_2}{m_2\theta^2}$,则振幅方程变为惯性力幅值方程:

$$\begin{cases}\left(\delta_{11}-\frac{1}{m_1\theta^2}\right)I_1+\delta_{12}I_2+\Delta_{1P}=0\\ \delta_{21}I_1+\left(\delta_{22}-\frac{1}{m_2\theta^2}\right)I_2+\Delta_{2P}=0\end{cases}$$

由此可直接解出 I_1,I_2,再求动内力与动位移。

2. 刚度法

当简谐荷载为

$$\begin{cases}P_1(t)=P_1\sin\theta t\quad(\text{作用在质体 } m_1 \text{ 上})\\ P_2(t)=P_2\sin\theta t\quad(\text{作用在质体 } m_2 \text{ 上})\end{cases}$$

振幅方程为

$$\begin{cases}(k_{11}-m_1\theta^2)Y_1+k_{12}Y_2=P_1\\ k_{21}Y_1+(k_{22}-m_2\theta^2)Y_2=P_2\end{cases}$$

由此可解出振幅 Y_1,Y_2,再求惯性力幅值和动内力。

例 10-9 求图 10-10(a) 所示梁的自振周期。梁的分布质量不计,支座的弹簧刚度系数 $k=\frac{12EI}{5l^3}$。

解 该结构为单自由度体系。求柔度系数 δ,需沿 W 的振动方向加单位力 $P=1$,则位移 δ 由两部分组成:由于弹性支座 B 变形产出的 δ_1 和由于杆件变形产生的 δ_2。

(1) 求 δ_1(见图 10-10(b))。

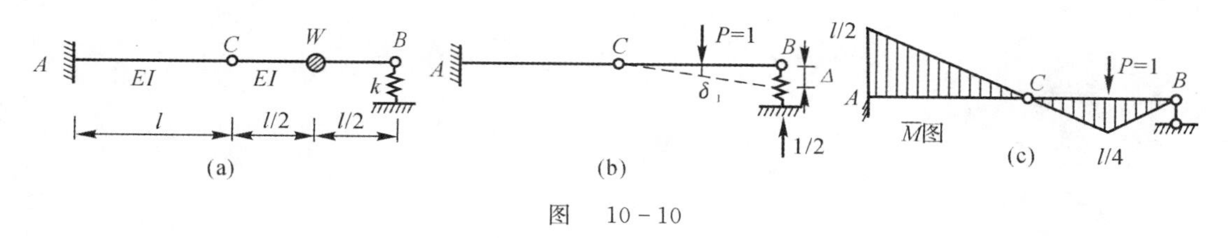

图　10-10

此时只有弹簧变形,杆不变形,有

$$R_B = \frac{1}{2}$$

$$\Delta = \frac{R_B}{k} = \frac{5l^3}{24EI}$$

$$\delta_1 = \frac{\Delta}{2} = \frac{5l^3}{48EI}$$

(2) 求 δ_2。此时只有杆件变形,弹簧不变形。作 $\overline{M}$ 图如图 10-11(c) 所示。有

$$\delta_2 = \sum\int \frac{\overline{M}^2}{EI}\mathrm{d}x = \frac{5l^3}{48EI}$$

(3) 柔度系数为

$$\delta = \delta_1 + \delta_2 = \frac{5l^3}{24EI}$$

自振周期为

$$T = 2\pi\sqrt{\frac{W\delta}{g}} = 2\pi\sqrt{\frac{5Wl^3}{24EIg}} = 2.868\sqrt{\frac{Wl^3}{EIg}}$$

温馨提示:本题为一静定结构。要特别注意柔度系数的概念与求法。在求 A 时,将梁看作是刚性的;在求 δ_2 时,将支座 B 看作是刚件支杆。

例 10-10　图 10-11 所示为一具有刚性横梁的刚架,上置电机。电机与横梁总质量 $n = 1\text{t}$,柱 $EI = 5\times10^4\ \text{kN}\cdot\text{m}^2$,柱重不计,动荷载 $P(t) = 2\ \text{kN}\cdot\sin\theta t$,电机转速 $n = 720\ \text{r/min}$,阻尼比 $\xi = 0.10$。

试求:

(1) 稳态振动时的振幅及动力弯矩图;

(2) 若改变电机转速至发生共振,并控制动力系数 $\beta \leqslant 2$,试确定阻尼比 ξ 的大小。

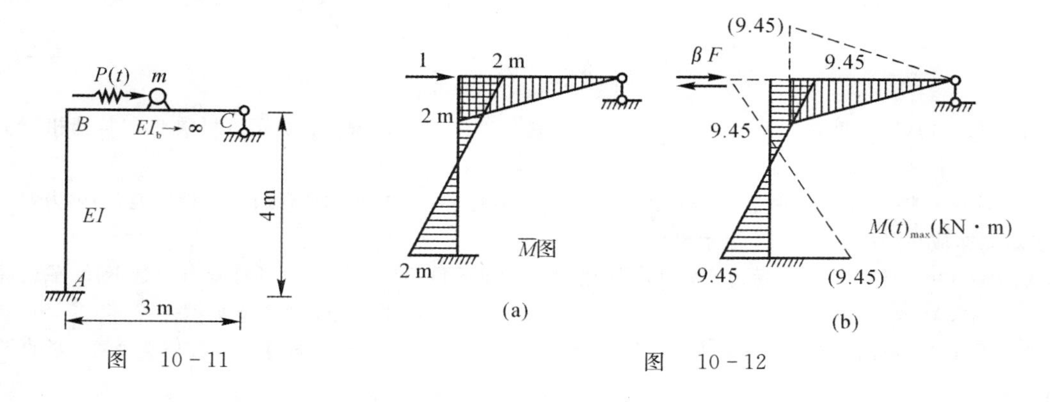

解　(1) 求稳态振动的振幅及动弯矩图。刚架柱顶侧移刚度为

$$k = \frac{12EI}{h^3} = \frac{12\times5\times10^4}{4^3} = 0.937\,5\times10^4\ \text{kN/m}$$

自振频率为

$$\omega=\sqrt{\frac{k}{m}}=\sqrt{\frac{0.937\,5\times10^{4}}{1}}=96.825\ \mathrm{s^{-1}}$$

荷载频率为

$$\theta=\frac{2\pi n}{60}=\frac{2\pi\times720}{60}=75.398\ \mathrm{s^{-1}}$$

动力系数为

$$\beta=\frac{1}{\sqrt{\left(1-\frac{\theta^2}{\omega^2}\right)+4\xi^{e}\frac{\theta^2}{\omega^2}}}=\frac{1}{\sqrt{\left(1-\frac{75.398^2}{96.825^2}\right)^2+4\times0.1^2\times\frac{75.398^2}{96.825^2}}}=2.362$$

荷载幅值作用下柱顶水平静位移为

$$y_{st}=\frac{F}{k}=\frac{Fh^3}{12EI}=2.133\times10^{-4}\ \mathrm{m}$$

振幅为

$$[y(t)]_{\max}=\beta y_{st}=5.038\times10^{-4}\ \mathrm{m}=0.504\ \mathrm{mm}$$

由于强迫力沿振动方向作用于质体上，故内力动力系数与位移动力系数相同。最大动力弯矩为

$$[M(t)]_{\max}=\beta F\overline{M}=4.724\overline{M}$$

单位力作用下的 $\overline{M}$ 图和动力弯矩$[M(t)]_{\max}$ 图分别如图 10-12(a)(b) 所示。

(2) 共振时，$\frac{\theta}{\omega}=1$，动力系数为

$$\beta=\frac{1}{2\xi}$$

则阻尼比为

$$\xi=\frac{1}{2\beta}$$

欲使 $\beta\leqslant2$，由上式可知须使 $\xi\geqslant0.25$。

温馨提醒：本题应注意的问题如下：

(1) 质量单位与力、长度、时间单位的关系问题。在物理单位制（国际单位制）中，质量单位用 kg 或 t"，按照力的定义有下列关系：

$$1\ \mathrm{N}=1\ \mathrm{kg\cdot m/s^2}$$
$$1\ \mathrm{kN}=1\ \mathrm{t\cdot m/s^2}$$

则有

$$1\ \mathrm{kg}=1\ \mathrm{N\cdot s^2/m}$$
$$1\ \mathrm{t}=1\ \mathrm{kN\cdot s^2/m}$$

本题求 ω 时，因刚度系数 k 的单位为 kN/m，质量应以"t" 为单位代入（而不可再乘 9.81），即相当于以"kN·s²/m" 代入，从而得到 ω 的单位为 $\mathrm{s^{-1}}$。

(2) 简谐荷载力沿正、反两个方向作用，动位移也是沿两个方向达到幅值（振幅）。相应地，动内力幅值也应是双向的，应在$[M(t)]_{\max}$ 图中表示出来。

例 10-11 图 10-13 所示为一桁架在结点 B 有集中质量 $Q=10$ kN。各杆分布质量不计，截面面积 $A_1=5\ \mathrm{cm^2}$，$A_2=10\ \mathrm{cm^2}$，弹性模量 $E=2.1\times10^5$ MPa。求桁架的自振频率和主振型。

解 桁架上虽然只有一个集中质体，但却是两个自由度体系。质体的位移可分解为水平、竖直两个分量。

(1) 求自振频率。计算柔度系数时，沿水平和竖直方向分别施加单位力，求出相应的杆轴力 $\overline{F}_{N1}$ 图与 $\overline{F}_{N2}$ 图分别如图 10-14(a)(b) 所示。有

$$\delta_{11}=\sum\frac{\overline{F}_{N1}^{2}}{EA}l=\frac{1}{EA_{1}}(1^{2}\times400)=0.003\ 81\ \text{cm/kN}$$

$$\delta_{12}=\delta_{21}=\frac{1}{EA_{1}}\left(1\times\frac{4}{3}\times400\right)=0.005\ 08\ \text{cm/kN}$$

$$\delta_{22}=\frac{1}{EA_{1}}\left(\frac{4}{3}\right)^{2}\times400+\frac{1}{EA_{2}}\left(-\frac{5}{3}\right)^{2}\times500=0.013\ 39\ \text{cm/kN}$$

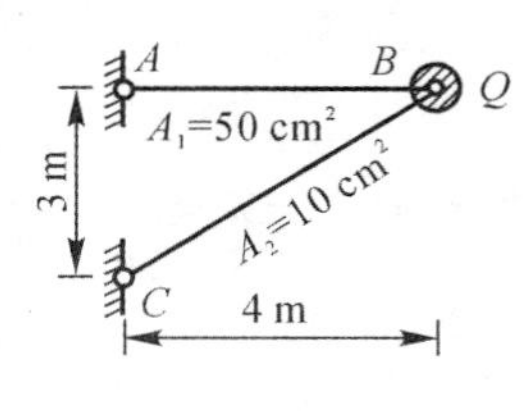

图 10-13

频率方程为

$$\begin{vmatrix}\left(0.003\ 81m-\dfrac{1}{\omega^{2}}\right) & 0.005\ 08m\\ 0.005\ 08m & \left(0.013\ 39m-\dfrac{1}{\omega^{2}}\right)=0\end{vmatrix}=0$$

解得

$$\lambda_{1}^{2}=\frac{m}{2}(1.72\pm1.396)\times10^{-2}$$

$$\lambda_{1}=0.015\ 58\ \text{m},\quad \lambda_{2}=0.001\ 62\ \text{m}$$

将 $m=\dfrac{10\ \text{kN}}{980\ \text{cm/s}^{2}}$ 代入后,得

$$\omega_{1}=\frac{1}{\sqrt{\lambda_{1}}}=79.31\ \text{s}^{-1},\quad \omega_{2}=\frac{1}{\sqrt{\lambda_{2}}}=24.596\ \text{s}^{-1}$$

(2) 主振型。第一主振型为

$$\frac{Y_{1}^{(1)}}{Y_{2}^{(1)}}=\frac{m\delta_{12}}{\lambda_{1}-m\delta_{11}}=\frac{0.005\ 08\ m}{0.015\ 58m-0.003\ 81m}=\frac{1}{2.32}$$

第二主振型为

$$\frac{Y_{1}^{(2)}}{Y_{2}^{(2)}}=\frac{m\delta_{12}}{\lambda_{2}-m\delta_{11}}=\frac{0.005\ 08\ m}{0.001\ 62m-0.003\ 81m}=\frac{1}{-0.432}$$

两个主振型形状如图 10-14(c)(d) 所示。可以看出,在主振型中,质体的振动轨迹为一直线,但其振动方向既不是水平的,也不是竖直的。

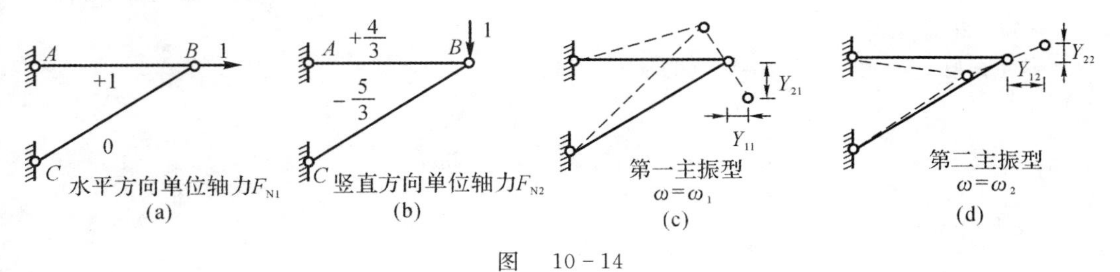

图 10-14

验算主振型的正交性:

$$mY_{1}^{(1)}Y_{1}^{(2)}+mY_{2}^{(1)}Y_{2}^{(1)}=m[1\times1+2.32\times(-0.432)]=m(1-1)=0$$

温馨提示:本题应注意的问题如下:

(1) 由于结构只有单个集中质体，容易误认为是单自由度体系，也容易误认为质体的振动是按竖向和水平方向振动，从而由竖向柔度求出竖向振动频率，由水平柔度求出水平振动频率。其实这两个频率都是不存在的，而只有按主振型直线轨迹方向振动的频率才是自振频率，即按两个自由度体系求解的结果。

(2) 虽然两个主振型的振动方向既不是水平的，也不是竖直的，但可以验证两个方向是互相垂直的(读者可自行验证)。对于一般的单质点两个自由度体系，可以证明其两个主振型振动方向正交，即

$$\frac{Y_1^{(1)}}{Y_2^{(1)}}\cdot\frac{Y_1^{(2)}}{Y_2^{(2)}}=\frac{(m\delta_{12})^2}{(\lambda_1-m\delta_{11})(\lambda_2-m\delta_{11})}=-1$$

此处不详细证明。

(3) 在本题计算中，柔度系数的单位用“cm/kN”，故质量 $m=\dfrac{Q}{g}$ 中的 g 用 980 cm/s^2，单位一致。若柔度用“m/kN”，则 $g=9.8\ m/s^2$。注意区别。

例 10-12 求图 10-15 所示梁的自振频率与主振型。质量 $m=1$ t，分布质量不计。$E=2\times10^7\ N/cm^2$，$I=2\times10^4\ cm^4$。

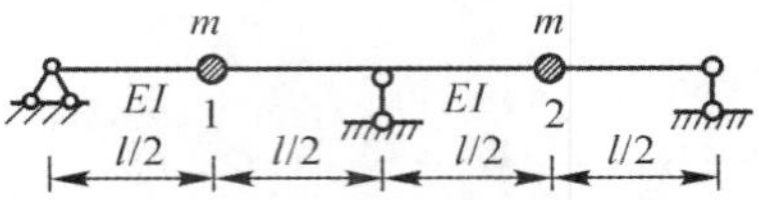

图 10-15

解 (1) 求自振频率。分别作单位力下的 $\overline{M}_1$，$\overline{M}_2$ 图如图 10-16(a)(b) 所示。为求柔度系数，可将虚拟单位力施加于力法基本结构上，作 $\overline{M}'_1$ 图如图 10-16(c) 所示。有

$$\delta_{11}=\sum\int\frac{\overline{M}'_1\overline{M}_1}{EI}dx=\frac{23}{24EI},\quad \delta_{22}=\delta_{11}$$

$$\delta_{12}=\sum\int\frac{\overline{M}'_1\overline{M}_2}{EI}dx=-\frac{3}{8EI},\quad \delta_{21}=\delta_{12}$$

$$\lambda_{1,2}=\frac{1}{2}\left[(m_1\delta_{11}+m_2\delta_{22})\pm\sqrt{(m_1\delta_{11}+m_2\delta_{22})^2-4m_1m_2(\delta_{11}\delta_{12}-\delta_{12}^2)}\right]=$$

$$\frac{m}{2EI}[2\delta_{11}+2\delta_{12}]=\frac{m}{EI}\begin{bmatrix}1.333\ 3\\0.583\ 3\end{bmatrix}$$

$$\omega_1=\frac{1}{\sqrt{\lambda_1}}=0.866\ 0\sqrt{\frac{EI}{m}}$$

$$\omega_2=\frac{1}{\sqrt{\lambda_2}}=1.309\ 3\sqrt{\frac{EI}{m}}$$

将 $m=1$ t，$E=2\times10^{N}/cm^2=2\times10^8\ kN/m^2$，$I=2\times10^4\ cm^4=2\times10^{-4}\ m^4$ 代入上式，可得 $\omega_1=173.20\ s^{-1}$，$\omega_2=261.86\ s^{-1}$。

(2) 求主振型。第一主振型($\omega=\omega_1$)为

$$\frac{Y_1^{(1)}}{Y_2^{(1)}}=\frac{m_2\delta_{12}}{\lambda_1-m_1\delta_{11}}=\frac{m\left(-\dfrac{3}{8EI}\right)}{\dfrac{4m}{3EI}-\dfrac{23m}{24EI}}=\frac{1}{-1}$$

第二主振型($\omega=\omega_2$)为

$$\frac{Y_1^{(2)}}{Y_2^{(2)}}=\frac{m_2\delta_{12}}{\lambda_2-m_1\delta_{11}}=\frac{m\left(-\dfrac{3}{8EI}\right)}{\dfrac{7m}{12EI}-\dfrac{23m}{24EI}}=\frac{1}{1}$$

两个主振型的变形曲线如图 10-16(d)(e) 所示。

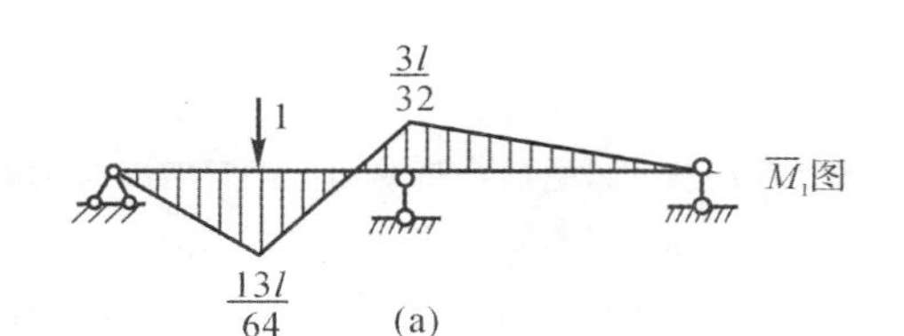

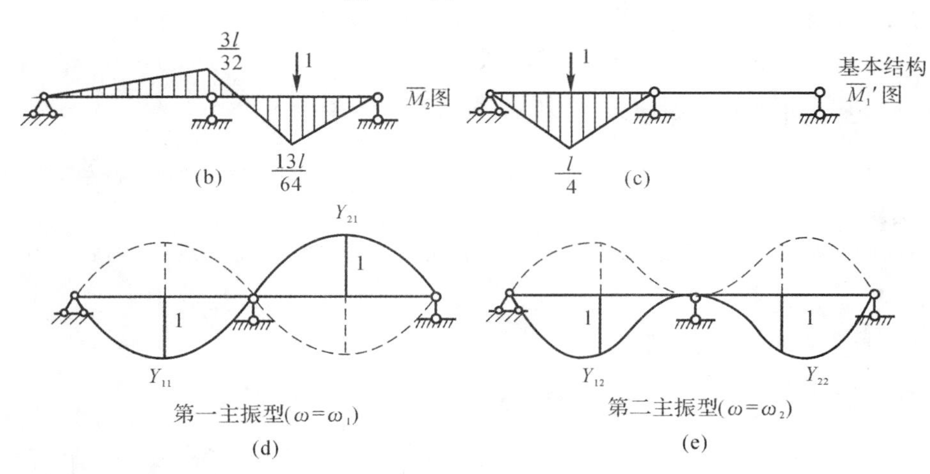

图 10－16

特别提醒：(1) 对超静定结构计算柔度时，单位力作用下的内力图须选择适当方法求解(如本题 $\overline{M}_1$，$\overline{M}_2$ 用力矩分配法计算较简单)，而虚拟单位力则可加于静定基本结构上(如本题的 $\overline{M}'_1$ 图)，使柔度(即位移)的计算得到简化。

(2)本题为对称结构，质量分布也对称，其振动可分解为对称与反对称两组分量，故可简化为半结构计算。对称振动时，化为 B 端固定的单跨梁；反对称振动时，化为单跨简支梁。两种情况均为单自由度体系，分别计算得两个频率，按质点位移的对称或反对称关系可得到两个相应的主振型。

10.2　学习指导

10.2.1　学习方法建议

1. 必须了解的名词术语

自由振动，强迫振动，静力荷载，动力荷载。

2. 重点与难点讲授建议

(1)本章基本概念、名词、术语很多，且较抽象，容易混淆，有一定难度。讲授时注意加以对比。

(2)建立并求解体系的运动方程、频率方程和振幅方程。

(3)重点讲授无阻尼体系简谐荷载下动位移和动内力的计算。

3. 解题方法建议

(1)确定弹性体振动自由度用"附加支杆法"。为固定体系中全部质量的位置所需附加支杆的最低数，即体系的振动自由度。

(2) 计算单自由度体系的自振周期(或频率) 时，首先根据结构的特点求出相应的刚度系数 k 或柔度系数 δ，然后用公式计算 T 或 ω。如果应用公式 $T=2\pi\sqrt{\dfrac{\Delta_{st}}{g}}$ 求 Δ_{st} 时要注意外力 W 应沿质点振动方向作用。

(3) 计算单自由度体系在动荷载作用下的强迫振动时，均要先求出体系的自振频率. 然后再分别计算。

具体如下：

1）对简谐荷载与突加荷载，计算 β 与 y_{st}，从而得到最大动位移与最大内力。

2）对瞬时冲量荷载，计算其等效静荷载 P_0，然后当做静力问题计算其位移与内力。

3）简谐荷载下的有阻尼振动，在计算动力系数时需考虑阻尼的作用。

(4) 计算多个自由度体系的自振频率与主振型时，先求出结构中与质量的振动方向相应的刚度或柔度系数，然后用公式求出各个自振频率与相应的主振型。最小的频率为第一频率，相应振型为第一主振型。根据变形条件可画出各主振型大致形状。可利用主振型正交性进行校核。

10.2.2 学习中常遇问题解答

在学习中常有一些不易回答的问题或解答容易出错的问题，在此用客观题形式进行解答与分析。

1. 填空题

图 10-17 所示体系，质量上受实加荷载 $P(t)=P_0$，设质量处的柔度系数为 δ，质量处的最大动位移 $y_{max}=$ ________。

答案：$y_{max}=2P_0\delta,\delta=\frac{2a^3}{3EI}+\frac{1}{k}$

分析：突加荷载动力系数 $\delta=2$。求柔度系数时需考虑弹性支座的影响。

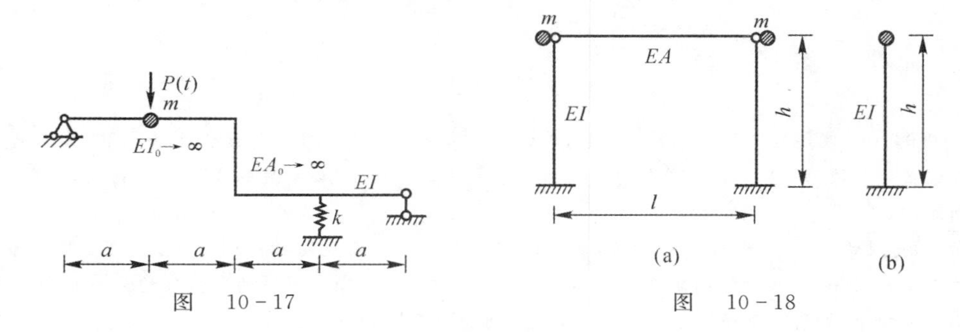

图 10-17　　图 10-18

2. 选择题

图 10-18(a)(b) 所示结构中，不计分布质量，欲使图 10-18(a) 结构的第一频率与图 10-18(b) 的频率相等，则水平链杆 EA（　　）

A. EA 只能为零　　B. EA 只能为无穷大　　C. EA 不能为无穷大　　D. EA 可以是任意值

答案：D

分析：图 10-17(a) 的第一频率，对应于反对称的振动，与 EA 值无关。

3. 判断题

在体系振动过程中，质量无论沿哪个方向运动，其重力对动位移及动内力都没有影响。（　　）

答案：(错)

分析：在竖向振动时，以质点重力作用时的静平衡位移和内力作为动位移与动内力的零坐标。

4. 简答题

(1) 图 10-19 所示结构动力计算中的自由度概念与结构几何组成分析中的自由度概念有何异同？

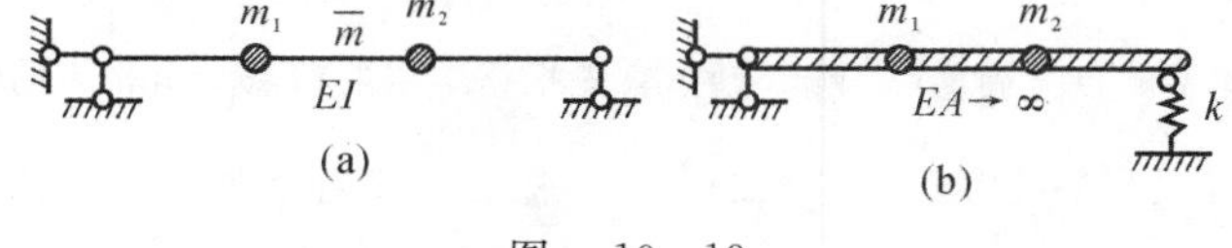

图 10-19

答:体系自由度是指确定体系中全部质体的位置所需的独立坐标数。这是两者的共同点。两者的不同点在于分析的目的和基本假定不同。

几何构造分析的目的是研究体系整体运动的情况以判定其是否几何不变,可否作结构。基本假定是不考虑杆件本身的微小变形而将其当成刚片。因此平面体系的自由度也就是刚片系的自由度。如图10-18(a)(b)所示的体系在几何构造分析时的自由度均为零。

结构动力计算的目的是分析结构在动荷载作用下的动力反应。结构的自振频率特点:动力反应均与质体振动时的位置有关。确定任一时刻质体所在位置需要的独立坐标数即为振动自由度,此时应考虑弹性变形(或支座具有弹性变形),不能将结构视为刚片系。如图10-18(a)中不计分布质量时的振动自由度为2,考虑分布质量时振动自由度为无限自由度。解图10-18(b)所示体系仍不计杆件变形,但有弹性支座变形,确定全部质体位置只需一个独立坐标,振动自由度为1。总之,不可将所有杆件和支座均看成刚性的,否则就不会发生振动。所以振动自由度又称为弹性体系振动自由度。

(2) 什么叫主振型?为什么在两个自由度体系的振型曲线中只能得到两个位移幅值的相对比值?

答:在多自由度体系中,当各质点按同一频率及相同的相位角振动时,各质点的位移之间保持一定关系,按此关系振动的变形状态,叫作主振型。

两个自由度体系自由振动时的振幅方程是一个包含两个位移幅值 Y_1,Y_2 的齐次方程。这两个齐次方程是不独立的,除 $Y_1 - Y_3 = 0$ 外,其解答是不确定的,只能得到两个位移幅值的相对比值。

(3) 怎样才能使两个自由度体系按某个主振型作自由振动?

答:若要求两个自由度体系按第一(或第二)主振型振动,则应使质体的初始位移(或初始速度)的比值与第一(或第二)主振型的振幅比值相同。

设两质点按同一频率同相位振动,给定初位移分别为 y_{01},y_{02},则任意时刻位移为

$$\begin{cases} y_1(t) = y_{01}\sin(\omega t + \alpha) \\ y_2(t) = y_{02}\sin(\omega t + \alpha) \end{cases} \tag{10-1}$$

若给定初速度分别为 v_{01},v_{02},则位移为

$$\begin{cases} y_1(t) = \dfrac{v_{01}}{\omega}\cos(\omega t + \alpha) \\ y_2(t) = \dfrac{v_{02}}{\omega}\cos(\omega t + \alpha) \end{cases} \tag{10-2}$$

按某一主振型振动时的位移为

$$\begin{cases} y_1(t) = Y_1\sin(\omega t + \alpha) \\ y_2(t) = Y_2\sin(\omega t + \alpha) \end{cases} \tag{10-3}$$

若设 $\dfrac{y_{01}}{y_{02}} = \dfrac{Y_1}{Y_2}$,或设 $\dfrac{v_{01}}{v_{02}} = \dfrac{Y_1}{Y_2}$,则由式(10-1)或式(10-2)所表示的振动与式(10-3)所表示的按主振型振动的动位移比值相同,即体系按主振型振动。

(4) 什么是主振型的正交性?

答:质量与对应的两个主振型振幅的连乘积的代数和为零,如为两个自由度体系,即 $m_1Y_{11}Y_{12} + m_2Y_{21}Y_{22} = 0$,此特性叫主振型的正交性。

(5) 说明在两个自由度体系中,为什么由振幅方程的系数行列式 $D = 0$ 得到的是自振频率的方程?

答:两个自由度体系中质点按相同频率振动时,其振幅方程为

$$\begin{cases} (m_1\delta_{11} - \lambda)Y_1 + m_2\delta_{12}Y_2 = 0 \\ m_1\delta_{21}Y_1 + (m_2\delta_{22} - \lambda)Y_2 = 0 \end{cases}$$

式中,$\lambda = \dfrac{1}{\omega^2}$。上式为线性齐次代数方程,要使 Y_1,Y_2 不全为零,必须有 $D = 0$,由此得频率方程为

$$\begin{vmatrix} (m_1\delta_{11} - \lambda) & m_2\delta_{12} \\ m_1\delta_{21} & (m_2\delta_{22} - \lambda) \end{vmatrix} = 0$$

其展开式是关于频率参数 λ 的二次方程，其根为

$$\lambda_{1,2}=\frac{1}{2}[(m_1\delta_{11}+m_2\delta_{12})]\pm\sqrt{(m_1\delta_{11}+m_2\delta_{22})^2-4m_1m_2(\delta_{11}\delta_{22}-\delta_{12}^2)}$$

由于

$$(m_1\delta_{11}+m_2\delta_{12})^2-4m_1m_2(\delta_{11}\delta_{22}-\delta_{12}^2)=(m_1\delta_{11}-m_2\delta_{22})^2+4m_1m_2\delta_{12}^2\geqslant 0$$

故 λ 有两个正的实根，相应地，可求出两个圆频率。可见，由振幅方程虽未能解出振幅的绝对值，但由其频率方程求出了频率。

(6) 两个自由度体系各质点的位移、内力有没有统一的动力系数？与单自由度体系有什么不同？

答：在一般动荷载作用下，两个质点的位移、内力没有统一的动力系数。在单自由度体系中，位移与内力的动力系统是一样的。

(7) 两个自由度体系发生共振的可能状态有几种？为什么？

答：有两种可能的共振状态。当体系上作用简谐荷载时，如荷载频率与某一自振频率相同，体系就发生共振。这是因为由振幅方程

$$\begin{cases}(m_1\theta^2\delta_{11}-1)Y_1+m_2\theta^2\delta_{12}Y_2+\Delta_{1P}=0\\ m_1\theta^2\delta_{21}Y_1+(m_2\theta^2\delta_{22}-1)Y_2+\Delta_{2P}=0\end{cases}$$

可求解两质点的振幅为

$$Y_1=\frac{D_1}{D_0},\quad Y_2=\frac{D_2}{D_0}$$

其中系数行列式为

$$D_0=\begin{vmatrix}(m_1\theta^2\delta_{11}-1) & m_2\theta^2\delta_{12}\\ m_1\theta^2\delta_{21} & (m_2\theta^2\delta_{22}-1)\end{vmatrix}=0$$

当 $\theta=\omega(\omega_1$ 或 $\omega_2)$ 时，即得自由振动时的频率方程为

$$D_0=\begin{vmatrix}(m_1\omega^2\delta_{11}-1) & m_2\omega^2\delta_{12}\\ m_1\omega^2\delta_{21} & (m_2\omega^2\delta_{22}-1)\end{vmatrix}=\omega\begin{vmatrix}\left(m_1\delta_{11}-\frac{1}{\omega^2}\right) & m_2\delta_{12}\\ m_1\delta_{21} & \left(m_2\delta_{22}-\frac{1}{\omega^2}\right)\end{vmatrix}$$

此时，因 Δ_{1P}，Δ_{2P} 不可能全等于零（只有荷载为零时才有 $\Delta_{1P}=\Delta_{2P}=0$），则 D_1，D_2 不全为零，则振幅 Y_1，Y_2 趋于无限大或其中之一为无限大，发生共振。

10.3 考试指点

10.3.1 考试出题点

本章的主要考点为：

(1)体系的动力自由度，主振型及其正交性，以及体系的动力特性。

(2)建立并求解体系的运动方程、频率方程和振幅方程。

(3)无阻尼体系简谐荷载下动位移和动内力的计算。

10.3.2 名校考研真题选解

一、客观题

1. 填空题

(1)（浙江大学试题）图 10－20 所示等截面梁，不计分布质量，欲使其自振频率 $\omega=3\sqrt{EI_0/ml^3}$，则梁截面抗弯刚度 $EI=$ ________。

答案：$3EI$。

分析：设梁截面抗弯刚度为 EI，$\delta=\dfrac{l^3}{3EI}$，利用 $\omega=\sqrt{\dfrac{1}{m\delta}}$ 关系可求得。

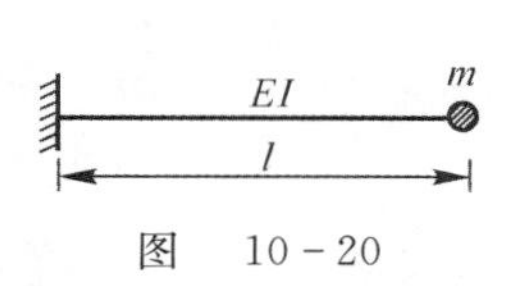

图　10－20

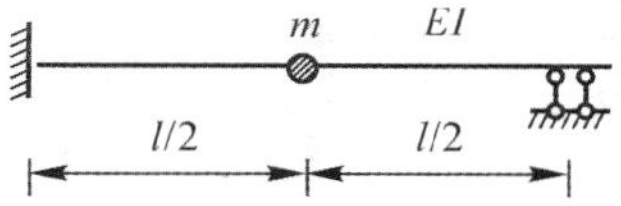

图　10－21

(2)（浙江大学试题）图 10－21 所示体系，不计杆轴向变形，自振频率 ω 为________。

答案：$\omega=\sqrt{\dfrac{192EI}{ml^3}}$

分析：与两端固定时相同。

(3)（东南大学试题）图 10－22(a) 所示体系的自振频率在数值上比图 10－22(b) 所示体系的________。

答案：要大。

分析：图(a) 所示结构比图(b) 所示结构刚度大。

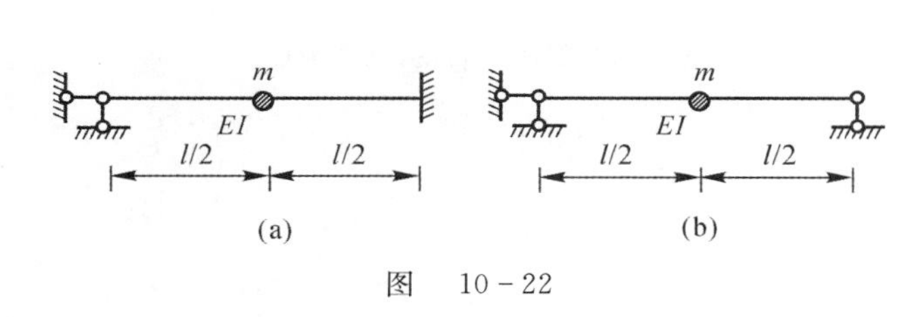

图　10－22

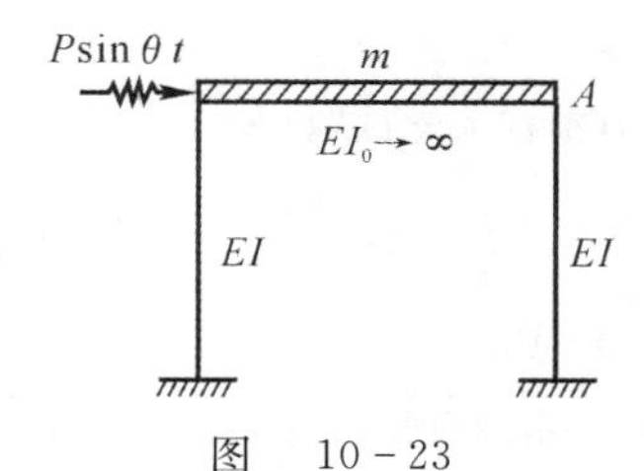

图　10－23

(4)（西北工业大学试题）图 10－23 所示体系中，已知 $\theta=0.5\omega$（ω 为自振频率），$EI=$ 常数，不计阻尼。杆长均为 l。A 点的动位移幅值 Y 为________。

答案：$\dfrac{Pl^3}{18EI}$

分析：A 点动位移幅值 $Y=\dfrac{P}{m\omega^2\left[1-\left(\dfrac{\theta}{\omega}\right)^2\right]}=\dfrac{P}{0.75\ m\omega^2}$，将自振频率 $\omega=\sqrt{\dfrac{24EI}{ml^3}}$ 代入后可求出结果。

(5)（浙江大学试题）图 10－24 所示体系，已知：第一主振型 $\boldsymbol{Y}^{(1)}=[1\quad 2.63]^{\mathrm{T}}$，刚度矩阵 $\boldsymbol{K}=\dfrac{EI}{l^3}\begin{bmatrix}36 & -12\\ -12 & 36.5\end{bmatrix}$，则体系的第一自振频率 $\omega_1^2=$________。

答案：$\omega_1^2=4.465\dfrac{EI}{ml^3}$

分析：由公式 $\omega_1^2=\dfrac{\boldsymbol{Y}^{(1)\mathrm{T}}\boldsymbol{KY}^{(1)}}{\boldsymbol{Y}^{(1)\mathrm{T}}\boldsymbol{MY}^{(1)}}$ 求得。

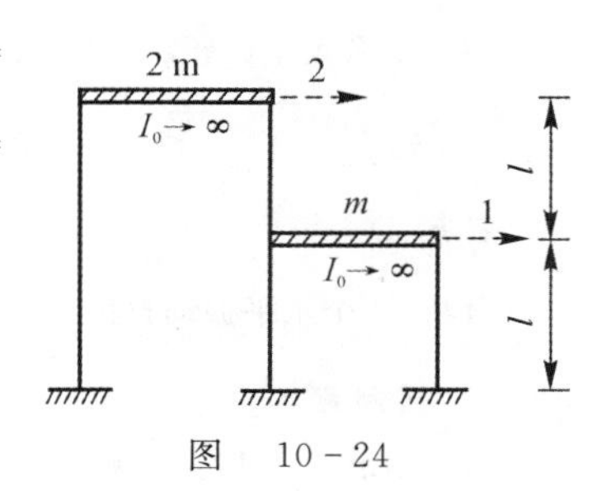

图　10－24

2. 选择题

(1)（哈尔滨工业大学试题）图 10－25 中（A，I 均为常数）动力自由度相同的为(　　)

A. 图(a) 与图(b)　　B. 图(b) 与图(c)　　C. 图(c) 与图(d)　　D. 图(d) 与图(a)

答案：D

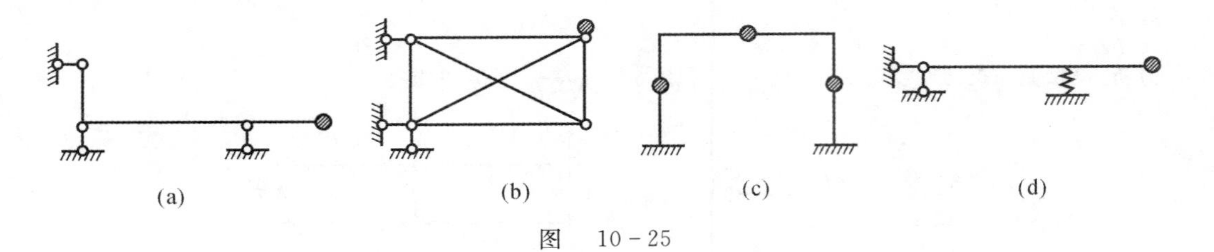

图 10-25

(2)(浙江大学试题) 图 10-26 所示各梁，不计分布质量，自振周期相同的为(　　)

A. 图(a) 与图(b)　　B. 图(a) 与图(c)　　C. 图(a) 与图(d)　　D. 图(b) 与图(c)

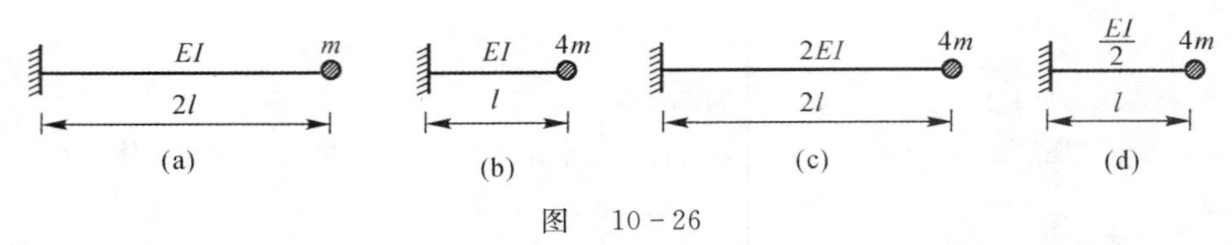

图 10-26

答案:C

(3)(浙江大学试题) 图 10-27 所示梁不计分布质量，k 为弹簧刚度，自振周期为(　　)

A. $2\pi\sqrt{\frac{m}{k}}$　　B. $3\pi\sqrt{\frac{m}{k}}$　　C. $3\pi\sqrt{mk}$　　D. $\pi\sqrt{\frac{m}{k}}$

答案:B

分析:由图可知，$k\frac{2}{3}\delta=\frac{3}{2}$，$\delta=\frac{9}{4k}$，即可求得。

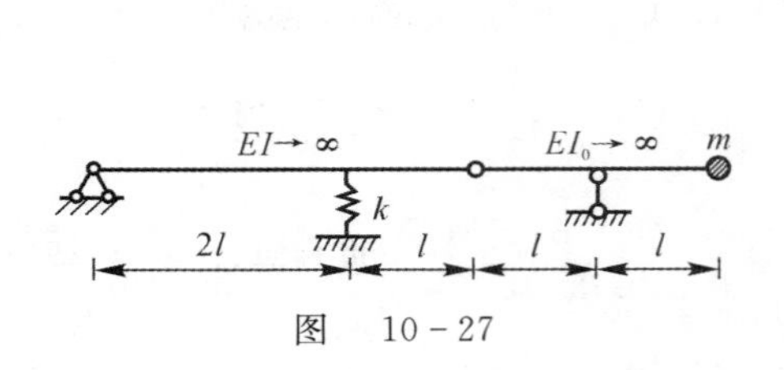

图 10-27

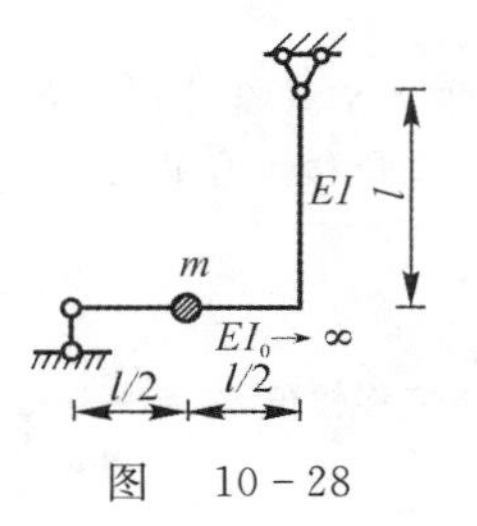

图 10-28

(4)(山东大学试题) 图 10-28 所示刚架，分布质量不计，自振周期为(　　)

A. $2\pi\sqrt{\frac{ml^3}{6EI}}$　　B. $2\pi\sqrt{\frac{ml^3}{12EI}}$　　C. $2\pi\sqrt{\frac{4ml^3}{3EI}}$　　D. $2\pi\sqrt{\frac{ml^3}{3EI}}$

答案:D

分析:一个水平振动自由度，$k=\frac{3EI}{l^3}$。

3. 判断题

(1)(西北工业大学试题) 单自由度体系中某个杆件刚度减小时，结构的自振周期不一定都增大。(　　)

答案:(对)

分析:刚度矩阵 $\boldsymbol{K}$ 与柔度矩阵 $\boldsymbol{\delta}$ 互为逆矩阵，即 $\boldsymbol{K}=\boldsymbol{\delta}^{-1}$。

(2)(山东大学试题) 图 10-29 所示体系，不计轴向变形及分布质量，振动自由度为 3。(　　)

答案:(错)

分析:振动自由度为 2。

(3)(浙江大学试题) 受简谐荷载(同频率、同相位角)的多自由度体系(不考虑阻尼的影响),稳态振动时,任一点的内力与荷载同时达到幅值。(　　)

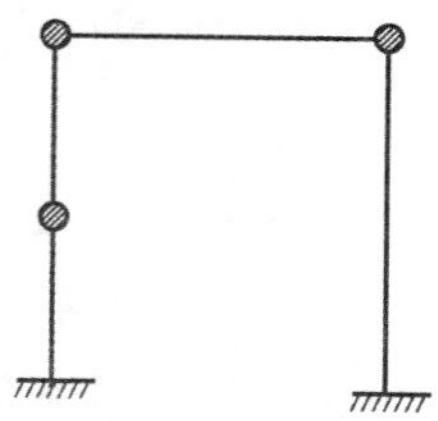

答案:(对)

分析:稳态振动时,各质点以荷载频率作简谐振动。

图　10-29

4. 问答题

(1)(浙江大学试题) 结构的动力计算与静力计算的主要区别是什么?

答:结构动力计算与静力计算的主要区别有以下两点:

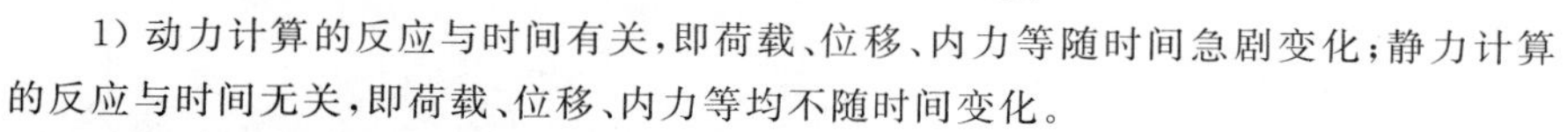

1) 动力计算的反应与时间有关,即荷载、位移、内力等随时间急剧变化;静力计算的反应与时间无关,即荷载、位移、内力等均不随时间变化。

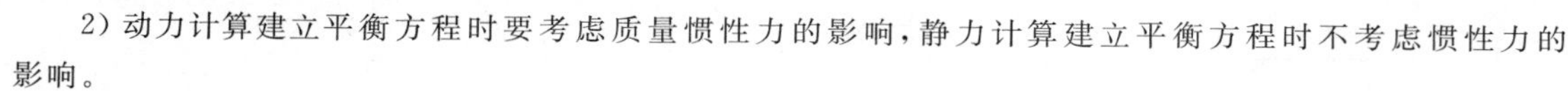

2) 动力计算建立平衡方程时要考虑质量惯性力的影响,静力计算建立平衡方程时不考虑惯性力的影响。

(2)(东南大学试题) 为了计算自由振动时质点在任意时刻的位移,需要知道哪些物理量?

答:需要知道初始位移 y_0,初始速度 v_0,还要求出自振频率 ω。据此方可求振幅 A 与初相位角 α,于是可确定任意时刻的位移为

$$y(t)=y_0\cos\omega t+\frac{v_0}{\omega}\sin\omega t=A\sin(\omega t+\alpha)$$

(3)(东南大学大学试题) 外界干扰——初位移、初速度,对自由振动的位移、振幅、周期、频率和初始相位角等有影响吗?

答:初位移、初速度决定了自由振动的振幅、初始相位角及位移,但对周期、频率无影响。周期、频率只取决于质量分布、柔度(或刚度)分布的状况,是结构的固有动力特性。

(4)(北京理工大学试题) 在弱阻尼条件下,自由振动的 $y(t)$ 曲线是怎样的?

答:在弱阻尼条件下,自由振动的 $y(t)$ 曲线为振幅衰减的周期性(如正弦、余弦曲线)振动。

二、计算题

1.(东南大学大学试题) 求图 10-30 所示结构各质点的最大位移。

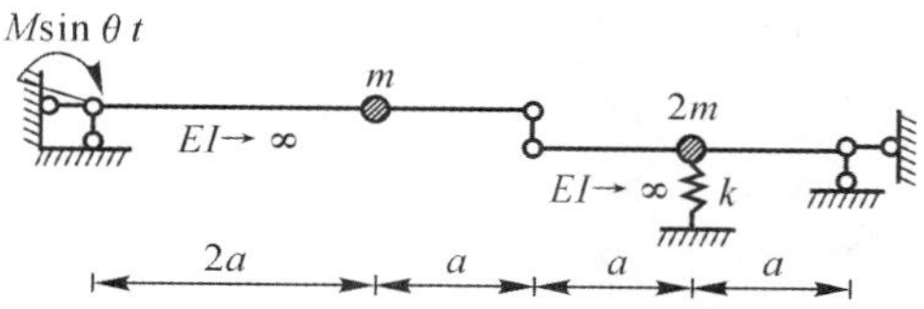

图　10-30

解　集中力偶 M 静力作用下的质点 $2m$ 和 m 的位移分别为

$$\Delta_{1P}=\frac{2M}{3ak}=y_{st},\quad \Delta_{2P}=\frac{4}{3}\Delta_{1P}$$

当 m 和 $2m$ 处分别作用竖向单位力时,y 方向的位移为

$$\delta_{12}=\frac{4}{3k},\quad \delta_{11}=\frac{1}{k}$$

得到运动方程为

$$y=(-2m\ddot{y})+\frac{1}{k}+\left(-m\frac{4}{3}\ddot{y}\right)\frac{4}{3k}+\frac{2M}{3ak}\sin\theta t$$

即

$$y=(-m\ddot{y})\frac{34}{9k}+\frac{2M}{3ak}\sin\theta t$$

自振频率为

$$\omega=\sqrt{\frac{9k}{34m}}$$

动力系数为

$$\beta=\frac{1}{1-\dfrac{\theta^2}{\omega^2}}$$

质点 $2m$ 和 m 的振幅(最大位移)分别为

$$A_1 = \beta\Delta_{1P}, \quad A_2 = \frac{4}{3}A_1$$

温馨提示:虽然结构中有两个质点,但杆件抗弯刚度无穷大,所以只有一个自由度。取有弹性支座的 $2m$ 质点的竖向位移为 y,则由支座反力的计算可确定各相关柔度系数。

2.(浙江大学试题)图 10-31 所示结构,刚性杆具有分布质量 $\overline{m}$ 弹性杆抗弯刚度 EI 相同,并忽略质量,试确定自振圆频率和相关主振型。

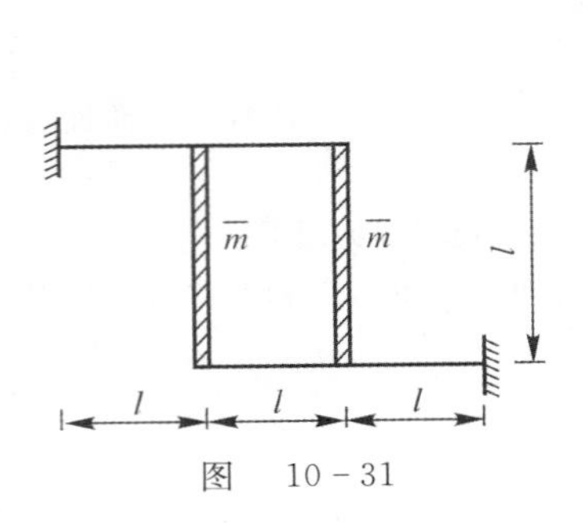

图 10-31

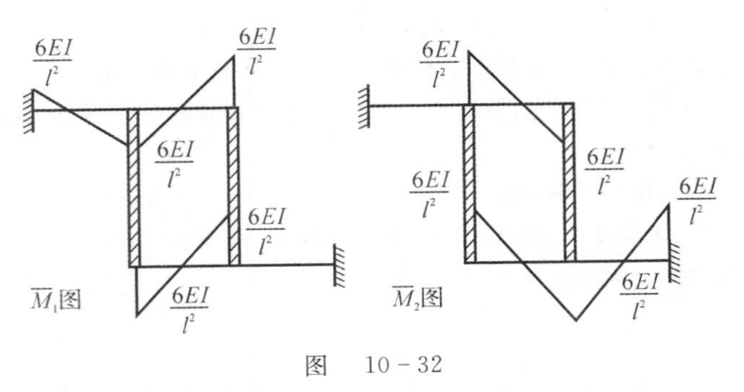

图 10-32

解 由结构在两个竖杆位置分别产生单位位移时的弯矩图(见图 10-32)可得其刚度系数为

$$\begin{cases} k_{11} = \dfrac{36EI}{l^3} = k_{22} \\ k_{12} = k_{21} = -\dfrac{24}{l^3} \end{cases}$$

由频率方程,取 $m = \overline{m}l$,有

$$\begin{vmatrix} k_{11} - \omega^2 m & k_{12} \\ k_{21} & k_{22} - \omega^2 m \end{vmatrix} = 0$$

可解出两个根为

$$\omega^2 = \frac{1}{2}\left(\frac{k_{11}}{m} + \frac{k_{22}}{m}\right) \pm \sqrt{\left[\frac{1}{2}\left(\frac{k_{11}}{m} + \frac{k_{22}}{m}\right)\right]^2 - \frac{k_{11}k_{22} - k_{12}k_{21}}{mm}} = (36 \pm 24)\frac{EI}{\overline{m}l^4}$$

$$\omega_1 = 3.464\sqrt{\frac{EI}{\overline{m}l^4}}, \quad \omega_2 = 7.460\sqrt{\frac{EI}{\overline{m}l^4}}$$

第一主振型为

$$\frac{Y_{11}}{Y_{21}} = -\frac{k_{12}}{k_{11} - \omega_1^2 m} = \frac{1}{1}$$

第二主振型为

$$\frac{Y_{12}}{Y_{22}} = -\frac{k_{12}}{k_{11} - \omega_2^2 m} = -\frac{1}{1}$$

3.(西南交通大学试题)图 10-33 所示体系,各杆 EI 相同,试求自振圆频率,并验证主振型的正交性。

解 由单位弯矩图(见图 10-34)计算柔度系数为

$$\begin{cases} \delta_{11} = 2 \times \dfrac{1}{EI}\dfrac{1}{2} \times 3 \times 1.5 \times \dfrac{2}{3} \times 1.5 = \dfrac{4.5}{EI} \\ \delta_{22} = 2 \times \dfrac{1}{EI}\dfrac{1}{2} \times 6 \times 6 \times \dfrac{2}{3} \times 6 = \dfrac{144}{EI} \\ \delta_{12} = \delta_{21} = \dfrac{1}{EI}\dfrac{1}{2} \times 6 \times 1.5 \times \dfrac{1}{2} \times 6 = \dfrac{13.5}{EI} \end{cases}$$

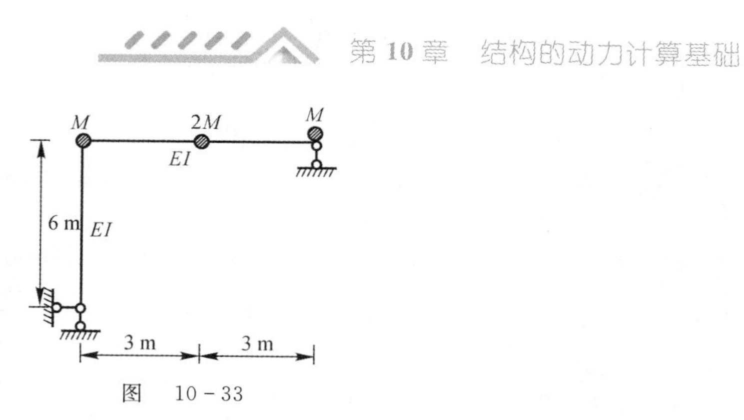

图　10－33

运动方程为

$$\begin{cases} y_1(t) = (-2m\ddot{y}_1(t))\delta_{11} + (-4m\ddot{y}_2(t))\delta_{12} \\ y_2(t) = (-2m\ddot{y}_1(t))\delta_{21} + (-4m\ddot{y}_2(t))\delta_{22} \end{cases}$$

自振圆频率方程为

$$\begin{vmatrix} 2\delta_{11}m - \dfrac{1}{\omega^2} & 4\delta_{12}m \\ 2\delta_{21}m & 4\delta_{22}m - \dfrac{1}{\omega^2} \end{vmatrix} = 0$$

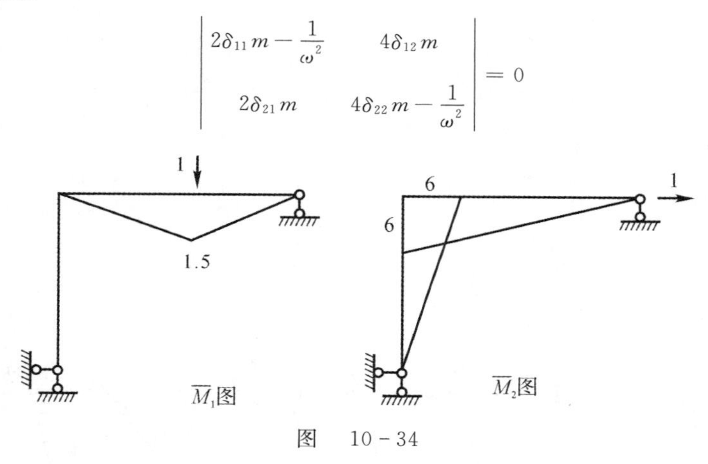

图　10－34

设 $\lambda = \dfrac{1}{\omega^2}$，则方程的两个根为

$$\lambda_{1,2} = \frac{(\delta_{11}2m + \delta_{22}4m) \pm \sqrt{(\delta_{11}2m + \delta_{22}4m)^2 - 4(\delta_{11}\delta_{22} - \delta_{12}\delta_{22})8m^2}}{2}$$

求出 2 个频率 ω_1，ω_2 分别为

$$\omega_1 = \sqrt{\frac{1}{\lambda_1}} = 0.041\,57\sqrt{\frac{EI}{ml^3}}$$

$$\omega_2 = \sqrt{\frac{1}{\lambda_2}} = 0.394\,1\sqrt{\frac{EI}{ml^3}}$$

对应主振型为

$$\frac{Y_{11}}{Y_{21}} = -\frac{4\delta_{12}m}{\delta_{11}2m - \dfrac{1}{\omega_1^2}} = -\frac{1}{10.55}$$

$$\frac{Y_{12}}{Y_{22}} = -\frac{4\delta_{12}m}{\delta_{11}2m - \dfrac{1}{\omega_2^2}} = -\frac{1}{0.047\,4}$$

验证正交性，有

$$\boldsymbol{Y}^{(1)\mathrm{T}}\boldsymbol{M}\boldsymbol{Y}^{(2)} = (1 - 10.55)\begin{bmatrix}2 & 0\\0 & 4\end{bmatrix}\begin{bmatrix}1\\0.047\,4\end{bmatrix} \approx 0$$

温馨提示：两个自由度体系，自由度分别是 $2M$ 质点的竖向和 3 个质点的水平方向，属静定刚架，可用柔度法计算。

4.（西南交通大学试题大学试题）图 10-35 所示刚架上作用简谐荷载 $P(t) = P_0\sin\theta t$，各个质量 m 集中在杆中点。设荷载频率 $\theta = 0.357\sqrt{\dfrac{EI}{m}}$。求刚架的动力弯矩图。

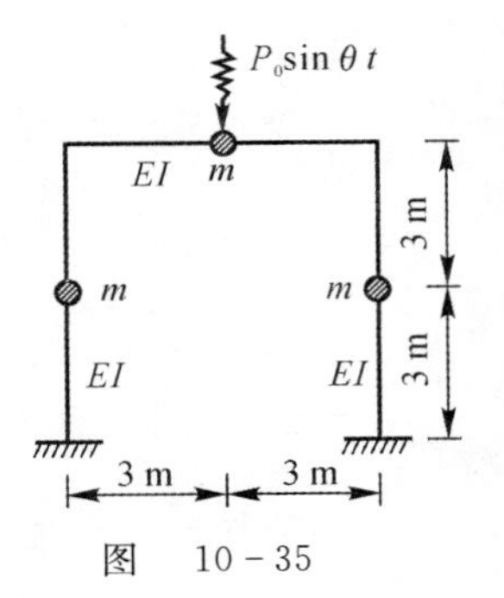

图 10-35

解 由于刚架、质量、荷载都是对称的，因此结构的振动形式也是对称的。取半刚架进行计算，如图 10-36(a) 所示，图中 $m_1 = \dfrac{m}{2}$，$m_2 = m$，质体的振幅方程为

$$\begin{cases}(m_1\theta^2\delta_{11} - 1)Y_1 + m_2\theta^2\delta_{12}Y_2 + \Delta_{1P} = 0\\ m_1\theta^2\delta_{21}Y_1 + (m_2\theta^2\delta_{22} - 1)Y_2 + \Delta_{2P} = 0\end{cases}$$

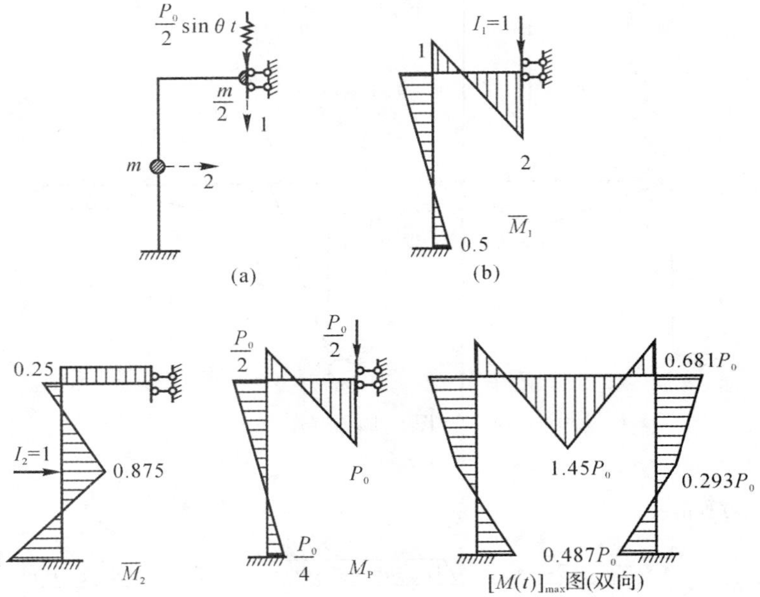

(a) (b) (c) (d) (e)

图 10-36

画出单位力作用下的弯矩 $\overline{M}_1$，$\overline{M}_2$ 图及荷载作用下 M 图分别如图 10-36(b) ～ (d) 所示。利用图乘法，求得柔度系数与自由项的结果为

$$\delta_{11} = \frac{4.5}{EI},\quad \delta_{12} = \delta_{21} = -\frac{1.125}{EI},\quad \delta_{22} = \frac{1.687}{EI}$$

$$\Delta_{1P} = \frac{2.25P_0}{EI},\quad \Delta_{2P} = -\frac{0.563P_0}{EI}$$

将它们代入振幅方程，引入 $m\theta^2 = 0.127\,5EI$，得

$$\begin{cases}-0.713\,2Y_1 - 0.143\,4Y_2 + 2.25\dfrac{P_0}{EI} = 0\\ -0.071\,69Y_1 - 0.785\,0Y_2 - 0.563\dfrac{P_0}{EI} = 0\end{cases}$$

解得

$$Y_1 = 3.358\frac{P_0}{EI},\quad Y_2 = -1.031\frac{P_0}{EI}$$

惯性力幅值为

$$\begin{cases} I_1 = \dfrac{m}{2}\theta^2 Y_1 = 0.214P_0 \\ I_2 = m\theta^2 Y_2 = -0.1314P_0 \end{cases}$$

根据叠加原理,得最大动力弯矩为

$$[M(t)]_{\max} = \overline{M}_1 I_1 + \overline{M}_2 I_2 + M_P$$

画出动弯矩图如图 10－36(e) 所示。

5.(西南交通大学试题) 如图 10－37 所示体系,$W = 9$ kN,梁中点竖向柔度 $\delta = 3\times10^{-5}$ m/(kN · m),简谐荷载 $F_P(t) = F_0\sin\theta t$,$F_0 = 2$ kN,$\theta = 0.809$。求跨中振幅及最大挠度,并画出动力弯矩 M_D 图。

解　由动力系数计算公式可得结构的动力系数为

$$\mu = \frac{1}{1-\theta^2/\omega^2} = 2.78$$

所以结构的振幅为

$$A = \mu F_0\delta_{11} = 0.167\ \text{mm}$$

则系统的最大挠度为

$$\Delta_{\max} = (W + \mu F_0)\delta_{11} = 0.437\ \text{mm}$$

固定端动力弯矩为

$$M_D = \mu M_{st} = \mu\frac{3F_0 l}{16} = 4.17\ \text{kN}\cdot\text{m}$$

作弯矩图如图 10－38 所示。

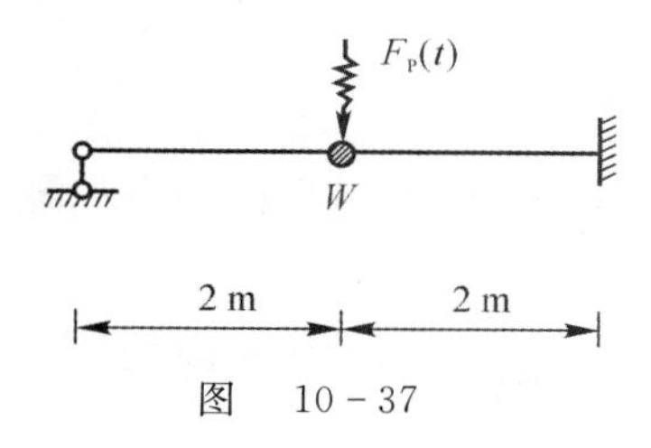

图　10－37

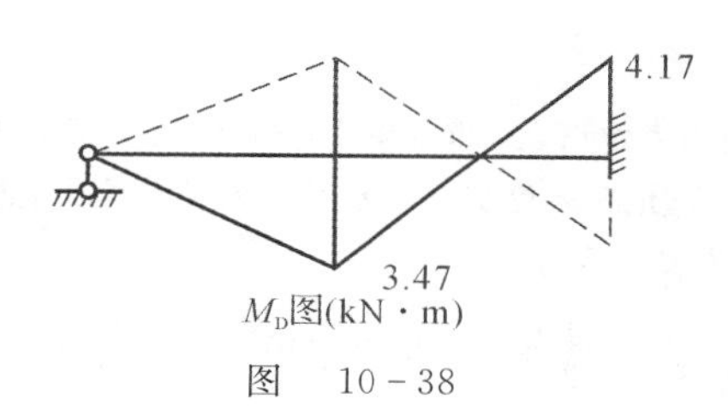

图　10－38

6.(西安建筑科技大学试题) 求如图 10－39 所示结构的自振频率及主振型,画出振型图。

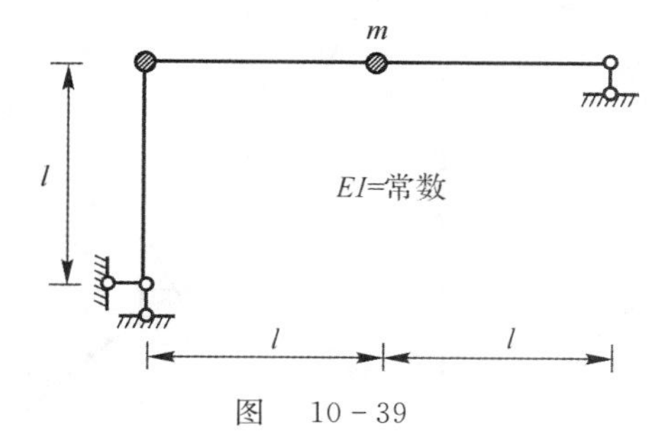

图　10－39

解　(1) 利用位移法求解柔度系数。结构有两个自由度,即水平方向和垂直方向。当分别沿水平和垂直方向发生单位位移时,结构的弯矩图如图 10－40(a)(b) 所示。

由图乘法可得

$$\delta_{11} = \frac{l^3}{EI},\quad \delta_{12} = \delta_{21} = \frac{l^3}{4EI},\quad \delta_{22} = \frac{1}{EI}\left(\frac{1}{2}\times\frac{l}{2}\times l\times\frac{2}{3}\times\frac{1}{2}\times 2\right) = \frac{l^3}{6EI}$$

代入 $$\lambda_1=\frac{(\delta_{11}m_1+\delta_{22}m_2)\pm\sqrt{(\delta_{11}m_1+\delta_{22}m_2)^2-2(\delta_{12}\delta_{11}-\delta_{22}\delta_{12})m_1m_2}}{2}$$

可解得 $$\lambda_1=\frac{12.85-l^3}{12EI},\quad \lambda_2=\frac{1.12-l^3}{EI}$$

进而解得 $$\omega_1=0.967\sqrt{\frac{EI}{ml^3}},\quad \omega_2=3.2\sqrt{\frac{EI}{ml^3}}$$

(2) 令 $A_{22}=1$,则

$$A_{11}=-\frac{\delta_{12}m_2}{\delta_{11}m_1-\frac{1}{\omega_1^2}}=3.614\Rightarrow |\boldsymbol{A}|_{\mathrm{I}}=\begin{vmatrix}1\\3.614\end{vmatrix}$$

(3) 令 $A_{12}=1$,则

$$A_{22}=-\frac{\delta_{12}m_2}{\delta_{11}m_1-\frac{1}{\omega_1^2}}=0.272\Rightarrow |\boldsymbol{A}|_{\mathrm{II}}=\begin{vmatrix}1\\-0.377\end{vmatrix}$$

相应的振型图如图 10-40(c)(d) 所示。

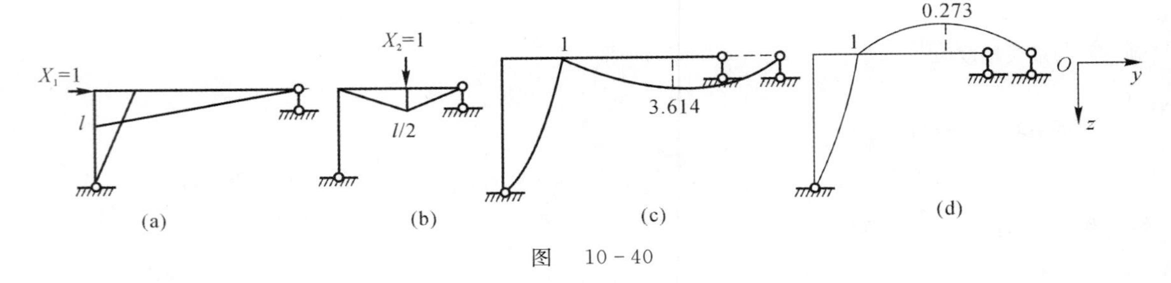

图 10-40

7.(福州大学试题) 求如图 10-41 所示体系的自振频率。

解 在质点 m 处加一个水平向右的单位力,此时为基本体系,则可绘制如图 10-42 所示的弯矩图。利用图乘法可得

$$\delta_{11}=\frac{1}{EI}\times\frac{1}{2}\times3\times3\times\frac{2}{3}+\frac{1}{2EI}\times\frac{1}{2}\times6\times3\times\frac{2}{3}\times3+\frac{1}{EA}\times(-\sqrt{2})^2\times6\sqrt{2}=\frac{18}{EI}+\frac{12\sqrt{2}}{EA}$$

所以可得振动频率为

$$\omega=\sqrt{\frac{1}{m\delta_{11}}}=\sqrt{\frac{1}{m\left(\frac{18}{EI}+\frac{12\sqrt{2}}{EA}\right)}}$$

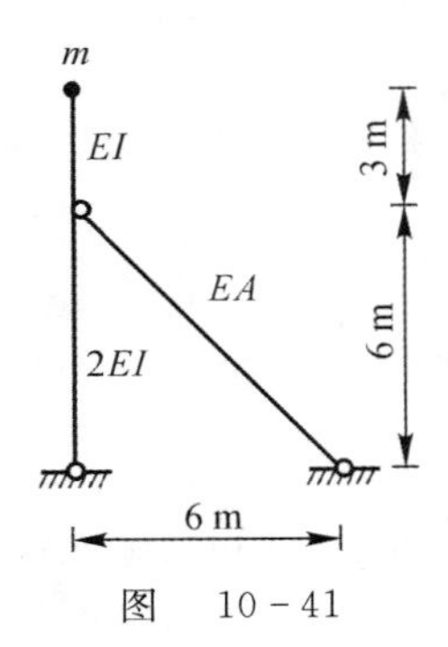

图 10-41

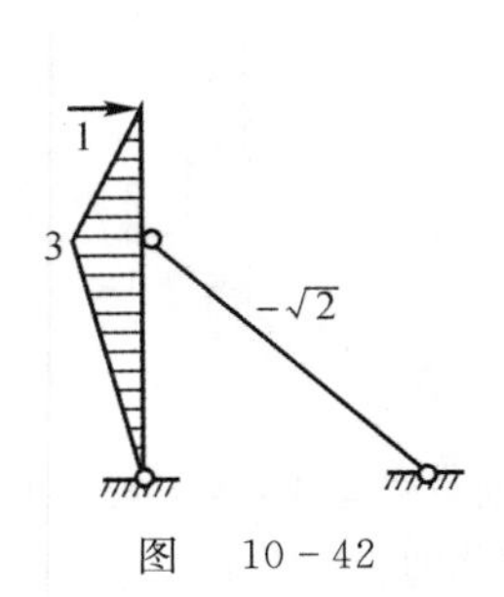

图 10-42

8.(武汉大学试题) 截面抗弯刚度为 EI 的梁上有一个集中质量 m,忽略梁自身的质量,受到如图 10-43 所示简谐荷载 $P(t)=P\sin\theta t$ 作用。求该体系振动时结构的最大侧移。

解 将振动荷载换成单位荷载,此时的弯矩图如图 10-44 所示。

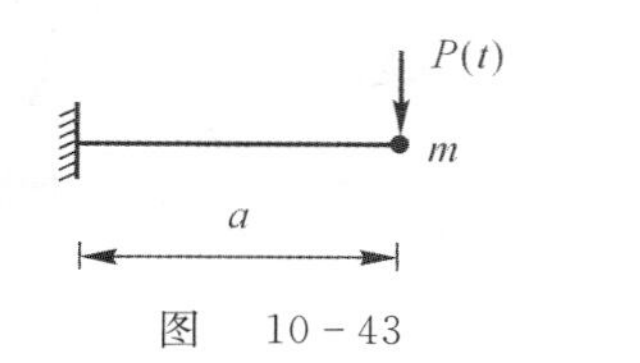

图 10-43

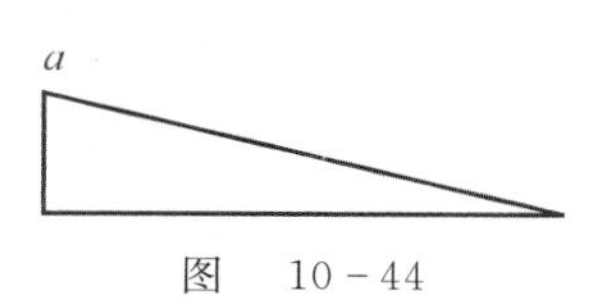

图 10-44

系统的柔度为

$$\delta = \frac{1}{EI} \cdot \frac{1}{2}a^2 \times \frac{2}{3}a = \frac{a^3}{3EI}$$

自振频率为

$$\omega = \frac{1}{\sqrt{m\delta}} = \sqrt{\frac{3EI}{ma^3}}$$

进而求得

$$\beta = \left| \frac{1}{1-\theta^2/\omega^2} \right| = \left| \frac{3EI}{3EI - ma^3\theta^2} \right|$$

所以最大位移为

$$y_{\max} = \beta P\delta = \left| \frac{Pa^3}{3EI - ma^3\theta^2} \right|$$

9.(武汉大学试题) 如图 10-45 所示体系,已知:$EI = 2\times10^4\ \mathrm{kN\cdot m^2}$,$\theta = 20\ \mathrm{s^{-1}}$,$P = 5\ \mathrm{kN}$,$W = 20\ \mathrm{kN}$。求最大动弯矩。

解 在 W 处加一个向下的单位力,绘制此时的弯矩图,如图 10-46 所示。

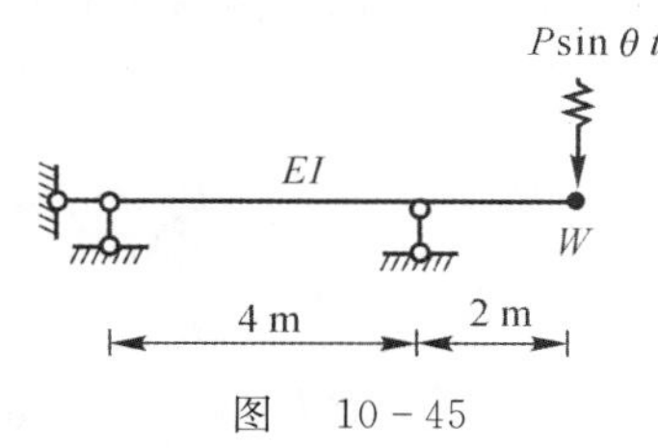

图 10-45

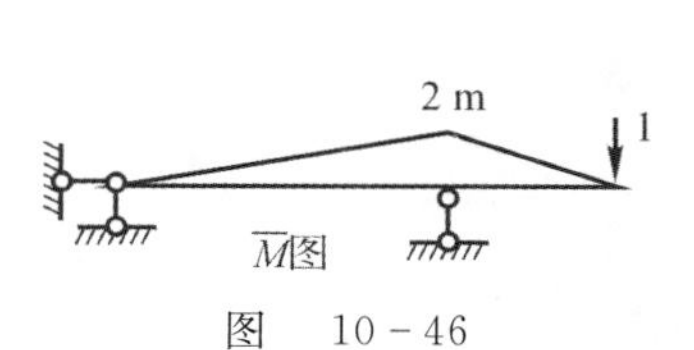

图 10-46

由图乘法可知

$$\delta_{11} = \sum\int \frac{\overline{M}^2}{EI}\mathrm{d}s = \frac{1}{EI}\left[\left(\frac{1}{2}\times4\times2\right)\times\left(\frac{2}{3}\times2\right)+\left(\frac{1}{2}\times2\times2\right)\times\left(\frac{2}{3}\times2\right)\right] = \frac{8}{EI}$$

所以频率为

$$\omega = \sqrt{\frac{1}{m\delta_{11}}} = \sqrt{\frac{EIg}{8W}} = \sqrt{\frac{2\times10^5}{8\times20}} = 35.355\ 3$$

系数为

$$\beta = \frac{1}{1-\frac{\theta^2}{\omega^2}} = \frac{1}{1-\frac{\theta^2}{\omega^2}} = 1.033$$

所以最大弯矩为

$$M_{\mathrm{dmax}} = \beta\cdot P\cdot 2 = 1.033\times5\times2 = 10.33\ \mathrm{kN\cdot m}$$

10.4 习题精选详解

10-1 试求图示梁的自振周期和圆频率。设 $W = 1.23\ \mathrm{kN}$,梁重不计,$E = 21\times10^4\ \mathrm{MPa}$,$I = 78\ \mathrm{cm^4}$。

解 悬臂梁杆端的柔度系数为

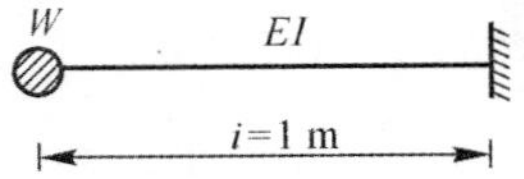

$$\delta = \frac{l^3}{3EI}$$

$$\omega = \sqrt{\frac{g}{W\delta}} = \sqrt{\frac{9.8 \times 3 \times 21 \times 10^4 \times 78 \times 10^{-4}}{1.23 \times 1}} = 62.3\ \text{s}^{-1}$$

$$T = \frac{2\pi}{\omega} = 0.100\ 8\ \text{s}$$

题 10-1 图

10-2 一块形基础，底面积 $A = 18\ \text{m}^2$，重量为 2 352 kN，土壤的弹性压力系数为 3 000 kN/m³。试求基础竖向振动时的自振频率。

解 对基础块，弹性地基的刚度系数为

$$k = 18 \times 3\ 000$$

$$\omega = \sqrt{\frac{k}{m}} = \sqrt{\frac{kg}{W}} = \sqrt{\frac{18 \times 3\ 000 \times 9.8}{2\ 352}} = 15\ \text{s}^{-1}$$

10-3 试求图示体系的自振频率。

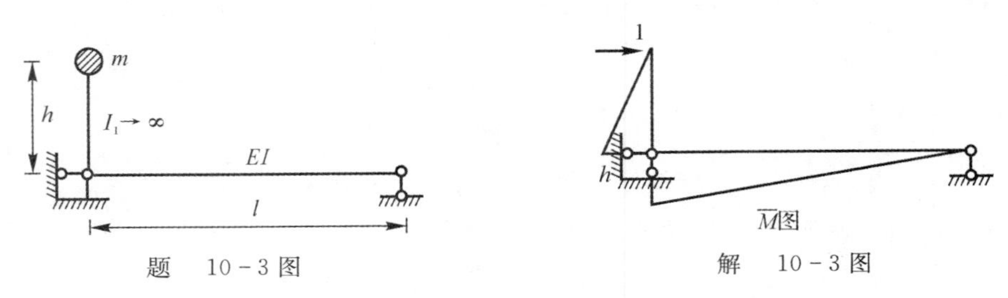

题 10-3 图　　解 10-3 图

解 求质点水平方向的单自由度振动，先计算其柔度系数。作单位力下的弯矩图如解 10-3 图所示，则由图乘法，可得

$$\delta = \frac{1}{EI}\frac{1}{2}h \times l \times \frac{2}{3}h = \frac{h^2 l}{3EI}$$

$$\omega = \sqrt{\frac{1}{m\delta}} = \sqrt{\frac{3EI}{mh^2 l}}$$

10-4 设图示竖杆顶端在振动开始时的初始位移为 0.1 cm（被拉到位置 B' 后放松引起振动）。试求顶端 B 的位移振幅、最大速度和加速度。

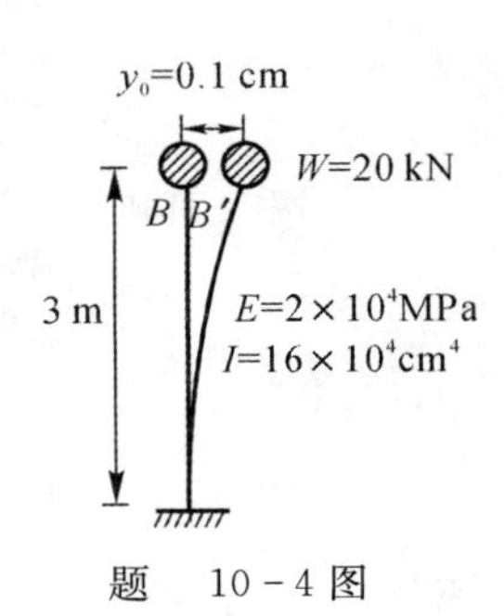

题 10-4 图

解 悬臂梁杆端的柔度系数为

$$\delta = \frac{l^3}{3EI}$$

$$\omega = \sqrt{\frac{g}{W\delta}} = \sqrt{\frac{g3EI}{l^3 W}} = \sqrt{\frac{9.8 \times 3 \times 2 \times 10^4 \times 10^6 \times 16 \times 10^{-4}}{3^3 \times 20 \times 10^3}} = 41.74\ \text{s}^{-1}$$

由初始条件引起的自由振动的，位移函数为

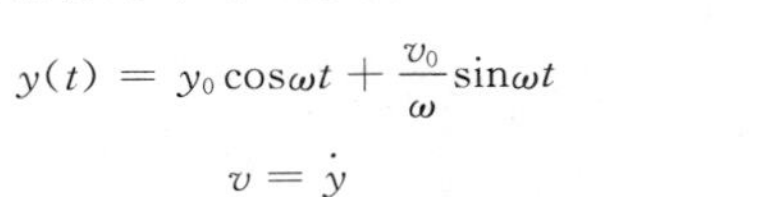

$$y(t) = y_0 \cos\omega t + \frac{v_0}{\omega}\sin\omega t$$

速度
$$v = \dot{y}$$

加速度
$$a = \dot{y}$$

故最大速度为

$$v_{\max} = y_0\omega = 0.1 \times 41.74 = 4.174\ \text{cm} \cdot \text{s}^{-1}$$

最大加速度为

$$a_{\max} = y_0\omega^2 = 0.1 \times 41.74^2 = 174.3\ \text{cm} \cdot \text{s}^{-2}$$

10-6 图示刚架跨中有集中重量 W，刚架自重不计，弹性模量为 E。试求竖向振动时的自振频率。

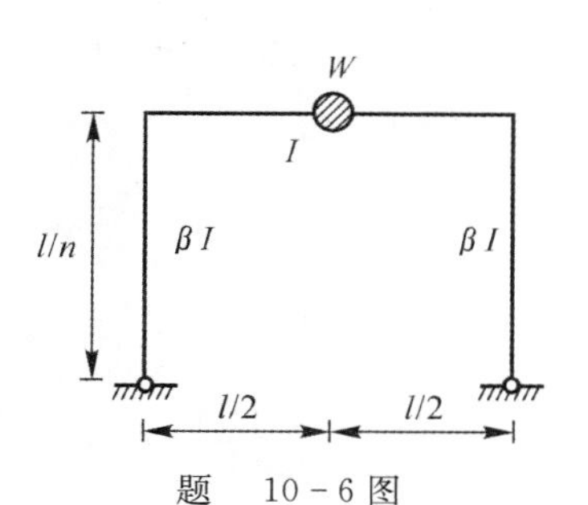

题　10－6 图

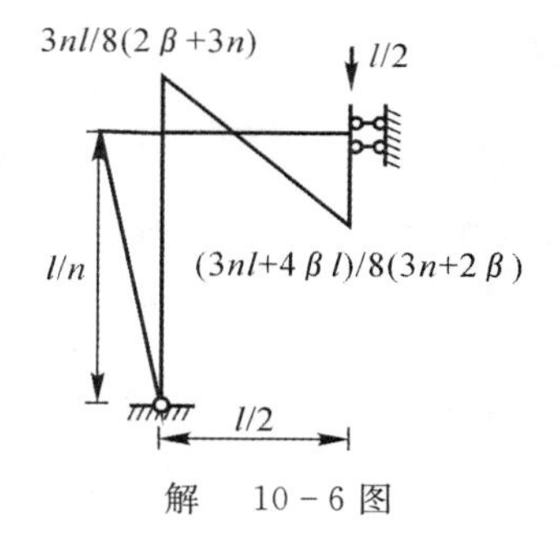

解　10－6 图

解　利用对称性，作出竖向单位力引起弯矩图如解 10－6 图所示，计算柔度系数为

$$\delta=\frac{l^3(8\beta+3n)}{192(2\beta+3n)EI}$$

$$\omega=\sqrt{\frac{g}{W\delta}}=\sqrt{\frac{192(2\beta+3n)EIg}{Wl^3(8\beta+3n)}}$$

10－8　试求图示梁的最大竖向位移和梁端弯矩幅值。已知：$W=10\ \text{kN}, F_P=2.5\ \text{kN}, E=21\times10^5\ \text{MPa}, I=1\ 130\ \text{cm}^4, \theta=57.6\ \text{s}^{-1}, l=150\ \text{cm}$。

解　悬臂梁杆端的柔度系数为

$$\delta=\frac{l^3}{3EI}$$

$$\omega=\sqrt{\frac{g}{W\delta}}=\sqrt{\frac{g3EI}{l^3W}}=\sqrt{\frac{980\times3\times2\times10^4\times1\ 130}{150^3\times10}}=44.73\ \text{s}^{-1}$$

动力系数为　$$\beta=\left|\frac{1}{1-\frac{\theta^2}{\omega^2}}\right|=\left|\frac{1}{1-\frac{57.6^2}{44.73^2}}\right|=1.459$$

静位移为　$$y_{st}=F_P\delta=0.124\ 4\ \text{cm}$$

振幅为　$$A=\beta y_{st}=0.181\ \text{cm}$$

最大竖向位移为　$$y_{max}=W\delta+A=0.497\ 6\ \text{cm}$$

最大杆端弯矩为　$$M_{max}=Wl+\beta F_P l=20.5\ \text{kN}\cdot\text{m}=\frac{3EI}{l^2}y_{max}$$

特别提醒：计算最大位移和最大弯矩时，需要考虑静平衡位置的关系。

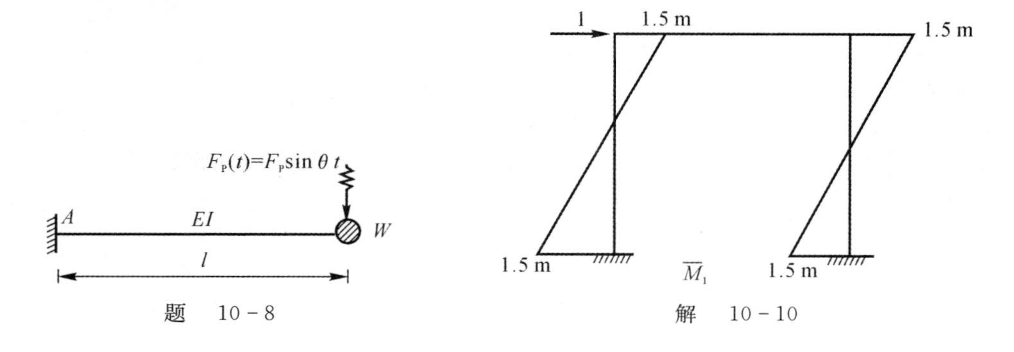

题　10－8　　　解　10－10

10－12　设有一个自振周期为 T 的单自由度体系，承受图示突加荷载作用。试：

(1) 求任意时刻 t 的位移 $y(t)$。

(2) 证明当 $\tau<0.5T$ 时，最大位移发生在时刻 $t>\tau$(即卸载后)；当 $\tau>0.5T$ 时，最大位移发生在 $t<\tau$(即卸载前)。

(3) 当 $\tau = 0.1T, \tau = 0.2T, \tau = 0.3T, \tau = 0.5T$ 时，分别计算最大位移 $y_{\max}$ 和静位移 $y_{st} = \dfrac{F_P}{k}$ 的比值。

(4) 证明 $\dfrac{y_{\max}}{v_{st}}$ 的最大值为 2；当 $\tau < 0.1T$ 时，可按瞬时冲量计算，误差不大。

解 (1) 第一阶段，$0 \leqslant t \leqslant \tau$，由杜哈梅积分可得

$$y(t) = \frac{1}{m\omega}\int_0^t F_P \sin\omega(t-\tau')\mathrm{d}\tau' = \frac{F_P}{m\omega^2}(1-\cos\omega t) = y_{st}(1-\cos\omega t)$$

第二阶段($t > \tau$)，由杜哈梅积分可得

$$y(t) = \frac{1}{m\omega}\int_0^t F_P \sin\omega(t-\tau')\mathrm{d}\tau' = \frac{F_P}{m\omega^2}[\cos\omega(t-\tau) - \cos\omega t]$$

(2) 当 $\tau > 0.5T$ 时，在第一阶段中 $\cos\omega t$ 项可取得最大值 -1，最大位移与静位移比取得最大 $\beta = 2$。

当 $\tau < 0.5T$ 时，第二阶段以 τ 时刻的位移和速度为初始条件作自由振动，有

$$y(t) = y_{st}[\cos\omega(t-\tau) - \cos\omega t] = y_{st}\sin\frac{\omega\tau}{2}\sin\omega\left(t-\frac{\tau}{2}\right)$$

最大位移与静位移比 $\beta = 2\sin\dfrac{\omega\tau}{2}$。

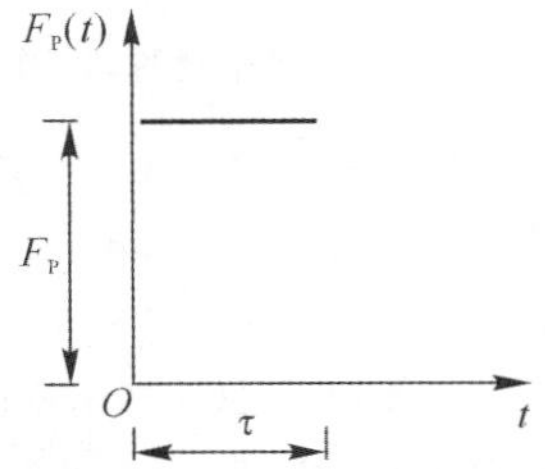

所以，当 $\tau < 0.5T$ 时，最大位移发生在时刻 $t > \tau$(即卸载后)；当 $\tau > 0.5T$ 时，最大位移发生在 $t < \tau$(即卸载前)。

题 10-12 图

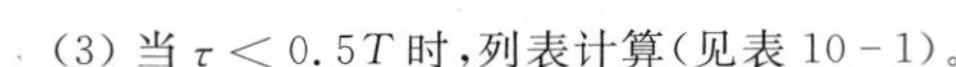

(3) 当 $\tau < 0.5T$ 时，列表计算(见表 10-1)。

表 10-1

τ/T	0.1	0.2	0.3	0.5
β	0.618	1.175	1.618	2

(4) 由(2)知，当 $\tau > 0.5T$ 时，$\beta = 2$，当 $\tau < 0.5T$ 时，$\beta = 2\sin\dfrac{\omega\tau}{2} \leqslant 2$。所以 $\dfrac{y_{\max}}{y_{st}}$ 的最大值为 2。

当 τ 很小时，有

$$y(t) = t_{st}2\sin\frac{\omega\tau}{2}\sin\omega\left(t-\frac{\tau}{2}\right)$$

式中

$$\sin\frac{\omega\tau}{2} \approx \frac{\omega\tau}{2}, \quad \sin\omega\left(t-\frac{\tau}{2}\right) \approx \sin(\omega t)$$

可得

$$y(t) \approx y_{st}\omega\tau\sin(\omega\tau) = \frac{F_P\tau}{m\omega}\sin\omega t$$

即是瞬时冲量 $F_P\tau$ 引起的振动位移。

因此当 $\tau < 0.1T$ 时，可按瞬时冲量计算，误差不大。

10-14 某结构自由振动 10 个周期后，振幅降为原来的 10%，试求结构的阻尼比 ξ 和在简谐荷载作用下共振时的动力系数。

解 由

$$\xi = \frac{1}{2\pi n}\ln\frac{y_k}{y_{k+n}}$$

得

$$\xi = \frac{1}{20\pi}\ln 10 = 0.036\,7$$

$$\beta = \frac{1}{2\xi} = 13.6$$

10-16 试求图示体系 l 点的位移动力系数和 0 点的弯矩动力系数。它们与动力荷载通过质点作用时的动力系数是否相同？不同在何处？

解 用柔度法写出运动方程为

$$y=(-m\ddot{y})\delta_{11}+\delta_{1P}F\sin\theta t$$

其中，δ_{11} 指在 1 点施加水平单位力时，1 点的水平位移；δ_{1P} 指动力方向施加单位力时，1 点的水平位移。$\delta_{1P}F$ 即为动力幅值作为静力引起的 1 方向位移 y_{st}，方程变化为

$$\ddot{y}+\omega^2 y=\omega^2\delta_{1P}F\sin\theta t$$

其中，$\omega^2=\dfrac{1}{m\delta_{11}}$ 为自振圆频率。

题　10－16 图

设平稳阶段的解为

$$y=A\sin\theta t$$

代入运动方程，则

$$-\theta^2 A+\omega^2 A=\omega^2\delta_{1P}F$$

$$A=\frac{y_{st}}{1-\dfrac{\theta^2}{\omega^2}}$$

所以 1 点位移的动力系数为

$$\beta=\frac{1}{1-\dfrac{\theta^2}{\omega^2}}$$

质点惯性力为

$$I=-m\ddot{y}=mA\theta^2\sin\theta t=\frac{\delta_{1P}}{\delta_{11}}\frac{1}{\dfrac{\omega^2}{\theta^2}-1}F\sin\theta t=I_1\sin\theta t$$

0 点动弯矩幅值为 $Fal+I_1 l$，0 点静力弯矩为 Fal。

因此，0 点弯矩动力系数为

$$\frac{I_1 l+Fal}{Fal}=1+\frac{\delta_{1P}}{a\delta_{11}}\frac{1}{\dfrac{\omega^2}{\theta^2}-1}$$

当 $a=1$ 时，$\delta_{11}=\delta_{1P}$ 与位移动力系数相同。

上述计算表明，动力荷载不通过质点作用与动力荷载通过质点作用时，位移的动力系数不变，惯性力动力系数也相同，但结构内力动力系数不同。即位移与内力动力系数不同。

10－18　试求图示梁的自振频率和主振型，梁抗弯刚度为 EI。

解　(1) 对连续梁，选择用柔度法。计算单位力下的弯矩图如解 10－18 图所示。

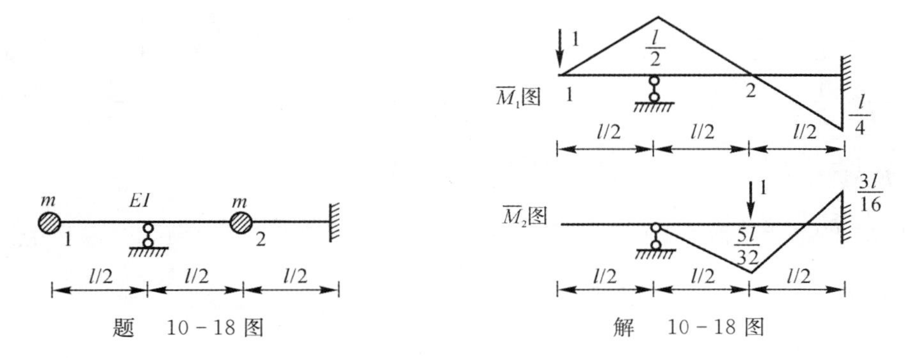

题　10－18 图　　　　解　10－18 图

由图乘法得到柔度系数为

$$\delta_{11}=\frac{1}{EI}\left[\frac{1}{2}\times\frac{l}{2}\times\frac{l}{2}\times\frac{2}{3}\times\frac{l}{2}+\frac{1}{2}l\times\frac{l}{2}\times\left(\frac{2}{3}\times\frac{l}{2}-\frac{1}{3}\times\frac{l}{4}\right)+\frac{1}{2}l\times\frac{1}{4}\times\left(-\frac{1}{3}\times\frac{l}{2}+\frac{2}{3}\times\frac{l}{4}\right)\right]=\frac{5l^3}{48EI}$$

$$\delta_{12}=\delta_{21}=\frac{1}{EI}\left[\frac{1}{2}\times l\times\frac{3l}{16}\times\left(\frac{1}{3}\times\frac{l}{2}-\frac{2}{3}\times\frac{l}{4}\right)+\frac{1}{2}l\times\frac{1}{4}\times\left(-\frac{1}{2}\times\frac{l}{2}+\frac{1}{2}\times\frac{l}{4}\right)\right]=-\frac{l^3}{64EI}$$

$$\delta_{22}=\frac{1}{EI}\left[\frac{1}{2}\times\frac{l}{2}\times\frac{5l}{32}\times\frac{2}{3}\times\frac{5l}{32}+\frac{1}{2}\times\frac{5l}{32}\times\frac{l}{2}\times\left(\frac{2}{3}\times\frac{5l}{32}-\frac{1}{3}\times\frac{3l}{16}\right)+\frac{1}{2}\ \frac{l}{2}\times\frac{3l}{16}\times\left(-\frac{1}{3}\times\frac{5l}{32}+\frac{2}{3}\times\frac{3l}{16}\right)\right]=\frac{7l^3}{768EI}$$

(2) 自振频率方程为

$$\begin{vmatrix}\delta_{11}m-\frac{1}{\omega^2} & \delta_{12}m\\ \delta_{21}m & \delta_{22}m-\frac{1}{\omega^2}\end{vmatrix}=0$$

设 $\lambda=\frac{1}{\omega^2}$,则方程的两个根为

$$\lambda_{1,2}=\frac{(\delta_{11}m+\delta_{22}m)\pm\sqrt{(\delta_{11}m+\delta_{22}m)^2-4(\delta_{11}\delta_{22}-\delta_{12}\delta_{21})m^2}}{2}=\frac{(0.113\,3\pm0.099\,9)}{2}\frac{ml^3}{EI}$$

求出 2 个频率为

$$\omega_1=\sqrt{\frac{1}{\lambda_1}}=3.061\sqrt{\frac{EI}{ml^3}},\quad \omega_2=\sqrt{\frac{1}{\lambda_2}}=12.26\sqrt{\frac{EI}{ml^3}}$$

(3) 对应主振型为

$$\frac{Y_{11}}{Y_{21}}=-\frac{\delta_{12}m}{\delta_{11}-\frac{1}{\omega_1^2}}=-\frac{1}{0.169\,7},\quad \frac{Y_{12}}{Y_{22}}=-\frac{\delta_{12}m}{\delta_{11}m-\frac{1}{\omega_2^2}}=-\frac{1}{6.377\,5}$$

10-20 试求图示双跨梁的自振频率。已知 $l=100$ cm, $mg=1\,000$ N, $I=68.82$ cm^4, $E=2\times10^5$ MPa。

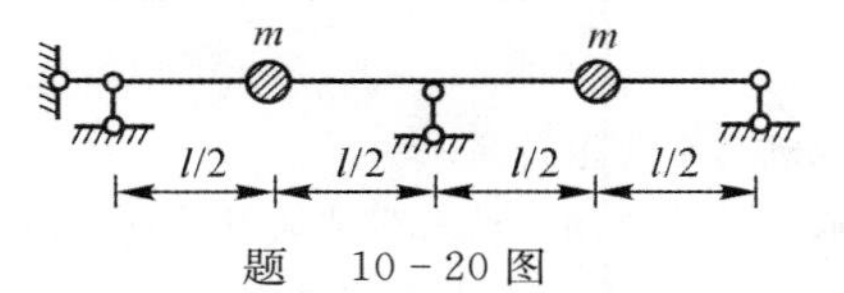

题 10-20 图

温馨提示:在求 $\overline{M}_1$ 和 $\overline{M}_2$ 时,采用力矩分配法。

解 (1) 求 δ。如解 10-20 图(a)(b) 所示,有

$$\delta_{11}=\delta_{22}=\frac{1}{EI}\times\frac{1}{2}\times\frac{l}{2}\times\frac{7}{32}l\times\frac{2}{3}\times\frac{7}{32}l+\frac{1}{EI}\times\frac{1}{2}\times\frac{l}{2}\times\frac{7}{32}l\times\left(\frac{2}{3}\times\frac{7}{32}l-\frac{1}{3}\times\frac{1}{16}l\right)+\frac{1}{EI}\times\frac{1}{2}\times\frac{l}{2}\times\frac{l}{16}\times\left(\frac{2}{3}\times\frac{l}{16}-\frac{1}{3}\times\frac{7}{32}t\right)+\frac{1}{EI}\times l\times\frac{1}{2}\times\frac{l}{16}\times\frac{2}{3}\times\frac{l}{16}=\frac{l^3}{EI}\left(\frac{49}{32^2\times6}+\frac{7}{32^2}-\frac{5}{48}\times\frac{1}{64}+\frac{1}{16\times48}\right)=\frac{89}{6\,144}\frac{l^3}{EI}$$

$$\delta_{12}=\delta_{21}=2\times\frac{1}{EI}\times\left[\frac{1}{2}\times l\times\frac{l}{16}\times\frac{2}{3}\times\frac{l}{16}-\frac{1}{2}\times l\times\frac{1}{4}\times\frac{1}{2}\times\frac{l}{16}\right]=-\frac{l^3}{192EI}$$

$$\delta=\frac{l^3}{6\,144EI}\begin{bmatrix}89 & -32\\ -32 & 89\end{bmatrix}$$

$$\begin{vmatrix}89-\varepsilon & -32\\ -32 & 89-\varepsilon\end{vmatrix}=0$$

可得

$$\varepsilon_1=121,\quad \varepsilon_2=57$$

则

$$\omega_1=\sqrt{\frac{6\,144}{121}}\times\sqrt{\frac{EI}{ml^3}}=7.126\sqrt{\frac{EI}{ml^3}}$$

$$\omega_2=\sqrt{\frac{6\,144}{57}}\times\sqrt{\frac{EI}{ml^3}}=10.382\sqrt{\frac{EI}{ml^3}}$$

代入数据，可得

$$\frac{EI}{ml^3}=\frac{2\times10^{11}\times68.82\times10^{-8}}{\frac{10^3}{9.8}\times1^3}=2\times9.8\times68.82=1\ 348.872$$

$$\omega_1=261.717\ \text{s}^{-1},\quad \omega_2=381.300\ \text{s}^{-1}$$

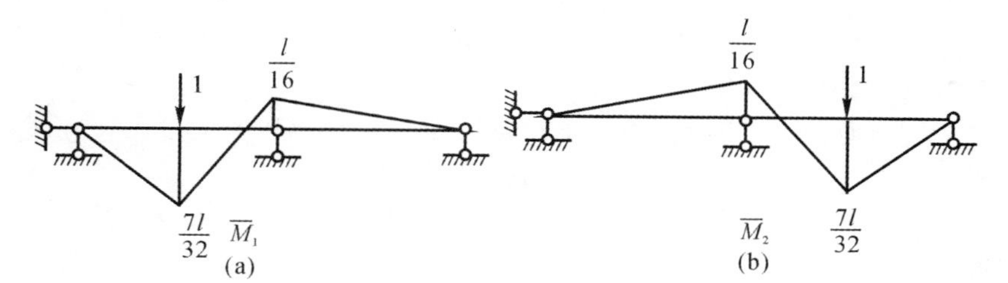

解　10－20 图

10－22　试求图示两层刚架的自振频率和主振型。设楼面质量分别为 $m_1=120$ t 和 $m_2=100$ t，柱的质量已集中于楼面，柱的线刚度分别为 $i_1=20$ MN・m 和 $i_2=14$ MN・m，横梁刚度为无限大。

解　可知结构为两个自由度体系，楼层刚度为

$$k_1=k_2=2\times\frac{12EI}{h^3}$$

设楼面位移分别为 $y_1(t)$，$y_2(t)$。按动静法写出其振动方程为

$$\begin{cases}k_1y_1(t)-k_2[y_2(t)-y_1(t)]=-m_1\ddot{y}_1(t)\\k_2[y_2(t)-y_1(t)]=-m_2\ddot{y}_2(t)\end{cases}$$

因结构做简谐振动，故令 $y(t)=A\sin\omega t$，代入得振幅方程为

$$\begin{cases}(k_1+k_2-m_1\omega^2)A_1-k_2A_2=0\\-k_2A_1+(k_2-m_2\omega^2)A_2=0\end{cases}$$

要使 A_1，A_2 不全为零，则有

$$\begin{vmatrix}k_1+k_2-m_1\omega^2 & -k_2\\-k_2 & k_2-m_2\omega^2\end{vmatrix}=0$$

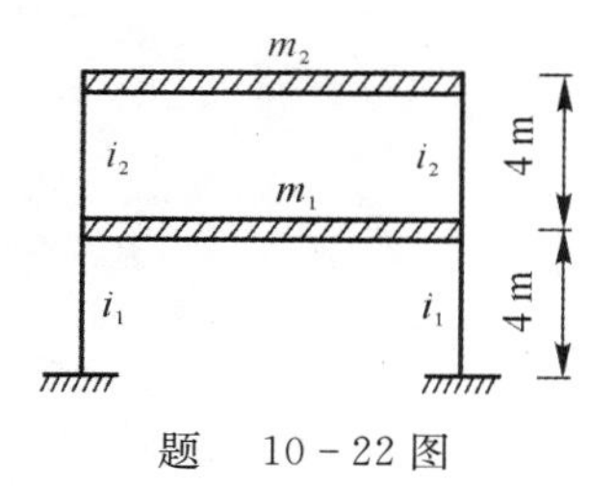

题　10－22 图

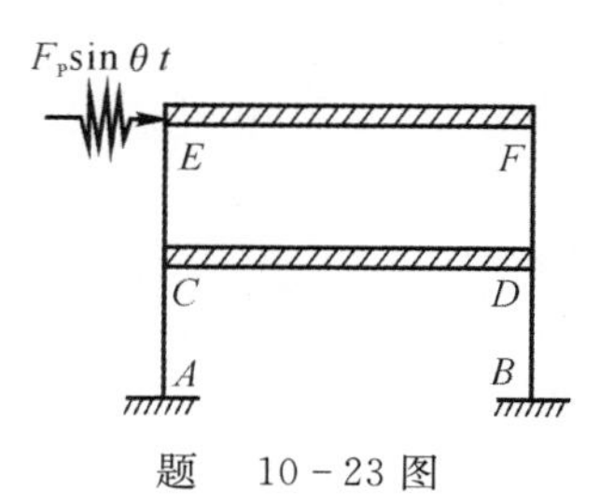

题　10－23 图

10－23　设在题 10－22 的两层刚架的二层楼面处沿水平方向作用一简谐干扰力 $F_P\sin\theta t$，其幅值 $F_P=5$ kN，机器转速 $n=150$ r/min。试求图示第一、二层楼面处的振幅值和柱端弯矩的幅值。

解　由转速可得

$$\theta=\frac{2\pi n}{60}=15.708\ \text{s}^{-1}$$

两个自由度体系的强迫振动的刚度法运动微分方程为

$$\begin{cases}m_1\ddot{y}_1(t)+k_{11}y_1(t)+k_{12}y_2(t)=F_{P1}(t)\\m_2\ddot{y}_2(t)+k_{21}y_1(t)+k_{22}y_2(t)=F_{P2}(t)\end{cases}$$

动力荷载为

$$\begin{cases} F_{P1}(t) = 0 \\ F_{P2}(t) = F_P \sin\theta t \end{cases}$$

则平稳振动阶段振幅方程为

$$\begin{cases} (k_{11} - \theta^2 m_1)Y_1 + k_{12}Y_2 = 0 \\ k_{21}Y_1 + (k_{22} - \theta^2 m_2)Y_2 = F_P \end{cases}$$

由题 10 - 22 刚度系数计算出，有

$$D_0 = (k_{11} - \theta^2 m_1)(k_{22} - \theta^2 m_2) - k_{12}k_{21} = -519.6 \times 10^6$$

$$D_1 = -k_{12}F_P = 0.105 \times 10^6$$

$$D_2 = (k_{11} - \theta^2 m_1)F_P = 0.107 \times 10^6$$

可得位移的幅值为

$$Y_1 = \frac{D_1}{D_0} = -0.202 \times 10^{-3}\ \text{m} \quad Y_2 = \frac{D_2}{D_0} = -0.206 \times 10^{-3}\ \text{m}$$

动弯矩幅值为

$$M_{A\max} = \frac{6i_1}{4}Y_1 = 6.06\ \text{kN} \cdot \text{m}$$

第 11 章　超静定结构总论

11.1　教学基本要求

11.1.1　内容概述

本章首先对超静定结构的广义基本结构、广义单元和子结构的应用进行了讨论，接着分别对超静定结构的分区混合法、受力特性、结构简图、弹性支座、次内力的概念和剪力对超静结构的影响进行了分析，最后对超静定梁弯矩包络图的画法做了较详细的讲授。本章是在力法、位移法和渐近法等的基础上，对超静定结构问题的综合性的讨论。应站在超静结构的全局对超静定结构进行审视、理解，会根据超静定结构的特性正确选择计算方法。

11.1.2　目的和要求

本章的学习要求如下：

(1)了解结构计算方法选择的原则，对一般超静定结构计算问题能选择较简单的计算方法。

(2)了解几种常见方法的联合应用。

(3)熟悉超静定结构特性。

(4)初步了解混合法的应用，会用混合法计算简单的超静定问题。

(5)了解并掌握超静定梁弯矩包络图的画法。

学习这些内容的目的有以下几方面：

(1)超静定结构的类型很多，不同的类型有不同的计算方法，应学会根据结构的特性正确选取计算方法。

(2)第 4 章已讲授静定结构影响线的作法，第 8 章已讲授超静定梁影响线的作法。这样在本章就可作连续梁的内力包络图了。

11.1.3　教学单元划分

本章共 6 个教学时，分 3 个教学单元。

第一教学单元讲授内容：广义基本结构、广义单元和子结构的应用，分区混合法。

第二教学单元讲授内容：超静定结构受力特性，结构计算简图，支座简图与弹性支承概念，结构简图与次内力概念。

第三教学单元讲授内容：剪切变形对超静定结构的影响，连续梁的最不利荷载分布及内力包络图，小结。

11.1.4　教学单元知识点归纳

一、第一教学单元知识点

1. 各种计算方法的适用条件与合理选择(重点)

力法宜用于超静定桁架、超静定拱及结点位移多而超静定次数较少的刚架(见图 11 - 1(a))，位移法宜用于结点位移少而超静定次数高的结构(见图 11 - 1(b))。这样可避免求解过多的联立方程。力矩分配法适用于连续梁和无侧移刚架。无剪力分配法适用于有侧移杆都是剪力静定杆的刚架。剪力分配法适用于具有刚性横架(见图 11-1(c))及柱顶线位移相等的排架(见图 11-1(d))。

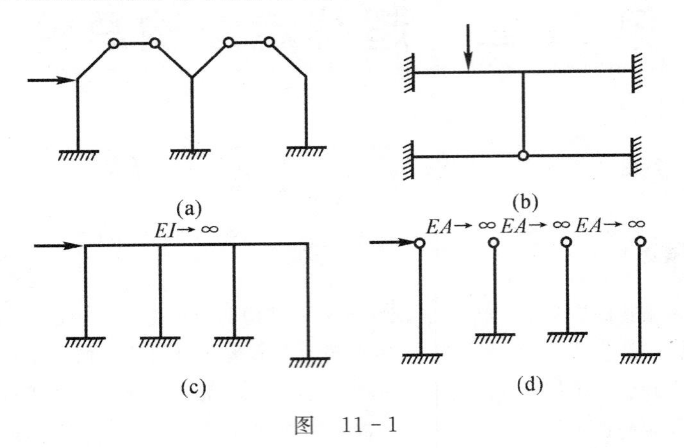

图 11-1

近似法用于多层多跨刚架。其中,受竖向荷载作用,用分层计算法;水平荷载作用下,当 $\frac{i_b}{i_c}\geqslant 3$ 时,用反弯点法。

2. 广义基本结构、广义单元和子结构的应用(重点)

在力法中可以选取超静定基本结构作为广义基本结构,在位移法中可以选用复杂单元作为广义单元。在结构分析中,将整个结构划分为几个子结构,分别确定每个子结构的刚度特性或柔度特性,最后把子结构综合起来进行整体分析。

温馨提示:例题见主教材 Ⅱ40 页例题 12-1。

3. 分区混合法(难点)

(1) 基本未知量。混合选用多余约束力和结点位移。

(2) 基本体系。a 区去多余约束,b 区附加约束。

(3) 基本方程。由变形协调条件和平衡条件混合组成矩阵,其方程为

$$\begin{bmatrix}\delta\ \delta' \\ \cdots\cdots \\ k'\ k\end{bmatrix}\begin{bmatrix}X\\ \Delta\end{bmatrix}+\begin{bmatrix}D_{\mathrm{P}}\\ F_{\mathrm{P}}\end{bmatrix}=\mathbf{0}$$

温馨提示:例题见主教材 Ⅱ46 页例题 12-2。

二、第二教学单元知识点

1. 超静定结构的特性(重点)

(1) 超静定结构是有多余约束的几何不变体系。

(2) 超静定结构的静力特征是:满足平衡条件的内力有无穷多组解,而满足平衡条件同时又满足变形条件的内力解答是唯一确定的。

例如在力法计算中,多余未知力由力法方程(变形条件)计算。再由 $M=\sum\overline{M_1}X_1+M_{\mathrm{P}}$ 得到内力。如只考虑平衡条件画出单位弯矩图和荷载弯矩图,则 X_1 是任意值。因此单就满足平衡条件来说,超静定结构有无穷多组解答。

(3) 超静定结构的内力与材料的物理性能和截面的几何特征有关,即与刚度有关。

荷载引起的内力与各杆的刚度比值有关。因此在设计超静定结构时须事先假定截面尺寸，才能求出内力；再根据内力重新选择截面。另外，也可通过调整各杆刚度比值达到调整内力的目的。

(4) 在荷载作用下，内力分布与各部分刚度的相对比值有关，而与刚度绝对值无关。

(5) 温度改变、支座移动、材料收缩、制造误差等因素会使超静定结构产生内力(自内力状态)，与刚度绝对值有关。

(6) 超静定结构的多余约束破坏，仍能继续承载，具有较高的防御能力。

(7) 超静定结构的整体性好，在局部荷载作用下可以减小局部的内方幅值和位移幅值。

例 11-1　在下列受载情况下，试讨论图 11-2 所示结构的计算方法。

(1) 荷载 F_P 单独作用。

(2) 荷载 q_1 单独作用。

(3) 荷载 q_2 单独作用。

(4) 全部荷载作用。

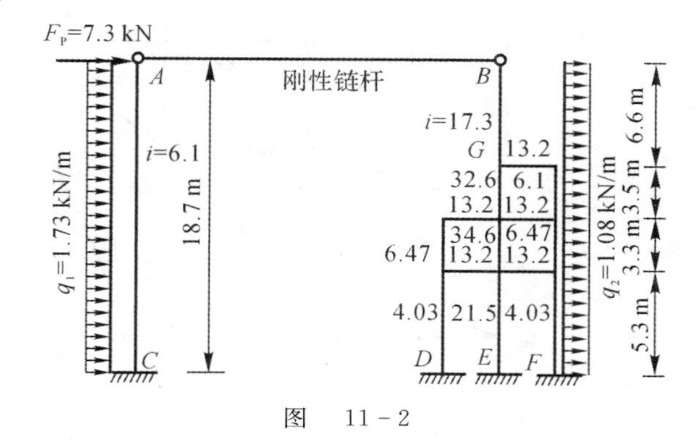

图　11-2

解　(1) 在 F_P 单独作用下，取刚性链杆轴力为基本未知量，采用力法计算；在 $q_1=1$ 作用下，分析右边刚架可采用力矩分配法。也可先分析右边刚架在 B 点处有单位水平位移时，所需要施加的水平力 F_B，即侧移，而后按剪力分配法求左、右刚架所承担的剪力，从而可以分析内力。

(2) 在 q_1 单独作用下，将 $\dfrac{q_1H}{2}$ 加到 A 点等效为 A 点处，对集中分析同(1)，得到 F_{QAC}，从而可以分析结构。

(3) 同理(2)。

(4) 由(1)(2)(3) 所作结果叠加即可。

例 11-2　如图 11-3(a) 所示组合结构，由于制造误差，EF 杆缩短了 Δ，且该杆温度升高 t℃，试绘出其弯矩图。

解　力法方程为

$$\delta_{11}X_1+\Delta_{1\Delta}+\Delta_{1t}=0$$

其中

$$\delta_{11}=\frac{1}{EI}\times 2\times\frac{1}{2}\times 4a\times 3a\times\frac{2}{3}\times 3a+\frac{1}{EI}\times 3a\times 4a\times 3a+\frac{1}{EI}\times 2\times 5a\times$$

$$(\frac{5}{4})^2+\frac{1}{EA}\times 2\times 3a\times(-\frac{3}{4})^2+\frac{1}{EA}\times 1\times 4a=\frac{60a^3}{EI}+\frac{184a}{8EA}$$

$$\Delta_{1\Delta}=-\Delta,\ \Delta_{1t}=at\times 4a$$

代入力法方程后，解得

$$X_1=\frac{\Delta-at\times 4a}{\dfrac{60a^3}{EI}+\dfrac{184a}{8EA}}$$

温馨提示：若 $\Delta>\alpha t\times 4a$，弯矩图如图 11-3(c) 所示；若 $\Delta<\alpha t\times 4a$，弯矩图如图 11-3(d) 所示。其中截面 C 与 D 的弯矩值为

$$M_C=M_D=\frac{3a(\Delta-\alpha t\times 4a)}{\dfrac{60a^3}{EI}+\dfrac{184a}{8EA}}$$

2. 结构计算简图的画法(重点、难点)

选择计算简图的总原则可归纳为两条：一是“从实际出发”，二是“分清主次”。所谓“从实际出发”，就是要

全面考虑结构的布置与构造，了解结构受力状态的实际情况。所谓“分清主次”，就是要对结构受力状态的影响因素进行分析，区别主要因素和次要因素，选择合理的计算简图。其主要内容如下：

(1) 将空间结构简化为平面结构；

(2) 交叉体系的荷载传递方式确定及简化；

(3) 将体系分解为基本部分和附属部分；

(4) 忽略次要变形；

(5) 离散化和连续化。

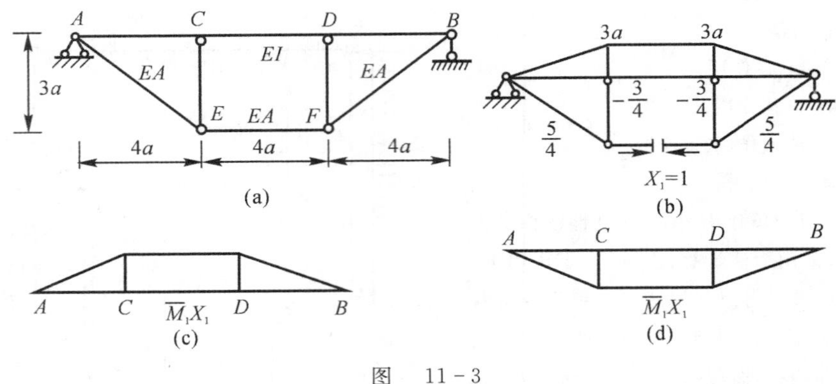

图 11-3

3. 支座简图与弹性支承概念(重点)

支承结构的装置称为支座。当结构中某部分承受荷载时，可把这部分从结构中分割出来，将其看成一个具有弹性支座的结构，而把相邻部分看成弹性支座。结构中的相邻部分互为弹性支承，而且互相提供的弹性支承的强弱程度正好相反。当相邻部分刚度相差较大时，可按极限情况处理，以简化计算。

在如图 11-4(a) 所示的刚架中，可将梁 AB 取出，刚架转化为图 11-4(b) 所示的具有弹性支座的单杆。弹性支座所提供的反力矩 M_A 和 M_B 与杆端转角 θ_A，θ_B 成正比，即

$$M_A = S_A^* \theta_A, \quad M_B = S_B^* \theta_B$$

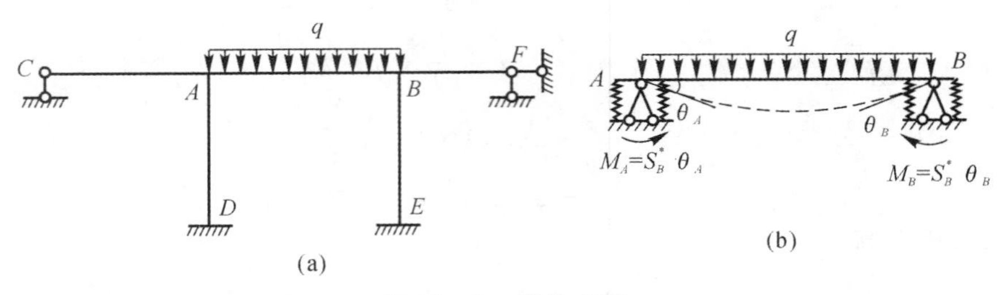

图 11-4 弹性支座

这里 S_A^* 和 S_B^* 是弹性支座的转动刚度。在图 11-4 中，它们分别等于杆 AB 在其杆端各相邻杆件的转动刚度的总和，即

$$S_A^* = S_{AD} + S_{AC} \qquad S_B^* = S_{BE} + S_{BF}$$

4. 结点简图与次内力概念(难点)

计算中根据构造情况和结构的几何组成，将结点简化为铰结点和刚结点。

桁架和刚架的基本区别是：虽然桁架的所有结点都是铰结点，但由于杆件布置适当，仍能维持几何不变；刚架则不同，如果所有结点都变成铰结点，固定支座都变成铰支座，则不能维持几何不变。也就是说，桁架的

几何不变性依赖于杆件的布置，而不依靠结点的刚性；而刚架的几何不变性则依靠结点的刚性。工程中的钢桁架和钢筋混凝土桁架，虽然从结点构造上看接近于刚结点，但其受力状态与一般刚架不同，轴力是主要的，弯曲内力是次要的，因此将此弯矩称为次内力，故计算时可把它简化为铰结点。

三、第三教学单元知识点

1. 剪切变形对超静定结构的影响(难点)

(1) 考虑剪切变形影响的单元刚度矩阵为

$$\bar{\boldsymbol{k}}_G^{\textcircled{e}}=\left[\begin{array}{ccc:ccc}\frac{EA}{l} & 0 & 0 & -\frac{EA}{l} & 0 & 0\\ & \frac{12}{1+\beta}\frac{EI}{l^3} & \frac{6}{1+\beta}\frac{EI}{l^2} & 0 & -\frac{12}{1+\beta}\frac{El}{l^3} & \frac{6}{1+\beta}\frac{El}{l^2}\\ & & \frac{4+\beta}{1+\beta}\frac{EI}{l} & 0 & -\frac{6}{1+\beta}\frac{EI}{l^2} & \frac{2-\beta}{1+\beta}\frac{EI}{l}\\ \hdashline & & & \frac{EA}{l} & 0 & 0\\ & \text{对称} & & & \frac{12}{1+\beta}\frac{EI}{l^3} & -\frac{6}{1+\beta}\frac{EI}{l^2}\\ & & & & & \frac{4+\beta}{1+\beta}\frac{EI}{l}\end{array}\right]$$

(2) 考虑剪切变形影响的单元固端力。此时，刚度和柔度系数发生改变，详见主教材71页表12-1。

2. 连续梁的最不利荷载分布及内力包络图

(1) 最不利荷载分布。

1) 支座截面最大负弯矩：支座两个相邻跨有活载，然后每隔一跨有活载。

2) 跨中截面最大正弯矩：本跨有活载，然后每隔一跨有活载。

(2) 弯矩包络图

算得连续梁每个截面的最大弯矩和最小弯矩后，在图中将其竖标标出，并连成两条曲(折)线，所得图形叫作弯矩包络图。

现在通过例题说明弯矩包络图的画法。

例11-3 图11-5所示为一三跨等截面连续梁，承受恒载 $q=800\ \mathrm{kN/m}$，活载 $p=1\ 500\ \mathrm{kN/m}$。试作弯矩包络图和剪力包络图。

解 (1) 用力矩分配法(或查表)求出恒载作用下的弯矩图(见图11-6(a))和各跨分别承受活载时的弯矩图(见图11-6(b)～(d))，将梁的每一跨分为四等份，求出各弯矩图中等分点的竖距值。将图11-6(a)中的竖距值和图11-6(b)～(d)中对应的正(负)竖距值相加，即得最大或最小弯矩值。例如在截面5处：

$$(M_5)_{\max}=320+1\ 800=2\ 120\ \mathrm{kN\cdot m}$$

$$(M_5)_{\min}=320+(-600)+(-600)=-880\ \mathrm{kN\cdot m}$$

将各分点的弯矩最大值和弯矩最小值竖距分别连成两条曲线，即为弯矩包络图，如图11-6(e)所示。

(2) 作剪力包络图时，先分别作出恒载作用下的剪力图(见图11-7(a))和各跨分别承受活载时的剪力图(见图11-7(b)～(d))，然后将图11-7(a)中各支座左、右两边截面处的竖距和图11-7(b)～(d)中对应的正(负)竖距相加，就得到最大或最小剪力值。例如在支座 C 左侧截面上有

$$(F_{QC\text{左}})_{\max}=-1\ 920+100=-1\ 820\ \mathrm{kN}$$

$$(F_{QC\text{右}})_{\min}=-1\ 920-3\ 400-300=-5\ 620\ \mathrm{kN}$$

最后将各支座两边截面上的最大剪力值和最小剪力值分别用直线相连，即得近似的剪力图，如图11-7(e)所示。

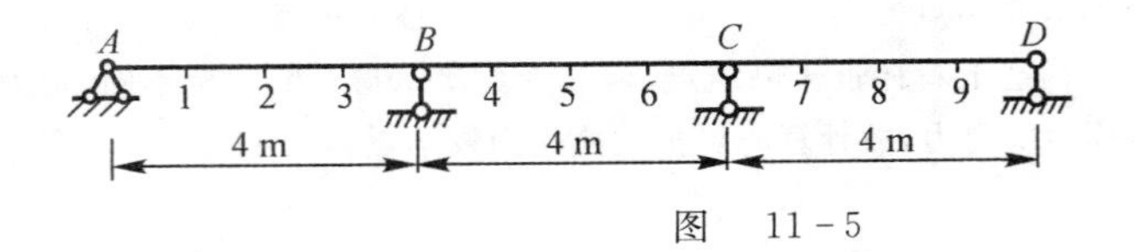
A
B
C
D
1
2
3
4
5
6
7
8
9
4 m
4 m
4 m

图 11-5

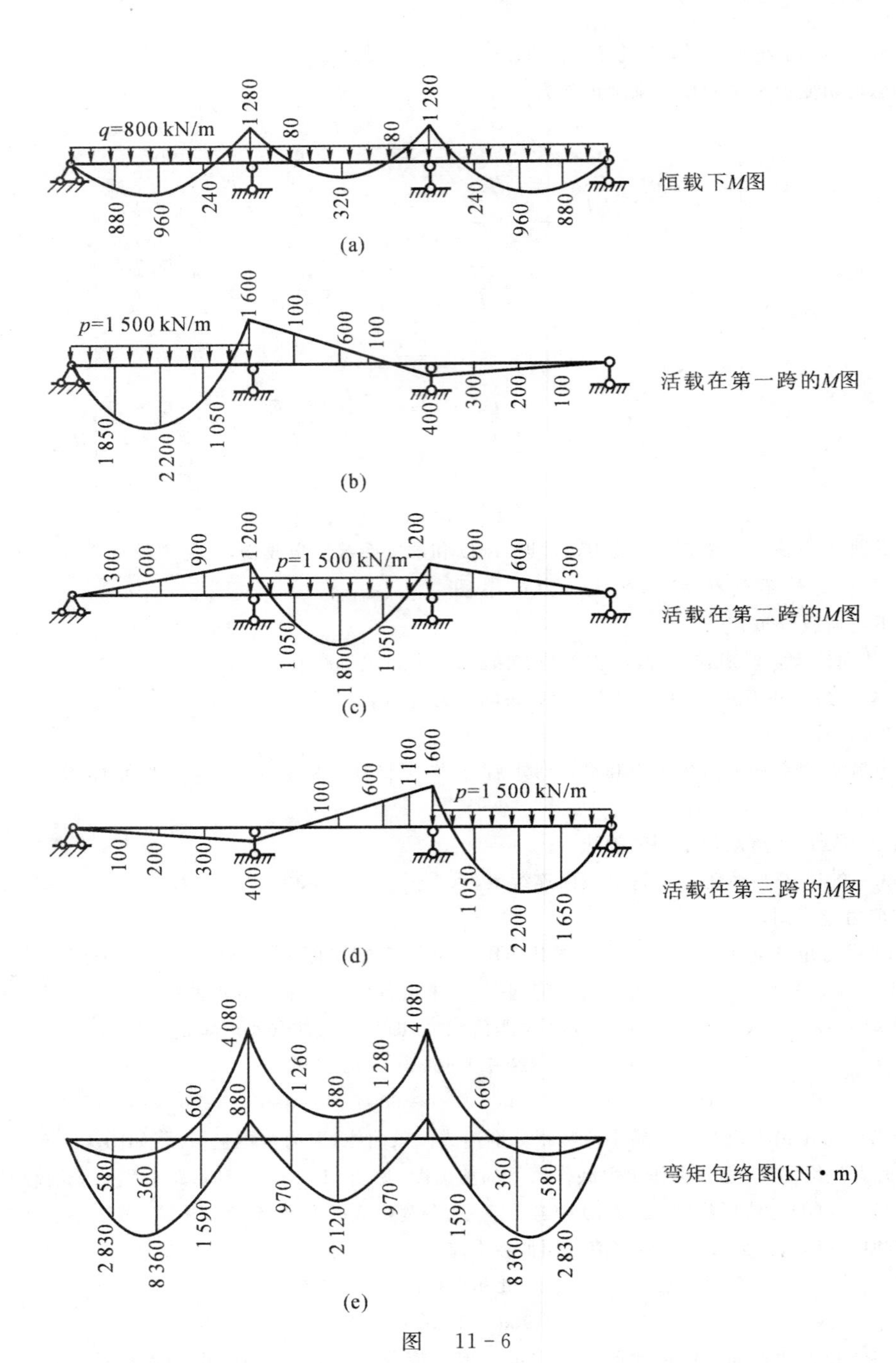
q=800 kN/m
1 280
80
80
1 280
880
960
240
320
240
960
880
恒载下M图
(a)
p=1 500 kN/m
1 600
100
600
100
1 850
2 200
1 050
400
300
200
100
活载在第一跨的M图
(b)
300
600
900
1 200
p=1 500 kN/m
1 200
900
600
300
1 050
1 800
1 050
活载在第二跨的M图
(c)
100
600
1 100
1 600
p=1 500 kN/m
100
200
300
400
1 050
2 200
1 650
活载在第三跨的M图
(d)
4 080
4 080
1 260
1 280
660
880
880
660
580
360
1 590
970
2 120
970
1590
360
580
2 830
8 360
8 360
2 830
弯矩包络图(kN · m)
(e)

图 11-6

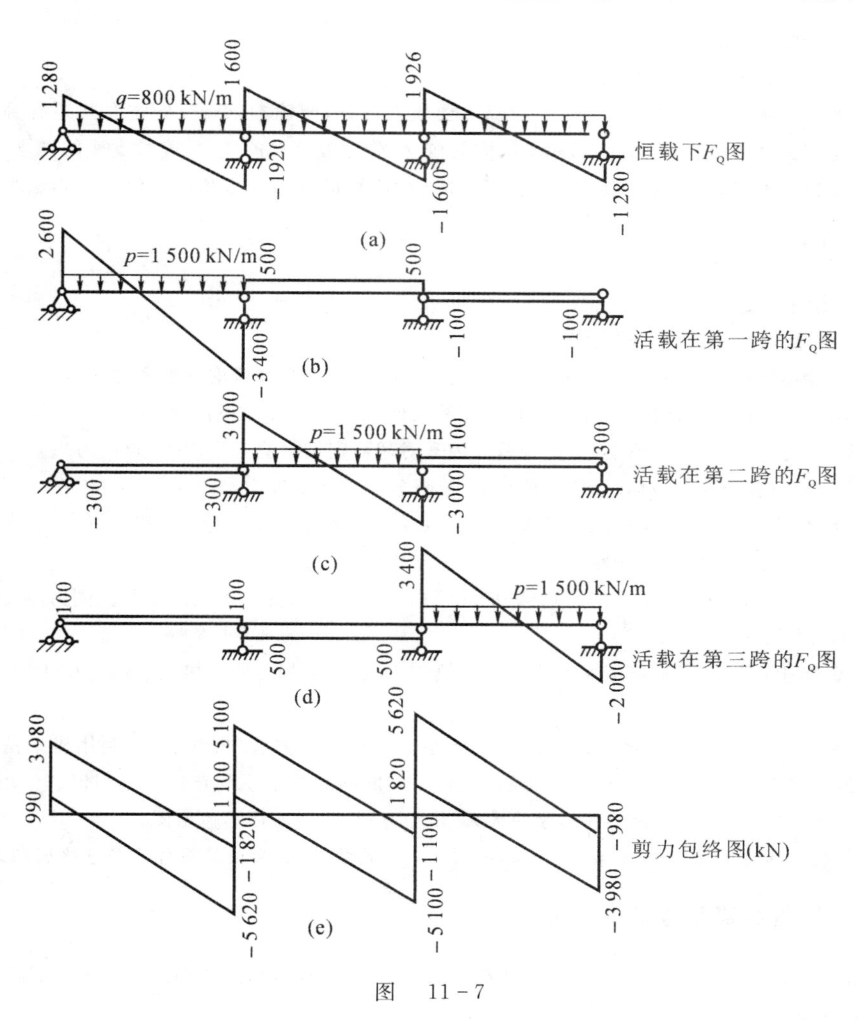

图　11-7

11.2　学习指导

11.2.1　学习方法建议

1. 首先弄清本章编写的思路

本章是超静定结构总论，在学习本章前学过的超静定结构内容有：第 6 章用力法计算超静定结构，第 7 章用位移法计算超静定结构，第 8 章用渐近法及其他方法计算超静定结构等。本章只是在此基础上，做一综合性的回顾，并做一些补充。其中，主要补充内容：

(1) 对超静定结构计算方法进行比较和引申。在力法中由采用静定的基本结构引申到采用超静定的基本结构，在位移法中由采用简单单元引申到采用复杂单元，在此基础上还引申到采用子结构进行分析。

(2) 补充混合型解法 —— 分区混合法。

(3) 对超静定结构的力学特性进行归纳、总结。

(4) 对结构计算简图作进一步讨论。

(5) 对剪切变形对超静定结构的影响进行讨论。

(6) 补充介绍连续梁的最不利荷载分布及内力包络图。

当明确了这些内容以后，再分别进行复习和学习。

2. 明确本章主要讨论的问题

本章讨论的问题很杂，不能"眉毛胡子一把抓"，要梳理一下，明确本章研究的主要问题有哪些。本章研究的主要问题是广义基本结构、广义单元和子结构的概念，分区混合法的概念，弹性支座的概念，结点计算简图与次内力的概念，剪切变形对超静定结构的影响和连续活载最不利分布和内力包络图画法等。然后分别研究上述内容。

3. 研究本章主要问题

(1) 一定弄懂超静定结构的下列特性：

1) 超静定结构是有多余约束的几何不变体系。

2) 超静定结构的全部内力和反力仅通过平衡条件不能求出，还必须考虑变形条件。

3) 超静定结构的内力与材料的物理性能和截面的几何特征有关，即与刚度有关。

4) 温度改变、支座移动、材料收缩、制造误差等因素对超静定结构会产生内力(自内力)。

5) 超静定结构的多余约束破坏，仍能继续承载，具有较高的防御能力。

6) 超静定结构的整体性好，在局部荷载作用下可以减小局部的内力幅值和位移幅值。

(2) 理解分区混合法、次内力、弹性支座的概念。

(3) 关于剪切变形对超静定结构的影响部分，应明白考虑了剪切变形影响的单元固端力刚度和柔度系数将发生改变，详见主教材 71 页表 12-1。

(4) 在复习影响线的概念、连续梁影响线有两种绘制方法 —— 静力法和机动法的基础上，研究连续梁包络图的作法。

掌握通过超静定结构的力法方程，得到用挠度图绘制影响线的方法(机动法)。利用机动法作连续梁的影响线，可以很方便地得到连续梁影响线的形状，从而可判断活载的最不利布置。利用恒载作用及每跨活载作用的弯矩图，由叠加原理，可组合出连续梁的最大、最小弯矩图 —— 弯矩包络图。

特别提醒：建议通过对主教材例 12-3 和本书例 11-3 的学习，弄懂连续梁作弯矩包络图的方法。

11.2.2 解题步骤及易犯的错误

本章常用的计算方法只有两个：一个是分区混合法，另一个是连续弯矩包络图的作法。下面分别介绍。

1. 分区混合法

(1) 分区混合法解题步骤如下：

1) 分区选取基本未知量；

2) 分区建立基本方程；

3) 分别计算基本方程中的系数和自由项；

4) 解基本方程；

5) 作弯矩图。

(2) 分区混合法易犯的错误如下：

1) 分区不合适；

2) 列基本方程列错、解错；

3) 第 6,7 章力法与位移法中解题易出现的错误此处也易出现。

2. 连续梁弯矩包络图的作法

(1) 作连续梁弯矩包络图的步骤如下：

1) 将每跨梁分成若干等份；

2) 作恒载作用下的弯矩图；

3) 按每一跨上单独布满荷载的情况，分别作各跨活载作用下的弯矩图；

4）分别计算各跨各截面的最大、最小弯矩值，按同一比例作竖标；

5）将各截面最大、最小弯矩竖标值连成折线或曲线，即为弯矩包络图。

（2）作连续梁弯矩包络图易犯的错误如下：

1）丢掉恒载作用下的弯矩值；

2）计算等分点最大或最小值时丢掉某项值；

3）作竖标时比例不统一；

4）第 8 章力矩分配法易出现的错误此处也易出现。

11.2.3　学习中常遇问题解答

1. 什么是超静定结构总论？

答：对超静定结构的概念，计算简图的绘制，内力、位移的计算方法等做的总的论述，进而总结出超静定结构的较简计算方法和特点，这一内容叫作超静定结构总论。

2. 超静定结构总论具体研究哪些内容？

答：从理论上讲，超静定结构总论内容应包含第 6 ～ 8 及 12 章所有内容。由于这些内容过于庞大，为了应用和研究方便起见，分 4 章进行讲授，主要内容如下：

（1）超静定结构的定义，超静定结构的计算简图及其分类 —— 超静定梁、超静定桁架、超静定刚架、超静定排架、超静定拱及超静定组合结构等。

（2）超静定结构的计算方法 —— 力法、位移法、力矩分配法、力矩分配法与位移法联合应用、有剪力分配法、无剪力分配法、分层计算法、反弯点法、分区混合法等。

（3）超静定结构计算的简化，主要是对称性的利用。

（4）超静定结构的受力特性。

（5）超静定结构影响线的概念及连续梁弯矩包络图的画法。

3. 为什么力法单就满足平衡条件解超静定结构有无穷多组解答？

答：在力法计算中，多余未知力由力法方程（变形条件）计算。再由 $M = \sum \overline{M_1} X_1 + M_P$ 叠加作内力图。如只考虑平衡条件画出单位弯矩图和荷载弯矩图，X_1 是没有确定的任意值。因此单就满足平衡条件来说，超静定结构有无穷多组解答。

4. 什么是分区混合法？它在计算上有什么特点？

答：在计算超静定结构的内力时，在所取的基本未知量中，既有位移，又有力的基本体系，以此来计算超静结构内力的方法称为分区混合法（即力法与位移法的混用方法）。其特点是，在某些情况下，采用混合法比单独采用力法或位移法要简单得多。

5. 什么情况下产生弹性支座？

答：结构的支座分两类，一类是刚性支座，另一类是弹性支座。顾名思意，刚性支座不允许变形，弹性支座允许发生小变形。弹性支座的特点是支座反力与相应的支座位移成正比，这个比例系数称为弹性支座的刚度系数。那么什么情况下产生弹性支座呢？一是支座本身有弹性；二是当研究结构的某一部分时，另一部分即为弹性支座。

6. 什么是次内力？

答：在画某些结构的计算简图时，为了计算简单，常将某些刚结点简化成铰结点，例如钢筋混凝土桁架就是这样简化来的。在简化中丢失了弯矩和剪力，只剩下轴力。由实验证实，在这种结构中，轴力是主要的，称为主内力；弯矩和剪力是次要的，称为次内力。

7. 作连续梁内力包络图与作简支梁内力包络图有何异同？

答：连续梁内力包络图与简支梁内力包络图的作法相同之处，都是将每跨梁分成若干等份，分别求出每等份分界处的最大内力和最小内力，按相同比例作竖标，分别用折线或光滑曲线连接最大内力竖标顶点和最小内力竖标顶点，即得所作内力的包络图；其不同之处是，确定静定梁和超静定梁最不利荷载位置、求最大和最小内力的方法不同。

11.3 考试指点

11.3.1 考试出题点

要明确本章虽然为超静定结构总论，但并没有深入讲解计算超静定结构的基本方法——力法与位移变法，以及派生方法——渐近法及其他法简述；而主要讲解广义基本结构、广义单元和子结构的概念，分区混合法的概念，弹性支座的概念，次内力的概念，剪切变形对超静定结构的影响和连续梁活载最不利分布和内力包络图等。故本章内容不会单独出现在考题中。分析部分考研题知，本章常与第6、7、8章内容联合出题。本章考点：

(1)超静定结构的主要特征；

(2)广义基本结构、广义单元和子结构的概念；

(3)分区混合法的概念及指定此法解某一超静定问题；

(4)弹性支座的概念及弹性支座的应用；

(5)结构计算简图简化原则与次内力概念；

(6)简单结构计算简图；

(7)剪切变形对超静定结构的影响；

(8)连续梁的最不利荷载分布及弯矩包络图的画法。

11.3.2 名校考研真题选解

一、客观题

1. 选择题

(1)(国防科技大学试题)以下叙述正确的是(　　)。

A. 静定结构在支座位移作用下，既产生位移又产生内力

B. 超静定结构只有在荷载作用下才产生内力

C. 静定结构的全部内力和反力可以由平衡条件唯一确定

D. 一平衡力系作用于静定结构 W_j 某一部分时，仅该部分有内力，结构的其余部分内力为零。

答案:C

(2)(浙江大学试题)超静定梁和刚架成为破坏机构时，塑性铰的数目 m 与结构超静定次数 n 之间的关系为 ________。

A. $m = n$　　B. $m > n$

C. $m < n$　　D. 取决于体系构造和所受荷载的情况

答案:D

2. 判断题

(1)(西南交通大学试题)若如图11-8所示梁的材料、截面形状、温度变化均未改变而欲减小其杆端弯矩，则应减小 I/h 的值。(　　)

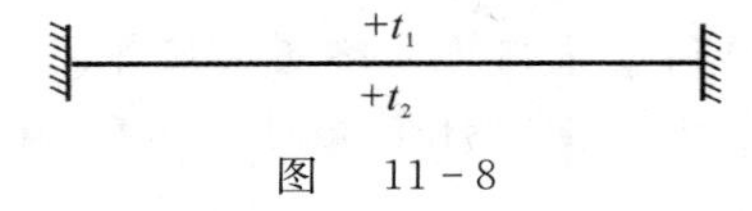

图　11-8

答案:(对)

(2)(湖南大学试题) 当不考虑杆件轴向变形时,如图11-9(a)所示单跨超静定梁与图11-9(b)所示单跨超静定梁完全等效。

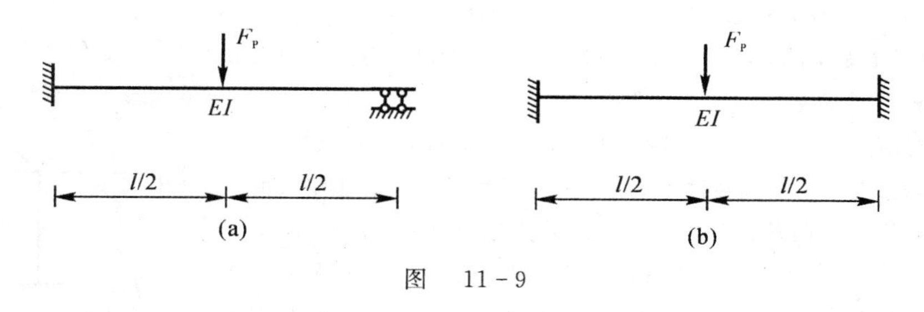

图　11-9

答案:(对)

二、计算题

1.(同济大学试题) 试不经计算绘出如图11-10所示刚架弯矩图的大致形状。

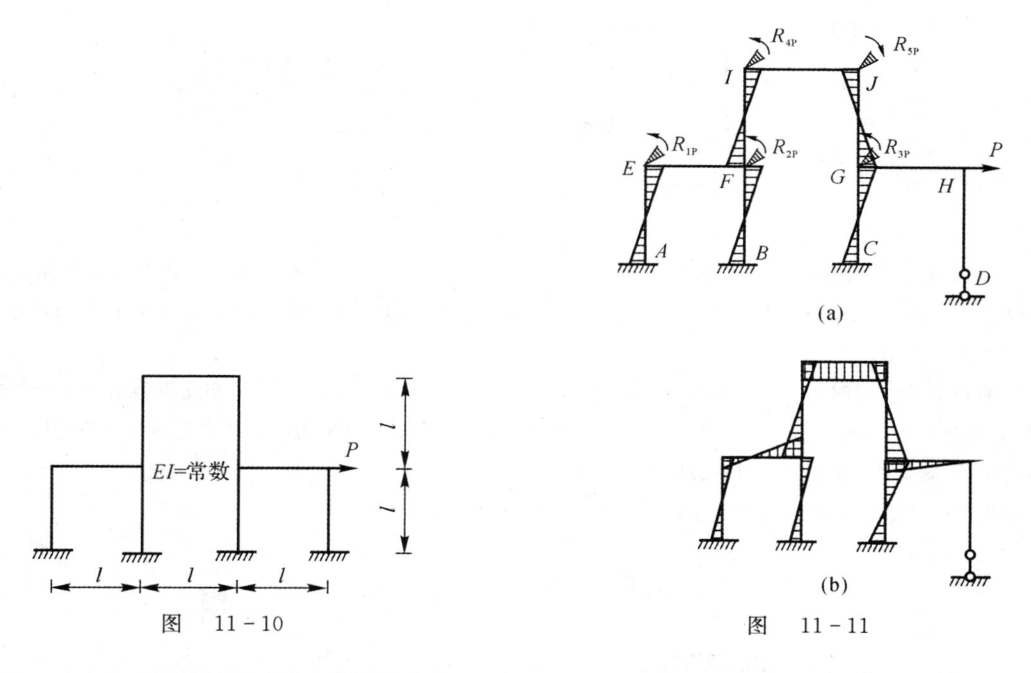

图　11-10　　　　图　11-11

解　(1) 为了方便研究,首先在各个刚节点处添加附加刚臂以约束刚节点的旋转。由节点荷载的作用位置可知,各个节点的位移大小排序为

$$\Delta_{Gx} > \Delta_{Jx} > \Delta_{Ix} > \Delta_{Fx} > \Delta_{Ex}$$

因此可得各个杆件的剪力图,且有

$$F_{QCG} > |F_{QGJ}| = F_{QFI} > F_{QBF} > F_{QAB}$$

则可知此时的弯矩图如图11-11(a)所示。

(2) 由以上分析可知,此时节点E,F,G和I将发生顺时针方向转动,而节点J会发生逆时针方向转动,由此可知横梁的F端上侧受拉,而E端下侧受拉,横梁GH和IJ均为下侧受拉。据此可以画出横梁的弯矩图。

系统在刚节点处的弯矩是平衡的。进而可以确定柱 AE 和 CG 均为上端右侧受拉，而下端左侧受拉；柱 GJ 相反。柱 BF 和 FI 的 B 端和 I 端分别为左侧和右侧受拉，又知 BF 的 F 端为右侧受拉，柱 FI 的 F 端为左侧受拉。

综合上述，可大致画出弯矩图如图 11-11(b) 所示。

2.（同济大学试题）试不经计算，画出图 11-12 所示刚架弯矩图的大致形状，设各杆 EI 为常数。

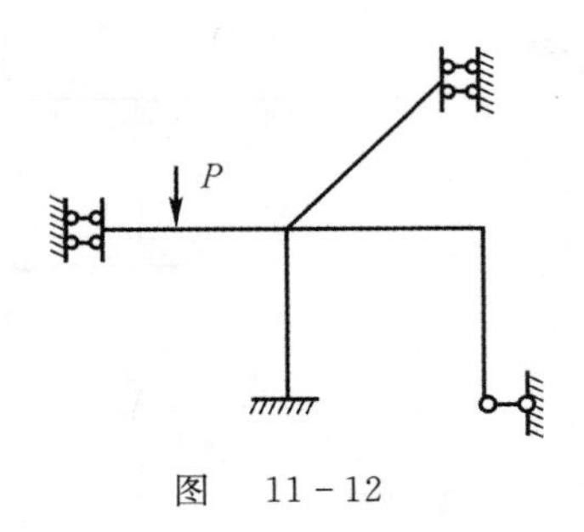

图 11-12

解 (1) 对结构进行编号，如图 11-13(a) 所示。将结构从 D 点拆开，则刚结点可以等效为一端由旋转弹性支座和另一端由滑动铰支座组成的结构。先研究 CD 段。在图示荷载作用下，D 端发生逆时针方向转动，由于 C 端是滑动支座，所以荷载 P 的左端弯矩是常量即为平行于 CD 杆的直线，并且是下端受拉，而 D 端是上侧受拉，则可绘出弯矩的大致图形，如图 11-13(b) 所示。

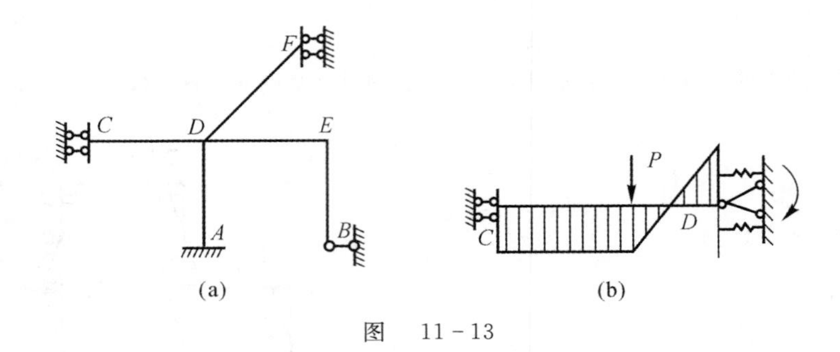

图 11-13

(2)D 点右侧是一个刚架，由以上分析可知，需在 D 点加一个水平滑动铰支座。D 端在弯矩作用下会产生逆时针方向转动，由于 AD 杆和 DF 杆约束相似，所以产生的弯矩形状也相同，且 D 端的弯矩分别是远端 A 和 F 的弯矩的 2 倍。

由于 D 点产生逆时针方向转动，因此会使水平杆产生向右的位移，则进一步可知支座 B 有水平向左的反力，且不会存在剪力，则可知 BF 杆外侧受拉。在刚结点 E 处，根据弯矩平衡可知其弯矩图为一条与杆 DE 平行的直线，上侧受拉。如图 11-14(a)所示。

将两个弯矩图组合就是最终的弯矩图，如图 11-14(b)所示。

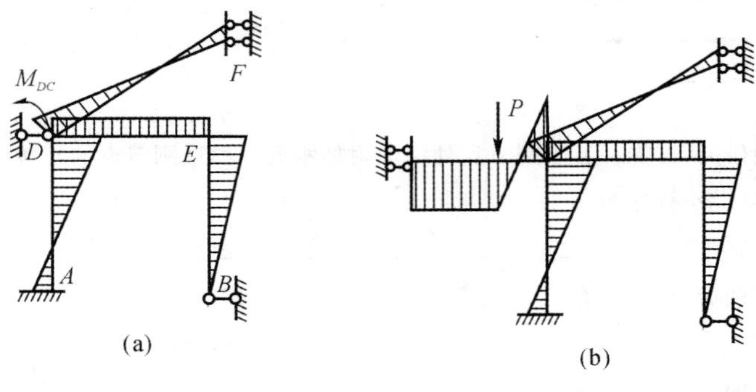

图 11-14

11.4 习题精选详解

11-1 试选择图示各结构的计算方法，并作 M 图。

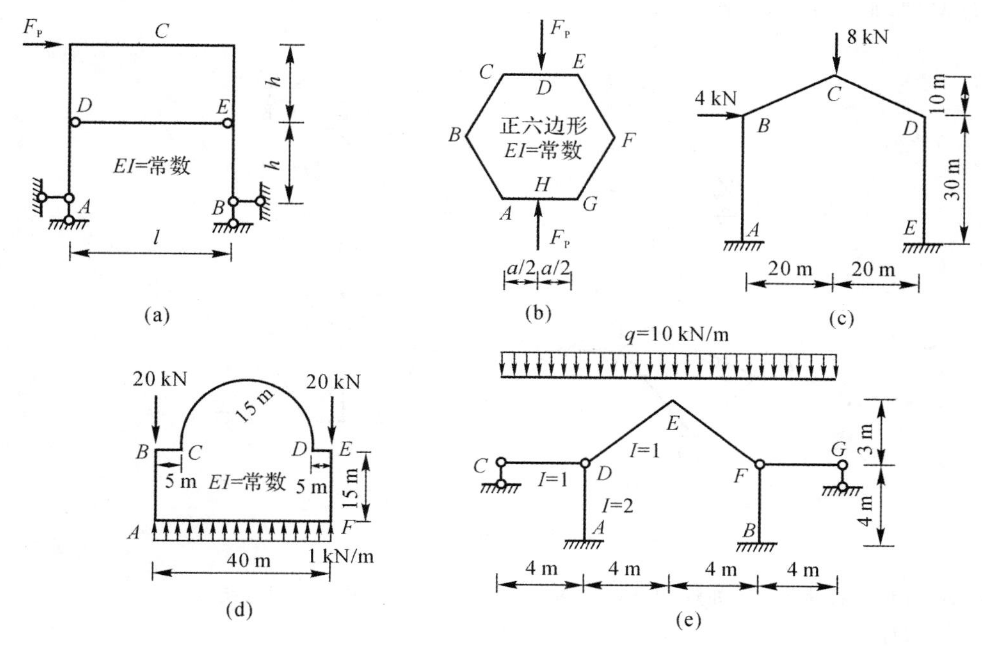

题 11-1 图

解 (1)解(a)图。取 1/2 结构计算，如解 11-1(a)图(i)所示。

DE 为附属部分，内力为零，基本体系为静定结构，可直接作 M 图，如解 11-1(a) 图(ii) 所示。

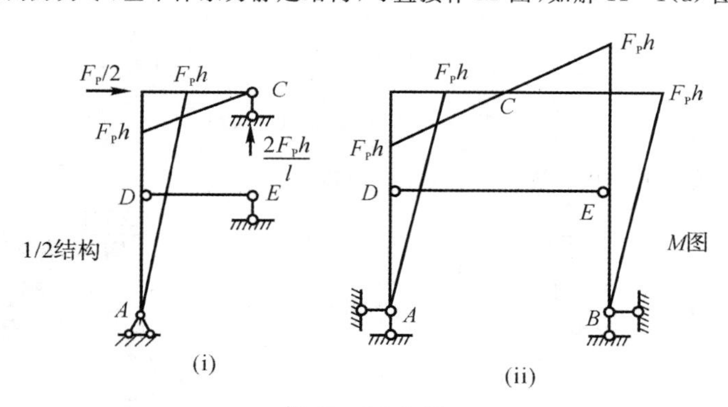

解 11-1(a) 图

(2) 解(b) 图。取 1/4 结构，如解 11-1(b) 图(i) 所示，采用力法计算。

由$\overline{M_1}$ 图可得
$$\delta_{11}=\frac{1}{EI}\times\left(\frac{a}{2}\times1\times1+a\times1\times1\right)=\frac{3a}{2EI}$$

由$\overline{M_1}$ 和 M_P 图可得

$$\Delta_{1P}=-\frac{1}{EI}\left[\frac{1}{2}\times\frac{a}{2}\times\frac{F_Pa}{4}\times1+\frac{1}{2}\times a\times\left(\frac{F_Pa}{2}+\frac{F_P}{4}a\right)\times1\right]=$$
$$-\frac{1}{EI}\times\frac{7}{16}F_Pa^2=-\frac{7}{16EI}F_Pa^2$$

由 $\delta_{11}X_1+\Delta_{1P}=0$ 可得

$$X_1=-\frac{\Delta_{1P}}{\delta_{11}}=\frac{7}{16}\times\frac{2}{3}\times F_Pa=\frac{7}{24}F_Pa=-\frac{7}{16EI}F_Pa^2$$

可得 M 图，如解 11-1(b) 图(iv) 所示。

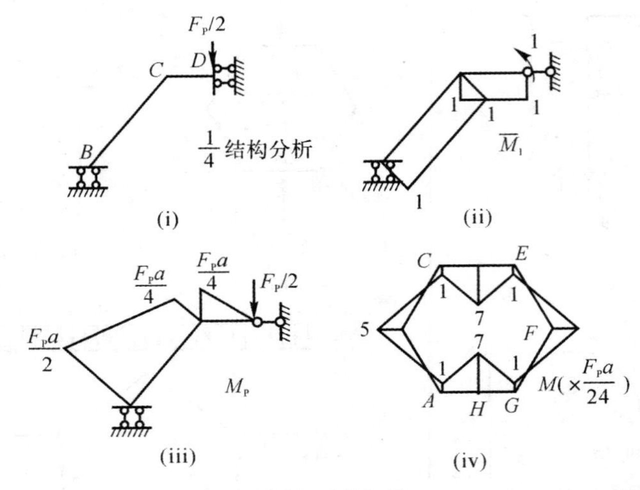

解 11-1(b) 图

(3) 解(c) 图。将荷载分为如解 11-1(c) 图(i)(ii) 所示的正对称与反对称结构。

1) 在反对称荷载下，由解 11-1(c) 图(iii)(iv)，可得

$$\delta_{11}=\frac{1}{EI}\times\frac{1}{2}\times10\sqrt{5}\times20\times\frac{2}{3}\times20+\frac{1}{EI}\times30\times20\times20=\frac{14\ 981.424}{EI}$$

$$\Delta_{1P}=-\frac{1}{EI}\times\frac{1}{2}\times30\times60\times20=-\frac{18\ 000}{EI}$$

$$X_1=-\frac{\Delta_{1P}}{\delta_{11}}=1.20\ \text{kN}$$

2) 在对称荷载下，由解 11-1(c) 图(vi) ～ (viii)，可得

$$\delta_{11}=\frac{1}{EI}\times(10\sqrt{5}\times1\times1+30\times1\times1)=\frac{52.361}{EI}$$

$$\delta_{12}=\delta_{21}=\frac{1}{EI}\left[\frac{1}{2}\times10\sqrt{5}\times10\times1+\frac{30}{2}\times(10+40)\times1\right]=\frac{861.803}{EI}$$

$$\delta_{22}=\frac{1}{EI}\times\left[\frac{1}{2}\times10\sqrt{5}\times10\times\frac{2}{3}\times10+\frac{1}{2}\times30\times10\times\left(\frac{2}{3}\times10+\frac{1}{3}\times40\right)+\frac{1}{2}\times30\times40\times\left(\frac{2}{3}\times40+\frac{1}{3}\times10\right)\right]=\frac{21\ 715.36}{EI}$$

$$\delta_{1P}=-\frac{1}{EI}\times\left[\frac{1}{2}\times10\sqrt{5}\times80\times1+\frac{1}{2}\times30\times(80+140)\times1\right]=-\frac{4\ 194.427}{EI}$$

$$\delta_{2P}=-\frac{1}{EI}\times\left[\frac{1}{2}\times10\sqrt{5}\times80\times\frac{2}{3}\times10+\frac{1}{2}\times30\times80\times\left(\frac{2}{3}\times10+\frac{1}{3}\times40\right)+\frac{1}{2}\times30\times140\times\left(\frac{2}{3}\times40+\frac{1}{3}\times10\right)\right]=-\frac{92\ 962.85}{EI}$$

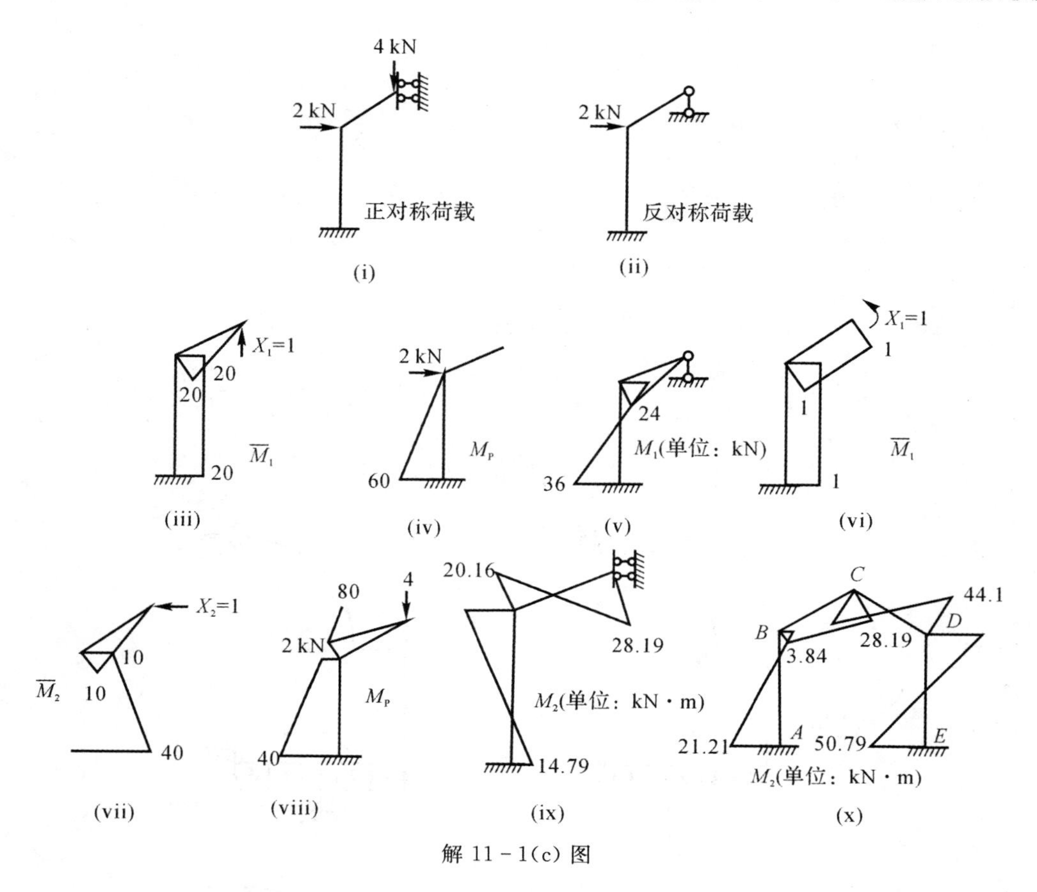

解 11－1(c) 图

由
$$\begin{cases}52.361X_1+861.803X_2=4\ 194.427\\861.803+21\ 745.36X_2=92\ 962.85\end{cases}$$

得
$$\begin{cases}X_1=28.19\\X_2=3.165\end{cases}$$

从而可得正对称下的 M_2 图，如解 11－1(c) 图(ix) 所示。

由解 11－1(c) 图(v)(ix) 叠加可得最后 M 图，如解 11－1(c) 图(x) 所示。

(4) 解(d) 图。利用对称性可知 AF 杆中点没有转角和水平位移，不考虑其位移的竖向分量，从而可以简化为固定端取解 11－1 图(d)(i) 中的 1/2 结构计算。在计算位移时还要注意 CG 杆为曲杆，应采用积分，并建立如解 11－1(d) 图(i) 所示的基本体系。

1) 取 1/2 结构计算，如解 11－1(d) 图(i) 所示，取解 11－1(d) 图(ii) 中的基本体系。对于圆弧，$M_1=1$，$M_2=y=R(1-\cos\theta)$，$\mathrm{d}s\cos\theta=\mathrm{d}x$，$\mathrm{d}s=R\mathrm{d}\theta$。

2) 求系教和自由项。

$$\delta_{11}=-\frac{1}{EI}\times\int_{(}\overline{M}_1{}^2\mathrm{d}s+\frac{1}{EI}\times(5\times1\times1+15\times1\times1+20\times1\times1)=$$

$$\frac{1}{EI}\times\int_0^{\frac{\pi}{2}}R\mathrm{d}\theta+\frac{40}{EI}=\frac{1}{EI}\times(\frac{\pi}{2}R+40)=\frac{63.56}{EI}$$

$$EI\delta_{12}=EI\delta_{21}=\int_{(}\overline{M}_1\overline{M}_2\mathrm{d}s+5\times1\times15+\frac{1}{2}\times15\times(15+30)\times1+20\times1\times30=$$

$$1\ 012.5+\int_0^{\frac{\pi}{2}}1\times R(1-\cos\theta)R\mathrm{d}\theta=$$

$$1\ 012.5+15^2\times(\frac{\pi}{2}-1)=1\ 140.93$$

$$EI\delta_{22}=\int(\overline{M}_2^2\mathrm{d}s+5\times15\times15+\frac{1}{2}\times15\times15\times(\frac{2}{3}\times15+\frac{1}{3}\times30)+$$

$$\frac{1}{2}\times15\times30\times(\frac{2}{3}\times30+\frac{1}{3}\times15)+20\times30\times30=$$

$$27\ 000+\int_0^{\frac{\pi}{2}}R^3(1-\cos\theta)^2\mathrm{d}\theta=$$

$$27\ 000+15^3\times(\frac{3\pi}{4}-2)=28\ 202.16$$

$$\delta_{1P}=\frac{1}{EI}\times\left[\frac{1}{2}\times20\times400\times1-\frac{1}{3}\times20\times200\times1\right]=\frac{2\ 666.67}{EI}$$

$$\delta_{2P}=30\Delta_{1P}=\frac{80\ 000}{EI}$$

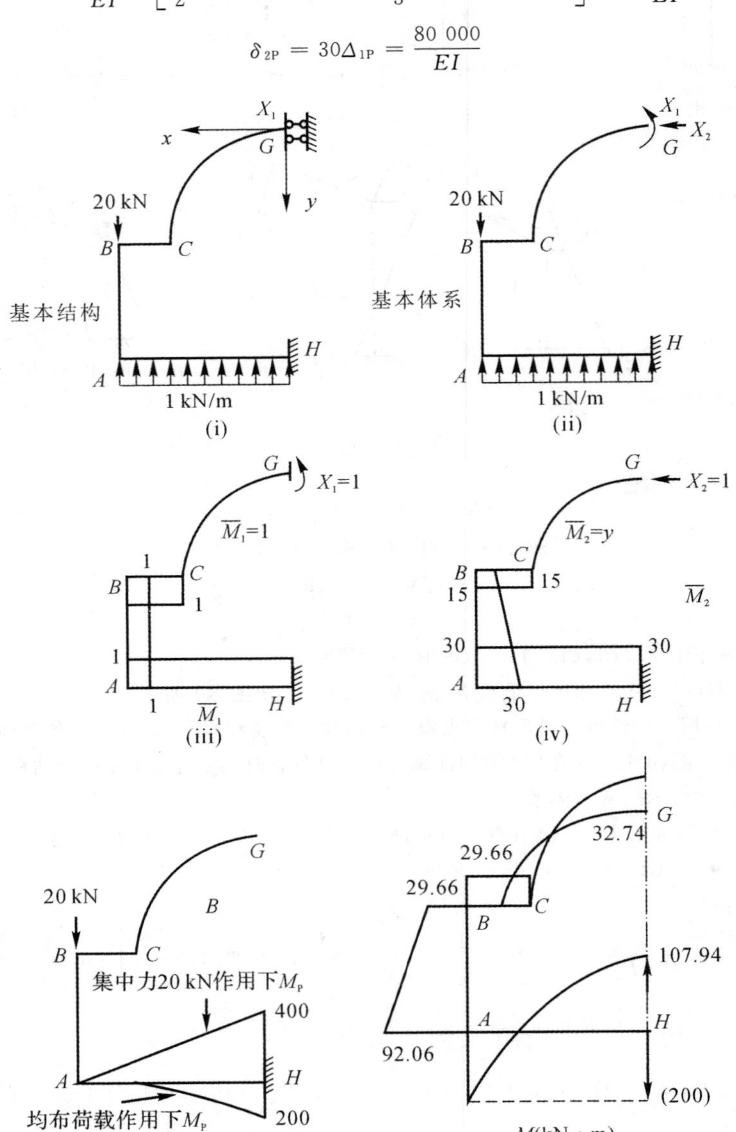

解 11-1(d) 图

3）解方程组

$$\begin{cases}63.56X_1+1\ 140.93X_2+2\ 666.67=0\\1\ 140.93X_1+28\ 202.16X_2+80\ 000=0\end{cases}$$

得
$$\begin{cases}X_1=32.74\ \text{kN}\cdot\text{m}\\X_2=-4.16\ \text{kN}\end{cases}$$

$$M_{AH}=-30\times4.16+32.74=-92.06\ \text{kN}\cdot\text{m}(\text{外部受拉})$$

$$M_{BC}=15\times(-4.16)+32.74=-29.66\ \text{kN}\cdot\text{m}(\text{外部受拉})$$

$$M_{CG}=M_{BC}=-29.66\ \text{kN}\cdot\text{m}(\text{外部受拉})$$

4）作 M 图，如解 11-1(d) 图(v)(vi) 所示。

(5) 解(e)图。由 CD 杆、GF 杆为附属部分，可知本题属于静定问题。利用对称性取解 11-1(e) 图(ii) 所示力法基本体系。

由解 11-1(e) 图 2(iii)(iv) 可得

$$\delta_{11}=\frac{1}{EI}\times\frac{1}{2}\times5\times1\times\frac{2}{3}\times1+\frac{1}{2EI}\times\frac{1}{2}\times4\times\frac{4}{3}\times\frac{2}{3}\times\frac{4}{3}=\frac{77}{27EI}$$

$$\delta_{1P}=\frac{1}{EI}\times\frac{2}{3}\times5\times20\times\frac{1}{2}\times1+\frac{1}{2EI}\times\frac{1}{2}\times4\times\frac{320}{3}\times\frac{2}{3}\times\frac{4}{3}=\frac{-1\ 660}{27EI}$$

由 $\delta_{11}X_1+\Delta_{1P}=0$ 可得

$$X_1=\frac{\Delta_{1P}}{\delta_{11}}=\frac{1660}{77}=21.56\ \text{kN}\cdot\text{m}$$

$$M_A=\frac{320}{3}-\frac{4}{3}\times21.66=77.9\ \text{kN}\cdot\text{m}(\text{右边受拉})$$

从而可作 M 图，如解 11-1(e) 图(v) 所示。

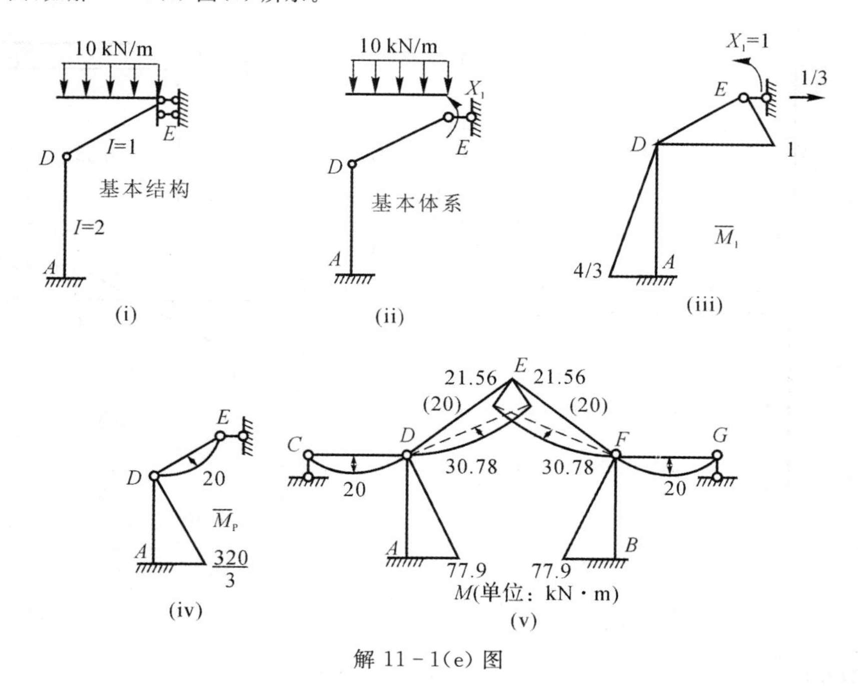

解 11-1(e) 图

11-3 试选择图示结构的计算方法，并作 M 图。

(1) 考虑轴向变形的影响。

(2) 弹性支座 A 的转动柔度系数为 f。

解 (1) 解(a) 图。

1) 要考虑轴向变形影响,采用力法求解。基本体系如解 11-3(a)(i) 图所示,作相应的 M_P,$\overline{M}_1$,$\overline{M}_2$,$\overline{M}_3$,$\overline{F}_{N1}$,$\overline{F}_{N2}$ 图,如解 11-3 图(ii) ~ (vii) 所示。

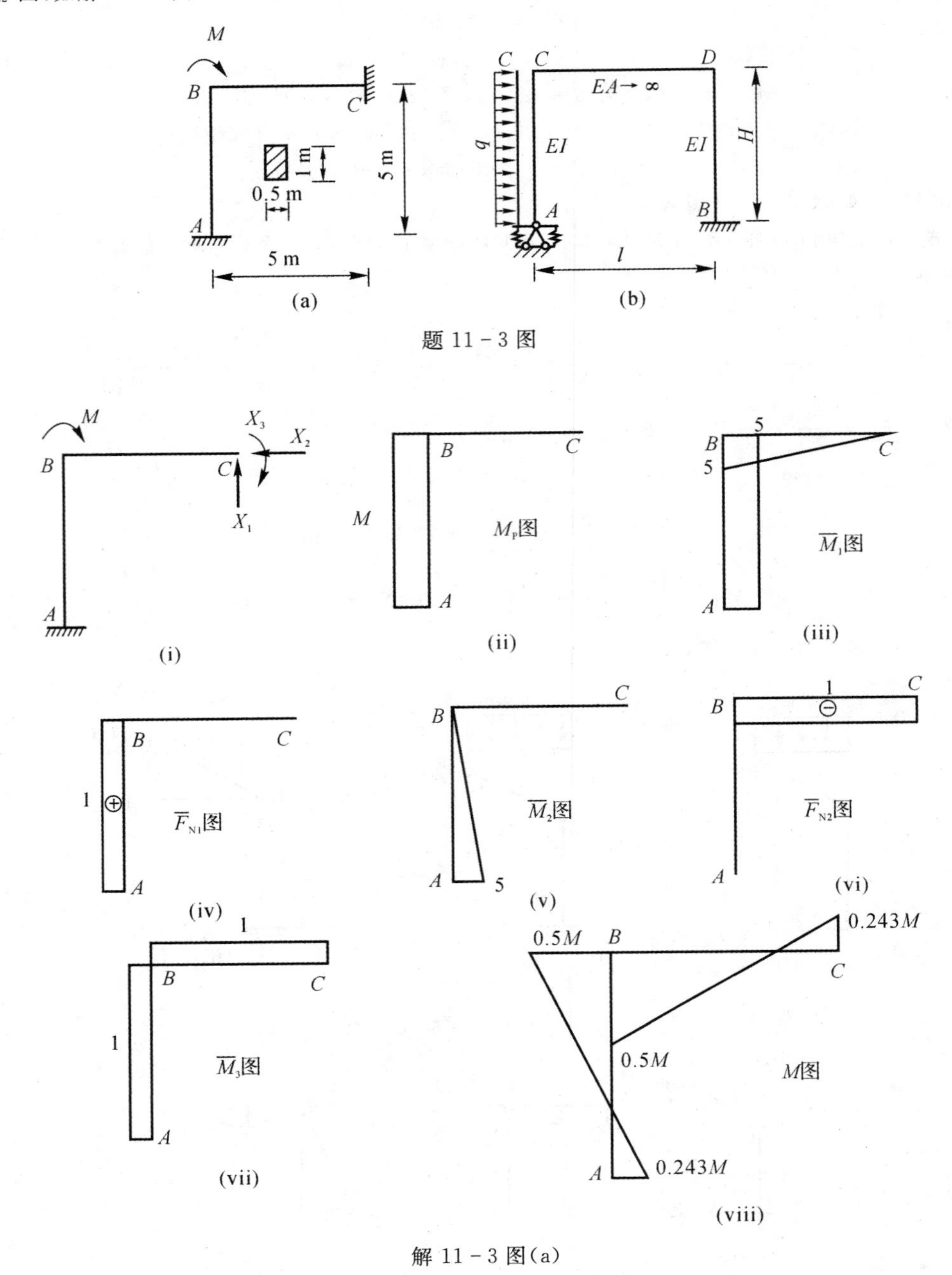

题 11-3 图

解 11-3 图(a)

2) 求系数和自由项:

$$\Delta_{1P} = \frac{-1}{EI}(5M \times 5) = -\frac{25M}{EI}$$

$$\Delta_{2P} = -\frac{1}{EI}\left(\frac{1}{2}\times 5\times 5\times M\right) = -\frac{12.5M}{EI}$$

$$\Delta_{3P} = \frac{5M}{EI}$$

$$\delta_{11} = \frac{1}{EI}\left(5\times 5\times 5+\frac{1}{2}\times 5\times 5\times 5\times\frac{2}{3}\right)+\frac{1}{EA}(1\times 5) = \frac{166.67}{IE}+\frac{5}{EA} = \frac{167.08}{EI}$$

$$\delta_{22} = \frac{1}{EI}\left(\frac{1}{2}\times 5\times 5\times 5\times\frac{2}{3}\right)+\frac{1}{EA}(1\times 5) = \frac{41.67}{EI}+\frac{5}{EA} = \frac{42.08}{EI}$$

$$\delta_{33} = \frac{1}{EI}(2\times 1\times 5) = \frac{10}{EI}$$

$$\delta_{12} = \delta_{21} = \frac{1}{EI}\left(\frac{1}{2}\times 5\times 5\times 5\right) = \frac{62.5}{EI}$$

$$\delta_{13} = \delta_{31} = -\frac{1}{EI}\left(5\times 5\times 1+\frac{1}{2}\times 5\times 5\times 1\right) = \frac{-37.5}{EI}$$

$$\delta_{23} = \delta_{32} = -\frac{1}{EI}\left(\frac{1}{2}\times 5\times 5\times 1\right) = \frac{-12.5}{EI}$$

3）列力法方程：

$$\begin{cases}\delta_{11}X_1+\delta_{12}X_2+\delta_{13}X_3+\Delta_{1P}=0\\ \delta_{21}X_1+\delta_{22}X_2+\delta_{23}X_3+\Delta_{2P}=0\\ \delta_{31}X_1+\delta_{32}X_2+\delta_{33}X_3+\Delta_{3P}=0\end{cases}$$

解得

$$\begin{cases}X_1 = 0.149\ M\\ X_2 = 0.149\ M\\ X_3 = -0.243\ M\end{cases}$$

4)$M = \overline{M}_1X_1+\overline{M}_2X_2+\overline{M}_3X_3+M_P$，如解 11－3 图(a)(viii) 所示。

(2) 解(b) 图。

1) 去掉中间拉杆和弹簧支座的反力后，力法基本体系，M_P，$\overline{M}_1$，$\overline{M}_2$ 分别如解 11－3 图(b)(i) ～ (iv) 所示。

2) 解 11－3 图(b)(iii)(iv)，可得

$$\Delta_{1P} = \frac{1}{EI}\times\left[\frac{2}{3}\times H\times\frac{1}{8}qH^2\times\frac{1}{2}\times 1+\frac{1}{2}\times H\times 1\times\frac{2}{3}\times qH^2\right] = \frac{5qH^3}{24EI}$$

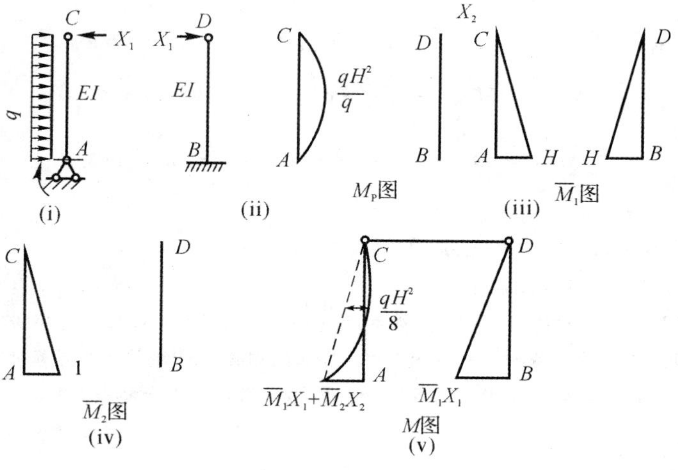

解 11－3 图(b)

3）列力法方程。

$$\delta_{11}X_1+\Delta_{1P}=-fX_1$$

解得
$$X_1=-\frac{5qH^3}{24IE}\Big/\left(\frac{2H}{3EI}+f_1\right)=-\frac{5}{24}qH^2\times\frac{\frac{1}{EI}}{\frac{2}{3EI}+f/H}$$

$$M_{BP}=\frac{qH^2}{2}-\frac{5}{24}qH^2\times\frac{\frac{1}{EI}}{\frac{2}{3EI}+\frac{f}{H}}=\frac{qH^2}{8}\frac{\frac{1}{EI}+\frac{4f}{H}}{\frac{2}{3EI}+\frac{f}{H}}$$

$$M_1=\frac{5}{24}qH^2\times\frac{\frac{1}{EI}}{\frac{2}{3EI}+\frac{f}{H}},\ M_2=\frac{qH^2}{8}\times\frac{\frac{1}{EI}+\frac{4f}{H}}{\frac{2}{3EI}+\frac{f}{H}}$$

$$M_{AC}=X_1=-\frac{5}{24}qH^2\times\frac{\frac{1}{EI}}{\frac{2}{3EI}+\frac{f}{H}}$$

11－5　试选择图示五孔空腹刚架的计算方法，并作 M 图。

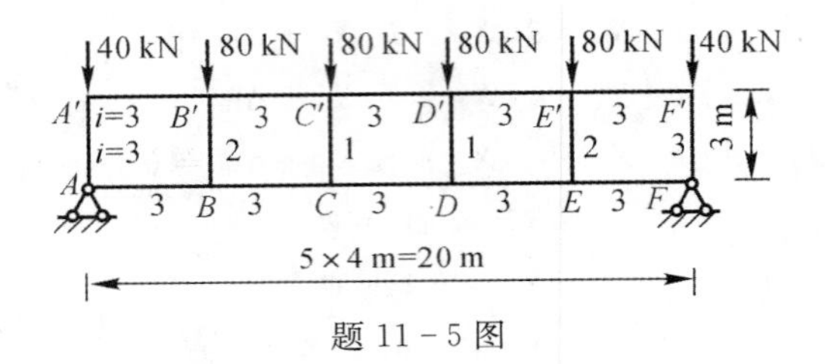

题 11－5 图

解　(1)求分配系数。有

$S_{A'A''}=18$，　$S_{B'A'}=3$，　$S_{C'B'}=3$

$S_{A'B'}=3$，　$S_{B'C'}=3$，　$S_{C'C}=6$

$S_{B'B''}=12$，　$S_{C'C}=6$

$u_{A'B'}=0.143$，　$u_{B'A'}=0.167$，　$u_{C'B'}=0.2$

$u_{A'A''}=0.857$，　$u_{B'C'}=0.167$，　$u_{C'G}=0.4$

$u_{B'B''}=0.667$，　$u_{C'C''}=0.4$

(2) 求固端弯矩。有

$$M_{A'B'}=M_{B'A'}=-\frac{1}{2}\cdot 80\cdot 4=-160\ \text{kN}\cdot\text{m}$$

$$M_{B'C'}=M_{C'D'}=-\frac{1}{2}\cdot 40\cdot 4=-80\ \text{kN}\cdot\text{m}$$

$$M_{C'C}=M_{CC'}=0$$

(3) 弯矩分配过程如解 11－5 图(d) 所示。

(4) 弯矩图 M 如解 11－15 图(e) 所示。

温馨提示：先求其支反力，如解 11－5 图(a) 所示，$F_{yA}=F_{yF}=200$ kN。且图示对称结构可分解为正对称荷载和反对称荷载作用，正对称荷载对弯矩没有影响，只求反对称荷载作用下的弯矩即可。按如解 11－5 图(b) 所示结构求解，并取其 1/4 结构，如解 11－5 图(c) 所示，采用无剪力分配法求解。

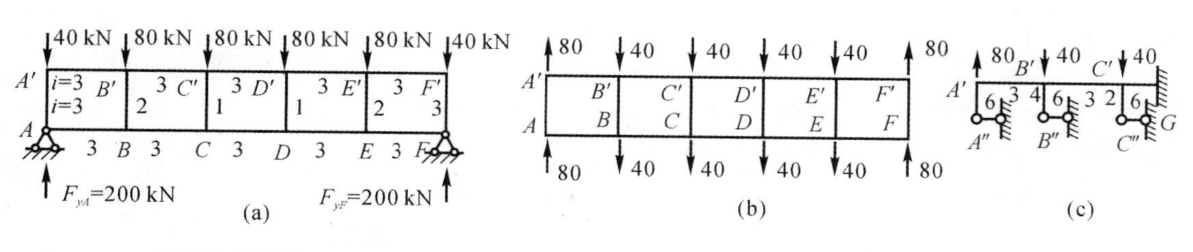

(a)　(b)　(c)

0.857	0.143	0.167	0.667	0.167	0.2	0.4	0.4	G
0	−160	−160	0	−80	−80	0	0	0
	−40.08	40.08	160.08	40.08	−40.08			
171.5	28.6	−28.6		−24.02	24.02	48.03	48.03	−48.03
	−8.8	8.8	35.16	8.8	−8.8			
7.54	1.26	−1.26		−1.76	1.76	3.52	3.52	−3.52
	−0.5	0.5	2.01	0.5	−0.5			
0.43	0.07				0.1	0.2	0.2	
179.5	−179.5	−140.5	197.25	−56.4	−103.5	51.75	51.75	−51.52

(d)

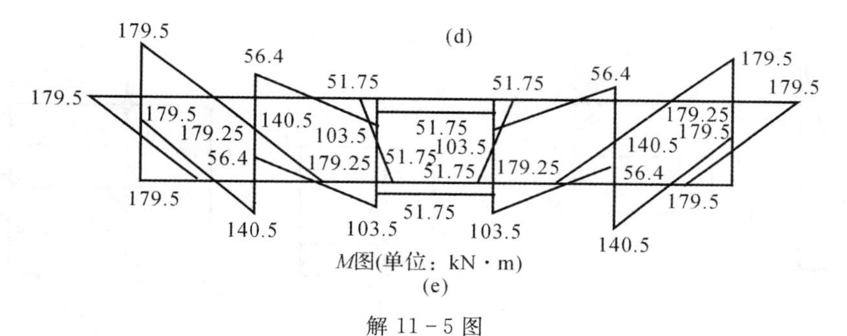

M图(单位：kN·m)

(e)

解 11-5 图

11-7　试分别求图示结构在 q_1 或 q_2 作用下的内力，设横梁 $I\to\infty$。

(1) $I_1=I_2$；

(2) $I_1=1\ 000I_2$。

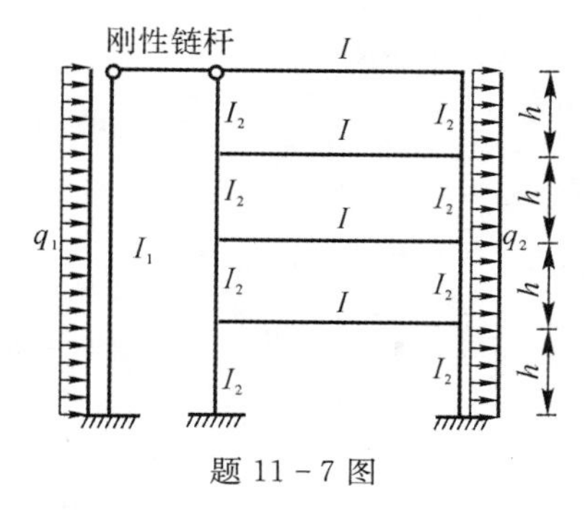

题 11-7 图

解

(1) 解 11-7 图(a) 可知，在 $X_1=1$ 下，刚架柱上的下端弯矩均为 $\frac{h}{4}$，则有

$$\delta_{11}=\frac{1}{EI_2}\times\frac{1}{2}\times\frac{h}{2}\times\frac{h}{4}\times\frac{2}{3}\times\frac{h}{4}\times16+\frac{1}{EI_1}\times\frac{1}{2}\times4h\times4h\times\frac{2}{3}\times4h=\frac{h^3}{6EI_2}+\frac{64h^3}{3EI_1}$$

对于情况(1)$I_1=I_2$ 时,$\delta_{11}=21.5h^3/EI_2$。

对于情况(2)$I_1=1\,000I_2$ 时,$\delta_{11}=0.188h^3/EI_2$。

(2) 在 q_1 作用下,有

$$\Delta_{1P}=\frac{1}{EI_1}\times\frac{1}{3}\times4h\times8q_1h^2\times\frac{3}{4}\times4h=\frac{32q_1h^4}{EI_1}$$

对于情况(1)$I_1=I_2$ 时,$\Delta_{1P}=32\frac{q_1h^4}{EI_2}$。

对于情况(2)$I_1=1\,000I_2$ 时,$\Delta_{1P}=0.032\frac{q_1h^4}{EI_4}$。

从而,当为情况(1) 时,有

$$X_1=-\frac{32}{21.5}q_1h=-1.49q_1h$$

当为情况(2) 时,有

$$X_1=-\frac{0.032}{0.188}q_1h=-0.17q_1h$$

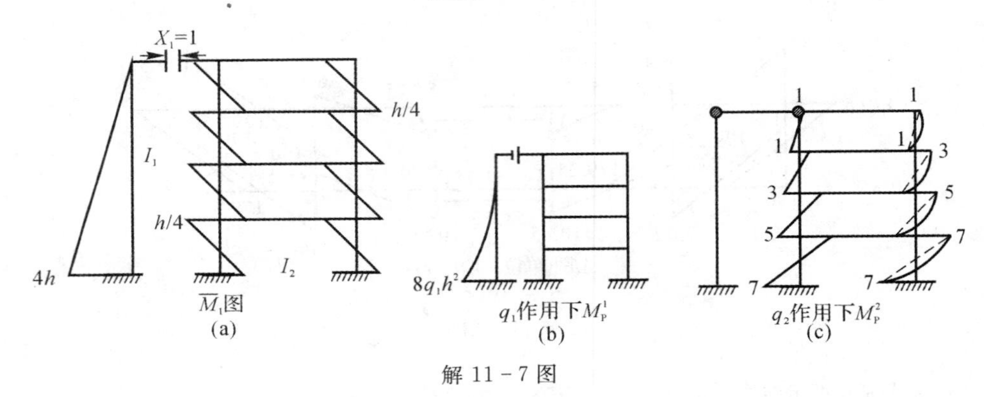

解 11－7 图

当为情况(1) 时,左柱柱底端弯矩为

$$M_{左}^{L}=(1.49\times4-8)q_1h=-2.04q_1h^2$$

刚架各层柱顶柱底弯左都为 $-0.373q_1h^3$。

当为情况(2) 时,左柱柱底端弯矩为

$$M_{左}^{L}=-7.32q1h^2$$

刚架各层柱顶,柱底弯矩都为 $0.042\,5q_1h^2$。

(3) 在 q_2 作用下,有

$$\Delta_{1P}=-4\times\frac{1}{EI_2}\times\frac{1}{2}\times\frac{h}{2}\times\left(\frac{1}{8}q_2h^2+\frac{3}{8}q_2h^2+\frac{5}{8}q_2h^2+\frac{7}{8}q_2h^2\right)\times\frac{2}{3}\times\frac{h}{4}=-\frac{q_2h^4}{3EI_2}$$

对于情况(1)$I_1=I_2$ 时,有

$$X_1=\frac{1}{3}\times\frac{1}{21.5}q_2h=0.015\,5q_2h$$

其左柱柱底弯矩为

$$M_{左}^{L}=-0.062q_2h^2$$

由 $\overline{M}_1\times X_1+M_P^2$ 可得刚架内力。

对于情况(2) $I_1 = 1000I_2$ 时，有

$$X_1 = 1.773q_2h^2$$

左柱柱底端弯矩为

$$M^L_{左} = -7.092q_2h^2$$

由 $\overline{M}_1 \times X_1 - M^2_P$ 可得刚架内力。

11-10　图(a)所示组合屋架可划分为两个子结构。子结构 A 为上弦连续梁，子结构 B 为桁架，如图(b)所示。试对下列三种算法加以评论。

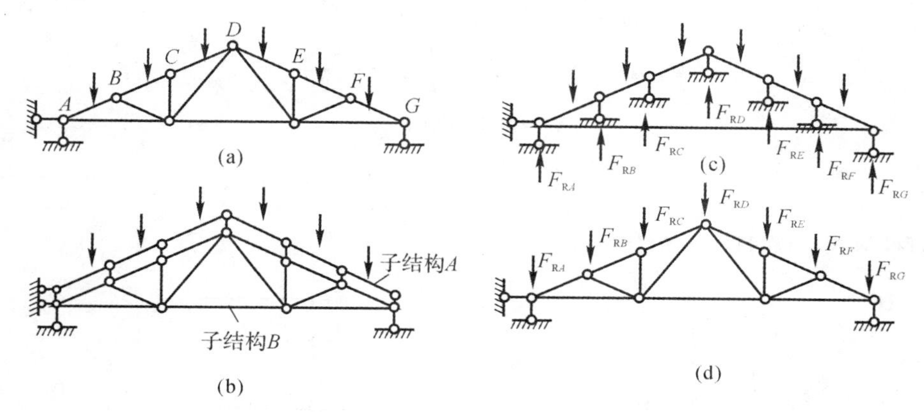

题 11-10 图

(1) 采用于结构概念，直接按图(b) 计算。

(2) 把连续梁 A 看作附属部分，把桁架 B 看作基本部分，桁架 B 为连续梁 A 提供刚性支座，以连续梁支杆传来的力作为荷载，参看图(c)。

(3) 按图(c) 分析，但考虑桁架上弦的竖向位移，把上弦看作有支座沉降的连续梁计算。

解　(1) 直接按题 11-10 图(b) 计算，未知量较多，分析子结构时运算量大。

(2) 忽略了桁架的下沉位移，计算方便，但是有一定误差。

(3) 考虑了桁架的下沉位移，计算工作量大，计算结果精确。

11-11　试用分区混合法计算图示结构。

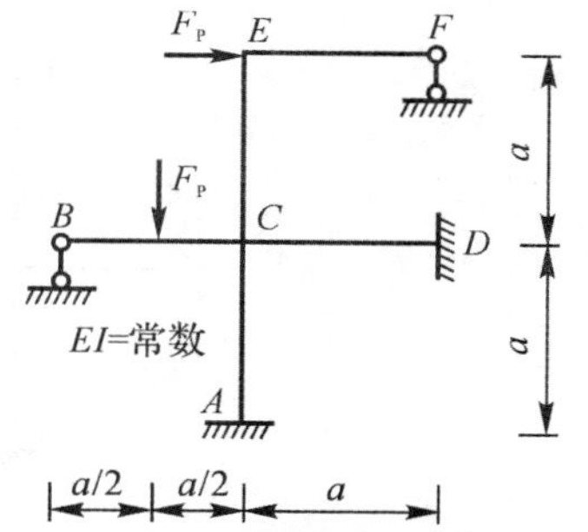

题 11-11 图

解　(1) 取解 11-11 图(a) 所示的基本体系。

(2) 求系数自由项，有

$$\delta_{11} = \frac{1}{EI} \times \frac{1}{2}aa \times \frac{2}{3}a = \frac{a^3}{3EI}$$

$$\delta_{21} = \frac{1}{EI} \times 0 = 0 = \delta_{12}$$

$$k'_{31} = -a$$

$$\delta_{22} = \frac{1}{EI}\left(\frac{1}{2}aa \times \frac{2}{3}a + aaa\right) = \frac{4a^3}{3EI}$$

$$\Delta_{1P} = -\frac{1}{EI} \times \frac{1}{2} \times \frac{a}{2} \times \frac{F_Pa}{2} \times \left(\frac{1}{3} \times \frac{a}{2} + \frac{2}{3} \times a\right) = -\frac{5F_Pa^3}{48EI}$$

$$k_{33} = 8\frac{EI}{a},\ \delta'_{23} = -a,\ \delta'_{13} = a$$

$$\Delta_{2P} = -\frac{1}{EI} \times \frac{1}{2} \times aF_Paa = -\frac{F_Pa^3}{2EI}$$

$$F_{3P} = -\frac{F_Pa}{2}$$

(3) 解方程组

$$\begin{cases} \frac{a^3}{3EI}X_1 + a\Delta_3 = \frac{5}{48}\frac{F_Pa^3}{EI} \\ \frac{4a^3}{3EI}X_2 - a\Delta_3 = \frac{F_Pa^3}{2EI} \\ -aX_1 + aX_2 + \frac{8EI}{a}\Delta_3 = \frac{F_Pa}{2} \end{cases}$$

得

$$\begin{cases} X_1 = 0.200\ 8F_P \\ X_2 = 0.402\ 9F_P \\ \Delta_3 = 0.0372F_Pa^2/EI \end{cases}$$

从而可得 M 图,如解 11 - 11 图(f) 所示。

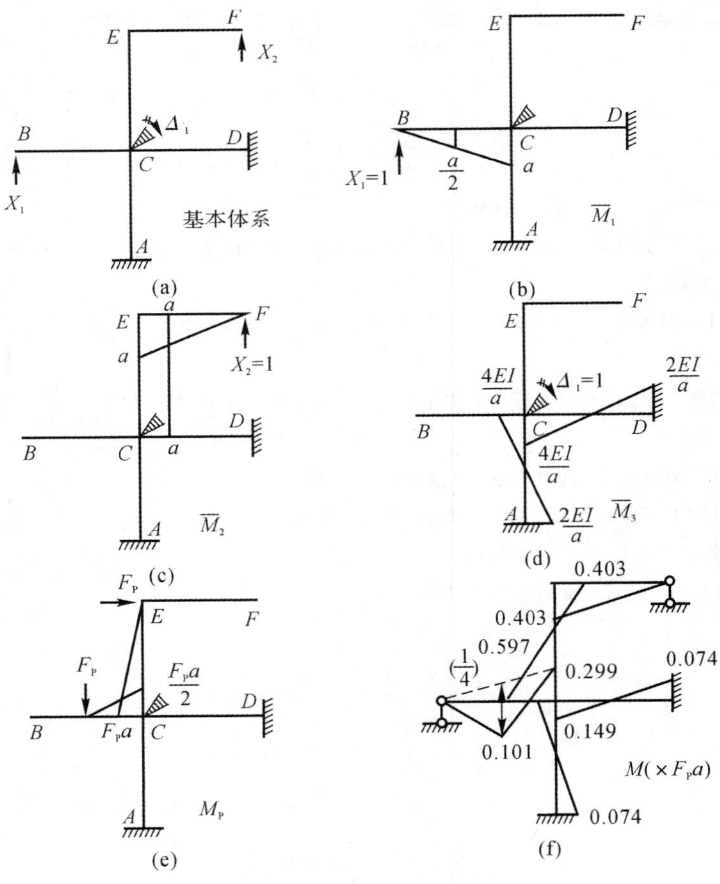

解 11 - 11 图

11 - 13　图示两跨连续梁承受均布荷载 q,左、右两跨的跨度相等,但线刚度不等,当线刚度比值 $k = \frac{i_1}{i_2}$ 变化时，对弯矩图有何影响？

解　利用对称性可知，中间支座处转角为零。取1/2结构分析，M图如解11-13图所示，可见M与i_1和i_2的比值没有关系。可知，$k=\frac{i_1}{i_2}$对M图没有影响。

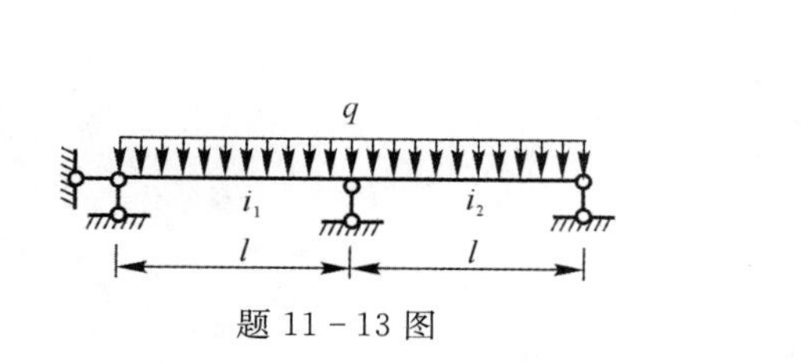

题 11-13 图

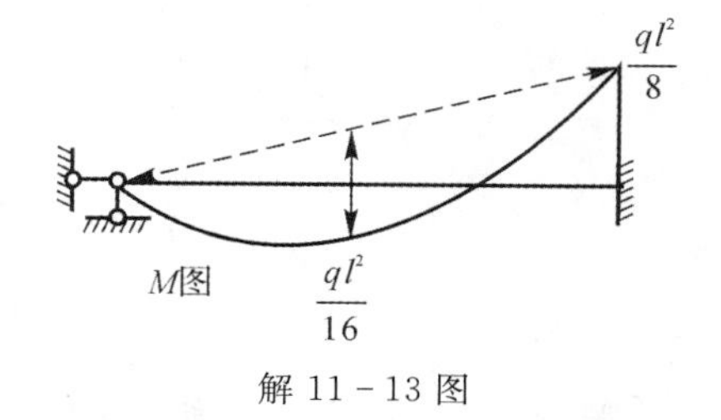

解 11-13 图

11-14　计算图(a)所示结构的AB立柱时，可采用图(b)所示的计算简图，试问弹性支座D的转动刚度k_φ应为多少。如果把支座D简化为固定支座，则弯矩M_{DC}的误差为多少？

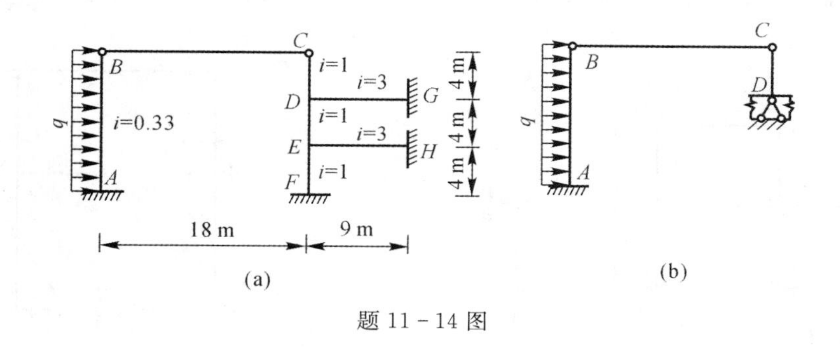

题 11-14 图

解　(1) 图(b)中D支座的弹性抗转支承由图(a)中局部小刚架$DEF-HG$提供，转动刚度k_φ是该弹性支座发生单位转角时所需加的力矩(即小刚架D点转角$\theta_D=1$时，在D点所的力矩)，弹性支座反力矩M_D与转角θ_D的关系为$M_D=k_\varphi\cdot\theta_D$。

(2) 将M_D加于小刚架的结点D，如解11-14图(a)所示。用位移法求解，其位移法方程为

$$\begin{cases}16\theta_D+2\theta_E-M_D=0\\2\theta_D+20\theta_E=0\end{cases}$$

则

$$\theta_D=\frac{5}{79},\ M_D=\frac{5}{79}k_\varphi\theta_D$$

故

$$k_\varphi=\frac{79}{5}=15.8$$

(3) 用力法求解图(b)结构，切开连杆BC，以其轴力X_1为基本未知量，得力法基本体系，可求出$X_1=-4.313q$，并画出M图如解11-14图(b)所示(计算过程从略)。再将力矩$M_D=17.25q$加于图中小刚架上，按上面的位移法方程即可求得刚架内力。

(4) 将图(b)中的支座D改为固定端，用力法解得连杆轴力$X_1=-5.341q$，弯矩$M_{DC}=17.363q$(左侧受拉)，与D处弹性支座相比，M_{DC}的相对误差为0.67%。

11-15　图(a)所示结构中的AB可采用图(b)所示的计算简图。试问弹性支座B的刚度k是多少。在什么情况下，支座B可简化为水平刚度支承？

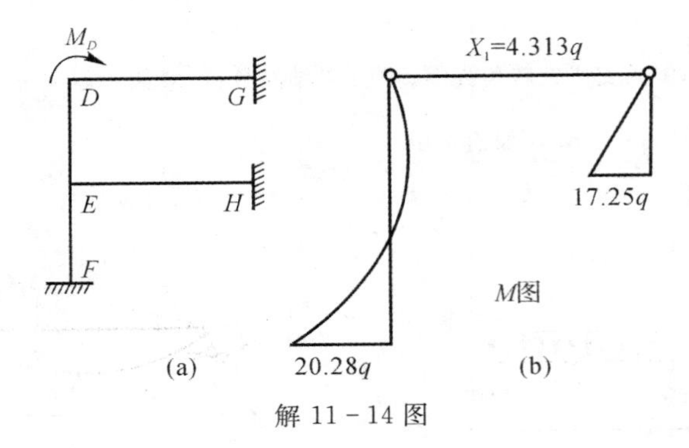

解 11-14 图

解 由解 11-15 图可见，在 D 处单位水平位移下

$$K = 4 \times \frac{6EI_2}{h^3} = \frac{24EI_2}{h^3}$$

支座 B 要能简化成刚性支座，则必须满足 $k \to \infty$，即 $I_2 \to \infty$。因此当 $I_2 \to \infty$ 时，支座 B 可简化成刚性支座。

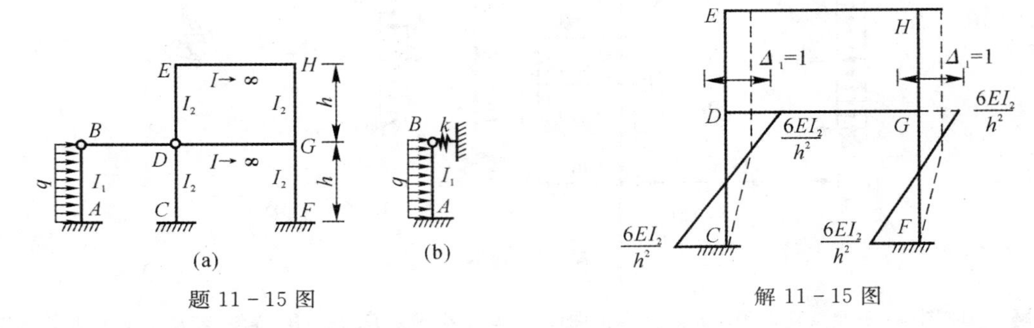

11-16　计算图(a)所示结构中的右边部分时，可采用图(b)所示的计算简图。试问 D 点处的弹性支座的刚度 k 是多少。在什么情况下，D 点可采用水平刚性支承？

解 可以分两种情况讨论。

(1) 当 $EA \to \infty$ 时，k 为 D 点产生单位位移时弹簧中的反力，B，D 两点产生相等水平位移，则对于立柱 AB 而言，受力如解 11-16 图(a) 所示。在 B 点加水平单位力以求 Δ_B，如解 11-16 图(b) 所示。

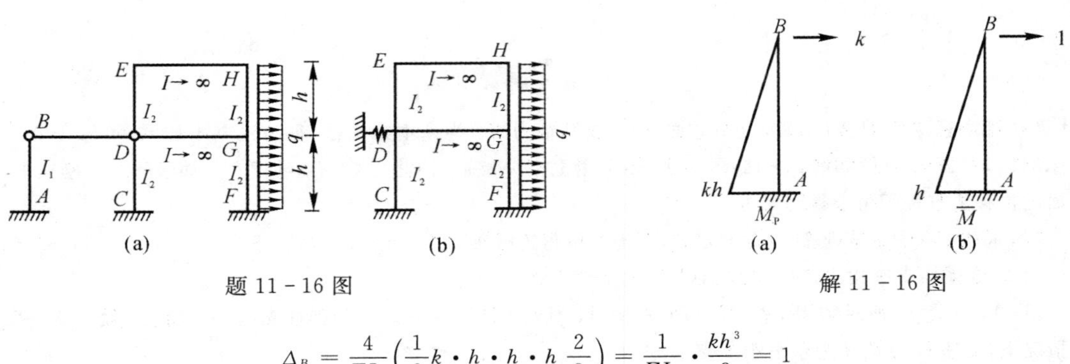

$$\Delta_B = \frac{4}{EI_1}\left(\frac{1}{2}k \cdot h \cdot h \cdot h\ \frac{2}{3}\right) = \frac{1}{EI_1} \cdot \frac{kh^3}{3} = 1$$

则

$$k = \frac{3EI_1}{h^3}$$

(2) 当 EA 为常数时，$\Delta_D = 1$，杆 BD 变形关系为

$$1 - \Delta_B = \frac{kl}{EA}$$

则代入 Δ_B，可得

$$1 - \frac{kh^3}{3EI_1} = \frac{kl}{EA}$$

$$k = \frac{1}{\dfrac{1}{EA} + \dfrac{h^3}{3EI_1}}$$

故，当 $EI_1 \to \infty$ 时，可将弹性支承改为水平刚性支承。

11-18　如题图所示结构在结点处承受集中荷载 F_P，试讨论荷载的分配情况。设结构中各杆都是方形截面($h \cdot h$)，截面尺寸相同。

(1) 图(a) 中悬臂梁 AB 和简支梁 CD 各承担多少？

(2) 图(b) 中横梁 AB 和立柱 CD 各承担多少？

(3) 图(c) 中横梁 AB 和桁架 $CDEF$ 各承担多少？

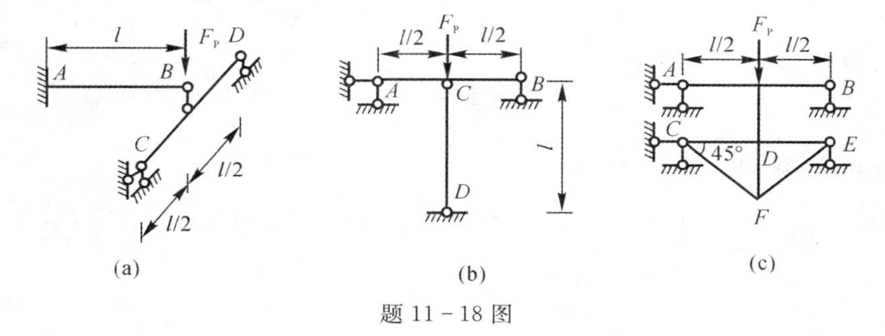

题 11-18 图

解　(1) 解(a) 图。

由解 11-18 图(a) 可知

$$\delta_1 = \frac{l^3}{3EI},\ \delta_2 = \frac{l^3}{48EI}$$

$$k_1 = \frac{1}{\delta_1} = \frac{3EI}{l^3},\ k_2 = \frac{48EI}{l^3}$$

$$k = k_1 + k_2 = \frac{51EI}{l^3}$$

$$\mu_{AB} = \frac{3}{51} = \frac{1}{17},\ \mu_{CD} = 1 - \frac{1}{17} = \frac{16}{17}$$

即 AB 承受$\dfrac{1}{17}F_P$，CD 承受$\dfrac{16}{17}F_P$。

(2) 解(b) 图。由解 11-18 图(b) 可知

$$k_{AB} = \frac{48EI}{l^3}$$

而 $k_{CD} = \dfrac{EA}{l}$，又由 $I = \dfrac{1}{12}h^4$，$A = h^2$，可得

$$A = \frac{12I}{h^2}$$

$$k_{CD} = \frac{12EI}{lh^2}$$

$$k = k_{AB} + k_{CD} = \frac{48EI}{l^3} + \frac{12EI}{lh^2}$$

$$\mu_{AB}=\frac{\frac{48EI}{l^3}}{\left(\frac{48EI}{l^3}+\frac{12EI}{lh^2}\right)}=\frac{4h^2}{4h^2+l^2}\mu_{CD}=\frac{l^2}{4h^2+l^2}$$

因此可知，AB 梁分担$\frac{4h^2}{4h^2+l^2}F_P$，CD 杆分担$\frac{l^2}{4h^2+l^2}F_P$。

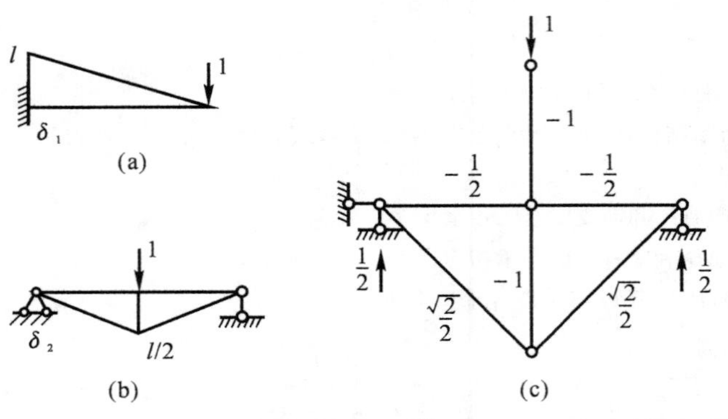

解 11－18 图

(3) 解(c) 图。由解 11－18 图(c) 可知

$$\delta_3=\frac{1}{EA}\times\left[2\times\left(-\frac{1}{2}\right)^2\times\frac{l}{2}+2\times\left(\frac{\sqrt{2}}{2}\right)^2\times\frac{\sqrt{2}}{2}l+(-1)^2\times\frac{l^*}{2}\right]=\frac{1.457\ 1l}{EA}$$

$$k_3=\frac{1}{\delta_3}=0.686\ 3,\ \frac{EA}{l}=8.235\ 5\frac{EI}{lh^2}$$

同理(2) 可得，AB 梁分担$\frac{48h^2}{48h^2+8.235\ 5l^2}F_P=\frac{5.828h^2}{5.828h^2+l^2}F_P$，$CDE$ 桁架部分分担$\frac{l^2}{5.828h^2+l^2}F_P$。

11－19　图示一矩形板，一对对边 AB 和 CD 为简支边，第三边 AD 为固定边，第四边 BC 为自由边。板上承受均布竖向荷载作用。试讨论荷载传递方式及计算简图。

(1) 当 $l_1>l_2$ 时；

(2) 当 $l_2>l_1$ 时。

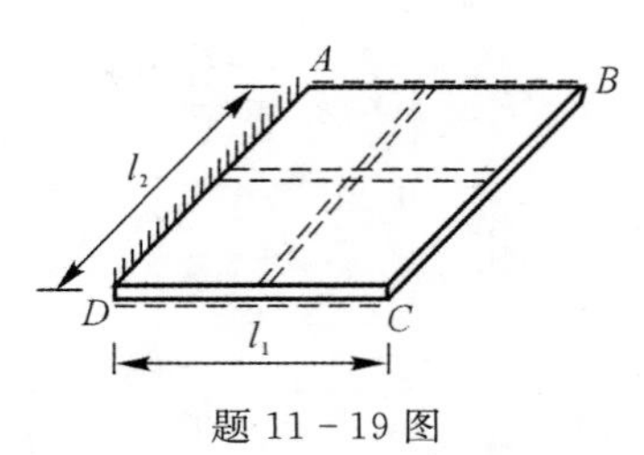

题 11－19 图

解　如题图所示，在板的横向和竖向的中点处取一梁来计算，则：

l_1 方向，可按悬臂梁计算，其跨中挠度为

$$D_1=\frac{17q_1l_1^4}{384};$$

l_2 方向，可按简支梁计算，其跨中挠度为

$$D_2=\frac{5q_2l_2^4}{384}。$$

而这两梁相交的中点挠度应相等，即 $D_1=D_2$，则有

$$\frac{17q_1l_1^4}{384}=\frac{5q_2l_2^4}{384}$$

当 $l_1 \gg l_2$ 时，$q_2 \gg q_1$，可按简支梁计算，计算简图如解 11－19 图(a) 所示。

当 $l_2 \gg l_1$ 时，$q_1 \gg q_2$，可按简支梁计算，计算简图如解 11－19 图(b) 所示。

解 11－19 图

11－20　试讨论图示两种方形水池在水压力作用下的受力特点，其计算简图应如何选择？

(1) 浅池($h/a < 1/2$)；

(2) 深池($h/a > 2$)。

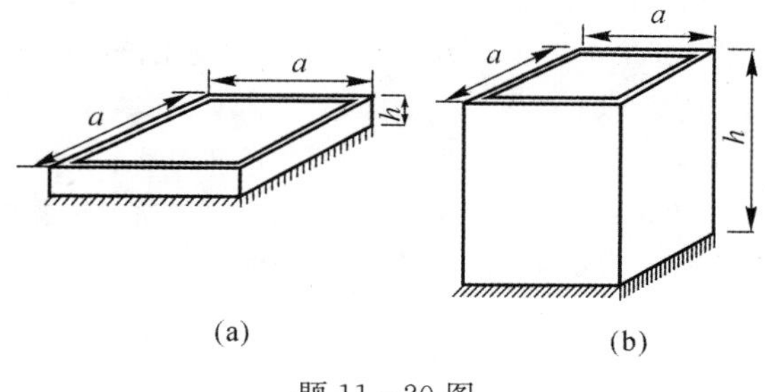

题 11－20 图

解　当矩形板的长边与短边之比大于 2 时，沿短边的支承的影响已很小，可视为荷载只沿短边方向传递。在本题(1) 情况中，因为池壁上端自由，故墙面水压力只能向墙址方向传递，形成池壁下端固定、上端自由的悬壁构件计算模型。而本题(2) 情况中，水压力可视为只沿水平方向传递到池壁两侧的支承边上，形成沿短边方向两端支承的单向板计算模型。

11－21　如果忽略轴力引起的变形，试比较图示三种结构计算简图在结点荷载作用下的内力。

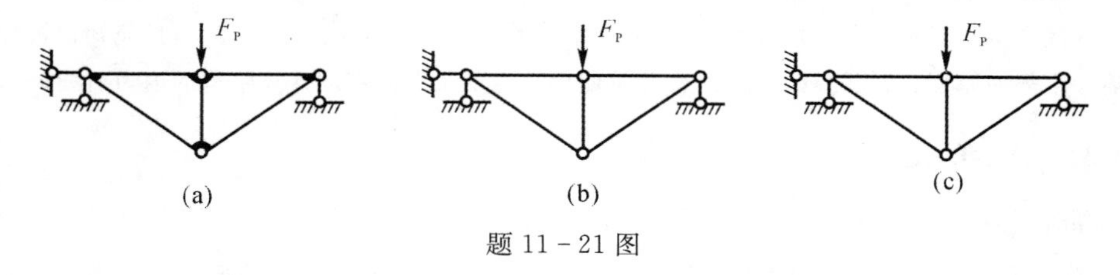

题 11－21 图

解　三种情况中，(c) 图所示为静定桁架，而(a)(b) 图所示皆为超静定结构，只是超静定次数不同，都可以去掉多余约束，取力法基本体系，解力法方程。但如果忽略轴向变形的影响，基本体系为铰结体系，在结点荷载作用下只产生轴力 F_{NP}。任一截面的弯矩 M_P 等于零，所以各自由项 Δ_{DP} 都等于零，即力法方程变为齐次方程，各多余未知力均为零，所以三种结构是等价的，内力相同。

第12章 能量原理

12.1 教学基本要求

12.1.1 内容概述

在固体力学中，把功与能的有关定理统称为能量原理。对于构件的变形及超静定结构的求解，能量原理都有十分重要的作用。变形固体在受外力作用而变形时，引起外力作用点沿着力作用方向发生位移，外力因此做功。另外，弹性固体因变形而具备了做功的能力，表明储存了变形能。若外力从零开始缓慢地增加到最终值，变形中的每一瞬间固体都处于平衡状态，动能和其他能量的变化皆可不计，则由功能原理知，固体的变形能 V 在数值上等于外力作的功 W，即 $V = W$。

本章只介绍能量原理和能量解法。首先，介绍能量原理中的两个基本原理，即势能原理和余能原理。同时指出，势能原理与位移法相通，余能原理与力法相通。其次，在势能原理和余能原理的基础上，引入分区混合概念，介绍分区混合能量驻值原理。最后，将卡氏第一定理与第二定理加以推广，介绍势能和余能偏导数定理及分区混合能量偏导数定理。

12.1.2 目的和要求

本章的学习要求如下：

(1) 理解势能原理与余能原理的概念以及它们与位移法和力法的关系。

(2) 理解分区混合法能量驻值原理。

(3) 理解势能和余能偏导数定理及分区混合能量偏导数定理。

学习这些内容的目的有以下两方面：

(1) 在现代科学中能量原理应用非常广泛，通过本章的学习掌握基本的能量知识，扩充知识视野。

(2) 学会用势能原理、余能原理、分区混合能量偏导数定理及卡氏定理计算结构的内力、位移。

12.1.3 教学单元划分

本章共 6 个教学时，分 3 个教学元。

第一教学单元讲授内容：可能内力与可能位移，应变能与应变余能，势能驻值原理。

第二教学单元讲授内容：势能法与位移法之间的对偶关系，由势能原理推导矩阵位移法基本方程，余能驻值原理，余能法与力法之间的对偶关系。

第三教学单元讲授内容：分区混合能量驻值原理，卡氏第一定理与第二定理和克罗蒂-恩格塞定理，势能和余能编导数定理 —— 卡氏定理的推广，分区混合能量偏导数定理，小结。

12.1.4 教学单元知识点归纳

1. 可能内力与可能位移

静力可能内力指平衡内力，几何可能位移指的是协调位移。它们的关系如图 12-1 所示：

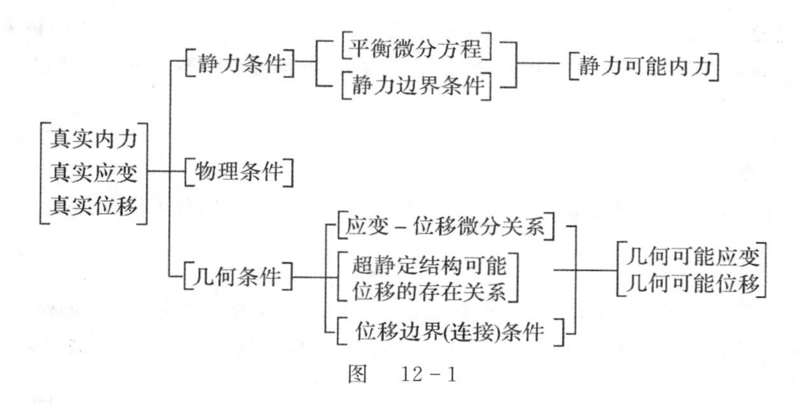

图 12-1

2. 应变能与应变余能(重点)

应变能为

$$V_{\varepsilon}^{e}=\int v_{\varepsilon}\mathrm{d}s,\ V_{\varepsilon}=\sum_{e}\int\frac{1}{2}(EA\varepsilon^{2}+\frac{GA}{k}r^{2}+EI\kappa^{2})\mathrm{d}s$$

应变能为

$$V_{C}^{e}=\int v_{C}\mathrm{d}s$$

$$V_{C}=\sum_{e}\int\left[\varepsilon_{0}F_{N}+\gamma_{0}F_{Q}+\kappa_{0}M+\int_{0}^{F_{N}}\varepsilon\mathrm{d}F_{N}+\int_{0}^{F_{Q}}\gamma\mathrm{d}F_{Q}+\int_{0}^{F_{N}}\kappa\mathrm{d}M\right]\mathrm{d}s$$

3. 势能驻值原理(重点)

势能驻值原理是与位移法对应的能量原理。

势能驻值原理:在位移满足几何条件的前提下,如果位移相应的内力还进一步满足静力条件,则该位移必使其势能 E_P 为驻值。

势能驻值条件与平衡条件是等价的。

在小位移、线弹性的稳定平衡问题中可以证明,势能驻值原理就是最小势能原理。

4. 分区混合能量驻值原理(重点、难点)

分区混合能量驻值原理是与分区混合法对应的能量原理,如果余能区的内力满足本区的全部静力条件,势能区的位移满足本区的全部几何条件,则此分区混合的内力和位移状态称为分区混合可能状态:

$$E_m=(E_P)_b-(E_C)_a+E_J$$

式中,E_m 为结构的分区混合能量,$(E_P)_b$ 为 b 区的势能,$(E_C)_a$ 是 a 区的余能,E_J 为两区交接处的附加能量。

5. 余能驻值原理(重点)

余能驻值原理是与力法相对应的能量原理。

超静定结构的余能驻值原理:在内力满足静力平衡条件的前提下,如果内力相应的应变进一步还满足应变协调条件,则该内力必使其余能 E_C 为驻值。

余能驻值条件与变形协调条件是等价的。

超静定结构中,在同时满足静力平衡方程、几何方程和物理方程的解具有唯一解的情况下,结构的真实内力不仅使余能为驻值,而且可以证明它可使余能为极小值,此即最小余能原理。

6. 卡氏定理和克罗蒂一恩格塞定理(重点)

(1) 卡氏第一定理:

$$F_i=\frac{\partial V}{\partial\Delta_i}\quad(i=1,2,\cdots,n)$$

卡氏第一定理利用应变能建立了荷载与位移的关系,实际上是势能驻值原理的另一种表示形式。

(2) 克罗蒂-恩格塞定理。在结构没有支座位移的情况下，结构的总余能与应变余能相等。如果将结构的应变余能表示为荷载的函数，则应变余能 V_C 对任一荷载 X_i 的偏导数就等于与该荷载相应的位移 D_i，即

$$D_i = \frac{\partial V_C}{\partial X_i} \tag{12-1}$$

式(12-1)称为克罗蒂-恩格塞定理。

(3) 卡氏第二定理。对于线弹性结构，应变能 V_ε 与应变余能 V_C 相等，故可得出公式：

$$D_i = \frac{\partial V_\varepsilon}{\partial X_i} \tag{12-2}$$

式(12-2)称作卡氏第二定理。它可叙述为：在结构为线弹性、无初应变且无支座位移的情况下，如果将结构的应变能 V_ε 表示为荷载的函数，则应变能 V_ε 对任一荷载 X_i 的偏导数就等于与该荷载相应的位移 D_i。

例 12-1 如图 12-2 所示的刚架，El 为常数，试求 A 点的水平位移。

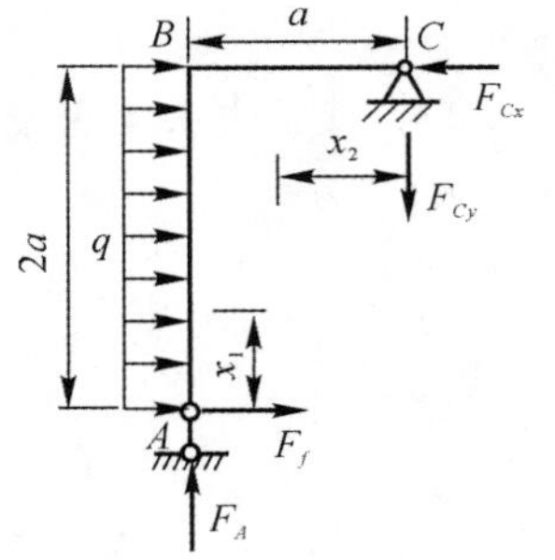

解 在 A 点没有与所求位移相应的广义力，故应附加一个数值等于零的水平集中力 F_f。

(1) 支反力为

$$F_A = 2F_f + 2qa, \quad F_{Cy} = 2F_f + 2qa, \quad F_{Cx} = F_f + 2qa$$

(2) 弯矩方程及偏导数。

AB 段： $M(x_1) = F_f x_1 + \frac{1}{2}qx_1^2, \quad \frac{\partial M(x_1)}{\partial F_f} = x_1$

BC 段 $M(x_2) = F_{Cy}x_2 = (2F_f + 2qa)x_2, \quad \frac{\partial M(x_2)}{\partial F_f} = 2x_2$

图 12-2

(3) 将弯矩方程及偏导数代入卡氏定理表达式并积分，得

$$\Delta A = \left.\frac{\partial U}{\partial F_f}\right|_{F_f=0} = \int_0^{2a} \frac{1}{EI}\frac{1}{2}qx_1^2 \cdot x_1 \cdot dx_1 + \int_0^a \frac{1}{EI}2qax_2 \cdot 2x_2 \cdot dx_2 = \frac{10qa}{3EI}(\rightarrow)$$

特别提醒：用卡氏定理计算位移时，与位移对应的力必须是独立的。如果所求位移的点无外力作用，或者虽有外力作用但非所求位移所对应的力，可在该点附加一个与所求位移相对应的力(附加力法)，该附加力同样要参与到支反力、内力方程中去。求偏导后令其等于零，即为所求位移。

例 12-2 如图 12-3 所示细长、弯曲的杆 AB，置于水平面上，其轴线是半径为 R 的 1/4 圆周，在其自由端 B 有一铅垂荷载 F。求 B 端的铅垂位移和扭转角(已知杆的 EI 和 GI)。

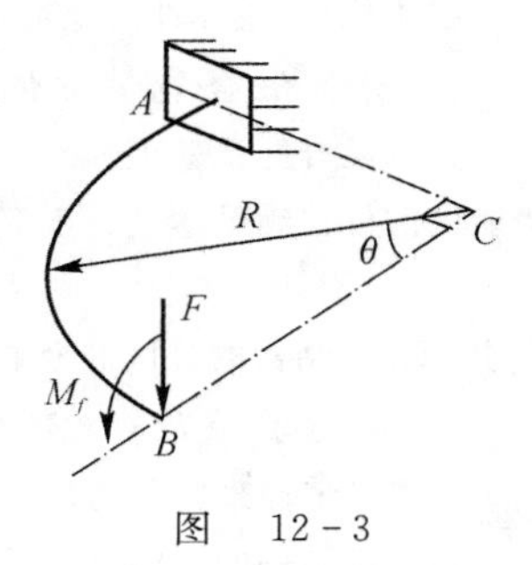

图 12-3

解 (1) 求 B 端的铅垂位移 Δ_{BV}。由荷载 F 引起的弯矩、扭矩及它们的偏导数为

$$M = FR\sin\theta, \quad \frac{\partial M}{\partial F} = R\sin\theta$$

$$M_n = FR(1-\cos\theta), \quad \frac{\partial M_n}{\partial F} = R(1-\cos\theta)$$

故得 $$\Delta_{BV} = \frac{\partial U}{\partial F} = \int_0^{\frac{\pi}{2}} \frac{1}{EI}FR\sin\theta \cdot R\sin\theta R d\theta + \int_0^{\frac{\pi}{2}} \frac{1}{GI_p}FR(1-\cos\theta) \cdot R(1-\cos\theta)R d\theta = \frac{\pi FR^3}{4EI} + \frac{(3\pi-8)FR^3}{4\alpha_p}$$

(2) 求 B 端的扭转角 φ_B。因在 B 端没有与扭转角对应的荷载，故需在 B 端附加一力偶 M_f，其作用面和杆轴线垂直。由荷载 F 和附加力偶引起的弯矩、扭矩及它们的偏导数为

$$M = FR\sin\theta + M_f\sin\theta, \quad \frac{\partial M}{\partial M_r} = \sin\theta$$

$$M_n = FR(1-\cos\theta) - M_f\cos\theta, \quad \frac{\partial M_n}{\partial M_r} = -\cos\theta$$

代入卡氏定理表达式，并令 $M_f=0$，得

$$\varphi_B=\int_0^{\frac{\pi}{2}}\frac{1}{EI}FR\sin\theta\cdot\sin\theta R\,\mathrm{d}\theta+\int_0^{\frac{\pi}{2}}\frac{1}{GI_P}FR(1-\cos\theta)\cdot(-\cos\theta)R\,\mathrm{d}\theta=$$

$$\frac{\pi FR^2}{4EI}+\frac{(\pi-4)FR^2}{4GI_P}$$

特别提醒：正确列出内力方程式是求解本题的关键。垂直于曲杆平面的外力，不仅使曲杆发生弯曲变形，同时还会发生扭转变形。因此列内力方程式时，弯矩和扭矩都要考虑到。

7. 势能和余能偏导数定理(重点)

(1) 势能偏导数定理：

$$F_i=\frac{\partial E_P}{\partial\Delta_i}$$

式中，E_P 为结构的势能；Δ_i 为变量位移；F_i 为与变量位移对应的约束力。

(2) 余能偏导数定理：

$$D_i=\frac{\partial E_C}{\partial X_i}$$

式中，E_C 为结构的余能；X_i 为变量力；D_i 为与变量力对应的位移。

(3) 分区混合能偏导数定理：

$$D_i=-\frac{\partial E_m}{\partial X_i},\quad F_j=\frac{\partial E_m}{\partial\Delta_j}$$

式中，E_m 为结构的分区混合能量；X_i 为变量力；Δ_j 为变量位移；D_i 为与变量力对应的变量位移；F_j 为与变量位移对应的约束力。

例 12-3 如图 12-4 所示为一矩形截面悬臂梁，在自由端作用荷载 F_P，设固定端处有已知转角 φ_{AB}，求梁的余能 E_C。

(1) 设材料为线弹性($\sigma=E\varepsilon$)；

(2) 设材料为非线弹性($\sigma=B\sqrt{|\varepsilon|}$)。

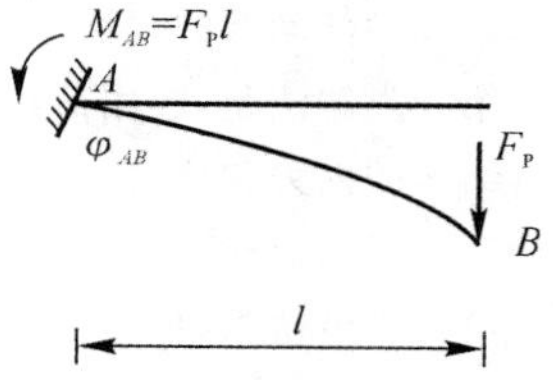

$M_{AB}=F_Pl$ A φ_{AB} F_P B l

图 12-4

解 (1) 线弹性情况。梁的应变余能和应变能相等，即

$$V_C=V=\frac{1}{2EI}\int_0^l M^2(x)\,\mathrm{d}x=\frac{1}{2EI}\int_0^l(F_Px)^2\,\mathrm{d}x=\frac{F_P^2l^3}{6EI}$$

梁的余能等于梁的应变余能与支座位移余能之和，即

$$E_C=V_C+E_C^*=\frac{F_P^2l^3}{6EI}+F_Pl\varphi_{AB}$$

(2) 非线弹性情况。已知应力与应变关系为

$$\sigma=B\sqrt{|\varepsilon|}$$

又知应变与曲率是的关系为

$$\varepsilon=yk$$

因此，应力与曲率的关系为

$$\sigma=B\sqrt{y}\sqrt{k}$$

如果该悬臂梁截面宽 b、高 h，则弯矩与曲率的关系为

$$M=2\int_0^{\frac{h}{2}}y\delta b\,\mathrm{d}y=2Bb\sqrt{k}\int_0^{\frac{h}{2}}y^{\frac{3}{2}}\,\mathrm{d}y=\frac{\sqrt{2}}{10}Bb^{\frac{5}{2}}\sqrt{k}$$

或

$$k=\frac{50}{B^2b^bh^5}M^2$$

梁的弯曲应变余能为

$$V_C = \int_0^l \int_0^M \frac{1}{\rho} \mathrm{d}M \mathrm{d}x = \int_0^l \int_0^M k \mathrm{d}M \mathrm{d}x = \int_0^l \left[\frac{50}{B^2 b^2 h^5} \int_0^{M(x)} M^2 \mathrm{d}M \right] \mathrm{d}x =$$

$$\int_0^l \frac{50}{B^2 b^2 h^5} F_P^3 x^3 \mathrm{d}x = \frac{25}{6B^2 b^2 h^5} F_P^3 l^4$$

梁的余能为

$$E_C = V_C + E_C^* = \frac{25}{6B^2 b^2 h^5} F_P^3 l^4 + F_P l \varphi_{AB}$$

温馨提示:本题的已知位移为支座 A 的转角 φ_{AB},相应的支座反力按平衡条件得到,约束力偶 $M_{AB} = F_P L$。力偶 M_{AB} 在边界已知位移 φ_{AB} 上所做的功为 $M_{AB}\varphi_{AB} = -F_P l\varphi_{AB}$,所以,悬臂梁的支座位移余能为 $E_C{}^* = \sum R_C = F_P l\varphi_{AB}$。

12.2 学习指导

12.2.1 学习方法建议

本章概念多、定理多,容易发生混淆,读者应多下功夫搞清本章的主要概念、定理及应用。学习时要融会贯通,特别要善于发现各部分内容之间的对偶关系。

本章比较系统地介绍了能量原理。首先介绍能量原理中的两个基本原理——势能驻值原理和余能驻值原理,并指出它们实质上就是用能量形式表述的两个基本方法——位移法和力法。然后综合两个基本能量原理,得出分区混合能量驻值原理。最后介绍卡氏定理并加以推广,得出势能、余能、分区混合能量偏导数定理。

结构力学问题的解法,从其表述形式来看,可分为以下两类:

第一类解法是,应用荷载和内力之间的平衡方程、应变和位移的几何方程及应变和应力之间的物理方程求解结构的内力和位移。这是一种常用的或传统的解法,可称为平衡-几何-物理解法,或者简称为"三基方程解法"。在静力分析中也称之为静力法。

第二类解法是,把平衡方程、几何方程用相应的虚功方程或能量方程来代替。称这种解法称为虚功法或能量法。在虚功法中,用虚位移方程代替平衡方程,用虚力方程代替几何方程,由于物理方程没有被引入,所以虚功方程能应用于弹性问题和非弹性问题。在能量法中,由于一开始就引入了弹性方程,并采用弹性能量的形式来表述相应的方程,因此它只能应用于弹性问题。

要明白两类解法是彼此相通的,只是在表述形式上有些差异而已。两类解法存在许多对偶关系。学习时不要把两种解法割裂开来,以为彼此毫不相干;而是要把两种解法联系和对照,掌握二者之间的对偶性。要学会"由此及彼",要学会"翻译",把一类解法中的方程和结论翻译成另一类解法的方程和结论。

1. 弄懂结构力学中的 4 个对偶关系

结构力学中基本的对偶关系有两大类。

首先,从选取基本未知量(简称为"选基")的角度来看,主要有互为对偶的两种选基方案:

(1)位移基方案(刚度方案)——选取位移为基本未知量。

(2)力基方案(柔度方案)——选取力为基本未知量。

(1)和(2)两种方案形成对偶,即位移和力形成对偶,刚度和柔度形成对偶。

其次,从表述形式的角度来看,主要有互为对偶的两种表述形式:

(1)传统形式——直接对力和位移列出传统的平衡方程和几何方程。

(2)能量形式——间接用能量形式表述,列出能量驻值条件或能量偏导数公式。

(1)和(2)两种形式形成对偶,即传统的平衡-几何方程和能量方程形成对偶。

要弄懂以下对偶关系：

(1)位移法与势能法之间的对偶关系。

(2)力法与余能法之间的对偶关系。

(3)位移法与力法之间的对偶关系。

(4)势能法与余能法之间的对偶关系。

2. 能量方法与传统方法之间的异同

虽然两种解法彼此相通，但它们在表述形式上有区别。传统的“平衡-几何”解法直接以位移和力来表述，而能量法则间接用能量来表述。位移和力是向量，它们的分量随所选用的坐标系而变；而能量是纯量，其值不随所选用的坐标系而变。结构中的位移和内力的值随点而异，要用位移图和内力图(或它们的分布函数)才能描述清楚；而能量是结构变形受力状态的一个整体的综合性指标，用一个数值就可以描叙清楚了。由于这些差别，两种解法各有所长，也各有所短。能量法的长处主要是基本定理和基本公式的简捷性，求近似解的简便性，等等。

3. 能量偏导数定理与能量驻值原理之间的对应关系

驻值原理主要有两种，即势能驻值原理与余能驻值原理。与之对应地，能量偏导数定理主要也有两种，即势能偏导数定理与余能偏导数定理。

能量驻值原理是能量偏导数定理的特殊应用，能量偏导数定理是能量驻值原理的推广。

(1)势能偏导数定理与势能驻值原理之间的对应关系。势能偏导数定理与势能驻值条件都是间接用能量形式表示的平衡方程，都用于求解平衡问题。

平衡问题中有两类典型问题：第一类是应用平衡条件求某个约束反力 F_i，第二类是应用平衡条件建立位移法基本方程。位移法基本方程就是与位移法基本未知量Δ相对应的平衡力方程。换句话说，就是应用平衡条件求位移法基本体系中的附加约束力 F_i，并令其为零而得到的方程 $F_i=0(i=1,2,\cdots,n)$。因此，第二类问题是第一类问题的特例。

第一类问题是求约束反力 F_i。在传统解法中是直接应用平衡方程求 F_i；在能量解法中是借用能量形式应用势能偏导数定理求 F_i，即 $F_i=\dfrac{\partial F_{\mathrm{P}}}{\partial \Delta_i}$。

第二类问题是建立位移法基本方程 $F_i=0(i=1,2,\cdots,n)$。在传统解法中仍是直接应用平衡方程求 F_i；在能量解法中则是借用能量形式写出势能驻值条件，即 $\Delta_i=\dfrac{\partial E_{\mathrm{C}}}{\partial X_i}=0(i=1,2,\cdots,n)$。

(2) 余能偏导数定理与余能驻值原理之间的对应关系。余能偏导数定理与余能驻值条件都是间接用能量形式表示的几何方程，都是用于求解几何问题。

几何问题中有两类典型问题：第一类是应用几何条件求某个位移 Δ_i；第二类是应用几何条建立力法基本方程 $\Delta_i=0(i=1,2,\cdots,n)$。因此，第二类问题是第一类问题的特例。

第一类问题是求位移 Δ_i。通常是借用虚功形式应用虚力方程求 Δ_i，即 $\Delta_i=\int \overline{M}_i k\,\mathrm{d}s-\sum \overline{F}_i c$；在能量解法中是借用能量形式应用余能编导数定理求 Δ_i，即 $\Delta_i=\dfrac{\partial E_{\mathrm{C}}}{\partial X_i}$。

第二类问题是建立力法基本方程 $\Delta_i=0(i=1,2,\cdots,n)$。通常是应用虚力方程写出多余约束处的几何协调条件 $\Delta_i=\sum \delta_{ij}X_j+\Delta_{i\mathrm{P}}=0$；在能量解法中是借用能量形式写出余能驻值条件，即 $\Delta_i=\dfrac{\partial E_{\mathrm{C}}}{\partial X_i}(i=1,2,\cdots,n)$。

建议在学习中通过典型例题弄懂上述定理，以方便后面用到这些定理解题。

特别提醒：结构的计算方法分为两大类：一类是应用荷载和内力之间的平衡方程、应变和位移的几何方程及应变和应力之间的物理方程求解结构的内力和位移，称为三基解法；另一类是用相应的虚功方程或能量方程来代替平衡方程、几何方程，这种解法称为虚功法或能量法。若题目没有指定什么解法，可根据情况选用自己最熟悉、最方便的解法，不必拘泥于某一种解法。

12.2.2 解题步骤及易犯的错误

本章解题方法较多，现对三种方法解题步骤及易犯的错误进行简要介绍。

1. 用势能原理求结构位移和内力

(1) 计算步骤如下：

1) 确定几何可能位移；

2) 确定结构势能；

3) 应用势能驻值条件；

4) 求内力、位移。

(2) 易犯的错误如下：

1) 虚位移图画错，虚位移计算错误；

2) 势能列写错误，势能驻值条件应用错误。

2. 用余能驻值原理求结构内力

(1) 计算步骤如下：

1) 取基本结构；

2) 列力法基本方程；

3) 求系数自由项；

4) 解方程，用叠加法求杆端力。

(2) 易犯的错误如下：

1) 不理解 $\overline{M}_1$ 和 M_P 可采用不同基本方程，不能使问题简化；

2) 力法中易犯的错误在此处也易犯。

3. 用卡氏定理求结构约束力、位移

(1) 计算步骤如下：

1) 分别写出结构各部分的应变能或应变余能；

2) 用第一卡氏定理求相应的约束力；

3) 用第二卡氏定理求相应的位移。

(2) 易犯的错误如下：

1) 应变能或应变余能列书错误。

2) 求偏导数时漏项或求错。

12.2.3 学习中常遇问题解答

1. 力法、位移法是计算超静定结构的基本方法，原则上可计算一切超静定问题，那么为什么还学能量原理呢？

答　静力法和能量原理是计算超静定结构的两大类解法，原则上各类方法都可独立解决超静定结构的计算问题，因此但简易程度不一样。有的结构用静力法计算较简单，有的结构用能量原理计算较简单。两类计算方法都要学习。同时能量原理是很多学科的基础，为增加知识面，提高分析问题和解决问题的能力，应掌握这两类方法。

2. 什么是可能内力与可能位移？

答　可能内力是静力可能内力的简称，可能位移是几何可能位移的简称。简单的说，静力可能内力指的就是平衡内力，几何可能位移指的就是协调位移。这两种概念在第6,7章中都讲过了，它们都是能是能量原理和虚功原理的重要概念，因此本章对这些概念作进一步说明。

3. 什么是应变能和应变能密度？

答 杆件的应变能是指杆长内由于杆件产生应变而储存的能量，它等于截面内力在应变上所做的功。杆件的应变能密度 v_ε 是指单位杆长内由于杆件产生应变而储存的能量，等于截面内力在应变上所做的功，设 $v_{\varepsilon n}$，$v_{\varepsilon s}$，$v_{\varepsilon b}$ 为拉伸、剪切、弯曲应变能密度，v_ε 为变形能密度，则变形能密度等于拉伸、剪切、弯曲应变能密度之和，即 $v_\varepsilon = v_{\varepsilon n} + v_{\varepsilon s} + v_{\varepsilon b}$。

4. 什么是余能？什么是应变余能密度和应变余能？

答 余能这个概念较抽象，为了方便，现以轴力 F_N 与应变 ε 之间的内力-应变曲线来说明。图12-5是拉伸轴力-应变曲线，$v_{\varepsilon n}$ 表示该曲线与横坐标轴之间的面积，即 $v_{\varepsilon n} = \int_0^\infty F_N \mathrm{d}\varepsilon$（图12-5(a)）；而 v_{Cn} 表示该曲线与纵坐标轴之间的面积，即 $v_{Cn} = \int_0^{F_N} \varepsilon \mathrm{d}F_N$（见图12-5(b)）。面积 $v_{\varepsilon n}$ 和面积 v_{Cn} 正好合成一个矩形面积，即

$$v_{\varepsilon n} + v_{Cn} + F_N\varepsilon$$

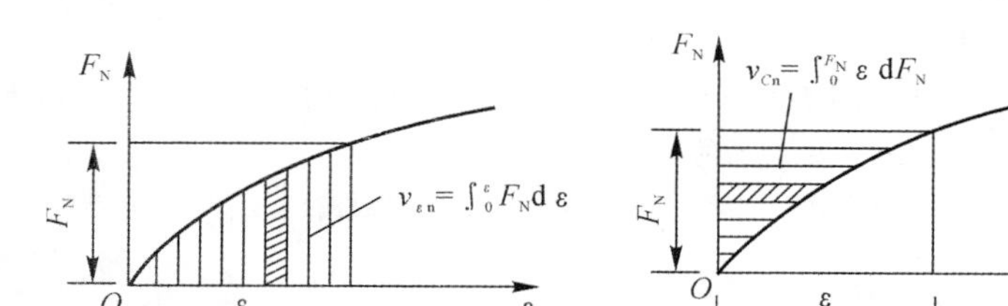

图 12-5

换句话说，对于矩形面积 $F_{N\varepsilon}$ 来说，$v_{\varepsilon n}$ 和 $v_{c\varepsilon}$ 彼此互为余数，这就是“余能”这个名称的由来。

那么，什么是应变应变余能密度呢？杆件的应变余能密度指单位杆长内由于杆件产生单位应变而储存的余能。杆件的应变余能 V_C^ε 由应变余能密度 v_C 沿杆件长度积分而得出。

5. 何谓混合能量驻值原理？它有什么用途？

答 前面讲过分区混合法，与分区混合法对应的能量原理是分区混合能量驻值原理。分区混合能量驻值原理是：先设结构已分为势能区和余能区。在所有的分区混合可能状态中，真实状态使分区混合能量 E_m 为驻值，为驻值的分区混合可能状态就是真实状态。用它可求结构的内力。其解题步骤如下：

(1) 确定结构的各种分区混合可能状态。将结构分为余能区（a区）和势能区（b区）。在余能区中，根据静力条件，确定a区的各种静力可能内力状态，其中含有待定的内力参数 X 几何条件；确定b区的各种几何可能位移状态，其中含有待定的位移参数 Δ。X 和 Δ 合在一起组成分区混合能量法的基本未知量。

(2) 按式 $E_m = (E_P)_b - (E_C)_a + E_j = (E_P)_b - (E_C)_a + \sum((\bar{F})_a(\bar{D})_b$，写出分区混合能量 E_m 的算式。

(3) 应用分区混合能量驻值条件，解出基本未知量 X 和 Δ。这里的分区混合能量驻值条件就是以能量形式表示的分区混合法的基本方程。

6. 什么是卡氏定理？它有什么用途？

答 卡氏定理就是用偏导数法求结构约束力和位移的定理。它分为卡氏第一定理和卡氏第二定理。卡氏第一定理是关于应变能的偏导数定理，可表述如下：

将弹性结构的应变能 K 表示为 n 个独立变量位移 $\Delta_1, \Delta_2, \cdots, \Delta_n$ 的函数，与位移 Δ_i 相应束力记为 $F_i(i = 1,2,\cdots,n)$，除 n 个约束力 F_i 外，结构上没有荷载作用，则应变能 V_i 对变量位的偏导数便等于与 Δ_i 相应的约束力 F_i，其公式如下：

$$F_i = \frac{\partial V_\varepsilon}{\partial \Delta_i}$$

卡氏第二定理可表述如下：

在结构为线性弹性、没有初应变、没有支座位移的情况下，如果将结构的应变能 V_ε 表示为 n 个独立变量力 $X_1, X_2, \cdots, X_n$ 的函数，则应变能 V_ε 对变量力 X_i 的偏导数便等于与 X_i 相应的位移 D_i，其公式如下：

$$D_i = \frac{\partial V_\varepsilon}{\partial X}$$

它在求结构位移中得到广泛应用。平常所说的卡氏定理也多指卡氏第二定理。

7. 虚功原理和能量原理有什么区别？

答 虚功原理和能量原理是相通的。它们的区别是：虚功原理不涉及物理条件，既适用于弹性情况，又适用于非弹性情况，应用范围很广；能量原理引用了弹性条件，只适用于弹性结构，应用范围较窄，但公式简捷。

8. 试问卡氏定理、克罗蒂-恩格塞定理、势能偏导数定理和余能偏导数定理有什么关系？

答 卡氏定理是最先被提出的定理，它分为卡氏第一定理和卡氏第二定理，克罗蒂-恩格塞定理是第二卡氏定理的推广；势能偏导数定理和余能偏导数定理，是卡氏定理的进一步推广；而势能偏导数定理和余能偏导数定理又可作为分区混合能量偏导数定理的两个特例。

另外，卡氏第一定理与单位位移法都用于求约束力 F_i，二者是相通的；克罗蒂-恩格塞定理、卡氏第二定理与单位荷载法都用于位移 D_i，三者也是相通的。

要弄清它们本身的含义及它们之间的关系，以便于应用，不发生混淆。

12.3 考试指点

12.3.1 考试出题点

本章比较系统地介绍了能量原理。首先介绍能量原理中的两个基本原理——势能驻值原理和余能驻值原理，并指出它们实质上就是用能量形式表述的两个基本方法——位移法和力法。然后将两个基本能量原理加以综合，得出分区混合能量驻值原理。最后介绍卡氏定理并加以推广，得出势能、余能、分区混合能量偏导数定理。

结构力学问题的解法，按表述形式可分为以下两类：

第一类解法是，应用荷载和内力之间的平衡方程、应变和位移的几何方程，以及应变和应力之间的物理方程，来求解超静定结构的内力和位移，也就是第6～8章用力法、位移法、渐近法等解超静定结构的内力、位移问题。这在静力分析中也称为静力法。

第二类解法是，把平衡方程、几何方程用相应的虚功方程或能量方程来代替。这种解法称为虚功法或能量法。在虚功法中，用虚位移方程代替平衡方程，用虚力方程代替几何方程，由于物理方程还没有被引入，所以这些虚功方程对弹性或非弹性问题都可应用。

温馨提示：在此值得注意的是，由于在能量法中一开始就引入了弹性方程，并采用弹性能量的形式来表述相应的方程，因此能量法只适合于弹性问题，不适合于塑性问题。

这两类解法彼此是相通的，只是在表述形式上有些差异。

既然是这样，同样的超静定结构问题，如果没有指定用什么方法解，可以用第一类解法，也可用第二类解法，即哪个方法简便，对哪个方法熟悉，就用哪种方法，这给解超静定结构问题带来了方便。但有的题目指明用什么方法来求内力或位移，那就必须遵守了，否则不能得分。鉴于此，本章考试知识点为：

(1)应变能与应变余能的概念，势能原理与余能原理的概念，以及它们与位移法和力法之间的关系。

(2)余能驻值原理，用余能原理计算超静定结构的内力、位移。

(3)分区混合法能量驻值原理及其应用。

(4)势能、余能偏导数定理、分区混合能量偏导数定理的概念及其应用。

(5)卡氏定理的概念及用其计算超静是结构的内力、位移。

12.3.2 名校考研真题选解

一、客观题

1. 选择题

(1)(浙江大学试题)用能量法近似计算如图12-6所示单跨梁的第一频率,其位移幅值函数应取为(　　)。

A. $Y(x) = a\sin\dfrac{\pi}{l}x$　　B. $Y(x) = a\left(1-\cos\dfrac{3\pi}{2l}x\right)$

C. $Y(x) = x2(x-l)2$　　D. $Y(x) = x^2(x-l)$

答案:D

(2)(北京航空航天大学试题)某线弹性结构在F_1单独作用下的外力功$W_1 = \dfrac{1}{2}F_1\Delta$,在$F_2$单独作用下的外力功为$\dfrac{1}{2}F_2\Delta_2$,其中$\Delta_1$和$\Delta_2$为沿相应荷载方向的位移,设在$F_1$和$F_2$共同作用下,则(　　)。

A. 一定有$W_{总} = W_1 + W_2$　　B. 一定有$W_{总} > W_1 + W_2$

C. 一定有$W_{总} < W_1 + W_2$　　D. 无法判定

答案:D

2. 判断题

(1)(重庆大学试题)用能量法计算无限自由度体系的临界荷载,所得计算结果均不小于精确解。

答案:对

(2)(中国科学院试题)虚位移原理的应用不受小变形的限制,只与材料的应力-应变关系有关。

答:错。

分析:虚位移原理的应用只受小变形的限制,而与材料的应力-应变关系无关。

3. 问答题

(中国科学院试题)简述功互等定理。

答:$F_1\delta_{12} = F_2\delta_{21}$,即$F_1$在由$F_2$引起的位移$\delta_{12}$上所作的功,等于$F_2$在由$F_1$引起的位移$\delta_{21}$上所作的功。

二、计算题

1.(华中科技大学试题)如图12-7所示,悬臂梁AB的抗弯刚度为EI,材料为线弹性体,不计剪应变对挠度的影响。试用卡氏第二定理计算该悬臂梁自由端的挠度。

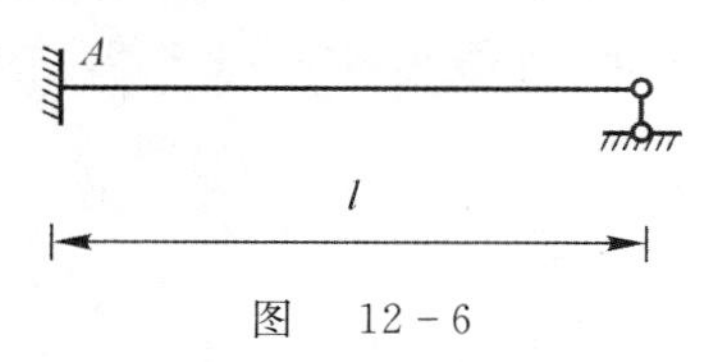

图 12-6

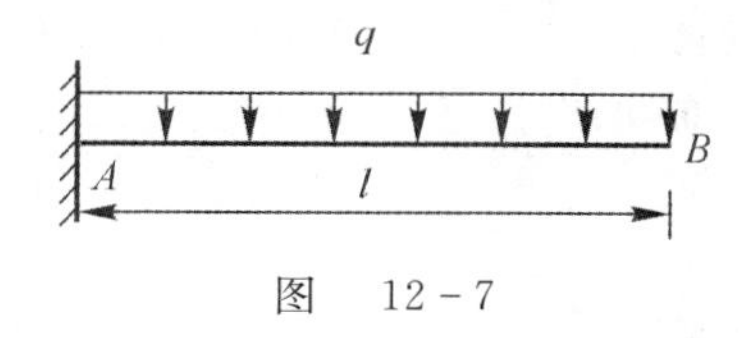

图 12-7

解　由于应用卡氏定理需要求出弯矩对集中力的导数,所以对于图12-7所示结构,在B端加一个向下的集中力,记为F,则此时的弯矩方程为

$$M = (ql + F)x - \frac{qx^2}{2}$$

求弯矩对力F的偏导数:

$$\frac{\partial M}{\partial F} = x$$

所以,由卡氏定理可得悬臂端 B 的挠度为

$$f_B = \int_0^l \frac{M}{EI}\frac{\partial M}{\partial F}\mathrm{d}x = \frac{1}{EI}\int_0^l \left[(ql+F)x - \frac{qx^2}{2}\right]x\,\mathrm{d}x$$

令 $F=0$,则

$$f_B = \frac{1}{EI}\int_0^l \left[qlx - \frac{qx^2}{2}\right]x\,\mathrm{d}x = \frac{5ql^4}{24EI}$$

2.(上海交通大学试题)图 12-8(a) 所示简支梁的弹性弯曲变形能为 V_{st},问图 12-8(b) 所示梁的变形能为 $3V_{st}$ 是否正确?为什么?

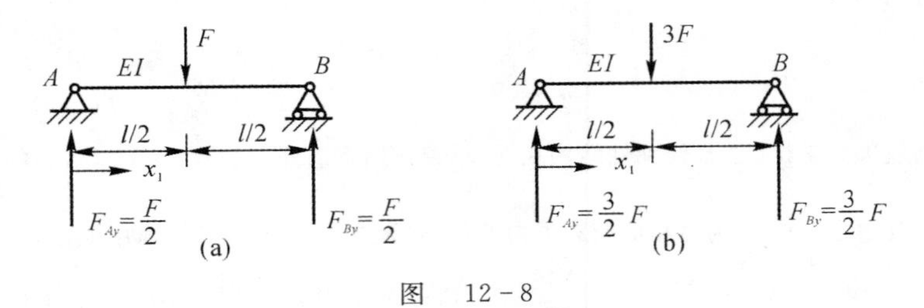

图 12-8

解 不正确。对于所示结构图 12-8(a)(b) 所示结构,取 A 点为坐标原点,向右为正方向,所以有

对于图 12-8(a) 所示结构:

$$M(x_1) = \frac{F}{2}x_1$$

对于图 12-8(b) 所示结构:

$$M(x_1) = \frac{3}{2}Fx_1$$

因此,每个图的变形能分别为

对于图 12-8(a) 所示结构:

$$V_{st} = 2\int_0^{\frac{l}{2}} \frac{M^2(x_1)\mathrm{d}x_1}{2EI} = \frac{F^2}{4EI}\int_0^{\frac{l}{2}} x_1^2\mathrm{d}x_1 = \frac{F^2l^3}{96EI}$$

对于图 12-8(b) 所示结构:

$$V_{st} = 2\int_0^{\frac{l}{2}} \frac{M^2(x_1)\mathrm{d}x_1}{2EI} = \frac{9F^2}{4EI}\int_0^{\frac{l}{2}} x_1^2\mathrm{d}x_1 = \frac{9F^2l^3}{96EI}$$

显然,图 12-8(a) 所示结构的变形能并不是图 12-8(b) 所示结构变形能的 3 倍。

3.(武汉科技大学试题)水平悬臂梁在自由端先后受到铅直向下的荷载 F_1 和 F_2 的作用。在 F_1 的作用下,自由端的挠度为 δ_1;当 F_2 作用后,自由端的总挠度为 δ_2。求在 F_1 和 F_2 共同作用下梁的变形能 U。

解 F_1 的功:

$$W_1 = \frac{1}{2}F_1\delta_1$$

F_2 的功:

$$W_2 = \frac{1}{2}F_2(\delta_2 - \delta_1)$$

F_1 在 F_2 作用位移上的功:

$$W_3 = F_1(\delta_2 - \delta_1)$$

所以梁的变形能 U 为

$$U = W_1 + W_2 + W_3 = \frac{1}{2}F_1\delta_1 + \frac{1}{2}F_2(\delta_2 - \delta_1) + F_1(\delta_2 - \delta_1)$$

4.（中国科学院试题）如图12-9所示一平面桁架在B点受到一垂直力F的作用。构成桁架的每个杆的弹性模量都是E，截面积都是A，试用能量法求出点B的垂直方向的位移。

解 力F做的功是$W = \frac{Fv}{2}$，各杆的应变能是$U_i = \frac{P_i^2 L_i}{2EA}$，而功与应变能的和相等，即

$$\frac{Fv}{2} = \sum_{i=1}^{7} \frac{P_i^2 L_i}{2EA}$$

可得

$$v = \frac{1}{FEA}\sum_{i=1}^{7} P_i^2 L_i$$

各杆的力和长度为

$$P_1 = -F, L_1 = L$$

$$P_2 = \sqrt{2}F, L_2 = \sqrt{2}L$$

$$P_3 = -F, L_3 = L$$

$$P_4 = -2F, L_4 = L$$

$$P_5 = \sqrt{2}F, L_5 = \sqrt{2}L$$

$$P_6 = F, L_6 = L$$

$$P_7 = 0, L_7 = L$$

故

$$v = \frac{(7 + 4\sqrt{2})FL}{EA}$$

5.（北京航空航天大学试题）如图12-10所示，等截面折杆ABC的弯曲刚度为EI，在C截面处作用一铅垂荷载F。略去轴力和剪力的影响，求截面C的铅垂位移（A，B处为固定铰支座）。

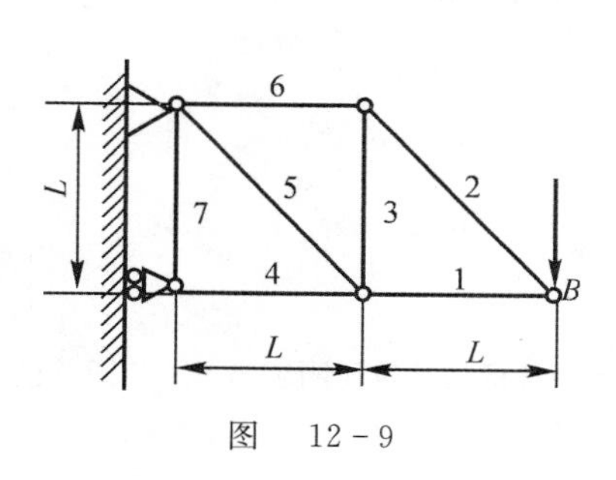

图 12-9

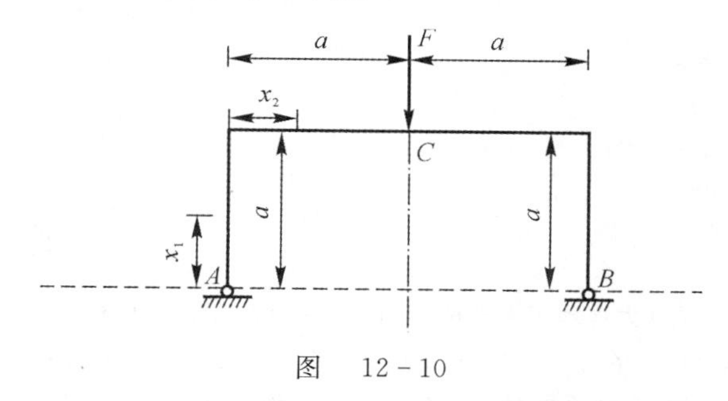

图 12-10

解 根据静力关系求解出杆件的内力，如图12-11所示。对竖直杆件取从A点开始向上为正，对水平杆取向右为正，可以求出杆的弯矩为

$$M(x_1) = F_A x_1,\ M(x_2) = F_A a - Fx_2/2$$

将F_A，F_B换成单位荷载，用同样的方法可以求出弯矩为

$$\overline{M}(x_1) = x_1,\quad \overline{M}(x_2) = a$$

A点受到约束，故位移为0，即

$$\Delta_A = \frac{2}{EI}\left[\int_0^a M(x_1)\overline{M}(x_1)\mathrm{d}x_1 + \int_0^a M(x_2)\overline{M}(x_2)\mathrm{d}x_2\right] = 0$$

由此可以求得

$$F_A = \frac{3F}{16}$$

这样，可求出弯矩的表达式为

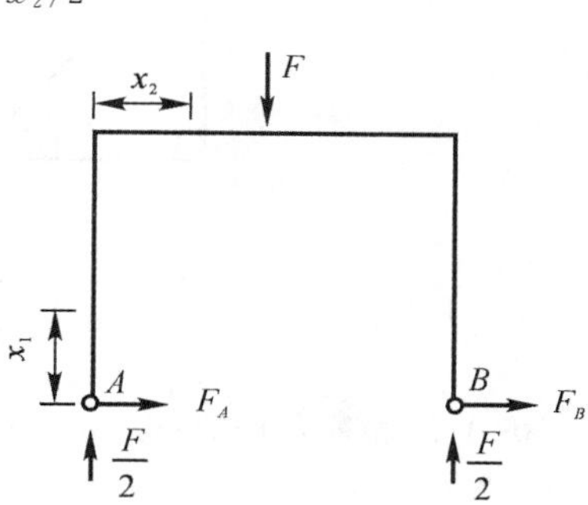

图 12-11

$$M(x_1)=\frac{3F}{16}x_1,\quad M(x_2)=\frac{3F}{16}a-Fx_2/2$$

进而可求截面 C 的铅垂位移为

$$f_C=\frac{\partial V_e}{\partial F}=\frac{2}{EI}\left[\int_0^a M(x_1)\frac{\partial M(x_1)}{\partial F}dx_1+\int_0^a M(x_2)\frac{\partial M(x_2)}{\partial F}dx_2\right]=\frac{7Fa^3}{96EI}$$

6.（大连理工大学试题）试求图 12-12 所示刚架的支反力和弯曲应变能（忽略剪力和轴力对梁变形的影响）。

解 图 12-12 所示结构为一次静不定结构。将 C 点支座去掉，加一个向上的力 P_1，如图 12-13 所示。

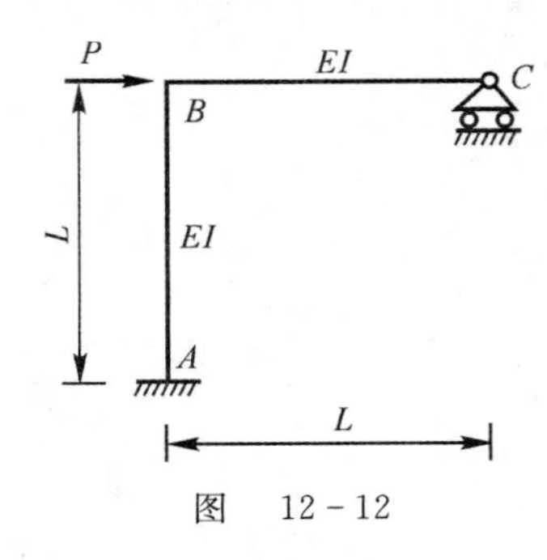

图 12-12

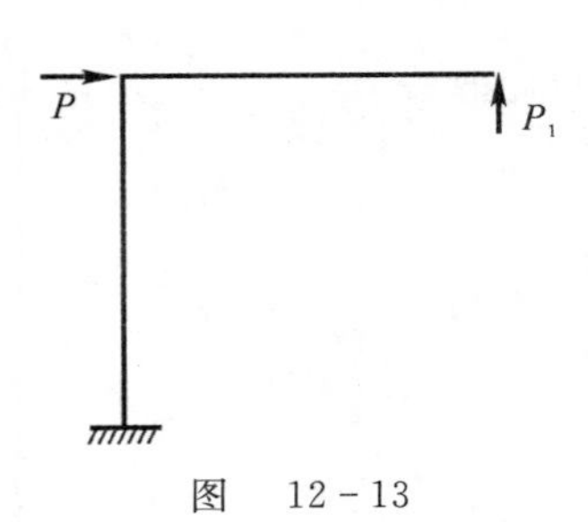

图 12-13

此时体系的变形能为

$$U=\int_0^L\frac{P_1^2(L-x)^2}{2EI}+\int_0^L\frac{[P_1L-P(L-x)]^2dx}{2EI}=\frac{P_1^2L^3}{6EI}+\frac{3P_1^2-3P_1P+P^2}{6EI}L^3$$

则 C 点位移为零，即

$$\frac{\partial U}{\partial P_1}=\frac{8P_1-3P}{6EI}L^3=0$$

解得

$$P_1=\frac{3}{8}P$$

故得

$$U=\frac{7P^2L^3}{96EI}$$

7.（大连理工大学试题）图 12-14 所示由三根杆组成的桁架 ABC，各杆的抗拉压刚度为 EA 相同并已知，试求体系的应变能 U 和 A 点的竖向位移 Δ_{AV} 和水平位移 Δ_{AH}。

解 体系的微变形图如图 12-15 所示。

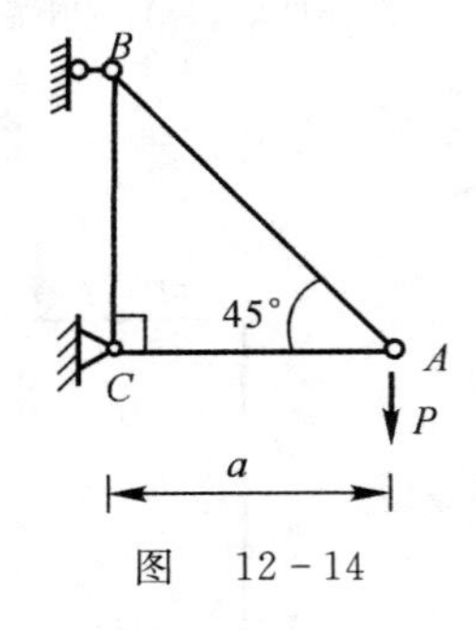

图 12-14

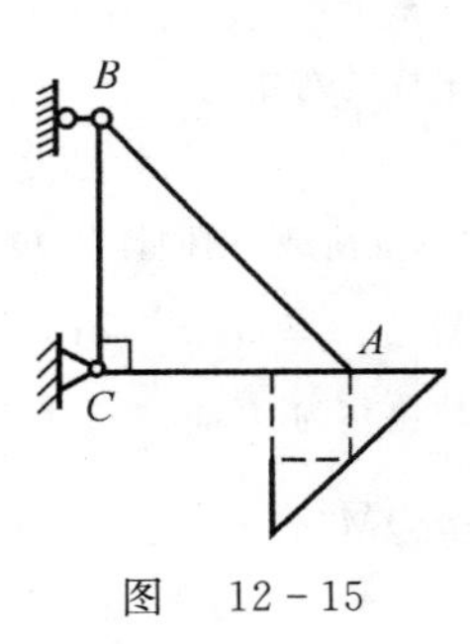

图 12-15

在 A 点，由静力平衡可得

$$P_A\cos45°-P_C=0$$
$$P_A\sin45°-P=0$$

解得
$$P_A=\sqrt{2}P,\quad P_C=P$$
进而可得出
$$P_{BC}=P$$
则由应变能的定义可得
$$U=\frac{P^2a}{2EA}+\frac{P^2a}{2EA}+\frac{(\sqrt{2}P)^2\sqrt{2}a}{2EA}=\frac{(\sqrt{2}+1)P^2a}{EA}$$
所以 A 点的水平位移为
$$\Delta_{AH}=\frac{Pa}{EA}$$
竖直位移为
$$\Delta_{AV}=\frac{\partial U}{\partial P}=\frac{2(\sqrt{2}+1)Pa}{EA}$$

8.(西南交通大学试题)试用能量方法(卡氏第二定理)求图12-16所示刚架 B 处的支反力。已知两杆的弯曲刚度均为 EI,不计剪力和轴力对刚架变形的影响($a=5\ \mathrm{m}, q=110\ \mathrm{kN/m}, M_e=50\ \mathrm{kN\cdot m}$)。

解 结构受力如图12-17所示。由图可得
$$M(x_1)=Rx_1,\ \frac{\partial M(x_1)}{\partial R}=x_1\qquad (0<x_1<\frac{a}{2})$$
$$M(x_2)=R\left(\frac{a}{2}+x_2\right)-M_e,\ \frac{\partial M(x_2)}{\partial R}=\frac{a}{2}+x_2\qquad (0<x_2<\frac{a}{2})$$
$$M(x_3)=Ra-M_e-\frac{1}{2}qx_3^2,\ \frac{\partial M(x_3)}{\partial R}=a\qquad (0<x_3<a)$$

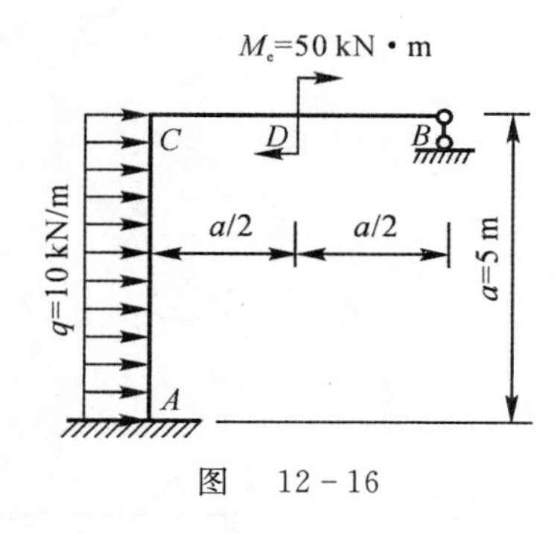

图 12-16

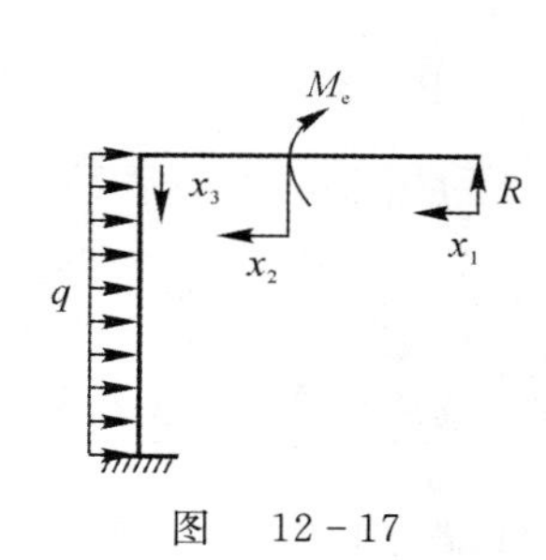

图 12-17

由位移协调方程可得
$$f_B=\sum\int\frac{M(x_i)}{EI}\cdot\frac{M(x_i)}{\partial R}\mathrm{d}x=0$$
即
$$\frac{4}{3}Ra-\frac{11}{8}M_e-\frac{1}{6}qa^2=0$$
解得
$$R=\frac{1}{8}qa+\frac{3^3}{32}M_e=16.56\ \mathrm{kN}$$

12.4 习题精选详解

12-1 对于图(a)所示的一次超静定梁,试检验下列两种弯矩表示式是否都是静力可能内力。

(1) $M(x)=\overline{M}_1(x)X'_1+M'_P(x)$;

(2) $M(x)=\overline{M}_1(x)X''_1+M''_P(x)$。

其中 $\overline{M}_1(x)$,$M'_P(x)$,$M''_P(x)$ 分别对应于图(b)~(d)所示的弯矩图。

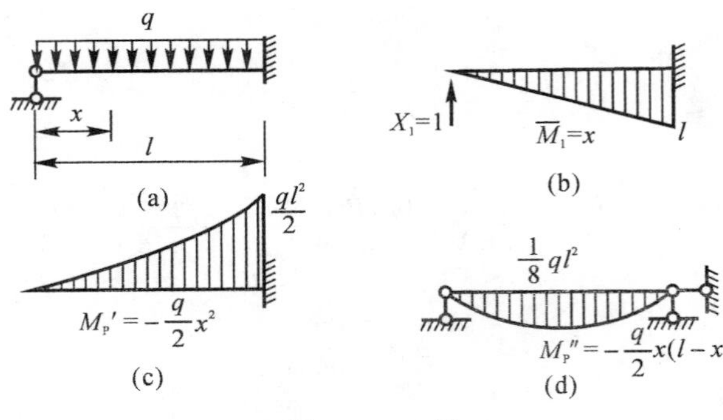

题 12-1图

解 (1) 在 $X_1=1$，$\overline{M}_1=x$，$\overline{F}_{Q1}=1$。

在图(c)中，有

$$M'_P=-\frac{q}{2}x^2,\quad F'_Q=-qx$$

$$F_Q=X_1'\cdot F_{Q1}+F'_Q=X'_1-qx$$

$$M_Q=\overline{M}_1(x)X'_1+M'_P(x)=X'_1x-\frac{qx^2}{2}$$

$$\frac{\mathrm{d}F_Q}{\mathrm{d}x}=-q,\ \frac{\mathrm{d}M}{\mathrm{d}x}-F_Q=X'_1-qx-(X'_1-qx)=0$$

可见此时满足静力平衡条件。

(2) 在图(d)中，有

$$M''_P(x)=\frac{q}{2}x(l-x)$$

$$F''_Q(x)=\frac{q}{2}(l-x)=\frac{ql}{2}-qx$$

$$F_Q=X''_1+\frac{ql}{2}-qx,\ M_Q=\overline{M}_1(x)X''_1+M''_P(x)=X''_1x+\frac{qx}{2}(l-x)$$

$$\frac{\mathrm{d}F_Q}{\mathrm{d}x}=-q,\ \frac{\mathrm{d}M(x)}{\mathrm{d}x}-F_Q=X''_1+\frac{q}{2}(l-2x)-(\frac{ql}{2}+X''_1-qx)=0$$

可见此时也满足平衡条件。所以两种静力表示式都是静力可能内力。

12-2 对于图中所示的悬臂梁，试检验下列挠度表示式是否都是几何可能位移。

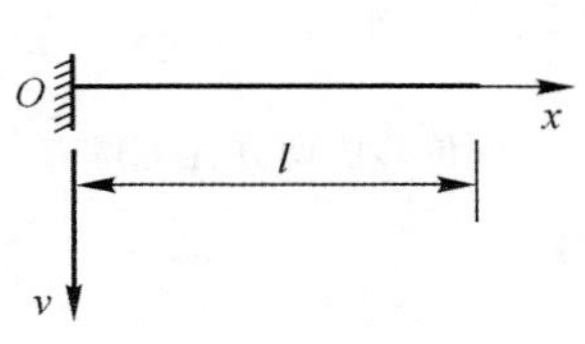

题 12-2图

(1) $v=a_1+a_2x+\cdots+a_nx^{n-1}$。

(2) $v=a_1x^2+a_2x^3+\cdots+a_nx^{n+1}$。

解 (1) 当 $x=0$ 时，$v=a_1$，悬梁固端位移为零，所以不符合条件，此挠度表示式不是几何可能位移。

(2) 当 $x=0$ 时，有

$$v=0$$

当 $x=l$ 时，有

$$v=a_1l^2+a_2l^3+\cdots+a_nl^{n+1}$$

$$\frac{\mathrm{d}v}{\mathrm{d}x}=2a_1x+3a_2x^2+\cdots+(n+1)a_nx^n$$

当 $x=0$ 时，有

$$\theta = 0$$

当 $x = l$ 时，有

$$\theta = 2a_1 l + 3a_2 l + \cdots + (n+1)a_n l^n$$

所以满足条件，此挠度表示式是几何可能位移。

12-3 对于图中所示的简支梁，试检验下列挠度表示式是否都是几何可能位移。

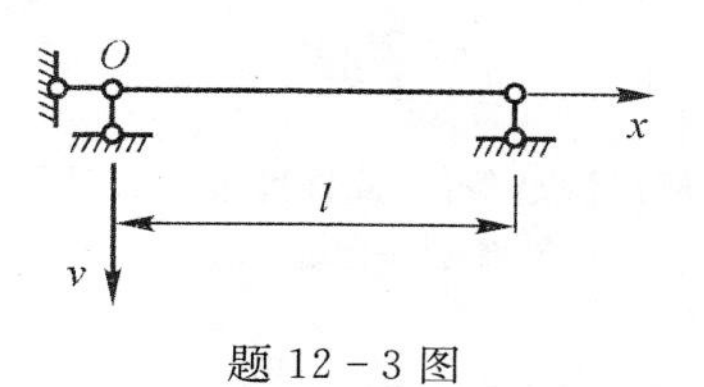

题 12-3 图

(1) $v = x(l-x)(a_1 + a_2 x + \cdots + a_n x^{n-1})$。

(2) $v = \sum_{n=1}^{\infty} a_n \sin \frac{n\pi x}{l}$。

解 (1) 当 $x = 0$，有

$$v = 0$$

当 $x = l$ 时，有

$$v = 0$$

$$\frac{\mathrm{d}v}{\mathrm{d}x} = (l-2x)(a_1 + a_2 x + \cdots + a_n x^{n-1}) - (xl - x^2) \times$$
$$(a_2 + 2a_3 x + \cdots + (n-1)a_n x^{n-2})$$

当 $x = 0$ 时，有

$$\theta = a_1 l$$

当 $x = l$ 时，有

$$\theta = -l(a_1 + a_2 l + \cdots + a_n l^{n-1})$$

所以满足条件，此挠度表示式是几何可能位移。

(2) 当 $x = 0$ 时，有

$$v = 0$$

当 $x = l$ 时，有

$$v = 0$$

$$\frac{\mathrm{d}v(x)}{\mathrm{d}x} = \sum_{n=1}^{\infty} a_n \frac{n\pi}{l} \cos \frac{n\pi x}{l}$$

当 $x = 0$ 时，有

$$\theta = \sum_{n=1}^{\infty} \frac{n\pi a_n}{l}$$

当 $x = l$ 时，有

$$\theta = \sum_{n=1}^{\infty} (\pm) \frac{n\pi a_n}{l}$$

所以符合条件，此挠度表示式是几何可能位移。

12-4 对于图中所示的两端固定梁，试检验下列挠度表示式是否都是几何可能位移。

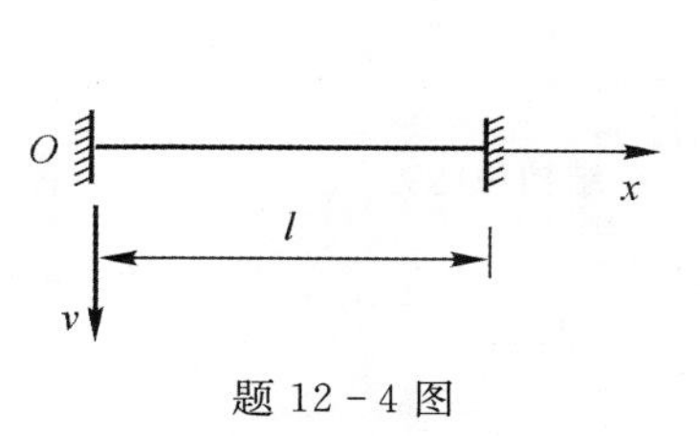

题 12-4 图

(1) $v = x^2(l-x)^2(a_1 + a_2 x + \cdots + a_n x^{n-1})$。

(2) $v = \sum_{n=1}^{\infty} a_n (1 - \cos \frac{2n\pi x}{l})$。

解 (1) 当 $x = 0$ 时，有

$$v = 0$$

当 $x = l$ 时，有

$$v = 0$$

$$\frac{\mathrm{d}v(x)}{\mathrm{d}x} = (2l^2 x + 4x^3 - 6lx^2)(a_1 + a_2 x + \cdots + a_n x^{n-1})$$

$$-x^2(l-x)^2[a_2+2a_3x+\cdots+(n-1)a_nx^{n-2}]$$

当 $x=0$ 时，有

$$\theta=0$$

当 $x=l$ 时，有

$$\theta=0$$

所以满足条件，此挠度表示式是几何可能位移。

(2) 当 $x=0$ 时，有

$$v=0$$

当 $x=l$ 时，有

$$v=0$$

$$\frac{\mathrm{d}v(x)}{\mathrm{d}x}=\sum_{n=1}^{\infty}a_n\cdot\frac{2n\pi}{l}\sin\frac{2n\pi x}{l}$$

当 $x=0$ 时，有

$$\theta=0$$

当 $x=l$ 时，有

$$\theta=0$$

所以满足条件，此挠度表示式是几何可能位移。

12－5 试用势能原理分析图示桁架。设各杆截面相等，又设材料为线性弹性。

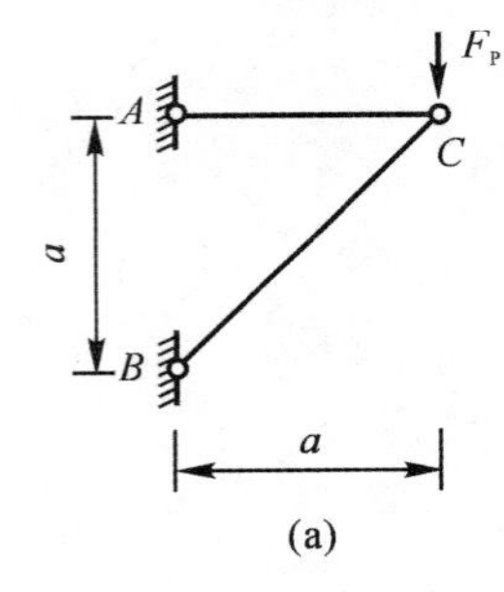

(a)

(b)

题 12－5 图

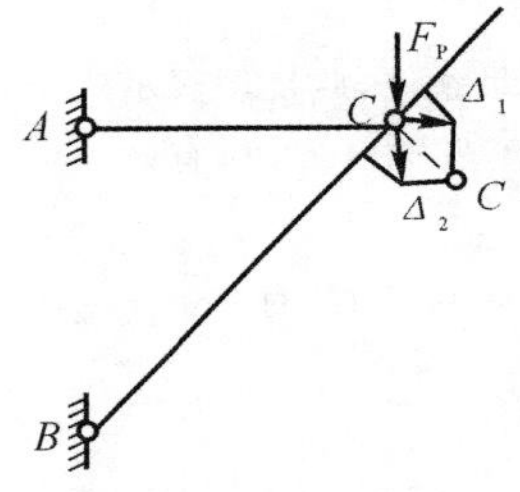

解 12－5 图

解 (1) 解(a) 图。求结构应变能，有 $\Delta_{AC}=\Delta_1,\Delta_{BC}=\frac{\sqrt{2}}{2}(\Delta_1-\Delta_2)$

$$V_\varepsilon=\sum\frac{EA}{2}\varepsilon_i^2l_i=\frac{EA}{2}\left[\left(\frac{\Delta_1}{a}\right)^2a+\frac{(\Delta_1-\Delta_2)^2}{2\times2a^2}\times\sqrt{2}a\right]=$$

$$\frac{EA}{2}\left[\frac{1}{a}\Delta_1^2+\frac{\sqrt{2}}{4a}(\Delta_1-\Delta_2)^2\right]=\frac{EA}{2a}\left[\Delta_1^2+\frac{\sqrt{2}}{4}(\Delta_1-\Delta_2)^2\right]$$

结构势能为

$$E_P=V_\varepsilon+V_P=\frac{EA}{2a}\left[\Delta_1^2+\frac{\sqrt{2}}{4a}(\Delta_1-\Delta_2)^2\right]-F_P\Delta_2$$

由

$$\begin{cases}\dfrac{\partial E_P}{\partial\Delta_1}=0\\[2ex]\dfrac{\partial E_P}{\partial\Delta_2}=0\end{cases}$$

得

$$\begin{cases}\Delta_1+\dfrac{\sqrt{2}}{4}(\Delta_1-\Delta_2)=0\\[2ex]-\dfrac{EA}{a}\times\dfrac{\sqrt{2}}{4}(\Delta_1-\Delta_2)-F_P=0\end{cases}$$

即
$$\begin{cases}\Delta_1 = +\dfrac{F_P a}{EA} \\ \Delta_2 = (2\sqrt{2}+1)\dfrac{F_P a}{EA}\end{cases} \qquad \Delta_1 - \Delta_2 = -2\sqrt{2}\,\frac{F_P a}{EA}$$

$$F_{NBC} = \frac{EA}{\sqrt{2}a}\times(\Delta_1-\Delta_2)\times\frac{\sqrt{2}}{2} = -\sqrt{2}F_P$$

(2) 解(b)图。与(a)图同理,只是在应变能中加 CD 杆,有

$$V_\varepsilon = \frac{EA}{2a}\left[\Delta_1^2 + \frac{\sqrt{2}}{4}(\Delta_1-\Delta_2)^2 + \Delta_2^2\right]$$

$$E_P = V_\varepsilon - F_P\Delta_2$$

由
$$\begin{cases}\partial E_P/\partial\Delta_1 = 0 \\ \partial E_P/\partial\Delta_2 = 0\end{cases}$$

得
$$\begin{cases}\Delta_1 + \dfrac{\sqrt{2}}{4}(\Delta_1-\Delta_2) = 0 \\ -\dfrac{EA}{a}\times\dfrac{\sqrt{2}}{4}(\Delta_1-\Delta_2) + \dfrac{EA}{a}\Delta_2 - F_P = 0\end{cases}$$

即
$$\begin{cases}\Delta_1 = \dfrac{\sqrt{2}-1}{2}\dfrac{F_P a}{EA} \\ \Delta_2 = \dfrac{3-\sqrt{2}}{2}F_P a/EA\end{cases}$$

$$F_{NAC} = \frac{EA}{a}\Delta_1 = \frac{\sqrt{2}-1}{2}F_P,\quad F_{NCD} = -\frac{EA}{a}\Delta_2 = \frac{\sqrt{2}-3}{2}F_P$$

$$F_{NBC} = \frac{\sqrt{2}-2}{2}F_P$$

12-6　试用势能原理分析图示刚架。设材料为线性弹性。

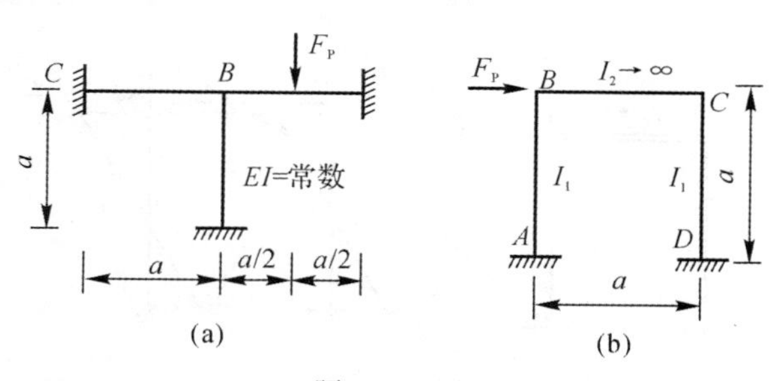

题 12-6 图

解　(1) 解(a)图。有

$$V_\varepsilon = 2i\left[\theta_A^2 + \theta_A\theta_B + \theta_B{}^2 - 3(\theta_A+\theta_B)\frac{\Delta_B-\Delta_A}{l} + \frac{3}{l^2}(\Delta_B-\Delta_A)^2\right]$$

对于杆 AB,有

$$\theta_A = 0,\quad \Delta_A = 0,\quad \theta_B = \Delta_1,\quad \Delta_B = 0$$

对于杆 CB,有

$$\theta_A = 0,\quad \Delta_A = 0,\quad \theta_B = \Delta_1,\quad \Delta_B = 0$$

对于杆 BD,有

$$\theta_A = \Delta_1,\quad \Delta_A = 0,\quad \theta_B = 0,\quad \Delta_B = 0$$

$$V_\varepsilon = 2i\left[\Delta_1^2 + \Delta_1^2 + \Delta_1^2\right] = 6i\Delta_1^2$$

荷载势能为

$$V_P = -F_P \frac{a}{8}\Delta_1, \quad E_P = 6i\Delta_1^2 - F_P \frac{a}{8}\Delta_1$$

由$\dfrac{\partial E_P}{\partial \Delta_1} = 0$得$12i\Delta_1 = \dfrac{1}{8}F_P a$，即$\Delta_1 = \dfrac{F_P a}{96i} = \dfrac{F_P a^2}{96EI}$。从而可作$M$图，如解12-6图(a)(ⅱ)所示。

(2) 解(b)图。对于杆AB，有

$$\theta_A = 0, \quad \Delta_A = 0, \quad \theta_B = \Delta_1, \quad \Delta_B = \Delta_1$$

对于杆DC，有

$$\theta_B = 0, \Delta_D = 0, \theta_C = 0, \Delta_C = \Delta_1$$

$$V_\varepsilon = 2\frac{EI_1}{a}\left[\frac{3}{a^2}\Delta_1^2 + \frac{3\Delta_1^2}{a^2}\right] = 12\frac{EI_1}{a^3}\Delta_1^2$$

$$V_P = F_P\Delta_1 \quad E_P = V_\varepsilon - V_P = 12\frac{EI_1}{a^3}\Delta_1^2 - F_P\Delta_1$$

由$\dfrac{\partial E_P}{\partial \Delta_1} = 0$得$24\dfrac{EI_1}{a^3}\Delta_1 = F_P$，即$\Delta_1 = \dfrac{F_P a^3}{24EI_1}$。从而可作$M$图，如解12-6图(b)(ⅱ)图所示。

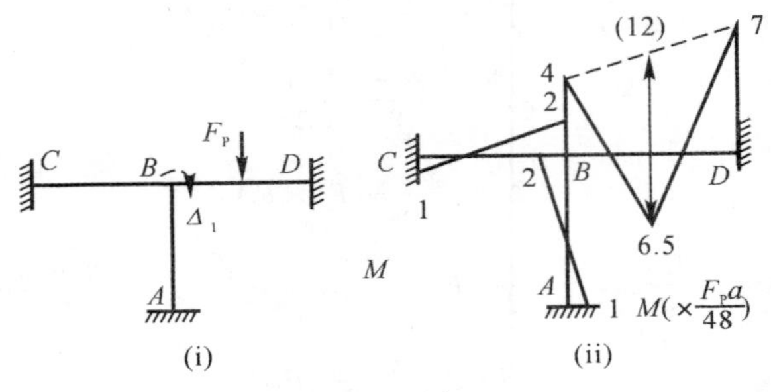

解12-6图(a)

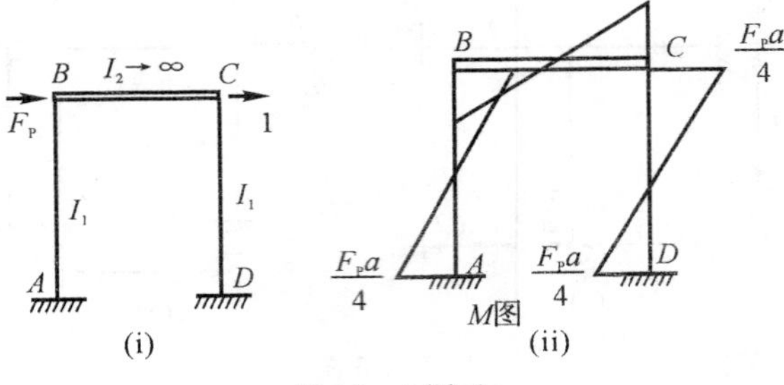

解12-6图(b)

12-8　图示桁架在结点A有荷载F_P作用，材料为线性弹性。设各杆杆长和截面均相同。

(1) 试求出在真实位移状态下桁架的势能，记为$\bar{E}_P$。此时结点A的竖向位移为一常量，记为$\bar{\Delta}$；

(2) 考虑桁架的任一几何可能位移状态，此时结点A的竖向位移为一变量，记为Δ，试求出在几何可能位移状态下桁架的势能E_P的表示式。这里E_P是Δ的函数，即$E_P = E_P(\Delta)$；

(3) 试求出函数E_P的极小值，记为$(E_P)_{\min}$；并验证：$(E_P)_{\min} = \bar{E}_P$。

解　(1) 桁架在竖向力作用下，只产生竖向位移$\bar{\Delta}$，如解12-8图所示。

有

$$\lambda_{AB} = \lambda_{AC} = \bar{\Delta}\sin45^\circ = \bar{\Delta}\cdot\frac{\sqrt{2}}{2}, \quad \varepsilon_{AB} = \varepsilon_{AC} = \frac{\sqrt{2}\Delta}{2a}$$

所以桁架的势能为

$$\overline{E}_P = \sum \frac{EA}{2}\varepsilon_i^2 l_i - F_P\overline{\Delta} = \frac{2EA}{2}\cdot\left(\frac{\sqrt{2}\Delta}{2a}\right)^2\cdot a - F_P\overline{\Delta} = \frac{EA\Delta^2}{2a} - F_P\overline{\Delta}$$

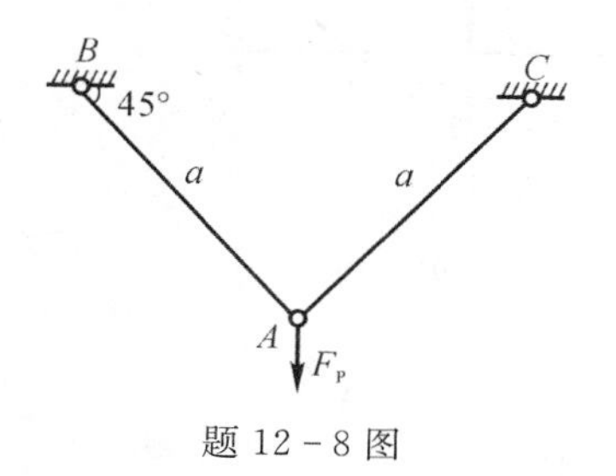

题 12-8 图

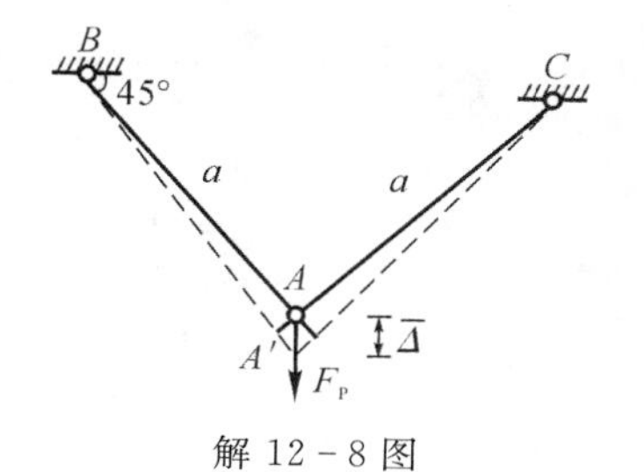

解 12-8 图

(2) 当 A 点竖向位移为变量 Δ 时，桁架应变能为

$$U = \frac{EA\Delta^2}{2a}$$

荷载势能为

$$U_P = -F_P\Delta$$

桁架总势能为

$$E_P(\Delta) = U + U_P = \frac{EA\Delta^2}{2a} - F_P\Delta$$

(3) 应用势能条件

$$\frac{\mathrm{d}E_P(\Delta)}{\mathrm{d}\Delta} = \frac{EA\Delta}{a} - F_P = 0$$

则

$$\Delta = \frac{F_P a}{EA}$$

故

$$E_{P(\min)} = -\frac{F_P^2 a}{2EA}$$

12-10 试用余能原理分析题12-1图(a)所示超静定梁，并采用题12-1给出的静力可能内力的两种表示式进行计算，对其分别得出的最终弯矩图加以比较。

解 (1) 由解 12-10 图(a) 可知

$$M(x) = \overline{M}_1(x)X_1' + M_P'(x) = xX_1' - \frac{q}{2}x^2$$

$$V_C = \int_0^l \frac{1}{2EI}M^2(x)\mathrm{d}x = \frac{1}{2EI}\int_0^l (xX_1' - \frac{q}{2}x^2)^2\mathrm{d}x =$$

$$\frac{1}{2EI}\left(\frac{X_1^2}{3}x^3 + \frac{q^2}{20}x^5 - \frac{qX'_1}{4}x^4\right)\Big|_0^l =$$

$$\frac{1}{2EI}\left(\frac{l^3}{3}X'^2_1 - \frac{q}{4}l^4X_1' + \frac{q}{20}l^5\right)$$

$$V_d = 0,\ E_C = V_C$$

又由 $\frac{\partial E_C}{\partial X_1} = 0$，得

$$\frac{2}{3}l^3X_1' - \frac{ql^4}{4} = 0$$

即

$$X_1' = \frac{3ql}{8}(\uparrow)$$

(2) 由解 12-10 图(b) 可知

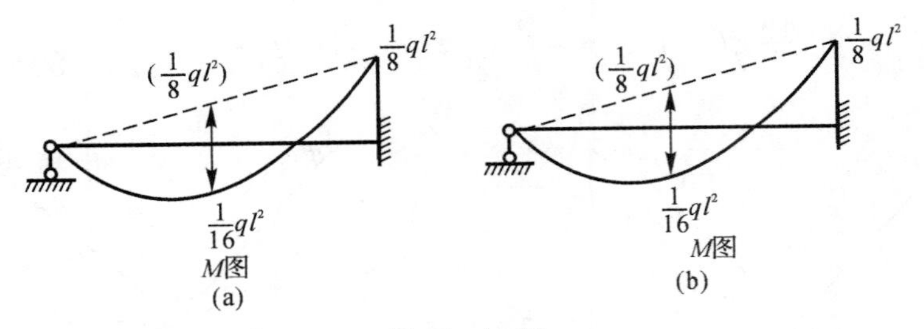

解 12－10 图

$$M(x)=M_1(x)X''_1+M''_P(x)=xX''_1+\frac{qx}{2}(l-x)$$

$$V_C=\int_0^l\frac{1}{2EI}\left[xX''_1+\frac{qx}{2}(l-x)\right]^2\mathrm{d}x=$$

$$\frac{1}{2EI}\int_0^l\left[X''^2_1x^2+\frac{q^2x^2}{4}(l-x)^2+qX''_1x^2(l-x)\right]\mathrm{d}x=\frac{1}{2EI}\left(\frac{l^3}{3}X''^2_1+\frac{q^2l^5}{120}+\frac{ql^4}{12}X''_1\right)$$

因为 $V_{Cd}=0$，所以 $E_C=V$。由 $\frac{\partial E_C}{\partial X_1''}=0$，得

$$\frac{2}{3}l^3X_1''+\frac{ql^4}{12}=0$$

即

$$X_1''=-\frac{ql}{8}$$

左端支座反力为

$$F_R^L=\frac{1}{2}ql-\frac{ql}{8}=\frac{3}{8}ql(\uparrow)$$

通过比较可知，两种表示式得出的最终考题图完全相同。

12－12　仍分析题 12－5 图(b) 所示超静定桁架。

(1) 求出在真实受力状态下桁架的余能，记为 $\overline{E}_C$。

(2) 取 CD 杆的轴力作为多余未知力 X，此超静定桁架的静力可能内力可表示为 $F_N=\overline{F}_NX+F_{NP}$。求出在可能内力状态下桁架余能 E_C 的表示式，这里 X 是变量，E_C 是 X 的函数，即 $E_C=E_C(X)$。

(3) 求出函数 E_C 的极小值，记为$(E_C)_{min}$，并验证：$(E_C)_{min}=E_C$。

解　(1) 同样选取 A 点的反力 X_1 为未知力，如解 12－12 图(a) 所示。根据静力条件可得

$$F_{NAC}=X_1,\ F_{NBC}=-\sqrt{2}X_1,\ F_{NCD}=F_P-X_1$$

所以

$$V=\frac{\sum F_N^2\cdot a}{2EA}=\frac{1}{2EA}\left[X_1^2\cdot a+2X_1^2\cdot\sqrt{2}a+(F_P-X_1)^2\cdot a\right]$$

$$\overline{E}_C=V$$

$$\frac{\mathrm{d}\overline{E}_C}{\mathrm{d}X_1}=\frac{1}{2EA}\left[2aX_1+4\sqrt{2}aX_1-2a(F_P-X_1)\right]=0$$

$$X_1=-\frac{1-\sqrt{2}}{2}F_P$$

则

$$\overline{E}_C=(3-\sqrt{2})\frac{F_P^2\cdot a}{4EA}$$

(2) 若取 D 点反力作为多余未知力 X，力法基本体系如图解 12－12(b) 所示。根据静力条件，各杆轴力为

$$F_{NAC}=F_P+X,\ F_{NBC}=-\sqrt{2}(F_P+X),F_{NCD}=X$$

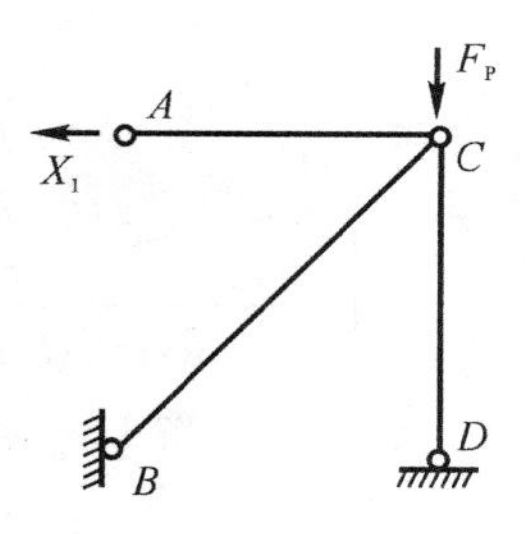

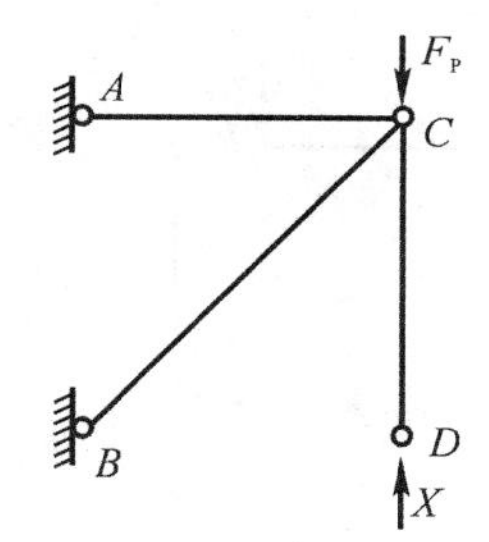

解 12-12 图

所以余能为
$$E_C(X)=\frac{1}{2EA}\left[(F_P+X)^2\cdot a+2(F_P+X)^2\cdot\sqrt{2}a+X^2\cdot a\right]=$$
$$\frac{a}{2EA}\left[(1+2\sqrt{2})(F_P+X)^2+X^2\right]$$

(3) 对 $E_C(X)$ 应用余能条件，有
$$\frac{\mathrm{d}E_C(X)}{\mathrm{d}X}=\frac{a}{2EA}\left[2(1+2\sqrt{2})(F_P+X)+2X\right]=0$$
$$X=\frac{3-\sqrt{2}}{2}F_P$$

所以
$$(E_C)_{\min}=(3-\sqrt{2})\frac{F_P^2a}{4EA}=\bar{E}_C$$

12-13　试用势能编导数定理求图示刚架 A 点支座反力 F_1，设 A 点支座水平位移为变量 Δ_1。

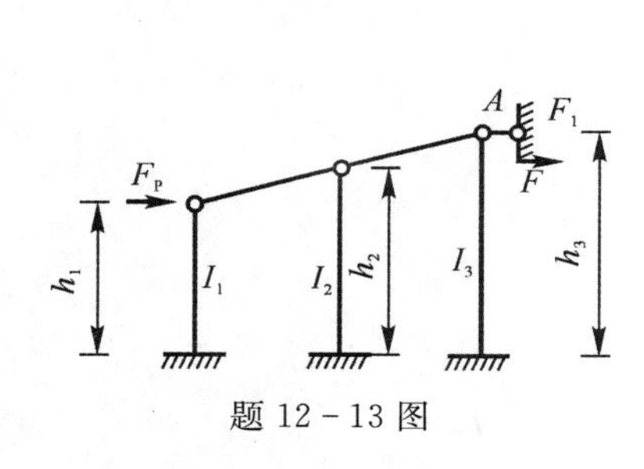

题 12-13 图

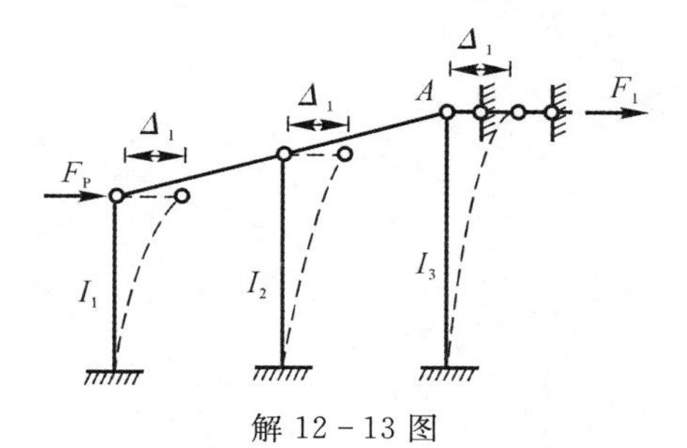

解 12-13 图

解　忽略横梁的轴向变形，当支座 A 有水平位移 Δ_1 时(见解 12-13 图)，则各柱顶水平位移相等，并取 Δ_1 作为基本未知量，则柱端剪力为 $3\Delta_1\dfrac{i}{h^2}$，柱的应变能为 $\dfrac{3}{2}\Delta_1^2\dfrac{i}{h^2}$，所以，刚架的应变能为各柱应变能之和，即
$$U=\frac{3}{2}\Delta_1^2\sum_{i=1}^{3}\frac{i_i}{h_i^2}$$

荷载势能为
$$U_P=-F_P\Delta_1$$
则刚架的势能 E_P 为
$$E_P=U+U_P=\frac{3}{2}\Delta_1^2\sum_{i=1}^{3}\frac{i_i}{h_i^2}-F_P\Delta_1$$

应用势能偏导数定理，得
$$F_1=\frac{\partial E_P}{\partial\Delta_1}=3\Delta_1\sum_{i=1}^{3}\frac{i_i}{h_i^2}-F_P=3\Delta_1\sum_{i=1}^{3}\frac{EI_i}{h_i^3}-F_P$$

12-14　图示一矩形截面悬臂梁 AB，在自由端 B 处作用荷载 F_P，在固定端 A 处有给定的支座转角 $\bar{\theta}_A$。试用余能偏导数定理求 B 点的竖向位移 v_B。

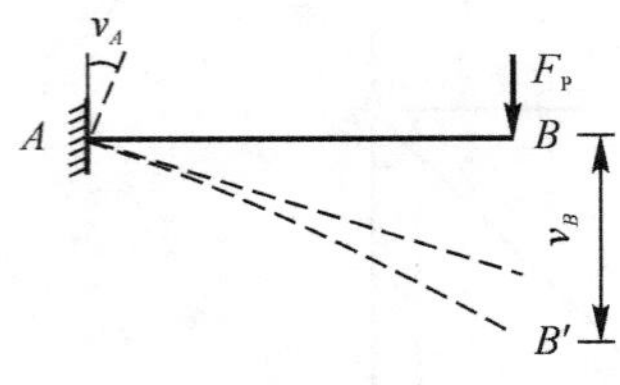

题 12－14 图

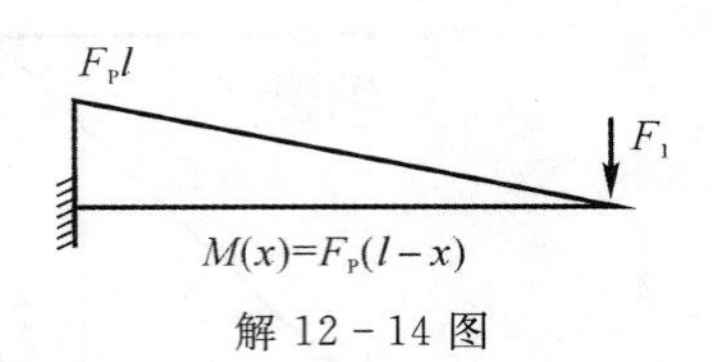

解 12－14 图

解　由解 12－14 图可得

$$V_C=\int_0^l \frac{M^2}{2EI}\mathrm{d}x=\frac{1}{2EI}\int_0^l F_P^2(l-x)^2\mathrm{d}x=\frac{F_P^2l^3}{6EI}$$

$$V_{Cd}=-(-F_P\times l\theta_A)=F_Pl\theta_A$$

$$E_C=V_C+V_{Cd}=\frac{F_P^2l^3}{6EI}+F_Pl\bar{\theta}_A$$

由余能偏导数定理得

$$v_B=\frac{\partial E_C}{\partial F_P}=\frac{F_Pl^3}{3EI}+l\bar{\theta}_A$$

第13章　结构的稳定计算

13.1　教学基本要求

13.1.1　内容概述

结构设计中，除需验算结构的强度和刚度外，对于有些结构还需验算结构的稳定性，甚至在某些情况下稳定性验算比强度、刚度验算更重要。例如，薄壁结构与厚壁结构相比，高强度材料的结构（如钢结构）与低强度材料的结构（如砖石结构、混凝土结构）相比，主要受压的结构与主要受拉的结构相比，前者都比后者容易丧失稳定，因而稳定验算显得更为重要。

体系的稳定性是指体系受外因作用后，能够保持其原有平衡形式的能力。随着荷载的逐渐增大，结构的原始平衡状态由稳定平衡状态转变为不稳定平衡状态，结构原始平衡状态丧失其稳定性，简称为失稳。

稳定问题与强度问题有明显的区别。强度问题是要找出结构在稳定平衡状态下的截面最大内力或某点的最大应力，目的是保证结构的实际最大内力或应力不超过截面的承载力或材料的某一强度指标，因此，它是一个应力问题。稳定问题是要找出荷载与结构抵抗力之间的不稳定平衡状态，即变形开始急剧增长的临界状态，并找出与临界状态相应的最小荷载（临界荷载），从而设法防止不稳定平衡状态的发生，因此，它是一个变形问题。例如轴心受压柱失稳时，侧向挠度使柱中产生很大的弯矩，柱子的破坏荷载会远低于它的轴压强度承载力。

对于强度问题，绝大多数结构是以未变形的结构作为计算简图进行分析的，所得到的变形与荷载之间的关系是线性的。而稳定问题必须根据结构变形后的状态进行分析，变形与荷载是非线性关系，叠加原理在稳定计算中不能使用。

材料力学中已经对压杆的稳定问题作过初步讨论，本章对杆件结构的各种稳定问题作进一步的讨论。计算方法包括静力法和能量法。两种方法各有所长，相互补充。临界状态的静力特征和能量特征则是两种解法的基础。

本章内容可分为两部分——前5节偏重基础，第6节以后偏重提高。

13.1.2　目的和要求

学习本章的目的和要求如下：

(1)理解稳定问题的基本概念；了解结构失稳的两种基本形式，即分支点失稳和极值点失稳。

(2)掌握用静力法和能量法求解单自由度体系的临界荷载的原理和计算方法。

(3)掌握用静力法和能量法计算两个自由度体系以及弹性压杆稳定的简单问题。

(4)了解组合杆失稳时的力学特点和计算长细比公式的来源。

(5)了解刚架和拱的失稳。

13.1.3　教学单元划分

本章共6个教学时，分成3个教学单元。

第一教学单元讲授内容：两类稳定问题概述，两类稳定问题计算简例，以及有限自由度体系的稳定——静力法和能量法。

第二教学单元讲授内容：无限自由度体系的稳定——静力法，无限自由度体系的稳定——能量法，刚架的稳定——有限元法。

第三教学单元讲授内容：组合杆的稳定，拱的稳定，考虑纵向力对横向荷载的二阶分析，小结。

13.1.4 教学单元知识点归纳

一、第一教学单元知识点

1. 结构稳定问题的两种类型（重点）

稳定分析中有两类性质完全不同的稳定问题。

(1)第一类稳定问题（分支点、质变失稳）。结构失稳后的平衡形式与失稳前的初始平衡形式有质的区别，其失稳前、后平衡形式发生了质的变化。

(2)第二类稳定问题（极值点、量变失稳）。结构失稳前、后，其平衡形式无质的改变，失稳表现为结构的变形或位移量的迅速增长。如初始为压弯平衡状态的偏心受压直杆或具有初曲率的压杆，失稳后仍处于压弯乎衡状态，但弯曲程度迅速增大。

2. 体系平衡状态分类（重点）

从稳定性角度来考察，平衡状态有三种：

(1)稳定平衡。如果体系受到轻微的干扰而偏离其原来位置，当干扰消失后能回到原来位置，则体系原来的平衡状态称为稳定平衡状态。

(2)不稳定平衡。如果体系受到轻微的干扰而偏离其原来位置，当干扰消失后变形仍继续增大，甚至破坏，则体系原来的平衡状态称为不稳定平衡状态。

(3)中性平衡（随遇平衡）。如果体系受到轻微的干扰而偏离其原来位置，当干扰消失后能在新的位置维持平衡，则体系原来的平衡状态称为中性平衡状态。中性平衡状态是由稳定平衡状态到不稳定平衡状态的过渡状态。中性平衡状态也称为临界状态，此时的荷载称为临界荷载。确定临界荷载的方法有静力法和能量法。

3. 分析分支点稳定问题的静力法（重点）

用静力学的方法计算体系的临界荷载称为静力法。静力法是在体系新的平衡位置按新的变形形式建立平衡方程，并求解临界荷载。

(1)有限自由度体系的临界荷载。对于具有 n 个自由度的结构体系（如弹性支承刚性杆体系），可在其新的平衡位置列出 n 个独立的平衡方程，即含有 n 个独立位移参数的齐次线性代数方程组。根据临界状态的静力特征，位移参数有非零解，故齐次方程组的系数行列式 $D=0$，即为稳定方程，系数中含有荷载 P_0 与稳定方程最小根对应的荷载即为临界荷载 P_{cr}。

(2) 无限自由度体系的临界荷载。对于具有无限自由度的体系（如压杆），可在新的平衡位置按新的变形形式建立平衡微分方程，利用边界条件得到一组与待定常数数目相同的齐次线性代数方程组。根据临界状态的静力特征，变形有非零解，由方程组的系数行列式为零，得到稳定方程。求解稳定方程并取其最小根即得临界荷载。

1) 等截面压杆。如图 13－1(a) 所示，按小挠度理论，等截面压杆 AB 的近似挠曲微分方程为

$$EIy''=-M(x) \tag{13-1}$$

截面弯矩为

$$M(x)=Py+M_0+Q_0x \tag{13-2}$$

将式(13－2) 代入式(13－1)，得

$$y''+\beta^2y=-(M_0+Q_0x)/EI \tag{13-3}$$

其中

$$\beta^2=P/IE \tag{13-4}$$

微分方程的解为

$$y = A\cos\beta x + B\sin\beta x - (M_0 + Q_0 x)/P^* \tag{13-5}$$

式中，A，B 为待定常数，根据边界条件可用支座位移（如 δ）或支座反力（如 M_0，Q_0）表示。根据压杆新平衡位置的平衡条件和位移边界条件，可建立独立参数（δ 或 M_0，Q_0）的齐次线性代数方程组，令其系数行列式为零，即得稳定方程。

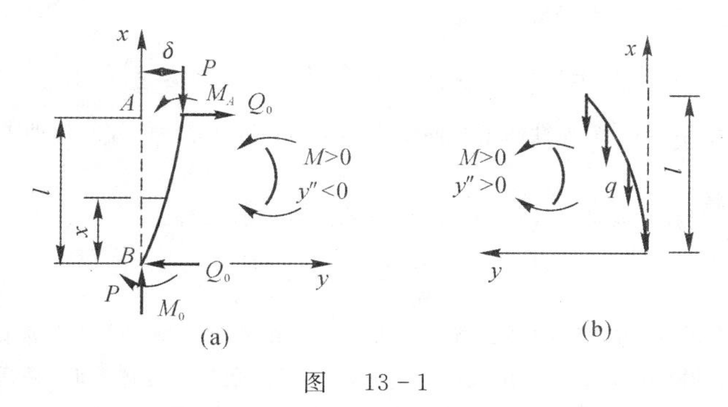

图　13－1

应指出，近似挠曲微分方程（式(13－1)）等号右边的正、负号要根据选取的坐标系和规定的弯矩正方向确定。如果采用图13－1(b)所示的坐标系和弯矩正方向，则等号右边应取正号。

2）变截面压杆。对于阶梯形变截面（分段等截面）压杆，需分段列出挠曲微分方程，利用变形连续条件和边界条件建立独立参数的齐次代数线性方程组。而一般变截面压杆的挠曲微分方程为变系数微分方程，通常采用能量法或有限元法求临界荷载的近似解。

3）结构中的压杆。常常将排架、刚架等结构中的压杆简化为弹性支承压杆进行计算，弹性支承表示取出压杆后结构剩余部分对压杆的弹性约束作用。如图13-2(a)所示，弹簧表示柱 CD 对压杆 AB 水平位移的约束作用，弹簧刚度系数 k 等于柱 CD 的侧移刚度；图13-2(b)中的抗转动弹簧表示梁 BC 和肋对柱 AB 的转动约束作用，弹簧刚度系数 k 等于 BC 和肋的转动刚度之和。

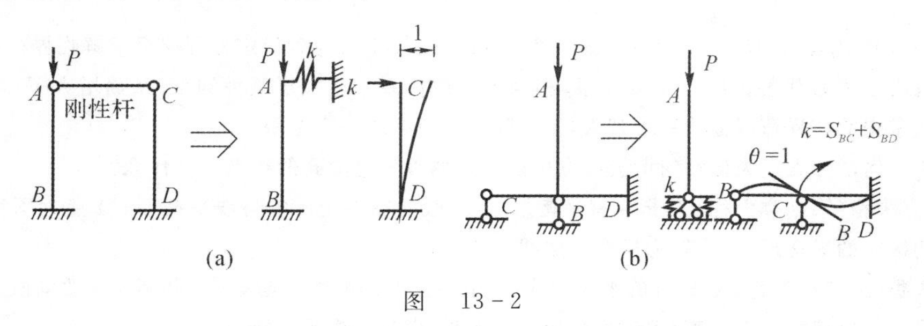

图　13－2

4. 分析分支点稳定问题的能量法

能量法是根据临界状态的能量特征，即以能量形式表示的平衡条件，来求得结构的临界荷载的方法。常用的是势能驻值原理：弹性结构的某处位移发生一个任意微小的变化时（可看作虚位移），如果结构的势能 Π 保持不变（势能驻值），则该结构处于平衡状态。此时，结构势能 Π 的一阶变分等于零，即

$$\delta\Pi = 0 \tag{13-6}$$

式中，δ 为一阶变分的数学符号，表示由虚位移引起的这个量的变化。

式(13－6)就是用能量形式表示的平衡条件。

弹性结构的势能是结构在其所处位置具有的做功能力，计算势能时先要选定零势能位置。对于轴心压杆，通常取压杆处于直线平衡位置的势能为零。结构势能等于当结构从所研究的位移状态恢复到零势能状态过程中所有内力和外力所做功之和。其中，内力所做的功即等于原来所储存的应变能 U，可按材料力学中有关

公式计算；而外力在这一过程中所做的功为

$$V=-\sum_{i=0}^{n}P_i\Delta_i \tag{13-7}$$

式中，Δ_i 为从零势能状态到位移状态过程中与荷载 P_i 方向相应的位移。

(1) 有限自由度体系的临界荷载。具有 n 个自由度的体系可用 n 个独立参数 $a_1,a_2,\cdots,a_n$ 来表示其失稳变形形状，其结构势能 Π 为这 n 个独立参数的函数。有

$$\Pi=U+V=\frac{1}{2}\sum k\delta^2+\frac{1}{2}\int EI(y'')^2\mathrm{d}s-\sum P_i\Delta_i \tag{13-8}$$

式中，k 为弹性约束的刚度系数；δ 为弹性约束方向发生的位移；y'' 为弹性杆件的挠曲曲率；P_i 与 Δ_i 为外荷载和相应的位移。

由 $\delta\Pi=0$ 可得到关于独立参数 $a_1,a_2,\cdots,a_n$ 的齐次线性代数方程组：

$$\frac{\partial\Pi}{\partial a_1}=0,\ \frac{\partial\Pi}{\partial a_2}=0,\ \cdots,\ \frac{\partial\Pi}{\partial a_n}=0 \tag{13-9}$$

参数 $a_1,a_2,\cdots,a_n$ 不全为零，故方程组的系数行列式 $D=0$。由此可得稳定方程并求得临荷载。

(2) 无限自由度体系的临界荷载——里兹法。能量法用于无限自由度体系时，采用近似方法，即用有限自由度体系代替无限自由度体系。里兹法选取失稳状态的弹性曲线的一般形式为

$$y=\sum_{i=1}^{N}a_i\varnothing_i(x) \tag{13-10}$$

式中，$a_1,a_2,\cdots,a_n$ 为 n 个独立参数；$\varnothing_i(x)(i=1\sim n)$ 为 n 个已知函数，且应满足位移边界条件和尽量满足力边界条件。

当集中荷载 P 作用于杆端并沿轴线方向作用时(见图 13-1(a))，体系的总势能为

$$\Pi=U+V=\frac{1}{2}\int_0^l\frac{M^2}{EI}\mathrm{d}x-P\Delta=\frac{1}{2}\int_0^l EI(y'')^2\mathrm{d}x-\frac{1}{2}\int_0^l P(y')^2\mathrm{d}x \tag{13-11}$$

当沿杆轴线作用竖向均布荷载时(见图 13-1(b))，体系的总势能为

$$\Pi=U+V=\frac{1}{2}\int_0^l EI(y'')^2\mathrm{d}x-\frac{1}{2}q\int_0^l\left(\int_0^l(y')^2\mathrm{d}x\right)\mathrm{d}x \tag{13-12}$$

将式(13-10)代入式(13-11)或式(13-12)，由式(13-7)可得到稳定方程并可求解临界荷载。

用有限自由度体系代替无限自由度体系，相当于在原体系中施加了某种约束，从而增大了体系的刚度。因此用能量法求得的临界荷载值比精确解大，是实际临界荷载的一个上限。

例 13-1 何谓分支点失稳？何谓极值点失稳？这两种失稳形式的特点各是什么？

答：分支点失稳(第一类失稳)是指原有平衡形式(一般为轴心受压的直线平衡形式)成为不稳定的，而出现新的有质的区别的平衡形式(一般为压弯的曲线平衡形式)。

极值点失稳(第二类失稳)是原有的平衡形式(一般为压弯的曲线平衡形式)并不发生质的改变(仍为压弯的曲线平衡形式)，但荷载不增加甚至减少，变形继续增长，以致丧失承载能力。

分支点失稳的特点是变形形式的二重性(原直线形式、后曲线形式)，极值点失稳的特点是荷载、位移(变形)关系曲线有极值点。

例 13-2 试述静力法求临界荷载的原理和步骤。试比较单自由度、多自由度和无限自由度体系的异同点。

答：静力法求临界荷载的原理是利用失稳时平衡形式的二重性，寻求(假设)一个新的弯曲变形的平衡形式，建立平衡方程，此方程为齐次方程，然后根据齐次方程有非零解的条件建立特征方程，由特征方程求出临界荷载。以上原理、步骤对单、多和无限自由度均一样，这是它们的共同点。

对单、多自由度体系，所建立的平衡方程是齐次代数方程(一个、多个)，由有非零解的条件建立的特征方程，为一次、多次代数方程，进而求解。

例 13-3 增加或减少杆端的约束刚度，对压杆的计算长度和临界荷载值有什么影响？

答：增加杆端的约束刚度，会减少压杆的计算长度，从而提高临界荷载值；反之，减少杆端的约束刚度，会增加杆的计算长度，从而降低临界荷载值。

例 13-4　怎样根据各种刚性支承压杆的临界荷载值来估计弹性支承压杆临界值的范围？

答：弹性支承压杆的极限情况是刚性支承压杆。如果弹性支座的刚度系数 $k=0$，相当于无支座；刚度系数 $k=0$，相当于沿刚度方向固定。所以，根据刚性支承压杆的临界荷载值，可以估计弹性支承压杆临界值的范围。

例 13-5　图 13-3(a) 所示结构各杆为刚性杆，C 点作用荷载为 P，B 点作用荷载为 $2P$，C，B 处弹簧的刚度系数分别为 k 和 $2k$。用静力法求其临界荷载及相应的失稳形式。

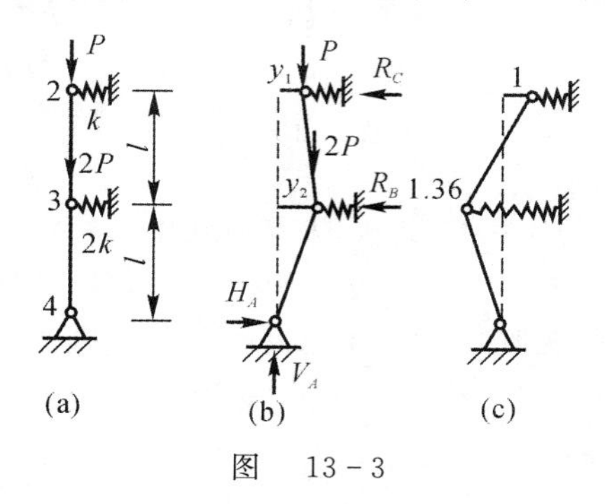

图　13-3

解　该体系为两个自由度体系，假定失稳形式如图 13-3(b) 所示，C 点和 B 点的水平位移分别为 y_1 和 y_2，弹性支座的反力为

$$R_C=ky_1,\ R_B=2ky_2$$

由整体的 $\sum y=0$ 得 A 处竖向反力 $V_A=3P$。取 AB 为隔离体，由 $\sum M_B=0$ 得

$$H_A=\frac{3Py_2}{l}$$

再由整体的 $\sum M_B=0$ 和 $\sum X=0$ 得

$$\begin{cases}P(y_2-y_1)+ky_1l=0\\ \dfrac{3Py_2}{l}-2ky_2-ky_1=0\end{cases}$$

整理后为

$$\begin{cases}(kl-P)y_1+Py_2=0\\ -kly_1+(3P-2kl)y_2=0\end{cases} \qquad ①$$

这是关于 y_1，y_2 的齐次方程，要使 y_1，y_2 不全为零，其系数行列式应等于零，于是得到稳定方程为

$$\begin{vmatrix}kl-P & P\\ -kl & 3P-2kl\end{vmatrix}=0$$

展开得

$$3P^2-6klP+2k^2l^2=0$$

解得

$$P_1=1.577kl,\ P_2=0.423kl$$

取其中最小者为临界荷载，即

$$P_{cr}=0.423kl$$

将 $P=0.423kl$ 代入式 ① 的第一式得

$$\frac{y_1}{y_2}=\frac{-P}{kl-P}=\frac{1}{-1.36}$$

失稳形式如图 13-3(c) 图所示。

例 13-6　图 13-4(a) 所示结构各杆为刚性杆，C 点作用荷载为 P，B 点作用荷载为 $2P$，试用静力法求图

13-4(a) 所示压杆的稳定方程和临界荷载。

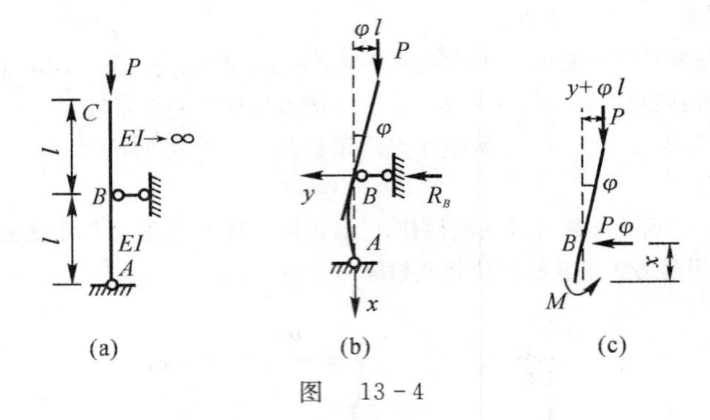

(a) (b) (c)

图 13-4

解 假定图 13-4(a) 所示结构的失稳形式和坐标系如图 13-4(b) 所示。由 $\sum M_A = 0$ 求得支反力

$$R_B = P\varphi$$

在 A,B 之间切断,取上部为隔离体(见图 13-4(c)),求得

$$M = P(y+\varphi l) - P\varphi x = Py + P\varphi(l-x) \quad ①$$

AB 杆的挠曲线微分方程为

$$EIy'' = -M \quad ②$$

将式 ① 代入式 ②,并令 $\alpha^2 = \dfrac{P}{EI}$,得

$$y'' + \alpha^2 y = -\frac{P\varphi}{EI}(l-x)$$

通解为

$$y = A\sin\alpha x + B\cos\alpha x - \varphi(l-x) \quad ③$$

边界条件为

$$\left.\begin{array}{l} x=0\text{ 时},\ y=0,\ y'=\varphi \\ x=l\text{ 时},\ y=0 \end{array}\right\} \quad ④$$

将式 ④ 代入式 ③,可得关于未知常数 A,B,P 的齐次代数方程组为

$$\left.\begin{array}{l} B - l\varphi = 0 \\ \alpha A = 0 \\ A\sin\alpha l + B\cos\alpha l = 0 \end{array}\right\} \quad ⑤$$

要使 A,B,φ 不全为零,其系数行列式应等于零,即

$$\begin{vmatrix} 0 & 1 & -l \\ \alpha & 0 & 0 \\ \sin\alpha l & \cos\alpha l & 0 \end{vmatrix} = 0$$

展开得

$$\alpha l\cos\alpha l = 0$$

由于 $\alpha l \neq 0$,则稳定方程为

$$\cos\alpha l = 0 \quad ⑥$$

满足式 ⑥ 的最小解为 $(\alpha l)_{\min} = \dfrac{\pi}{2}$,$\alpha_{\min} = \dfrac{\pi}{2l}$。由 $\alpha^2 = \dfrac{P}{EI}$ 求得临界荷载为

$$P_{cr} = \alpha^2 EI = \frac{\pi^2 EI}{4l^2}$$

例 13-7 试用静力法求图 13-5 所示压杆的临界荷载。

解 解法一:假定失稳形式和坐标系如图 13-6(a) 所示,设 $y=\delta$,因为支反力 R_1,R_2 的大小相等、方向相

反，所以

$$y_2 = \frac{k_1\delta}{k_2}$$

由图 13-6(b) 求得任一截面的弯矩为

$$M = k_1\delta x - P(\delta - y) = Py + \delta(k_1 x - P) \qquad ①$$

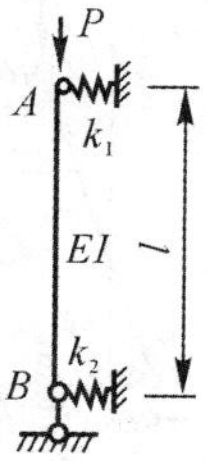

图 13-5

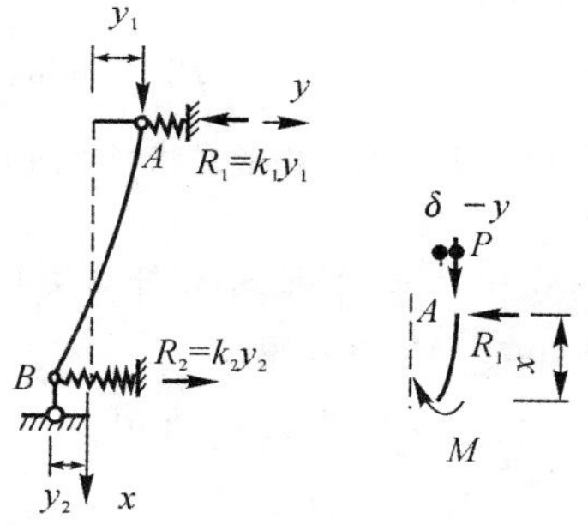

(a) (b)

图 13-6

挠曲线微分方程为

$$EIy'' = -M$$

将式 ① 代入上式，并令 $\alpha^2 = \frac{P}{EI}$，得

$$y'' + \alpha^2 y = \alpha^2\left[\delta\left(1 - \frac{k_1 x}{P}\right)\right]$$

通解为

$$y = A\sin\alpha x + B\cos\alpha x + \delta\left(1 - \frac{k_1 x}{P}\right)$$

由边界条件 $x = 0$ 时，$y = \delta$，求得

$$B = 0$$

故

$$y = A\sin\alpha x + \delta\left(1 - \frac{k_1 x}{P}\right)$$

又由边界条件得

$$x = l \text{ 时}, \quad y = -y_2 = -\frac{k_1\delta}{k_2}$$

$$x = l \text{ 时}, \quad y'' = 0 (\text{即 } M = 0)$$

得到关于未知常数 A，δ 的齐次代数方程组为

$$\begin{cases} A\sin\alpha l + \delta\left(1 - \frac{k_1 l}{P} + \frac{k_1}{k_2}\right) = 0 \\ A\alpha^2\sin\alpha l = 0 \end{cases}$$

要使 A，δ 不全为零，则有

$$\begin{vmatrix} \sin\alpha l & 1 - \frac{k_1 l}{P} + \frac{k_1}{k_2} \\ \alpha^2\sin\alpha l & 0 \end{vmatrix} = 0$$

展开得稳定方程为

$$\left(1 - \frac{k_1 l}{P} + \frac{k_1}{k_2}\right)\sin\alpha l = 0$$

由 $1 - \frac{k_1 l}{P} + \frac{k_1}{k_2} = 0$，得

$$P=\frac{k_1k_2l}{k_1+k_2}$$

由 $\sin\alpha l=0$,得

$$P=\frac{\pi^2EI}{l^2}$$

临界荷载为二者的较小值,即

$$P_{cr}=\min\left\{\frac{k_1k_2l}{k_1+k_2},\quad \frac{\pi^2EI}{l^2}\right\}$$

解法二:图13-6(a)所示的失稳形式相当于图13-7(a)(b)所示的两种失稳情况的叠加。

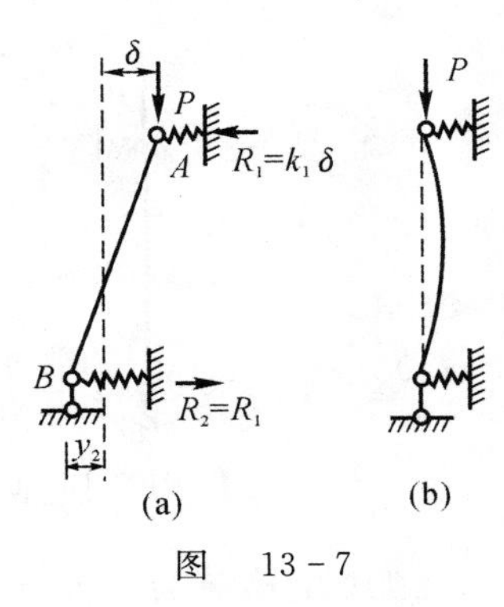

图 13-7

对于图13-7(a)所示的失稳形式,仅杆端发生侧移而杆件不弯曲,是一单自由度体系问题,由 $\sum M_B=0$ 得

$$P(\delta+y_2)-k_1\delta l=0$$

解得
$$P=\frac{k_1k_2l}{k_1+k_2}$$

对于图13-7(b)所示的失稳形式,杆端不侧移而杆件弯曲,相当于两端铰支的轴心压杆失稳,其临界荷载为

$$P=\frac{\pi^2EI}{l^2}$$

原结构的临界荷载为

$$P_{cr}=\min\left\{\frac{k_1k_2l}{k_1+k_2},\quad \frac{\pi^2EI}{l^2}\right\}$$

例13-8 用能量法求图13-8(a)所示体系的临界荷载。

解 假设失稳形式如图13-8所示。C,B 点的水平位移分别为 y_1,y_2,C,B 点的竖向位移分别为 Δ_1,Δ_2,则

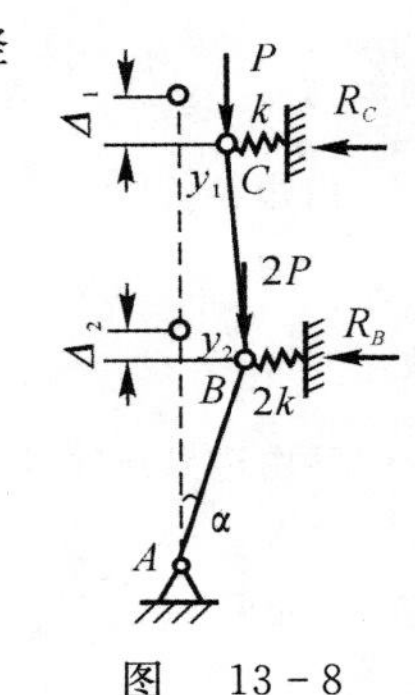

图 13-8

$$\Delta_2=l-l\cos\alpha=l(1-\cos\alpha)=2l\left(\sin\frac{\alpha}{2}\right)^2\approx 2l\left(\frac{\alpha}{2}\right)=\frac{1}{2}l\alpha^2=\frac{1}{2}l\left(\frac{y_2}{l}\right)^2=\frac{y_2^2}{2l}$$

$$\Delta_1=\Delta_2+\frac{(y_2-y_1)^2}{2l}=\frac{y_2^2}{2l}+\frac{(y_2-y_1)^2}{2l}$$

荷载势能为

$$V=-\sum_{i=1}^{2}P_i\Delta_i=-P\times\left[\frac{y_2^2}{2l}+\frac{(y_2-y_1)^2}{2l}\right]-2P\times\frac{y_2^2}{2l}=-\frac{P}{2l}[y_1^2-2y_1y_2+4y_2^2]$$

支座弹簧的应变能为

$$U=\frac{1}{2}R_Cy_1+\frac{1}{2}R_By_2=\frac{1}{2}ky_1^2+ky_2^2$$

结构的势能为

$$\Pi = U + V = \frac{1}{2l}[(kl - P)y_1^2 + 2Py_1y_2 + (2kl - 4P)y_2^2]$$

应用式：

$$\begin{cases} \dfrac{\partial \Pi}{\partial y_1} = 0 \\ \dfrac{\partial \Pi}{\partial y_2} = 0 \\ \cdots \\ \dfrac{\partial \Pi}{\partial y_n} = 0 \end{cases}$$

$$\begin{cases} \dfrac{\partial \Pi}{\partial y_1} = \dfrac{1}{l}[(kl - P)y_1 + Py_2] = 0 \\ \dfrac{\partial \Pi}{\partial y_2} = \dfrac{1}{l}[Py_1 + (2kl - 4P)y_2] = 0 \end{cases}$$

要使 y_1, y_2 不全为零，其系数行列式应等于零，即

$$\begin{vmatrix} kl - P & P \\ P & 2kl - 4P \end{vmatrix} = 0$$

展开得

$$3P^2 - 6klP + 2k^2l^2 = 0$$

解得

$$P_1 = 1.577kl,\ P_2 = 0.423kl$$

则临界荷载为

$$P_{cr} = \min\{P_1,\quad P_2\} = 0.423kl$$

二、第二教学单元知识点

1. 矩阵位移法计算刚架的临界荷载(重点)

按矩阵位移法计算刚架的临界荷载时，首先应确定结构的结点位移未知量(只考虑弯曲变形)，进行结构坐标系下的结点位移或杆端位移编码，以形成各单元定位向量；其次写出各单元局部坐标系下的单元刚度矩阵 $\bar{\boldsymbol{K}}^e$，并经坐标转换成结构坐标系下的单元刚度矩阵 $\bar{\boldsymbol{K}}^e$，注意刚架中轴压杆单元与普通杆单元的不同；再次按单元定位向量将各单元刚度矩阵中各元素对号入座，集成结构刚度矩阵 $\boldsymbol{K}$，再令结构刚度矩阵系数构成的行列式等于零，即得结构稳定方程 $D = \det\boldsymbol{K} = 0$；最后求解稳定方程 $\det\boldsymbol{K} = 0$，取方程荷载解的最小值为刚架的临界荷载(近似解)。

例 13-9　试用矩阵位移法(有限元法)求图 13-9(a) 所示刚架的 I 临界荷载和柱的计算长度。

解　图 13-9(a) 所示为一受对称结点荷载的对称刚架。它可能以对称变形的形式丧失稳定(见图 13-9(b))，也可能以反对称变形的形式丧失稳定(见图 13-9(d))，下面分别进行计算。

如果以对称变形的形式丧失稳定，则可按图 13-7(c) 取半边结构进行计算。这时，只有一个未知量 θ。

单元 ① 为一端有转角、另一端固定的压杆单元。单元刚度系数和几何刚度系数为

$$k^{①} = 4i_1,\ s^{①} = P\frac{2H}{15}$$

单元 ② 为一端有转角，另一端滑动的普通单元，单元的刚度系数为

$$k^{②} = 2i_2 = 2ni_1$$

整体刚度方程(位移法平衡方程)为

$$\left[(4i_1 - P\frac{2H}{15}) + 2ni_1\right]\theta_1 = 0$$

θ_1 有非零解的条件为

$$4i_1 - P\frac{2H}{15} + 2ni_1 = 0$$

由此求出

$$P_{cr} = \frac{2+n}{H}15i_1$$

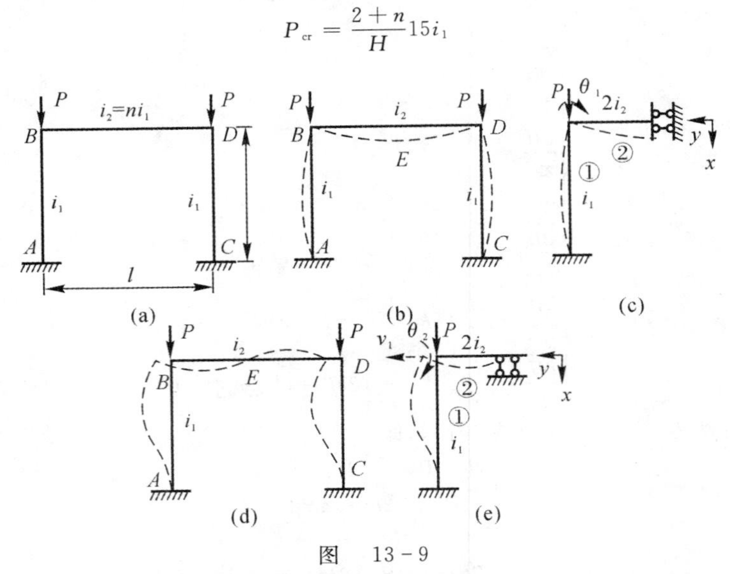

图 13-9

(a) 刚架；(b) 对称变形失稳；(c) 对称失稳的半边刚架；(d) 反对称变形失稳；(e) 反对称失稳的半边刚架

当 $i_2 = i_1, n = 1$ 时，有

$$P_{cr} = \frac{45EI_1}{H^2} = \frac{\pi^2 EI_1}{\left(\frac{\pi}{6.708}H\right)^2}$$

柱的计算长度为

$$H_0 = \frac{\pi}{6.708}H = 0.468H$$

如果以反对称变形形式丧失稳定，则可按图 13-9(e) 所示的半边结构进行计算。

对图 13-9(e) 所示的半边结构，有两种算法。

算法一：视为两个结点位移为 v_1 和 θ_2。此时，单元 ① 为一端有侧移、转角，另一端为固定的压杆单元。单元的刚度方程为

$$\begin{bmatrix} Y_1 \\ M_1 \end{bmatrix}^{①} = \left(\begin{bmatrix} \frac{12i_1}{H^2} & \frac{6i_1}{H} \\ \frac{6i_1}{H} & 4i_1 \end{bmatrix} - \boldsymbol{P} \begin{bmatrix} \frac{6}{5H} & \frac{1}{10} \\ \frac{1}{10} & \frac{2H}{15} \end{bmatrix} \right) \begin{bmatrix} v_1 \\ \theta_2 \end{bmatrix} \qquad ①$$

单元 ② 为一端有转角，另一端为铰支的普通单元。单元刚度方程为

$$M_1^{①} = 3 \times 2i_2\theta_2$$

整体刚度方程(位移法平衡方程) 为

$$\begin{bmatrix} \left(\frac{12i_1}{H^2} - \frac{6P}{5H}\right) & \left(\frac{6i_1}{H} - \frac{P}{10}\right) \\ \left(\frac{6i_1}{H} - \frac{P}{10}\right) & \left(4i_1 - \frac{2PH}{15} + 6i_2\right) \end{bmatrix} \begin{bmatrix} v_1 \\ \theta_2 \end{bmatrix} = \begin{bmatrix} 0 \\ 0 \end{bmatrix}$$

位移 $\boldsymbol{\Delta} \neq \mathbf{0}$，要求

$$\begin{vmatrix} \frac{12i_1}{H^2} - \frac{6P}{5H} & \frac{6i_1}{H} - \frac{P}{10} \\ \frac{6i_1}{H} - \frac{P}{10} & 4i_1 + 6i_2 - \frac{2PH}{15} \end{vmatrix} = 0$$

展开后得一含 P 的代数方程(展开时,取 $n=1$,即设 $i_2=i_1$),即

$$P^2-82.667P\frac{i_1}{H}+560\frac{i_1^2}{H^2}=0$$

其最小根就是临界荷载,有

$$P_{cr}=7.4446\frac{EI_1}{H^2}=\frac{\pi^2EI_1}{\left(\frac{\pi}{2.728}H\right)^2}$$

柱的计算长度为

$$H_0=\frac{\pi}{2.728}H=1.152H$$

算法二:将单元 ① 视为无剪力压杆,此时侧移可不作为位移法的基本未知量,只有一个基本未知量 θ_1。

无剪力压杆单元的单元刚度方程可由一端有侧移、转角,另一端为固定的压杆单元的刚度方程(式 ①)求得。

由式 ① 的第一式等于零(元剪力),求得

$$v_1=-\frac{\frac{6i_1}{H}-\frac{P}{10}}{\frac{12i_1}{H^2}-\frac{6P}{5H}}\theta_2$$

代入式 ① 的第二式,得无剪力压杆的单元刚度方程为

$$M_1^{①}=\left[-\frac{\left(\frac{6i_1}{H}-\frac{P}{10}\right)^2}{\frac{12i_1}{H^2}-\frac{6P}{5H}}+\left(4i_1-\frac{2HP}{15}\right)\right]\theta_2$$

单元 ② 为一端有转角,另一端为铰支的普通单元。单元刚度方程为

$$M_1^{②}=3\times2i_2\theta_2$$

整体刚度方程(位移法平衡方程)为

$$\left[\left(4i_1+6i_2-\frac{2HP}{15}\right)-\left(\frac{6i_1}{H}-\frac{P}{10}\right)^2\frac{1}{\frac{12i_1}{H^2}-\frac{6P}{5H}}\right]\theta_2=0$$

位移 $\theta_2\neq0$,要求

$$\left(4i_1+6i_2-\frac{2HP}{15}\right)\left(\frac{12i_1}{H^2}-\frac{6P}{5H}\right)-\left(\frac{6i_1}{H}-\frac{P}{10}\right)^2=0$$

可以看出,这与算法一得到的特征方程是一样的,解的结果也一样。

特别提醒: 比较前面的计算结果,可知反对称变形的形式相应的临界荷载 P_{cr} 较小,因此实际的临界荷载值应为小者。

以对称变形的形式丧失稳定的临界荷载精确解为 $P_{cr}=25.2\frac{EI_1}{H^2}$,以反对称变形的形式丧失稳定的临界荷载的精确解为 $P_{cr}=7.398\frac{EI_1}{H^2}$。上面用有限元法得到的解,与精确解相比,反对称失稳时的解与精确解相近;对称失稳时的解,误差较大。这是因为用有限元法求出的压杆刚度方程是近似式,其结果的精度与参数 $\beta=H\sqrt{\frac{P}{EI_1}}$ 的数值有关。一般说,当 $\beta<3$ 时,近似式与精确式的差别不大,如反对称变形失稳时,$\beta=H\sqrt{\frac{P}{EI_1}}=2.728<3$。对称变形失稳时,$\beta=H\sqrt{\frac{P}{EI_1}}=6.708>3$,误差就比较大了。要提高对称变形失稳时的计算精度,需设法减小 β 值,即再把单元分得细一些。

2. 组合杆的稳定

(1) 缀条式组合杆的稳定。缀条式组合杆的稳定分析按桁架计算。失稳时，桁架中各杆(柱肢和缀条）只引起附加轴力。缀条式组合杆长细比的近似计算公式为

$$\lambda = \frac{l_0}{\gamma} = \sqrt{\lambda_0^2 + 24\,\frac{(2A')}{A''}}$$

(2) 缀板式组合杆的稳定。缀板式组合杆按刚架计算。失稳时，组合杆的变形由两部分组成：一部分是作为整体杆件产生的弯曲变形，另一部分是作为刚架在结间产生的局部弯曲变形(由结间剪力所引起的附加弯矩所造成)。

缀板式组合杆长细比的近似公式为

$$\lambda = \sqrt{\lambda_0^2 + 0.83\lambda'^2}$$

其中，$\lambda'^2 = \dfrac{A'd^2}{I'}$；$d$ 为结间距离；A' 为柱肢面积；I' 为柱肢惯性矩。

例题见主教材 239 ～ 244 页。

三、第三教学单元知识点

1. 拱的稳定

(1) 拱的临界荷载系数和计算长度：

$$q_{cr} = K_1\,\frac{EI}{l^3}$$

式中，K_1 为临界荷载系数：

$$F_{Ncr} = \frac{\pi^2 EI}{s_0^2}$$

式中，s_0 为拱的计算长度。

(2) 圆拱受均匀静水压力时的稳定。边界方程为

$$u = C_1 + C_2\varphi + C_3\sin\varphi + C_4\cos\varphi + C_5\sin\beta\varphi + C_6\cos\beta\varphi$$

$$v = C_2 + C_3\cos\varphi - C_4\sin\varphi + C_5\beta\cos\varphi - C_6\beta\sin\varphi$$

$$M = \frac{EI}{R^2}[C_2 + C_5(1-\beta^2)\beta\cos\beta\varphi - C_6(1-\beta^2)\beta\sin\beta\varphi]$$

例题见主教材 247 页例 16－9。

2. 小结

(1) 荷载是设计工作中要用到的一个重要概念。

(2) 判定极限荷载的一般定理是计算极限荷载的理论依据，一共有四个定理，要求了解它们的应用条件。

(3 刚架极限荷载的计算方法，除可采用本章介绍的增量变刚度法之外，还可采用机构法、试算法、机构叠加法等方法。这些方法可在书后参考文献中可查到。

例 13－9 试用静力法求图 13－10(a) 所示结构侧向失稳时的稳定方程。假设横梁为刚体，各柱 EI 为常数，荷载 P 全部由中间柱子承受。

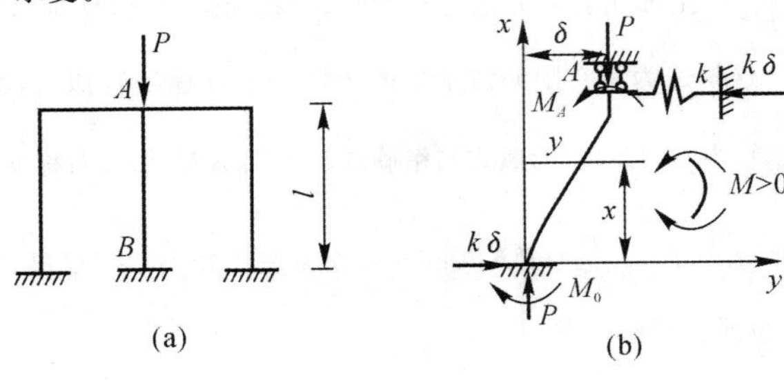

图 13－10

解　当柱 AB 侧向失稳时，各柱顶端随刚性横梁产生水平位移，柱顶截面无转角，柱 AB 的受力和变形如图 13-10(b) 所示。水平弹簧代表原结构左、右两柱的抗侧移作用，弹簧刚度系数 k 为两柱抗侧移刚度之和，即

$$k = 2\times(12EI/l^3) = 24EI/l^3 \tag{①}$$

按图 13-10(b) 所示坐标系，截面弯矩方程为

$$M(x) = Py - k\delta x + M_0$$

挠曲微分方程为

$$EIy'' = -(Py - k\delta x + M_0)$$

令

$$\beta^2 = P/EI$$

则挠曲微分方程可写为

$$y''\beta^2 y = \frac{k\delta}{EI}x - \frac{M_0}{EI}$$

微分方程的通解为

$$y = A\cos\beta x + B\sin\beta x + \frac{k\delta}{P}x - \frac{M_0}{P} \tag{②}$$

边界条件为

$$x = 0,\quad y_0 = 0,\quad y'_0 = 0$$
$$x = l,\quad y_l = \delta,\quad y'_l = 0$$

由上述边界条件和式 ②，得

$$A - \frac{M_0}{P} = 0,\ B\beta + \frac{k\delta}{P} = 0$$

$$A\cos\beta l + B\sin\beta l + \frac{k\delta}{P}l - \frac{M_0}{P} = \delta,\quad -A\beta\sin\beta l + B\beta\cos\beta l + \frac{k\delta}{P} = 0$$

经整理，得关于参数 A，B 的齐次线性方程组：

$$\begin{cases}(\cos\beta l - 1)A + (\sin\beta l - \beta l + \dfrac{P\beta}{k})B = 0 \\ (-\beta\sin\beta l)A + \beta(\cos\beta l - 1)B = 0\end{cases}$$

固柱 AB 有弯曲变形，参数 A，B 不全为零，故上述方程组的系数行列式为零。即

$$\begin{vmatrix}\cos\beta l - 1 & \sin\beta l - \beta l + \dfrac{P\beta}{k} \\ -\sin\beta l & \cos\beta l - 1\end{vmatrix} = 0$$

展开上式，得含弹簧刚度系数 k 的稳定方程为

$$2(\cos\beta l - 1) + \beta l\sin\beta l - \frac{P\beta}{k}\sin\beta l = 0 \tag{③}$$

将式 ① 代入式 ③，得稳定方程的最终形式为

$$2(\cos\beta l - 1) + \beta l\sin\beta l - \frac{\beta^3 l^3}{24}\sin\beta l = 0$$

温馨提示：由式 ③ 可得到以下两种特殊情况的临界荷载。

(1) 当 $k \to \infty$ 时，原结构即为两端固定支承压杆。其稳定方程为

$$2(\cos\beta l - 1) + \beta l\sin\beta l = 0$$

其最小根对应的荷载即为临界荷载：

$$P_{cr} = \frac{4\pi^2 EI}{l^2}$$

(2) 当 $k = 0$ 时，原结构即为一端固定、一端定向滑动的支承压杆。稳定方程为

$$\sin\beta l = 0$$

临界荷载为

$$P_{cr} = \frac{\pi^2 EI}{l^2}$$

例 13-10 试用静力法求图 13-11(a) 所示刚架的临界荷载。

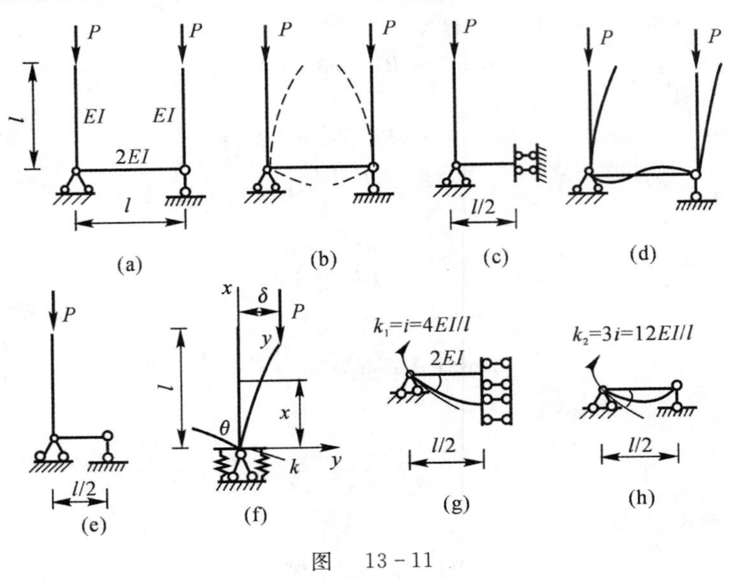

图 13-11

解 本例为对称刚架受对称荷载作用,其失稳形式可为正对称(见图 13-11(b))和反对称(见图 13-11(d))两种情况。利用对称性,可取半结构计算,并简化为弹性支承压杆。正对称情况的半结构如图 13-11(c) 所示,反对称情况的半结构如图 13-11(e) 所示。两种情况都可用图 13-11(f) 所示的弹性支承压杆表示。抗转动弹簧的刚度系数分别按图 13-11(g)(正对称失稳) 所示和图 13-11(h)(反对称失稳) 所示计算。

(1) 正对称失稳。弹簧转动刚度系数为

$$k_1 = \frac{2EI}{l/2} = \frac{4EI}{l}$$

挠曲微分方程为

$$EIy'' = P(\delta - y)$$

微分方程的解为

$$y = A\cos\beta x + B\sin\beta x + \delta$$

边界条件为

$$\begin{cases} x = 0, \quad y_0 = 0, \quad y'_0 = \theta = \dfrac{P\delta}{k} \\ x = l, \quad y_1 = \delta \end{cases}$$

由微分方程的解和边界条件,得稳定方程为

$$\beta l \tan\beta l = \frac{kl}{EI}, \quad \beta^2 = \frac{P}{EI}$$

将 $k = k_1$ 代入稳定方程,得

$$\beta_1 l \tan\beta_1 l = 4$$

用试算法求得最小根为

$$\beta_1 l = 1.258$$

因此正对称失稳临界荷载为

$$P_{cr_1} = \beta_1^2 EI = 1.583 \frac{EI}{l^2}$$

(2) 反对称失稳。弹簧转动刚度系数为

$$k_1 = 3 \times \frac{2EI}{l/2} = \frac{12EI}{l}$$

结合稳定方程，有

$$\beta_2 l \tan\beta_2 l = 12$$

其最小根为 $\beta_2 l = 1.451$。

反对称失稳临界荷载为

$$P_{cr_2} = \beta_2^2 EI = 2.105 \frac{EI}{l^2}$$

故临界荷载为

$$P_{cr} = P_{cr_1} = 1.583 \frac{EI}{l^2}$$

温馨提示：一般，反对称失稳情况的转动刚度系数比正对称失稳情况的转动刚度系数大，所以结构的临界荷载对应于正对称失稳情况。

13.2 学习指导

13.2.1 学习方法建议

1. 必须了解的名词术语

稳定，临界荷载，有限自由度体系，无限自由度体系，求临界荷载的静力法和能量法，刚架稳定的有限元法，位移法，侧移刚架，组合杆的稳定等。

2. 重点与难点

(1)压杆临界荷载的影响因数分析。

(2)用静力法和能量法求解弹性支承刚性杆体系的临界荷载。

(3)将结构中的等截面压杆简化为弹性支承压杆，用静力法求解临界荷载。

(4)用能量法求解压杆的临界荷载。

13.2.2 解题步骤

本章内容涉及 3 类问题，现具体介绍如下：

(1)单自由度和多自由度体系，用静力法求临界荷载的计算步骤如下：

1)设体系由原始平衡形式转到任意变形状态。

2)对变形状态写平衡方程。平衡方程为包含未知位移的齐次代数方程。

3)写特征方程。齐次方程的非零解要求代数方程的系数行列式等于零，得特征方程。

4)解特征方程，得特征荷载值 P，其中最小特征值 P_{cr}，即临界荷载。

(2) 弹性压杆(无限自由度体系)，用静力法求临界荷载的计算步骤如下：

1) 设体系由原始平衡形式转到任意变形状态。

2) 对变形状态写平衡方程。平衡方程为微分方程。

3) 写特征方程。微分方程的解为包含未知常数的式子。由边界条件得到求未知常数的计算公式，为包含未知常数的齐次代数式。齐次方程的非零解要求代数式的系数行列式等于零，得特征方程。

4) 解特征方程，得特征荷载值，其中最小的一个，即为临界荷载。

(3) 能量法求临界荷载的计算步骤如下：

1) 设体系有变形状态(满足位移边界条件)。

2) 求体系的应变能 U 和荷载势能 V,得体系的总势能 $\Pi = U + V$。

3) 使势能 $V = 0$,求出相应的荷载值。

4) P_{cr} 是所有 P 中的最小值。

13.2.3 学习中常遇问题解答

在此对本章学习中常遇到的问题或解题容易出错的题型进行分析,以提高读者的纠错能力和辨别能力。

一、客观题

1. 填空题

13-1 图 13-12(a) 所示刚架,如按图 13-12(b) 所示弹性支承压杆计算稳定时,弹性支承的刚度系数 k 为 ________。

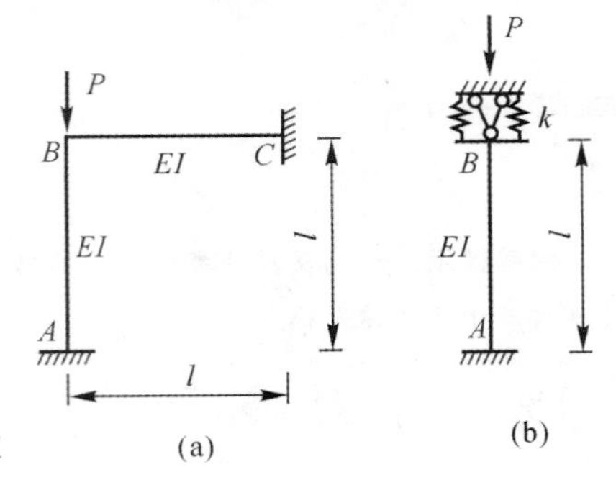

图 13-12

答案:$\dfrac{4EI}{l}$

分析:AB 柱上端无侧移,BC 杆对 AB 柱上端提供转动弹性支承,刚度系数为$\dfrac{4EI}{l}$。

13-2 图 13-13(a)(b) 的临界荷载 P_{cr} 是 ________ 的,其大小为 ________。若跨数为 n 跨,临界荷载值为 ________。

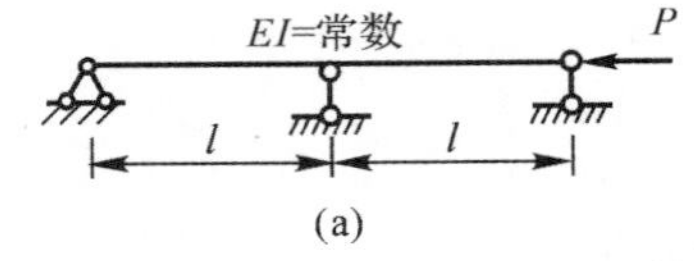

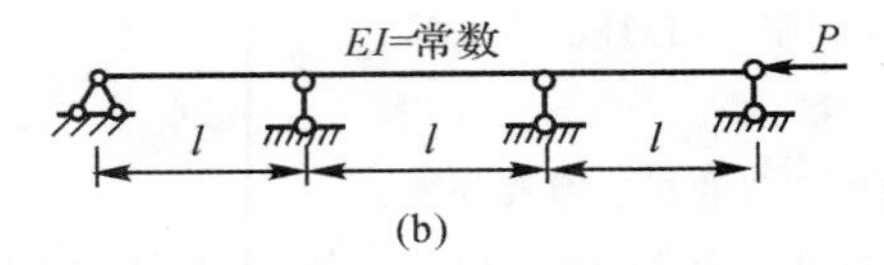

图 13-13

答案:相同的 $P_{cr} = \dfrac{\pi^2 EI}{l^2}$ $\dfrac{\pi^2 EI}{l^2}$

分析:因为变形曲线 $y = a\sin\dfrac{\pi x}{l}$,在 $x = 0, l, 2l, 3l$ 处均满足 $y = 0$ 和 $y'' = 0$ 的条件,即与单骑简支压杆的边界条件相同,所以图 13-13(a)(b) 两跨梁和三跨的临界荷载与单跨梁的临界荷载相等。当跨数为 n 时,临界荷载仍为 $P_{cr} = \dfrac{\pi^2 EI}{l^2}$。

2. 选择题

用能量法求图 13-14 所示压杆的临界荷载时,设挠曲线用正弦级数表示,若只取两项,则应采用(　　)

A. $y = a_1\sin\dfrac{\pi x}{l} + a_2\sin\dfrac{2\pi x}{l}$　　B. $y = a_1\sin\dfrac{\pi x}{l} + a_2\sin\dfrac{3\pi x}{l}$

C. $y = a_1\sin\dfrac{\pi x}{l} + a_2\sin\dfrac{3\pi x}{2l}$　　D. $y = a_1\sin\dfrac{\pi x}{2l} + a_2\sin\dfrac{3\pi x}{2l}$

答案:B

分析:由压杆两端的边界条件(当 $x = 0$, $= 0, y'' = 0$;当 $x = l$ 时,$y = 0, y'' = 0$) 判定。

3. 判断题

(1) 对称两铰拱和三铰拱在反对称失稳时临界荷载值是一样的。(　　)

答案:(对)

分析:二者的失稳形态是一样的。两铰拱反对称失稳时,中间截面无弯矩。

(2) 对称的两铰拱和无铰拱在反对称失稳时的临界荷载值比正对称失稳时的要小。

答案:(对)

分析:两铰拱和无铰拱在反对称失稳时的计算长度比对称失稳时的计算长度要大,因而临界荷载值要小。

(3) 结构稳定计算中的自由度与结构几何组成中自由度、结构动力计算中的自由度都是一样的。

答案:(错)

分析:结构几何组成自由度是将构件视为刚片,确定其几何位置时所需的独立参数的个数。

结构的稳定自由度在单、多自由度体系时,为弹簧连接的刚片系,其失稳自由度与几何组成自由度是与一般自由度(弹性压杆)体系的失稳自由度与几何组成自由度是不一样的。

结构动力计算中的自由度是确定质量运动状态的独立参数的数目。

三者是互不相同的。

4. 问答题

试述能量法求临界荷载的原理和步骤。为什么用能量法求得的临界荷载值通常都是近似解? 且总是大于精确解?

答:能量法求临界荷载的原理是:当 $P = P_{cr}$ 时,体系的势能 Π 为驻值;或当 $P = P_{cr}$ 时,势能 Π 保持为零。

求临界荷载的步骤是:假设一变形状态(满足位移边界条件),求出使势能 $\Pi = 0$ 的相应荷载值 P;临界荷载 P_{cr} 是所有 P 中的最小者。也可以由势能为驻值的条件,求出临界荷载。

能量法是一种近似解法,求出的临界荷载值总是大于精确解的值,即近似解总是精确解的上限。这是因为:求近似解时假设的变形状态,只是全部可能位移状态中的一种(或一部分),即体系的自由度减少(例如将无限自由度变为有限自由度)。这种将自由度减少的做法,相当于对体系施加以某种约束。这样,体系抵抗失稳的能力通常就会提高。这样求得的临界荷载就是实际临界荷载的上限。也可以解释为从局部中找出的最小值总是大于(或等于)从整体中找出的最小值。

二、计算题

1. 用静力法求图 13-15(a) 所示体系的临界荷载。图中 k_2 为铰 B 处抗转弹簧的相对转动刚度系数(当铰两侧截面发生单位相对转角时,铰两侧截面间互相作用的弯矩)。

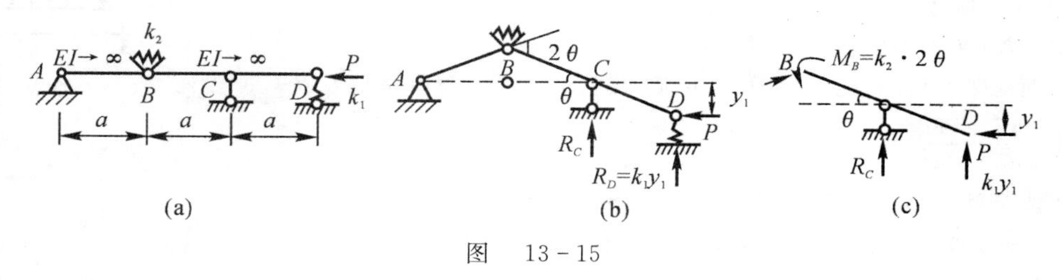

图　13-15

解　该体系为单自由度体系。假设失稳形式如图 13-15(b) 所示,取杆 BCD 为隔离体如图 13-15(c) 所示,由 $\sum M_B = 0$,得

$$R_C a + k_1 y_1 \times 2a + k_2 \times 2\theta - P \times 2y_1 = 0$$

$$R_C = \frac{2Py_1}{a} - 2k_1 y_1 - \frac{2k_2 y_1}{a^2} \qquad ①$$

再考虑整体平衡,由 $\sum M_A = 0$,得

$$R_C 2a + k_1 y_1 \times 3a - P \times y_1 = 0 \quad ②$$

将式 ① 代入式 ②，并因 $Y_1 \neq 0$，得临界荷载为

$$P_{cr} = \frac{k_1 a^2 + 4k_2}{3a}$$

温馨提示：应当指出，在稳定分析中，平衡方程是针对变形后的结构新位置写出的。在应用小变形理论时，由于假设位移 y_1 是微量，因而要区分结构的各力中，哪个是主要力，哪个是次要力。例如在图 13-15(b) 中，P 是主要力(有限量)，而弹性支座反力 $R_D = k_1 y_1$ 是次要力(微量)。建立平衡方程时，方程中各项应是同级微量，因此对主要力的项要考虑结构变形对几何尺寸的微量变化，而对次要力的项则不考虑几何尺寸的微量变化，例如式 ② 中第一项为次要力 R_c 乘以原始尺寸 $2a$。

13.3 考试指点

13.3.1 考试出题点

本章的考点为：

(1)压杆临界荷载的影响因数分析。

(2)用静力法和能量法求解弹性支承刚性杆体系的临界荷载。

(3)将结构中的等截面压杆简化为弹性支承压杆，用静力法求解临界荷载。

(4)用能量法求解压杆的临界荷载。

13.3.2 名校考研真题选解

一、客观题

1. 填空题

(1)(西南交通大学试题) 求临界荷载的基本方法有两种，即________法和________法。在原理上，前者依据的是________后者依据的是________。

答案：静力，能量，失稳时变形状态的二重性，势能 Π 为驻值。

(2)(东南大学试题) 第一类失稳(分支点失稳) 的特征是原有平衡形式成为不稳定的而出现________形式；第二类失稳(极值点失稳) 的特征是原有平衡形式并不发生质的改变，而是荷载不增加甚至减少，变形仍________以致丧失承载能力。

答案：新的有质的区别的平衡继续增长。

(3)(西南交通大学试题) 如图 13-16 所示结构，当立柱失稳时，q 值等于________。

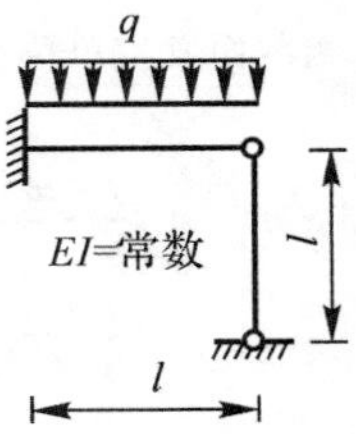

q

EI=常数

l

l

图 13-16

答案：$\frac{8}{3} \cdot \frac{\pi^2 EI}{l^3}$。

2. 选择题

(1)(浙江大学试题) 图 13-17 所示压杆的临界荷载 P_{cr} 是(　　)

A. $\frac{\pi^2 EI}{l^2}$　　B. $2\frac{\pi^2 EI}{l^2}$　　C. $\frac{1}{2}\frac{\pi^2 EI}{l^2}$　　D. $3\frac{\pi^2 EI}{l^2}$

答案：A

(2)(湖南大学试题) 用能量法求图 13-18 所示排架的临界荷载 P_{cr} 时，失稳时柱的变形曲线可设为(　　)

A. $a\sin\frac{\pi x}{H}$　　B. $a\left(1-\cos\frac{\pi x}{2H}\right)$　　C. $a\sin\frac{\pi x}{2H}$　　D. $a\left(1-\cos\frac{\pi x}{H}\right)$

答案：B

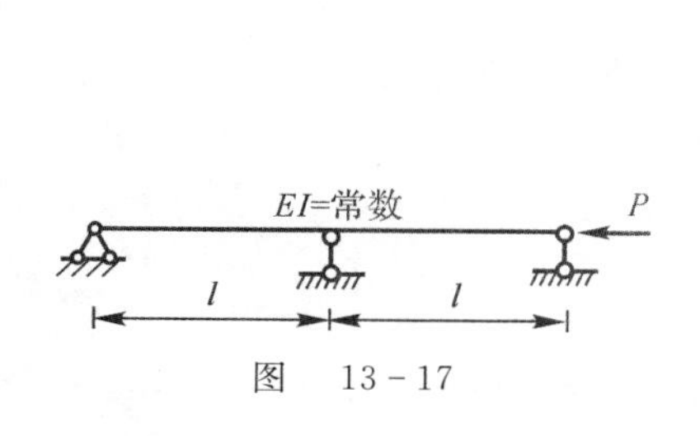

图 13-17

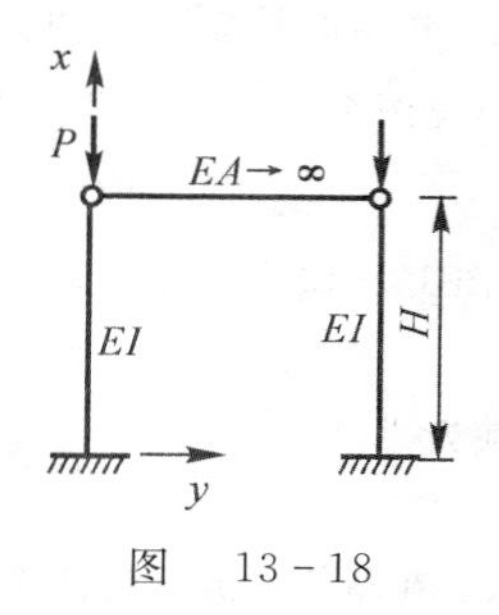

图 13-18

3. 判断题

(1)(西南交通大学试题)对称两铰拱和三铰拱在反对称失稳时,临界荷载值是一样的。( )

答案:(对)

分析:两者的失稳形态是一样的。两铰拱反对称失稳时,中间截面无弯矩。从压杆两端的约束自左向右,弯矩逐渐减弱,可知命题正确。

(2)(湖南大学试题)静力法中的平衡方程与能量法中的势能驻值条件在稳定计算中是等价的。( )

答案:(对)

分析:从两者导出的特征方程是相同的。

4. 问答题

(1)(浙江大学试题)对超静定刚架在荷载作用下作静力分析时,各杆的 $E1$ 值可用相对值,而不影响结果的内力值。在稳定计算时,是否仍然可用各杆 EI 的相对值?这会影响临界值的结果吗?为什么?

答:临界荷载是与各杆 EI 的绝对值有关的,稳定计算不能使用 EI 的相对值。

(2)(长沙铁道学院试题)为什么对称刚架在反对称失稳时的临界荷载值比正对称失稳时的临界荷载值一般都要小些?试用计算长度的概念粗略地加以说明。

答:对称刚架在反对称失稳时,从失稳后变形可看出,压杆的计算长度大;对称刚架在对称失稳时,从失稳后的变形可看出,压杆的计算长度小。因此,一般反对称失稳时的临界荷载值比正对称失稳时的临界荷载载值要小些。

二、计算题

1.(浙江大学试题)试用静力法和能量法求图 13-19(a) 所示体系的临界荷载。设弹簧的刚度系数为 k;杆件为刚性杆,不计杆件的自重。

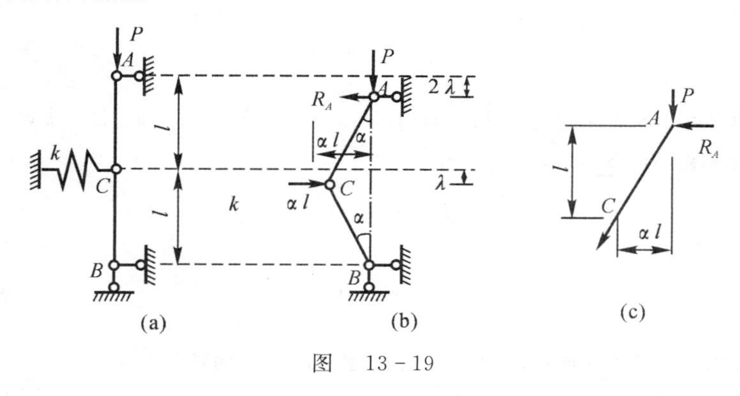

图 13-19

解 本例为单自由度体系,失稳变形后的形状如图 13-19(b) 所示。按小变形理论,独立几何参数取为 $a << 1$。

(1) 静力法。在新的平衡位置(见图 13-19(b))建立平衡方程,且 $\sin\alpha \approx \alpha$, $\cos\alpha \approx 1$。

由杆件 AC(见图 13-19(c))的平衡条件 $\sum M_C = 0$,得

$$Pl\alpha - R_A l = 0,\ R_A = P\alpha$$

由整体(见图 13-19(b))平衡条件 $\sum M_B = 0$,得稳定方程为

$$P\alpha \times 2l - k\alpha l \times l = 0$$

解之得临界荷载为

$$P_{cr} = kl/2$$

(2) 能量法。在新的平衡位置(见图 13-19(b)),计算体系的势能,且 $\lambda = l(1-\cos\alpha) \approx l\alpha^2/2$。

应变能为

$$U = \frac{1}{2}k(\alpha l)^2$$

荷载势能为

$$V = -P \times 2\lambda = -Pl\alpha^2$$

体系总势能为

$$\varphi\Pi = U + V = \frac{1}{2}k(\alpha l)^2 - Pl\alpha^2$$

由势能驻值条件

$$\frac{\partial\Pi}{\partial\alpha} = 0$$

得稳定方程为

$$k\alpha l^2 - 2P\alpha l = 0$$

解之得临界荷载,与静力法相同。

2.(东南大学试题)试用静力法和能量法求图 13-20(a)所示体系的临界荷载。

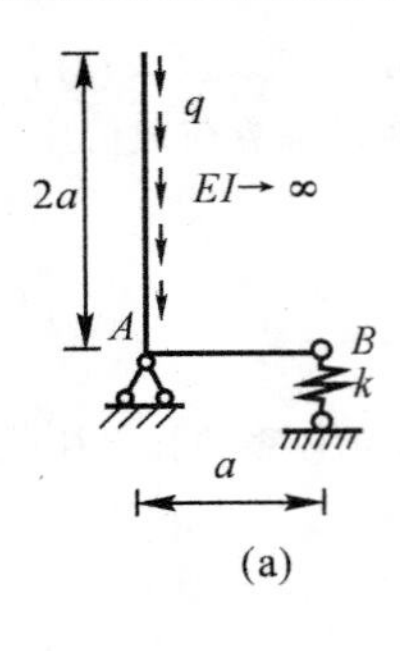

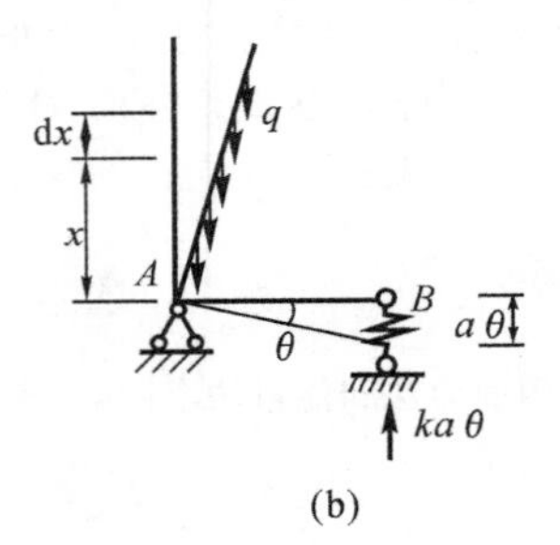

图 13-20

解 本例为单自由度体系,失稳变形的结构形状如图 13-20(b)所示,独立位移参数取为转角 θ。

(1) 静力法。由平衡条件 $\sum M = 0$,得平衡方程为

$$\int_0^{2a} (x\theta)q\mathrm{d}x - ka\theta \times a = 0$$

解之得临界荷载为

$$q_{cr} = \frac{k}{2}$$

(2) 能量法。如图 13-20(b)所示,微段 $\mathrm{d}x$ 内的荷载 $q\mathrm{d}x$ 发生的竖向位移为

$$\mathrm{d}\delta = x(1-\cos\theta) \approx \frac{1}{2}x\theta^2$$

体系总势能为

$$\Pi = U + V = \frac{1}{2}k(a\theta)^2 - \int_0^{2a} q\,\mathrm{d}x \times \mathrm{d}\delta = a^2\left(\frac{1}{2}k\theta^2 - q\theta^2\right)$$

由势能驻值条件，得

$$\frac{\partial \Pi}{\partial \theta} = 0,\quad a^2(k\theta - 2q\theta) = 0$$

由 $a \neq 0, \theta \neq 0$，得

$$q_{cr} = \frac{k}{2}$$

13.4 习题精选详解

13-1 图示刚性杆 ABC 两端分别作用重力 F_{P1} 和 F_{P2}。设杆可绕 B 点在竖直面内自由转动，试用两种方法讨论下面三种情况平衡形式的稳定性：

(1)$F_{P1} < F_{P2}$；

(2)$F_{P1} > P_{P2}$；

(3)$F_{P1} = F_{P2}$。

解 根据平衡状态的定义，可知：

(1) 对于 $F_{P1} < F_{P2}$：当 $\theta = 0$ 时，刚性杆处于稳定平衡。

当 $\theta = \pi$ 时，刚性杆处于不稳定平衡。

(2) 对于 $F_{P1} > P_{P2}$：当 $\theta = 0$ 时，刚性杆处于不稳定平衡。

当 $\theta = \pi$ 时，刚性杆处于稳定平衡。

(3) 对于 $F_{P1} < F_{P2}$：θ 角任意取值，刚性杆都会处于一种静止或动态平衡状态。

13-2 试用两种方法求图示结构的临界荷载 q_{cr}，假定弹性支座的刚度系数为 k。

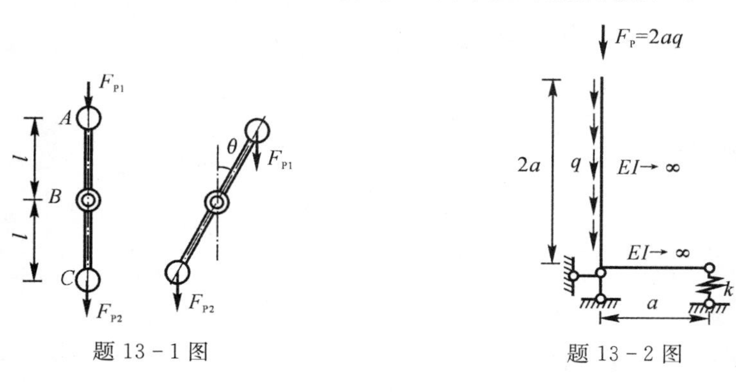

题 13-1 图　　　　题 13-2 图

解 此结构只有一个稳定自由度，即立柱和拱梁绕铰支座的转角 θ。

(1) 静力法。对左端铰支座取矩：

$$F_P \cdot 2a\theta + q \cdot 2a\left(\frac{1}{2}a\theta\right) - ka\theta a = 0$$

$$(6q - k)a^2\theta = 0$$

其特征方程为

$$a^2(6q - k)\theta = 0$$

故得 $q_{cr} = \dfrac{k}{6}$ 即为临界荷载。

(2) 能量法。结构的势能为

$$E_P = u + u_P = \frac{1}{2}k(a\theta)^2 - \left(F_P\lambda + 2aq \cdot \frac{1}{2}\lambda\right)$$

其中,等号左边第一项为弹簧变形能;第二项为外力势能(外力作功);λ 为柱顶竖向位移,有 $\lambda = 2a(1-\cos\theta) = 2a \cdot \frac{\theta^2}{2} = a\theta^2$(小菱形)将 λ 代入 E_P,得

$$E_P = \left(\frac{1}{2}k - 3q\right)a^2\theta^2$$

由势能驻值条件$\frac{dE_K}{d\theta} = 0$,得

$$u^2(k-6q)\theta = 0$$

故得

$$q_{cr} = \frac{k}{6}$$

即为临界荷载。

综上所述,临界荷载 $q_{cr} = \frac{k}{6}$。

13-3　试用两种方法求图示结构的临界荷载 F_{Pcr}。设弹性支座的刚度系数为 k。

解　解法一:按大挠度理论计算。体系变形如解 13-3 图所示。

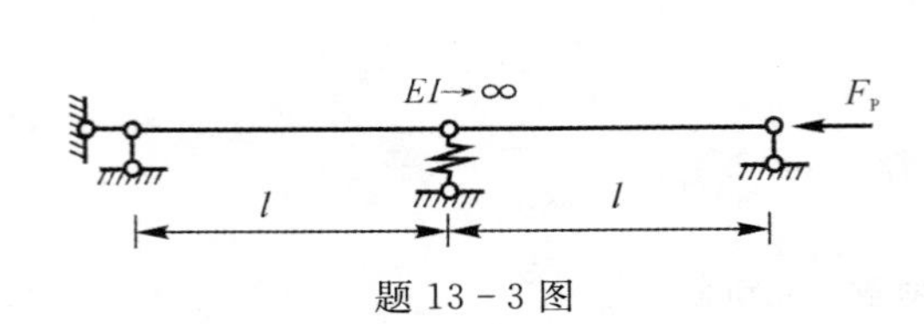

题 13-3 图

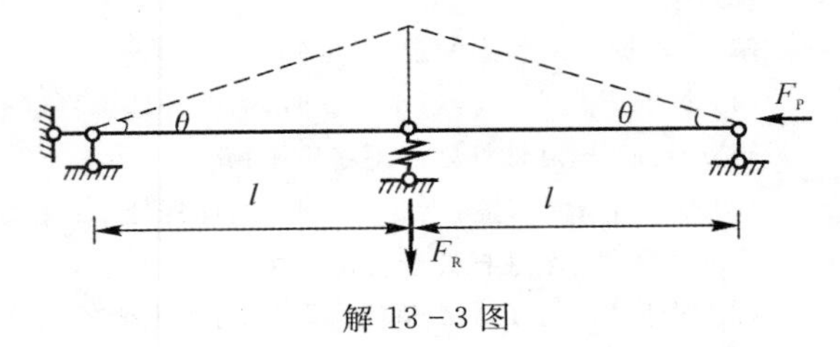

解 13-3 图

平衡条件为

$$\begin{cases} F_P \cdot 2l\sin\theta - F_R l\cos\theta = 0 \\ F_R = kl\sin\theta \end{cases}$$

即

$$l\sin\theta(2F_P - kl\cos\theta) = 0$$

则 $\sin\theta = 0$,或

$$F_P = \frac{1}{2}kl\cos\theta$$

所以临界荷载为

$$F_{Pcr} = \frac{1}{2}kl$$

解法二:按小挠度理论计算。有

$$\begin{cases} F_P \cdot 2l\theta - F_P l = 0 \\ F_R = kl\theta \end{cases}$$

则

$$F_P = \frac{1}{2}kl$$

故

$$F_{Pcr} = \frac{1}{2}kl$$

13-4　试用两种方法求图示结构的临界荷载 $F_{P_{cr}}$。

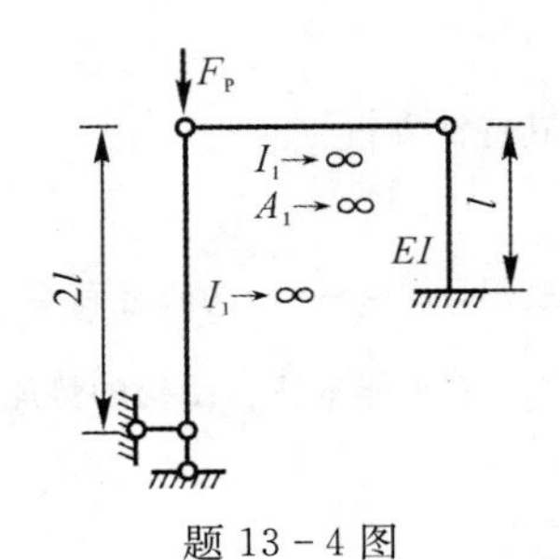

题 13-4 图

解　解法一(静力法):

$$F_P 2l\theta - k2l\theta \cdot 2l = 0,\ (F_P - k2l)2l\theta = 0$$

由特征方程$(F_P - 2lk)2l = 0$,得

$$F_{Pcr} = 2lk = 2l\frac{3EI}{l^3} = \frac{6EI}{l^2}$$

解法二(能量法):

$$E_P = V_e + V_P = \frac{1}{2}k(2l\theta)^2 - F_P 2l(1-\cos\theta) =$$

$$2kl^2\theta^2 - F_P 2l\frac{\theta^2}{2} = 2kl^2\theta^2 - F_P l\theta^2 = (2kl - F_P)l\theta^2$$

由$\frac{dE_P}{d\theta} = 0$,可得

$$2l(2kl - F_P)\theta = 0$$

同理(1),可得

$$F_{Pcr} = \frac{6EI}{l^2}$$

13-5 试用两种方法求图示结构的临界荷载 F_{Pcr}。设各杆 $l \to \infty$,弹性铰相对转动的刚度系数为 k。

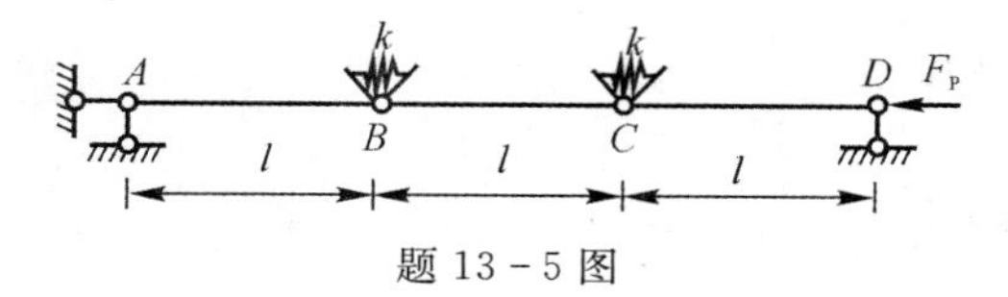

题 13-5 图

解 应用静力法求解,受力分析如解 13-5 图所示。

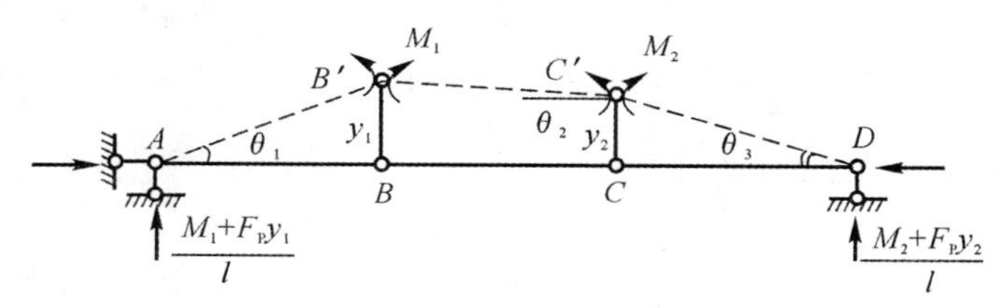

解 13-5 图

由
$$\begin{cases} \sum M_{B'} = 0 \\ \sum M_{C'} = 0 \end{cases}$$

可得
$$\left.\begin{aligned} M_1 + F_P y_1 &= \frac{M_2 + F_P y_2}{l} \times 2(M_2 + F_P y_2) \\ M_2 + F_P y_2 &= (2M_1 + F_P y_1) \end{aligned}\right\} \quad ①$$

又
$$M_1 = k(\theta_1 + \theta_2) = k\left(\frac{y_1}{l} + \frac{y_1 - y_2}{l}\right) = \frac{k}{l}(2y_1 - y_2)$$

同理可得 $M_2 = \frac{k}{l}(2y_2 - y_1)$,将 M_1,M_2 代入式 ① 可得

$$\begin{cases} \left(F_P + 4\frac{k}{l}\right)y_1 - \left(5\frac{k}{l}y_1 + 2F_P\right)y_2 = 0 \\ \left(5\frac{k}{l}y_1 + 2F_P\right)y_1 - \left(\frac{4k}{l} + F_P\right)y_2 = 0 \end{cases}$$

由系数行列式为零,可得

$$F_{Pcr1} = -\frac{k}{l},\ F_{Pcr2} = -\frac{3k}{l}$$

即
$$F_{Pcr1} = \frac{k}{l},\ F_{Pcr2} = \frac{3k}{l}$$

所以临界荷载为

$$F_{\mathrm{Pcr}}=\frac{k}{l}$$

13－10　试用能量法求图示结构临界荷载 F_{Pcr}，设变形曲线为

$$y=a\left(1-\cos\frac{\pi x}{2l}\right)$$

上半柱刚度为 EI_1，下半柱刚度为 $EI_2=2EI_1$。

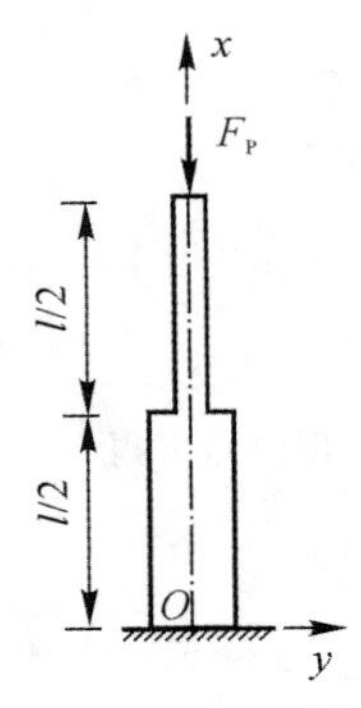

题 13－10 图

解　设变形曲线为

$$y=a\left(1-\cos\frac{\pi x}{2l}\right)$$

则
$$y'=\frac{\pi a}{2l}\sin\frac{\pi x}{2l},\ y''=\frac{\pi^2 a}{4l^2}\cos\frac{\pi x}{2l}$$

$$V_e=\frac{1}{2}EI_1\int_0^{\frac{l}{2}}(y'')^2\mathrm{d}x+\frac{1}{2}EI_1\int_{\frac{l}{2}}^{l}(y'')^2\mathrm{d}x$$

$(EI_2=2EI_1)$

$$=EI_1\int_0^{\frac{l}{2}}\left(\frac{\pi^2 a}{4l^2}\right)^2\times\frac{1+\cos\frac{\pi x}{l}}{2}\mathrm{d}x+\frac{EI_1}{2}\int_{\frac{l}{2}}^{l}\left(\frac{\pi^2 a}{4l^2}\right)^2\times\frac{1+\cos\frac{\pi x}{l}}{2}\mathrm{d}x=$$

$$\frac{\pi^4 a^2}{16l^4}EI_1\times\left[\frac{l}{4}+\frac{l}{2\pi}+\frac{1}{2}\times\left(\frac{l}{4}-\frac{1}{2\pi}\right)\right]=\left(\frac{3}{8}+\frac{1}{4\pi}\right)\frac{EI_1\pi^4a^2}{16l^2}$$

$$W=F_P\int_0^l\frac{1}{2}(y')^2\mathrm{d}x=\frac{F_P}{2}\times\left(\frac{\pi a}{2l}\right)^2\times\int_0^l\frac{1-\cos\frac{\pi x}{l}}{2}\mathrm{d}x=$$

$$\frac{F_P\pi^2a^2}{8l^2}\left(\frac{l}{2}+0\right)=$$

$$\frac{F_P\pi^2a^2}{16l}$$

$$E_P=V_e-W$$

又由 $\frac{\partial E_P}{\partial a}=0$，得

$$\left(\frac{3}{8}+\frac{1}{4\pi}\right)\frac{EI_1\pi^4a}{16l^3}-\frac{F_P\pi^2a}{16l}=0$$

即
$$F_{\mathrm{Pcr}}=\left(\frac{3}{8}+\frac{1}{4\pi}\right)\frac{EI_1\pi^2}{l^2}=4.486\,5\,\frac{EI_1}{l^2}$$

13－12　试用能量法求图示变截面杆的临界荷载。

$$I=I_0\left(1+\sin\frac{\pi x}{l}\right)$$

解　简支压杆的边界条件为：当 $x=0$ 和 $x=l$ 时，$y=0$。

假设挠曲线为正弦曲线：

$$y=\alpha\sin\frac{\pi x}{l}$$

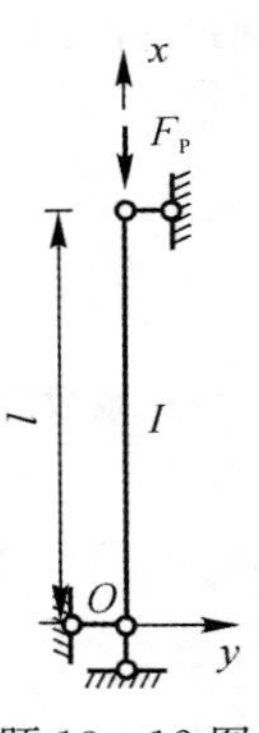

题 13－12 图

则有
$$y'=\frac{\alpha\pi}{l}\cos\frac{\pi x}{l},\ y''=-\alpha\frac{\pi^2}{l^2}\sin\frac{\pi x}{l}$$

求得
$$U=\frac{1}{2}\int_0^l EI(y'')^2\mathrm{d}x=$$

$$\frac{1}{2}\int_0^l EI_0\left(1+\sin\frac{\pi x}{l}\right)\left(-\alpha\frac{\pi^2}{l^2}\sin\frac{\pi x}{l}\right)^{\mathrm{d}}x=$$

$$\frac{EI_0\alpha^2\pi^4}{4l^3}+\frac{EI_0\alpha^2\pi^3}{6l^3}$$

$$U_P = -\frac{1}{2}F_P\int_0^l (y')^2 dx = -\frac{1}{2}F_P\int_0^l \left(\frac{\alpha^2\pi^2}{l^2}\cos^2\frac{\pi x}{l}\right)dx = -\frac{\alpha^2\pi^2}{4l}F_P$$

总势能为
$$E_P = U + U_P = \frac{EI_0\alpha^2\pi^4}{4l^3} + \frac{EI_0\alpha^2\pi^3}{6l^3} - \frac{\alpha^2\pi^2}{4l}F_P$$

由驻值条件 $\frac{dE_P}{d\alpha} = 0$，得

$$\frac{EI_0\pi^4}{4l^3} + \frac{EI_0\pi^3}{6l^3} - \frac{\pi^2}{4l}F_P = 0$$

13-13　试用能量法求图示排架的临界荷载。

温馨提示：失稳时柱的变形曲线可设为 $y = \alpha\left(1 - \cos\frac{\pi x}{2H}\right)$。

解　失稳变形及坐标如解 13-13 图所示。

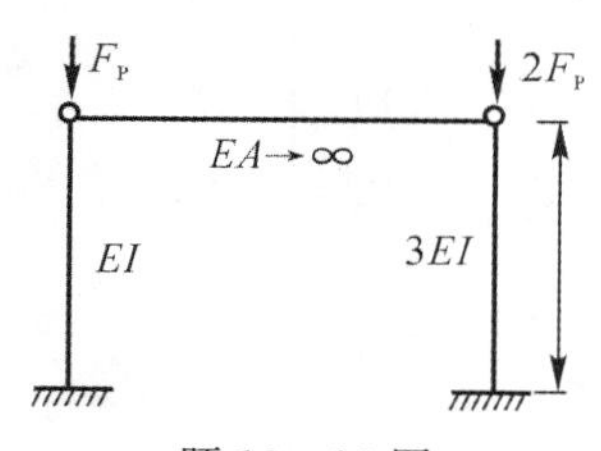

题 13-13 图

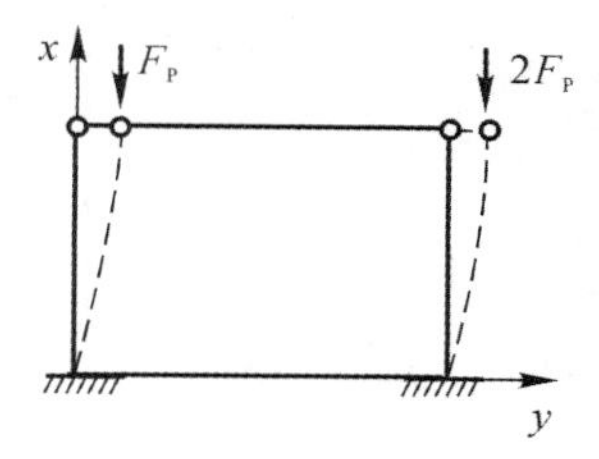

解 13-13 图

结构总势能为

$$E_P = U + U_P =$$
$$\left[\frac{1}{2}\int_0^H EI(y'')^2 dx + \frac{1}{2}\int_0^H EI(y'')^2 dx\right] - \left[\frac{F_P}{2}\int_0^H (y')^2 dx + 2F_P \times \frac{1}{2}\int_0^H (y')^2 dx\right]$$

已知失稳时柱的变形曲线为

$$y = \alpha\left(1 - \cos\frac{\pi x}{2H}\right)$$

则
$$y' = \frac{\alpha\pi}{2H}\sin\frac{\pi x}{2H},\ y'' = \frac{\alpha\pi^2}{4H^2}\cos\frac{\pi x}{2H}$$

将其代入势能表达式并简化，得

$$E_P = \frac{EI\alpha^2\pi^4}{16H^3} - \frac{3\alpha^2\pi^2}{16H}F_P$$

利用驻值条件可得

$$F_{P_cr} = \frac{\pi^2 EI}{3H^2}$$

13-14　对于图示等截面压杆，试分别按图(a)～(c)划分的单元，用矩阵位移法计算临界荷载 F_{Pcr}，并分析其精确度。

解　(1) 解(a)图。对结点和单元编码，如解 13-14 图(a)所示，则基本未知量为 v_1，θ_1。

$$\bar{K}^{①} = \bar{K}^{②} = \begin{bmatrix} \frac{8\times 12EI}{l^2} & \frac{4\times 6EI}{l^2} & -\frac{12\times 8EI}{l^2} & \frac{6\times 4EI}{l^2} \\ \frac{4\times 6EI}{l^2} & \frac{2\times 4EI}{l} & -\frac{4\times 6EI}{l^2} & \frac{2EI\times 2}{l} \\ -\frac{12\times 8EI}{l^3} & -\frac{4\times 6EI}{l^2} & \frac{12\times 8EI}{l^2} & -\frac{4\times 6EI}{l^2} \\ \frac{4\times 6EI}{l^2} & \frac{2\times 2EI}{l^2} & -\frac{4\times 6EI}{l^2} & \frac{2\times 4EI}{l} \end{bmatrix}$$

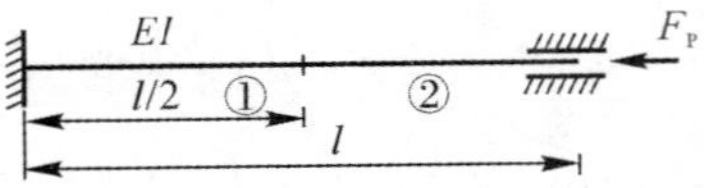

(a)

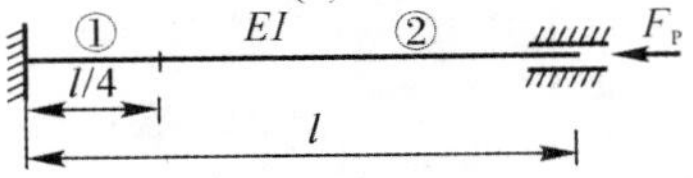

(b)

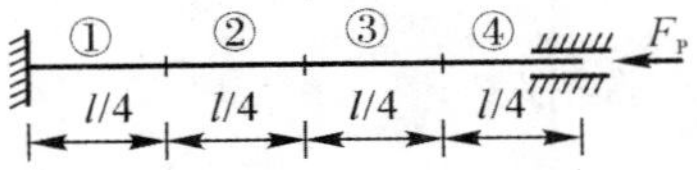

(c)

题 13 - 14 图

$$\bar{\boldsymbol{S}}^{①}=\bar{\boldsymbol{S}}^{②}=\begin{bmatrix}\frac{12}{5l} & \frac{1}{10} & -\frac{12}{5l} & \frac{1}{10}\\ \frac{1}{10} & \frac{l}{15} & -\frac{1}{10} & \frac{-0.5l}{30}\\ -\frac{6\times 2}{5l} & -\frac{1}{10} & \frac{12}{5l} & -\frac{1}{10}\\ \frac{1}{10} & -\frac{0.5l}{30} & -\frac{1}{10} & \frac{l}{15}\end{bmatrix}F_{\mathrm{P}}$$

$$\boldsymbol{\lambda}^{①}=(0\quad 0\quad 1\quad 0)^{\mathrm{T}},\quad \boldsymbol{\lambda}^{②}=(1\quad 2\quad 0\quad 0)^{\mathrm{T}}$$

则

$$\boldsymbol{K}=\begin{bmatrix}\frac{12\times 8\times 2}{l^2}EI & 0\\ 0 & \frac{2\times 4\times 2EI}{l}\end{bmatrix},\ \boldsymbol{S}=\begin{bmatrix}\frac{24}{5l} & 0\\ 0 & \frac{2l}{15}\end{bmatrix}F_{\mathrm{P}}$$

$$|\boldsymbol{K}-\boldsymbol{S}|=0,\quad \begin{vmatrix}\frac{192}{l^3}EI-\frac{24}{5l}F_{\mathrm{P}} & 0\\ 0 & \frac{16EI}{l}-\frac{2l}{15}F_{\mathrm{P}}\end{vmatrix}=0$$

$$\left(\frac{192EI}{l^3}-\frac{24F_{\mathrm{P}}}{5l}\right)\left(\frac{16EI}{l}-\frac{2l}{15}F_{\mathrm{P}}\right)=0$$

展开后得

$$0.64F_{\mathrm{P}}^2-\frac{102.4EI}{l^2}F_{\mathrm{P}}+3072\frac{E^2l^2}{l^4}=0$$

则

$$F_{\mathrm{P}}=\frac{102.4\pm 51.2EI}{1.24}\frac{EI}{l^2}$$

取小值为临界荷载，即

$$F_{\mathrm{Pcr}}=\frac{42EI}{l^2}$$

(2) 解(b) 图。对结点和单元编码，如解 13 - 14 图(b) 所示，基本未知量为(v_1，θ_1)。

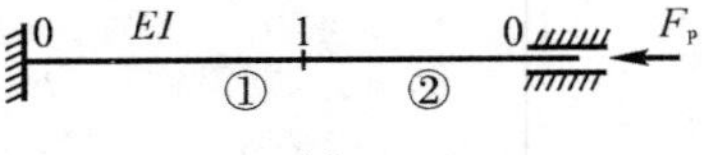

(a)

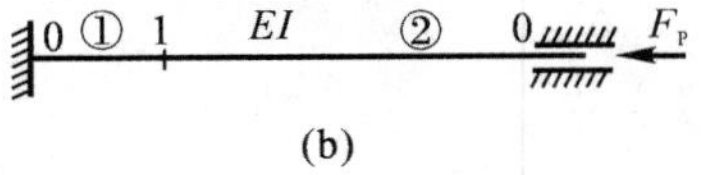

(b)

解 13 - 14 图

(c)

续解 13-14 图

$$\boldsymbol{\lambda}^{①} = [0 \quad 0 \quad 1 \quad 2]^{T}$$

$$\boldsymbol{K}^{①} = \begin{bmatrix} \dfrac{768EI}{l^3} & \dfrac{96EI}{l^2} \\ -\dfrac{96EI}{l^2} & \dfrac{16EI}{l} \end{bmatrix}, \boldsymbol{S}^{①} = \begin{bmatrix} \dfrac{24}{5l} & -\dfrac{1}{10} \\ -\dfrac{1}{10} & \dfrac{2l}{60} \end{bmatrix} F_P$$

$$\boldsymbol{\lambda}^{②} = [1 \quad 2 \quad 0 \quad 0]^{T}$$

$$\boldsymbol{K}^{①} = \begin{bmatrix} \dfrac{768EI}{27l^3} & \dfrac{96EI}{9l^2} \\ \dfrac{96EI}{9l} & \dfrac{16EI}{3l} \end{bmatrix}, \boldsymbol{S}^{①} = \begin{bmatrix} \dfrac{24}{15l} & \dfrac{1}{10} \\ \dfrac{1}{10} & \dfrac{6l}{60} \end{bmatrix} F_P$$

则

$$\boldsymbol{K} = \boldsymbol{K}^{①} + \boldsymbol{K}^{②} = \begin{bmatrix} \dfrac{796.4EI}{l^3} & -\dfrac{85.33EI}{l^2} \\ \dfrac{-85.33EI}{l^2} & 21.3\dfrac{EI}{l} \end{bmatrix}$$

$$\boldsymbol{S} = \boldsymbol{S}^{①} + \boldsymbol{S}^{②} = \begin{bmatrix} \dfrac{6.4}{l} & 0 \\ 0 & 0.1333l \end{bmatrix} F_P$$

由 $|\boldsymbol{K} - \boldsymbol{S}| = 0$，得

$$\begin{vmatrix} \dfrac{796.4EI}{l^3} - \dfrac{6.4}{l}F_P & \dfrac{-85.33EI}{l^2} \\ \dfrac{-85.33EI}{l^2} & \dfrac{21.3EI}{l} - 0.1333lF_P \end{vmatrix} = 0$$

展开后得

$$0.853F_P^2 - 242.5\frac{EI}{l^2}F_P + \frac{9682.11E^2l^2}{l^4} = 0$$

$$F_P = \frac{242.5 \pm 160.53}{2 \times 0.853}\frac{EI}{l^3}$$

取小值为临界荷载，即

$$F_{Pcr} = \frac{48EI}{l^2}$$

(3) 解(c)图。对结点和单元编码，如解 13-14 图(c)所示，基本未知量为(v_1, θ_1)。

(c)

解 13-14 图

1) 求总体刚度 $\boldsymbol{K}_0$。设　　$a = \dfrac{EI}{l^3}$，　$b = \dfrac{EI}{l^2}$，　$c = \dfrac{EI}{l}$

$$\boldsymbol{k}^{e}=\begin{bmatrix}768a & 96b & -768a & 96b\\ 96b & 16c & -96b & 8c\\ -768a & -96b & 768a & -96b\\ 96b & 8c & -96b & 16c\end{bmatrix}$$

$$\boldsymbol{S}^{\text{ⓔ}}=\begin{bmatrix}\frac{24}{5l} & \frac{1}{10} & -\frac{24}{5l} & \frac{1}{10}\\ \frac{1}{10} & \frac{l}{30} & -\frac{1}{10} & -\frac{l}{120}\\ -\frac{24}{5l} & -\frac{1}{10} & \frac{24}{5l} & -\frac{1}{10}\\ \frac{1}{10} & -\frac{l}{120} & -\frac{1}{10} & \frac{l}{30}\end{bmatrix}$$

单位定位向量为

$$\boldsymbol{\lambda}^{①}=[0\quad 0\quad 1\quad 2]^{\mathrm{T}}\qquad \boldsymbol{\lambda}^{②}=[1\quad 2\quad 3\quad 4]^{\mathrm{T}}$$

$$\boldsymbol{\lambda}^{③}=[3\quad 4\quad 5\quad 6]^{\mathrm{T}}\qquad \boldsymbol{\lambda}^{④}=[5\quad 6\quad 0\quad 0]^{\mathrm{T}}$$

可得

$$\boldsymbol{K}=\begin{bmatrix}1536a & 0 & -768a & 96b & 0 & 0\\ 0 & 32c & -96b & 8c & 0 & 0\\ -768a & -96b & 1536a & 0 & -768a & 96b\\ 96b & 8c & 0 & 32c & -96b & 8c\\ 0 & 0 & -768a & -96b & 1536a & 0\\ 0 & 0 & 96b & 8c & 0 & 32c\end{bmatrix}$$

$$\boldsymbol{S}=\begin{bmatrix}\frac{48}{5l} & 0 & -\frac{24}{5l} & \frac{1}{10} & 0 & 0\\ 0 & \frac{l}{15} & -\frac{1}{10} & -\frac{l}{120} & 0 & 0\\ -\frac{24}{5l} & -\frac{1}{10} & \frac{48}{5l} & 0 & -\frac{24}{5l} & \frac{1}{10}\\ \frac{1}{10} & -\frac{l}{120} & 0 & \frac{l}{15} & -\frac{1}{10} & -\frac{l}{120}\\ 0 & 0 & -\frac{24}{5l} & -\frac{1}{10} & \frac{48}{5l} & 0\\ 0 & 0 & \frac{1}{10} & -\frac{l}{120} & 0 & \frac{l}{15}\end{bmatrix}$$

2）求临界荷载，有

$$|\boldsymbol{K}-\boldsymbol{S}|=0$$

代入具体值可得

$$F_{P_{cr}}=39.77\frac{EI}{l^{2}}$$

13－15　试用有限元法列出图示刚架的稳定方程，虚箭结点弯的数字为结点位移的编号。

解　对于横梁只需考虑转角刚度，仅对对转角进行编号即可。

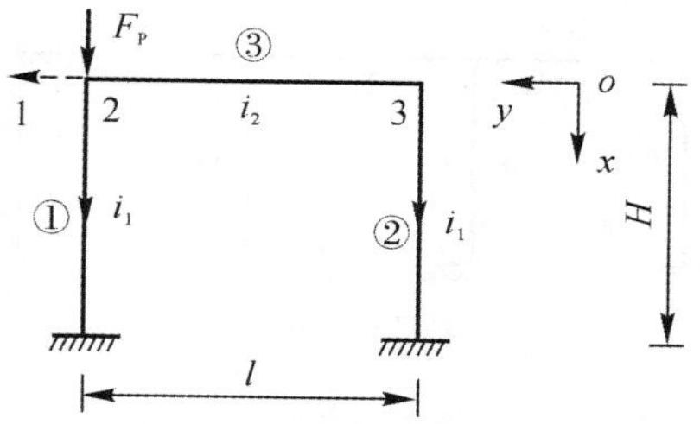

题 13－15 图

$$
\boldsymbol{k}^{①} = \boldsymbol{k}^{②} = \begin{bmatrix} \frac{12i_1}{H^2} & \frac{6i_1}{H} & -\frac{12i_1}{H^2} & \frac{6i_1}{H} \\ \frac{6i_1}{H} & 4i_1 & -\frac{6i_1}{H} & 2i_1 \\ -\frac{12i_1}{H^2} & -\frac{6i_1}{H} & \frac{12i_1}{H^2} & -\frac{6i_1}{H} \\ \frac{6i_1}{H} & 2i_1 & -\frac{6i_1}{H} & 4i_1 \end{bmatrix} \begin{matrix} ① & ② \\ 1 & 1 \\ 2 & 3 \\ 0 & 0 \\ 0 & 0 \end{matrix}
$$

$$
\begin{matrix} ① & 1 & 2 & 0 & 0 \\ ② & 1 & 3 & 0 & 0 \end{matrix}
$$

$$
\boldsymbol{k}^{③} = \begin{bmatrix} 4i_2 & 2i_2 \\ 2i_2 & 4i_2 \end{bmatrix} \begin{matrix} 2 \\ 3 \end{matrix}
$$

$$
\begin{matrix} 2 & 3 \end{matrix}
$$

集结总体刚度矩阵得

$$
\boldsymbol{k} = \begin{bmatrix} \frac{24i_1}{H^2} & \frac{6i_1}{H} & \frac{6i_1}{H} \\ \frac{6i_1}{H} & 4i_1 + 4i_2 & 2i_2 \\ \frac{6i1}{H} & 2i2 & 4i + 4i2 \end{bmatrix}
$$

同理可得几何刚度矩阵为

$$
\boldsymbol{s} = \boldsymbol{s}^{①} = \begin{bmatrix} \frac{6}{5H} & \frac{1}{10} & 0 \\ \frac{1}{10} & \frac{2H}{15} & 0 \\ 0 & 0 & 0 \end{bmatrix} F_P
$$

由 $|\boldsymbol{K} - \boldsymbol{S}| = 0$ 可得刚架稳定方程为

$$
\begin{vmatrix} \left(\frac{24i_1}{H^2} - \frac{6F_2}{2H}\right) & \left(\frac{6i_1}{H} - \frac{F_p}{10}\right) & \frac{6i_1}{H} \\ \left(\frac{6i_1}{H} - \frac{F_p}{10}\right) & \left(4i_1 + 4i_2 - \frac{2HF_p}{15}\right) & 2i_2 \\ \frac{6i_1}{H} & 2i_2 & 4i_1 + 4i_2 \end{vmatrix} = 0
$$

13－16　试用有限元法列出图示刚架失稳时的稳定方程，虚箭头及结点的数字为结点位移的编号。

解　集成 $\boldsymbol{k}$ 和 $\boldsymbol{s}$ 的思路与矩阵位移法中集成总体刚度矩阵的思路一致。单元定位向量为

$$
\boldsymbol{\lambda}^{①} = [0,0,1,2]^{\mathrm{T}}, \boldsymbol{\lambda}^{②} = [0,0,1,3]^{\mathrm{T}}
$$

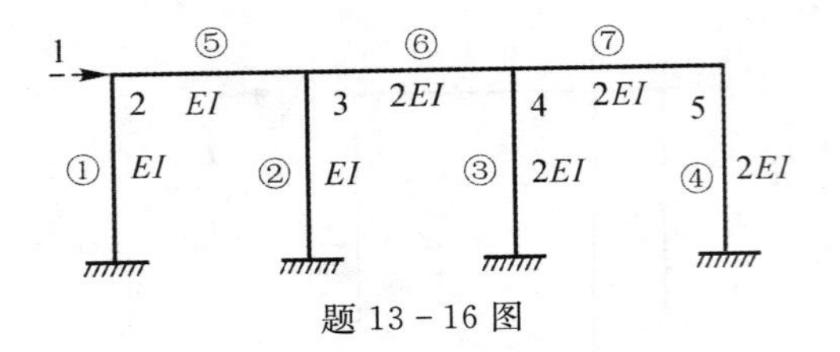

题 13 - 16 图

$$\boldsymbol{\lambda}^{③} = [0,0,1,4]^{\mathrm{T}},\ \boldsymbol{\lambda}^{④} = [0,0,1,5]^{\mathrm{T}}$$

$$\boldsymbol{\lambda}^{⑤} = [2,3]^{\mathrm{T}},\ \boldsymbol{\lambda}^{⑥} = [3,4]^{\mathrm{T}},\ \{\boldsymbol{\lambda}\}^{⑦} = [4,5]^{\mathrm{T}}$$

集成单元 ① ~ ④,得

$$\boldsymbol{k} = \begin{bmatrix} \frac{72}{l^2} & -\frac{6}{l} & -\frac{6}{l} & -\frac{12}{l} & -\frac{12}{l} \\ \frac{-6}{l} & 4 & & & \\ \frac{-6}{l} & & 4 & & \\ \frac{-12}{l} & & & 8 & \\ \frac{-12}{l} & & & & 8 \end{bmatrix} \frac{EI}{l}$$

再加入单元 ⑤ ~ ⑦,可得

$$\boldsymbol{k} = \begin{bmatrix} \frac{72}{l^2} & -\frac{6}{l} & -\frac{6}{l} & -\frac{12}{l} & -\frac{12}{l} \\ \frac{-6}{l} & 8 & 2 & 0 & 0 \\ \frac{-6}{l} & 2 & 16 & 4 & 0 \\ \frac{-12}{l} & 0 & 4 & 24 & 4 \\ \frac{-12}{l} & 0 & 0 & 4 & 16 \end{bmatrix} \frac{EI}{l}$$

而只有 ① ~ ④ 受压,故只需集成单元 ① ~ ④ 即可得几何刚度矩阵为

$$\boldsymbol{s} = \begin{bmatrix} \frac{216}{l} & -3 & -3 & -6 & -6 \\ -3 & 4l & & & \\ -3 & & 4l & & \\ -6 & & & 8l & \\ -6 & & & & 8l \end{bmatrix}$$

故得稳定方程为

$$|\boldsymbol{k} - \boldsymbol{s}| = 0$$

13 - 20 试对图示受纵横荷载的压杆作二阶分析,并求与一阶分析(即 $F_N = 0$ 时)结果相比时,最大侧移和最大弯矩的放大系数。

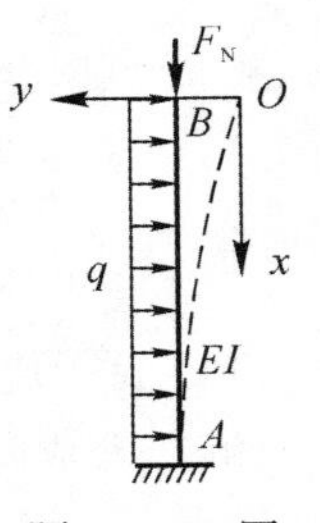

题 13 - 20 图

解 如题图所示,可列出微分方程为

$$EIy'' = -F_N y - \frac{1}{2}qx^2$$

$$y''+\frac{F_N}{EI}y=-\frac{1}{2}qx^2/EI$$

令 $\alpha^2=\frac{F_N}{EI}$,则

$$y''+\alpha^2 y=-\frac{1}{2}\frac{qx^2}{EI}$$

齐次方程通解为

$$y=A\cos\alpha x+B\sin\alpha x$$

设特解为

$$y_P=ax^2+c$$

代入方程,可得

$$2a+\alpha^2(ax^2+c)=-\frac{q}{2}x^2/EI$$

对方程求导,可得

$$a=-\frac{q}{2\alpha^2 EI}$$

由

$$2a+c\alpha^2=0$$

得

$$c=-\frac{2a}{\alpha^2}=\frac{q}{\alpha^4 EI}$$

$$y(x)=A\cos\alpha x+B\sin\alpha x-\frac{q}{2\alpha^2 EI}x^2+\frac{q}{\alpha^4 EI}$$

代入边界条件 $y(0)=0$, $y'(l)=0$,故得

$$A=-c=-\frac{q}{\alpha^4 EI}$$

$$-A\alpha\sin\alpha l+\alpha B\cos\alpha l-\frac{q}{\alpha^2 EI}\times l=0\Rightarrow B=-\frac{q}{\alpha^4 EI}\tan\alpha l+\frac{ql}{\alpha^3 EI}\sec\alpha l$$

$$y(x)=-\frac{ql}{\alpha^4 EI}\cos\alpha x+\left(-\frac{q}{\alpha^4 EI}\tan\alpha l+\frac{ql}{\alpha^3 EI}\mathrm{sce}\alpha l\right)\sin\alpha x-\frac{q}{2\alpha^2 EI}x^2$$

$$y_{\max}=y(l)=\frac{q}{\alpha^4 EI}\left(1-\sec\alpha l-\alpha l\tan\alpha l-\frac{\alpha^2 l^2}{2}\right)$$

第 14 章 结构的极限荷载

14.1 教学基本要求

14.1.1 内容概述

前面各章所讲授的内容，都限定结构在弹性变形范围内，并将结构发生塑性屈服认为是强度的失效。这种强度理论的设计方法，称为弹性设计法。由弹性理论可知，弹性设计法不能充分发挥材料的承载能力，它是一种以牺牲经济性为代价的、偏安全的设计方法。

目前，塑性变形在实际工程结构中普遍存在，结构的塑性分析可以充分发挥材料的承载能力，降低成本。于是，在当前工程中，人们广泛引进了结构的塑性分析。例如在机械工程、土建工程中，压延成型正是利用金属的塑性变形加工所需的产品。

无论是为了设计更经济的工程结构，还是要特意利用材料的塑性变形，都需要先了解结构的塑性行为。极限荷载分析的核心问题是确定结构的极限荷载。这部分内容包括与极限荷载相关的基本概念，基本定理和确定极限荷载的几种方法。

14.1.2 目的和要求

本章的学习要求如下：

(1)理解屈服弯矩、极限弯矩、塑性铰和极限荷载的概念。了解判定极限荷载的三个定理。

(2)掌握截面极限弯矩的计算方法。

(3)熟练掌握机构法求解超静定单跨梁和连续梁的极限荷载。

(4)掌握用试算法求梁极限荷载的方法。

(5)掌握用机构法、试算法求简单刚架的极限荷载。

结构在使用过程中有可能遭遇到比较大的荷载作用，如强烈地震，若要使结构在遭遇到不常见的外部作用下仍保持弹性工作状态，是不经济的。因此对一般结构来说，允许结构在这些较大荷载作用下进入非弹性工作状态。这要求工程师了解结构在非线性工作时的性能、结构的最大承载力等概念及分析方法。学习这些内容的目的有以下几方面：

(1)弹性设计法是一种以牺牲经济性为代价的偏安全的设计方法，目前不少工程已采用塑性设计，而塑性分析的基本概念和梁、桁架、刚架极限荷载的计算，正是结构塑性设计的必要理论基础；

(2)在机械工程、土建工程中，压延成型正是利用金属的塑性变形加工所需的产品；

(3)由于材料发生塑性变形时可以吸收较多能量，因此，在抗震和防护工程中可以通过特别设计让一些构件发生塑性变形吸收能量，从而达到保护其他重要构件的目的。

14.1.3 教学单元划分

本章共 6 个教学时，分 3 个教学单元。

第一教学单元讲授内容：概述，极限弯矩、塑性铰和极限状态，超静定梁的极限荷载(1)。

第二教学单元讲授内容：超静定梁的极限荷载(2)，比例加载时判定极限荷载的一般定理。

第三教学单元讲授内容：刚架极限荷载的一般计算法，小结。

14.1.4　教学单元知识点归纳

一、第一教学单元知识点

1. 塑性分析(重点)

塑性分析与弹性分析的区别在于，弹性分析是以个别危险截面上的最大应力达到屈服极限来确定结构的承载能力，没有考虑材料的塑性。因此，弹性分析不能正确反映整个结构的强度储备，是不够经济的。塑性分析充分考虑了材料的塑性性质，以整个结构的承载能力耗尽时的荷载界限来计算结构所能承受的荷载。塑性分析比弹性分析更能正确地反映结构的强度，更为经济。塑性分析方法比弹性分析简单，但是只适用于延展性较好的弹塑性材料。对于脆性材料和变形条件较严的结构不宜采用塑性分析方法。

2. 塑性铰(重点)

当截面出现并不断扩大塑性区进入弹塑性发展阶段，直到整个截面被塑性区充满的塑性极限状态止，截面上应变的发展始终与截面高度成线性关系。即尽管在这一阶段，塑性区上的应力停止在屈服应力值上，但应变仍与弹性区部分的应变分布斜直线共线发展。因此，当截面达到塑性极限状态时，应变值比弹性极限状态的应变值显著增大。由此产生的是该截面两侧无限靠近的两个截面绕中性轴发生相对转动的相对角位移效应，称为塑性铰。塑性铰有以下特征：

(1)塑性铰承受并传递极限弯矩。

(2)塑性铰是单向铰，只能使其两侧按与荷载增加(弯矩增大)相一致方向发生有限的转动。

(3)塑性铰不是一个铰点，而是具有一定的长度。

综上所述，截面上各点应力均等于屈服应力的应力状态、截面达到极限弯矩、截面形成塑性铰，它表示该截面达到其塑性流动的极限状态。

例 14-1　已知材料的屈服极限 $\sigma_S = 240$ MPa。试求图 14-1 所示截面(图中长度单位为 mm) 的极限弯矩。

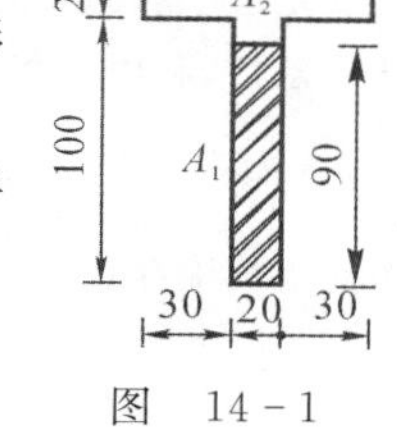

图　14-1

解　截面面积 $A = 3\ 600\ \text{mm}^2$，等分截面轴下侧面积(图 14-1 中阴影部分) 为

$$A_1 = \frac{A}{2} = 1\ 800\ \text{mm}^2$$

A_1 的形心距下端 45 mm；上侧面积 $A_2 = 1\ 800\ \text{mm}^2$，形心距上端 11.67 mm；两个形心间距离为 63.33 mm。极限弯矩为

$$M_u = (S_T + S_C)\sigma_e = S\sigma_e = \frac{A}{2} \times 63.33\ \text{mm} \times \sigma_e =$$

$$27\ 358\ 560\ \text{N} \cdot \text{mm} = 27.36\ \text{kN} \cdot \text{m}$$

3. 极限荷载 F_{Pu}(或 q_u) 及结构极限状态(重点、难点)

当结构上有足够多的截面达到了截面塑性极限状态时，便形成了足够多的塑性铰，若继续加载，结构便成为机构，不再保持静力平衡，即丧失了承载能力，结构的这种状态称为结构达到了塑性极限状态。在此极限状态下，结构上的荷载 F_P 或 q 是其所能承受的最大荷载，该荷载被定义为结构的塑性极限荷载，简称极限荷载，用 F_{Pu} 或 q_u 表示。

4. 静定梁的极限荷载(重点)

由于静定结构只要出现一个塑性铰便达到其塑性极限状态，即静定梁达到极限状态时，弹性阶段最大弯矩截面形成塑性铰，且弯矩图分布与弹性阶段相同。因此可由弹性阶段的弯矩图一次性确定极限弯矩图。当弹性阶段的弯矩图容易求出时，一般可用极限弯矩平衡法计算静定梁的极限荷载。

当静定梁上有两个或两个以上弯矩峰值，且一次性判断塑性铰位置截面或计算弹性阶段弯矩较麻烦时，可用破坏机构法求解静定梁的极限荷载。其做法是：先将可能成为塑性铰的截面(具有弯矩峰值截面) 依次假定为塑性铰，即为可能的破坏机构。再由破坏机构法依次计算这些机构的相应荷载，比较得出这些荷载中的最小值，即得梁的极限荷载。

设矩形截面简支梁，在跨中承受集中荷载作用，如图 14-2(a) 所示。假设荷载 F_P 由零开始逐渐增加，起初梁的全部截面都处于弹性状态。由于梁内弯矩是由两端向跨中增大，因此当荷载增加时，跨中截面的最外纤维首先达到屈服极限时的荷载，称为屈服荷载，用 F_{Ps} 表示。显然，对图示简支梁有

$$\frac{F_{Ps}l}{4} = M_s$$

因此屈服荷载为

$$F_{Ps} = \frac{4M_s}{l}$$

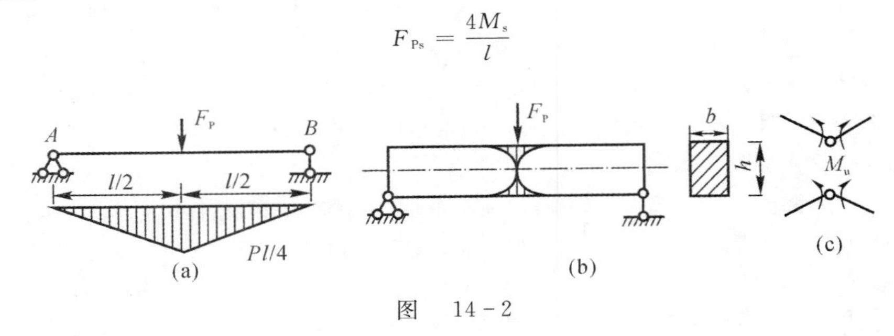

图 14-2

当荷载继续增加时，中间截面的塑性区范围向截面内部扩大，邻近截面的外侧也出塑性区，如图 14-2(b) 中梁上阴影部分所示。塑性区的深度和长度随荷载增加而加大，最后在中间截面处弯矩首先达到极限值，形成塑性铰，上、下两塑性区连成一片。这时，静定梁已成为机构，可以发生很大的位移，而承载能力不能增加，这就是极限状态。此时的荷载称为极限荷载，以 F_{Pu} 表示。梁的极限荷载可根据塑性铰截面的弯矩等于极限值的条件，利用平衡方程求得。由图 14-2(a) 知，当 $F_P = F_{Pu}$ 时有

$$\frac{F_{Pu}l}{4} = M_u$$

由此得极限荷载为

$$F_{Pu} = \frac{4M_u}{l}$$

极限荷载和屈服荷载的比值为

$$\frac{F_{Pu}}{F_{Ps}} = \frac{M_u}{M_y} = \alpha \tag{14-1}$$

α 也被称为截面形式系数。矩形截面的 $\alpha = 1.5$，圆形截面的 $\alpha = 1.7$，薄壁环形截面的 $\alpha \approx 1.72 \sim 1.4$（一般可取 1.3)，工字形截面的 $\alpha \approx 1.1 \sim 1.2$（一般可取 1.15)。一般情况下，$\alpha > 1$。由此证明，梁所承受的极限荷载大于按弹性计算所得的屈服荷载。

当加载到截面进入极限状态时（见图 14-2(b)），截面上拉应力区和压应力区的纤维都沿其应力方向发生塑性变形。如果这时开始卸载，则纤维又进入弹性状态，不能自由发生塑性变形。因此，对于静定梁来说，当荷载加到极限荷载 F_{Pu} 时，梁的挠度迅速增加。如果荷载减小，则位移的增大立刻停止，而且由于弹性变形的恢复，还会有微小的缩减。

当静定梁在卸载时，除残余变形之外，由于加载和卸载的应力-应变关系不同，截面还会有残余应力存在。图 14-3(a) 表示荷载略有减小，相应的应力减小服从弹性定律，如图 14-3(b) 中用直线分布和图形 oab，$oa'b'$ 所示。

这时，截面的应力如图 14-3(b) 中带阴影的部分所示。荷载全部卸除后，截面上的应力如图 14-3(c) 所示，这就是残余应力。残余应力是一种自身平衡的自应力状态。

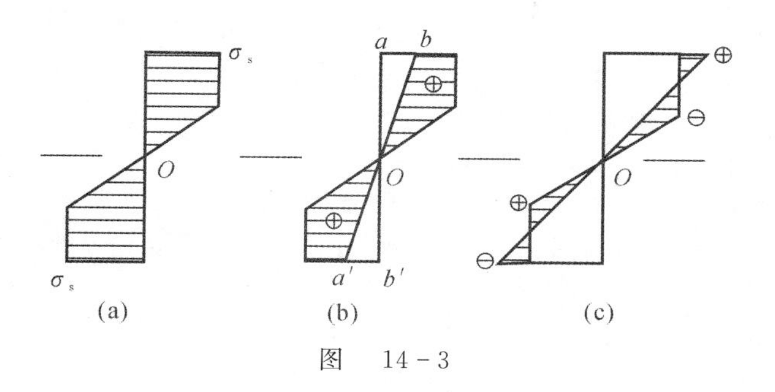

图　14-3

二、第二教学单元知识点

1. 超静定梁的极限荷载(重点)

(1) 超静定梁的破坏过程。超静定梁的弹塑性发展过程，按塑性铰的依次形成顺序，划分为三个阶段：第一阶段弹性阶段，随着荷载的增加，该阶段的弯矩图保持相同比例的分布关系；第二阶段是从弹性阶段到梁的第一个塑性铰形成为止；第三个阶段是从第二阶段结束到第二个塑性铰形成为止。

当两个塑性铰都形成时，梁已成为破坏机构，即已达到了梁结构的极限状态；根据塑性铰形成后即承受极限弯矩不变的假定，且在结构达到极限状态及之前均能保持静力平衡条件，可利用叠加原理，将第一个塑性铰形成到第二个塑性铰形成所需的荷载以增量的形式分解出来，该荷载增量不会使 A 截面已达到的极限弯矩增加，梁上的弯矩增量分布相当于简支梁的弯矩分布。

(2) 超静定梁的极限荷载。结构的极限荷载与结构的弹塑性发展过程无关，只与结构的极限状态有关。同样可由梁极限状态时的破坏机构，根据虚功原理，求得梁的极限荷载。

当梁在极限状态下可能出现塑性铰的所有截面可预先判定，并且当可能的塑性铰的数目大于破坏机构需要的塑性铰数目时，可以得出所需要的塑性铰数目的全部组合。假定每一种组合是一种可能的极限状态，即可按基本方法求得相应的可能极限荷载。然后比较，其中最小荷载值即为梁的极限荷载。此种求极限荷载的方法可称作穷举法。基本方法是用破坏机构法，列举所有可能的破坏机构，进行计算。

2. 判定极限荷载的一般定理(重点、难点)

(1) 判定极限荷载一般定理的限定条件。

1) 限定给结构加载的方式为按比例加载。

2) 限定仅在梁、刚架一类以弯曲变形为主的结构的范围内，并假定材料为理想弹塑性材料，轴力和剪力对极限荷载的影响可以忽略不计。

(2) 极限状态下的结构应满足的条件。

1) 平衡条件。在极限状态下，结构的整体或任一局部都满足静力平衡条件。

2) 屈服条件(内力局限条件)。在极限状态下，结构的任一截面上的弯矩值都不能超过截面的极限弯矩。

3) 单向机构条件。在极限状态下，结构中有足够多的截面的弯矩值达到其极限弯矩，形成塑性铰，使结构成为机构，并可按荷载增加的方向作单向机构运动(刚体位移)。

(3) 塑性分析中的两个荷载。

1) 可接受荷载 F_P^-。在结构的所有截面的弯矩都不超过截面极限弯矩，且结构处于任一内力可能的受力状态下，由静力平衡条件求得的荷载，叫可接受荷载。

2) 可破坏荷载 F_P^+。由结构的任一可能的单向机构，用静力平衡条件求得的荷载，叫可破坏荷载。

3. 超静定结构极限荷载的计算特点(重点)

(1) 超静定结构极限荷载的计算无须考虑结构弹塑性变形的发展过程，只需考虑最后的破坏机构。

(2) 超静定梁极限荷载的计算只需考虑静力平衡条件，而无须考虑变形协调条件，因而比弹性计算简单。

(3) 超静定结构的极限荷载不受温度变化、支座移动等因素的影响。这些因素只影响结构变形的发展过程，而不影响极限荷载的数值。

4. 结构达到极限状态时应满足的三方面条件（重点）

(1) 平衡条件。结构整体及任一隔离体都保持平衡。

(2) 内力局限条件。任一截面内力不超过极限值，如 $M_u \geqslant M \geqslant -M_u$。

(3) 单向机构条件。出现足够多的塑性铰，使结构成为机构。结构能沿荷载方向发生单向运动（单向机构）。

例 14-2 试求图 14-4(a) 所示两端固定等截面梁的极限荷载。

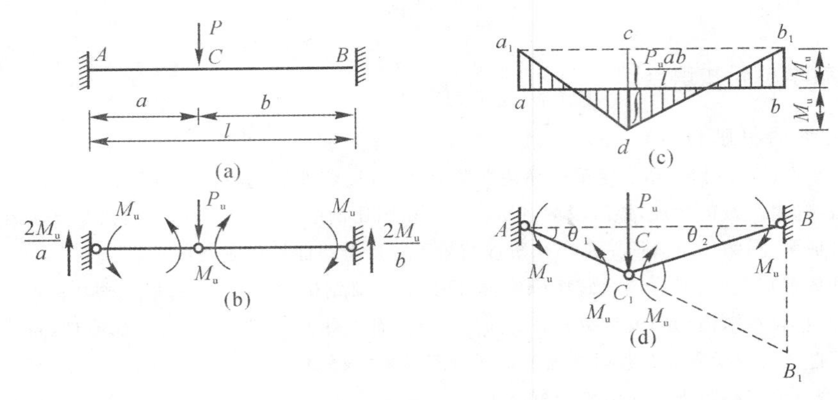

图 14-4

解 此梁须出现三个塑性铰才能成为破坏机构。由于最大负弯矩发生在两固端截面 A，B 处，最大正弯矩发生在截面 C 处，故塑性铰必定出现在此三个截面（见图 14-4(b)）。

用极限平衡法求解时，作出极限状态的弯矩图如图 14-4(c) 所示，由平衡条件有

$$\frac{P_u ab}{l} = M_u + M_u$$

由此可得

$$P_u = \frac{2l}{ab} M_u$$

用虚功原理求解时，先作出机构的虚位移图（见图 14-4(d)）。注意虚位移是微小的，且 $BB_1 = (\theta_1 + \theta_2)b$，由比例关系求得 $\delta = CC_1 = \dfrac{ab}{l}(\theta_1 + \theta_2)$。由虚功方程：

$$P_u \delta - M_u \theta_1 - M_u \theta_2 - M_u(\theta_1 + \theta_2) = 0$$

可求得

$$P_u = \frac{2(\theta_1 + \theta_2)}{\delta} = \frac{2l}{ab} M_u$$

可见两种方法结果相同。

例 14-3 试求图 14-5(a) 所示等截面超静定梁，在均布荷载作用下的极限荷载值 q_u 及梁中塑性铰出现的位置。

解 当梁处于极限状态时，有一个塑性铰在固定端 A 形成，另一个塑性铰 C 的位置必在跨中附近弯矩最大的某一截面。极限状态的弯矩图如图 14-5(b) 所示，极限状态的破坏机构如图 14-5(c) 所示。由截面弯矩为最大值的条件（剪力等于零），可得该截面位置至右支座的距离 x。

温馨提示： 这里应当注意，由于梁的内力发生了塑性重分布，剪力为零的截面与弹性阶段剪力为零的截面位置不同。

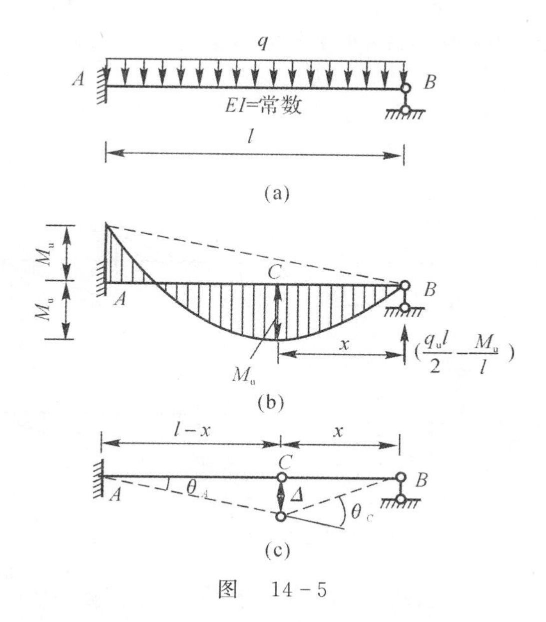

图　14-5

由平衡条件

$$R_B=\frac{q_u l}{2}-\frac{M_u}{l}$$

$$\frac{\mathrm{d}M_C}{\mathrm{d}x}=Q_C=R_B-q_u x=0$$

求得

$$x=\frac{l}{2}-\frac{M_u}{q_u l} \qquad ①$$

再由 C 截面弯矩 M_C 达到极限弯矩 M_u 的平衡条件求极限荷载，即

$$M_C=R_B x-\frac{1}{2}q_u x^2=\frac{q_u}{2}(\frac{l}{2}-\frac{M_u}{q_u l})^2=M_u$$

可得

$$q_u=11.66\frac{M_u}{l^2} \qquad ②$$

将式②代入式①，可得梁中塑性铰出现的位置为

$$x=0.414l$$

例14-4　试求图14-6(a)所示等截面超静定梁的极限荷载。

解　根据单跨等截面梁的载常数表，图14-6(a)所示梁的弹性弯矩如图14-6(b)所示。因此，第一个塑性铰应出现在 B 点右截面，即

$$M_{BC}=\frac{9}{16}M=M_u$$

此时

$$M=\frac{16}{9}M_u$$

$$M_{BA}=\frac{7}{16}M=\frac{7}{16}\times\frac{16}{9}M_u=\frac{7}{9}M_u$$

$$M_{AB}=\frac{1}{8}M=\frac{1}{8}\times\frac{16}{9}M_u=\frac{2}{9}M_u$$

相应的弯矩图如图14-6(c)所示。此时结构可以继续承载。

当 $M_{BA}=M_u$ 时，结构变成可变体系，丧失承载能力。此时

$$M=2M_u$$

$$M_{AB}=\frac{2}{7}M_u$$

相应的弯矩图如图 14－6(d) 所示。

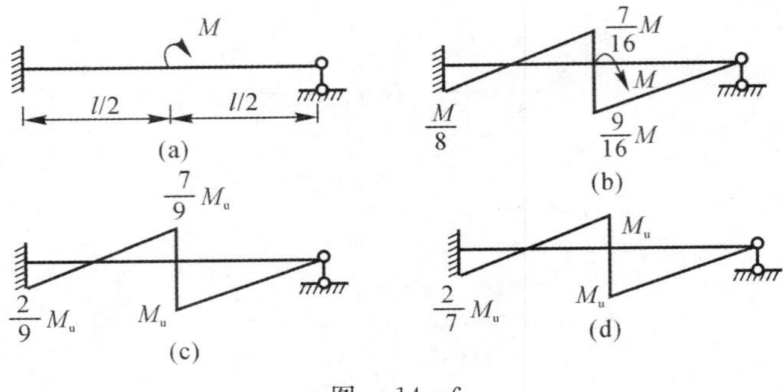

图 14－6

例 14－5 试求图 14－7(a) 所示等截面超静定梁的极限荷载，梁的极限弯矩为 M_u。

解 此梁出现两个塑性铰即成为破坏机构。可能的塑性铰位置为 A，B，C 三点。

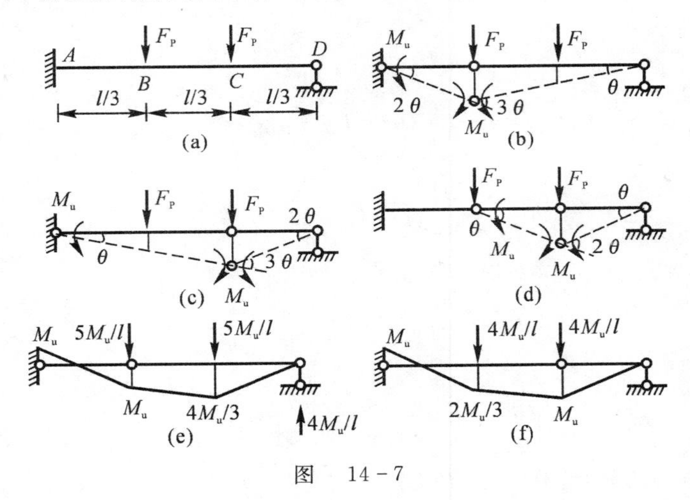

图 14－7

(1) 用穷举法求解。共有三种可能的破坏机构，分别如图 14－7(b) ～ (d) 所示。对于图 14－7(b) 所示机构，列虚功方程为

$$F_P\times\frac{l}{3}\times 2\theta+F_P\times\frac{l}{3}\times\theta-M_u\times 2\theta-M_u\times 3\theta=0$$

得可破坏荷载为

$$F_P^+=\frac{5}{l}M_u$$

对于图 14－7(c) 所示机构，列虚功方程，有

$$F_P\times\frac{l}{3}\times\theta+F_P\times\frac{2l}{3}\times\theta-M_u\times\theta-M_u\times 3\theta=0$$

得可破坏荷载为

$$F_P^+=\frac{4}{l}M_u$$

同理，图 14－7(d) 所示机构的虚功方程和可破坏荷载分别为

$$F_P \times \frac{l}{3} \times \theta - M_u \times \theta - M_u \times 2\theta = 0, \quad F_P^+ = \frac{9}{l} M_u$$

最小的可破坏荷载即为极限荷载为

$$F_{Pu} = \frac{4}{l} M_u$$

(2) 用试算法求解。首先选图 14－7(b) 所示机构试算，方法同(1)，可得可破坏荷载为

$$F_P^+ = \frac{5}{l} M_u$$

作出结构的弯矩图，如图 14－7(e) 所示。由弯矩图可见，C 截面弯矩为 $\frac{4}{3}M_u$，已超过该截面的极限弯矩，不符合内力局限性条件，故 $F_P^+ = \frac{5}{l}M_u$ 不是极限荷载。另选图 14－7(c) 所示机构试算，求得可破坏荷载为

$$F_P^+ = \frac{4}{l} M_u$$

作出相应弯矩图如图 14－7(f) 所示。从弯矩图可见，所有截面的弯矩均不超过极限弯矩，满足内力局限性条件，故极限荷载为

$$F_{Pu} = \frac{4}{l} M_u$$

例 14－6　求图 14－8 所示等截面超静定梁的极限荷载。截面极限弯矩均为 M_u。

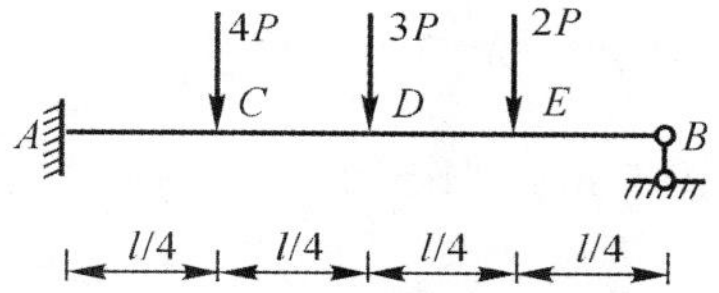

图　14－8

解　(1) 试算法。考虑截面 A，C 出现塑性铰而形成的破坏机构(见图 14－9(a))，施加一可能位移，并建立虚功方程。设 E 点竖向位移为 δ，则有 $\theta_A = 12\frac{\delta}{l}$ 和 $\theta_B = \frac{4\delta}{l}$，虚功方程为

$$12P_1\delta + 6P_1\delta + 2P_1\delta = M_u\theta_A + M_u(\theta_A + \theta_B) = M_u\frac{12\delta}{l} + M_u(12\frac{\delta}{l} + \frac{4\delta}{l})$$

故得

$$P_1 = \frac{28}{20}\frac{M_u}{l} = 1.4\frac{M_u}{l} \qquad ①$$

作相应的弯矩图时，先由 AC 段隔离体求得 $R_A = \frac{8M_u}{l}$，再由 $\sum F_y = O$ 并利用式 ①，得到

$$R_B = 4.6\frac{M_u}{l}$$

于是可作出弯矩图如图 14－9(b) 所示。不难看出，这一内力状态不能满足内力局限条件，荷载 $P_1 = 1.4\frac{M_u}{l}$ 是可破坏荷载而不是可接受荷载，极限荷载值为

$$P_u < P_1 = 1.4\frac{M_u}{l}$$

再考虑图 14－9(c) 所示的破坏机构，截面 A，D 出现塑性铰。因 $\theta_A = \theta_B = \frac{4\delta}{l}$，可得

$$4P_2\delta + 6P_2\delta + 2P_2\delta = M_u(4\frac{\delta}{l} + 8\frac{\delta}{l})$$

故

$$P_2 = \frac{M_u}{l}$$

其相应的弯矩图如图 14－9(d) 所示。这一内力状态满足了内力局限条件，相应的荷载就是极限荷载

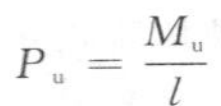

$$P_u = \frac{M_u}{l}$$

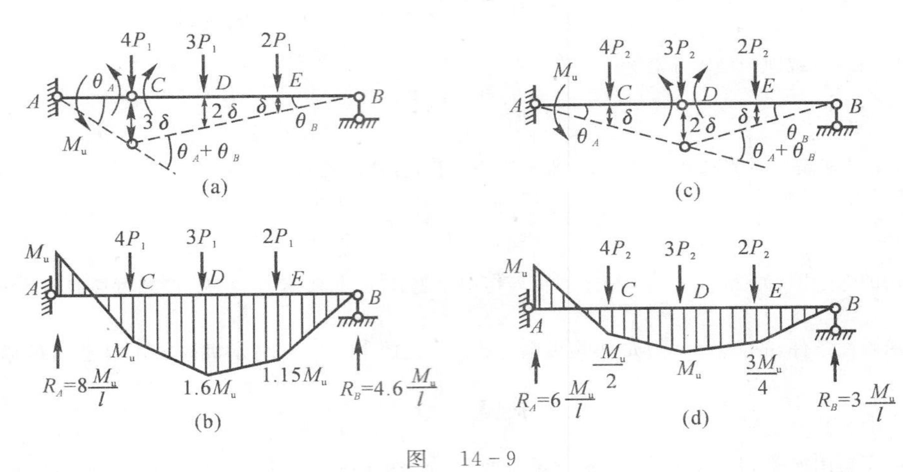

图 14-9

(2) 机构法。该梁为一次超静定，形成破坏机构时，应出现两个塑性铰。也就是说，除固定端 A 处外，在跨中还应出现一个塑性铰。这样，该超静定梁可能有三种破坏机构。

首先，考虑 A，C 两截面出现塑性铰的机构，求得其可破坏荷载 $P_1 = 1.4\frac{M_u}{l}$（见图 14-9(a)）。其次，考虑在 A，D 出现塑性铰的机构，求得相应的可破坏荷载 $P_2 = \frac{M_u}{l}$（见图 14-9(c)）。最后，设 A，E 两截面出现塑性铰（见图 14.10），因为 $\theta_A = \frac{4\delta}{l}$，$\theta_B = \frac{12\delta}{l}$，得到虚功方程为

$$4P_3\delta + 6P_3\delta + 6P_3\delta = M_u\left(\frac{4\delta}{l} + \frac{16\delta}{l}\right)$$

由此解得

$$P_3 = 1.25\frac{M_u}{l}$$

图 14-10

由以上分析可知，使 A，D 两截面出现塑性铰的可破坏荷载值最小。极限荷载是可破坏荷载的最小值，因此

$$P_u = P_2 = \frac{M_u}{l}$$

温馨提示：从以上单跨超静梁极限荷载的具体计算知，同是单跨超定梁因荷载增多而使计算越来越繁杂，这是因为按排列组合破坏形式越来越多，但每种形式的计算却基本上是相同的，它只是增加工作量而不会因荷载增多使问题难度增加。

例 14-7 试求图 14-11(a) 所示连续梁的极限荷载。

解 分别求出各跨独自破坏时的可破坏荷载。AB 跨破坏时，虚功方程和可破坏荷载分别为

$$0.8F_Pa\theta - M_u \times 2\theta - M_u\theta = 0,\ F_P^+ = 3.75M_u/a$$

BC 跨破坏时，虚功方程和可破坏荷载分别为

$$\frac{F_P}{a} \times \frac{1}{2} \times 2aa\theta - M_u\theta - M_u2\theta - M_u\theta = 0,\ F_P^+ = 4\ M_u/a$$

CD 跨破坏时有三种情况：C，E 截面出现塑性铰；E，F 截面出现塑性铰；C，E 截面出现塑性铰。由与例 14-4 相同的分析可知，塑性铰应出现在 C，F 截面，如图 14-11(d) 所示。虚功方程和可破坏荷载分别为

$$F_Pa\theta + F_P2a\theta - M_u\theta - 3M_u3\theta = 0,\ F_P^+ = 3.33\ M_u/a$$

比较求出的可破坏荷载，最小者即是极限荷载，即极限荷载为

$$F_{Pu} = 3.33\,M_u/a$$

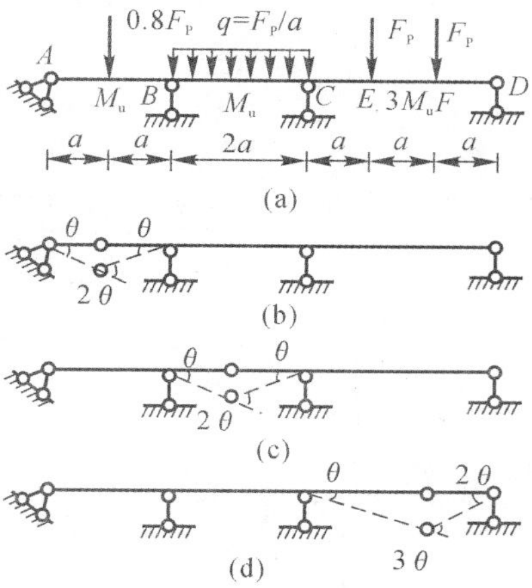

图 14-11

三、第三教学单元知识点

温馨提示：本教学单元讲授内容为求刚架的极限荷载。求刚架极限荷载的通用方法为破坏机构法和试算法，一般结构力学教材也只介绍这两种方法，而本书主教材并未介绍这些通用内容，而只介绍了一种适合于用计算机计算求解的、以矩阵位移法为基础的增量变刚度法，简称为增量法或变刚度法。据调查，大多高等院校都不讲这一内容，考研题也不涉及这方面的问题，故本书只归纳用破坏机构法和试算法计算刚架极限荷载的内容。

1. 判定结构极限荷载的定理(重点、难点)

(1) 基本定理：可破坏荷载恒大于可接受荷载，即 $F_P^+ \geqslant F_P^-$。

(2) 单值定理(唯一性定理)：结构的极限荷载是唯一的，即若 F_P 满足 $F_P^- = F_P = F_P^+$，则 $F_P = F_{Pu}$。

(3) 上限定理(极小定理)：可破坏荷载是极限荷载的上限，或极限荷载是可破坏荷载中的极小者，即 $F_P^+ \geqslant F_{Pu}$。

(4) 下限定理(极大定理)：可接受荷载是极限荷载的下限，或极限荷载是可接受荷载中的极大者，即 $F_P^+ \leqslant F_{Pu}$。

2. 计算梁、刚架极限荷载的三种基本方法(重点)

(1) 极限平衡法(又称静力法或极限弯矩平衡法)：根据结构在极限状态的弯矩图，由静力平衡条件计算求得的荷载即是结构的极限荷载。

(2) 破坏机构法(又称机动法或虚位移法)：根据结构在极限状态的单向机构，使该破坏机构产生与加载方向一致的微小虚位移，由外荷载与极限弯矩在机构虚位移上所做总虚功等于零来建立虚功方程，求解该虚功方程便得到结构的极限荷载。

(3) 试算法：对于比例加载的给定结构，选择其在极限状态下若干个可能的破坏机构，按破坏机构法算出相应的可破坏荷载。取所得可破坏荷载中的最小值，验算在其作用下结构弯矩图的屈服条件。若满足屈服条件，该荷载即是极限荷载；若不满足屈服条件，应继续寻找可能的破坏机构，重复前述计算及验算过程。

例 14-8 试求图 14-12(a) 所示等截面超静定刚架的极限荷载。

解 根据弹性阶段的弯矩图可知竖杆上只有 B 点可出现塑性铰，另有 A 点和荷载作用点可形成塑性铰。极限状态的弯矩图如图 14-12(b) 所示。由此极限弯矩图，通过区段叠加，可得

$$\frac{F_{Pu} l}{4} = 2M_u$$

因此

$$F_{Pu} = \frac{8M_u}{l}$$

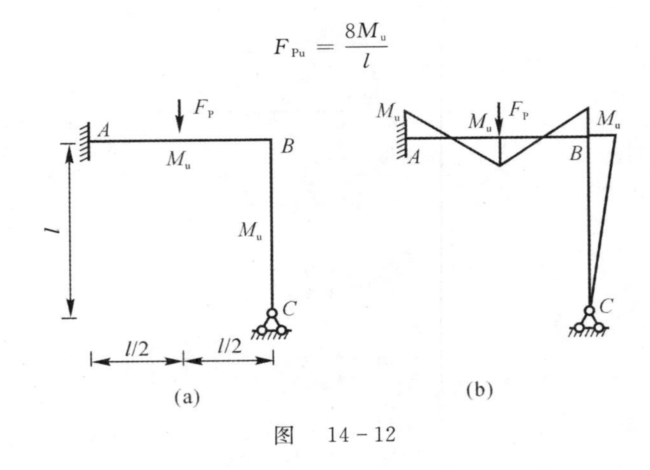

图 14-12

温馨提示:由本例可知,对一些简单的超静定结构来说,不一定要具体求解超静定结构,只要知道荷载作用下的大致弯矩图形状,即可判断可能的极限状态,然后按极限平衡法即可求得极限荷载。当然本例较简单,对于稍微复杂的情况,可能的破坏状态有多种,这时就需要利用极限荷载应该满足的平衡、内力局限、单向机构条件,通过试算来求得。

例 14-9 试用下限定理重做例 14-3,即求图 14-5(a) 所示梁的极限荷载 q_u。

解 当梁处于极限状态时,有一个塑性铰会在固定端 A 形成,另一个塑性铰 C 的位置可用上限定理来求。

图 14-5(c) 所示为梁的破坏机构,其中塑性铰 C 的位置以待定值 x 表示。为了求出此破坏机构相应的可破坏荷载 q^+,对图 14-5(c) 所示的虚位移列出虚功方程。设 C 点挠度为 Δ,则有以下几何关系:

$$\theta_A = \frac{\Delta}{l-x}, \quad \theta_C = \frac{l}{x(l-x)}\Delta$$

于是虚功方程为

$$\frac{q^+ l}{2}\Delta = M_u(\theta_A + \theta_C) = M_u\left[\frac{1}{l-x} + \frac{l}{x(l-x)}\right]\Delta$$

由此得到

$$q^+ = 2M_u \frac{l+x}{x(l-x)}$$

为了求可破坏荷载 q^+ 的极小值,令 $\frac{dq^+}{dx} = 0$,可得

$$x^2 + 2lx - l^2 = 0$$

其两个根为

$$x_1 = (-1+\sqrt{2})l, \ x_2 = (-1-\sqrt{2})l$$

舍弃 x_2,由 x_1 求得极限荷载为

$$q_u = \frac{2\sqrt{2}}{-4+3\sqrt{2}} \frac{M_u}{l^2} = 11.66 \frac{M_u}{l^2}$$

例 14-10 试用机构法求图 14-13 所示刚架的极限荷载 P_u。

解 在刚架中,假设柱的极限弯矩为 M_u,梁的极限弯矩为 $1.5M_u$。在应用上限定理时,首先要确定破坏机构的可能形式。在图 14-13(a) 所示集中荷载作用下,刚架的弯矩图是由直线组成的,因而塑性铰只可能在

M 图的直线段端点出现，即在 A,B,C,D 和 E 五个截面处可能出现塑性铰。由于梁、柱截面的极限弯矩值不同，B 和 D 截面塑性铰只可能在柱顶处发生。这样，可能的破坏机构共有三个，分别如图 14－13(b) ～ (d) 所示。

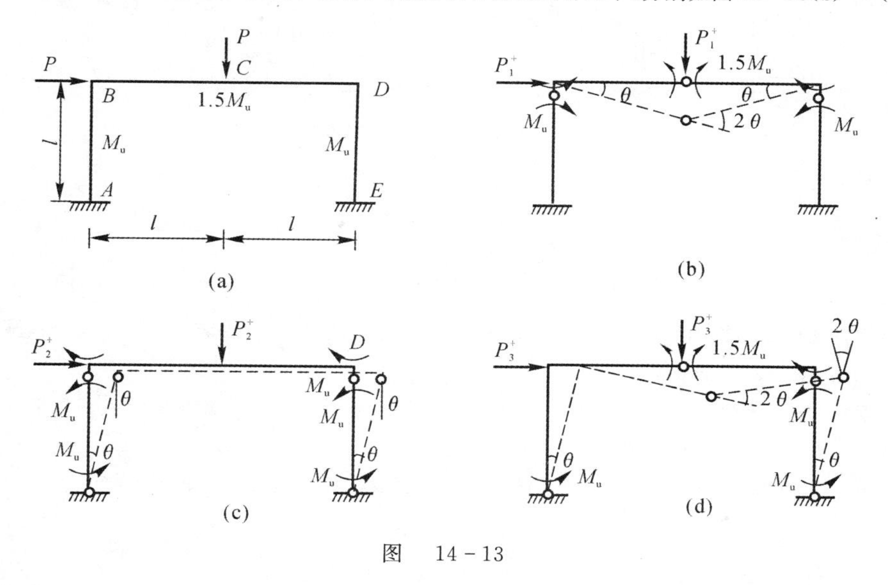

图　14－13

现对每一机构分别列出虚功方程，求出相应的可破坏荷载。

对梁机构(见图 14－13(b))：

$$P_1^+(l\theta)=M_u(\theta+\theta)+1.5M_u(2\theta)$$

有

$$P_1^+=\frac{4M_u}{l}$$

对侧移机构(见图 14－13(c))：

$$P_2^+(l\theta)=4M_u\theta$$

有

$$P_2^+=\frac{4M_u}{l}$$

对联合机构(见图 14－13(d))：

$$2P_3^+(l\theta)=M_u\theta+M_u2\theta+1.5M_u2\theta+M_u\theta$$

有

$$P_3^+=3.5\frac{M_u}{l}$$

其破坏机构如图 14－13(d) 所示。

温馨提示：机构法是利用上限定理，在所有可破坏荷载中寻找最小值，从而确定极限荷载。机构法对于简单刚架是方便的。对于较复杂的刚架，由于可能的破坏形式有很多种，容易遗漏一些破坏形式，因而由机构法得到的最小值不一定是极限荷载，而是其上限，为此可与试算法联合应用而最后确定极限荷载，请看例 14－11。

例 14－11　用试算法求例 14－10 中图 14－13(a) 所示刚架的极限荷载 P_u。

解　先考虑图 14－13(b) 所示机构，由虚功方程求出可破坏荷载 $P_1^+=5\frac{M_u}{l}$。再进一步画出 M 图，检验是否同时满足内力局限性条件。已知截面 B,C 和 D 的弯矩分别为 M_u，$1.5M_u$ 和 M_u，故可画出横梁弯矩图如图 14－14(a) 所示。但两个立柱仍是超静定的，可取 M_E 为未知量，由平衡条件求得 A 截面弯矩 $M_A=5M_u-M_E$。由此看出，M_A 和 M_E 二者之中至少有一个超过极限弯矩 M_u，所以 P_1^+ 不是可接受荷载，因而不是极限荷载。

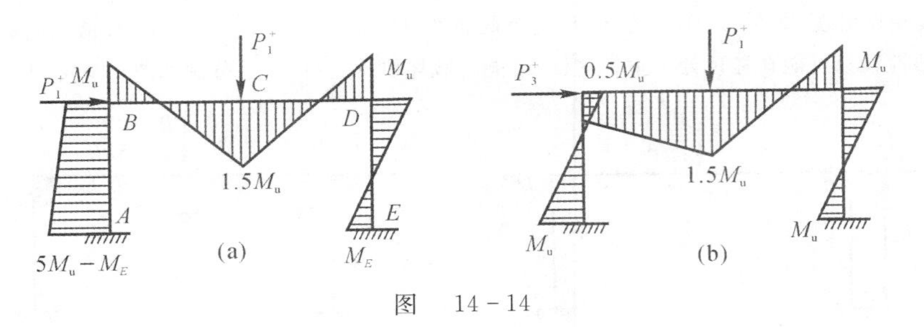

图 14-14

再考虑图 14-13(d) 所示机构，由虚功方程求出可破坏荷载 $P_1^+ = 3.5\dfrac{M_u}{l}$，其弯矩图如图 14-14(b) 所示，可见内力局限性条件能够得到满足。因此，P_3^+ 又是可接受荷载，根据唯一性定理，P_3^+ 也就是极限荷载。刚架的破坏机构如图 14-13(d) 所示。

温馨提示：试算法是利用唯一性定理，检验某个可破坏荷载是否同时为可接受荷载。根据这一定理可求出极限荷载。

例 14-12 试求图 14-15(a) 所示刚架的极限荷载。设柱和梁的极限弯矩分别为 M_u 和 $2M_u$。

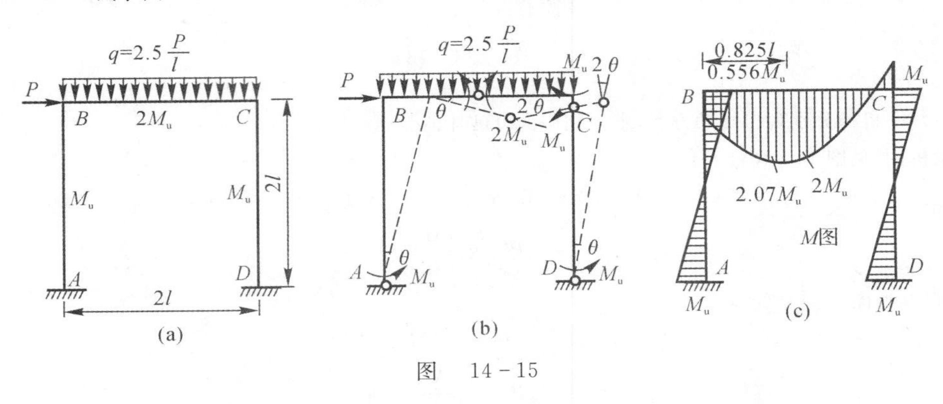

图 14-15

解 假设破坏机构如图 14-15(b) 所示。这里，梁 BC 中最大正弯矩的位置是待定的，暂假设塑性铰的位置在跨中。由虚功方程，有

$$P^+(l\theta)\times(2+2.5)=2M_u\theta+2M_u\theta+2M_u\cdot(2\theta)$$

解得

$$P^+=\frac{8M_u}{4.5l}=1.778\frac{M_u}{l}$$

再检验图 14-15(b) 所示机构在上述荷载作用下是否满足内力局限性条件。这时弯矩图如图 14-15(c) 所示。可以看出，梁的左半跨的最大弯矩为 $2.07M_u$(距 B 点 $0.825l$ 处)，稍大于极限弯矩 $2M_u$，因而不满足内力局限性条件。

如将图 14-15(c) 所示的 M 图乘以 $\dfrac{2}{2.07}$ 加以折减，则内力局限性条件就得到满足，因而相应的荷载便成了可接受荷载，即

$$P^-=\frac{2}{2.07}P^+=1.718\frac{M_u}{l}$$

根据上限定理和下限定理，极限荷载应介于 P^+ 与 P^- 之间，即

$$1.718\frac{M_u}{l}<P_u<1.778\frac{M_u}{l}$$

如取平均值为近似解，可得

$$P_u = \frac{1}{2}(1.718 + 1.778)\frac{M_u}{l} = 1.748\frac{M_u}{l}$$

极限荷载的精确解可仿照例14－3中的做法求出，精确解为在距B点$0.828l$处截面出现塑性铰，这时，极限荷载为

$$P_u = 1.749\frac{M_u}{l}, \quad M_B = 0.498M_u$$

14.2 学习指导

14.2.1 学习方法建议

1. 弄懂基本概念

(1)极限荷载和极限状态。当结构随着荷载增加而出现足够多的塑性铰时，使结构成为破坏机构时的荷载称为结构的极限荷载，它是结构所能承担的最大荷载。此时结构所处的状态称为极限状态。处于极限状态的结构已成为机构，在极限荷载作用下处于平衡状态。对于受多个力作用的结构，确定极限荷载相当于确定一个荷载系数F。如求图14－16(a)所示结构的极限荷载相当于确定图14－16(b)中的荷载系数F(图中，$\alpha_1 F = F_1$，$\alpha_2 F = F_2$，$\alpha_3 F = q$)。

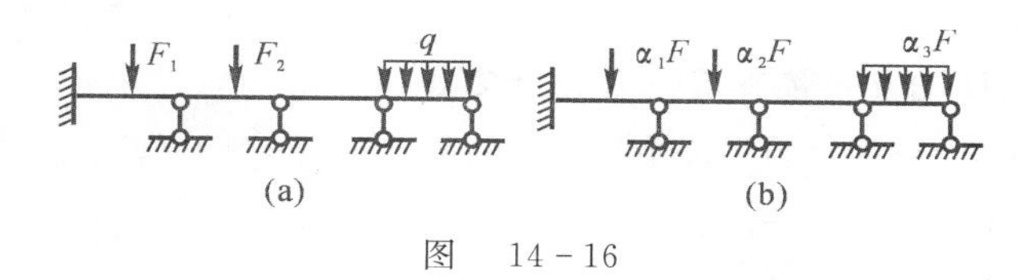

图 14－16

(2)屈服弯矩和极限弯矩。屈服弯矩是指当截面边缘的应力达到屈服极限而截面其他点未达到屈服极限时的截面弯矩，是弹性弯矩的最大值，也称为弹性极限弯矩。塑性极限弯矩简称为极限弯矩，是整个截面上各点应力均达到屈服极限时的截面弯矩，是截面所能承担的最大弯矩。纯弯曲时截面的极限弯矩M_u的计算公式为

$$M_u = (s_1 + s_2)\sigma_e$$

式中，σ_e为材料的屈服极限；s_1，s_2分别为截面主轴上、下两部分对该轴的静矩。对于矩形截面，$M_u = \frac{bh^2}{4}\sigma_e$。

(3)塑性铰。达到极限弯矩的截面的两侧紧邻截面弯矩值不增加也会发生有限的相对转动，形似一个铰的作用，称为塑性铰。这时，杆件的变形曲线在此处会产生转折。但其与铰装置有所不同，不同点如下：

1)塑性铰是单向的，塑性铰两侧截面只能沿极限弯矩方向作相对转动，卸载时，塑性铰会闭合，而铰装置是双向铰。

2)塑性铰可以承受弯矩、传递弯矩，而铰装置不会。

3)铰装置的位置固定，而塑性铰的位置随荷载不同将出现于不同截面。

(4)破坏机构。由于出现塑性铰，结构从几何不变体系变成了几何可变体系，称此体系为破坏机构。一个结构对应的破坏机构有无限多种，但在确定荷载作用下，可能的破坏机构是有限的，实际的破坏机构一般只有一种。

1)静定结构的破坏机构。静定结构无多余约束，出现一个塑性铰即成为破坏机构，塑性铰出现的位置可根据外力作用下的弯矩图判定，一般是发生在截面弯矩与截面极限弯矩比值最大的截面。

2)单跨超静定梁的破坏机构。根据支承情况不同，须出现2个或3个塑性铰才能成为破坏机构。塑性铰

的位置一般是固定端截面、集中力作用截面、剪力为零的截面、截面尺寸变化的截面。

3) 连续梁的破坏机构。在每跨内等截面、方向向下的荷载作用下，可能的破坏机构为单跨形成的破坏机构，塑性铰一般出现在每一垮的端部和跨中某位置。

4) 超静定刚架的破坏机构。n 次超静定结构出现 $n+1$ 个塑性铰，则形成破坏机构，但是这不是必要条件。有时在结构的局部出现一些塑性铰，尽管少于 $n+1$ 也会形成破坏机构。例如，图 14-17(a) 所示结构为 6 次超静定，出现 3 个塑性铰即成为破坏机构，如图 14-17(b)(c) 所示。图 14-17(b) 称为点机构，图 14-17(c) 称为梁机构。

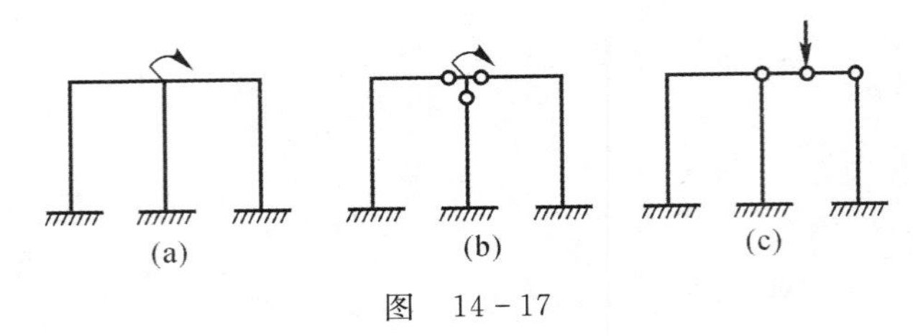

图 14-17

2. 搞清极限状态应满足的条件

(1)结构各部分均处于平衡状态；

(2)结构各截面弯矩均不大于各截面极限弯矩；

(3)结构成为单向机构。

3. 判定比例加载情况应用极限荷载的若干定理

(1)基本定理：可破坏荷载不大于可接受荷载；

(2)唯一性定理：结构的极限荷载是唯一的；

(3)极小定理：可破坏荷载是极限荷载的上限；

(4)极大定理：可接受荷载是极限荷载的下限。

温馨提示：可破坏荷载是指满足平衡条件和单向机构条件的荷载；对于各种破坏机构，由平衡条件确定的荷载均为可破坏荷载，一个结构对应的可破坏荷载有无穷多种。可接受荷载是指满足平衡条件和内力局限性条件的荷载，即在保证结构各截面弯矩均不超过极限弯矩条件下，由平衡条件确定的荷载，可接受荷载也有无穷多种。极限荷载既是可破坏荷载也是可接受荷载。

4. 研究确定极限荷载的方法

根据极限状态所应满足的 3 个条件来确定极限荷载的方法，称为极限平衡法。具体有试算法和穷举法。

(1)试算法。选取一个单向机构，利用平衡条件(列平衡方程或虚功方程)求可破坏荷载，然后验证其是否满足内力局限性条件。如果满足，则该可破坏荷载为极限荷载；否则换另一个破坏机构试算，直到算出的可破坏荷载满足内力局限性条件为止。

(2)穷举法。列出所有可能的可破坏机构，由平衡条件求出这些可破坏机构对应的所有可破坏荷载，其中的最小值即为极限荷载。

对于每种结构极限荷载的求法，至少深研 1～2 道例题，做 2～3 道习题。

14.2.2 解题步骤及易犯的错误

1. 用穷举法求极限荷载的步骤

(1)根据结构、荷载的分布情况，画出所有可能出现的破坏机构；

(2)由平衡条件求出这些可破坏机构对应的所有可破坏荷载；

(3)比较所有可破坏荷载，其中最小者，即为所求极限荷载。

2. 用试算法求极限荷载的步骤

(1)根据结构、荷载分布情况，选择一种最可能出现的破坏机构；

(2)利用平衡条求出所选破坏机构所对应的可破坏荷载；

(3)根据可破坏荷载作内弯矩图验证是否满足内力局限性条件；

(4)若满足内力局限性条件就确定为极限荷载；

(5)若不满足内力局限性条件再重复上述步骤，直至算出可破坏荷载满足内力局限性条件。

3. 易犯的错误

(1)塑性铰出现的位置和数量判断错误，致使破坏机构出错；

(2)搞不清求极限荷载定理，混淆可破坏荷载、可接受荷载和极限荷载的概念；

(3)穷举法画出的破坏机构形式不全，得到的不是极限荷载而是极限荷载上限；

(4)列虚功方程时，虚拟线位移、角位移弄错；

(5)用试算法选的破坏形式有误，作的弯矩图有的截面 M 的数值大于 M_u 值。

14.2.3 学习中常遇问题解答

1. 结构极限荷载分析都采用了哪些假定？

答：假定材料拉、压性能相同，均为理想弹塑性；假定加载是单调的、比例的；假定在弹塑性阶段仍符合平截面假设。

2. 何谓塑性铰？它与实际铰有何异同？

答：全截面应力达到屈服应力时，由于塑性流动使得截面无法继续承受更大弯矩，相邻截面可产生一定的相对转动，这一现象称为在该截面处出现了塑性铰。当卸载时截面恢复弹性，塑性铰将闭合，因此塑形铰是一种单向铰。

从能产生相对转动的角度来说塑性铰和实际铰是一样的，但塑性铰是单向铰、截面处能承受极限弯矩，这两点是和普通铰不同的，普通铰是双向铰、不能承受弯矩。

3. 极限状态应该满足哪些条件？何谓可破坏荷载和可接受荷载？

答：极限状态应该同时满足3个条件：平衡条件——结构任何部分都应该是平衡的；内力局限性条件——结构中任意截面的弯矩绝对值都不能超过极限弯矩；单向机构条件——由于产生塑性铰，结构沿荷载方向将变成单向可运动的机构。

同时满足平衡和单向机构条件的荷载称为可破坏荷载，同时满足平衡和内力局限性条件的荷载称为可接受荷载。

4. 试证明极小、极大定理。

答：因为极限荷载既是可破坏荷载，又是可接受荷载，而可破坏荷载 F_P^+ 恒不小于可接受荷载 F_P^-，因此可破坏荷载是极限荷载的上限，可接受荷载是极限荷载的下限。

5. 何谓极限平衡法？试述确定结构极限荷载的步骤。

答：分析并确定结构可能的破坏机构，根据比例加载的基本定理，试算确定极限荷载的方法，称为极限平衡法。极限平衡法确定极限荷载的步骤一般为：根据截面几何参数及材料性质计算、确定极限弯矩；根据弹性结构分析所得弯矩图，假设一切可能产生的单向破坏状态；利用静力或能量法确定各可破坏状态对应的可破坏荷载；寻找这些可破坏荷载的最小值，它就是极限荷载。如果难以确定一切可破坏状态，找到最小值后，在这组(最小值对应的)荷载下分析结构受力，看其是否满足内力局限性条件。如果满足，此荷载就是极限荷载。否则，必须寻找其他单向可破坏机构以便获得极限荷载。

14.3 考试指点

14.3.1 考试出题点

极限荷载分析的核心问题是确定结构的极限荷载。这部分内容包括与极限荷载相关的基本概念、基本定理和确定极限荷载的几种方法。这些内容的特点是，理论性、概念性都比较强，要深入理解。只有深入理解这些内容才会求各种情况下的极限荷载，考试中也常考这方面的内容。本章主要考点为：

(1)塑性分析，塑性铰，可接受荷载，可破坏荷载及极限荷载的概念；

(2)判定极限荷载的四个定理及其应用；

(3)用机构法、试算法求超静定梁和超静定刚架的极限荷载。

14.3.2 名校考研真题选解

一、客观题

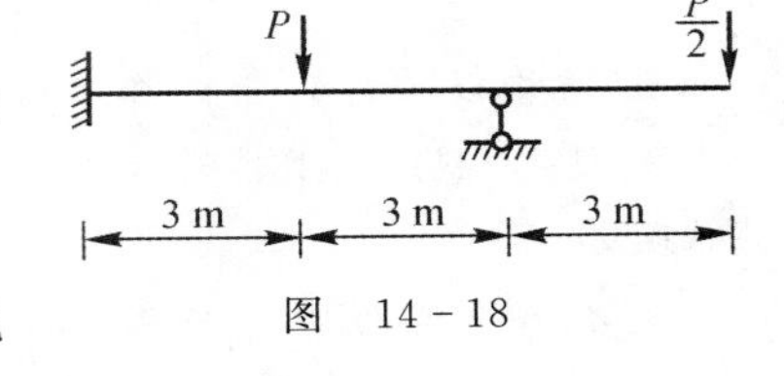

图 14-18

1. 填空题(浙江大学试题)如图 14-18 所示等截面梁的极限弯矩 $M_u=60\ \text{kN}\cdot\text{m}$，则其极限荷载为 ________。

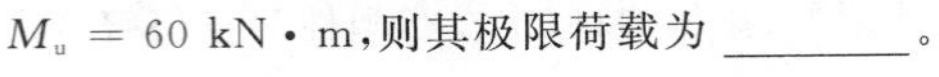

答案：40 kN

2. 选择题(浙江大学试题)下列有关超静定结构极限荷载 F_{Pu} 的说法，只有 ________ 是正确的。

A. F_{Pu} 的计算不仅要考虑最后的平衡条件，还应考虑结构弹塑性的发展过程

B. F_{Pu} 的计算除考虑平衡条件外，还需考虑温度改变、支座移动等因素的影响

C. F_{pu} 的计算只需考虑最后的平衡条件

D. F_{Pu} 的计算需同时考虑平衡条件和变形协调条件

答案：C

二、计算题

1.(同济大学试题)在图 14-19 所示梁上作用一沿梁轴移动的荷载 F，试求极限荷载 F_u。

解 此为一次超静定梁，当出现两个塑性铰时，该梁即处于极限状态。由于弯矩的峰值将发生在左端截面和荷载 F 处，故可能的极限状态如图 14-20 所示。

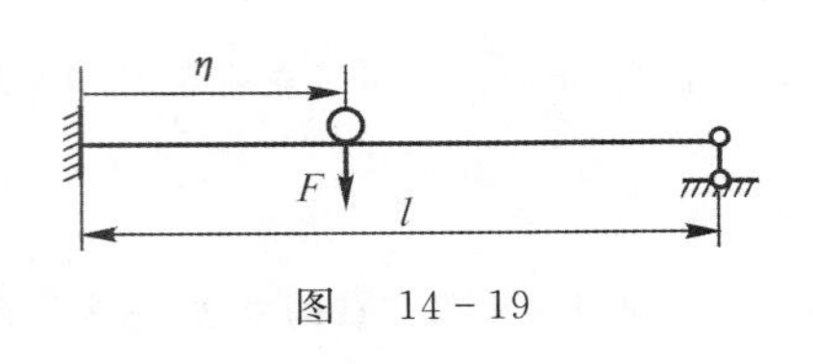

图 14-19

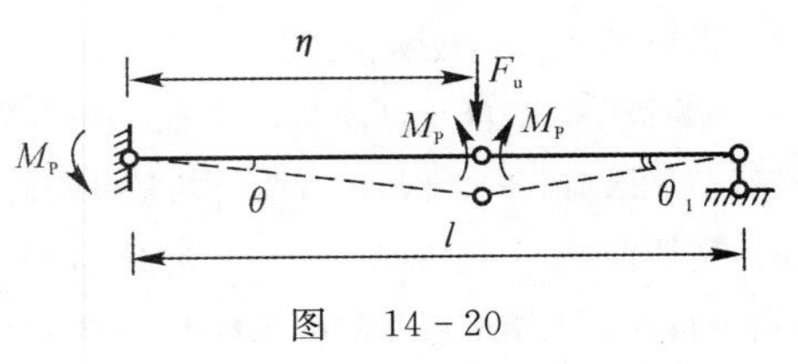

图 14-20

根据虚功原理，有

$$F_u\theta\eta-2M_P\theta-M_P\theta_1=0 \quad ①$$

由几何关系可知

$$\theta_1=\frac{\theta\eta}{1-\eta} \quad ②$$

将式 ② 代入式 ①，得

$$F_u\theta\eta-2M_P\theta-M_P\frac{\theta\eta}{l-\eta}=0$$

即

$$F_u=\left(\frac{2}{\eta}+\frac{1}{l-\eta}\right)M_P \quad ③$$

进而由

$$\frac{dF_u}{d\eta}=2\left(-\frac{1}{2}\eta^{-2}\right)+\frac{1}{2}(l-\eta)^{-2}=0$$

得

$$\frac{2(l-\eta)^2-\eta^2}{2\eta^2(l-\eta)^2}=0$$

或

$$\eta^2-4l\eta+2l^2=0 \quad ④$$

求解方程(式 ④),得

$$\eta=(2-\sqrt{2})l=0.586l \quad ⑤$$

将式 ⑤ 代入式 ③ 得极限荷载为

$$F_u=\left(\frac{2}{0.586l}+\frac{1}{l-0.586l}\right)M_P=5.83\frac{M_P}{l}$$

2.(重庆大学试题) 求如图 14-21 所示连续梁的极限荷载 F_{Pu},并绘出极限状态下的弯矩图。

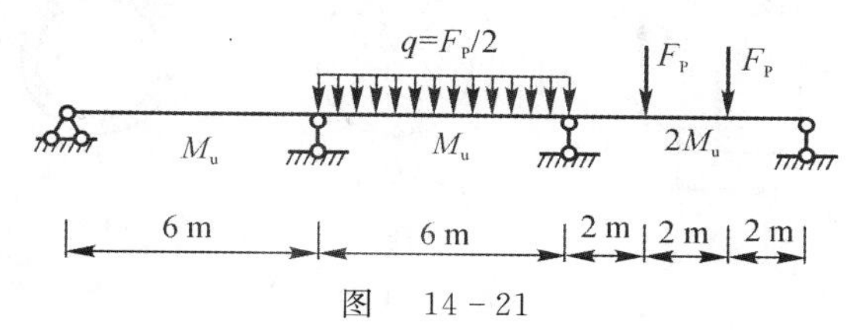

图　14-21

解　首先分两部分求解。只在均布荷载作用下时为结构一,只在两个集中荷载作用下时为结构二,结构一和结构二的破坏结构分别如图 14-22(a)(b) 所示。

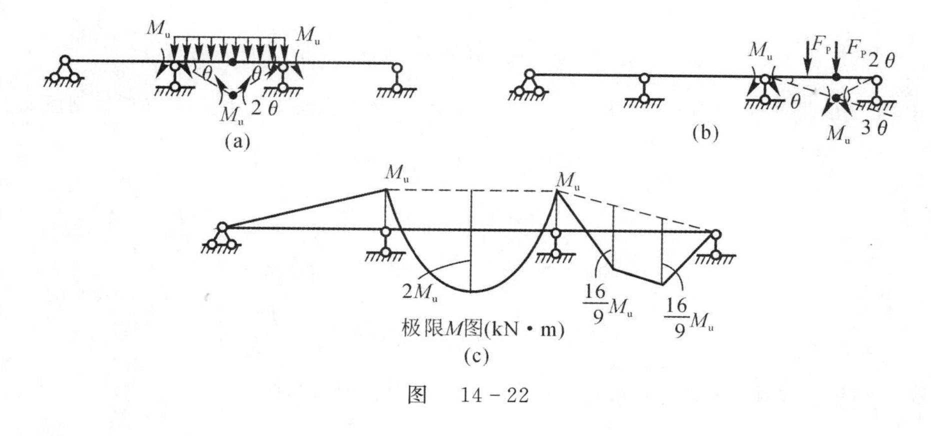

图　14-22

对于结构一:

$$q^+\times\frac{1}{2}\times 6\theta\times 3=M_u(\theta+\theta+2\theta)$$

$$q^{+}=\frac{4}{9}M_{u},\quad F_{P1}^{+}=2q^{+}=\frac{8}{9}M_{u}$$

对于结构二：

$$F_{P2}^{+}\times\theta\times2+F_{P2}^{+}\times\theta\times4=M_{u}\times\theta+2M_{u}\times3\theta$$

$$F_{P2}^{+}=\frac{7}{6}M_{u}$$

取二者中的小值，所以极限荷载为

$$F_{Pu}=\frac{8}{9}M_{u}$$

得极限弯矩图如图 14－22(c)所示。

14.4 习题精选详解

14－1 验证：图(a)工字形截面的极限弯矩为 $M_{u}=\sigma_{s}bh\delta_{2}\left(1+\frac{\delta_{1}h}{4b\delta_{2}}\right)$

图(b) 圆形截面的极限弯矩为 $M_{u}=\sigma_{s}\frac{D_{3}}{6}$。

图(c) 环形截面的极限弯矩为 $M=\sigma_{s}\frac{D^{3}}{6}\left[1-\left(1-\frac{2\delta}{D}\right)^{3}\right]$。

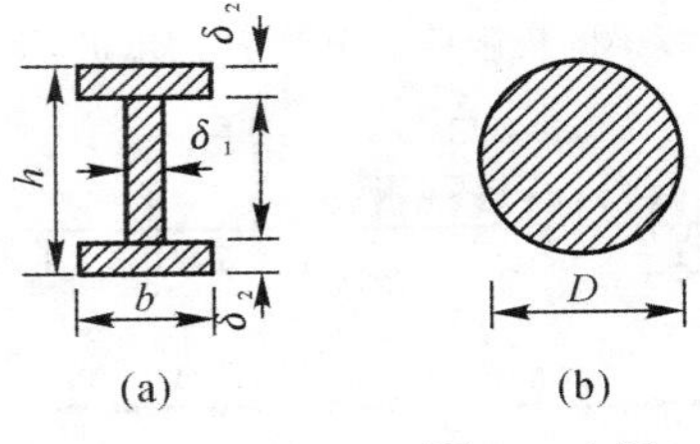

题 14－1 图

验证 (1) 图(a) 所示截面等面积，轴为工字形截面的形心轴，则

$$S_{1}=S_{2}=b\delta_{2}\left(\frac{h}{2}-\frac{\delta_{2}}{2}\right)+\left(\frac{h-2\delta_{2}}{2}\right)\delta_{1}\left(\frac{h-2\delta_{2}}{4}\right)=$$

$$\frac{1}{2}bh\delta_{2}-\frac{1}{2}b\delta_{2}^{2}+\frac{1}{8}(h^{2}\delta_{1}-4\delta_{1}\delta_{2}h+4\delta_{1}\delta_{2}^{2})$$

工程中，工字形截面的 δ_{1} 与 δ_{2} 均很小，故 δ_{1}^{2}，δ_{2}^{2} 和 $\delta_{1}\delta_{2}$ 皆为高阶无穷小量，可忽略。则原式变为

$$S_{1}=S_{2}=\frac{1}{2}bh\delta_{2}+\frac{1}{8}h^{2}\delta_{1}$$

极限弯矩为

$$M_{u}=\sigma_{s}(S_{1}+S_{2})=\sigma_{s}2\left(\frac{1}{2}bh\delta_{2}+\frac{1}{8}h^{2}\delta_{1}\right)=$$

$$\sigma_{s}\left(bh\delta_{2}+\frac{1}{4}h^{2}\delta_{1}\right)=\sigma_{s}bh\delta_{2}\left(1+\frac{h\delta_{1}}{4b\delta_{2}}\right)$$

(2) 验证图(b) 所示截面弯矩。如解 14－1 图所示，半圆对 y 轴的形心坐标为

$$y_{1}=\frac{\int_{0}^{R}y\sqrt{R^{2}-y^{2}}\,dy}{\frac{1}{2}\pi R^{2}}=\frac{2D}{3\pi}$$

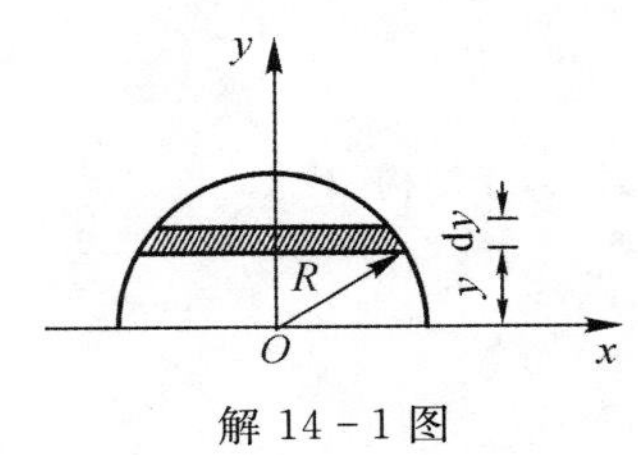

解 14－1 图

则极限弯矩为

$$M_u = \sigma_s(S_1 + S_2) = \sigma_s\left(\frac{2D}{3\pi} \cdot \frac{\pi D^2}{8} \cdot 2\right) = \sigma_s \frac{D^3}{6}$$

(3) 验证图(c) 所示截面弯矩。由(2) 中推导可知，半圆环对 x 轴的静矩为

$$S_1 = \frac{1}{12}[D^3 - (D - 2\delta)^3]$$

极限弯矩为

$$M_u = \sigma_s(S_1 + S_2) = \sigma_s \times 2 \times \frac{1}{12}[D^3 - (D - 2\delta)^3] =$$

$$\frac{1}{3}\sigma_s\delta(3D^2 - 6D\delta + 4\delta^2) = \frac{1}{6}\sigma_s D^2\left[1 - \left(1 - \frac{2\delta}{D}\right)^3\right]$$

14 - 3 试求图示梁的极限荷载。

解　题图所示结构的破坏机构如解 14 - 3 图所示。

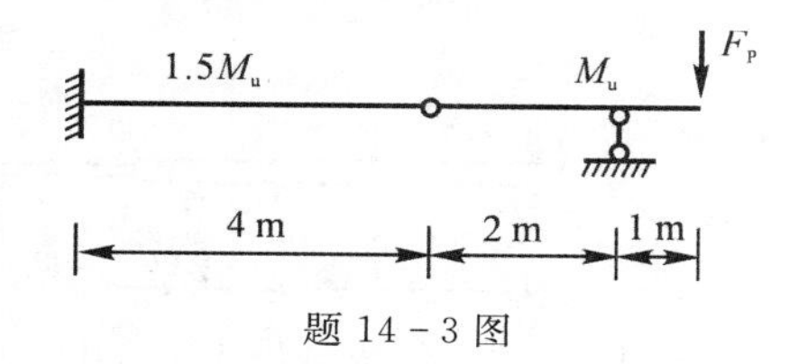

题 14 - 3 图

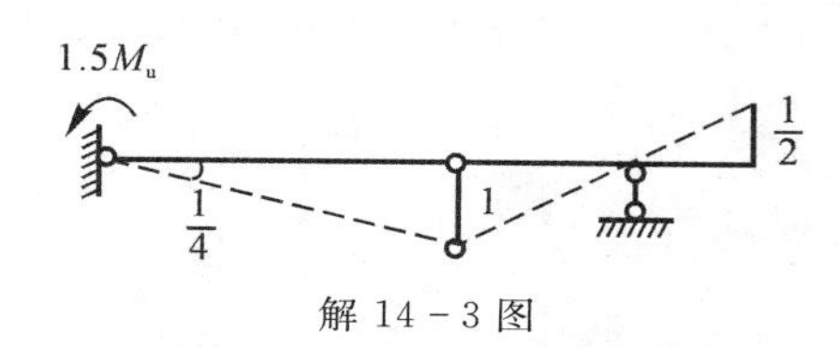

解 14 - 3 图

由

$$F_{Pu} \times \frac{1}{2} = 1.5M_u \times \frac{1}{4}$$

解得

$$F_{Pu} = 0.75M_u$$

14 - 4 试求图示梁的极限荷载。

解　题图所示结构为超静定对称梁，荷载也对称，最容易发生的破坏机构如解 14 - 4 图所示，由此破坏机构知

$$\theta_1 = \frac{3}{l},\ \theta_2 = \frac{3}{2l},\ \theta_3 = \theta_1 + \theta_2 = \frac{9}{2l}$$

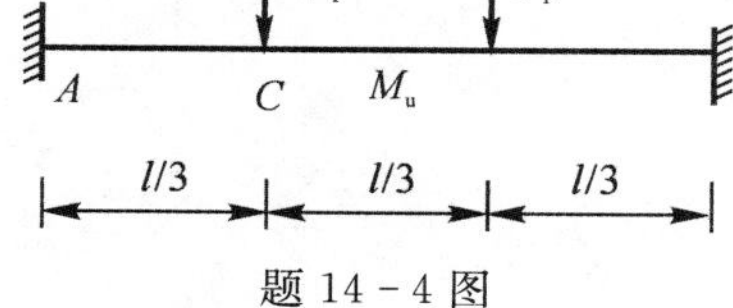

题 14 - 4 图

解 14 - 4 图

由虚功方程，有

$$F_{Pu} + \frac{1}{2}F_{Pu} = M_u(\theta_1 + \theta_2 + \theta_3) = M_u\left(\frac{3}{l} + \frac{3}{2l} + \frac{9}{2l}\right)$$

化简得

$$\frac{3}{2}F_{Pu} = \frac{18M_u}{2l} = 9\frac{M_u}{l}$$

解方程，得

$$F_{Pu} = \frac{6M_u}{l}$$

温馨提示：上述解法是一种特殊解法，通用解法是：根据结构、荷载情况确定共有多少破坏机构，分别求出各对应的可破坏荷载，其中最小者即为极限荷载。如果难以确定一切可破坏状态，找到最小值后，在这组(最小值对应的)荷载下分析结构受力，看是否满足内力局限条件。如果满足，此荷载就是极限荷载。否则，必须

寻找其他单向可破坏机构以便获得极限荷载。

14－5 试求图示梁的极限荷载。

解 此梁虽与题 14－4 图所示梁不同，但出现破坏机构的情况大致一样，因右支座为铰支，最易出现的破坏机构如解 14－5 图所示。由 $\frac{3}{2}F_{\mathrm{Pu}}=M_{\mathrm{u}}(\theta_2+\theta_3)=6\frac{M_{\mathrm{u}}}{l}$，可得

$$F_{\mathrm{Pu}}=\frac{4M_{\mathrm{u}}}{l}$$

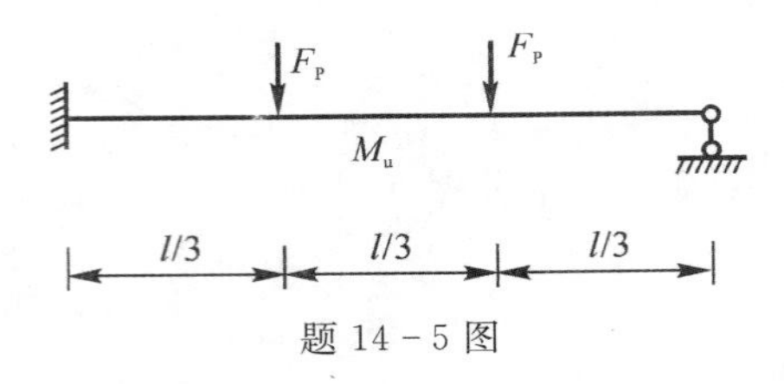

题 14－5 图

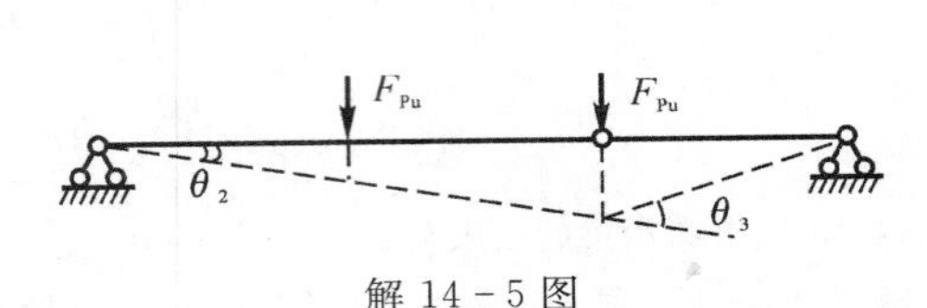

解 14－5 图

14－6 试求图示变截面梁的极限荷载及相应的破坏机构，设：

(1) $\frac{M_{\mathrm{u}}'}{M_{\mathrm{u}}}=2$；

(2) $\frac{M_{\mathrm{u}}'}{M_{\mathrm{u}}}=1.5$。

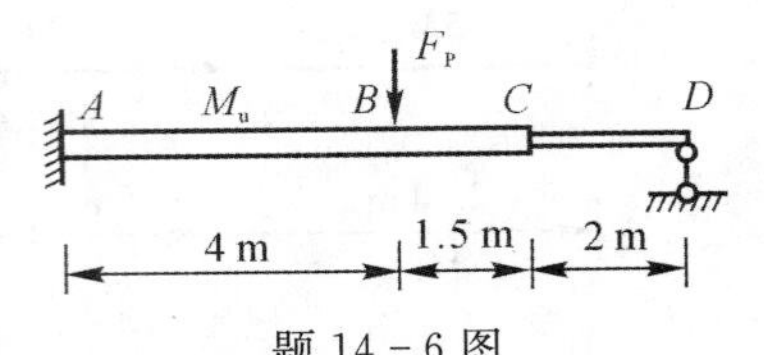

题 14－6 图

解 根据本变截面梁荷载分布情况，作出可能出现的破坏机构如解 14－6 所示。对于解 14－6 图(a) 所示破坏机构：

$$F_{\mathrm{Pu}}\times 1=M_{\mathrm{u}}'\times\frac{1}{4}+M_{\mathrm{u}}'\times\left(\frac{1}{4}+\frac{1}{3.5}\right)$$

$$F_{\mathrm{Pu}}^{(\mathrm{a})}=0.785\,7M_{\mathrm{u}}'$$

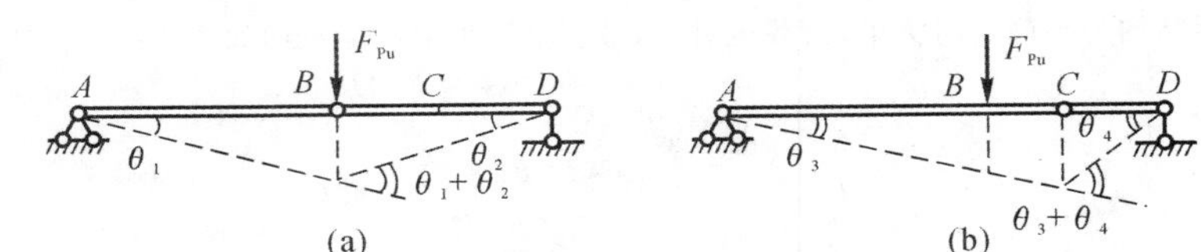

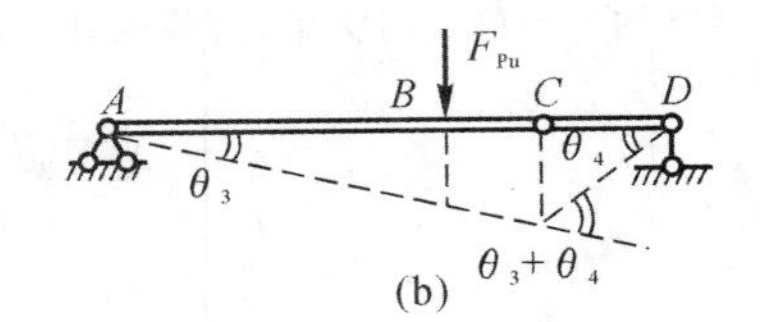

解 14－6 图

对于解 14－6 图(b) 所示破坏机构：

$$F_{\mathrm{Pu}}^{(\mathrm{b})}\times\frac{4}{5.5}=M_{\mathrm{u}}'\times\left(\frac{1}{5.5}+\frac{1}{2}\right)$$

$$F_{\mathrm{Pu}}=0.25M_{\mathrm{u}}'+0.937\,5M_{\mathrm{u}}$$

(1) 当 $M_{\mathrm{u}}'/M_{\mathrm{u}}=2$ 时，有

$$F_{\mathrm{Pu}}^{(\mathrm{a})}=1.571\,4M_{\mathrm{u}},\ F_{\mathrm{Pu}}^{(\mathrm{b})}=1.438M_{\mathrm{u}}$$

则 $\qquad F_{\mathrm{Pu}}=1.179M_{\mathrm{u}}$

(2) 当 $M'_{\mathrm{u}}/M_{\mathrm{u}}=1.5$ 时，

$\qquad F_{P_{\mathrm{u}}}^{(\mathrm{a})}=1.179M_{\mathrm{u}}$，$F_{P_{\mathrm{u}}}^{(\mathrm{b})}=1.312\,5M_{\mathrm{u}}$

则 $\qquad F_{P_{\mathrm{u}}}=1.179M_{\mathrm{u}}$

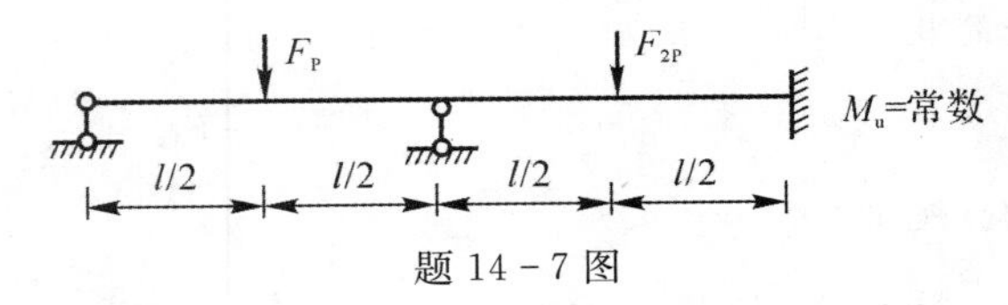

题 14－7 图

14－7 试求图示连续梁的极限荷载。

解 当第一跨破坏时，其破坏机构如解 14－7 图(a) 所示，有

$$F_{\mathrm{Pu}}\times 1=M_{\mathrm{u}}\times\left(\frac{2}{l}+\frac{4}{l}\right)=6\frac{M_{\mathrm{u}}}{l}，得\ F_{\mathrm{Pu}}=6\frac{M_{\mathrm{u}}}{l}$$

当第二跨破坏时，其破坏机构如解 14－7 图(b) 所示，有

$$2F_{Pu}\times 1 = M_u \times \left(\frac{2}{l}+\frac{2}{l}+\frac{4}{l}\right) = 8\frac{M_u}{l}$$

$$F_{Pu} = 4\frac{M_u}{l}$$

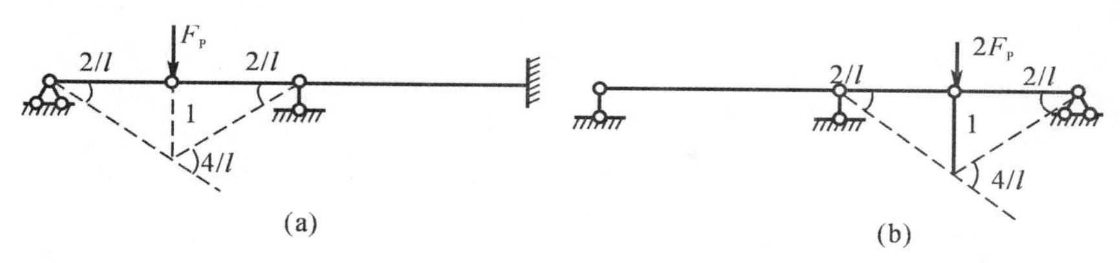

解 14－7 图

比较两种情况，较小值为极限荷载，即

$$F_{Pu} = 4\frac{M_u}{l}$$

温馨提示：超静定连续梁不会整体破坏而是单跨破坏，所以超静定连续梁极限荷载的求法是：分别求出各跨可破坏荷载，其中最小者即为超静定连续梁的极限荷载。

14－8 试求图示连续梁的极限荷载。

解　当第一跨破坏时，其破坏机构如解 14－8 图左跨所示。列虚功方程如下：

$$\frac{1}{2}\times 10\times 1\times q_u = 2M_u\times\left(\frac{1}{5}+\frac{2}{5}\right)+M_u\times\frac{1}{5}$$

解得

$$q_u = 0.28M_u$$

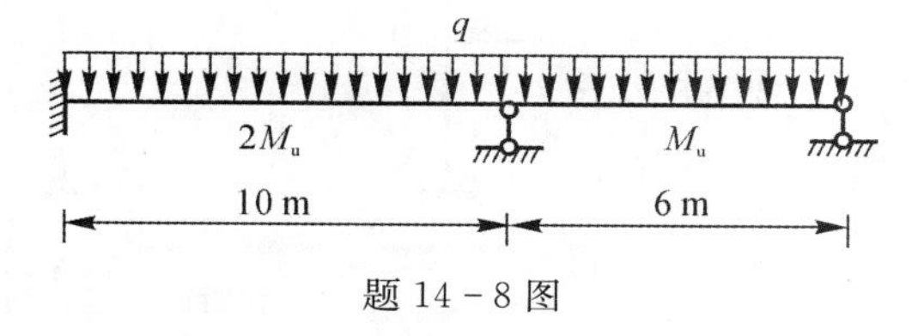

题 14－8 图

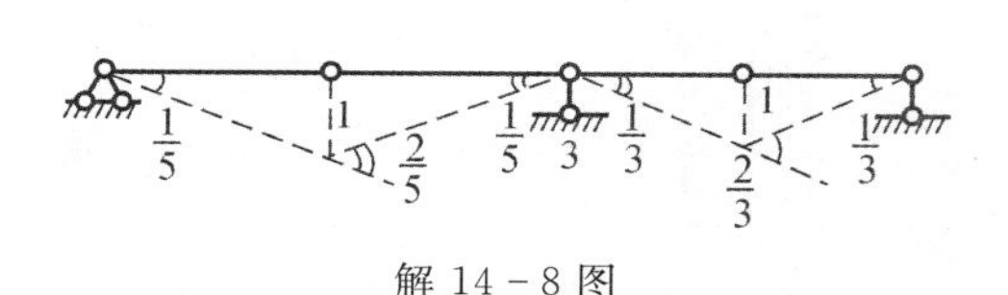

解 14－8 图

当第二跨破坏时，其破坏机构如解 14－8 图右跨所示。列虚功方程如下：

$$\frac{1}{2}\times 6\times 1\times q_u = M_u\times\left(\frac{1}{3}+\frac{2}{3}\right)$$

解得

$$q_u = \frac{1}{3}M_u = 0.333M_u$$

二者中较小值为极限荷载，故 $q_u = 0.28M_u$。

14－9 试求图示连续梁的极限荷载。

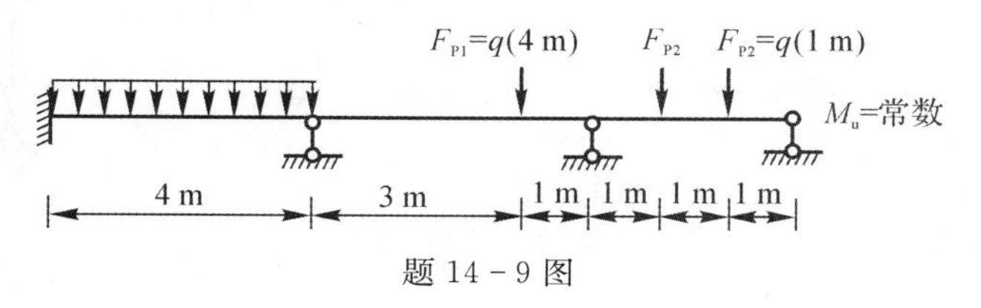

题 14－9 图

解　各跨的破坏机构如解 14－9 图所示。

由左跨破坏机构列虚功方程为

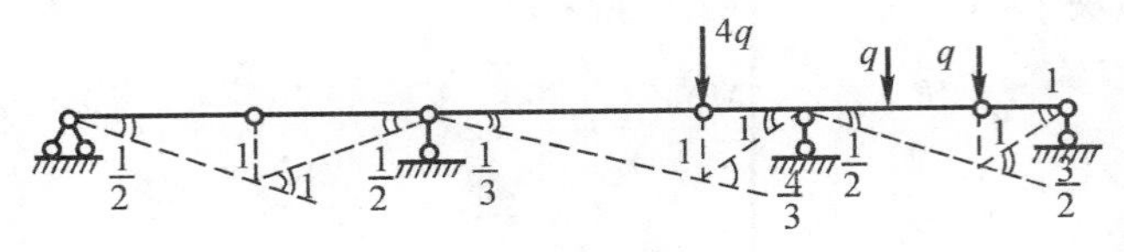

解 14－9 图

$$q_u^{(1)} \times \frac{1}{2} \times 4 \times 1 = M_u \times \left(\frac{1}{2} + 1 + \frac{1}{2}\right)$$

解得

$$q_u^{(1)} = M_u$$

由中跨破坏机构列虚功方程为

$$4q_u^{(2)} \times 1 = M_u\left(\frac{1}{3} + 1 + \frac{1}{3} + 1\right)$$

解得

$$q_u^{(2)} = \frac{2}{3}M_u$$

由右跨破坏机构列虚功方程为

$$q_u^{(2)} \times \frac{1}{2} + q_u^{(1)} \times 1 = M_u \times \left(\frac{1}{2} \times \frac{2}{3} + 1\right) = \frac{4}{3}M_u$$

解得

$$q_u = \frac{2}{3}M_u$$

其最小值为极限荷载，即 $q_u = \frac{2}{3}M_u$。

14－10 试求图示刚架的极限荷载。

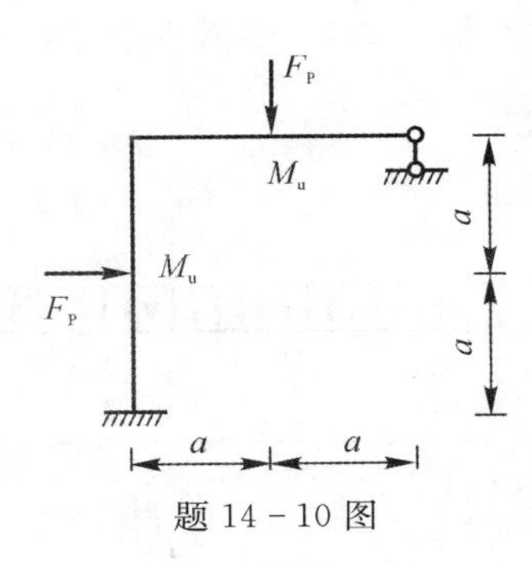

题 14－10 图

解 (1) 第一阶段。由解 14－10 图(b)(c) 可得

$$\delta_{11} = \frac{1}{EI} \times \left(\frac{1}{2} \times 2a \times 2a \times \frac{2}{3} \times 2a + 2a \times 2a \times 2a\right) = \frac{32}{3}\frac{a^3}{EI}$$

$$\Delta_{1P} = -\frac{1}{EI} \times \left[\frac{1}{2} \times a \times a \times \left(\frac{1}{2} \times 2a + \frac{1}{3}a\right) + a \times a \times 2a + \frac{1}{2} \times a \times 3a \times 2a\right] = -\frac{35}{6}\frac{a^3}{EI}$$

$$X_1 = \frac{\Delta_{1P}}{\delta_{1P}} = \frac{35}{64}$$

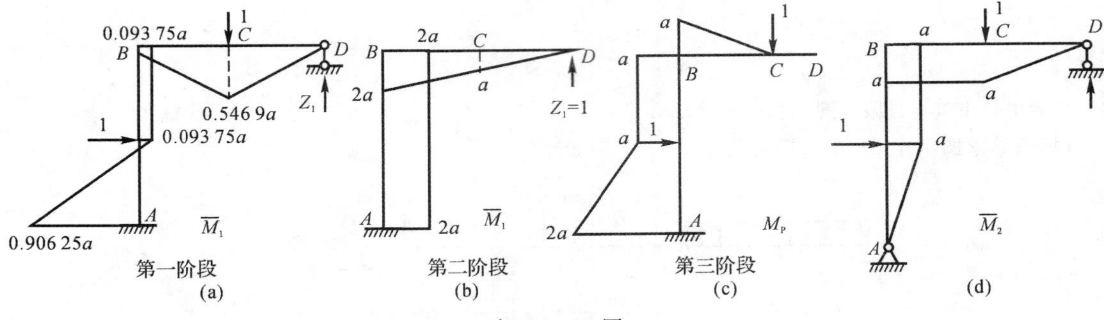

解 14－10 图

从而可得第一阶段弯矩图。

由 $F_{Pu}^{(1)} \times 0.906\ 25a = M_u$，可得

$$F_{Pu}^{(1)} = 1.103\ 4\frac{M_u}{a}$$

(2) 第二阶段。将 A 改为铰结，如解 14－10 图(d) 所示。

此时，C 处只能再增加弯矩，有

$$M_u^{(2)} = M_u - 1.1034\frac{M_u}{a} \times 0.5469a = 0.3966M_u$$

由 $F_{Pu}^{(1)}a = M_u^{(2)}$，可得

$$F_{Pu}^{(2)} = 0.3966\frac{M_u}{a}$$

即极限荷载为

$$F_{Pu} = F_{Pu}^{(1)} = 1.5\frac{M_u}{a}$$

14－11 试求图示刚架的极限荷载。

解　由解 14－11 图可知，在第一阶段 A 处 M 最大。

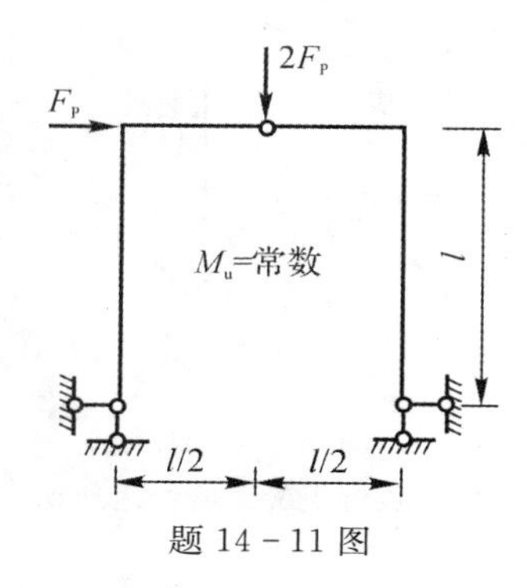

题 14－11 图

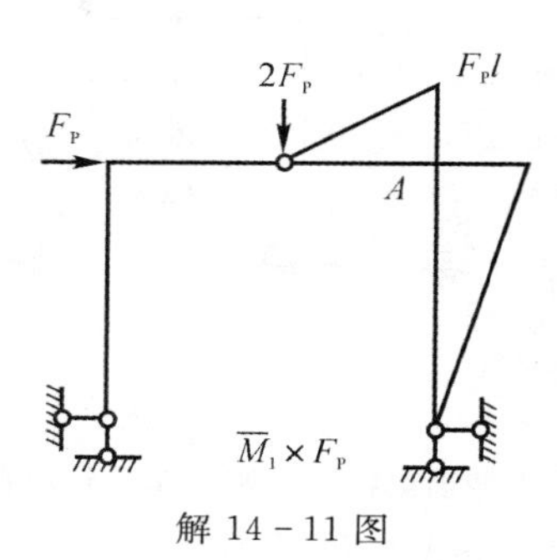

解 14－11 图

当 M_A 达到 M_u 时，$F_P l = M_u$，即

$$F_{Pu} = \frac{M_u}{l}$$

而当 A 处出现铰后即破坏，该刚架极限荷载为$\frac{M_u}{l}$。

14－12 试求图示刚架的极限荷载。

解　第一阶段 $\overline{M}_1$ 图如图解 14－12(a) 所示，有

$$F_{Pu}^{(1)} = \frac{20}{13}\frac{M_u}{l}$$

$$F_{Pu} = \left(\frac{20}{13} + \frac{6}{13}\right)\frac{M_u}{l} = 2\frac{M_u}{l}$$

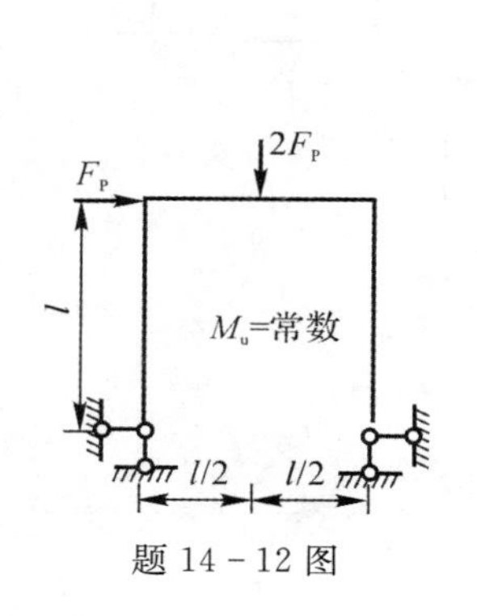

题 14－12 图

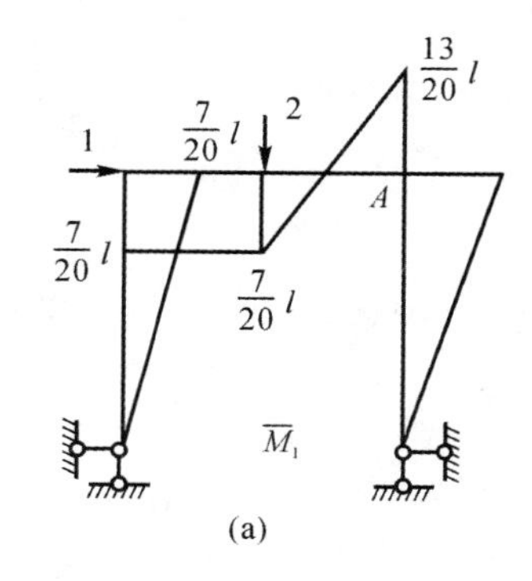

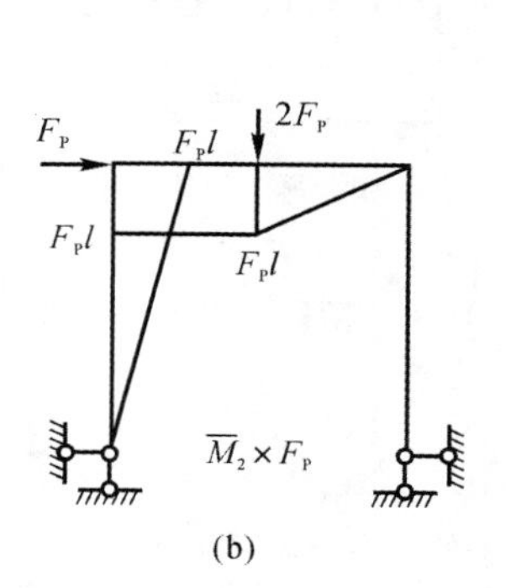

解 14－12 图

14-13 试求图示刚架的极限荷载。

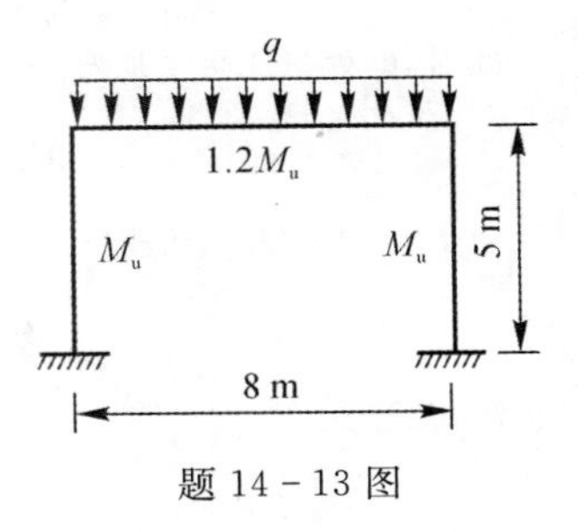

题 14-13 图

解 (1) 第一阶段。如解 14-13(a) 图所示，由 $4q_u^{(1)} = M_u$，可得

$$q_u^{(1)} = \frac{1}{4}M_u$$

(2) 第二阶段。如解 14-13(b) 图所示，将 A，B 改为铰结。

由 $8q_u^{(2)} = 1.2M_u - M_u$，可得

$$q_u^{(2)} = \frac{0.1}{4}M_u$$

$$q_u = q_u^{(1)} + q_u^{(2)} = \left(\frac{1}{4} + \frac{0.1}{4}\right) = \frac{1.1}{4}M_u$$

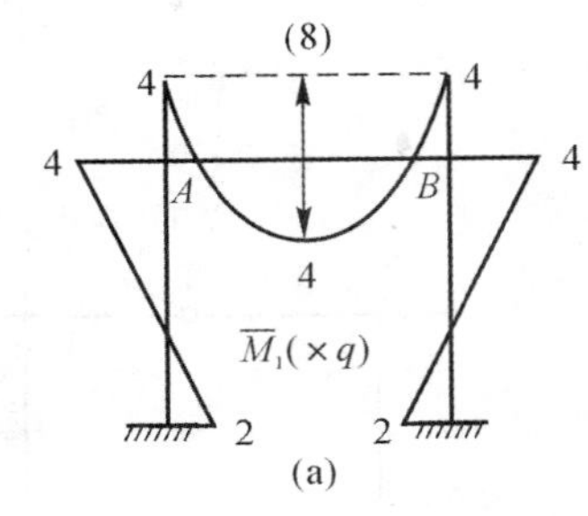

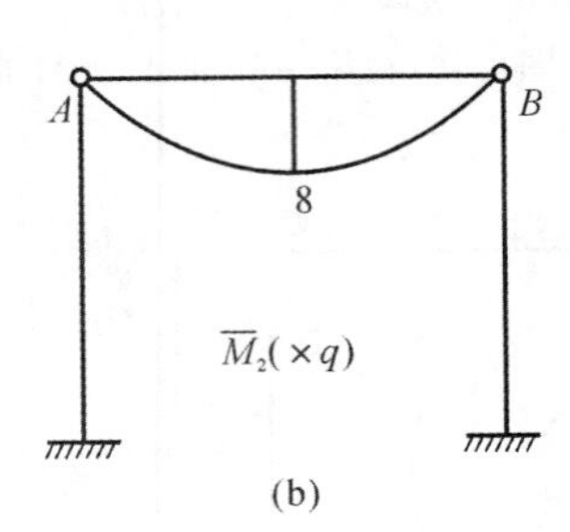

解 14-13 图

14-14 图示等截面梁极限弯矩为 M_u，在均布荷载 q 作用下，欲使正负弯矩最大值均达到 M_u。试确定弯矩图零点 C 的位置及相应的极限荷载。

解 (1) 第一阶段。使负弯矩达到 M_u。由 $\frac{1}{12}q_u^{(1)}l^2 = M_u$，得

$$q_u^{(1)} = \frac{12M_u}{l^2}, \quad M_C = \frac{M_u}{2}$$

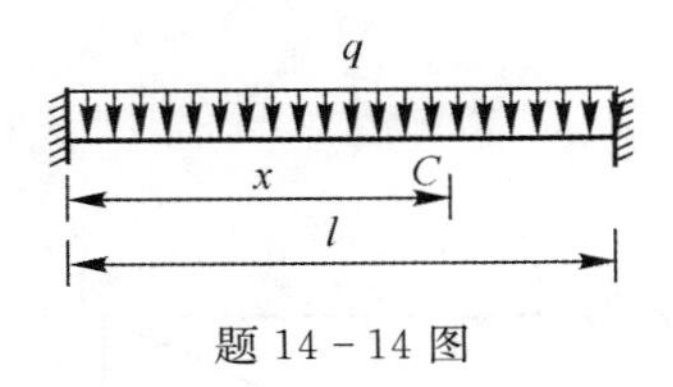

题 14-14 图

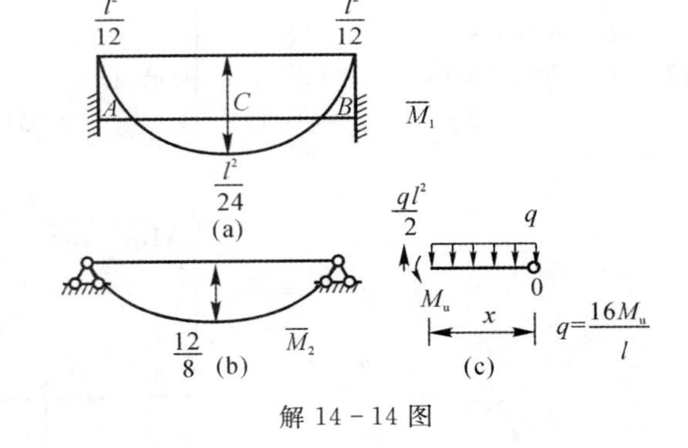

解 14-14 图

(2) 第二阶段。再加 $\frac{M_u}{2}$，使 C 处也到达 M_u。由 $\frac{1}{8}q_u^{(2)}l^2 = \frac{M_u}{2}$，得

$$q_u^{(2)} = \frac{4M_u}{l^2}$$

所以要使正负弯矩都达到 M_u，则需使 $q_u = q_u^{(1)} + q_u^{(2)} = \frac{16M_u}{l^2}$。

由解 14-14(c) 图，得

$$M_u = 0$$

$$\frac{1}{2}qlx = \frac{qx^2}{2} + M_u, \quad \frac{8M_u}{l}x = M_u + \frac{8M_u}{l^2}x^2$$

$$8x^2 + l^2 - 8lx = 0, \quad x_{1,2} = \frac{8 \pm \sqrt{32}}{16}l$$

化简，得弯矩图零点 C 的位置为

$$x_1 = 0.146\ 5l, \quad x_2 = 0.853\ 5l$$

附录Ⅰ　结构力学期末模拟试题与解答

模拟试题一(详解)

(时间:100 分钟,分数:100 分)

一、填空题(每小题 3 分,共 18 分)

1. 附图 1-1-1(a)所示斜梁,在水平方向的投影长为 l,附图 1-1-1(b)所示为一水平梁,跨度为 l,两者的内力间的关系为:弯矩 ________,剪力 ________,轴力 ________。

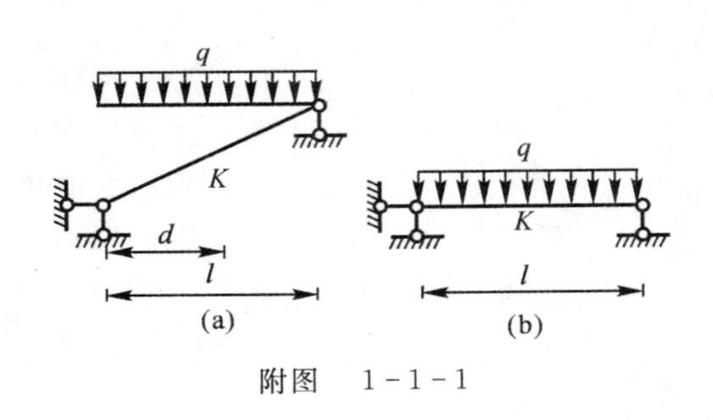

附图　1-1-1

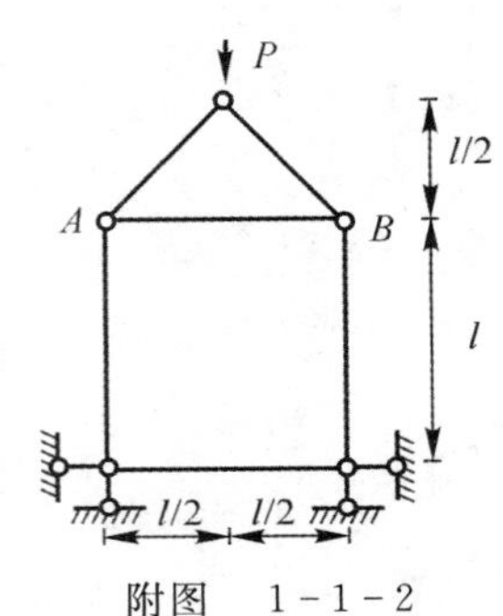

附图　1-1-2

答案:相等　不等　不等

2. 附图 1-1-2 所示结构 EI = 常数,链杆的 $EA = EI/l^2$,则链杆 AB 的轴力 F_{NAB} = ________。

答案:$-P/10$

3. 附图 1-1-3 所示平面体系的几何组成性质为 ________。

答案:无多余约束的几何不变体系。

4. 如附图 1-1-4 所示结构,EI = 常数,在给定荷载作用下,F_{QAB} 为 ________。

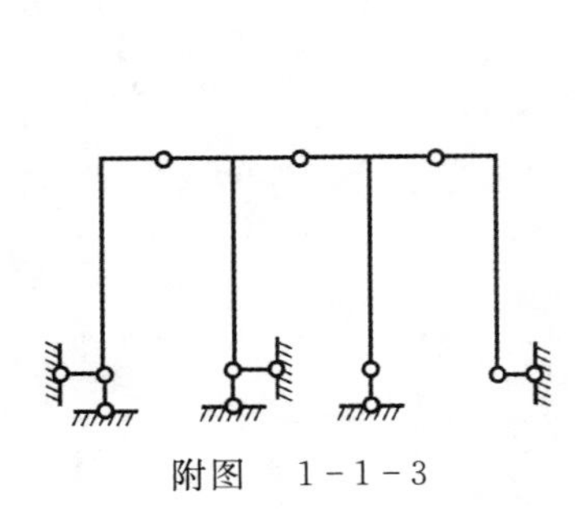

附图　1-1-3

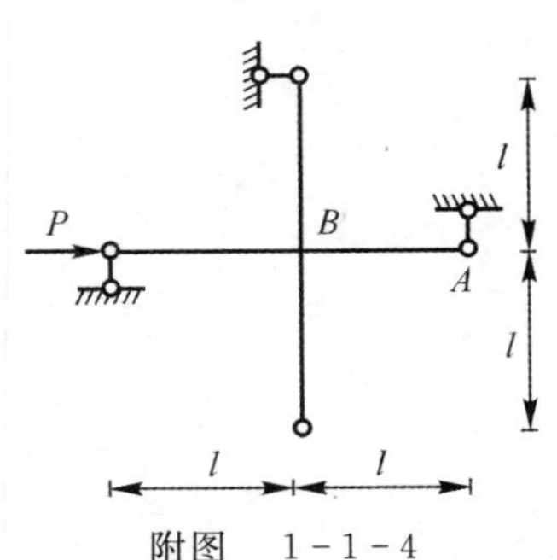

附图　1-1-4

答案:0

5. 如附图 1-1-5 所示简支的等截面框架结构,问当 P_2/P_1 = ________ 时,4 个角点 A,B,C,D 处的转角都等于零。

答案：$\frac{h}{l}$

6. 如附图 1-1-6 所示结构 AC 杆，A 端的分配系数 $\mu_{AC}=$ ________。

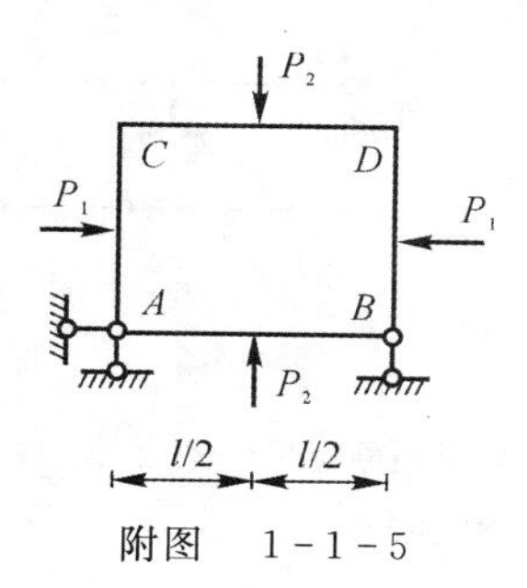

附图　1-1-5

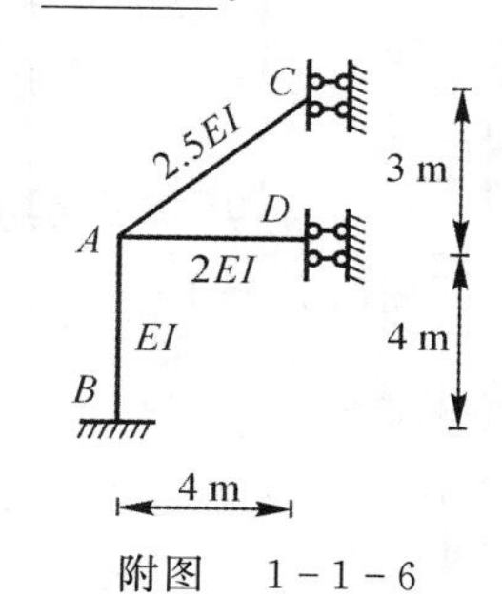

附图　1-1-6

答案：$\frac{4}{7}$

二、选择题(每小题 3 分，共 15 分)

1. 附图 1-1-7 所示结构杆 BC 的轴力 F_{NBC} 是(　　)。

A. $P/2$　　B. $-P$　　C. $2P$　　D. P

答案：B

2. 附图 1-1-8 所示对称无铰拱，全拱温度均匀升高 f(℃)，则拱顶截面弯矩以下的受拉为(　　)。

A. 正的　　B. 负的

C. 零　　D. 正负不能确定，取决于截面变化规律

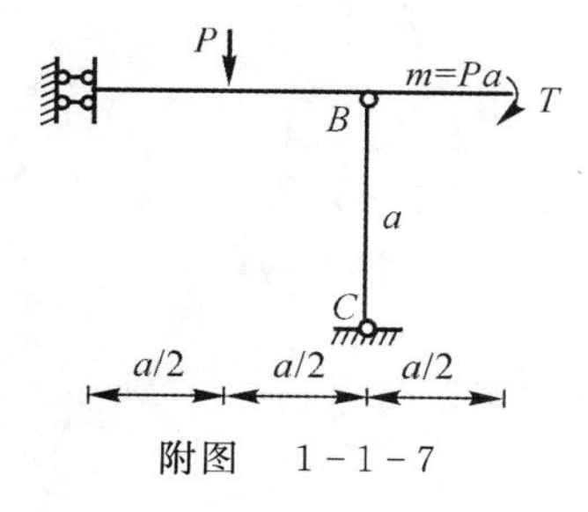

附图　1-1-7

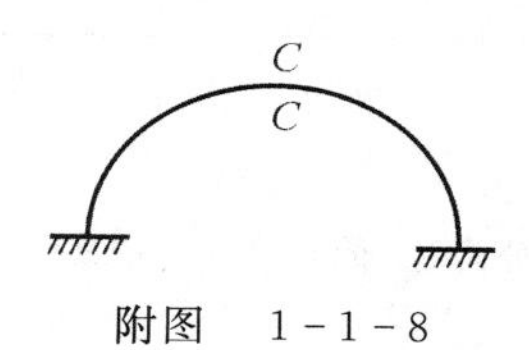

附图　1-1-8

答案：A

3. 附图 1-1-9 所示结构用位移法求解时，最少的未知数个数为(　　)。

A. 1　　B. 2　　C. 3　　D. 4

答案：B

4. 附图 1-1-10 所示结构在所示荷载作用下，其 A 支座的竖向反力与 B 支座的反力相比为(　　)。

A. 前者大于后者　　B. 二者相等，方向相同

C. 前者小于后者　　D. 二者相等，方向相反

答案：B

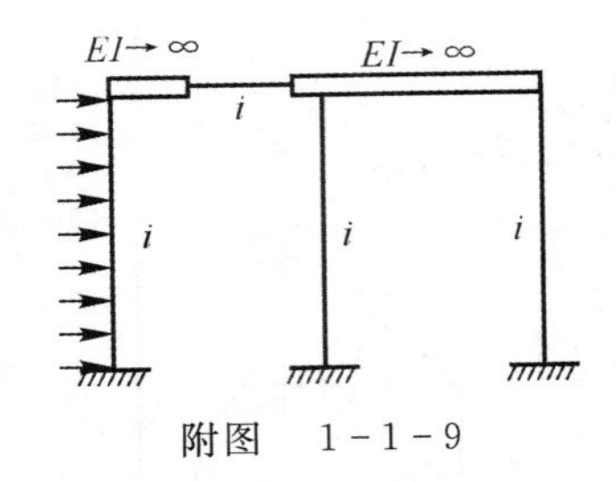

附图 1-1-9

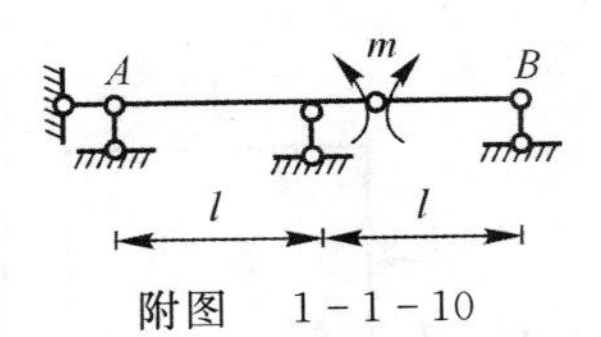

附图 1-1-10

5. 计算刚架时，位移法的基本结构是(　　)。

A. 超静定铰结体系

B. 单跨超静定梁的集合体

C. 单跨静定梁的集合体

D. 静定刚架

答案：B

三、判断题(每小题 3 分，共 9 分)

1. 附图 1-1-11 所示结构，C 截面的弯矩影响线在 C 处的竖标为 ab/l。(　　)

答案：(错)

2. 附图 1-1-12 所示结构弯矩图形状是正确的。(　　)

答案：(错)

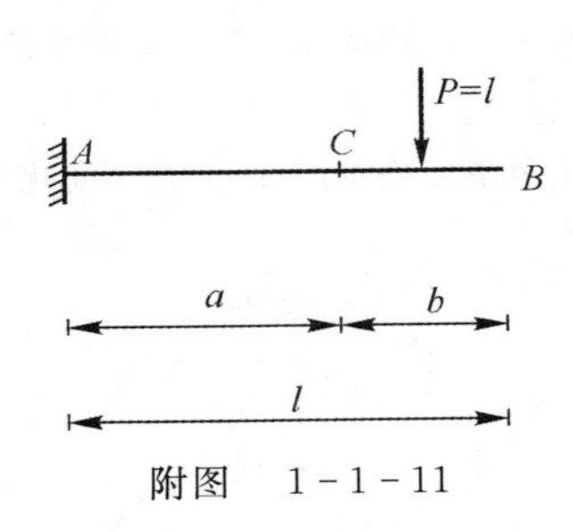

附图 1-1-11

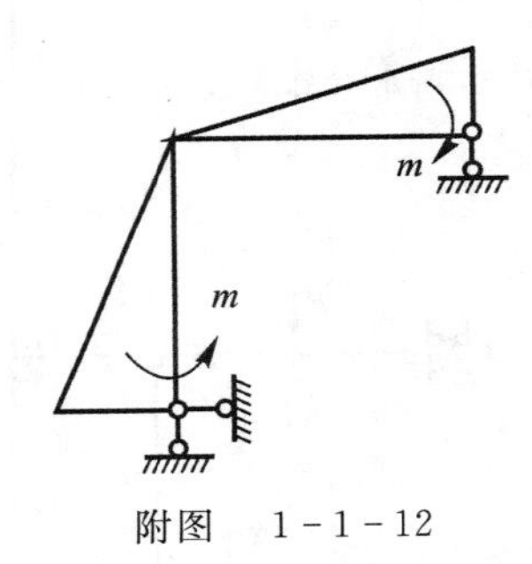

附图 1-1-12

3. 根据力矩分配法，附图 1-1-13 所示结构最后弯矩有关系为 $|M_{BA}| = \frac{1}{2}|M_{AB}|$。(　　)

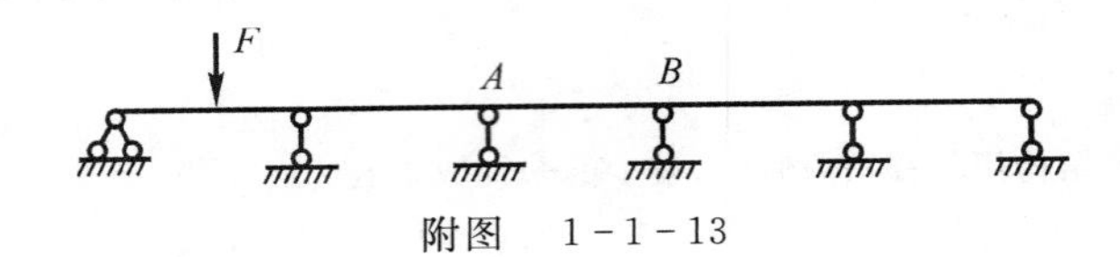

附图 1-1-13

答案：(错)

四、计算分析题(写出分析、计算过程)

1. 附图 1-1-14 所示简支梁第一状态与第二状态，试证明功的互等定理对于该情况不成立。(6 分)

证明　附图 1-1-14 所示结构为静定结构，温度的改变不会产生内力，则有

$$W_{12} = P_1 \cdot \Delta_{12}, \quad W_{21} = P_2 \cdot \Delta_{21}$$

第二状态为无荷载状态，故 $P_2 = 0, W_{21} = 0$。而 $W_{21} \neq 0$，故 $W_{12} \neq W_{21}$。可见，功的互等定理对于该情况不成立。

2. 如附图1-1-15所示，对称结构承受反对称水平荷载，设结构 C 点水平位移为 Δ。若将 BC 段 EI 减小1/2，求 C 点的水平位移。(7分)

解 附图1-1-15所示结构对称，且承受反对称荷载，可知 C 点的竖向位移为零，因此可将原结构化简，如附图1-1-16所示(取左侧结构)。C 点的水平位移可分解为两部分，由于结构对称，左、右两侧子结构 C 点水平位移均满足 $\Delta_{LC}=\Delta_{RC}=\dfrac{\Delta}{2}$。

由于静定结构的内力图与结构各杆的刚度(或相当刚度)无关，因此，当 BC 刚度减半时，荷载或单位荷载作用下结构中的内力不变。由此可见，在 P 不变的情况下，当 BC 段的 EI 减半时，$\Delta_{RC}=\dfrac{\Delta}{2}\times 2=\Delta$。这样，可求得整个结构中 C 点的水平位移为

$$\Delta_C=\Delta_{LC}+\Delta_{RC}=\frac{3}{2}\Delta$$

3. 用位移法作附图1-1-17所示结构弯矩图。各杆的 $EI=$ 常数。(13分)

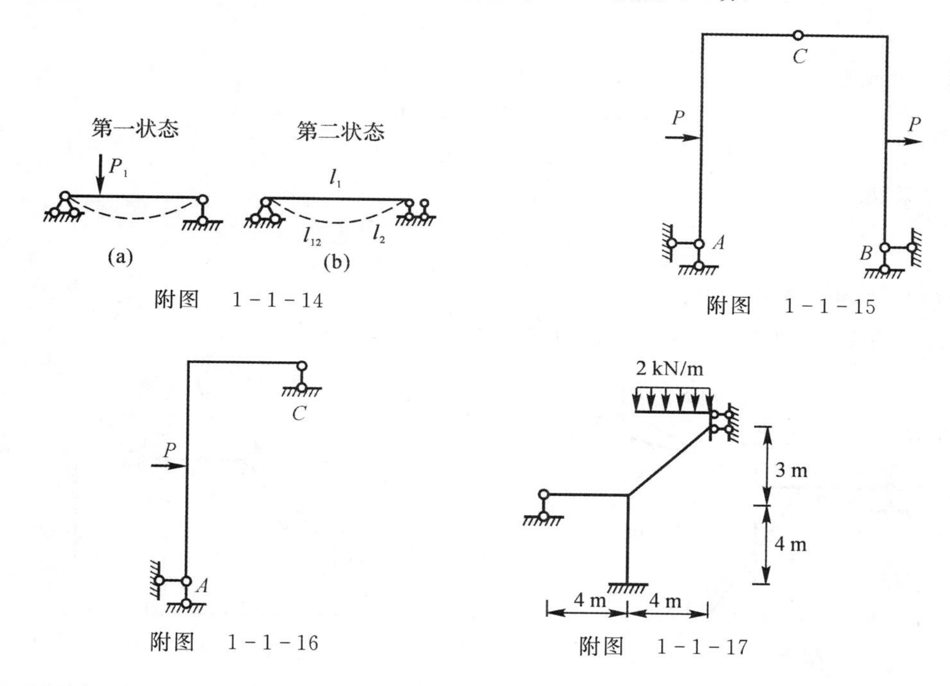

附图 1-1-14

附图 1-1-15

附图 1-1-16

附图 1-1-17

解 以下令 $i=EI/4$。基本体系、$\overline{M}_1$ 图、$\overline{M}_2$ 图和 M_P 图分别如附图1-1-18(a)～(d)所示。

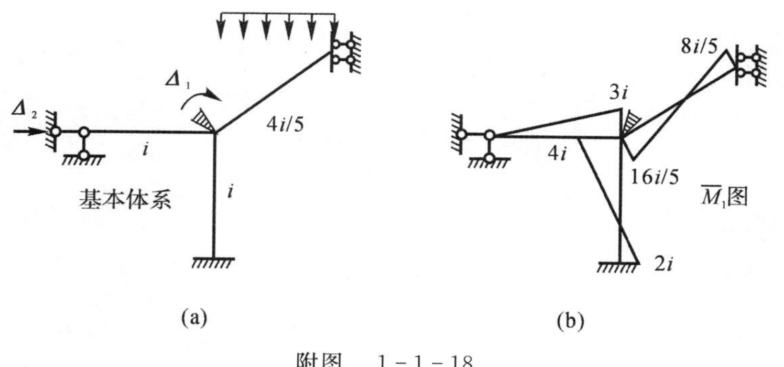

附图 1-1-18

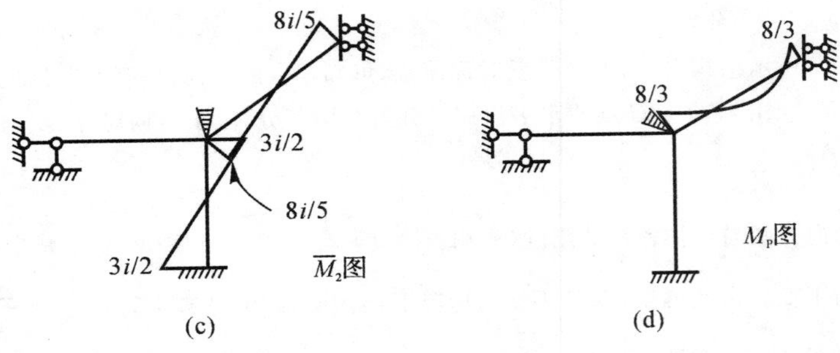

续附图 1-1-18

基本方程为

$$\begin{cases} k_{11}\Delta_1 + k_{12}\Delta_2 + F_{1P} = 0 \\ k_{21}\Delta_1 + k_{22}\Delta_2 + F_{2P} = 0 \end{cases}$$

系数、自由项为

$$k_{11} = 51i/d,\quad k_{12} = k_{21} = i/10,\quad k_{11} = 109i/60$$

$$F_{1P} = -8/3,\quad F_{2P} = 16/3$$

将上述系数、自由项代入基本方程,解得

$$\Delta_1 = \frac{1\ 210}{4\ 167i} = 0.29/i,\quad \Delta_2 = \frac{4\ 100}{1\ 389i} = -2.95/i$$

作 M 图如附图 1-1-19 所示。

4. 用力矩分配法计算附图 1-1-20 所示示结构,并作 M 图。(13 分)

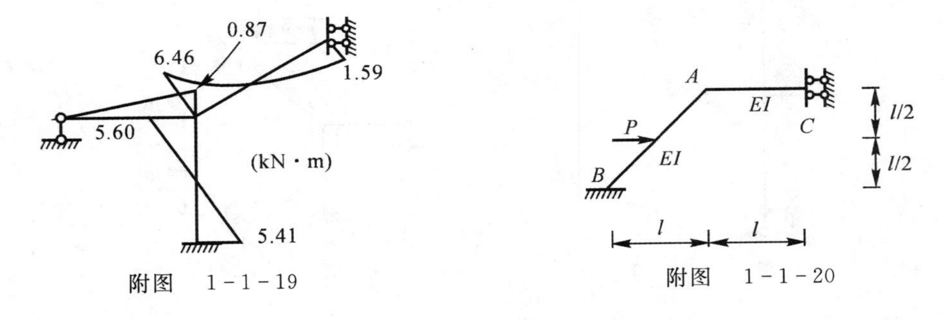

附图 1-1-19 附图 1-1-20

解 分配系数,有

$$\mu_{AB} = \frac{4/\sqrt{2}}{4/\sqrt{2}+1} = 0.739,\quad \mu_{AB} = 0.261$$

固端弯矩,有

$$M_{BA}^{G} = -Pl/8,\ M_{AB}^{G} = Pl/8$$

$$M_{AB}^{G} = M_{CA}^{G} = 0$$

分配法过程见附表 1-1-1。

附表 1-1-1

	0.739	0.261	
BA	AB	AC	CA
−0.125	0.125	0	0
−0.046	−0.092	−0.033	0.033
0.171	0.033	−0.033	0.033

M 图如附图 1-1-21 所示。

5. 用力法计算，并作附图 1-1-22 所示结构 M 图。EI = 常数。（16 分）

解 基本体系、$\overline{M}_1$ 图、$\overline{M}_2$ 图和 M_P 图分别如附图 1-1-23(a) ~ (d) 所示。

基本方程为

$$\begin{cases}\delta_{11}\Delta_1+\delta_{12}\Delta_2+\Delta_{1P}=0\\ \delta_{21}\Delta_1+\delta_{22}\Delta_2+\Delta_{2P}=0\end{cases}$$

系数、自由项为

$$\delta_{11}=4l^3/3EI,\quad \delta_{12}=\delta_{21}=-l^3/EI,\quad \delta_{22}=5l^3/3EI$$
$$\Delta_{1P}=-3ql^3/4EI,\quad \Delta_{2P}=7ql^4/16EI$$

将上述系数、自由项代入基本方程，解得

$$X_1=0.665ql,\ X_2=0.136ql$$

作 M 图如附图 1-1-24 所示。

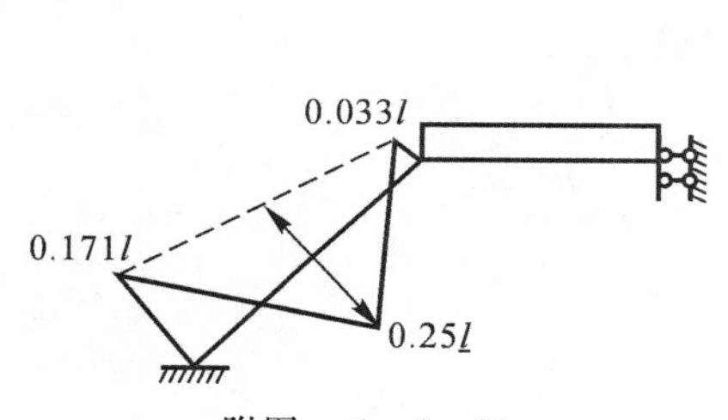

附图 1-1-21

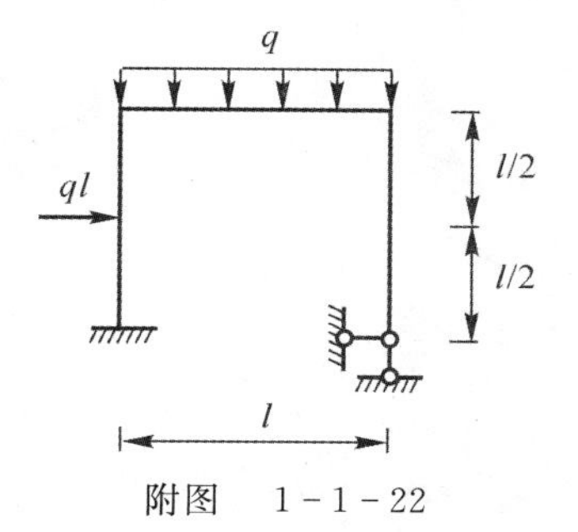

附图 1-1-22

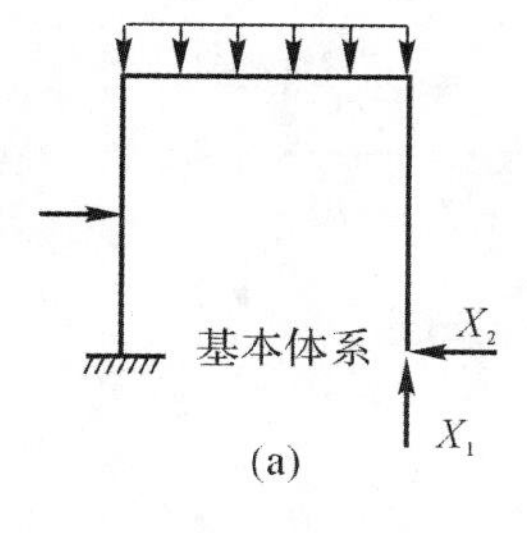

(a)

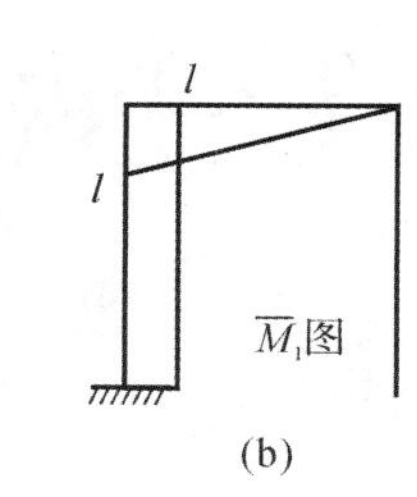

(b)

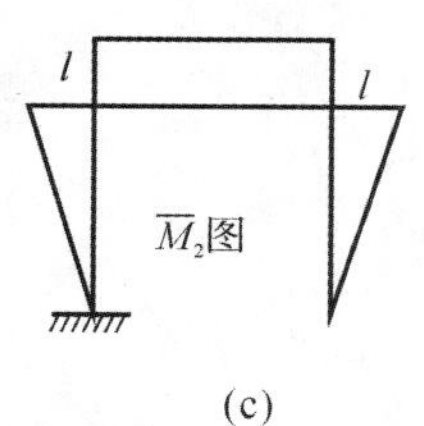

(c)

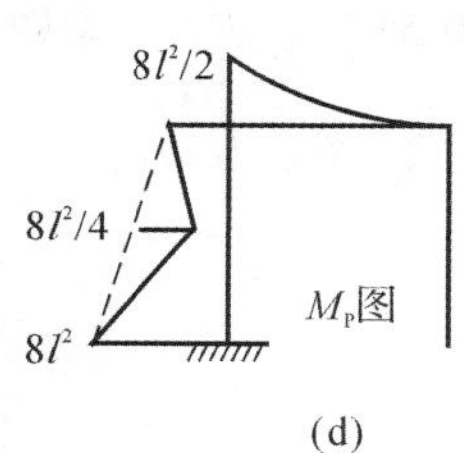

(d)

附图 1-1-23

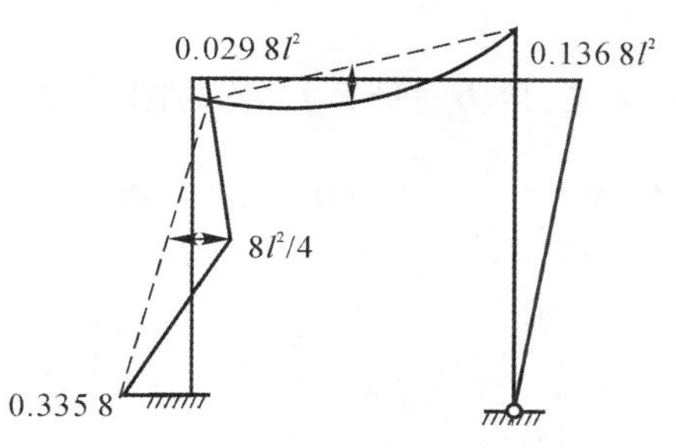

附图 1-1-24

模拟试题二（简解）

（参考时间：100 分钟、分数：100 分）

一、计算附图 1-2-1 所示体系的自由度，并进行几何组成分析。（15 分）

解　附图 1-2-1 所示结构为几何不变体系，且无多余约束。用规律三分析，结果如附图 1-2-2 所示。

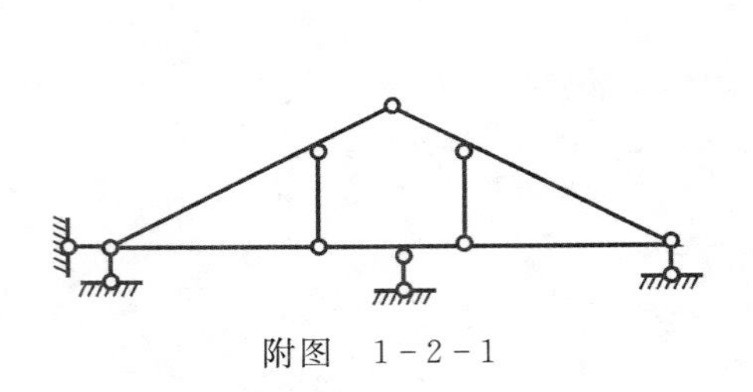

附图　1-2-1

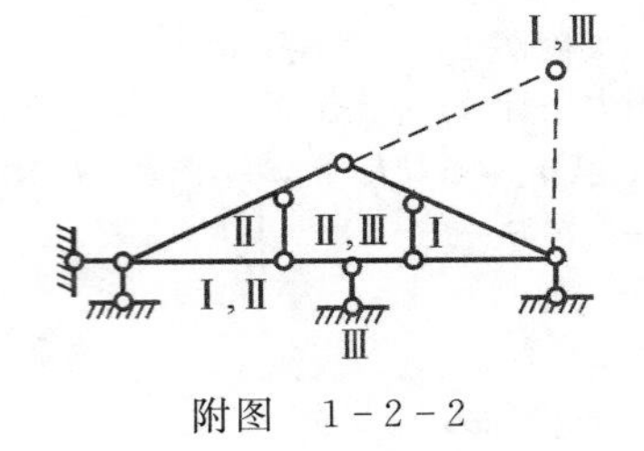

附图　1-2-2

二、求附图 1-2-3 所示结构 *E* 点的竖向位移 Δ_{EV}。（20 分）

解　$\Delta_{EV}=-7ql^4/(432EI)$（↑）。分析过程如附图 1-2-4 所示。

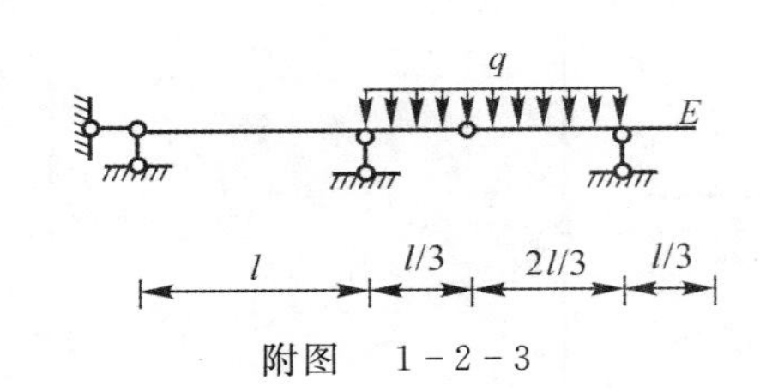

附图　1-2-3

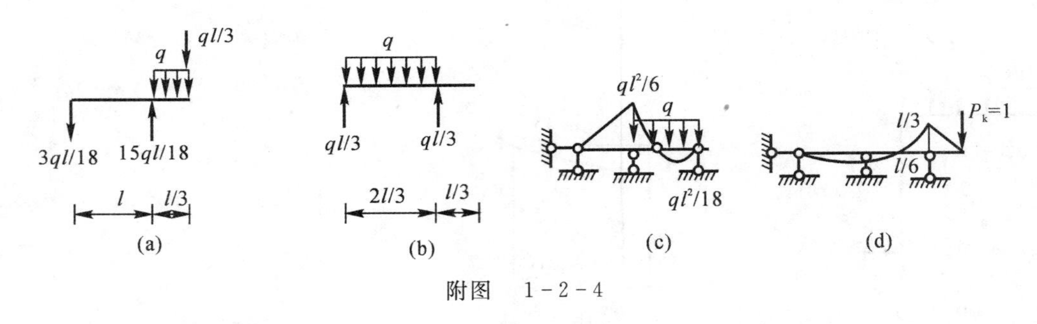

附图　1-2-4

三、用力法计算，并作附图 1-2-5 所示结构 *M* 图。*EI*＝常数。（15 分）

解　$\delta_{11}=5l^3/48EI$，$\Delta_{1P}=Pl^3/24EI$，$X_1=-2P/5$。*M* 图如附图 1-2-6(b) 所示。

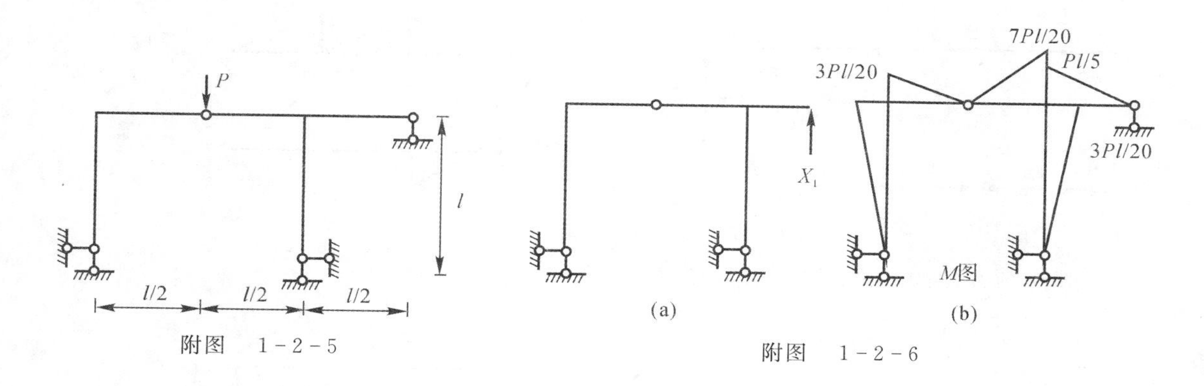

附图 1-2-5　　　　附图 1-2-6

四、用位移法计算附图 1-2-7 所示结构，并作出 *M* 图。*EI* = 常数。(15 分)

解　利用对称性取半结构，以刚结点角位移为基本未知量，得基本体系 $r_{11}=10EI/l$，$R_{1P}=40\ \mathrm{kN\cdot m}$，$Z_1=-4l/EI$。作出 M 图如附图 1-2-8 所示。

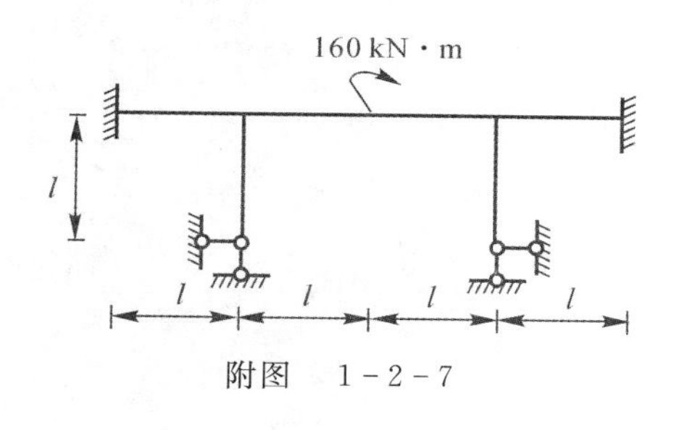

附图 1-2-7

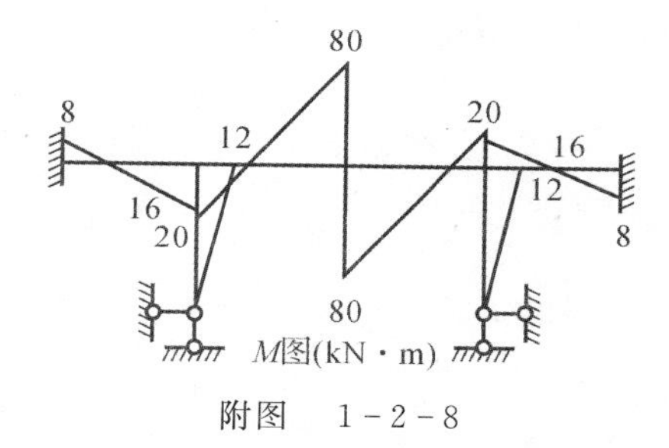

附图 1-2-8

五、试用力矩分配法作附图 1-2-9 示连续梁的弯矩图。*El* = 常数。(计算两轮)(20 分)

解　弯矩图如附图 1-2-10 所示。

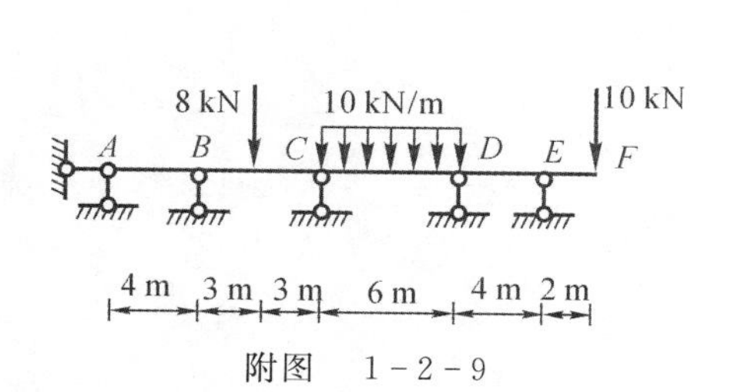

附图 1-2-9

0.53	0.53	0.5	0.5	0.47	0.53		
0	−6	6	−30	30	10	20	−20
−1.62	1.62	23.40	−23.40	16	−16	20	−20

23.48
16
20
1.62
1.11
25.3

附图 1-2-10

六、作附图 1-2-11 所示结构 F_{NDA}、$F_{QD右}$ 的影响线，*P* = 1 在 *BF* 上移动。(15 分)

解　剪力影响线如附图 1-2-12 所示。

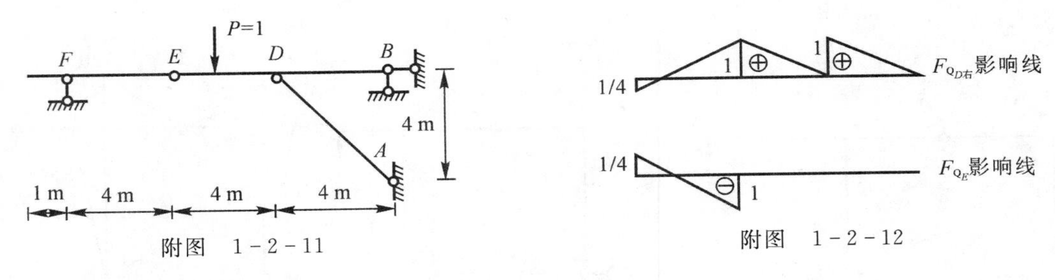

附图　1-2-11

附图　1-2-12

注:本题中的固端弯矩如附图 1-2-13 和附图 1-2-14 所示。

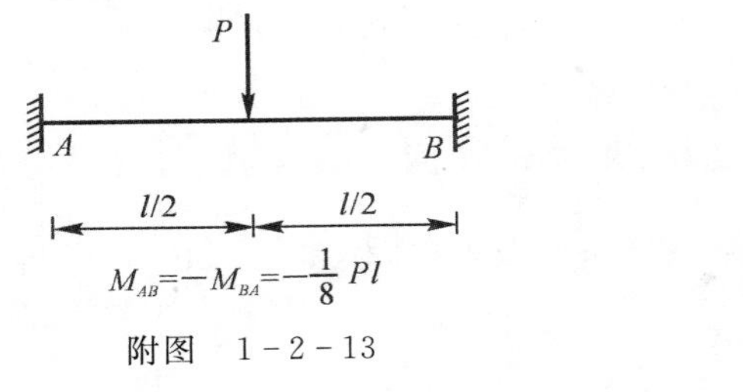

$$M_{AB}=-M_{BA}=-\frac{1}{8}Pl$$

附图　1-2-13

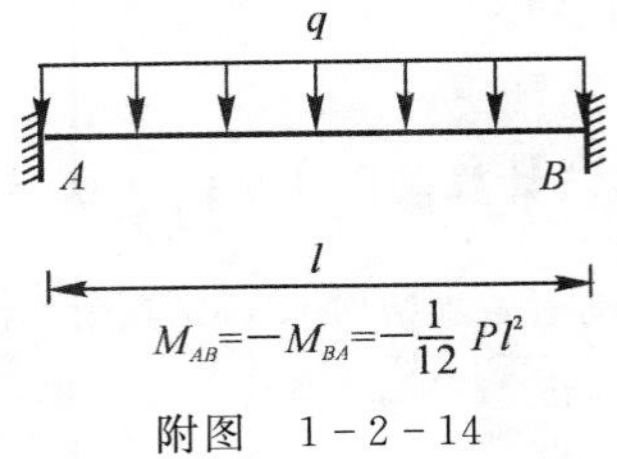

$$M_{AB}=-M_{BA}=-\frac{1}{12}Pl^2$$

附图　1-2-14

附录Ⅱ　结构力学名校考研试卷选解

试卷一　同济大学《结构力学》考研试卷解答

一、求附图 2-1-1 所示桁架 C 支座反力和杆件 1 的轴力。(18 分)

解　(1) F 点和 G 点均为三杆结点，且结点上没有外力作用，可得

$$F_{NFB}=F_{NAG}=0$$

研究支座 B，由静力平衡条件得

$$F_{NBD}=0$$

(2) 去掉零杆，余下结构受力图如附图 2-1-2 所示。

(3) 以结点 D 为研究对象，受力图如附图 2-1-3 所示。

由静力平衡条件得

$$\sum F_x=0,\quad F_{NDF}\times\frac{\sqrt{2}}{2}+P=0$$

$$\sum F_y=0,\quad F_{N1}-F_{NDF}\times\frac{\sqrt{2}}{2}=0$$

解得

$$F_{NFC}=F_{NDF}=-\sqrt{2}P,\ F_{N1}=-P$$

(4) 以结点 C 为研究对象，受力图如附图 2-1-4 所示。由静力平衡条件可得

$$\sum F_x=0,\quad F_{NFC}=F_{NAC}$$

$$\sum F_y=0,\ F_{Cy}+F_{NFC}\times\frac{\sqrt{2}}{2}+F_{NGC}\times\frac{\sqrt{2}}{2}=0$$

解得

$$F_{Cy}=-\sqrt{2}F_{NFC}=2P$$

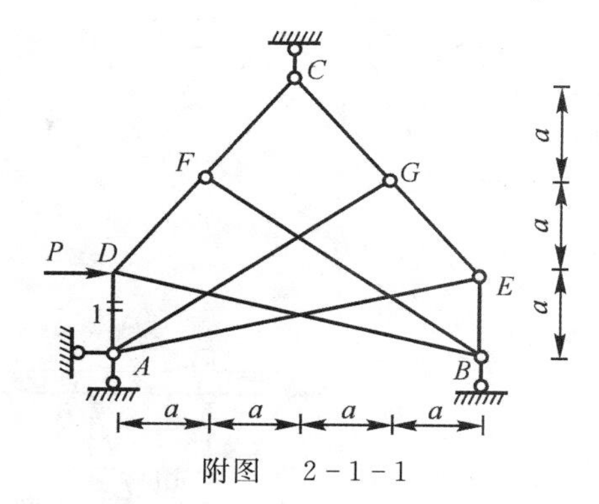

附图　2-1-1

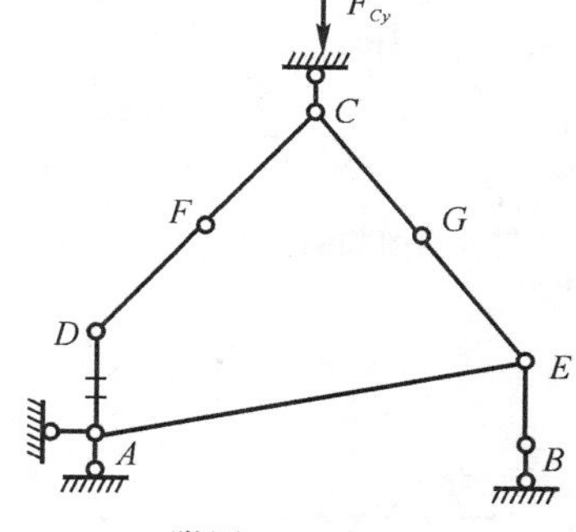

附图　2-1-2

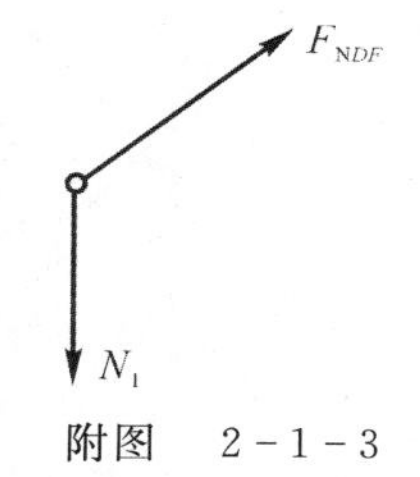

附图　2-1-3

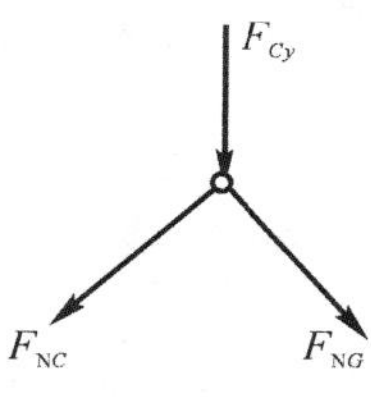

附图　2-1-4

二、试求解附图 2-1-5 所示刚架,并绘制弯矩图。(19 分)

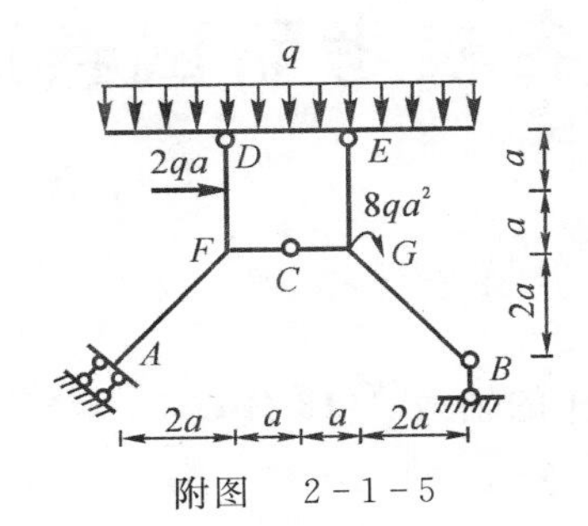

附图 2-1-5

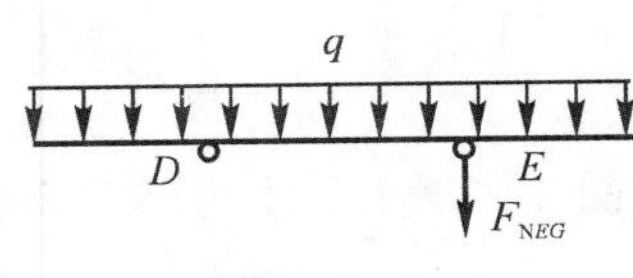

附图 2-1-6

解 (1) 选取 DE 为隔离体,受力图如附图 2-1-6 所示,可知

$$\sum F_x = 0,\quad F_{QDF} + F_{QEG} = 0,$$

即 $F_{QDF} = -F_{QEG}$。由静力平衡条件得

$$\sum P_x = 0,\quad F_{QDF} + F_{QEG} = 0 \Rightarrow F_{QDF} - F_{QEG}$$

$$\sum M_D = 0,\quad F_{NEG} \times 2a + 69a \times a = 0$$

解得

$$F_{NEG} = -39a(\uparrow)$$

(2) 以整体为研究对象,受力图如附图 2-1-7 所示。由静力平衡条件得

$$\sum F_x = 0,\quad F_{BA} \times \frac{\sqrt{2}}{2} - 2qa = 0$$

$$\sum F_y = 0,\quad F_{By} - 2\sqrt{2}qa \times \frac{\sqrt{2}}{2} - 9 \times 6a = 0$$

$$\sum M_D = 0,\quad M_A + 8qa^2 - 2qa \times 3a - \frac{1}{2}q(6a)^2 = 0 \quad (D\text{ 为支座 }A\text{ 和 }B\text{ 反力的交点})$$

解得

$$F_{BA} = 2\sqrt{2}qa,\quad F_{By} = 2qa(\uparrow),\quad M_A = 16qa^2$$

(3) 取 $CBGE$ 为隔离体,受力图如附图 2-1-8 所示。

由静力平衡条件得

$$\sum M_C = 0,\quad F_{QEG} \times 2a + 3qa \cdot a + 8qa^2 - 8qa \times 3a^2 = 0$$

解得

$$F_{QDF} = -F_{QEG} = -6.5qa$$

(4) 绘制弯矩图如附图 2-1-9 所示。

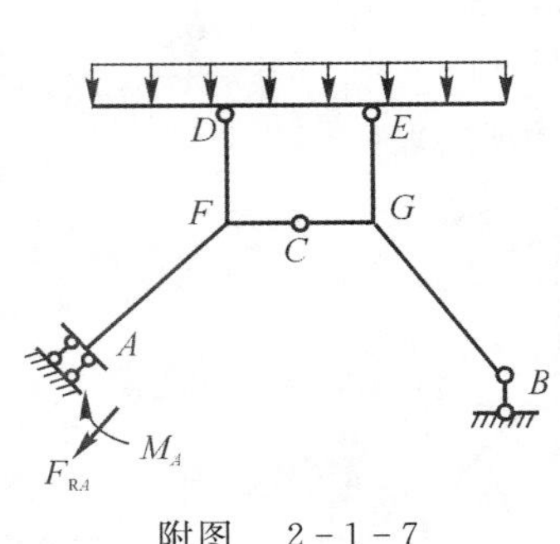

附图 2-1-7

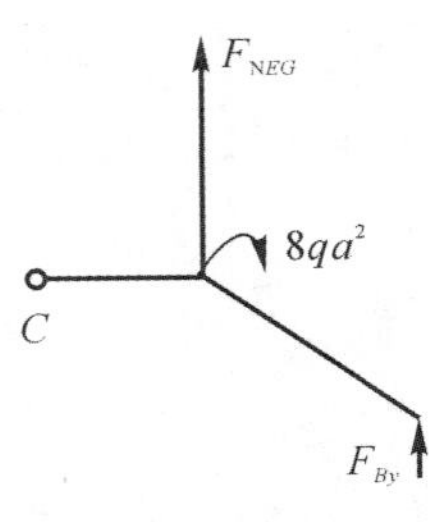

附图 2-1-8

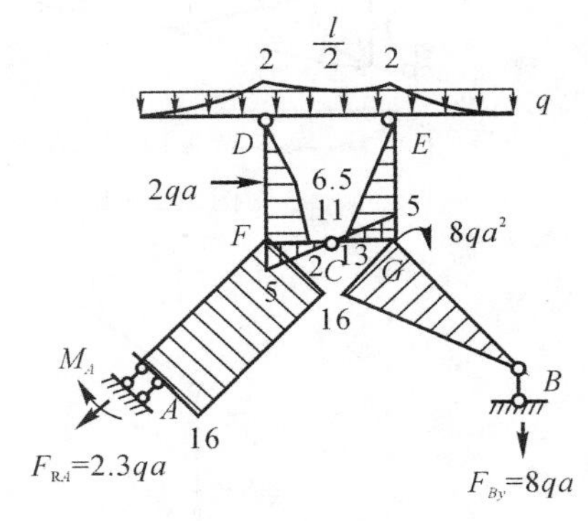

附图 2-1-9

三、试用单位荷载法求解如附图 2-1-10 所示结构由图中支座位移引起的 C 点竖向位移（a，b 为支座位移）。（18 分）

解 （1）判断零杆。由节点受力特点可知，有 7 个零杆，去掉零杆后体系变为如附图 2-1-11 所示的体系。欲求 C 点的垂直位移，需在附图 2-1-11 所示体系的 C 点上加垂直向下的单位力。由静力平衡条件得

$$F_{Ay}=\frac{1}{2},\quad F_{Bx}=\frac{1}{2}\quad (\text{已标于图中})$$

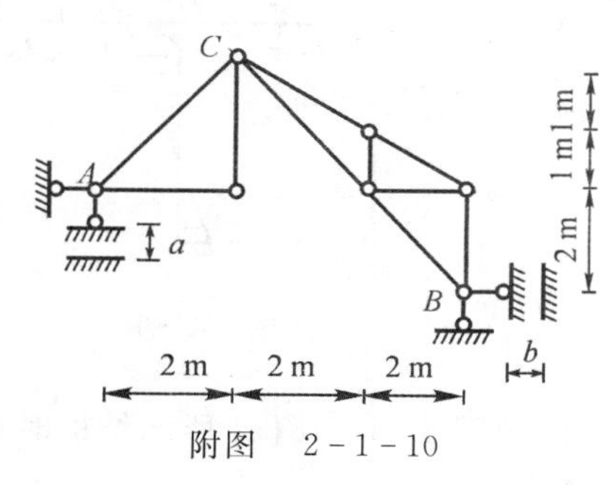

附图 2-1-10

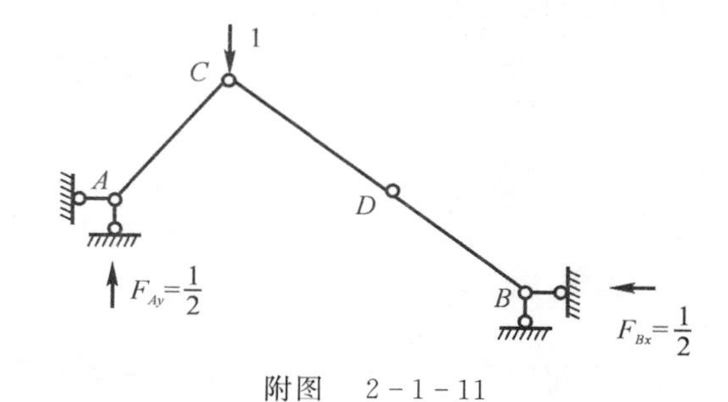

附图 2-1-11

（2）节点 C 的受力图如附图 2-1-12 所示。由静力平衡条件，得

$$\sum F_x=0\Rightarrow F_{NAC}=F_{NDC}$$

$$\sum F_y=0\Rightarrow F_{NAC}\times\frac{\sqrt{2}}{2}+F_{NDC}\times\frac{\sqrt{2}}{2}+1=0$$

解得

$$F_{NDB}=F_{NDC}=F_{NAC}=-\frac{\sqrt{2}}{2}$$

故点 C 的垂直位移为

$$\Delta C_y=-\sum\overline{R}_C=-\left(-\frac{1}{2}\times a-\frac{1}{2}\times b\right)=\frac{a+b}{2}(\downarrow)$$

四、试用位移法求解附图 2-1-13 所示刚架，并且绘制弯矩图。设各杆的 EI 为常数。（19 分）

解 （1）在图示荷载作用下，系统有一个位移未知量，即节点 D 的转角，则此时的基本体系如附图 2-1-14 所示。

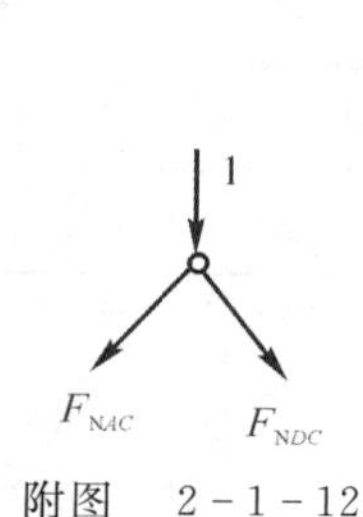

附图 2-1-12

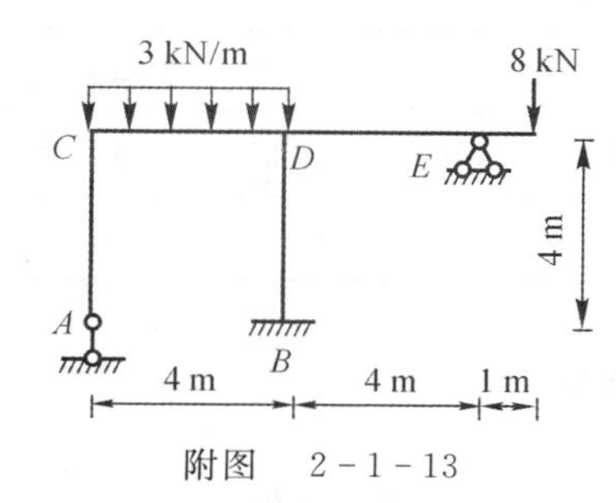

附图 2-1-13

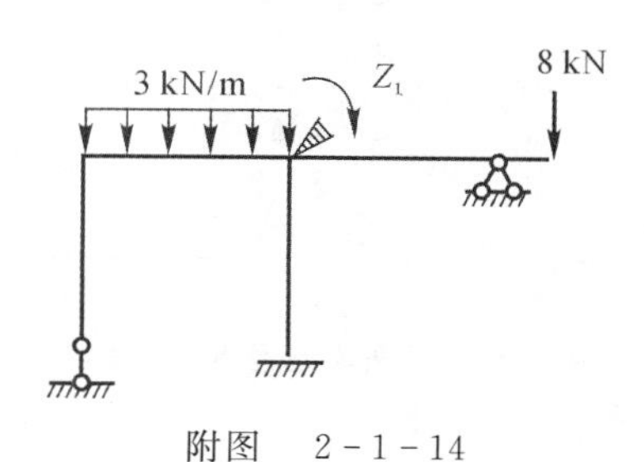

附图 2-1-14

位移法基本方程为

$$r_{11}Z_1+R_{1P}=0$$

（2）令 $Z_1=1$，则系统在位移分量作用下的弯矩图，如附图 2-1-15 所示。

令 $EI/4=i$，则由图示结构刚结点弯矩平衡求得

$$r_{11}=3i+4i+3i=10i$$

（3）在节点处附加刚臂，此时的弯矩图如附图 2-1-16 所示。由图示结构刚结点弯矩平衡可得

$$R_{1P} = 6 + 4 = 10 \text{ kN} \cdot \text{m}$$

代入位移基本方程得

$$Z_1 = -\frac{1}{i}$$

(4) 根据弯矩叠加原理绘制弯矩图，如附图 2-1-17 所示。

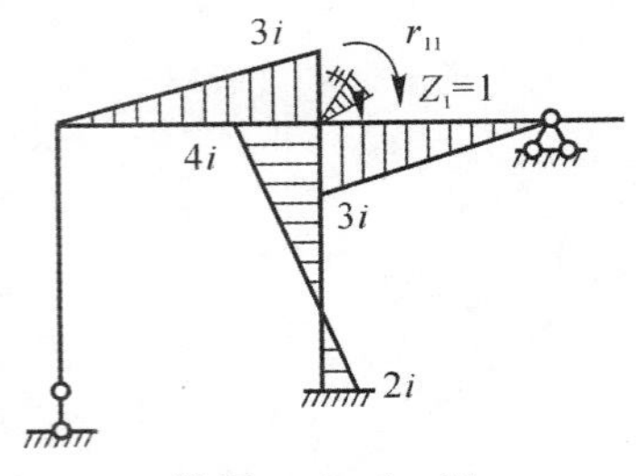

附图 2-1-15

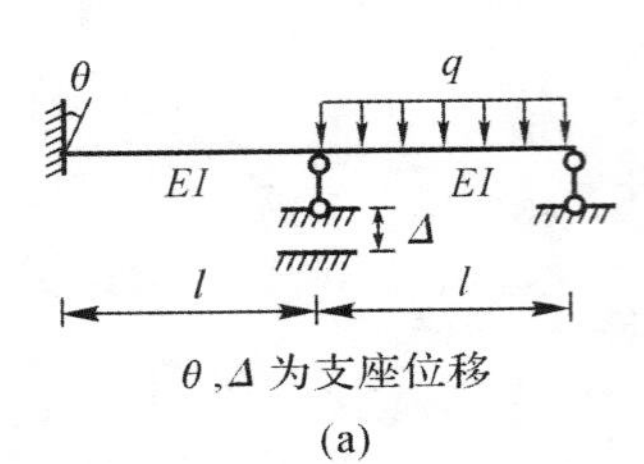

附图 2-1-16

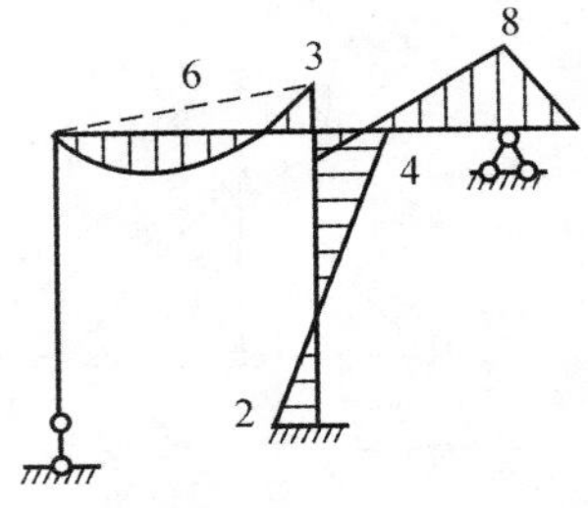

附图 2-1-17

五、采用附图 2-1-18(b) 所示的基本结构，用力法求解附图 2-1-18(a) 所示结构时，试填写附表 2-1-1 中列出的力法方程系数和自由项。(19 分)

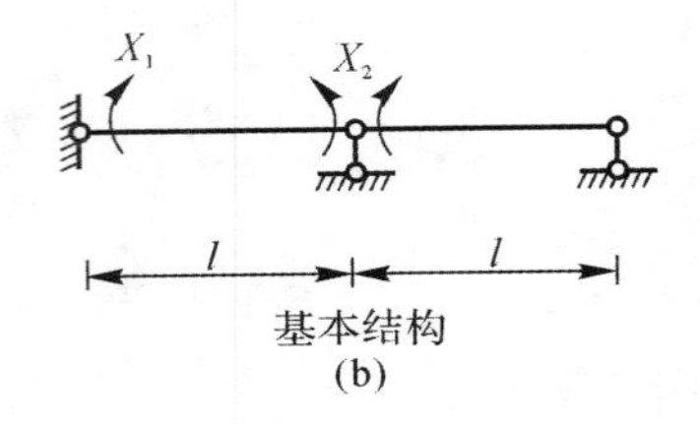

附图 2-1-18

力法方程：

$$\begin{cases}\delta_{11}X_1 + \delta_{12}X_2 + \Delta_{1P} + \Delta_{1C} = \Delta_1 \\ \delta_{21}X_1 + \delta_{22}X_2 + \Delta_{2P} + \Delta_{2C} = \Delta_2\end{cases}$$

附表 2-1-1

$\delta_{12} =$	$\Delta_{2P} =$
$\Delta_{1C} =$	$\Delta_{2C} =$
$\Delta_1 =$	$\Delta_2 =$

解 (1) 当外荷载作用在基本体系上时，弯矩图如附图 2-1-19 所示。可得：$\Delta_1 = \theta$，$\Delta_2 = 0$。

(2) 当结构只在单位力 X_1 作用时，弯矩图如附图 2-1-20 所示。

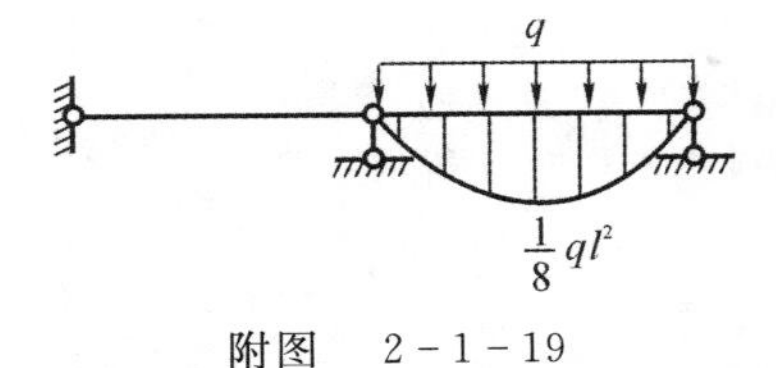

附图 2-1-19

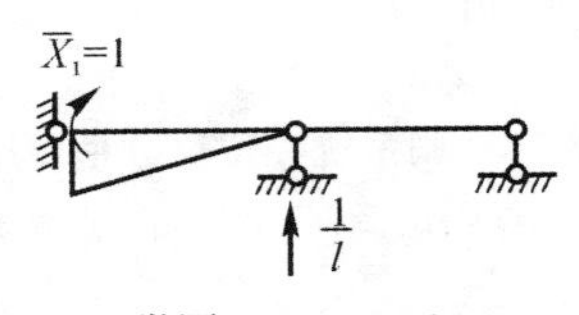

附图 2-1-20

可求得支座反力(已标在上图中),则由图乘法得

$$\Delta_{1C}=-\sum\overline{R}_C=-(-\frac{1}{l}\times\Delta)=\frac{\Delta}{l}$$

(3) 当结构只受单位力 X_2 的作用时,弯矩图如附图 2-1-21 所示。则由图乘法可得

$$\delta_{12}=\frac{1}{EI}\times\frac{1}{2}\times l\times 1\times\frac{1}{3}=\frac{l}{6EI},\Delta_{2P}=\frac{1}{EI}\times\frac{2}{3}\times l\times\frac{1}{8}ql^2\times\frac{1}{2}=\frac{ql^3}{24EI}$$

另外,由图乘法可求得

$$\Delta_{2C}=-\sum\overline{R}_C=-(\frac{2}{l}\times\Delta)=-\frac{2\Delta}{l}$$

六、试不经计算绘出如附图 2-1-22 所示刚架弯矩图的大致形状。(19 分)

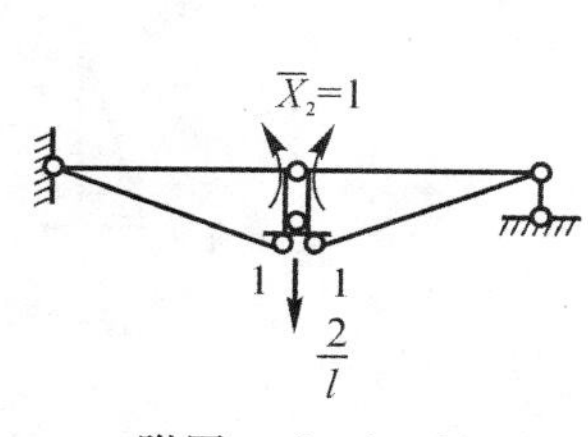

附图 2-1-21

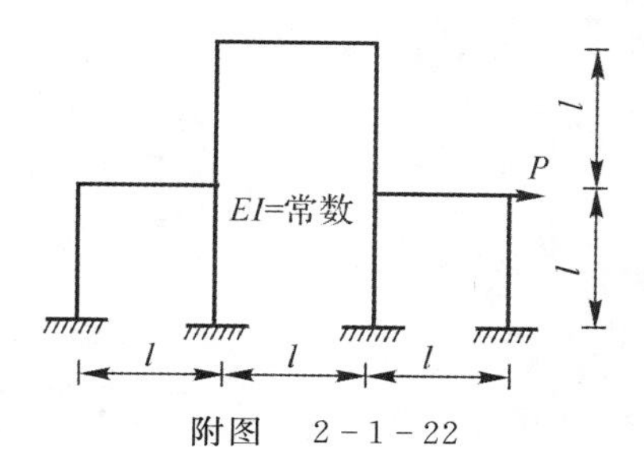

附图 2-1-22

解 (1) 为方便研究,在各个刚节点处添加附加刚臂以约束刚节点的旋转,由节点荷载的作用位置知,各个节点的位移大小排序为

$$\Delta_{Gx}>\Delta_{Jx}>\Delta_{Ix}>\Delta_{Fx}>\Delta_{Ex}$$

因此可得各个杆件的剪力图，且有

$$F_{QCG}>|F_{QGJ}|=F_{QFI}>F_{QBF}>F_{QAB}$$

则可知,此时的弯矩图如附图 2-1-23 所示。

(2) 由以上分析可知,此时节点 E,F,G 和 I 将发生顺时针转动,而节点 J 会发生逆时针转动,由此可知横梁的 F 端上侧受拉,而 E 端下侧受拉,横梁 GH 和 IJ 均为下侧受拉。据此可以作出横梁的弯矩图。

系统在刚节点处的弯矩是平衡的,所以可以确定柱 AE 和 CG 均为上端右侧受拉,而下端左侧受拉;柱 GJ 受力与此相反。柱 BF 和 FI 的 B 端和 I 端分别为左侧和右侧受拉,又知 BF 的 F 端为右侧受拉,柱 EI 的 F 端为左侧受拉。

综合上述,可大致画出结构弯矩图如附图 2-1-24 所示。

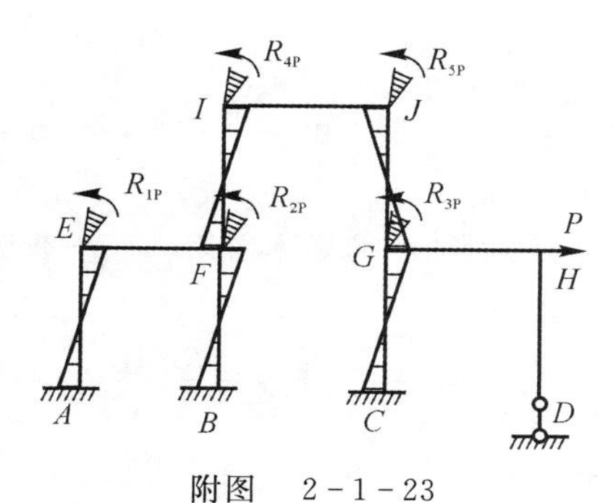

附图 2-1-23

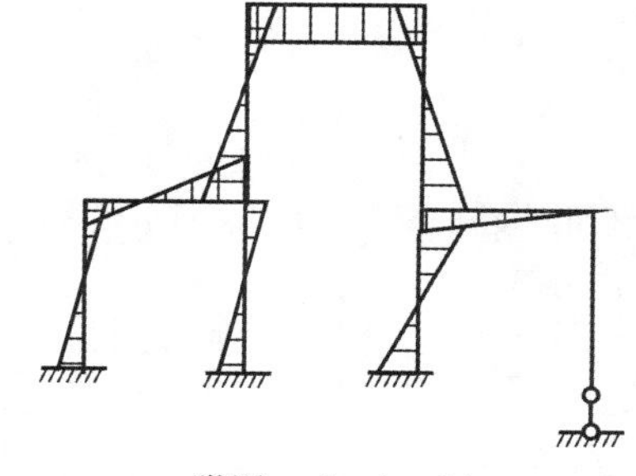
附图 2-1-24

七、试列出如附图 2-1-25 所示结构作自由振动时的运动方程，并求出自振频率。忽略杆件自身质量和轴向变形。(19 分)

解 (1) 将左侧的支座去掉，在刚节点处加一个向右的水平单位力组成基本体系，此时的弯矩如附图 2-1-26 所示。

当不去掉支座 A 时，可利用力矩分配法画出弯矩图，如附图 2-1-27 所示。利用图乘法得

$$f_{11}=\frac{1}{6EI}(2\times\frac{5}{8}l\times l-\frac{3}{8}l\times l)=\frac{7l^2}{48EI}$$

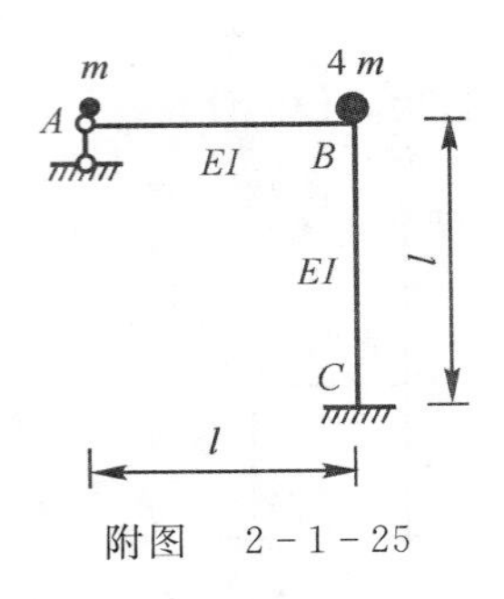

附图 2-1-25

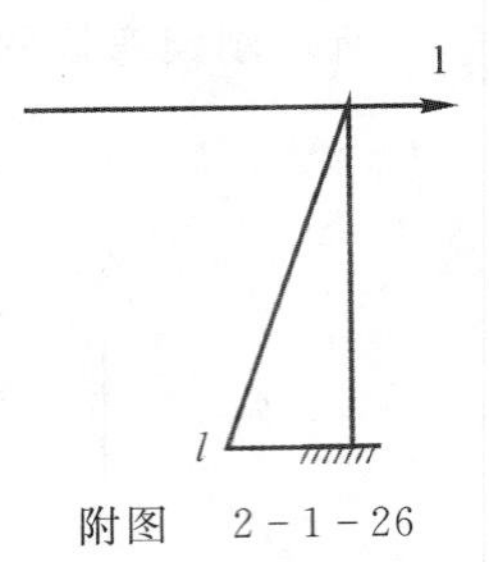

附图 2-1-26

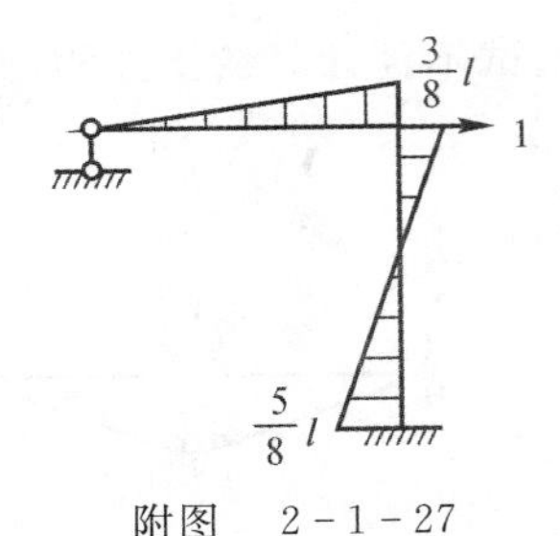

附图 2-1-27

(2) 在惯性力作用下，质量动位移为

$$5m\ddot{y}+\frac{1}{f_{11}}y=0$$

代入位移值，得

$$5m\ddot{y}+\frac{48EI}{7l^3}y=0$$

解得自振频率为

$$\omega=\sqrt{\frac{48EI}{35ml^3}}=1.171\sqrt{\frac{EI}{ml^3}}$$

八、试求如附图 2-1-28 所示刚架的自振频率和轴向变形。忽略杆件自身质量和轴向变形。已知 B 支座弹簧刚度 $k_N=5EI/l^3$。(19 分)

解 (1) 附图 2-1-28 所示结构为两个自由度的体系，则频率方程为

$$\begin{vmatrix} k_{11}-m\omega^2 & k_{12} \\ K_{21} & k_{22}-m\omega^2 \end{vmatrix}=0$$

展开，得

$$m^2\omega^4-(k_{11}+k_{22})m\omega^2+k_{11}k_{22}-k_{12}k_{21}=0$$

(2) 利用刚度法求解。分别绘制结构沿水平和垂直方向发生单位位移时的弯矩图，如附图 2-1-29 所示。由图示弯矩图得

$$k_{11}=\frac{12EI}{l^3}+\frac{3EI}{l^3}=\frac{15EI}{l^3},\quad k_{12}=k_{21}=\frac{9EI}{l^3},\quad k_{22}=\frac{7EI}{l^3}+k=\frac{12EI}{l^3}$$

代入频率方程，得

$$m^2\omega^4-\frac{27EI}{l^3}m\omega^2+99\left(\frac{EI}{l^3}\right)^2=0$$

解得自振频率为

$$\omega_1 = 2.092\sqrt{\frac{EI}{ml^3}},\quad \omega_2 = 4.765\sqrt{\frac{EI}{ml^3}}$$

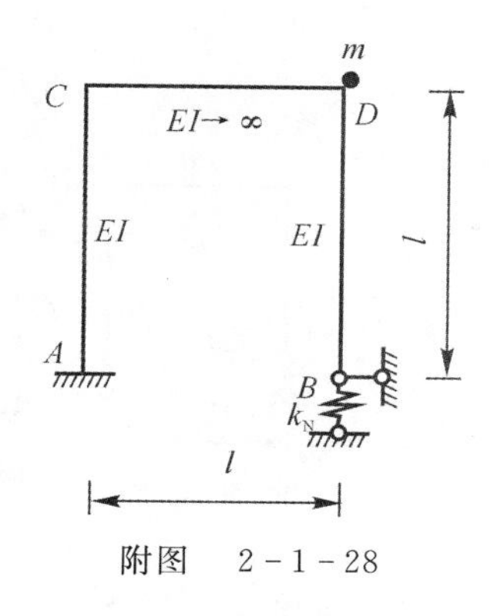

附图 2-1-28

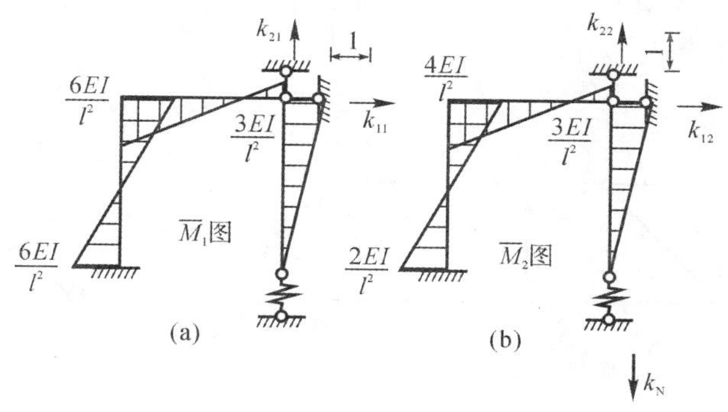

附图 2-1-29

(3) 系统的振型方程为

$$(k_{11} - m\omega^2)A_1 + k_{12}A_2 = 0$$

将 ω_1 代入上式,并令 $A_{11} = 1$,可得

$$A_{12} = \frac{m\omega_1^2 - k_{11}}{k_{12}} = \frac{4.375\,9 - 15}{9} = -1.180$$

将 ω_2 代入上式,并令 $A_{12} = 1$,则得

$$A_{22} = \frac{m\omega_2^2 - k_{11}}{k_{12}} = \frac{22.624 - 15}{9} = 0.847$$

因此系统的第一振型和第二振型分别为

$$\boldsymbol{A}_1 = \begin{bmatrix} 1 \\ -1.180 \end{bmatrix},\quad \boldsymbol{A}_2 = \begin{bmatrix} 1 \\ 0.847 \end{bmatrix}$$

试卷二 浙江大学结构力学考研试卷解答

一、选择题(共 10 小题,每题 3 分,共计 30 分)

1. 附图 2-2-1 所示体系的几何组成是( )。

A. 几何不变,无多余约束 B. 几何不变,有多余约束

C. 瞬变 D. 常变

答案:C

2. 附图 2-2-2 所示铰结体系的几何组成是( )。

A. 几何不变,无多余约束 B. 几何不变,有一个多余约束

C. 几何不变,有 2 个多余约束 D. 瞬变

答案:B

3. 附图 2-2-3 所示结构 EI = 常数,若要使 B 点水平位移为零,则 P_1/P_2 应为( )。

A. 10/3 B. 9/2 C. 20/3 D. 17/2

答案:C

4. 附图 2-2-4 所示三铰拱的拉杆 N_{AB} 的影响线为

A. 斜直线 B. 曲线 C. 平直线 D. 三角形

答案:D

5. 附图 2－2－5 所示梁 EI＝常数，固定端 B 发生了向下的支座位移 Δ，则由此引起的梁中点 C 的竖向位移为(　　)。

A. $\Delta/4$(↑)　　B. $\Delta/2$(↓)　　C. $5\Delta/8$(↓)　　D. $11\Delta/16$(↓)

答案：D

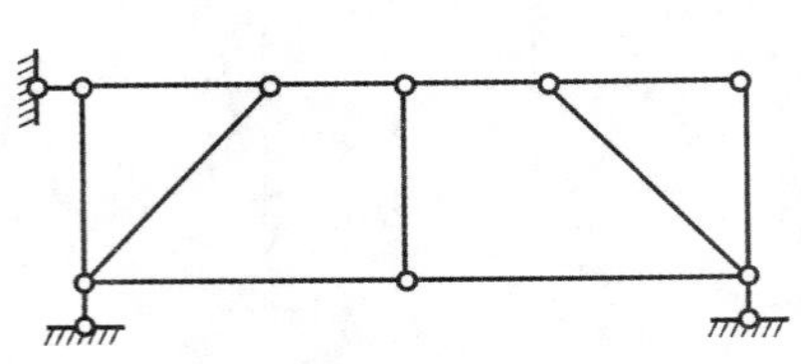

附图　2－2－1

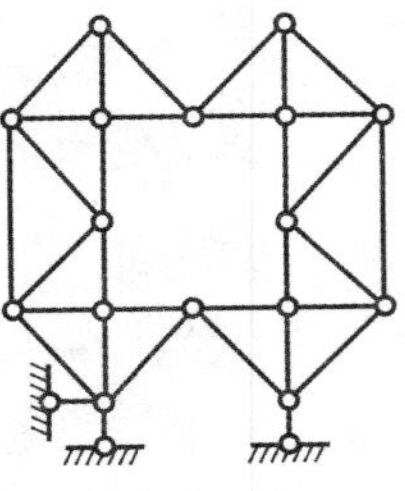

附图　2－2－2

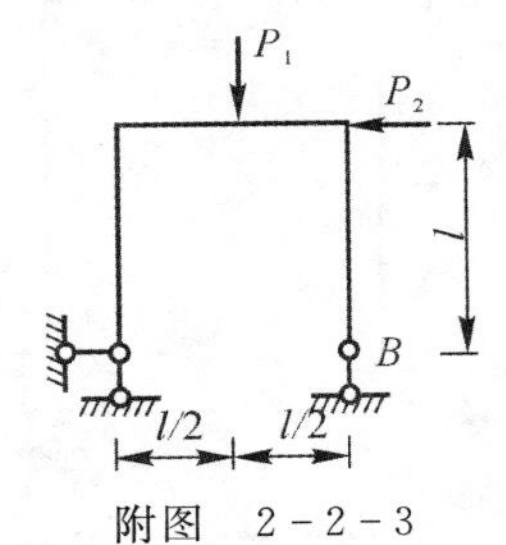

附图　2－2－3

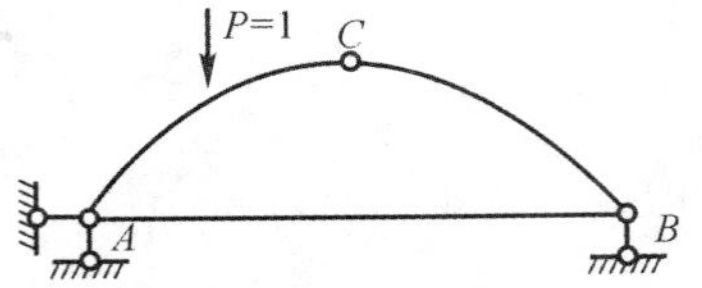

附图　2－2－4

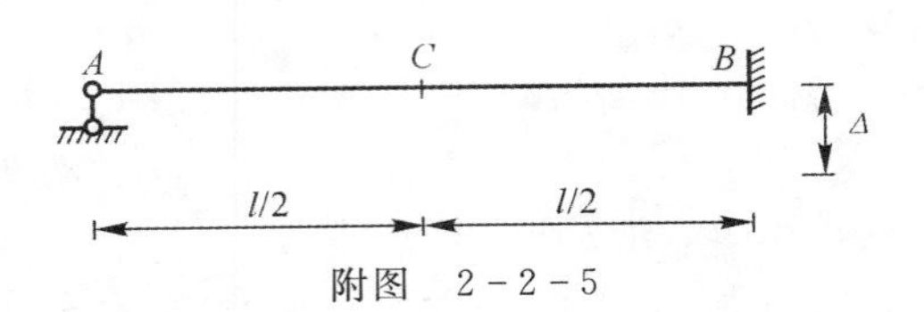

附图　2－2－5

6. 附图 2－2－6(a)结构，如取附图 2－2－6(b)为力法基本结构，则力法方程的系数 Δ_{2C} 等于(　　)。

A. $-F$　　B. $-F/2$　　C. 0　　D. F

答案：B

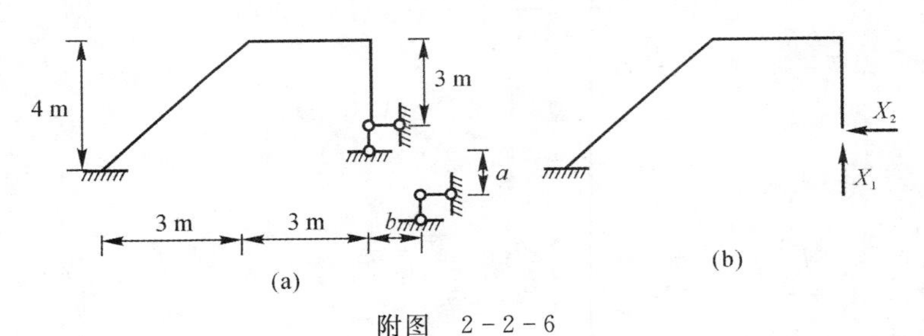

附图　2－2－6

7. 附图 2－2－7 所示对称钢架在结点力偶矩作用下，弯矩的正确形状是(　　)。

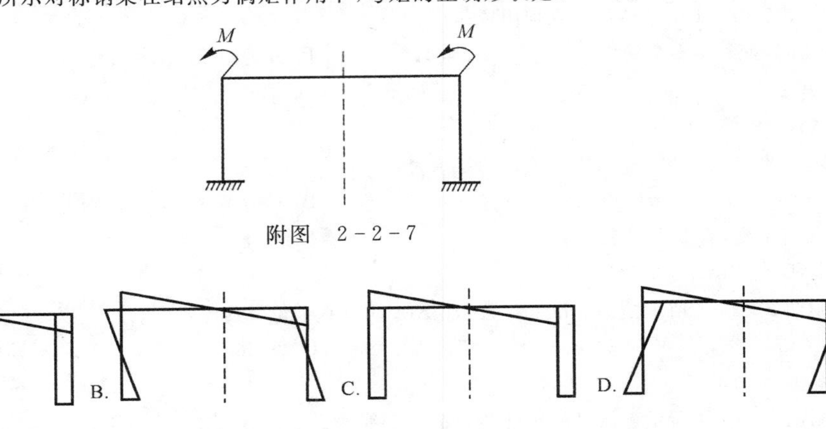

附图　2－2－7

答案：C

8. 附图 2－2－8 所示结构中，n_1，n_2 均为比例常数，当 n_1 大于 n_2 时，其最大静力弯矩则为(　　)。

A. $7PL/3$　　B. $4PL/3$　　C. PL　　D. $PL/3$

答案：D

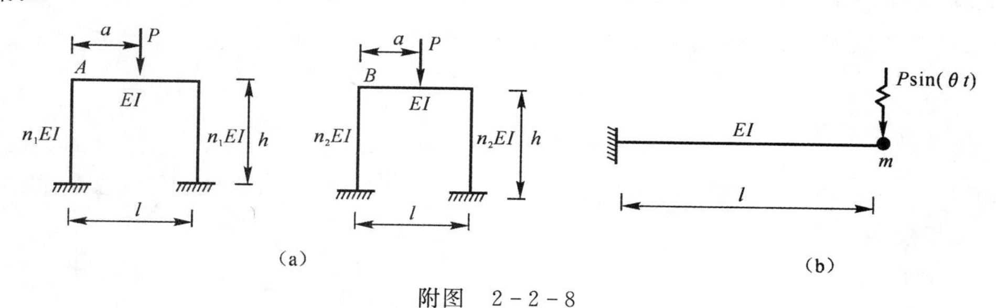

附图 2-2-8

9. $\overline{\boldsymbol{F}}^e$ 和 $\boldsymbol{F}^e$ 分别是局部坐标系和整体坐标系的单元杆端力向量，$\boldsymbol{T}$ 是坐标变换矩阵，则正确的表达式为(　　)。

A. $\overline{\boldsymbol{F}}^e = \boldsymbol{T}\boldsymbol{F}^e$　　B. $\boldsymbol{F}^e = \boldsymbol{T}\overline{\boldsymbol{F}}^e$　　C. $\overline{\boldsymbol{F}}^e = \boldsymbol{T}^{\mathrm{T}}\boldsymbol{F}^e$　　D. $\boldsymbol{F}^e = \boldsymbol{T}^{\mathrm{T}}\overline{\boldsymbol{F}}^e\boldsymbol{T}$

答案：A

10. 附图 2-2-9 所示体系(不计阻尼)的稳态最大动位移 $y_{\max} = 4Pl^3/9EI$，则其最大动力弯矩为(　　)。

A. $7Pl/3$　　B. $4Pl/3$　　C. Pl　　D. $Pl/3$

答案：B

二、填空题(共 5 小题，每空 3 分，共计 27 分)

11. 附图 2-2-10 所示结构，AB 杆 A 端的剪力 Q_{AB} = ________。

答案：$-\dfrac{M}{a}$

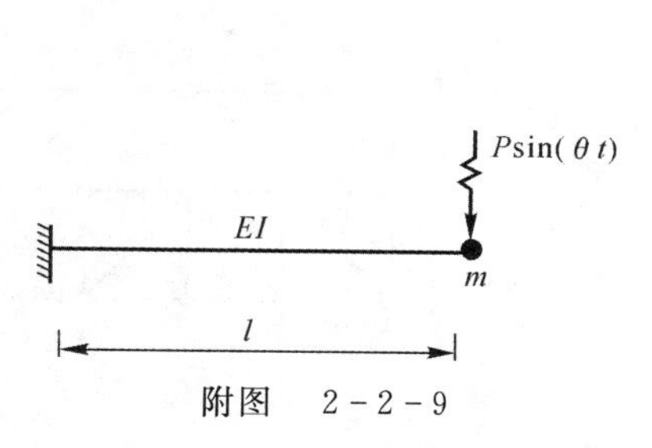

附图 2-2-9

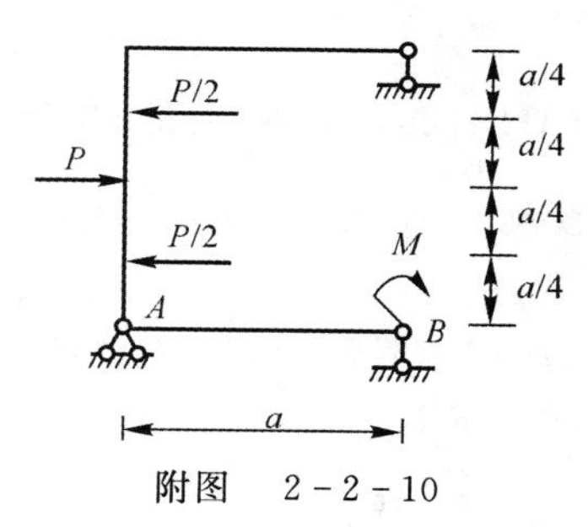

附图 2-2-10

12. 附图 2-2-11 所示结构(EA，EI = 常数)A 端的弯矩 M_{AB} = ________。

答案：0

13. 附图 2-2-12 所示位移法的基本结构，当刚臂 B 沿正方向发生单位转角时，支座 C 水平链杆的反力大小为 ________，方向向 ________。EI = 常数。

答案：$\dfrac{6EI}{l^3}$　　左

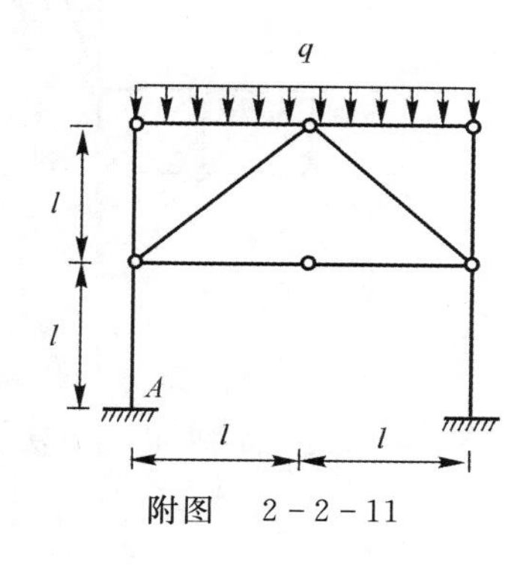

附图 2-2-11

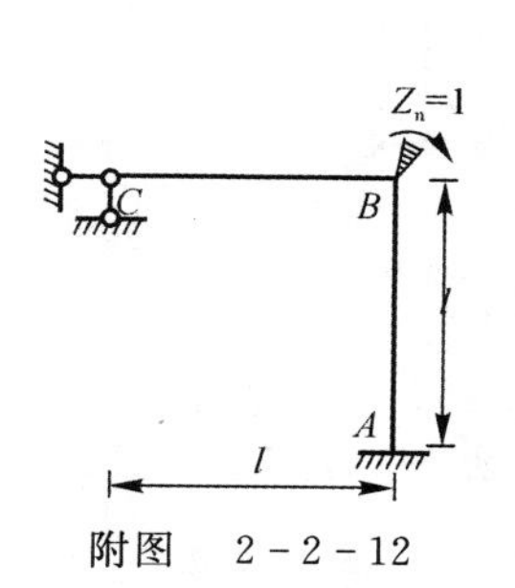

附图 2-2-12

14. 附图 2-2-13 所示结构，三杆的线刚度分别为 i，i 和 $2i$。用位移法计算时，若取结点 l 的转角为 Z_1（顺时针），取结点 1 的竖向位移为 Z_2（↓），则位移法方程的系数 r_{11} = ________，$r_{12} = r_{21}$ = ________，r_{22} = ________。

答案：$5i$　　0　　$\frac{3i}{l^3}$

15. 附图 2-2-14 所示结构各杆 EI = 常数，$q = 20$ kN/m。若采用力矩分配法计算（忽略轴向变形），则 AD 杆的分配系数 μ_{AD} = ________，B 端弯矩 M_{BA} = ________。

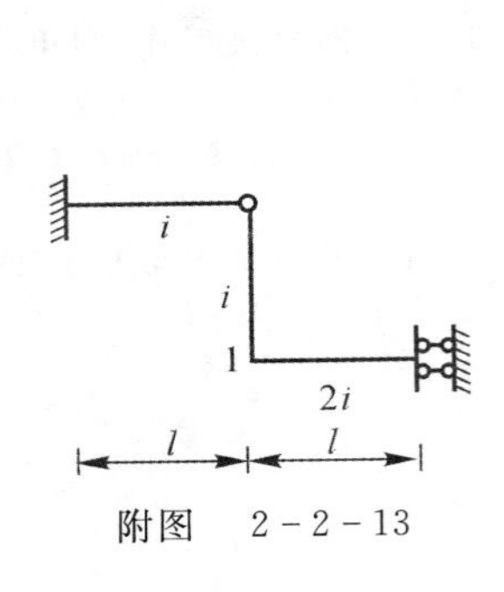

附图　2-2-13

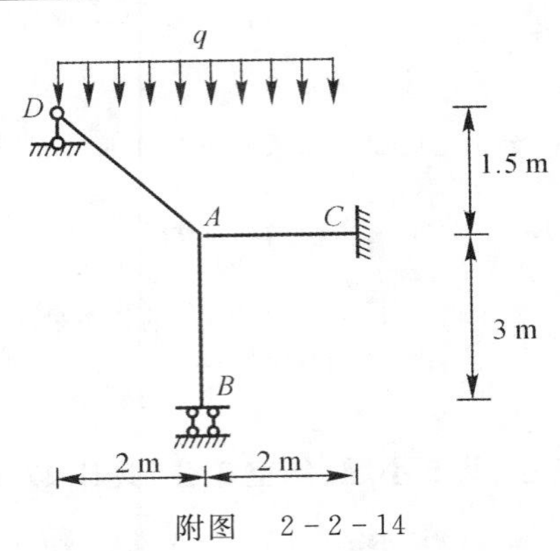

附图　2-2-14

答案：$\frac{18}{53}$　　$\frac{50}{159}$

三、计算题（共 6 小题，共计 93 分）

16. 作附图 2-2-15 所示结构的弯矩图，并求杆 1 和杆 2 的轴力。（15 分）

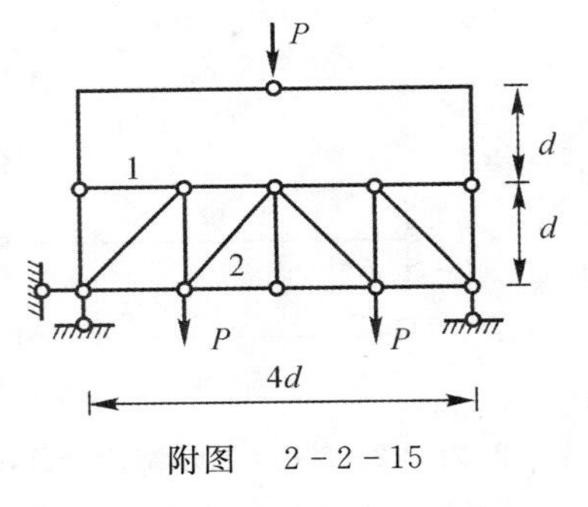

附图　2-2-15

解　(1) 取上部附属结构为隔离休，受力图如附图 2-2-16(a) 所示。由静力平衡条件得

$$F_{Ay} = F_{Cy} = \frac{P}{2}, \quad F_{Ax} = F_{Cx} = P$$

则据此可绘制附属的弯矩图，基本结构是桁架，故没有弯矩，体系弯矩图如附图 2-2-16(b) 所示。

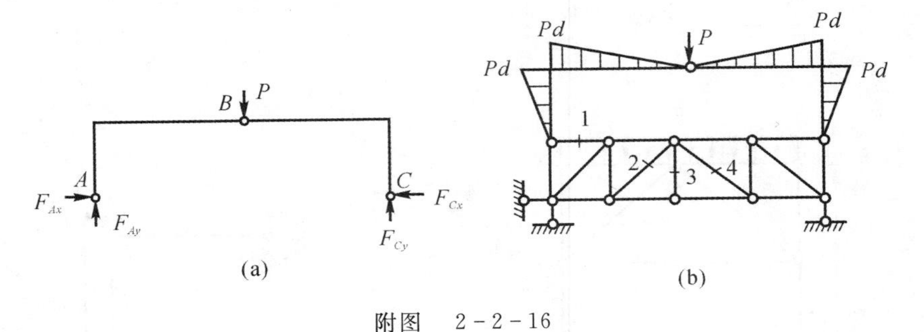

附图　2-2-16

由图示桁架的受力特点可知，图中的 2,3,4 杆是零杆，故 $N_2 = 0$；对于 1 杆，由结点法，易求得 $N_1 = P$（拉力）。

17. 作附图 2-2-17 所示结构杆 a 内力 N_a 的影响线，单位荷载 $P=1$ 在下弦杆移动。(13 分)

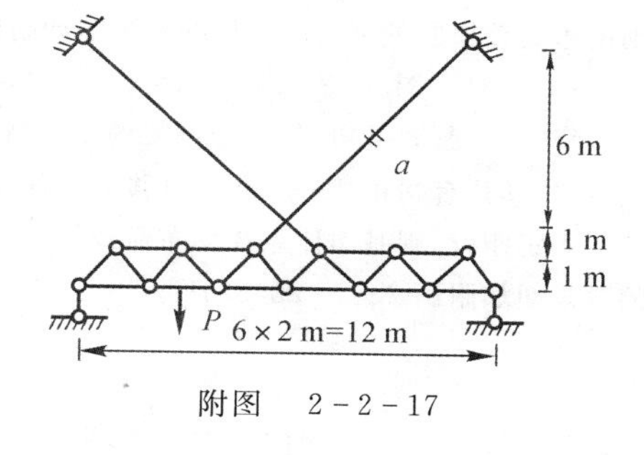

附图　2-2-17

解　由题图可知，结构对称，故结构的影响线也对称。设两个支座分别为 A，B，则易知，当 P 在 A，B 处时，a 杆中没有轴力，即竖标为零。由对称性知，影响线是两个三角形，只需求出当 P 在中间铰点处时的影响线即可。

取半结构如附图 2-2-18(a) 所示。因取半结构，故得 $P=\frac{1}{2}$。

由静力平衡条件可求得

$$N_a=\frac{3}{2\sqrt{2}}$$

则绘制影响线如附图 2-2-18(b) 所示。

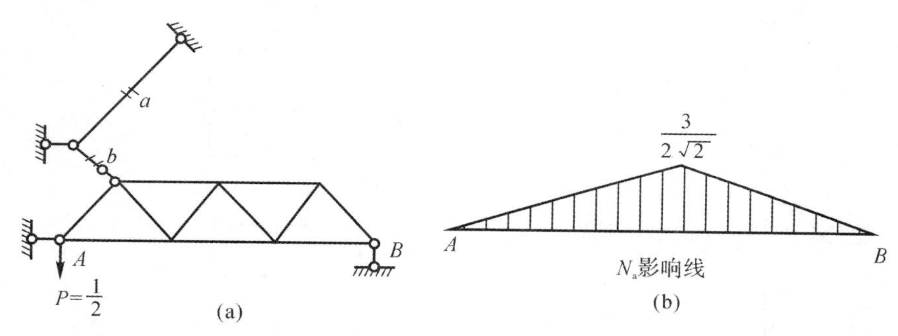

附图　2-2-18

18. 用力法计算，并作附图 2-2-19 所示结构的弯矩 M 图。$EI=$ 常数。(20 分)

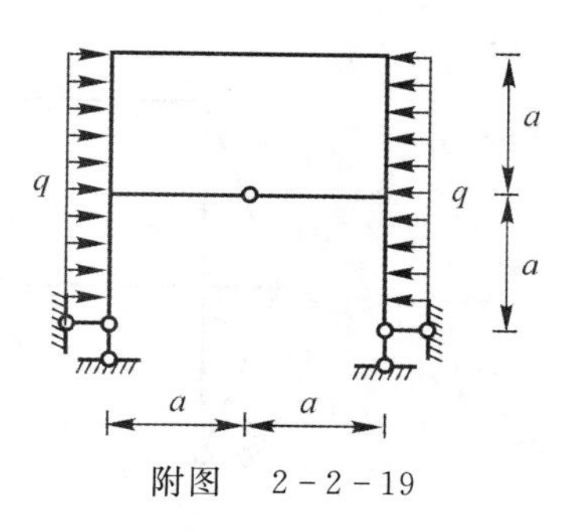

附图　2-2-19

解　由题图知，结构对称，荷载对称，故系统横杆只能有对称的内力，故取半结构如附图 2-2-20(a) 所示。

由图可知，有两个未知量。去掉 B，添加 X_1，X_2 后，基本体系如附图 2-2-20(b) 所示。去掉 X_1，X_2 后，则此时弯矩 M_P 图如附图 2-2-20(c) 所示。

去掉 X_2，令 $X_1=1$；然后再令 $X_1=0$，$X_2=1$，则可画出弯矩图分别如附图 2-2-20(d)(e) 所示。

由图乘法，得

$$\delta_{11}=\frac{7a}{3EI},\quad \delta_{12}=\delta_{21}=\frac{5a^2}{6EI},\quad \delta_{22}=\frac{2a^3}{3EI}$$

$$\Delta_{1P}=\frac{7qa^3}{24EI},\quad \Delta_{2P}=\frac{qa^4}{4EI}$$

代入力法方程得

$$\begin{cases}\delta_{11}X_1+\delta_{12}X_2+\Delta_{1P}=0\\ \delta_{21}X_1+\delta_{22}X_2+\Delta_{2P}=0\end{cases}$$

可得

$$X_1=-\frac{qa^2}{62},\ X_2=-\frac{49qa}{124}$$

则由弯矩叠加原理可绘制最后的弯矩图如附图 2-2-20(f) 所示。

19. 计算附图 2-2-21 所示结构(忽略轴向变形),并作出弯矩 M 图。EI = 常数。(15 分)

解 由题图可知,每一个刚架的受力情形和约束状态都相同,故只需研究一个刚架。取最左端刚架为研究对象,其只有拐角处一个转角位移未知量,故基本体系如附图 2-2-22(a) 所示。

固定刚臂,则基本体系在均布荷载作用下的弯矩图如附图 2-2-22(b) 所示。松开刚臂,令 $Z_1=1$,则此时的弯矩图如附图 2-2-22(c) 所示。

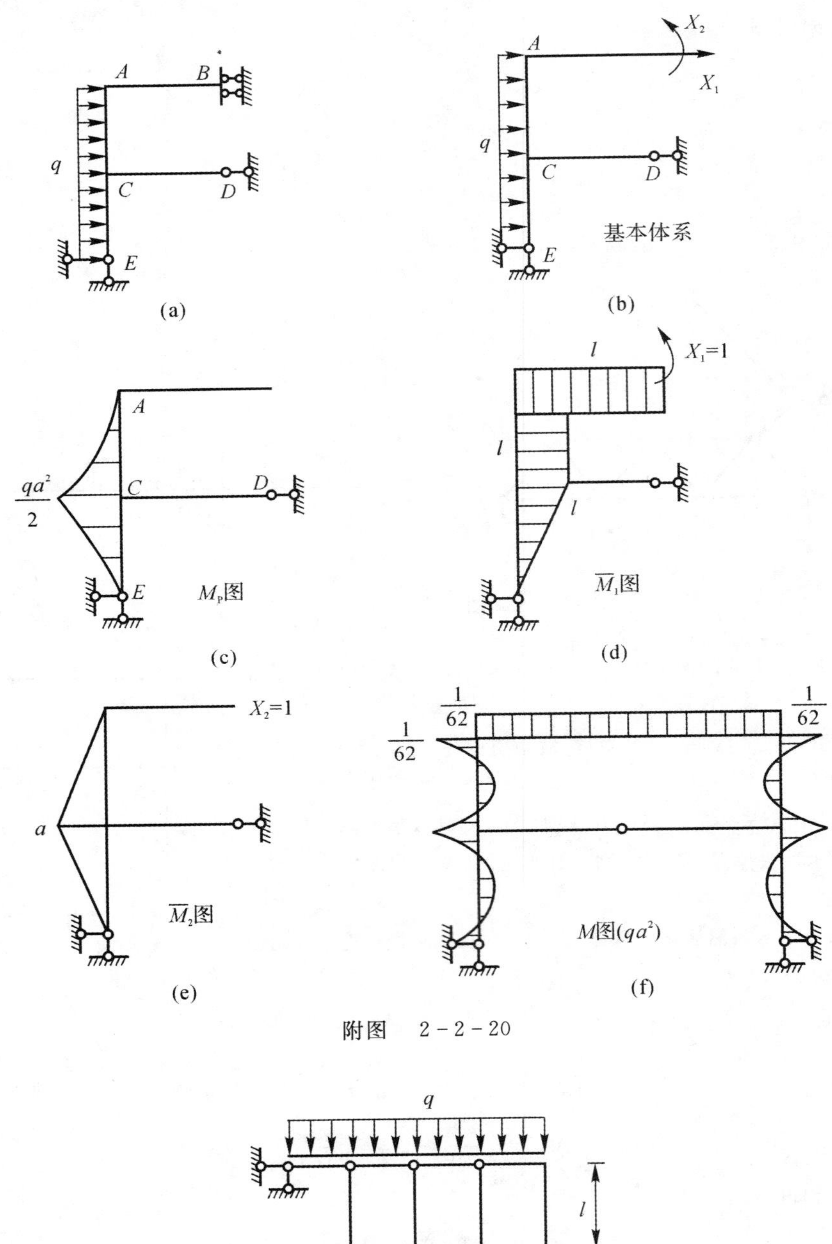

附图 2-2-20

附图 2-2-21

由结点弯矩平衡求得

$$k_{11} = 7i,\quad F_{1P} = \frac{ql^2}{8}$$

代入 $K_{11}Z_1 + F_{1P} = 0$,可得

$$Z_1 = -\frac{ql^3}{56EI}$$

则最终的弯矩图如附图 2-2-22(d) 所示。

这样,系统最终的弯矩图如附图 2-2-22(e) 所示。

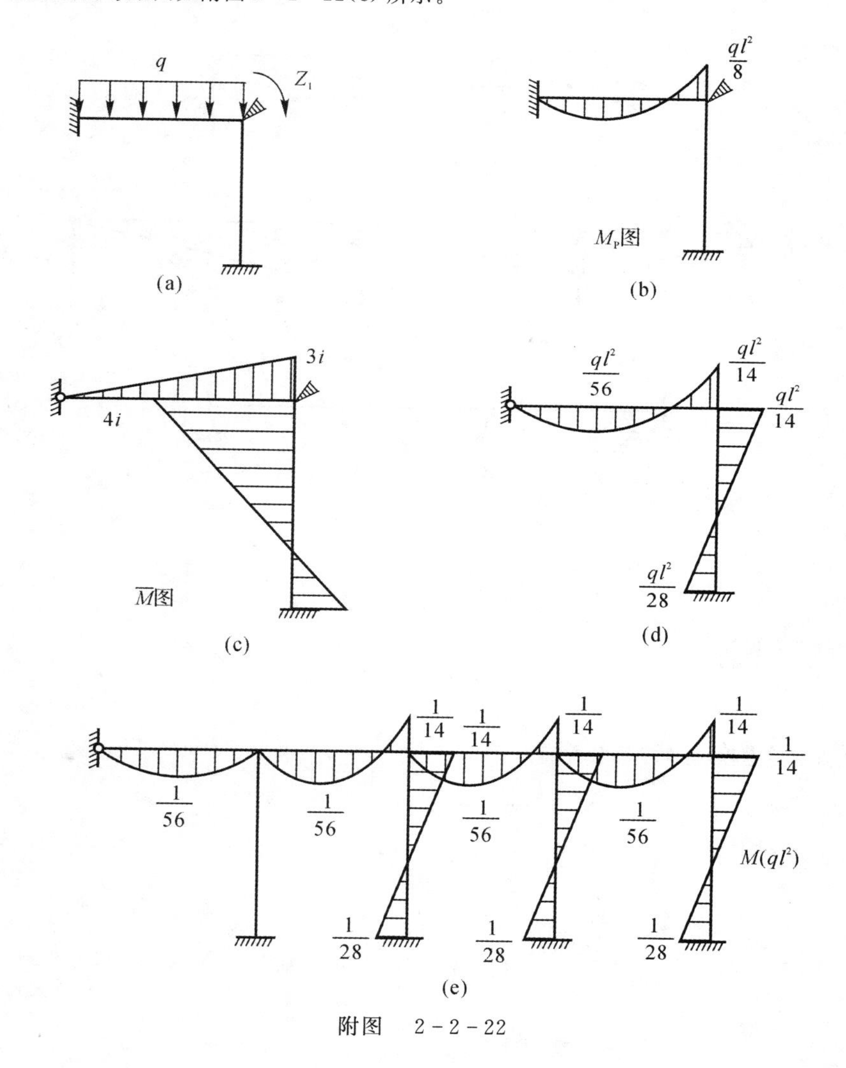

附图 2-2-22

20. 附图2-2-23所示两个质点的振动体系,杆件刚度 $EI\to\infty$。写出该体系的振动微分方程,并求出自振频率。(15 分)

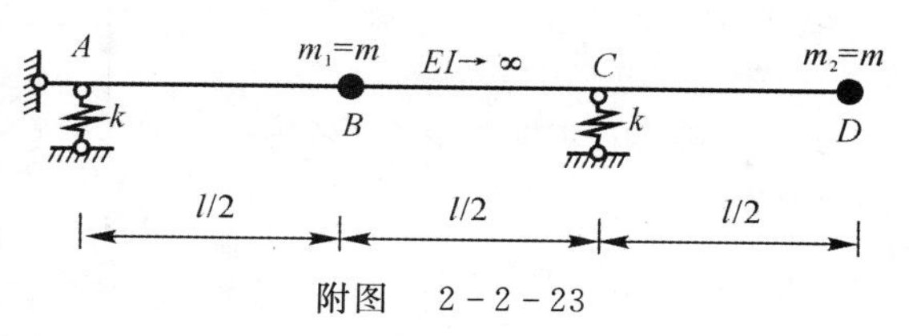

附图 2-2-23

解 用刚度法求解。取基本体系如附图 2-2-24(a) 所示。

取刚度法基本体系，分别令 $y_1=1, y_2=1$，求支反力，作受力图，分别如附图 2-2-24(b)(c) 所示。由节点平衡得

$$k_{11}=\frac{k}{2},\quad k_{12}=k_{21}=-\frac{k}{2},\quad k_{22}=\frac{5k}{2}$$

固定两个质点，设两个支座反力为 F_{11} 和 F_{21}，受力图如附图 2-2-24(d) 所示。由图可得

$$F_{11}=m\ddot{y}_1,\quad F_{21}=m\ddot{y}_2$$

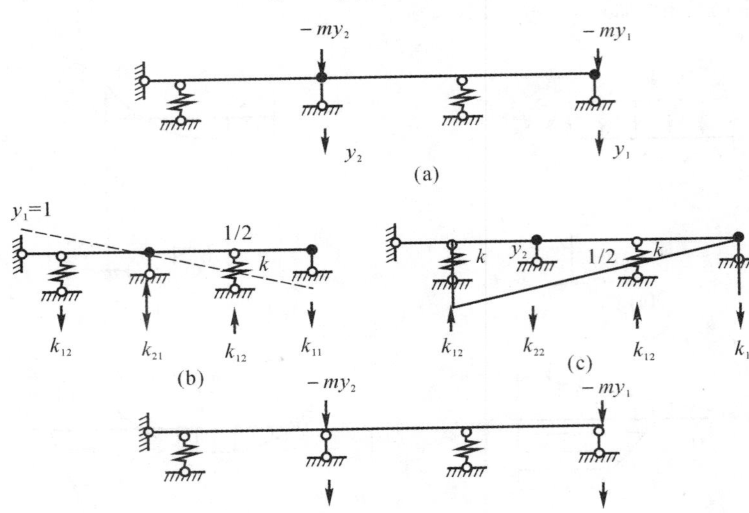

附图 2-2-24

故刚度法基本方程如下：

$$\begin{cases}k_{11}y_1+k_{12}y_2+F_{11}=0\\ k_{21}y_1+k_{22}y_2+F_{21}=0\end{cases}$$

将系数代入上述方程，得振动微分方程为

$$\begin{cases}\dfrac{k}{2}y_1-\dfrac{k}{2}y_2+m\ddot{y}_1=0\\ -\dfrac{k}{2}y_1+\dfrac{5k}{2}y_2+m\ddot{y}_2=0\end{cases}$$

整理得

$$M\begin{bmatrix}1&0\\0&1\end{bmatrix}\begin{bmatrix}\ddot{y}_1\\ \ddot{y}_2\end{bmatrix}+\frac{k}{2}\begin{bmatrix}1&-1\\-1&5\end{bmatrix}\begin{bmatrix}y_1\\y_2\end{bmatrix}=\begin{bmatrix}0\\0\end{bmatrix}$$

解得振动频率为

$$\omega_1=\sqrt{\left(\frac{3}{2}-\sqrt{2}\right)\frac{k}{m}},\omega_2=\sqrt{\left(\frac{3}{2}+\sqrt{2}\right)\frac{k}{m}}$$

21. 求附图 2-2-25 所示结构的极限荷载 P_u。已知水平链杆 $EA\to\infty$，竖直梁式杆的极限弯矩 $M_u=$ 常数。(15 分)

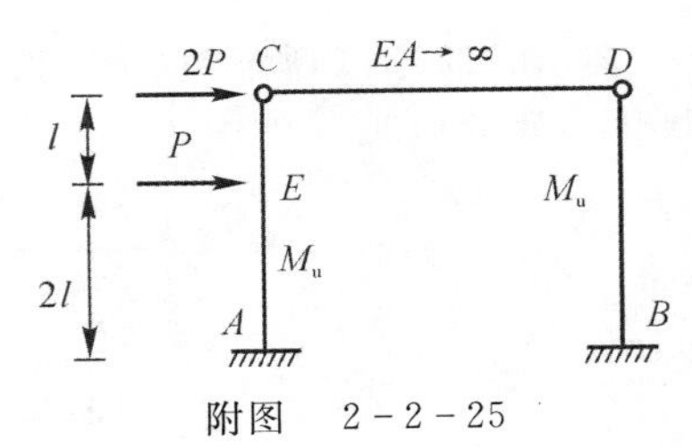

附图 2-2-25

解 利用穷举法，列出结构所有可能的破坏机构，共有 4 种基本结构，如附图 2-2-26(a) ~ (d) 所示。

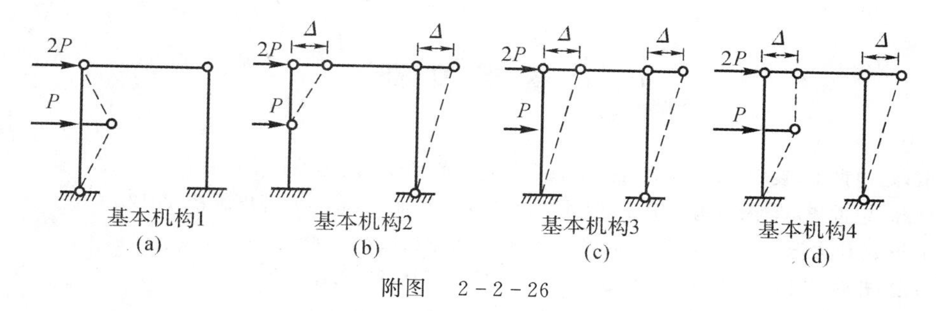

附图　2-2-26

(1) 对于基本机构 1,由虚功原理可知

$$P_1^+\Delta = M_u\frac{\Delta}{2l} + M_u\left(\frac{\Delta}{2l}+\frac{\Delta}{l}\right)$$

解得

$$P_1^+ = \frac{2M_u}{l}$$

(2) 对于基本机构 2,同理(1) 可得

$$2P_2^+\Delta = M_u\frac{\Delta}{l} + M_u\frac{\Delta}{3l}$$

解得

$$P_2^+ = \frac{2M_u}{3l}$$

(3) 对于基本机构 3,由 $2P_3^+ + P_3^+\dfrac{2}{3}\Delta = M_u\dfrac{\Delta}{3l}\times 2$,解得

$$P_3^+ = \frac{M_u}{4l}$$

(4) 对于基本机构 4,由 $2P_4^+\Delta + P_4^+\Delta = M_u\dfrac{\Delta}{2l} + M_u\dfrac{\Delta}{3l} + M_u\dfrac{\Delta}{2l}$,解得

$$P_4^+ = \frac{2M_u}{3l}$$

综上,取上述 4 个荷载中的最小值,则可知极限荷载为

$$P_u = P_3^+ = \frac{M_u}{4l}$$

参考文献

[1] 龙驭球,包世华,袁驷.结构力学Ⅰ:基本教程[M].3 版.北京:高等教育出版社,2012.

[2] 龙驭球,包世华,袁驷.结构力学Ⅱ:专题教程[M].3 版.北京:高等教育出版社,2012.

[3] 包世华.结构力学:下册[M].3 版.武汉:武汉理工大学出版社,2008.

[4] 王焕定,祁皑.结构力学[M].2 版.北京:清华大学出版社,2013.

[5] 王焕定,祁皑.结构力学学习指导[M].2 版.北京:清华大学出版社,2013.

[6] 祁皑.结构力学学习辅导分解题指南[M].2 版.北京:清华大学出版社,2013.

[7] 王长连.结构力学简明教程[M].北京:机械工业出版社,2013.

[8] 王长连.结构力学辅导与习题解[M].北京:机械工业出版社,2013.

[9] 于建华,王长连.结构力学解题指南[M].成都:四川大学出版社,2003.

[10] 全圣才.结构力学:知识精要与真题详解[M].北京:中国水利水电出版,2010.

[11] 黄树森.结构力学Ⅰ:基本教程同辅导及习题全解[M].3 版.北京:中国水利水电出版社,2013.

[12] 黄树森.结构力学Ⅱ:专题教程同辅导及习题全解[M].3 版.北京:中国水利水电出版社,2014.

[13] 范钦珊.工程力学学习指导与解题指南[M].北京:清华大学出版社,2012.

[14] 张维祥.建筑力学[M].北京:清华大学出版社,2013.